Springer-Lehrbuch

Springer

Berlin
Heidelberg
New York
Hongkong
London
Mailand
Paris
Tokio

C. R. Townsend · J. L. Harper · M. E. Begon

Ökologie

Aus dem Englischen übersetzt von
J. Steidle, F. Thomas, B. Stadler, U. Hoffmeister,
T. Hoffmeister

Mit 318 überwiegend vierfarbigen Abbildungen
und 25 Tabellen

 Springer

Autoren   Professor Dr. Colin R. Townsend
Department of Zoology
University of Otago
Dunedin, New Zealand

Professor Dr. John L. Harper
Professor Emeritus in the University of Wales
Visiting Professor in the University of Exeter
Exeter, England

Professor Dr. Michael Begon
Population Biology Research Group
School of Biological Science
The University of Liverpool
Liverpool, England

Übersetzer PD Dr. Johannes Steidle, Berlin, PD Dr. Frank Thomas, Göttingen
PD Dr. Bernhard Stadler, Bayreuth, Ulrike Hoffmeister, Kiel
PD Dr. Thomas Hoffmeister, Kiel

Titel der Originalausgabe: Essentials of Ecology, 2nd edition
© 2002 Blackwell Publishers, Oxford, England

ISBN 3-540-00674-5 Springer-Verlag Berlin Heidelberg New York

Bibliografische Information Der Deutschen Bibliothek
Die Deutsche Bibliothek verzeichnet diese Publikation in der Deutschen Nationalbibliografie; detaillierte
bibliografische Daten sind im Internet über <http://dnb.de> abrufbar.

Springer-Verlag Berlin Heidelberg New York
ein Unternehmen der BertelsmannSpringer Science+Business Media GmbH
http://www.springer.de

© Springer-Verlag Berlin Heidelberg 2003
Printed in Germany

Satz: Typ-Design, Berlin
Einbandgestaltung: de´blik Graphische Gestaltung, Berlin
Umschlagabbildungen: links: gettyimages/Photodisc, rechts: Foto Klaus Warter
29/3150 - 5 4 3 2 1 0 - Gedruckt auf säurefreiem Papier

Vorwort der Übersetzer zur deutschen Ausgabe

Das Werk „Ecology: Individuals, Populations and Communities" von Michael E. Begon, John L. Harper und Colin R. Townsend, das in seiner aktuellen Fassung aus dem Jahr 1996 in der dritten Auflage vorliegt (deutsch: „Ökologie" [1998]), gilt seit Jahren weltweit als eines der Standard-Lehrbücher auf dem Gebiet der Ökologie. Im Jahr 2000 erschien von denselben Autoren das Buch „Essentials of Ecology", das mit seinem um etwa 200 Seiten geringerem Umfang aber alles andere als lediglich eine Kurzfassung des „big book" ist. Dieses Buch, dessen zweiter Auflage aus dem Jahr 2002 wir in der hier vorliegenden deutschen Übersetzung den Titel „Grundlagen der Ökologie" gegeben haben, wendet sich an alle, die eine umfassende Einführung in die modernen Konzepte, Methoden und Forschungsgebiete der Ökologie suchen: an Schülerinnen und Schüler der Sekundarstufe II sowie an Studierende der Biologie, Forst- oder Agrarwissenschaften im Grundstudium oder in den ersten Semestern des Hauptstudiums, an Studierende mit dem Studienschwerpunkt Ökologie, an Lehrende im Bereich Ökologie an Universitäten, Fachhochschulen und allgemeinbildenden Schulen, aber auch an Menschen in der beruflichen Praxis außerhalb von Bildungseinrichtungen sowie an interessierte Laien, die sich mit den Grundlagen der Ökologie und ihren Forschungsansätzen vertraut machen möchten.

Die Autoren vertreten in ihrer Darstellung der Ökologie zwei Prinzipien, die konsequent vom ersten bis zum letzten Kapitel verfolgt werden:
1. Ökologie ist eine Wissenschaft, die – wie jede andere auch – auf der Formulierung überprüfbarer Hypothesen, der Anwendung nachvollziehbarer Methoden und der sauberen Interpretation ihrer Ergebnisse auf der Grundlage anerkannter statistischer Verfahren beruht. Ökologie ist damit weit mehr als Natur- und Umweltschutz oder die Produktion gesunder Nahrungsmittel, doch schafft sie für diese Bereiche unverzichtbare Grundlagen.
2. Die Ökologie sucht wie nur wenige andere Wissenschaften Antworten auf Fragen aus dem Alltagsleben und hat deshalb seit ihrer Entstehung einen sehr starken Bezug zur Praxis.

Diesen beiden Eigenschaften der Ökologie als einer Grundlagen-, aber auch als einer angewandten Wissenschaft wird das Buch unter anderem durch moderne Gestaltungsmerkmale gerecht:
- In einer Reihe von „Fenstern" werden wesentliche quantitative Methoden und Konzepte der Ökologie anschaulich und in engem Zusammenhang mit der jeweils im Fließtext behandelten Fragestellung beschrieben.
- In einer weiteren Reihe von Fenstern, die wir in Anlehnung an das englische Original („Topical ECOncerns") mit „Aktueller ÖKOnflikt" betitelt haben, werden aktuelle ökologische Fragestellungen und Probleme aus den unterschiedlichsten Bereichen und verschiedenen geographischen Regionen aufgegriffen und Lösungsansätze zur Diskussion gestellt. Diese aktuellen Fragestellungen erstrecken sich von der Ausbeutung von Mineralvorkommen am Meeresboden über das Vordringen exotischer Arten bis zu den globalen Auswirkungen von Klimaveränderungen.

• Eine dritte Reihe von Fenstern stellt schließlich Studien und Zusammenhänge dar, die in der Entwicklung der ökologischen Forschung wegweisend waren.

Somit werden auch die Wurzeln der Ökologie als Wissenschaft und ihre Entwicklung zu ihrer heutigen modernen Ausprägung angemessen dargestellt. Die kurzgefaßte Gliederung des Stoffes am Anfang jedes Kapitels, die zusammenfassenden Marginalien und die Kontrollfragen am Kapitelende erleichtern das Selbststudium. Weiterführende Fragen und Aufgaben zur selbständigen Recherche im Internet regen zu einer vertieften Auseinandersetzung mit dem Stoff an. Diese Gestaltungsmerkmale sowie die verständliche Darstellungsweise, die nur wenige Grundlagen voraussetzt und die Lesenden gut nachvollziehbar und Schritt für Schritt mit den Grundlagen der Ökologie vertraut macht, verleihen diesem Buch einen besonderen Wert. Dieser wird noch dadurch verstärkt, daß der Blick der Autoren nicht nur durch unsere gewohnte mitteleuropäische Sichtweise bestimmt wird: Ihr Anspruch ist im besten Sinne global.

Dieses moderne Konzept eines Ökologie-Lehrbuchs hat uns schnell überzeugt, so daß wir gern die Aufgabe übernommen haben, die Übersetzung ins Deutsche vorzunehmen. Häufig vorkommende englische Schlüsselbegriffe wie „patch", „life history" etc. haben wir nach ihrer Erklärung im Deutschen allerdings bewußt im Englischen belassen, um den Leserinnen und Lesern den Einstieg in die englischsprachige Primärliteratur zu erleichtern.

Hinter den Darstellungen der Fakten und wissenschaftlichen Zusammenhänge wird erfreulicherweise auch immer wieder die Begeisterung der Autoren für ihr Arbeitsgebiet spürbar, und wir hoffen, daß sich diese Begeisterung ebenfalls von der deutschen Übersetzung auf die Lesenden überträgt. Wir sind uns sicher, daß dieses Buch einen wichtigen Platz unter den deutschsprachigen Ökologie-Büchern einnehmen wird, und wünschen uns, daß es für alle, die sich für dieses spannende Fach interessieren, eine wichtige Quelle ökologischen Wissens wird.

Göttingen, im Winter 2003

Frank Thomas

Im Namen der Übersetzer:
Monika Hilker
Thomas Hoffmeister
Ulrike Hoffmeister
Bernhard Stadler
Johannes Steidle
Frank Thomas

Vorwort zur 2. englischen Auflage

Übersetzt von Monika Hilker, Freie Universität Berlin

Mit diesem Buch hoffen wir, etwas von unserem Staunen über die Komplexität und die wundervolle Schönheit der Natur an die Leser weitergeben zu können. Das Buch soll aber auch helfen, die ökologische Bildung zu fördern, so daß jeder in der Lage ist, bei der Lösung der ökologischen Probleme, die wir in das neue Jahrtausend mitnehmen, mitwirken zu können.

Die Entstehungsgeschichte dieses Buches wird in der umfassenderen Abhandlung zur Ökologie in unserem großen Buch „Ecology: Individuals, Populations and Communities" (Begon, Harper & Townsend, 3rd edition, 1996) beschrieben. Dieses Buch wird an Universitäten der ganzen Welt als wissenschaftlicher Text genutzt, aber viele unserer Kollegen haben nach einer knapperen Abhandlung mit den wesentlichen Grundzügen des Themas gefragt. Einer der früheren Gutachter des „großen Buches" fragte, ob man eine Schubkarre benötigen würde, um die nächste Auflage des Buches transportieren zu können! So wurden wir angespornt, ein deutlich anderes Buch zu verfassen, das sich mit klar umrissenen Themen an eine andere Leserschaft richtet, z. B. an diejenigen, die ein Semester lang an einem Anfängerkurs über die Grundzüge der Ökologie teilnehmen. Wir hoffen, daß dieses neue Buch die Leser motiviert, auch das große Buch und die umfangreiche Literatur zur Ökologie zur Hand zu nehmen.

In dieser zweiten Auflage von „Essentials of Ecology" haben wir den Text einschließlich der mathematischen Themen noch zugänglicher gemacht. Ökologie ist ein dynamisches Fachgebiet, was sich darin widerspiegelt, daß wir ganze 100 neue Studien hinzugefügt haben. Einige Leser werden besonders an den grundlegenden Prinzipien der Funktionsweise von Ökosystemen interessiert sein, andere an den ökologischen Problemen, die durch menschliche Aktivitäten verursacht werden. Wir legen besonderen Wert sowohl auf die Grundlagen als auch auf die angewandten Aspekte der Ökologie, denn diese lassen sich nicht klar voneinander abgrenzen. Dennoch haben wir uns entschlossen, zunächst systematisch die Grundlagen der Ökologie zu behandeln, und zwar aus einem ganz bestimmten Grund. Das Verstehen der Reichweite unserer Probleme (die nicht-nachhaltige Nutzung ökologischer Ressourcen, Umweltverschmutzung, Artensterben, das Schwinden natürlicher Biodiversität) und der Mittel, mit denen man diese Probleme lösen kann, hängt in hohem Maße vom richtigen Begreifen ökologischer Grundlagen ab.

Das Buch besteht aus vier Teilen. In der Einführung befassen wir uns mit zwei Grundlagen eines oft vernachlässigten Themas. Kapitel 1 soll nicht nur zeigen, was Ökologie ist, sondern auch, wie Ökologen ihr Fach betreiben – wie ökologisches Verständnis erlangt wird, was wir verstehen (und auch, was wir noch nicht verstehen) und wie dieses Verständnis zu Vorhersagen und Management beiträgt. Danach führen wir in die „Ökologie der Evolution" ein und zeigen, daß Ökologen die Evolutionäre Biologie voll und ganz verstanden haben müssen, um die Muster und Prozesse in der Natur begreifen zu können (Kapitel 2).

Was macht eine Umgebung für eine bestimmte Art bewohnbar? Die physikalisch-chemischen Bedingungen einer Umgebung müssen für die betreffende Art tolerierbar und die notwendigen Ressourcen auffindbar sein. Im zweiten Teil befassen wir uns mit solchen Bedingungen und Ressourcen, weil beide Einfluß auf die Arten nehmen (Kapitel 3). In Kapitel 4 werden Umweltbedingungen und Ressourcen im Hinblick auf ihre Konsequenzen für die Zusammensetzung und Verteilung von artenreichen Lebensgemeinschaften betrachtet, wie sie z. B. in Wüsten, Regenwäldern, Flüssen, Seen und Ozeanen zu finden sind.

Der dritte Teil (Kapitel 5–11) befaßt sich systematisch mit der Ökologie von individuellen Organismen, Populationen einzelner Arten, Lebensgemeinschaften vieler Populationen und Ökosysteme (hierbei stehen Energie- und Stoffflüsse zwischen und innerhalb von Gemeinschaften im Mittelpunkt). Um die Muster und Prozesse auf jeder dieser Betrachtungsebenen verstehen zu können, müssen wir die Vorgänge auf der jeweils niedrigeren Ebene kennen.

Nachdem der Leser die Kenntnisse der ökologischen Grundlagen erworben hat, wendet sich das Buch am Ende den angewandten Fragen zu. Kapitel 12 befaßt sich mit Fragen zum Umgang mit Schädlingen und zum nachhaltigen Management von Ressourcen (wie z. B. Wildpopulationen von Fischen oder landwirtschaftliche Monokulturen). Danach widmet sich das Buch den verschiedenen Problemen der Umweltverschmutzung, die von der lokalen Belastung eines Sees durch Abwasser bis hin zur globalen Klimaveränderung, bedingt durch Nutzung fossiler Brennstoffe, reicht (Kapitel 13). Schließlich entwickeln wir ein ganzes Arsenal von Herangehensweisen, die uns helfen könnten, gefährdete Arten zu retten oder etwas von der Biodiversität der Natur für unsere Nachkommen zu bewahren (Kapitel 14).

Einige didaktische Kniffe sollen dem Leser das Verständnis erleichtern.
- Jedes Kapitel beginnt mit einer Reihe von Schlüsselkonzepten, die man verstanden haben sollte, bevor man zum nächsten Kapitel übergeht.
- Anmerkungen am Rand dienen als Anhaltspunkte zur Orientierung auf dem Streifzug innerhalb eines Kapitels. Sie können auch nützliche Gedankenstützen sein.
- Unbeantwortete Fragen in der Ökologie werden hervorgehoben, denn wir glauben, daß Bewußtsein von Unwissenheit der Anfang von Wissen ist. Ökologen wissen nicht alle Antworten.
- Jedes Kapitel endet mit einer Zusammenfassung und einer Reihe von rückblickenden Fragen (Quiz), von denen einige als besonders anspruchsvolle Fragen gekennzeichnet sind.
- Der Leser wird drei verschiedene Textfenster vorfinden:
  1. „Historische Fenster" stellen einige Meilensteine in der Entwicklung der Ökologie heraus.
  2. „Quantitative Fenster" nehmen mathematische und quantitative Aspekte der Ökologie aus dem Text heraus, so daß sie den Textfluß nicht übermäßig beeinträchtigen und man sie gesondert betrachten kann.
  3. „Aktueller ÖKOnflikt" sind Fenster, die auf einige angewandte Probleme eingehen, insbesondere solche mit sozialer oder politischer Dimension (was oft vorkommt). Mit diesen Fenstern wird der Leser aufgefordert, sich mit einigen ethischen Fragen zu befassen, die im Zusammenhang mit dem Wissen stehen, das er hier erwirbt.

Mit der begleitenden Internet-Seite, e.cology, die man über die Adresse www.blackwellpublishing.com erreicht, wird ein leichter Zugang zu einer Reihe von Quellen geschaffen, die das Studium unterstützen und den Inhalt des Buches erweitern. Eine weitere Besonderheit ist eine Reihe von www-Fragen, die jeweils am Ende der vier Teile dieses Buches erscheint. Diese Fragen befassen sich eingehend mit aktuellen ökologischen Themen, wobei das Internet als wichtiges neues Forschungsmedium genutzt wird. Jede der Fragen wird auf der Webseite wiederholt und dabei von sorgfältig ausgesuchten Querverweisen auf andere relevante Seiten begleitet, um so die Studierenden bei ihrer eigenen Forschung anzuleiten. Andere Merkmale der Webseiten umfassen Hilfen zur Selbsteinschätzung, Multiple-choice-Fragen für jedes Kapitel des Buches und ein interaktives Kolloquium, das den Studierenden helfen soll, mathematisches Modellieren in der Ökologie zu verstehen.

Danksagung

Es ist uns eine Freude, all denjenigen zu danken, die uns bei der Planung und beim Schreiben dieses Buches unterstützt haben. Wir danken Bob Campbell und Simon Rallison dafür, daß die Idee verwirklicht werden konnte, und Irene Herlihy für die ausgezeichnete Koordinierung des Projektes. Dankbar sind wir auch folgenden Kollegen für ihre konstruktiven Anregungen zu den ersten Entwürfen einiger Kapitel: Tim Mousseau (University of South Carolina), Vickie Backus (Middlebury College), Kevin Dixon (Arizona State University, West), James Maki (Marquette University), George Middendorf (Howard University), William Ambrose (Bates College), Don Hall (Michigan State University), Clayton Penniman (Central Connecticut State University), David Tonkyn (Clemson University), Sara Lindsay (Scripps Institute of Oceanography), Saran Twombly (University of Rhode Island), Katie O'Reilly (University of Portland), Catherine Toft (UC Davis), Bruce Grant (Widener University), Mark Davis (Macalester College), Paul Mitchell (Staffordshire U., Großbritannien) und William Kirk (Keele U., Großbritannien).

Nicht zuletzt möchten wir uns bei unseren Ehefrauen und Familien dafür bedanken, daß sie uns unterstützt, uns zugehört und uns ignoriert haben, genau, wenn es erforderlich war – wir danken Laurel und Dominic, Borgny sowie Linda, Jessica und Robert.

Der Verlag und die Autoren danken Douglas Reed, der wesentlichen Anteil an der Zusammenstellung wichtiger Teile der Website-Präsentation hatte, für seinen schöpferischen wissenschaftlichen Beitrag.

Für die zweite Auflage möchten wir uns außerdem bei James Cahill (University of Alberta), Liane Cochrane-Stafira (Saint Xavier University), Hans deKroon (University of Nijmegen), Jake Weltzin (University of Tennessee in Knoxville) und Alan Wilmot (University of Derby, Großbritannien) für ihre Hinweise zu einzelnen Kapiteln bedanken und insbesondere bei Nathan Brown (Blackwell, USA) und Rosie Hayden (Blackwell, Großbritannien), die uns den Weg vom Manuskript zum gedruckten Buch so leicht gemacht haben.

Inhaltsverzeichnis

Teil IV   Angewandte Aspekte in der Ökologie

Einführung

I

Ökologie – wie macht man das?

Heutzutage hat fast jeder schon einmal von Ökologie gehört, und die meisten Menschen halten sie für wichtig – selbst wenn sich nicht jeder über die exakte Bedeutung des Begriffs im klaren ist. In der Tat kann kein Zweifel daran bestehen, daß Ökologie wichtig *ist;* und das macht es um so notwendiger, daß wir verstehen, was sie ist und wie man in der Ökologie arbeitet.

Schlüsselkonzepte

Dieses Kapitel soll

- vermitteln, wie Ökologie definiert ist, und ihre Entwicklung als angewandte und als Grundlagenwissenschaft aufzeigen;
- erkennen lassen, daß Ökologen versuchen zu beschreiben und zu verstehen und daß sie aufgrund dieses Verständnisses versuchen, Vorhersagen zu machen sowie steuernd und regulierend einzugreifen;
- verständlich machen, daß ökologische Phänomene auf einer Vielzahl räumlicher und zeitlicher Ebenen auftreten und daß einige Muster nur auf bestimmten Ebenen zutage treten;
- aufzeigen, daß ökologische Erkenntnisse und ökologisches Verständnis sowohl durch Beobachtungen, Freiland- und Laborexperimente als auch durch mathematische Modelle gewonnen werden;
- deutlich machen, daß Ökologie auf wissenschaftlichen Nachweisen beruht (und auf der Anwendung von Statistik).

1.1 Einleitung

Die Frage „Was ist Ökologie?" können wir auch umformulieren in „Wie definieren wir Ökologie?" und sie beantworten, indem wir verschiedene vorgeschlagene Definitionen begutachten und unter ihnen die beste auswählen (Fenster 1.1). Während sich Definitionen durch Kürze und Präzision auszeich-

Fenster 1.1 – Historische Meilensteine
Definition für Ökologie

Ökologie wurde zum ersten Mal 1866 durch Ernst Haeckel definiert, der ein enthusiastischer und einflußreicher Anhänger von Charles Darwin war. Für ihn war Ökologie „die gesamte Wissenschaft von den Beziehungen des Organismus zur umgebenden Außenwelt". Der Geist dieser Definition wird in einer frühen Diskussion biologischer Subdisziplinen von Burdon-Sanderson (1893) deutlich, in der Ökologie bezeichnet wird als „Wissenschaft, die sich mit den äußeren Beziehungen von Pflanzen und Tieren zueinander und zu den vergangenen und gegenwärtigen Lebensbedingungen beschäftigt". Damit wird sie der Physiologie (innere Beziehungen) und Morphologie (Struktur) gegenübergestellt. Für viele Autoren haben sich diese Definitionen über lange Zeit bewährt. So definiert Ricklefs (1973) in seinem Lehrbuch die Ökologie als „die Untersuchung der natürlichen Umwelt, im besonderen der Wechselbeziehungen (interrelationships) zwischen Organismen und ihrer Umgebung".

In den Jahren nach Haeckel entwickelten sich Pflanzenökologie und Tierökologie auseinander. Einflußreiche Arbeiten definierten Ökologie als „solche Beziehungen von *Pflanzen* mit ihrer Umgebung und untereinander, die direkt auf Habitatunterschieden zwischen Pflanzen beruhen" (Tansley, 1904) oder als die Wissenschaft, die sich „hauptsächlich damit beschäftigt, was man als So-

ziologie und Ökonomie der *Tiere* bezeichnen könnte, und weniger mit den strukturellen und sonstigen Anpassungen, die sie besitzen" (Elton, 1927). Botaniker und Zoologen sind sich jedoch seit langem darin einig, daß Pflanzenökologie und Tierökologie zusammengehören und daß bestehende Unterschiede in Einklang gebracht werden müssen.

Dennoch sind viele Definitionen von Ökologie beunruhigend ungenau und scheinen darauf hinauszulaufen, daß Ökologie all die Teilgebiete der Biologie umfaßt, die weder Physiologie noch Morphologie sind. Auf der Suche nach mehr Präzision hat deshalb Andrewartha (1961) Ökologie als „die wissenschaftliche Untersuchung der Verbreitung (distribution) und Abundanz (abundance) von Organismen" definiert, und Krebs (1972), der den Wegfall der zentralen Rolle der „Beziehungen" in dieser Interpretation bedauerte, veränderte sie zu der „wissenschaftlichen Untersuchung der *Wechselwirkungen (interactions)*, welche die Verbreitung und Abundanz von Organismen bestimmen". Er erklärte, daß Ökologie sich damit beschäftigt, „wo Organismen gefunden werden können, *wie viele* von ihnen dort vorkommen und *warum*". Wenn dem so ist, sollte Ökologie doch besser definiert werden als „die wissenschaftliche Untersuchung der Verbreitung und Abundanz von Organismen und der Wechselwirkungen, welche die Verbreitung und Abundanz bestimmen".

nen und sich gut als Vorbereitung auf eine Prüfung eignen, sind sie leider wenig geeignet, die Bedeutung oder Faszination der Ökologie zu vermitteln. Besser ist es, wenn wir die eine Frage nach der Definition durch eine Reihe anderer, mehr provozierende Fragen ersetzen: „Was *machen* Ökologen?" „Woran sind sie *interessiert*?" „Worin liegt der Ursprung der Ökologie?"

Die ersten Ökologen

Die Ökologie darf von sich behaupten, die älteste Wissenschaft überhaupt zu sein. Das folgt aus unserer bevorzugten Definition von der Ökologie als „der Wissenschaft von der Verbreitung und der Häufigkeit (Abundanz) von Organismen und den Interaktionen, welche die Verbreitung und Abundanz bestimmen." Daher müssen schon die ersten primitiven Menschen auf ihre Art Ökologen gewesen sein – getrieben von der Notwendigkeit zu verstehen, wann und wo ihre Nahrung, aber auch ihre (nicht menschlichen) Feinde zu finden waren. Und die ersten Bauern mußten noch mehr Erfahrung haben, denn sie mußten wissen, wie ihre lebenden, domestizierten Nahrungsquellen zu bewirtschaften waren.

Diese frühen Ökologen waren also angewandte Ökologen, denen es darum ging, die Verbreitung und Abundanz von Organismen zu verstehen, um dieses Wissen zu ihrem eigenen gemeinsamen Nutzen anzuwenden. Sie waren an vielen Dingen interessiert, die angewandte Ökologen auch heute noch interessieren: Wie man die Entnahmeraten von Nahrung aus natürlichen Lebensräumen maximieren kann, und wie man dies wiederholt über längere Zeit machen kann; wie domestizierte Pflanzen oder Tiere am besten angepflanzt beziehungsweise gehalten werden können, um den Ertrag zu maximieren; wie Organismen, die unserer Ernährung dienen, vor ihren natürlichen Feinden geschützt werden können; wie die Pathogen- und Parasitenpopulationen, die auf und in uns leben, in Schranken zu halten sind.

Grundlagen-forschung und angewandte Wissenschaft

Seit etwa einem Jahrhundert jedoch, nachdem Ökologen selbstbewußt genug wurden, um sich als solche zu bezeichnen, beinhaltet Ökologie durchweg nicht nur angewandte Forschung *(applied science)*, sondern auch Grundlagenforschung *(pure science)*. A. G. Tansley war einer der Begründer der Ökologie. Sein Hauptaugenmerk galt – um des reinen Verständnisses willen – jenen Mechanismen, welche die Struktur und Zusammensetzung verschiedener Pflanzengesellschaften bestimmen. Als er 1904 in Großbritannien über „die Probleme der Ökologie" schrieb, war er besonders über die Tendenz besorgt, daß die Ökologie zu stark auf einer deskriptiven und unsystematischen Stufe verharre (d. h. auf dem Anhäufen von Beschreibungen von Lebensgemeinschaften, ohne zu wissen, ob jene typisch, temporär oder was auch immer seien) und zu selten weitergeführt würde zu experimentellen oder systematisch geplanten Untersuchungen oder dem, was wir als „wissenschaftliche" Analyse bezeichnen können.

Seine Bedenken fanden auf der anderen Seite des Atlantiks, in den Vereinigten Staaten, ihr Echo bei F. E. Clements, einem anderen Begründer der Ökologie, der 1905 in seinen „Research Methods in Ecology" bemängelte:

> „Der Fluch der jüngsten Entwicklung, die allgemein als Ökologie bekannt ist, ist die weitverbreitete Annahme, daß jeder ökologisch arbeiten kann, ungeachtet jeglicher Vorbildung. Es gibt in der modernen Botanik keine irrigere Annahme als diese."

Auf der anderen Seite wurde die Notwendigkeit *für* Ökologie in der angewandten Biologie und der Beitrag, den die angewandte Biologie *zur* Ökologie leisten kann, in der Einleitung zu Charles Eltons (1927) „Animal Ecology" deutlich (s. Abb. 1.1):

> „Der Ökologie ist eine große Zukunft bestimmt … Der Tropenentomologe oder Mykologe oder Unkrautbekämpfer wird seine Aufgaben nur dann richtig erfüllen, wenn er in allererster Linie ein Ökologe ist."

Seitdem wurde diese Koexistenz von angewandten Ansätzen und Grundlagenforschung beibehalten und ausgebaut. Viele angewandte Bereiche haben zur Entwicklung der Ökologie beigetragen und wurden in ihrer eigenen Entwicklung durch ökologische Ideen und Ansätze vorangetrieben. Alle Aspekte des Sammelns, der Produktion und des Schutzes von Nahrungsmitteln und Faserstoffen waren beteiligt: Ökophysiologie der Pflanzen, Bodenerhaltung, Forstwirtschaft, Artenzusammensetzung und Bewirtschaftung von Grünland, Nahrungsspeicherung, Fischerei und Bekämpfung von Schädlingen und Krankheitserregern. Jedes dieser klassischen Gebiete trägt immer noch an vorderster Linie zu guter ökologischer Forschung bei, und jedes der Gebiete hat Berührungspunkte mit anderen gefunden. So läßt sich die biologische Schädlingsbe-

Abbildung 1.1
Charles Elton, einer der großen Begründer der Ökologie.

7

kämpfung (der Einsatz der natürlichen Feinde eines Schädlings zu dessen Bekämpfung) mindestens bis ins frühe China zurückverfolgen, das ökologische Interesse daran lebte jedoch erst wieder auf, nachdem in den 1950er Jahren die Unzulänglichkeit der chemischen Schädlingsbekämpfungsmittel weithin deutlich wurde. Die Verschmutzung der Umwelt erlangte etwa zur selben Zeit wachsende Bedeutung, wobei sich in den 1980er und 1990er Jahren der Schwerpunkt des Interesses von lokalen auf globale Probleme ausweitete. Das späte zwanzigste Jahrhundert erlebte eine Zunahme des öffentlichen Interesses und einen wachsenden Beitrag der Ökologie zur Erhaltung bedrohter Tierarten und der Biodiversität ganzer Regionen, der Bekämpfung von Krankheiten beim Menschen und vielen anderen Arten sowie der möglichen Konsequenzen tiefgreifender Umweltveränderungen auf globaler Ebene.

Offene Fragen   Doch bleiben gleichzeitig viele grundlegende Fragen der Ökologie offen. In welchem Ausmaß bestimmt Nahrungskonkurrenz, welche Arten in einem Habitat koexistieren können? Welche Rolle spielen Krankheiten für die Dynamik von Populationen? Warum gibt es in den Tropen mehr Arten als an den Polen? Welche Beziehung besteht zwischen der Produktivität von Böden und der Zusammensetzung von Pflanzengesellschaften? Warum sind manche Arten mehr vom Aussterben bedroht als andere? Und so weiter. Natürlich sind offene Fragen – solange es sich um präzise Fragen handelt – ein Symptom für die Stärke und nicht für die Schwäche einer Wissenschaft. Aber Ökologie ist keine einfache Wissenschaft. Sie ist sehr subtil und komplex, was zum Teil darauf zurückzuführen ist, daß sie es in besonderem Maße mit Einmaligkeit zu tun hat: mit Millionen verschiedener Arten aus zahllosen genetisch unterschiedlichen Individuen, die alle in einer mannigfaltigen und sich ständig ändernden Welt leben und interagieren. Der Reiz der Ökologie besteht in der Herausforderung, ein Verständnis für sehr elementare und offensichtliche Probleme auf eine Weise zu entwickeln, die der Einzigartigkeit und Komplexität aller Aspekte der Natur Rechnung trägt, aber auch versucht, in dieser Komplexität Muster und Vorhersagen zu finden, statt sich von ihr überwältigen zu lassen.

Fassen wir diesen kurzen historischen Überblick zusammen, so wird deutlich, daß Ökologen eine Menge verschiedener Dinge zu tun versuchen. Zuallererst ist Ökologie eine Wissenschaft und dementsprechend versuchen Ökologen zu *erklären* und zu *verstehen*. Es gibt zwei Formen von Erklärungen in der Biologie: „proximate" und „ultimate". So kann zum Beispiel die gegenwärtige Verbreitung und Abundanz einer Vogelart anhand der abiotischen Umwelt, die diese Art toleriert, der Nahrung, die sie zu sich nimmt, und der Parasiten und Räuber, denen sie ausgesetzt ist, „erklärt" werden. Das ist eine *proximate* Erklärung – eine Erklärung in bezug darauf, was hier und jetzt vor sich geht. Wir können jedoch auch fragen, wie diese Vogelart zu den Merkmalen gekommen ist, die jetzt ihr Leben zu bestimmen scheinen. Diese Frage bedarf einer evolutionären Erklärung: die *ultimate* Erklärung für die gegenwärtige Verbreitung und Abundanz der Vogelart basiert auf den ökologischen Bedingungen, mit denen ihre Vorfahren konfrontiert waren (s. Kapitel 2.2).

Verstehen, beschreiben, vorhersagen und regulieren   Um etwas zu verstehen, müssen wir erst einmal eine Beschreibung dessen haben, was wir verstehen wollen. Ökologen müssen daher zunächst *beschreiben*, bevor sie etwas erklären. Die wertvollsten Beschreibungen sind dabei jene, in deren Mittelpunkt ein spezielles Problem oder ein konkreter Wissensbedarf steht. Bei ungezielten Beschreibungen, die lediglich zum Selbstzweck durchgeführt werden, stellt sich im nachhinein oft heraus, daß die falschen Dinge beschrieben wurden. Für solche Erklärungen besteht kein Bedarf in der Ökologie oder in einer anderen Wissenschaft. (Wir könnten zum Beispiel die Abundanzänderungen einer Population und die Anzahl der Männchen und Weibchen beschreiben, nur um später festzustellen, daß das Geschlechterverhältnis irrelevant, aber die von uns ignorierte Altersstruktur entscheidend ist.)

Ökologen versuchen häufig auch *vorherzusagen*, was mit einer Population von Organismen unter bestimmten Rahmenbedingungen passieren wird, um sie auf Basis dieser Vorhersagen zu regulieren oder zu nutzen. Wir versuchen, die Auswirkungen von Heuschreckenplagen zu minimieren, indem wir vorhersagen, wann sie voraussichtlich auftreten, um geeignete Gegenmaßnahmen zu ergreifen. Wir versuchen, Feldfrüchte möglichst effektiv zu nutzen, indem wir vorhersagen, wann die Bedingungen für sie vorteilhaft sind, aber unvorteilhaft für ihre Feinde. Wir versuchen, seltene Arten zu schützen, indem wir die Naturschutzmaßnahmen bestimmen, die uns in die Lage versetzen, dieses Ziel zu erreichen. Manche Vorhersagen und Maßnahmen lassen sich ohne scharfsinnige Erklärungen oder tiefgreifendes Verständnis treffen: Es ist nicht besonders schwer vorherzusagen, daß die Zerstörung eines Waldes zum Verschwinden der dort lebenden Waldvogelarten führen wird – und daß ihr Verschwinden durch den Schutz des Waldes verhindert werden kann. Bedeutsame Vorhersagen, präzise Vorhersagen und Vorhersagen, was unter ungewöhnlichen Umständen passieren wird, können aber nur dann getroffen werden, wenn wir erklären und verstehen können, welche Prozesse ablaufen.

Deswegen handelt dieses Buch davon,
1. wie ökologisches Verständnis erreicht wird;
2. was wir verstehen (aber auch davon, was wir nicht verstehen – in der Tat zieht sich durch dieses Buch eine Reihe von „offenen Fragen", die in den Marginalien hervorgehoben sind);
3. wie uns dieses Verständnis helfen kann, Vorhersagen zu machen und steuernd und regulierend einzugreifen.

1.2   Ebenen, Vielfalt und Exaktheit

Der Rest dieses Kapitels handelt von den beiden oben angesprochenen Fragen nach dem „Wie": wie Verständnis erreicht wird und wie uns dieses Verständnis dabei hilft, Vorhersagen zu machen und steuernd und regulierend einzugreifen. Später in diesem Kapitel werden wir drei fundamentale Punkte für die Vorgehensweise in der Ökologie anhand einiger Beispiele illustrieren (Abschnitt 1.3). Vorher müssen wir jedoch auf die folgenden drei Punkte eingehen:
• Ökologische Phänomene treten auf einer Vielzahl unterschiedlicher Ebenen auf.
• Ökologische Beweise entstammen einer Vielzahl unterschiedlicher Quellen.
• Ökologie beruht auf wissenschaftlichen Beweisen und der Anwendung von Statistik.

1.2.1   Die Frage der Ebene

Ökologie läßt sich auf verschiedenen Ebenen betreiben: zeitlichen Ebenen, räumlichen Ebenen und „biologischen" Ebenen. Ganz wesentlich ist es, die Ausmaße dieser Ebenen und ihre Beziehungen untereinander zu erkennen.

Die „biologischen" Ebenen

Die belebte Welt wird häufig in eine biologische Hierarchie eingeordnet, die mit subzellulären Partikeln beginnt und mit Zellen, Geweben und Organen fortfährt. Die Ökologie beschäftigt sich dann mit den nächsten drei Ebenen:

- Individuen
- Populationen (welche aus Individuen derselben Art bestehen)
- Lebensgemeinschaften (welche aus einer mehr oder weniger großen Anzahl von Populationen bestehen)

Auf der Ebene des Individuums befaßt sich die Ökologie damit, in welcher Weise Individuen durch ihre Umwelt beeinflußt werden (und wie sie diese selbst beeinflussen). Auf der Ebene von Populationen beschäftigt sich die Ökologie mit dem Vorhandensein oder Fehlen bestimmter Arten, deren Häufigkeit oder Seltenheit und mit Trends und Schwankungen in der Individuenzahl. Die Ökologie der Lebensgemeinschaften *(community ecology)* schließlich setzt sich mit der Zusammensetzung oder Struktur ökologischer Lebensgemeinschaften auseinander.

Wir können uns auch darauf konzentrieren, welchen Weg Energie und Stoffe nehmen, während sie zwischen den belebten und unbelebten Elementen einer vierten Organisationsebene fließen:

- der Ebene der Ökosysteme (welche die Lebensgemeinschaft und ihre physikalische Umwelt umfassen)

Im Hinblick auf diese Ebene der Organisation würde Likens (1992) unsere bevorzugte Definition der Ökologie (Fenster 1.1) um „die Interaktionen zwischen Organismen sowie Transformation und Fluß von Energie und Stoffen (transformation and flux of energy and matter)" erweitern. Wir können jedoch die Transformation von Energie und Stoffen auch als Bestandteil der „Wechselwirkungen" in unserer Definition betrachten.

Ein Spektrum räumlicher Ebenen

In der belebten Welt gibt es keinen Flecken, der zu klein oder zu groß wäre, um eine Ökologie zu besitzen. Selbst die Presse spricht zunehmend vom „globalen Ökosystem", und auch wenn wir am einschlägigen Verständnis einiger Medienvertreter zweifeln dürfen, läßt sich doch nicht bestreiten, daß einige ökologische Probleme nur auf dieser sehr großräumigen Ebene untersucht werden können. Dazu gehören die Beziehungen zwischen Meeresströmungen und Fischfang oder zwischen Klimamustern und der Verbreitung von Wüsten und tropischem Regenwald oder zwischen erhöhter Kohlenstoffdioxidkonzentration in der Atmosphäre (durch das Verfeuern fossiler Brennstoffe) und globaler Klimaveränderung.

Am anderen Ende der Skala kann eine einzelne Zelle die Arena darstellen, in der zwei Pathogen-Populationen miteinander um die Ressourcen konkurrieren, die diese Zelle bereitstellt. Auf einer etwas höheren räumlichen Ebene stellt der Darm einer Termite das Habitat für Bakterien, Protozoen und weitere Lebe-

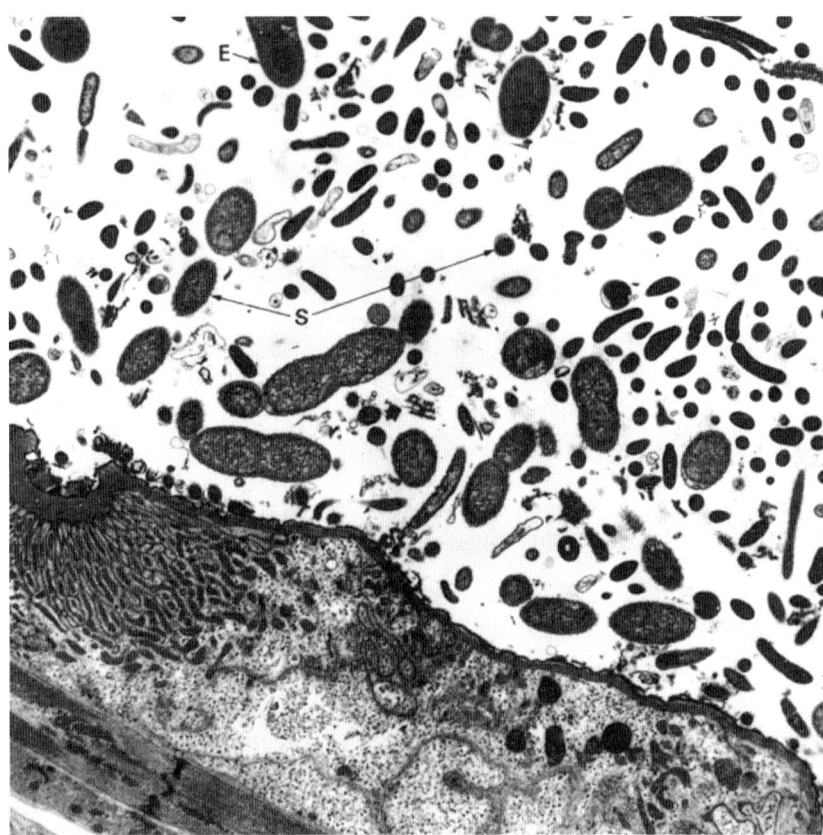

Abbildung 1.2
Die vielfältige
Lebensgemein-
schaft eines Termi-
tendarms (nach
Breznak, 1995).

wesen dar (Abb. 1.2) – und damit für eine Lebensgemeinschaft, deren Diversität mit der eines tropischen Regenwaldes vergleichbar ist in bezug auf den Organismenreichtum, die Mannigfaltigkeit der Interaktionen, an denen diese teilhaben, und sogar bezüglich der Tatsache, daß wir für viele ihrer Mitglieder noch nicht einmal wissen, zu welcher Art sie gehören. Zwischen diesen Extremen mögen verschiedene Ökologen, oder ein Ökologe zu verschiedenen Zeiten, die Bewohner von Wasseransammlungen in kleinen Asthöhlen, von temporären Wasserlöchern der Savanne oder von großen Seen und Ozeanen erforschen. Andere mögen die Artenvielfalt von Flöhen auf verschiedenen Vogelarten untersuchen oder die Diversität von Vogelarten verschieden großer Waldgebiete oder aber die Diversität von Wäldern unterschiedlicher Höhenlagen.

In ähnlicher Weise, wie dies auf räumlichen Ebenen oder auf den Ebenen biologischer Hierarchie geschieht, arbeiten Ökologen auch auf einer größeren Zahl zeitlicher Ebenen. „Ökologische Sukzession" – die sukzessive und kontinuierliche Besiedlung eines Ortes durch Populationen bestimmter Arten und das gleichzeitige Verschwinden anderer Arten – kann z. B. vom Absetzen eines Klumpens von Schafkot bis zu seiner Zersetzung studiert werden (eine Frage von Wochen). Ebenso kann jedoch die Klimaveränderung seit der letzten Eiszeit bis zum heutigen Tag und darüber hinaus betrachtet werden (also ein Zeit-

**Ein Spektrum
zeitlicher
Ebenen**

fenster von bislang etwa 14 000 Jahren). Migration kann an Schmetterlingen im Bereich von Tagen untersucht werden, aber ebenso an Waldbäumen, die immer noch (langsam) in die nach der letzten Eiszeit eisfrei gewordenen Gebiete einwandern.

Die Notwendig-keit von Lang-zeitstudien

Obwohl „angemessene" zeitliche Ebenen zweifelsfrei variieren, ist es sicherlich zutreffend, daß viele ökologische Studien nicht so lange andauern, wie sie sollten. Längere Untersuchungen sind teurer und setzen Engagement und Durchhaltevermögen voraus. Eine ungeduldige Scientific Community und die Notwendigkeit konkreter Nachweise der Forschungsaktivität für die berufliche Weiterentwicklung setzen Ökologen, wie alle Naturwissenschaftler, unter Druck, ihre Ergebnisse eher früher als später zu publizieren. Warum sind Langzeitstudien potentiell so wertvoll? Die zahlenmäßige Abnahme einer bestimmten Wildpflanzenart, eines Vogels oder eines Schmetterlings im Verlauf einiger Jahre kann für den Naturschutz von Belang sein – doch können Untersuchungen über ein oder zwei Jahrzehnte hinweg nötig sein, um sicherzustellen, daß die Abnahme mehr ist als nur der Ausdruck der zufälligen Aufwärts- und Abwärtsbewegung einer „normalen" Populationsdynamik. Ebenso kann der zweijährige Anstieg der Abundanz einer Nagerpopulation, der von einem zweijährigen Absinken der Abundanz gefolgt wird, einem regelmäßigen „Zyklus" angehören, der nach einer Erklärung sucht. Doch können Ökologen sich dessen nicht sicher sein, bevor sie nicht im Verlaufe einer vielleicht 20 Jahre dauernden Untersuchung vier oder fünf solcher wiederkehrenden Zyklen aufgezeichnet haben.

Das bedeutet weder, daß alle ökologischen Untersuchungen 20 Jahre in Anspruch nehmen müssen, noch, daß sich das Ergebnis bei jeder Verlängerung einer ökologischen Studie ändert. Aber es unterstreicht den großen Wert, den die wenigen bislang durchgeführten oder noch laufenden Langzeitstudien für die Ökologie haben.

1.2.2   Die Vielfalt ökologischer Beweisführung

Ökologische Nachweise entstammen einer Vielzahl unterschiedlicher Quellen. Letztendlich sind Ökologen an Organismen in ihrer natürlichen Umwelt interessiert (auch wenn das, was heute für viele Organismen die „natürliche" Umwelt darstellt, vom Menschen geschaffen wurde). Fortschritt wäre jedoch unmöglich, wenn ökologische Studien auf die „natürliche" Umwelt beschränkt wären. Und selbst in natürlichen Habitaten sind bei der Suche nach aussagekräftigen Ergebnissen oft unnatürliche Veränderungen (experimentelle Eingriffe) nötig.

Beobachtungen und Freiland-experimente

Viele ökologische Studien beinhalten eine sorgfältige *Beobachtung* und Überwachung der Abundanzänderung einer oder mehrerer Arten in der natürlichen Umwelt in zeitlicher oder räumlicher Dimension oder in beiden Dimensionen. Auf diese Weise können Ökologen gewisse Muster erkennen, wie zum Beispiel, daß das schottische Moorschneehuhn (ein Vogel, der zum „Jagdsport" geschossen wird) regelmäßige Abundanzzyklen mit Maxima in 4- bis 5jährigem Abstand zeigt oder daß die Vegetation einer Dünenlandschaft in eine Serie von Zonen eingeteilt werden kann. Aber Wissenschaftler hören an diesem Punkt nicht auf – die Muster fordern eine Erklärung. Eine vorsichtige Analyse der deskriptiven Daten kann mehrere plausible Erklärungen nahelegen. Doch ein Nachweis dessen, was die Muster bedingt, kann durchaus *manipulative Freilandexperimente* erfordern: Indem wir die Moorschneehühner von Darmparasiten befreien, die für die Zyklen verantwortlich sein sollen, und feststellen, ob die Zyklen bestehenbleiben (was sie nicht tun: Hudson et al., 1998), oder indem wir Probeflächen auf den Dünen mit Dünger behandeln und beobachten, ob die veränderten Vegetationsmuster veränderte Muster in der Bodenproduktivität widerspiegeln.

Vielleicht weniger naheliegend ist, daß Ökologen sich häufig auch Laborsystemen und sogar mathematischen Modellen zuwenden müssen. Beide haben in der Entwicklung der Ökologie eine entscheidende Rolle gespielt und werden dies mit Sicherheit auch weiterhin tun. Freilandexperimente sind fast zwangsläufig kostspielig und schwierig durchzuführen. Doch selbst wenn Zeit und Ausgaben keine Rolle spielen, können natürliche Freilandsysteme einfach zu komplex sein, um die Effekte der vielen darin ablaufenden Prozesse auseinander zu dividieren. Sind die Darmparasiten tatsächlich in der Lage, Reproduktion und Mortalität bei Moorschneehühnern zu beeinflussen? Welche der vielen Pflanzenarten in Sanddünen reagieren empfindlich auf Unterschiede in der Bodenproduktivität und welche sind relativ unempfindlich? *Kontrollierte Laborexperimente* stellen häufig den besten Ansatz dar, um solche spezifischen Fragen zu beantworten, die ihrerseits eine Schlüsselstellung bei der generellen Erklärung der komplexen Situation im Freiland einnehmen können.

**Labor-
experimente**

Aufgrund der Komplexität natürlicher ökologischer Lebensgemeinschaften kann es für einen Ökologen schlicht unangebracht sein, auf der Suche nach Verständnis direkt in die Materie einzutauchen. Wir könnten beispielsweise die Struktur und Dynamik einer bestimmten Lebensgemeinschaft mit 20 Tier- und Pflanzenarten verstehen wollen, die diverse Konkurrenten, Räuber, Parasiten und so weiter enthält (relativ gesehen eine Lebensgemeinschaft von bemerkenswerter Einfachheit). Doch ist das kaum realistisch, solange wir nicht ein grundlegendes Verständnis noch einfacherer Lebensgemeinschaften besitzen, die z. B. aus nur einer räuberischen Art und einer Beute-Art oder aus zwei konkurrierenden Arten oder (besonders ambitioniert) aus zwei Konkurrenten mit einem gemeinsamen Räuber bestehen. Hierfür ist es normalerweise angebracht, *einfache Laborsysteme* zu etablieren, die als Bezugsgröße oder Ausgangspunkt bei unserer Suche nach Verständnis dienen können.

**Einfache Labor-
systeme ...**

Doch braucht man nur jemanden zu fragen, der schon einmal versucht hat, Schmetterlingsraupen aus dem Ei oder eine Kohorte Stecklinge zur Entwicklung zu bringen, um zu verstehen, daß sich selbst die einfachsten Lebensgemeinschaften nicht leicht aufrechterhalten und vor der Invasion durch andere Arten, seien es Pathogene, Prädatoren oder Konkurrenten, bewahren lassen. Ebenso ist es keineswegs immer möglich, genau die spezifische, einfache und künstliche Lebensgemeinschaft zu schaffen, die einen interessiert, oder sie exakt den gewünschten Bedingungen oder Störungen auszusetzen. Deshalb können in vielen Fällen durch die Analyse *mathematischer Modelle* von Lebensgemeinschaften, die exakt nach Plan entworfen und manipuliert werden können, wertvolle Erkenntnisse gewonnen werden.

... und mathematische Modelle

Auch wenn ein wichtiges Ziel der Wissenschaft darin besteht, zu vereinfachen und dadurch die Komplexität der natürlichen Situation leichter verständlich zu machen, so ist es doch letztendlich die natürliche Umwelt, an der wir interessiert sind. Dementsprechend muß der Wert von Modellen oder einfachen Laborexperimenten immer daran gemessen werden, wieviel Licht sie auf die Prozesse in natürlichen Systemen werfen. Sie sind Mittel zum Zweck – niemals Selbstzweck. Wie alle Wissenschaftler müssen Ökologen „Einfachheit suchen, aber ihr mißtrauen" (Whitehead, 1953).

1.2.3   Statistik und wissenschaftliche Exaktheit

Es ist nie gut, über das Ziel hinauszuschießen. Jeder Wissenschaftler setzt sich dem Vorwurf der Humorlosigkeit aus, wenn er an populären Phrasen oder Sprichwörtern Anstoß nimmt. Trotzdem ist es nicht immer einfach, Sprüche hinzunehmen wie „es gibt Lügen, dicke Lügen und Statistik" oder „mit Statistik kann man alles beweisen". Das gilt vor allem dann, wenn diese Redewendungen von jenen als Rechtfertigung benutzt werden, die es nicht besser wissen und weiterhin in ihrem Glauben leben möchten, selbst wenn das Gegenteil erwiesen ist. Zweifellos wird Statistik manchmal *mißbraucht,* um zweifelhafte Schlußfolgerungen aus Datensammlungen zu ziehen, die tatsächlich entweder etwas ganz anderes oder vielleicht überhaupt nichts andeuten. Das ist jedoch kein Grund, Statistik grundsätzlich zu mißtrauen. Vielmehr ist es ein Grund, dafür zu sorgen, daß möglichst viele Leute zumindest in den Prinzipien wissenschaftlicher Nachweise und ihrer statistischer Analyse unterwiesen werden, um sie vor denen zu schützen, die möglicherweise ihre Ansichten manipulieren wollen.

Ökologie: Eine Suche nach Schlußfolgerungen, denen wir vertrauen können

Es ist nicht möglich, mit Statistik alles zu beweisen. Vielmehr gilt, daß man mit Statistik überhaupt nichts beweisen kann – denn dafür ist sie nicht geeignet. Statistische Analysen sind dagegen essentiell, wenn es darum geht, einen Grad der Sicherheit für unsere Schlußfolgerungen festzulegen. Die Ökologie befaßt sich, wie alle anderen Wissenschaften, nicht mit der Suche nach Aussagen, die als „richtig bewiesen sind", sondern nach Schlußfolgerungen, denen wir trauen können.

Was die Wissenschaft tatsächlich von anderen Aktivitäten unterscheidet – worauf ihre „Exaktheit" beruht – ist, daß sie nicht auf Äußerungen beruht, die bloße Behauptungen darstellen. Vielmehr stützt sie sich (1) auf Schlußfolgerungen, die das Ergebnis von Untersuchungen sind, die mit dem ausdrücklichen Zweck durchgeführt wurden, jene Schlußfolgerungen zu erlangen. Wie wir gesehen haben, gibt es eine große Bandbreite verschiedener Untersuchungsmethoden. Darüber hinaus basiert Wissenschaft (2), und das ist noch wichtiger, auf Schlußfolgerungen, denen ein Grad an Sicherheit zugeordnet werden kann, der auf einer allgemein akzeptierten Skala gemessen wird. Diese Punkte werden in den Fenstern 1.2 (die Interpretation von Wahrscheinlichkeiten und P-Werten) und 1.3 (Ergebnisse verläßlich machen) weiter vertieft.

Ökologen müssen vorausdenken

Statistische Analysen werden nach der Sammlung von Daten vorgenommen und helfen uns, diese zu interpretieren. Es gibt aber keine wirklich gute Wissenschaft ohne Voraussicht. Wie alle Wissenschaftler müssen auch Ökologen wissen, was sie tun und warum sie etwas tun, und zwar *während* sie es tun. Im

Fenster 1.2 – Quantitative Aspekte

Die Interpretation von Wahrscheinlichkeiten

P-Werte

Der Begriff, der am Ende eines statistischen Tests am häufigsten verwandt wird, um die Präzision einer gezogenen Schlußfolgerung zu messen, ist der *P*-Wert oder die Irrtumswahrscheinlichkeit. Es ist wichtig zu verstehen, worum es sich dabei handelt. Man stelle sich vor, wir wollten feststellen, ob hohe Abundanzen eines bestimmten Schadinsekts im Sommer mit hohen Temperaturen im vorangegangenen Frühjahr zusammenhängen. Als Daten stehen jeweils die Abundanz der Insekten im Sommer und die mittlere Frühjahrstemperatur für eine Anzahl von Jahren zur Verfügung. Am Anfang wissen wir nicht, ob da ein Zusammenhang besteht. Aber wir hoffen, daß die statistische Analyse unserer Daten hilft, mit einem bestimmten Grad an Sicherheit zu schließen, daß entweder ein Zusammenhang vorliegt, oder aber, daß es keinen Grund gibt, an einen solchen zu glauben (Abb. 1.3).

Nullhypothesen

Um einen statistischen Test durchzuführen, brauchen wir zunächst eine *Nullhypothese*. Das heißt in diesem Fall nichts weiter, als daß wir von der Vermutung ausgehen, es gäbe keinen Zusammenhang zwischen Insektenabundanz und Temperatur (daß hier kein Zusammenhang besteht, *ist* die Nullhypothese). Der statistische Test gibt dann (in einfachen Worten) die Wahrscheinlichkeit (den *P*-Wert) an, einen Datensatz wie den unseren zu erhalten, wenn die Nullhypothese richtig ist.

Nehmen wir an, die Daten sehen so aus wie in Abbildung 1.3a. Die Wahrscheinlichkeit, die ein Assoziationstest mit diesen Daten berechnet, beträgt $P = 0,5$ (entsprechend 50 %).

Wenn die Nullhypothese wirklich korrekt ist, wenn also kein Zusammenhang besteht, würde das bedeuten, daß 50 % aller Untersuchungen wie der unseren genau einen solchen Datensatz hervorbringen oder einen, der sogar noch weiter von der Nullhypothese entfernt ist. Wenn kein Zusammenhang bestehen würde, wäre es natürlich nicht besonders bemerkenswert, solche Daten wie unsere zu bekommen. Auf den Punkt gebracht, würden wir kein Vertrauen in die Behauptung haben, es *gäbe* einen Zusammenhang.

Nehmen wir dagegen an, die Daten sehen so aus wie in Abbildung 1.3b, mit denen ein *P*-Wert von $P = 0,001$ (0,1 %) berechnet wurde. Das würde bedeuten, daß ein solcher Datensatz (oder einer, der noch weiter von der Nullhypothese entfernt ist), in nur 0,1 % – in einer von 1000 – vergleichbarer Studien zu erwarten wäre, falls es wirklich keinen Zusammenhang gäbe. Mit anderen Worten, es ist entweder etwas sehr Unwahrscheinliches geschehen oder es *gibt tatsächlich* einen Zusammenhang zwischen Insektenabundanz und Frühjahrstemperatur. Da wir definitionsgemäß das Vorkommen hochgradig unwahrscheinlicher Ereignisse nicht erwarten, können wir somit mit hoher Sicherheit schließen, daß *tatsächlich* ein Zusammenhang zwischen Abundanz und Temperatur *vorlag*.

Signifikanztests

Sowohl 50 % als auch 0,1 % machen allerdings die Sache für uns einfach. Wo jedoch soll man zwischen den beiden Werten die Trennungslinie ziehen? Darauf gibt es keine objektive Antwort, und so haben Wissenschaftler und Statistiker eine Konvention über *Signifikanztests* aufgestellt, die besagt, daß Resultate als statistisch signifikant be-

Fenster 1.2 – *(Fortsetzung)*

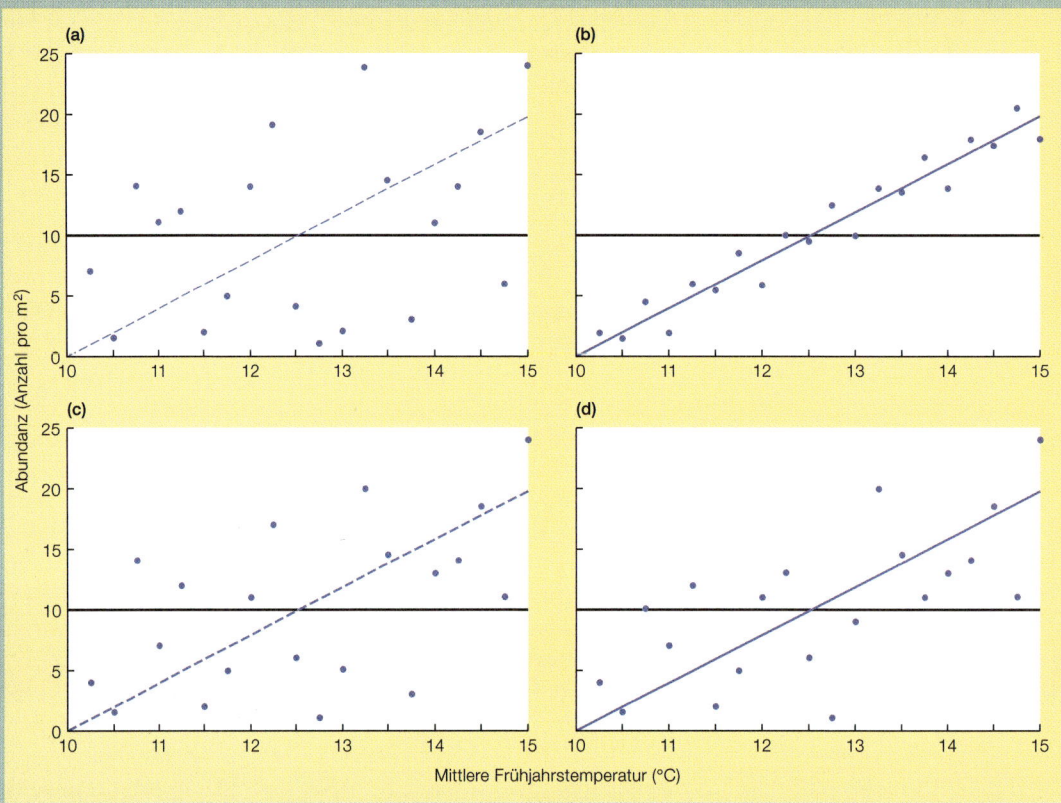

Abbildung 1.3
Die Ergebnisse von vier hypothetischen Untersuchungen zum Zusammenhang zwischen der Abundanz eines Schadinsektes im Sommer und der mittleren Temperatur des vorangegangenen Frühjahrs. Die Punkte repräsentieren jeweils die in der Untersuchung erhobenen Daten. Waagerechte Linien repräsentieren die Nullhypothese – daß kein Zusammenhang zwischen Abundanz und Temperatur vorliegt und daher der beste Schätzwert für die Abundanz der Insekten, unabhängig von der Frühjahrstemperatur, die über alles gemittelte Abundanz der Insekten ist. Die zweite Linie ist die *Gerade der besten Anpassung* an die Daten, die in allen vier Fällen nahelegt, daß die Abundanzen steigen, wenn die Temperatur steigt. Ob wir jedoch mit Sicherheit schlußfolgern können, daß die Abundanz mit der Temperatur steigt, hängt, wie im Text erklärt, von dem Ergebnis statistischer Tests ab, denen die Daten unterzogen werden: (a) Die Annahme eines Zusammenhangs wird nur schwach unterstützt ($P = 0{,}5$). Es gibt keinen Grund zu folgern, daß die tatsächliche Beziehung von jener abweicht, welche die Nullhypothese vorschlägt, und dementsprechend keinen Grund anzunehmen, daß die Abundanz in einer Beziehung zur Temperatur steht. (b) Der Zusammenhang ist deutlich ($P = 0{,}001$), und wir können mit Sicherheit folgern, daß die Abundanz mit der Temperatur steigt. (c) Das Ergebnis zeigt einen deutlichen Trend ($P = 0{,}1$), aber es kann nicht sicher geschlossen werden, daß die Abundanz mit der Temperatur steigt. (d) Das Ergebnis unterscheidet sich nicht sehr von dem in (c), doch deutlich genug ($P = 0{,}04$, d. h., $P < 0{,}05$), um die Schlußfolgerung, daß die Abundanz mit der Temperatur steigt, als sicher anzunehmen.

zeichnet werden und dem untersuchten Effekt vertraut werden kann (in unserem Falle dem Zusammenhang zwischen Abundanz und Temperatur; Abb. 1.3d), wenn P kleiner als 0,05 (5 %) ist, geschrieben $P < 0,05$. Wenn dagegen $P > 0,05$ ist, läßt sich das Ergebnis nicht statistisch sichern (Abb. 1.3c). Eine weiterführende Konvention beschreibt Resultate mit $P < 0,01$ oft als hoch signifikant.

„Nichtsignifikante" Ergebnisse?

Natürlich sind einige Effekte stark (beispielsweise besteht eine deutliche Beziehung zwischen Gewicht und Körpergröße von Personen), und andere wiederum sind schwach (die Beziehung zwischen dem Gewicht einer Person und ihrem Risiko, eine Herzkrankheit zu bekommen, ist real, aber schwach, weil das Gewicht nur einer von vielen Faktoren ist und nicht über die gesamte Spannbreite zutreffend ist). Um einen schwachen Effekt zu stützen, werden mehr Daten benötigt als für einen starken. Daraus ergibt sich eine ziemlich offenkundige, aber sehr wichtige Schlußfolgerung: Ein P-Wert von mehr als 0,05 (Fehlen statistischer Signifikanz) kann in einer ökologischen Studie zwei Gründe haben:

1. Es besteht kein Effekt von ökologischer Bedeutung.

2. Es liegen zu schlechte oder nicht genügend Daten vor, um einen Effekt zu beweisen, obwohl er existiert, möglicherweise, weil der Effekt zwar existiert, aber so schwach ist, daß erhebliche Datenmengen nötig wären, um ihn zu belegen.

Nennung von P-Werten

Wenn man die Konvention strikt und dogmatisch anwendet, bedeutet das folglich, daß bei $P = 0,06$ die Schlußfolgerung sein sollte, „es gibt keinen Effekt", während bei $P = 0,04$ die Schlußfolgerung gezogen wird, „es liegt ein signifikanter Effekt vor". Es bedarf jedoch nur sehr kleiner Änderungen der Daten, um aus einem P-Wert von 0,04 einen von 0,06 werden zu lassen. Deswegen ist es viel besser, exakte P-Werte zu nennen, insbesondere wenn sie 0,05 überschreiten. Insbesondere legen P-Werte, die dicht um, aber nicht unter 0,05 liegen, nahe, daß irgend etwas vorliegt und zeigen mehr als alles andere an, daß mehr Daten gesammelt werden müssen, damit unsere Schlußfolgerungen vertrauenswürdiger werden.

Im gesamten Buch werden ganz unterschiedliche Arten von Untersuchungen beschrieben, wobei den Ergebnissen oft P-Werte zugeordnet werden. Da dies ein Lehrbuch ist, sind die einzelnen Arbeiten ausgewählt worden, weil deren Resultate signifikant sind. Dennoch ist es wichtig, im Gedächtnis zu behalten, daß die wiederholten Angaben $P < 0,05$ und $P < 0,01$ bedeuten, daß es sich um Untersuchungen handelt, für die (1) ausreichende Daten erhoben wurden, um eine Schlußfolgerung mit hoher Sicherheit ziehen zu können, und bei denen (2) diese Sicherheit durch gemeinhin akzeptierte Methoden (statistische Tests) erworben und (3) auf einer gemeinhin akzeptierten und interpretierbaren Skala gemessen wurden.

Grunde ist das offensichtlich: Keiner wird erwarten, daß Ökologen ihre Arbeit in einer Art Trance verrichten. Aber es ist vielleicht weniger offensichtlich, daß Ökologen wissen sollten, wie sie ihre Daten statistisch analysieren werden, und zwar nicht erst, nachdem sie sie zusammengetragen haben oder während sie sie sammeln, sondern vielmehr *bevor* sie überhaupt anfangen, Daten zu erheben. Ökologen müssen planen, um sicher zu sein, daß sie die richtigen Daten und eine ausreichende Menge von Daten erhoben haben, damit sie jene Fragen angehen können, auf die sie sich eine Antwort erhoffen.

Fenster 1.3 – Quantitative Aspekte

Ergebnisse verläßlich machen

Standardfehler und Vertrauensbereiche

Ergänzend zu Fenster 1.2 gibt es eine weitere Möglichkeit, die Signifikanz und Sicherheit von Resultaten zu bewerten, und zwar durch die Angabe von Standardfehlern (standard errors). Einfach ausgedrückt erlauben statistische Tests oft, Standardfehler entweder Mittelwerten, die aus einem Datensatz berechnet wurden, oder aber Steigungen von Geraden wie der in Abbildung 1.3 zuzuordnen. Solche Mittelwerte oder Steigungen können bestenfalls nur Schätzwerte von „wahren" Mittelwerten oder wahren Steigungen sein, weil sie aus Datensätzen berechnet werden, die selbst nur Stichproben von allen denkbaren Datenpunkten sind, die gesammelt werden könnten. Der Standardfehler legt einen Bereich um den geschätzten Mittelwert (oder die Steigung etc.) fest, innerhalb dessen der wahre Mittelwert mit einer gegebenen festgesetzten Wahrscheinlichkeit liegt. Insbesondere liegt mit einer Wahrscheinlichkeit von 95 % der wahre Mittelwert innerhalb etwa zweier Standardfehler des geschätzten Mittelwertes: Dieser Bereich ist der *95-%-Vertrauensbereich (confidence interval)* (aus Gründen der Einfachheit werden wir annehmen, es wären genau 2 Standardfehler.)

Angenommen, wir haben zwei Beobachtungsreihen, jede mit einem eigenen Mittelwert (beispielsweise die Anzahl von Samen, die von Pflanzen an zwei Standorten produziert wurden – Abb. 1.4), dann erlaubt uns der Standardfehler festzustellen, ob sich die Mittelwerte statistisch signifikant voneinander unterscheiden. Genauer gesagt gilt ganz allgemein, daß der Unterschied zwischen beiden Reihen statistisch signifikant mit $P < 0,05$ ist, wenn jeder Mittelwert mehr als zwei Standardfehler vom anderen Mittelwert entfernt ist. Folglich könnte für die Untersuchung, die in Abbildung 1.4a gezeigt ist, nicht mit Sicherheit der Schluß gezogen werden, daß sich die Pflanzen an den beiden Standorten in ihrer Samenproduktion unterscheiden. In der zweiten Untersuchung dagegen, die in Abbildung 1.4b dargestellt ist, sind zwar die Mittelwerte etwa identisch mit denen der ersten Untersuchung und damit etwa gleich weit entfernt, aber die Standardfehler sind geringer. Dementsprechend ist der Unterschied zwischen den Mittelwerten signifikant ($P < 0,05$), und wir können mit Sicherheit annehmen, daß sich die Pflanzen beider Standorte unterscheiden.

Wann sind Standardfehler klein?

Schließlich ist die Feststellung wichtig, daß die großen Standardfehler in der ersten Untersuchung und damit das Fehlen statistischer Signifikanz ihren Grund darin haben

Ökologen geht es normalerweise darum, Schlußfolgerungen für Gruppen von Organismen insgesamt zu ziehen: Wie hoch ist die Geburtsrate der Bären im Yellowstone Park? Welche Dichte haben Unkräuter in Weizenfeldern? Wie hoch ist die Rate der Stickstoffaufnahme von Baumschößlingen in einer Baumschule? Dabei kann nur selten jedes Individuum einer Gruppe oder die gesamte Untersuchungsfläche geprüft werden. Wir sind deshalb auf hoffentlich *repräsentative* Stichproben einer Gruppe oder eines gesamten Habitats angewiesen. Selbst wenn wir tatsächlich eine ganze Gruppe untersuchen (wir können z. B.

Ökologie beruht auf repräsentativen Stichproben

könnten, daß die Daten, aus welchem Grund auch immer, variabler waren. Möglicherweise sind in der ersten Untersuchung aber auch nur von einer geringeren Anzahl Pflanzen Stichproben genommen worden als in der zweiten Studie. Standardfehler sind kleiner und statistische Signifikanz ist leichter zu erlangen, *sowohl* (1) wenn die Daten einheitlicher (weniger variabel) *als auch* (2) wenn mehr Daten verfügbar sind.

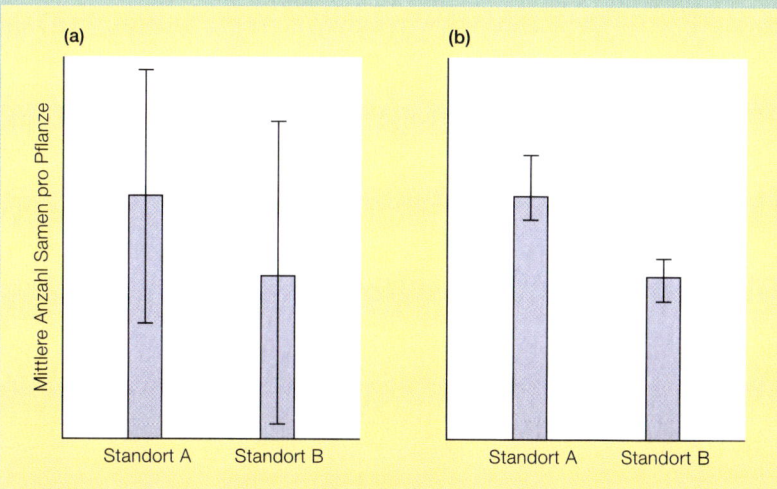

Abbildung 1.4
Die Ergebnisse zweier hypothetischer Untersuchungen, in denen die Samenproduktion von Pflanzen an zwei unterschiedlichen Standorten verglichen wurde. Die Höhe der Balken repräsentiert jeweils die mittlere Samenproduktion der Stichprobe untersuchter Pflanzen, und die Linien, welche diesen Mittelwert kreuzen, zeigen in ihrer Spannbreite einen Standardfehler nach oben und unten an: (a) Zwar unterscheiden sich die Mittelwerte, doch sind auch die Standardfehler relativ groß, und der Schluß, daß sich die Samenproduktion an den Standorten unterscheidet, wäre nicht abgesichert ($P = 0{,}4$). (b) Die Unterschiede der Mittelwerte sind denen in (a) sehr ähnlich, doch sind die Standardfehler viel kleiner, und es kann mit Sicherheit angenommen werden, daß sich die Pflanzen beider Standorte hinsichtlich ihrer Samenproduktion unterschieden ($P < 0{,}05$).

Fenster 1.4 – Quantitative Aspekte

Stichprobennahme, Exaktheit und statistische Schärfe

Die Diskussion in Fenster 1.2 und 1.3 darüber, wann Standardfehler klein oder groß sind oder wann unsere Sicherheit bezüglich einer Schlußfolgerung hoch oder niedrig ist, ist nicht nur von Bedeutung für die Analyse und Interpretation von Daten, nachdem sie gesammelt wurden. Sie enthält auch eine grundsätzliche Aussage über die Planung der Datenaufnahme.

Bei einem Probennahmeprogramm gilt es, einige Kriterien zu beachten (Abb. 1.5):

- Der Schätzwert sollte exakt oder frei von systematischen Fehlern sein: d. h. weder systematisch zu hoch noch zu niedrig aufgrund eines Fehlers im Probennahmeprogramm.
- Der Schätzwert sollte ein so geringes Konfidenzintervall haben (so scharf sein) wie möglich.
- Die Zeit, das Geld und der Arbeitsaufwand, die in das Probennahmeprogramm investiert werden, sollten so effektiv wie möglich eingesetzt werden (weil diese Ressourcen immer begrenzt sind).

Zufallsstichprobe und geschichtete Stichprobennahme

Um diese Kriterien zu verstehen, bedarf es der Betrachtung eines weiteren hypothetischen Beispiels. Angenommen, wir wären daran interessiert, die Dichte eines bestimmten Unkrauts, z. B. von Wildem Hafer, in einem Weizenfeld zu erfassen. Um einen systematischen Fehler *(bias)* zu vermeiden, ist es notwendig sicherzustellen, daß jeder Teil des Weizenfeldes die gleiche Chance erhält, einbezogen zu werden. Die Punkte der Stichprobennahme sollten daher zufällig ausgewählt werden. Wir können dazu beispielsweise ein Feld in ein vermessenes Gitternetz einteilen. Dann können wir Koordinatenpaa-

re zufällig herausgreifen und die Pflanzen des Wilden Hafers innerhalb eines 50-cm-Radius um den ausgewählten Punkt im Gitternetz zählen. Diese von einem systematischen Fehler freie Methode kann einem Plan gegenübergestellt werden, bei dem Wilder Hafer nur zwischen den Reihen der Weizenpflanzen gesammelt wird, was zu einem zu hohen Schätzwert führt, oder man kann Stichproben innerhalb der Reihen entnehmen, was dann einen zu niedrigen Schätzwert zur Folge hat (Abb. 1.5a).

Man beachte, daß zufällige Stichproben nicht um ihrer selbst willen entnommen werden, sondern weil eine zufällige Stichprobennahme ein Mittel ist, wirklich repräsentative Stichproben zu erhalten. Allerdings können zufällig gewählte Probennahmepunkte durch Zufall und für uns nicht erkennbar in einem bestimmten Teil des Feldes konzentriert sein, der nicht repräsentativ für das Feld insgesamt ist. Darum ist es oft vorzuziehen, eine *geschichtete zufällige Stichprobennahme (stratified random sampling)* durchzuführen. Dazu muß in diesem Fall das Feld in eine Reihe von gleich großen Teilen *(Schichten)* aufgeteilt werden und eine zufällige Stichprobennahme in jedem einzelnen erfolgen. Auf diese Weise ist das ganze Feld gleichmäßiger abgedeckt, ohne daß dadurch ein systematischer Fehler durch Auswahl bestimmter Probennahmepunkte auftritt.

Auftrennung in Untergruppen und gezielter Aufwand

Nehmen wir einmal an, eine Hälfte des Feldes liegt an einem Südosthang und die andere Hälfte an einem Südwesthang, und wir wissen, daß dieser Aspekt (in welcher Richtung der Hang liegt) die Unkrautdichte deutlich beeinflußt. Zufällige Stichprobennahmen (oder geschichtete zufällige Stichprobennahmen) sollten zwar einen Schätzwert der Dichte für das gesamte Feld ergeben, der frei ist von systematischen Fehlern, doch wird für einen gegebenen Untersuchungsaufwand der Vertrauensbereich unnötig groß sein. Warum das so ist, zeigt Abbildung 1.5b. Die einzelnen Werte der Stichproben fallen in zwei Gruppen, die auf der Dichteskala in einem beträchtlichen Abstand voneinander liegen: Die Dichte ist hoch am Südwesthang, aber niedrig (meist Null) am Südosthang. Der geschätzte Mittelwert für die Dichte liegt nahe am wahren Mittelwert

(er ist exakt), aber die Variation zwischen Stichproben führt zu einem sehr großen Vertrauensbereich (er ist nicht sehr scharf).

Wenn wir jedoch die Unterschiede zwischen den beiden Hängen von vornherein berücksichtigen und sie von Anfang an getrennt behandeln, erhalten wir Mittelwerte, die für beide einen viel kleineren Vertrauensbereich besitzen. Wenn wir darüber hinaus den Mittelwert dieser Mittelwerte bilden und ihre Vertrauensbereiche kombinieren, um zu einem Schätzwert des ganzen Feldes zu gelangen, ist auch dieser Vertrauensbereich viel kleiner als der vorherige (Abb. 1.5b).

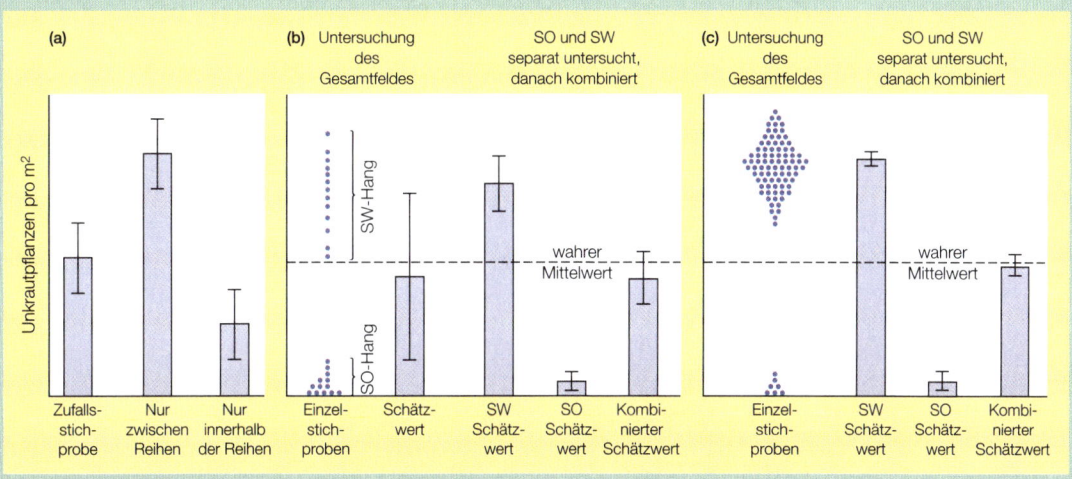

Abbildung 1.5
Die Ergebnisse hypothetischer Probennahmen zur Bestimmung der Unkrautdichte in einem Weizenfeld: (a) Die drei Untersuchungen haben die gleiche statistische Schärfe (95 % Vertrauensbereiche), doch ist nur die erste (mit randomisierter Stichprobennahme) exakt. (b) In der ersten Untersuchung fallen die einzelnen Stichproben von verschiedenen Teilen des Feldes (Südosten und Südwesten) in zwei Gruppen (links); dementsprechend ist der Schätzwert, obwohl er exakt ist, statistisch nicht scharf (rechts). In der zweiten Studie sind die getrennt für den Südosten und Südwesten des Feldes vorgenommenen Schätzungen sowohl exakt als auch statistisch scharf – was auch für den kombinierten Schätzwert für das Feld insgesamt gilt. (c) Abgeleitet aus (b) ist nun der meiste Probennahmeaufwand auf den Südwesten des Feldes gerichtet, was den Vertrauensbereich dort reduziert, während kaum eine Auswirkung auf den Vertrauensbereich für den Südosten des Feldes besteht. Der Vertrauensbereich für den kombinierten Schätzwert ist dementsprechend verkleinert und die statistische Schärfe erhöht.

Fenster 1.4 – *(Fortsetzung)*

Es stellt sich die Frage, ob unser Aufwand mit gleich großen Stichprobenumfängen an beiden Hängen vernünftig war angesichts der Tatsache, daß es zahlreiche Wildkräuter am Südwesthang gab und eigentlich überhaupt keine am Südosthang. Die Antwort ist Nein. Man muß bedenken, daß kleine Vertrauensbereiche aus einer Kombination von großen Mengen von Datenpunkten *und* geringer Variabilität zwischen den Datenpunkten entstehen (Fenster 1.3). Wenn sich dementsprechend unser Aufwand vorwiegend auf die Stichprobennahme am Südwesthang gerichtet hätte, würde die erhöhte Menge an Datenpunkten den Vertrauensbereich deutlich verkleinern (Abb. 1.5c). Demge-genüber würde ein geringerer Stichprobenumfang vom Südosthang nur einen sehr kleinen Unterschied in seinem Vertrauensbereich bewirken, eben wegen der geringen Variabilität zwischen den Datenpunkten dort. Sorgfältige, zielgerichtete Planung des Probennahmeprogramms kann eine eindeutige Zunahme der Gesamtschärfe bei einem vorgegebenen Einsatz an Aufwand bewirken. Überhaupt sollten Probennahmeprogramme, wenn möglich, biologisch unterscheidbare Untergruppen berücksichtigen (wie männliche und weibliche, alte und junge Individuen etc.) und sie getrennt behandeln, aber innerhalb dieser Untergruppen die Stichproben randomisiert entnehmen.

in einem kleinen Teich jeden Fisch untersuchen), wollen wir daraus wahrscheinlich eine allgemeine Schlußfolgerung ziehen: Wir hoffen, daß die Fische in „unserem" Teich eine generelle Aussage über Fische dieser Art in einem Teich wie diesem zulassen. Kurz gesagt, beruht Ökologie darauf, sich aus repräsentativen Proben *Schätzwerte* zu verschaffen. Sowohl dies als auch die Beziehung zur statistischen Interpretation sind in Fenster 1.4 dargelegt.

1.3   Ökologie in der Praxis

In den vorangegangenen Abschnitten haben wir im allgemeinen dargelegt, wie ökologisches Verständnis erreicht und benutzt werden kann, etwas über ökologische Systeme vorherzusagen, sie zu managen und zu regulieren. In der Praxis der Ökologie ist dies allerdings leichter gesagt als getan. Um die tatsächlichen Probleme zu entdecken, mit denen Ökologen zu tun haben, und Lösungsansätze zu finden, sollte man am besten einige tatsächlich existierende Forschungsprogramme etwas genauer betrachten. Beim Lesen der folgenden Beispiele sollte man besonders darauf achten, wie diese die folgenden drei Hauptpunkte erhellen – (1) ökologische Phänomene kommen auf verschiedenen Ebenen vor; (2) ökologische Aussagen entspringen verschiedenen Quellen; (3) Ökologie stützt sich auf wissenschaftliche Nachweise und die Anwendung von Statistik. Jedes andere Kapitel in diesem Buch wird Beschreibungen ähnlicher Studien enthalten, allerdings im Rahmen eines systematischen Überblicks über die treibenden Kräfte in der Ökologie (Kap. 2–11) oder die Anwendung dieser Kenntnis zur Lösung der Probleme (Kap. 12–14). Im Moment geben wir uns damit zufrieden zu verstehen, auf welche Weise vier Forschergruppen vorgegangen sind.

1.3.1 Die Europäische Forelle in Neuseeland – Einflüsse auf Individuen, Populationen, Lebensgemeinschaften und Ökosysteme

Es ist selten, daß eine Studie mehr als zwei der vier Ebenen in der biologischen Hierarchie (Individuen, Populationen, Lebensgemeinschaften, Ökosysteme) umfaßt. Für den größten Teil des 20. Jahrhunderts folgten Ökologen, die auf verschiedenen Ebenen arbeiteten, häufig unterschiedlichen Wegen und stellten unterschiedliche Fragen. Dabei handelte es sich um Ökophysiologen und Verhaltensökologen, die beide auf der Ebene von Individuen arbeiten, Ökologen, die sich mit der Dynamik von Populationen beschäftigen, und Ökologen, die Lebensgemeinschaften oder Ökosysteme untersuchen. Es kann jedoch kein Zweifel daran bestehen, daß unser Verständnis letztlich deutlich gesteigert wird, wenn die Verbindungen zwischen all diesen Ebenen herausgearbeitet werden. Dieser Punkt kann an einer Untersuchung zum Einfluß eines faunenfremden Fisches nach seiner Einführung in verschiedene Flüsse Neuseelands deutlich gemacht werden.

Hochgeschätzt als Herausforderung für Angler ist die Europäische Forelle *(Salmo trutta)* von ihrem Ursprungsgebiet in Europa in die ganze Welt transportiert worden. In Neuseeland wurde sie ab 1867 eingeführt, wo dauerhafte Populationen nun in vielen Bächen, Flüssen und Seen vorkommen. Bis vor kurzem haben sich nur wenige Menschen für die einheimische, neuseeländische Fisch- und Wirbellosenfauna interessiert, und dementsprechend liegen über Veränderungen in der Ökologie einheimischer Arten seit der Einführung der Forellen nur wenige Informationen vor. Immerhin haben die Forellen nur bestimme Wasserläufe besiedelt. Wir können also eine Menge lernen, indem wir

(a) (b)

Abbildung 1.6
(a) Eine Europäische Forelle und (b) ein Hechtling (Galaxiidae) in einem Fluß Neuseelands. Versteckt sich der Hechtling vor dem eingeführten Räuber? (Fotos: Angus McIntosh)

die gegenwärtige Ökologie von Wasserläufen, die Forellen enthalten, mit solchen vergleichen, die durch bestimmte nicht-wandernde einheimische Fische der Gattung *Galaxias* (Abb. 1.6) bewohnt werden.

Die Ebene des Individuums – Konsequenzen für das Freßverhalten von Wirbellosen

Die Nymphen von Eintagsfliegen verschiedenster Arten weiden im allgemeinen mikroskopisch kleine Algen ab, die in den Bachbetten von Neuseelands Wasserläufen leben. Aber es gibt einige bemerkenswerte Unterschiede in ihrem Aktivitätsrhythmus, je nachdem ob sie in *Galaxias*-Bächen oder Forellenbächen leben. In einem Experiment zeigten Nymphen, die aus Forellenbächen in kleine künstliche Durchflußkanäle im Labor umgesetzt wurden, tagsüber geringere Aktivität als nachts. Dagegen waren Nymphen, die in *Galaxias*-Bächen gesammelt worden waren, in diesen Kanälen sowohl tag- als auch nachtaktiv (Abb. 1.7a). In einem weiteren Experiment wurden künstliche Durchflußkanäle in einen natürlichen Bach eingesetzt und die Individuen einer anderen Eintagsfliegenart erfaßt, die bei Tageslicht an der Oberfläche großer Kieselsteine sichtbar waren. Drei Behandlungen wurden jeweils dreimal wiederholt – ohne Fische im Kanal, bei Anwesenheit von Forellen und bei Anwesenheit von *Galaxias*. Die Tagaktivität wurde signifikant durch die Gegenwart beider Fischarten eingeschränkt – aber in einem größeren Ausmaß, wenn es sich dabei um Forellen handelte (Abb. 1.7b).

Abbildung 1.7
(a) Mittlere Anzahl (± Standardfehler) an Eintagsfliegennymphen der Art *Nesameletus ornatus,* die entweder aus Forellenbächen oder aber aus *Galaxias*-Bächen stammten, und die in Videoauswertungen auf der Substratoberfläche von künstlichen Durchflußkanälen im Labor während des Tages und der Nacht erfaßt worden waren (in Abwesenheit von Fischen) (nach McIntosh & Townsend, 1994).
(b) Mittlere Anzahl (± Standardfehler) an *Deleatidium* Eintagsfliegennymphen, die am späten Nachmittag auf der Oberfläche von großen Kieseln in künstlichen Durchflußkanälen (die in echte Bäche eingesetzt waren) beobachtet wurden, wobei die Durchflußkanäle entweder keine Fische, Forellen oder *Galaxias* enthielten (nach McIntosh & Townsend, 1996).
In (a) sind die Nymphen aus dem Forellenbach nachts statistisch signifikant aktiver als tagsüber, während es bei Nymphen aus dem *Galaxias*-Bach keine tageszeitlichen Aktivitätsunterschiede gibt. Bei (b) waren in den Forellenkanälen tagsüber signifikant weniger *Deleatidium* zu sehen.

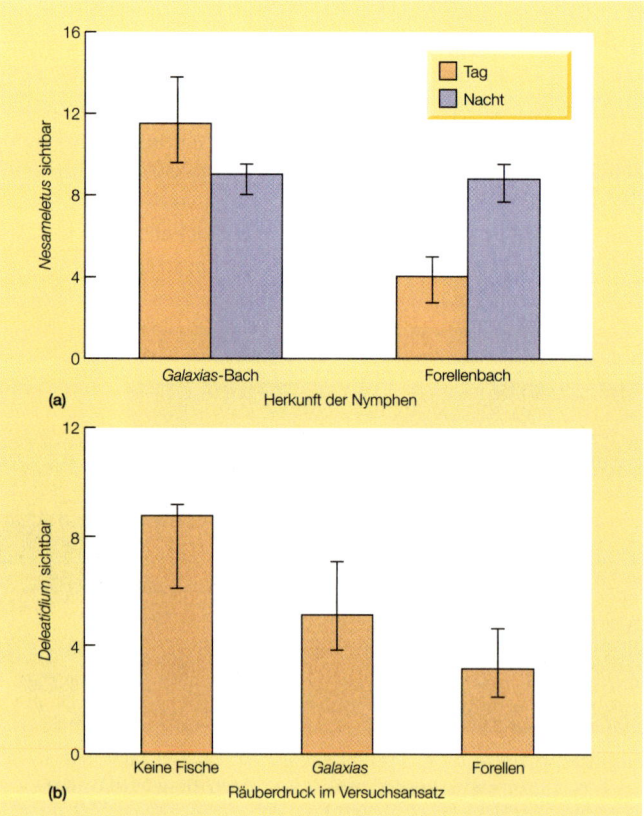

Diese Unterschiede im Aktivitätsmuster spiegeln die Tatsache wider, daß Forellen beim Beutefang auf visuelle Stimuli angewiesen sind, während *Galaxias* auf mechanische Reize reagiert. Daher sind Wirbellose in einem Forellenbach während der Tagesstunden einem beträchtlich höheren Prädationsrisiko ausgesetzt. Und diese Ergebnisse sind um so robuster, als sie sich sowohl auf leicht kontrollierbare Bedingungen im Laborexperiment stützen als auch von realistischeren, wenn auch variableren Verhältnissen im Feldexperiment stammen.

Im Taieri-Fluß in Neuseeland wurden, auf geschichtete Weise durch randomisierte Wahl von Wasserläufen ähnlicher Dimension, drei Nebenflüsse (acht Teileinzugsgebiete) mit 198 Standorten ausgewählt. Besondere Sorgfalt wurde darauf verwendet, nicht der Versuchung zu erliegen, Standorte mit einfachem Zugang zu wählen (in der Nähe von Straßen oder Brücken), da eine solche Wahl möglicherweise zu einem systematischen statistischen Fehler der Resultate geführt hätte. Die Standorte wurden nach vier Gesichtspunkten des Fischbesatzes klassifiziert: (1) keine Fische, (2) nur *Galaxias*, (3) nur Forellen oder (4) sowohl *Galaxias* als auch Forellen vorhanden. Für jeden Standort wurde eine Reihe von physikalischen Variablen gemessen (Wassertiefe, Fließgeschwindigkeit, Phosphorkonzentration im fließenden Wasser, prozentualer Anteil des Bachbettes, der aus Kieseln besteht etc.). Ein statistisches Verfahren, die *multiple Diskriminanzanalyse,* wurde dann benutzt, um festzustellen, ob und in welchen physikalischen Parametern sich die verschiedenen Standorttypen voneinander unterscheiden. Mittelwerte und Standardfehler dieser Schlüsselparameter des Lebensraumes sind in Tabelle 1.1 wiedergegeben.

Forellen traten fast immer unterhalb von Wasserfällen auf, die groß genug waren, um eine stromaufwärts gerichtete Wanderung zu verhindern. Sie waren vorwiegend in niedrigen Höhenlagen verbreitet, weil sich jene Standorte, die keine Wasserfälle stromabwärts hatten, fast ausschließlich in niedrigen Höhenstufen fanden. Standorte, an denen *Galaxias* vorkam (oder gar keine Fische), lagen immer stromaufwärts von einem oder mehreren großen Wasserfällen. Die

Die Populationsebene – die Europäische Forelle und die Verbreitung einheimischer Fische

Tabelle 1.1   Mittelwerte und Standardfehler (in Klammern) für wichtige Diskriminanz-Variablen, die Standorttypen (An- bzw. Abwesenheit von Fischarten) an 198 Standorten des Taieri-Flusses bestimmten (aus Townsend & Crowl, 1991)

Standorttyp	Anzahl der Standorte	Variable*		
		Anzahl der Wasserfälle flußabwärts	Meereshöhe (Meter über dem Meeresspiegel)	Prozentualer Anteil des aus Kieseln bestehenden Flußbettes
Kein Fisch	54	4,37 (0,64)	339 (31)	15,8 (2,3)
Nur Europäische Forelle	71	0,42 (0,05)	324 (28)	18,9 (2,1)
Nur *Galaxias*	64	12,3 (2,05)	567 (29)	22,1 (2,8)
Forelle + *Galaxias*	9	0,0 (0)	481 (53)	46,7 (8,5)

* Standardfehler in Klammern

25

wenigen Standorte, an denen es sowohl Forellen als auch *Galaxias* gab, befanden sich unterhalb von Wasserfällen in mittleren Höhenlagen und in Gebieten mit grobkieseligen Flußbetten. Die mangelnde Stabilität dieser Bachbetten mag die Koexistenz der beiden Arten (in jeweils geringer Dichte) begünstigt haben. Diese deskriptive Studie auf der Populationsebene nutzt ein „natürliches" Experiment (Bäche, in denen Forellen oder *Galaxias* zufällig vorkommen), um die Auswirkung der Einführung von Forellen zu bestimmen. Der wahrscheinlichste Grund für die Beschränkung von *Galaxias*-Populationen auf Standorte oberhalb von Wasserfällen, die von Forellen nicht überwunden werden können, besteht in der direkten Prädation an einheimischen Fischen durch Forellen unterhalb der Wasserfälle (eine einzige kleine Forelle in einem Laboraquarium hat nachweislich 135 *Galaxias*-Jungfische an einem Tag konsumiert).

Die Lebensgemeinschaft – die Europäische Forelle verursacht einen Dominoeffekt

Daß ein faunenfremder Prädator wie die Forelle direkte Einflüsse auf die Verbreitung von *Galaxias* oder das Verhalten von Eintagsfliegen ausübt, ist nicht überraschend. Man kann jedoch fragen, ob diese Veränderungen Folgen für die Lebensgemeinschaft haben, die sich kaskadenartig auf andere Arten ausdehnen. In den verhältnismäßig artenarmen Lebensgemeinschaften von Bächen im Süden Neuseelands besteht die Pflanzenwelt vor allem aus Algen, die im Bachbett wachsen. Diese werden von verschiedenen Insektenlarven beweidet, welche ihrerseits Beute für räuberische Wirbellose und Fische sind. Wie wir gesehen haben, wurde *Galaxias* in vielen dieser Wasserläufe durch Forellen ersetzt. In einem Experiment wurden künstliche Durchflußkanäle (von mehreren Metern Länge und mit durch Netze verschlossenen Enden, die das Entkommen von Fischen verhindern, es den Wirbellosen aber erlauben, sich auf natürliche Weise anzusiedeln) in einen natürlichen Bach gesetzt, um festzustellen, ob Forellen das Nahrungsnetz in einem Fluß anders beeinflussen als die von ihnen verdrängten *Galaxias*. Drei Versuchsansätze (kein Fisch, *Galaxias* vorhanden bzw. Forellen in natürlicher Dichte vorhanden) wurden in jedem einzelnen von mehreren randomisierten Blöcken durchgeführt. Diese Blöcke befanden sich in einem Abschnitt des Baches und waren jeweils mehr als 50 m voneinander entfernt. Den Algen und Wirbellosen wurde zwölf Tage Zeit zur Besiedlung gegeben, bevor die Fische eingesetzt wurden. Nach weiteren zwölf Tagen wurden Stichproben von Wirbellosen und Algen entnommen (Abb. 1.8).

Bei Anwesenheit von Forellen kam es zu einer signifikanten Reduktion der Biomasse der Wirbellosen ($P = 0{,}026$), während die Gegenwart von *Galaxias* die Biomasse der Wirbellosen im Vergleich zur fischfreien Kontrolle nicht verminderte. Die Algenbiomasse erreichte, was wohl nicht erstaunlich ist, die höchsten Werte in dem Versuchsansatz mit Forellen ($P = 0{,}02$). Es wird deutlich, daß Forellen einen stärkeren Effekt auf die wirbellosen Weidegänger und damit auf die Biomasse der Algen haben als *Galaxias*. Der indirekte Effekt der Forellen auf Algen beruht teilweise auf einer Reduktion der Dichte der Wirbellosen, aber ebenso auf einer durch die Forellen verursachten Beschränkung des Weideverhaltens der vorhandenen Wirbellosen (s. Abb. 1.7b).

Das Ökosystem – Forelle und Energiefluß

Die Abfolge der hier beschriebenen Untersuchungen gab den Anstoß dazu, eine detaillierte energetische Untersuchung zweier benachbarter Nebenflüsse des Taieri-Flusses (mit sehr ähnlichen physicochemischen Bedingungen) durchzuführen. In einem der beiden kamen nur Forellen vor und im anderen (wegen

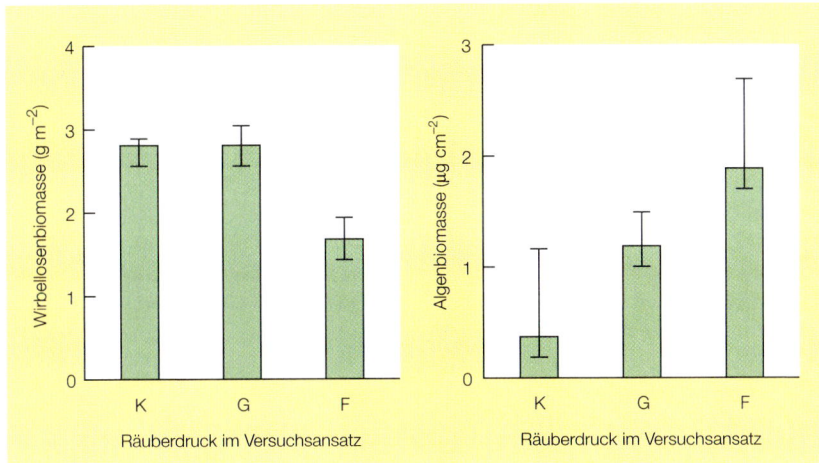

Abbildung 1.8
Gesamtbiomasse der Wirbellosen und Biomasse der Algen (Chlorophyll a) (± Standardfehler) aus Experimenten, die im Sommer in einem kleinen Bach in Neuseeland durchgeführt worden waren.
K = kein Fisch; G = *Galaxias* anwesend; F = Forellen anwesend (nach Flecker & Townsend, 1994).

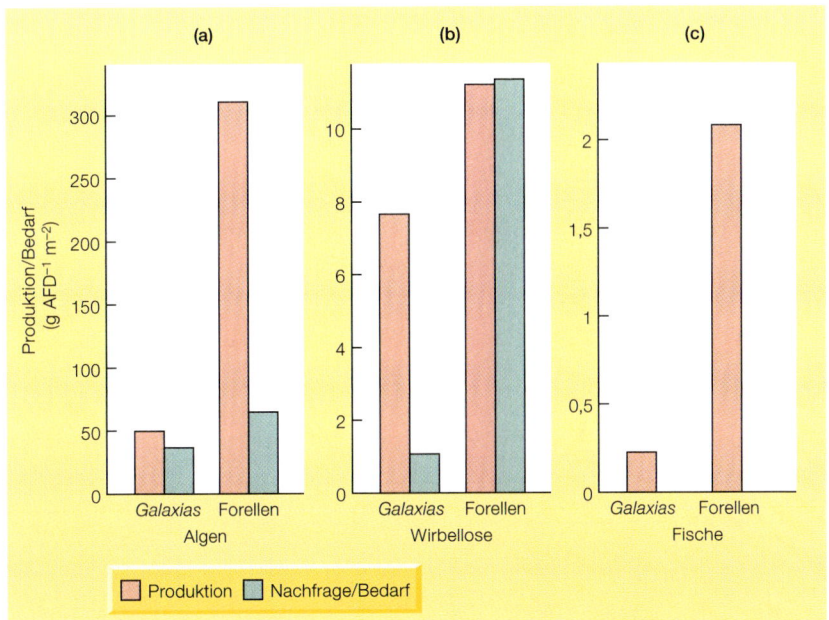

Abbildung 1.9
Schätzwerte für die Jahres-„Produktion" an Biomasse auf einer trophischen Ebene und den Jahres-„Bedarf" an dieser Biomasse (die Menge, die konsumiert wird) auf der nächsten trophischen Ebene, (a) für Primärproduzenten (Algen), (b) Wirbellose (die Algen konsumieren) und (c) Fische (die Wirbellose konsumieren).
Die Schätzwerte stammen von einem Forellenbach und einem *Galaxias*-Bach. Im ersteren ist die Produktion auf allen trophischen Ebenen höher. Da jedoch die Forellen letztlich die gesamte Wirbellosenproduktion (b) konsumieren, konsumieren die Wirbellosen nur ~21 % der Primärproduktion (c). Im *Galaxias*-Bach konsumieren die Fische nur 18 % der Wirbellosenproduktion, was den Wirbellosen „gestattet", 75 % der Primärproduktion zu konsumieren (nach Huryn, 1998).
AFD = aschefreie Trockenmasse

27

Fenster 1.5 – Aktueller ÖKOnflikt

Einwanderungen und Vereinheitlichung der Lebensgemeinschaften – ist das von Bedeutung?

Eine kürzlich durchgeführte Analyse kam zu dem Schluß, daß Zehntausende von eingeführten exotischen Arten in den Vereinigten Staaten ökonomische Schäden von jährlich 137 Milliarden US-Dollar verursachen (Pimentel et al., 2000). In Tabelle 1.2 wird diese Zahl für eine Reihe taxonomischer Gruppen aufgeschlüsselt. Einige Einwanderer haben besonders schlimme Konsequenzen. Die Sonnwendflockenblume *(Centaurea solstitalis)* dominiert gegenwärtig auf über 4 Millionen Hektar Land in Kalifornien, was zu einem Totalverlust von einst produktivem Grasland führte. Ratten zerstören in den USA gelagertes Getreide im geschätzten Wert von 19 Milliarden US-Dollar jährlich. Darüber hinaus verursachen sie Feuer (indem sie elektrische Kabel zernagen), verunreini-

gen Nahrungsmittel, übertragen Krankheiten und fressen einheimische Arten. Eingeführte Karpfen verringern die Wasserqualität, indem sie den Grund aufwühlen, während 44 einheimische Fischarten durch Einwanderer bedroht sind. Die Rote Feuerameise *(Solenopsis invicta)* tötet Geflügel, Eidechsen, Schlangen und bodenbrütende Vögel. Allein in Texas wird der Schaden für Vieh, Wildtiere und öffentliche Gesundheit auf 300 Millionen US-Dollar jährlich geschätzt, weitere 200 Millionen US-Dollar werden für die Bekämpfung ausgegeben. Die Dreikantmuschel *(Dreissena polymorpha)* erreichte den Lake St. Clair in Michigan im Ballastwasser von Schiffen aus Europa. Mittlerweile kommt sie in den meisten aquatischen Lebensräumen im Osten der Vereinigten Staaten vor, und es wird vermu-

Tabelle 1.2   Geschätzte jährliche Kosten (Millionen US-Dollar), die durch eingeschleppte Arten in den USA hervorgerufen wurden (nach Pimentel et al., 2000)

Organismen	Anzahl eingeschleppter Arten	Hauptschädlinge	Verluste und Schäden	Bekämpfungskosten	Gesamtkosten
Pflanzen	5000	Unkräuter	24,4	9,7	34,1
Säugetiere	20	Ratten und Katzen	37,2	n. v.	37,2
Vögel	97	Tauben	1,9	n. v.	1,9
Reptilien und Amphibien	53	Braune Baumschlange	0,001	0,005	0,006
Fische	138	Graskarpfen	1,0	n. v.	1,0
Arthropoden	4500	Schadarthropoden	17,6	2,4	20,0
Mollusken	88	Körbchenmuscheln	1,2	0,1	1,3
Mikroorganismen (Pathogene)	> 20 000	Pflanzenpathogene	32,1	9,1	41,2

n. v. = nicht verfügbar

tet, daß sie sich innerhalb der nächsten 20 Jahre in den ganzen USA ausbreiten wird. Die sich entwickelnden großen Populationen bedrohen einheimische Muschelarten und andere Tiere nicht nur, indem sie die Verfügbarkeit von Nahrung und Sauerstoff reduzieren, sondern auch indem sie diese physisch ersticken. Darüber hinaus wandern die Muscheln in Wasserrohre ein und verstopfen sie, so daß Millionen von Dollars aufgewendet werden müssen, um sie aus Wasserfiltern und Wasserkraftwerken zu entfernen. Insgesamt gesehen verursachen Konkurrenten und Schädlinge von Kulturpflanzen, wie Wildkräuter, Insekten und Pathogene, die größten ökonomischen Schäden. Aber auch eingeschleppte menschliche Krankheitserreger,

insbesondere HIV und Grippeviren, verschlingen 6,6 Milliarden US-Dollar an Behandlungskosten und verursachen 40 000 Tote jedes Jahr (siehe Pimentel et al., 2000 für weitere Details und Literaturhinweise).

Die Globalisierung ist die vorherrschende ökonomische Idee unserer Zeit. Die Globalisierung von Biota, bei der erfolgreiche Einwanderer in der gesamten Welt verbreitet werden und dabei häufig einheimische Arten zum Aussterben bringen, wird vermutlich dazu führen, daß sich die Lebensgemeinschaften dieser Welt immer ähnlicher werden. Lövei (1997) hat dies plastisch als die „Macdonaldisierung" der Biosphäre bezeichnet. Ist die Vereinheitlichung der Biota von Bedeutung? Und warum?

(a) Sonnenwend-Flockenblume (© Greg Hodson, Visuals Unlimited)
(b) Rote Feuerameisen (© Visuals Unlimited/ARS)
(c) Dreikantmuscheln (© Visuals Unlimited/DMNR)

29

eines stromab gelegenen Wasserfalls) nur *Galaxias*. In keinem der beiden Bäche waren andere Fische vorhanden. Die zu testende Hypothese besagte, daß die an die Photosynthese der Algen gebundene Energiefixierungsrate im Forellenbach größer sein würde, weil die Rate der Algen-Konsumption durch Wirbellose bei Anwesenheit von Forellen kleiner sein würde. Die jährliche *Nettoprimärproduktion* (die Rate der Produktion von Pflanzenbiomasse, in diesem Fall Algenbiomasse) war im Forellenbach tatsächlich sechsmal größer als im *Galaxias*-Bach (Abb. 1.9a).

Darüber hinaus zeigen die Ergebnisse, daß Primärkonsumenten (Wirbellose, die Algen fressen) im Forellenbach mit einer 1,5mal höheren Rate neue Biomasse erzeugen als im *Galaxias*-Bach. Die Forellen selbst produzieren neue Biomasse mit einer grob geschätzt 9mal höheren Rate als *Galaxias* (Abb. 1.9b, c).

Die Algen, Wirbellosen und Fische sind folglich in dem Forellenbach „produktiver" als in dem *Galaxias*-Bach. Allerdings konsumieren *Galaxias* nur etwa 18 % der verfügbaren Beuteproduktion pro Jahr (verglichen mit nahezu 100 % Verzehr durch die Forellen), während die algenbeweidenden Wirbellosen 75 % der Primärproduktion im *Galaxias*-Bach konsumieren (verglichen mit nur etwa 21 % im Forellenbach) (Abb. 1.9). Die anfängliche Hypothese wurde also anscheinend bestätigt: Die starke Begrenzung der Wirbellosen durch die Forellen erlaubt es den Algen, viel Biomasse zu produzieren und zu akkumulieren. Daraus ergibt sich eine weitere Folge für das Ökosystem. In dem Forellenbach geht die höhere Primärproduktion mit einer schnelleren Aufnahmerate von Pflanzennährstoffen (Nitrat, Ammonium, Phosphat) aus dem Fließwasser einher (Simon & Townsend, im Druck).

Diese Serie von Untersuchungen veranschaulicht also einen Teil der vielen Möglichkeiten, ökologische Forschung zu betreiben und zeigt sowohl die Spannbreite an Ebenen in der biologischen Hierarchie, mit denen sich Ökologie beschäftigt, als auch die Art und Weise, in der sich Untersuchungen auf verschiedenen Ebenen ergänzen können. Obwohl man bei der Interpretation von Ergebnissen einmaliger Untersuchungen (nur ein Forellen- und ein *Galaxias*-Bach in der „Ökosystemuntersuchung") vorsichtig sein muß, kann die Schlußfolgerung, daß ein trophischer Dominoeffekt für jene Muster verantwortlich ist, die auf der Ökosystemebene beobachtet wurden, mit einiger Sicherheit gezogen werden. Dies ist vor allem möglich wegen der Vielfalt anderer bestätigender Studien, die auf der Ebene der Individuen, der Population und der Lebensgemeinschaft durchgeführt wurden.

Obwohl die Europäische Forelle ein exotischer Einwanderer in Neuseeland ist, der weitreichende Folgen für das einheimische Ökosystem hat, wird sie heutzutage vor allem von Anglern als ein wertvoller Teil der Fauna betrachtet und bringt dem Land jährlich Millionen Dollar. Viele andere eingewanderte Arten verursachen dagegen dramatische ökonomische Schäden (Fenster 1.5).

1.3.2   Sukzessionen auf aufgelassenen Äckern in Minnesota – eine Studie über Zeit und Raum

„Ökologische Sukzession" ist ein Konzept, das selbst Menschen, die nur einen Spaziergang im offenen Gelände unternehmen, vertraut sein sollte. Es besteht darin, daß ein neugeschaffenes Habitat oder eines, in dem eine Störung eine Lücke geschaffen hat, der Reihe nach von einer Vielzahl auftauchender und wieder verschwindender Arten in einer erkennbaren, sich wiederholenden Folge bewohnt wird. Die Tatsache, daß viele Menschen mit diesem Konzept vertraut sind, bedeutet jedoch nicht, daß wir den Prozeß voll verstehen, der Sukzessionen antreibt oder zu ihrer genauen Ausformung führt. Trotzdem ist es wichtig, daß wir ein solches Verständnis entwickeln. Und dies nicht nur, weil Sukzession eine der fundamentalen Kräfte zur Strukturierung ökologischer Lebensgemeinschaften ist, sondern auch, weil die Störung natürlicher Lebensgemeinschaften durch den Menschen immer häufiger vorkommt und immer einschneidender wird, und wir wissen müssen, wie Lebensgemeinschaften auf solche Störungen reagieren – und sich hoffentlich davon erholen – und wie wir bei der Wiederherstellung helfen können.

Ein besonderer Schwerpunkt für Sukzessionsuntersuchungen sind die aufgelassenen landwirtschaftlichen Äcker in den östlichen Vereinigten Staaten, die von den Farmern aufgegeben wurden, als sie auf der Suche nach „frischen Feldern und neuen Weiden" gen Westen zogen. Einer dieser Standorte ist jetzt die Cedar Creek Natural History Area, ungefähr 50 km nördlich von Minneapolis, Minnesota. Die Gegend war zunächst 1856 durch Europäer besiedelt worden und diente ursprünglich der selektiven Rodung und dem Kahlschlag. Die Rodung zur Kultivierung begann ungefähr 1885, und zwischen 1900 und 1910 fand auf dem Land zum ersten Mal Ackerbau statt. Nun gibt es dort landwirtschaftliche Äcker, auf denen immer noch Anbau stattfindet, sowie andere, die zu verschiedenen Zeiten seit Mitte der Zwanziger Jahre aufgegeben wurden. Der Ackerbau führte zu einer Verarmung an Stickstoff in einem natürlicherweise schon stickstoffarmen Boden.

Zunächst einmal veranschaulichen die Studien vom Cedar Creek den Wert natürlicher Experimente. Insbesondere wollen wir etwas über die Sukzessionsfolge der Pflanzen in den Jahren nach der Aufgabe eines Ackers erfahren, und wir wollen wissen, wie diese zu erklären ist. Wir könnten unter eigener Kontrolle eine vorsätzliche Manipulation vornehmen, bei der eine Anzahl von gegenwärtig noch bewirtschafteten Äckern „zwangsweise" aufgegeben würde und die Lebensgemeinschaften in diesen Äckern in Zukunft wiederholt beprobt werden würden. (Wir müßten eine Reihe von Äckern benutzen, weil jeder einzelne Acker atypisch sein könnte, während die Untersuchung mehrerer Äcker uns die Ermittlung von Mittelwerten für z.B. die „Anzahl neuer Arten pro Jahr" erlauben würde und diesen Mittelwerten Konfidenzintervalle zugeordnet werden könnten.) Aber es würde viele Jahrzehnte dauern, ehe die nötige Menge von Daten angesammelt wäre. Die Alternative hierzu ist ein natürliches Experiment, bei dem die Tatsache ausgenutzt wird, daß bereits Berichte aus der Zeit existieren, als viele der aufgelassenen Äcker aufgegeben wurden. So zeigt die Abbildung 1.10 Daten einer Gruppe von 22 aufgelassenen Äckern, die

Die Nutzung natürlicher Experimente ...

1983 analysiert wurden und zu verschiedenen Zeiten zwischen 1927 und 1982 aufgegeben worden waren (d. h. zwischen einem und 56 Jahren vorher). Vorsichtig interpretiert, können diese als 22 „Schnappschüsse" der kontinuierlichen Sukzession aufgelassener Äcker im Cedar Creek angesehen werden, obwohl jeder einzelne Acker nur ein einziges Mal analysiert wurde.

Wie die Abbildungen zeigen, basiert eine ganze Reihe von Gleichgewichtsverlagerungen während der Sukzession auf statistisch signifikanten Trends. In den 56 Jahren nahm die Flächendeckung durch „eingeschleppte" Arten (meistens landwirtschaftliche Unkräuter) ab (Abb. 1.10a), während die Flächendeckung mit Arten der nahegelegenen Prärien anstieg (Abb. 1.10b): Die einheimischen Pflanzen nahmen ihr Land wieder in Besitz. Von größerer genereller Gültigkeit ist, daß die Flächendeckung mit einjährigen Arten im Laufe der Zeit abnahm, während die Flächendeckung mit ausdauernden Arten zunahm (Abb.

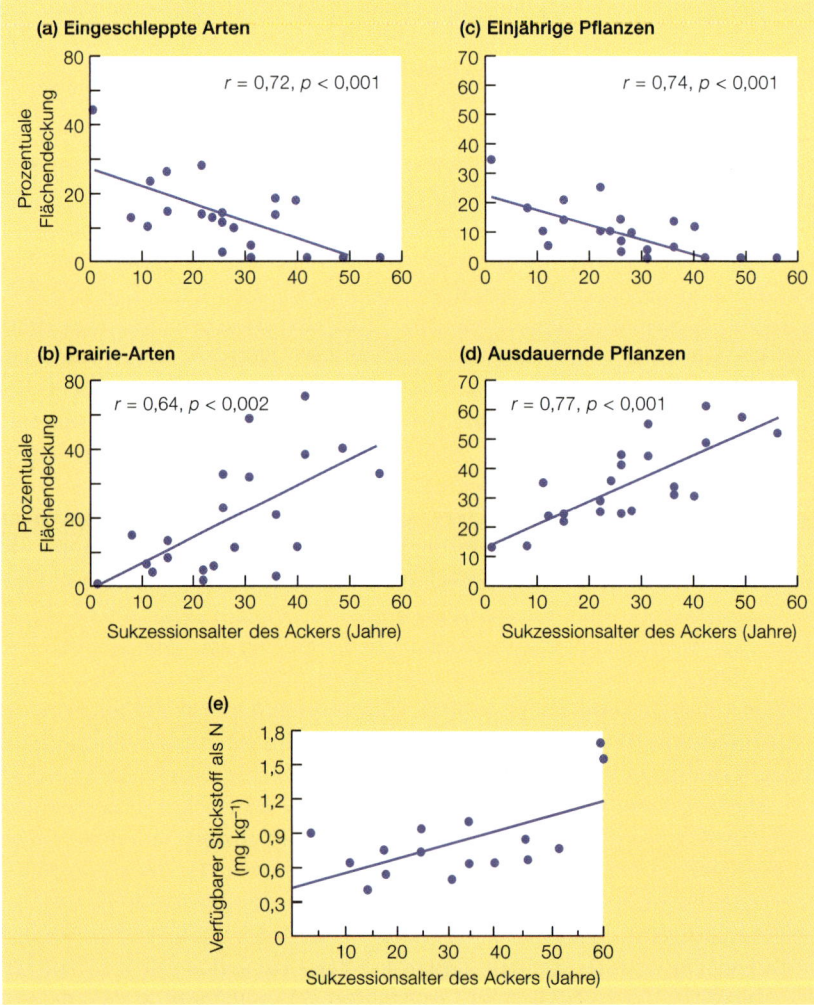

Abbildung 1.10
22 Äcker in verschiedenen Stadien der nach Aufgabe laufenden Sukzession wurden analysiert und erbrachten die folgenden Tendenzen mit zunehmendem Sukzessionsalter:
(a) eingeschleppte Arten nahmen ab,
(b) Prairiearten nahmen zu,
(c) einjährige Pflanzenarten nahmen ab,
(d) ausdauernde Pflanzenarten nahmen zu,
(e) der Stickstoffgehalt des Bodens nahm zu (nach Inouye et al., 1987).

1.10c, d). Einjährige Arten (die in einem Jahr eine vollständige Generation vollenden, d. h. vom Samen über adulte Pflanzen bis wieder zu den Samen hin) zeichnen sich in der Regel dadurch aus, daß sie ihre Abundanz in relativ leeren Habitaten (den Anfangsstadien der Sukzession) schnell steigern können. Demgegenüber siedeln sich ausdauernde Pflanzen (die einige oder sogar viele Jahre leben und sich in ihren ersten Jahren möglicherweise überhaupt nicht reproduzieren) langsamer an, überdauern danach aber besser.

Andererseits führen natürliche Experimente wie dieses, obwohl sie häufig auf etwas hindeuten und stimulierend sind (und als Gelegenheit zu gut sind, um nicht genutzt zu werden), üblicherweise nur zu *Korrelationen*. Manchmal ist es daher mit ihnen unmöglich nachzuweisen, was tatsächlich zu den beobachteten Mustern führte. Im vorliegenden Fall können wir das Problem dadurch erkennen, daß wir zunächst feststellen, daß das Sukzessionsalter des Ackers selbst stark mit der Stickstoffkonzentration – vielleicht dem wichtigsten Nährstoff der Pflanzen – im Boden korreliert ist (Abb. 1.10e). Daher stellt sich die Frage, ob die Korrelationen in den Abbildungen 1.10a–d vom Sukzessionsalter des Ackers selbst abhängen oder ob die ursächlich wirkende Kraft der Stickstoffgehalt ist, mit dem das Sukzessionsalter korreliert ist.

... zur Feststellung von Korrelationen

Können manipulative Freilandversuche helfen, das zu unterstützen – oder zu widerlegen –, was zunächst nicht mehr als nur eine plausible, auf einer Korrelation beruhende Erklärung ist? Aus der vorgeschlagenen Erklärung (wonach Zeit die wesentliche Rolle spielt) scheint zu folgen, daß der Stickstoffgehalt selbst nur eine untergeordnete Rolle als treibende Kraft der Sukzession spielt und daß eine Manipulation des Stickstoffgehalts wenig Einfluß auf die Artensukzession auf diesen Äckern hat. Deshalb sind die Ergebnisse eines 11 Jahre dauernden Experimentes interessant, für welches 1982 drei Äcker ausgewählt wurden, auf denen zuletzt 1934, 1957 und 1968 Anbau betrieben worden war. Sechsfach replizierte 4×4 m große Flächen wurden an jedem Standort acht verschiedenen Behandlungen unterworfen, bei denen dem Boden Stickstoff in Mengen von 0 bis 27,2 g m^{-2} A^{-1} zugegeben wurde (Inouye & Tilman, 1995). Insbesondere galt es, zwei Fragen zu klären: Wird die Artenzusammensetzung von Patches, die unterschiedliche Stickstoffmengen erhalten, mit der Zeit immer unähnlicher? Und wird die Artenzusammensetzung von Patches, die gleiche Stickstoffmengen erhalten, mit der Zeit immer ähnlicher?

Gezielte Experimente: die Suche nach den Ursachen

Die Antwort auf die erste Frage war eindeutig: Zu Beginn des Experiments waren die einzelnen Untersuchungsflächen eines Ackers einander ähnlich, aber zehn Jahre später hatte sich die Artenzusammensetzung der Versuchsflächen, die unterschiedliche Mengen von Stickstoff bekommen hatten, verändert – und je unterschiedlicher die Stickstoffzufuhr war, desto größer war die Abweichung (Inouye & Tilman, 1995). Darüber hinaus wurde deutlich, daß Äcker unterschiedlichen Alters am Anfang der Untersuchung zwar meist eine sehr unterschiedliche Artenzusammensetzung zeigten, 10 Jahre später jedoch die Versuchsflächen innerhalb der Äcker, die mit ähnlichen Mengen von Stickstoff behandelt worden waren, bemerkenswert ähnlich geworden waren, obwohl sie in einem Fall 34 Jahre Altersunterschied aufwiesen (Abb. 1.11). Damit scheint dieses Experiment die Einfachheit unserer vorgeschlagenen Erklärung zu widerlegen. Die Zeit an sich ist nicht der einzige Grund für sukzessionsbeding-

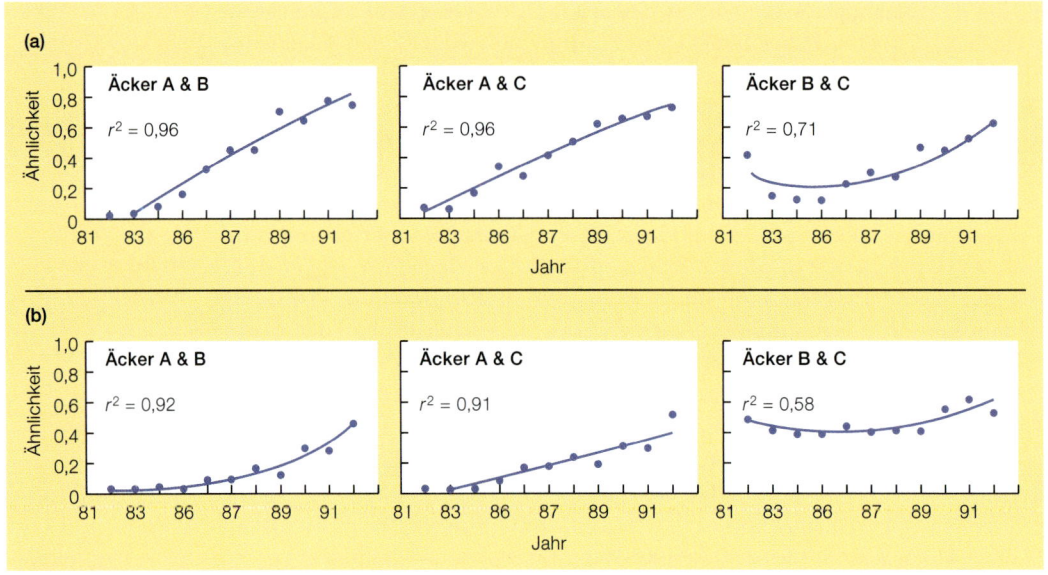

Abbildung 1.11
Ergebnisse eines Experimentes, in dem drei aufgelassene Äcker aus Abbildung 1.10 von 1982 an künstliche Stickstoffgaben bekamen: Acker A (aufgegeben 1968), Acker B (1957) und Acker C (1934). (a) Zwischen 1982 und 1992 wurde die Artenzusammensetzung in Feldern, welche 17 g Stickstoff m^{-2} A^{-1} erhalten hatten, zusehends ähnlicher. Der Ähnlichkeitsindex mißt die Ähnlichkeit der Artenzusammensetzung von zwei Feldern. Identische Zusammensetzung verursacht einen Ähnlichkeitsindex von 1. (b) Wie in (a), aber mit nur 1 g Stickstoff m^{-2} A^{-1} und weniger großer Ähnlichkeit (nach Inouye & Tilman, 1995).

te Veränderungen der Artenzusammensetzung in diesen aufgelassenen Äckern. Unterschiede im verfügbaren Stickstoff veranlassen Sukzessionen, sich auseinander zu entwickeln; Ähnlichkeiten veranlassen sie, viel schneller als sonst zu konvergieren. Zeit („Gelegenheit", „Kolonisation") und Stickstoff sind eindeutig eng verflochten, und es bedarf weiterer Experimente, das Netz aus Ursache und Wirkung zu entwirren – das ist nur eine der vielen unbeantworteten Fragen in der Ökologie.

Einblick in die Auswirkungen der Umweltverschmutzung durch Stickstoff

Schließlich können experimentelle Manipulationen über ausgedehnte Zeiträume wie in diesem Fall wichtige Einblicke in die möglichen Auswirkungen einer eher dauerhaften Störung natürlicher Lebensgemeinschaften durch den Menschen vermitteln. Die niedrigsten Raten der Stickstoffzufuhr im Experiment waren jenen sehr ähnlich, die in vielen Teilen der Welt als Folge eines erhöhten Eintrags von anorganischem Stickstoff aus der Atmosphäre zu finden sind. Selbst dieses niedrige Niveau führt in einer Zehnjahresperiode offenbar zu einer Konvergenz ursprünglich einander nicht ähnlicher Lebensgemeinschaften (Abb. 1.11b). Experimente wie diese sind eine entscheidende Hilfe, um die Auswirkungen von Schadstoffen vorherzusagen, ein Punkt, der im nächsten Kapitel weiter ausgeführt wird.

1.3.3 Hubbard Brook – ein langfristiges Engagement von hochgradiger Bedeutung

Die Cedar-Creek-Studie nutzte den Vorteil eines zeitlichen Musters (einer Sukzession, die über Jahrzehnte läuft), das sich mehr oder weniger genau in einem räumlichen Muster (Äcker, die zu verschiedenen Zeiten aufgegeben wurden) widerspiegelte. Das räumliche Muster bietet den Vorteil, daß es innerhalb des Zeithorizontes der meisten Forschungsprojekte (3–5 Jahre) untersucht werden konnte. Es wäre noch besser gewesen, die ökologischen Muster über längere Zeit zu verfolgen, aber ziemlich wenige Forscher oder Institute haben die Herausforderung angenommen, Forschungsprojekte zu planen, die Jahrzehnte dauern.

Eine bemerkenswerte Ausnahme ist das Werk von Likens und Mitarbeitern im Hubbard Brook Experimental Forest, einem Laubwaldgebiet der gemäßig-

Abbildung 1.12
Der Hubbard Brook Experimental Forest (mit freundlicher Genehmigung von Gene Likens).

ten Breiten, das in den White Mountains in New Hampshire in den Vereinigten Staaten (USA) liegt und von kleinen Bächen durchzogen wird. Die Forscher waren Pioniere, die keinen Vorläufern folgen konnten. Sie entschieden sich, im großen Maßstab zu denken, und ihr Werk beweist den Wert von groß angelegten Studien mit Langzeit-Datenreihen. Die Studie begann 1963 und setzt sich bis in die Gegenwart fort. In der 2. Ausgabe ihres klassischen Werkes „Biogeochemistry of a Forested Ecosystem" würdigten Likens und Bormann 1995 drei ihrer ursprünglichen Mitarbeiter, die seit Beginn der Studie verstorben waren – in der Tat ein Langzeitprojekt.

Das Forscherteam entwickelte einen Forschungsansatz, den sie „small watershed technique" nannten, mit dem man den Ein- und Austrag von chemischen Stoffen in einzelnen Wassereinzugsgebieten in der Landschaft mißt. Da viele chemische Stoffe aus terrestrischen Lebensgemeinschaften durch Wasserläufe ausgewaschen werden, kann uns ein Vergleich der chemischen Zusammensetzung von Fließwasser und Niederschlägen einen guten Einblick in die Aufnahme und Wiederverwertung chemischer Elemente durch die terrestrische Fauna und Flora geben. Dieselbe Studie kann viel über die Herkunft und Konzentrationen von chemischen Stoffen im Fließwasser aussagen, die wiederum die Produktivität der Algen in Bächen und die Verbreitung und Abundanz der Bachfauna beeinflussen.

Das Wassereinzugsgebiet eines Baches als Versuchseinheit

Das Wassereinzugsgebiet – die Fläche eines terrestrischen Gebietes, das von einem bestimmten Bach entwässert wird – wurde wegen der Rolle, die Bäche beim Austrag von chemischen Stoffen spielen, als Versuchseinheit genommen. Sechs kleine Wassereinzugsgebiete wurden eingegrenzt und ihre Abflüsse überwacht (Abb. 1.12). Ein Netz von Niederschlagsmeßgeräten hielt die eingehenden Mengen von Regen, Schneeregen und Schnee fest. Chemische Analysen der Niederschläge und des Bachwassers machten es möglich, die Mengen verschiedener chemischer Elemente zu ermitteln, die in das System hineingelangten und es wieder verließen. In den meisten Fällen war der Austrag von chemischen Stoffen im Fließwasser größer als die Zufuhr durch Regen, Schneeregen und Schnee (Tab. 1.3). Die Quelle der überschüssigen chemischen Stoffe waren die auf $70 \, g \, m^{-2} \, A^{-1}$ geschätzte Verwitterung von Urgestein und Boden. Stickstoff war die Ausnahme: Hier war der Austrag mit dem Fließwasser gerin-

Tabelle 1.3 Der jährliche Ionenhaushalt bewaldeter Wassereinzugsgebiete im Hubbard Brook Forest (kg pro Hektar und Jahr). Der Eintrag geschieht durch gelöste Substanz im Niederschlag oder als trockene Deposition (Ablagerung von Gasen und Stäuben aus der Atmosphäre), der Austrag erfolgt durch Auswaschen gelöster oder partikulärer organischer Substanz

	NH_4^+	NO_3^-	SO_4^{2-}	K^+	Ca^{2+}	Mg^{2+}	Na^+
Eintrag	2,7	16,3	38,3	1,1	2,6	0,7	1,5
Austrag	0,4	8,7	48,6	1,7	11,8	2,9	6,9
Nettobilanz*	+ 2,3	+ 7,6	– 10,3	– 0,6	– 9,2	– 2,2	– 5,4

* Die Nettobilanz ist positiv, wenn das Wassereinzugsgebiet Stoffe zurückhält, und negativ, wenn sie ausgewaschen werden (nach Likens et al., 1971).

ger als der Eintrag in das Wassereinzugsgebiet durch Regen und die Fixierung atmosphärischen Stickstoffs durch Mikroorganismen im Boden.

Likens und seine Mitarbeiter hatten die brillante Idee, einen Großversuch durchzuführen, bei dem in einem von sechs Wassereinzugsgebieten in Hubbard Brook alle Bäume gefällt wurden. Statistische Puristen könnten in bezug auf die Versuchsanordnung geltend machen, die Studie sei fehlerhaft, weil sie keine Replikate enthielt. Doch schloß die Größe des Vorhabens eine Wiederholung aus. In jedem Fall war es mehr die aufregende Neuartigkeit dieser Fragestellung als ein elegantes statistisches Versuchsdesign, die diesen Versuch zu einer klassischen Studie machte.

Innerhalb weniger Monate nach dem Fällen aller Bäume im Wassereinzugsgebiet wurden die Folgen im Fließwasser offenkundig. Der Gesamtaustrag gelöster anorganischer Substanzen aus dem gestörten Wassereinzugsgebiet wuchs auf die 13fache Höhe der normalen Rate an (Abb. 1.13). Dafür waren zwei Phänomene verantwortlich. Erstens führte die enorme Verminderung transpirierender Oberflächen (Blätter) dazu, daß 40 % mehr Niederschlag durch das

Erkenntnisse eines Großversuchs

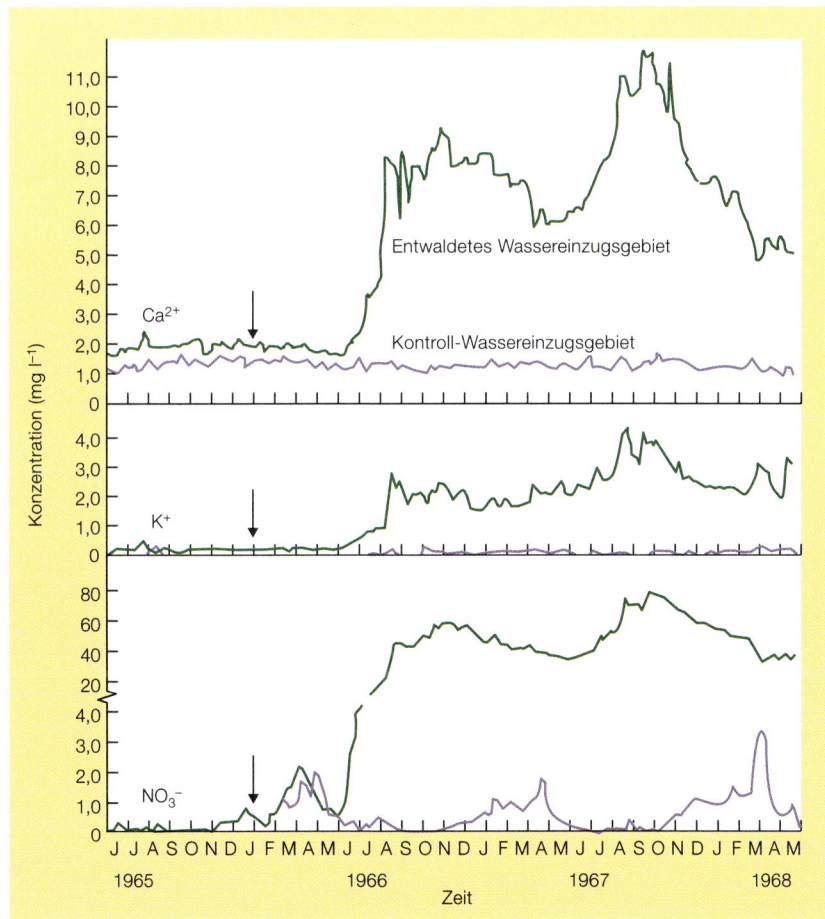

Abbildung 1.13
Ionenkonzentrationen im Wasser der Bäche des experimentell entwaldeten Wassereinzugsgebietes 2 und des unbeeinflußten Kontroll-Wassereinzugsgebietes 6 in Hubbard Brook. Der Zeitpunkt der Entwaldung ist durch Pfeile gekennzeichnet. Man beachte, daß die „Nitrat"-Achse unterbrochen ist (nach Likens & Bormann, 1975).

Grundwasser in die Bäche abfloß. Dieser erhöhte Abfluß verursachte eine stärkere Auswaschung der chemischen Stoffe aus dem Boden und eine Verwitterung von Fels und Erde. Zweitens, und noch bedeutungsvoller, unterbrach die Entwaldung wirksam den internen Nährstoffzyklus durch die Entkoppelung des Zersetzungsprozesses vom Nährstoffaufnahmeprozeß. Im Frühling, wenn die Laubbäume normalerweise mit der Produktion von Biomasse begonnen hätten, wurden die durch Destruentenaktivität freigesetzten anorganischen Nährstoffe statt dessen mit dem Wasser ausgewaschen.

Daten aus vielen Jahren können erforderlich sein, um statistisch signifikante Trends sichtbar zu machen

Von Anbeginn der Studie im Jahre 1963 wußte Likens, daß in Hubbard Brook der Regen und der Schnee recht sauer sind, aber es dauerte noch einige Jahre, bevor die weitreichende Bedeutung des sauren Regens in Nordamerika klar wurde. Zwar liegt Hubbard Brook mehr als 100 km von dem nächsten städtischen Industriegebiet entfernt, doch waren sowohl die Niederschläge als auch das Bachwasser durch Luftverschmutzung aus der Verbrennung fossiler Energieträger ausgesprochen sauer. Die Langzeitaufzeichnungen, die seit 1963 in Hubbard Brook so akribisch gesammelt werden, erwiesen sich als unschätzbar für die Überwachung der Fortschritte im Kampf gegen den sauren Regen und seine langfristigen Folgen. Der Wert solcher Aufzeichnungen von Konzentrationen im Fließwasser kann für Wasserstoff-Ionen, Sulfat und Nitrat gezeigt werden, den drei Ionen, die mit dem sauren Regen verbunden sind (der, einfach ausgedrückt, eine Mischung aus verdünnter Salpeter- und Schwefelsäure ist; im Osten der Vereinigten Staaten herrscht Schwefelsäure vor). Seit 1964/1965 gab es lineare, statistisch signifikante Verringerungen der Jahresmittel-Konzentrationen von H^+ und SO_4^- sowie auch von NO_3^-, obwohl beim letzteren größere Schwankungen von Jahr zu Jahr vorkamen (Abb. 1.14). Festzustellen ist jedenfalls, daß die Ergebnisse aus kürzeren Zeitabschnitten ganz unterschiedliche Trends nahelegen. Betrachten wir in der Abbildung 1.14 den Kurvenverlauf der Wasserstoff-Ionen, die in drei Abschnitten von je 4 Jahren in verschiedenen Farben hervorgehoben sind. Es wird deutlich, daß der erste auf einen ansteigenden Trend schließen läßt, der zweite auf gar keine Änderung und der dritte auf einen abfallenden Trend. Tatsächlich wurde kein signifikanter Langzeittrend ermittelt, bis die Daten von fast zwei Jahrzehnten angesammelt worden waren (Likens, 1989).

Lange Datenreihen lassen die Geschichte des sauren Regens erkennen

Man nimmt an, daß der saure Regen in den Vereinigten Staaten (USA) seit den frühen 1950er Jahren auftrat (bevor das Monitoring in Hubbard Brook begann). Nachdem 1970 das Gesetz zur Reinhaltung der Luft in Kraft getreten war, konnten die Emissionen von SO_2 und Partikeln eingeschränkt werden. Dieser Trend spiegelt sich in der chemischen Zusammensetzung des Fließwassers wider (Abb. 1.14). Ein zusätzlicher Rückgang der Emissionen wird als Ergebnis der Ergänzungsgesetze zum Gesetz zur Reinhaltung der Luft von 1990 erwartet.

Offene Frage: Wie lange dauert die Erholung vom sauren Regen?

Dennoch bleiben kritische Fragen: Werden der Wald und das aquatische Ökosystem sich von den Einflüssen des sauren Regens erholen, und wie lange wird das dauern (Likens et al., 1996)?

Auf der Grundlage der Langzeitdaten aus Hubbard Brook und der Vorhersagen über die Reduktion der SO_2-Emissionen als Ergebnis staatlicher Gesetzgebung schätzten Likens und Bormann (1995), daß etwa um das Jahr 2000 die Schwefelbelastung der Atmosphäre immer noch dreimal höher sein würde als die Richtwerte zum Schutze empfindlicher Wälder und aquatischer Lebensgemeinschaften (viele Pflanzen, Fische und wirbellose Wassertiere sind intolerant gegenüber sauren Bedingungen). Darüber hinaus kann die verminderte Zufuhr von basischen Kationen, wie z. B. Calcium, die Wälder und Bäche in Hubbard Brook noch empfindlicher für saure Einträge machen. Likens und

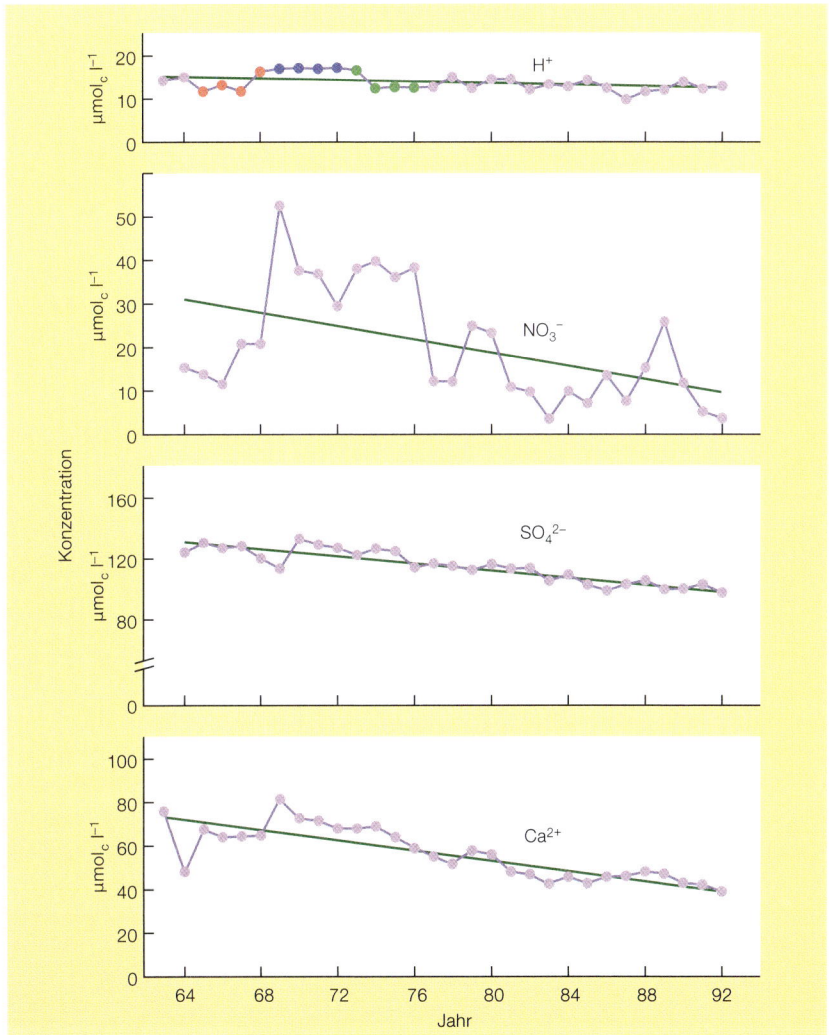

Abbildung 1.14
Langzeitveränderungen in den Konzentrationen (Mikromol Ionenäquivalente pro Liter; $\mu molc\ l^{-1}$) an H^+, NO_3^-, SO_4^{2-} und Ca^{2+} im Fließwasser von Wassereinzugsgebiet 6 in Hubbard Brook von 1963/64 bis 1992/93. Die Regressionsgeraden sämtlicher Ionen sind signifikant von Null (keine Veränderung) verschieden ($P < 0,05$), d. h., sie zeigen eine signifikante Abnahme der Ionenkonzentration. Allerdings waren viele Jahre Datenaufnahmen erforderlich, um diesen Verlauf zu demonstrieren. Dies gilt besonders für den Verlauf des Wasserstoffionengehaltes, bei dem drei Abschnitte von jeweils vier Jahren mit verschiedenen Farben gekennzeichnet wurden. Der erste Abschnitt (rot) deutet auf eine Zunahme hin, der zweite (blau) läßt vermuten, daß die Verhältnisse stabil sind, und der dritte (grün) sieht nach einer Abnahme aus (nach Likens & Bormann 1995).

Bormann (1995) vermuteten, daß ein dramatischer Rückgang der Wachstumsraten des Waldes in den letzten Jahren an ein Absinken des Calciumspiegels im Boden gebunden ist, denn Calcium ist ein entscheidender Nährstoff für das Wachstum der Bäume. Saurer Regen könnte für den Calciummangel verantwortlich sein. Ein gleichzeitig auftretender Rückgang der Vogelpopulationen im Wald könnte ebenfalls mit diesem Szenario in Zusammenhang stehen. Diese offenen Fragen sind Gegenstand neuer Forschungsvorhaben in Hubbard Brook.

1.3.4   Schaden genetisch veränderte Kulturpflanzen der Biodiversität? Eine Modelluntersuchung

Die fortschreitende Intensivierung der Landwirtschaft und speziell die zunehmende Mechanisierung sowie die Nutzung von größeren Feldern und von Pestiziden wurden mit der Diversitätsabnahme bei Vögeln, Insekten und Wildpflanzen auf Kulturland in Verbindung gebracht. Ein neue Welle des technischen Fortschrittes besteht in der genetischen Veränderung (genetic modification – GM) von Kulturpflanzen. Wird die Einführung von genetisch veränderten Nutzpflanzen (GM-crops) den Biodiversitätsverlust in Ökosystemen des Kulturlandes beschleunigen? Um die Bedeutung von mathematischen Modellen für die Ökologie zu demonstrieren, soll eine Untersuchung vorgestellt werden, mit welcher die Folgen genetisch veränderter Nutzpflanzen auf die Populationsdynamik von Ackerwildkräutern und den Vögeln, die ihre Samen fressen, vorhergesagt werden können.

Die genetische Veränderung von Zuckerrüben ermöglicht eine effektivere Wildkrautbekämpfung ...

Durch genetische Veränderungen wurden Zuckerrüben gegen das Breitbandherbizid Glyphosat resistent gemacht. Dadurch kann das Herbizid ohne nachteilige Folgen für die Rüben zur Bekämpfung von Wildkräutern eingesetzt werden, die normalerweise mit den Zuckerrüben in Konkurrenz stehen. Weißer Gänsefuß *(Chenopodium album)*, eine Pflanze mit weltweiter Verbreitung, ist eine der Wildpflanzen, von denen angenommen wird, daß sie unter dem Anbau von genetisch veränderten Nutzpflanzen leiden. Und ihre Samen sind eine wichtige Winternahrung für Vogelarten der Kulturlandschaft, wie die Feldlerche *(Alauda arvensis)*. Watkinson (2000) nutzte die Tatsache, daß die Populationsökologie von Gänsefuß und Feldlerche intensiv studiert worden war, um mit beiden Arten ein realistisches Modell zum Einfluß von genetisch veränderten Nutzpflanzen auf die Biodiversität von Kulturflächen zu erstellen.

... aber die Samen von Unkräutern sind eine wichtige Nahrungsquelle für die Vögel der Kulturflächen

Bei einem typischen 5jährigen Fruchtwechsel wird Zuckerrübe alle fünf Jahre angebaut und Wintergetreide in den anderen vier Jahren. Weißer Gänsefuß kann sich nur etablieren, wenn Zuckerrüben angebaut werden, also in jedem fünften Jahr. In der Zwischenzeit überdauert er in Samenbanken im Boden. Das Überleben von der Keimung bis zur Blüte hängt von der Form der Wildkrautbekämpfung ab, genauer gesagt davon, ob sie traditionell erfolgt oder aus dem Anbau von genetisch veränderten Zuckerrüben und dem Einsatz von Glyphosat besteht. Die Samenproduktion hängt dagegen von der Konkurrenz zwischen Gänsefuß und Zuckerrübe um Ressourcen ab.

Feldlerchen aggregieren in Feldern mit viel Wildkraut

Feldlerchen fressen nicht nur den Samen von Gänsefuß, aber dieses Wildkraut ist eine geeignete „Modellart", um Vorhersagen zum Einfluß von genetisch veränderten Zuckerrüben auf die Interaktion von Wildkraut und Vogel zu entwickeln. Abbildung 1.15 zeigt, daß Feldlerchen im Osten Englands bevorzugt in Feldern mit viel Wildkraut nach Nahrung suchen und in direkter Abhängigkeit von der Samendichte aggregieren. Der Einfluß von genetisch veränderten Zuckerrüben auf die Vögel wird daher stark davon abhängen, inwieweit Standorte mit hoher Wildkrautdichte von den Zuckerrüben betroffen werden.

Folgende Schritte sind nötig, um ein mathematisches Modell zur Interaktion von genetisch veränderten Zuckerrüben, Gänsefuß und Feldlerchen zu erstellen:

1. Entwicklung eines allgemeinen Modells der Populationsdynamik des Gänsefußes in einem Zuckerrübenfeld (unter den typischen Bedingungen des 5jährigen Fruchtwechsels).
2. Modifizierung des Modells, um die Auswirkungen von genetisch veränderter Zuckerrübe auf die Wildkrautpopulation zu simulieren. Daraus ergibt sich, daß die Dichte von Gänsefuß in Feldern mit genetisch veränderter Zuckerrübe vermutlich um über 90 % gegenüber konventionell bewirtschafteten Feldern verringert ist.
3. Integration der voraussichtlichen Nutzung von Feldern durch Feldlerchen in Abhängigkeit von der Samendichte in das Modell (wichtig dabei ist die Formel in der Legende von Abb. 1.15).
4. Integration der voraussichtlichen Folgen der Wildkrautsamendichte auf die Anbautechnik.

Das Modell nimmt an:

- daß vor der Einführung der Gentechnik die meisten Anbauflächen eine relativ geringe Samendichte aufweisen und nur auf einigen wenigen Flächen sehr hohe Dichten herrschen;
- daß die Wahrscheinlichkeit, daß ein Bauer zum Anbau von genetisch veränderten Pflanzen übergeht, von der Samenbankdichte durch einen Wert ρ abhängt. Positive Werte von ρ bedeuten, daß ein Bauer die neue Technologie eher dort

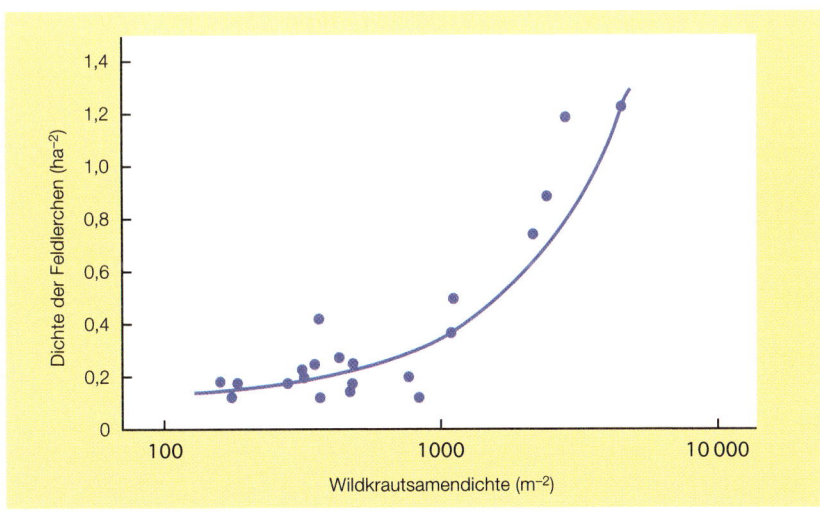

Abbildung 1.15
Die Beziehung zwischen der Dichte an Feldlerchen (pro Hektar, x) auf Feldern in Norfolk, England, und der Wildkrautsamendichte pro m² an der Bodenoberfläche (y). Die angepaßte Gleichung lautet $y = 0{,}14 + 0{,}0002\,x$ (aus Robinson & Sutherland, 1999).

übernimmt, wo die Samendichte gegenwärtig hoch ist und wo die Möglichkeit besteht, Ertragseinbußen durch Wildkräuter zu verringern. Das führt zu einer Zunahme der relativen Häufigkeit von Feldern mit geringer Dichte (gepunktete Linie in Abbildung 1.16). Negative Werte lassen dagegen vermuten, daß Bauern eher dort zum Einsatz genetisch veränderter Pflanzen übergehen, wo die Samendichten gegenwärtig niedrig sind (intensiv bewirtschaftete Anbauflächen). Das liegt möglicherweise daran, daß Bauern, die bereits früher wirksame Bekämpfungsmethoden eingesetzt haben, eher bereit sind, eine neue Technologie zu übernehmen. Das führt zu einer Abnahme der relativen Häufigkeit von Feldern mit geringer Dichte (gepunktete Linie in Abbildung 1.16). Zu beachten ist, daß es sich bei ρ nicht um einen ökologischen Parameter handelt. Vielmehr beschreibt er eine soziökonomische Antwort auf die Einführung einer neuen Technologie. Die Art und Weise, in der Bauern reagieren, ist nicht von vornherein klar und muß als Variable in das Modell integriert werden.

Es stellt sich heraus, daß die Beziehung zwischen den gegenwärtigen Wildkrautdichten und der Akzeptanz der neuen Technologie ρ ebenso wichtig für die Vogelpopulation ist wie der direkte Einfluß der Technologie auf die Wildkrautdichte. Zu beachten ist auch, daß der Parameter „Raum“, den reale Systeme in der dreidimensionalen Graphik in Abbildung 1.17 erwartungsgemäß einnehmen sollten, durch das Tortenstück ganz vorne dargestellt wird. In dieser Region ergeben kleine positive oder negative Werte sehr unterschiedliche Feldlerchendichten.

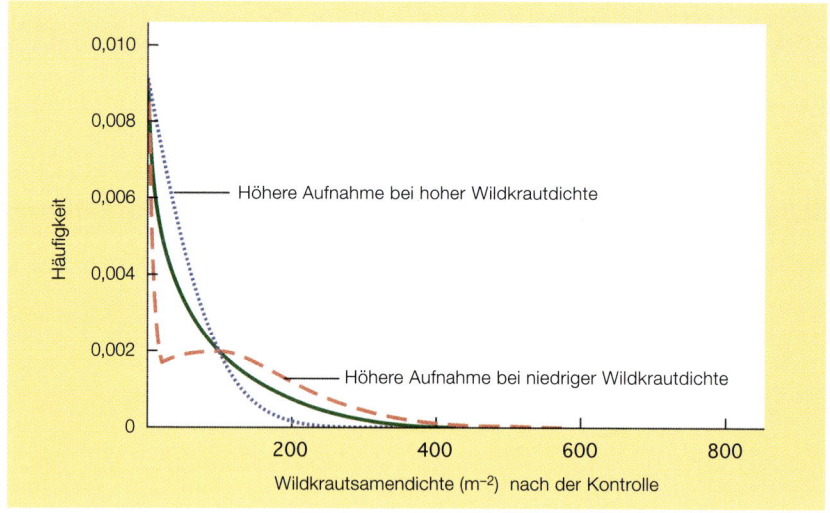

Abbildung 1.16
Häufigkeitsverteilung von mittleren Samendichten auf verschiedenen Farmen vor der Einführung von genetisch veränderten Zuckerrüben (durchgezogene Linie) und nach der Einführung der Technologie unter zwei verschiedenen Rahmenbedingungen: Die Technologie wird entweder dort bevorzugt übernommen, wo die Wildkrautdichte gegenwärtig hoch (gepunktete Linie) oder wo sie niedrig ist (gestrichelte Linie) (nach Watkinson et al., 2000).

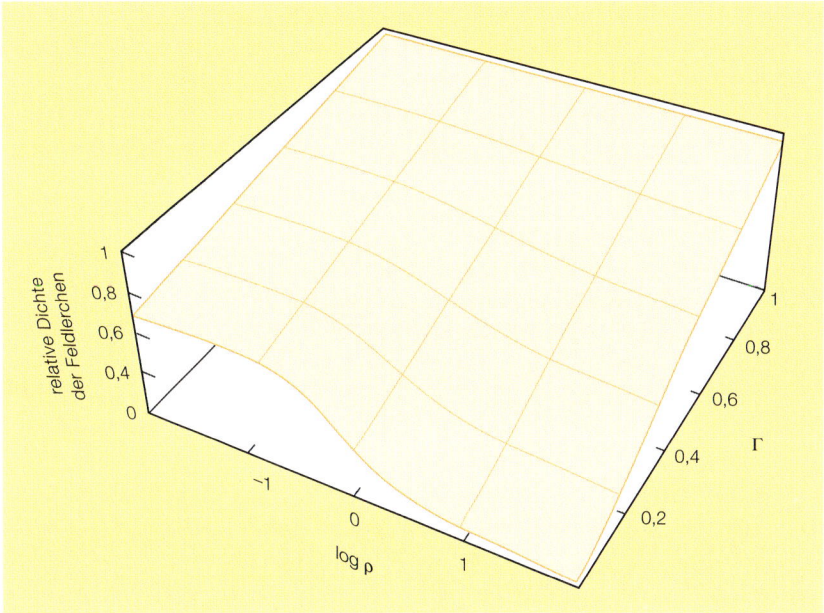

Abbildung 1.17
Die relative Dichte von Feldlerchen auf Feldern im Winter (vertikale Achse; die Einheit
zeigt die Nutzung von Feldern vor der Einführung von genetisch veränderten Kulturpflanzen) in Beziehung zu ρ (horizontale Achse; bei positiven Werten übernehmen die
Bauern die neue Technologie eher dort, wo die Samendichten gegenwärtig hoch sind, bei
negativen Werte eher dort, wo die Samendichten niedrig sind) und die ungefähre Reduktion der Wildkrautsamenbanken aufgrund der Einführung von genetisch veränderten Kulturpflanzen (Γ – dritte Achse; realistische Werte liegen unter 0,1) (nach Watkinson et al., 2000).

Die möglicherweise wichtigste Lehre aus dem Modell ist demzufolge, daß zur
Vorhersage des Einflusses der Gentechnologie auf die Biodiversität nicht nur
ein Verständnis der Funktionsweise des ökologischen Systems gehört. Von großer Bedeutung ist auch, wie die Gemeinschaft der Bauern reagieren wird.

Dieses Beispiel veranschaulicht somit eine Reihe von wichtigen allgemeinen
Punkten zu mathematischen Modellen in der Ökologie:
1. Modelle können nützlich sein, um Szenarien und Situationen zu erkunden,
   für die es reale Daten ebenso wenig gibt wie die Aussicht, solche zu erlangen.
2. Sie können wertvoll sein, um den gegenwärtigen Stand unserer Kenntnisse
   zusammenzufassen und Vorhersagen zu machen, in denen die Verbindungen zwischen gegenwärtigen Kenntnissen, Annahmen und Vorhersagen ex-
   plizit und klar sind.
3. Um in diesem Sinne wertvoll zu sein, müssen Modelle keine (und können
   in der Tat auch keine) vollständigen und perfekten Beschreibungen der
   realen Welt sein, die sie nachahmen sollen. Alle Modelle beinhalten Nähe-
   rungswerte.

**Um den Einfluß
der Gentechno-
logie vorherzu-
sagen, müssen
wir sowohl Öko-
logie als auch
Sozioökonomie
verstehen**

4. Vorsicht ist deshalb immer nötig. Alle Schlußfolgerungen und Vorhersagen sind nur provisorisch und können nicht besser sein als das Wissen und die Annahmen, auf denen sie beruhen.

5. Dennoch läßt sich ein Modell mit viel mehr Sicherheit anwenden, sobald es durch reale Datensätze untermauert wird.

 ## Zusammenfassung

Ökologie als Grundlagenforschung und angewandte Wissenschaft

Wir definieren *Ökologie* als die wissenschaftliche Untersuchung der Verbreitung und Abundanz von Organismen und der Wechselwirkungen, welche die Verbreitung und Abundanz bestimmen. Seit ihren Ursprüngen in der Vorgeschichte als „angewandte Wissenschaft" des Nahrungserwerbs und der Feindvermeidung haben sich ökologische Grundlagenforschung und angewandte Ökologie in gegenseitiger Abhängigkeit Seite an Seite entwickelt. Dieses Buch handelt davon, wie ökologisches Verständnis erreicht wird, was wir verstehen und was wir nicht verstehen, und wie uns dieses Verständnis helfen kann, Vorhersagen zu machen und steuernd und kontrollierend einzugreifen.

Die Frage der Ebene

Die Ökologie hat es mit vier Ebenen ökologischer Organisation zu tun – mit Individuen (einzelne Lebewesen), Populationen (Individuen derselben Art), Lebensgemeinschaften (eine mehr oder weniger große Anzahl von Populationen) und Ökosystemen (die Lebensgemeinschaft und ihre physikalische Umwelt). Ökologie kann sich mit einer Vielfalt von räumlichen Ebenen befassen, von der „Lebensgemeinschaft" im Inneren einer einzelnen Zelle bis zur gesamten Biosphäre. Ökologen arbeiten ebenso auf vielfältigen zeitlichen Ebenen. Ökologische Sukzession z. B. kann untersucht werden während der Zersetzung von tierischem Kot (Wochen) oder während der Klimaveränderung seit der letzten Eiszeit (Jahrtausende). Die übliche Dauer eines Forschungsprogramms (3–5 Jahre) kann oft wichtige Muster nicht erfassen, die über lange Zeiträume ablaufen.

Die Vielfalt ökologischer Beweisführung

Viele ökologische Studien beinhalten eine sorgfältige Beobachtung und Überwachung der Abundanzänderung einer oder mehrerer Arten in der natürlichen Umwelt in zeitlicher oder räumlicher Dimension oder in beiden Dimensionen. Um die Ursache(n) irgendeines beobachteten Musters festzustellen, sind oft manipulative Freilandexperimente erforderlich. Für komplexe ökologische Systeme (und das sind die meisten) ist es oft sinnvoll, einfache Laborsysteme zu etablieren, die als Ausgangspunkt bei unserer Suche nach Verständnis dienen können. Mathematische Modelle ökologischer Lebensgemeinschaften spielen auch eine wichtige Rolle bei der Entwirrung ökologischer Komplexität. Doch muß der Wert von Modellen und einfachen Laborexperimenten immer daran gemessen werden, wieviel Licht sie auf die Prozesse in natürlichen Systemen werfen.

Statistik und wissenschaftliche Exaktheit

Was die Wissenschaft der Ökologie so exakt macht, ist, daß sie nicht auf Äußerungen beruht, die bloße Behauptungen darstellen, sondern auf Schlußfolgerungen, die das Ergebnis von sorgfältig geplanten Untersuchungen mit gut ausgedachten Stichprobennahmeplänen sind, und darüber hinaus auf Schlußfolgerungen, denen ein Grad statistischer Sicherheit zugeordnet werden kann. Der Begriff, der am Ende eines statistischen Tests am häufigsten verwandt wird, um die Präzision einer gezogenen Schlußfolgerung zu messen, ist der *P*-Wert oder die *Irrtumswahrscheinlichkeit*. Die Angaben $P < 0{,}05$ (signifikant) oder $P < 0{,}01$ (hochsignifikant) bedeuten, daß es sich um Untersuchungen handelt, für die ausreichende Daten erhoben wurden, um eine Schlußfolgerung mit hoher Sicherheit ziehen zu können.

Ökologie in der Praxis

Untersuchungen über den Einfluß der Europäischen Forelle, die im 19. Jahrhundert in Neuseeland eingeführt wurde, umfassen alle vier ökologischen Ebenen (Individuen, Populationen, Lebensgemeinschaften, Ökosysteme). Forellen haben Populationen einheimischer Hechtlinge (Galaxiidae) unterhalb von Wasserfällen verdrängt. Labor- und Freilandexperimente haben ergeben, daß algenabweidende Wirbellose in Forellenbächen mehr Zeit damit verbringen, sich zu verstecken, und weniger Zeit mit Fressen. Forellen verursachen einen Dominoeffekt in einer Lebensgemeinschaft, weil die wirbellosen Weidegänger weniger Einfluß auf die Algen ausüben. Und schließlich hat eine deskriptive Studie eine Konsequenz für das Ökosystem aufgedeckt – die Primärproduktion durch Algen ist in einem Forellenbach höher als in einem *Galaxias*-Bach.

In der Cedar Creek Natural History Area gibt es Äcker, auf denen immer noch Ackerbau betrieben wird und andere, die zu verschiedenen Zeiten seit der Mitte der 1920er Jahre aufgegeben wurden. Dieses natürliche Experiment wurde ausgenutzt, um eine Beschreibung der Artenfolge zu erreichen, die mit der Sukzession auf solchen aufgegebenen Äckern verbunden war. Allerdings unterschieden sich diese Äcker nicht nur im Alter, sondern auch im Stickstoffgehalt des Bodens. Freilandexperimente, in denen der Stickstoffgehalt des Bodens in systematischer Weise auf Äckern unterschiedlichen Alters erhöht wurde, zeigten, daß Zeit und Stickstoffgehalt miteinander interagierten und so die beobachteten Sukzessionsfolgen hervorriefen.

Die Untersuchung des Hubbard Brook Experimental Forest wird seit 1963 betrieben. Ein groß angelegtes Experiment, in dem alle Bäume in einem einzelnen Wassereinzugsgebiet gefällt wurden, ergab als Resultat einen dramatischen Anstieg der Konzentrationen von chemischen Stoffen (besonders Nitrat) im Fließwasser. Der Verlust von Nitrat aus dem Boden und dessen Konzentrationsanstieg im Wasser läßt Konsequenzen sowohl für die terrestrischen als auch für die aquatischen Lebensgemeinschaften erwarten. Langzeitbeobachtungen der chemischen Stoffkonzentrationen in ungestörten Wassereinzugsgebieten über mehr als drei Jahrzehnte haben den Rückgang des sauren Regens als Ergebnis des Gesetzes zur Reinhaltung der Luft aufgedeckt. Doch sind weder Wald noch Bach gegen die fortgesetzten Folgen der Umweltverschmutzung immun, die den sauren Regen verursacht hat.

Durch genetische Veränderungen wurden Zuckerrüben gegen das Breitbandherbizid Glyphosat resistent gemacht. Dadurch kann das Herbizid ohne nachteilige Folgen für die Rüben zur Bekämpfung von Wildkräutern eingesetzt werden, die normalerweise mit den Zuckerrüben in Konkurrenz stehen. Die genetische Veränderung von Kulturpflanzen verspricht Vorteile durch eine erhöhte Produktion. Allerdings müssen wir uns der ungewollten Folgen dieses technologischen Fortschrittes bewußt sein. Um die Bedeutung von mathematischen Modellen für die Ökologie zu demonstrieren, wird eine Untersuchung vorgestellt, mit welcher die Folgen genetisch veränderter Nutzpflanzen auf die Populationsdynamik von Ackerunkräutern und den Vögeln, die ihre Samen fressen, vorhergesagt werden können. Es stellt sich heraus, daß zur Vorhersage des Einflusses der Gentechnologie auf die Biodiversität nicht nur ein Verständnis der Funktionsweise des ökologischen Systems gehört. Von großer Bedeutung ist auch die sozioökonomische Frage, wie die Gemeinschaft der Bauern auf die Verfügbarkeit der neuen Technologie reagieren wird.

⁇ Quiz

= anspruchsvolle Frage

1. Diskutieren Sie die unterschiedlichen Möglichkeiten, ökologische Nachweise zu erbringen. Wie würden Sie den Versuch in Angriff nehmen, eine der offenen Fragen der Ökologie zu beantworten, und zwar: „Warum gibt es mehr Arten in den Tropen als an den Polen?"

2. Die Mannigfaltigkeit von Mikroorganismen, die auf Ihren Zähnen leben, unterliegt wie jede andere Lebensgemeinschaft ökologischen Gesetzmäßigkeiten. Wo könnten Ähnlichkeiten bezüglich der Kräfte bestehen, die den Artenreichtum (die Anzahl vorhandener Arten) in Ihrer oralen Lebensgemeinschaft bestimmen, im Vergleich zu einer Lebensgemeinschaft von Seetang-Arten, die an den Felsen entlang einer Küstenlinie leben?

3. Warum braucht man zur Aufdeckung mancher zeitlicher Muster in der Ökologie Langzeitdatenreihen, während für andere Muster Daten aus kurzen Zeiträumen genügen?

4. Diskutieren Sie die Vor- und Nachteile deskriptiver Untersuchungen im Vergleich zu Laborexperimenten zum selben ökologischen Phänomen.

5. Was ist ein „natürliches Freilandexperiment"? Warum sind Ökologen darauf aus, diese Möglichkeiten zu nutzen?

6. Suchen sie in der Literatur nach Definitionen für Ökologie. Welche ist die geeignetste und warum?

7. In einer Studie über die Ökologie von Bächen sollen Sie 20 Standorte aussuchen, um die Hypothese zu testen, daß Europäische Forellen an solchen Standorten höhere Dichten aufweisen, an denen das Bachbett aus groben Kieseln besteht. Weswegen können Ihre Ergebnisse einen systematischen Fehler enthalten, wenn Sie all Ihre Standorte so auswählen, daß sie leicht erreichbar in der Nähe von Wegen oder Brücken liegen?

8. Welche Unterschiede in den Ergebnissen der Cedar-Creek-Studie über die Sukzession auf aufgelassenen Äckern hätte es geben können, wenn ein einzelner Acker über 50 Jahre fortlaufend überwacht worden wäre, anstatt Äcker zu vergleichen, die zu verschiedenen Zeiten in der Vergangenheit aufgegeben wurden?

9. Als alle Bäume eines Wassereinzugsgebietes in Hubbard Brook gefällt worden waren, kam es zu dramatischen Änderungen in der chemischen Zusammensetzung des ableitenden Fließwassers aus diesem Wassereinzugsgebiet. Wie würde sich die Wasserchemie in den folgenden Jahren Ihrer Meinung nach ändern, wenn wieder Pflanzen im Wassereinzugsgebiet wachsen würden?

10. Was sind die Hauptfaktoren, welche die Sicherheit von Vorhersagen mathematischer Modelle beeinflussen?

2

Die Ökologie der Evolution

Der bedeutende russisch-amerikanische Biologe Dobzhansky formulierte: „Nichts in der Biologie ergibt irgendeinen Sinn, wenn es nicht im Lichte der Evolution betrachtet wird" („Nothing in biology makes sense, except in the light of evolution"). Aber ebenso gilt auch, daß sehr wenig in der Evolution einen Sinn ergibt, außer im Lichte der Ökologie: Ökologie gibt die Regieanweisungen, nach denen das Stück „Evolution" gespielt wird. Ökologen und Evolutionsbiologen benötigen ein grundlegendes Verständnis ihrer gegenseitigen Disziplinen, um die Grundmuster und Prozesse zu verstehen.

Schlüsselkonzepte

Dieses Kapitel soll

- verdeutlichen, daß Darwin und Wallace, die für die Theorie der natürlichen Selektion in der Evolution verantwortlich sind, Ökologen waren;
- zeigen, daß die Populationen einer Art von Ort zu Ort großräumig auf geographischer wie auch auf begrenzter lokaler Ebene variieren und ein Teil dieser Variation erblich ist;
- vermitteln, daß natürliche Selektion sehr schnell auf die erbliche Variabilität einwirken kann – dies kann direkt untersucht werden und in kontrollierten Experimenten bestimmt werden;
- erklären, wie ein reziproker Umpflanzungsversuch von Individuen einer Art in das Habitat der jeweils anderen Art, eine sehr fein abgestimmte und spezialisierte Anpassung zwischen Organismen und ihren Lebensräumen zeigen kann;
- zeigen, daß die Entstehung von Arten eine reproduktive Isolation von Populationen voraussetzt und daß die natürliche Selektion ihre Auseinanderentwicklung erzwingt;
- verständlich machen, daß natürliche Selektion Organismen an ihre Vergangenheit anpaßt – sie kann nicht in die Zukunft sehen;
- aufzeigen, daß die Entwicklungsgeschichte von Arten das einschränkt, was eine künftige Selektion erreichen kann;
- vermitteln, daß die natürliche Selektion die Evolution ähnlicher Erscheinungsformen bei Organismen hervorbringen kann, die weit entfernten Evolutionslinien angehören (konvergente Evolution), oder daß sie dasselbe Spektrum an ökologischen Formen in Populationen hervorrufen kann, die reproduktiv voneinander getrennt wurden (parallele Evolution).

2.1   Einleitung

Die Erde wird von einer Vielzahl von Organismen bewohnt, die weder zufällig noch als homogene Mischung über die Erdoberfläche verbreitet sind. Jedes beliebig ausgewählte Gebiet, sogar von der Größe eines ganzen Kontinents, enthält nur einen kleinen Teil der tatsächlich auf der Erde vorkommenden Artenvielfalt. Eine der wichtigsten ökologischen Generalisierungen ist, daß alle Arten so hochspezialisiert sind, daß sie fast nirgendwo vorkommen können. Eine Hauptaufgabe der Ökologie ist, zu erklären, warum es eine derartige Vielfalt von Organismen gibt und wieso ihre Verbreitung so eingeschränkt ist. Die richtige Antwort auf diese ökologischen Fragen hängt ganz wesentlich vom Verständnis der evolutiven Prozesse ab, die zur heutigen Vielfalt und Verbreitung der Organismen führten.

Alle Arten sind so hochspezialisiert, daß sie fast nirgendwo vorkommen können

Bis vor kurzem galt in der Geschichte der Biologie das Hauptinteresse hinsichtlich der Artenvielfalt den Nutzungsmöglichkeiten (z. B. für Medikamente, Nahrungsmittel und pflanzliche Werkstoffe), der Zurschaustellung in zoologischen und botanischen Gärten und der Katalogisierung für Museen (Fenster 2.1). Ohne Verständnis davon, wie sich diese Vielfalt entwickelt hat, haben solche Kataloge eher etwas mit Briefmarkensammlungen zu tun als mit Wissenschaft. Der bleibende Beitrag von Charles Darwin und Alfred Russel Wallace bestand darin, Ökologen mit den korrekten wissenschaftlichen Grundlagen zu versorgen, um die Muster der Vielfalt und Verteilung über die Erde zu verstehen.

2.2   Evolution durch natürliche Selektion

Darwin und Wallace (Abb. 2.1) waren beide Ökologen (obwohl ihre wegweisenden Werke entstanden, bevor der Begriff überhaupt geprägt wurde), die mit der Vielfalt der Natur konfrontiert waren. Darwin segelte als Naturforscher während einer 5 Jahre dauernden Expedition der H. M. S. Beagle (1831–1836) um die Welt. Dabei protokollierte und sammelte er in einer enormen Vielfalt von Lebensräumen, die er auf seiner Reise erkundete. Nach und nach entwickelte er die Sichtweise, daß die natürliche Vielfalt der Natur das Resultat eines Evolutionsprozesses ist, bei dem *natürliche Selektion* einige Varianten innerhalb der Arten durch einen „Kampf um die Existenz" begünstigt. Er baute diese Grundidee in den folgenden 20 Jahren durch eingehendes Studium und einen umfangreichen Schriftwechsel mit seinen Freunden aus, während er sein Hauptwerk mit allen Beweismitteln sorgfältig für eine Publikation ordnete. Aber mit der Veröffentlichung hatte er es überhaupt nicht eilig.

Darwin und Wallace waren beide Ökologen

1858 schrieb Wallace an Darwin und legte in allen wesentlichen Punkten genau dieselbe Theorie zur Evolution dar. Wallace war ein passionierter Amateurbiologe. Er hatte Darwins Bericht über die Reise mit der *Beagle* gelesen und nach einem Besuch im Jardin des Plantes in Paris und im Insektenraum des British Museum schrieb er 1847: „Ich würde gern irgendeine Familie eingehend untersuchen, hauptsächlich im Hinblick auf die Theorie vom Ursprung der Arten." Von 1847 bis 1852 erforschte er mit seinem Freund H. W. Bates die Flußbecken von Amazonas und Rio Negro und sammelte dort auch. Von

Fenster 2.1 – Historische Meilensteine

Ein katalogartiger Abriß der Untersuchungen zur Artenvielfalt

Eine Kenntnis der Vielfalt lebender Organismen und davon, was wo lebt, ist Teil des Wissens, das die menschliche Art ansammelt und an folgende Generationen weitergibt. Jäger- und Sammlergesellschaften benötigten (und brauchen auch heute noch) detaillierte Kenntnisse über die Naturgeschichte ihres Lebensraumes, wenn sie einerseits erfolgreich Nahrung bekommen wollen und andererseits den Gefahren entgehen wollen, vergiftet oder gefressen zu werden. Die Arawak im südamerikanischen Äquatorialwald wissen, wo sie große Tierarten finden und wie sie diese fangen können. Sie kennen die Namen der Bäume und wissen, wie diese genutzt werden können.

Schon 2000 v. Chr. hat der chinesische Kaiser Shen Nung einen ersten schriftlichen Leitfaden über nützliche Pflanzen verfaßt. Und bereits im 1. Jahrhundert n. Chr. hat Dioscorides 500 Arten von Arzneipflanzen beschrieben und viele von ihnen gezeichnet.

Sammlungen lebender Arten in Zoos und Parkanlagen haben eine lange Geschichte, die zweifellos bis zu den Griechen im 7. Jahrhundert v. Chr. zurückreicht. Das Bedürfnis, die Vielfalt der Natur zu sammeln, entwickelte sich im Westen während des 17. Jahrhunderts, als einige Leute ihren Lebensunterhalt dadurch bestritten, für die Sammlungen anderer Leute interessante Arten zu beschaffen. John Tradescant senior (gestorben 1638) und sein Sohn John Tradescant (1608 bis 1662) verbrachten die meiste Zeit ihres Lebens damit, lebende Pflanzen für die Gärten der Königshäuser und des Adels zu sammeln. Der Vater war der erste Botaniker, der Rußland besuchte (1618) und viele lebende Pflanzen von dort mitbrachte. Sein Sohn unternahm drei Reisen in die Neue Welt (1637, 1642, 1654), um Organismen in den amerikanischen Kolonien zu sammeln.

Reiche Leute bauten sich für ihre großen Sammlungen persönliche Museen und reisten bzw. schickten Reisende auf die Suche nach Neuheiten aus Ländern, die eben entdeckt und kolonisiert worden waren. Naturforscher und Künstler (oft in einer Person) wurden ausgesandt, die großen Reisen der Entdecker zu begleiten. Sie hatten Bericht zu erstatten und Sammlungen aus der Vielfalt der Organismen und Artefakte, die sie gefunden hatten, tot oder lebendig nach Hause zu bringen. Die Arbeitsgebiete der Taxonomie und Systematik entwickelten sich und florierten – die Taxonomie gab den verschiedenen Organismen ihre Namen, und die Systematik schuf eine Klassifizierung und ordnete sie darin ein.

Wenn große Nationalmuseen gegründet wurden (The British Museum 1759, Smithsonian Museum 1846), bestanden ihre Exponate weitgehend aus Geschenken privater Museen und Sammlungen. Die Museen hatten, wie die Zoos und Parkanlagen, die Aufgabe, die Vielfalt der Natur öffentlich auszustellen, insbesondere Neues, Ungewöhnliches und Seltenes.

Es gab keine Notwendigkeit, die Artenvielfalt zu erklären, denn dazu genügte die biblische Darstellung der siebentägigen Schöpfung. Dennoch fand die Vorstellung, daß die Vielfalt der Natur durch eine fortlaufende Auseinanderentwicklung bereits existierender Lebewesen „evolviert" ist, im frühen 19. Jahrhundert Eingang in die Diskussion. Eine anonyme Veröffentlichung „The Vestiges of Creation" aus dem Jahre 1844 erregte die Gemüter durch eine allgemeinverständliche Darstellung der Idee, daß Tierarten von anderen Tierarten abstammten.

Abbildung 2.1
(a) Charles Darwin (Lithographie von T. H. Maguire, 1849; mit freundlicher Genehmigung von The Wellcome Library, London). (b) Alfred Russel Wallace, 1862 (mit freundlicher Genehmigung des Natural History Museum, London).

1854 bis 1862 unternahm er eine ausgedehnte Expedition in den Malaiischen Archipel. Er erinnerte sich, 1858 auf dem Bett gelegen zu haben und „auf dem Gipfel eines Malariafieberanfalls kam mir plötzlich die Idee [der natürlichen Selektion]. Ich durchdachte alles noch, bevor der Anfall vorüber war, und ... ich glaube, ich beendete die erste Fassung am nächsten Tag."

Heutzutage würde die Konkurrenz um Ruhm und finanzielle Unterstützung im allgemeinen zu einem erbitterten Streit um die Urheberschaft – wer hatte die Idee zuerst – führen. Statt dessen wurden damals die Entwürfe von Darwins und Wallace' Ideen auf einer Sitzung der Linnean Society in London gemeinsam vorgestellt – ein herausragendes Beispiel für Selbstlosigkeit in der Wissenschaft (Darwin schrieb seinem Freund Hooker, „es ist schrecklich für mich, mich überhaupt um die Urheberschaft kümmern zu müssen"). Darwins „On the Origin of Species" wurde eilig vorbereitet und 1859 als „Abriß" (in Wahrheit ein ganzes Buch) eines für später beabsichtigten „großen Buches" veröffentlicht. (Tatsächlich wurde das, was Darwin sein großes Buch nannte, mit allen Einzelheiten, Fußnoten und Quellenangaben erst 1975 veröffentlicht [Stauffer, 1975].) „On the Origin of Species" kann als das erste große Lehrbuch der Ökologie angesehen werden, und angehende Ökologen täten gut daran, zumindest das dritte Kapitel zu lesen.

Der Einfluß von Malthus' Aufsatz auf Darwin und Wallace

Sowohl Darwin als auch Wallace hatten das von Malthus 1798 veröffentlichte Werk „Eine Abhandlung über das Bevölkerungsgesetz" („An Essay on the Principle of Population") gelesen. Wallace kommentierte: „Die interessanteste Übereinstimmung in diesem Fall, so denke ich, ist, daß ich genau wie Darwin durch Malthus zu der Theorie gebracht wurde". Malthus' Essay befaßte sich mit der menschlichen Population und ihrer potentiellen Zuwachsrate. Er errechnete, daß diese in der Lage wäre, sich alle 25 Jahre zu verdoppeln und den Planeten überfluten würde, falls sie ungehindert wachsen würde. Malthus erkannte, daß begrenzte Ressourcen das Wachstum einer Population verlangsamen und ihrer Größe absolute Grenzen setzen würden und daß Krankheiten, Kriege und andere Katastrophen das Populationswachstum kontrollierten. Darwin und Wallace erkannten als erfahrene Feldforscher, daß die Argumente von Malthus sich ebenso gut auf das ganze Tier- und Pflanzenreich anwenden ließen.

Fortpflanzung, Überbevölkerung und Tod als Triebkräfte

Die belebte Natur wird von Fortpflanzung, Überbevölkerung und Tod bestimmt. Darwin und Wallace waren nahezu besessen von dieser großen Erkenntnis. Sie erkannten richtig, daß alle Organismen ein Potential zur Vermehrung besitzen, das unmöglich realisiert werden kann. Darwin beobachtete die große Fruchtbarkeit einiger Arten – ein einziges Individuum der Meeresschnecke *Doris* kann 600 000 Eier produzieren; der parasitische Rundwurm *Ascaris* kann sogar 64 Millionen Eier hervorbringen –, und als ein Beispiel für die Konsequenzen unbeeinflußten Populationswachstums diente eine Population von Fischen, in der jeder Fisch 2000 Eier legt: Nach acht Generationen würden diese Fische „wie ein Laken den gesamten Globus, Land wie Wasser, bedecken".

Aber er erkannte, daß jede Art „während einer Periode ihres Lebens oder zu einer gewissen Jahreszeit oder gelegentlich einmal im Jahr eine Zerstörung erfahren muß, sonst würde ihre Zahl zufolge der geometrischen Zunahme rasch zu so außergewöhnlicher Größe anwachsen, daß kein Land das Erzeugte zu ernähren im Stande wäre" (Darwin, 1859, „On the Origin of Species", in der Übersetzung von Victor Carus, E. Schweizerbart'sche Verlagsbuchhandlung, 1920); und tatsächlich beobachtete er dies auch so. In einem der frühesten Beispiele für Populationsökologie zählte Darwin alle Sämlinge, die auf einem Stück kultivierten Landes von 3×2 Fuß (ca. 91×61 cm) durchgebrochen waren: „Von 357 wurden nicht weniger als 295 vernichtet, vor allen Dingen durch Schnekken und Insekten". Beide Autoren betonten, daß die meisten Individuen sterben, bevor sie sich reproduzieren können, und somit nichts zu künftigen Generationen beitragen. Beide neigten allerdings dazu, den wichtigen Umstand zu übersehen, daß Individuen, die in einer Population überleben, dennoch eine unterschiedliche Anzahl von Nachkommen hinterlassen.

Grundlegende Erkenntnisse der Evolutionstheorie

Die Theorie der Evolution durch natürliche Selektion beruht folglich auf einer Reihe von anerkannten Erkenntnissen:

1. Individuen, die eine Population einer Art bilden, sind nicht identisch.
2. Die Variabilität zwischen Individuen ist z. T. erblich, das heißt auch, sie hat eine genetische Grundlage und kann damit an Nachkommen weitergegeben werden.

3. Alle Populationen können mit einer Rate wachsen, welche den Lebensraum überlasten würde, aber tatsächlich sterben viele Individuen vor der Fortpflanzung, und die meisten (in der Regel alle) vermehren sich mit einer geringeren als der Maximalrate. D. h., daß in der nachfolgenden Generation weniger Individuen in einer Population vorhanden sind, als in der vorhergehenden Generation hervorgebracht wurden.

4. Unterschiedliche Vorfahren hinterlassen verschiedene Anzahlen von Nachkommen (im Sinne von Nachfahren, *nicht* nur unmittelbare Nachkommen): Es tragen nicht alle gleichermaßen zur Entstehung der nachfolgenden Generationen bei. Daraus folgt, daß diejenigen, die am meisten beigetragen haben, auch den größten Einfluß auf die erblichen Merkmale aller nachfolgenden Generationen haben.

Evolution ist die Veränderung der erblichen Merkmale einer Population oder Art im Laufe der Zeit. Geht man von den oben genannten vier Erkenntnissen aus, werden sich auch die erblichen Eigenschaften, durch die eine Population definiert ist, unvermeidbar ändern. Evolution ist unvermeidbar.

Aber welche Individuen tragen nun in überdurchschnittlichem Maße zu den nachfolgenden Generationen bei und bestimmen somit auch die Richtung der Evolution? Die Antwort lautet: diejenigen, die am besten in der Lage waren, die Risiken und Gefahren in ihrem Habitat zu überleben; und diejenigen, die, nachdem sie überlebt hatten, von ihrer Umwelt am besten ausgestattet waren, sich erfolgreich zu reproduzieren. Somit sind die Interaktionen zwischen Organismen und ihren Lebensräumen – die Inhalte der Ökologie eben – zentraler Teil des Evolutionsprozesses durch natürliche Selektion. Der Philosoph Herbert Spencer beschrieb den Prozeß als „das Überleben des am besten Angepaßten", und dieser Satz hat in die Umgangssprache Einzug gehalten – was bedauerlich ist. Erstens wissen wir jetzt, daß das Überleben nur ein Teil der Wahrheit ist: Differentielle Reproduktion ist oft genauso wichtig. Aber viel bedenklicher ist, daß, auch wenn wir uns nur auf das eigentliche Überleben beschränken, dieser Satz uns auch nicht weiterbringt. Wer sind denn die am besten Angepaßten? Diejenigen, die überleben. Wer überlebt? Die am besten Angepaßten. Trotzdem wird der Begriff Fitneß häufig benutzt, um den Erfolg von Individuen während des Prozesses der natürlichen Selektion zu beschreiben. Ein Individuum wird in einigen Lebensräumen besser überleben, sich stärker fortpflanzen und mehr Nachkommen hinterlassen – es wird fitter sein – als in anderen Lebensräumen. In einem bestimmten Lebensraum werden einige Individuen besser überleben, sich stärker fortpflanzen und mehr Nachkommen hinterlassen – sie werden fitter sein – als andere Individuen.

Darwin ist in großem Umfang durch die Leistungen der Pflanzen- und Tierzüchter beeinflußt worden – z. B. durch die außerordentliche Vielfalt von Tauben, Hunden und Nutztieren, die bewußt gezüchtet wurden, indem man bestimmte Eltern mit übertriebenen Merkmalen wählte. Er und Wallace sahen, daß die Natur es auf die gleiche Weise machte: Sie „wählte" jene Individuen aus, die in sich exzessiv vermehrenden Populationen überlebten, daher der Begriff „natürliche Selektion". Aber auch dieser Begriff kann einen falschen Eindruck vermitteln. Es besteht ein großer Unterschied zwischen Selektion durch

„The survival of the fittest"

Natürliche Selektion hat kein Ziel für die Zukunft

den Menschen und natürlicher Selektion. Selektion durch den Menschen hat sich ein Ziel für die Zukunft gesetzt – etwa Getreide mit höherem Ertrag zu züchten, einen hübscheren Schoßhund, einen besseren Jagdhund oder eine Kuh, die mehr Milch gibt. Aber die Natur hat kein Ziel. Evolution findet statt, weil einige Individuen Tod und Vernichtung in der Vergangenheit überlebt und sich erfolgreicher fortgepflanzt haben, keineswegs weil sie auf irgendeine Weise und zu einem zukünftigen Zweck von „Mutter Natur" ausgewählt wurden.

Also könnte man von Lebensräumen der Vergangenheit sagen, daß sie besondere Merkmale von Individuen selektiert haben, die wir in unseren heutigen Populationen sehen. Solche Merkmale sind aber nur in aktuelle Lebensräume „eingepaßt", weil Lebensräume dazu tendieren, unverändert zu bleiben oder wenigstens sich nur sehr langsam verändern. Wir werden später in diesem Kapitel sehen, daß, wenn sich Lebensräume häufig durch menschlichen Einfluß schneller verändern, Organismen aufgrund der Erfahrungen ihrer Vorfahren eine gewisse Zeit noch einen Vorteil haben.

Darwin und Wallace legten ein etwas unterschiedliches Gewicht auf die Kräfte, die die Evolution antreiben. Wallace betonte die Vernichtungskräfte der physikalischen Bedingungen wie Frost, Dürre und Prädatoren. Demgegenüber legte Darwin größeres Gewicht auf Konkurrenz um begrenzte Ressourcen und die tödlichen Auswirkungen von zu hoher Dichte, die durch Überbevölkerung entsteht. Wir greifen diese mächtigen ökologischen Kräfte in Kapitel 3 (Physikalische Umweltfaktoren und die Verfügbarkeit von Ressourcen), Kapitel 5 (Geburt, Tod und Wanderungen), Kapitel 6 (Interspezifische Konkurrenz) und Kapitel 8 (Prädation, Beweidung und Krankheiten) auf.

2.3   Evolution innerhalb von Arten

Um die Evolution von Arten zu verstehen, muß man die Evolution innerhalb einer Art verstehen

Die natürliche Welt besteht nicht aus einem Kontinuum von Organismen, deren Formen ineinander übergehen. Wir erkennen Grenzen zwischen den einzelnen Organismustypen, und so hat Linnaeus 1789, als eine der bahnbrechenden Leistungen in der Biologie, ein geordnetes System zur Benennung der verschiedenen Typen konstruiert. Ein Teil seiner Genialität bestand darin, zu erkennen, daß es bei Pflanzen und auch Tieren Besonderheiten gibt, die nicht einfach durch die jeweilige Umwelt der Organismen modifiziert werden, und daß eben diese „konservativen" Merkmale es erlauben, Organismen zu klassifizieren. Bei Blütenpflanzen ist insbesondere die Form der Blüte wenig veränderlich, während die Größe der Blätter und Stengel durch Hitze und Kälte, Bewässerung und Trockenheit sowie Düngen oder Nichtdüngen viel leichter verändert wird. Und doch unterliegt das, was wir im Sinne von Linnaeus als Art erkennen, oft einer bemerkenswerten Variation, und manches davon ist erblich. Gerade diese intraspezifische Variabilität machen sich die Tier- und Pflanzenzüchter zunutze. In der natürlichen Umwelt ist ein Teil dieser intraspezifischen Variabilität deutlich korreliert mit Variabilität in der Umwelt, sie stellt eine lokale Spezialisierung dar.

Darwin nannte sein Buch „Über den Ursprung der Arten durch natürliche Zuchtwahl" („On the Origin of Species by Means of Natural Selection"), aber natürliche Selektion bewirkt viel mehr, als neue Arten hervorzubringen. Natürliche Selektion und Evolution finden *innerhalb* von Arten statt, und wir wissen heute, daß wir dies, während es gerade passiert, d. h. in Aktion, und innerhalb unserer eigenen Lebenszeit untersuchen können. Darüber hinaus müssen wir den Weg der Evolution innerhalb einer Art untersuchen, wenn wir das Entstehen neuer Arten verstehen wollen.

2.3.1   Geographische Variationen innerhalb einer Art

Weil die Lebensräume, die eine Art in verschiedenen Teilen ihres Verbreitungsgebietes erlebt, selbst unterschiedlich sind (zumindest in einem gewissen Umfang), können wir annehmen, daß natürliche Selektion an den verschiedenen Plätzen unterschiedliche Varianten begünstigt hat. Aber die Evolution beeinflußt die Merkmale der Populationen, sich voneinander zu unterscheiden (1) nur, wenn eine ausreichende erbliche Variation vorhanden ist, an der die Selektion angreifen kann und (2) vorausgesetzt ist, daß die Kräfte der Selektion, die eine Divergenz favorisieren, stark genug sind, eine Vermischung und Hybridisation von Individuen aus verschiedenen Gebieten zu verhindern. Zwei Populationen werden sich nicht vollständig auseinanderentwickeln, wenn ihre Mitglieder (oder im Falle von Pflanzen ihre Pollen) ständig zwischen ihnen hin und her wandern, sich dabei paaren und ihre Gene mischen.

Kennzeichen einer Art können innerhalb ihrer geographischen Verbreitung variieren

Die Saphir-Gänsekresse, *Arabis fecunda*, ist ein seltenes perennierendes Kraut, das auf kalkhaltigen Böden in Westmontana wächst, es ist tatsächlich so selten, daß es in einer Entfernung von rund 100 Kilometern gerade mal 19 Populationen gibt, die sich in zwei Gruppen unterteilen lassen („Hochland"- und „Tieflandgewächse"). Ob hier zwei lokale Anpassungen vorliegen, hat praktische Bedeutung: Vier Populationen aus dem Tiefland werden durch Ausbreitung städtischer Gebiete bedroht und müssen möglicherweise von anderswo wiedereingeführt werden, wenn sie erhalten werden sollen. Die Wiedereinführung kann aber fehlschlagen, wenn die örtliche Anpassung zu stark ausgeprägt ist. Wenn man Pflanzen in ihrem eigenen Habitat beobachtet und prüft, ob Unterschiede zwischen ihnen bestehen, kann man nichts darüber aussagen, ob es sich um eine lokale Anpassung im evolutionären Sinne handelt. Unterschiede können auch einfach das Resultat sofortiger Reaktionen von ursprünglich gleichartigen Pflanzen auf unterschiedliche Umweltbedingungen sein. Also wurden Pflanzen aus höheren und tieferen Lagen in einen „gemeinsamen Garten" (Abb. 2.2) gepflanzt, wodurch jeglicher Einfluß gegensätzlicher, unmittelbarer Umgebungen ausgeschlossen wurde (McKay et al., 2001). Die tiefergelegenen Standorte neigten mehr zu Trockenheit: sowohl Luft als auch Erde waren wärmer und trockener. Die Pflanzen aus niedrigeren Höhenlagen waren in dem gemeinsamen Garten tatsächlich signifikant weniger anfällig gegenüber Trockenheit. Sie hatten z. B. eine deutlich bessere „Wasserausnutzung" (ihr Wasserverlust durch die Blätter war geringer im Vergleich zur Menge der Kohlendioxidaufnahme). Sie waren außerdem höher und „breiter" (Abb. 2.3).

Eine Differenzierung über eine viel kleinere räumliche Skala wurde demonstriert an Abraham's Bosom an der Küste von Nordwales. Hier existiert an der Grenze zwischen felsiger Meeresküste und Grasweiden ein Mosaik sehr ver-

Variabilität über sehr geringe Entfernungen

Abbildung 2.2
Experimente im „gemeinsamen Garten" (a) und reziproke Transplantationsexperimente (Umsetzungsexperimente) (b).

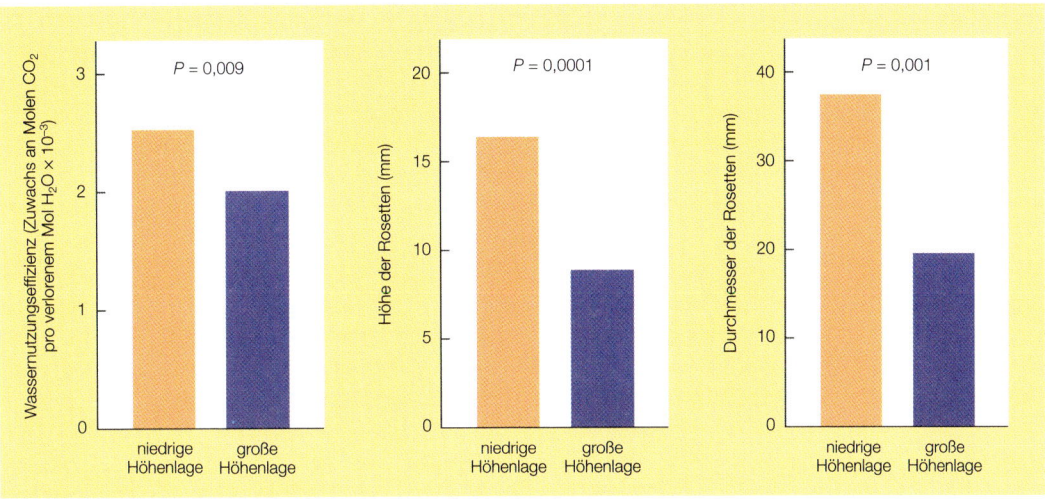

Abbildung 2.3
Wenn Pflanzen der seltenen Saphir-Gänsekresse aus geringer Höhe (zu Trockenheit neigend) und solche höherer Lagen zusammen in einem Garten gezüchtet wurden, fand eine lokale Anpassung statt. Jene aus niedrigeren Höhenlagen hatten eine signifikant bessere Wasserverwertung sowie höhere und breitere Rosetten (aus McKaye et al., 2001).

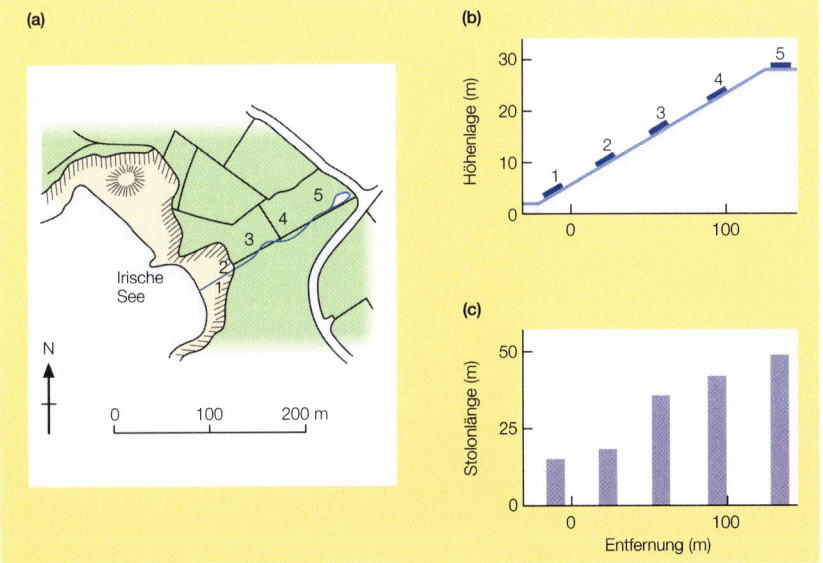

Abbildung 2.4
(a) Karte von Abraham's Bosom; dieser Standort wurde für eine Untersuchung zur Evolution über sehr kurze Entfernungen gewählt. Die grüne Fläche steht für beweidetes Grasland; die hellbraune Fläche steht für zum Meer hin abfallende Klippen. Die Zahlen geben die Standorte an, an denen die Proben des Grases *Agrostis stolonifera* gesammelt wurden. Es ist zu beachten, daß das gesamte Gebiet sich nur über 200 m erstreckt. (b) Ein vertikales Transsekt quer durch das Untersuchungsgebiet zeigt den abrupten Wechsel von Weide- zu Klippenbedingungen. (c) Die durchschnittliche Stolonlänge, die Pflanzenproben aus dem Transsekt im Experimentiergarten erreichten (aus Aston & Bradshaw, 1966).

59

schiedener Habitate, und eine häufige Art, das Weiße Straußgras *(Agrostis stolonifera)*, ist in vielen der Habitate vorhanden. Abbildung 2.4 zeigt einen Lageplan diese Standortes und eines der Transsekte, von dem die Pflanzenproben stammen; sie zeigt außerdem die Ergebnisse, wenn Pflanzen von den Probenstandorten entlang dieses Transsektes in einem gemeinsamen Garten wachsen konnten. Teile der Triebe entwickeln schnell Wurzeln, so daß eine Anzahl von unabhängig bewurzelten Pflanzen aus einer einzelnen Pflanze, die aus dem Feld stammt, geklont werden kann. Damit ergibt sich bei Anwendung eines sorgfältigen statistischen Designs, daß jede der vier Pflanzen von jedem Probenort durch fünf bewurzelte geklonte Replikate von sich selbst repräsentiert war. Die Pflanzen verbreiteten sich durch Ausläufer über dem Erdboden (Stolone), und das Wachstum der Pflanzen wurde verglichen, indem ihre Längen gemessen wurden. Auf dem Feld bildeten die Felsenpflanzen nur kurze Ausläufer, während die Weidelandpflanzen lange Ausläufer hatten. Im Experimentalgarten blieben diese Unterschiede bestehen, obwohl die Probenorte nur rund 30 Meter voneinander entfernt lagen – mit Sicherheit innerhalb einer Entfernung, die einen Pollenaustausch zwischen diesen Pflanzen gestattet. Tatsächlich entsprach die graduelle Veränderung der Umwelt im Bereich des Transsektes den sich graduell verändernden Stolonlängen. Wahrscheinlich lag dafür eine genetische Grundlage vor, denn es wurde auch in dem gemeinsamen Garten deutlich. Sogar hier scheinen die Selektionskräfte stärker zu sein als die Kräfte, die zu einer Vermischung und zur Hybridisation führen.

Andererseits wäre es falsch zu glauben, örtliche Selektion wäre immer stärker als die Hybridisation – daß also alle Arten unterschiedliche geographische Variationen mit einer genetischen Basis aufweisen. Z. B. wurden bei einer Untersuchung von *Chamaecrista fasciculata*, einer einjährigen Hülsenfrucht, Pflanzen aus gestörten Habitaten im Osten Nordamerikas in einen gemeinsamen Garten gepflanzt. Diese stammten von ihrem „Heimatort" (Ursprungsort) oder aus Entfernungen von 0,1, 1, 10, 100, 1000 und 2000 km (Galloway & Fenster, 2000). Die Untersuchung wurde dreimal wiederholt, in Kansas, Maryland und im nördlichen Illinois. Fünf Merkmale wurden gemessen: Keimung, Überleben, vegetative Biomasse, Fruchtproduktion und die Anzahl produzierter Früchte pro eingepflanztem Samen; aber für alle Merkmale in allen Wiederholungsversuchen war nur geringe oder gar keine Evidenz für örtliche Anpassung vorhanden, mit Ausnahme derjenigen mit dem größten räumlichen Abstand (Abb. 2.5). Es gibt also „örtliche Anpassung" – aber sie ist offensichtlich nicht so lokal.

Es läßt sich zudem untersuchen, ob sich Organismen entwickelt haben, um sich für das Leben in ihrem ganz lokalen Lebensraum zu spezialisieren, und zwar in *reziproken Transplantations*experimenten (s. Abb. 2.2). Dabei werden die Wachstumsleistungen am „Heimatort" (d. h. an ihrem Ursprungsort) mit den Leistungen „fern" davon (d. h. im Habitat anderer) verglichen.

Bei Tieren, die man in das Habitat anderer Tiere umsiedelt, kann es schwierig sein, ortsgebundene Spezialisierungen festzustellen: Die meisten Arten laufen einfach davon, wenn ihnen das Habitat nicht gefällt. Aber Wirbellose wie z. B. Korallen und Seeanemonen sind seßhaft, und einige kann man von ihrer Unterlage ablösen und an einem anderen Platz wieder ansiedeln. Die Seeanemone *Actinia tenebrosa* findet man in Tümpeln auf Landzungen entlang der Küste

Reziproke Umpflanzungen testen die Anpassung zwischen den Organismen und ihrer Umwelt – Seeanemonen werden in das Habitat der jeweiligen anderen Art verpflanzt

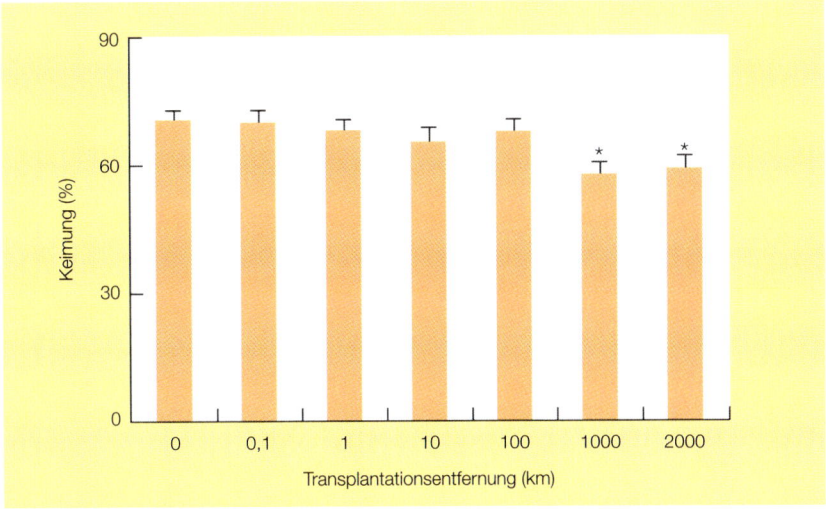

Abbildung 2.5
Prozentuale Keimung von örtlichen und umgesetzten *Chamaecrista-fasciculata*-Popula-
tionen als Test auf lokale Anpassung entlang eines Transsektes in Kansas. Daten von
1995 und 1996 wurden kombiniert, weil sie sich nicht signifikant voneinander unterschieden. Populationen, die sich von der Heimatpopulation mit $P < 0{,}05$ unterscheiden,
sind durch einen Stern gekennzeichnet. Lokale Anpassung kommt nur bei den größten
räumlichen Abständen vor (aus Galloway & Fenster, 2000).

von New South Wales in Australien. Ayre (1985) wählte drei Kolonien im Abstand von je 4 km zueinander auf Landzungen, auf denen die Anemone sehr
häufig war. Innerhalb jeder Kolonie wählte er drei Umsiedlungsplätze (jeder
3–5 m lang), und an jedem legte er drei 1 m breite Streifen an. Zwei davon wurden mit Anemonen besetzt, die von Fremdhabitaten stammten, und einer wurde
mit Anemonen besetzt, für die der Streifen das Habitat darstellte. Ayre entfernte alle auf den Experimentierstandorten ansässigen Anemonen und besiedelte diese neu mit Anemonen. Diese Anemonenart vermehrt sich durch Klonen, indem sie Bruten von asexuellen Jungtieren produziert. Als Maß für den
Leistungserfolg der Anemonen in den verschiedenen Tümpeln (Herkunftsort
und Fremdhabitat) wurde die Anzahl der Jungen benutzt, die von einem adulten Tier produziert worden waren.

Der Anteil der Adulten, die elf Monate später Bruten erzeugten, ist in Tabelle 2.1 wiedergegeben. Die auf Green Island gesammelten Anemonen waren
ziemlich erfolgreich in der Produktion von Jungen. Sowohl im Habitat als auch
im Fremdhabitat reproduzierten sie sich gut und zeigten keine Spezialisierung
für ihren ursprünglichen Standort. Für alle anderen Umsiedlungsexperimente
mit Anemonen von anderen Herkunftsorten als Green Island ergab sich dagegen,
daß ein höherer Anteil der Anemonen Junge im Habitat produzierte als im
Fremdhabitat: Dies ist ein deutlicher Beleg für eine ortsgebundene Spezialisierung. In späteren Experimenten entnahm Ayre (1995), wie zuvor, Anemonen
an verschiedenen Standorten, hielt sie dann aber erst eine gewisse Zeit zur
Akklimatisation an einem gemeinsamen Ort, bevor er sie in dem reziproken

Tabelle 2.1   Ein reziproker Umsetzungsversuch mit der Seeanemone *Actinia tenebrosa* (nach Ayre, 1985)

| Ursprungsort | | Umgesetzt an die Standorte von | | |
		Green Island	Salmon Point	Strickland Bay
Green Island	a	**0,42**	0,68	0,78
	b	**0,80**	0,63	0,75
	c	**0,67**	0,62	0,61
Salmon Point	a	0,11	**0,42**	0,13
	b	0,18	**0,43**	0,28
	c	0,00	**0,50**	0,40
Strickland Bay	a	0,11	0,06	**0,33**
	b	0,00	0,06	**0,27**
	c	0,04	0,20	**0,27**

a, b und c sind die drei Replikate einer Kolonie pro Standort. Angegeben ist jeweils der proportionale Anteil der Adulten, die Junge produziert haben. Umsetzungen zurück an den Ursprungsort sind fett gedruckt.

Umsetzungsversuch neu ansiedelte. Dieser viel strengere Test bestätigte überzeugend die Ergebnisse in Tabelle 2.1.

Ein reziprokes Umsiedlungs-experiment mit einer Pflanze

Ein anderes reziprokes Umsiedlungsexperiment wurde mit Weißklee *(Trifolium repens)* durchgeführt, der auf beweideten Grasflächen Klone bildet. Individuelle Klone unterscheiden sich in Merkmalen, wie der weißen Zeichnung auf den Blättern, der Fähigkeit Blausäure freizusetzen, wenn die Pflanze beschädigt oder abgeweidet wird, sowie durch die Empfindlichkeit gegenüber verschiedenen Krankheiten. Um festzustellen, ob die Merkmale dieser individuellen Klone mit den lokalen Gegebenheiten ihrer Umwelt zusammenpassen, entnahmen Turkington und Harper (1979) Pflanzen an markierten Stellen im Feld und vermehrten diese zu Klonen in einem Treibhaus mit identischen Bedingungen für alle. Dann siedelten sie Proben jedes Klons um auf einen Probenort auf dem Weideland, von dem sie ursprünglich entnommen wurden und ebenso auf die Orte, von denen die anderen stammten. Die Pflanzen durften ein Jahr wachsen, bevor sie eingesammelt, getrocknet und gewogen wurden. Das durchschnittliche Gewicht einer Kleepflanze, die an ihren ursprünglichen Standort zurückgepflanzt wurde, betrug 0,89 g, aber in Fremdhabitaten angesiedelte Pflanzen wogen nur 0,52 g. Dies ist ein statistisch hochsignifikanter Unterschied.

Die Stichproben der untersuchten Kleepflanzen waren nicht randomisiert, sondern wurden aus Probenorten gewählt, die von vier verschiedenen Grasarten beherrscht wurden. So wurden in einem zweiten Experiment geklonte Proben der verschiedenen Kleepflanzen an Versuchsorten mit dichtem Bewuchs der vier Grasarten gepflanzt. Wiederum nach zwölf Monaten wurden die Kleepflanzen entfernt, getrocknet und gewogen; die Ergebnisse sind in Abbildung 2.6 zusammengetragen. Der mittlere Ertrag der Kleepflanzen, die in der Nähe ihres ursprünglichen Nachbargrases standen, war 59,4 g, und der entsprechende Ertrag von Klee, der mit „fremden" Gräsern wuchs, betrug 31,9 g. Wiederum sind die Unterschiede hochsignifikant. Beide Klee-Experimente ergeben somit eindeutige, direkte Nachweise, daß sich geklonter Klee so entwickelt hat, daß er auf eine Weide spezialisiert ist und dazu neigt, sich in seinem

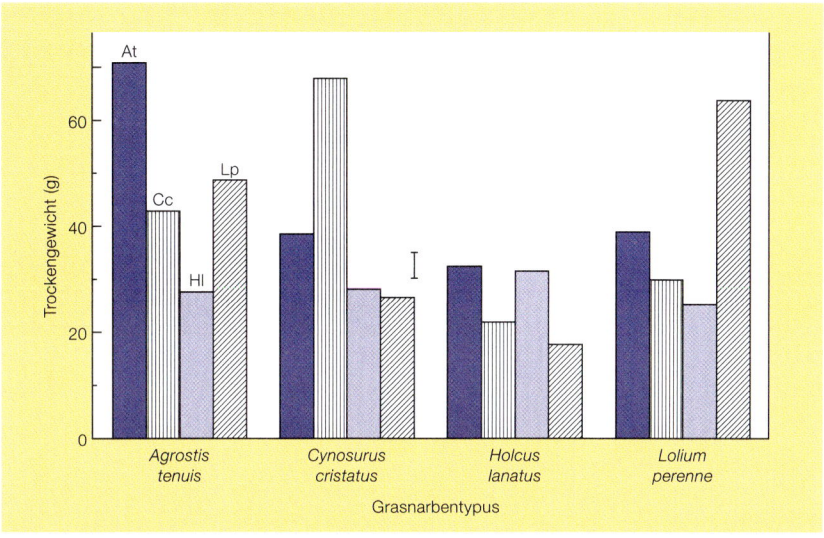

Abbildung 2.6
Proben von Weißkleepflanzen *(Trifolium repens)* wurden auf einer Weide mit dauerhafter Grasnarbe an solchen Stellen entnommen, die von 4 verschiedenen Grasarten dominiert wurden. Die Kleepflanzen wurden zu Klonen vermehrt und umgesiedelt (in allen
möglichen Kombinationen) an die Standorte, an denen zuvor die Samen der 4 Grasarten
ausgesät worden waren. Die Histogramme zeigen das durchschnittliche Gewicht der
umgesiedelten Klone nach 12monatigem Wachstum. Proben der einzelnen Kleetypen
wurden an den Stellen entnommen, die von *Agrostis tenuis* (At), *Cynosurus cristatus*
(Cc), *Holcus lanatus* (Hl), *Lolium perenne* (Lp) dominiert wurden. Der senkrechte Balken gibt den Unterschied zwischen den Höhen jedes beliebigen Säulenpaares an, der statistisch signifikant ist bei $P < 0,05$ (aus Turkington & Harper, 1979).

eigenen lokalen Gebiet und mit seinen örtlichen Nachbarpflanzen am besten zu
entwickeln (am stärksten zu wachsen).

Bisher konnten in den meisten Beispielen die geographischen Varianten
identifiziert werden, nicht aber die sie unterstützenden selektiven Kräfte. Für
das nächste Beispiel trifft dies nicht zu. Der Guppy *(Poecilia reticulata)*, ein
kleiner Süßwasserfisch aus dem Nordosten Südamerikas, diente als Untersu-
chungsbeispiel für eine klassische Serie von Evolutionsexperimenten. In Trinidad fließen viele Flüsse die Nordhänge der Berge herab und werden dabei
durch Wasserfälle unterteilt, die die Fischpopulationen oberhalb und unterhalb
der Fälle voneinander isolieren. Guppys sind in fast all diesen Gewässern vorhanden, wobei sie in den unteren Gewässern auf verschiedene Raubfische treffen,
die in den höhergelegenen Flußbereichen nicht vorkommen. Die Guppypopulationen in Trinidad unterscheiden sich voneinander in fast allen Einzelmerk-
malen, die Biologen untersucht haben. 47 dieser Merkmale neigen dazu, sich
gleichzeitig miteinander zu verändern (d. h., sie kovariieren). Weiterhin zeigen
diese Merkmale Veränderungen, die mit der Zunahme der Bedrohung durch
Prädatoren einhergehen. Diese Korrelation läßt vermuten, daß die Guppypopulationen der natürlichen Selektion durch Prädatoren ausgesetzt gewesen sind.
Aber die Tatsache, daß zwei Phänomene miteinander korreliert sind, beweist

**Natürliche
Selektion durch
Prädation –
ein kontrollier-
ter Freiland-
versuch zur
Fischevolution**

Abbildung 2.7
Männliche und weibliche Guppys
(Poecilia reticulata), bei denen, wie hier gezeigt,
zwei schmuckvolle Männchen um ein typisch
unauffällig gezeichnetes Weibchen balzen (mit
freundlicher Genehmigung von Anne Magurran).

nicht, daß das eine das andere bedingt. Nur kontrollierte Experimente können Ursache und Wirkung ermitteln.

Wo Guppys frei oder verhältnismäßig frei von Räubern gelebt haben, sind die Männchen auffällig gezeichnet mit farbigen Flecken in unterschiedlicher Zahl und Größe (Abb. 2.7). Weibchen sind blaß und (zumindest für uns) unauffällig. Wann immer wir natürliche Selektion in Aktion untersuchen, wird deutlich, daß damit Kompromisse verbunden sind. Jedem Selektionsdruck, der eine Veränderung begünstigt, steht ein Gegendruck, der sich der Veränderung widersetzt, gegenüber. Die Färbung bei männlichen Guppys ist dafür ein gutes Beispiel. Weibliche Guppys ziehen es vor, sich mit den am auffälligsten gefärbten Männchen zu paaren – aber gerade diese werden von Prädatoren deutlich leichter gefangen, weil sie besser zu sehen sind.

Hiermit ist alles vorbereitet für einige Experimente, die Aufschluß über die Ökologie der Evolution geben. Guppypopulationen wurden in Teichen in einem Gewächshaus gehalten und unterschiedlich starker Prädation ausgesetzt. Die Anzahl farbiger Flecken pro Guppy verringerte sich drastisch und schnell, wenn die Population starker Prädation unterlag (Abb. 2.8a). In einem Feldexperiment wurden 200 Guppys von einem Standort weit flußabwärts im Aripo-Fluß entnommen, wo Prädatoren häufig waren, und an einem Standort weiter flußaufwärts ausgesetzt, wo weder Guppys *noch* Räuber vorhanden waren. Die umgesiedelten Guppys gediehen in ihrer neuen Umgebung, und innerhalb von nur zwei Jahren hatten die Männchen mehr und größere Flecken in größerer Farbvariation (Abb. 2.8b). Die Tatsache, daß die Weibchen bei der Partnerwahl die auffälligeren Männchen auswählten, hatte einschneidende Folgen für die Auffälligkeit der Zeichnungsmuster ihrer Nachkommen, jedoch nur, weil keine Räuber vorhanden waren, die diese Richtung der Selektion hätten umkehren können.

Die Geschwindigkeit der evolutionären Veränderung war in diesem Experiment in der Natur so schnell wie bei künstlichen Selektionsexperimenten im Labor. Es herrschte eine massive Überpopulation (immerhin 14 Generationen von Fischen traten in den 23 Monaten auf, in denen das Experiment stattfand). Es gab eine bemerkenswerte genetische Variabilität in den Populationen, auf die sich natürliche Selektion auswirken konnte. Die Guppys, die in den nahezu prädatorenfreien Lebensraum umgesiedelt wurden, entwickelten sich auch noch

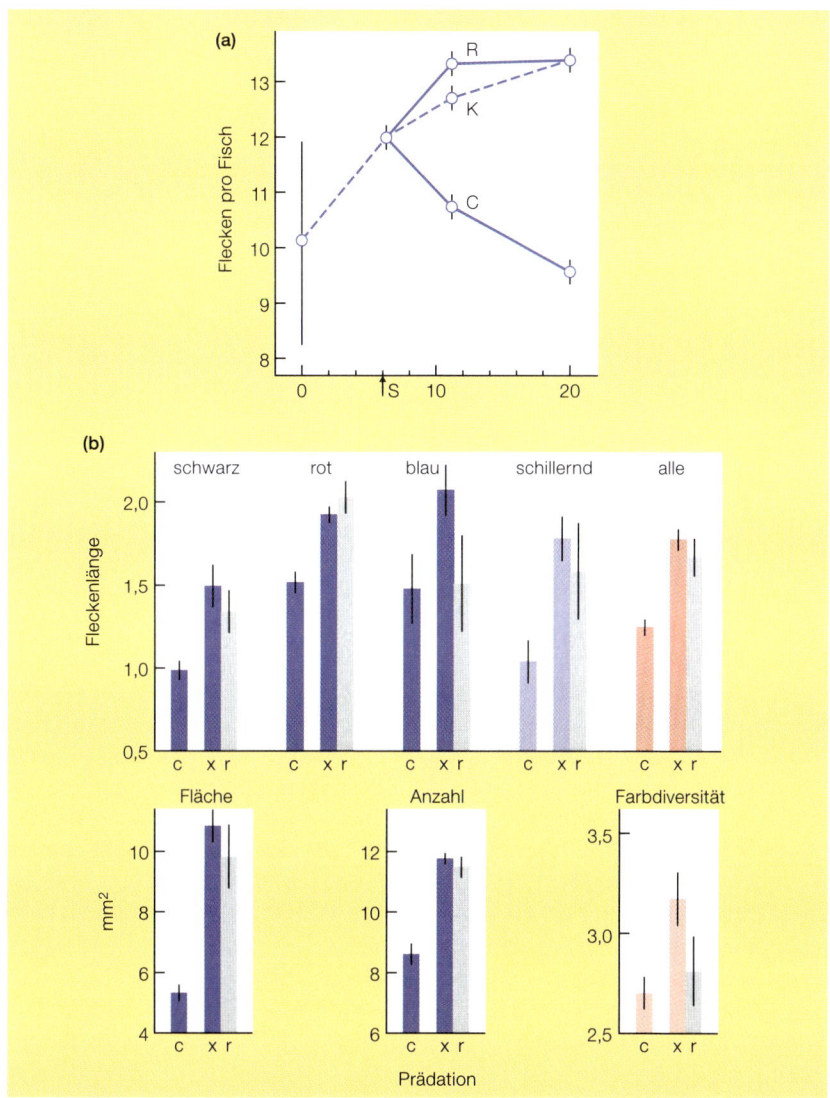

Abbildung 2.8
(a) Ein Versuch, der Veränderungen in Populationen von Guppys *(Poecilia reticulata)* zeigt, die in Versuchsteichen mit Räubern gehalten wurden. Die Graphik zeigt Veränderungen in der Anzahl der Farbflecken pro Fisch in den Teichen mit unterschiedlichen Populationen von räuberischen Fischen. Die Ausgangspopulation ist bewußt an mehreren unterschiedlichen Standorten gesammelt worden, um eine hohe Variabilität zu erhalten. Diese Population wurde in die Teiche zum Zeitpunkt 0 eingesetzt. Zum Zeitpunkt S wurden schwache Räuber *(Rivulus hartii)* in die Teiche R eingeführt, ein hoher Räuberdruck durch den gefährlichen Räuber *Crenicichila alta* wurde in den Teichen C eingebracht, während die Teiche K weiterhin keine Räuber enthielten (die senkrechten Linien zeigen ± 2 Standardfehler). (b) Ergebnisse eines Freilandversuches, die Veränderungen in der Größe, Anzahl und Farbdiversität von Guppyflecken zeigen. Eine Population von Guppys, die von einem Standort mit gefährlichen Räubern (c) stammt, wurde in einen Fluß umgesetzt, in dem nur der sehr schwache Räuber *(Rivulus hartii)* vorkommt und in dem bis zur Einführung auch keine Guppys (x) lebten. Ein weiterer, nahegelegener Fluß mit Guppys und *R. hartii* diente als Kontrolle (r). Die Ergebnisse stammen von Guppys, die zwei Jahre, nachdem sie eingeführt worden waren, an drei verschiedenen Standorten gefangen wurden. Man beachte, wie x und r sich nähern (konvergieren) und sich dramatisch von c unterscheiden (nach Endler, 1980).

in anderer Hinsicht. Die Weibchen waren größer und älter bei Geschlechtsreife, sie brachten weniger, aber größere Nachkommen hervor und verloren zusehends die Angewohnheit, sich in Schwärmen zu bewegen – ein Verhalten, das sie gegen Prädatoren schützte (Endler, 1980; Magurran, 1998).

2.3.2   Variation innerhalb einer Art durch vom Menschen erzeugten Selektionsdruck

Natürliche Selektion durch Umweltverschmutzung – die Evolution eines melanistischen Schmetterlings

Es überrascht nicht gerade, daß einige der eindrucksvollsten Beispiele für natürliche Selektion in Aktion durch ökologische Kräfte der Umweltverschmutzung ausgelöst wurden – diese können schnell Veränderungen bei starkem Selektionsdruck bewirken. Die Verschmutzung der Atmosphäre während und nach der industriellen Revolution hat Spuren an den unwahrscheinlichsten Stellen hinterlassen. Ein Phänomen ist der *Industriemelanismus*, bei dem schwarze oder schwärzliche Formen von Schmetterlingsarten und anderen Organismenarten in Populationen in Industriegebieten dominant wurden. Bei den dunklen bzw. schwarzen Individuen ist ein dominantes Gen für eine Überschußproduktion des schwarzen Pigments Melanin verantwortlich. Industriemelanismus ist in den meisten Industrieländern bekannt, einschließlich einiger Teile der Vereinigten Staaten (z. B. Pittsburgh). Über hundert Schmetterlingsarten haben Formen des Industriemelanismus entwickelt.

Die erste nachgewiesene Art, die sich auf diese Weise entwickelt hat, war der Birkenspanner *(Biston betularia)*. Das erste schwarze Exemplar wurde 1848 in Manchester (England) gefangen. Im Jahre 1895 dann waren 98 % dieser Birkenspannerpopulation in der Gegend um Manchester schwarz. Nach vielen weiteren Jahren der Umweltverschmutzung konnte eine großangelegte Bestandsaufnahme der hellen und melanistischen Formen des Birkenspanners in Großbritannien mehr als 20 000 Exemplare zwischen 1952 und 1970 erfassen (Abb. 2.9). In Großbritannien wehen vorherrschend westliche Winde, die Industrieabgase (insbesondere Rauch und Schwefeldioxid) ostwärts treiben. Melanistische Formen waren massiert im Osten zu finden und fehlten völlig in nichtverschmutzten westlichen Teilen von England und Wales, Nordschottland und Irland.

Die Schmetterlinge werden von insektenfressenden Vögeln erbeutet, die auf Sicht jagen. In einem Freilandversuch wurden in großer Menge schwarze und helle („typische") Schmetterlinge gezüchtet und in gleich großer Zahl in einer ländlichen, industriell weitgehend unverschmutzten Gegend Südenglands freigelassen. Von 190 Schmetterlingen, die von Vögeln gefangen wurden, waren 164 schwarz und 26 typisch gefärbt. Eine vergleichbare Untersuchung wurde im Industriegebiet nahe der Stadt Birmingham durchgeführt. Doppelt soviel schwarze wie typische Exemplare wurden wiedergefangen. Dies zeigt, daß ein signifikanter Selektionsdruck von der Prädation durch Vögel ausgeht und daß die Schmetterlinge mit typischer Färbung in verschmutzten industriellen Lebensräumen (wo ihre helle Farbe vor dem verrußten Hintergrund auffällt) deutlich im Nachteil sind. Demgegenüber sind die melanistischen Formen im Nachteil in ländlichen Gegenden ohne Luftverschmutzung (Kettlewell, 1955).

In den 1960er Jahren kam es in der industrialisierten Umwelt Westeuropas und der Vereinigten Staaten zu einer Veränderung, als Öl und Elektrizität die

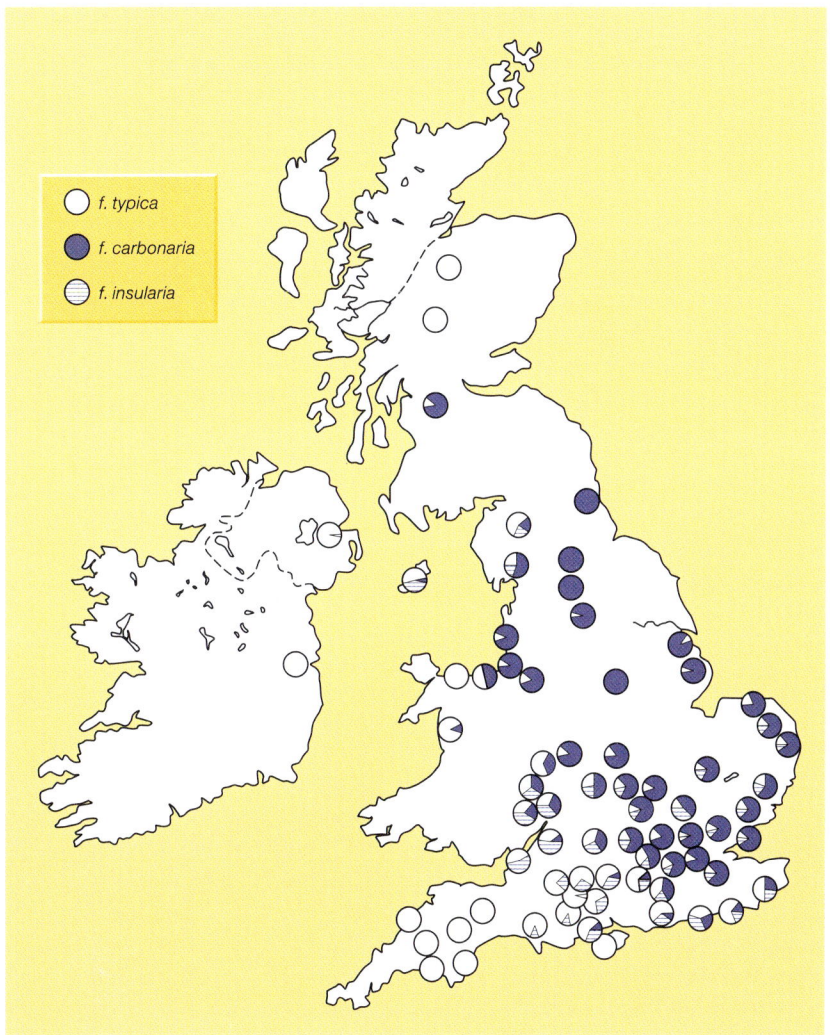

Abbildung 2.9
Standorte in Großbritannien, an denen die Häufigkeiten der hellen *(forma typica)* und der melanistischen Form *(forma carbonaria)* von Biston betularia von Kettlewell und Mitarbeitern aufgezeichnet wurden. Insgesamt wurden über 20 000 Exemplare untersucht. Die melanistische Hauptform ist häufig in der Nähe von Industriegebieten und dort, wo vorherrschend westliche Winde Luftverschmutzung nach Osten tragen. Eine weitere melanistische Form *(forma insularia*, die wie eine intermediäre Form aussieht, aber auf verschiedenen Genen beruht, die die dunkle Färbung kontrollieren) ist auch vorhanden, aber versteckt, wenn Gene von *forma carbonaria* anwesend sind (aus Ford, 1975).

Kohle zu ersetzen begannen und durch neue Gesetzgebungen rauchfreie Zonen geschaffen sowie die industriebedingten Emissionen von Schwefeldioxid begrenzt wurden (s. Kapitel 13). Die Häufigkeit melanistischer Formen fiel dann mit erstaunlicher Geschwindigkeit auf ein Niveau zurück, das fast dem vorindustriellen Zustand entsprach (Abb. 2.10).

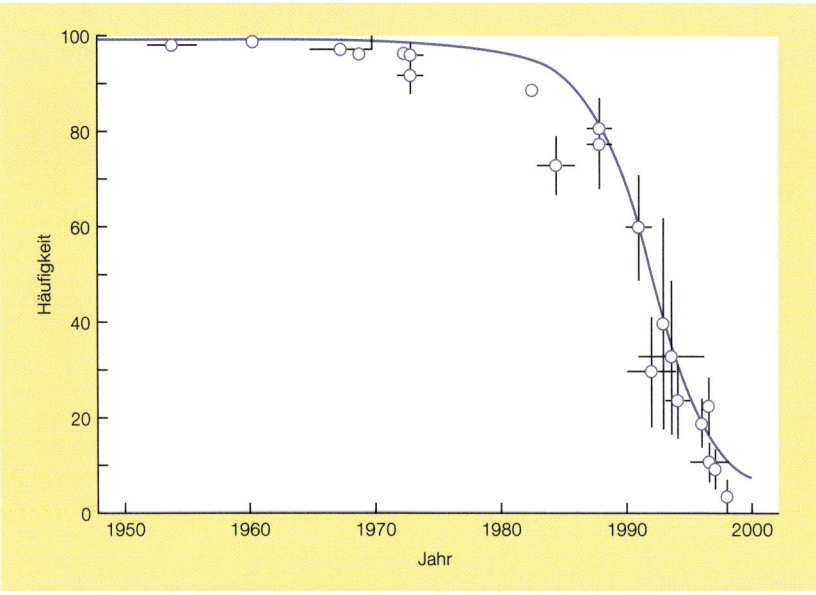

Abbildung 2.10
Veränderungen in der Häufigkeit der *Carbonaria*-Form des Birkenspanners *Biston betularia* in der Gegend um Manchester seit 1950. Senkrechte Linien geben den Standardfehler an, und die waagerechten Linien zeigen die Spanne der berücksichtigten Jahre (nach Cook et al., 1998).

Der Selektionsdruck, der melanistische Formen zuerst begünstigt und dann benachteiligt hat, ist in einen eindeutigen Zusammenhang mit der industriellen Luftverschmutzung zu bringen. Aber die Überlegung, daß dunkle Formen nur durch ihre Tarnung auf dem rußgeschwärzten Hintergrund begünstigt waren, ist nur ein Teil der ganzen Geschichte. Die Schmetterlinge ruhen während des Tages auf Baumstämmen, und nicht schwarzgefärbte Individuen sind gut getarnt vor dem Hintergrund von Moosen und Flechten. Nun hat die industrielle Verschmutzung nicht nur den Hintergrund der Schmetterlinge geschwärzt; Luftverschmutzung, insbesondere Schwefeldioxid, hat auch größtenteils das Moos und die Flechten an den Baumstämmen zerstört. Tatsächlich paßt die Verbreitung der schwarzen Formen in Abbildung 2.9 genau zu den Gegenden, in denen die Baumstämme wahrscheinlich ihre Bedeckung mit Flechten durch Schwefeldioxid verloren haben und damit den normal gefärbten Schmetterlingen keine wirksame Tarnung mehr geboten haben. Daher kann die Schwefeldioxid-Verunreinigung genauso wichtig sein wie die Rauchbildung bei der Selektion der melanistischen Formen der Schmetterlinge.

Natürliche Selektion durch Umweltverschmutzung – die Evolution von Schwermetalltoleranz bei Pflanzen

Einige Pflanzen sind tolerant gegen eine andere Form der Verschmutzung, nämlich das Vorhandensein von toxischen Schwermetallen wie Blei, Zink und Kupfer, die nach dem Bergbau den Boden kontaminieren. Populationen von Pflanzen in kontaminierten Gebieten können tolerant sein, während in den Randzonen dieser Gebiete ein Übergang von toleranten zu intoleranten Formen innerhalb sehr kurzer Distanzen vorkommen kann (Abb. 2.11). In einigen

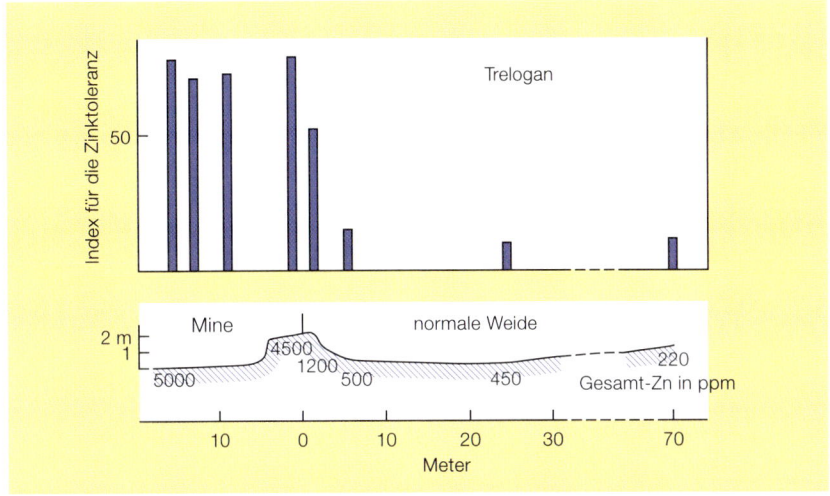

Abbildung 2.11
Das Gras *Anthoxanthum odoratum* besiedelt Land, das durch eine alte Mine massiv mit
Zink (Zn) kontaminiert ist. Dies ist möglich, weil das Gras zinktolerante Formen entwik-
kelt hat. Proben des Grases wurden entlang einem Transsekt von einer Mine (Trelogan)
bis in das umgebende Weideland genommen (Zinkkonzentrationen im Boden sind angegeben als ppm [parts per million]) und dann auf Zinktoleranz getestet, indem die Länge der Wurzeln gemessen wurde, die beim Wachstum in einer Kulturlösung mit einem
Überschußgehalt an Zink erzeugt wurden. Der Index für die Zinktoleranz nimmt steil
über eine Entfernung von 2–5 m jenseits der Minengrenze ab (nach Putwain, in Jain &
Bradshaw, 1966).

Fällen ist es möglich gewesen, die Geschwindigkeit der Evolution zu messen.
So fand man heraus, daß sich zinktolerante Formen bei zwei Grasarten (*Agrostis canina* und *Festuca ovina*) unter Zink-galvanisierten Strommasten innerhalb
von 20–30 Jahren nach deren Errichtung entwickelt hatten (Al-Hiyaly et al.,
1988).

2.3.3   Adaptive Höhen und spezialisierte Abgründe

Natürliche Selektion ändert die Eigenschaften einer Population, indem sie viel
von ihrer Variabilität aussiebt und eliminiert und ein Residuum für künftige
Generationen zurückläßt mit einem engeren Spielraum und eingeschränkten
Möglichkeiten. Dies wird normalerweise als Kraft geschildert, die Populationen
auf einen Gipfel der Anpassung *(Adaptation)* treibt – mit perfekter Anpassung
zwischen Organismus und Umwelt. Dies ist die Sichtweise eines Optimisten
(Abb. 2.12a). Ein alternatives Bild von natürlicher Selektion ist, daß sie Populationen in sich immer stärker verengende Geleise der Überspezialisierung hin-
eintreibt – in immer tiefer werdende Abgründe (Abb. 2.12b). Diese Sichtweise
des Pessimisten betont, wie die Folgen der natürlichen Selektion begrenzen
und einzwängen und daß die Spezialisierung von Arten bedeutet, daß sie ein
Aussterben riskieren, wenn sich die Umwelt ändert.

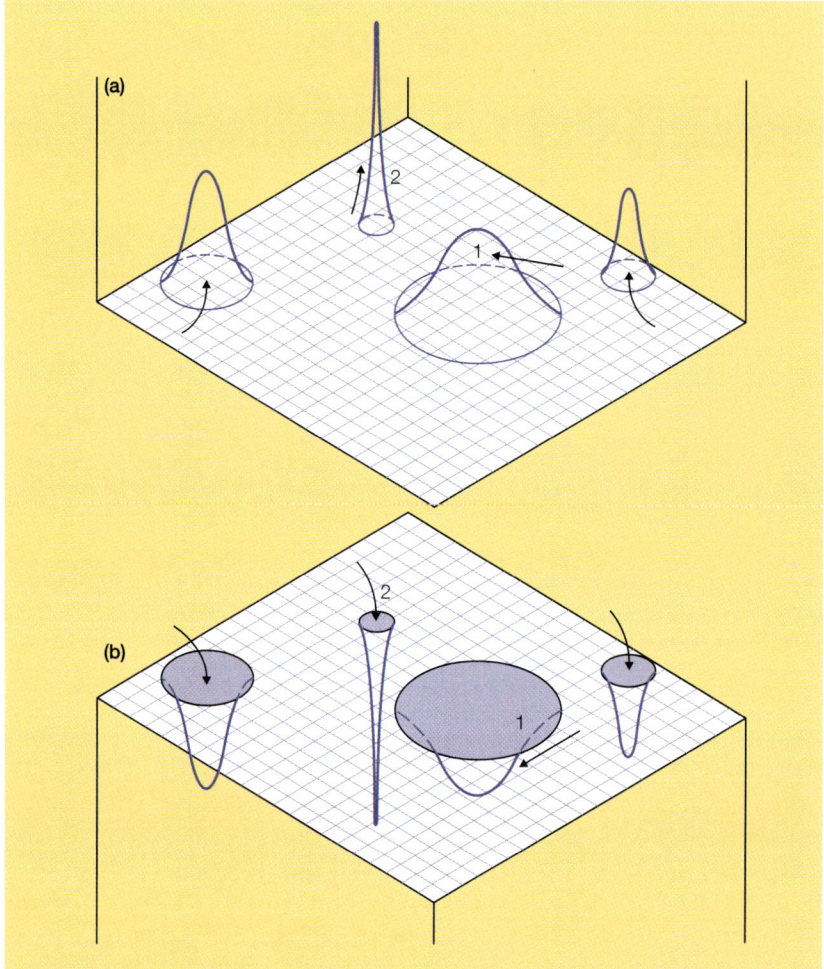

Abbildung 2.12

Zwei Modelle zur natürlichen Selektion: (a) eine optimistische und (b) eine pessimistische Interpretation der natürlichen Selektion. Sowohl in (a) als auch in (b) ist eine horizontale Fläche gezeichnet, um zwei Dimensionen einer ganzen Reihe von Umweltbedingungen darzustellen. In beiden Diagrammen sind Ellipsen eingezeichnet, die die Spannbreite dieser Variabilität zeigen, die von vier Populationen von Organismen toleriert wird. (a) Bei der optimistischen Sichtweise ist die senkrechte Achse ein Maßstab für die Spannbreite der Fitneß von Organismen in der Population, und die natürliche Selektion, mit Pfeilen dargestellt, treibt die Population auf immer höhere „adaptive" Gipfel. Population 1 ist hoch variabel und toleriert eine große Spanne von Bedingungen. Die natürliche Selektion ist relativ schwach. Population 2 ist eine sehr einheitliche Population, und die natürliche Selektion ist heftig und treibt die Population zu einem sehr hohen Maß an Spezialisierung und lokaler Fitneß. (b) Bei der pessimistischen Sichtweise ist die natürliche Selektion mit Pfeilen dargestellt, die die Population in immer ausgefahrenere Geleise und tiefere Abgründe treibt. Die senkrechte nach unten zeigende Achse ist ein Maßstab für das Ausmaß der Spezialisation. Die hochgradig variable Population ist bei schwacher Selektion recht sicher, wenn sich die Umwelt verändert, Population 2 hingegen trägt ein extremes Risiko auszusterben. Bei diesen beiden Darstellungsformen sollte nicht eine als richtiges und die andere als falsches Verständnis von natürlicher Selektion in Aktion gesehen werden, sondern eher beide als 2 Sichtweisen derselben Erkenntnis.

Es ist leicht zu erkennen, daß eine Pflanzenpopulation, die wiederholter Trockenheit ausgesetzt ist, wahrscheinlich eine Toleranz gegen Wasserknappheit entwickelt und daß ein Tier, das wiederholt mit kalten Wintern konfrontiert ist, Formen von Winterschlaf oder einen dicken schützenden Pelz entwickelt. Aber als Ergebnis werden deshalb Trockenzeiten nicht weniger schwer und Winter nicht milder. Äußere Bedingungen sind nicht erblich, sie hinterlassen keine Nachkommen und sie sind keiner natürlichen Selektion unterworfen.

Natürliche Selektion setzt nicht bei äußeren Bedingungen an …

Ganz anders ist die Situation hingegen, wenn zwei Arten interagieren, etwa Räuber mit Beute, Parasit mit Wirt, konkurrierender Nachbar mit Nachbar. Natürliche Selektion kann aus einer Population von Parasiten jene Formen auswählen, die erfolgreicher ihre Wirte befallen. Aber gleichzeitig bringt dies natürliche Selektionskräfte ins Spiel, die resistentere Wirte begünstigen. Während diese sich entwickeln, erhöhen sie weiter den Druck auf die Fähigkeit der Parasiten, ihre Wirte zu infizieren. Wirt und Parasit sind dann in einer nie endenden Spirale wechselseitiger Selektion gefangen. Ein Ergebnis davon ist, daß Wirt und Parasit sich zunehmend stärker spezialisieren – gefangen in einem sich immer weiter vertiefenden Graben. Schließlich kann nur noch eine spezialisierte Form des Parasiten Wirte befallen, und sie kann es auch nur bei einer hoch spezialisierten Wirtsform. Wir werden auf Beispiele für diese extreme Form natürlicher Selektion – Koevolution – zu sprechen kommen, wenn wir Organismen als Habitate in Kapitel 7 behandeln.

… aber Parasiten, Räuber und Konkurrenten können sowohl treibende Kräfte der natürlichen Selektion als auch Objekte der Selektion sein

2.4   Die Ökologie der Artbildung

Wir haben gesehen, daß natürliche Selektion Populationen von Pflanzen und Tieren dazu bringen kann, ihre Merkmale zu verändern – zu evolieren. Allerdings hat keines der Beispiele, die wir betrachtet haben, zur Evolution einer neuen Art geführt. Tatsächlich handelt Darwins „On the Origin of Species" von natürlicher Selektion und Evolution, aber nicht wirklich vom Ursprung von Arten! Die Forscher, die die Evolution von Melanismus beim Birkenspanner untersuchten, nannten die schwarzen und normalen Formen *forma carbonaria* und *forma typica*: sie klassifizierten diese als Formen innerhalb einer Art, nicht als unterschiedliche Arten. Genauso sind die verschiedenen Wuchsformen der Gräser auf den Klippen oder auf dem Weideland von Abraham's Bosom und die blassen oder farbenprächtigen Rassen von Guppys nur lokale genetische Klassen. Keine erreicht den Status einer eigenen Art. Wenn wir allerdings fragen, welche Kriterien es denn rechtfertigen, zwei Populationen als getrennte Arten zu bezeichnen, stoßen wir auf echte Probleme.

2.4.1   Was verstehen wir unter einer „Art"?

Zyniker meinen, mit einem wahren Kern, daß eine Art genau das ist, was ein fähiger Taxonom als Art betrachtet! Darwin selbst sah Arten (genau wie Gattungen) als „lediglich künstliche Gruppierungen im Sinne der Bequemlichkeit" an. Andererseits schlugen in den 1930er Jahren die amerikanischen Biologen Ernst Mayr und Theodosius Dobzhansky einen empirischen Test vor, der dazu

Offene Frage: Gibt es eine Definition der „Art", die in allen Fällen angewendet werden kann?

benutzt werden konnte zu entscheiden, ob zwei Populationen Teil von ein und derselben Art oder von zwei unterschiedlichen Arten sind. Sie bezeichneten Organismen als einer einzigen Art zugehörig, wenn sie, zumindest potentiell, sich in der Natur paaren und fruchtbare Nachkommen erzeugen können. Eine auf diese Weise getestete und definierte Art entspricht dem biologischen Artbegriff *(Biospezies)*. Über die Beispiele, die wir weiter oben in diesem Kapitel dargelegt haben, wissen wir, daß melanistische und normal gefärbte Birkenspanner kopulieren und daß ihr Nachwuchs stets fruchtbar ist; das gilt auch für farbenprächtige und blasse Guppys und auch für Pflanzen der verschiedenen Typen von *Agrostis*. Sie alle sind Variationen innerhalb einer Art – keine eigenen Arten.

In der Praxis wenden Biologen den Mayr-Dobzhansky-Test nicht jedesmal an, bevor sie eine Art ansprechen, dafür fehlen einfach die Zeit und die Möglichkeiten. Aber er ist dazu da, auftretende Streitfragen zu klären. Wichtiger ist, daß der Test ein zentrales Element im Evolutionsprozeß erkennen läßt. Wenn die Individuen zweier Populationen in der Lage sind, sich zu kreuzen, und wenn ihre Gene in ihren Nachkommen neu kombiniert werden, kann natürliche Selektion die Populationen niemals wirklich verschieden werden lassen. Obwohl natürliche Selektion die Tendenz dazu hat, eine Population zu zwingen, sich in zwei oder mehrere unterscheidbare Formen aufzuspalten, werden geschlechtliche Vermehrung und Kreuzung diese wieder miteinander mischen.

Biospezies tauschen keine Gene aus

Zwei Teile einer Population können sich nur dann zu zwei eigenen Arten entwickeln, wenn irgendeine Form von Barriere den Genfluß zwischen ihnen verhindert. Sie können beispielsweise isoliert auf verschiedenen Inseln vorkom-

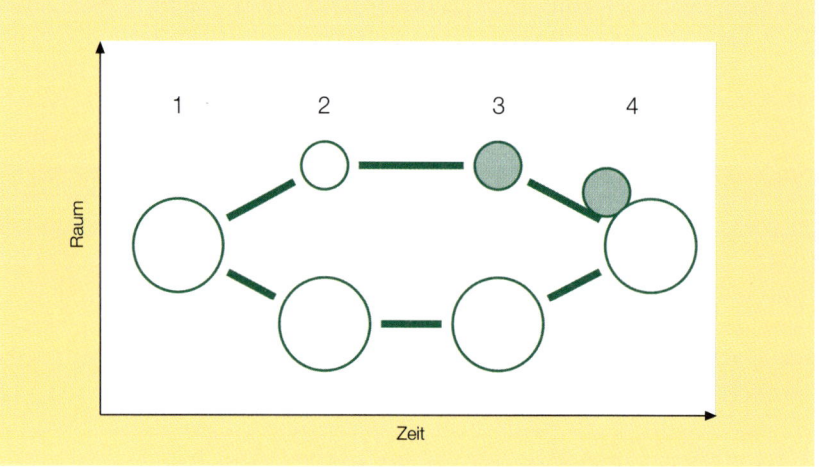

Abbildung 2.13
Die Rolle der Isolation in der Evolution von Arten. Eine einheitliche Art mit großer Verbreitung (1) differenziert sich (2) in lokale Formen, Varietäten oder Unterarten, die (3) genetisch voneinander isoliert werden, z. B. getrennt werden durch geographische Barrieren oder verstreut werden auf unterschiedliche Inseln. Nach der Evolution in Isolation können sie wieder aufeinandertreffen, wenn sie (4) unfähig geworden sind, sich zu kreuzen und echte Biospezies geworden sind.

men. Während sie voneinander isoliert sind, können sie sich weiterentwickeln und dabei so unterschiedlich werden, daß sie sich, falls sie wieder aufeinandertreffen, nicht mehr miteinander kreuzen und ihre Populationen nicht länger Gene austauschen können. Sie sind nun verschiedene Biospezies. Abbildung 2.13 veranschaulicht diesen Prozeß.

Zu den Unterschieden, die besonders erfolgreich neuevolvierte Arten trennen, zählen verschiedene Rituale des Werbeverhaltens, unterschiedliche Signale zur Anziehung der Geschlechter sowie bei Blütenpflanzen unterschiedliche blütenbestäubende Insektenarten. Es kann vorkommen, daß Mischlinge zwischen zwei sich entwickelnden Arten entstehen, aber ihre elterlichen Chromosomen sind so unterschiedlich, daß sie sich in der Meiose nicht mehr paarweise anordnen: Die Mischlinge sind dann steril (z. B. ist die Kreuzung von Pferd mit Esel ein steriles Maultier).

Die Evolution von Arten und das Gleichgewicht zwischen natürlicher Selektion und Hybridisierung wird durch den bemerkenswerten Fall zweier Möwenarten verdeutlicht. Die Heringsmöwe *(Larus fuscus)* stammt aus Sibirien und hat sich zunehmend nach Westen ausgebreitet. Dabei hat sie eine Kette oder eine Kline von unterschiedlichen Formen ausgebildet, die sich von Sibirien bis Großbritannien und Island erstreckt (Abb. 2.14). Die benachbarten Formen entlang dieser Kline sind gut unterscheidbar, aber sie kreuzen sich in der Natur sofort ohne weiteres miteinander. Benachbarte Populationen werden deshalb als Teil derselben Art angesehen und Taxonomen geben ihnen nur den Status einer Unterart (z. B. *Larus fuscus graelsii, L. fuscus fuscus*). Populationen dieser Möwe haben aber auch von Sibirien aus nach Osten eine *Kline* von sich frei kreuzenden Formen ausgebildet. Zusammengenommen umschließen die Populationen, die sich ost- und westwärts ausgebreitet haben, die nördliche Hemisphäre ringförmig. Sie treffen und überlappen sich in Nordeuropa. Ost- und Westkline haben sich so weit auseinanderentwickelt, daß es dort, wo sie aufeinandertreffen, einfach ist, sie auseinanderzuhalten und als verschiedene Arten einzuordnen, nämlich als Heringsmöwe *(Larus fuscus)* und Silbermöwe *(Larus argentatus)*. Darüber hinaus kreuzen sich beide „Arten" nicht. Sie sind eindeutig verschiedene Biospezies geworden.

An diesem bemerkenswerten Beispiel können wir sehen, wie zwei unterschiedliche Arten sich aus einem ursprünglichen Bestand entwickelt haben, wobei die Stadien ihrer Auseinanderentwicklung in der Kline, die sie verbindet, wie eingefroren erhalten bleiben. Doch vor allem dort, wo eine Population in zwei komplett isolierte Populationen aufgespalten wird, die z. B. auf verschiedene Inseln verteilt sind, werden sich beide leicht zu jeweils eigenen Arten entwickeln.

Evolution bei Möwen

2.4.2 Inseln und Artbildung

Das berühmteste Beispiel für Evolution und Artbildung auf Inseln ist der Fall der Darwinfinken auf dem Galapagosarchipel. Darwin war getadelt worden, die Bedeutung der Isolation bei der Evolution von Arten unterschätzt zu haben, und antwortete (in einem Brief 1876), „es müßte eine eigenartige Tatsache sein, wenn ich die Bedeutung der Isolation übersehen hätte. Gerade angesichts

Darwinfinken

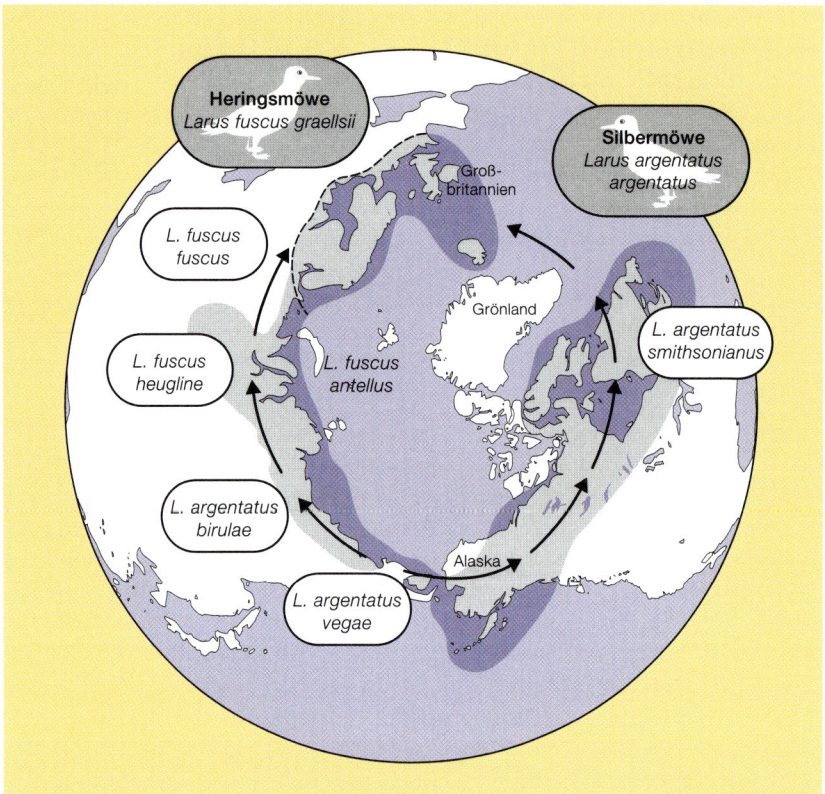

Abbildung 2.14
Zwei Möwenarten, die Heringsmöwe und die Silbermöwe, haben sich bei gemeinsamer Abstammung während der kreisförmigen Besiedlung der nördliche Hemisphäre auseinanderentwickelt. Dort, wo sie in Nordeuropa gemeinsam vorkommen, ist es ihnen unmöglich, sich zu kreuzen, und sie werden eindeutig als zwei klar getrennte Arten angesehen. Dennoch sind sie entlang ihrem Verbreitungsgebiet durch eine Reihe sich frei miteinander kreuzender Rassen oder Unterarten verbunden (nach Brookes, 1998).

dessen, daß es solche Umstände wie die auf dem Galapagosarchipel waren, die mich vor allem zu den Studien über die Evolution der Arten brachte".

Die Galapagosinseln sind vulkanischen Ursprungs und isoliert im Pazifischen Ozean über 1000 km westlich von Ecuador und 750 km von der Kokos-Insel entfernt, welche wiederum isoliert 500 km vor Mittelamerika liegt. Auf mehr als 500 m über dem Meeresspiegel besteht die Vegetation aus offenem Grasland. Unterhalb davon liegt eine feuchte Waldzone vor, die in einen Küstenstreifen mit Wüstenvegetation aus einigen endemischen Arten der Kaktusfeigen *(Opuntia)* übergeht. 14 Finkenarten kommen auf den Inseln vor, und alles spricht für die Annahme, daß diese von einer einzigen Urspungsart abstammen, die die Inseln vom mittelamerikanischen Festland aus besiedelten.

In ihrer abgelegenen, insulären Isolation hat die Population der Galapagosfinken eine radiative Entwicklung in eine Reihe von Arten, zu Gruppen mit kontrastierenden Ökologien vollzogen (Abb. 2.15). Mitglieder der einen

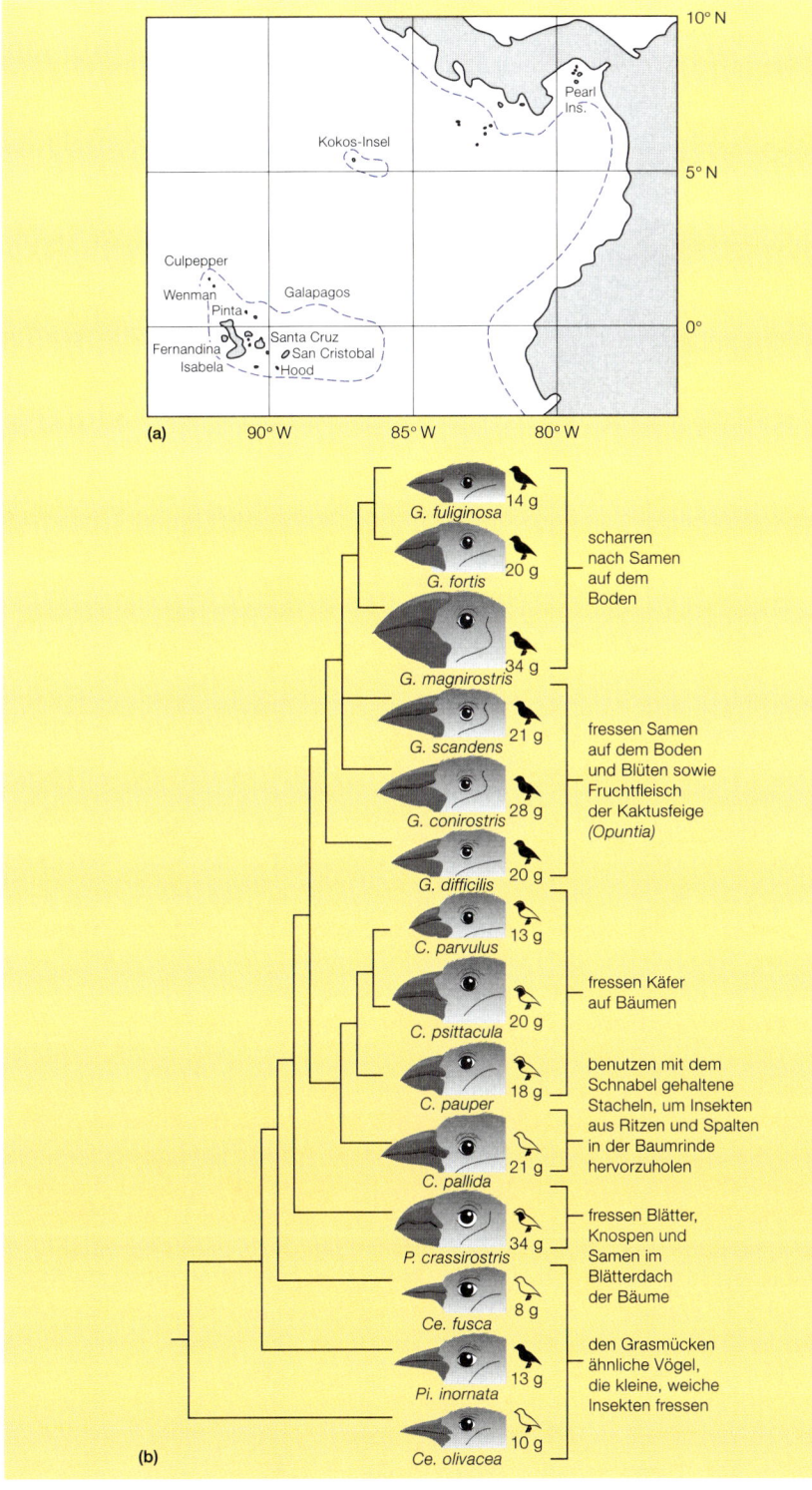

Abbildung 2.15
(a) Karte der Galapagosinseln, die deren Lage bezogen auf Mittelamerika zeigt; auf dem Äquator entsprechen 5° ungefähr 560 km. (b) Eine Rekonstruktion der Evolutionsgeschichte der Galapagos-Finken, basierend auf der Variabilität der Mikrosatelliten-DNA. Die Ernährungsweise der unterschiedlichen Arten ist ebenfalls dargestellt. Die Zeichnungen der Vögel sind proportional zur tatsächlichen Körpergröße. Der maximale Anteil von schwarzer Zeichnung im männlichen Gefieder und das durchschnittliche Körpergewicht sind für jede Art angegeben. Die *genetische Distanz* (ein Maß für die genetischen Unterschiede) zwischen den Arten ist wiedergegeben durch die Länge der waagerechten Linien. Man beachte die große und auch frühe Abtrennung des Laubsänger-finken *(Certhidea olivacea)* von den anderen, was vermuten läßt, daß er den Gründerindividuen, die die Inseln besiedelten, auffällig ähnelt.
C. = Camarhynchus;
Ce. = Certhidea;
G. = Geospiza;
P. = Platyspiza;
Pi. = Pinaroloxias
(nach Petren et al., 1999).

75

Gruppe, zu denen *Geospiza fuliginosa* und *G. fortis* gehören, haben einen kräftigen Schnabel, sie hüpfen und scharren nach Samen auf dem Boden. *G. scandens* hat einen schmaleren und etwas längeren Schnabel und ernährt sich von den Blüten und dem Fruchtfleisch der Kaktusfeigen, aber auch von Samen. Finken einer dritten Gruppe haben einen papageienartigen Schnabel, sie fressen Blätter, Knospen, Blüten und Früchte, und eine vierte Gruppe mit papageienartigem Schnabel *(Camarhynchus psittacula)* wurde zu Insektenfressern, die von Käfern und anderen Insekten in Baumkronen leben. Der sogenannte Spechtfink *Camarhynchus (Cactospiza) pallida* holt mit Hilfe eines im Schnabel gehaltenen Kaktusstachels oder Zweigs Insekten aus Spalten heraus. Zu einer wieder anderen Gruppe gehört eine Art *(Certhidea olivacea)*, die, ähnlich wie eine Grasmücke, lebhaft herumflitzt und kleine Insekten im Kronenraum des Waldes und in der Luft fängt. Populationen der Ausgangsarten wurden in ihrer Fortpflanzung isoliert, sehr wahrscheinlich nach zufälliger Besiedlung verschiedener Inseln innerhalb des Archipels, und entwickelten sich eine Zeitlang getrennt. In der Folgezeit stattfindende Wanderbewegungen zwischen den Inseln können nicht-kreuzbare Biospezies zusammengebracht haben, die in der anschließenden Evolution unterschiedliche Nischen besetzt haben. In Kapitel 6 werden wir sehen, daß, wenn Individuen verschiedener Arten konkurrieren, natürliche Selektion jene Individuen begünstigt, die am wenigsten mit Angehörigen der anderen Arten konkurrieren. Die erwartete Konsequenz ist, daß in einer Gruppe nahe verwandter Arten, wie es die Darwinfinken sind, die Unterschiede in der Ernährung und in anderen Aspekten ihrer Ökologie sehr wahrscheinlich mit der Zeit stärker ausgeprägt sein werden.

Der gesamte Prozeß der evolutionären Auseinanderentwicklung dieser Arten scheint sich in weniger als drei Millionen Jahren vollzogen zu haben. Sehr selten kommt Hybridisierung zwischen Arten vor, die ähnliche ökologische Einnischungen zeigen. Allerdings sind diese Ereignisse so selten, daß man diese Arten als echte oder als gerade sich ausbildende Biospezies bezeichnen kann. Wir dürfen nicht vergessen, daß das Entstehen einer Art normalerweise ein Prozeß ist und nicht ein punktuelles Ereignis. Bei der Herausbildung einer neuen Art gibt es, ähnlich wie beim Eierkochen, ein wenig Freiheit in der Argumentation, wann dieser Vorgang abgeschlossen ist!

Die evolutionären Verwandtschaftsbeziehungen zwischen den verschiedenen Galapagosfinken sind durch molekulare Techniken (Analysen über die Variabilität der Mikrosatelliten-DNA) festgestellt worden (Petren et al., 1999) (s. Abb. 2.15). Diese zuverlässigen modernen Untersuchungsmethoden bestätigen die lange Zeit herrschende Sichtweise, daß der Stammbaum der Galapagosfinken sich von einem einzelnen Stamm ausgehend (d. h. *monophyletisch*) radiativ ausgebildet hat. Weiterhin liefern sie deutliche Hinweise darauf, daß der Laubsängerfink *(Certhidea olivacea)* die erste Art war, die sich von der Gründergruppe abgespalten hat, und wahrscheinlich den ursprünglichen Vorfahren, die den Archipel besiedelt haben, am ähnlichsten ist.

Flora und Fauna vieler anderer Archipele zeigen ähnliche Beispiele für großen Artenreichtum mit vielen lokalen *endemischen* Arten (d. h. Arten, die ausschließlich auf einer Insel oder in einem Gebiet vorkommen). Auf den Hawaii-Inseln lebt eine außergewöhnliche Vielfalt von Taufliegen (Arten von *Droso-*

phila) mit ausgeprägter Flügelzeichnung und eine Gruppe nahe verwandter Arten von Zuckervögeln, die sich in ihren Ernährungsgewohnheiten und Schnabelformen auf bemerkenswert ähnliche Weise wie die Galapagosfinken auseinanderentwickelt haben. Eidechsen der Gattung *Anolis* haben auf den karibischen Inseln eine kaleidoskopartige Artenvielfalt entwickelt, und isolierte Inselgruppen wie die Kanaren vor der Küste Nordafrikas sind Schatzkammern endemischer Pflanzenarten. Diese ungewöhnlichen und oft sehr artenreichen Lebensgemeinschaften können für die angewandte Ökologie ein Problem darstellen (Fenster 2.2).

Einwanderer auf ozeanischen Inseln können von anderen Teilen ihrer Population isoliert werden und sich dann von ihr unabhängig unter natürlicher Selektion auseinanderentwickeln und somit zu unterschiedlichen Arten werden. Aber es gibt noch andere Formen von „Inseln", auf denen die besiedelnden Individuen ebenfalls vom Rest ihrer Population genetisch isoliert werden können. Berge isolieren Täler voneinander, und Täler isolieren Berge. Einige Individuen, die zufällig auf einen bewohnbaren Standort eines Gebirgszuges versprengt werden, können den Kern einer sich ausbreitenden neuen Art bilden. Deren Merkmale werden geprägt sein durch die speziellen Gene, die bei den besiedelnden Individuen vertreten waren – die sehr wahrscheinlich kein perfektes Muster der elterlichen Population sind. Was natürliche Selektion mit dieser *Gründerpopulation* tun kann, ist begrenzt durch das, was deren begrenztes Genmuster (dazu kommen gelegentliche seltene Mutationen) gestattet. Tatsächlich scheinen viele der Abweichungen zwischen Populationen, die auf Inseln isoliert sind, auf einem *Gründereffekt* zu beruhen – die zufällige Zusammensetzung des Pools an Gründergenen begrenzt und bestimmt die Variation, auf die die natürliche Selektion dann wirken kann.

Um diese Muster auf Inseln verstehen und einordnen zu können, muß ein Evolutionsbiologe erst einmal die ökologischen Prozesse wie Ausbreitung bzw. Dispersion (Kapitel 5) und interspezifische Konkurrenz (Kapitel 6) wirklich verstehen. Ebenso würde das Verständnis eines Ökologen von ökologischer Spezialisierung, Verbreitung von Arten, Artenvielfalt und Nischendifferenzierung und vielen anderen ökologischen Phänomenen ohne die Grundlagen der in diesem Kapitel diskutierten evolutionären Prozesse lückenhaft bleiben.

2.5   Die Auswirkungen von Klimaänderungen auf die Evolution und Verbreitung von Arten

Änderungen des Klimas, vor allem während der Eiszeiten des Pleistozäns (in den vergangenen 2–3 Mio. Jahren), sind zu einem erheblichen Teil für die gegenwärtigen Verbreitungsmuster von Pflanzen und Tieren verantwortlich. Im Laufe der Klimaänderungen haben sich Populationen von Arten ausgebreitet und wieder zurückgezogen, wurden aufgeteilt in isolierte *Patches* und haben sich dann vielleicht wieder vereinigt. Vieles von dem, was wir in der derzeitigen Verbreitung von Arten erkennen, stellt Erholungsphasen von vergangenen klimatischen Veränderungen dar. Mit Hilfe moderner Techniken zur Analyse und Datierung biologischer Überbleibsel (besonders Pollenreste früherer Vegeta-

Fenster 2.2 – Aktueller ÖKOnflikt

Lebensgemeinschaften der Tiefseeschlote in Gefahr

Tiefseeschlote sind Wärmeinseln (sowohl im wörtlichen als auch im übertragenen Sinne) im ansonsten kalten Ozean. Als Folge beherbergen sie einzigartige Lebensgemeinschaften, die reich an endemischen Arten sind. Eine der jüngsten Kontroversen, bei denen sich Umweltschützer und Industrievertreter gegenüberstehen, betrifft Tiefseeschlote, die einzigartige Lebensgemeinschaften beherbergen (s. Abb.), die aber jetzt als mineralreiche Standorte bekannt geworden sind. Dieser Zeitungsartikel von William J. Broad erschien am 20. Januar 1998 in den San José Mercury News.

Bergleute stecken Parzellen für die Ausbeutung wertvoller Metalle ab, die in unterseeischen Ablagerungen des Südpazifik liegen, und es stellt sich die Frage, wie Katastrophen in diesen empfindlichen, wenig verstandenen Ökosystemen verhindert werden können.

Die vulkanischen, heißen Quellen der Tiefsee sind dunkle Oasen, die von blinden Garnelen, riesigen Röhrenwürmern und anderen bizarren Kreaturen wimmeln, zuweilen in einer Fülle, die der des tropischen Regenwaldes gleichkommt. Und sie sind alt.

Wissenschaftler, die sie untersuchen, sagen, daß diese seltsamen Lebensräume, die zum ersten Mal vor 20 Jahren entdeckt wurden, der Geburtsort allen Le-

Eine Tiefseeschlotgemeinschaft
(© Whoi, J. Edmond, Visuals Unlimited).

tion) gelingt es uns allmählich festzustellen, inwieweit sich die heutige Verbreitung der Organismen als exakte lokale Anpassung zu den derzeitigen Bedingungen entwickelt hat, oder in welchem Ausmaß sie ein Fingerabdruck dessen ist, was historisch vorhanden war.

Eiszeitliche Zyklen sind wiederholt aufgetreten

In den vergangenen 2–3 Millionen Jahren ist es auf der Erde zumeist sehr kalt gewesen. Die Verteilung von Sauerstoffisotopen in Bohrkernen vom Meeresgrund zeigt, daß es wahrscheinlich nicht weniger als 16 eiszeitliche Zyklen im Pleistozän gegeben hat, von denen jeder bis zu 125 000 Jahre dauerte (Abb. 2.16a). Jede kalte (eiszeitliche) Phase dauerte vermutlich 50 000 bis

bens auf der Erde sein könnten. Dies macht sie zu einem Dreh- und Angelpunkt für eine neue Flut von Untersuchungen zur Evolution.

Jetzt, zu einem Zeitpunkt, den verschiedene Gruppen von Experten – wenn auch mit gemischten Gefühlen – mit Spannung erwartet haben, dringen Bergleute zu den heißen Quellen vor und bereiten möglicherweise die Bühne vor für die letzte große Schlacht zwischen industriellem Fortschritt und Umweltschutz.

Die unterseeischen Schlote sind nicht nur reich an Leben, sondern auch an wertvollen Mineralien wie Kupfer, Silber und Gold. Tatsächlich kann man ihre rauchenden Kamine und felsigen Fundamente als Gießereien für wertvolle Metalle betrachten … Die unterseeischen Goldfelder haben schon seit langem die Phantasie vieler Wissenschaftler und Ökonomen beflügelt, doch kam es u. a. deshalb nicht zu einem Abbau, weil die steinigen Ablagerungen nur schwer aus Tiefen von einer Meile oder mehr zu heben waren.

Nun jedoch, nach dem Fund der bisher reichhaltigsten Erze, haben Bergleute die erste Parzelle zur Ausbeutung dieser metallischen Ablagerungen abgesteckt. Der geschätzte Wert an Kupfer, Silber

und Gold an diesem Standort im Südpazifik beträgt Milliarden von Dollar. Umweltschützer wollen jedoch das exotische Ökosystem durch ein Verbot oder zumindest eine strenge Einschränkung des Abbaus schützen.

Wägen Sie die folgenden Optionen ab und diskutieren Sie ihre jeweiligen Vorzüge:

1. *Erlaubnis des freien Zugangs zu allen Tiefseeschloten für die Bergbauindustrie, da von dem hierdurch geschaffenen Wohlstand viele Menschen profitieren werden.*
2. *Verbot des Bergbaus und anderer Störungen in sämtlichen Bereichen von Lebensgemeinschaften der Tiefseeschlote und damit Anerkennung ihres einzigartigen biologischen und evolutionsgeschichtlichen Charakters.*
3. *Durchführung von Einstufungen der Biodiversität der bekannten Lebensgemeinschaften von Tiefseeschloten und Aufstellung von Prioritäten entsprechend der Wichtigkeit ihrer Erhaltung; fallweise Erlaubnis von Bergbau, der das Gesamtausmaß der Zerstörung einer Lebensgemeinschaft der jeweiligen Kategorie minimiert.*

100 000 Jahre mit kurzen Intervallen von nur 10 000 bis 20 000 Jahren, in denen die Temperaturen auf heutige oder höhere Werte anstiegen. In diesem Fall sind die gegenwärtigen Floren und Faunen ungewöhnlich, da sie sich in der warmen Endphase einer Serie von ungewöhnlich katastrophalen Warmperioden entwickelt haben.

Während der vergangenen 20 000 Jahre, seit dem Höhepunkt der letzten Eiszeit, sind die globalen Temperaturen um 8 °C angestiegen. Die Pollenanalyse – besonders an Holzgewächsen, die den Hauptanteil von Pollen produzieren – kann aufzeigen, wie sich die Vegetation während dieser Periode (Abb. 2.16b)

Die Verbreitung von Bäumen hat sich seit der letzten Eiszeit allmählich geändert

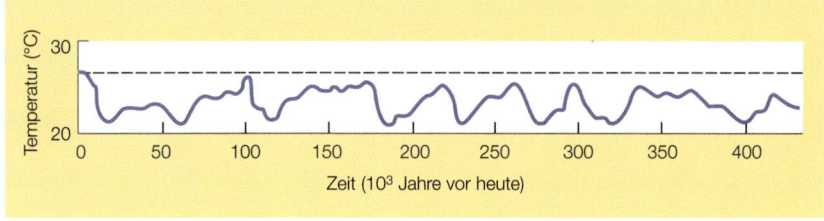

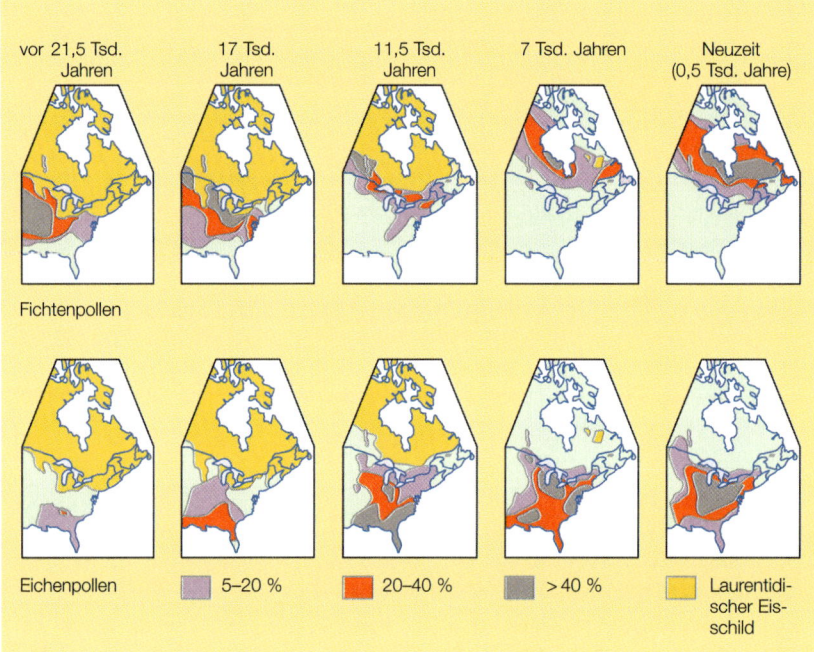

Abbildung 2.16

(a) Schätzungen der Temperaturschwankungen während der Eiszeiten in den letzten 400 000 Jahren. Die Schätzungen beruhen auf dem Vergleich von Sauerstoffisotopenverhältnissen in Fossilien aus ozeanischen Bohrkernen der Karibik. Die gestrichelte Linie entspricht dem Verhältnis von vor 10 000 Jahren, dem Beginn der heutigen Wärmeperiode. Perioden, so warm wie die jetzige, sind eher selten, und während der letzten 400 000 Jahre war das Klima überwiegend glazial (nach Emiliani, 1966; Davis, 1976). (b) Verbreitungsgebiete von Fichtenarten (oben) und Eichenarten (unten) im östlichen Nordamerika von vor 215 000 Jahren bis heute, rekonstruiert anhand der prozentualen Anzahl von Pollen in Sedimenten (nach Davis & Shaw, 2001).

verändert hat. Während das Eis immer mehr zurückging, haben sich die unterschiedlichen Waldarten auf unterschiedliche Weise und mit unterschiedlicher Geschwindigkeit ausgebreitet. Bei einigen Arten, wie z. B. den Fichten im östlichen Nordamerika, bedeutete dies Besiedelung neuer Breitengrade; bei anderen Arten, wie den Eichen, kam es eher zu einer Ausbreitung.

Über die nacheiszeitliche Ausbreitung der Tiere, die in den sich verändernden Wäldern gelebt haben, haben wir nicht so gute Nachweise. Aber zumindest ist sicher, daß viele Arten sich nicht schneller ausbreiten konnten als die Bäume,

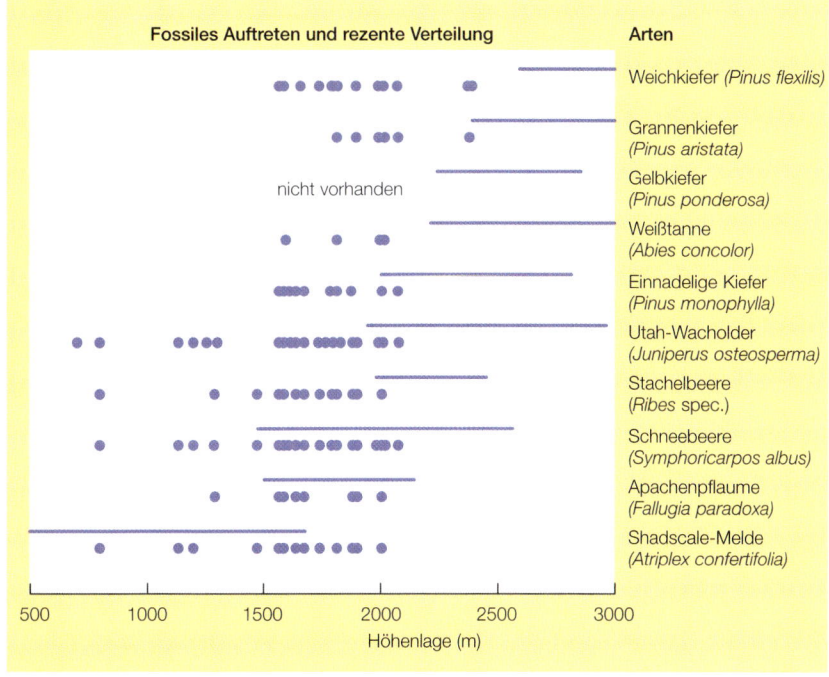

Abbildung 2.17
Die Höhenlagenverteilung von zehn Holzgewächsen aus den Bergen des Sheep Range, Nevada, während der letzten Eiszeit (punktiert) und aus der Gegenwart (durchgezogene Linie) (nach Davis & Shaw, 2001).

von denen sie sich ernährten. Einige Tierarten sind wohl immer noch dabei, ihren Nahrungspflanzen zu folgen, und die Baumarten kehren immer noch in Gebiete zurück, in denen sie vor der letzten Eiszeit anzutreffen waren. Es ist falsch anzunehmen, daß sich unsere gegenwärtige Vegetation in irgendeiner Art von Gleichgewicht mit dem gegenwärtigen Klima befindet (bzw. daran angepaßt ist).

Sogar in Gegenden, die nie vergletschert gewesen waren, zeigen Pollenablagerungen komplexe Änderungen in der Verbreitung an: Wechsel des Verbreitungsgebietes in neue Regionen, große Veränderungen in der Populationsgröße, sowohl nach oben als auch nach unten, und z. B. in den Bergen des Sheep Range, Nevada, Verschiebungen des Lebensraums in der Höhe, die sich sowohl im Ausmaß (Höhenmeter) als auch in der Richtung unterschieden (Abb. 2.17). Die Artenzusammensetzung der Pflanzenwelt hat sich bis heute unaufhörlich verändert und verändert sich mit großer Sicherheit auch weiterhin.

Die Aufzeichnungen über Klimaänderungen in den Tropen sind weit weniger vollständig als für die gemäßigten Regionen. Viele glauben aber, daß sich während der kälteren, trockenen eiszeitlichen Perioden die tropischen Wälder auf kleinere Flecken zurückgezogen haben, die von Savanne umgeben waren. Das wird untermauert durch die gegenwärtige Artenverteilung in den tropischen Wäldern Südamerikas (Abb. 2.18). Dort treten besondere „Hot-spots" für Artenvielfalt auf, von denen man annimmt, daß sie Rückzugsgebiete von Wäldern während der Eiszeit und daher zugleich Orte mit einer erhöhten Rate für Artenbildung waren (Speziation) (Ridley, 1993). Vor dem Hintergrund dieser Interpretation können gegenwärtige Artenverteilungen wiederum weitgehend eher als Zufälle der Geschichte (dort, wo die Refugien waren) angesehen werden denn als präzise Anpassungen zwischen Arten und ihren sich wandelnden Lebensräumen.

Die vorhergesagte, durch den „Treibhauseffekt" bedingte globale Erwärmung vollzieht sich etwa hundertmal schneller als eine nacheiszeitliche Erwärmung

Belege für Vegetationsveränderungen, die nach der letzten Eiszeit eintraten, deuten die wahrscheinlichen Folgen der vorausgesagten globalen Erwärmung an (u. U. 3 °C in den nächsten 100 Jahren), die das Ergebnis des ständigen Anstiegs der „Treibhausgase" in der Atmosphäre ist (Kapitel 13). Allerdings sind die Größenordnungen sehr unterschiedlich. Die nacheiszeitliche Erwärmung um ungefähr 8 °C erfolgte über einen Zeitraum von 20 000 Jahren, und Veränderungen in der Vegetation konnten nicht einmal damit Schritt halten. Aber vorläufige Hochrechnungen für das 21. Jahrhundert gehen von Verbreitungsänderungen bei Bäumen mit Raten von 300–500 km pro Jahrhundert aus, verglichen mit typischen Raten in der Vergangenheit von 20–40 km pro Jahrhundert (und mit Ausnahmeraten von 100–150 km). Es ist auffällig, daß das einzige genau datierte Aussterben einer Baumart *(Picea critchfeldii)* im Quartär vor ungefähr 15 000 Jahren zu einer Zeit mit besonders schneller nacheiszeitlicher Erwärmung auftrat (Jackson & Weng, 1999). Zweifellos können künftige, sogar noch schnellere Veränderungen das Aussterben noch vieler, weiterer Arten zur Folge haben (Davis & Shaw, 2001).

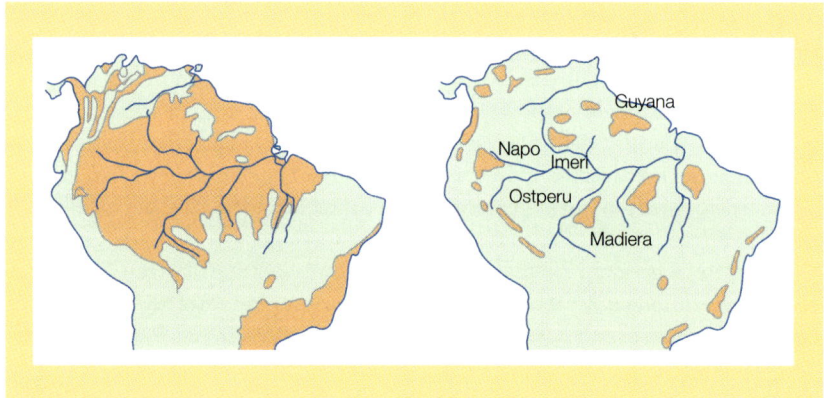

Abbildung 2.18
(a) Die gegenwärtige Verteilung von Tropenwald in Südamerika. (b) Die mögliche Verteilung der Rückzugsgebiete des Tropenwaldes auf dem Höhepunkt der letzten Eiszeit, beurteilt nach gegenwärtigen Hot-spots der Artendiversität innerhalb des Waldes (nach Ridley, 1993).

2.6   Die Auswirkungen der Kontinentaldrift auf die Ökologie der Evolution

Die Muster der Artbildung, die auf Inseln vorkommen, treten in noch größerem Maßstab bei der Evolution von Gattungen und Familien über ganze Kontinente hinweg auf. Die zuweilen eigenartige Verbreitung von Organismen auf verschiedenen Kontinenten läßt sich nicht nur durch die Ausbreitung über große Distanzen erklären. Biologen, besonders Wegener (1915), ernteten Empörung und Verachtung von Geologen und Geographen, wenn sie behaupteten, daß es eher die Kontinente gewesen sein müssen, die sich bewegt hätten, als daß sich die Organismen ausgebreitet hätten.

Schließlich führten jedoch Messungen über die Richtung geomagnetischer Felder der Erde zu derselben, auf den ersten Blick völlig unwahrscheinlichen Erklärung, und die Kritiker kapitulierten. Die Entdeckung, daß die tektonischen Platten der Erdkruste sich bewegen und die wandernden Kontinente mit sich trugen, versöhnte Geologen und Biologen (Abb. 2.19). Während bedeutende evolutionäre Entwicklungen im Pflanzen- und Tierreich abliefen, wurden Populationen aufgespalten und getrennt, und Landmassen verschoben sich über unterschiedliche klimatische Zonen. Dies ereignete sich, während Temperaturänderungen in einem wesentlich größeren Ausmaß als während der Eiszeiten im Pleistozän stattfanden.

Landmassen haben sich bewegt ...

Erst durch die Kenntnis der Kontinentaldrift konnten viele Fragen zur Ökologie der Evolution beantwortet werden. Die merkwürdige, weltweite Verbreitung der großen flugunfähigen Vögel ist ein Beispiel dafür (Abb. 2.20a). Das Vorkommen des Straußes in Afrika, des Emus in Australien und des sehr ähnlichen Nandus in Südamerika ist kaum durch die Ausbreitung irgendeines gemeinsamen flugunfähigen Vorfahren zu erklären. Molekularbiologische Techniken machen es jetzt möglich, den Zeitpunkt festzulegen, zu dem die verschiedenen flugunfähigen Vögel ihr evolutionäres Auseinandergehen begannen (Abb. 2.20b). Die Steißhühner scheinen die ersten gewesen zu sein, die sich abgespalten und evolutionär vom Rest, den *Flachbrustvögeln*, getrennt haben. Australasien wurde von den anderen südlichen Kontinenten getrennt, und mit der Entstehung des Atlantiks zwischen Afrika und Südamerika wurden auch die Stammformen der Strauße und Nandus getrennt. In Australasien entstand die Tasmansee vor ungefähr 80 Millionen Jahren, und man nimmt an, daß die Vorfahren des Kiwis ihren Weg durch Sprünge von Insel zu Insel (island hopping) vor 40 Millionen Jahren nach Neuseeland gefunden haben, wo die Auseinanderentwicklung zu den heutigen Arten erst vor relativ kurzer Zeit geschah. Die Enträtselung dieses besonderen Beispiels impliziert die Annahme einer frühen Evolution des Merkmals der Flugunfähigkeit und eine erst anschließende Isolation unterschiedlicher Typen zwischen den entstehenden Kontinenten.

... und Populationen getrennt, die sich dann unabhängig voneinander entwickelt haben

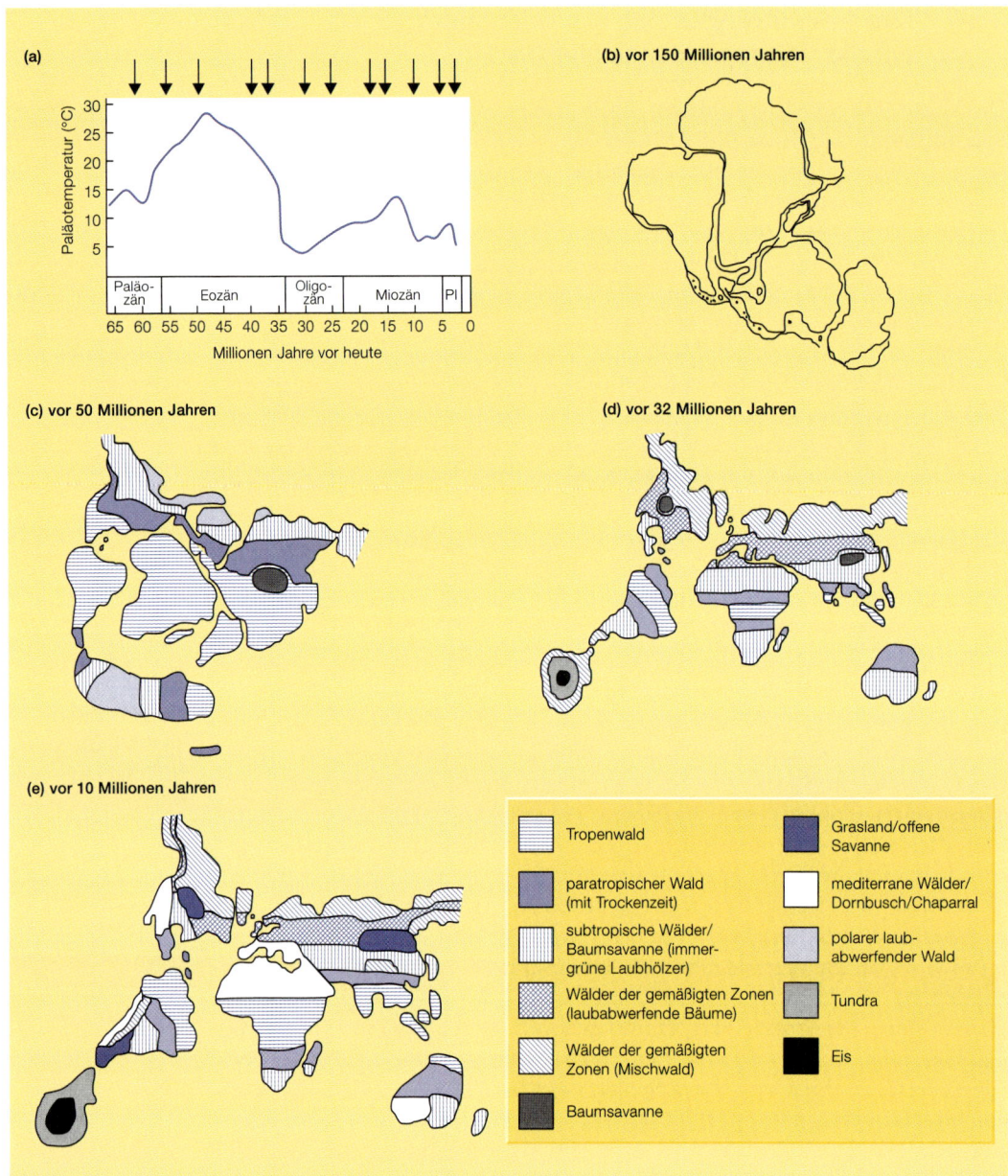

Abbildung 2.19

(a) Temperaturänderungen in der Nordsee in den letzten 65 Mio. Jahren. In diesem Zeitraum gab es große Änderungen des Meeresspiegels, die die Ausbreitung sowohl von Pflanzen als auch von Tieren zwischen den Landmassen ermöglichten. Die Pfeile zeigen auf Zeiten mit stark abgesunkenem Meeresspiegel. (b–e) Kontinentaldrift. (b) Der Beginn des Aufbrechens des alten Superkontinents Gondwanaland vor 150 Mio. Jahren. (c) Vor 50 Mio. Jahren (frühes Mittleres Eozän) hatten sich erkennbar verschiedene Vegetationszonen entwickelt, und (d) vor 32 Mio. Jahren (frühes Oligozän) waren sie dann deutlich voneinander abgegrenzt. (e) Vor 10 Mio. Jahren (frühes Miozän) hatte sich bereits die heutige Geographie der Kontinente ausgebildet, aber im Vergleich zu heute mit drastisch anderen Klimabedingungen und Vegetationsformen: Die Lage der antarktischen Eiskappe ist stark schematisiert (nach Norton & Sclater, 1979; Janis, 1993; u. a.).

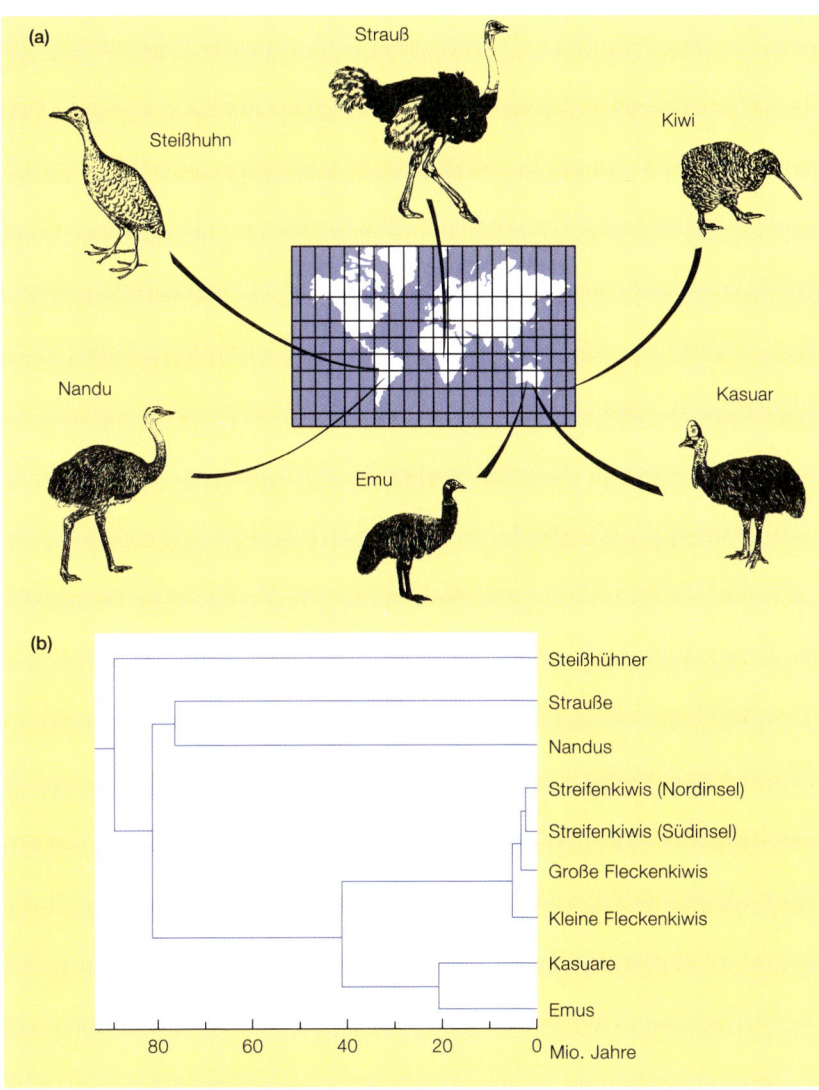

Abbildung 2.20
(a) Die Verbreitung terrestrischer flugunfähiger Vögel. (b) Der Stammbaum der flugunfähigen Vogelarten mit geschätzten Zeitangaben (in Mio. Jahren), wann sie sich auseinanderentwickelt haben (nach Diamond, 1983; nach Daten von Sibley & Ahlquist).

2.7   Die Interpretation der Ergebnisse von Evolution: konvergente und parallele Evolution

Flugunfähigkeit entwickelte sich nicht unabhängig auf den verschiedenen Kontinenten. Aber es gibt viele Beispiele von Organismen, die sich in Isolation voneinander entwickelt haben und dann anschließend in auffällig ähnlicher Gestalt oder ähnlichen Verhaltensweisen konvergierten. Solche Ähnlichkeit ist besonders beeindruckend, wenn Strukturen mit ganz unterschiedlichen evolutionären Wurzeln vergleichbare Aufgaben übernehmen – d.h., wenn die Strukturen

Konvergente Evolution

85

(a)   (b)   (c)

Große flugunfähige Vögel kommen auf drei Kontinenten vor. (a) Der Strauß *(Struthio camelus)* ist ein afrikanischer Vertreter und kommt gewöhnlich zusammen mit Herden von Zebras und Hornträgern in der Savanne vor. (b) Der Nandu *(Rhea americana)* kommt auf ähnlichem Grasland in Südamerika (z. B. Brasilien und Argentinien) gemeinsam mit Herden von Hirschen und Guanakos vor (© Walt Anderson, Visuals Unlimited). (c) Der Emu *(Dromaius novaehollandiae)* bewohnt äquivalente Habitate in Australien. Viele andere Arten dieser sehr großen, vorwiegend pflanzenfressenden Vögel wurden von Menschen als Nahrungsquelle verfolgt und sind so ausgerottet worden. Das Vorkommen dieser entwicklungsgeschichtlich verwandten und ökologisch ähnlichen Arten auf diesen drei weit voneinander entfernten Kontinenten ist erklärbar mit der Kontinentaldrift, die zu einem Zeitpunkt (vor 150 Mio. Jahren) begann, als alle drei heutigen Kontinente noch zusammenhängende Teile des primitiven Großkontinents Gondwanaland waren (s. Abb. 2.19).

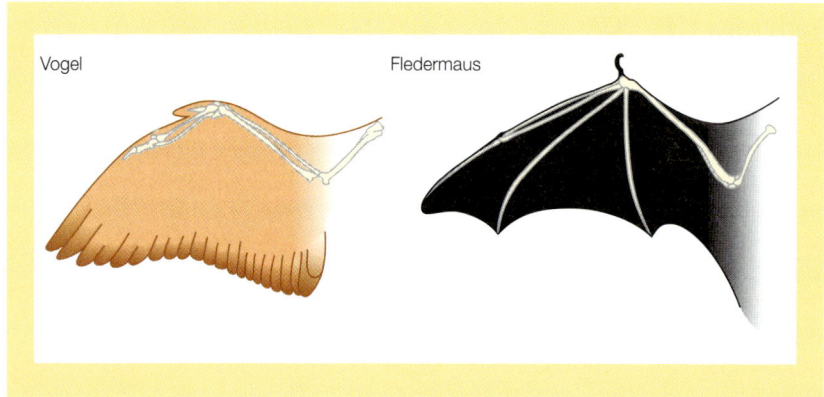

Abbildung 2.21
Konvergente Evolution: Die Flügel eines Vogels sind analog (nicht homolog). Sie haben einen unterschiedlichen Aufbau – der Vogelflügel hat sich aus dem 2. Strahl entwickelt und ist mit Federn bedeckt; der Fledermausflügel dagegen baut sich aus den Strahlen 2–5 auf und ist mit Haut bedeckt (nach Ridley, 1993).

analog (ähnlich in der äußeren Form oder Funktion), aber nicht *homolog* (abgeleitet von gleichen Strukturen bei einem gemeinsamen Vorfahren) sind. Wenn dies vorkommt, wird es *konvergente Evolution* genannt. Vogel- und Fledermausflügel sind ein geradezu klassisches Beispiel (Abb. 2.21).

Solche Konvergenz ist ein direkter Beweis für die Macht evolutionärer Kräfte, aus ganz unterschiedlichem Ausgangsmaterial gleichartige Formen zu schaffen. Der französische Genetiker Jacob sagte, Evolution sei eine Art „Bastelei". Sie erschafft keine Idealformen aus idealen Anfängen – vielmehr ist alles aus dem „zusammengebastelt", was an verfügbarem Material vorhanden war (ein guter Bastler kann einen Kochtopf aus einem Fahrrad herstellen oder ein Fahrrad aus einem Kochtopf).

Parallele Evolution

Weitere Beispiele zeigen *Parallelen* in der Entwicklungsgeschichte von ursprünglich verwandten Gruppen, die auftraten, nachdem sie voneinander getrennt waren. Das klassische Beispiel liefern die höheren Säugetiere (Plazentalia) und die Beuteltiere. Die Beuteltiere erreichten das Gebiet, das zum australischen Kontinent wurde, in der Kreidezeit (etwa vor 90 Mio. Jahren, s. Abb. 2.19), als die seltsamen, eierlegenden Kloakentiere (Monotremata; heute nur noch durch den Schnabeligel und das Schnabeltier vertreten) die einzigen anderen Säugetiere waren. Unter den australischen Beuteltieren erfolgte dann der evolutionäre Prozeß der Radiation, die in vieler Hinsicht genau parallel verlief zu dem, was sich bei den Plazentatieren auf anderen Kontinenten ereignete (Abb. 2.22). Es fällt schwer, sich der Ansicht zu entziehen, daß die Lebensräume der Plazenta- und Beuteltiere ökologische Einordnungsmöglichkeiten (Nischen) bereithielten, in die der evolutionäre Prozeß ökologische Äquivalente genau „hineingepaßt" hat. Im Gegensatz zu konvergenter Evolution haben sich die Beutel- und Plazentatiere von einer gemeinsamen Vorfahrenlinie ausgehend aufgespalten, und sie haben beide den gleichen Satz von Potentialen und Beschränkungen geerbt.

Erklärung der Anpassung von Organismen an ihre Umwelt

Wenn man die Diversität komplexer Spezialisierungen bewundert, mit denen sich Organismen an ihre unterschiedlichen Lebensräume anpassen, gerät man in Versuchung, jeden Fall als ein Beispiel evolvierter Perfektion anzusehen. Aber an dem Prozeß der Evolution durch natürliche Selektion ist nichts, das Perfektion impliziert. So kann beispielsweise keine Population von Organismen alle möglichen genetischen Varianten aufweisen, die es gibt und die die Fitneß beeinflussen können. Der Prozeß der Evolution arbeitet mit der genetischen Variabilität, die gerade verfügbar ist. Er begünstigt nur jene Formen, die die am besten angepaßten *im Bereich einer verfügbaren Vielfalt* sind, und das mag eine stark eingeschränkte Wahl sein. Der wesentliche Kern natürlicher Selektion ist, daß die Organismen sich ihrem Lebensraum am besten anpassen und nicht, daß sie „die denkbar besten" sind.

Es ist besonders wichtig zu verstehen, daß vergangene Ereignisse auf der Erde grundlegende Auswirkungen auf die Gegenwart haben können. Unsere Welt ist nicht so konstruiert, daß die Organismen der Reihe nach gegen jeden Lebensraum getestet und dann so geformt wurden, daß jeder seinen perfekten Platz findet. Es ist eine Welt, in der Organismen dort leben, wo sie es nun einmal tun, aus Gründen, die oft, zumindest teilweise, Zufälle der Geschichte sind. Außerdem lebten die Vorfahren der Organismen, die wir um uns herum sehen,

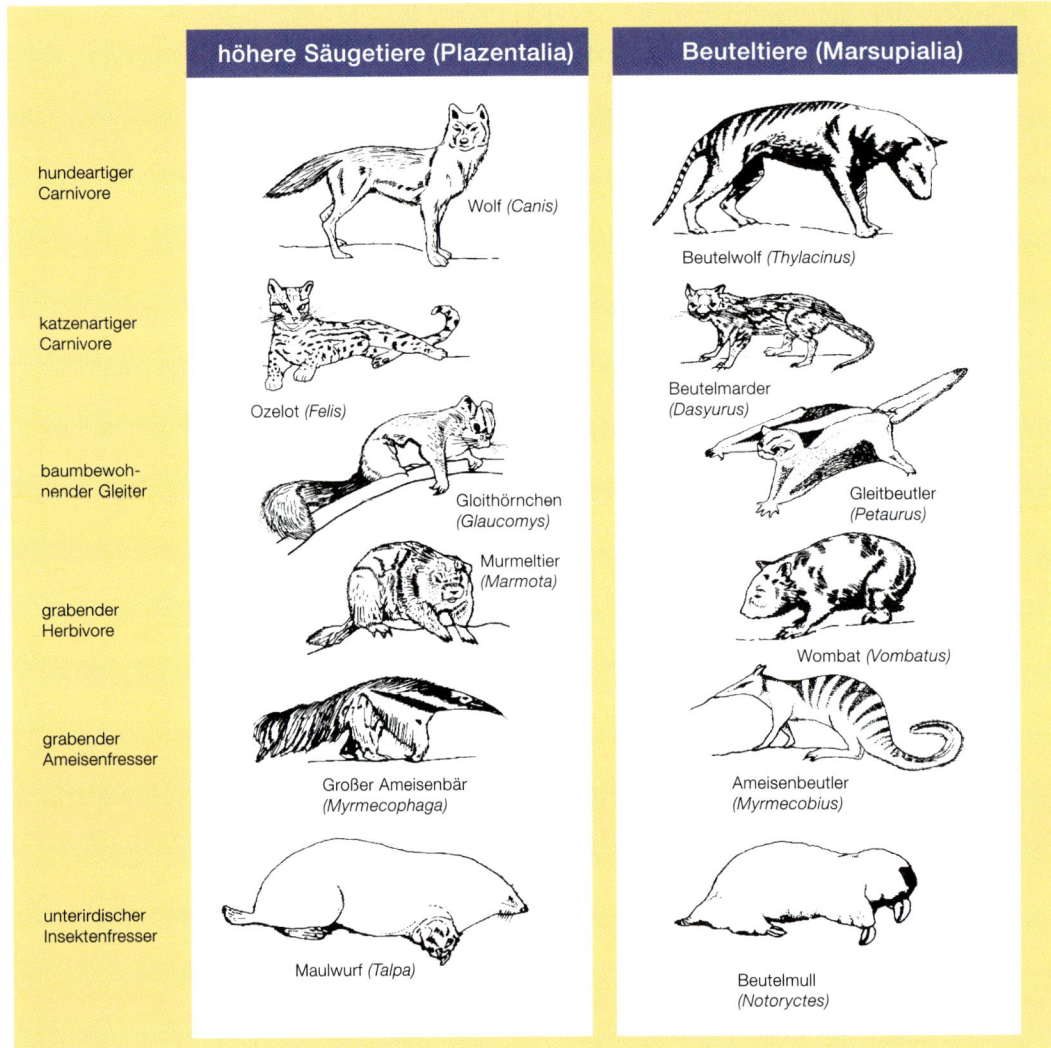

höhere Säugetiere (Plazentalia)	Beuteltiere (Marsupialia)

hundeartiger Carnivore — Wolf (Canis) / Beutelwolf (Thylacinus)

katzenartiger Carnivore — Ozelot (Felis) / Beutelmarder (Dasyurus)

baumbewohnender Gleiter — Gloithörnchen (Glaucomys) / Gleitbeutler (Petaurus)

grabender Herbivore — Murmeltier (Marmota) / Wombat (Vombatus)

grabender Ameisenfresser — Großer Ameisenbär (Myrmecophaga) / Ameisenbeutler (Myrmecobius)

unterirdischer Insektenfresser — Maulwurf (Talpa) / Beutelmull (Notoryctes)

Abbildung 2.22
Parallele Evolution von Beuteltieren und höheren Säugetieren (Plazentalia). Die Artenpaare gleichen sich in Erscheinung und Habitatwahl sowie gewöhnlich (aber nicht immer) in der Lebensform.

in Lebensräumen, die sich grundlegend von den heutigen unterschieden. Evolvierende Organismen sind nicht wirklich frei – wo sie jetzt leben können und was aus ihnen werden kann, wird durch einige der von ihren Vorfahren erworbenen Merkmale begrenzt. Es fällt nicht schwer, sich zu wundern und zu staunen, wie wunderbar die Eigenschaften eines Fisches ihm gestatten, im Wasser zu leben. Aber genau so wichtig ist es zu betonen, daß gerade diese Eigenschaften Fische daran hindern, an Land zu leben. Tatsächlich gelang es nur wenigen, ihrem ursprünglichen, nassen Zuhause zufällig zu entfliehen und die Evolutionslinien aufzubauen, die sich zu Dinosauriern und Säugetieren auseinanderentwickelten.

Zusammenfassung

Die Kraft der natürlichen Selektion

Das Leben ist auf der Erde durch eine Vielfalt spezialisierter Arten vertreten, von denen jede nur an wenigen Stellen vorkommt. Frühes Interesse an dieser Vielfalt ging von Entdeckern und Sammlern aus. Die Idee, daß diese Vielfalt sich durch Evolution von früheren Vorfahren über geologische Zeiträume entwickelt hat, wurde bis zur ersten Hälfte des 19. Jahrhunderts nicht ernsthaft diskutiert. Charles Darwin und Alfred Russel Wallace (stark beeinflußt von der Lektüre von Malthus' „An Essay on the Principle of Population") schlugen unabhängig voneinander vor, daß natürliche Selektion die Kraft darstellt, die den Prozeß der Evolution antreibt. Die Theorie der natürlichen Selektion ist eine ökologische Theorie. Die Vermehrungsfähigkeit lebender Organismen führt diese unausweichlich zum Wettstreit um begrenzte Ressourcen. Erfolg bei dieser Konkurrenz wird daran gemessen, in folgenden Generationen mehr Nachkommen zu hinterlassen als andere. Wenn sich diese Vorfahren in Merkmalen unterscheiden, die erblich sind, werden sich die Eigenschaften von Populationen notwendigerweise im Laufe der Zeit ändern, und damit findet Evolution statt.

Darwin hatte die Kraft der Selektion durch den Menschen beobachtet, die zu einer Veränderung der Merkmale bei Haustieren, Kultur- und Zierpflanzen führt, und erkannte die Parallele zur natürlichen Selektion. Aber es gibt einen großen Unterschied: Menschen wählen für die Zucht nach Eigenschaften aus, die sie für die Zukunft wünschen, aber natürliche Selektion ist das Resultat von vergangenen Ereignissen – sie verfolgt weder Absichten noch ein Ziel.

Natürliche Selektion in Aktion

Wir können natürliche Selektion in Aktion innerhalb von Arten ablaufen sehen, wenn wir die Variabilität innerhalb der Arten in ihrem geographischen Verbreitungsgebiet betrachten und ökologisch spezialisierte Rassen innerhalb von Arten erkennen *(Ökotypen)*. Die Umsiedlung von Pflanzen und Tieren zwischen verschiedenen Habitaten läßt hoch spezialisierte Anpassungen von Organismen an ihre Lebensräume erkennen. Die evolutionären Antworten von Tieren und Pflanzen auf Umweltverschmutzung veranschaulichen die Geschwindigkeit von evolutionären Veränderungen genauso wie Experimente über den Einfluß von Prädatoren auf die Evolution ihrer Beute. Die Evolution der Spezialisierung kann als ein Vorgang interpretiert werden, bei dem Organismen immer exakter in ihre Umwelt eingepaßt werden oder bei dem sie in immer engere Zwangsjacken der Gestalt und des Verhaltens gepreßt werden.

Der Ursprung der Arten

Natürliche Selektion führt normalerweise nicht zum Ursprung von Arten, es sei denn, sie ist gepaart mit der reproduktiven Isolation von Populationen – wie es beispielsweise auf Inseln vorkommt und durch die Finken der Galapagosinseln (Darwinfinken) veranschaulicht wird. Von Biospezies spricht man, wenn sie sich so weit getrennt haben, daß sie keine fruchtbaren Hybriden hervorbringen können, falls sie sich treffen.

Klimaänderungen und Kontinentaldrift

Vieles, was wir in der gegenwärtigen Verbreitung der Organismen sehen, ist weniger eine präzise lokal entstandene Anpassung an gegenwärtige Lebensräume als ein Zufall der Geschichte. Klimaänderungen, besonders während der Eiszeiten des Pleistozäns, sind in hohem Maße verantwortlich für das gegenwärtige Verteilungsmuster von Pflanzen und Tieren. Über große erdgeschichtliche Zeiträume hinweg betrachtet, ergeben viele Verbreitungen nur Sinn, wenn wir uns klarmachen, daß während größerer evolutionärer Entwicklungen die Populationen auseinandergerissen und getrennt wurden und Landmassen sich quer durch klimatische Zonen bewegten.

Parallele und konvergente Evolution

Beispiele paralleler Evolution (bei der über lange Zeit von ihren gemeinsamen Vorfahren isolierte Populationen ähnlichen Mustern der Auseinanderentwicklung folgten) zeigen die „Macht" ökologischer Kräfte, die Richtung der Evolution zu formen (bei der sich Populationen aus sehr unterschiedlichen Vorfahren entwickelten und zu sehr ähnlichen Formen und Verhaltensweisen konvergierten).

 Quiz

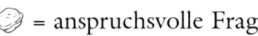 = anspruchsvolle Frage

1. ⊘ Was halten Sie für die entscheidenden Unterschiede zwischen *natürlicher Selektion* und *Evolution*?
2. Worin bestand der Beitrag von Malthus zu Darwins und Wallace' Vorstellungen von der Evolution?
3. Warum ist „the survival of the fittest" eine unbefriedigende Beschreibung der natürlichen Selektion?
4. Was ist der wichtigste Unterschied zwischen natürlicher Selektion und der Selektion (Zuchtwahl), wie sie von Tier- und Pflanzenzüchtern angewandt wird?
5. Was sind *reziproke Umsiedlungen*? Warum sind sie für ökologische Untersuchungen so nützlich?
6. Ist sexuelle Selektion, wie sie von weiblichen Guppys durch die Wahl auffällig bunter Männchen praktiziert wird, etwas anderes als natürliche Selektion oder nur ein Teil davon?
7. Auf welche Weise unterscheiden sich die Ergebnisse natürlicher Selektion durch Parasiten und Prädatoren von der Selektion durch physikalische Bedingungen der Umwelt?
8. Was hat die Darwinfinken zu derart idealen Objekten für die Untersuchung der Evolution gemacht?
9. Was ist der Unterschied zwischen konvergenter und paralleler Evolution?
10. ⊘ Der Prozeß der Evolution kann gedeutet werden als eine Optimierung der Anpassung von Organismen an ihren Lebensraum oder als Einschränkung ihrer derzeitigen Möglichkeiten. Erörtern Sie, ob ein Konflikt zwischen diesen Interpretationen besteht.

www-Fragen

1. Der Gebrauch der Wörter, „Ökologe" und „ökologisch" usw. hat sich aus dem rein wissenschaftlichen Bereich der Ökologie inzwischen auch in der Presse, bei Interessengruppen und in der allgemeinen Öffentlichkeit eingebürgert. Untersuchen und beschreiben Sie kurz das Spektrum der Bedeutungen, die diesen Wörtern heute zugeschrieben werden und durch wen dies erfolgte. Einige meinen, daß diese Wörter gestohlen und mißbraucht worden sind: Sehen Sie dafür irgendeinen Anhaltspunkt? Falls ja, wäre/ist das von Bedeutung?

2. Erörtern Sie das Für und Wider langfristiger ökologischer Untersuchungen. Benutzen Sie dazu die Hubbard-Brook-Experimental-Forest-Studie als ein Beispiel. Das Programm wird unterhalten vom Institute of Ecosystem Studies (IES). Um eine Vorstellung von dem Ausmaß dieser ökologischen Langzeitstudien zu bekommen, finden Sie heraus, wie viele Wissenschaftler und dazugehörige Mitarbeiter ungefähr am IES arbeiten. Der Hubbard Brook Experimental Forest ist einer von einer Anzahl Plätzen für ökologische Langzeitstudien (LTER, long-term ecological research) in Nordamerika. Vergleichen Sie die Ziele der Hubbard-Brook-Studie mit drei weiteren Standorten und stellen Sie die Ziele gegenüber. Sollten alle langfristigen ökologischen Programme unbegrenzt weiterlaufen? Falls nicht, welche Kriterien würden Sie vorschlagen, um zu entscheiden, ob und wann ein Langzeitprogramm beendet werden sollte?

3. Die traditionelle Rolle von zoologischen Gärten und Museen bestand darin, der Öffentlichkeit die Vielfalt der Natur zu zeigen. Trifft das immer noch zu? Oder hat die Bewahrung der gefährdeten Arten mehr an Bedeutung gewonnen? Suchen Sie die Webseiten der Zoos in Ihrer Umgebung und weltweit auf und diskutieren Sie die jeweilige Bedeutung der Zurschaustellung und des Naturschutzes in den unterschiedlichen Institutionen. Beschreiben Sie die Vielfalt der gefährdeten Arten, mit denen Zoos arbeiten.

Umweltfaktoren und Ressourcen

Teil II

3

Physikalische Umweltfaktoren und die Verfügbarkeit von Ressourcen

Für Ökologen ist die Untersuchung von Organismen eigentlich nur an den Orten bedeutsam, wo diese dauerhaft leben können. Damit ein Ort für Organismen bewohnbar ist, müssen sie die dort herrschenden Umweltbedingungen tolerieren können und in ausreichendem Maß Ressourcen vorfinden. Die Ökologie einer Art werden wir nur dann verstehen, wenn wir ihre Wechselwirkungen mit Umweltfaktoren und Ressourcen begreifen.

Pinguine finden die Antarktis überhaupt nicht „extrem".

Schlüsselkonzepte

Dieses Kapitel soll

- die Eigenschaften von Umweltfaktoren und Ressourcen sowie die Unterschiede zwischen ihnen erkennen lassen;
- vermitteln, wie Organismen auf kontinuierliche Veränderungen eines Umweltfaktors wie z. B. der Temperatur reagieren, aber auch wie sie sich gegenüber „extremen" Umweltbedingungen und gegenüber dem Auftreten von Schwankungen und Extremwerten verhalten;
- darstellen, wie die Reaktionen einer Pflanze auf Sonnenstrahlung, Wasser, Mineralstoffe und Kohlenstoffdioxid und der Verbrauch dieser Ressourcen miteinander verflochten sind;
- die Bedeutung der unterschiedlichen Zusammensetzung verschiedener Pflanzenteile für den Fraß durch Tiere vermitteln und die Wichtigkeit der Überwindung von Abwehrmechanismen für die Konsumption von Tieren durch andere Tiere aufzeigen;
- die Auswirkungen intraspezifischer Konkurrenz um Ressourcen erkennen lassen;
- die Wechselwirkungen von Reaktionen auf Umweltfaktoren und Ressourcen bei der Festlegung ökologischer Nischen aufzeigen.

3.1   Einleitung

Zweckmäßigerweise unterscheidet man Umweltfaktoren und Ressourcen als zwei Umwelteigenschaften, die bestimmen, wo Organismen existieren können. Umweltfaktoren sind physikalisch-chemische Eigenschaften der Umwelt, wie zum Beispiel Temperatur und Feuchte oder osmotischer Wert und pH-Wert in aquatischen Lebensräumen. Sie umfassen auch Tages- und Jahreszyklen sowie die Häufigkeit extremer Ereignisse wie außergewöhnlich kalte Nächte und heiße Tage. Durch die Anwesenheit eines Lebewesens werden die Umweltfaktoren in dessen unmittelbarer Umgebung stets verändert. Manchmal geschieht dies in sehr großem Maßstab (ein Baum zum Beispiel hält den Boden unterhalb seiner Krone feuchter), manchmal nur auf der Ebene mikroskopisch kleiner Räume (eine Algenzelle in einem Weiher verändert den pH-Wert des Wasserfilms, der sie umgibt). Umweltfaktoren sind jedoch dadurch gekennzeichnet, daß sie durch die Aktivitäten von Lebewesen nicht verbraucht werden.

Umweltressourcen dagegen *werden* von Lebewesen im Verlauf von Wachstum und Reproduktion verbraucht. Grüne Pflanzen betreiben Photosynthese und gewinnen aus anorganischem Material Energie und Stoffe für Wachstum und Reproduktion. Ihre Ressourcen sind Sonnenstrahlung, Kohlenstoffdioxid, Wasser und Mineralstoffe. „Chemosynthetisch" aktive Lebewesen, zum Beispiel viele der ursprünglichen Archaebacteria, beziehen ihre Energie aus der Oxidation von Methan, Ammoniumionen, Schwefelwasserstoff oder zweiwertigem Eisen. Sie kommen in Lebensräumen wie heißen Quellen und im Bereich der Schlote von Tiefseevulkanen vor und nutzen Ressourcen, die in den frühen Phasen des Lebens auf der Erde reichlich vorhanden waren. Alle anderen Lebewesen nutzen die Körper bereits existierender Lebewesen als Nahrungsquelle. In jedem Fall jedoch stehen die bereits konsumierten Ressourcenanteile anderen Konsumenten nicht mehr zur Verfügung. Das Kaninchen, das von einem Adler gefressen wurde, kann einem zweiten Adler nicht mehr als Beute dienen. Die Menge an Sonnenstrahlung, die von einem Blatt absorbiert und zur Photosynthese genutzt wurde, kann von einem anderen Blatt nicht mehr genutzt werden. Dies hat wichtige Konsequenzen: Lebewesen können miteinander konkurrieren, um einen Teil einer begrenzten Ressource zu erobern.

In diesem Kapitel behandeln wir zuerst Beispiele für die Art und Weise, in der Umweltfaktoren das Verhalten und die Verbreitung von Lebewesen limitieren. Die meisten Beispiele stammen aus dem Bereich von Temperatureffekten; sie sollen viele allgemeine Auswirkungen von Umweltfaktoren veranschaulichen. Anschließend betrachten wir die Ressourcen, die von photosynthetisch aktiven Pflanzen genutzt werden, und danach die Möglichkeiten, wie Lebewesen, die selbst als Ressourcen dienen, erbeutet, abgeweidet oder sogar besiedelt werden müssen, bevor sie konsumiert werden. Schließlich erörtern wir, wie Organismen derselben Art miteinander um begrenzte Ressourcen konkurrieren können.

Im Gegensatz zu Umweltfaktoren werden Ressourcen verbraucht

97

3.2   Umweltfaktoren

3.2.1   Was meinen wir mit „rauh", „günstig" und „extrem"?

Es erscheint ganz natürlich, Umweltbedingungen als „extrem", „widrig", „günstig" oder „stressend" zu beschreiben. Aber diese Charakterisierungen geben nur wieder, wie wir als Menschen sie empfinden. Auf den ersten Blick mag es offensichtlich erscheinen, welche Umweltbedingungen „extrem" sind: die Trockenheit einer Wüste, die Kälte eines antarktischen Winters, die Salzkonzentration des Großen Salzsees. Dies bedeutet jedoch nur, daß diese Bedingungen *für uns* mit unseren besonderen physiologischen Eigenschaften und Toleranzbereichen extrem sind. Aber für einen Kaktus haben die typischen Bedingungen von Wüsten, unter denen sich Kakteen entwickelt haben, nichts Extremes an sich; und die Eiswüsten der Antarktis stellen für Pinguine keine extreme Umwelt dar. Tatsächlich wäre ein tropischer Regenwald eine rauhe Umwelt für einen Pinguin, für einen Ara jedoch ist er angenehm. Ein See ist eine widrige Umwelt für einen Kaktus, aber angenehm für eine Wasserhyazinthe.

Die Art und Weise, in der Organismen auf Umweltfaktoren reagieren, ist also verschieden. Für einen Ökologen ist es zu einfach und riskant anzunehmen, daß alle anderen Organismen die Umwelt genauso empfinden wie wir selbst. Der Ökologe sollte vielmehr versuchen, die Umwelt aus der „Froschperspektive" (oder „Pflanzenperspektive") zu betrachten, um die Welt mit den Augen anderer Organismen zu sehen. Emotionale Bezeichnungen wie „widrig" und „angenehm", sogar relative Begriffe wie heiß und kalt, dürfen von Ökologen nur mit Vorsicht verwendet werden.

Pinguine finden die Antarktis überhaupt nicht „extrem".

3.2.2   Auswirkungen von Umweltfaktoren

Temperatur, relative Luftfeuchte und andere physikalisch-chemische Umweltfaktoren rufen in Organismen eine breite Spanne an physiologischen Reaktionen hervor. Diese Reaktionen bestimmen weitgehend, ob die Umwelt unter den entsprechenden Faktoren besiedelbar ist oder nicht. Es gibt drei Grundtypen von Reaktionskurven (Abb. 3.1a–c). Im ersten Typ (Abb. 3.1a) sind extreme Umweltfaktoren letal, aber zwischen den beiden Extremen liegt ein Kontinuum günstigerer Umweltfaktoren. In der Regel sind Organismen in der Lage, innerhalb des gesamten Kontinuums zu überleben, können jedoch nur in einem stärker eingeschränkten Bereich wachsen und sich nur innerhalb einer noch engeren Spanne auch fortpflanzen. Dies ist die typische Reaktionskurve bei Einwirkung von Temperatur oder pH. In der zweiten Kurve (Abb. 3.1b) ist der Umweltfaktor nur bei hohen Intensitäten letal. Dies gilt für Gifte. Bei niedrigen Konzentrationen oder in Abwesenheit des Stoffes ist der Organismus normalerweise nicht beeinträchtigt. Oberhalb einer bestimmten Schwelle lassen aber die Lebensäußerungen drastisch nach: erst die Fortpflanzung, dann das Wachstum, und schließlich stirbt das Lebewesen. Die dritte Kurve schließlich (Abb. 3.1c) trifft auf Umweltfaktoren zu, die in geringem Maß von Organismen benötigt werden, bei hohen Konzentrationen jedoch toxisch wirken. Dies ist bei einigen Mineralstoffen wie Kupfer und Natriumchlorid der Fall, die in Spuren essentielle Ressourcen für das Wachstum darstellen, in höheren Konzentrationen aber toxisch werden.

Der erste dieser drei Typen ist der bedeutendste. Zum Teil erklärt er sich aus Änderungen in der Wirksamkeit des Stoffwechsels. Die Rate biologischer Prozesse z. B. steigt bei einer Temperaturerhöhung um 10 °C ungefähr auf das Doppelte (Abb. 3.2). Der Anstieg wird dadurch verursacht, daß hohe Temperaturen die Geschwindigkeit der Molekularbewegung erhöhen und chemische Reaktionen beschleunigen. Daher können die Lebensäußerungen bei niedrige-

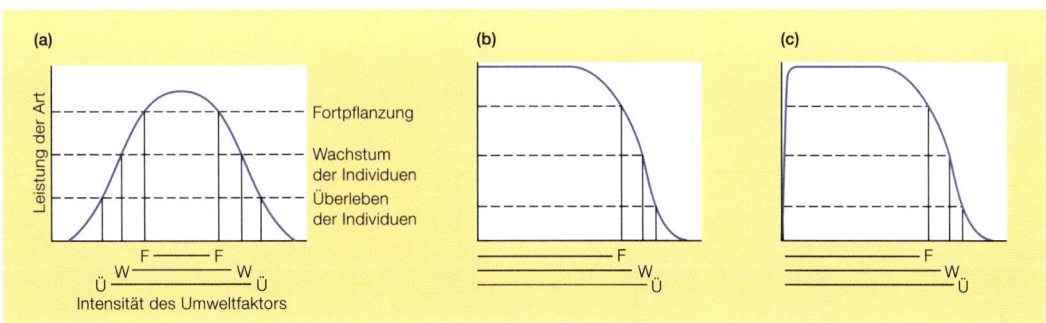

Abbildung 3.1
Reaktionskurven für die Auswirkungen der Intensität von Umweltfaktoren auf das individuelle Überleben (Ü), das Wachstum (W) und die Fortpflanzung (F). (a) Extreme Ausprägungen von Umweltfaktoren sind letal; weniger extreme Ausprägungen verhindern das Wachstum; nur optimale Bedingungen erlauben die Fortpflanzung. (b) Der Umweltfaktor ist nur bei hoher Intensität letal; die Abfolge Fortpflanzung–Wachstum–Überleben hat noch Gültigkeit. (c) Ähnlich (b), aber der Umweltfaktor wird in geringer Konzentration von Organismen als Ressource benötigt.

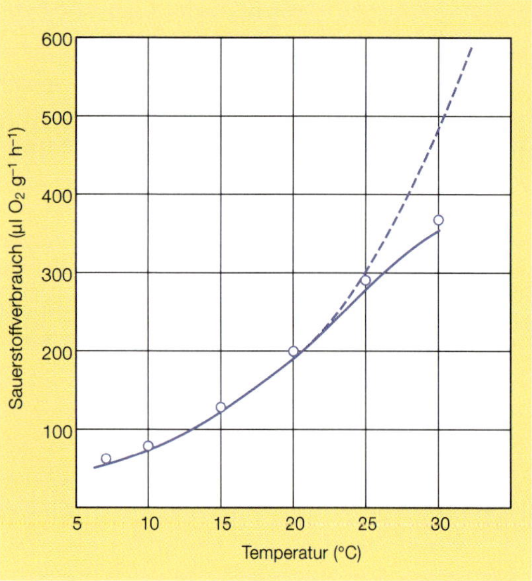

Abbildung 3.2
Die Rate des Sauerstoffver-
brauchs durch den Kartof-
felkäfer *(Leptinotarsa decemlineata)* verdoppelt sich bei
einem Temperaturanstieg
um 10 °C in einem Tempe-
raturbereich bis 20 °C, steigt
jedoch bei höheren Tempe-
raturen langsamer an (nach
Marzusch, 1952).

ren Temperaturen schlichtweg als Folge von Stoffwechselträgheit eingeschränkt
sein (wobei der Bereich „niedriger" Temperaturen von Art zu Art variiert, wie
oben gezeigt wurde).

**Hohe und
niedrige Tempe-
raturen**

Andererseits werden bei hohen Temperaturen Enzyme und andere Proteine
instabil und denaturieren, und der Organismus stirbt. Probleme können jedoch
schon eintreten, bevor diese Extremzustände erreicht werden. Bei hohen Temperaturen können sich Landlebewesen durch die Verdunstung von Wasser kühlen (aus geöffneten Stomata auf Blattoberflächen oder durch Schwitzen oder
Hecheln bei Hunden), aber dies kann wiederum zu starkem, vielleicht sogar
tödlichem, Wasserverlust führen. Wenn die Wasserreserven versiegen, kann
auch die Körpertemperatur schnell ansteigen. Doch auch wenn Wasserverlust
kein Problem darstellt, wie z. B. bei aquatischen Organismen, ist der Tod normalerweise unvermeidlich, wenn die Temperaturen längere Zeit oberhalb von
60 °C verbleiben. Die Ausnahmen, *thermophile* Organismen, sind meistens spezialisierte Pilze und primitive Archaebacteria. Eine dieser Arten, *Pyrodictium
occultum*, kann bei 105 °C leben – dies ist nur möglich, weil Wasser unter den
Druckbedingungen der Tiefsee bei dieser Temperatur nicht kocht.

Temperaturen von wenigen Graden über dem Gefrierpunkt können Organismen zum Übergang in eine längere Ruheperiode veranlassen und die Zell-
membranen empfindlicher Arten schädigen. Dies wird als *Kälteschaden* bezeichnet. Er kann bei vielen tropischen Früchten auftreten – Bananen z. B. werden schon bei Temperaturen knapp oberhalb des Gefrierpunkts schwarz.
Andererseits können viele Pflanzen- und Tierarten Temperaturen unterhalb des
Gefrierpunkts gut ertragen, falls sich kein Eis bildet. Wenn es ungestört bleibt,
kann Wasser bis zu Temperaturen von −40 °C abkühlen, ohne zu gefrieren. Bei
einer plötzlichen Erschütterung jedoch bilden sich in Pflanzenzellen sehr
schnell Eiskristalle. Dies – und weniger die tiefen Temperaturen an sich – ist

Der Saguaro-Kaktus kann
nur kurze Frostperioden
überleben.

tödlich, denn Zellen, in denen sich Eiskristalle bilden, werden mit großer Wahrscheinlichkeit durch diese zerrissen und dadurch zerstört. Wenn aber die Temperaturen langsam sinken, kann sich Eis zwischen den Zellen bilden und ihnen Wasser entziehen. Werden die Zellen dehydriert, ähneln die Auswirkungen des Frostes stark den Effekten von Trockenheit bei hohen Temperaturen.

Die absolute Temperatur, der ein Organismus ausgesetzt wird, ist für ihn von großer Bedeutung. Aber der Zeitpunkt des Auftretens und die Dauer extremer Temperaturen können genauso wichtig sein. Ungewöhnlich heiße Tage im zeitigen Frühjahr z. B. können das Laichen der Fische stören oder die Fischbrut töten, die Alttiere aber ansonsten unbeeinträchtigt lassen. Ebenso kann Spätfrost Sämlinge abtöten, Schößlinge und größere Bäume dagegen ungeschädigt lassen. Oft sind die Dauer und die Häufigkeit des Auftretens von Umweltbedingungen entscheidend. In vielen Fällen hat eine periodisch auftretende Trockenheit oder ein tropischer Sturm eine stärkere Auswirkung auf die Verbreitung einer Art als der Durchschnittswert des entsprechenden Umweltfaktors. Folgendes Beispiel mag dies verdeutlichen: Der Saguaro-Kaktus *(Cereus giganteus)* stirbt mit großer Wahrscheinlichkeit ab, wenn die Temperatur 36 Stunden lang unter dem Gefrierpunkt bleibt. Taut es aber täglich, ist er nicht in Gefahr. In Arizona entspricht die nördliche und östliche Grenze seiner Verbreitung einer Linie, entlang der es an manchen Tagen nicht taut. Der Saguaro-Kaktus fehlt also auch dort, wo nur gelegentlich letale Umweltbedingungen auftreten – schließlich reicht ein einziges letales Ereignis aus, um ein Individuum abzutöten.

Zeitpunkt des Auftretens von Extrembedingungen

3.2.3   Umweltfaktoren als Stimuli

Der Haupteffekt der Umweltfaktoren besteht in ihrer modulierenden Wirkung auf die Geschwindigkeit physiologischer Prozesse. Zusätzlich sind jedoch viele Umweltfaktoren wichtige Stimuli für Wachstum und Entwicklung und stellen einen Organismus auf bevorstehende Umweltbedingungen ein.

Die Photoperiode dient gewöhnlich als Zeitgeber für Dormanz, Blühzeitpunkt und Migration

Die Ansicht, freilebende Tiere und Pflanzen könnten ungewöhnlich ausgeprägte Jahreszeiten vorher spüren und daher zu entsprechenden Vorhersagen herangezogen werden („Eine reiche Beerenernte bedeutet einen strengen Winter"), gehört in den Bereich volkstümlicher Vorstellungen. Ein Organismus, der wiederkehrende Ereignisse wie die Jahreszeiten rechtzeitig spüren und sich darauf vorbereiten kann, hat jedoch in der Tat bedeutende Vorteile. Hierzu benötigt der Organismus eine innere Uhr, die er mit einem äußeren Signal abgleichen kann. Das meistbenutzte äußere Signal ist die Tageslänge: die Photoperiode. Wenn der Winter naht und die Photoperiode kürzer wird, bilden Bären, Katzen und viele andere Säugetiere ein dickeres Fell aus, und Vögel wie das Schneehuhn legen ihr Wintergefieder an. Sehr viele Insekten können die normale Aktivität ihres Lebenszyklus mit einer Dormanzphase (Diapause) unterbrechen. Insekten können ihre Entwicklung sogar beschleunigen, wenn im Herbst die Tageslänge abnimmt und die rauhen Umweltbedingungen des Winters näher rücken. Im Frühling, wenn die Tageslänge zunimmt, können sie ihre Entwicklung erneut beschleunigen, da zum Beginn der Fortpflanzungszeit der adulte Zustand erreicht sein muß (Abb. 3.3). Andere photoperiodisch induzierte Ereignisse sind die zu bestimmten Jahreszeiten einsetzende Fortpflanzungsaktivität bei Tieren, der Blühbeginn bei Pflanzen und die saisonale Wanderung von Vögeln.

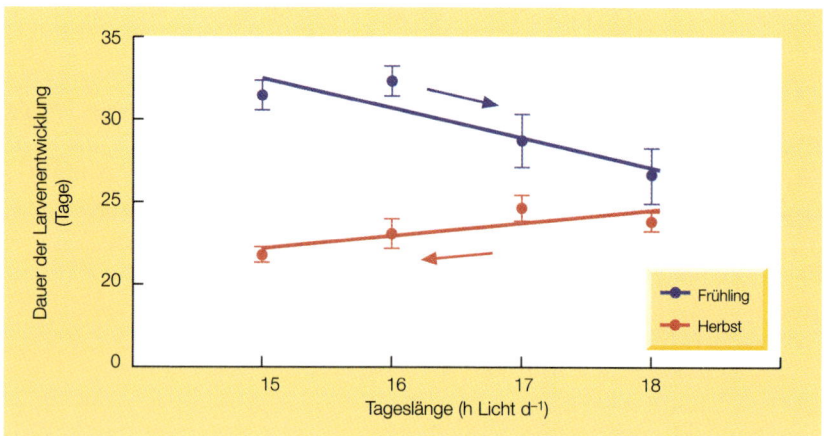

Abbildung 3.3
Einfluß der Tageslänge auf die Dauer der Larvenentwicklung der Schmetterlingsart *Lasiommata maera* im Herbst (drittes Larvenstadium, vor der Diapause) und im Frühjahr. Die Pfeile geben den normalen Zeitverlauf an: Die Tageslänge nimmt im Herbst ab (die Entwicklung wird beschleunigt) und im Frühjahr wieder zu (die Entwicklung wird erneut beschleunigt). Die Balken geben Standardfehler an (nach Gotthard et al., 1999).

Viele Samen müssen Frost ausgesetzt werden, bevor sie ihre Dormanz beenden. Hierdurch wird die Keimung während feuchter und warmer Witterung kurz nach der Reife und somit ein Erfrieren bei winterlicher Kälte verhindert. Temperatur und Photoperiode stehen z. B. bei der Kontrolle der Keimung von Samen der Moorbirke *(Betula pubescens)* in Wechselwirkung. Samen, die keinen niedrigen Temperaturen ausgesetzt waren, benötigen die zunehmende Tageslänge des Frühlings zur Keimung. Waren die Samen jedoch der Kälte ausgesetzt, beginnt das Wachstum auch ohne den Lichtreiz. In beiden Fällen kann Wachstum erst nach Ende des Winters ausgelöst werden. Die Samen der Drehkiefer *(Pinus contorta)* dagegen bleiben geschützt in ihren Zapfen, bis sie durch einen Waldbrand erhitzt werden. Dieser Stimulus zeigt an, daß die Bodenvegetation gelichtet wurde und neue Sämlinge die Möglichkeit zur Etablierung haben.

Umweltfaktoren können eine veränderte Reaktion auf gleichartige oder sogar noch stärker ausgeprägte Faktoren auslösen. Beispielsweise kann die Einwirkung relativ niedriger Temperaturen zu einer unter diesen Bedingungen erhöhten Stoffwechselrate und/oder zu erhöhter Toleranz noch tieferer Temperaturen führen. Diesen Prozeß bezeichnet man als *Akklimatisation (acclimatization)* (wenn er im Labor induziert wird, wird er *Akklimation (acclimation)* genannt). Entnimmt man zum Beispiel in der Antarktis lebende Springschwän-

Akklimatisation

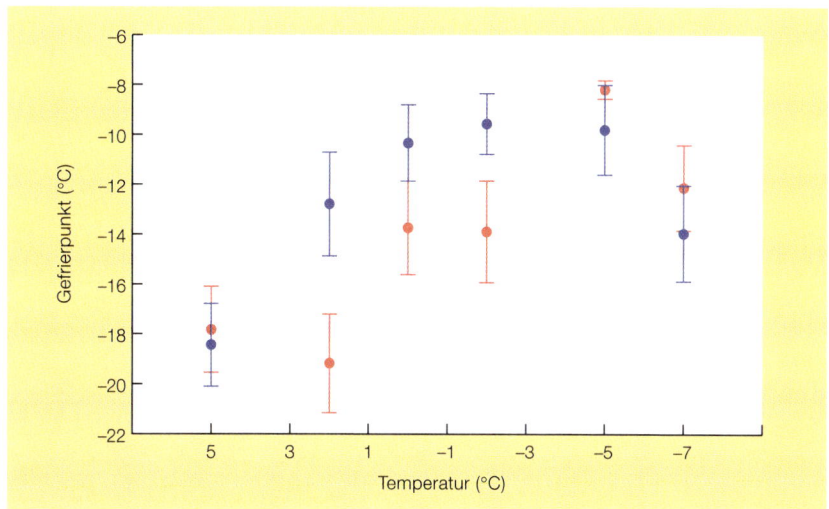

Abbildung 3.4
Akklimation an niedrige Temperaturen. Exemplare der in der Antarktis lebenden Springschwanzart *Cryptopygus antarcticus* wurden an mehreren Tagen im Sommer bei ungefähr 5 °C im Gelände gesammelt, und der Gefrierpunkt ihrer Körperflüssigkeit wurde entweder sofort (Kontrolle, blaue Kreise) oder nach einer Akklimationsperiode bei den dargestellten Temperaturen (rote Kreise) ermittelt. Aufgrund von Temperaturunterschieden variierte der Gefrierpunkt der Kontrollen von Tag zu Tag. Akklimation an Temperaturen im Bereich von +2 °C bis −2 °C, die typisch für den Winter sind, führte dagegen zu einem Abfall des Gefrierpunkts. Bei höheren (für den Sommer typischen) oder niedrigeren Temperaturen, die für eine physiologische Akklimationsreaktion zu tief waren, wurde kein derartiger Abfall beobachtet. Die Balken geben Standardfehler an (nach Worland & Convey, 2001).

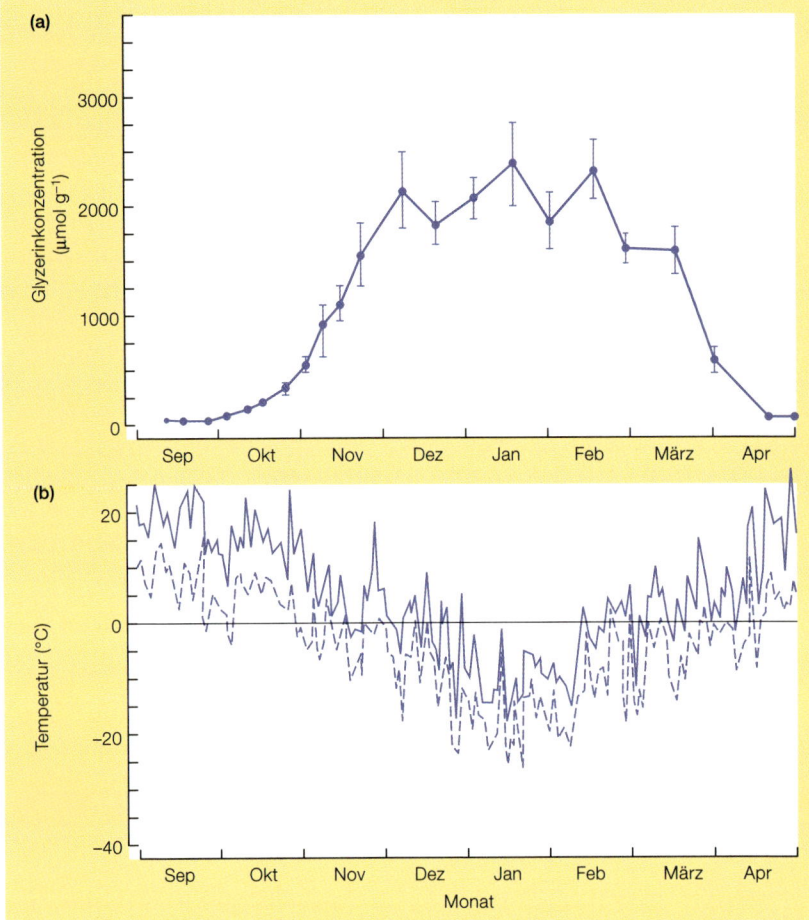

Abbildung 3.5
(a) Änderungen in der Glyzerinkonzentration der Larven des an Goldruten fressenden Kleinschmetterlings *Epiblema scudderiana*. Glyzerin wirkt als Gefrierschutz. (b) Tagesmaxima und -minima der Temperatur (nach Rickards et al., 1987).

ze (winzige Arthropoden) bei „Sommertemperaturen" (ungefähr 5 °C in der Antarktis) aus dem Gelände und unterwirft sie einer Spannbreite von Akklimationstemperaturen, reagieren sie im Temperaturbereich von +2 °C bis –2 °C, der typisch für den Winter ist, mit einem deutlichen Absenken des Gefrierpunkts ihrer Körperflüssigkeit (Abb. 3.4). Bei noch tieferen Akklimationstemperaturen (–5 °C und –7 °C) zeigen sie aber kein derartiges Absenken, da diese Temperaturen für die zur Akklimation nötigen Prozesse zu niedrig sind. Eine Möglichkeit zum Erreichen solch einer erhöhten Toleranz ist die Synthese chemischer Verbindungen, die als Gefrierschutz wirken: Sie beugen einer Eisbildung in den Zellen vor und schützen die Membranen, falls es doch zu einer Eisbildung kommt (Abb. 3.5). Bei manchen Laubbäumen kann Akklimatisation die Toleranz niedriger Temperaturen um nicht weniger als 100 °C erhöhen (Abhärtung, *frost hardening*).

3.2.4 Auswirkungen von Umweltfaktoren auf Wechselwirkungen zwischen Organismen

Obwohl Organismen auf jeden Umweltfaktor in ihrer Umgebung reagieren, können die Auswirkungen von Umweltfaktoren zum großen Teil durch die Reaktionen anderer Mitglieder der Lebensgemeinschaft bestimmt werden. Die Temperatur z. B. wirkt nicht nur auf eine einzige Art, sondern auch auf ihre Konkurrenten, Beute, Parasiten usw.; ein Organismus wird insbesondere dann in Schwierigkeiten geraten, wenn eine andere Art, von der er lebt, die Ausprägung des Umweltfaktors nicht mehr tolerieren kann. Dies soll anhand der Verbreitung der Binsensackträgermotte *(Coleophora alticolella)* in England verdeutlicht werden. Der Schmetterling legt seine Eier in die Blüten der Sparrigen Binse *(Juncus squarrosus),* und die Raupen fressen die sich bildenden Samen. Oberhalb von 600 m werden Schmetterlinge und Raupen durch niedrige Temperaturen kaum beeinträchtigt, doch die Samen der Binse gelangen hier trotz des Gedeihens der Pflanze nicht zur Reife. Dies wiederum begrenzt die Verbreitung des Schmetterlings, da Raupen, die in kälteren Höhenstufen schlüpfen, aufgrund unzureichender Nahrung verhungern (Randall, 1982).

Die Auswirkungen von Umweltfaktoren auf Krankheiten können ebenfalls von Bedeutung sein. Umweltfaktoren können die Verbreitung von Infektionen begünstigen (z. B. Wind, der Pilzsporen verfrachtet), das Wachstum eines Parasiten fördern oder die Abwehrkraft des Wirts schwächen. Während einer Epidemie der Blattdürre an Mais (Helminthosporiose, *Helminthosporium maydis)* in einem Maisfeld in Connecticut z. B. war die Krankheit in kleinräumigen Bereichen des Feldes, die durch Bäume beschattet waren, stärker ausgeprägt. Die Pflanzen in unmittelbarer Baumnähe, die über den längsten Zeitraum beschattet waren, wurden am stärksten geschädigt (Abb. 3.6).

Auch die Konkurrenz zwischen Arten kann durch Umweltfaktoren tiefgreifend beeinflußt werden, insbesondere durch die Temperatur. Zwei in Flüssen le-

Verfügbarkeit von Ressourcen

Entwicklung von Krankheiten

Konkurrenz

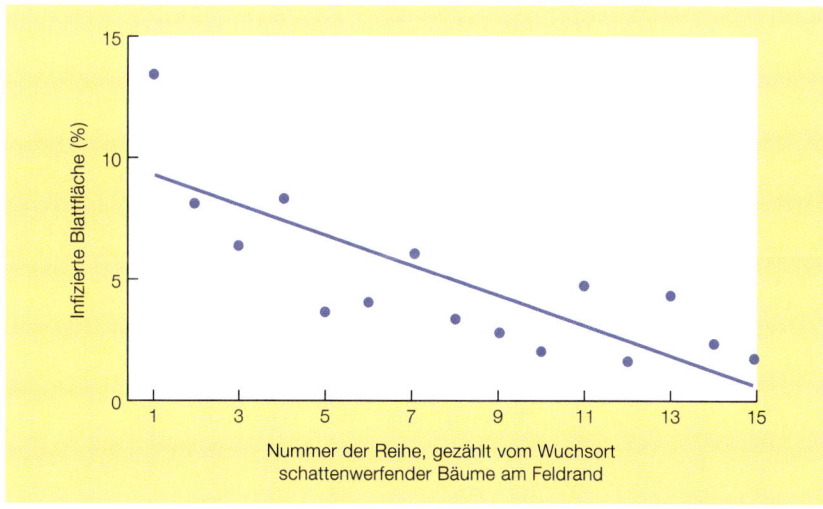

Abbildung 3.6
Auftreten der Blattdürre *(Helminthosporium maydis)* an Maispflanzen, die in Reihen in unterschiedlichen Entfernungen von schattenwerfenden Bäumen wuchsen. Für die Mortalität war hauptsächlich die Windverbreitung der Pilzkrankheit verantwortlich (Harper, 1955) (aus Lukens & Mullany, 1972).

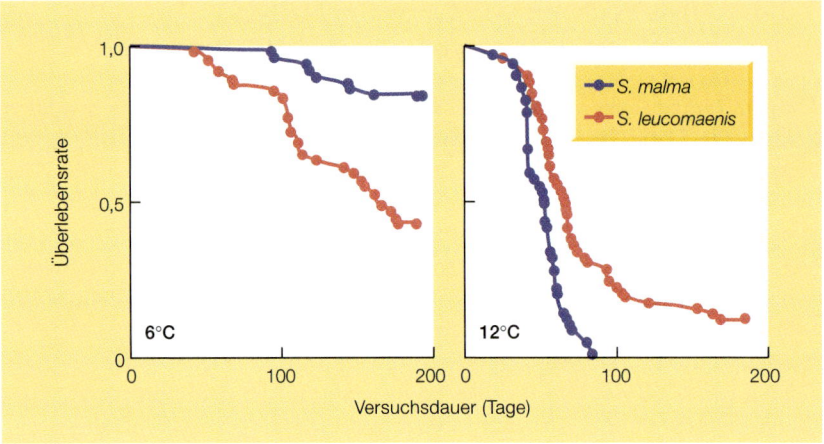

Abbildung 3.7
Eine Änderung der Temperatur führt zu einem entgegengesetzten Ergebnis von Konkurrenz. Bei niedriger Temperatur (6 °C, links) überlebt die Lachsfischart *Salvelinus malma* die mit ihr gemeinsam vorkommende Art *S. leucomaenis*, während bei 12 °C (rechts) *S. malma* durch *S. leucomaenis* völlig verdrängt wird. Ohne gegenseitige Konkurrenz können beide Fischarten bei jeder der beiden Temperaturen überleben (nach Taniguchi & Nakano, 2000).

bende Lachsfischarten, *Salvelinus malma* und *S. leucomaenis,* kommen gemeinsam in mittleren Höhenlagen (und somit bei gemäßigten Temperaturen) auf der Insel Hokkaido (Japan) vor. Nur die erstgenannte Art ist auch in höheren Lagen (bei niedrigeren Temperaturen) zu finden, und nur die zweite Art auch in tiefer gelegenen Regionen. Hierbei scheint ein jeweils umgekehrtes Ergebnis des Konkurrenzkampfs zwischen den Arten, hervorgerufen durch unterschiedliche Temperaturverhältnisse, eine Schlüsselrolle zu spielen. In Experimenten mit Wasserläufen, in denen beide Arten 191 Tage lang bei 6 °C gehalten wurden (eine typische Temperatur höherer Lagen), war die Überlebensrate von *S. malma* weitaus höher als die von *S. leucomaenis*. Bei 12 °C, einer typischen Temperatur tiefer gelegener Regionen, überlebten beide Arten weniger gut, doch das Ergebnis des Konkurrenzkampfs fiel nun genau gegenteilig aus: Nach etwa 90 Tagen waren bereits alle Exemplare von *S. malma* eingegangen (Abb. 3.7). Ohne Konkurrenz konnten jedoch beide Arten bei jeder der beiden Temperaturstufen überleben (in Abschnitt 6.2.2 werden wir auf dieses Beispiel zurückkommen).

3.2.5   Reaktionen seßhafter Organismen

Bewegungsfähige Tiere können sich ihren Aufenthaltsort aussuchen: Sie können Präferenzen zeigen. Sie können Schatten aufsuchen, um der Hitze zu entfliehen, oder sonnige Plätze wählen, um sich aufzuwärmen. Eine derartige Auswahl von Umweltbedingungen ist festgewachsenen oder ortsgebundenen Organismen verwehrt. Offensichtliche Beispiele hierfür sind Pflanzen, aber auch viele aquatische Wirbellose wie Schwämme, Korallen, Seepocken, Miesmuscheln und Austern gehören hierzu.

Abgesehen von Lebensräumen in Äquatornähe folgen die physikalischen Bedingungen einem saisonalen Zyklus. Die Reaktionen der Organismen auf diese wechselnden Bedingungen haben die Menschen von alters her fasziniert (Fenster 3.1). Ihre morphologischen und physiologischen Eigenschaften können niemals für alle Phasen in diesem Zyklus ideal angelegt sein, und ein Generalist wird einem Spezialisten auf dessen Gebiet immer unterlegen sein. Eine Lösung besteht darin, die morphologischen und physiologischen Eigenschaften mit den Jahreszeiten zu ändern (oder diese Änderungen vorwegzunehmen wie im Fall der Akklimatisation). Aber kontinuierliche Veränderungen können kostspielig sein: Ein Laubbaum hat Blätter, die für das Leben im Frühjahr und Sommer ideal sind, muß aber die Kosten dafür tragen, jedes Jahr neue auszubilden. Auch eine Änderung der biochemischen Eigenschaften durch Produktion von Gefrierschutzstoffen ist eine kostspielige Akklimatisation. Eine Alternative ist die Ausbildung ökonomischerer, langlebiger Blätter wie bei Kiefern, Heidekraut und perennierenden Sträuchern der Wüste und der Garigue, allerdings um den Preis langsamer ablaufender physiologischer Prozesse.

Form und Verhalten können jahreszeitlich wechseln

3.2.6 Reaktionen von Tieren auf die Umgebungstemperatur

Die meisten Tierarten sind, genau wie Pflanzen, ektotherm: Sie sind zur Regulation ihrer Stoffwechselraten auf äußere Wärmequellen angewiesen. Ektotherme umfassen die Wirbellosen sowie Fische, Amphibien und Reptilien. Andere, vor allem Vögel und Säugetiere, sind endotherm: Sie regulieren ihre Körpertemperatur durch Produktion von Wärme in ihrem Körper.

Ektotherme und Endotherme

Diese Einteilung von Ektothermen und Endothermen gilt aber nicht uneingeschränkt. Einige typische Ektotherme, z. B. manche Insekten, können ihre Körpertemperatur durch Muskelbewegung kontrollieren (z. B. durch schnelle Bewegungen der Flugmuskulatur). Einige Fische und Reptilien können für kurze Zeit Wärme erzeugen, und sogar manche Pflanzen sind in der Lage, Stoffwechselaktivität zur Temperaturerhöhung in ihren Blüten zu nutzen. Andererseits lassen manche typischen Endotherme wie Bilche, Igel und Fledermäuse ihre Körpertemperatur während der Überwinterung sinken, so daß sie sich kaum von der Umgebungstemperatur unterscheidet (Abb. 3.10).

Trotz dieser Überschneidungen ist die Endothermie eine vom Wesen her andere Strategie als die Ektothermie. Innerhalb einer bestimmten engen Temperaturspanne liegt der Energieverbrauch eines Endothermen auf der Grundstoffwechselrate. Entfernt sich die Umgebungstemperatur jedoch immer weiter von diesem Bereich, steigt der Energieverbrauch der Endothermen zur Aufrechterhaltung der Körpertemperatur immer stärker. Hierdurch werden sie relativ unabhängig von den Umweltbedingungen und können länger im Bereich maximaler Aktivität bleiben. Sie sind dadurch leistungsfähiger bei der Nahrungssuche und bei der Flucht vor Räubern. Der damit verbundene hohe Nahrungsbedarf macht diese Strategie jedoch kostspielig.

Endotherme verfügen über morphologische Modifikationen, die ihre Energiekosten reduzieren. In kalten Klimaten weisen die meisten Endothermen niedrige Verhältnisse von Körperoberfläche zu Körpervolumen auf (kurze Oh-

Fenster 3.1 – Historische Meilensteine

Registrierung jahreszeitlicher Veränderungen

Die Registrierung der Verhaltensänderungen von Organismen im Verlauf der Jahreszeiten *(Phänologie)* war eine wichtige Voraussetzung, um den Beginn landwirtschaftlicher Aktivitäten vernünftig planen zu können. Die frühesten phänologischen Aufzeichnungen waren anscheinend die Wu-Hou-Beobachtungen der Zhou- und Qin-Dynastie (1027–206 v. Chr.). Das Datum der ersten Kirschblüte des Jahres wird in Kyoto (Japan) seit 812 n. Chr. registriert.

Eine besonders lange und detaillierte Aufzeichnung wurde 1736 von Robert Marsham auf seinem Landsitz in der Nähe von Norwich (England) begonnen. Er nannte diese Aufzeichnungen „Anzeichen des Frühlings" („Indications of the spring"). Seine Nachkommen führten die Aufzeichnungen bis 1947 fort. Marsham hielt jedes Jahr 27 phänologische Ereignisse fest: das erste Blühen von Schneeglöckchen, Buschwind-röschen, Weißdorn und Weißer Rübe, die erste Blattentfaltung bei 13 Baumarten sowie verschiedene Verhaltensweisen von Tieren wie das erste Erscheinen von Zugvögeln (Schwalbe, Kuckuck, Nachtigall), den ersten Nestbau der Raben, das Quaken von Fröschen und Kröten sowie das Erscheinen des Zitronenfalters *(Gonepterix rhamni)*.

Zwar ist aus der Umgebung des Untersuchungsorts keine längere Temperaturmeßreihe vorhanden, die über den gesamten Zeitraum von Marshams Aufzeichnungen zu einem Vergleich herangezogen werden könnte, aber seit 1771 existieren derartige Meßreihen für das etwa 160 km entfernte Greenwich. Viele der von Marsham aufgezeichneten Termine von Blühbeginn und Blattentfaltung stimmen auffallend gut mit den mittleren Temperaturen von Greenwich für den Zeitraum von Januar bis Mai überein (Abb. 3.8). Es überrascht allerdings nicht,

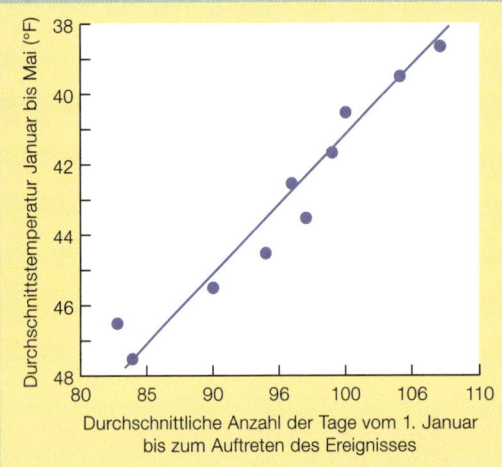

Abbildung 3.8
Beziehung zwischen den Durchschnittstemperaturen des Zeitraums Januar bis Mai und den Jahresmittelwerten des Auftretens von zehn phänologischen Ereignissen (Blühbeginn und Blattentfaltung bei verschiedenen Arten) aus den 1736 begonnenen klassischen Aufzeichnungen von Marsham (verändert nach Margary in Ford, 1982).

daß Ereignisse wie das Eintreffen von Zugvögeln keine enge Beziehung zur Temperatur aufweisen. Eine Analyse von Marshams Daten zur Blattentfaltung bei sechs Baumarten zeigt, daß bei einem Anstieg der mittleren Temperatur des Zeitraums Februar bis Mai um 0,5 °C die Blätter um jeweils vier Tage früher austreiben (Abb. 3.9).

In ähnlicher Weise besagt die *bioklimatische Regel („Bioclimatic law")* von Hopkins für die östlichen Vereinigten Staaten, daß Anzeichen des Frühlings wie Blattentfaltung und Blüte für jeden Breitengrad in nördlicher Richtung, jeweils fünf Längengrade in westlicher Richtung oder eine Höhenzu-

nahme um 400 Fuß (etwa 120 m) vier Tage später auftreten.

Das Sammeln phänologischer Aufzeichnungen hat sich inzwischen von einer Beschäftigung engagierter Amateure zu einem hochentwickelten Netzwerk der Datenerfassung und -analyse entwickelt. Allein in Japan werden mindestens 1500 phänologische Beobachtungsstationen unterhalten. In jüngster Zeit hat die große Datenmenge im Zusammenhang mit der Abschätzung von Veränderungen in Flora und Fauna durch die globale Erwärmung eine ganz neue, aktuelle Bedeutung gewonnen.

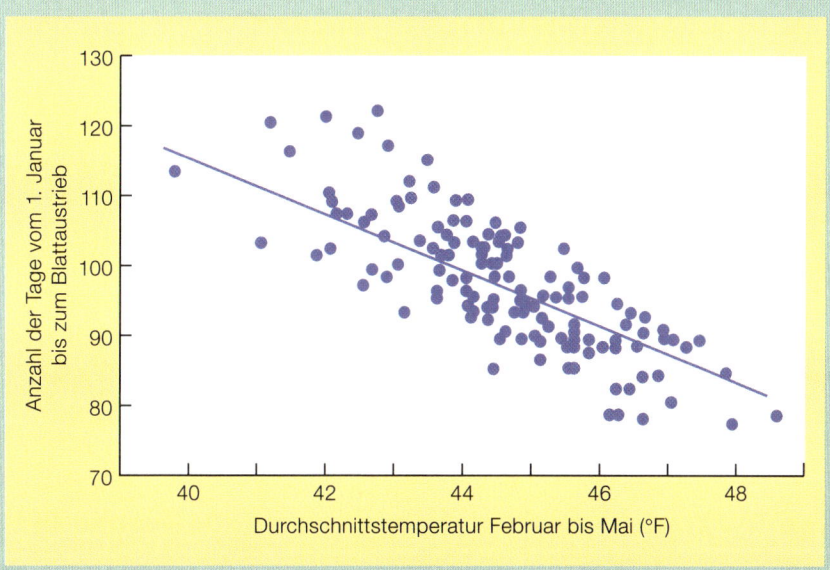

Abbildung 3.9
Beziehung zwischen der Durchschnittstemperatur des Viermonatszeitraums Februar bis Mai und dem mittleren Datum von sechs Blattaustriebsereignissen. Der Korrelationskoeffizient beträgt −0,81 (verändert nach Kington in Ford, 1982).

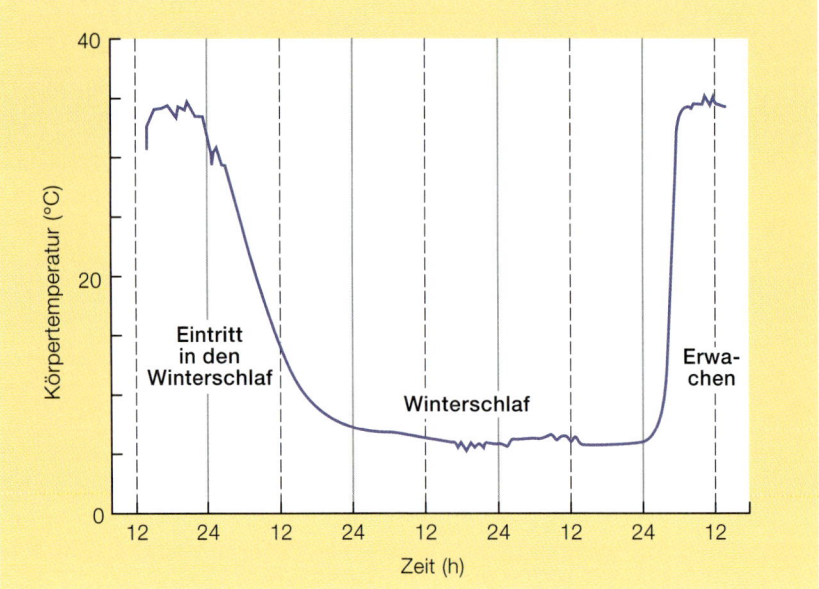

Abbildung 3.10
Änderungen der Körpertemperatur des Feldhamsters *(Cricetus cricetus)* während einer dreitägigen Winterschlafphase (nach Nedergaard & Cannon, 1990).

ren und Gliedmaßen). Hierdurch wird der Wärmeverlust über die Oberfläche herabgesetzt. In der Regel sind Endotherme, die in kalt-gemäßigten oder arktischen Regionen leben, von der Kälte durch extrem dichte Pelze (Eisbären, Nerze und Füchse) oder durch Federn und zusätzliche Fettschichten isoliert. Endotherme in Wüsten haben dagegen oft ein dünnes Fell sowie lange Ohren und Gliedmaßen, welche die Wärmeabgabe erleichtern.

Jahreszeitlich wechselnde Temperaturen schaffen besondere Probleme

Die Variabilität von Umweltfaktoren kann eine ebenso große biologische Herausforderung darstellen wie ihre extremen Ausprägungen. Saisonale Zyklen z. B. können ein Tier sommerlicher Hitze nahe am Maximum und winterlicher Kälte nahe am Minimum seiner Temperaturtoleranz aussetzen. Reaktionen auf diese Änderungen der Umweltbedingungen sind unter anderem der Wechsel der Körperbedeckung im Herbst (dick und von einer dicken Fettschicht unterlegt) und im Frühjahr (dünn, Abbau der Fettschicht) (Abb. 3.11). Manche Tiere nutzen durch Aneinanderkauern auch die Körperwärme von Artgenossen, um kalte Witterung zu überstehen. Winterschlaf – unter Lockerung der Temperaturkontrolle – erlaubt es manchen Wirbeltieren, Zeiten der winterlichen Kälte und Nahrungsknappheit zu überleben und die Schwierigkeiten der Nahrungssuche unter diesen Bedingungen zu *vermeiden* (Abb. 3.10). Eine andere Vermeidungsstrategie ist Migration: Die Küstenseeschwalbe *(Sterna paradisaea)*, um ein Extrembeispiel zu nennen, zieht jedes Jahr von der Arktis zur Antarktis und zurück und erlebt auf diese Weise nur die polaren Sommer.

Trotz der recht tiefgreifenden Unterschiede in ihren physiologischen Eigenschaften sind sich Ekto- und Endotherme in ökologischer Hinsicht oft sehr ähnlich. Große marine Endotherme wie Wale, Tümmler und Delphine ertragen ungefähr dieselben Umweltbedingungen wie große Ektotherme, z. B. Haie.

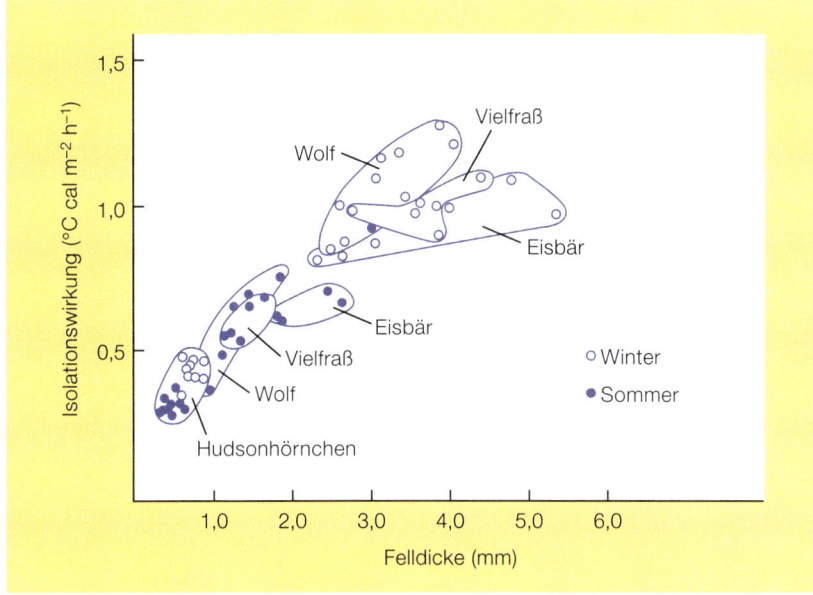

Abbildung 3.11
Jahreszeitliche Änderung der Dicke des isolierenden Fells einiger Säugetiere aus der arktischen und nördlich-gemäßigten Zone.

Sehr kleine Wüstenendotherme wie kleine samenfressende Nagetiere leben unter sehr ähnlichen Umweltbedingungen wie kleine Wüstenektotherme, beispielsweise Eidechsen und Schlangen. Andererseits gibt es heutzutage keine großen Ektothermen auf dem Land mehr, die den Endothermen Elefant, Nashorn oder Flußpferd entsprechen. Solche Ektotherme müßten große Körpervolumina aufwärmen – dies allerdings über Körperoberflächen, die relativ klein im Verhältnis zu den Volumina wären. (Ob die großen Dinosaurier endo- oder ektotherm waren, ist noch umstritten.) Andererseits gibt es auch viele Arten sehr kleiner Fische, aber keine vergleichbar kleinen aquatischen Endothermen (die eine relativ große Oberfläche hätten, über die sie Wärme abgeben würden, aber nur ein kleines Körpervolumen, um Wärme zu erzeugen).

Das dicke weiße Winterfell und das dünnere braune Sommerfell des Polarfuchses.

3.2.7   Mikroorganismen in extremen Lebensräumen

Mikroorganismen überleben und gedeihen in allen Lebensräumen, in denen auch Tiere und Pflanzen vorkommen. Sie weisen die gleiche Bandbreite von Strategien für das Überleben in extremen Umweltbedingungen auf: Vermeidung, Toleranz und Spezialisierung. Viele Mikroorganismen bilden Dauersporen aus, die Trockenheit, Hitze und Kälte überstehen. Es gibt auch Arten, die unter Umweltbedingungen weit außerhalb des Toleranzbereichs höherer Organismen wachsen und sich vermehren können und einige der extremen Lebensräume unserer Erde besiedeln. Für fast alle Pflanzen und Tiere sind länger anhaltende Temperaturen oberhalb von 45 °C tödlich, aber thermophile (wärmeliebende) Mikroben gedeihen auch bei viel höheren Temperaturen. In vielerlei Hinsicht ähneln sie den hitze-intoleranten Mikroben, doch die Enzyme dieser Thermophilen sind durch besonders starke Ionenbindungen stabilisiert.

Man kennt auch Gemeinschaften von Kleinstlebewesen, die niedrige Temperaturen nicht nur tolerieren, sondern auch bei ihnen wachsen können. Hierzu gehören photosynthetisch aktive Algen, Diatomeen und Bakterien, die im Eis der antarktischen Meere gefunden wurden. Mikrobielle Spezialisten wurden auch in anderen seltenen oder außergewöhnlichen Lebensräumen identifiziert. Zu ihnen gehören die *Acidophilen,* die in extrem sauren Lebensräumen gedeihen. Einer von ihnen, *Thiobacillus ferrooxidans,* lebt in den Abwässern industrieller Metallgewinnung und erträgt einen pH-Wert von 1,0; *T. thiooxidans* kann sogar bei einem pH von 0 wachsen! Am anderen Ende des pH-Spektrums kann das Cyanobakterium *Plectonema nostocorum* aus Salzseen bei pH 13 gedeihen. Wie schon beschrieben, können diese Besonderheiten unter Umweltbedingungen entstanden sein, die in viel früheren Zeiträumen der Erdgeschichte vorherrschten. Vielleicht ist es diese Art von Lebewesen, nach denen wir auf anderen Planeten suchen sollten.

3.3   Ressourcen der Pflanzen

Ressourcen können biotische oder abiotische Bestandteile der Umwelt sein: Sie sind all das, was ein Organismus für sein Wachstum und seine Erhaltung verbraucht oder konsumiert, wodurch die für andere Organismen verfügbaren Anteile verringert werden. Wenn ein photosynthetisch aktives Blatt Strahlung absorbiert, entzieht es diese den Blättern oder Pflanzen unter ihm. Wenn eine Raupe ein Blatt frißt, bleibt für andere Raupen weniger Blattmaterial übrig. Ihrem Wesen nach sind Ressourcen entscheidend für Überleben, Wachstum und Fortpflanzung und gleichzeitig eine mögliche Quelle von Konflikt und Konkurrenz zwischen Organismen.

Ressourcen-bedarf sessiler Organismen

Wenn sich ein Organismus aktiv fortbewegen kann, ist er in der Lage, sich seine Nahrung zu suchen. Festgewachsene und „verwurzelte" Organismen können dies nicht. Sie müssen ihren Ressourcen entgegenwachsen, wie ein Sproß oder eine Wurzel, oder die Ressourcen erbeuten, die sich auf sie zu bewegen. Ganz offensichtliche Beispiele sind grüne Pflanzen, die abhängig sind von (1) Energie, die in Form von Strahlung auf sie einfällt, (2) atmosphärischem Kohlenstoffdioxid, das zu ihnen diffundiert, (3) mineralischen Kationen, die sie von Bodenkolloiden im Austausch gegen Wasserstoffionen erhalten, und (4) Wasser, das die Wurzeln aus dem Boden aufnehmen, und hierin gelösten Anionen. Die folgenden Abschnitte konzentrieren sich auf grüne Pflanzen. Aber man sollte nicht vergessen, daß auch viele unbewegliche Tiere wie Korallen, Schwämme und Muscheln von Ressourcen abhängen, die in dem sie umgebenden Wasser enthalten sind und durch Filtrieren des Wassers oder einfach durch Warten mit aufnahmebereiter Mundöffnung erbeutet werden.

3.3.1   Sonnenstrahlung

Die Sonnenstrahlung ist für grüne Pflanzen eine entscheidende Ressource. Oft bezeichnen wir sie oberflächlich als „Licht", doch tatsächlich nutzen grüne Pflanzen von dem engen Bereich des Spektrums der Sonnenstrahlung zwischen Infrarot und Ultraviolett, das für uns sichtbar ist, nur etwa 44 %. Die Photosyntheserate steigt mit der Strahlungsintensität, die ein Blatt empfängt, allerdings mit zunehmend geringerer Gewinnsteigerung. Diese Beziehung unterscheidet sich auch stark zwischen einzelnen Arten (Abb. 3.12). Dies gilt insbesondere für einen Vergleich von Arten, die gewöhnlich an schattigen Standorten leben und Sättigung schon bei niedrigen Strahlungsintensitäten erreichen, mit solchen, die normalerweise dem vollen Sonnenlicht ausgesetzt sind und es auch nutzen können.

Die Sonnenstrahlung, die auf eine Pflanze trifft, ändert sich ständig. Ihr Einstrahlungswinkel und ihre Intensität ändern sich gleichförmig und regelmäßig im Tages- und Jahresverlauf. Durch Wolken oder bei Beschattung durch Blätter benachbarter Pflanzen treten auch plötzliche und unregelmäßige Änderungen auf. Wenn Lichtflecken über Blätter im unteren Kronenbereich hinwegziehen, empfangen diese für Sekunden oder Minuten direktes, helles Sonnenlicht,

Sonnen- und Schatten- pflanzen

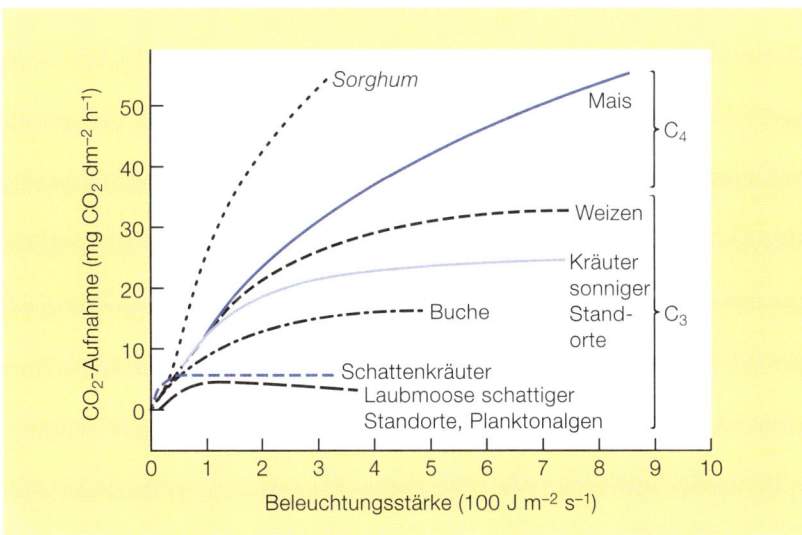

Abbildung 3.12
Die Reaktion der Photosynthese (gemessen als Aufnahme von Kohlenstoffdioxid) in Blättern verschiedener Arten grüner Pflanzen auf die Intensität der Sonnenstrahlung bei Optimaltemperaturen und natürlicher Kohlenstoffdioxidkonzentration der Umgebungsluft (nach Larcher, 1980 und anderen Quellen).

um gleich darauf wieder im Schatten zu versinken. In der Tagessumme der Photosynthese eines Blattes sind all diese unterschiedlichen Situationen integriert, und die gesamte Pflanze integriert die verschiedenen Beleuchtungszeiten all ihrer Blätter.

Es gibt gewaltige Unterschiede in der Form und Größe von Blättern, die in gewisser Weise der Vielfalt der Mundwerkzeuge von Insekten entsprechen, auf die wir später eingehen werden. Aber während Insekten ganz verschiedene Nahrungsquellen aufsuchen, nutzen alle Blätter die beiden gleichen einfachen Ressourcen: Strahlung und Kohlenstoffdioxid. Der größte Teil der erblichen Variation in der Blattform hat sich wahrscheinlich nicht vorrangig durch Selektion auf hohe Photosyntheseraten, sondern eher auf optimale Effizienz der Wassernutzung (Kohlenstoffgewinn pro Einheit transpirierten Wassers) und auf Minimierung des Schadens durch blattfressende Herbivore entwickelt.

Sonnen- und Schattenblätter

Doch nicht alle Variationen der Blattform sind erblich: Viele stellen Reaktionen eines Individuums auf seine unmittelbare Umgebung dar, die innerhalb eines festgelegten Bereichs variabel sind. Viele Bäume z. B. bilden unterschiedliche Blatttypen aus, je nachdem, ob sie in lichtexponierten Regionen der Krone („Sonnenblätter") oder in unteren, beschatteten Bereichen angelegt werden („Schattenblätter"). Sonnenblätter sind dicker und haben mehr Zellschichten, in denen die Chloroplasten, welche die einfallende Strahlung verwerten, dichter gepackt sind. Die dünneren Schattenblätter absorbieren die diffuse und gefilterte Strahlung im unteren Kronenbereich und unterstützen so die hauptsächliche Photosyntheseaktivität der Sonnenblätter des oberen Kronenbereichs.

Bei krautigen Pflanzen und Sträuchern sind spezialisierte „Lichtpflanzen" und „Schattenpflanzen" viel häufiger als Arten, die Sonnen- und Schattenblätter bilden können. Blätter von Lichtpflanzen richten sich oft in spitzem Winkel zur Mittagssonne aus und sind typischerweise in mehreren übereinanderliegenden Schichten derartig angeordnet, daß auch die unteren Blätter eine positive Nettophotosyntheserate aufweisen können. Die Blätter von Schattenpflanzen sind normalerweise in einer einschichtigen Lage mit horizontaler Blattstellung angelegt, wodurch sie ein Maximum der verfügbaren Strahlung auffangen.

3.3.2   Wasser

Bei der Photosynthese verlieren Pflanzen Wasser

Die meisten Pflanzen bestehen zum größten Teil aus Wasser. In manchen weichen Blättern und Früchten kann der Wassergehalt 98 % des Volumens betragen. Dies ist jedoch nur ein winziger Teil der Wassermenge, die während des Wachstums aus dem Boden durch die Pflanze in die Atmosphäre transportiert wird. Die Photosynthese ist von der Aufnahme von Kohlenstoffdioxid durch die Pflanze abhängig. Dies kann nur über feuchte Oberflächen, wie z. B. über die Wände der photosynthetisch aktiven Blattzellen, geschehen. Wenn ein Blatt Kohlenstoffdioxid einströmen läßt, ist ein gleichzeitiger Ausstrom von Wasserdampf nahezu unvermeidlich. Umgekehrt wird jeder Mechanismus oder Vorgang, der die Rate des Wasserverlustes vermindert, wie das Schließen der Stomata (Spaltöffnungen) in den Blattoberflächen, zwangsläufig die Photosyntheserate herabsetzen.

Grüne Pflanzen fungieren als Dochte, die Wasser aus dem Boden in die Atmosphäre leiten. Wenn die Rate der Aufnahme die Abgaberate unterschreitet, beginnt der Pflanzenkörper (der „Docht") auszutrocknen. Die Zellen verlieren ihren Turgor, und die Pflanze welkt. Dies mag nur ein vorübergehender Zustand sein (der allerdings im Sommer jeden Tag eintreten kann), von dem sich die Zellen nachts durch Wasseraufnahme erholen. Wenn sich das Wasserdefizit aber akkumuliert, stirbt das Blatt ab, und schließlich kann die gesamte Pflanze sterben.

Wenn eine Pflanze Wasser aus dem Boden aufgenommen hat, bleibt entsprechend weniger für andere Organismen übrig. Das aus dem Boden aufgenommene Wasser hält die Blätter der Pflanze turgeszent und damit in einem Zustand, in dem Photosynthese möglich ist, während eine benachbarte Pflanze, der dieses Wasser fehlt, bereits welkt und nicht mehr photosynthetisch aktiv sein kann oder sogar schon vertrocknet ist. Wasser gehört also auf jeden Fall zu den Ressourcen, um die Pflanzen miteinander konkurrieren.

Grüne Pflanzenarten unterscheiden sich darin, wie sie in trockenen Lebensräumen überleben können. Eine Strategie besteht darin, Wasserdefizite zu vermeiden. Pflanzen mit einer Vermeidungsstrategie *(avoiders)* wie einjährige Wüstenpflanzen, einjährige krautige Pflanzen und die meisten Kulturpflanzen haben eine kurze Lebensspanne: Ihre Photosyntheseaktivität konzentriert sich auf Perioden, in denen sie eine positive Wasserbilanz aufrechterhalten können. Den Rest des Jahres überdauern sie dormant als Samen, in einem Zustand, der weder Photosynthese noch Transpiration erfordert. Manche mehrjährigen Pflanzen werfen ihr photosynthetisch aktives Gewebe in Trockenperioden ab, manche ersetzen es dann durch andere Blattformen, die weniger verschwenderisch mit Wasser umgehen, oder überstehen die trockenste Jahreszeit ganz ohne Blätter – nur als grüne Stämme.

Andere Pflanzen *(tolerators)* haben eine abweichende Kompromißlösung entwickelt und zeigen Toleranz. Sie bilden langlebige Blätter mit einer geringen Transpirationsrate, die z. B. durch eine Verringerung der Anzahl an Spaltöffnungen und deren Versenkung unter die Oberfläche niedrig gehalten werden kann. Sie ertragen Trockenheit, aber ihre Photosyntheserate ist natürlich geringer. Diese Pflanzen haben ihre Fähigkeit aufgegeben, in Zeiten reichlicher Wasserverfügbarkeit schnell hohe Photosyntheseraten zu erreichen. Statt dessen ist bei ihnen eine ganzjährige Photosyntheseaktivität gewährleistet, allerdings auf niedrigem Niveau. Diese Eigenschaft besitzen nicht nur Pflanzen trockener Regionen, sondern z. B. auch Kiefern und Fichten, die an Orten überleben können, wo Wasser zwar reichlich vorhanden, aber meistens gefroren und daher nicht verfügbar ist.

Die Evaporation von Wasser senkt die Temperatur des Körpers, von dem es verdunstet. Wenn Pflanzen an der Transpiration gehindert werden, können sie daher überhitzen. Für das Leben der Pflanze kann dies eine größere Gefahr darstellen als der Wasserverlust selbst. Die ausdauernde Wüstenpflanze *Tidestromia oblongifolia* gedeiht im Death Valley (Kalifornien) üppig, obwohl ihre Blätter absterben, wenn sie auf 50 °C erwärmt werden – eine Temperatur, die in der sie umgebenden Luft normalerweise erreicht wird. Durch Transpiration wird die Blattoberfläche auf erträgliche 40–45 °C gekühlt. Die meisten Wüsten-

Welken

Pflanzliche Aktivität bei Wasserdefizit: Vermeidung und Toleranz

Wasser und Überhitzung

115

pflanzen besitzen Haare und Dornen sowie Wachs auf der Blattoberfläche. Hierdurch wird ein großer Teil der einfallenden Strahlung reflektiert, was zur Vermeidung von Überhitzung beiträgt. Eine andere häufige Modifikation von Wüstenpflanzen ist die charakteristische gedrungene Gestalt der Sukkulenten mit wenigen Verzweigungen, woraus ein niedriges Verhältnis der Oberfläche, über die Wärme aufgenommen wird, zum Volumen resultiert.

Erhöhung der Wassernutzungseffizienz: C_4 und CAM

Spezielle biochemische Prozesse können die Menge an photosynthetisch fixiertem Kohlenstoffdioxid pro Einheit abgegebenen Wassers steigern. Die Mehrheit der Pflanzen auf der Erde betreibt Photosynthese nach dem sogenannten *C_3-Pfad*. Obwohl diese Pflanzen sehr produktive Kohlenstofffixierer sind, gehen sie relativ verschwenderisch mit Wasser um, erreichen ihre maximalen Photosyntheseraten schon bei vergleichsweise niedrigen Strahlungsintensitäten und sind in trockenen Regionen weniger durchsetzungsfähig. Alternative Photosynthesewege – der *C_4-Pfad* und der *CAM-Pfad* – nutzen das Wasser ökonomischer. C_4-Pflanzen haben eine besonders hohe Affinität zu Kohlenstoffdioxid und binden auf diese Weise eine größere Menge pro Einheit abgegebenen Wassers. CAM-Pflanzen öffnen ihre Stomata nachts, absorbieren Kohlenstoffdioxid und binden es in Form von Maleinsäure. Tagsüber schließen sie ihre Spaltöffnungen und setzen das Kohlenstoffdioxid intern zur Photosynthese frei. C_4- und CAM-Pflanzen kommen besonders häufig in trockenen sowie vor allem in heiß-trockenen Regionen vor. Ihre Verbreitung ist begrenzt, da sie wegen der hohen Kosten ihrer Photosynthesewege unter weniger trockenen Bedingungen offenbar eine geringere Konkurrenzkraft besitzen. Die Photosynthese der C_4-Pflanzen beispielsweise ist bei geringen Strahlungsintensitäten ineffizient (Abb. 3.12), und daher sind diese im Schatten konkurrenzschwach. CAM-Pflanzen müssen Nacht für Nacht die akkumulierte Maleinsäure speichern. Die meisten von ihnen sind Sukkulenten mit stark erweiterten Wasserspeichergeweben und können das Problem der Maleinsäurespeicherung auf diesem Weg lösen.

Viele Probleme im Leben von Landpflanzen entstehen aus dem unterschiedlichen Verhalten der Ressourcen Strahlung und Wasser. Sonnenstrahlung wird von Blättern absorbiert, und nur ein kleiner Teil davon wird zur Photosynthese genutzt. Deren Produkte werden nach und nach veratmet, und die Energie wird letztlich als Wärme freigesetzt. Der übrige Teil der einfallenden Sonnenstrahlung wird unmittelbar als Wärme abgegeben. *Er kann weder gespeichert noch jemals wieder genutzt werden.* Wasser verhält sich völlig anders. Obwohl Pflanzen Regenwasser mit den Blättern direkt auffangen können, nehmen sie kaum etwas davon in sich auf. Statt dessen gelangt das Wasser in den Boden. Ein Teil des Wassers sickert unter Einwirkung der Schwerkraft durch den Boden, ein großer Teil aber wird durch Kapillarkräfte und in Form von Kolloiden im Boden gehalten. Pflanzen beziehen praktisch ihr gesamtes Wasser aus dieser gespeicherten Reserve. Sandböden haben große Poren, die zwar nicht viel Wasser enthalten, doch das Wasser nur mit schwacher Kraft binden, so daß es von Pflanzen leicht aufgenommen werden kann. Tonböden sind feinkörnig und haben sehr feine Poren. Sie halten mehr Wasser gegen die Schwerkraft zurück als Sandböden, aber die hohe Oberflächenspannung in den feinen Poren erschwert den Pflanzen die Wasseraufnahme.

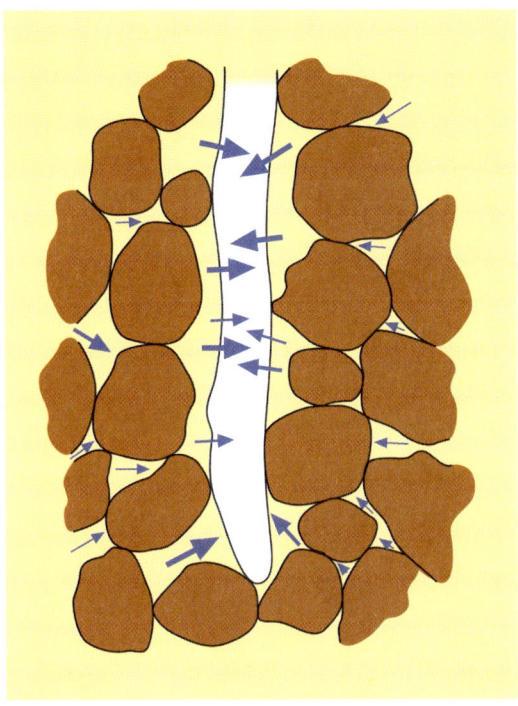

Abbildung 3.13
Stark schematische Darstellung eines Wurzelhaars, das den Poren eines sehr feuchten Bodens Wasser entzieht. Sogar die größten Poren in dieser Abbildung sind wassergefüllt. Durch den Wasserentzug werden die größeren Poren entleert, und Wasser fließt auf indirekten Wegen nur durch die engeren Poren.

Der für die Wasseraufnahme wichtigste Bereich der Wurzeln ist mit Wurzelhaaren bedeckt, die einen innigen Kontakt zu den Bodenpartikeln herstellen (Abb. 3.13). Zuerst wird den größeren Poren Wasser entzogen, in denen es nur durch schwache Kapillarkräfte gehalten wird. Danach wird Wasser aus engeren Poren aufgenommen, in denen das Wasser stärker gebunden ist. Deshalb erhöht sich der Widerstand für die Wassernachleitung im Boden um so mehr, je mehr Wasser dem Boden im Wurzelbereich entzogen wird. Das Resultat dieses Wasserentzugs ist die Ausbildung einer Wasserverarmungszone durch die Wurzeln in ihrer Umgebung (oder, allgemeiner formuliert, einer Ressourcenverarmungszone [RVZ], *resource depletion zone [RDZ]*). Je schneller die Wurzeln dem Boden Wasser entziehen, desto schärfer sind die RVZ abgegrenzt, und desto langsamer fließt Wasser in diese Zonen nach. In einem Boden, der reichlich Wasser enthält, können stark transpirierende Pflanzen trotzdem welken, weil Wasser nicht schnell genug nachfließt, um die RVZ um ihr Wurzelsystem herum aufzufüllen (oder weil die Wurzeln neue Bodenbereiche nicht schnell genug erschließen können).

Die Form des Wurzelsystems ist in weitaus geringerem Maße festgelegt als die Form des Sprosses. Die Wurzelarchitektur, die eine Pflanze in frühen Phasen ihres Lebens anlegt, kann ihre Reaktionsfähigkeit auf spätere Ereignisse bestimmen. Pflanzen, die sich bei Staunässe entwickeln, bilden gewöhnlich nur ein oberflächennahes Wurzelsystem aus. Wenn später im Jahr Trockenheit eintritt, kann es bei diesen Pflanzen zu Trockenstreß kommen, da ihre Wurzeln keinen Anschluß an tiefere Bodenschichten hergestellt haben. Andererseits ist

Wasseraufnahme aus dem Boden

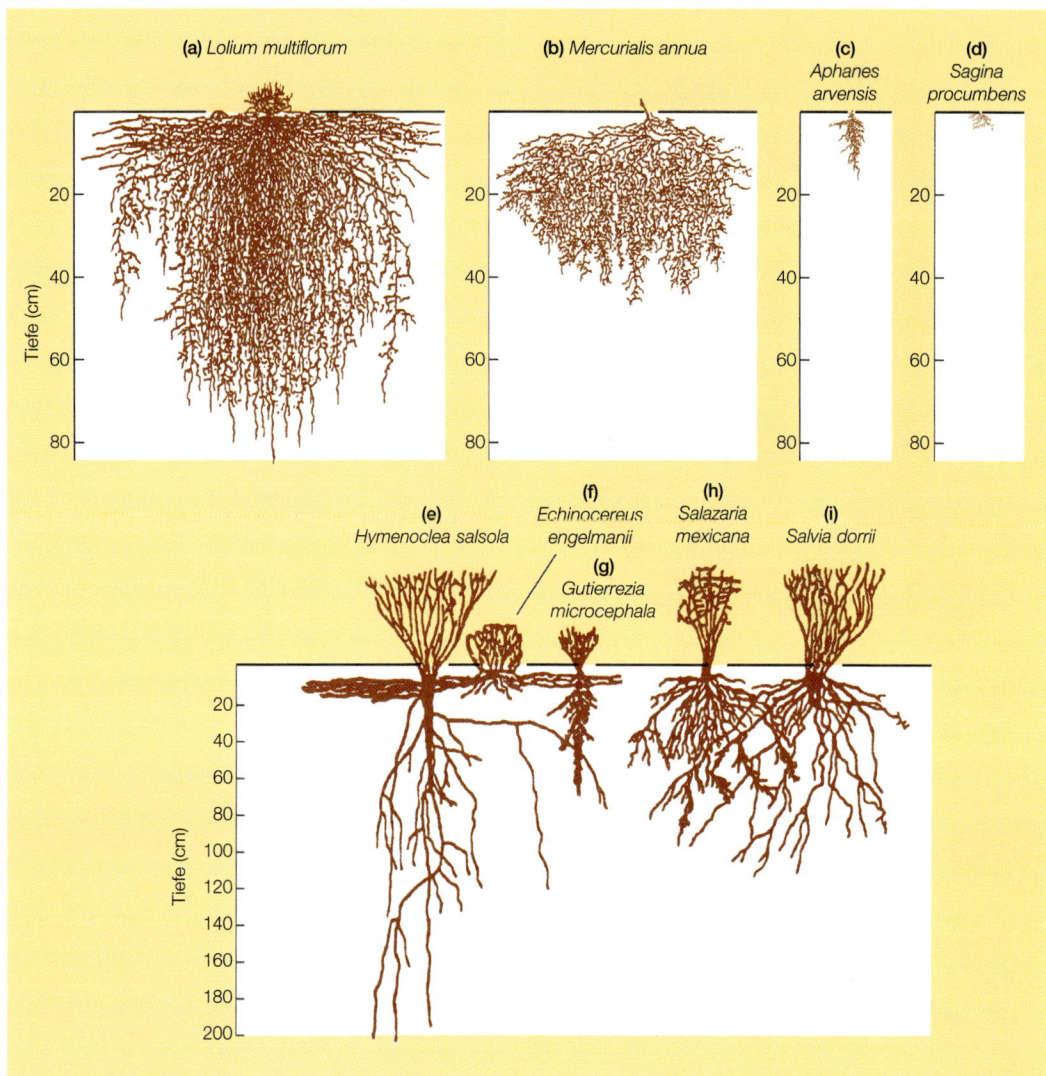

Abbildung 3.14
Profile des Wurzelsystems von Pflanzen aus unterschiedlichen Lebensräumen. (a–d) Arten der nördlich-gemäßigten Breiten auf offenem Boden: (a) *Lolium multiflorum*, ein einjähriges Gras; (b) *Mercurialis annua*, eine einjährige krautige Pflanze; (c) *Aphanes arvensis* und (d) *Sagina procumbens*, beides kurzlebige einjährige Kräuter
(aus Fitter, 1991). (e–i) Sträucher und Halbsträucher einer Wüste (Mid Hills, östliche Mojave-Wüste, Kalifornien) (verändert, nach verschiedenen Quellen).

eine tiefe Pfahlwurzel für eine Pflanze, die den größten Teil ihres Wassers aus
gelegentlichen Niederschlägen auf trockenes Substrat bezieht, nur von geringem Nutzen. Abbildung 3.14 zeigt einige charakteristische Unterschiede zwischen Wurzelsystemen von Pflanzen feucht-gemäßigter Lebensräume und trok-
kener Wüstenstandorte.

3.3.3   Mineralische Nährstoffe

Wurzeln entziehen dem Boden Wasser, aber sie nehmen auch essentielle Mineralstoffe auf. Pflanzen benötigen mineralische Ressourcen an Stickstoff (N), Phosphor (P), Schwefel (S), Kalium (K), Calcium (Ca), Magnesium (Mg) und Eisen (Fe), und zusätzlich Spuren von Mangan (Mn), Zink (Zn), Kupfer (Cu) und Bor (B). All diese Substanzen müssen aus dem Boden aufgenommen werden (oder direkt aus dem Wasser im Fall freischwimmender aquatischer Pflanzen).

Für die Nährstoffaufnahme ist die Wurzelarchitektur besonders wichtig, da die Nährstoffe mit unterschiedlich starken Kräften im Boden gehalten werden. Böden sind heterogen und weisen Unterschiede auf kleinem Raum auf. Wurzeln, die durch den Boden wachsen, können auf Regionen treffen, die sich im Wasser- und Nährstoffgehalt unterscheiden. In den besser versorgten Regionen sind Wurzeln oft stark verzweigt (Abb. 3.15).

Bei diesem Prozeß ist die Wurzelarchitektur von ganz besonderer Bedeutung, weil sich unterschiedliche Nährstoffe ganz verschieden verhalten und durch verschiedenartige Kräfte im Boden gehalten werden. Nitrationen diffundieren schnell im Bodenwasser, und stark transpirierende Pflanzen können Nitrat schneller zur Wurzeloberfläche transportieren, als sie es im Pflanzenkörper anreichern können. Andere essentielle Nährstoffe wie Phosphat sind jedoch fest im Boden gebunden, sie haben niedrige Diffusionskoeffizienten. Die Phosphat-RVZ von zwei Wurzeln, die 0,2 mm voneinander entfernt sind, überlappen sich kaum, und die einzelnen Bereiche eines fein verzweigten Wurzelsystems machen sich gegenseitig so gut wie keine Konkurrenz. Wenn die Phosphatversorgung knapp ist, erhöht daher ein reich verzweigtes Wurzelsystem die Phosphataufnahme enorm. Ein extensiv ausgebildetes Wurzelsystem mit größeren Zwischenräumen kann dagegen die Nitrataufnahme maximieren.

Die Wurzelarchitektur bestimmt die Aufnahmeeffizienz

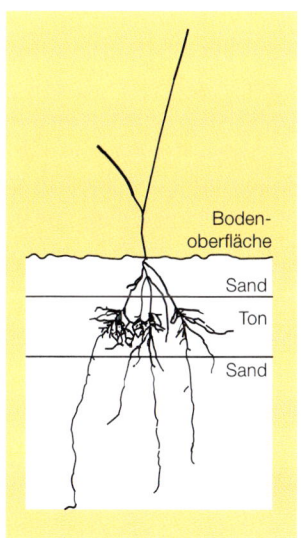

Abbildung 3.15
Wurzelsystem einer jungen Weizenpflanze, das durch einen sandigen Boden mit einer eingelagerten Tonschicht wächst. Verglichen mit Sand stellt Ton mehr Nährstoffressourcen zur Verfügung und hält mehr Wasser zurück; die Wurzeln reagieren hierauf mit einer intensiveren Verzweigung in der Tonschicht (mit freundlicher Genehmigung von J. V. Lake).

3.3.4   Kohlenstoffdioxid

Pflanzen nehmen Kohlenstoffdioxid über die Spaltöffnungen der Blattoberfläche auf. Mit Hilfe der Sonnenenergie legen sie die Kohlenstoffatome fest und setzen Sauerstoff frei. Diese Kohlenstoffbindung ist nicht nur die Grundlage allen pflanzlichen Lebens und deshalb das Anfangsglied jeder Nahrungskette. Vielmehr war Leben, wie wir es heute auf der Erde kennen, erst möglich, nachdem photosynthetisch aktive Organismen die Atmosphäre durch die Freisetzung von Sauerstoff nachhaltig verändert hatten.

Die Konzentration von Kohlenstoffdioxid variiert auf unterschiedlichem Skalenniveau. Im Jahr 1750 betrug die atmosphärische Kohlenstoffdioxidkonzentration etwa 280 µl l^{-1}. Gegenwärtig liegt sie oberhalb von 350 µl l^{-1} und steigt jährlich um 0,4–0,5 %, was zum größten Teil auf die Verbrennung fossiler Energieträger zurückzuführen ist (Fenster 3.2). Im Verlauf der Erdgeschichte mußten Pflanzen auf noch größere Änderungen der Kohlenstoffdioxidkonzentration reagieren. Während der Trias-, Jura- und Kreidezeit waren die Kohlenstoffdioxidkonzentrationen der Atmosphäre 4- bis 8mal höher als heute.

Durch Anreicherung von Kohlenstoffdioxid über die Konzentration in der Atmosphäre hinaus lassen sich in Gewächshäusern die Erträge landwirtschaftlicher Nutzpflanzen steigern. Man könnte meinen, daß der globale Anstieg der atmosphärischen Kohlenstoffdioxidkonzentration auch zu einer globalen Steigerung der Nutzpflanzenproduktion führen wird. Die Realität scheint jedoch viel komplizierter zu sein: Weder in der Reaktion landwirtschaftlicher Nutzpflanzen auf die steigenden Kohlenstoffdioxidkonzentrationen noch im Verhalten der natürlichen Vegetation tritt ein allgemeiner Trend deutlich zutage (Bazzaz, 1996).

In terrestrischen Lebensgemeinschaften erhöht sich die Kohlenstoffdioxidkonzentration nachts, wenn die Pflanzen atmen und keine Photosynthese betreiben; das Kohlenstoffdioxid steigt nach oben in den Kronenraum. Die Freisetzung von Kohlenstoffdioxid aus dem Abbau organischen Materials im Boden trägt ebenfalls zur Gesamtbilanz bei. Tagsüber wird Kohlenstoffdioxid von den Kronen der Pflanzen aufgenommen; aufgrund dieser aktiven Aufnahme aus der Luft ist der Fluß des Kohlenstoffdioxids abwärts gerichtet. Es ist sehr zweifelhaft, ob Pflanzen im Freiland jemals um Kohlenstoffdioxid konkurrieren. Die Diffusion und Durchmischung der Gase läuft extrem schnell ab, und es ist sehr unwahrscheinlich, daß die aktive Aufnahme von Kohlenstoffdioxid durch eine Pflanze eine Ressourcenverarmungszone schafft, die sich mit der ihrer Nachbarn überschneidet.

3.4   Tiere und ihre Ressourcen

Autotrophe und Heterotrophe

Grüne Pflanzen sind *autotroph:* Ihre Ressourcen sind Strahlung sowie Ionen und einfache Moleküle, die von den Pflanzen zu komplexen Molekülen (Kohlenhydraten, Fetten und Proteinen) zusammengesetzt und anschließend zu Zellen, Geweben, Organen und kompletten Organismen zusammengefügt werden. Diese Gefüge bilden die Nahrungsressourcen für praktisch alle ande-

Fenster 3.2 – Aktueller ÖKOonflikt

Können wir eine globale Erwärmung riskieren?

Kohlenstoffdioxid ist eines der „Treibhausgase" (Abschnitt 13.4.3), deren Konzentrationserhöhung nach Ansicht vieler Wissenschaftler zu einem Anstieg der globalen Durchschnittstemperatur sowie zu einer zunehmenden Häufigkeit von „extremen" Witterungsereignissen und „Rekord"-Klimameßwerten führt. Außerdem werden grundlegende Veränderungen in der Verbreitung der großen Biome der Erde vorhergesagt (s. Fenster 4.3).

Die *World Meteorological Organization* (WMO) und das *United Nations Environment Programme* (UNEP) gründeten 1988 das *Intergovernmental Panel on Climate Change* (IPCC). Jeder IPCC-Bericht wird von etwa 200 unabhängigen Wissenschaftlern und anderen Experten aus weltweit ungefähr 120 Ländern verfaßt und von weiteren 400 unabhängigen Experten begutachtet.

Der neueste Bericht (IPCC, 2001) beschreibt den gegenwärtigen Stand des Wissens über das Klimasystem, gibt Einschätzungen zukünftiger Änderungen und hebt Punkte hervor, über die noch Ungewißheit besteht. Laut seiner Schlußfolgerung deutet eine zunehmende Anzahl von Beobachtungen auf eine Erwärmung der Erde – in den untersten 8 km der Atmosphäre sind die Temperaturen in den letzten vier Jahrzehnten gestiegen, die mittlere globale Meereshöhe ist angestiegen, und Schneedecken und Eisbedeckung haben abgenommen. Diese Veränderungen vollzogen sich gleichzeitig mit dem Anstieg der Konzentration an Treibhausgasen in der Atmosphäre, für den menschliche Aktivitäten verantwortlich sind. Das IPCC gibt Hinweise auf neue und noch stichhaltigere Belege dafür, daß der größte Teil der in den letzten 50 Jahren beobachteten Erwärmung menschlichen Aktivitäten zugeschrieben werden kann. Wissenschaftler haben jetzt größeres Vertrauen zu der Fähigkeit von Modellen, das zukünftige Klima vorauszusagen, und alle plausiblen Szenarien weisen auf eine deutliche Temperaturerhöhung hin. Für den Zeitraum von 1990 bis 2100 wird ein Anstieg der mittleren Temperatur der Erdoberfläche um 1,4 °C bis 5,8 °C erwartet, was umfangreiche Folgen für die Verbreitung von Klimabedingungen und für die Meereshöhe haben wird.

Politische Entscheidungsträger und Gesetzgeber sehen sich verschiedenen Gruppen wissenschaftlicher „Experten" gegenüber, die unterschiedliche Vorhersagen anbieten, und vielen Interessengruppen, unter Einschluß der Industrie, die sich den Versuchen widersetzen, sie zu einer Verhaltensänderung in Richtung auf eine Reduktion der Emission von Treibhausgasen zu bewegen. Auch wenn die Mehrheit der Wissenschaftler das Problem für sehr real hält, ist es doch in Wahrheit so, daß Vorhersagen für die Zukunft niemals mit absoluter Gewißheit getroffen werden können.

Versetzen Sie sich in die Rolle eines Politikers. Wäre es vernünftig, wenn Sie in wichtigen Bereichen der Wirtschaft Ihres Landes Veränderungen veranlassen würden, um eine Katastrophe abzuwenden, die möglicherweise niemals eintritt? Oder besteht die einzig verantwortungsvolle Handlungsweise darin, Risiken zu minimieren, da die Konsequenzen des „worst case" und sogar einiger neutraler Szenarien derart tiefgreifend sind? Sollte man sich so verhalten, als ob der Eintritt der Katastrophe sicher ist, wenn wir unser kollektives Verhalten nicht ändern, auch wenn diese Sicherheit nicht gegeben ist? Eine Alternative wäre, auf eine bessere Datengrundlage zu warten. Aber bis dahin könnte es vielleicht schon zu spät sein ...

ren Organismen, die *Heterotrophen* (Zersetzer, Räuber, Weidegänger und Parasiten). Diese Konsumenten zerlegen die Gefüge wieder, verstoffwechseln einige ihrer Bestandteile, scheiden manche aus und fügen die übrigen Teile in ihren eigenen Körpern neu zusammen. Sie selbst können wiederum konsumiert, abgebaut und in neuer Form angeordnet werden, so daß eine Kette von Ereignissen entsteht, in der jeder Konsument wiederum eine Ressource für andere Konsumenten wird.

Heterotrophe können generell in folgende Gruppen eingeteilt werden:
1. *Zersetzer (Decomposers)*, die von bereits abgestorbenen Pflanzen und Tieren leben;
2. *Parasiten (Parasites)*, die sich von einem oder sehr wenigen pflanzlichen oder tierischen Wirten ernähren, solange diese am Leben sind, aber (normalerweise) den Wirt nicht oder zumindest nicht sofort töten;
3. *Räuber oder Prädatoren (Predators)*, die in ihrem Leben viele Beuteorganismen fressen und sie dabei in der Regel (und oft in jedem Einzelfall) töten;
4. *Weidegänger (Grazers)*, die in ihrem Leben Teile von vielen Beuteorganismen konsumieren, aber (für gewöhnlich) ihre Beute nicht oder zumindest nicht sofort töten.

Die übliche Vorstellung einer Räuber-Beute-Beziehung entspricht dem Bild eines Löwen, der eine Gazelle frißt, doch die Beziehung umfaßt einen viel breiteren Bereich von Wechselbeziehungen zwischen Konsument und Ressource. Ein Eichhörnchen z. B. ist ein Prädator, wenn es eine Eichel frißt (es tötet den Embryo in der Eichel); ein Wal ist ein Prädator, wenn er Krill aufnimmt; ein Pilz kann als Prädator betrachtet werden, wenn er sich von einem wachsenden Sämling ernährt und ihn dabei tötet; und fleischfressende Pflanzen sind selbstverständlich Räuber ihrer normalerweise aus Insekten bestehenden Beute. In jedem Fall tötet der Prädator seine Nahrungsressource, wenn er sie vollständig oder in Teilen konsumiert. In diesem Abschnitt konzentrieren wir uns auf tierische Konsumenten, werden dieses Thema in Kapitel 8 aber noch ausführlicher behandeln.

Monophagie und Polyphagie

Ein wichtiges Unterscheidungsmerkmal tierischer Konsumenten ist die Breite ihres Nahrungsspektrums. Generalisten (*polyphage* Arten) suchen ihre Beute aus einer breiten Palette aus, obwohl sie sehr oft deutliche Präferenzen zeigen und im Fall mehrerer Alternativen eine Rangfolge bevorzugter Beute aufstellen. Spezialisten dagegen können sich auf bestimmte Teile ihrer Beute spezialisieren, die aber eine größere Anzahl von Arten umfassen kann. Dieses Verhalten ist bei Herbivoren sehr weit verbreitet, da sich, wie wir noch sehen werden, verschiedene Pflanzenteile in ihrer Zusammensetzung stark unterscheiden. Viele Vögel sind auf das Fressen von Samen spezialisiert, aber nur selten auf eine bestimmte Pflanzenart beschränkt. Schließlich kann ein Konsument auf eine einzige Art oder ein enges Spektrum nahe verwandter Arten spezialisiert sein. In diesem Fall wird er als *monophag* bezeichnet. Beispiele sind die Raupen des Blutbärs *(Tyria jacobaeae)*, die Blätter, Blütenknospen und sehr junge Stengel von Greiskrautarten *(Senecio)* fressen, sowie viele Arten wirtsspezifischer Parasiten.

Die Bedeutung der Lebensspanne

Oft spiegeln die Unterschiede in den Nahrungsnutzungsmustern der Tiere die unterschiedlichen Lebensspannen von Konsument und Beute wider. Angehörige langlebiger Arten sind oft Generalisten: Sie können es sich nicht leisten, ihr ganzes Leben lang von einer einzigen Nahrungsquelle abhängig zu sein. Hat ein Konsument eine kurze Lebensspanne, tritt mit größerer Wahrscheinlichkeit Spezialisierung auf. Im Verlauf der Evolution paßt sich der Nahrungsbedarf des Konsumenten dem Lebenszyklus der Beute an. Spezialisierung läßt die Entstehung sehr effizient gestalteter Strukturen zu, die eine wirkungsvolle Handhabung der Ressourcen ermöglichen. Dies gilt besonders für Mundwerkzeuge. Wie in Kapitel 2 dargestellt wurde, kann eine Struktur wie der Saugrüssel der Blattlaus (Abb. 3.16) als ein besonders ausgefeiltes Ergebnis des Evolutionsprozesses betrachtet werden, das der Blattlaus Zugang zu einer außerordentlich wertvollen Nahrungsressource verschafft – oder auch als ein Beispiel einer immer tiefer werdenden Spur der Spezialisierung, welche die Möglichkeiten der Blattlaus zum Nahrungserwerb eingeschränkt hat. Je spezieller die Nahrungsressource ist, die ein Organismus benötigt, desto stärker ist dessen Lebensraum auf Bereiche beschränkt, in denen diese Ressource vorhanden ist – oder er muß Zeit und Energie aufwenden, um seine Ressource zwischen einer Vielzahl von Ressourcen aufzufinden. Dies gehört zu den Kosten der Spezialisierung.

Einige dieser Punkte können anhand einer Population wilder Himbeeren in einem Wald der gemäßigten Breiten verdeutlicht werden. Die Zeit der Nektar-

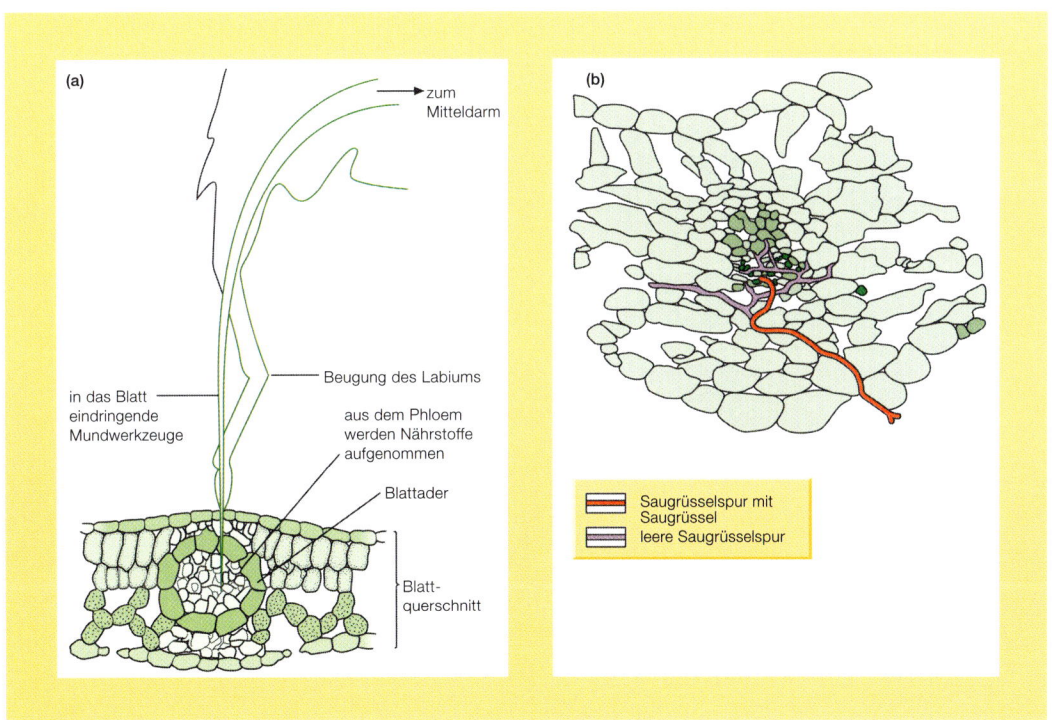

Abbildung 3.16
Der Saugrüssel einer Blattlaus durchdringt das Gewebe einer Wirtspflanze und erreicht die zuckerreichen Phloemzellen der Blattadern. (a) Mundwerkzeuge der Blattlaus und Querschnitt des Blattes. (b) Der gewundene Weg eines Saugrüssels durch ein Blatt (nach Tjallingii & Ogen Esch, 1993).

produktion während der Blühphase ist kurz. Bienen saugen den Nektar auf, nutzen aber auch den Nektar vieler anderer Arten und können somit den ganzen Sommer über Nahrung aufnehmen. Der Himbeerkäfer *(Byturus tormentosus)* dagegen nutzt die Blüten nur dieser einen Art zur Eiablage und als Nahrung für die Larven, die ihren Entwicklungszyklus innerhalb der sich bildenden Frucht abschließen. Die Larven verbleiben inaktiv im Puppenstadium bis zur nächsten Himbeerblüte zehn bis elf Monate später. Im Gegensatz hierzu haben die Larven der Himbeermarkmotte *(Lampronia rubiella)* eine viel längere aktive Phase, weil sie sich von einer ständig vorhandenen Ressource ernähren: dem Mark innerhalb des holzigen Stamms. Ein einzelner Organismus, die Himbeerpflanze, kann also von einer ganzen Reihe von Konsumententypen genutzt werden, oder, um es von der anderen Seite zu betrachten, eine einzelne Art kann viele unterschiedliche Ressourcen bereitstellen.

3.4.1   Bedarf und Bereitstellung von Nahrung

Pflanzen als vielfältige Nahrungsquellen

Die verschiedenen Teile einer Pflanze haben eine sehr unterschiedliche Zusammensetzung (Abb. 3.17a) und stellen auf diese Weise ganz verschiedene Ressourcen dar. Die Borke eines Baumes z. B. besteht größtenteils aus toten Zellen mit suberinisierten Wänden und ist reich an phenolischen Abwehrstof-

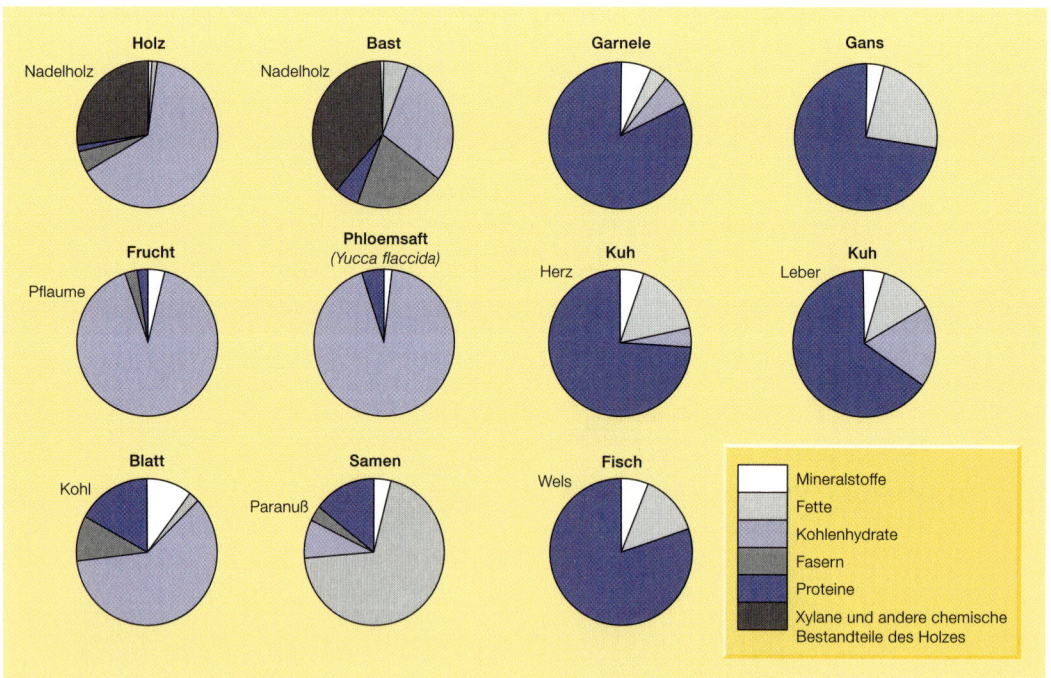

Abbildung 3.17
Zusammensetzung verschiedener Pflanzen und Tiere, die Herbivoren oder Carnivoren als Nahrungsressource dienen können. Die verschiedenen Teile einer Pflanze (a) weisen sehr unterschiedliche Zusammensetzungen auf, während sich die verschiedenen Tierarten und auch ihre Organe (b) bemerkenswert ähneln.

fen. Somit ist sie für die meisten Herbivoren als Nahrungsquelle ohne jeden Nutzen (sogar die „Borkenkäfer"-Arten sind eher auf die nährstoffreiche Kambiumschicht unterhalb der Borke als auf die Borke selbst spezialisiert. Die höchste Konzentration an pflanzlichen Proteinen (und damit an Stickstoff) befindet sich in den Meristemen der Knospen am Sproßapex und in den Blattachseln. Es überrascht daher nicht, daß diese gewöhnlich durch Knospenschuppen stark geschützt sind und oft mit Dornen oder Stacheln gegen Herbivore verteidigt werden. Samen sind verpackte und normalerweise getrocknete Ressourcen, die in der Regel reich an Stärke oder Öl sowie an speziellen Speicherproteinen sind. Die stark zuckerhaltigen und fleischigen Früchte sind Ressourcen, die von der Pflanze als „Bezahlung" für samenverbreitende Tiere bereitgehalten werden. Nur ein sehr geringer Teil des pflanzlichen Stickstoffs wird für diese „Belohnungen" aufgewendet.

Der Vielfalt pflanzlicher Nahrungsressourcen entspricht die Vielfalt spezialisierter Mundwerkzeuge und Verdauungsapparate, die sich zur Konsumption der Nahrung herausbildeten. Besonders stark ausgeprägt ist diese Vielfalt bei den Schnäbeln der Vögel und den Mundwerkzeugen der Insekten (Abb. 3.18).

Für einen Konsumenten unterscheidet sich ein Pflanzenkörper als Ressourcenansammlung stark von einem Tierkörper. Erstens sind Pflanzenzellen von Wänden aus Cellulose, Lignin und anderem Strukturmaterial umgeben, was

Verwertung pflanzlicher Nahrung

(a)   (b)

(c)   (d)   (e)

Abbildung 3.18
Beispiele für die Vielfalt spezialisierter Mundwerkzeuge herbivorer Insekten. (a) Honigbiene mit einem zum Saugen geeigneten Rüssel (Proboscis) (© Doug Sokell, Visuals Unlimited). (b) Schwärmer (Familie Sphingidae) mit noch längerer Proboscis (© Visuals Unlimited). (c) Leichhardts Heuschrecke mit großen, plattenartigen Kaumandibeln (© Mantis Wildlife Films, Oxford Scientific Films). (d) Eichelbohrer (Familie Curculionidae) mit zum Kauen geeigneten Mundwerkzeugen ganz am Ende seines langen Rostrums (© Oxford Scientific Films). (e) Rosenblattlaus mit einem stechenden Saugrüssel (© Oxford Scientific Films).

den Pflanzen ihren hohen Fasergehalt verleiht und zu einem hohen Verhältnis von Kohlenstoff zu anderen wichtigen Elementen beiträgt. Die großen Mengen gebundenen Kohlenstoffs in diesen strukturbildenden Pflanzenmaterialien machen sie zu potentiell reichhaltigen Energiequellen. Doch die übergroße Mehrheit der Tierarten besitzt keine Enzyme, die Cellulose und andere dieser Strukturmaterialien abbauen können. Für die meisten Herbivoren sind diese Stoffe daher als unmittelbare Energiequellen recht nutzlos. Darüber hinaus versperrt das Zellwandmaterial den Verdauungsenzymen den Zugang zu den Inhalten der Pflanzenzellen. Das Kauen bei weidenden Säugetieren, das Kochen bei Menschen und das Mahlen im Kaumagen der Vögel sind notwendige Vorstufen für die Verdauung pflanzlicher Nahrung, da den Verdauungsenzymen erst hierdurch der Zugang zu den Zellinhalten ermöglicht wird. Der Fleischfresser dagegen kann seine Nahrung einfach hinunterschlingen.

Viele Herbivoren haben das Fehlen eigener celluloseabbauender Enzyme dadurch wettgemacht, daß sie eine *mutualistische* (für beide Seiten vorteilhafte) Vergesellschaftung mit celluloseabbauenden Bakterien und Protozoen in ihrem Verdauungstrakt eingegangen sind, welche die geeigneten Enzyme besitzen. Das Rumen (manchmal auch der Blinddarm) vieler herbivorer Säugetiere ist eine temperierte Kulturkammer für derartige Mikroorganismen, in die kontinuierlich vorzerkleinertes Pflanzengewebe und Zellen fließen. Die Mikroorganismen bekommen Lebensraum und Nahrung zur Verfügung gestellt. Der herbivore „Wirt" profitiert durch die Aufnahme vieler der größeren Nebenprodukte der bakteriellen Fermentation, vor allem von Fettsäuren.

Im Unterschied zu Pflanzen enthalten tierische Gewebe keine strukturellen Kohlenhydrate und Faserstoffe, sind aber reich an Fett und Protein. Das C/N-Verhältnis von Pflanzengewebe liegt in der Regel oberhalb von 40:1, während es bei Bakterien, Pilzen und Tieren einen Wert von 10:1 selten überschreitet. Wenn Herbivoren die erste Stufe auf dem Weg der Umwandlung pflanzlicher Körper in tierische einnehmen, sehen sie sich vor die Aufgabe gestellt, eine große Menge Kohlenstoff loszuwerden, um das C/N-Verhältnis zu senken. Die Hauptabfallprodukte der Herbivoren sind deshalb kohlenstoffreiche Verbindungen (Kohlenstoffdioxid und Faserstoffe). Carnivoren dagegen beziehen den größten Teil der Energie aus den Proteinen und Fetten ihrer Beute, und ihre Hauptausscheidungsprodukte sind daher stickstoffhaltig.

Auch wenn die Zellwand außer Betracht gelassen wird, ist das C/N-Verhältnis von Pflanzen hoch im Vergleich mit anderen Organismen. Blattläuse, die durch das Einstechen ihres Saugrüssels in das Phloemtransportsystem der Pflanzen und das Absaugen von Phloemsaft (Abb. 3.16) direkten Zugang zum Zellinhalt haben, gewinnen eine Ressource, die reich an löslichen Zuckern ist (Abb. 3.17). Auf der Suche nach dem wertvollen Stickstoff nutzen sie jedoch nur einen Teil dieser Energiequelle und scheiden den Rest als zuckerreichen Honigtau aus, der wie Nieselregen von einem blattlausbefallenen Baum tropfen kann. Für die meisten Herbivoren und Zersetzer ist der Pflanzenkörper eine überreiche Quelle von Energie und Kohlenstoff; andere Nahrungsbestandteile, vor allem Stickstoff, sind oft limitierend.

Tiere als Nahrung Die Körper der verschiedenen Tierarten sind bemerkenswert ähnlich zusammengesetzt (Abb. 3.17b). In den gewichtsbezogenen Mengen an Protein,

Kohlenhydraten, Fett, Wasser und Mineralstoffen unterscheidet sich die Nahrungsqualität von Raupen, Kabeljau, Regenwürmern, Garnelen und Wild nur geringfügig. Die Bestandteile mögen zwar in verschiedener Weise zusammengesetzt und der Geschmack mag unterschiedlich sein, aber die Inhalte sind im wesentlichen die gleichen. Darüber hinaus haben die unterschiedlichen Teile eines Tieres einen sehr ähnlichen Nährstoffgehalt. Carnivoren, die sich nur sehr geringfügig in ihren Verdauungsapparaten unterscheiden, sind weniger mit komplizierten Problemen der Verdauung konfrontiert als vielmehr mit den Schwierigkeiten, ihre Beute zu finden, einzufangen und deren Verteidigungsmechanismen zu überwinden.

3.4.2 Verteidigung

Für einen Konsumenten bestimmt sich der Wert einer Ressource nicht nur durch ihre Inhaltsstoffe, sondern auch dadurch, wie gut diese verteidigt werden. Es überrascht nicht, daß Organismen gegen Angriffe physikalische, chemische und morphologische Abwehrmechanismen sowie Verteidigungsverhalten entwickelt haben. Diese dienen dazu, die Wahrscheinlichkeit der Begegnung mit einem Konsumenten zu verringern und/oder die Wahrscheinlichkeit des Überlebens im Fall solcher Begegnungen zu erhöhen. Die stacheligen Blätter der Stechpalme *(Ilex aquifolium)* werden von den Larven des Eichenprozessionsspinners *(Thaumetopoea processionea)* nicht gefressen. Wenn aber die Stacheln entfernt werden, verzehren die Larven die Blätter bereitwillig. Zweifelsohne würde man in entsprechenden Experimenten ähnliche Ergebnisse mit Füchsen als Räubern und entstachelten Igeln oder Stachelschweinen als Beute erhalten. In kleinerem Maßstab sind viele Pflanzenoberflächen mit Epidermishaaren (Trichomen) bedeckt, die kleinere Prädatoren wie Thripse von der Blattoberfläche fernhalten können (Abb. 3.19).

Jedes Merkmal eines Organismus, das die Energie erhöht, die ein Konsument beim Aufspüren oder im Umgang mit ihm aufwendet, stellt eine Verteidigung dar, wenn der Konsument ihn deswegen weniger frißt. Die dicke

Manche Ressourcen sind geschützt ...

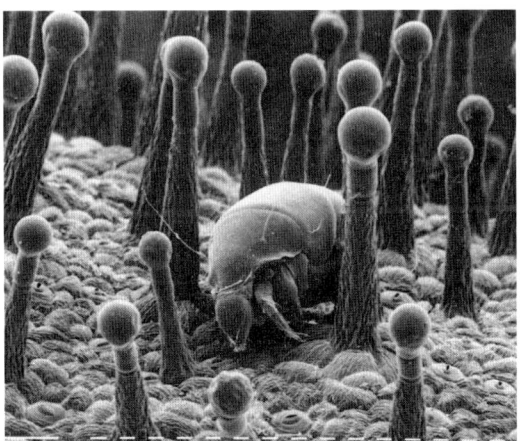

Abbildung 3.19
Eine in den schützenden Trichomen (Haaren) auf der Oberfläche eines Primelblattes *(Primula)* gefangene Milbe. Die Trichome besitzen Kapseln mit reizenden, leicht flüchtigen Ölen an ihrer Spitze. Jeder weiße Balken am unteren Bildrand entspricht 10 µm (mit freundlicher Genehmigung von C. J. Veltkamp).

Schale einer Nuß verlängert die Zeit, die ein Tier braucht, um ihr eine bestimmte Menge verwertbarer Nahrung zu entnehmen, und dies kann die Anzahl der gefressenen Nüsse verringern. Wir haben schon gesehen, daß die meisten grünen Pflanzen mit Energieressourcen in Form von Cellulose und Lignin relativ überversorgt sind. Es kann deshalb preiswert sein, Samen mit Hüllen und Schalen zu umgeben und Stämme mit hölzernen Dornen zu versehen, wenn diese schützenden Gewebe recht wenig Protein enthalten und wenn die geschützten Teile die tatsächlich wertvollen darstellen.

... oder werden verteidigt

Sowohl Pflanzen als auch Tiere verfügen über ein ganzes Arsenal chemischer Verteidigungsmechanismen. Im Pflanzenreich sind „sekundäre" Pflanzenstoffe weit verbreitet, die offensichtlich in den normalen biochemischen Synthesewegen der Pflanze keine Rolle spielen. Diesen Chemikalien wird generell eine Abwehrfunktion zugeschrieben, und in einigen Fällen konnte die Verteidigungsfunktion unzweifelhaft gezeigt werden. Weißkleepopulationen *(Trifolium repens)* z. B. enthalten in der Regel einige Individuen, die Blausäure freisetzen, wenn ihr Gewebe verletzt wird *(cyanogene* Formen). Andere tun dies nicht und können von Schnecken gefressen werden. Die cyanogenen Formen jedoch werden zwar angefressen, dann aber verschmäht (Tabelle 3.1). Schädliche Pflanzenstoffe teilt man allgemein in zwei Typen ein: in toxische (oder qualitativ wirkende) Stoffe, die sogar in kleinen Mengen giftig sind, und quantitativ wirkende Stoffe wie Tannine, die durch die Fällung von Proteinen wirken und die Gewebe, in denen sie enthalten sind, wie z. B. ausgereifte Eichenblätter, schwer verdaulich machen. Die Wachstumsrate von Raupen des Kleinen Frostspanners *(Operophthera brumata)* nimmt mit zunehmender Tanninkonzentration in ihrer Nahrung ab.

Chemische Verteidigung bei Tieren

Tiere haben für ihre Verteidigung mehr Optionen als Pflanzen, doch einige nutzen ebenfalls chemische Verbindungen. Bei manchen Gruppen von Meeresschnecken, einschließlich der Kauris, dient die Sekretion von Schwefelsäure mit einem pH von 1 oder 2 zur Verteidigung. Andere Tiere, welche die Abwehrstoffe ihrer pflanzlichen Nahrung vertragen, können sogar in der Lage sein, die pflanzlichen Toxine zu speichern und sie zu ihrem eigenen Schutz zu nutzen.

Tabelle 3.1 Wegschnecken *(Agriolimax reticulatus)* weiden Blätter des Weißklees *(Trifolium repens)* ab. Manche Kleeformen setzen Blausäure frei, wenn ihre Zellen geschädigt werden. Die Schnecken fressen Kleeblätter an und verschmähen die cyanogenen Formen, weiden aber die Blätter nicht-cyanogener Formen ab. Je zwei Pflanzen, eine von jeder Form, wurden in Kunststoffbehältern angezogen. In sieben aufeinanderfolgenden Nächten ließ man sie von Schnecken befressen. Die Tabelle zeigt die Anzahl der Blätter je Zustand nach dem Schneckenfraß. + und − geben die Abweichung von einem Zufallsergebnis an. Der Unterschied vom Zufallsergebnis ist signifikant bei $P < 0,001$ (nach Dirzo & Harper, 1982).

	Zustand der Blätter nach Fraß			
	ungeschädigt	angefressen	bis zu 50 % der Blätter entfernt	mehr als 50 % der Blätter entfernt
Cyanogene Pflanzen	160 (+)	22 (+)	38 (−)	9 (−)
Acyanogene Pflanzen	87 (−)	7 (−)	30 (+)	65 (+)

Schmetterlingsraupen weisen eine weite Spanne von Abwehrmechanismen auf. (a) Die Haare des Schwammspinners *(Lymantria dispar)* rufen Hautreizungen hervor; (b) Aposematismus (Aussenden von Warnsignalen bei wehrhaften Tieren) beim Schwarzen Schwalbenschwanz *(Papilio)*; (c) die kryptische (durch Schutztracht getarnte) Raupe einer Eule *(Noctuidae)*, die einen Zweig nachahmt; (d) eine weitere Schwalbenschwanzraupe, die sich aufrichtet und einen potentiellen Prädator dadurch erschreckt.

Ein klassisches Beispiel ist der Monarchfalter *(Danaus plexippus)*, dessen Raupen sich von Seidenpflanzen *(Asclepias)* ernähren, die für Säugetiere und Vögel giftige Herzglykoside enthalten. Die Raupen können das Gift speichern, und auch in den Imagines ist es noch vorhanden. Ein Blauhäher wird sich daher nach dem Fressen eines Monarchs heftig übergeben und, wenn er sich erholt hat, alle anderen Monarchfalter verschmähen, die er erblickt. Auf Kohl angezogene Monarchfalter dagegen sind genießbar.

Nicht alle chemischen Abwehrstoffe sind gegen Konsumenten in gleicher Weise wirksam. Was für manche Tiere unverträglich ist, kann für andere eine bevorzugte oder sogar die einzige Nahrung sein. Viele Herbivoren, insbesondere Insekten, sind auf eine oder wenige Pflanzenarten spezialisiert, deren spezielle Abwehrmechanismen sie überwunden haben. Weibchen der Kleinen

Kohlfliege *(Delia brassicae)* z. B. steuern zur Eiablage ein Kohlfeld aus Entfernungen von bis zu 15 m gegen den Wind an. Sie werden wahrscheinlich durch den Geruch hydrolysierter Glucosinolate angelockt, die für viele andere Arten giftig sind.

Krypsis, Aposematismus und Mimikry

Ein Tier ist für einen Prädator weniger gut als Beute erkennbar, wenn es sich seinem Hintergrund anpaßt, ein Körpermuster besitzt, das seine Kontur auflöst, oder einem ungenießbaren Bestandteil seiner Umgebung ähnelt. Ein anschauliches Beispiel für eine solche Krypsis ist die grüne Färbung vieler Heuschrecken und Schmetterlingsraupen. Kryptische Tiere können äußerst schmackhaft sein, aber ihre morphologischen Eigenschaften und ihre Farbe in Verbindung mit dem Aufsuchen eines geeigneten Hintergrunds verringern die Wahrscheinlichkeit, daß sie als Ressource genutzt werden. Giftige oder gefährliche Tiere dagegen zeigen diese Eigenschaften oft durch leuchtende Farben und auffällige Muster an *(Aposematismus)*. Der Monarchfalter (s. oben) beispielsweise ist aposematisch gefärbt. Versucht ein Vogel, einen adulten Monarch zu fressen, wird ihm dies so nachhaltig in Erinnerung bleiben, daß er andere Monarchfalter danach für längere Zeit verschmäht. Die Nachahmung einer einprägsamen Körpermusterung einer schlecht schmeckenden Beute eröffnet anderen Arten wiederum die Möglichkeit zur Täuschung: Eine wohlschmeckende Beute hat einen deutlichen Vorteil, wenn sie eine ungenießbare Art nachahmt *(Mimikry)*. Der wohlschmeckende Eisvogelfalter (*Limenitis archippus*, Nymphalidae) ahmt daher den schlecht schmeckenden Monarch nach, und ein Blauhäher, der gelernt hat, Monarchfalter zu meiden, wird auch Eisvogelfalter verschmähen.

Verhalten

Durch das Leben in Höhlungen können Tiere wie z. B. Tausendfüßler und Maulwürfe die Wahrnehmung ihres Geruchs durch Räuber vermeiden, und durch „Totstellen" können Tiere wie das Opossum und das Afrikanische Erdhörnchen das Auslösen der Tötungsreaktion verhindern. Tiere, die sich in vorbereitete Zufluchtsorte zurückziehen (z. B. Kaninchen und Präriehunde in ihre Baue, Schnecken in ihre Gehäuse) oder sich einrollen und empfindliche Körperteile durch eine wehrhafte Oberfläche schützen (z. B. Gürteltiere, Igel), verringern die Wahrscheinlichkeit, erbeutet zu werden. Andere Tiere versuchen, sich außer Gefahr zu bringen, indem sie Drohverhalten zeigen. Die Schreckstellung von Tag- und Nachtfaltern, die plötzlich Augenflecken auf ihren Flügeln zur Schau stellen, ist ein Beispiel hierfür. Die am weitesten verbreitete Verhaltensweise eines Tieres, das kurz davor ist, eine Ressource zu werden, ist aber zweifellos die Flucht.

3.5 Auswirkungen intraspezifischer Konkurrenz um Ressourcen

Ressourcen werden verbraucht. Eine Ressource reicht deshalb möglicherweise nicht aus, um die Bedürfnisse aller Individuen einer Population zu befriedigen. Die Individuen können dann miteinander um die begrenzte Ressource konkurrieren. Intraspezifische Konkurrenz ist Konkurrenz zwischen Individuen derselben Art.

In vielen Fällen treten konkurrierende Individuen nicht direkt miteinander in Wechselwirkung, sondern sie schöpfen die Ressourcen aus, die ihnen zur Verfügung stehen. Heuschrecken können um Nahrung konkurrieren, aber es sind nicht die anderen Heuschrecken, die eine Heuschrecke beeinträchtigen, sondern das Ausmaß, um das sie die verfügbare Nahrung reduzieren. Zwei Graspflanzen können miteinander konkurrieren, und beide können wiederum durch die Gegenwart direkter Nachbarn beeinträchtigt werden, doch die Ursache hierfür ist höchstwahrscheinlich die Überlappung ihrer Ressourcenverarmungszonen: Jede Pflanze kann ihre Nachbarn durch Beschattung von der einfallenden Strahlung abschirmen, und Wasser oder Nährstoffe sind in der Umgebung ihrer Wurzeln möglicherweise weniger leicht zugänglich, als es ohne Anwesenheit von Nachbarpflanzen der Fall wäre. Die in Abbildung 3.20 dargestellten Kurvenverläufe verdeutlichen dies am Beispiel der Wechselwirkung zwischen einer einzelligen aquatischen Pflanze, einer Diatomee, und einer der von ihr benötigten Ressourcen, nämlich Silikat. Wenn die Diatomeendichte mit der Zeit zunimmt, nimmt die Silikatkonzentration ab: Für viele Individuen steht dann weniger zur Verfügung als vorher, als die Individuenzahl geringer war. Diese Form der Konkurrenz, in der Konkurrenten durch Nutzung gemeinsamer Ressourcen nur indirekt miteinander in Wechselwirkung stehen, nennt man *Ausbeutung (Exploitation)*.

Ausbeutung: Konkurrenten erschöpfen gemeinsame Ressourcen

Andererseits können sich z. B. miteinander konkurrierende Geier um einen eben entdeckten Kadaver streiten. Individuen anderer Spezies können um den Besitz eines „Reviers" und den hiermit verbundenen Zugang zu Ressourcen kämpfen. Eine Seepocke, die auf einem Felsen siedelt, verwehrt diesen Platz einer anderen Seepocke. Diese Art der Konkurrenz bezeichnet man als *Interferenz (Interference)*.

Interferenz

Unabhängig davon, ob Konkurrenz in Form von Ausbeutung, Interferenz oder einer Kombination aus beiden auftritt, beeinflußt sie letztlich die *vitalen Eigenschaften (vital rates)* der Konkurrenten, nämlich Überleben, Wachstum und Reproduktion, die sich im Fall reichlich vorhandener Ressourcen anders darstellen würden. Im typischen Fall führt Konkurrenz zu verringerten Raten der Ressourcenaufnahme pro Individuum und daher zu verminderten Raten

Konkurrenz und vitale Eigenschaften

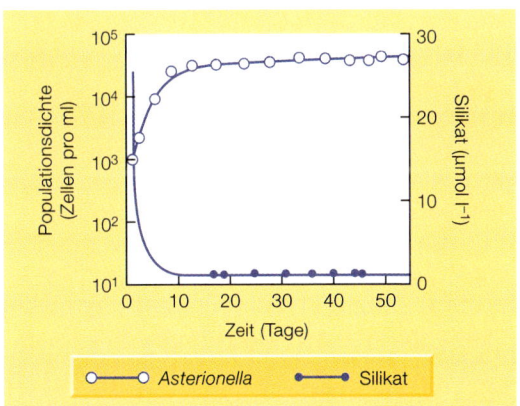

Abbildung 3.20
Eine Population der Süßwasser-Diatomee *Asterionella formosa* wurde auf Kulturmedium angezogen. Während des Wachstums nimmt die Diatomee Silikat auf. Die Diatomeenpopulation stabilisiert sich, wenn die Silikatkonzentration auf ein sehr niedriges Niveau reduziert worden ist (nach Tilman et al., 1981).

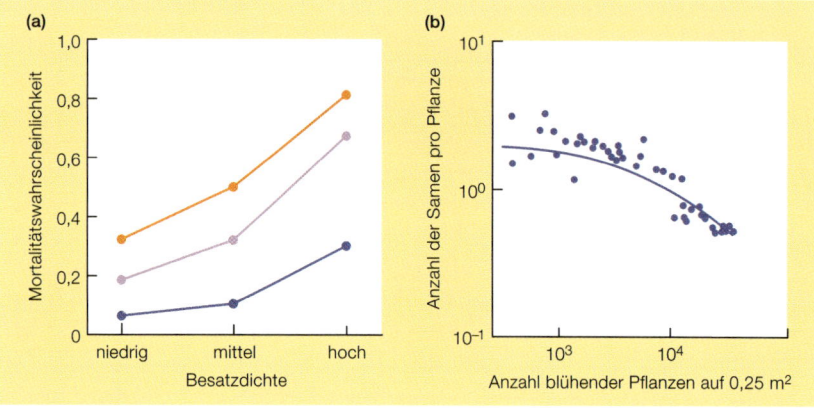

Abbildung 3.21
(a) Mortalitätswahrscheinlichkeit von Pazifiklachsen *(Oncorhynchus mykiss)* bei Anzucht in unterschiedlichen Individuendichten (32, 63 und 127 Tiere pro m²) und mit verschiedenen Futtermengen (1,4, 2,9 und 5,8 g Futtertabletten pro Tag, jeweils gekennzeichnet durch eine orange, violette oder blaue Linie) (nach Keeley, 2001). (b) Durchschnittliche Samenproduktion pro Pflanze des Dünengrases *Vulpia fasciculata* in verschiedenen Dichten (nach Watkinson & Harper, 1978).

von Wachstum und Entwicklung sowie unter Umständen zu einer Reduktion der gespeicherten Reserven oder einem erhöhten Risiko, einem Prädator zum Opfer zu fallen. Abbildung 3.21a zeigt den Anstieg der Mortalitätsrate von Pazifiklachsen mit der zunehmenden Anzahl konkurrierender Fische bei unterschiedlichen Futtermengen. In Abbildung 3.21b ist der Rückgang der Samenproduktion des Fuchsschwingels *(Vulpia)*, einer auf Sanddünen wachsenden Grasart, mit zunehmender Dichte der Individuen dargestellt.

In der Praxis ist intraspezifische Konkurrenz oft eine sehr einseitige Angelegenheit: Ein starker, früh gekeimter Sämling beschattet und unterdrückt einen kümmerlichen, spät gekeimten; ein großer Geier vertreibt einen kleineren. Zum Teil ist die Konkurrenzstärke von Individuen auf einen günstigen Zeitpunkt (im Fall des früh gekeimten Sämlings) oder auf Zufallsereignisse zurückzuführen (ein Samen kann in einer Senke keimen, wo ihm mehr Wasser als seinen Nachbarn zur Verfügung steht). Manchmal sind Gewinner und Verlierer genetisch verschieden. Dann kann sich Konkurrenz auf die natürliche Selektion auswirken.

Dichteabhängigkeit Die Auswirkungen intraspezifischer Konkurrenz auf ein Individuum sind in der Regel um so stärker, je dichter es von seinen Nachbarn umgeben ist, je mehr sich also seine Ressourcenverarmungszone mit denen anderer Individuen überlappt. Oft bedeutet dies, daß der Konkurrenzeffekt mit der Dichte der Konkurrenten zunimmt. Daher werden die Auswirkungen intraspezifischer Konkurrenz oft als *dichteabhängig* bezeichnet. Es ist allerdings zweifelhaft, ob ein Organismus die Dichte seiner Population erfassen kann! Er reagiert wohl eher auf die Auswirkungen zu großer Individuendichte in seiner unmittelbaren Umgebung.

Andererseits ist im Fall von *Vulpia* (Abb. 3.21b) bei geringen Dichten die Samenproduktionsrate pro Individuum (d. h. die Fruchtbarkeit oder Fekundität) *unabhängig* von der Dichte. Das bedeutet, daß die Fekundität bei einer Dichte von 1000 Pflanzen/0,25 m² effektiv dieselbe ist wie bei einer Dichte von 500/0,25 m². Bei diesen Dichten gibt es also keinen Beleg für eine Beeinträchtigung von Individuen durch ihre Artgenossen und daher auch keinen Beleg für intraspezifische Konkurrenz. Mit zunehmender Dichte nimmt aber die Samenproduktionsrate pro Individuum immer stärker ab. Jetzt ist dieser Effekt dichteabhängig, und dies kann als Hinweis dafür angesehen werden, daß die Individuen bei diesen Dichten unter intraspezifischer Konkurrenz leiden.

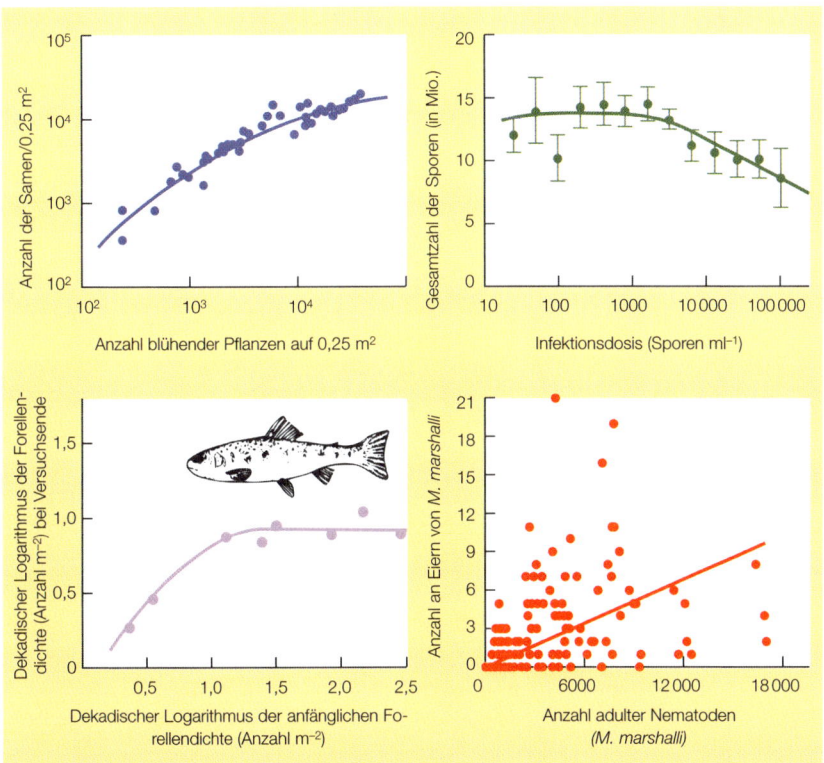

Abbildung 3.22
Unterkompensierender, überkompensierender und exakt kompensierender Effekt intraspezifischer Konkurrenz. (a) Unterkompensierender Effekt auf die Fekundität: Die Gesamtzahl der von *Vulpia fasciculata* produzierten Samen steigt mit zunehmender Dichte der Pflanzen weiter an (nach Watkinson & Harper, 1978). (b) Nach der Infektion des Planktonkrebses *Daphnia magna* mit unterschiedlichen Mengen von Sporen des Bakteriums *Pasteuria ramosa* war die in der nächsten Generation pro Wirt produzierte Gesamtzahl an Sporen bei geringeren Dichten dichteunabhängig (exakt kompensierend), nahm aber auf einem höheren Dichteniveau mit zunehmender Dichte ab (überkompensierend). Standardfehler sind angegeben (nach Ebert et al., 2000). (c) Exakt kompensierender Effekt auf die Mortalität: Die Menge der überlebenden Forellenbrut ist bei höherer Dichte von der Ausgangsdichte unabhängig (nach Le Cren, 1973). (d) Die von einem infizierten Rentier hervorgebrachte Gesamtzahl an Eiern (Eier pro Gramm Fäzes) des parasitischen Nematoden *Marshallagia marshalli* nimmt direkt proportional mit der Anzahl adulter Nematoden im Rentier zu: Es gibt keinen Hinweis auf Konkurrenz zwischen den Nematoden (nach Irvine et al., 2001).

Konkurrenz und die Gesamtzahl an Überlebenden

Die in Abbildung 3.21 dargestellten Verlaufsmuster sollen verdeutlichen, daß die Fekundität pro Individuum mit zunehmender Dichte wahrscheinlich abnehmen und die Mortalität pro Individuum wahrscheinlich zunehmen wird (was bedeuten würde, daß die Überlebensrate pro Individuum *abnimmt*). Wie aber verhält es sich mit der *Gesamtzahl* der Samen oder Eier, die von Populationen bei unterschiedlichen Dichten produziert werden, oder mit der Gesamtzahl der Überlebenden? Obwohl in manchen Fällen die Geburtenrate pro Individuum mit zunehmender Dichte abnimmt, steigt die gesamte Fekundität oder die Gesamtzahl der Überlebenden in der Population weiter an („Unterkompensation"). In Abbildung 3.22a ist zu sehen, daß dies für die Pflanzenpopulationen der Abbildung 3.21b zumindest im Bereich der untersuchten Dichten der Fall ist. In anderen Fällen nimmt mit steigender Dichte die Rate pro Individuum so schnell ab, daß die gesamte Fekundität oder die Gesamtzahl der Überlebenden in der Population um so kleiner wird, je größer die Zahl der beteiligten Individuen ist („Überkompensation"). Dies wird aus Abbildung 3.22b bei den höchsten Dichten eines bakteriellen Parasiten des Planktonkrebses *Daphnia magna* deutlich.

In weiteren Fällen verringert sich das Mortalitätsrisiko oder die Fekundität pro Individuum mit zunehmender Dichte, so daß die Gesamtzahl von Überlebenden oder die gesamte Fekundität unabhängig von der Anzahl der beteiligten Individuen gleich bleibt. Dies bezeichnet man als exakt kompensierende Dichteabhängigkeit *(exactly compensating density dependence)*, und die Form der Konkurrenz, aus der sie resultiert, wird manchmal „wettbewerbsartig" *(contest-like)* genannt. Dieses Muster würde man nämlich erwarten, wenn es eine feststehende Anzahl von Gewinnern gibt und alle anderen Konkurrenten zum Verlieren verurteilt sind. In der Abbildung 3.22b ist ein Beispiel für Fekundität (bei geringeren Dichten) und in Abbildung 3.22c für Überlebende dargestellt.

Schließlich können natürlich Produktions- oder Mortalitätsraten über den gesamten Untersuchungsbereich dichteunabhängig sein (keine Konkurrenz). In diesem Fall nimmt die gesamte Anzahl an Geburten oder Überlebenden stetig direkt proportional mit der Anfangsdichte zu (s. z. B. Abb. 3.22d).

3.6   Umweltfaktoren, Ressourcen und ökologische Nische

Viele Gedanken dieses Kapitels können im Konzept der ökologischen Nische zusammengeführt werden. Der Begriff *Nische* wird jedoch oft mißverstanden und mißbräuchlich benutzt. Er wird oft oberflächlich zur Beschreibung eines Ortes verwendet, an dem ein Organismus lebt, wie z. B. in dem Satz: „Wälder sind die Nische für Spechte". Genaugenommen ist jedoch das *Habitat* der Ort, an dem ein Organismus lebt. Eine Nische ist kein Ort, sondern eine Abstraktion: Sie ist die Summe aus Toleranzbereichen und Ansprüchen eines Organismus. Das Habitat eines im Darm lebenden Mikroorganismus wäre der Verdauungstrakt eines Tieres, ein Garten könnte das Habitat einer Blattlaus darstellen, und das Habitat eines Fisches wäre ein ganzer See. Jedes Habitat verfügt jedoch über viele unterschiedliche Nischen: Im Darm, im Garten und im See leben auch viele andere Organismen mit ganz verschiedenen Lebensweisen. Seine gegenwärtige wissenschaftliche Bedeutung erhielt der Begriff *Nische,* als Charles Elton im Jahr 1933 formulierte, daß die Nische eines Organismus dessen Lebensweise sei „im gleichen Sinn, wie wir in der menschlichen Gesellschaft von Gewerbe, Arbeit oder Beruf sprechen *(in the sense that we speak of trades or jobs or professions in a human community)*". Der Begriff der Nische eines Organismus wurde seitdem benutzt, um zu beschreiben, wie, und nicht nur wo, ein Organismus lebt.

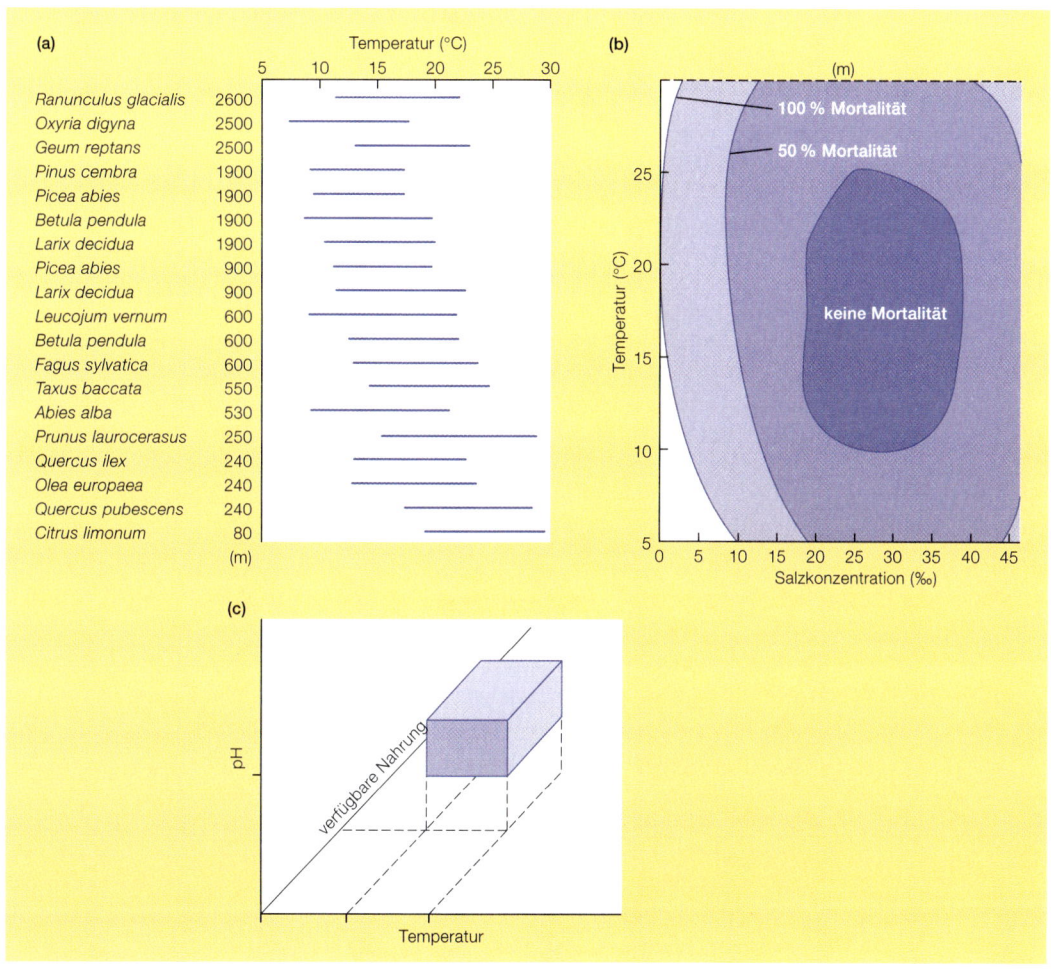

Abbildung 3.23
(a) Eine einzelne Dimension einer Nische: Temperaturbereiche, in denen verschiedene Pflanzenarten der europäischen Alpen Nettophotosynthese bei niedrigen Strahlungsintensitäten (70 W m⁻²) betreiben können (nach Pisek et al., 1973). (b) Zwei Dimensionen aus der Nische der Sandgarnele *(Crangon septemspinosa)*, die das Schicksal von eitragenden Weibchen in belüftetem Wasser bei unterschiedlicher Ausprägung von Temperatur und Salinität bestimmen (nach Haefner, 1970). (c) Schema von drei Dimensionen der Nische eines aquatischen Organismus, das einen durch Temperatur, pH und Nahrungsverfügbarkeit definierten Raum darstellt.

Die Nische eines Organismus wird durch seine Bedürfnisse und Toleranzeigenschaften definiert

Ein modernes Konzept der ökologischen Nische wurde 1957 von Evelyn Hutchinson geprägt. Es bezieht sich auf die Wechselwirkungen von Toleranzbereichen und Bedürfnissen bei der Bestimmung derjenigen Umweltfaktoren und Ressourcen, die ein Individuum oder eine Art zur Realisierung ihrer Lebensweise benötigt. Die Temperatur z. B. ist ein Umweltfaktor, der das Wachstum und die Fortpflanzung aller Organismen limitiert, aber die Temperaturbereiche, die von verschiedenen Organismen toleriert werden, unterscheiden sich. Der jeweilige Bereich stellt eine *Dimension* der ökologischen Nische eines Organismus dar. Abbildung 3.23a zeigt, wie sich Pflanzenarten in der Temperaturdimension ihrer Nische unterscheiden. In der Nische einer Art gibt es jedoch viele solcher Dimensionen: die Toleranzbereiche für verschiedene andere Umweltfaktoren (relative Luftfeuchte, pH, Windgeschwindigkeit, Wasserfluß usw.) und der Bedarf an verschiedenen Ressourcen (Nährstoffe, Wasser, Nahrung usw.). Die tatsächliche Nische einer Art muß daher mehrdimensional sein.

Die ersten Schritte der Konstruktion solch einer mehrdimensionalen Nische lassen sich leicht darstellen. Abbildung 3.23b verdeutlicht, wie zwei Nischendimensionen (Temperatur und Salinität) zusammen einen zweidimensionalen Bereich definieren, der einen Teil der Nische einer Sandgarnele *(Crangon septemspinosa)* bildet. Drei Dimensionen wie Temperatur, pH und die Verfügbarkeit einer bestimmten Nahrung definieren einen dreidimensionalen Nischenraum (Abb. 3.23c). Ein Diagramm einer realistischeren multidimensionalen Nische kann man sich nur schwer vorstellen (und es läßt sich nicht zeichnen). Technisch betrachten wir eine Nische jetzt als einen *n-dimensionalen Hyperraum*, wobei n die Anzahl der Dimensionen bezeichnet, zwischen denen die Nische aufgespannt ist. Doch kann auch eine vereinfachte, dreidimensionale Version die Idee der ökologischen Nische einer Art recht gut veranschaulichen. Die ökologische Nische wird durch die Grenzen definiert, innerhalb derer eine Art leben, gedeihen und sich reproduzieren kann, und ist somit ganz offensichtlich eher ein Konzept als ein bestimmter Ort. Wie wir in späteren Kapiteln sehen werden, ist dieses Konzept zu einem Grundstein des ökologischen Gedankengebäudes geworden.

 ## Zusammenfassung

Umweltfaktoren und Ressourcen

Umweltfaktoren sind physikalisch-chemische Eigenschaften der Umwelt wie Temperatur und Luftfeuchte. Sie können verändert werden, werden aber nicht verbraucht. Umweltressourcen dagegen werden von lebenden Organismen im Verlauf von Wachstum und Fortpflanzung verbraucht.

Umweltfaktoren

Drei Grundtypen der Verläufe von Reaktionen auf Umweltfaktoren lassen sich unterscheiden. Im ersten Fall wirken extrem ausgeprägte Faktoren letal; zwischen den beiden Extremen liegt aber ein Kontinuum günstigerer Umweltbedingungen. Im zweiten Fall ist ein Umweltfaktor nur bei hohen Intensitäten letal. Im dritten Fall wird ein Umweltfaktor von einem Organismus in niedrigen Intensitäten benötigt, wirkt aber bei hohen Intensitäten toxisch.

Diese Reaktionen lassen sich, zumindest teilweise, mit Änderungen in der Wirksamkeit des Stoffwechsels erklären. Bei extrem hohen Temperaturen werden Enzyme und andere Proteine instabil und denaturieren, und der Organismus stirbt. Bei hohen Umgebungstemperaturen sind terrestrische Organismen auch von starkem, eventuell sogar tödlichem, Wasserverlust bedroht. Temperaturen von wenigen Graden über Null können Organismen dazu veranlassen, in eine längere Periode der Inaktivität überzugehen. Bei Frost kann sich Eis zwischen den Zellen bilden und diesen Wasser entziehen. Zeitpunkt und Dauer von Temperaturextremen können allerdings genauso wichtig sein wie die Höhe der Temperaturen selbst.

Die Auswirkungen von Umweltfaktoren können weitgehend durch die Reaktionen anderer Mitglieder der Lebensgemeinschaft bestimmt werden, z. B. über Nahrungsverbrauch, Krankheit oder Konkurrenz.

Viele Umweltfaktoren sind wichtige Stimuli für Wachstum und Entwicklung und stellen den Organismus auf bevorstehende Umweltbedingungen ein.

Ressourcen der Pflanzen

Sonnenstrahlung, Wasser, Mineralstoffe und Kohlenstoffdioxid sind entscheidende Ressourcen für grüne Pflanzen. Der Verlauf der Kurve, welche die Photosyntheserate mit der Strahlungsintensität korreliert, variiert stark zwischen verschiedenen Arten. Die Strahlung, die eine Pflanze erreicht, ändert sich ständig. Die Pflanze integriert über die verschiedenen Beleuchtungszeiten der einzelnen Blätter.

Der größte Teil der Unterschiede zwischen den Blattformen entwickelte sich wahrscheinlich unter dem Selektionsdruck auf Optimierung der Photosynthese pro Einheit transpirierten Wassers. Jeder Mechanismus oder Vorgang, der, wie das Schließen der Stomata, die Rate des Wasserverlustes vermindert, reduziert auch die Photosyntheserate. Wenn die Rate der Wasseraufnahme die Rate der Wasserabgabe unterschreitet, beginnt die Pflanze zu welken. Wenn sich das Wasserdefizit akkumuliert, kann die gesamte Pflanze sterben. Pflanzen können Wasserknappheit vermeiden oder tolerieren. C_4- und CAM-Pflanzen können durch spezielle biochemische Prozesse die Menge an photosynthetisch fixiertem Kohlenstoff pro Einheit abgegebenen Wassers im Vergleich zu C_3-Pflanzen steigern.

Der für die Wasseraufnahme wichtigste Bereich der Wurzeln ist mit Wurzelhaaren bedeckt, die einen innigen Kontakt zu den Bodenpartikeln herstellen. In ihrer unmittelbaren Umgebung erzeugen die Wurzeln Wasserverarmungszonen. Die Form des Wurzelsystems ist in weitaus geringerem Maße festgelegt als die Form des Sprosses. Die Wurzelarchitektur, die eine Pflanze in frühen Phasen ihres Lebens anlegt, kann ihre Reaktionsfähigkeit auf spätere Ereignisse bestimmen. Auch die essentiellen Mineralstoffe werden von Wurzeln aus dem Boden aufgenommen. Hierfür ist die Wurzelarchitektur von besonderer Bedeutung, weil die verschiedenen Nährstoffe durch unterschiedlich starke Kräfte im Boden gehalten werden.

Tiere und ihre Ressourcen

Grüne Pflanzen sind autotroph. Zersetzer, Prädatoren, Weidegänger und Parasiten sind heterotroph. Die verschiedenen Teile einer Pflanze sind chemisch sehr unterschiedlich zusammengesetzt und stellen daher stark unterschiedliche Ressourcen dar. Dieser Vielfalt entspricht die Unterschiedlichkeit der Mundwerkzeuge und Verdauungssysteme, die zur Konsumption pflanzlicher Nahrung entwickelt wurden. Als Ansammlung von Ressourcen unterscheidet sich der Pflanzenkörper stark von einem Tierkörper. Zur besseren Nutzung des Pflanzenmaterials gehen viele Herbivoren eine mutualistische Vergesellschaftung mit celluloseabbauenden Bakterien und Protozoen in ihrem Verdauungstrakt ein.

Das C/N-Verhältnis pflanzlicher Gewebe liegt deutlich über dem der Bakterien, Pilze und Tiere. Herbivoren steht daher in der Regel ein überreiches Angebot an Energie und Kohlenstoff zur Verfügung, während das Stickstoffangebot oft eingeschränkt ist. Die Hauptabfallprodukte der Herbivoren sind daher Kohlenstoffdioxid und Faserstoffe. Die Körper der verschiedenen Tierarten sind bemerkenswert ähnlich zusammengesetzt. Carnivoren sind nicht mit Problemen der Verdauung konfrontiert, sondern vielmehr mit den Schwierigkeiten, ihre Beute zu finden, einzufangen und deren Verteidigungsmechanismen zu überwinden. Die Hauptausscheidungsprodukte der Carnivoren sind stickstoffhaltig.

Auswirkungen intraspezifischer Konkurrenz um Ressourcen

Individuen können indirekt um eine gemeinsame Ressource in Form von Ausbeutung oder auf direktem Wege in Form von Interferenz miteinander konkurrieren. Letztendlich wirkt sich Konkurrenz auf Überleben, Wachstum und Fortpflanzung der Individuen aus. Je größer die Dichte einer Population miteinander konkurrierender Individuen ist, desto größer ist in der Regel der Effekt der Konkurrenz (Dichteabhängigkeit). Dennoch kann bei Konkurrenz die Gesamtzahl der Überlebenden oder der Nachkommen mit zunehmender Populationsdichte sowohl steigen als auch fallen oder auf gleichem Niveau bleiben.

Umweltfaktoren, Ressourcen und ökologische Nische

Das Habitat ist der Ort, an dem ein Organismus lebt. Die ökologische Nische ist die Gesamtheit der Toleranzeigenschaften und Bedürfnisse eines Organismus. Ein im Jahr 1957 von Hutchinson formuliertes modernes Konzept stellt die ökologische Nische als n-dimensionalen Hyperraum dar.

 Quiz

= anspruchsvolle Frage

1. Erklären Sie, wie die Menge an Wasser in den Habitaten verschiedener Organismen entweder ihre Umweltbedingungen oder das Niveau ihrer Ressourcen oder beides bestimmen kann. Geben Sie hierzu Beispiele für unterschiedliche Organismen.

2. Erörtern Sie, ob die folgende Aussage korrekt ist: „Ein Laie mag die Antarktis als einen extremen Lebensraum bezeichnen, aber ein Ökologe sollte sich davor hüten".

3. Worin unterscheiden sich Ektotherme und Endotherme, und worin gleichen sie sich?

4. ✐ Vergleichen Sie die Reaktionen von Organismen, die gegenüber saisonalen Änderungen von Umweltbedingungen und Ressourcen eine Toleranzstrategie aufweisen, mit Reaktionen von Organismen mit Vermeidungsstrategie. Geben Sie Beispiele für verschiedene Tier- und Pflanzenarten.

5. Beschreiben Sie, wie die Bedürfnisse der Pflanzen nach einer Steigerung der Photosyntheserate und einer Verminderung der Rate der Wasserabgabe miteinander in Wechselwirkung stehen. Erläutern Sie die Strategien, die von verschiedenen Pflanzentypen verfolgt werden, um diese Bedürfnisse in ein Gleichgewicht zu bringen.

6. ✐ Beschreiben und erklären Sie die Unterschiede in der Architektur des Wurzel- und des Sproßsystems zwischen verschiedenen Pflanzen.

7. Erörtern Sie die Tatsache, daß sich die Gewebe von Pflanzen und Tieren stark in ihren Verhältnissen von Kohlenstoff zu Stickstoff unterscheiden. Welche Konsequenzen haben diese Unterschiede?

8. Beschreiben Sie die verschiedenen Möglichkeiten, mit denen sich Tiere durch Färbung gegen Angriffe von Räubern verteidigen.

9. Nennen Sie Gemeinsamkeiten und Unterschiede von Ausbeutung und Interferenz im Rahmen intraspezifischer Konkurrenz. Geben Sie Beispiele.

10. Was bedeutet die Beschreibung der ökologischen Nische als „n-dimensionaler Hyperraum"?

4

Umweltfaktoren, Ressourcen und die Lebensgemeinschaften der Erde

Das Zusammenwirken von Umweltfaktoren und Ressourcen hat tiefgreifende Auswirkungen auf die Zusammensetzung der Lebensgemeinschaften der Erde. Auf globaler Ebene sind Muster der Klimazirkulation in hohem Maß verantwortlich für die Ausbildung spezifischer terrestrischer Biome wie Wüsten und Regenwälder mit ihrem jeweils charakteristischen Gefüge aus Pflanzen und Tieren. Im großräumigen geographischen Maßstab lassen sich gelegentlich auch charakteristische Typen mariner und limnischer Lebensgemeinschaften identifi-

zieren. In jedem terrestrischen Biom und jeder Kategorie aquatischer Gemeinschaften treten jedoch große Schwankungen der Umweltbedingungen und Ressourcen auf, die sich auch in kleinerem Maßstab in den Mustern der Lebensgemeinschaften widerspiegeln.

Schlüsselkonzepte

Dieses Kapitel soll
- erkennen lassen, daß Umweltfaktoren und Ressourcen bei der Festlegung der Zusammensetzung ganzer Lebensgemeinschaften in Wechselwirkung stehen;
- vermitteln, daß Klimabedingungen auf der Erdoberfläche für das großräumige Muster der Verteilung terrestrischer Biome wie tropischer Regenwald, Wüste und Tundra verantwortlich sind;
- begreiflich machen, daß Biome nicht homogen sind, da lokale Topographie, Geologie und Bodenbeschaffenheit die jeweiligen Lebensgemeinschaften aus Pflanzen und Tieren beeinflussen;
- verstehen lassen, daß es in den meisten aquatischen Lebensräumen schwierig ist, Parallelen zu terrestrischen Biomen zu erkennen; ihre Lebensgemeinschaften spiegeln eher lokale Umweltbedingungen und Ressourcen wider als globale Klimamuster;
- vermitteln, daß sich Umweltbedingungen und Ressourcen eines Ortes auf Zeitskalen von Stunden bis zu Jahrtausenden verändern können und daß dies gleichzeitig zu Veränderungen in der Zusammensetzung von Lebensgemeinschaften führt.

4.1   Einleitung

In Kapitel 3 wurde untersucht, wie einzelne Organismen von Umweltfaktoren und Ressourcen beeinflußt werden. Kapitel 4 wendet sich der umfassenderen Frage zu, wie sich das Zusammenwirken von Umweltfaktoren und Ressourcen auf ganze Lebensgemeinschaften, also das Gefüge gemeinsam vorkommender Arten, auswirkt. Die Antwort auf diese Frage hängt grundsätzlich von der Ebene ab, auf der diese Lebensgemeinschaften untersucht werden. Dies ist das Generalthema dieses Kapitels.

Das Klima spielt eine große Rolle bei der Festlegung des großräumigen Verbreitungsmusters unterschiedlicher Typen von Lebensgemeinschaften auf der Erde. Wegen seines Einflusses auf Umweltbedingungen und Ressourcen überrascht dies nicht. Auf einer viel tieferen Ebene sind jedoch lokale Faktoren wie der Bodentyp in terrestrischen und die chemische Zusammensetzung des Wassers in aquatischen Lebensräumen für die Heterogenität des Aufbaus von Lebensgemeinschaften verantwortlich. Einige der Ursachen für die räumlichen Muster der Verbreitung von Lebensgemeinschaften werden in Abschnitt 4.2 diskutiert. Abschnitt 4.3 geht danach auf zeitliche Muster von Umweltbedingungen und Ressourcen ein, aus denen auf Zeitskalen von Tagen bis Jahrtausenden Veränderungen in der Zusammensetzung von Lebensgemeinschaften resultieren. Abschnitt 4.4 beschreibt die charakteristischen Eigenschaften der wesentlichen terrestrischen Biome der Erde. Abschnitt 4.5 behandelt die Diversität der Typen aquatischer Lebensgemeinschaften.

Untersuchungs-ebene und Heterogenität – zentrale Themen dieses Kapitels

4.2   Großräumige und kleinräumige geographische Muster

4.2.1   Großräumige Klimamuster

Auf der höchsten Ebene resultiert die geographische Verteilung des Lebens auf der Erde hauptsächlich aus der Bewegung unseres Planeten durch den Weltraum. Bei der jährlichen Umlaufbahn der Erde um die Sonne sorgt die Neigung der Erdachse für unterschiedliche Intensitäten der Sonneneinstrahlung in den verschiedenen geographischen Breiten (Abb. 4.1). Weil der Äquator der Sonne zugewandt ist, erhalten äquatoriale und tropische Breiten mehr direktes Sonnenlicht und sind wärmer als andere Breiten. Warme Luft kann mehr Feuchtigkeit aufnehmen als kalte Luft, das Wasseraufnahmevermögen der Luft in den Tropen ist deshalb erhöht. Die Sonnenstrahlung entzieht der Vegetation Wasser durch Evaporation; da aber die Luft so feucht ist, kondensiert ein großer Teil des Wassers und kehrt als Regen zum Boden zurück. Die Luft, die sich aus den Tropen in die Atmosphäre bewegt, ist also relativ trocken, da sie vor ihrem Aufstieg in die untere Atmosphäre den größten Teil ihrer Feuchtigkeit in Form lokaler Regenfälle verloren hat.

Durch die Erdrotation werden die aus den Tropen aufsteigenden Luftmassen nach Norden und Süden abgelenkt. Die in den Tropen erwärmte Luft, die Feuchtigkeit durch lokale Regenfälle verloren hat, kühlt in der Atmosphäre ab

Sonnenstrahlung

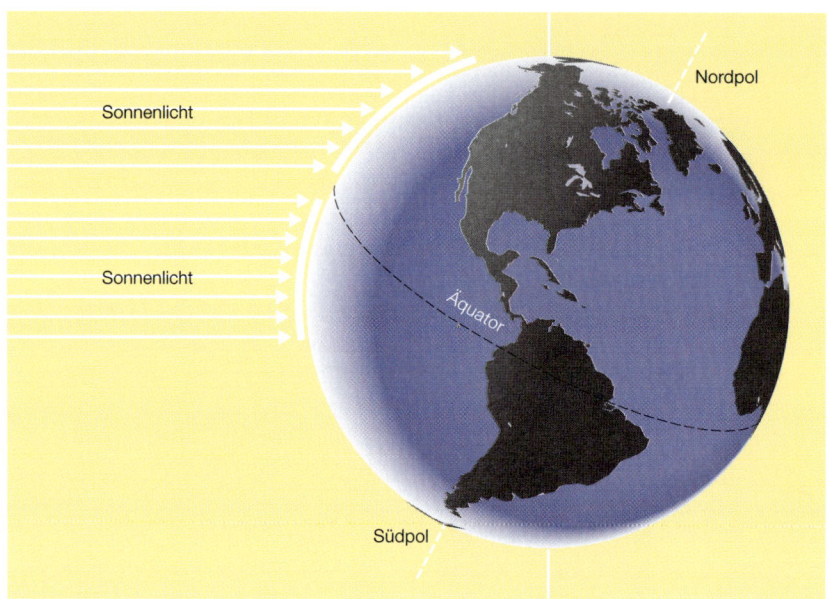

Abbildung 4.1
Die Neigung der Erdachse und die Umlaufbahn der Erde um die Sonne bestimmen die Strahlungsmenge, die auf die Atmosphäre oberhalb der Erdoberfläche auftrifft. Zusammen mit der täglichen Drehung der Erde um ihre Achse sind diese Faktoren verantwortlich für die großräumigen Muster von Niederschlägen und Sonneneinstrahlung, aus denen das Muster der globalen Klimazonen resultiert. Das Diagramm zeigt den Winter der nördlichen Hemisphäre, wenn die Strahlung südlich des Äquators fast senkrecht einfällt. Nördlich des Äquators ist die gleiche Strahlungsmenge über eine größere Fläche verteilt, pro Flächeneinheit sind deshalb Einstrahlung und Erwärmung verringert (nach Audesirk & Audesirk, 1996).

und sinkt bei etwa 30° nördlicher und südlicher Breite nach unten. Beim Absinken erwärmen sich die Luftmassen und erhöhen dadurch ihre Kapazität zur Wasseraufnahme. Hierdurch werden die sinkenden Luftmassen in die Lage versetzt, vom Land verfügbares Wasser „aufzusaugen". Die meisten größeren Wüstengebiete einschließlich der Sahara, Kalahari, Mojave- und Sonora-Wüste befinden sich daher ungefähr in dieser geographischen Breite. Ein weiteres, kleineres Evaporations-Niederschlags-System befindet sich zwischen dem 30. und 60. Breitengrad, wo warme, hier aber feuchte Luft aufsteigt und weiter nach Norden bzw. Süden verfrachtet wird. Wenn sich die Luft abkühlt, sinkt sie, die Feuchtigkeit regnet ab und läßt dadurch feuchtere Lebensräume entstehen.

Meeres-
strömungen   Auch Meeresströme wirken sich stark auf Klimamuster aus. Auf der Südhalbkugel zirkulieren sie gegen den Uhrzeigersinn. Sie verfrachten kaltes Wasser aus der Antarktis entlang der Westküsten der Kontinente und verteilen wärmeres Wasser aus den Tropen entlang ihrer Ostküsten (Abb. 4.2). In der Nordhemisphäre zirkulieren die Meeresströme im Uhrzeigersinn. Sie transportieren kaltes Wasser aus der Arktis entlang der Westküsten der Kontinente und kehren als warme tropische Ströme entlang der Ostküsten zurück. Das kalte, trockene

Abbildung 4.2
Verläufe der wichtigsten Meeresströmungen
(nach Audesirk & Audesirk, 1996).

Klima des westlichen Südamerika wird durch den antarktischen Humboldtstrom bewirkt, das relativ trockene Klima Kaliforniens ist das Resultat arktischer Meeresströme. Umgekehrt führt der starke tropische Golfstrom auf der Ostseite Nordamerikas warme und feuchte Luft bis weit in den Atlantik mit sich und beeinflußt dadurch sogar das Klima Westeuropas.

Auf mittlerer Ebene wirkt sich die Topographie der Landflächen auf das Muster der terrestrischen Klimate aus. Wenn Wind auf Gebirgsketten trifft, wird er zum Aufsteigen gezwungen und kühlt dabei ab. Die kühlere Luft faßt weniger Feuchtigkeit, so daß auf den dem Wind zugewandten Seiten der Gebirge Wasser als Regen oder Schnee freigesetzt wird. Die Rocky Mountains und der Himalaja sind schlagende Beispiele für diesen Effekt. Wenn sich die Luft auf die windabgewandten Seiten der Gebirge hinüber bewegt, sinkt sie, erwärmt sich und nimmt Wasser auf. Dies führt zu einem *Regenschatten* und zu Austrocknung auf den Leeseiten (Abb. 4.3).

Gebirgsketten

Die vielfältigen Einflüsse auf die Klimabedingungen der Erdoberfläche ließen ein Mosaik trockener, feuchter, kalter und warmer Klimate entstehen. In den einzelnen Teilen dieses Mosaiks bildeten sich spezifische terrestrische Assoziationen aus Vegetation und Tieren. Ein Weltreisender trifft wiederholt auf charakteristische Vegetationstypen wie Nadelwald, Savanne und Regenwald, die der Ökologe *Biome* nennt. Abbildung 4.4 gibt ein Beispiel einer Reihe von Biomen, die wiedererkannt und zur Anfertigung einer globalen Karte herangezogen werden können. Abbildung 4.5 zeigt die Spannbreiten von Niederschlagsmengen und durchschnittlichen monatlichen Minimumtemperaturen einiger größerer Biome der Erde. Die Charakteristika der Lebensgemeinschaften dieser Biome werden in Abschnitt 4.4 beschrieben.

Mosaik verschiedener Klimate und Verteilung terrestrischer Biome

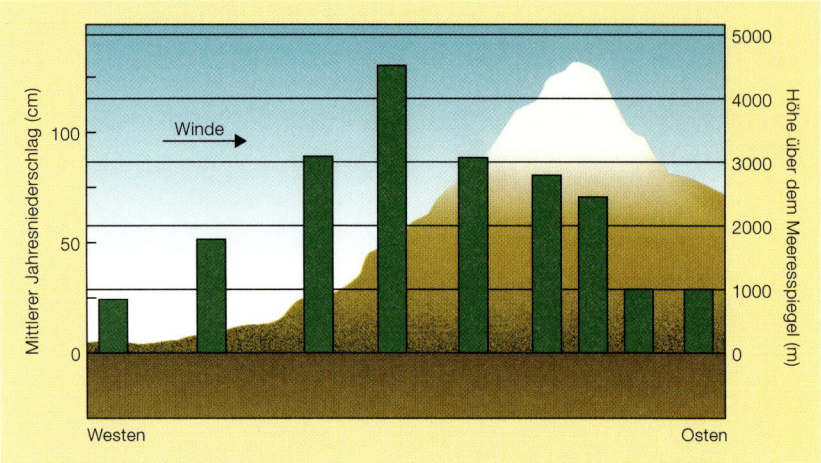

Abbildung 4.3
Typischer Einfluß der Topographie auf den Niederschlag (Balken des Histogramms) in der nördlichen Hemisphäre. Feuchte Westwinde werden durch einen Gebirgszug zum Aufsteigen gezwungen. Beim Aufsteigen kühlen sie ab und setzen die Feuchtigkeit als Regen oder Schnee frei. Die Osthänge liegen daher in einem trockeneren Regenschatten (nach Audesirk & Audesirk, 1996).

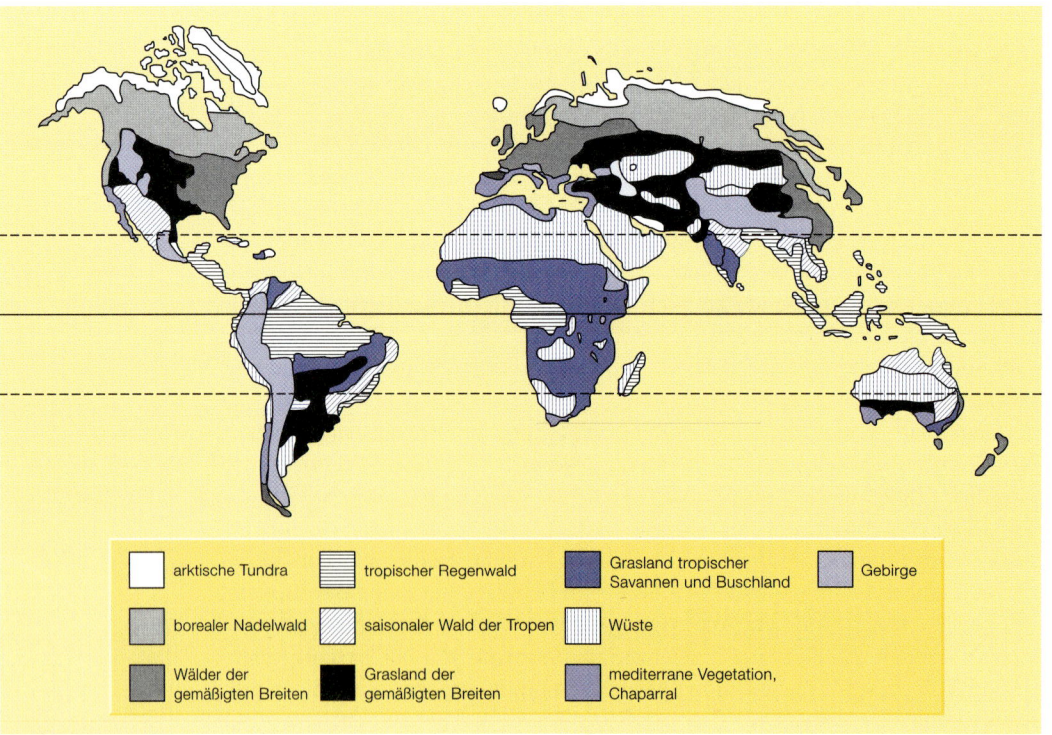

Abbildung 4.4
Globale Verteilung der wesentlichen Biome der Vegetation (nach Audesirk & Audesirk, 1996).

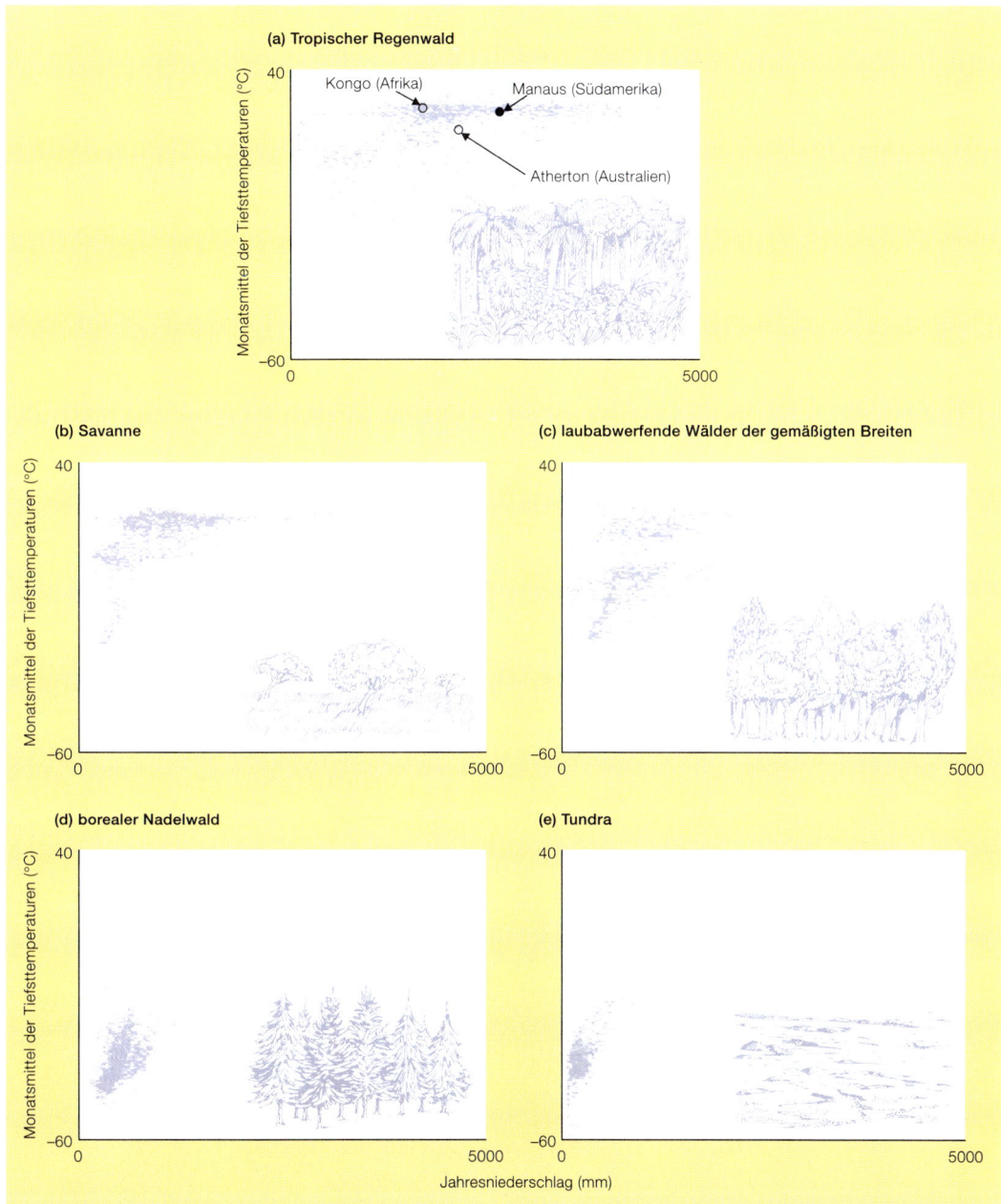

Abbildung 4.5
Die Vielfalt der Umweltbedingungen in terrestrischen Lebensräumen kann anhand ihrer Jahresniederschläge und durchschnittlichen monatlichen Minimumtemperaturen wiedergegeben werden. Dargestellt sind die Verhältnisse (a) im tropischen Regenwald, (b) in der Savanne, (c) im Laubwald der gemäßigten Breiten, (d) im borealen Nadelwald (Taiga) und (e) in der Tundra (nach Heal et al., 1993; © UNESCO).

4.2.2 Kleinräumige Muster von Umweltbedingungen und Ressourcenverfügbarkeit

Wir sollten den Verführungen durch Kartographen nicht nachgeben, die auf Landkarten scharfe Trennlinien ziehen, um geographische Grenzen zu zeigen. Gut sortierte Schubladen, feste Kategorien und ordentliche Grenzen erleichtern die Orientierung, existieren jedoch nicht in der Natur. Auch innerhalb ihrer hypothetischen Grenzen sind Biome nicht homogen; jedes Biom weist Gradienten physikalisch-chemischer Umweltbedingungen auf, die mit den lokalen topographischen und geologischen Eigenheiten verknüpft sind. Die Lebensgemeinschaften der Pflanzen und Tiere, die in diesen unterschiedlichen Regionen vorkommen, können sehr verschieden sein.

Lokale Topographie   Lokale Variationen in der Topographie können Elemente des großräumigen klimatischen Musters, das in Abschnitt 4.2.1 beschrieben wurde, außer Kraft setzen. Z. B. fällt die Temperatur mit steigender Meereshöhe. Die Vegetation der oberen Regionen eines tropischen Gebirges ähnelt daher tendenziell der Vegetation in niedrigen Höhenlagen nördlicher Breitengrade. Bei der Besteigung eines tropischen Gebirges durchläuft man einen sehr ähnlichen ökologischen Gradienten wie bei einer Reise in den Norden (Abb. 4.6).

Abbildung 4.6
Auswirkungen von Höhe über dem Meeresspiegel und geographischer Breite auf die Verbreitung von Biomen (nach Audesirk & Audesirk, 1996).

Man sollte sich bewußt machen, daß die Erdoberfläche auch im Fall eines überall gleichen Klimas aus einem Mosaik unterschiedlicher Lebensräume bestehen würde. Im Lauf der Erdgeschichte bildete sich eine Vielzahl von Gesteinen, die sich in ihrer Mineralzusammensetzung unterscheiden. Wenn die Oberflächen dieser Gesteine durch die Einwirkungen von Hitze, Frost und Tauwetter verwittern, lassen sie eine Vielfalt von Bodentypen entstehen, die ihre geologische Herkunft widerspiegeln. Ohne Boden ist die Ausbildung einer stark ausgeprägten Landvegetation unmöglich. Böden stellen eine Quelle von gespeichertem Wasser, eine Reserve an mineralischen Nährstoffen, ein Medium für die Fixierung von atmosphärischem Stickstoff zur Nutzung durch die Pflanzen sowie eine Trägersubstanz dar, die es den Pflanzen ermöglicht, aufrecht zu stehen und ihre Blätter dem Sonnenlicht auszusetzen.

Lokale Ausprägungen von Geologie und Böden

Kalkstein und Kreide entstanden aus marinen Ablagerungen von Calciumcarbonat, oft mit bestimmten Anteilen an Magnesiumcarbonat und anderen Carbonaten. Wo diese Ablagerungen emporgehoben wurden und schließlich Landoberflächen bildeten, stellen sie das Ausgangsgestein für neutrale oder schwach basische *Kalkböden*, auf denen eine charakteristische *calcicole* (kalkliebende) Flora wächst. Andererseits leiden Pflanzen, die normalerweise auf stärker sauren Böden zu finden sind *(Calcifuge)*, wie manche *Rhododendron-*, *Azalea-* und *Kalmia*-Arten (Lorbeerrose), auf Kalkböden oft unter Nährstoffmangel. Strikte Calcicole dagegen leiden auf sauren Böden, wo sie intolerant gegenüber den bei niedrigem pH-Wert freigesetzten Aluminiumionen sind. In den Vereinigten Staaten z. B. sind Tulpenbaum *(Liriodendron tulipifera)* und Abendländischer Lebensbaum *(Thuja occidentalis)* auf neutralen oder basischen Böden zu finden, während Balsamtanne *(Abies balsamea)* und Kanadische Hemlocktanne *(Tsuga canadensis)* gewöhnlich auf stark saure Böden beschränkt sind.

Die Vegetation saurer und basischer Böden ist sehr unterschiedlich

Organisches Material sammelt sich auf unterschiedlichen Böden mit unterschiedlichen Raten an; lokale Schwankungen im Gleichgewicht zwischen mineralischem und organischem Material im Boden tragen zur Komplexität des Mosaiks von Umwelteigenschaften bei. Unter extremen Bedingungen, insbesondere bei saurem Ausgangsgestein, niedrigen Temperaturen und/oder staunassen Böden, kann der Abbau der organischen Substanz stark gehemmt sein. So können sich aus der unvollständig abgebauten organischen Substanz Torfmoore bilden, in denen hoch spezialisierte Pflanzen und Tiere leben.

Variationen in der Abbaurate organischer Substanz

Für einen Ökologen ist ein *Patch* in einer Lebensgemeinschaft ein Bereich, der sich in einer einzelnen Variablen von seiner Umgebung unterscheidet. So hinterläßt ein umgestürzter Baum in einem Wald eine Lücke im Kronenraum sowie einen *Patch* auf dem Waldboden, auf den genügend Strahlung gelangen kann, um Sämlinge wachsen zu lassen, die letztlich die Lücke schließen. Ein Gezeitentümpel ist ein *Patch* an einer Felsküste, aber in diesem Gezeitentümpel können weidende Schnecken einen *Patch* von Algen säubern. Oft ist es sinnvoll, *Patches* derjenigen Ebene zuzuordnen, auf der bestimmte Organismen ihre Umwelt erfahren. Für eine Blattlaus in einem Wald ist ein *Patch* ein einzelnes Blatt einer bestimmten Baumart – es stellt sowohl die Umweltbedingungen als auch die Ressourcen zur Verfügung, die dieses Insekt braucht. Für eine Grasmücke, die sich von Raupen ernährt, stellen die Kronen einzelner Bäume, die sie täglich aufsucht, *Patches* dar. Eulen und Falken jagen jedoch in

Patches kommen in allen Lebensgemeinschaften vor; ihre Größe hängt von der Betrachtungsebene ab

einem großen Bereich des Waldes, und in ihrem Fall kann als ein *Patch* dasjenige Areal betrachtet werden, das jeder einzelne Vogel verteidigt – auch wenn es sich über ein ganzes Waldgebiet erstreckt.

4.2.3   Muster von Umweltbedingungen und Ressourcen in aquatischen Lebensräumen

In den meisten aquatischen Lebensräumen lassen sich Parallelen zu terrestrischen Lebensräumen nur schwer erkennen. Ausnahmen kommen in den Randbereichen der Ozeane vor. Mangrovensümpfe, Korallenriffe und Kelpwälder weisen eine Flora und Fauna auf, die ebenso spezifisch sind wie in irgendeinem der verschiedenen terrestrischen Biome. Dies liegt jedoch vor allem daran, daß sie mit den größeren terrestrischen Klimazonen in Verbindung stehen. Die offenen Ozeane bilden dagegen ein Kontinuum, in dem Wasser und darin gelöste chemische Verbindungen global zirkulieren. Es wurde bereits gezeigt, daß Schwankungen in der Intensität der Sonnenstrahlung zwischen verschiedenen Orten und Jahreszeiten dramatische Auswirkungen auf die Temperaturverhältnisse und den Wasserhaushalt terrestrischer Lebensräume haben. In den Ozeanen ist dies jedoch nicht der Fall. Die hohe Wärmekapazität von Wasser läßt die Ozeane nur langsam aufwärmen und abkühlen. Dies wirkt sich unter anderem darin aus, daß die Wassertemperatur an einem Punkt der Erde eher die Herkunft des Wassers widerspiegelt als den lokalen Wärmeaustausch.

Die großen Seen der Erde können entsprechend ihren physikalischen Bedingungen unterschieden und eingruppiert werden. Große Seen des äquatorialen Flachlands z. B. weisen gewöhnlich eine dauerhafte Stratifikation auf (ausgeprägte Wasserschichten mit bestimmten Temperaturen), während in gemäßigten Breiten jahreszeitliche Muster von Stratifikation und Durchmischung die Regel sind. Innerhalb der Polarkreise sind große Seen durch permanente Eisbedeckung und fehlende Durchmischung gekennzeichnet. Lokale geologische Bedingungen sowie Größe und Form des Seebeckens wirken sich jedoch stark auf Umweltbedingungen und Ressourcen in Seen aus. Dies betrifft vor allem die chemische Zusammensetzung des Wassers. Eine umfassende geographische Einteilung von Lebensgemeinschaften in Seen ist daher nur von begrenztem Nutzen. Wie später gezeigt wird (Abschnitt 4.5), sind im Fall von Bächen, Flüssen und Mündungsbereichen lokale Umweltbedingungen und Ressourcen für die Bestimmung der Muster von Lebensgemeinschaften von größter Bedeutung.

4.3   Zeitliche Muster in Umweltbedingungen und Ressourcenverfügbarkeit – Sukzession

Die Zusammensetzung von Lebensgemeinschaften kann sich auf Zeitskalen von Stunden bis zu Jahrtausenden verändern, da sich auch die Umweltbedingungen und Ressourcen ändern. Eine mikrobielle Lebensgemeinschaft z. B., die einen toten Wurm oder ein Teilstück eines Blattes besiedelt und zersetzt, kann sich von einer Stunde zur nächsten ändern – wie eine frisch beimpfte Jo-

ghurtkultur. Im entgegengesetzten Extrem kann man Muster der Zusammensetzung von Lebensgemeinschaften über mehrere zehntausend Jahre zurückverfolgen. Klimaänderungen während der Eiszeiten des Pleistozän sind in großem
Maße verantwortlich für das gegenwärtige Verbreitungsmuster von Pflanzen
und Tieren (Abb. 4.7). In den 20 000 Jahren seit dem Höhepunkt der letzten
Vereisung ist die globale Temperatur um etwa 8 °C gestiegen. Sogar heutzutage wandern viele Arten weiterhin nach Norden und folgen dabei dem Rückzug
der Gletscher. Klimaänderungen, die sich vor 3200 Jahren ereigneten, sind immer noch an den dauerhaften *Patches* der Hemlocktannen zwischen den dominanten Hartholzarten der Wälder auf der nördlichen Halbinsel des Staates Michigan erkennbar (Davis et al., 1994).

Auf mittleren Zeitskalen können sich vorhersagbare Sukzessionen von
Pflanzenarten in Perioden von Jahren bis Jahrhunderten vollziehen. Das sogenannte reliefartige Hochmoor z. B. zeigt eine Sukzession von Laubmoosarten
der Gattung *Sphagnum*, die auf dem Torf wachsen. Wenn sich ihre abgestorbenen Teile ansammeln, bilden sich kleine Erhebungen („Bulte"), die sich über
die Torfoberfläche erheben. Jede *Sphagnum*-Art nimmt einen Bereich in einer
bestimmten Höhe der Bulte ein, und im Verlauf der Jahrzehnte, während die
Bulte wachsen, lösen sie einander ab. Schließlich werden die Bulte von Besen-
heide *(Calluna vulgaris)* besiedelt, und wenn diese abstirbt, bricht der gesam-

**Pflanzliche
Sukzession –
„reliefartige"
Hochmoore …**

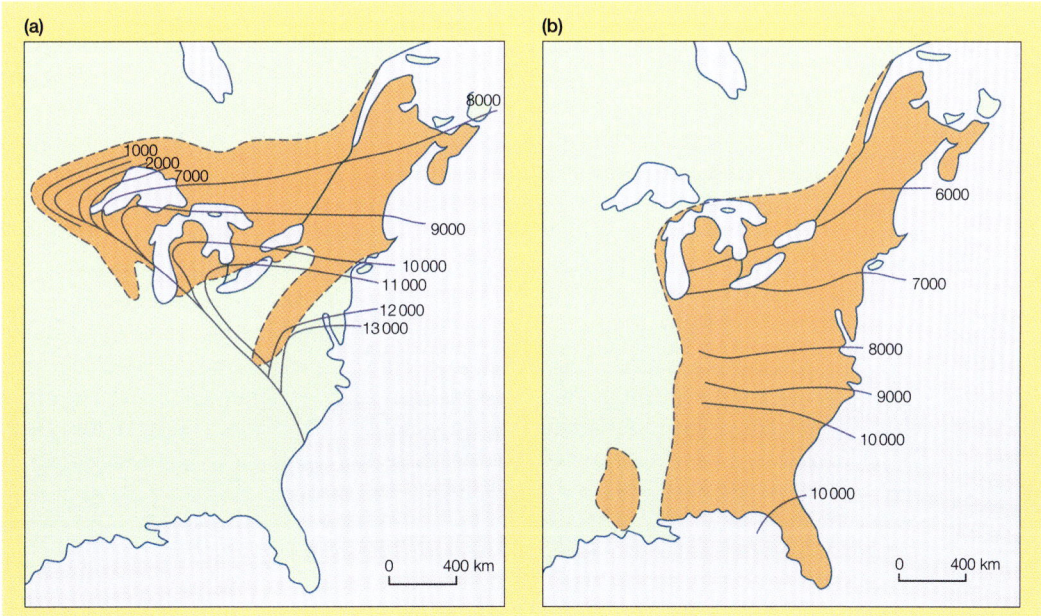

Abbildung 4.7
Verbreitungskarten von zwei Waldbaumarten des östlichen Nordamerika nach dem Rückgang der Vereisung aus
der letzten Eiszeit. Die beiden Arten (a) Strobe *(Pinus strobus)* und (b) Buche *(Fagus grandifolia)* sind nicht auf
demselben Weg eingewandert. Die Linien (Isochronen) kennzeichnen die Ankunftszeiten der Arten in Intervallen von 1000 Jahren. Die Zahlen bezeichnen die Anzahl der Jahre vor der Jetztzeit. Die braun dargestellten
Gebiete geben die heutige Verbreitung an (aus Davis, 1976).

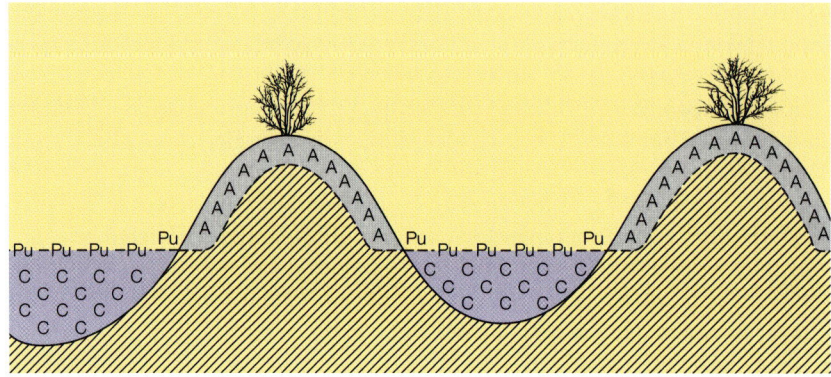

Abbildung 4.8
Ablauf eines Bulte-Schlenken-Zyklus in einem aktiv wachsenden, reliefartigen Moor. Die Moosart *Sphagnum cuspidatum* (C) dringt in kleine wassergefüllte Senken („Schlenken") ein. Ihre sich langsam zersetzenden Bestandteile reichern sich darin an und schaffen dabei ein geeignetes Habitat für *Sphagnum pulchrum* (Pu). Diese Art wird wiederum durch *Sphagnum papillosum* (A) ersetzt, das während seines Wachstums aus abgestorbenen Teilen kleine Hügel („Bulte") formt. Die Bulte wachsen über das Niveau des stehenden Wassers hinaus und werden von kleinen holzigen Straucharten wie *Calluna vulgaris* und schließlich von der Flechte *Cladonia arbuscula* besiedelt. Wenn *Calluna* abstirbt, erodieren die Bulte und brechen zusammen. Neue Schlenken bilden sich, womit die gesamte Abfolge erneut beginnt.

te Bult zusammen, und die Abfolge der *Sphagnum*-Arten beginnt erneut (Abb. 4.8). Das Hochmoor ist ein Mosaik verschiedener Stadien in diesem Sukzessionsprozeß. Für einen Piloten in einem Flugzeug mag das Hochmoor sehr einheitlich aussehen, aber Beobachter, welche die Oberfläche genau betrachten, sehen ein fein strukturiertes und sich wiederholendes Muster.

... und Sukzession auf Brachen

Sukzession auf Brachen, die sich über Jahrzehnte bis Jahrhunderte vollzieht, trat vor allem in den östlichen Teilen der Vereinigten Staaten auf (Abschnitt 1.3.2). Als im 19. Jahrhundert neue Siedlungsgebiete erschlossen wurden, zogen Farmer westwärts, und kultiviertes Land im Osten wurde aufgegeben. Im typischen Sukzessionsverlauf erschienen zuerst annuelle Kräuter, die später durch mehrjährige krautige Pflanzen ersetzt wurden, denen wiederum Sträucher sowie Baumarten früher Sukzessionsstadien (z. B. Virginische Rotzeder, *Juniperus virginiana*) und schließlich Arten später Sukzessionsstadien folgten (z. B. Zuckerahorn, *Acer saccharum*). Ähnliche Sukzessionen ereignen sich auch in kleineren *Patches* bereits bestehender Lebensgemeinschaften, z. B. nach dem Tod eines einzelnen Baumes. Das wichtige Thema der Sukzession von Lebensgemeinschaften wird in Abschnitt 9.4 ausführlicher diskutiert.

4.4   Terrestrische Biome

Das Erkennen von Mustern in der Natur

Die Anzahl der von Geographen erkannten Biome ist unterschiedlich: Einige geben lediglich fünf Biome an, während andere auf wesentlich größere Zahlen kommen. Die Perspektive des Wissenschaftlers ist ebenso wichtig wie das untersuchte System; „Diversifizierer" mißtrauen breiten Verallgemeinerungen und betonen die Diversität der Natur, wogegen „Generalisierer" die Diversität in ein Minimum leicht erfaßbarer Kategorien zwängen. Für unsere Zwecke sind sieben Kategorien angemessen: tropischer Regenwald, Savanne, Grasland der gemäßigten Breiten, Wüste, Laubwald der gemäßigten Breiten, borealer Nadelwald (Taiga) sowie Tundra. Dieser Abschnitt behandelt hauptsächlich globale Muster, die auf einer Weltkarte ohne zu viele Ausschmückungen dargestellt werden können. Wenn unser Thema Kalifornien und nicht die gesamte Erde wäre, könnten wir feinere Unterschiede ausmachen, eine genauere Klassifizierung der Vegetation durchführen und die Landoberfläche in einem kleineren Maßstab kartographieren; Biome wären eine viel zu grobe Einteilung. Was wir sehen, hängt von der Art unserer Betrachtung ab: Muster in der Natur lassen sich sowohl mit einem Blick durch ein Teleskop als auch durch ein Mikroskop erkennen!

Die topographischen und geologischen Details einer Landschaft überlagern die großräumigen Muster, die Geographen auf ihren Karten zeigen können. Nirgendwo ist dies offensichtlicher als in den großen Gebirgsketten der Tropen. Der Aufstieg auf einen Berg in Kenia oder Mexiko kann aus Regenwald oder Savanne durch Grasland, Laubwald, Nadelwald und Tundra auf schneebedeckte Gipfel führen. Generell gleicht die Vegetation der realen Welt einem buntscheckigen Flickenteppich, und die Fauna folgt diesem Muster. Dies gilt auch auf kleinerem Raum. Die Südhänge der Hügel im Biom der Tundra zum Beispiel sind oft von Horsten beblätterter Blütenpflanzen und gelegentlich einem verkümmerten Baum bewachsen. In ähnlicher Weise können die Nordhänge von Hügeln im borealen Nadelwald aus reiner Tundra bestehen und, abgesehen von Moosen und Flechten, vegetationsfrei sein.

4.4.1 Beschreibung und Einteilung der Biome

In Kapitel 2 wurde die entscheidende Bedeutung geographischer Isolation für die Diversifikation von Populationen unter Selektionsdruck hervorgehoben. Dieser geographischen Divergenz entspricht oft die geographische Verbreitung von Arten, Gattungen, Familien und sogar höheren taxonomischen Kategorien von Pflanzen und Tieren. Sämtliche Lemurenarten z. B. sind nur auf Madagaskar und nirgendwo sonst anzutreffen. In ähnlicher Weise kommen 230 Arten der Gattung *Eucalyptus* natürlicherweise nur in Australien vor (und lediglich zwei oder drei in Indonesien und Malaysia). Lemuren und *Eucalyptus* sind an diesen Orten zu finden, weil sie dort im Verlauf der Evolution entstanden sind und nicht, weil dies die einzigen Orte wären, an denen sie überleben und gedeihen könnten. Tatsächlich wachsen und verbreiten sich viele *Eucalyptus*-Arten nach ihrer Einführung in Kalifornien und Kenia außerordentlich stark. Eine Karte der natürlichen Verbreitung der Lemuren sagt viel über die Evolutionsgeschichte dieser Gruppe aus. Was aber ihre Beziehung zu einem bestimmten Biom betrifft, können wir lediglich feststellen, daß Lemuren ein Bestandteil des Bioms „tropischer Regenwald" auf Madagaskar sind.

Ein weiteres Thema des Kapitels 2 betraf die Art und Weise, in der Arten mit ganz unterschiedlichen evolutionsgeschichtlichen Ursprüngen auf eine Kon-

hängt von der Ausrichtung unserer Aufmerksamkeit ab

(a)

(b)

(c)

(d)

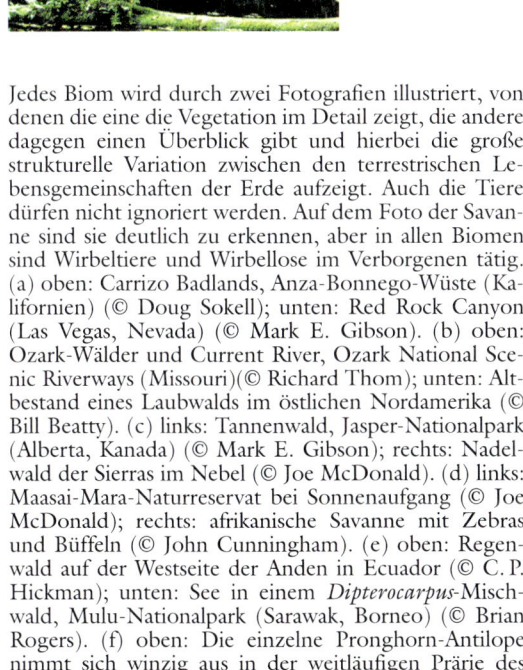

Jedes Biom wird durch zwei Fotografien illustriert, von denen die eine die Vegetation im Detail zeigt, die andere dagegen einen Überblick gibt und hierbei die große strukturelle Variation zwischen den terrestrischen Lebensgemeinschaften der Erde aufzeigt. Auch die Tiere dürfen nicht ignoriert werden. Auf dem Foto der Savanne sind sie deutlich zu erkennen, aber in allen Biomen sind Wirbeltiere und Wirbellose im Verborgenen tätig. (a) oben: Carrizo Badlands, Anza-Bonnego-Wüste (Kalifornien) (© Doug Sokell); unten: Red Rock Canyon (Las Vegas, Nevada) (© Mark E. Gibson). (b) oben: Ozark-Wälder und Current River, Ozark National Scenic Riverways (Missouri)(© Richard Thom); unten: Altbestand eines Laubwalds im östlichen Nordamerika (© Bill Beatty). (c) links: Tannenwald, Jasper-Nationalpark (Alberta, Kanada) (© Mark E. Gibson); rechts: Nadelwald der Sierras im Nebel (© Joe McDonald). (d) links: Maasai-Mara-Naturreservat bei Sonnenaufgang (© Joe McDonald); rechts: afrikanische Savanne mit Zebras und Büffeln (© John Cunningham). (e) oben: Regenwald auf der Westseite der Anden in Ecuador (© C. P. Hickman); unten: See in einem *Dipterocarpus*-Mischwald, Mulu-Nationalpark (Sarawak, Borneo) (© Brian Rogers). (f) oben: Die einzelne Pronghorn-Antilope nimmt sich winzig aus in der weitläufigen Prärie des Stanley County (mittleres Süddakota) (© Ron Spomer); unten: Blühaspekt einer Prärie mit *Liatris* und Schwarzäugiger Susanne (© Ann B. Swengel). (g) oben: grüne Tundra mit glazialer Moräne und Gebirgskette im Denali-Nationalpark (Alaska)(© Patrick J. Endres); unten: feuchte Tundra im Sommer (© Doug Sokell). (Fotos mit freundlicher Genehmigung von Visuals Unlimited)

vergenz in Form und Verhalten selektiert wurden. Es wurden auch Beispiele taxonomischer Gruppen gezeigt, die sich zu einer Reihe von Arten mit verblüffender Ähnlichkeit in Form und Verhalten auseinanderentwickelten (Parallelevolution wie bei Beuteltieren und Plazentalia). Beispiele wie diese lassen gut erkennen, wie sich Lebewesen im Verlauf der Evolution an die Umweltbedingungen und Ressourcen ihrer Umgebung angepaßt und sich auf diese Kombination von Umweltmerkmalen beschränkt haben. Doch eine Verschiedenheit der Arten muß nicht notwendigerweise auf eine Unterschiedlichkeit der Biome hinweisen. So beherbergen bestimmte Biome Australiens gewisse Beuteltierarten, während gleichartige Biome in anderen Teilen der Welt die Heimat ihrer plazentalen Ebenbilder sind.

Beschreibung und Einteilung der Vegetation

Eine Karte von Biomen ist somit normalerweise nicht eine Karte der Verbreitung von Arten. Statt dessen zeigt sie, wo man Landgebiete finden kann, die von Pflanzen mit charakteristischen Ausprägungen von Wuchsform, Bau und physiologischen Prozessen dominiert sind. Dies sind diejenigen Vegetationstypen, die von einem darüber hinwegfliegenden Flugzeug aus oder aus dem Fenster eines schnellen Autos oder Zugs erkannt werden können. Man braucht keinen Botaniker, um sie zu identifizieren – tatsächlich ist es möglich, daß ein Botaniker aufgrund seiner Ausrichtung und Ausbildung angesichts der Details das Gesamtbild aus dem Auge verliert.

Treffende Beispiele hierfür sind die strauchförmige Vegetation der Macchie oder Garigue im Mittelmeerraum. Das Spektrum der Pflanzenformen, das dieser Vegetation ihre spezifische Eigenart verleiht, kommt auch in ähnlichen Lebensräumen in Kalifornien (als Chaparral) und in Australien vor, aber die Pflanzenarten und -gattungen sind ganz verschieden. Wir erkennen unterschiedliche Biome und unterschiedliche Typen aquatischer Lebensgemeinschaften aufgrund der *Typen* von Organismen, die in ihnen leben. Wie lassen sich ihre Ähnlichkeiten beschreiben, um sie danach zu klassifizieren, zu vergleichen und zu kartographieren?

Raunkiaers Lebensformen der Pflanzen und Lebensformenspektren

Bei der Beschäftigung mit dieser Frage entwickelte der dänische Biogeograph Raunkiaer im Jahr 1907 (Raunkiaer, 1934) seine Vorstellung von „Lebensformtypen" und eröffnete damit einen tiefen Einblick in die ökologische Bedeutung pflanzlicher Wuchsformen (Abb. 4.9). Er zog hierzu das Spektrum von Lebensformen heran, das in unterschiedlichen Vegetationstypen vorkommt, um den ökologischen Charakter dieser Vegetationstypen zu beschreiben. Pflanzen wachsen durch die Entwicklung neuer Sprosse aus Knospen, die am Apex (Spitze) bereits vorhandener Sprosse und in Blattachseln liegen. Innerhalb der Knospen sind die meristematischen Zellen der empfindlichste Teil des gesamten Sprosses – sie sind die „Achillesfersen" der Pflanzen. Raunkiaer argumentierte, daß die Art des Knospenschutzes bei verschiedenen Pflanzen ein aussagekräftiger Indikator der Gefahren in ihren Lebensräumen ist und zur Definition unterschiedlicher Pflanzenformen genutzt werden kann (Abb. 4.9).

Bäume legen ihre Knospen weit oberhalb der Erdoberfläche an, wo sie Wind, Kälte und Trockenheit ausgesetzt sind. Raunkiaer bezeichnete Bäume als *Phanerophyten* (griechisch *phaneros* = „sichtbar", *phyton* = „Pflanze"). Die am wenigsten geschützten Baumknospen finden sich im tropischen Regenwald, wo die Knospen frei exponiert sind und das ganze Jahr über neue Triebe hervor-

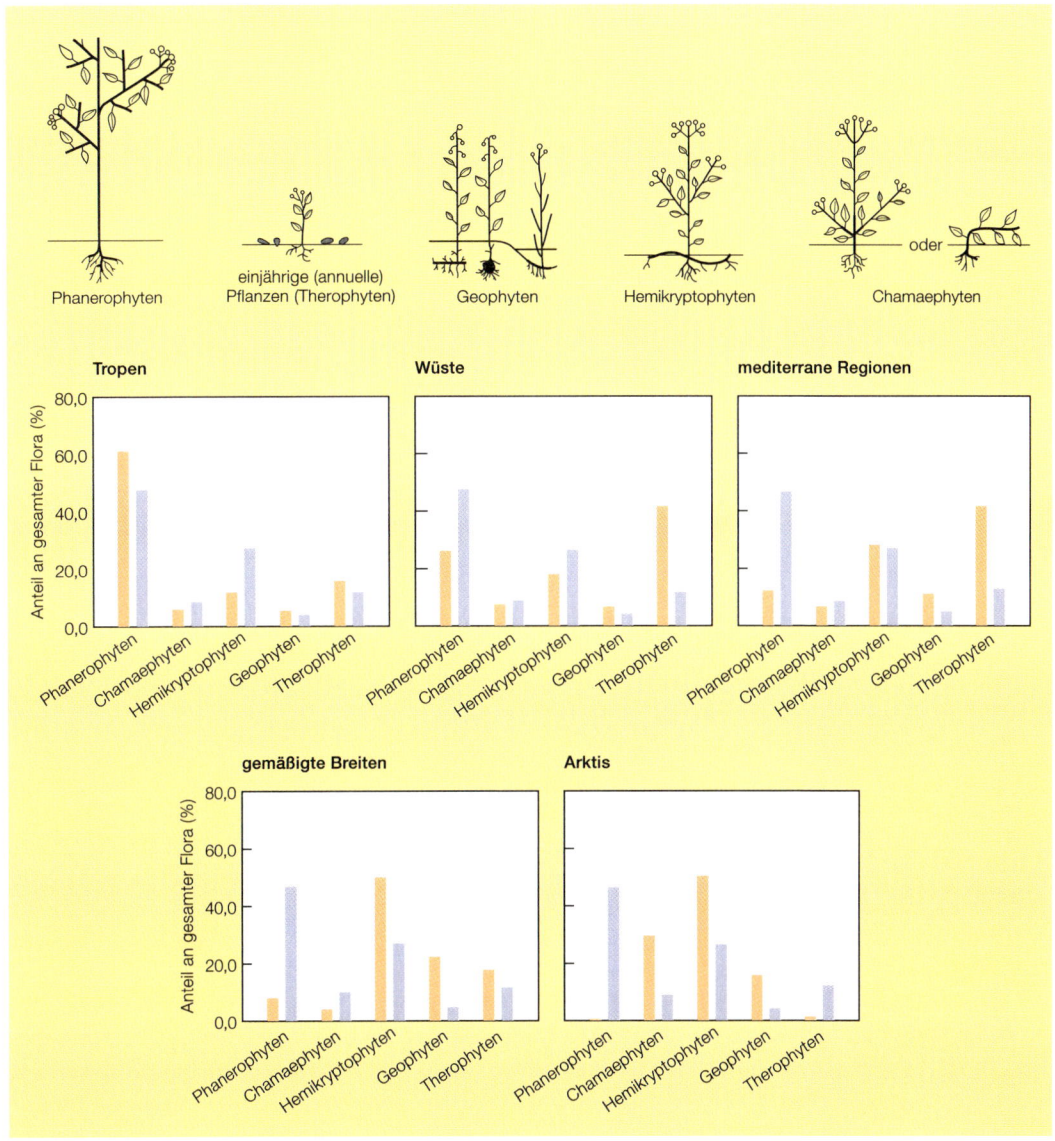

Abbildung 4.9

Oben: Zeichnungen der Pflanzenformen, die von Raunkiaer nach der Lage ihrer Knospen unterschieden wurden. Unten: Lebensformenspektren von fünf unterschiedlichen Biomen. Die ▮ Balken zeigen die prozentualen Anteile der fünf unterschiedlichen Lebensformen an der Gesamtartenzahl der Flora. Die ▮ Balken geben zum Vergleich die Anteile der verschiedenen Lebensformen an der Flora der Welt wider (aus Crawley, 1986).

bringen, demgegenüber die Knospen der Bäume in fast allen anderen Wäldern während der kältesten oder trockensten Jahreszeit dormant und durch Hüllen aus Knospenschuppen gut geschützt sind.

Im Gegensatz hierzu bilden viele mehrjährige krautige Arten Polster oder Horste, in denen die Knospen oberhalb der Bodenoberfläche angelegt werden, aber vor Trockenheit und Kälte durch dichte Lagen alter Blätter und Sprosse geschützt sind (*Chamaephyten:* „Pflanzen auf dem Boden"). Noch besser geschützt sind Knospen, wenn sie an oder in der Bodenoberfläche gebildet werden (*Hemikryptophyten:* „halb versteckte Pflanzen"), oder wenn sie an unterirdischen dormanten Speicherorganen angelegt werden (Zwiebeln, Zwiebelknollen oder Rhizome der *Kryptophyten* [„versteckte Pflanzen"] oder *Geophyten* [„Erdpflanzen"]). Hierdurch können Pflanzen schnell wachsen und blühen, bevor sie in den Zustand der Dormanz zurückkehren.

Schließlich gibt es noch annuelle Pflanzen, deren Populationen trockene und kalte Jahreszeiten ausschließlich in Form dormanter Samen überleben (*Therophyten:* „Sommerpflanzen").

Therophyten sind die Pflanzen der Wüsten (sie machen nahezu 50 % der Flora des Death Valley aus), Sanddünen sowie wiederholt gestörter Standorte. Sie umfassen auch die annuellen Kräuter von Ackerland, Gärten und städtischen Ruderalflächen – die botanischen „Kulturfolger" der menschlichen Gesellschaft. Doch natürlich gibt es keine Vegetation, die nur aus einer Wuchsform besteht. Jede Vegetation enthält eine Mischung, ein Spektrum, der Raunkiaerschen Lebensformtypen. Das Spektrum auf tropischen Inseln z. B. besteht hauptsächlich aus Phanerophyten, aber diese fehlen dem Spektrum arktischer Inseln völlig.

An jedem spezifischen Standort ist die Zusammensetzung des Spektrums als Kurzbeschreibung der Vegetation nur so gut geeignet, wie es das Einteilungsvermögen durch die Ökologen zuläßt.

So erkennt man den mediterranen Vegetationstyp in Chile, Australien, Kalifornien oder auf Kreta, weil das Spektrum der Lebensformtypen ähnlich ist, obwohl das Inventar der vorhandenen Arten keinerlei Ähnlichkeiten dieser Lebensgemeinschaften erkennen läßt. In ähnlicher Weise zeigt das Raunkiaersche Spektrum pflanzlicher Lebensformtypen des Regenwalds in Amazonien, wie ähnlich es in ökologischer Hinsicht dem Spektrum der Lebensformtypen in den Regenwäldern des Kongo und auf Borneo ist. Eine detaillierte Taxonomie von Flora und Fauna würde lediglich die Unterschiede betonen.

Beschreibung und Einteilung der Fauna

Die Fauna ist eng mit der Flora verbunden – und sei es nur, weil die meisten Herbivoren wählerisch in ihrer Nahrung sind. Terrestrische Carnivoren haben einen größeren Verbreitungsbereich als ihre herbivore Beute, aber die Verbreitung der Herbivoren verleiht den Carnivoren dennoch eine gewisse Bindung an die Vegetation (Abb. 4.10).

Tendenziell waren Botaniker bei der Klassifikation der Flora ehrgeiziger, als es die Zoologen bei der Klassifikation der Fauna waren. Dennoch ist die Frage interessant, ob es bei der Fauna eines Gebiets irgendein Merkmal (oder eine Gruppe von Merkmalen) gibt, das eine dem Schutz und der Position von Knospen in der Vegetation vergleichbare Rolle spielt.

Ein interessanter Ansatz zur Klassifikation der Fauna benutzt einen für Tiere charakteristischen Wesenszug, nämlich die Art der Fortbewegung, und kombiniert dies mit der Ernährungsweise. Hierdurch wurden die Säugetiere aus Wäldern der malaiischen Halbinsel, Panamas, Australiens und Zaires miteinander

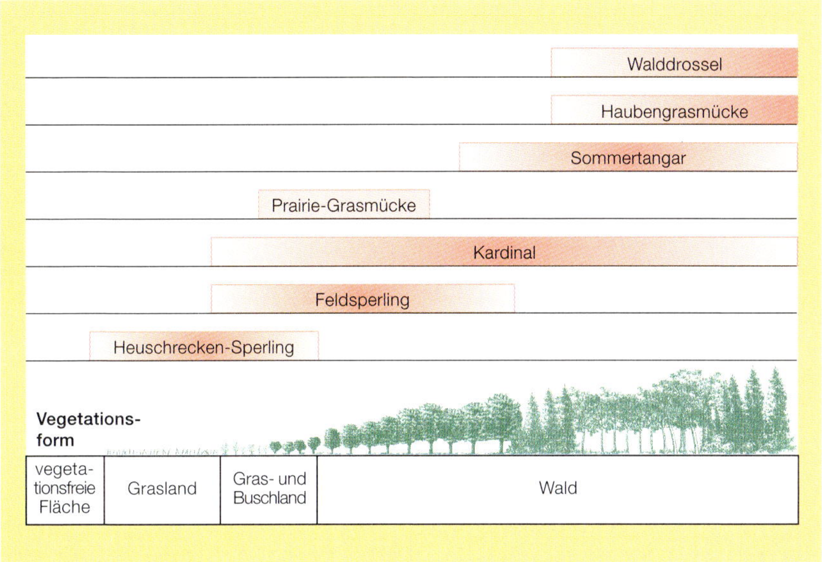

Abbildung 4.10

Verteilung von Vogelarten entlang eines Gradienten pflanzlicher Sukzession im Gebirgs-vorland von Georgia (USA). Die unterschiedliche Schattierungsstärke bezeichnet die relative Häufigkeit der Arten. Im Verlauf des Übergangs von vegetationsfreier Fläche über Gras- und Buschland zu Wald verändert sich die jeweilige Lebensgemeinschaft der Vögel (nach Gathreaux, 1978).

verglichen (Andrews et al., 1979). Die Säugetiere wurden eingeteilt in Carnivo-ren, Herbivoren (einschließlich der Früchte fressenden), Insectivoren und Alles-fresser, und jede dieser Kategorien wurde unterteilt in flugfähige (hauptsächlich Fledermäuse und Flughunde), baumbewohnende, kletternde und kleine bo-denlebende Säugetiere (Abb. 4.11). Der Vergleich deckt einige starke Ähnlich-keiten und Unterschiede auf. Z. B. waren die Spektren der ökologischen Di-versität für die Wälder Australiens und der malaiischen Halbinsel sehr ähnlich, obwohl ihre Faunen taxonomisch sehr unterschiedlich sind – die australischen Säugetiere sind Beuteltiere und die malaiischen Säugetiere sind plazental.

Es gibt hochinteressante Fragen, die zu den Vergleichen von Vögeln oder Insekten sowie der gesamten Fauna gestellt und beantwortet werden müssen. Sind die Kategorien, die für Säugetiere geeignet sind, auch für diese anderen Gruppen passend? Welche Gruppierungen sind geeignet für Faunenvergleiche in den Tropen, den mediterranen und gemäßigten Breiten sowie der Arktis? Möglicherweise sind Vorhandensein und Art der Dormanz (z. B. Überwinte-rung) für eine ökologische Klassifizierung der Fauna ebenso wertvoll, wie sie für Raunkiaer im Fall der Pflanzen waren. Vielleicht werden Spektren der rela-tiven Häufigkeit von Körpergrößen, der Endo- und Ektothermen oder Merk-male der *life history* die Grundlage für zukünftige Vergleiche und Klassifizie-rungen bilden.

Offene Frage: Wie können Ökologen die Spektren von Lebensform-typen der Fauna möglichst effek-tiv definieren?

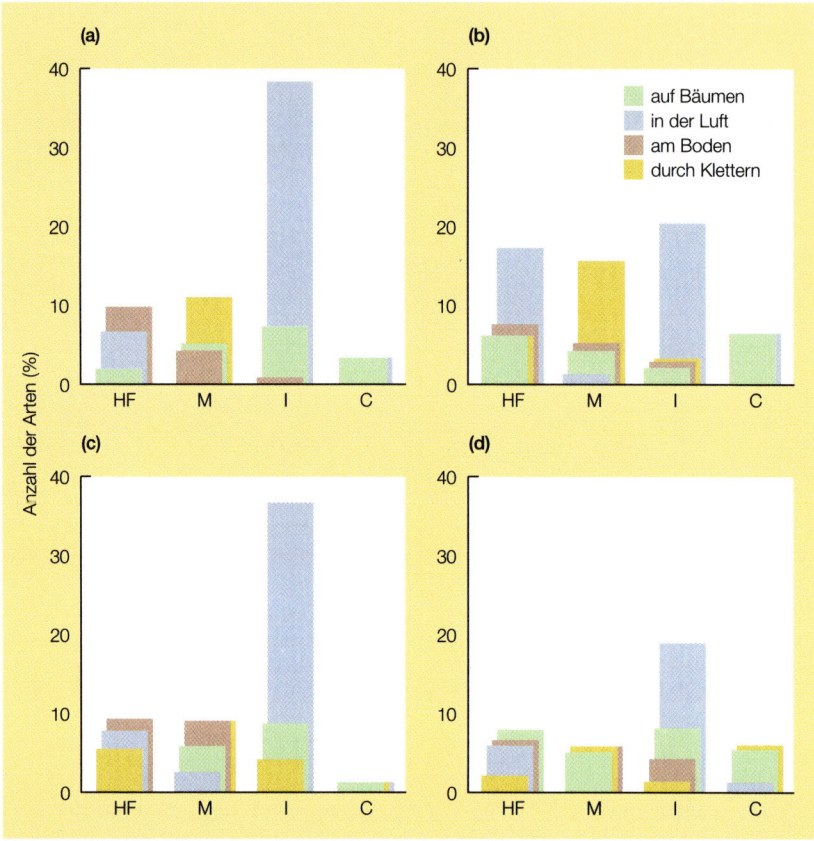

Abbildung 4.11
Vergleich von Waldsäugetieren in verschiedenen Lebensgemeinschaften tropischer Wälder. Die Säugetiere wurden nach ihrer Nahrung und nach den Zonen ihrer Nahrungssuche eingeteilt. Nahrungskategorien: Carnivoren (C), frucht- und blattfressende Herbivoren (HF), Insektenfresser (I), Tiere mit gemischter Nahrung und Omnivoren (M). Kategorien der Nahrungssuche: auf Bäumen, in der Luft, am Boden, durch Klettern (s. Legende. (a) Bei 161 Arten in Waldgebieten Malaysias; (b) bei 70 Arten in einem Trockenwald in Panama; (c) bei 50 Arten im Wald auf Cape York (Australien); (d) bei 96 Arten im Irangi-Wald (Zaire, Afrika) (nach Andrews et al., 1979).

4.4.2   Tropischer Regenwald

Der tropische Regenwald wird hier ausführlicher als die anderen Biome dargestellt, weil er den globalen Höhepunkt der Entwicklung biologischer Diversität darstellt: Alle anderen Biome leiden unter einer relativen Ressourcenknappheit oder stärker einschränkenden Umweltbedingungen.

Der tropische Regenwald ist das produktivste Biom der Erde mit einer photosynthetischen Produktivität, die oberhalb von 1000 g fixierten Kohlenstoffs pro m² und Jahr liegen kann (s. Abschnitt 11.2.1). Diese außergewöhnliche Produktivität resultiert aus dem Zusammentreffen einer über das ganze

Jahr hinweg hohen Sonneneinstrahlung mit regelmäßigen und verläßlichen Niederschlägen (dargestellt in Abb. 4.5). Die Produktion wird zum überwiegenden Teil in der dichten Kronenschicht aus immergrünem Blattwerk geleistet (also von Raunkiaers Phanerophyten). Auf dem Boden herrscht Dunkelheit mit Ausnahme der Stellen, wo umgestürzte Bäume Lücken geschaffen haben. Es ist ein charakteristisches Merkmal dieses Bioms, daß oft viele Baumsämlinge und Jungbäume etliche Jahre lang in einem unterdrückten Zustand verbleiben und nur dann schnell wachsen, wenn im Kronenraum über ihnen eine Lücke entsteht.

Fast alle Vorgänge im Regenwald (nicht nur Photosynthese, sondern auch Blühen, Fruchten, Prädation und Herbivorie) spielen sich hoch oben im Kronenraum ab. Abgesehen von den Bäumen besteht die Vegetation größtenteils aus Pflanzenformen, die auf indirektem Weg in den Kronenraum gelangen; entweder klettern sie in die Baumkrone (Kletterpflanzen und Lianen, einschließlich vieler Feigenarten), oder sie wurzeln auf den feuchten oberen Ästen und wachsen als Epiphyten. Die Epiphyten sind von den knappen Ressourcen mineralischer Nährstoffe abhängig, die sie aus humusgefüllten Spalten und Höhlen in den Ästen beziehen. Die reichhaltige Flora und Fauna des Kronenraums läßt sich nur schwer untersuchen; ohne das Anbringen von Steighilfen an Bäumen ist es sogar schwierig, Zugang zu den Blüten zu bekommen, um die Baumart zu identifizieren. Daß Botaniker Affen dressiert haben, um Blüten zu sammeln und hinunterzuwerfen, und daß eine Forschergruppe Heißluftballons benutzte, um sich über dem Kronenraum zu bewegen und in ihm zu arbeiten, verdeutlicht die Probleme der Regenwaldforschung auf anschauliche Weise.

Die meisten Tier- und Pflanzenarten des tropischen Regenwalds sind das ganze Jahr über aktiv, die Pflanzen können allerdings in einer zeitlichen Abfolge blühen und fruchten. Die Wälder von Trinidad z. B. enthalten mindestens 18 Baumarten der Gattung *Miconia*, die, faßt man die Perioden der Fruchtbildung zusammen, das gesamte Jahr über fruchten (Abb. 4.12).

Ein dramatisch hoher Artenreichtum ist in tropischen Regenwäldern die Norm (Abschnitt 10.5.2), und die Lebensgemeinschaften sind höchstens in Ausnahmefällen von einer oder wenigen Arten dominiert – ein großer Unterschied zu der biologischen Einheitlichkeit oder Biomonotonie *(biomonotony)* borealer Nadelwälder. Dies gibt Anlaß zu einigen grundsätzlichen Fragen, die sehr schwer zu beantworten sind.

Erstens, welche Besonderheit der Evolutionsgeschichte tropischer Regenwälder ließ die Entwicklung einer derartigen Diversität zu? Ein Teil der Antwort liegt in der vergleichsweise hohen Stabilität der *Patches* von Regenwäldern während der Eiszeiten. Man nimmt an, daß die tropischen Regenwälder in diesen Perioden durch Trockenheit zu „Inseln" (in einem „Meer" aus Savanne) zurückgedrängt wurden und daß sich diese ausdehnten und miteinander verschmolzen, als sich erneut feuchtere Perioden einstellten. Die „Inselbildung" hätte die genetische Isolation von Populationen begünstigt, ein Phänomen, das sehr wichtig für die Artbildung ist (Abschnitt 2.4).

Man kann sich auch die Frage stellen, warum aus dem großen Artenreichtum des tropischen Regenwalds nicht einige wenige Arten als dominierend aus dem Existenzkampf hervorgingen und den Rest unterdrücken. Wie wir später

Offene Frage: Wodurch konnte sich in tropischen Regenwäldern der große Artenreichtum entwickeln?

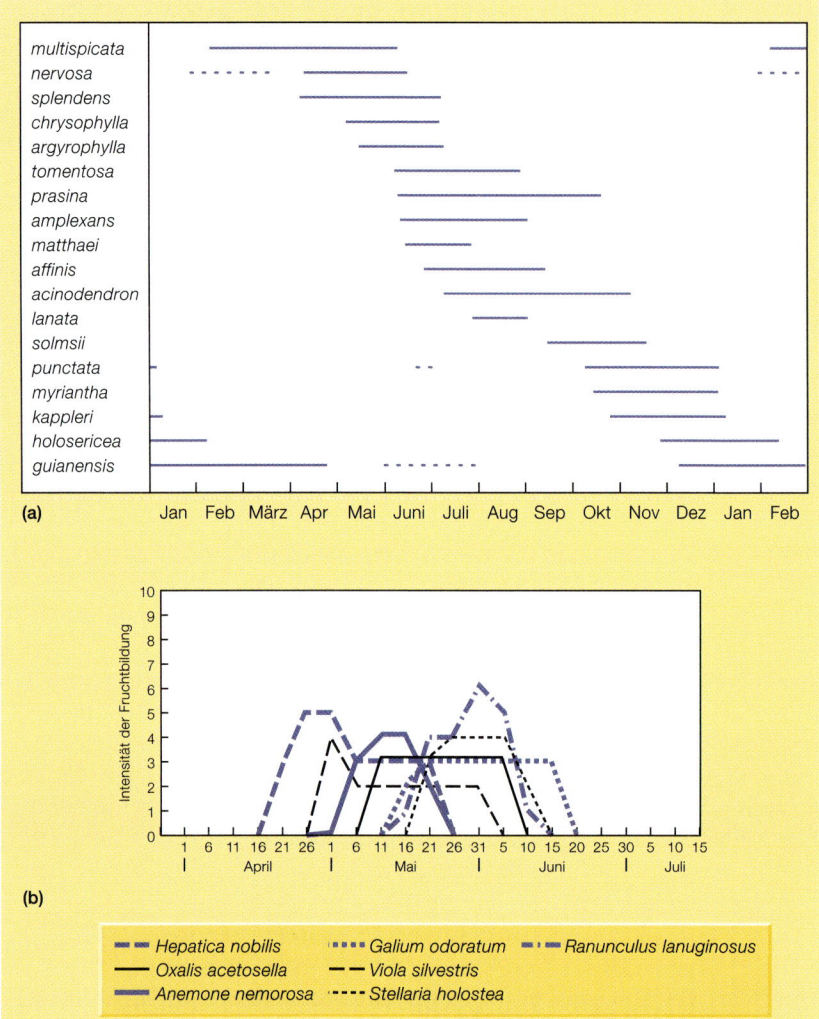

Abbildung 4.12
Jahreszeitliche Muster der Frucht- oder Samenproduktion durch die Flora eines Regenwalds und eines Laubwalds gemäßigter Breiten. (a) Die 18 *Miconia*-Arten des Regenwalds im Arima Valley, Trinidad, fruchten zu verschiedenen Zeiten während des gesamten Jahres. (b) Die saisonale Produktion von Früchten und Samen durch krautige Pflanzen eines Laubwalds der gemäßigten Zonen (bestehend aus Linde *[Tilia]* und Hainbuche *[Carpinus]*), Wald von Białowieża, Polen) findet innerhalb einer relativ kurzen Zeit des Jahres statt (nach Harper, 1977).

sehen werden (Abschnitt 10.5.2), besteht zumindest ein Teil der Antwort darin, daß sich Populationen spezialisierter Pathogene und Herbivoren in der Nähe von Altbäumen entwickeln und den Nachwuchs derselben Baumart in der Nähe attackieren. Man kann daher erwarten, daß sich die Überlebenswahrscheinlichkeit eines Sämlings mit dem Abstand von einem Altbaum derselben Art erhöht, wodurch sich die Wahrscheinlichkeit der Dominanz durch eine oder wenige Arten im Wald verringert.

In tropischen Regenwäldern herrscht eine hohe Diversität an Tierarten

Die Diversität der Baumarten des Regenwalds sorgt für eine entsprechende Diversität von Ressourcen für Herbivoren (Abb. 4.13). Das ganze Jahr hindurch ist eine Vielfalt frischer junger Blätter verfügbar, und die Abfolge der Produktion von Samen und Früchten sorgt für verläßliche Nahrungsquellen für Spezialisten, wie z. B. früchtefressende Fledermäuse. Darüber hinaus erfordert

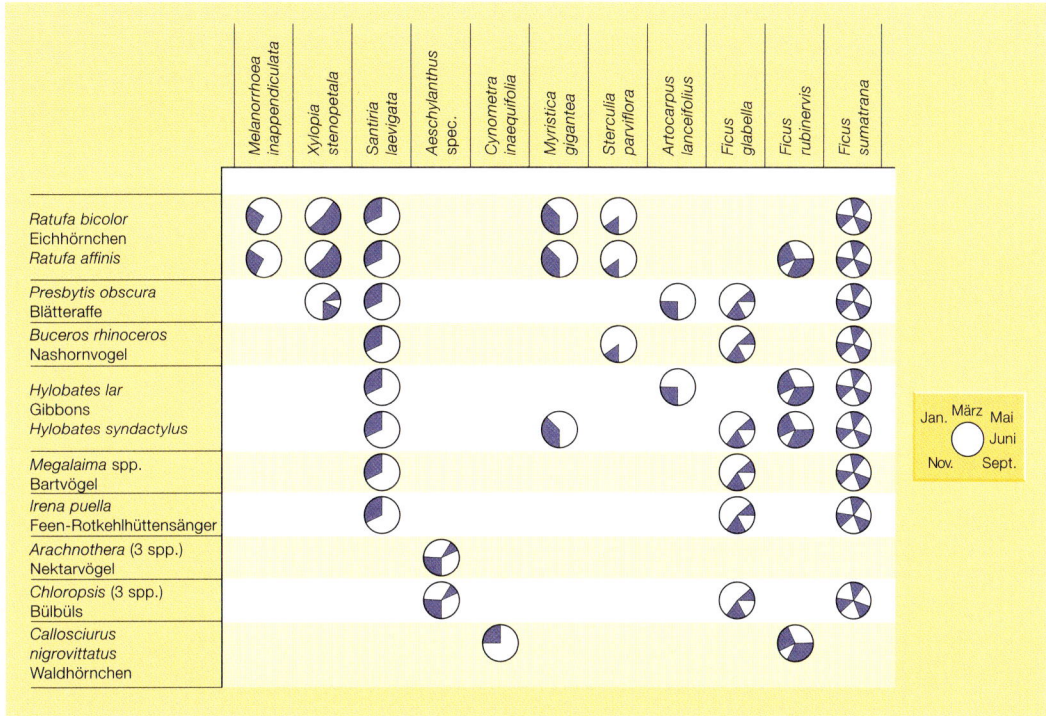

Abbildung 4.13
Tiere in Selangor (Malaysia; vertikal aufgelistet), die sich zu verschiedenen Zeiten des Jahres von Baumfrüchten (horizontal aufgelistet) ernähren. Jeder Kreis symbolisiert einen Kalender, in dem die Zeit der Nahrungsaufnahme blau dargestellt ist. Jede Pflanze produziert zu bestimmen Zeiten des Jahres Früchte, doch für spezialisierte Fruchtfresser sind während des gesamten Jahres Früchte verfügbar (nach Harper, 1977).

die Diversität der Blüten, wie z. B. von epiphytischen Orchideen mit ihren spezialisierten Bestäubungsmechanismen, eine parallel hierzu spezialisierte Diversität bestäubender Insekten. Regenwälder sind das Diversitätszentrum von Ameisen – auf einem einzelnen Baum in einem peruanischen Regenwald wurden 43 Arten gezählt. Und bei Käfern herrscht sogar noch größere Diversität: Erwin (1982) schätzt, daß auf einem Hektar panamaischen Regenwalds 18 000 Käferarten vorkommen (verglichen mit lediglich 24 000 Arten in den gesamten Vereinigten Staaten und Kanada!).

Im Boden tropischer Regenwälder herrscht eine intensive biologische Aktivität. Laubstreu wird schneller als in jedem anderen Biom zersetzt, deshalb ist die Bodenoberfläche nahezu kahl. Die mineralischen Nährstoffe aus dem Streufall werden schnell freigesetzt, und wenn die Niederschläge im Bodenprofil versickern, könnten die Nährstoffe in Bodenbereiche verlagert werden, in denen sie für Wurzeln nicht mehr erreichbar sind. Im Regenwald werden aber fast alle mineralischen Nährstoffe in den Pflanzen selbst zurückgehalten, wo sie vor Auswaschung geschützt sind. Wenn solche Wälder zu landwirtschaftlichen Zwecken gerodet oder wenn Bäume zur Holznutzung gefällt oder durch Feuer zerstört werden, werden die Nährstoffe freigesetzt und ausgewaschen

In tropischen Regenwäldern herrscht eine intensive Bodenaktivität

163

oder fortgespült; an Hängen kann auch der gesamte Boden abgeschwemmt werden. Die vollständige Regeneration des Bodens und des Nährstoffvorrats in neuer Waldbiomasse kann Jahrhunderte dauern. Auch mehr als 40 Jahre nach ihrer Aufgabe lassen sich in Kultur genommene Flächen innerhalb tropischer Regenwälder aus der Luft erkennen.

Alle anderen terrestrischen Biome können als die „armen Verwandten" der tropischen Regenwälder betrachtet werden. Sie sind alle kälter oder trockener sowie stärker jahreszeitlich geprägt. Ihre Vorgeschichte verhinderte die Evolution einer Diversität von Fauna und Flora, die sich mit dem bemerkenswerten Artenreichtum eines tropischen Regenwalds messen könnte. Darüber hinaus sind sie generell weniger für die Lebensweise extremer Spezialisten, sowohl bei Pflanzen als auch bei Tieren, geeignet.

4.4.3   Savanne

Die Vegetation der Savanne besteht charakteristischerweise aus Grasland mit zerstreut vorkommenden kleinen Bäumen, doch weite Gebiete sind baumfrei. Herden weidender Herbivoren (z. B. Zebras und Gnus in Afrika) haben einen tiefgreifenden Einfluß auf die Vegetation, da sie Gräser begünstigen (die das für die Regeneration notwendige Meristem in Knospen geschützt halten oder unmittelbar unterhalb der Bodenoberfläche verbergen) und die Regeneration von Bäumen behindern (deren Meristeme weidenden Tieren und Feuer ausgesetzt sind). Feuer ist eine ständige Gefahr in der trockenen Jahreszeit und verändert, ebenso wie weidende Tiere, das Gleichgewicht in der Vegetation zugunsten des Graslands und zuungunsten der Bäume.

Überangebot und Nahrungsknappheit im jahreszeitlichen Wechsel sind charakteristisch für die Savanne

Saisonale Regenfälle stellen die stärkste Einschränkung der Diversität von Pflanzen und Tieren in der Savanne dar. Während eines Teils des Jahres ist das Pflanzenwachstum durch Trockenheit eingeschränkt, und ein jahreszeitlich bedingtes Überangebot an Nahrung wechselt sich mit Nahrungsknappheit ab. Daher leiden die größeren Weidegänger in trockeneren Jahren unter extremem Nahrungsmangel und erhöhter Mortalität. Die starke Saisonalität der Savannenökologie wird gut durch die Populationen der Vögel veranschaulicht. Ein Überfluß an Samen und Insekten hält große Populationen von Zugvögeln am Leben, aber nur wenige Arten können hinreichend zuverlässige Ressourcen auffinden, um das ganze Jahr über am Standort zu verbleiben.

4.4.4   Grasland der gemäßigten Breiten

Auf jedem Kontinent stellt Grasland der gemäßigten Breiten über weite Gebiete die natürliche Vegetation dar. Dies zeigt die Verbreitung der Steppen in Asien, der Prärien in Nordamerika, der Pampas in Südamerika und des Graslands in Südafrika. Typischerweise herrscht in diesen Graslandgebieten jahreszeitlich bedingte Trockenheit, aber die Rolle des Klimas bei der Ausprägung der Vegetation wird gewöhnlich durch die Auswirkungen weidender Tiere aufgehoben. Populationen von Wirbellosen wie z. B. Heuschrecken sind oft sehr groß, und ihre Biomasse kann diejenige weidender Wirbeltiere übersteigen.

Große Teile dieses natürlichen Graslands wurden in Kultur genommen und durch ackerbaulich genutztes, annuelles „Grasland" aus Weizen, Hafer, Gerste, Roggen und Mais ersetzt. Diese annuellen Gräser der gemäßigten Breiten stellen zusammen mit Reis in den Tropen weltweit die Hauptnahrung für die menschlichen Populationen zur Verfügung. In der Tat war in historischen Zeiten die starke Zunahme der Weltbevölkerung (siehe Abschnitt 12.2) nur durch die Domestikation von Gräsern für die menschliche Ernährung und als Futter für Haustiere möglich. In den trockeneren Randbereichen dieses Bioms, wo Ackerbau nicht mehr ökonomisch ist, werden große Teile des Graslands zur Produktion von Fleisch oder Milch genutzt, was manchmal eine nomadische Lebensweise der Menschen erfordert. Die natürlichen Populationen der Weidetiere, insbesondere von Bison und Pronghornantilope in Nordamerika und von Huftieren in Afrika, wurden zugunsten von Rindern, Schafen und Ziegen zurückgedrängt. Von allen Biomen ist das Grasland der gemäßigten Breiten dasjenige, das von Menschen am stärksten begehrt, genutzt und verändert wurde.

Von allen Biomen wurde das Grasland der gemäßigten Breiten am stärksten von Menschen verändert

4.4.5 Wüste

In ihrer extremen Ausprägung sind die heißen Wüsten für jede Form von Vegetation zu trocken; sie sind ebenso kahl wie die Kältewüsten der Antarktis. Wo es in trockenen Wüsten genügend Niederschlag gibt, um Pflanzenwachstum zu ermöglichen, ist der Zeitpunkt seines Eintreffens nie vorhersagbar.

Wüstenvegetation weist zwei stark unterschiedliche Muster von Lebenszyklen auf. Viele Arten haben eine opportunistische Lebensweise und werden durch die unvorhersagbaren Regenfälle zum Keimen gebracht (physiologische Uhren sind in diesem Lebensraum nutzlos). Sie wachsen schnell und vollenden ihren Lebenszyklus mit der Anlage neuer Samen nach nur wenigen Wochen. Dies sind die Arten, die gelegentlich eine Wüste zum Blühen bringen; der Ökophysiologe Fritz Went nannte sie „*belly plants*", weil man nur bäuchlings auf dem Boden liegend ihre individuelle Schönheit erkennen kann.

Unterschiedliche Lebenszyklen von Wüstenpflanzen

Das zweite Muster des Lebenszyklus von Pflanzen trockener Wüsten ist Langlebigkeit mit langsamen physiologischen Prozessen. Kakteen und andere Sukkulenten sowie kleine strauchförmige Arten mit kleinen, dicken und oft behaarten Blättern können ihre Stomata (Poren, über die der Gaswechsel stattfindet) schließen und lange Perioden physiologischer Inaktivität ertragen. In trockenen Wüsten sind nächtliche Temperaturen unter dem Gefrierpunkt häufig, und Frosttoleranz ist fast ebenso wichtig wie Toleranz gegenüber Trockenheit.

Die relative Armut tierischen Lebens in trockenen Wüsten spiegelt die geringe Produktivität der Vegetation und die Unverdaulichkeit eines großen Anteils davon wider. Mehrjährige Wüstenpflanzen, wie z. B. Beifuß-Arten *(Artemisia)* und Kreosotbusch *(Larrea mexicana)* im Südwesten der Vereinigten Staaten sowie strauchige *Eucalyptus*-Arten in Australien, beinhalten hohe Konzentrationen chemischer Verbindungen, die Herbivoren abwehren. Ameisen und kleine Nagetiere ernähren sich von Samen, einer relativ zuverlässig über das gesamte Jahr zur Verfügung stehenden Ressource, während Vogelarten, aus dem Zwang heraus, Wasser zu finden, eine weitgehend nomadische Lebensweise

Die Diversität von Tieren in Wüsten ist gering

haben. Lediglich die Carnivoren der Wüste können mit dem Wasser überleben, das in ihrer Nahrung enthalten ist. In den Wüsten Asiens und Afrikas werden Kamele, Esel und Schafe von nomadisch lebenden Menschen zum Transport und als Nahrungsquelle gehalten.

4.4.6   Wälder der gemäßigten Breiten

Wie alle Biome vereinigen die Wälder der gemäßigten Breiten unter einem gemeinsamen Namen eine Vielfalt von Vegetationstypen. An ihren Grenzen in den niedrigen Breitengraden in Florida und Neuseeland sind die Winter mild, Frost und Trockenheit sind selten, und die Vegetation besteht hauptsächlich aus immergrünen Laubbäumen. An ihren nördlichen Grenzen, z. B. in den Wäldern von Maine und im nördlichen mittleren Westen der Vereinigten Staaten, sind die Jahreszeiten stark ausgeprägt, die Wintertage sind kurz, und Frost kann sechs Monate lang auftreten. Laubabwerfende Bäume, die in den meisten Wäldern der gemäßigten Breiten vorherrschen, verlieren ihre Blätter im Herbst und werden dormant, nachdem sie einen Großteil ihres Mineralgehalts in das Holz verlagert haben. Auf dem Waldboden herrscht eine unterschiedlich ausgeprägte Flora aus mehrjährigen Kräutern, insbesondere solchen, die im Frühjahr schnell wachsen, bevor sich das neue Laub der Bäume entwickelt hat (Raunkiaers Geophyten).

Alle Wälder sind heterogen, da alte Bäume sterben und somit offene Räume für die Ansiedlung neuer Arten schaffen. Diese Heterogenität tritt vor allem dann großräumig auf, wenn ein Orkan die älteren und größeren Bäume umgeworfen oder Feuer die empfindlicheren Arten abgetötet hat. In den Wäldern der gemäßigten Breiten ist die Kronenschicht oft eine Mischung aus langlebigen Arten (wie z. B. aus Roteichen im mittleren Westen der Vereinigten Staaten) und Besiedlern von Lücken (wie z. B. Zuckerahorn).

Wälder der gemäßigten Breiten stellen Tieren nur zu bestimmten Jahreszeiten Nahrungsressourcen zur Verfügung (vgl. Abb. 4.12b mit 4.12a), und nur Arten mit kurzen Lebenszyklen, wie z. B. blattfressende Insekten, können Nahrungsspezialisten sein. Viele Vögel der Wälder gemäßigter Breiten sind Zugvögel, die sich im Frühling einfinden, aber den Rest des Jahres in wärmeren Biomen verbringen.

Die Böden der Wälder gemäßigter Breiten sind reich an organischem Material

Die Böden sind normalerweise reich an organischem Material, das ihnen kontinuierlich zugeführt und von Regenwürmern und einer artenreichen Gemeinschaft aus anderen Detritivoren (Organismen, die von toter organischer Substanz leben) abgebaut und verarbeitet wird. Nur Staunässe und ein niedriger pH-Wert behindern den Abbau organischer Substanz und lassen sie in Form von Torf oder Rohhumus akkumulieren.

Große Laubwaldflächen in Europa und den Vereinigten Staaten wurden für die Landwirtschaft gerodet. Teilweise ließ man sie sich aber regenerieren, wenn Bauern das Land verließen (dies war vor allem in Neuengland der Fall).

4.4.7 Borealer Nadelwald (Taiga) und sein Übergang zur Tundra

Borealer Nadelwald (auch als *Taiga* bezeichnet) und Tundra treten in Regionen auf, wo kurze Vegetationsperioden und winterliche Kälte der Vegetation und der mit ihr vergesellschafteten Fauna Grenzen setzen.

Nadelwälder bestehen aus einer stark eingeschränkten Baumflora. In Gegenden mit weniger strengen Wintern können die Wälder von Kiefern (*Pinus*-Arten, die alle immergrün sind) und laubabwerfenden Bäumen wie Lärche *(Larix)*, Birke *(Betula)* oder Espe *(Populus)* beherrscht werden, oft von einer Mischung der Arten. Weiter nördlich, in riesigen Gebieten Nordamerikas, Europas und Asiens, weichen diese Arten monotonen, aus nur einer Baumart bestehenden Fichtenwäldern *(Picea)*. Diese Biomonotonie ist ein extremer Gegensatz zu der Biodiversität tropischer Regenwälder.

Die Vegetationszonen, die jetzt von Tundra und borealen Nadelwäldern (und von einem großen Teil der nördlichen Laubwälder) beherrscht werden, waren während der letzten Eiszeit von einer Eisdecke überzogen, die sich erst vor 20 000 Jahren zurückzuziehen begann. Die Temperaturen sind heute genauso hoch wie während der gesamten Zeit nach dem Beginn dieses Rückzugs, aber die Vegetation hat mit der Klimaänderung nicht Schritt gehalten, und die Wälder breiten sich immer noch nach Norden aus. Die sehr geringe Diversität der borealen Flora und Fauna ist teilweise auf eine nur langsame Erholung von den Katastrophen der Eiszeit zurückzuführen.

Biomonotone Lebensgemeinschaften stellen ideale Voraussetzungen für die Entstehung von Krankheiten und Schädlingsepidemien dar. Der Fichtentriebwickler *(Choristoneura fumiferana)* z. B. lebt in geringen Dichten in jungen borealen Fichtenwäldern. Wenn die Wälder altern, wachsen die Populationen des Fichtentriebwicklers explosionsartig zu verheerenden Gradationen an. Die alten Wälder werden zerstört und regenerieren sich anschließend durch junge Bäume. Dieser Zyklus spielt sich innerhalb von etwa 40 Jahren ab.

Die alles beherrschende Einschränkung des Lebensraums in borealen Fichtenwäldern ist der Permafrost. Das Wasser im Boden bleibt das ganze Jahr über gefroren und erzeugt eine permanente Trockenheit, bis auf die Perioden, in denen die Sonne die unmittelbare Bodenoberfläche erwärmt. Das Wurzelsystem der Fichte kann sich in den obersten Bodenschichten entwickeln, aus denen die Bäume während der kurzen Vegetationsperiode ihr gesamtes Wasser beziehen. Nördlich des Fichtenwaldes geht die Vegetation in Tundra über; in den südlichen Breiten der Arktis bilden beide Vegetationstypen oft ein Mosaik. In den kälteren Regionen verschwinden Gräser und Seggen, und im Permafrostboden wurzeln gar keine Pflanzen mehr. Starke Winde verstärken die Trockenheit des Lebensraums, und schließlich weicht die Vegetation, die hier nur noch aus Flechten und Moosen besteht, der polaren Wüste. Die Anzahl der Arten höherer Pflanzen (d. h. ohne Moose und Flechten), welche die Vegetation der Arktis bilden, sinkt von den südlichen Breitengraden der Arktis (600 Arten in Nordamerika) auf 100 Arten in Grönland und auf der Ellesmere-Insel nördlich des 83. Breitengrades. Im Vergleich hierzu enthält die Flora der Antarktis nur zwei einheimische Arten von Gefäßpflanzen sowie einige Flechten und Moose,

Die geringe Diversität der borealen Nadelwälder stellt ideale Voraussetzungen für die Massenvermehrung von Schädlingen dar

welche die Lebensgrundlage für wenige kleine Wirbellose bilden. Die biologische Produktivität und Diversität der Antarktis konzentriert sich auf die Küsten und ist fast völlig von den Ressourcen abhängig, die aus dem Meer bezogen werden.

Stark ausgeprägte Populationszyklen von Tieren sind charakteristisch für boreale Biome

Die Fauna des borealen Nadelwalds und der Tundra fasziniert Ökologen, weil die Populationen von Lemmingen, Mäusen, Wühlmäusen und Hasen (Herbivoren) sowie die Populationen der pelztragenden Carnivoren (z. B. Luchs und Hermelin), die sich von jenen ernähren, bemerkenswerte Zyklen von Zuwachs und Zusammenbruch durchlaufen (Abschnitt 8.5.2). Lemminge *(Lemmus)* sind für ihre Populationszyklen und die Rolle, die sie in der Tundra spielen, berühmt. Wenn der Schnee während einer Periode schmilzt, in welcher der Lemming-Zyklus sich im Bereich des Maximums befindet, sind die Tiere ihren Feinden schutzlos ausgeliefert und bilden die Nahrungsgrundlage für große wandernde Populationen von Raubvögeln (Eulen, Skuas und Möwen) sowie Säugetieren, wie z. B. dem Wiesel. Rentier und Karibu (sie gehören zur selben Art, *Rangifer tarandus*) treten in wandernden Herden auf und können die Flechten der Tundra durch die Schneedecke hindurch abweiden.

Die Nadeln der Nadelbäume sind hart und nur schwer abbaubar. Niedrige Temperaturen verringern die Abbaurate zusätzlich. Die Streu sammelt sich in Form von Sauerhumus auf dem Waldboden, und die tierische Aktivität im Boden, durch welche die organische Substanz verarbeitet und mit dem Mineralboden vermischt wird, ist gering. In der Tundra ist der Abbau der organischen Substanz durch die niedrigen Bodentemperaturen stark eingeschränkt, und das Fehlen einer schützenden Walddecke ermöglicht es starken Winden, die tote organische Substanz von Ort zu Ort zu verlagern.

4.5   Aquatische Lebensräume

Die vorherrschenden Merkmale aquatischer Lebensräume resultieren aus den physikalischen Eigenschaften des Wassers. Ein Wassermolekül besteht aus einem schwach negativ geladenen Sauerstoffatom, an das zwei schwach positiv geladene Wasserstoffatome gebunden sind. Diese *dipolare Struktur* ermöglicht es den Wassermolekülen, mehr Substanzen zu binden und zu lösen als jede andere Flüssigkeit auf der Erde. Wasser kann daher mineralische Ionen in Lösung halten und hierdurch die Nährstoffressourcen zur Verfügung stellen, die Algen und höhere Pflanzen für ihr Wachstum brauchen.

Wasser als Medium des Lebens und seine spezifischen Eigenschaften

Andererseits sinkt die Löslichkeit von Sauerstoff, einer essentiellen Ressource sowohl für Pflanzen als auch für Tiere, mit steigender Temperatur schnell ab, und Sauerstoff diffundiert in Wasser nur langsam. Hierdurch kann das Leben im Wasser stark eingeschränkt werden. Wenn tote organische Substanz abgebaut wird, wird Sauerstoff schnell verbraucht. An Orten, wo sich Blätter von Bäumen anreichern oder unbehandeltes Abwasser in einen Fluß oder See eingeleitet wird, kann der Abbau anaerobe Bedingungen schaffen, die für Fische und andere Tiere mit einem hohen biologischen Sauerstoffbedarf tödlich sind. Viele aquatische Tiere verschaffen sich Zugang zu Sauerstoff, indem sie einen kontinuierlichen Wasserstrom über ihre respiratorischen Oberflächen (z. B. die

Kiemen bei Fischen) erzeugen, oder sie besitzen in Relation zu ihrem Körpervolumen sehr große Körperoberflächen.

Wasser ist viskos, und bewegtes Wasser führt ganze lebende Organismen wie kleine Pflanzen und Tiere mit sich. Es leistet der Bewegung von aktiv beweglichen Tieren wie Fischen, Ottern und Wasservögeln Widerstand. Es überrascht daher nicht, daß viele aktiv bewegliche aquatische Tiere stromlinienförmig sind. Viele Pflanzen, die in bewegtem Wasser leben, brauchen eine Verwurzelung im Substrat, um sich gegen die Wasserströmung an Ort und Stelle zu halten, und viele kleinere Tiere heften sich an Pflanzen an oder verstecken sich in Spalten oder unter Steinen, wo sie vor dem Sog des bewegten Wassers geschützt sind.

Wasser bleibt über einen außergewöhnlich weiten Temperaturbereich hinweg flüssig. Es benötigt eine Menge Energie zur Erwärmung (das heißt, es hat eine *hohe Wärmekapazität*), aber es ist ein effizienter Wärmespeicher. Daher variiert die Temperatur großer Wasserkörper (Ozeane und große Seen) im Verlauf der Jahreszeiten nur wenig. Eine weitere physikalische Besonderheit des Wassers ist, daß es in gefrorenem Zustand eine geringere Dichte aufweist als in flüssigem. Wie die meisten Flüssigkeiten wird Wasser dichter und sinkt ab, wenn es abkühlt. Bei Temperaturen unterhalb von 4 °C verringert sich jedoch die Dichte des Wassers, und wenn sich Eis bildet (bei 0 °C), schwimmt es auf dem Wasser. Unter einer Eisschicht können Seen und Wasserläufe flüssig, frei fließend und bewohnbar bleiben.

4.5.1 Ökologie von Wasserläufen

Bäche und Flüsse enthalten nur einen winzigen Anteil des globalen Wasservorrats (0,006 %), aber einen sehr großen Anteil des Süßwassers, das von den Menschen genutzt werden kann. Daher wurden sie seit dem Beginn der Zivilisation angezapft, eingedämmt, begradigt, verlegt, ausgebaggert und verschmutzt. Um die Auswirkungen und die Verträglichkeit einiger dieser Praktiken zu begreifen, muß man die Grundlagen der Ökologie von Wasserläufen verstehen.

Bäche und Flüsse sind durch linearen Verlauf, vorgegebene Fließrichtung, schwankenden Abfluß und instabile Flußbetten charakterisiert. Aus der Enge der Flußbetten resultiert eine innige Verbindung mit der umgebenden terrestrischen Umwelt. Wenn wir die Ökologie von Wasserläufen vollständig verstehen wollen, müssen wir daher den Wasserlauf und das Gebiet, durch das er fließt, als eine Einheit betrachten.

Oft ist die Sauerstoffkonzentration an den turbulenten Stellen des Oberlaufs hoch und weiter flußabwärts, wo hohe Temperaturen zu einer geringeren Sauerstofflöslichkeit führen, niedrig. Dies spiegelt sich in den Lebensgemeinschaften der Flußfische wider. Aktive Arten des Oberlaufs wie die Europäische Forelle *(Salmo trutta)* haben einen hohen Sauerstoffbedarf, während die trägeren Arten wie der Hecht *(Esox lucius)* die geringeren Sauerstoffkonzentrationen in ihren Habitaten der Flußunterläufe tolerieren können.

Die Bedeutung der Sauerstoffkonzentration

Eine Vielzahl anderer chemischer und physikalischer Umweltfaktoren variiert von einem Bach zum nächsten oder entlang des Verlaufs ein und desselben Flusses. Abbildung 4.14 zeigt, wie sich die Artenzusammensetzung von Lebensgemeinschaften aus Wirbellosen in Wasserläufen mit den Umweltbedin-

pH-Wert und Temperatur

Fenster 4.1 – Aktueller ÖKOnflikt

Ein kleiner Flußfisch mit großen Auswirkungen auf den Grundstücksmarkt

Weil Wasserläufe so eng mit ihren terrestrischen Einzugsgebieten verbunden sind, können sich dort menschliche Aktivitäten nachteilig auf ihre Ökologie auswirken. Landschaftsgestaltung oder der Bau von Straßen und Gebäuden in der Nähe von Wasserwegen zum Beispiel erhöhen die Bodenerosion und führen zum Eintrag von Sediment in die Wasserläufe. Der Cherokee-Flußbarsch lebt in klaren Flüssen mit Flußbetten aus Kies und Schotter. In Flußbetten, die mit Sediment bedeckt sind, findet diese Art keine Nahrung und keine Laichmöglichkeiten mehr. Sie kommt inzwischen nur noch in wenigen Flüssen vor.

Der folgende Artikel von Clint Williams erschien am 2. Juli 2001 im *Atlanta Journal*.

Cherokee-Flußbarsch: Winziger Fisch erzwingt Projektänderung

Mit nur ca. 5 cm Länge ist der Cherokee-Flußbarsch in der Lage, Straßenverläufe zu ändern und einen Golfplatz umzugestalten.

Der winzige Fisch, der unter das Bundesgesetz zum Schutz gefährdeter Arten fällt, lebt in den schmalen, über Kiesbetten fließenden Bächen, die sich durch eine geplante, 295,4 ha umfassende Gemeinde an den Rändern von Cobb County und Paulding County winden. Er zwingt die Makler, ihre Pläne zu ändern, um ihn zu schützen.

„Wir haben unsere Pläne darauf abgestimmt, den Cherokee-Flußbarsch möglichst wenig zu beeinträchtigen," sagt Joe Horton, Makler des Governor's Club, einer teuren Golfanlage. „Inzwischen sind wir schon bei unserem sechsten Planungsansatz", fügt er hinzu.

Der Cherokee-Flußbarsch, ein blaß strohgelber Fisch mit dunkler olivfarbener Zeichnung, wurde 1994 von dem US Fish and Wildlife Service auf die Liste gefähr-

gungen ändert. An jedem Standort kommen 30–40 Arten vor, und die Listen der vorhandenen Arten überschneiden sich stark. Die Daten wurden einer Analyse unterworfen, die als *Klassifizierung von Lebensgemeinschaften* bezeichnet wird und konzeptionell der taxonomischen Klassifikation ähnelt. In der Taxonomie werden ähnliche Individuen zu Arten gruppiert, ähnliche Arten zu Gattungen usw. In der Klassifizierung von Lebensgemeinschaften werden Lebensgemeinschaften mit ähnlichen Artenzusammensetzungen zu Sets gruppiert. Diese Sets werden dann wiederum in umfangreichere Sets eingeteilt usw. Im vorliegenden Fall waren der pH-Wert, die Wassertemperatur und das pro Zeiteinheit fließende Wasservolumen (Abfluß) diejenigen Umweltfaktoren, die den größten Einfluß auf die Festlegung des Gruppierungsmusters (und damit auf die Festlegung der Zusammensetzung der Lebensgemeinschaften) hatten.

Störungen des Flußbetts   Da ihr Abfluß auf Ereignisse wie Gewitter und Schneeschmelze reagiert, sind Wasserläufe in hohem Maße störungsanfällige Systeme. Ökologen, die sich mit Wasserläufen befassen, haben kürzlich untersucht, wie sich unterschiedliche

deter Arten gesetzt, kurz nachdem er als eine vom Coosa-Flußbarsch verschiedene Art identifiziert worden war. Nach einem Bericht des Fish and Wildlife Service ist er nur in etwa 20 kleinen Zuläufen zum Etowah River zu finden. Doch nur in wenigen Bächen gibt es gedeihende Populationen.

„Er lebt in einer ganzen Reihe von Bächen, doch deren Zahl nimmt ständig ab," sagt Seth Winger, ein im Naturschutz tätiger Ökologe des Ökologischen Instituts der Universität von Georgia. ...

Die Bäche, die durch das Gelände des Governor's Club laufen, münden in den Pumpkinvine Creek, der unterhalb des Allatoona-Damms in den Etowah River fließt. „In dem Abschnitt gibt es Bäche mit einer Gesamtlänge von 8000 Fuß," sagt Horton. Bei einer biologischen Bestandsaufnahme, die vor dem Erwerb des Grundstücks durchgeführt wurde, fand man vier Cherokee-Flußbarsche. ...

„Wir sind stolz, daß wir sie haben," sagt Horton.

Sie zu behalten wird jedoch ziemlich teuer werden.

Ist es sinnvoll, daß durch eine kleine Population einer Art, die in etwa 20 anderen Bächen vorkommt, die ökonomische Entwicklung behindert wird?

Wie verbreitet müßte die Art sein (in wie vielen Flüssen, in wie vielen Staaten oder Bezirken), damit Landschaftsplaner und Grundstücksmakler ihn ignorieren dürfen?

Sollte es Ihrer Meinung nach in der Verantwortung von Ökologen wie des oben zitierten liegen, die Öffentlichkeit wie im vorliegenden Artikel lediglich über die Fakten zu informieren? Oder ist es angemessen, wenn sie in einer Naturschutzangelegenheit Partei ergreifen?

Störungsarten des Flußbetts in der Zusammensetzung der Lebensgemeinschaft widerspiegeln. Z. B. wurden die Störungsregimes von 54 Flußstandorten in Neuseeland erfaßt durch die farbliche Kennzeichnung von Partikeln (Kiesel, größere Steine und Felsblöcke), die für ihr Flußbett repräsentativ waren, und die Bestimmung des Prozentanteils, der während verschiedener Perioden verlagert wurde; dieser variierte zwischen 10–85 %. Die Insekten des Wasserlaufs wurden entsprechend der Fähigkeiten kategorisiert, die ihnen beim Überleben unter stark gestörten Umweltbedingungen nützlich sein könnten, darunter geringe Körpergröße (kleine Arten haben generell kurze Lebenszyklen, und ihre Populationen können sich schnell wieder aufbauen), ein stromlinienförmiger oder abgeflachter Körper (der weniger leicht verdriftet werden kann) und gute Flugfähigkeit der adulten Insekten, die zur Paarung aus dem Wasserlauf aufsteigen (höhere Wiederbesiedlungsfähigkeit nach einer Störung). Diese Merkmale waren in stärker gestörten Wasserläufen stärker repräsentiert, wodurch die ökologische Bedeutung des Störungsregimes belegt wird (Abb. 4.15). Diese

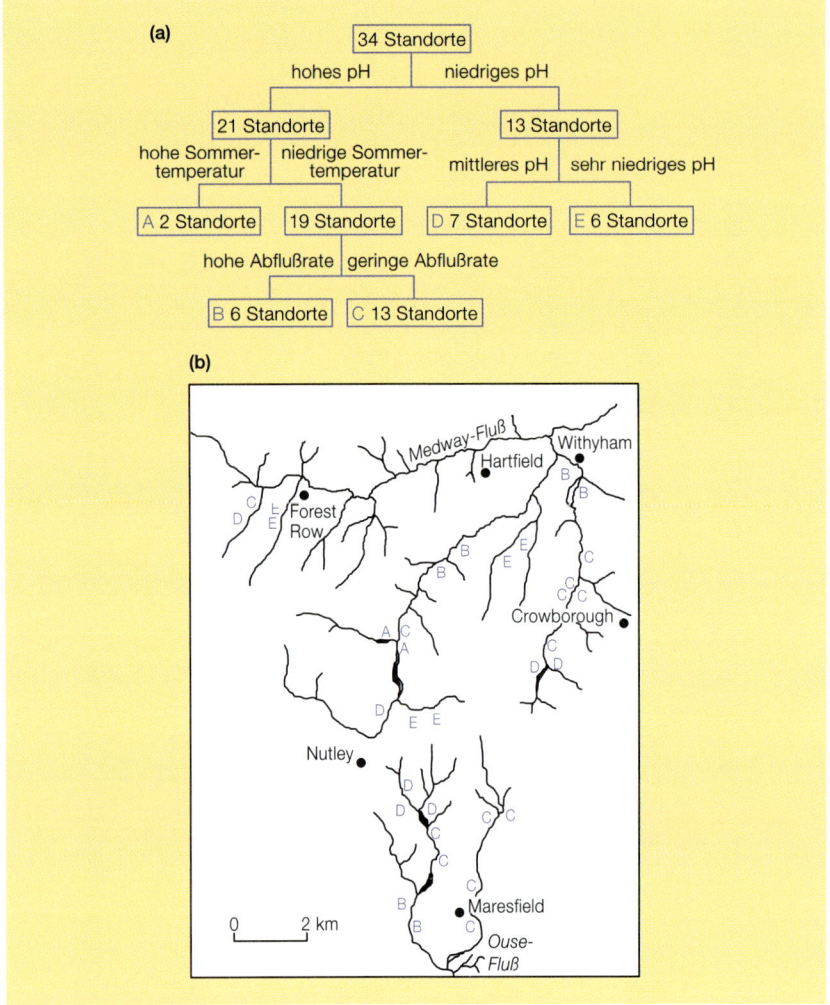

Abbildung 4.14
Artenzusammen-
setzung der
Lebensgemein-
schaften von
Wirbellosen in
Wasserläufen mit
den Umwelt-
faktoren pH-Wert,
Sommertemperatur
und Abflußrate.
(a) Klassifizierung
von 34 Lebensge-
meinschaften von
Wasserläufen.
(b) Verteilung der
Lebensgemein-
schaftsgruppen A
bis E entsprechend
der in (a) darge-
stellten Klassifizie-
rung (nach Town-
send et al., 1983).

Beziehung zwischen Merkmalen von Tieren und vorherrschenden Bedingungen in ihrem Flußlebensraum stellt eine Parallele zu den von Raunkiaer festgestellten Beziehungen zwischen Pflanzenformen und den Bedingungen in ihrer
terrestrischen Umwelt dar (Abb. 4.9).

**Wechselwirkun-
gen zwischen
einem Wasser-
lauf und dem
angrenzenden
Land**

Die an einen Bach grenzende terrestrische Vegetation (die Ufervegetation)
beeinflußt die Verfügbarkeit der Ressourcen für die Bachbewohner auf zweier-
lei Weise. Erstens kann sie durch Beschattung des Bachbettes die Primärproduktion im Bach lebender Algen und anderer Pflanzen reduzieren. Zweitens
kann sie durch Laubfall direkt zur Nahrungsversorgung von Tieren und Mikroorganismen beitragen. Flüsse, die ihren Ursprung in bewaldeten Gebieten haben, sind oft durch die externe Zufuhr organischer Substanz dominiert, und
viele Wirbellose haben Mundwerkzeuge, die große Partikel handhaben können
(Zerkleinerer; „*shredders*") (Vannote et al., 1980). Als Ergebnis der Zerkleine-

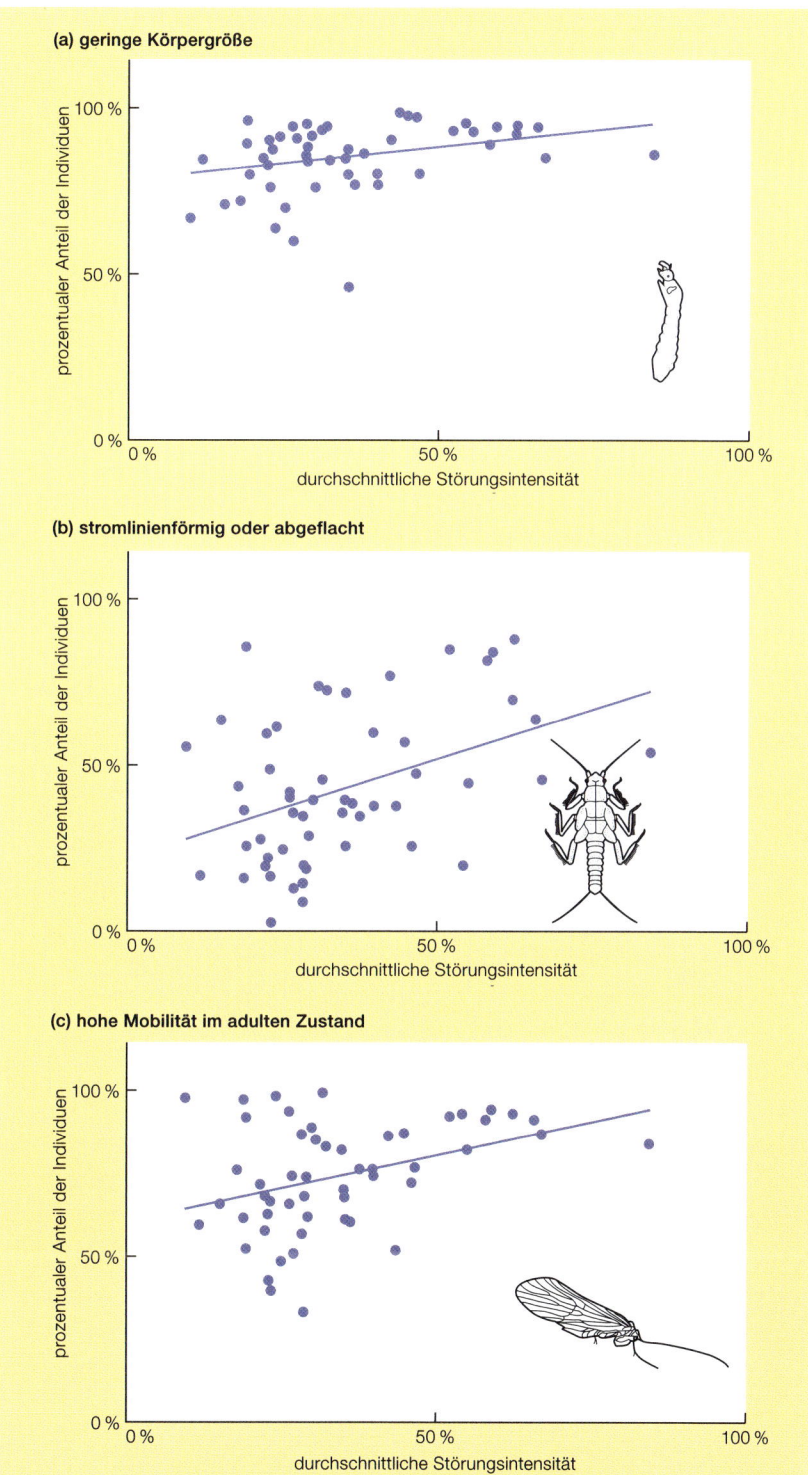

Abbildung 4.15
Störungen sind wesentliche Einfluß-faktoren auf die Ökologie von Wasserläufen, insbesondere auf Lebensgemeinschaften von Insekten. Gestörte Wasserläufe enthalten anteilsmäßig mehr Insektenlarven mit (a) geringer Körpergröße, (b) stromlinienför-migem Körper und (c) guter Flugfähigkeit im Imaginalstadium ($P < 0,01$ in allen Fällen). Diese Eigenschaften ermöglichen es den Tieren, Störungen standzuhalten und das Gebiet später wiederzubesiedeln (nach Townsend et al., 1997b).

rung großer Partikel in kleine organische Partikel (und ebenso von physikalischen Prozessen, die zur Zerkleinerung von Blättern führen) kann flußabwärts die Nahrungsmenge für Sammler *("collector-gatherers")* und Filtrierer *("collector-filterers")* zunehmen (Abb. 4.16). Weiter flußabwärts, wo der Fluß breiter und die Beschattung weniger intensiv ist, können auch Wirbellose häufiger auftreten, die Algen von Steinen abweiden oder abkratzen *("grazer-scrapers")*.

Die Wechselwirkungen können durch menschliche Aktivitäten gestört werden

Die Veränderung der Ufervegetation, z. B. bei der Umwandlung von Wald in Ackerland, kann weitreichende Auswirkungen haben. Weniger Partikel organischer Substanz gelangen in den Wasserlauf, aber die Beschattung ist geringer und der Eintrag von Nährstoffen aus dem Ackerland höher. Dies führt zu einer höheren Produktivität der Wasserpflanzen und entsprechenden Änderungen im Nahrungsnetz. Auch können Effekte auf den Abfluß (Erhöhung durch die Entfernung von Bäumen), die Wassertemperatur (Erhöhung durch die Entfernung der Beschattung) sowie Eigenschaften des Flußbetts auftreten (erhöhter Eintrag mineralischer Feinsubstanz).

Spezifische Folgen einer bestimmten Wechselwirkung zwischen menschlicher Aktivität und der Ökologie von Wasserläufen sind in Fenster 4.1 dargestellt.

Die enge Beziehung zwischen Land und Wasser ist auch im Schwemmland von Flüssen wie dem Amazonas offensichtlich, wo saisonale Überflutungen große Flächen des umgebenden Waldes überschwemmen und zu massiven Ein-

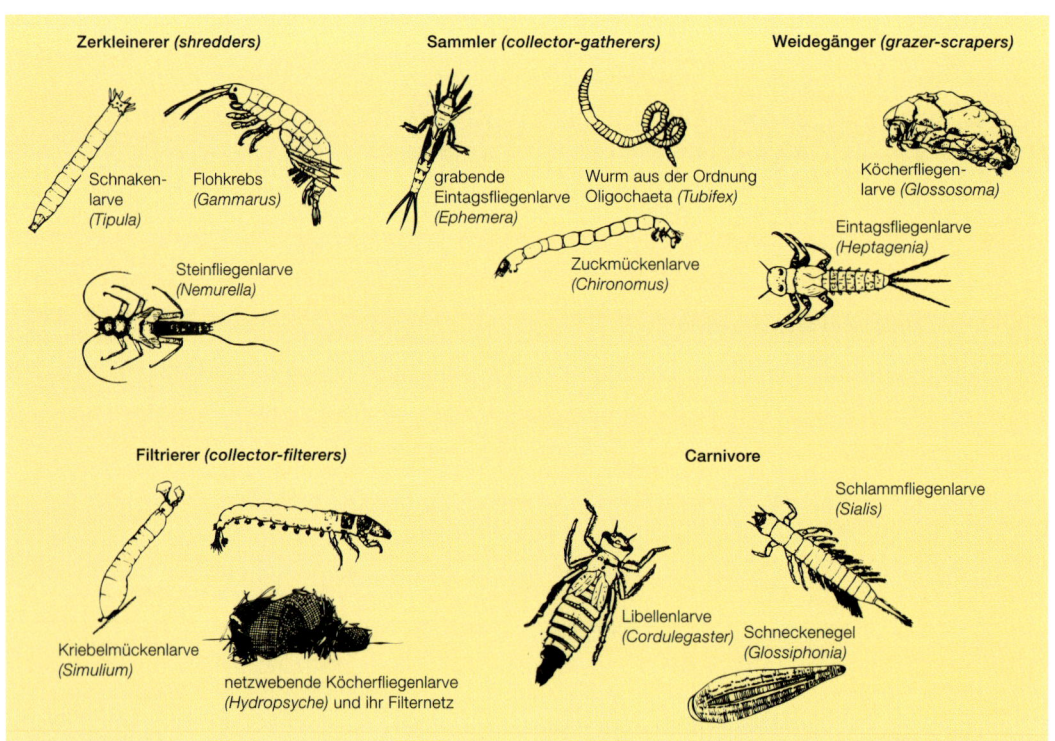

Abbildung 4.16
Beispiele für die verschiedenen Kategorien wirbelloser Konsumenten in Lebensräumen von Wasserläufen.

trägen von Nährstoffen und organischem Material in den Fluß führen. Viele Schwemmlandgebiete der Erde sind planmäßig trockengelegt oder von den mit ihnen in Verbindung stehenden Flußläufen abgeschnitten worden. Beim Verständnis der Auswirkungen dieser Störung der räumlichen Kontinuität steht man erst am Anfang (Townsend, 1996).

4.5.2 Ökologie der Seen

Ebenso wie die Ökologie von Wasserläufen durch die vorgegebene Fließrichtung des Wassers bestimmt wird, wird die Ökologie von Seen durch das relativ stationäre Verhalten des Wassers in ihren Becken beherrscht. Eine kritische Komponente der Ökologie von Seen ist die vertikale Schichtung (Stratifikation) des Wassers als Reaktion auf die Temperatur (wie in Abschnitt 4.2.3 erwähnt). Die obere Schicht des Wassers in einem Seebecken ist der Sonne ausgesetzt und erwärmt sich. Weil warmes Wasser eine geringere Dichte besitzt als kaltes (und deshalb aufsteigt) und weil Wasser sich nur schwer erwärmen läßt, entsteht eine Schichtung – d. h., die obere Schicht ist deutlich von dem darunter stehenden kalten Wasser unterscheidbar. Die obere Schicht, das *Epilimnion*, ist warm, gut beleuchtet und hat einen hohen Sauerstoffgehalt, weil Oberflächenwasser Sauerstoff mit der Atmosphäre austauscht. Sie ist gewöhnlich extrem produktiv und verfügt über hohe Dichten pflanzlichen und tierischen Lebens.

Die Bedeutung vertikal ausgerichteter räumlicher Skalen wird in tieferen Seen offensichtlich, wo sich zwei weitere Schichten ausbilden können. Unter dem Epilimnion befindet sich eine Übergangsschicht, die Sprungschicht oder *Thermokline*, in der Temperatur, Sauerstoffkonzentration und Licht abnehmen. Die tiefste Schicht, das *Hypolimnion*, ist kalt und oft arm an Sauerstoff. Hier wird die abgesunkene tote organische Substanz abgebaut und ihre mineralischen Nährstoffe werden freigesetzt. In den gemäßigten Breiten der Erde bricht die Stratifikation des Seewassers im Herbst zusammen, wenn die obere Schicht abkühlt. Dann werden die Wasserschichten durch Strömungen durchmischt, und die im Hypolimnion freigesetzten Mineralstoffe werden an der Seeoberfläche verfügbar.

Ökologen, die sich mit Seen befassen, wenden ihre Aufmerksamkeit zunehmend der großräumigen Ebene gesamter Seengebiete zu. Seen in größeren Höhenlagen (wie z. B. im nördlichen Wisconsin) erhalten einen größeren Anteil ihres Wassers direkt aus dem Niederschlag, während Seen niedriger Höhenlagen mehr Wasser in Form von Eintrag aus dem Grundwasser beziehen (Abb. 4.17). Dies spiegelt sich in den höheren Konzentrationen lebenswichtiger Ionen in Seen niedriger Höhenlagen wider. Die unterschiedlichen Ionenkonzentrationen beeinflussen vermutlich u. a. die Ökologie und Verbreitung von Süßwasserschwämmen, deren Skelette auf Silizium angewiesen sind, sowie von Flußkrebsen und Schnecken, die einen besonders hohen Bedarf an Calcium haben.

Nährstoffreiche Seen können eine reichhaltige Flora aus mikroskopisch kleinem, flottierendem Phytoplankton (mikroskopisch kleine Pflanzen) sowie eine Vielfalt von Wirbellosen und Fischarten ernähren, aber die Flora wurzeltragender Blütenpflanzen ist auf das Flachwasser in Ufernähe, das *Litoral*, beschränkt. Diese Zone ist gewöhnlich reich an Sauerstoff, Licht, Nahrungsressourcen und

In Seen können Schichten unterschiedlicher Temperaturen auftreten; dies hat wesentliche Auswirkungen auf ihre Ökologie

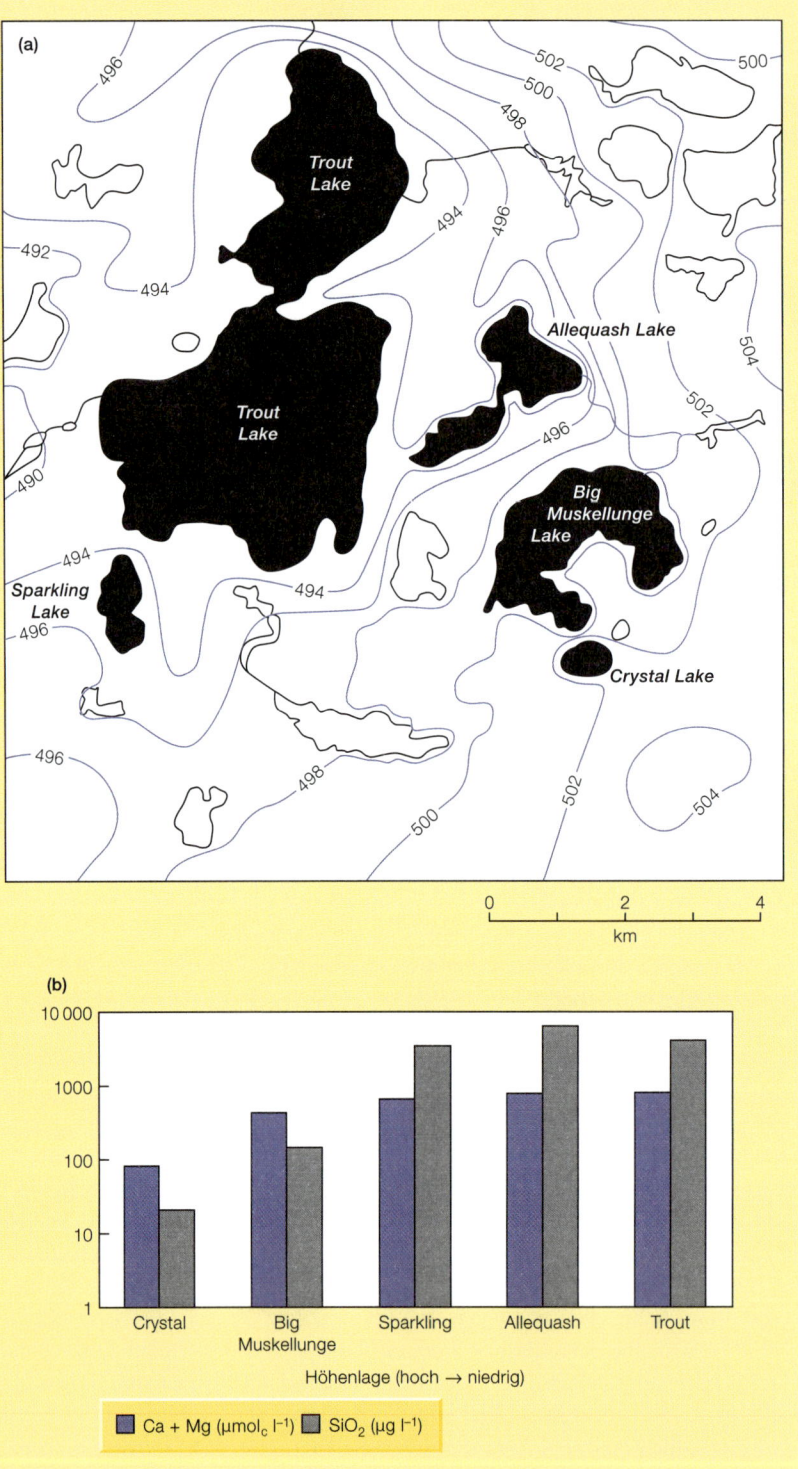

Abbildung 4.17
Seen mit unterschiedlicher Lage in der Landschaft unterscheiden sich in der Herkunft ihres Wassers und in den Konzentrationen der für ihre Bewohner wichtigen chemischen Verbindungen. (a) Karte des Wisconsin Lake District mit untersuchten Seen (schwarz dargestellt) und Höhenlinien (in m oberhalb des Meeresspiegels). (b) Beziehung zwischen der Lage in der Landschaft und den Konzentrationen an Calcium und Magnesium (Ca + Mg) und Silikat (SiO_2) in den fünf Seen (basierend auf Kratz et al., 1997).

Schlupfwinkeln. Einige Fische und Wirbellose jedoch sind auf die tieferen und kälteren Wasserbereiche der Seen spezialisiert. Seeforelle und Glasaugenbarsch sind zwei bei Sportfischern beliebte Arten, deren Habitate auf die kälteren Regionen von Seen beschränkt sind.

Viele Seen in ariden Gebieten besitzen keinen Abfluß, sondern verlieren Wasser nur durch Evaporation und reichern sich dadurch mit Natrium und anderen Ionen an. Diese Salzseen sollten nicht als Sonderfälle betrachtet werden; in globalem Maßstab sind sie ebenso häufig wie Süßwasserseen. Sie sind gewöhnlich sehr fruchtbar und weisen dichte Populationen von Cyanobakterien auf. Einige von ihnen, wie z. B. der Nkuru-See in Kenia, ernähren große Ansammlungen planktonfilternder Flamingos.

In einigen Teilen der Welt sind Salzseen häufig

4.5.3 Ozeane

Die Ozeane bedecken den größten Teil der Erdoberfläche und empfangen den größten Teil der auf die Erde einfallenden Sonnenstrahlung. Ein großer Teil dieser Strahlung wird jedoch von der Wasseroberfläche reflektiert oder vom Wasser und von in ihm suspendierten Teilchen absorbiert. Auch in klarem Wasser nimmt die Strahlungsintensität exponentiell mit der Wassertiefe ab, und die Photosynthese ist im wesentlichen auf die oberen 100 m – die *euphotische* Zone – beschränkt. In den meisten Gewässern ist die euphotische Zone wesentlich weniger mächtig, insbesondere dort, wo das Wasser in der Nähe von Küsten und Mündungsbereichen stärker getrübt ist.

Die grünen Pflanzen, die im offenen Ozean photosynthetisch aktiv sind, sind zum Plankton gehörende, hauptsächlich einzellige Algen, die, wie man aus Experimenten mit Algenkulturen weiß, die Sonneneinstrahlung sehr effizient nutzen können. Tatsächlich jedoch haben große Bereiche der Ozeane, die der größten Intensität an Sonnenstrahlung ausgesetzt sind, eine sehr niedrige biologische Aktivität, weil diese durch Knappheit an mineralischen Nährstoffen eingeschränkt ist. Die großen tropischen Bereiche des Atlantiks und Pazifiks weisen eine biologische Produktivität von weniger als $35\,\mathrm{g\,C\,m^{-2}\,a^{-1}}$ auf. Dem stehen mehr als $800\,\mathrm{g\,C\,m^{-2}\,a^{-1}}$ in terrestrischen Lebensgemeinschaften derselben Breitengrade gegenüber.

Die Bereiche der größten marinen Produktivität (oberhalb von $90\,\mathrm{g\,C\,m^{-2}\,a^{-1}}$) sind dort zu finden, wo eine verläßliche Zufuhr von Mineralstoffen herrscht (insbesondere Stickstoff und Phosphor sowie gegebenenfalls Eisen). Diese Zufuhr geschieht durch Auswaschung aus den Landflächen über Flüsse und Mündungsbereiche oder dort, wo Tiefenströme im Ozean an die Oberfläche treten und gelöste Nährstoffe in die euphotische Zone verfrachten (s. Abschnitt 11.2.2). In Gebieten, wo derartiges Auftriebswasser vorkommt, wandelt sich die Wasserwüste in einen produktiven Lebensraum, wie z. B. vor der peruanischen Küste. Dichte Populationen von Planktonalgen ernähren kleine Krustentiere, die wiederum von Sardellenschulen *(Engraulis ringens)* gefressen werden. Diese Fische ernähren Bonitos und Seelöwen sowie Scharen von Kormoranen, Pelikanen und Tölpeln.

Zu Beginn dieses Kapitels wurde gezeigt, daß die Verteilung der terrestrischen Lebensgemeinschaften weitgehend von der Intensität der Sonneneinstrahlung und ihren Auswirkungen auf Temperatur und Wasserverfügbarkeit abhängt. In völligem Gegensatz hierzu werden Unterschiede zwischen den Lebensgemeinschaften der Meere hauptsächlich durch die Verfügbarkeit mineralischer Nährstoffe bestimmt.

Im Abyssal der Ozeane kommen einzigartige Lebensgemeinschaften vor

Unterhalb der euphotischen Zone nimmt die Dunkelheit zu. Der Boden des Ozeans liegt in völliger Dunkelheit und starker Kälte und steht unter hohem Druck. Dieser Lebensraum, das Abyssal, unterhält die sehr geringe biologische Aktivität einer Lebensgemeinschaft von außerordentlicher biologischer Diversität, zu der Würmer, Krustentiere, Weichtiere und Fische gehören, die nirgendwo sonst zu finden sind. Diese Gemeinschaft lebt von den aus der euphotischen Zone absinkenden sterbenden und toten Organismen. Viele der wirbellosen Tiere sind winzig klein und haben sehr niedrige Stoffwechselraten; ihre Lebensspanne kann sich über Dekaden erstrecken. Eine noch größere Diversität wurde kürzlich in hydrothermalen Vulkanschloten entdeckt, die an zahlreichen isolierten Stellen in 2000 bis 4000 m Tiefe vorkommen (s. Fenster 2.2). In diesen bemerkenswerten Lebensräumen herrschen hohe Sulfidkonzentrationen und bis zu 350 °C hohe Temperaturen an den Stellen, wo überhitzte Flüssigkeit aus „Kaminen" aufsteigt, sowie ein steiler Temperaturgradient bis hinab auf 2 °C in den unmittelbar angrenzenden Tiefenwassern. Die Regionen dieser Vulkanschlote werden von produktiven thermophilen (hitzeliebenden) Bakterien und einer einzigartigen Fauna aus Polychaeten, Krabben und sehr großen Mollusken bewohnt.

4.5.4   Küsten

Marine Lebensräume ändern sich in der Nähe von Küsten dramatisch. Sie werden nicht nur durch Nährstoffe von der Landoberfläche angereichert, sondern auch durch Wellen und Gezeiten beeinflußt, die neue physikalische Kräfte ins Spiel bringen. Insbesondere gibt es nun Oberflächen, an die sich Organismen anheften können; falls sie dies nicht tun, sind sie der Gefahr ausgesetzt, ins Meer getrieben oder ans Ufer gespült zu werden. Großräumig sind die Lebensgemeinschaften der Küsten stark von Wellen, den Gezeiten sowie der Küstentopographie beeinflußt. Innerhalb eines einzelnen Küstenabschnitts läßt sich eine Zonierung der Flora und Fauna erkennen, die von Hoch- und Niedrigwasserlinien gekennzeichnet ist und in Gebiete mit starkem oder schwachem Welleneinfluß unterteilt werden kann (Abb. 4.18).

Wellen und Gezeiten sind Schlüsselfaktoren in der Ökologie von Küsten

Die Ausdehnung der Gezeitenzone hängt von der Höhe der Gezeiten und der Steigung der Küste ab. In einiger Entfernung von der Küstenlinie ist der Tidenhub selten größer als 1 m, aber in größerer Küstennähe kann die Landmasse eine Trichterwirkung auf Ebbe und Flut ausüben und dabei außerordentlich große Spannweiten bei Springtiden erzeugen, die beispielsweise in der Bay of Fundi (zwischen Nova Scotia und New Brunswick, Kanada) etwa 20 Meter betragen. Im Gegensatz hierzu sind die Küsten des Mittelmeers kaum einem Tidenhub ausgesetzt.

An Steilküsten und Felswänden ist die Gezeitenzone sehr schmal, und die Zonierung ist komprimiert. Sowohl Pflanzen als auch Tiere werden durch die physikalische Kraft der Wellenbewegung tiefgreifend beeinflußt. Seeanemonen,

Seepocken und Muscheln heften sich fest und dauerhaft an das Substrat und filtern planktonische Pflanzen und Tiere aus dem Wasser, wenn sie von der Flut bedeckt sind. Andere Tiere, wie z. B. Napfschnecken, bewegen sich bei ihrer Weidetätigkeit fort, und Krabben bewegen sich mit den Gezeiten und nutzen Felsspalten als Rückzugsorte. Die Flora der Felszone unterhalb der Niedrigwasserlinie wird gewöhnlich durch großen braunen Seetang (Kelp) beherrscht, der sich mit spezialisierten „Haftscheiben" an den Felsen festsetzt.

An flach abfallenden Küsten, an denen die Gezeiten Sand und Schlick ablagern und aufwühlen, sind die Lebensräume völlig unterschiedlich. Hier stellen Mollusken und Polychaeten, die im Substrat eingegraben leben und sich bei Überdeckung durch die Flut durch Ausfiltern des Wassers ernähren, die vorherrschenden Tierarten. Dieser Lebensraum ist völlig frei von großem Seetang, dessen Haftscheiben hier keinen Haltepunkt finden können. In den Lebensräumen der Gezeitenzone fehlen Blütenpflanzen weitgehend, aber nicht vollständig. Ausnahmen gibt es an den Stellen, an denen sie sich mit ihren Wurzeln verankern können; die Notwendigkeit der Verankerung beschränkt ihre Verbreitung auf die stabileren, schlickigen Flächen, die dann von „Seegräsern" wie *Zostera* und *Posidonia* oder *Spartina*-Horsten besiedelt sind. In den Tropen besetzen Mangroven dieses Habitat und bereichern die marine litorale Zone um eine strauchartige, holzige Dimension.

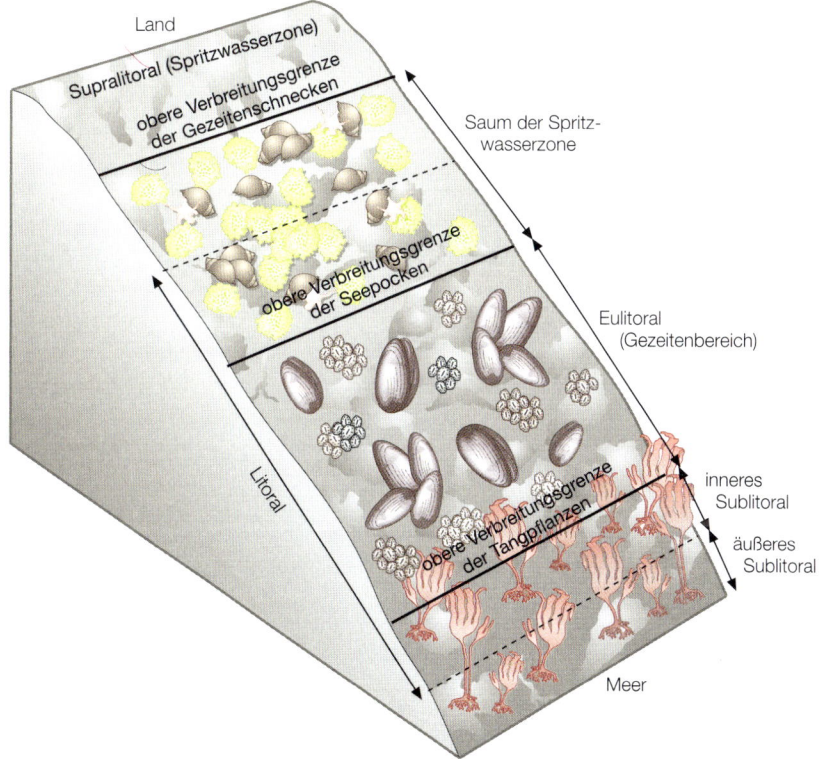

Abbildung 4.18
Allgemeines Schema der Zonation an einer Meeresküste. Die Zonation wird durch die relative Länge der Zeitdauer bestimmt, in der ein Küstenabschnitt der Luft oder dem Wellenschlag ausgesetzt ist (nach Raffaelli & Hawkins, 1996).

Fenster 4.2 – Aktueller ÖKOnflikt

Prognostizierte Veränderungen der Verbreitung von Biomen als Ergebnis der globalen Klimaänderung

Als Resultat menschlicher Aktivitäten steigen in der Atmosphäre die Konzentrationen bestimmter Gase, insbesondere von Kohlenstoffdioxid, aber auch von Stickoxiden, Methan, Ozon und Fluorchlorkohlenwasserstoffen (FCKWs). Aufgrund dieser Veränderungen werden steigende Temperaturen und veränderte Klimamuster auf der Erde vorhergesagt (s. Abschnitt 13.4.2). Weil das Klima die Verbreitung der Biome wesentlich bestimmt, erwarten Ökologen signifikante Veränderungen auf der Weltkarte der Biome, wenn sich die Kohlenstoffdioxidkonzentration in den nächsten 60–70 Jahren verdoppelt.

Die genauen Details des zukünftigen Klimas und seine Konsequenzen für die Verbreitung der Biome vorherzusagen ist nicht einfach. Wissenschaftler haben eine Anzahl möglicher Szenarien entwickelt, die sich entsprechend den Grundannahmen in ihren Modellen unterscheiden. Die Details dieser Modelle müssen uns hier nicht beschäftigen; es genügt festzuhalten, daß sich die in den Abbildungen 4.19 und 4.20 dargestellten Simulationen auf ein Modell der Klimaänderung stützen, das eine effektive Verdopplung der Kohlenstoffdioxidkonzentration annimmt und die Kopplung von Atmosphäre und Ozeanen bei den Veränderungen der Muster von Temperatur und Niederschlag berücksichtigt. Mit dem biogeographischen Modell MAPSS wird dies in Muster der Verbreitung der Biome umgesetzt, indem die potentielle Klimavegetation, die unter dem

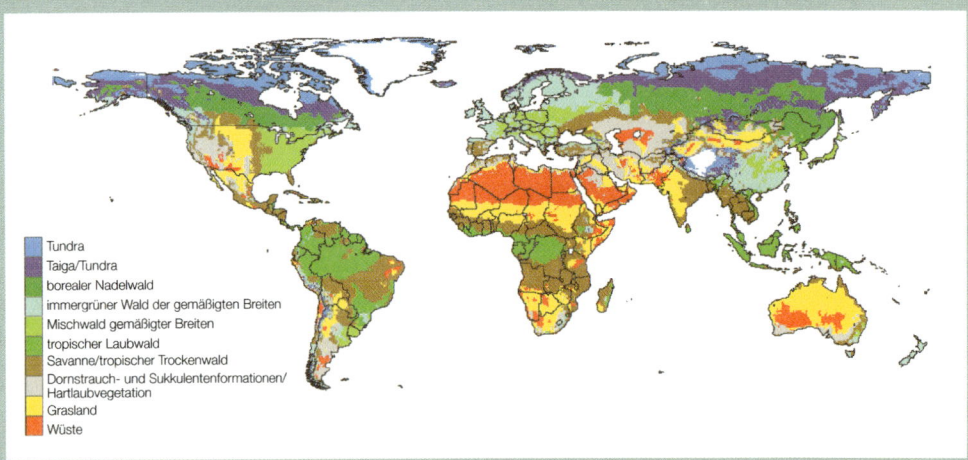

Abbildung 4.19
Verbreitung der wesentlichen Biomtypen unter dem gegenwärtigen Klima nach Simulation durch das Biogeographie-Modell MAPSS (nach Neilson et al., 1998).

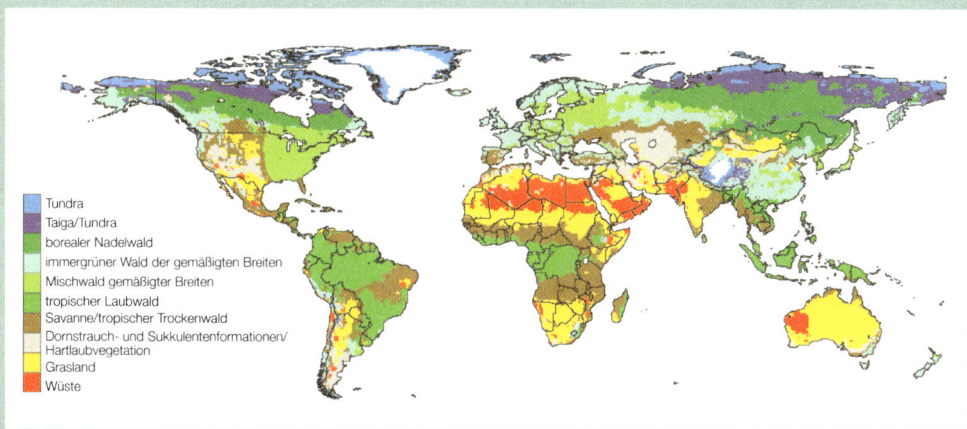

Tundra
Taiga/Tundra
borealer Nadelwald
immergrüner Wald der gemäßigten Breiten
Mischwald gemäßigter Breiten
tropischer Laubwald
Savanne/tropischer Trockenwald
Dornstrauch- und Sukkulentenformationen/
Hartlaubvegetation
Grasland
Wüste

Abbildung 4.20
Potentielle Verbreitung der wesentlichen Biome als Ergebnis von Klimaänderungen aufgrund einer effektiven Verdopplung der Kohlenstoffdioxid-Konzentration nach Simulation durch das Biogeographie-Modell MAPSS (nach Neilson et al., 1998).

jeweils vorherrschenden „durchschnittlichen" jahreszeitlichen Klima existieren könnte, simuliert wird (für weitere Details s. Neilson et al., 1998).

Für das gegenwärtige Klima wurde die in Abbildung 4.19 gezeigte Verbreitung der Biome mit diesem Modell simuliert (Neilson et al., 1998). Anders ausgedrückt, stellt die Abbildung ein Modell der jetzigen Verbreitung der Biome dar. (Die Realität ist hierbei gut wiedergegeben; die Kategorien der Biome sind allerdings nicht genau dieselben wie diejenigen, die in diesem Kapitel an anderer Stelle diskutiert wurden.) Die Karte in Abbildung 4.20 zeigt dagegen die vorhergesagte Verbreitung der Biome in 60–70 Jahren (Neilson et al., 1998).

Dieses Modell prognostiziert eine Abnahme der Fläche der nördlichen Biome Tundra und Taiga/Tundra (der offenen Waldlandschaft, die zwischen der baumlosen Taiga und den dichten borealen Nadelwäldern auftritt). Es sagt ebenfalls eine Abnahme der Wüstengebiete und eine Zunahme der Wälder gemäßigter Breiten voraus. Dieses Ergebnis stimmt gut mit einer Vielfalt von Modellen überein, denen andere Ausgangsannahmen zugrunde liegen.

(Dank an Dr. Ron Neilson für seine Hilfe bei der Zusammenstellung dieses Fensters.)

4.5.5 Mündungsbereiche (Ästuare)

Mündungsbereiche (Ästuare) treten dort auf, wo ein Fluß (Süßwasser) und eine Gezeitenbucht (Salzwasser) aufeinandertreffen. In ihnen herrscht eine faszinierende Mischung der Umweltbedingungen, die normalerweise in Flüssen, flachen Seen und Lebensgemeinschaften der Gezeitenzone auftreten. Salzwasser, das eine größere Dichte als Frischwasser hat, tendiert dazu, in Form eines Salzwasserkeils am Grund in das Ästuar vorzudringen. Dort, wo es sich mit dem hinausfließenden Süßwasser vermischt, entsteht eine brackige mittlere Schicht, aus der es in Fließrichtung des Süßwassers in das Meer zurückkehrt. Die Form des Salzwasserkeils wird zum großen Teil durch die Abflußmenge des Flusses bestimmt, der in das Ästuar mündet; hohe Abflußraten lassen in der Tendenz einen kleineren Salzwasserkeil und eine nur schwache Durchmischung entstehen. Die steilen Gradienten der Salinität, sowohl räumlich als auch zeitlich, spiegeln sich in einer spezialisierten Fauna des Ästuars wider: Manche Tiere sind durch spezielle physiologische Mechanismen angepaßt, während viele andere die variablen Salzkonzentrationen durch Eingraben, durch das Schließen schützender Schalen oder durch Ausweichen in andere Bereiche vermeiden.

Offene Frage: Wie werden sich die Biome der Erde verändern?

Es wurde bereits gezeigt, daß die großräumigen Grenzen von Biomen nicht so deutlich sind, wie es Landkarten vermuten lassen. Inzwischen wird uns auch bewußt, daß diese Grenzen nicht unveränderlich sind, und daß Veränderungen möglicherweise zur Zeit gerade stattfinden. Die für die nächsten Jahrzehnte vorhergesagten Änderungen des globalen Klimas lassen dramatische Veränderungen in der Verteilung der Biome auf der Erdoberfläche erwarten (Fenster 4.2). Doch die Art dieser Veränderungen bleibt in höchstem Maße ungewiß.

 Zusammenfassung

Großräumige und kleinräumige geographische Muster
Die Vielfalt der Einflüsse auf die Klimabedingungen der Erde erzeugt ein Mosaik von Klimaten. Dieses wiederum ist verantwortlich für das großräumige Muster der Verbreitung terrestrischer Biome. Biome sind jedoch innerhalb ihrer hypothetischen Grenzen nicht homogen; jedes Biom weist Gradienten in seinen physikalisch-chemischen Umweltbedingungen auf, die mit lokalen Merkmalen der Topographie, der Geologie und des Bodens verknüpft sind. Die Lebensgemeinschaften aus Pflanzen und Tieren, die an diesen unterschiedlichen Orten auftreten, können sich stark unterscheiden.

Bei den meisten aquatischen Lebensräumen ist es schwer, irgendwelche Ähnlichkeiten mit terrestrischen Biomen zu erkennen; die Lebensgemeinschaften der Bäche, Flüsse, Seen, Ästuare und offenen Ozeane spiegeln eher lokale Umweltbedingungen und Ressourcen wider als globale Klimamuster.

Die Zusammensetzung der lokalen Lebensgemeinschaften kann sich auf Zeitskalen von Stunden über Dekaden bis zu Jahrtausenden ändern.

Terrestrische Biome

Eine Karte der Biome ist normalerweise keine Verbreitungskarte von Arten. Statt dessen zeigt sie, wo Landgebiete zu finden sind, die von Pflanzen mit charakteristischen Ausprägungen von Wuchsform, Bau und physiologischen Prozessen dominiert sind. Die objektive Beschreibung von Lebensgemeinschaften aufgrund dieser groben Merkmale, wie z. B. der „Lebensformen" nach Raunkiaer, ist für Ökologen eine schwierige Aufgabe.

Der tropische Regenwald stellt den globalen Höhepunkt in der Entwicklung der biologischen Diversität dar. Seine außergewöhnlich hohe Produktivität resultiert aus dem Zusammentreffen einer ganzjährig hohen Sonneneinstrahlung und regelmäßigen und zuverlässigen Niederschlägen.

Die Savanne besteht aus Grasland mit vereinzelten kleinen Bäumen. Saisonale Niederschläge stellen die stärkste Einschränkung für die Diversität von Pflanzen und Tieren in der Savanne dar; weidende Herbivoren sowie Feuer beeinflussen die Vegetation, indem sie Gräser begünstigen und die Regeneration der Bäume behindern.

Das Grasland gemäßigter Breiten tritt als Steppe, Prärie, Pampa und als das Grasland Südafrikas auf. Typischerweise ist dieses Biom saisonaler Trockenheit unterworfen, aber die Bedeutung des Klimas für die Vegetation wird normalerweise durch die Auswirkungen weidender Tiere überdeckt. Von allen Biomen ist das Grasland der gemäßigten Breiten vom Menschen am stärksten verändert worden.

Viele Wüstenpflanzen haben eine opportunistische Lebensweise, indem sie durch unvorhersagbare Regenfälle zum Keimen gebracht werden; andere, wie z. B. Kakteen, sind langlebig und weisen langsame physiologische Prozesse auf. Die Diversität der Tiere in Wüsten ist gering und reflektiert damit die geringe Produktivität der Vegetation und die Unverdaulichkeit eines großen Teils dieser Vegetation.

An den niedrigeren Breitengraden des Areals von Wäldern der gemäßigten Breiten sind die Winter mild, und die Vegetation besteht aus immergrünen Laubbäumen. In größerer Nähe zu den Polen sind die Jahreszeiten deutlich ausgeprägt, und die Vegetation wird von laubabwerfenden Bäumen beherrscht. Die Böden sind normalerweise reich an organischer Substanz.

In den borealen Nadelwäldern herrscht oft eine *Biomonotonie*, die in starkem Gegensatz zu der Biodiversität tropischer Regenwälder steht. Sie ist das Resultat einer nur langsamen Erholung von den Katastrophen der Eiszeit. Der gefrorene Boden stellt die alles beherrschende lokale Einschränkung dar. Näher an den Polen geht die Vegetation in Tundra über, beide Vegetationstypen bilden in den südlichen Breiten der Arktis oft ein Mosaik. Säugetierpopulationen durchlaufen oft bemerkenswerte Zyklen von Wachstum und Zusammenbruch.

Aquatische Lebensräume

Bäche und Flüsse sind durch linearen Verlauf, vorgegebene Fließrichtung, schwankenden Abfluß und instabile Flußbetten charakterisiert. Die an einen Wasserlauf grenzende terrestrische Vegetation beeinflußt die Ressourcen, die dessen Bewohnern zur Verfügung stehen, in hohem Maß; die Umwandlung von Wald in Ackerland kann weitreichende Auswirkungen haben.

Die Ökologie von Seen wird durch das relativ stationäre Verhalten des Wassers bestimmt. Als Ergebnis des Temperatureinflusses sind manche Seen vertikal geschichtet; dies hat Konsequenzen für die Verfügbarkeit von Sauerstoff und Pflanzennährstoffen. Seen in größeren Höhenlagen können einen größeren Anteil ihres Wassers aus dem Niederschlag erhalten, während Seen niedriger Höhenlagen mehr Wasser in Form von Eintrag aus dem Grundwasser beziehen. Salzseen in ariden Gebieten besitzen keinen Abfluß, sondern verlieren Wasser ausschließlich durch Evaporation.

Ozeane bedecken den größten Teil der Erdoberfläche und empfangen den größten Teil der auf die Erde einfallenden Sonnenstrahlung. Große Bereiche weisen jedoch wegen der Knappheit an mineralischen Nährstoffen eine sehr geringe biologische Aktivität auf. Unterhalb des Oberflächenbereichs nimmt die Dunkelheit schnell zu, doch am Grund des Ozeans kann ein abyssaler Lebensraum existieren, der eine artenreiche Lebensgemeinschaft mit sehr geringer biologischer Aktivität beherbergt.

Küstenlebensräume werden durch Nährstoffe von der Landoberfläche angereichert, aber auch durch Wellen und Gezeiten beeinflußt. Innerhalb eines einzelnen Küstenabschnitts herrscht eine Zonierung der Flora und Fauna, die in Bereichen mit starker und schwacher Wellenbewegung unterschiedlich ausgeprägt ist.

Ästuare treten dort auf, wo ein Fluß (Süßwasser) und eine Gezeitenbucht (Salzwasser) aufeinandertreffen. Die steilen Gradienten der Salinität, sowohl räumlich als auch zeitlich, spiegeln sich in einer spezialisierten Fauna des Ästuars wider.

Quiz

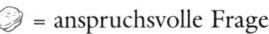 = anspruchsvolle Frage

1. ☺ Beschreiben Sie die verschiedenen klimatischen Veränderungen, die man auf einer Reise über die unterschiedlichen geographischen Breiten feststellt! Warum findet man Wüsten mit größerer Wahrscheinlichkeit im Bereich des 30. Breitengrads als in anderen Breiten?

2. Welche Klimaänderungen erwarten Sie bei einer Überquerung der Rocky Mountains von Westen nach Osten?

3. ☺ Biome unterscheiden sich aufgrund großer Unterschiede in der Natur ihrer Lebensgemeinschaften, nicht durch die in ihnen auftretenden Arten. Diskutieren Sie mögliche Schemata zur objektiven Klassifizierung der Hauptunterschiede zwischen Floren und Faunen, die zur Unterscheidung zwischen Biomen herangezogen werden können.

4. Der tropische Regenwald ist eine artenreiche Lebensgemeinschaft auf einem nährstoffarmen Boden. Erörtern Sie diesen Zusammenhang!

5. ☺ Welche Biome der Erde wurden Ihrer Meinung nach durch den Menschen am stärksten beeinflußt? Wie und warum sind manche Biome durch menschliche Aktivitäten stärker betroffen als andere?

6. Was versteht man unter „Stratifikation des Wassers in Seen?" Wie kommt sie zustande, und warum treten von Zeit zu Zeit und von einem See zum anderen Änderungen in der Stratifikation auf?

7. Beschreiben Sie, wie das Abholzen eines Waldes die Lebensgemeinschaft der Organismen beeinflussen kann, die einen durch das betroffene Gebiet fließenden Wasserlauf bewohnen.

8. Warum kann ein großer Teil des offenen Ozeans als „marine Wüste" bezeichnet werden?

9. Diskutieren Sie, warum sich die Zusammensetzung der Lebensgemeinschaft verändert, wenn man (1) auf einen Berg steigt und (2) sich vom kontinentalen Schelfmeer in das Abyssal des Ozeans bewegt.

10. Warum sind großräumige geographische Klassifikationen für aquatische Lebensgemeinschaften schlechter möglich als für terrestrische? Welche Merkmale aquatischer Ökosysteme puffern die Klimaeffekte ab?

www-Fragen

1. Man erwartet, daß die globale Erwärmung zu dramatischen Veränderungen in den Mustern von Temperatur und Niederschlag führen wird. Wie könnten sich diese Veränderungen auf die Grenzen der Biome der Erde auswirken? Führen die verschiedenen Modelle der globalen Erwärmung zu unterschiedlichen Ergebnissen?

2. Hydrothermale Vulkanschlote in der Tiefsee sind Lebensraum für bizarre Anordnungen von Lebewesen mit hoher Diversität. Wie unterscheiden sich diese Ökosysteme in den energetischen Grundlagen und der trophischen Struktur von den Ökosystemen des Landes und des Flachwassers? Beurteilen Sie die Vorstellung, daß diese Schlote der Ursprungsort des Lebens auf der Erde sein könnten.

Individuen, Populationen, Gemeinschaften und Ökosysteme

Teil III

5

Geburt, Tod und Wanderbewegungen

Alle Fragen zur organismischen Ökologie – ob zur wissenschaftlichen Grundlagenforschung oder zu unmittelbar angewandten Aspekten – können als Versuche angesehen werden, die Verteilung und Abundanz von Organismen sowie
die dafür verantwortlichen Faktoren Geburt, Tod und Wanderbewegungen zu
verstehen. In diesem Kapitel werden diese Faktoren, die Methoden zu ihrer Erfassung und ihre Konsequenzen beschrieben.

Schlüsselkonzepte

Dieses Kapitel soll

- die Schwierigkeiten beim Zählen von Individuen darstellen, aber auch die Notwendigkeit ihrer numerischen Erfassung, um die Verteilung und Abundanz von Organismen und Populationen zu verstehen;
- die Spannweiten von Lebenszyklen und die Muster von Geburt und Tod bei unterschiedlichen Organismen vermitteln;
- den Aufbau und die Bedeutung von Lebenstafeln und Fruchtbarkeitstafeln beschreiben;
- die Rolle und die Bedeutung der Dispersion und Migration für die Populationsdynamik darstellen;
- die Auswirkung der intraspezifischen Konkurrenz auf Geburt, Tod und Wanderbewegungen und damit auf Populationen verständlich machen;
- die Konstruktionsmöglichkeiten von *Life-history*-Mustern beschreiben, die unterschiedliche Typen von Organismen mit unterschiedlichen Typen von Habitaten verknüpfen, aber auch die Grenzen dieser Muster erkennen lassen.

5.1   Einleitung

Ökologen versuchen, die Verteilung und Abundanz von Organismen zu beschreiben und zu verstehen. Sie tun dies vielleicht, weil sie eine Schädlingsart kontrollieren oder eine gefährdete Art schützen wollen, oder einfach, weil sie von der Welt um sich herum und den sie steuernden Kräften fasziniert sind. Eines ihrer Hauptanliegen ist es daher, Änderungen in den Größen von Populationen zu untersuchen. Es ist üblich, den Begriff *Population* zur Beschreibung einer Gruppe von Individuen einer untersuchten Art zu verwenden. Was aber tatsächlich eine Population ausmacht, ist von Art zu Art und von Untersuchung zu Untersuchung verschieden. In einigen Fällen sind die Grenzen einer Population offenkundig: die Stichlinge, die einen kleinen See bevölkern, stellen *die Stichlingspopulation des Sees* dar. In anderen Fällen werden die Grenzen durch das Ziel der Untersuchung oder durch Zweckmäßigkeiten bestimmt. Es ist möglich, die Population von Lindenblattläusen, die ein Blatt, einen Baum, einen Baumbestand oder einen ganzen Wald besiedeln, zu untersuchen. In jedem dieser Fälle besteht das Gemeinsame an dem Begriff *Population* darin, daß er durch die bestehenden, wachsenden oder abnehmenden Individuenzahlen, also durch die Veränderung dieser Zahlen, definiert ist.

Was ist eine Population?

Die Prozesse, die die Größe von Populationen verändern, sind Geburt, Tod und Wanderbewegungen in und aus diesen Populationen. Die Gründe von Populationsveränderungen zu verstehen ist ein Hauptanliegen von Ökologen, weil es in der Ökologie nicht nur darum geht, Natur zu beschreiben, sondern oft auch darum, Naturprozesse vorauszusagen und in diese einzugreifen. Wir möchten z. B. die Populationsgröße von Kaninchen, die erhebliche Ernteverluste verursachen, reduzieren. Wir könnten dies durch eine Erhöhung der Todesrate erreichen, wie z. B. durch die Einbringung des Myxomatosevirus in die Population, oder durch eine Reduzierung der Geburtenrate, wie z. B. durch Ausbringen von Futter, das ein Verhütungsmittel enthält. Wir könnten ihre Abwanderung fördern, indem wir Hunde einsetzen, oder ihre Zuwanderung durch Abzäunung verhindern.

Geburt, Tod und Wanderbewegungen ändern die Größe von Populationen

Ein Naturschützer möchte vielleicht die Populationsdichte einer seltenen, gefährdeten Art erhöhen. In den 1970er Jahren begann die Anzahl der Weißkopfseeadler, Fischadler und anderer Raubvögel in den USA schnell abzunehmen. Als Gründe kamen ihre sinkende Geburtenrate oder ihre ansteigende Sterberate in Frage. Ein weiterer Grund hätte sein können, daß die Populationsdichte normalerweise durch Zuwanderung aufrechterhalten wurde, diese aber zurückging, oder daß Individuen abwanderten und sich woanders ansiedelten. Schließlich wurde erkannt, daß der Rückgang auf die reduzierten Geburtenraten zurückgeführt werden konnte. Das Insektizid DDT wurde zu dieser Zeit großflächig eingesetzt (es ist jetzt in den USA verboten) und von Fischen und Raubvögeln aufgenommen. Es reicherte sich in den Vogelkörpern an und beeinflußte physiologische Abläufe dahingehend, daß die Schalen der Eier dünn wurden und die Küken häufig in den Eiern starben, bevor sie schlüpfen konnten. Naturschützer, die damit befaßt waren, die Population des Weißkopfseeadlers wieder in den ursprünglichen Zustand zu versetzen, mußten einen Weg finden, um die Geburtenraten der Vögel zu erhöhen. Das Verbot von DDT brachte das gewünschte Ergebnis.

Abbildung 5.1

Modulare Pflanzen (links) und Tiere (rechts) mit den zugrundeliegenden Parallelentwicklungen in ihren jeweiligen Konstruktionsplänen. (a) Modulare Organismen, die in ihre Module zerfallen, wenn sie wachsen: Wasserlinse (*Lemna* spec.) (© John D. Cunningham, Visuals Unlimited) und *Hydra* spec. (© Larry Stepanowicz, Visuals Unlimited). (b) Sich frei verzweigende Organismen, in denen die Module als Individuen auf „Stielen" sitzen: vegetativer Sproß einer höheren Pflanze *(Lonicera japonica)* mit Blättern (Ernährungsmodule), blühender Sproß (Visuals Unlimited) mit Blüten (reproduktive Module, unten) und Hydropolypen-Kolonie *(Obelia)*, die sowohl Fraß- als auch reproduktive Module trägt (© L. S. Stepanowicz, Visuals Unlimited). (c) Stolonenbildende Organismen, bei denen sich die Kolonien lateral ausbreiten und durch „Stolone" miteinander verbunden bleiben: eine einzige Erdbeerpflanze *(Fragaria)*, die sich über Stolone ausbreitet (© Science VU, Visuals Unlimited) und eine Kolonie der Hydrozoenart *Tubularia crocea* (John D. Cunningham, Visuals Unlimited). (d) Dicht gepackte Kolonien von Modulen: Polster eines Steinbrechs *(Saxifraga bronchialis)* (Gerald und Buff Corsi, Visuals Unlimited) und ein Segment der Steinkoralle *Turbinaria reniformis* (© Dave B. Fleetham, Visuals Unlimited). (e) Module auf einer dauerhaften, weitgehend abgestorbenen Unterlage; Eiche *(Quercus robur)*, bei der die Unterlage hauptsächlich aus totem Holzgewebe besteht, das von vorausgehenden Modulen abstammt (© Silwood Park, Visuals Unlimited), und eine Hornkoralle, bei der die Unterlage vor allem aus dem stark verkalkten Gewebe der früheren Module besteht (© Daniel W. Gotshall, Visuals Unlimited).

5.1.1   Was ist ein Individuum?

Eine Population ist eine Anzahl von Individuen, aber bei manchen Organismenarten ist es nicht immer ganz klar, was mit einem Individuum gemeint ist. Bei vielen Organismen ist das kein Problem. Ein Hase hat zwei Ohren, zwei Augen und vier Beine. Ein Spinnenindividuum hat acht Beine. Eine Spinne, die lange lebt, wird nicht mehr Beine entwickeln, und einem Hasen wird kein drittes Auge wachsen. Das gesamte Aussehen solcher Organismen und ihr Entwicklungsprogramm ist von dem Moment der Vereinigung von Spermium und

Unitare und modulare Organismen

Eizelle an vorhersehbar und *vorbestimmt*. Sie werden als *unitare* Organismen bezeichnet.

Vögel, Insekten, Reptilien und Säugetiere sind unitare Organismen. Wir können (theoretisch jedenfalls) die Anzahl von Schafen einer Herde bestimmen, indem wir alle Beine zählen und durch vier teilen. Das läßt sich aber nicht bei Populationen modularer Organismen, wie z. B. bei Bäumen, Büschen, Kräutern, Korallen, Schwämmen und vielen anderen marinen Evertebraten, machen. Diese wachsen durch ständige Nachbildung von Modulen (Blätter, Polypen etc.), und sie bilden fast immer eine sich verzweigende Struktur. Solche Organismen haben eine Architektur: Die meisten sind verwurzelt oder sonstwie befestigt, nicht frei beweglich (Abb. 5.1). Beides, sowohl ihre Struktur als auch ihr genaues Entwicklungsprogramm, sind nicht voraussagbar, sondern *undeterminiert*. Wir können alle Blätter in einem Wald zählen, aber wir können auf diese Weise nicht die Anzahl der Bäume bestimmen. Wir könnten alle Polypen in einem Korallenriff-Fragment zählen, aber das sagt uns noch lange nichts über die Anzahl der befruchteten Eier (Zygoten), aus welchen sich dieses Fragment entwickelte.

Modulare Organismen sind ihrerseits Populationen von Modulen

Damit müssen wir bei modularen Organismen zwischen dem *Genet*, also dem genetischen Individuum, und dem Modul unterscheiden. Der Genet ist ein Individuum, das sein Leben als einzellige Zygote beginnt und erst dann als tot betrachtet werden kann, wenn alle Module, aus denen es aufgebaut ist, gestorben sind. Ein *Modul* beginnt sein Leben als vielzelliger Auswuchs eines anderen Moduls, entwickelt sich im Lebenszyklus bis zur Geschlechtsreife weiter und stirbt, selbst wenn die Form und die Entwicklung des gesamten Geneten undeterminiert ist. Wenn wir über Populationen schreiben oder sprechen, denken wir normalerweise an unitare Organismen, vielleicht weil wir selber unitar sind, und sicherlich gibt es mehr unitare Arten als modulare Arten. Aber modulare Organismen sind keine seltenen Ausnahmen oder Kuriositäten. Der Hauptteil des lebenden Gewebes auf Erden (Biomasse), und der größte Teil davon im Meer, besteht aus modularen Organismen: Wald, Weideland, Korallenriffe und Torfmoose. In all diesen und in vielen anderen Fällen ist die Abgrenzung eines Individuums schwierig.

5.1.2 Das Zählen von Individuen, Geburten und Todesfällen

Selbst bei unitaren Organismen sind Ökologen mit enormen technischen Schwierigkeiten konfrontiert, wenn sie zu erfassen versuchen, was mit Populationen in der Natur passiert. Eine große Anzahl ökologischer Fragen bleibt wegen dieser Probleme unbeantwortet. Beispielsweise können die finanziellen Ressourcen nur dann effektiv zur Kontrolle einer Schädlingsart eingesetzt werden, wenn man weiß, wann deren Geburtenrate am höchsten ist. Das kann man nur dann wissen, wenn man entweder genau die Geburten selbst überwacht oder die ansteigenden Individuenzahlen – beides ist nicht einfach.

Die Schwierig- keiten zu zählen

Wenn wir wissen wollen, wie viele Fische in einem Teich sind, können wir die genaue Zahl dadurch ermitteln, daß wir Gift in den Teich hineinschütten und dann die toten Fischkörper zählen. Aber abgesehen von der Fragwürdigkeit die-

Fenster 5.1 – Quantitative Aspekte

Die Fang-Wiederfangmethode zur Abschätzung von Populationsgrößen

Die Größe einer Population kann manchmal abgeschätzt werden, indem eine Zufallsstichprobe an Individuen gefangen, markiert (Farbtupfer, Fußringe) und dann wieder freigelassen wird. Nach einiger Zeit fängt man wieder eine Zufallsprobe und der Anteil an markierten, wiedergefangenen Individuen ermöglicht es, auf die Größe der gesamten Population rückzuschließen (s. Abb.). Beispielsweise werden hundert Individuen einer Spatzenpopulation gefangen, markiert und wieder in die Ausgangspopulation freigelassen. Wenn später wieder hundert Individuen aus der Population gefangen werden und davon die Hälfte bereits markiert ist, könnten wir folgendermaßen argumentieren: Die Hälfte der gesammelten Individuen ist markiert; die Stichprobe ist für die gesamte Population repräsentativ; deshalb ist die Hälfte der Population markiert; 100 Individuen erhielten die Markierung; deshalb besteht die Gesamtpopulation aus ca. 200 Individuen. Allerdings ist die Fang-Wiederfangmethode sehr viel schwieriger, als es auf den ersten Blick erscheint. Es gibt eine Menge Fallstricke beim Sammelprozeß und bei der Interpretation der Daten. Stellen wir uns z. B. vor, daß viele markierte Individuen zwischen dem ersten Fang und dem Wiederfang sterben. Um dies zu berücksichtigen, werden Veränderungen der Methode nötig. Dennoch ist die Fang-Wiederfangmethode für viele frei bewegliche Organismen die einzige Technik, die wir zur Abschätzung der Populationsgröße haben.

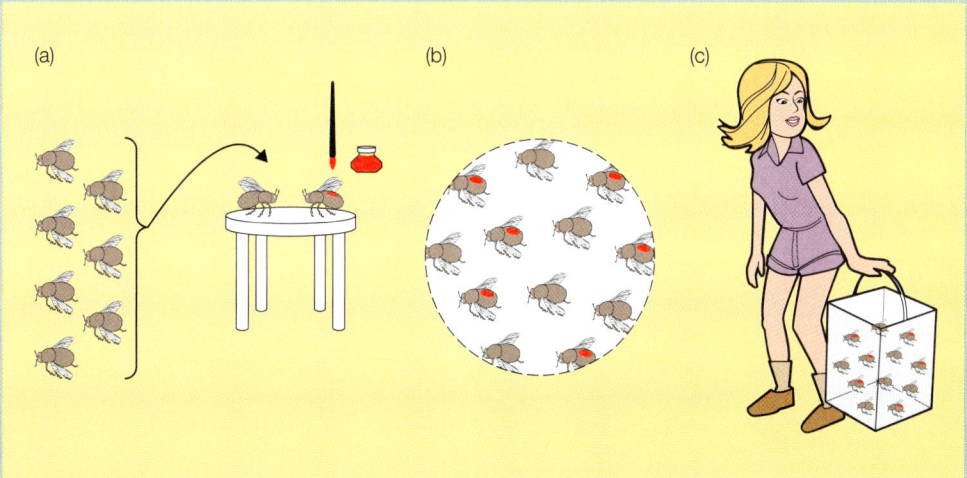

Die Fang-Wiederfangmethode zur Abschätzung der Populationsgröße beweglicher Organismen (vereinfachte Darstellung). (a) Bei der ersten Beprobung einer Population mit der unbekannten Gesamtgröße N wird eine repräsentative Zufallsprobe genommen (r Individuen) und so markiert, daß sie dadurch keinen Schaden nimmt. (b) Die Individuen werden wieder in die Population entlassen, wo sie sich mit der unbekannten Anzahl an unmarkierten Individuen vermischen. (c) Bei der zweiten Beprobung wird eine weitere repräsentative Zufallsprobe genommen. Weil diese repräsentativ ist, sollte der Anteil der Markierten aus der Zufallsprobe (m aus einer Gesamtzufallsprobe n) im Durchschnitt genauso groß sein wie in der Gesamtpopulation (r aus der Gesamtheit N). Daher kann N abgeschätzt werden.

ser Vorgehensweise möchten Ökologen gewöhnlich eine Population weiter untersuchen, nachdem sie die Individuen gezählt haben. Gelegentlich ist es möglich, alle Individuen einer Population lebend zu fangen, sie zu zählen und dann wieder freizulassen. Bei Vögeln beispielsweise ist es eventuell möglich, die Küken zu beringen und schließlich jedes Individuum (abgesehen von Zuwanderern) in der Population in einem kleinen Wäldchen wiederzuerkennen. Es ist nicht allzu schwierig, die Anzahl von großen Säugern, z. B. Hirschen auf einer isolierten Insel, zu bestimmen. Aber es ist sehr viel schwieriger, Lemminge in einem kleinen Tundra-Areal zu zählen, weil sie einen großen Teil des Jahres unter einer dicken Schneeschicht verbringen und sich dort möglicherweise fortpflanzen. Selbst die Erfassung der Bewohner einer Stadt ist schwierig, wenn sich einige Bewohner vor Steuerfahndern und Einwanderungsbehörden verstecken!

Schätzungen aus repräsentativen Stichproben

Ökologen sind deshalb fast immer gezwungen, indirekte Messungen der Anzahl der Individuen in einer Population vorzunehmen – sie schätzen eher, als daß sie zählen. Sie schätzen z. B. die Anzahl von Blattläusen in einem Feld, indem sie die Blattläuse auf einer repräsentativen Zahl von Blättern zählen, dann die Anzahl von Blättern pro Quadratmeter Grundfläche und daraus die Anzahl von Blattläusen pro Quadratmeter bestimmen. Manchmal werden komplexere Methoden benutzt (Fenster 5.1).

Offene Frage: Modulare Organismen: Was sollen wir zählen?

Es ist recht einfach, die Anzahl von Pflanzen in einer Wiese oder die Anzahl von Rankenfüßern auf einem Felsenstück zu zählen, da diese in ihrer Position bleiben, beinahe so, als warteten sie darauf, gezählt zu werden. Aber was zählen wir in einem Wald? Wann ist ein Baum ein Baum? Zählen wir junge Bäume und Sämlinge dazu? Schließen wir lebende Samen im Boden mit ein? Zählen wir Einzelbäume dazu, die nahezu völlig abgestorben sind und nur an ein oder zwei Zweigen noch ein bis zwei grüne Blätter hervorbringen? Ein Förster kann eine willkürliche Entscheidung treffen und nur Bäume über einer bestimmten Mindestgröße zählen, z. B. all jene, die auf Brusthöhe einen Durchmesser von mehr als 20 cm haben. Ein Entomologe, der an einem Baumschädling interessiert ist, muß dagegen eher die Anzahl der Blätter als die Anzahl der Bäume kennen.

Die besonderen Schwierigkeiten beim Zählen von Geburten ...

Und wie sollen Geburten gezählt werden? Genetiker betrachten normalerweise die Bildung einer Zygote als Beginn im Leben eines Individuums, d. h., wenn der genetische Bauplan zur Entwicklung zum ersten Mal zusammengefügt wird. Dies ist auch das Stadium, in dem Organismen zu sterben beginnen, aber es ist oftmals ein verstecktes und außerordentlich schwer zu untersuchendes Stadium. Bei den meisten Tieren und Pflanzen wissen wir einfach nicht, wie viele Embryonen vor der „Geburt" sterben, obwohl man annimmt, daß bei Hasen wenigstens 50 % der Embryonen im Mutterleib sterben, und auch bei vielen höheren Pflanzen scheinen ungefähr 50 % der Embryonen abzusterben, noch bevor die Samen voll entwickelt sind. Für Ökologen ist es praktisch fast immer unmöglich, das Stadium der Zygote als den Zeitpunkt des Beginns des Lebens zu betrachten. Normalerweise werden uns andere, weniger logische Lebensanfänge aufgezwungen. Jemand, der Vögel untersucht, wird den Moment des Schlüpfens aus dem Ei als Zeitpunkt der Geburt ansehen. Jemand, der Säugetiere studiert, wird den anthropozentrischen Blickwinkel einnehmen und als Geburtszeitpunkt den Augenblick festlegen, in dem das Individuum aufhört im Mutterleib von der Plazenta ernährt zu werden und außerhalb des Mutterleibs als Säugling zu leben beginnt. Der Botaniker wird vielleicht eher die Keimung als Geburt eines Sämlings ansehen, obwohl dies eigentlich nur der Moment ist, bei dem ein bereits entwickelter Embryo, nach einer Periode der Dormanz, wieder zu wachsen beginnt. Wir müssen uns erinnern, daß in diesem Fall mehr als die Hälfte der Population vielleicht schon gestorben ist, bevor sie überhaupt als geboren gewertet werden kann!

Die Todesfälle in einer Population zu zählen birgt genauso viele Probleme wie das Zählen der Geburten. Tote Körper bleiben in der Natur nicht lange erhalten. Nur die Skelette großer Tiere bestehen nach dem Tod noch längere Zeit fort. Sämlinge, die an einem Tag gezählt und kartographiert wurden, können am nächsten Tag schon spurlos verschwunden sein. Mäuse und Weichtiere wie Raupen und Würmer werden von Räubern gefressen oder von Destruenten schnell zersetzt (s. Kapitel 10). Sie hinterlassen keine Kadaver, die gezählt werden könnten, und keine Hinweise auf die Todesursache.

... und Todesfällen

Nur ein kleiner Teil einer Population vollendet den kompletten Kreislauf von der Geburt über die Geschlechtsreife bis zum Älterwerden und zum Tod. Diejenigen, die das schaffen, sind eher die große Ausnahme. Es gibt sehr viel mehr Raupen als Schmetterlinge und sehr viel mehr Kaulquappen als Frösche.

5.2   Lebenszyklen

5.2.1   Lebenszyklen und Fortpflanzung

Wenn wir die Kräfte verstehen wollen, welche die Abundanz einer Population von Organismen bestimmen, dann müssen wir die wesentlichen Phasen im Leben dieser Organismen kennen, d. h. die Phasen, in denen diese Kräfte die größte Bedeutung entfalten. Deshalb müssen wir die Sequenz der Ereignisse, die in den Lebenszyklen dieser Organismen auftreten, verstehen.

Es gibt einen Punkt im Leben eines Individuums, an dem es – vorausgesetzt, es überlebt bis dahin – mit der Produktion von Nachkommen beginnt. Eine stark vereinfachte und verallgemeinerte *life history (Lebenszyklusstrategie)* umfaßt die Geburt, eine präreproduktive Phase, eine Fortpflanzungsphase, eine postreproduktive Phase und den Tod als Folge der einsetzenden Seneszenz (obwohl Mortalität aufgrund anderer Ursachen natürlich jederzeit auftreten kann) (Abb. 5.2). Die *life histories* aller unitaren Organismen können als Variation dieses einfachen Musters angesehen werden, obwohl eine postreproduktive Phase (wie z. B. beim Menschen) wahrscheinlich eher ungewöhnlich ist.

Manche Organismen bilden mehrere oder viele Generationen während eines Jahres, manche haben nur eine einzige Generation im Jahr (Annuelle), und wieder andere haben einen Lebenszyklus, der sich über zwei oder mehrere Jahre erstreckt (Perenne). Bei allen Organismen gibt es allerdings eine Wachstumsperiode vor der Fortpflanzung, und normalerweise verlangsamt sich das Wachstum (in manchen Fällen hört es ganz auf), wenn die Fortpflanzung beginnt. Sowohl Wachstum als auch Fortpflanzung erfordern Ressourcen, woraus ein Konflikt zwischen beiden entsteht. Wenn die auf dem südwestlichen Horn von Südafrika wachsende perenne Pflanze *Sparaxis grandiflora* in die Fortpflan-

Der Konflikt zwischen Wachstum und Vermehrung

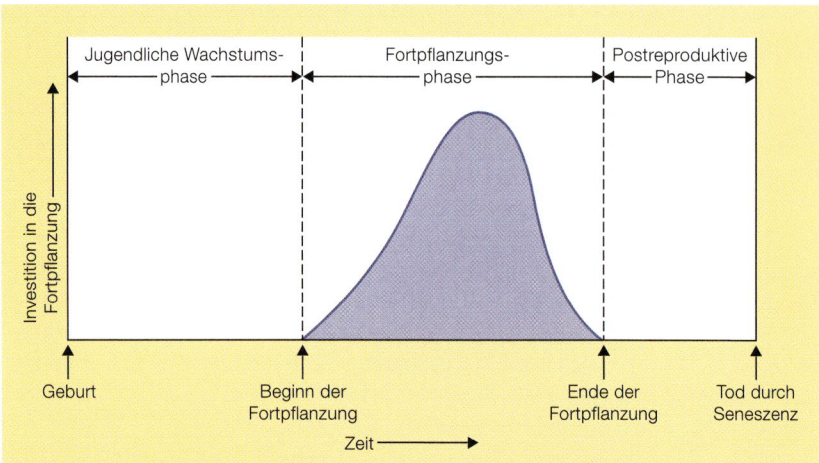

Abbildung 5.2
Schematischer Lebenszyklus eines unitaren Organismus. Die Zeit ist auf der horizontalen Achse aufgetragen und in verschiedene Phasen eingeteilt. Der reproduktive Ausstoß ist auf der vertikalen Achse abgebildet.

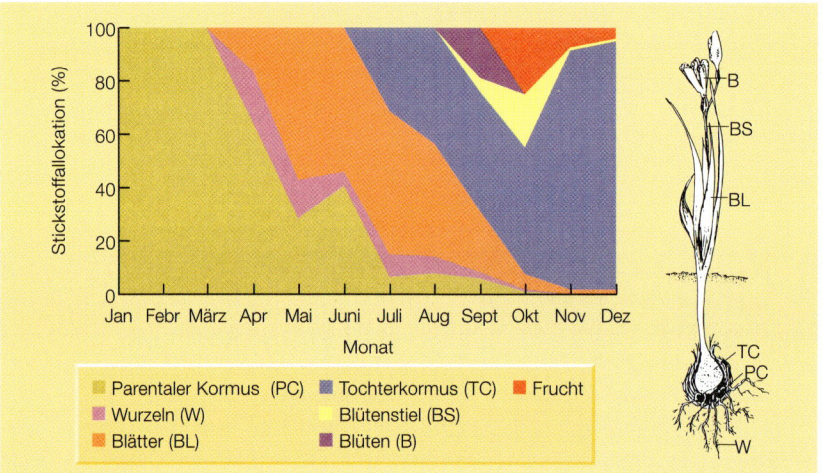

Abbildung 5.3
Prozentuale Verteilung von lebensnotwendigem Stickstoff auf unterschiedliche Strukturen, betrachtet über den gesamten Jahreszyklus der perennen Pflanze *Sparaxis grandiflora* in Südafrika. Dort setzt sie im Frühling (südliche Halbkugel: September–Dezember) Früchte an. Die Pflanze wächst jedes Jahr aus einem Kormus, der während der Wachstumsphase erneuert wird. Beachte aber, daß die Entwicklung der Fortpflanzungsorgane gegen Ende der Wachstumsphase auf Kosten der Wurzeln und Blätter erfolgt (rechts: Pflanze im zeitigen Frühjahr) (nach Ruiters & McKenzie, 1994).

zungsphase eintritt, kann man beobachten, daß die Produktion von Blüten, Blütenstielen und Früchten auf Kosten von Wurzeln und Blättern erfolgt (Abb. 5.3). Es gibt auch viele Pflanzen (z. B. den Fingerhut), die im ersten Jahr vegetativ wachsen und im zweiten Jahr oder noch später blühen und absterben (bienne Pflanzen). Entfernt man aber bei diesen Arten die Blüten vor der Aussamung, überleben sie bis zum nächsten Jahr, blühen dann und samen noch stärker aus. Scheinbar sind es eher die Kosten für die Versorgung des Nachwuchses (Samen) als das Blühen selbst, die zum Absterben führen. Aus ähnlichen Gründen wird schwangeren Frauen empfohlen, ihre Kalorienzufuhr um die Hälfte ihres normalen Bedarfs zu erhöhen: Ist die Ernährung unzureichend, kann die Schwangerschaft der Gesundheit der Mutter schaden.

Sowohl bei Annuellen als auch bei Perennen, gibt es einige sogenannte *iteropare* Arten, die sich wiederholt fortpflanzen und einen Teil ihrer Energie, während einer Fortpflanzungsphase, nicht für den Nachwuchs selbst, sondern für das eigene Überleben und weitere Fortpflanzungsphasen verwenden (falls sie es schaffen, bis dahin zu überleben). Wir selbst sind dafür ein Beispiel. Und es gibt andere, *semelpare Arten*, wie die bereits erwähnten biennen Pflanzen, die nur eine reproduktive Phase haben und die keine Ressourcen für zukünftiges Überleben aufgespart haben, so daß auf die Fortpflanzung unweigerlich der schnelle Tod folgt.

Iteropare und semelpare Arten

5.2.2   Annuelle Lebenszyklen

In den stark jahreszeitlich geprägten, gemäßigten Breiten keimen oder schlüpfen die meisten annuellen Organismen, wenn die Temperaturen im Frühjahr zu steigen beginnen, wachsen dann schnell, pflanzen sich fort und sterben zum Ende des Sommers ab. Ein Beispiel für einen iteroparen Annuellen ist der europäische Braune Grashüpfer *Chorthippus brunneus*. Er schlüpft im späten Frühling aus

Blühende Wüste. In Wüstengebieten, in denen der Niederschlag selten und saisonal unvorhersagbar ist, kann sich nach einem starken Regenguß eine dichte und spektakuläre Flora von sehr kurzlebigen, annuellen Pflanzen entwickeln. Diese Pflanzen durchlaufen ihren kompletten Lebenszyklus, von der Keimung bis zur Aussamung, in wenig mehr als einem Monat (© Doug Sokell, Visuals Unlimited).

199

dem Ei und durchläuft vier Juvenilstadien als Nymphe, ist dann im Hochsommer geschlechtsreif und stirbt Mitte November. Während seines Lebens als adulte Heuschrecke pflanzt sich das Weibchen mehrmals fort, wobei es jeweils Eiballen mit ca. 11 Eiern legt und sich nach jeder Eiablagephase wieder regeneriert.

Im Gegensatz dazu sind viele annuelle Pflanzen semelpar: sie blühen einmal auf, samen aus und sterben dann ab. Das ist der übliche Fall bei Unkräutern auf landwirtschaftlichen Nutzflächen. Andere, wie das Greiskraut, sind iteropar: Sie setzen ihr Wachstum fort und produzieren neue Blüten und Samen während des Sommers, bis sie schließlich mit dem ersten starken Frost im Winter samt ihren Knospen absterben.

Samenbanken

Die meisten Annuellen verbringen einen Teil des Jahres in Dormanz als Samen, Sporen, Zysten oder Eier. In vielen Fällen bleiben diese Dormanzstadien viele Jahre lang lebensfähig. Es gibt zuverlässige Berichte über Samen der annuellen Wildkräuter *Chenopodium album* und *Spergula arvensis*, die im Boden 1600 Jahre keimfähig blieben. Ganz ähnlich bleiben auch die getrockneten Eier von Salzwasserkrebsen bei einer mehrjährigen Lagerung lebensfähig. Das bedeutet, wenn wir die Lebenslänge vom Zeitpunkt der Zygotenbildung an betrachten, leben viele sogenannte „annuelle" Tiere oder Pflanzen sehr viel länger als ein einziges Jahr. Große Populationen von „schlafenden" Samen bilden eine im Boden begrabene *Samenbank*. Bis zu 86 000 keimfähige Samen wurden pro m^2 in bewirtschafteten Böden gefunden. Annuelle Arten, die lokal ausgestorben schienen, können plötzlich wieder auftauchen, nachdem die Erde umgebrochen ist und diese Samen auskeimen.

Die ephemeren Annuellen in Wüstengebieten

Dormante Samen, Sporen oder Zysten sind auch für die vielen ephemeren Pflanzen und Tiere, die auf Sanddünen und in Wüsten vorkommen, eine wichtige Voraussetzung, um ihren Lebenszyklus in weniger als acht Wochen abzuschließen. Sie sind auf das dormante Stadium angewiesen, um den Rest des Jahres zu überdauern und die Gefahren durch niedrige Wintertemperaturen oder Sommerdürren zu überstehen. In Wüstengebieten sind die seltenen Regenfälle in der Tat nicht notwendigerweise saisonal, und es passiert nur in außergewöhnlichen Jahren, daß genügend Regen fällt, der die Keimung stimuliert und die charakteristische und farbenprächtige Flora sehr kleiner, ephemerer Pflanzen hervorbringt.

5.2.3 Längere Lebenszyklen

Wiederholte, saisonale Fortpflanzung

Im Leben vieler langlebiger Pflanzen und Tiere gibt es einen ausgesprochen saisonalen Rhythmus, insbesondere in ihrer Fortpflanzungsaktivität, d. h. eine einmalige Fortpflanzungsperiode pro Jahr (Abb. 5.4a). Die Paarung (oder das Blühen bei Pflanzen) wird gewöhnlich durch die *Photoperiode* ausgelöst – die Lichtphase im täglichen Hell-Dunkel-Zyklus, die kontinuierlich über das Jahr variiert und in der Regel sicherstellt, daß Junge geboren und Eier ausgebrütet werden oder Samen reifen, wenn die nur saisonal verfügbaren Ressourcen voraussichtlich reichlich vorhanden sein werden.

In Populationen perenner Arten überlappen sich die Generationen, und Individuen verschiedenster Altersstufen haben gleichzeitig Nachwuchs. Eine Population wird teils durch überlebende Adulte, teils durch Neugeborene auf-

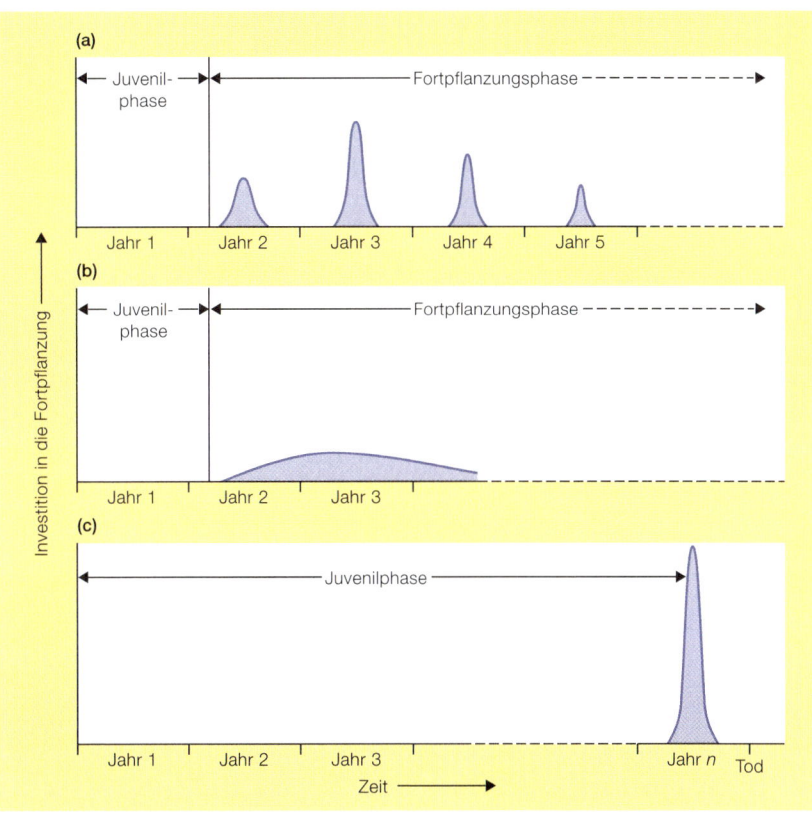

Abbildung 5.4
Vereinfachte Lebenszyklen für Organismen, die länger als ein Jahr leben. (a) Eine iteropare Art, die sich saisonal einmal pro Jahr fortpflanzt. Der Tod scheint nicht nach einer
bestimmten Zeitspanne in vorhersehbarer Weise einzutreten, obwohl oft eine Abnahme
der Fortpflanzungsrate mit der Seneszenz beobachtet wird. (b) Eine iteropare Art, die
sich durchgehend während des ganzen Jahres fortpflanzt. Das Muster von Tod und Ver-
fall ist ähnlich wie in (a). (c) Eine semelpare Art, die einige oder viele Jahre in einer prä-
reproduktiven Juvenilphase verbringt, gefolgt von einem Fortpflanzungsschub und dem
unvermeidbaren Tod.

rechterhalten. Z. B. zeigte eine Untersuchung über Kohlmeisen *(Parus major)*,
daß von 50 Eiern, die in einer aus zehn Vögeln bestehenden Brutpopulation
während einer Saison gelegt wurden, nur 30 Küken flügge wurden. Nur drei
der flüggen Jungvögel überlebten bis zum Adultstadium im nächsten Jahr. Zu
den drei einjährigen Vögeln gesellten sich in diesem zweiten Jahr weitere fünf
2–5 Jahre alte Vögel, die die Überlebenden der zehn Meisen aus dem ersten
Jahr darstellten (Abb. 5.5).

In feuchten, äquatornahen Regionen, wo es kaum jahreszeitliche Unterschiede bei Temperatur und Niederschlag gibt und wenig Variation in der Länge der Photoperiode, finden wir andererseits Pflanzenarten, die das ganze Jahr
über blühen und fruchten, und Tierarten, die sich kontinuierlich fortpflanzen
und wiederum von diesen Pflanzenressourcen abhängig sind (Abb. 5.4b). Z. B.

**Kontinuierliche
Fortpflanzung**

Abbildung 5.5
Ein schematischer Lebenszyklus für eine Population von Kohlmeisen nahe Oxford, England. Die Individuen leben typischerweise mehrere Jahre; deshalb ist die Population in jedem Jahr aus einer Kombination von Überlebenden der vorangegangenen Jahre und von Neugeborenen zusammengesetzt. Die Populationsgrößen (in den Rechtecken) sind pro Hektar dargestellt; die Anteile der Vögel, die von einem Entwicklungsstadium zum nächsten überleben, stehen in den Dreiecken; die Eiproduktionsrate der Weibchen ist in der Raute dargestellt (nach Perrins, 1965).

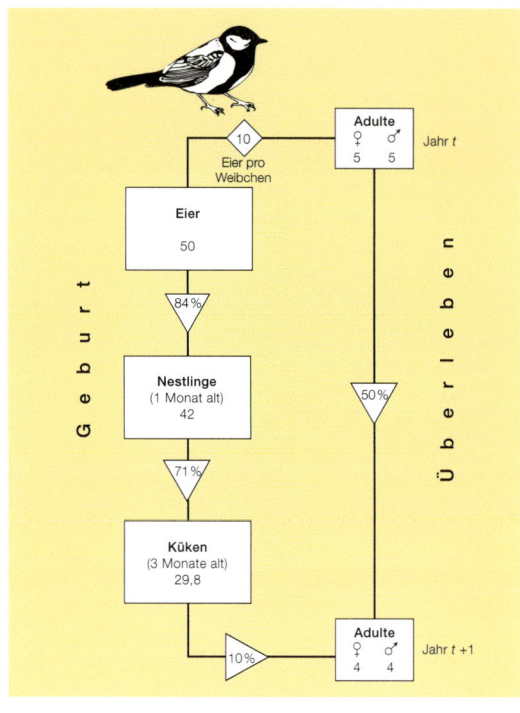

gibt es dort einige Feigenbäume *(Ficus)*, die ständig Früchte tragen und dadurch das ganze Jahr hindurch eine zuverlässige Futterquelle für Vögel und Primaten darstellen. In den mehr jahreszeitlich geprägten Klimaten sind Menschen insofern ungewöhnlich, als daß sie sich kontinuierlich fortpflanzen, obwohl es zahlreiche andere Arten gibt, z. B. Schaben, die dies in den von Menschen geschaffenen stabilen Lebensräumen ebenfalls tun.

Semelpare Arten wie Lachs und Bambus

Im Gegensatz zur lebenslangen Fruchtbarkeit verbringen semelpare Pflanzen oder Tiere nahezu das ganze Leben in einer langen, nicht reproduktiven (juvenilen) Phase und haben schließlich einen einzigen tödlichen Fortpflanzungsschub (Abb. 5.4c). Wir haben Semelparität schon weiter oben bei den zweijährigen Pflanzen kennengelernt, aber sie ist auch für einige Arten, die weit länger als zwei Jahre leben, charakteristisch. Ein bekanntes Beispiel ist der Pazifiklachs. Lachse laichen in Flüssen. Sie verbringen die erste Zeit ihres juvenilen Lebens im Süßwasser und wandern dann oft Hunderte von Kilometern weit zum Meer. Wenn sie ausgewachsen sind, kehren sie in den Fluß zurück, in dem sie einst geschlüpft waren. Manche werden schon nach zwei Jahren im Meer geschlechtsreif und kehren in die Flüsse zurück, pflanzen sich fort und sterben. Andere reifen viel langsamer und kehren erst nach drei, vier oder fünf Jahren zum Geburtsort zurück. Die Lachspopulation setzt sich also während der Reproduktionszeit aus überlappenden Generationen von Individuen zusammen. Aber alle sind semelpar: Sie legen mit den letzten verfügbaren Reserven ihre Eier ab und sterben.

Es gibt noch dramatischere Beispiele für Organismen, die lange leben, sich aber nur einmal fortpflanzen. Viele Bambusarten bilden dichte Bestände klonaler Sprosse, die über viele Jahre, bei manchen Arten hundert Jahre lang, vegetativ bleiben. Dann blüht die ganze Population zum gleichen Zeitpunkt in einer einzigen selbstmörderischen Orgie auf. Selbst wenn die Bambussprossen voneinander getrennt wurden, blühen die separierten Teile immer noch zur gleichen Zeit.

Bei langlebigen Arten haben gleich alte Organismen nicht notwendigerweise die gleiche Größe. Das gilt insbesondere für modulare Organismen. Einige Individuen mögen sehr alt sein, wurden aber in ihrem Wachstum und in ihrer Entwicklung durch Prädatorendruck oder durch Konkurrenz behindert. Das Alter ist oft kein guter Indikator für die Fruchtbarkeit. Charles Darwin untersuchte eine Population von 32 Zwergtannen auf einer ca. 1 m² großen Heidelandfläche. Er fand eine 26jährige Zwergtanne, die, obwohl wiederholt von Rindern abgeweidet, zwar noch lebte, aber viel zu klein für die Fortpflanzung war. Eine Untersuchung, bei der die Mitglieder einer Population anhand ihrer Größe unterschieden werden, ist deshalb oft nützlicher als eine Untersuchung mit einer Einteilung nach dem Alter, da sie einen Hinweis darauf gibt, ob die Mitglieder überleben, sich fortpflanzen usw. (Abb. 5.6).

Größe ist wichtig

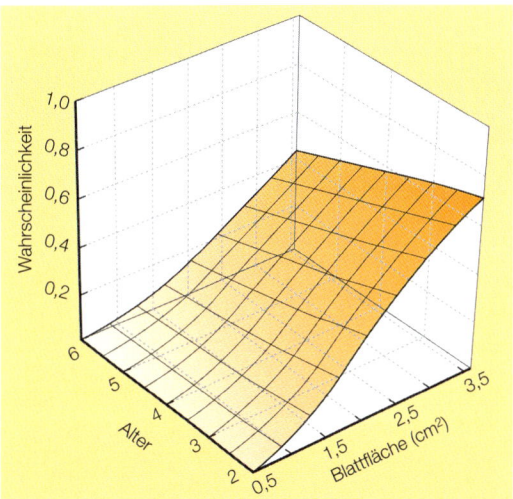

Abbildung 5.6
Der Effekt des Alters der Pflanze (Jahre) und ihrer Größe (gemessen als Blattfläche) auf die Wahrscheinlichkeit, daß Sprosse von *Rhododendron lapponicum* in das Fortpflanzungsstadium eintreten. Die Beziehungen wurden durch ein statistisches Verfahren „geglättet", das man „logistische Regression" nennt. Beachte, daß sich die Fortpflanzungswahrscheinlichkeit mit zunehmender Größe der Pflanzen über alle Altersklassen erhöht. Da ältere Sprosse in der Regel größer sind, besitzen sie zudem eine höhere Wahrscheinlichkeit, in die Fortpflanzungsphase einzutreten. Allerdings besteht die Tendenz, daß bei jeder Größe die Wahrscheinlichkeit der Fortpflanzung mit dem Alter *abnimmt*, so daß das Alter für sich gesehen ein viel schlechterer Prädiktor für das Verhalten des Sprosses ist als die Größe (nach Karlsson & Jacobson, 2001).

5.3   Quantifizierung von Geburt und Tod: Lebens- und Fruchtbarkeitstafeln

Die vorhergehenden Abschnitte haben die unterschiedlichen Muster von Geburt und Tod bei unterschiedlichen Arten betont. Aber Muster sind nur ein Anfang. Was aber sind die Konsequenzen dieser Muster und insbesondere ihre Auswirkungen auf das Anwachsen einer Population bis zur Kalamitätsgröße oder auf ihr Schrumpfen bis an den Rand des Aussterbens. Um diese *Konsequenzen* näher zu beschreiben, müssen wir die Muster quantitativ erfassen.

Es gibt verschiedene Möglichkeiten, dies zu tun. Um das Überleben zu erfassen und zu quantifizieren, können wir das Schicksal von Individuen der gleichen *Kohorte* in einer Population verfolgen. Eine Kohorte umfaßt alle Individuen, die in einem bestimmten Zeitintervall geboren wurden. Eine *Kohortenlebenstafel (cohort life table)* erfaßt das Überleben der Kohortenmitglieder über die Zeit (Fenster 5.2). Wenn wir das Schicksal einer Kohorte nicht verfolgen können, aber das Alter aller Individuen der Population kennen, benötigen wir einen anderen Ansatz. Dann können wir zu einem bestimmten Zeitpunkt die Anzahl der Überlebenden unterschiedlicher Altersstufen in einer sogenannten *stationären Lebenstafel (static life table)* (Fenster 5.2) beschreiben.

Fenster 5.2 – Quantitative Aspekte

Grundsätzliches über Kohorten und stationäre Lebenstafeln

In der Abbildung unten wird eine Population als Serie von diagonalen Linien dargestellt, wobei jede Linie die „Lebenslinie" eines Individuums bedeutet. Mit dem Fortschreiten der Zeit altert jedes Individuum (bewegt sich entlang seiner Linie von links unten nach rechts oben) und stirbt schließlich (der Punkt am Ende der Linie). In manchen Fällen werden Individuen durch ihr Alter klassifiziert (wie hier), aber in anderen Fällen ist es besser, das Leben eines jeden Individuums in die verschiedenen Entwicklungsstadien aufzuspalten.

In diesem Fall wurden drei Individuen vor dem Zeitintervall t_0, vier während t_0, und drei während t_1 geboren. Um eine Kohortenlebenstafel zu erstellen, wenden wir unsere Aufmerksamkeit einer bestimmten Kohorte zu (in diesem Fall den während t_0 geborenen Individuen) und beobachten die weitere Entwicklung dieser Kohorte. Die Kohortenlebenstafel wird erstellt, indem man die Anzahl der Überlebenden bis zum Beginn jedes Zeitintervalls festhält. Hier stellen wir fest, daß zwei von vier Individuen bis zum Beginn von t_1 überlebt haben, nur eines von ihnen ist bei Beginn von t_2 noch am Leben, keines überlebt bis zum Beginn von t_3. Die erste Datenspalte der Kohorten-

lebenstafel umfaßt also die Folge von abnehmenden Zahlen in der Kohorte: 4, 2, 1, 0.

Ein anderer Ansatz ist nötig, wenn wir das Schicksal der Kohorten nicht verfolgen können, aber das Alter aller Individuen der Population kennen (vielleicht durch ein Indiz, wie z. B. den Zustand der Zähne bei einer Hirschart). Wir können dann, wie die Abbildung zeigt, unsere Aufmerksamkeit auf die ganze Population während einer einzigen Zeitperiode (in diesem Fall t_1) lenken und die Anzahl der Überlebenden unterschiedlichsten Alters in der Population festhalten. Das mag als Eintragung in eine Lebenstafel genügen, wenn wir voraussetzen, daß die Geburts- und Todesraten konstant sind und auch vorher konstant waren – eine sehr gewichtige Voraussetzung. Das Ergebnis wird *stationäre Lebenstafel* genannt. Von den sieben Individuen, die während t_1 lebten, wurden drei auch während t_1 geboren, zwei wurden im direkt vorhergehenden Zeitintervall und zwei Individuen im Zeitintervall noch davor geboren. Die erste Datenspalte der Lebenstafel würde also die Zahlenreihe 3, 2, 2, 0 enthalten. Dies impliziert die Vorstellung, daß erstens eine einzige Spalte einer Lebenstafel das Überleben von Individuen während des gesamten gezeigten Intervalls abbildet

Auch die Fruchtbarkeit von Individuen ändert sich mit deren Alter, und um zu verstehen, was in einer Population vor sich geht, müssen wir wissen, wie viele Individuen unterschiedlichen Alters zu den Geburten in der Gesamtpopulation beitragen: Das kann in *altersspezifischen Fruchtbarkeitstafeln* dargestellt werden.

5.3.1 Annuelle Lebenstafeln

Eine Kohortenlebenstafel für Annuelle ist vielleicht diejenige, die am einfachsten zu erstellen ist, da sie es ermöglicht, dank nicht-überlappender Generationen, tatsächlich einer einzigen Kohorte von der Geburt des ersten Individu-

Lebenstafel einer Heuschrecke

(z.B. Geburten- und Todesraten bleiben während dieser Zeit ungefähr konstant) und zweitens, daß die durchschnittliche Kohorte mit drei Individuen begonnen hat, im weite-

ren Verlauf zunächst auf zwei zurückging, dann bei zwei verblieb und schließlich auf null sank.

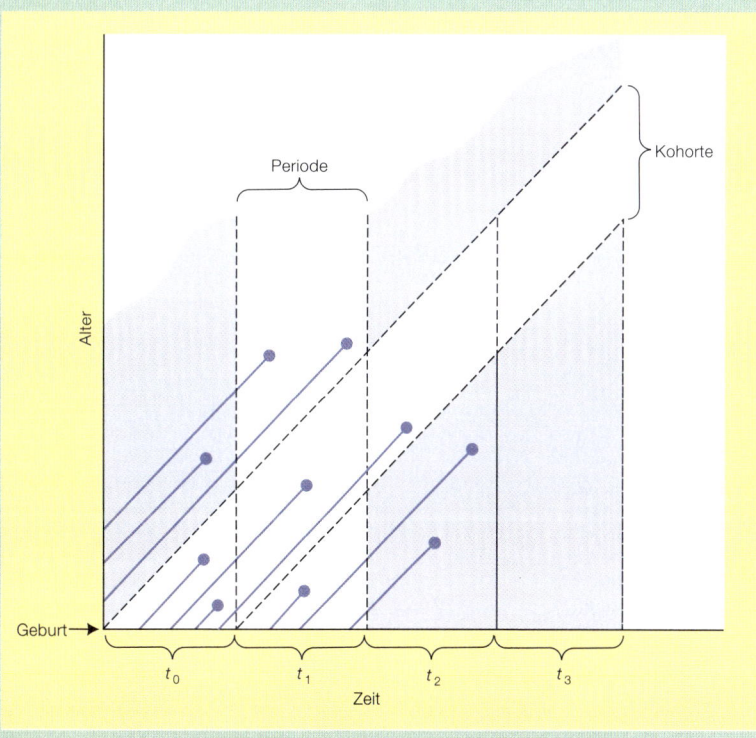

ums bis zum Tod des letzten zu folgen. Eine vereinfachte Lebenstafel für den Braunen Grashüpfer zeigt Tabelle 5.1. Die erste Spalte zeigt die unterschiedlichen Entwicklungsstadien im Leben eines Grashüpfers. Die zweite gibt dann die Rohdaten aus einer Felduntersuchung wieder. Angegeben ist die Anzahl von Individuen, die bis zum Beginn des jeweiligen Entwicklungsstadiums überleben.

Da Ökologen normalerweise daran interessiert sind, nicht nur einzelne isolierte Populationen zu untersuchen, sondern die Dynamik von zwei oder mehr, möglicherweise ziemlich unterschiedlichen Populationen (z. B. mit und ohne Schadstoffbelastung) zu vergleichen, ist es nötig, die Rohdaten zu standardisieren, damit ein Vergleich gezogen werden kann. Das wurde in der dritten Spalte der Tabelle gemacht, die die l_x-Werte enthält. l_x ist dabei definiert als der Anteil der Ursprungskohorte, der bis zum Beginn von Entwicklungsstadium x überlebt (oder in anderen Fällen bis zur Altersklasse x).

Der erste Wert in der dritten Spalte, l_0 (sprich: L-Null), ist deshalb der Anteil Überlebender bis zum Beginn dieses Stadiums. Offenkundig ist, in dieser und in jeder anderen Lebenstafel, daß l_0 gleich 1,0 ist (die ganze Kohorte bildet den Ausgangspunkt). Damit hat die Grashüpferpopulation einen Startwert von 44 000 Eiern. Die l_x-Werte für die nachfolgenden Entwicklungsstadien sind daher der relative Anteil an dieser Zahl. Nur 3513 Individuen überlebten bis zum ersten Nymphenstadium. Deshalb ergibt sich für den zweiten Wert in der dritten Spalte, l_1, der Anteil 3513/44 000 = 0,08 (d. h., nur 0,08 oder 8 % der ursprünglichen Kohorte überlebten diesen ersten Zeit-Schritt). Entsprechend werden die weiteren Werte berechnet. Zu einer vollständigen Lebenstafel gehören darüber hinaus weitere Spalten mit dem berechneten Anteil der von

Tabelle 5.1   Eine vereinfachte Kohortenlebenstafel für den Braunen Grashüpfer (Chorthippus brunneus). Die Spalten werden im Text erklärt (nach Richards & Waloff, 1954)

Entwicklungs-stadium	Anzahl be-obachteter Individuen zum Beginn jedes Ent-wicklungs-stadiums	Anteil der ursprüng-lichen Kohorte, der bis zum Beginn jedes Stadiums überlebt	Eier, die in jedem Stadium produziert wurden	Eier pro überlebendes Individuum in jedem Stadium	Eier, die pro ursprüng-lichem Individuum in jedem Stadium produziert wurden
(x)	a_x	l_x	F_x	m_x	$l_x m_x$
Eier (0)	44 000	1,000	–	–	–
Nymphe I (1)	3513	0,080	–	–	–
Nymphe II (2)	2529	0,058	–	–	–
Nymphe III (3)	1922	0,044	–	–	–
Nymphe IV (4)	1461	0,033	–	–	–
Adulte (5)	1300	0,030	22 617	17	0,51

$$R_0 = \sum l_x m_x = \frac{\sum F_x}{a_0} = 0{,}51$$

der ursprünglichen Kohorte gestorbenen Individuen sowie die Mortalitätsraten für jedes Stadium. Um der Kürze willen sind diese Spalten hier weggelassen worden.

Tabelle 5.1 enthält auch eine Fruchtbarkeitstafel für den Grashüpfer (Spalten 4 und 5). Spalte 4 zeigt die Gesamtzahl der Eier, die von jedem Stadium F_x produziert wurden (obwohl in diesem Fall nur das Adultstadium Eier ablegt). Die 1300 überlebenden Adulten legten 22 617 Eier ab. Die 5. Spalte enthält die sogenannten m_x-Werte: die durchschnittliche Anzahl gelegter Eier pro überlebendes Individuum. Im vorliegenden Fall gibt es nur einen solchen Wert, für die Adulten: $m_5 = 22\,617 / 1300 = 17$.

... und Frucht-barkeitstafel ...

In der letzten Spalte einer Lebenstafel werden die l_x- und m_x-Spalten zusammengeführt, um den gesamten Umfang, um den eine Population mit der Zeit anwächst oder abnimmt, darzustellen. Darin spiegelt sich die Abhängigkeit des Gesamtumfangs sowohl vom Überleben der Individuen (l_x-Spalte) als auch von der Reproduktion dieser Überlebenden (m_x-Spalte) wider. In diesem Fall überlebten 0,03 (3 %) der Ausgangskohorte bis zum Adultstadium, und diese Überlebenden produzierten durchschnittlich 17 Eier. Daher war der Mittelwert der von der Kohorte am Ende produzierten Eier, bezogen auf die zu Beginn vorhandenen Eier, $0,03 \times 17 = 0,51$ Eier. Dies ist ein Maß für den gesamten Umfang, um diese Population in einer Generation (in diesem Fall) abge-

... werden kombiniert, um die Reproduktionsrate zu erstellen

Tabelle 5.2 Eine vereinfachte Kohortenlebenstafel für die annuelle Flammenblume *Phlox drummondii*. Die Spalten werden im Text erklärt (nach Leverich & Levin, 1979)

Alter (Tage)	Anzahl Überlebender bis Tag x	Anteil der ursprünglichen Kohorte, der bis zum Tag x überlebt			
x–x'	a_x	l_x	F_x	m_x	$l_x m_x$
0– 63	996	1,000	–	–	–
63–124	668	0,671	–	–	–
124–184	295	0,296	–	–	–
184–215	190	0,191	–	–	–
215–264	176	0,177	–	–	–
264–278	172	0,173	–	–	–
278–292	167	0,168	–	–	–
292–306	159	0,160	53,0	0,33	0,05
306–320	154	0,155	485,0	3,13	0,49
320–334	147	0,148	802,7	5,42	0,80
334–348	105	0,105	972,7	9,26	0,97
348–362	22	0,022	94,8	4,31	0,10
362–	0	0,000	–	–	–
			2408,2		2,41

$$R_0 = \sum l_x m_x = \frac{\sum F_x}{a_0} = 2,41$$

207

nommen hat. Wir nennen dies die *Reproduktionsrate* und bezeichnen sie mit *R*. In diesem Fall ist *R* = 0,51.

Eine Lebenstafel für eine annuelle Pflanze

Daten von annuellen Pflanzen können in gleicher Weise behandelt werden. So wurde eine Ausgangskohorte bestehend aus 996 Samen der annuellen Pflanze *Phlox drummondii* von der Samenkeimung an beobachtet, wobei der Lebenszyklus in aufeinanderfolgende Perioden von 30–60 Tagen eingeteilt wurde (Tab. 5.2).

Im Gegensatz zu den Heuschrecken, deren Population im Jahresverlauf deutlich zurückging, produzierte diese Population bis zum Ende der Saison ungefähr 2,5mal mehr Samen, als zu Beginn vorhanden waren. Allerdings muß man beachten, daß diese Samen nicht allein von einem Stadium (wie bei der Heuschrecke) sondern von mehreren Entwicklungsstadien produziert wurden. Es ist deshalb offensichtlich, daß *R* (= 2,41 in diesem Fall) generell die Summe aller $l_x m_x$-Werte ist, bezeichnet als $\sum l_x m_x$, wobei das Symbol $\sum$ „Summe von" bedeutet.

Logarithmische Überlebenskurven

Es ist auch möglich, den detaillierten Verlauf der Mortalität in der Phlox-Kohorte zu beobachten. Abbildung 5.7a zeigt beispielsweise die Anzahl Überlebender relativ zur Ausgangspopulation – die l_x-Werte – aufgetragen gegen das Alter der Kohorte. Das kann jedoch zu Mißverständnissen führen. Umfaßt die Ursprungspopulation 1000 Individuen und nimmt in einem Zeitintervall um die Hälfte auf 500 Individuen ab, dann sieht diese Abnahme in einer Graphik wie Abbildung 5.7a dramatischer aus als eine Abnahme von 50 auf 25 Individuen etwas später in der Saison. Dennoch ist das Risiko zu sterben für die Individuen in beiden Fällen gleich groß. Wenn aber l_x-Werte durch $\log(l_x)$-

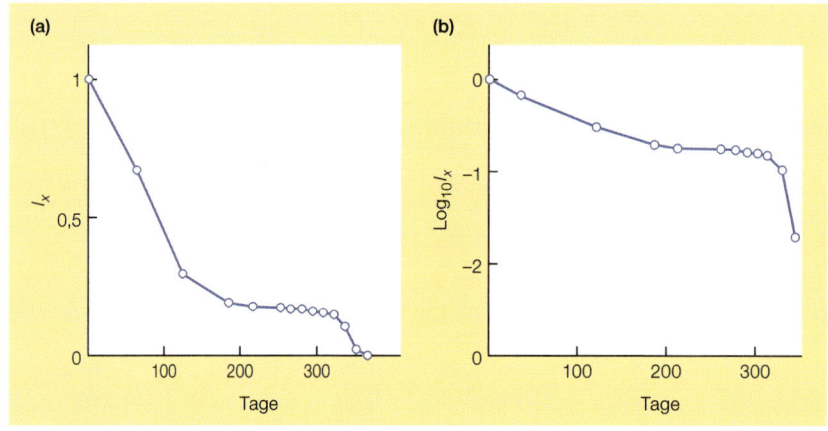

Abbildung 5.7
Der Verlauf des Überlebens einer Kohorte von *Phlox drummondii* (Tab. 5.2). (a) Wenn l_x gegen das Alter der Kohorte aufgetragen wird, dann wird klar, daß die meisten Individuen frühzeitig im Leben der Kohorte absterben, aber es wird nicht deutlich, wie sich das Mortalitätsrisiko mit zunehmendem Alter ändert. (b) Im Gegensatz dazu zeigt eine Überlebenskurve, bei der $\log(l_x)$ gegen das Alter aufgetragen wird, eine mäßige Überlebenschance in den ersten 6 Monaten. Darauf folgt eine Periode mit höherer Überlebenschance (geringeres Mortalitätsrisiko) und in den letzten Wochen des annuellen Zyklus eine Phase mit sehr geringer Überlebenschance.

Werte ersetzt werden, d. h., wenn sie, wie in Abbildung 5.7b, logarithmiert werden (oder wenn l_x-Werte auf einer logarithmischen Skala aufgetragen werden, was effektiv das gleiche ist), dann ist es das Kennzeichen des Logarithmus, daß die Abnahme einer Population um die Hälfte ihrer Ausgangsgröße immer gleich aussieht. *Überlebenskurven* werden deshalb gemeinhin logarithmisch aufgetragen, als $\log(l_x)$-Werte gegen das Kohortenalter. Abbildung 5.7b zeigt, daß es hier eine relativ rasche Abnahme der Kohortengröße in den ersten sechs Monaten gab, daß aber die Mortalitätsrate danach stabil und ziemlich niedrig blieb, bis zum Ende der Saison schließlich alle überlebenden Individuen abstarben.

Selbst aus diesen beiden einfachen Beispielen wird ersichtlich, wie nützlich Lebenstafeln sein können, um den „Gesundheitszustand" einer Population – das Ausmaß, mit dem sie wächst oder abnimmt – zu charakterisieren. Zudem erlauben sie es festzustellen, ob Überleben oder Geburt diese Zu- und Abnahmeraten am stärksten bestimmen und wo im Lebenszyklus dies passiert. Sowohl einer dieser Aspekte als auch beide zugleich können für die Vorgehensweise beim Schutz gefährdeter Arten oder bei der Schädlingskontrolle ausschlaggebend sein.

5.3.2 Lebenstafeln für Populationen mit überlappenden Generationen

Viele Arten, die wichtige Fragen aufwerfen, auf die Lebenstafeln eine Antwort geben können, haben wiederholte Fortpflanzungsperioden (oder eine kontinuierliche Fortpflanzung wie im Falle der Menschen). Allerdings ist es hier viel schwieriger, Lebenstafeln aufzustellen, vor allem deshalb, weil diese Populationen aus einer Vielzahl von Individuen unterschiedlichsten Alters bestehen. Eine Kohortenlebenstafel zu erstellen ist zwar manchmal möglich, es wird aber relativ selten gemacht. Neben der Vermischung von verschiedenen Kohorten in einer Population kann es auch einfach aufgrund der Langlebigkeit vieler Arten schwierig sein.

Eine weitere Möglichkeit besteht darin, mit einer stationären Lebenstafel eine Art „Blitzlichtaufnahme" einer Population zu erstellen (Fenster 5.2). Oberflächlich betrachtet, sehen die Daten wie die einer Kohortenlebenstafel aus: eine Reihe von unterschiedlichen Individuenzahlen in unterschiedlichen Altersklassen. Allerdings ist große Vorsicht geboten: Die Daten können nur dann in gleicher Weise behandelt und interpretiert werden, wenn die Geburten- und Überlebensmuster in einer Population seit der Geburt der ältesten Individuen weitgehend die gleichen geblieben sind. Dies wird aber nur selten der Fall sein. Trotzdem können manchmal nützliche Einsichten gewonnen werden, wenn man die Daten einer stationären Lebenstafel (eine *Altersstruktur*: die Anzahl der Individuen in unterschiedlichen Altersklassen) mit entsprechenden Hintergrundinformationen verbinden kann. Dies wird durch eine Untersuchung an zwei Populationen der langlebigen Baumart *Acacia burkittii* in Südaustralien deutlich (Abb. 5.8). Zwar sind die Unterschiede in der Altersstruktur zwischen den Populationen offenkundig, die dafür verantwortlichen Faktoren sind aber nicht bekannt. Glücklicherweise hat man durch die Hintergrundinformationen einige wichtige Anhaltspunkte.

Eine stationäre Lebenstafel – nützlich, wenn mit Behutsamkeit benutzt

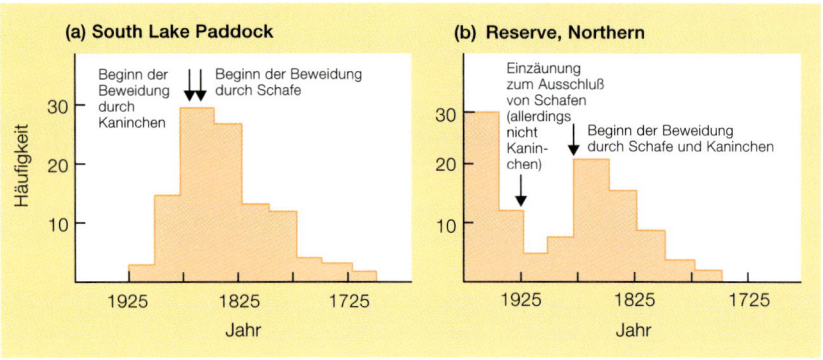

Abbildung 5.8
Altersstrukturen (und damit stationäre Lebenstafeln) von *Acacia-burkitti*-Populationen an zwei Standorten in Südaustralien. (a) Die Populationen am South Lake Paddock wurden von Schafen zwischen 1865 und 1970 und von Kaninchen zwischen 1885 und 1970 abgeweidet, während (b) die „Reserve"-Population 1925 eingezäunt wurde, um die Schafe fernzuhalten (aber nicht die Kaninchen). Die Beweidung führte ab 1865 in beiden Populationen zu einem Absinken der Anzahl neuer Mitglieder. Darüber hinaus wird in der „Reserve"-Population die Auswirkung der Umzäunung nach 1925 deutlich sichtbar, wo der Anteil neuer Populationsmitglieder dramatisch anstieg. Doch auch die Auswirkung der weidenden Kaninchen auf die Verjüngung der „Reserve"-Population nach der Umzäunung ist immer noch sichtbar. So ist beispielsweise die Altersklasse 1925–1940 viel kleiner als die bis zur Beweidung unbeeinflußte Altersklasse 1845–1860, obwohl letztere 75 Jahre länger überlebte (nach Crisp & Lange, 1976).

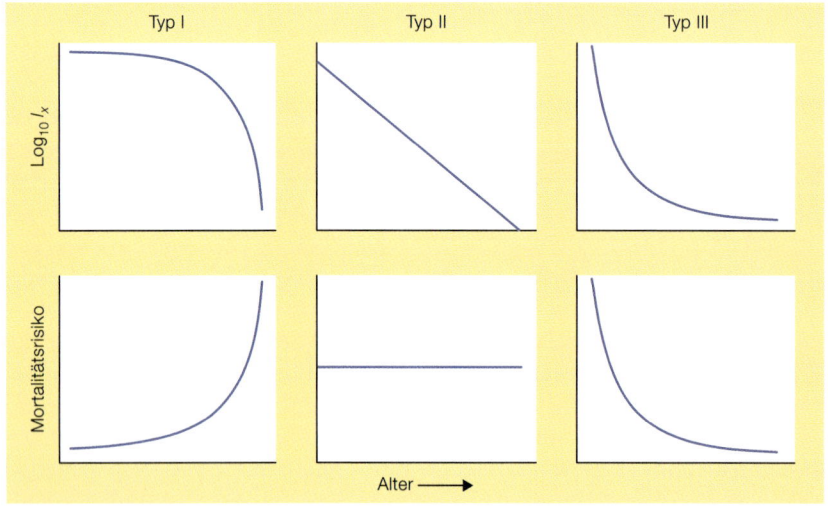

Abbildung 5.9
Klassifikation von Überlebenskurven als Funktion von log (l_x) gegen das Alter (obere Reihe). Korrespondierende Abbildungen der sich mit dem Alter ändernden Mortalitätsrisiken (untere Reihe). Die drei Grundtypen werden im Text besprochen (nach Pearl, 1928; Deevey, 1947).

5.3.3   Eine Klassifikation von Überlebenskurven

Lebenstafeln enthalten eine große Menge an Daten über bestimmte Organismen. Aber Ökologen suchen nach Verallgemeinerungen – Muster von Leben und Tod, die wir im Leben vieler Arten wiederfinden können. Üblicherweise teilen Ökologen Überlebenskurven in drei Typen ein, nach einem Schema, das 1928 erarbeitet wurde. Dieses stellt verallgemeinert dar, was wir über die Art und Weise, mit der das Sterberisiko über die Lebensphasen verschiedener Organismen verteilt ist, wissen (Abb. 5.9).

- Typ I beschreibt die Situation, bei der sich die Mortalität auf das Ende der maximalen Lebensspanne konzentriert. Sie ist vielleicht am typischsten für Menschen in entwickelten Ländern sowie für ihre sorgsam gepflegten Zoo- und Haustiere.

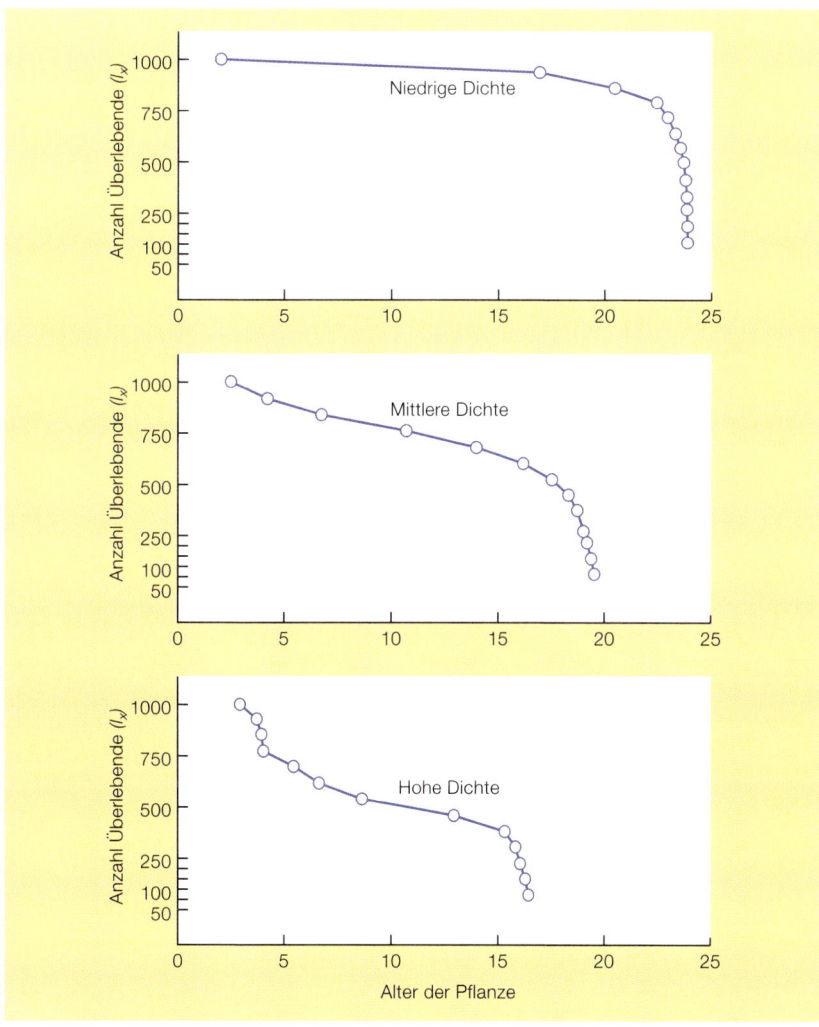

Abbildung 5.10 Überlebenskurven (l_x, wobei $l_0 = 1000$) für die auf Sand- dünen vorkommen- de annuelle Pflanze *Erophila verna*, die in drei Dichten quantifiziert wur- den: hoch (anfäng- lich 55 oder mehr Keimlinge pro $0{,}01\ m^2$ Stichpro- benfläche); mittel (15–30 Keimlinge pro Fläche) und niedrig (1–2 Keim- linge pro Fläche). Die horizontale Achsenunterteilung (Pflanzenalter) ist standardisiert, um der Tatsache Rech- nung zu tragen, daß jede Kurve den Durchschnitt mehre- rer Kohorten dar- stellt, die unter- schiedliche Zeitspan- nen überdauerten (durchschnittlich un- gefähr 70 Tage) (nach Symonides, 1983).

- Typ II ist eine gerade Linie und beschreibt eine konstante Mortalitätsrate von der Geburt bis zum maximalen Alter. Sie beschreibt z. B. das Überleben begrabener Samen in einer Samenbank.
- Typ III beschreibt eine hohe Mortalität in frühen Altersstadien, aber eine vergleichsweise hohe nachfolgende Überlebensrate. Sie ist typisch für Arten, die viele Nachkommen erzeugen. Anfänglich überleben wenige, aber sobald die Individuen eine bestimmte Größe erreichen, wird ihr Mortalitätsrisiko klein und bleibt mehr oder weniger konstant. Dies scheint der häufigste Typ einer Überlebenskurve von Tieren und Pflanzen in der Natur zu sein.

Diese Typen von Überlebenskurven sind nützliche Verallgemeinerungen, aber in der Wirklichkeit sind die Überlebensmuster gewöhnlich viel komplexer. So können die Überlebenskurven in einer Population von *Erophila verna*, einer sehr kurzlebigen annuellen Pflanze, die auf Sanddünen lebt, einer Typ-I-Kurve folgen, wenn die Pflanzen in geringen Dichten vorkommen; einer Typ-II-Kurve wenigstens bis zum Ende der letzten Lebensstadien, bei mittleren Dichten; und einer Typ-III-Kurve in den frühen Lebensstadien bei den größten Dichten (Abb. 5.10).

5.4   Dispersion und Wanderbewegungen

Verteilungs-muster

Die Geburt ist nur der Anfang. Wenn wir hier mit unseren Untersuchungen aufhören müßten, dann blieben viele interessante ökologische Fragen unbeantwortet. Ausgehend von ihrem Geburtsort wandern alle Organismen an die Orte, wo wir sie schließlich finden. Pflanzen wachsen, wo ihre Samen hinfallen, aber Samen können auch durch Wind, Wasser, Tiere oder durch Erdrutsche verbreitet werden.

Tiere wandern auf der Suche nach Nahrung oder nach geschützten Orten, ob sie sich nun vom Ort, an dem ihr Ei abgelegt wurde, nur 1 cm entlang eines Blattes bewegen oder um den halben Globus wandern. Die Auswirkungen solcher Wanderbewegungen sind verschieden. In einigen Fällen führen sie dazu, daß sich die Mitglieder einer Population aggregieren; in anderen führen sie zu einer fortwährenden Neuverteilung und Durchmischung; und in wieder anderen führen sie zu einer Ausbreitung der Individuen und zu einer „Verdünnung" der Individuendichten. Drei allgemeine räumliche Muster, die aus diesen Wanderbewegungen resultieren – aggregierte (geklumpte), zufällige und regelmäßige (gleichmäßige) Verteilung – sind in Abbildung 5.11 dargestellt. Wanderbewegungen und die räumliche Verteilung (letzteres manchmal verwirrenderweise „Verbreitung" *[dispersion]* genannt) sind eindeutig aufs engste miteinander verwoben.

Technisch gesprochen, bedeutet der Ausdruck *Dispersion (dispersal)* das Sich-voneinander-Entfernen (Ausbreitung) von Individuen. Beispiele dafür sind Samen, die von der Mutterpflanze fortgetragen werden, oder junge Löwen, die ihr Rudel verlassen, um ihr eigenes Territorium zu etablieren. *Wanderbewegung (migration)* bezieht sich auf die massenhafte, gerichtete Abwanderung einer großen Zahl von Individuen einer Art von einem Gebiet in ein anderes. Wanderbewegungen beschreiben deshalb die Bewegungen von Heuschrecken-

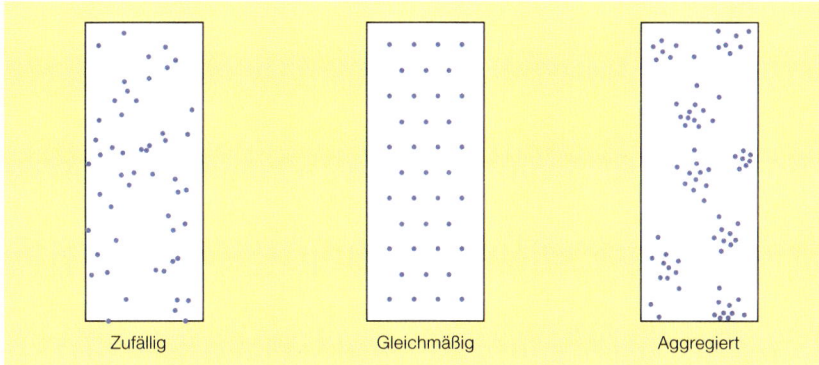

Abbildung 5.11
Drei allgemeine
räumliche Vertei-
lungsmuster, die
von Organismen
in ihren Habitaten
eingenommen
werden können.

schwärmen, aber umfassen auch die kleinräumigen Ortsveränderungen von Organismen, die im Gezeitenbereich zweimal am Tag vor- und zurückwandern
und dabei der bevorzugten Wassertiefe folgen.

Unser Blick für Dispersion und Migration und für die sich daraus ergeben-
den Verteilungen wird von der Skala, auf der wir arbeiten, bestimmt. Schauen
wir uns z. B. die Verteilung von Blattläusen auf einer bestimmten Baumart in
einem Waldgebiet an. Auf einer großen Skala scheinen die Blattläuse in dem
Waldgebiet aggregiert zu sein, während sie im freien Feld nicht vorkommen.
Sind die Proben, die wir genommen haben, kleiner und stammen sie nur aus
dem Waldgebiet, dann würden die Blattläuse immer noch als aggregiert erscheinen, jetzt aber aggregiert auf ihren Wirtsbäumen und nicht auf Bäumen
im allgemeinen. Werden die Proben dagegen auf einer noch kleineren Skala genommen – der Größe eines Blattes in der Krone eines Baumes – dann könnte
es sein, daß die Blattläuse über den gesamten Baum gesehen als zufällig verteilt
erscheinen. Auf der Skala der Einflußsphäre einer einzigen Blattlaus (1 cm²)
schließlich kann die Verteilung als gleichmäßig erscheinen, weil sich die Individuen auf einem Blatt so verteilen, daß sie einen Kontakt möglichst vermeiden
(Abb. 5.12).

Dieses Beispiel verdeutlicht auch den Unterschied zwischen der „durchschnittlichen Dichte" und der Aggregation, wie sie von den Individuen in einer
Population wahrgenommen wird. Die *durchschnittliche Dichte* ist einfach die
gesamte Anzahl an Individuen dividiert durch die gesamte Größe des Habitats
– aber sie hängt sehr stark davon ab, wie wir das Habitat definieren. Wenn das
Habitat für das Blattlausbeispiel alles umfaßt, Waldgebiet und offene Fläche,
dann ist die durchschnittliche Dichte gering. Sie wird größer sein, aber immer
noch ziemlich niedrig, wenn wir nur das Waldgebiet mit allen Baumarten berücksichtigen. Sie wird jedoch viel höher sein, wenn wir nur die Wirtsbäume der
Blattläuse aufnehmen.

Die durchschnittliche Dichte der Einwohner in den Vereinigten Staaten ist
ungefähr 75 Personen pro km². Allerdings gibt es riesige Gebiete in den Vereinigten Staaten – ländliche und unberührte Gebiete – in denen die Dichte gering ist, aber auch dichtbevölkerte Großstädte, in denen die Dichte viel höher
ist. Und weil die Mehrheit der Bevölkerung in städtischen und vorstädtischen

**Die Wahr-
nehmung von
Mustern hängt
von der räum-
lichen Skala ab**

**Dichte und
Aggregation**

Abbildung 5.12
Sind Blattläuse gleichmäßig, zufällig oder aggregiert verteilt? Es hängt alles von der räumlichen Beobachtungsskala ab, auf der man sie untersucht.

Siedlungen lebt, wurde die Dichte, welche die Menschen tatsächlich erfahren, im Durchschnitt auf 3630 Einwohner pro km² berechnet. Es besteht wahrscheinlich wenig Motivation zur Dispersion oder Migration bei dem relativ niedrigen Populationsdruck von 75 Einwohner pro km². Bei 3630 Einwohner pro km² ist es jedoch sehr viel wahrscheinlicher, daß die Individuen Wege finden, um ihrer Nachbarschaft zu entfliehen. Wirklichkeitsnahe Maße für die Aggregation, wie sie von den Individuen erfahren werden, sind vermutlich wichtigere Antriebskräfte zur Steuerung von Dispersionsverhalten und Wanderbewegungen als irgendwelche durchschnittlichen Populationsdichtewerte.

5.4.1   Die Dispersion bestimmt die Abundanz

Ein Beispiel mit Sanddünenpflanzen

Das Ausbreitungsverhalten kann eine tiefgreifende Auswirkung auf die Dynamik einer Population haben. Das hat sich bei der Untersuchung von *Cakile edentula* gezeigt, einer annuellen Sommerpflanze, die auf den Sanddünen der Martinique Bay, Neuschottland, wächst. Die Population konzentrierte sich auf den mittleren Bereich der Dünen und nahm sowohl zum Meer als auch zum Land hin ab. Allerdings war nur im dem Meer zugewandten Gebiet die Samenproduktion hoch genug und die Mortalität genügend niedrig, um die Population über die Jahre hinweg zu erhalten. In den mittleren und dem Land zugewandten Gebieten überstieg die Mortalität die Samenproduktion. Folglich hätte man erwarten können, daß die Population dort allmählich ausstirbt (Abb. 5.13). Allerdings veränderte sich die Verteilung von *Cakile* im Zeitverlauf nicht. Statt dessen breiteten sich große Mengen an Samen von den Küstenbereichen zu den mittleren und meeresfernen Zonen hin aus. Tatsächlich wurden mehr Samen in diese beiden Zonen eingetragen und keimten dort, als

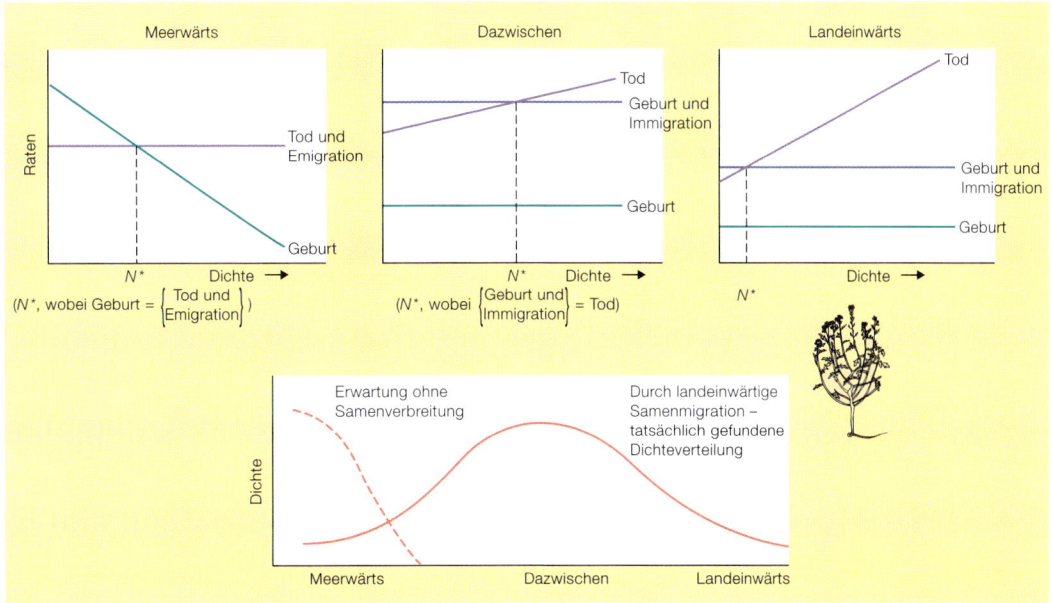

Abbildung 5.13
Schematische Darstellung der Variation in der Mortalitäts- und Samenproduktionsrate von *Cakile edentula* entlang eines Umweltgradienten, vom offenen Sandstrand (meerwärts) bis zu den dicht bewachsenen Dünen (landeinwärts). Im Gegensatz zu den anderen Gebieten war die Samenproduktion in den meerwärts gerichteten Standorten sehr hoch. Die Geburtenzahl nahm allerdings mit der Pflanzendichte ab. Dort wo Geburten und (Todesfälle + Emigration) sich ausglichen, konnte eine sich im Gleichgewicht befindliche Populationsdichte *(N*)* beobachtet werden (s. a. Abschnitt 5.5). In den mittleren und landeinwärts gerichteten Standorten überstiegen die Todesfälle stets die Geburten aus den lokalen Samen. Da die von den Pflanzen auf dem Strand (meerwärtige Standorte) produzierten Samen landeinwärts verweht wurden (Immigration), konnten die Populationen dort trotzdem überleben. Deshalb kann die Summe aus den lokalen Geburten plus der einwandernden Samen die Mortalität in den mittleren und landzugewandten Standorten ausgleichen, so daß sich ein Gleichgewicht mit den entsprechenden Dichten einstellt (nach Keddy, 1982; Watkinson, 1984).

von den hier ansässigen Pflanzen produziert wurden. Die Verteilung und Abundanz von *Cakile* war also direkt auf die Verbreitung der Samen durch Wind und Wellen zurückzuführen.

In wenigen Populationen wird die Dynamik so deutlich von der Immigration beeinflußt wie bei *Cakile*. Allerdings werden die meisten Populationen viel stärker durch Zu- und Abwanderung beeinflußt als weithin angenommen wird. Innerhalb der Vereinigten Staaten können z. B. über 40 % der US-Einwohner, also über 100 Millionen Menschen, ihre Wurzeln bis zu den 12 Millionen Einwanderern zurückverfolgen, die über den Hafen von Ellis Island zwischen 1870 und 1920 in die Vereinigten Staaten einreisten.

Es ist schwer, die Geburten und Todesfälle in einer Population zu erfassen. Es ist aber noch schwerer, die Anzahl an Individuen, die ein- oder abwandern zu bestimmen. Man kann feststellen, daß von den 5000 Samen, die von einer Greiskrautpflanze produziert wurden, 3000 auf eine Fläche von einem Quadratmeter um die Elternpflanze fielen, aber es ist so gut wie unmöglich, das Schicksal der restlichen 2000 zu bestimmen. Jedoch kann die Bedeutung der

**Offene Frage:
Wohin verschwinden all diese Migranten?**

Dispersion nicht stark genug betont werden. In einigen Fällen, wie im Beispiel von *Cakile*, ist es die wiederholte Dispersion, die die Abundanz einer Population aufrechterhält. In anderen Fällen können die extremen Entfernungen, die von einigen wenigen Individuen zurückgelegt wurden, für die Verteilung der Arten verantwortlich sein. Es bedarf nur eines einzigen Samens, der in eine neue Umgebung transportiert wird, um eine neue Population zu begründen. Ökologen haben oft die voreilige Annahme gemacht, daß die Individuen, die eine Population verlassen, durch diejenigen, die einwandern, wieder ersetzt werden. Wir wissen jetzt, daß dies sehr irreführend sein kann. Darüber hinaus beeinflussen Immigranten und Emigranten nicht nur die Individuenzahlen in einer Population – sie beeinflussen auch ihre Zusammensetzung. Von einer stärker zusammengedrängten Population flüchtet normalerweise ein höherer Anteil an Individuen als von einer spärlich besiedelten Fläche, und diejenigen, die abwandern, stellen keine Zufallsprobe dar. Die Abwanderer sind häufig die jungen Individuen, und Männchen wandern üblicherweise mehr als Weibchen. Das menschliche Verhalten bietet zahlreiche Beispiele, um diese Verallgemeinerungen zu veranschaulichen!

5.4.2   Die Rolle von Wanderbewegungen

Die Massenbewegungen von Populationen, die Migration genannt werden, verlaufen fast immer von Gebieten mit knapp werdenden Nahrungsressourcen zu Gebieten mit reichen Nahrungsangeboten (bzw. zu Gebieten, wo Nahrung für die Nachkommen reichlich vorhanden sein wird). Tagsüber leben Planktonpflanzen in den oberen Schichten von Gewässern, dort, wo das für die Photosynthese notwendige Licht am hellsten ist, aber nachts wandern sie in tiefere, nährstoffreichere Schichten. Krabben wandern mit den Gezeiten an der Küste entlang. Sie folgen dabei der Bewegung ihrer Nahrung, die mit den Wellen angespült wird. Manche Schäfer praktizieren noch immer die uralte Tradition der Transhumanz (Fernweidewirtschaft), indem sie ihre Schaf- oder Ziegenherden im Sommer auf die Bergwiesen treiben und im Herbst wieder ins Tal führen. Sie orientieren sich damit an einer längeren Zeitskala, nach den jahreszeitlichen Änderungen im Klima und im Nahrungsangebot.

Die Wanderungen von Landvögeln über sehr große Distanzen erfolgen häufig zwischen Gebieten, die zwar reichlich Nahrung bieten, dies aber meist nur für begrenzte Zeit. Das sind Gebiete, in denen ein relatives Überangebot mit Mangel abwechselt und in denen großen, ganzjährig siedelnden Populationen nicht ausreichend Nahrung geboten wird. Z. B. wandern Rauchschwalben *(Hirundo rustica)* im Herbst, wenn fliegende Insekten selten zu werden beginnen, aus dem nördlichen Europa nach Südafrika, wo dann reichlich Insekten vorhanden sind. In beiden Gebieten reicht das Nahrungsangebot, das das ganze Jahr hindurch zuverlässig vorhanden ist, nur für eine kleine Population seßhafter Arten. Das saisonale Überangebot fördert die Populationen einwandernder Arten, die einen großen Beitrag zur Diversität der lokalen Fauna leisten.

5.5   Die Wirkung von intraspezifischer Konkurrenz auf Populationen

Das Konzept der intraspezifischen Konkurrenz wurde bereits in Kapitel 3.5 eingeführt, da ihre Intensität typischerweise von der Ressourcenverfügbarkeit abhängt. Hier taucht sie aufgrund ihrer Bedeutung für die Kernpunkte dieses Kapitels, Geburts- und Todesraten und Wanderbewegung, wieder auf. Konkurrierende Individuen, die bei der Suche nach den benötigten Ressourcen scheitern, wachsen entweder langsamer oder sterben sogar. Überlebende pflanzen sich erst später fort oder haben weniger Nachkommen. Wenn es sich um mobile Organismen handelt, können sich diese weiter auseinanderbewegen oder wandern ganz ab. Beispiele, in denen die Analyse der Populationsdynamik einer Art ohne ein tieferes Verständnis der Konkurrenzeffekte erfolgen kann, sind ausgesprochen selten.

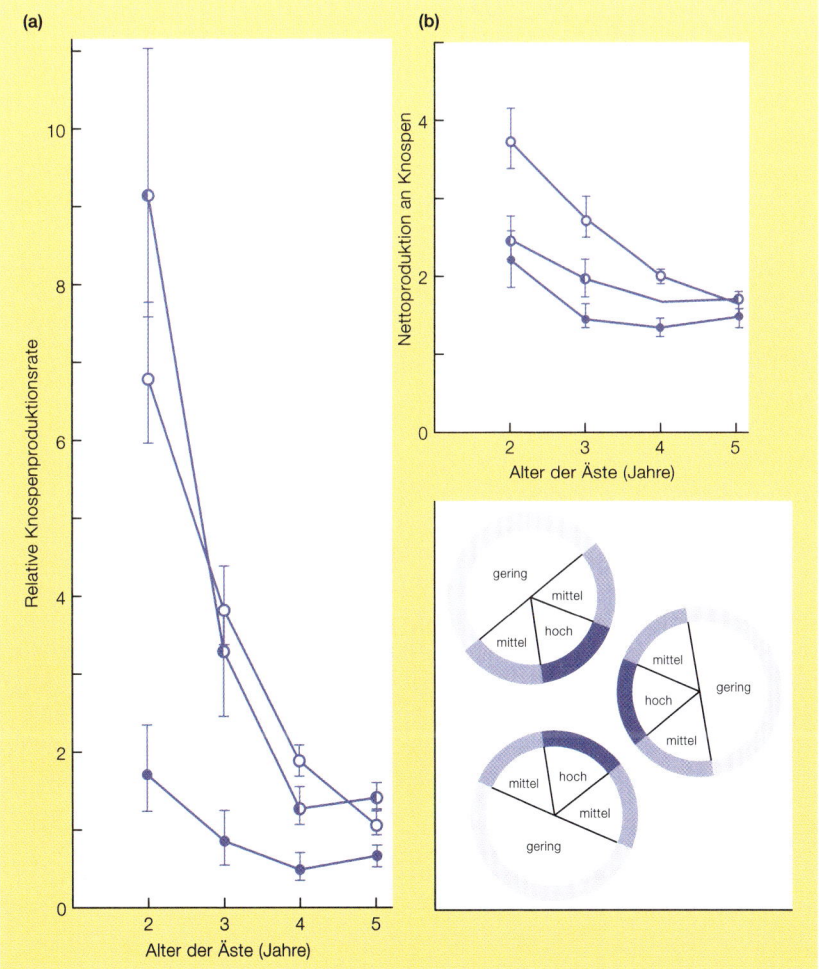

Abbildung 5.14
Mittlere relative Knospenbildung (neue Knospen pro existierender Knospe) für Hängebirken *(Betula pendula)* dargestellt als (a) Knospen-Bruttoproduktion und (b) Knospen-Nettoproduktion (Geburten minus Todesfälle) in Zonen mit wechselseitiger Beeinflussung. Die Lage dieser Zonen wird im Nebenbild beispielhaft an drei Bäumen (Aufsicht) erklärt. ● starke; ◑ mittlere; ○ niedrige Beeinflussung. Die Fehlerbalken zeigen die Standardfehler (nach Jones & Harper, 1987).

Aggregation, nicht Dichte – besonders bei modularen Organismen

Die Stärke der Konkurrenz, die eine Population um limitierte Ressourcen ausübt, steht oft mit der Populationsdichte in Verbindung, obwohl wir gesehen haben, daß die Populationsdichte an sich kein guter Indikator für das Ausmaß sein muß, mit dem die Individuen aggregiert sind. Modulare, sessile Organismen sind von der Konkurrenz durch ihre unmittelbaren Nachbarn besonders betroffen: Sie können sich weder ausweichen und gleichmäßiger verteilen noch durch Dispersion oder Migration entkommen. An Birken *(Betula pendula)*, die in kleinen Gruppen aufgezogen wurden, gab es deshalb an den Seiten, wo sich ihre Äste gegenseitig beschatteten, unterdrückte oder absterbende Äste. Dagegen gab es auf den von den Nachbarn abgewandten Seiten ein weitaus kräftigeres Wachstum (Abb. 5.14).

Dichteabhängige Geburt und Tod und die Kapazitätsgrenze

Ungeachtet der unscharfen Beziehung zwischen Dichte und Aggregation, die wir im Abschnitt 3.5 betrachtet haben, wird mit zunehmender Dichte der Wettbewerb zwischen den Individuen im allgemeinen die Pro-Kopf-Geburtenrate reduzieren und die Todesrate erhöhen. Dieser Effekt wird *Dichteabhängigkeit* genannt. Wenn deshalb die Kurven der Geburten- und Todesraten gegen die Dichte in der gleichen Graphik aufgetragen werden und entweder eine von beiden oder beide dichteabhängig sind, müssen sich ihre Kurven kreuzen (Abb. 5.15a–c). Der Schnittpunkt liegt bei der Dichte, bei der die Geburten- und Todesraten gleich sind. Weil sie gleich sind, gibt es bei dieser Dichte in der Population keine generelle Tendenz zur Zu- oder Abnahme (aus praktischen Gründen werden zunächst Emigration und Immigration vernachlässigt). Die Dichte am Schnittpunkt wird als *Kapazitätsgrenze* bezeichnet *(carrying capacity)* und mit dem Symbol K gekennzeichnet. Bei Dichten unterhalb von K übersteigen die Geburten die Todesfälle, so daß die Population wächst. Bei Dichten oberhalb von K übersteigen die Todesfälle die Geburten, und die Populationsdichte sinkt. Es besteht deshalb die allgemeine Tendenz, daß die Dichte einer Population sich unter dem Einfluß der intraspezifischen Konkurrenz bei K einpendelt.

Populationsdichteregulation durch Konkurrenz – aber nicht an einer einzigen Kapazitätsgrenze

Bedingt durch die natürliche Variabilität innerhalb einer Population sollten die Kurven der Geburten- und Todesraten besser als breite Linien aufgetragen werden, und K sollte man sich besser nicht als konkreten Dichtepunkt vorstellen, sondern als eine Spannweite verschiedener Dichten (Abb. 5.15d). Die intraspezifische Konkurrenz fixiert deshalb natürliche Populationen auch nicht auf einer einzigen, voraussagbaren und unveränderlichen Stufe *(K)*, sondern sie dürfte auf einen sehr weiten Bereich von Ausgangsdichten einwirken und diese schließlich auf einen viel engeren Bereich von Dichten zusammenführen. Sie tendiert also dazu, die Dichten innerhalb bestimmter Grenzen zu halten, so daß man annehmen kann, daß sie eine Rolle bei der *Regulation* von Populationsgrößen spielt.

Natürlich sind solche Graphen wie in Abbildung 5.15 grobe Verallgemeinerungen. Viele Organismen haben z. B. saisonale Lebenszyklen. In einem Teil des Jahres übertreffen die Geburten bei weitem die Todesfälle, aber meist folgt bald nach der Periode der höchsten Geburtenzahlen eine Periode hoher Juvenilmortalität. Viele Pflanzen sterben beispielsweise im Keimlingsstadium kurz nach der Auskeimung. Obwohl also die Geburten die Todesfälle über das Jahr gesehen ausgleichen, wird eine Population, die in aufeinanderfolgenden Jahren als „stabil" erscheint, innerhalb einer Saison oft starke Oszillationen durchlaufen.

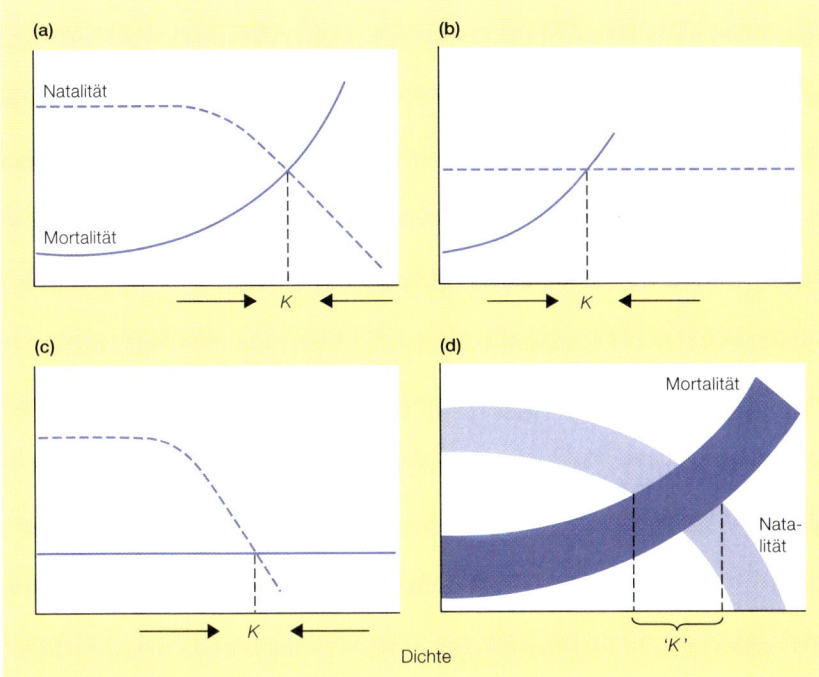

Abbildung 5.15
Dichteabhängige Geburten- und Todesraten führen zur Regulation der Populationsgröße. Die Kurven kreuzen sich, wenn beide dichteabhängig sind (a), sowie wenn es nur
eine von beiden ist (b, c). Die Dichte, bei der dies passiert, wird als *Kapazitätsgrenze (K)*
bezeichnet. Die wirklichen Verhältnisse werden allerdings eher durch die breiten Linien
in (d) dargestellt, wo die Mortalitätsraten großflächig ansteigen und die Geburtenraten
großflächig mit der Dichte absinken. Es ist deshalb möglich, daß sich diese Raten nicht
nur an einem Dichtepunkt, sondern über einen weiten Dichtebereich ausgleichen. Abweichungen von diesem Gleichgewicht tendieren dazu, sich in diesem breiten Bereich
(‚K') einzupendeln.

5.5.1   Muster des Populationswachstums

Ist die Besiedlung dünn, können Populationen rasch anwachsen (und daraus
können echte Probleme entstehen – sogar bei Arten, die noch vor kurzem in
ihrem Bestand gefährdet waren, wie z. B. in Fenster 5.3 gezeigt) – dichteabhängige Änderungen bei Geburts- und Todesraten werden nur bei zunehmenden Dichten wirksam. Im wesentlichen wachsen Populationen bei niedriger
Dichte durch einen einfachen multiplikativen Prozeß in aufeinanderfolgenden
Zeitintervallen. Dies nennt man *exponentielles* Wachstum (Abb. 5.16 und Fenster 5.4), und diese Wachstumsrate wird als *spezifische natürliche Wachstumsrate r* bezeichnet. Zwangsläufig werden jeder Population, die auf diese Art
wächst, bald die Ressourcen ausgehen. Wie wir bereits gesehen haben, wird die
Wachstumsrate durch die Größenzunahme der Population und der damit entstehenden Konkurrenz immer mehr abnehmen und auf Null fallen, wenn die

Fenster 5.3 – Aktueller ÖKOnflikt

Steigende Seeotterpopulationen

Man schätzt, daß einst bis zu 300 000 Seeotter den Nordpazifik zwischen Rußland und Mexiko besiedelten. Durch Bejagung sank die Population auf ein paar Tausend im Jahr 1911. Seitdem ist die Bestandsgröße wieder auf mehr als 100 000 Individuen hochgeschnellt, obwohl die Tiere nicht überall wieder zurückkehrten. Der folgende Zeitungsartikel von Craig Welch beschreibt die gegenwärtige Situation entlang der Küste von Washington im Nordwesten der Vereinigten Staaten. Er erschien im *Philadelphia* Inquirer am 4. März 2001.

Seeotter kollidieren mit der Fischindustrie

Seeotter kehren auf beeindruckende Art und Weise entlang der Küste von Washington zurück, und dies zwingt Meeresbiologen und Umweltmanager dazu, sich auf einen vermutlich unangenehmen Konflikt zwischen dem charismatischen Tier und den Küstenfischern einzustellen.

„Es ist ein klassisches Rezept für eine politische Polarisation", sagte Glenn Van-Blaricom, ein Assistenzprofessor für Marine Ökologie an der Universität von Washington. „Die Leute lieben den Seeotter, aber sie könnten damit in deutlichen Konflikt mit kommerziellen Fischern geraten, deren Lebensgrundlage auf dessen Nahrung beruht". Nachdem sie im 19. Jahrhundert durch pelzgierige Jäger aus den Gewässern des Staates Washington ausgerottet worden waren, haben sie eine beeindruckende Rückkehr geschafft, seit sie an den westlichen Küstenstreifen der Halbinsel in den 60er Jahren wieder angesiedelt wurden.

Innerhalb von 30 Jahren ist die Population um das Dreißigfache angewachsen, und ihr Verbreitungsgebiet dehnt sich so weit und schnell aus, daß einige Wissenschaftler vermuten, die Otter werden eines Tages – und zum ersten Mal – den gesamten Puget Sund besiedeln.

Population ihre Kapazitätsgrenze erreicht hat (da an diesem Punkt die Geburtenrate die Todesrate ausgleicht). Eine stetige Abnahme in der Zuwachsrate, durch Annäherung an die Kapazitätsgrenze, führt zu einer Populationswachstumskurve, die eine S-Form anstatt eines exponentiellen Anstiegs annimmt (Abb. 5.16). Dieses Muster wird nach der sogenannten Logistischen Gleichung häufig auch logistisches Wachstum genannt (Fenster 5.4).

Der S-förmige Kurvenverlauf kann am besten bei Laboruntersuchungen von Mikroorganismen oder Tieren mit kurzen Lebenszyklen (Abb. 5.17a) beobachtet werden. Bei dieser Art von Untersuchungen ist es einfach, Umweltbedingungen und Ressourcen experimentell zu kontrollieren. Im wirklichen Leben, außerhalb des Laboratoriums und des Mathematikergehirns, ist die Welt weniger einfach. Die komplexen Lebenszyklen der Organismen, die sich jahreszeitlich ändernden Bedingungen und Ressourcen und die Verteilung der Habitate bringen zahlreiche Komplikationen mit sich. In der Natur folgen Populationen häufig einem ziemlich holprigen Pfad entlang der Logistischen Wachstumskurve (Abb. 5.17b), allerdings nicht immer (Abb. 5.17c).

... Während die Seeotter durch Gesetze des Staates Washington als gefährdete Art geschützt bleiben, steigt ihre Zahl um 10 Prozent pro Jahr. Die Population schwankt gegenwärtig um 600 Tiere, das ist etwa ein Viertel dessen, was Experten für umweltverträglich halten.

Aber dieser erfreuliche Wiederanstieg hat auch seine Schattenseiten. Da ihnen eine Speckschicht fehlt, fressen Seeotter täglich ein Viertel ihres Eigengewichts, um ihren hohen Metabolismus in Gang zu erhalten. Zu ihren Lieblingsspeisen gehören die Meeresfrüchte, die auch Menschen mögen – eßbare Seeigel, Krebse, Muscheln, Abalone. Und ihre jüngste Ausbreitung in die reichen Fanggebiete z. B. von Krebsbänken brachte sie auf direkten Kollisionskurs zu dem viele Millionen Dollar einbringenden kommerziellen, Freizeit- und traditionell-indianischen Muschelfang.

Steven Jeffries, der die Untersuchungen über marine Säugetiere für das State Department of Fish and Wildlife leitet, sagte, es sei schwierig zu ermitteln, ob die Konflikte in ein paar Jahren oder in ein paar Jahrzehnten auftauchen würden.

Die Muschelfischerei ist von beträchtlicher Bedeutung für kommerzielle, Freizeit- und traditionelle Fischer. Wie würden Sie die widerstreitenden Interessen des Artenschutzes und der Fischerei gegeneinander abwägen? Sollte der Seeotter absolut geschützt bleiben, oder gibt es Anlaß, den Bestand zu reduzieren oder die Ausbreitung in einer anderen Weise einzuschränken?

Die Verhältnisse in Washington liegen sehr viel anders als in Teilen Alaskas, wo die Otter zurückgehen, oder in Los Angeles, wo kürzlich Anstrengungen unternommen wurden, ihn wieder anzusiedeln. Nennen Sie einige plausible Gründe für die unterschiedlichen Populationsentwicklungen in verschiedenen Gebieten.

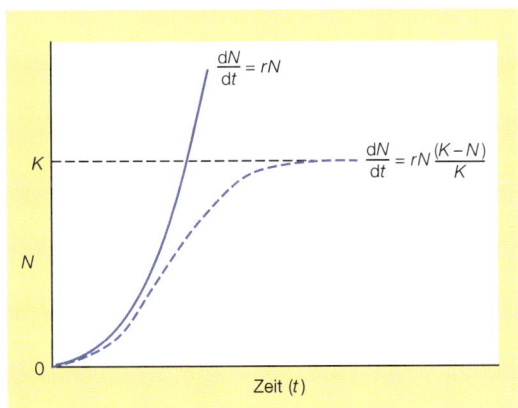

Abbildung 5.16
Exponentieller und S-förmiger oder *sigmoider* Anstieg der Populationsgröße mit der Zeit. Diese Kurven beschreiben das Wachstum, das man im allgemeinen bei Populationen in Abwesenheit (exponentiell) und unter dem Einfluß (sigmoid) von intraspezifischer Konkurrenz erwartet. Sie können aber auch jeweils durch die gezeigte exponentielle und logistische Gleichung erzeugt werden (s. a. Fenster 5.4).

Fenster 5.4 – Quantitative Aspekte

Die exponentielle und die logistische Gleichung des Populationswachstums

In diesem Fenster werden einfache mathematische Modelle für Populationen entwickelt, die entweder frei von intraspezifischer Konkurrenz sind oder davon beeinflußt werden. Diese und andere mathematische Modelle spielen eine wichtige Rolle in der Ökologie (Kapitel 1). Sie helfen uns, die Konsequenzen der Annahmen zu verfolgen, die wir vielleicht machen wollen, und sie helfen uns, das Verhalten von ökologischen Systemen zu beschreiben, die wir ansonsten nur schwer in der Natur beobachten oder im Labor nachbilden könnten. Diese spezifischen Modelle bilden ihrerseits die Basis für komplexere Modelle über interspezifische Konkurrenz und Prädation: Sie sind wichtige Bausteine. Es ist allerdings wichtig zu verstehen, daß ein Muster, das von einem solchen Modell erzeugt wird – z. B. der S-förmige Kurvenverlauf des Populationswachstums unter dem Einfluß von intraspezifischer Konkurrenz – nicht von Interesse oder von

Bedeutung ist, nur weil es von dem Modell erzeugt wird. Es gibt zweifellos viele andere Modelle, die sehr ähnliche (oder davon nicht zu unterscheidende) Muster erzeugen könnten. Vielmehr geht es darum, daß ein Muster wichtige, tieferliegende ökologische Prozesse widerspiegelt – und ein Modell ist nützlich, wenn es den Kern dieser Prozesse erfaßt.

Wir beginnen mit dem Modell einer Population, in der es keine intraspezifische Konkurrenz gibt. Später fügen wir diese Konkurrenz hinzu. Unsere Modelle bestehen aus *Differentialgleichungen* und beschreiben die Nettowachstumsrate einer Population, die wir mit dN/dt symbolisieren (gesprochen: dN nach dt). Sie verdeutlicht die Geschwindigkeit, mit der eine Population mit fortschreitender Zeit t an Größe N zunimmt. Die Größe, um welche die gesamte Population zunimmt, ist die Summe der Beiträge der verschiedenen Individuen innerhalb dieser Population. Deshalb ist die durchschnitt-

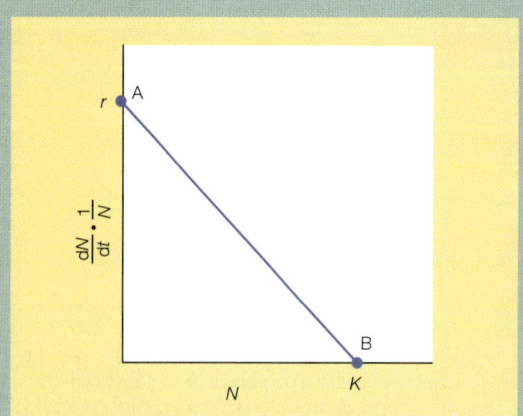

Eine idealisierte lineare Abnahme der Nettowachstumsrate pro Individuum mit zunehmender Populationsgröße (N) (s. Text).

liche Wachstumsrate pro Individuum oder die „Per-capita"-Wachstumsrate (*per capita* bedeutet pro Kopf) durch $dN/dt \cdot (1/N)$ beschreibbar. In Abwesenheit von intraspezifischer Konkurrenz (oder jeder anderen Kraft, welche die Todesrate erhöht oder die Geburtenrate erniedrigt) ist diese Zuwachsrate eine Konstante, so hoch, wie sie maximal für die betreffende Art sein kann. Sie wird als die *spezifische natürliche Wachstumsrate (intrinsic rate of natural increase)* bezeichnet und mit r angegeben. Somit ist:

$$\frac{dN_1}{dt}\left[\frac{1}{N}\right] = r,$$

und die Nettowachstumsrate für die gesamte Population ist deshalb:

$$\frac{dN_1}{dt} = rN$$

Diese Gleichung beschreibt eine Population, die *exponentiell* wächst (Abb. 5.16).

Jetzt kann intraspezifische Konkurrenz hinzugefügt werden. Dies geschieht durch Herleitung der *logistischen Gleichung*: ein einfaches mathematisches Modell, das von Pierre-François Verhulst (1804–1849) entwickelt wurde. Sie war fast völlig in Vergessenheit geraten, bis sie 1920 von Raymond Pearl wiederentdeckt wurde, der sie zur Modellierung des Bevölkerungswachstums der Vereinigten Staaten benutzte.

Die Gleichung kann durch die Methode, wie sie in der Abbildung auf Seite 222 erklärt ist, hergeleitet werden. Die Nettowachstums-rate pro Individuum bleibt von der Konkurrenz unbeeinflußt, solange N nahe bei Null liegt. Sie wird deshalb noch durch r (Punkt A) dargestellt. Wenn N bis auf K (Kapazitätsgrenze) anwächst, dann ist die Nettowachstumsrate pro Individuum Null (Punkt B). Zur Vereinfachung nehmen wir eine gerade Linie zwischen A und B an; d. h., wir nehmen an, daß die Per-capita-Wachstumsrate linear abnimmt, als ein Ergebnis der zunehmenden intraspezifischen Konkurrenz zwischen $N = 0$ und $N = K$.

Da die Gleichung jeder Geraden die Form y = Schnittpunkt auf der y-Achse + Steigung x hat, wobei x und y die Größen auf der horizontalen und vertikalen Achse darstellen, erhalten wir:

$$\frac{dN_1}{dt}\left[\frac{1}{N}\right] = r - \frac{r}{K} \times N$$

oder nach Umstellung:

$$\frac{dN}{dt} = rN\left[1 - \left(\frac{N}{K}\right)\right]$$

Dies ist die logistische Gleichung. Eine Population, die gemäß dieser Beziehung an Größe zunimmt, ist in Abbildung 5.16 dargestellt. Sie beschreibt eine sigmoide Wachstumskurve, die eine stabile Kapazitätsgrenze erreicht. Aber sie ist nur eine von zahlreichen brauchbaren Gleichungen, die diese Eigenschaft haben. Ihr größter Vorteil ist ihre Einfachheit. Trotzdem spielte sie eine zentrale Rolle in der Entwicklung der Ökologie.

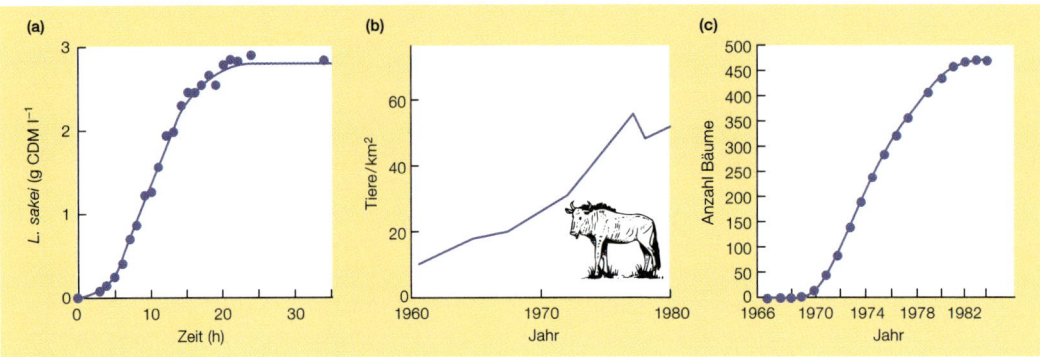

Abbildung 5.17
Beispiele S-förmigen Populationswachstums. (a) Das Bakterium *Lactobacillus sakei* (gemessen als Zelltrocken-masse [g] pro Liter) in einer Nährbouillon (nach Leroy & de Vuyst, 2001). (b) Die Streifengnu-Population *(Connochaetes taurinus)* in der Serengeti-Region von Tansania und Kenia stieg nach einem durch Rinderpest ver-ursachten Populationsrückgang wieder an und scheint sich zu stabilisieren (nach Sinclair & Norton-Griffiths, 1982; Deshmukh, 1986). (c) Die Populationsentwicklung der Grauweide *(Salix cinerea)* in einem Landstrich, in dem nach einer Myxomatoseepidemie keine Beweidung durch Kaninchen mehr stattfand (nach Alliende & Harper, 1989).

Eine andere Möglichkeit, den Einfluß von intraspezifischer Konkurrenz auf Populationen zusammenzufassen, ist die Betrachtung der Nettowachstumsrate – die Anzahl der Geburten minus der Anzahl der Toten in einer Population über einen bestimmten Zeitraum. Die Nettowachstumsrate ist niedrig, wenn die Dichte niedrig ist, weil dann wenig Individuen vorhanden sind, die zu den Geburten beitragen oder sterben. Auch bei sehr viel höheren Dichten wird die Nettowachstumsrate niedrig sein, und zwar dann, wenn sie sich an die Kapazi-tätsgrenze annähert. Am höchsten wird die *Nettowachstumsrate* bei einer mitt-leren Dichte sein. Das Resultat ist also eine kuppelförmige Kurve (Abb. 5.18).

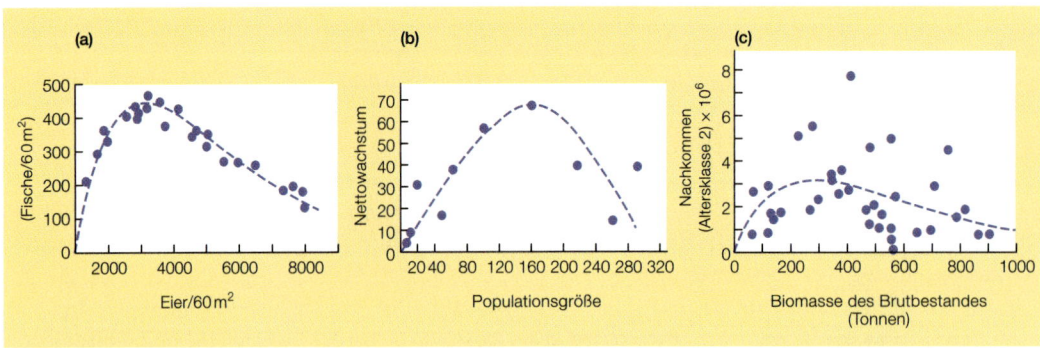

Abbildung 5.18
Einige kuppelförmige Nettowachstumskurven. (a) Sechs Monate alte Europäische Forelle, *Salmo trutta,* in Black Brows Beck, England in den Jahren zwischen 1967 und 1989 (nach Myers, 2001; entsprechend Elliott, 1994). (b) Eine Laborpopulation der Taufliege *Drosophila melanogaster* (nach Pearl, 1927). (c) Der Hering, *Clupea harengus,* im „Blackwater"-Mündungsgebiet der Themse, England, in den Jahren zwischen 1962 und 1997 (nach Fox, 2001). (© Crown copyright, mit freundlicher Genehmigung von CEFAS, Lowestoft, Großbritannien.)

Streifengnus, eine afrikanische Antilope der Gattung *Connochaetes*, bilden große Herden, die auf den offenen Flächen und Savannen grasen und auf der Suche nach neuen Weidegebieten ständig in Bewegung sind.

Natürlich gilt auch hier wieder, wie bei der idealen Logistischen Kurve, daß wirkliche Daten aus der Natur niemals auf eine einzige Linie fallen. Aber die buckelförmige Kurve gibt den Kern des Nettowachstums wieder, wenn intraspezifische Konkurrenz zu dichteabhängigen Geburten und Todesfällen führt.

5.6   Verschiedene *Life-history*-Strategien

Eine Möglichkeit, mit der wir versuchen können, Sinn in die Welt um uns herum zu bringen, ist es, nach Mustern zu suchen, die sich ständig wiederholen. Wir behaupten dabei nicht, daß die Welt einfach strukturiert ist oder daß alle Kategorien wasserdicht sind, aber wir können dadurch hoffen, weiter als nur bis zu einer Beschreibung von lauter Einzelfällen zu gelangen. In diesem letzten Abschnitt des Kapitels beschreiben wir einige einfache, nützliche, aber keineswegs perfekte Muster, die unterschiedliche Typen von Lebenszyklen mit unterschiedlichen Habitattypen verbinden.

Schon früher haben wir darauf hingewiesen, daß es in allen Typen von *life histories* normalerweise nur eine begrenzte Menge an Energie oder einer anderen Ressource gibt, die für das Wachstum und die Reproduktion eines Organismus zur Verfügung steht. Ein Kompromiß ist deshalb notwendig: entweder mehr zu wachsen und weniger zu reproduzieren oder mehr zu reproduzieren und weniger zu wachsen. Im Einzelfall kann die Fortpflanzung meßbare Kosten haben – nämlich dann, wenn sich das Wachstum mit beginnender oder zunehmender Reproduktion verlangsamt oder völlig aufhört, sobald Ressourcen vom Wachstum in die Fortpflanzung umgeleitet werden. Bei vielen Waldbäumen gibt es beispielsweise Jahre, in denen große Mengen an Samen produziert werden: *Mastjahre*. Die Baumstämme entstehen durch jährlichen Zuwachs: die Jahresringe. In Mastjahren sind sie sichtlich enger (Abb. 5.19). Wir können diesen Kompromiß zwischen Wachstum und Fortpflanzung natürlich auch andersherum betrachten. Ein Organismus, der sehr stark wächst und damit in Konkurrenz zu seinen Nachbarn besser gedeiht, kann dies durch eine Verzögerung oder Reduktion der Fortpflanzungsaktivität erreichen. Weiterhin kann die Umleitung von Ressourcen in die augenblickliche Fortpflanzung auch das zukünftige Über-

Die „Kosten" der Fortpflanzung – ein Kompromiß in den Lebenszyklen

225

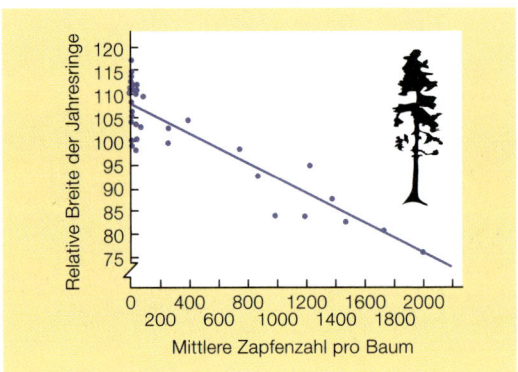

Abbildung 5.19
Die negative Korrelation zwischen der Größe des
Zapfenertrages und dem jährlichen Zuwachs für eine
Population von Douglasien *Pseudotsuga menziesii*
(nach Eis et al., 1965).

leben gefährden (wie oben schon beim Lachs und beim Fingerhut beschrieben
wurde) oder das Ausmaß der zukünftigen Fortpflanzung verringern.

Eine früh einsetzende Fortpflanzung kann ganz besondere Vorteile bringen,
insbesondere, weil die Nachkommenschaft selbst früher mit der Fortpflanzung
beginnen kann. Populationen aus sich frühzeitig fortpflanzenden Individuen
können extrem schnell wachsen – auch wenn das bedeutet, daß die einzelnen
Individuen insgesamt viel weniger Nachkommen produzieren als im anderen
Fall. Der Effekt zeigt sich beim Betrachten des Lebenszyklus von Taufliegen
(*Drosophila*). Die Anzahl der Eier, die von einem Weibchen während ihres Lebens produziert werden, beträgt ungefähr 780. Eine Verdopplung dieser Zahl
würde eindeutig die spezifische Wachstumsrate in die Höhe treiben, aber so ein
enormer Anstieg in der Eizahl ist mit hohen Kosten für das Individuum verbunden. Welche anderen Möglichkeiten gibt es also im Lebenszyklus von *Drosophila*, die den gleichen Effekt hätten? In der Tat würde der gleiche Anstieg in
der Wachstumsrate erreicht werden, wenn die etwa 10 Tage dauernde Juvenilphase um 1,5 Tage reduziert würde (früher fortpflanzen statt länger wachsen).
Entsprechend kann das Populationswachstum durch eine Verzögerung des
Fortpflanzungsbeginns verlangsamt werden. Eine Möglichkeit, das menschliche Bevölkerungswachstum zu verlangsamen (Kapitel 12), besteht beispielsweise darin, für späte Heirat und spätes Gebären zu plädieren.

r- und
K-Strategen

Wir können uns nun den verschiedenen *Life-history*-Strategien selbst zuwenden. Die Fähigkeit einer Art, sich rasch zu vermehren, d. h. die Produktion
einer großen Nachkommenzahl frühzeitig im Lebenszyklus, ist in sich schnell
verändernden Umwelten vorteilhaft, da sie den Organismen das rasche Besiedeln neuer Habitate und das Ausbeuten neuer Ressourcen ermöglicht. Die
rasche Vermehrung ist charakteristisch für den Lebenszyklus terrestrischer Organismen, die in gestörte Flächen einwandern (z. B. viele annuelle Wildkräuter)
oder neu entstandene Habitate, wie z. B. Schlagflächen in Wäldern, besiedeln.
Sie charakterisiert ebenfalls aquatische Organismen, wie z. B. die Bewohner
ephemerer Pfützen und Teiche. Dies sind Arten, deren Populationen sich normalerweise nach einer Katastrophe schnell wieder erholen oder neue Gelegenheiten zur Ressourcenausbeutung nutzen. Ihre Lebenszykluseigenschaften
werden durch die natürliche Auslese unter solchen Bedingungen begünstigt.

Sie werden *r*-Strategen genannt, da sie den größten Teil ihres Lebens in dem fast exponentiellen, *r*-dominierten Abschnitt des Populationswachstums (Fenster 5.4) verbringen. Die Habitate, in denen sie begünstigt sind, werden *r*-selektierend genannt.

In Habitaten mit intensiver Konkurrenz um begrenzte Ressourcen überleben Organismen mit ganz anderen Lebenszyklen. Die Individuen, die erfolgreich Nachkommen produzieren, sind diejenigen, die den größeren Teil der Ressourcen für sich erbeutet und bewahrt haben. Sie haben in der Regel hohe Populationsdichten. Diejenigen, die den Kampf ums Überleben gewinnen, sind diejenigen, die schneller gewachsen sind (und weniger in Fortpflanzung investierten) oder einen größeren Teil ihrer Ressourcen in aggressive Verhaltensweisen oder in solche Aktivitäten investiert haben, die sie im Konkurrenzkampf mit anderen begünstigen. Sie werden *K*-Strategen *(K species)* genannt, da ihre Populationen den größten Teil ihres Lebens in der *K*-dominierten Phase des Populationswachstums (Fenster 5.4) verbringen. Sie stoßen dabei an die Grenzen der Ressourcenverfügbarkeit. Die Habitate, in denen sie begünstigt sind, werden *K*-selektierend genannt.

Eine weitere häufige Unterscheidung zwischen *r*- und *K*-Strategen beruht darauf, ob sie viele kleine Nachkommen (charakteristisch für *r*-Strategen) oder wenige große Nachkommen (charakteristisch für *K*-Strategen) produzieren. Dies ist ein weiteres Beispiel für einen *Life-history*-Kompromiß: Ein Organismus hat begrenzte Ressourcen für die Fortpflanzung zur Verfügung, und die natürliche Selektion wird deren Verteilung beeinflussen. In einer Umwelt, in der ein rasches Populationswachstum möglich ist, sind Individuen begünstigt, die eine große Anzahl kleiner Nachkommen produzieren. Die Größe der Nachkommen ist von geringerer Bedeutung, weil sie normalerweise nicht in Konkurrenz mit anderen Organismen stehen. In einer Umwelt, in der die Individuen in großer Dichte vorkommen und es Konkurrenz um Ressourcen gibt, werden die Nachkommen im Vorteil sein, die von ihren Eltern reichlich mit

r, K sowie Größe und Anzahl der Nachkommen

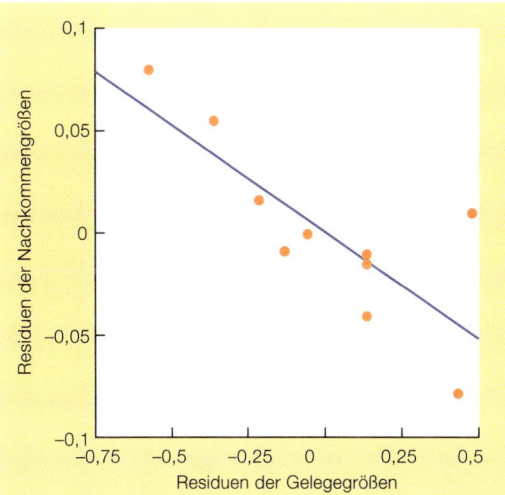

Abbildung 5.20
Hinweis auf einen Kompromiß *(trade-off)* zwischen der Anzahl an Nachkommen, die von einem Elter produziert wurden, und der individuellen Fitneß dieser Nachkommen: eine negative Korrelation zwischen der Größe des Nachkommen (gemessen als Länge zwischen der Nasenspitze und dem Anus) und ihrer Anzahl in einem Schlangengelege des Australischen Hochland-Kupferkopfes, *Austrelaps ramsayi* ($r^2 = 0{,}63$; $P = 0{,}006$). Die Residuen der Parameter Länge und Gelegegröße wurden verwendet: Das sind diejenigen Werte, die man erhält, nachdem die Größe des Muttertiers herauspartialisiert wurde, da beide Parameter mit der Größe des Elters ansteigen (nach Rohr, 2001).

227

Ressourcen versorgt wurden. Die Produktion von Nachkommen, in die jeweils viel investiert wurde, macht es erforderlich, weniger Nachkommen zu produzieren (s. z. B. Abb. 5.20).

Hinweise zum r/K-Schema

Das *r/K*-Konzept kann sicherlich bei der Beschreibung einiger genereller Unterschiede zwischen verschiedenen Organismen nützlich sein. Beispielsweise ist es möglich, bei Pflanzen einige sehr allgemeine und generelle Beziehungen zu beschreiben (Abb. 5.21). Waldbäume sind ein ausgezeichnetes Beispiel für *K*-Strategen. Sie konkurrieren um Licht im Kronenraum, und die Überlebenden sind diejenigen, die ihre Ressourcen ins frühe Wachstum stecken und ihre

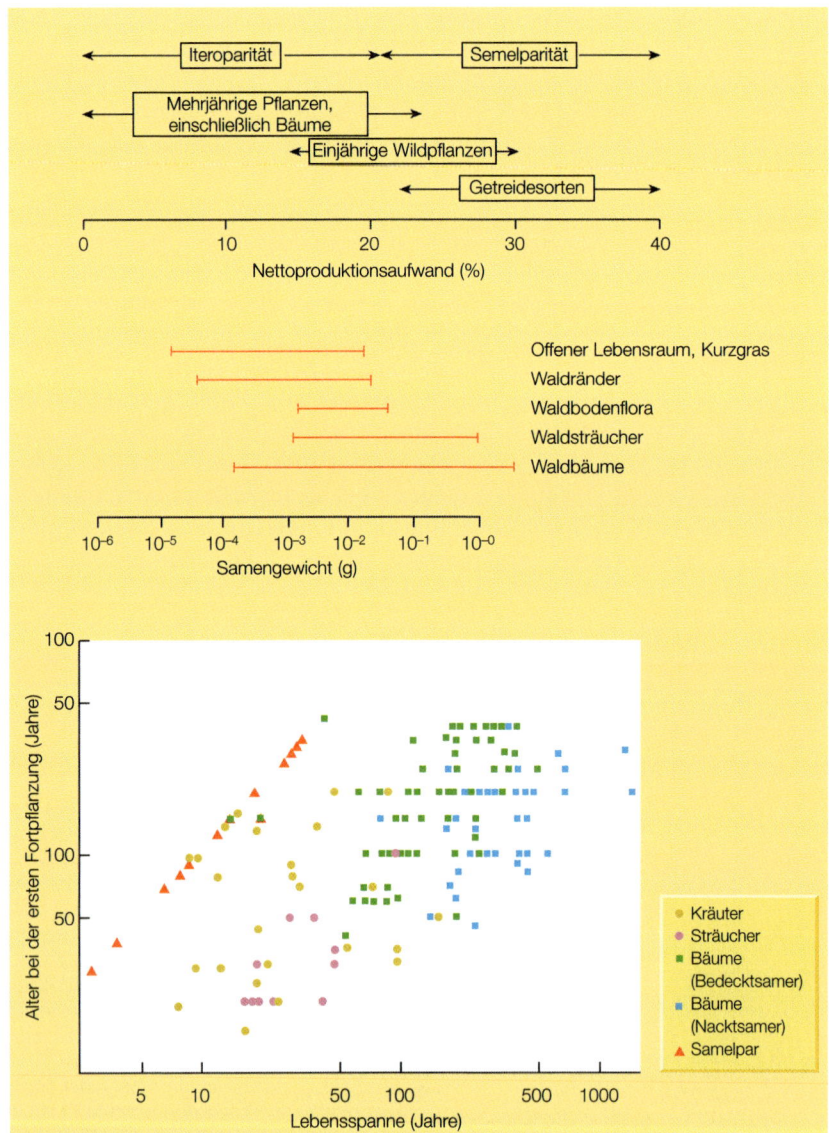

Abbildung 5.21
Pflanzen zeigen im allgemeinen eine Übereinstimmung mit dem *r/K*-Konzept. Zum Beispiel sind Bäume in eher *K*-selektierten Waldhabitaten (a) mit einer relativ hohen Wahrscheinlichkeit iteropar und investieren verhältnismäßig wenig in die Fortpflanzung; (b) sie haben relativ große Samen; sind (c) relativ langlebig und pflanzen sich meist erst mit ziemlicher Verzögerung fort (nach Harper, 1977; entsprechend Salisbury, 1942; Ogden, 1968; Harper & White, 1974).

Nachbarn im Wuchs übertreffen. Sie verzögern normalerweise ihre Fortpflanzung, bis ihre Äste einen sicheren Platz im Blätterdach gefunden haben. Sobald sie sich einmal behauptet haben, werden sie kaum noch verdrängt. Sie leben meist sehr lange und investieren insgesamt wenig in die Fortpflanzung, haben aber meist große Einzelsamen. Im Gegensatz dazu entsprechen Pflanzen in stärker gestörten, offenen, *r*-selektierenden Habitaten eher dem generellen Bild eines *r*-Strategen: eine größere Investition in die Fortpflanzung, aber kleinere Samen, kleinere Gesamtgrößen, frühzeitige Fortpflanzung und ein kürzeres Leben (Abb. 5.21).

Andererseits gibt es fast ebenso viele Beispiele, die nicht mit dem *r/K*-Schema harmonieren, wie Beispiele, die mit dem *r/K*-Schema übereinstimmen. Man kann dies als vernichtende Kritik am *r/K*-Konzept betrachten, weil es zweifellos zeigt, daß die Erklärungskraft dieses Schemas begrenzt ist. Aber genauso gut kann es sehr befriedigend sein, daß ein relativ einfaches Konzept hilft, einen großen Teil aus der Vielfalt an *life histories* zu verstehen. Trotzdem kann niemand das *r/K*-Konzept als den Endpunkt der Geschichte ansehen. Wie alle Versuche, Arten und ihre Eigenschaften durch eine Klassifizierung in Schubladen zu stecken, muß die Unterscheidung zwischen *r*- und *K*-Strategen eher als eine stark vereinfachende (und hoffentlich nützliche) menschliche Erfindung betrachtet werden und nicht als allgemein gültige Wahrheit über die belebte Welt.

 ## Zusammenfassung

Das Zählen von Individuen, Geburten und Todesfällen

Ökologen versuchen, die Verteilung und Abundanz von Organismen zu beschreiben und zu verstehen. Geburten, Todesfälle und Wanderbewegungen sind die Prozesse, die die Größe von Populationen verändern. Eine Population ist eine Anzahl von Individuen, aber für einige Organismenarten, insbesondere für *modulare* Organismen, ist nicht immer klar, was mit einem Individuum gemeint ist.

Ökologen stehen großen Problemen gegenüber, wenn sie versuchen, Populationen und die auf sie wirkenden Einflüsse im Freiland zu erfassen. Dabei schätzen sie fast immer und zählen nur selten. Besondere Probleme gibt es beim Zählen modularer Organismen und bei der Bestimmung von Geburts- und Todesfällen.

Lebenszyklen und Fortpflanzung

Die Lebenszyklen aller unitaren Organismen können als Variationen eines einfachen, immer wiederkehrenden Musters gesehen werden. Manche Organismen bringen mehrere bis viele Generationen in einem Jahr hervor, manche pflanzen sich nur genau einmal pro Jahr fort (Annuelle), und wieder andere haben einen Lebenszyklus, der sich über mehrere bis viele Jahre hinzieht (Perenne). *Iteropare* Arten pflanzen sich wiederholt fort, *semelpare* Arten haben eine einzige Fortpflanzungsphase, auf die rasch der Tod folgt.

Die meisten Annuellen keimen oder schlüpfen im Frühjahr, wachsen rasch, pflanzen sich fort und sterben dann, noch bevor der Sommer endet. Die meisten von ihnen verbringen einen Teil des Jahres in Dormanz. Im Leben vieler langlebiger Arten gibt es einen deutlich saisonbedingten Rhythmus. Wenn es kaum jahreszeitliche Unterschiede gibt, pflanzen sich einige das ganze Jahr hindurch fort, andere haben eine lange, nicht-reproduktive Phase und schließlich einen einzigen tödlichen Fortpflanzungsschub.

Quantifizierung von Geburt und Tod: Lebens- und Fruchtbarkeitstafeln

Lebenstafeln können bei der Bestimmung der offensichtlichen Ursachen von Zuwachs- und Abnahmeraten im Lebenszyklus nützlich sein. Eine Kohortenlebenstafel gibt das Überleben von Mitgliedern einer einzelnen Kohorte wieder. Wenn wir den Kohorten selbst nicht folgen können, kann es möglich sein, eine stationäre Lebenstafel zu konstruieren – aber hier ist große Vorsicht geboten. Die Fruchtbarkeit von Individuen, die sich mit dem Alter ändert, wird in altersspezifischen Fruchtbarkeitstafeln beschrieben. Ökologen suchen nach bestimmten Mustern, die sich im Leben vieler Arten wiederholen. Es wurden eine Reihe nützlicher Überlebenskurven entwickelt (Typ 1–3), aber in Wirklichkeit sind Überlebenskurven normalerweise viel komplexer.

Dispersion und Migration

Dispersion ist die Art und Weise, mit der sich Individuen voneinander entfernen. Migration beschreibt die gerichtete Bewegung einer großen Anzahl von Individuen einer Art von einem Ort zu einem anderen. Bewegung und räumliche Verteilung gehören eng zusammen. Dispersion und Migration können eine tiefgreifende Auswirkung auf die Populationsdynamik und auf die Populationszusammensetzung haben.

Die Wirkung von intraspezifischer Konkurrenz auf Populationen

Bei genügend hohen Dichten reduziert die Konkurrenz zwischen Individuen im allgemeinen die Geburtenrate und erhöht die Sterberate (sie ist also dichteabhängig). Intraspezifische Konkurrenz tendiert deshalb dazu, die Dichte in gewissen Grenzen zu halten. Man kann also sagen, daß sie eine Rolle bei der Regulierung der Größe von Populationen spielt.

Wenn Populationen klein und räumlich weit verteilt sind, neigen sie dazu, ein *exponentielles* Wachstum zu entwickeln, aber die Wachstumsrate wird, wenn die Population anwächst, durch Konkurrenz verringert, so daß die Populationswachstumskurve nicht mehr exponentiell, sondern S-förmig, also *logistisch*, verläuft. Intraspezifische Konkurrenz beeinflußt also auch die *Nettowachstumsrate*, so daß typischerweise eine kuppelförmige Kurve entsteht.

Verschiedene Lebenszyklusstrategien

In der Regel steht für Wachstum und Fortpflanzung einem Organismus nur eine begrenzte Gesamtenergiemenge oder irgendeine andere begrenzte Ressource zur Verfügung. Es können meßbare Reproduktionskosten auftreten. Aber Populationen von Individuen, die sich frühzeitig im Leben fortpflanzen, können extrem rasch wachsen.

Die Fähigkeit einer Art zur raschen Vermehrung kann in ephemeren Habitaten durch natürliche Selektion begünstigt sein, da sie den Organismen ermöglich, neue Habitate rasch zu besiedeln und neue Ressourcen auszubeuten. Solche Arten wurden als r-Strategen bezeichnet. Dort, wo es intensive Konkurrenz um begrenzte Ressourcen gibt, sind die Individuen, welche erfolgreich Nachkommen produzieren, jene, die den größeren Teil der Ressourcen für sich gewonnen haben. Und das sind meist diejenigen, die größer geboren wurden und/oder schneller gewachsen sind (bevor sie sich fortpflanzten): sogenannte *K*-Strategen. Das *r/K*-Konzept kann für die Interpretation von Unterschieden in Morphologie und Verhalten von Organismen nützlich sein, aber sicherlich umfaßt dieses Konzept nicht alle Einzelheiten.

??? Quiz

 = anspruchsvolle Frage

1. Klären Sie die Bedeutung des Wortes *Individuum* für unitare und modulare Organismen.
2. Bei einer Fang-Wiederfang-Untersuchung, in der eine Population von Schmetterlingen auf einer konstanten Größe blieb, ergab eine erste Stichprobe 70 Individuen, von denen jedes markiert und anschließend wieder freigelassen wurde. Zwei Tage später wurde eine zweite Stichprobe mit insgesamt 123 Individuen genommen, von denen 47 eine Markierung aus dem ersten Fang trugen. Schätzen sie die Größe der Population. Geben Sie alle Annahmen an, die Sie machen mußten, um zu Ihrer Schätzung zu gelangen.
3. Definieren Sie *annuell, perenn, semelpar* und *iteropar*. Versuchen Sie, für Tiere und Pflanzen jeweils ein Beispiel für jede der vier möglichen Kombinationen dieser Begriffe anzugeben. In welchen Fällen ist es schwierig (oder unmöglich), ein Beispiel zu finden und warum?
4. Entwickeln Sie die Begriffe *Kohorte* und *stationäre Lebenstafel* und diskutieren Sie die Problematik, diese zu erstellen und/oder zu interpretieren.
5. Die folgende Tabelle ist der Entwurf einer Lebens- und Fruchtbarkeitstafel für eine Kohorte von Spatzen. Füllen Sie die fehlenden Werte aus (bei den Fragezeichen).

Entwicklungsstadium (x)	Anzahl zu Beginn des Stadiums (a_x)	Anteil der Ausgangskohorte, die am Beginn von Stadium x lebt (l_x)	Mittlere Anzahl von Eiern, produziert pro Individuum in Stadium x (m_x)
Eier	173	?	0
Nestlinge	107	?	0
Jungvögel	64	?	0
1 Jahr alte	31	?	2,5
2 Jahr alte	23	?	3,7
3 Jahr alte	8	?	3,1
4 Jahr alte	2	?	3,5
R = ?			

6. Beschreiben Sie, was mit den Begriffen *aggregierte*, *zufällige* und *gleich-mäßige* räumliche Verteilung von Organismen gemeint ist, und stellen Sie, wenn möglich, anhand von aktuellen Beispielen, einige der Verhaltensprozesse dar, die zu jedem der Verteilungstypen führen könnten.

7. ✐ Warum ist die mittlere Dichte der Bevölkerung in den Vereinigten Staaten geringer als die Dichte, die von den Bewohnern der Vereinigten Staaten durchschnittlich empfunden wird? Ist ein ähnlicher Unterschied eventuell auch bei Populationen anderer Arten zu erwarten? Warum? Unter welchen Umständen gibt es diesen Unterschied nicht?

8. ✐ Vergleichen Sie unitare und modulare Organismen hinsichtlich der Auswirkung der intraspezifischen Konkurrenz sowohl auf Individuen als auch auf Populationen.

9. Was ist mit der *Kapazitätsgrenze* einer Population gemeint? Beschreiben Sie, wo sie bei (1) S-förmigem Populationswachstum, (2) der logistischen Gleichung und (3) kuppelförmigen Nettowachstumskurven auftritt.

10. Erklären Sie, warum ein Verständnis von *Life-history*-Kompromissen *(trade-offs)* für das Verstehen der Evolution von *Life-history*-Eigenschaften von grundlegender Bedeutung ist. Erklären sie die gegensätzlichen *trade-offs*, die man bei *r*-selektierten und *K*-selektierten Arten erwarten kann.

6

Interspezifische Konkurrenz

Interspezifische Konkurrenz ist eines der grundlegendsten Phänomene der Ökologie. Sie beeinflußt nicht nur die gegenwärtige Verbreitung und den Erfolg von Arten, sondern ebenso deren Evolution. Dabei ist es oft bemerkenswert schwierig, das Vorhandensein und die Auswirkungen interspezifischer Konkurrenz festzustellen. Dies erfordert ein Arsenal von Techniken beim Beobachten, im Experimentieren und im Erstellen von Modellen.

Schlüsselkonzepte

Dieses Kapitel soll

- die Schwierigkeit verdeutlichen, zwischen der prinzipiellen und der tatsächlich wirkenden Stärke und Bedeutung interspezifischer Konkurrenz zu unterscheiden;
- den Unterschied zwischen fundamentaler und realisierter Nische aufzeigen;
- das Konkurrenzausschlußprinzip definieren und die Grenzen seiner Gültigkeit verständlich machen;
- die mögliche Rolle evolutionärer Auswirkungen der Konkurrenz auf koexistierende Arten verdeutlichen und die Schwierigkeiten aufzeigen, diese Auswirkungen nachzuweisen;
- die Natur der Nischensonderung und die Bedeutung der Ebenen verständlich machen, auf denen interspezifische Konkurrenz Lebensgemeinschaften strukturiert;
- die Schwierigkeiten aufzeigen, die dabei entstehen, die Verbreitung gegenwärtiger Konkurrenz in der Natur festzustellen. Es soll helfen, die Auswirkungen von Konkurrenz von bloßen Zufallseffekten abzugrenzen.

6.1   Einleitung

Nach der Einführung in den Begriff der *intra*spezifischen Konkurrenz in den vorangegangenen Kapiteln ist es nicht schwer darzustellen, was *inter*spezifische Konkurrenz ist. Mit diesem Begriff meint man im Grunde, daß Individuen einer Art als Folge der Ressourcenausbeutung oder durch Interferenz mit Individuen einer anderen Art eine Verminderung ihrer Fruchtbarkeit, Überlebensfähigkeit oder ihres Wachstums zu erleiden haben. Die Folgen dieser Konkurrenz für das einzelne Individuum wirken sich mit einiger Wahrscheinlichkeit auf die Populationsdynamik der miteinander konkurrierenden Arten aus. Diese wiederum kann die Verbreitung der Art und damit auch ihre Evolution beeinflussen. Verbreitung und Dichte von Arten bestimmen natürlich die Zusammensetzung der biologischen Gemeinschaften, deren Teil sie sind. Umgekehrt kann die Evolution selbst Verbreitung und Dynamik der Arten beeinflussen.

So handelt dieses Kapitel sowohl von den ökologischen als auch von den evolutionsbiologischen Auswirkungen interspezifischer Konkurrenz auf Individuen, Populationen und Lebensgemeinschaften. Aber es spricht auch eine generelle Frage in der Ökologie und sogar den Naturwissenschaften insgesamt an, indem es den Unterschied zeigt zwischen dem, was ein Prozeß bewirken könnte, und dem, was er tatsächlich bewirkt – in diesem Fall bezogen auf den Unterschied zwischen dem, was interspezifische Konkurrenz zu bewirken vermag, und dem, was letztlich tatsächlich geschieht. Dies sind zwei unterschiedliche Fragen, und wir müssen sie sorgfältig auseinanderhalten.

Zwei gesondert zu behandelnde Fragen – die möglichen und tatsächlichen Folgeerscheinungen von Konkurrenz

Auch die Art und Weise, wie diese zwei Fragen gestellt und beantwortet werden, ist unterschiedlich. Herauszufinden, was interspezifische Konkurrenz bewirken kann, ist relativ einfach. Man kann im Experiment Arten zum Wettstreit *zwingen* oder in der Natur Artenpaare und -gruppen untersuchen, die genau deshalb ausgewählt wurden, weil sie höchstwahrscheinlich in Konkurrenz zueinander stehen. Andererseits ist es viel schwieriger zu entdecken, wie wichtig interspezifische Konkurrenz tatsächlich ist. Es ist nötig zu fragen, wie realistisch unsere Experimente sind, wie typisch sie für die Art und Weise sind, in der Arten in der Natur interagieren, wie charakteristisch die gewählten Artenpaare und -gruppen generell sind. Hier wird deutlich werden, daß dies nur eines von vielen Gebieten der Ökologie und der Naturwissenschaften im allgemeinen ist, auf dem eindeutige Antworten bisher noch nicht verfügbar sind.

Dennoch fangen wir mit einigen Beispielen an, die zeigen sollen, was interspezifische Konkurrenz zu bewirken vermag.

6.2   Ökologische Auswirkungen interspezifischer Konkurrenz

6.2.1   Konkurrenz zwischen Diatomeen um Silikat

Im Labor wurde die Konkurrenz zwischen zwei Süßwasserdiatomeen (einzelligen Pflanzen), *Asterionella formosa* und *Synedra ulna*, untersucht, die beide für den Aufbau ihrer Zellwände Silikat benötigen (s. Abschnitt 3.5). Die Populationsdichte der Diatomeen wurde verfolgt, und gleichzeitig wurde der Einfluß auf die begrenzende Ressource (Silikat) beobachtet. Wenn eine der Arten allein in einem flüssigen Medium gehalten wurde, zu dem laufend Ressourcen hinzugefügt wurden, bildete sich eine konstante Populationsdichte aus, die das Silikat auf einer konstant niedrigen Konzentration hielt (Abb. 6.1a und b). Allerdings vermochte *Synedra* bei der Ausbeutung der Ressource die Silikatkonzentration auf ein niedrigeres Niveau zu senken als *Asterionella*. Dementsprechend hielt *Synedra*, wenn beide Arten zusammen gehalten wurden, die Konzentration auf einem Niveau, das für das Überleben und die Fortpflanzung von *Asterionella* zu niedrig war, und nur *Synedra* überlebte (Abb. 6.1c).

Effektivere Lebewesen verdrängen weniger effektive Konkurrenten

Es wurde somit deutlich, daß beide Arten zwar in der Lage waren, unter Laborbedingungen allein zu existieren. Sobald sie jedoch konkurrierten, erwies sich *Synedra* gegenüber *Asterionella* als überlegen, weil sie die gemeinsam genutzte, begrenzte Ressource effektiver ausbeuten konnte.

Ein ähnliches Resultat erhielt man für den nachtaktiven, insektivoren Gecko *Hemidactylus frenatus*, eine Art, die im gesamten pazifischen Raum in städtische Lebensräume vordringt, wo sie für den Rückgang der Populationen des heimischen Geckos *Lepidodactylus lugubris* verantwortlich ist. Petren und Case (1996) wiesen nach, daß sich die Nahrung beider Geckoarten stark ähnelt und Insekten für beide Arten eine limitierende Ressource sind. In kontrollierten Experimenten konnte die invasive Art diese Ressource stärker ausschöpfen als der

Abbildung 6.1
Konkurrenz bei Diatomeen. (a) Wenn *Asterionella formosa* allein in einem Kulturgefäß gezüchtet wird, bildet sie eine stabile Population und hält ihre Ressource, Silikat, auf einem konstant niedrigen Niveau. (b) *Synedra ulna* verhält sich, allein gehalten, ebenso, hält jedoch die Silikatkonzentration auf einem noch tieferen Niveau. (c) Wenn beide Arten gemeinsam gehalten werden, verdrängt *Synedra* in beiden Parallelansätzen *Asterionella* (nach Tilman et al., 1981).

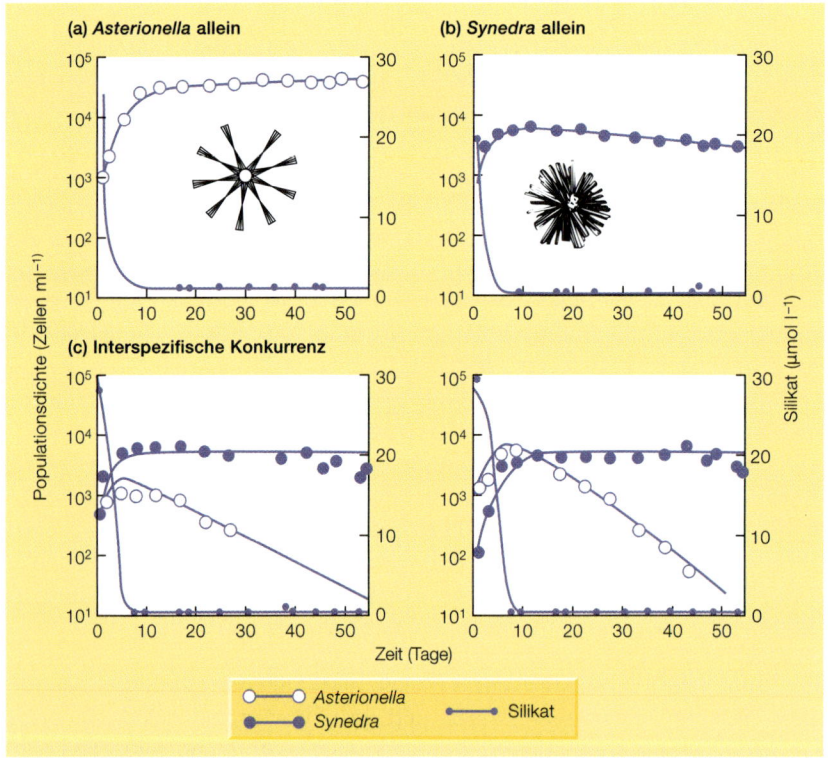

heimische Gecko, bei dem schließlich körperliche Leistungsfähigkeit, Fruchtbarkeit und Überlebensrate abnahmen.

6.2.2   Koexistenz und Ausschluß bei konkurrierenden Lachsfischen

Die Lachsfische *Salvelinus malma* und *S. leucomaenis* sind nahverwandte Saiblingarten von ähnlichem Körperbau. Beide Arten kommen in vielen Wasserläufen auf Hokkaido (Japan) gemeinsam vor, doch lebt *S. malma* in größeren Höhenlagen (weiter flußaufwärts) als *S. leucomaenis*. In mittleren Höhenlagen überschneiden sich die Verbreitungsgebiete beider Arten. In Wasserläufen, in denen eine Art fehlt, breitet sich die andere aus. Die Wassertemperatur, ein abiotischer Faktor mit tiefgreifenden Auswirkungen auf die Ökologie der Fische, nimmt flußabwärts zu. Taniguchi und Nakano (2000) testeten mit künstlichen Wasserläufen ihre Hypothese, daß *S. leucomaenis* bei höherer Temperatur (12 °C im Vergleich mit 6 °C) in aggressiven Interaktionen dominieren, sich profitablere Mikrohabitate zum Jagen von Insekten sichern und schneller wachsen würde als *S. malma*. Sie vermuteten, daß diese Unterschiede in den Wachstumsraten den unterlegenen *S. malma* schließlich zum Auswandern zwingen oder ihn aussterben lassen würden. Bei niedrigerer Temperatur sollte sich das umgekehrte Ergebnis einstellen.

Wenn die Arten einzeln untersucht wurden, führten höhere Temperaturen bei beiden zu aggressiverem Verhalten. In Gegenwart von *S. leucomaenis* verkehrte sich dieser Effekt bei *S. malma* jedoch in sein Gegenteil (Abb. 6.2a). Hieraus läßt sich schließen, daß *S. malma* in Gegenwart von *S. leucomaenis* im Kampf um gute Jagdreviere unterlegen war (Abb. 6.2b).

Bei der Untersuchung von jeweils nur einer Art wurden die Wachstumsraten nicht von der Temperatur beeinflußt. Bei Anwesenheit beider Arten ging jedoch das Wachstum von *S. malma* mit steigender Temperatur zurück, während dasjenige von *S. leucomaenis* zunahm (Abb. 6.2c). Außerdem wuchs *S. malma* bei beiden Temperaturen in Gegenwart von *S. leucomaenis* langsamer, doch war dieser Unterschied bei höherer Temperatur wesentlich größer.

Bei beiden Temperaturen war die Mortalität jeder Art von der Größe der Fische abhängig. Fische, die schließlich starben, waren kleiner als die überlebenden (Abb. 6.3). Nach 72 Tagen waren in Versuchen mit beiden Arten die Dichten der überlebenden Fische stark reduziert. Bei der höheren Temperatur hatten zu diesem Zeitpunkt jedoch mehr Exemplare von *S. leucomaenis* überlebt, die auch viel größer waren als die wenigen überlebenden Individuen von *S. malma*. Wahrscheinlich erlangte *S. leucomaenis* schon zu einem frühen Zeitpunkt des Experiments leichte Größenvorteile, die sich dann als Ergebnis interspezifischer Konkurrenz verstärkten. Bei der höheren Temperatur überlebten 2–10 % der Tiere sämtlicher Populationen bis zum 191. Tag mit Ausnahme der Individuen von *S. malma*, die in Gegenwart von *S. leucomaenis* vollständig eingingen.

Diese Ergebnisse stimmen mit der Hypothese überein, daß die Untergrenze des Verbreitungsgebiets von *S. malma* in den Wasserläufen Japans auf temperaturvermittelte Konkurrenz zurückzuführen ist, bei der *S. leucomaenis* im Vor-

Der Konkurrenzvorteil wird durch temperaturabhängiges aggressives Verhalten bewirkt

Abbildung 6.2
(a) Häufigkeit aggressiver Begegnungen, die während eines 72 Tage dauernden Experiments in künstlichen Kanälen mit zwei Wiederholungen und jeweils 50 Exemplaren von *Salvelinus malma* (Balken) und *S. leucomaenis* (Balken) entweder bei Anwesenheit nur einer Art (Allopatrie) oder bei gemeinsamer Anwesenheit von 25 Tieren beider Fischarten (Sympatrie) von Individuen jeder Art ausgingen. (b) Häufigkeit des Nahrungserwerbs; (c) spezifische Rate des Längenwachstums. Unterschiedliche Buchstaben kennzeichnen signifikant unterschiedliche Mittelwerte (aus Taniguchi & Nakano, 2000).

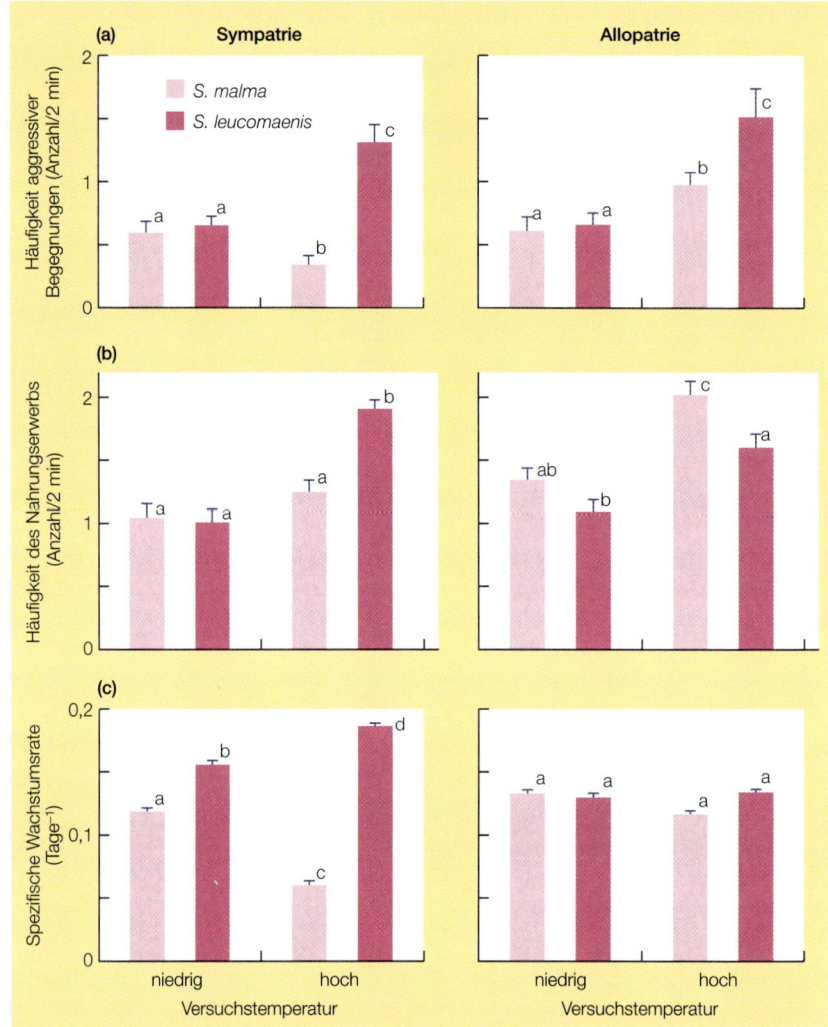

teil ist. Andererseits stützen die Resultate nicht die Ansicht, daß die Obergrenze des Verbreitungsgebiets von *S. leucomaenis* ebenfalls durch einen Unterschied im Erfolg bei temperaturvermittelter Konkurrenz bedingt ist (d. h., *S. malma* konnte *S. leucomaenis* in keinem der Experimente verdrängen, auch nicht bei der niedrigeren Temperatur). Weitere Untersuchungen sind nötig, um die Hypothesen zu testen, daß diese Obergrenze zum Beispiel durch Effekte bei noch tieferen Temperaturen bedingt ist (während der kälteren Jahreszeiten fallen die Wassertemperaturen unter die Versuchstemperatur von 6 °C), oder daß sie dadurch zustande kommt, daß *S. leucomaenis* während langer Perioden von Nahrungsknappheit bei niedrigen Temperaturen schneller verhungert.

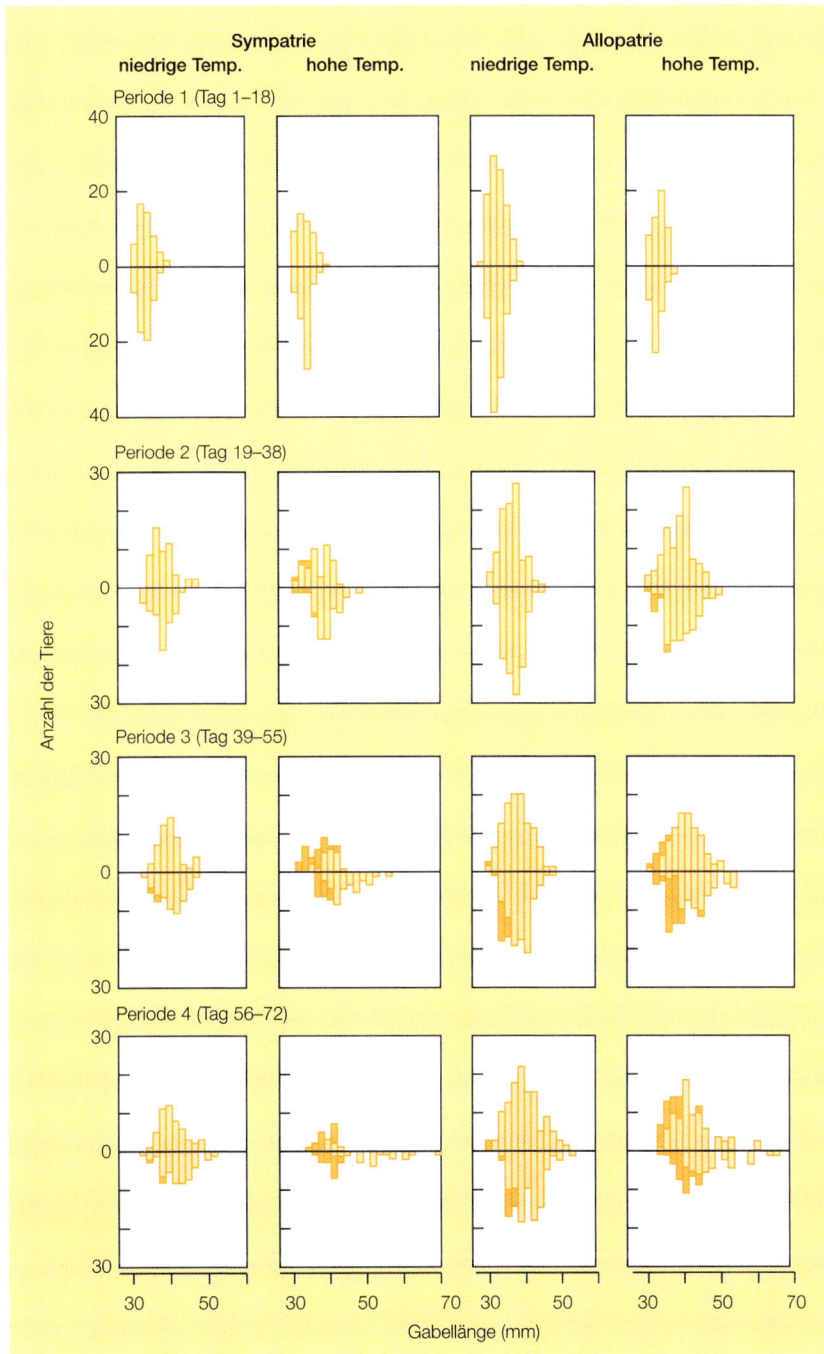

Abbildung 6.3
Häufigkeitsvertei-
lung der Längen
einzelner Tiere
(Gabellänge) nach
getrennter oder
gemeinsamer Auf-
zucht der Arten
über vier Perioden
bei hoher oder nied-
riger Temperatur.
Die Ergebnisse für
Salvelinus malma
sind oberhalb der
Nulllinie, diejenigen
für *S. leucomaenis*
unterhalb dieser
Linie dargestellt.
Die dunkler schat-
tierten Bereiche
kennzeichnen In-
dividuen, die wäh-
rend des Versuchs-
zeitraumes starben
(aus Taniguchi &
Nakano, 2000).

6.2.3   Einige grundsätzliche Beobachtungen

Dieses Beispiel – wie auch das vorige – verdeutlicht mehrere Punkte von grundsätzlicher Bedeutung.

- Miteinander konkurrierende Arten koexistieren häufig auf einer bestimmten räumlichen Ebene, haben aber unterschiedliche Verteilungen auf einer niedrigeren Ebene räumlicher Auflösung. Im vorangegangenen Beispiel koexistierten beide Fischarten in demselben Wasserlauf, doch war die Verbreitung jeder Art mehr oder weniger auf eine bestimmte Höhenlage begrenzt.
- Oft werden Arten durch interspezifische Konkurrenz von Orten ausgeschlossen, an denen sie bei Abwesenheit interspezifischer Konkurrenz sehr gut existieren könnten. So kann in diesem Beispiel *Salvelinus malma* im Verbreitungsgebiet von *S. leucomaenis* leben, allerdings nur dann, wenn *S. leucomaenis* dort nicht anwesend ist. (Ähnlich kann *Asterionella* nur dann in Laborkulturen leben, wenn darin nicht gleichzeitig *Synedra* vorhanden ist.)

Fundamentale und realisierte Nischen
- Wir können dies beschreiben, indem wir sagen, daß die Umweltbedingungen und Ressourcen in der Zone von *S. leucomaenis* einen Teil der fundamentalen ökologischen Nische von *S. malma* darstellen (s. Abschnitt 3.6 zur Definition der ökologischen Nische), in der die Grundbedürfnisse für die Existenz von *S. malma* gegeben sind. Aber die *S.-leucomaenis*-Zone bietet keine realisierte Nische für *S. malma*, sobald *S. leucomaenis* vorhanden ist. (Genau so decken die Laborkulturen die Ansprüche von *Synedra* und *Asterionella* an ihre fundamentalen Nischen, aber nur für *Synedra* an eine realisierte Nische).
- Damit stellt eine fundamentale Nische eine Kombination von Umweltbedingungen und Ressourcen dar, die es einer Art gestatten zu existieren, zu wachsen und sich zu vermehren, vorausgesetzt, daß die Art von jeglichen anderen Arten isoliert ist, die ihre Existenz bedrohen können. Demgegenüber ist eine realisierte Nische eine Kombination von Umweltbedingungen und Ressourcen, die es einer Art erlauben zu existieren, zu wachsen und sich zu reproduzieren in Gegenwart von bestimmten anderen Arten, die existenzbedrohend sein könnten – insbesondere von interspezifischen Konkurrenten.
- Konkurrierende Arten können daher gemeinsam existieren, wenn für beide realisierte Nischen in ihrem Habitat vorhanden sind (im geschilderten Fall bietet der gesamte Wasserlauf für beide Fischarten eine realisierte Nische). Doch sogar an denjenigen Orten, die alle Ansprüche einer Art an ihre fundamentale Nische decken, kann diese Art durch eine andere ausgeschlossen werden, die ihr als überlegener Konkurrent eine realisierte Nische versagt.
- Damit zeigt die Untersuchung der beiden Fischarten eindrucksvoll, wie wichtig experimentelle Manipulationen sind, wenn man erfahren möchte, was wirklich in natürlichen Populationen vorgeht. „Die Natur" gibt ihre Geheimnisse nicht freiwillig preis.

6.2.4   Koexistenz und Ausschluß konkurrierender Hummeln

In einer ähnlichen Studie geht es um Arten, die nicht durch direkten Wettstreit miteinander konkurrieren (wie im Fall der Lachsfische), sondern durch Aus-

beutung gemeinsamer Ressourcen. Hierbei handelt es sich um zwei Hummelarten, *Bombus appositus* und *B. flavifrons*, in den Rocky Mountains von Colorado (Inouye 1978). Die Hummeln leben im selben Gebiet, aber *B. appositus*
besucht zur Nahrungsaufnahme vor allem die Blüten des Rittersporns *Delphinium barbeyi*, während *B. flavifrons* hauptsächlich Blüten des Eisenhutes
Aconitum columbianum aufsucht. Jedoch scheint sich jede der beiden Arten
nur in Gegenwart der jeweils anderen Art so zu spezialisieren. Wenn eine Art
entfernt wurde, änderte die verbleibende sofort ihr Verhalten. Sie nahm mehr
Futter von den zuvor weniger bevorzugten Blüten auf und verweilte bei jedem
Blütenbesuch länger (was ein Anzeichen für steigenden Erfolg bei der Nahrungssuche ist) (Abb. 6.4).

Das Experiment zeigt daher, daß die fundamentale Nische jeder der beiden
Hummelarten beide Arten von Blüten einschließt. Es ist also die Gegenwart des
Konkurrenten, welche die realisierte Nische der beiden Hummelarten auf einen
Blütentyp beschränkt. Wiederum koexistieren beide Arten im Gesamthabitat,
schließen einander aber in bestimmten Teilen dieses Habitats gegenseitig aus.
Dieser reziproke Effekt der Konkurrenz hängt sicherlich mit der Länge des
Rüssels einer jeden dieser beiden Arten zusammen. Obwohl *B. appositus* in der
Lage ist, an beiden Blüten Futter zu erlangen, ist diese Art mit ihrem längeren
Rüssel besser dazu in der Lage, am Rittersporn Nektar aufzunehmen, dessen
Blüten eine längere Kronröhre besitzen. *B. appositus* senkt den Nektar des Rit-
tersporns auf einen so niedrigen Stand, daß es für *B. flavifrons* unattraktiv wird,

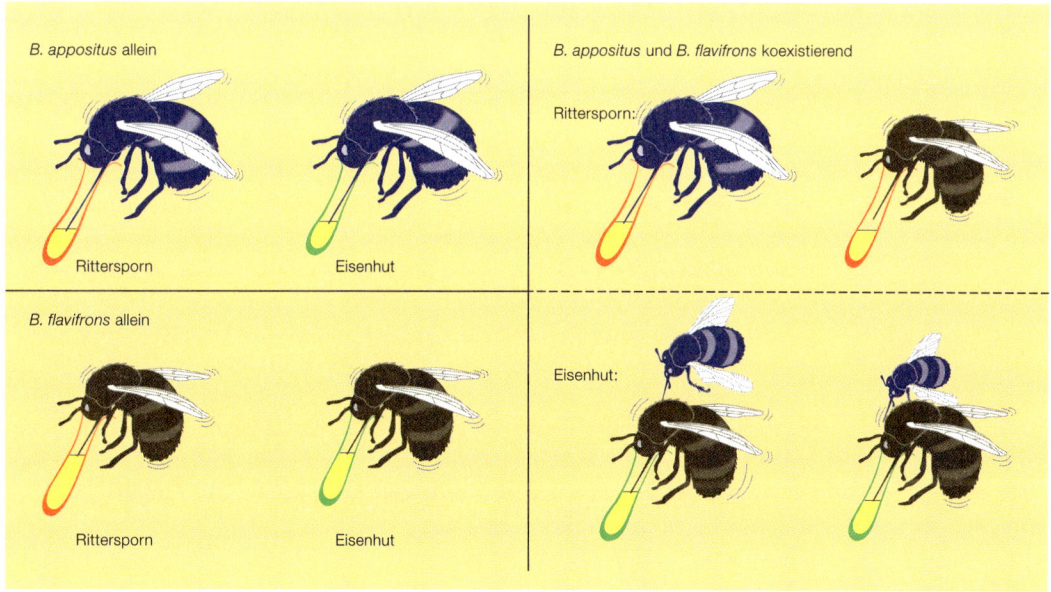

Abbildung 6.4
Bombus appositus und *B. flavifrons* suchen beide sowohl am Rittersporn als auch am Eisenhut nach Nahrung,
wenn die jeweilige Hummelart allein vorkommt. Bei Koexistenz der beiden Hummelarten jedoch schließt *B. appositus*, die über einen längeren Rüssel verfügt, *B. flavifrons* vom Rittersporn aus, während sich *B. flavifrons* auf
den Eisenhut spezialisiert und diesen dadurch weniger attraktiv für *B. appositus* macht.

diese Blüten aufzusuchen. *B. flavifrons* hat sich folglich auf Eisenhut spezialisiert, der dadurch für *B. appositus* weniger attraktiv wird.

Im zuvor beschriebenen Fall der Diatomeen mit ihrer Ausbeutung von Silikat senkte *Synedra* ihre Ressource auf ein niedrigeres Niveau, wenn sie in Einzel-
kultur gehalten wurde, und schloß *Asterionella* in der Konkurrenz aus. Im Fall
der Hummeln sehen wir, wie zwei Arten zwei verschiedene Ressourcen (Nektar in zwei unterschiedlichen Blütenarten) ausbeuten. Sie können miteinander
in Konkurrenz treten, können aber dennoch koexistieren, wenn jede Art eine
der Ressourcen auf einem Niveau hält, das zu niedrig liegt für eine effektive
Ausnutzung durch die andere Art.

6.2.5 Koexistenz konkurrierender Diatomeen

Es gibt eine weitere experimentelle Arbeit über konkurrierende Diatomeen, die
allerdings auf zwei gemeinsam genutzten, begrenzten Ressourcen koexistieren.
Es handelt sich um die Arten *Asterionella formosa* (von der schon die Rede war)
und *Cyclotella meneghiniana*, deren Wachstum sowohl durch die Menge an
Silikat wie auch an Phosphat als Ressource begrenzt werden konnte. Während
Cyclotella effektiver Silikat ausbeuten konnte, war *Asterionella* besser im Ausnutzen von Phosphat. Dementsprechend konnten, wie wir jetzt auch vorhersagen würden, in Kulturen mit relativ ausgeglichener Verfügbarkeit von Silikat
und Phosphat beide Diatomeen existieren. Wenn dagegen besonders niedrige
Silikatmengen zur Verfügung standen, konnte *Cyclotella* die Art *Asterionella*
ausschließen. Umgekehrt konnte *Asterionella Cyclotella* ausschließen, wenn die
Phosphatwerte besonders niedrig lagen (Abb. 6.5).

6.2.6 Koexistenz konkurrierender Nager und Ameisen

Die bisher beschriebenen Beispiele betrafen Paare nahe miteinander verwandter
Arten – Diatomeen, Lachsfische und Hummeln. Möglicherweise ist dies im
Hinblick auf zumindest zwei wichtige Aspekte irreführend. Zunächst kann Konkurrenz zwischen mehr als zwei Arten vorkommen, man spricht dann zuweilen von „diffuser" Konkurrenz. Zum anderen kann es zu Konkurrenz zwischen
nicht miteinander verwandten Arten kommen.

Beide Gesichtspunkte berücksichtigt eine Studie über samenfressende Ameisen und samenfressende Nagetiere in den Wüsten im Südwesten der USA. In
den Untersuchungsgebieten werden Samen nur von zwei *Gilden* (Gruppen
von Arten, die gleiches Futter auf gleiche Weise fressen) genutzt: von Nagetieren und Ameisen. Beim Studium der Größe der Samen, die von jeder der beiden Gilden gesammelt wurden, wurde eine signifikante Überlappung deutlich
(Abb. 6.6). Ameisen fraßen zwar einen größeren Anteil kleinster Samen, aber
insgesamt war das Potential für Konkurrenz um Ressourcen zwischen beiden
Gilden sehr hoch.

Wie schon früher angedeutet, besteht der einzig realistische Test auf Konkurrenz zwischen beiden Gilden darin, die Abundanz eines jeden Konkurrenten
zu manipulieren und die Antwort der anderen Gilde hierauf zu untersuchen.
Folglich wurden acht Parzellen in ähnlichen Habitaten ausgesucht. In zwei Par-

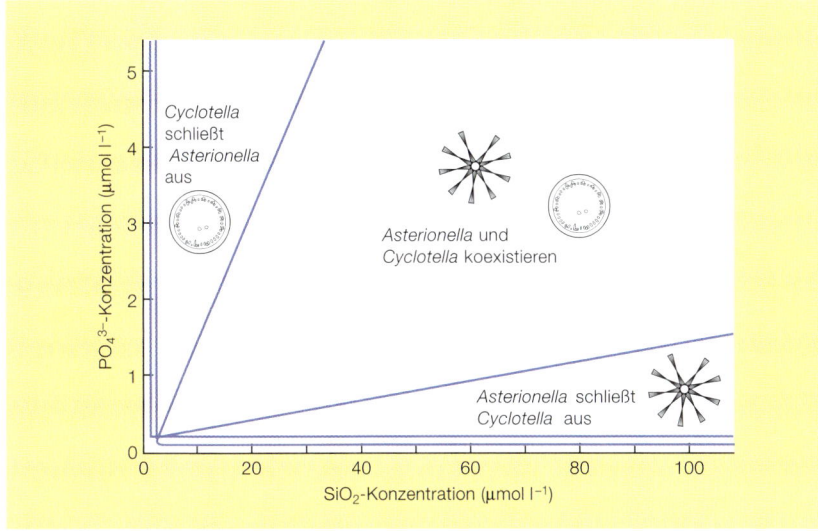

Abbildung 6.5
Asterionella formosa und *Cyclotella meneghiniana* koexistieren bei einer relativ ausgeglichenen Verfügbarkeit von Silikat (SiO_2) und Phosphat (PO_4^{3-}), aber *Asterionella* schließt *Cyclotella* bei besonders niedriger Phosphatverfügbarkeit aus und *Cyclotella* umgekehrt *Asterionella* bei besonders niedriger Silikatverfügbarkeit (nach Tilman, 1982).

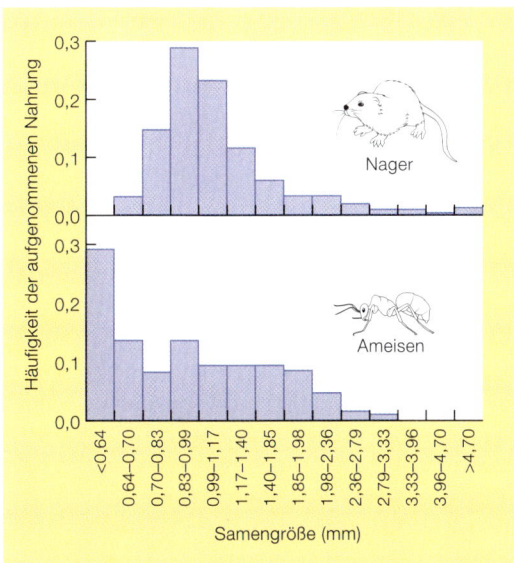

Abbildung 6.6
Die Nahrungsspektren von Ameisen und Nagern überschneiden sich: Samengrößen, die von koexistierenden Ameisen und Nagetieren bei Portal, Arizona, gefressen wurden (nach Brown & Davidson, 1977).

zellen wurden die Nagetiere eingefangen und durch eine Umzäunung ausgeschlossen, so daß zu den Samen dieses Gebietes nur Ameisen Zugang hatten. In zwei anderen Versuchsgebieten wurden Ameisen durch wiederholte Anwendung von Pestiziden eliminiert. Von zwei weiteren Versuchsflächen wurden sowohl Ameisen als auch Nagetiere ausgeschlossen. Schließlich wurden zwei Parzellen als unmanipulierte Kontrollflächen belassen.

Wenn entweder Nager oder Ameisen aus den Versuchsgebieten entfernt wurden, führte das zu einem signifikanten Anwachsen der Abundanz der jeweils anderen Gilde. Es wurde deutlich, daß interspezifische Konkurrenz jeder Gilde die Häufigkeit der anderen in Form einer Verminderung der Bestandszahl beeinflußte. Außerdem fraßen die Ameisen nach Entfernen der Nagetiere ebenso viele Samen wie vorher Nager und Ameisen zusammen. Dieses galt umgekehrt genauso für die Nagetiere nach Entfernen der Ameisen. Nur wenn beide Gilden entfernt wurden, stieg die Ressourcenmenge an. Mit anderen Worten: Unter normalen Bedingungen fressen beide Gilden weniger als bei Abwesenheit der jeweils anderen. Damit wird deutlich, daß Nagetiere und Ameisen interspezifisch konkurrieren, obwohl sie im gleichen Habitat koexistieren.

6.2.7   Das Konkurrenzausschlußprinzip

Die Muster, die in diesen Beispielen sichtbar werden, wurden auch in vielen anderen Untersuchungen entdeckt und auf den Status eines Prinzips erhoben, des „Konkurrenzausschlußprinzips" oder „Gauseschen Prinzips" (nach einem bedeutenden russischen Ökologen benannt). Es kann folgendermaßen dargestellt werden:

- Wenn zwei konkurrierende Arten in einer stabilen Umwelt miteinander koexistieren, geschieht das als Resultat einer Nischendifferenzierung, d. h. einer Differenzierung ihrer realisierten Nischen.
- Falls allerdings eine derartige Differenzierung nicht vorliegt oder in dem jeweiligen Habitat ausgeschlossen ist, wird eine der konkurrierenden Arten die andere eliminieren oder ausschließen.

Obwohl sich dieses Prinzip hier durch genaue Betrachtung realer Datensätze ergibt, war seine Etablierung – wie das bei vielen anderen modernen Diskussionen über interspezifische Konkurrenz immer noch der Fall ist – mit einem einfachen mathematischen Modell interspezifischer Konkurrenz verbunden. Dieses bezeichnet man üblicherweise nach seinen beiden unabhängigen Begründern als das Lotka-Volterra-Modell (Fenster 6.1).

Das Konkurrenzausschlußprinzip – was es besagt, und was es nicht besagt

Es besteht kein Zweifel, daß an diesem Prinzip etwas Wahres ist: Eine konkurrierende Art *kann* als Ergebnis einer Nischendifferenzierung mit einer anderen koexistieren, und eine konkurrierende Art *kann* eine andere ausschließen, indem sie ihr eine realisierte Nische verweigert. Umgekehrt muß man sich darüber klar sein, was das Konkurrenzausschlußprinzip *nicht besagt*.

Es besagt *nicht*, daß – wo immer wir koexistierende Arten mit unterschiedlichen Nischen zu sehen bekommen – der Schluß gestattet sei, dieses Prinzip würde hier zugrunde liegen. Bei näherer Betrachtung haben alle Arten ihre eigenen, einmaligen Nischen. Nischendifferenzierung beweist keineswegs, daß hier koexistierende Konkurrenten vorkommen. Es könnte sein, daß die Arten überhaupt nicht miteinander konkurrieren und es auch während ihrer Entwicklungsgeschichte nie getan haben. Wir benötigen den *Beweis* interspezifischer Konkurrenz. In den vorangegangenen Beispielen geschah dies durch experimentelle Eingriffe, bei denen eine Art (oder eine Gruppe von Arten) entfernt wurde und die Häufigkeit oder Überlebensfähigkeit der anderen Art anstieg. Aber die meisten selbst der plausibelsten Fälle der Koexistenz von Konkurrenten als Ergebnis einer Nischendifferenzierung wurden bislang keiner experimentellen Prüfung unterzogen. So stellt sich die Frage, wie wichtig das Konkurrenzausschlußprinzip in der Praxis ist. Wir kommen darauf im Abschnitt 6.5 zurück.

Ein Teil des Problems besteht darin, daß Arten zwar vielleicht heute nicht konkurrieren, ihre Vorfahren aber in der Vergangenheit konkurriert haben könnten. Dann könnten Anzeichen interspezifischer Konkurrenz immer noch in den Nischen, im Verhalten oder in morphologischen Charakteristika ihrer heutigen Nachkommen fixiert sein. Diese Frage wird in Abschnitt 6.3 behandelt.

Schließlich umfaßt das Konkurrenzausschlußprinzip, wie schon gesagt, auch das Wort „stabil". Das bedeutet, in den in diesem Prinzip ins Auge gefaßten Habitaten bleiben Umweltbedingungen und Ressourcenversorgung mehr oder weniger konstant – falls Arten konkurrieren, geht deren Konkurrenz ihren Gang, bis entweder eine Art eliminiert ist oder bis die Arten realisierte Nischen ausgebildet haben, in denen sie koexistieren können. Manchmal ist das für ein Habitat realistisch, insbesondere unter Labor- oder anderen kontrollierten Bedingungen, in denen der Experimentator die Umweltbedingungen und die Ressourcenversorgung konstant hält. Doch sind die meisten Lebensräume nicht über längere Zeit stabil. Wie verändert sich das Ergebnis von Konkurrenz, wenn die zeitliche und räumliche Heterogenität des Lebensraumes berücksichtigt wird? Dies ist Gegenstand des nächsten Abschnitts.

6.2.8 Heterogenität der Umwelt

Wie in den vorigen Kapiteln bereits erklärt, ist räumliche und zeitliche Veränderung der Umwelt die Regel und nicht die Ausnahme. Lebensräume sind normalerweise ein Patchwork günstiger und ungünstiger Habitate; einzelne *Patches* sind oft nur vorübergehend verfügbar. Manche *Patches* erscheinen zu unvorhersehbaren Zeiten und an unvorhersehbaren Orten. Unter solch veränderlichen Bedingungen kann Konkurrenz nur selten ihren erwarteten Verlauf nehmen. Man kann dann durch bloße Anwendung des Konkurrenzausschlußprinzips nicht vorhersagen, wie die Konkurrenz ausgeht. Eine Art, die ein „schwacher" Konkurrent in einer konstanten Umwelt ist, kann z. B. ein guter Besiedler von Lücken sein, die im Habitat durch Feuer, Sturm oder den Huftritt einer Kuh im Matsch eröffnet werden. Oder sie kann schnelles Wachstum in diesen Lücken zeigen, unmittelbar nachdem sie besiedelt wurden. Auf diese Weise kann sie neben einem starken Konkurrenten bestehen, solange sich häufig genug neue Lücken öffnen. Dementsprechend muß eine realistische Betrachtung interspezifischer Konkurrenz anerkennen, daß Konkurrenz oftmals nicht in der Isolation vonstatten geht, sondern unter dem Einfluß und mit den Beschränkungen einer in *Patches* unterteilten, unbeständigen und unvorhersehbaren Welt.

Umweltheterogenität führt dazu, daß das Konkurrenzausschlußprinzip weit davon entfernt ist, das Ergebnis einer Interaktion zwischen konkurrierenden Arten vorhersagen zu können. Dies zeigen die folgenden zwei Beispiele.

Das erste Beispiel bezieht sich auf die Koexistenz der Meerespalme *Postelsia palmaeformis* (einer Braunalge) und der Muschel *Mytilus californianus* an der Küste Washingtons in den USA (Paine, 1979; Abb. 6.9). *Postelsia* ist eine einjährige Alge, die sich jedes Jahr wieder neu ansiedeln muß, um an einem Ort

Konkurrenz kann nur selten ihren erwarteten Verlauf nehmen

Muscheln, Meerespalmen und die Häufigkeit der Lückenbildung

Fenster 6.1 – Quantitative Aspekte

Das Lotka-Volterra-Modell der interspezifischen Konkurrenz

Das meistgenutzte Modell für interspezifische Konkurrenz ist das Lotka-Volterra-Modell (Volterra, 1926; Lotka, 1932). Es ist eine Erweiterung der logistischen Gleichung, die in Fenster 5.4 beschrieben ist. Seine Vorteile liegen (wie im Fall der logistischen Gleichung) in der Einfachheit und der Leistungsfähigkeit, Licht auf die Faktoren zu werfen, die den Ausgang von Konkurrenzbeziehungen bestimmen.

In der logistischen Gleichung

$$\frac{dN}{dt} = rN \frac{(K-N)}{K}$$

ist *(K − N)/K* derjenige Term, der die intraspezifische Konkurrenz modelliert. Je größer *N* in diesem Term ist (je größer die Population ist), desto stärker ist die intraspezifische Konkurrenz. Die Grundlage des Lotka-Volterra-Modells ist der Ersatz dieses Terms durch einen, der sowohl intra- als auch interspezifische Konkurrenz einschließt. In ihm wird die Populationsgröße der einen Art als N_1 bezeichnet und die einer anderen Art als N_2. Ihre Kapazitäten und jeweiligen spezifischen Vermehrungsraten sind dann K_1, K_2 und r_1, r_2.

In Analogie zu der logistischen Gleichung ist zu erwarten, daß der *gesamte* (intra- und interspezifische) Konkurrenzeffekt beispielsweise auf Art 1 um so größer ist, je höher die Werte von N_1 und N_2 sind. Man kann sie jedoch nicht einfach addieren, da die Konkurrenzeffekte beider Arten auf Art 1 wahrscheinlich nicht gleich sind. Angenommen, 10 Individuen der Art 2 haben zusammen nur denselben hemmenden Konkurrenzeffekt auf Art 1 wie ein Einzelindividuum der Art 1. Dann wird der (intra- und interspe-

zifische) Gesamteffekt der Konkurrenz auf Art 1 dem Effekt von $(N_1 + N_2 \cdot 1/10)$ der Individuen der Art 1 äquivalent sein. Die Konstante (1/10 im vorliegenden Fall) wird *Konkurrenzkoeffizient* genannt und mit α_{12} (alpha eins-zwei) bezeichnet. Folglich wird N_2 durch Multiplikation mit α_{12} in die Anzahl der N_1-Äquivalente umgewandelt, und die Summe aus N_1 und $\alpha_{12}N_2$ ergibt den gesamten Konkurrenzeffekt auf Art 1. (Beachte: $\alpha_{12} < 1$ bedeutet, daß Individuen der Art 2 einen geringeren hemmenden Einfluß auf Individuen der Art 1 ausüben als Individuen der Art 1 auf ihre eigenen Artgenossen und so weiter.)

Die Gleichung für Art 1 kann nun wie folgt geschrieben werden:

$$\frac{dN_1}{dt} = r_1 N_1 \frac{(K_1 - [N_1 - \alpha_{12} N_2])}{K_1}$$

und im Fall der zweiten Art (mit ihren eigenen Konkurrenzkoeffizienten, der die Individuen der Art 1 in Äquivalente der Art 2 überführt):

$$\frac{dN_2}{dt} = r_2 N_2 \frac{(K_2 - [N_2 - \alpha_{12} N_1])}{K_2}$$

Auf diesen beiden Gleichungen beruht das Lotka-Volterra-Modell.

Der beste Weg zu seinem Verständnis führt über die Frage: „Unter welchen Umständen wachsen oder sinken Bestandsgrößen?" Um diese Frage zu beantworten, ist die Erstellung von Diagrammen nötig, in denen sich alle möglichen Kombinationen von N_1 und N_2 darstellen lassen. Dies ist in Abbildung 6.7 geschehen. Gewisse Kombinationen (gewisse

Regionen in Abb. 6.7) verursachen das Anwachsen von Art 1 und/oder Art 2, während andere Kombinationen zu Verminderungen führen. Daraus folgt unweigerlich, daß es für jede Art auch eine sogenannte *Nullisokline* geben muß: eine Linie mit Kombinationen, die zu einem Anwachsen auf der einen Seite und zu einer Abnahme auf der anderen Seite führen, entlang derer es aber weder ein Anwachsen noch eine Abnahme gibt.

Wenn man die Nullisokline einzeichnet, lassen sich in der Abbildung die Regionen des Anwachsens und der Abnahme für Art 1 bestimmen. Hierbei läßt sich die Tatsache ausnutzen, daß *auf* der Nullisokline die Gleichung $dN_1/d_t = 0$ gilt (hier ist definitionsgemäß die Änderungsrate der Abundanz von Art 1 gleich Null). Eine Umformung der Gleichung ergibt für die Nullisokline der Art 1:

$$N_1 = K_1 - \alpha_{12} N_2.$$

Unterhalb und links hiervon nimmt die Abundanz der Art 1 zu (diesen Anstieg verkörpern in der Abbildung die von links nach rechts zeigenden Pfeile, da N_1 auf der horizontalen Achse aufgetragen ist). Sie nimmt zu, da die Populationsgrößen beider Arten relativ gering sind und die Art 1 deshalb nur schwacher Konkurrenz ausgesetzt ist. Oberhalb und rechts dieser Linie ist die Populationsgröße hoch, die Konkurrenz ist stark, und die Abundanz von Art 1 sinkt (Pfeile von rechts nach links). Auf der gleichen Ableitung beruhend, zeigt die Abbildung auch die Nullisokline von Art 2 mit Pfeilen, die wie die N_2-Achse vertikal verlaufen.

Wenn man mit diesem Modell den Ausgang der Konkurrenz bestimmen will, muß man an jedem beliebigen Punkt der Abbildung das Verhalten der zusammengefaßten Art-1-Art-2-Population ermitteln, wie dies durch das Paar von Pfeilen angezeigt ist. Es gibt insgesamt vier verschiedene Möglichkeiten, die zwei Nullisoklinen zueinander anzuordnen. Diese unterschiedlichen Fälle können durch die Achsenabschnitte der Nullisoklinen unterschieden werden (Abb. 6.8). In jedem dieser Fälle ist das Ergebnis der Konkurrenz ein anderes.

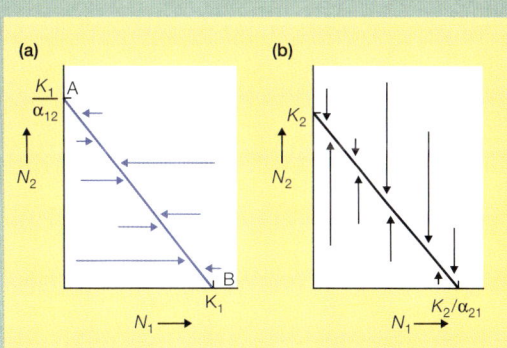

Abbildung 6.7
Die Nullisoklinen nach den Lotka-Volterra-Konkurrenzgleichungen. (a) Die N_1-Nullisokline: Die Dichte der Art 1 nimmt unterhalb und links der Isokline zu sowie oberhalb und rechts von ihr ab. (b) Die entsprechende N_2-Nullisokline.

Fenster 6.1 – *(Fortsetzung)*

Für die Achsenabschnitte in Abbildung 6.8 zum Beispiel gilt:

$$\frac{K_1}{\alpha_{12}} > K_2 \text{ und } K_1 > \frac{K_2}{\alpha_{21}}$$

Durch eine leichte Umstellung erhält man:

$$K_1 > K_2\alpha_{12} \text{ und } K_1\alpha_{21} > K_2$$

Die erste Ungleichung ($K_1 > K_2\alpha_{12}$) zeigt, daß die begrenzenden intraspezifischen Effekte von Art 1 auf sich selbst (bezeichnet als K_1) stärker sind als die interspezifischen Effekte, die Art 2 auf Art 1 ausüben kann ($K_2\alpha_{12}$). Art 2 ist somit ein schwacher interspezifischer Konkurrent. Die zweite Ungleichung läßt dagegen erkennen, daß Art 1 stärkeren Druck auf Art 2 ausüben kann als Art 2 auf sich selbst. Art 1 ist damit ein *starker* interspezifischer Konkurrent. Und wie man an den Pfeilen in Abbildung 6.8a erkennen kann, verdrängt Art 1 die schwächere Art 2 durch Konkurrenz bis zu deren Erlöschen und erreicht ihre eigene Kapazität. Die Situation ist in Abbildung 6.8b umgekehrt. Somit beschreiben die Abbildungen 6.8a und 6.8b Fälle, in denen die Umwelt so beschaffen ist, daß eine Art die andere stets durch Konkurrenz verdrängt, weil die erste ein starker interspezifischer Konkurrent ist und die andere ein schwacher.

In Abbildung 6.8c dagegen gilt

$$K_1 > K_2\alpha_{12} \text{ und } K_2 > K_1\alpha_{21}$$

In diesem Falle üben beide Arten einen geringeren Konkurrenzdruck auf die jeweils andere Art als auf sich selbst aus. In diesem Sinne sind beide Arten schwache Konkurrenten. Das würde beispielsweise dann geschehen, wenn es zwischen beiden Arten eine Nischendifferenzierung gäbe. Jede Art würde dann innerhalb ihrer Nische die stärkste Konkurrenz ausüben. Wie Abbildung 6.8c zeigt, weisen als Ergebnis hiervon alle Pfeile auf ein stabiles Gleichgewicht zwischen den beiden Arten, auf das alle Mischpopulationen zustreben: Das heißt, das Ergebnis dieser Art Konkurrenz ist die stabile Koexistenz der Konkurrenten. Tatsächlich führt nur dieser eine Typ von Konkurrenz (in der beide Arten stärkere Effekte auf sich selbst als auf die andere Art ausüben) zu stabiler Koexistenz von Konkurrenten.

Schließlich gilt in Abbildung 6.8d

$$K_2\alpha_{12} > K_1 \text{ und } K_1\alpha_{21} > K_2$$

Hier konkurrieren Individuen beider Arten stärker mit denen der jeweils anderen Art als untereinander. Das kommt z. B. dann vor, wenn jede Art gegen Mitglieder der anderen Art aggressiver ist als gegen Individuen der eigenen Art. In diesem Fall sind die Verläufe der Pfeile komplizierter, doch letztlich führen sie immer zu einem von zwei alternativen stabilen Zuständen. Im ersten Zustand erreicht Art 1 ihre Kapazität, und Art 2 stirbt aus, im zweiten erreicht Art 2 ihre Kapazität, und Art 1 stirbt aus. Mit anderen Worten, beide Arten können die jeweils andere Art vollständig verdrängen, doch welche dies tatsächlich tut, läßt sich nicht mit Sicherheit voraussagen. Das Ergebnis hängt davon ab, welche Art die Oberhand aufgrund der Popu-

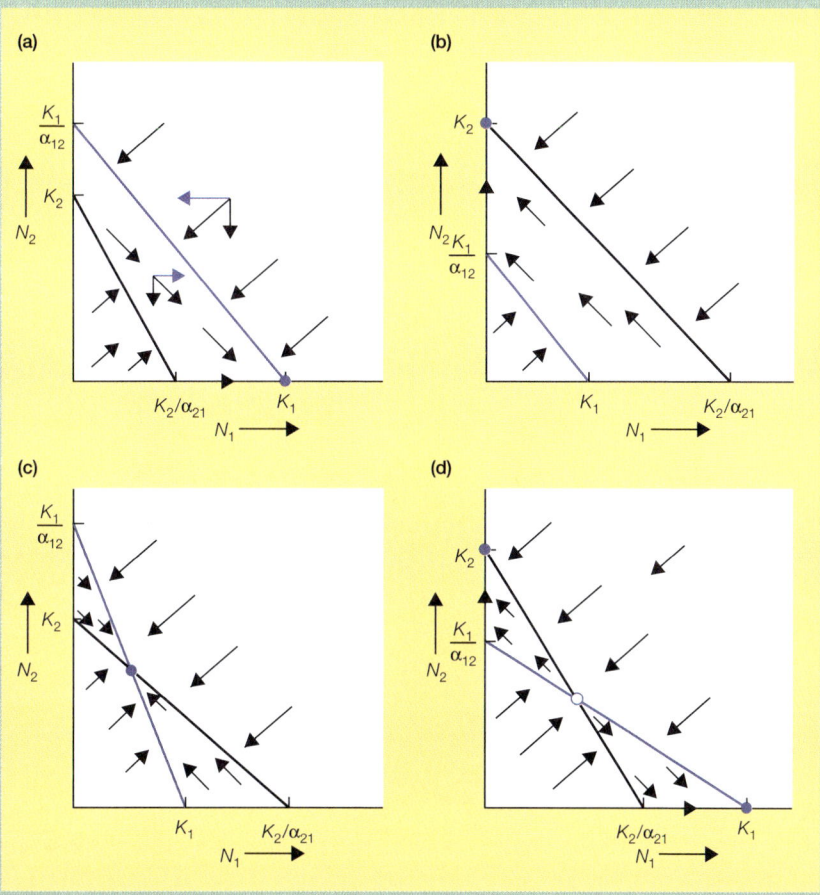

Abbildung 6.8
Das Ergebnis von Konkurrenz aufgrund der Lotka-Volterra-Konkurrenzgleichungen für die vier möglichen Anordnungen der N_1- und N_2-Nullisoklinen. Die schwarzen Pfeile beziehen sich jeweils auf die „Mischpopulation" beider Arten und sind so abgeleitet, wie in (a) gezeigt. Die gefüllten Kreise repräsentieren stabile Gleichgewichtspunkte. Der ungefüllte Kreis in (d) repräsentiert einen instabilen Gleichgewichtspunkt. Weitere Einzelheiten im Text.

lationsdichte gewinnt – entweder aufgrund einer höheren Ausgangsdichte oder aufgrund von Schwankungen in der Populationsdichte, durch die sie auf andere Weise Vorteile er-reicht. Welche Art auch immer die Oberhand erlangt, sie nutzt dies aus und verdrängt die andere Art vollständig.

dauerhaft vorzukommen. Dazu heftet sie sich an nackten Fels, normalerweise in den Lücken, die durch Wellenschlag in Muschelbänken entstehen. Die Muscheln ihrerseits dringen langsam in diese Lücken ein und füllen sie allmählich aus, wodurch die Besiedlung durch *Postelsia* ausgeschlossen wird. In einer stabilen Umwelt würden folglich die Muscheln *Postelsia* verdrängen. Aber ihre Umwelt ist nicht stabil – Lücken entstehen häufig. Es stellt sich heraus, daß die beiden Arten nur an solchen Stellen koexistieren, an denen eine relativ hohe Rate der Lückenbildung vorliegt (mindestens 7 % der Fläche pro Jahr) und an denen diese Rate über Jahre ungefähr gleich bleibt. Wo die durchschnittliche Rate geringer ist oder von Jahr zu Jahr deutlich schwankt, da fehlt – entweder regelmäßig oder gelegentlich – nackter Fels für die Kolonisation durch *Postelsia*. An Stellen der Koexistenz jedoch kommt es, obwohl *Postelsia* schließlich aus jeder Lücke verdrängt wird, an diesem Standort insgesamt zur Koexistenz, weil in ausreichender Häufigkeit und Regelmäßigkeit neue Lücken entstehen. Kurz gesagt kommt es zur Koexistenz von Konkurrenten – jedoch nicht als Ergebnis einer Nischendifferenzierung.

Abbildung 6.9
An Küsten, an denen keine Lücken entstehen, sind Muscheln in der Lage, die Braunalge *Postelsia* (Foto oben) auszuschließen (© Gerald und Buff Corsi, Visuals Unlimited). Doch dort, wo Lücken in genügender Regelmäßigkeit geschaffen werden, koexistieren die beiden Arten, auch wenn *Postelsia* schließlich von den Muscheln in jeder Lücke ausgeschlossen wird.

Viele Lebensräume sind von Natur aus nicht nur veränderlich, sondern entstehen und verschwinden innerhalb kurzer Zeit, sind also „ephemer" (kurzlebig). Zu den offensichtlichsten Beispielen gehören verwesende Körper (Aas), Mist, verrottende Früchte und Pilze sowie temporäre Tümpel. Doch auch ein Blatt oder eine einjährige Pflanze können als ein ephemerer *Patch* angesehen werden, vor allem dann, wenn er für den Konsumenten nur für kurze Zeit genießbar ist. Oftmals haben solche kurzlebigen *Patches* eine unvorhersehbare Lebensdauer: Ein Stück von einer Frucht und die darauf befindlichen Insekten können jederzeit von einem Vogel gefressen werden. In solchen Fällen ist es einfach, sich die Koexistenz von zwei Arten vorzustellen: Ein überlegener Konkurrent und ein Unterlegener, der sich eher fortpflanzt als der Überlegene.

Ein Beispiel betrifft zwei Arten von Lungenschnecken, *Physa gyrina* und *Lymnaea elodes*, die in Tümpeln in Nordost-Indiana in den USA leben (Brown, 1982; Abb. 6.10). Wenn man die Dichte der einen oder anderen Art unter Freilandbedingungen künstlich verändert, zeigt sich, daß die Fruchtbarkeit von *Physa* durch interspezifische Konkurrenz mit *Lymnaea* signifikant vermindert wird. Dieser Effekt beruht nicht auf Gegenseitigkeit. *Lymnaea* ist der eindeutig überlegene Konkurrent, wenn die Konkurrenz den ganzen Sommer über besteht. Allerdings vermehrt sich *Physa* früher und schon bei geringerer Körpergröße als *Lymnaea*. In den vielen Tümpeln, die im frühen Juli austrocknen, ist *Physa* oft die einzige Art, die bereits austrocknungsresistente Eier produziert hat. Auf das Gesamtgebiet bezogen koexistieren die beiden Arten also trotz *Physas* offenbarer Unterlegenheit. Dies ist keine Folge einer Nischendifferenzierung, sondern beruht auf unterschiedlichen Auswirkungen, die eine Welt aus ephemeren *Patches* auf die beiden Arten hat.

Koexistenz des Guten und des Schnellen

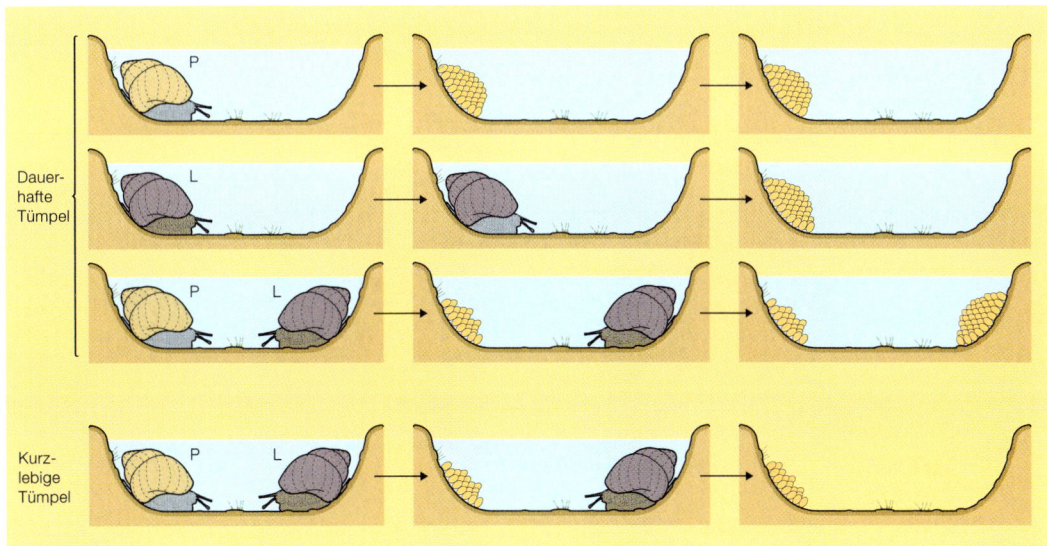

Abbildung 6.10
Lymnaea (L) ist konkurrenzstärker, doch pflanzt sich in Tümpeln, die im Sommer rasch trockenfallen, ausschließlich *Physa* (P) fort.

Diese und ähnliche Studien bringen uns ein gutes Stück weiter, das gemeinsame Vorkommen von Arten zu erklären, die sich in konstanten Umwelten wahrscheinlich gegenseitig ausschließen würden. Die Umwelt ist selten unveränderlich genug für einen normal ablaufenden Konkurrenzausschluß. Vielmehr sind Konkurrenzgleichgewichte oft im Wechsel begriffen, wobei mal die eine Art und mal die andere durch tägliche, saisonale oder noch länger dauernde Fluktuationen der Umweltbedingungen und Ressourcen begünstigt ist. Oder wenn neue *Patches* entstehen oder alte zerstört werden, kann Konkurrenz auch für einige Zeit einfach unbedeutend werden.

6.3   Evolutionäre Auswirkungen interspezifischer Konkurrenz

Die evolutionäre Vermeidung von Konkurrenz

Umweltheterogenität gewährleistet einerseits, daß die Kräfte interspezifischer Konkurrenz oft weniger tiefgreifend sind. Andererseits ist aber das Potential interspezifischer Konkurrenz, Individuen negativ zu beeinflussen, häufig und in beträchtlichem Ausmaß verwirklicht. In Kapitel 2 haben wir gesehen, daß die natürliche Selektion solche Individuen begünstigte, die in der Vergangenheit durch verhaltensbiologische, physiologische oder morphologische Eigenschaften Effekte vermieden, die sich auf andere Mitglieder derselben Population nachteilig auswirkten. Die negativen Auswirkungen extremer Kälte können beispielsweise solche Individuen bevorteilt haben, die mit einem Enzym ausgestattet waren, das bei tiefen Temperaturen effektiv arbeiten kann. Oder – im gegenwärtigen Kontext – die negativen Auswirkungen interspezifischer Konkurrenz können solche Individuen gefördert haben, die durch ihre verhaltensbiologischen, physiologischen oder morphologischen Charakteristika Konkurrenzeinflüssen aus dem Weg gingen.

Beschwörung des Geistes vergangener Konkurrenz

So können wir erwarten, daß Arten Eigenschaften in der Evolution erworben haben, die sicherstellen, daß eine Konkurrenz mit anderen Arten vermindert oder ganz vermieden wird. Wie können wir das aus heutiger Perspektive erkennen? Koexistierende Arten, die ein offensichtliches Potential zur Konkurrenz besitzen, werden verhaltensbiologische, physiologische oder morphologische Unterschiede aufweisen, die sicherstellen, daß sie nur wenig oder gar nicht konkurrieren. Connell hat diesen Denkansatz, die Unterschiede zwischen koexistierenden Arten zu erklären, „die Beschwörung des Geistes vergangener Konkurrenz" genannt. Aber das Muster, das damit vorhergesagt wird, ist genau jenes, welches das Konkurrenzausschlußprinzip zur Vorbedingung für die Koexistenz von Arten macht, die immer noch konkurrieren. Heute koexistierende Konkurrenten und solche koexistierenden Arten, die eine Vermeidung von Konkurrenz evolutiv erworben haben, können zumindest oberflächlich betrachtet gleich aussehen.

Offene Frage: Die Schwierigkeit, ökologische und evolutionäre Effekte auseinanderzuhalten

Die Frage, wie bedeutend *entweder* die vergangene *oder* die gegenwärtige Konkurrenz als strukturierende Kraft natürlicher Lebensgemeinschaften ist, wird im letzten Abschnitt dieses Kapitels abgehandelt (Abschnitt 6.5). Fürs erste überprüfen wir an einigen Beispielen, was interspezifische Konkurrenz als evolutionäre Kraft bewirken *kann*. Wenn man sich auf etwas beruft, das man nicht direkt beobachten kann (Evolution), ist es jedoch unter Umständen unmöglich, einen evolutionären Effekt interspezifischer Konkurrenz zu *beweisen*; jedenfalls im strengen Sinne von „Beweis", wie er an mathematische Theoreme oder sorgfältig kontrollierte Laborexperimente angelegt werden kann. Dennoch führen wir hier Beispiele an, in denen ein evolutionärer Effekt (eher als ein ökologischer) die wahrscheinlichste Erklärung für die zu beobachtenden Muster ist.

6.3.1 Merkmalsverschiebung und Merkmalsfreisetzung bei dem Indischen Mungo

In den westlichen Teilen seines Verbreitungsgebiets koexistiert der Kleine Indische Mungo *(Herpestes javanicus)* mit einer oder zwei etwas größeren Arten derselben Gattung *(H. edwardsii* und *H. smithii)*, doch fehlen die letztgenannten Arten im östlichen Teil seines Areals (Abb. 6.11). Simberloff et al. (2000) untersuchten die Variation in der Größe des oberen Eckzahns, der bei diesem Tier die wichtigste Rolle beim Töten der Beute spielt (zu beachten ist dabei, daß die weiblichen Mungos kleiner sind als die männlichen). Im Osten, wo *H. javanicus* allein vorkommt (Region VII in Abb. 6.11), verfügen sowohl Männchen als auch Weibchen über größere Eckzähne als in den westlichen Gebieten (Regionen III, V, VI), wo *H. javanicus* mit den größeren Arten koexistiert (Abb. 6.12). Dies stimmt mit der Ansicht überein, daß der Beutefangapparat von *H. javanicus* dort, wo ähnliche, aber größere Prädatoren anwesend sind, auf eine geringere Größe selektiert wurde. Hierdurch wird wahrscheinlich die Konkurrenz mit anderen Arten der Gattung verringert, da kleinere Prädatoren dazu tendieren, kleinere Beute zu fangen als große Prädatoren. Wo *H. javanicus* allein vorkommt, sind seine Eckzähne viel größer.

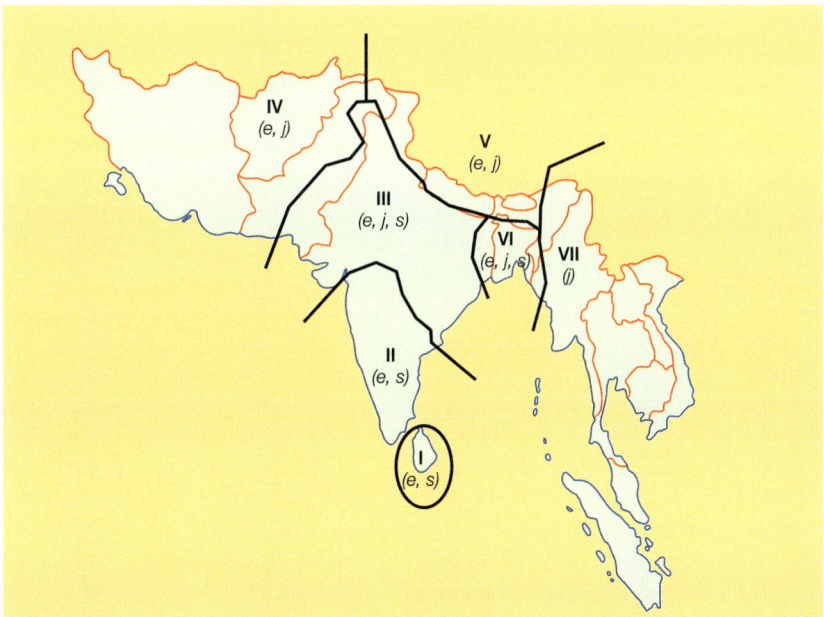

Abbildung 6.11
Natürliche geographische Verbreitung von *Herpestes javanicus (j)*, *H. edwardsii (e)* und *H. smithii (s)* (aus Simberloff et al., 2000).

253

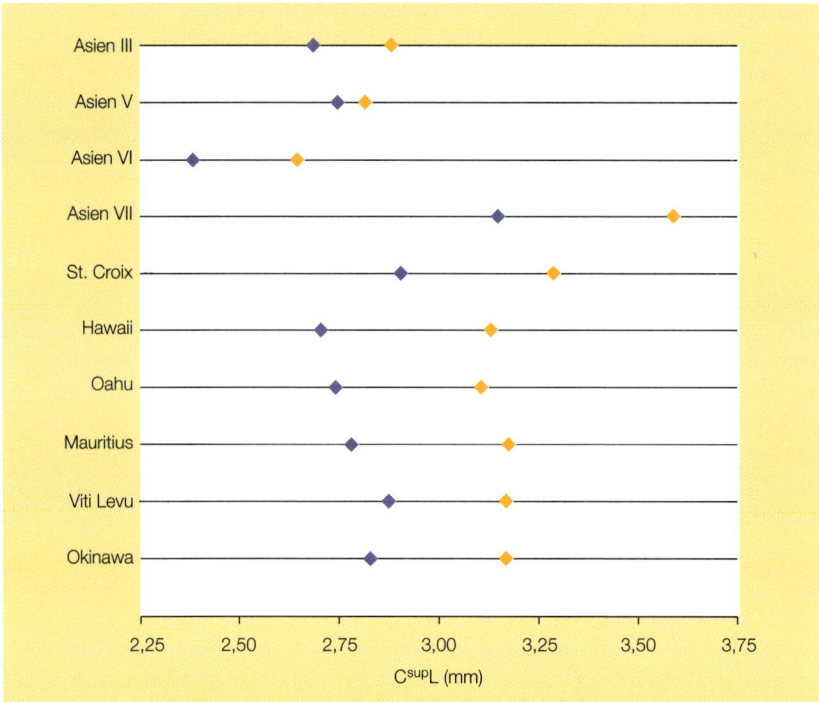

Abbildung 6.12
Maximaler Durchmesser (mm) des oberen Eckzahns von *Herpestes javanicus* in seinem natürlichen Verbreitungsgebiet (nur Werte der Regionen III, V, VI und VII aus Abb. 6.11) und in Gebieten, in die er eingeführt wurde. Die Symbole stehen für die durchschnittliche Größe der Tiere (blau: Weibchen, orange: Männchen) (aus Simberloff et al., 2000).

Der Beutefangapparat des Kleinen Indischen Mungos ist in denjenigen Regionen kleiner, in denen es größere Konkurrenten gibt

Besonders interessant ist, daß der Kleine Indische Mungo vor etwa hundert Jahren auf vielen Inseln außerhalb seines natürlichen Verbreitungsgebiets angesiedelt wurde (oft als Bestandteil des naiven Versuchs, eingeschleppte Nagetiere zu bekämpfen). An diesen Orten fehlen die größeren konkurrierenden Mungoarten. Innerhalb von 100–200 Generationen nahm die Körpergröße des Kleinen Indischen Mungos zu (Abb. 6.12), so daß die Größe der auf den Inseln lebenden Tiere jetzt eine Zwischenstellung zwischen derjenigen im Ursprungsgebiet (wo sie mit anderen Arten koexistieren und klein sind) und derjenigen im Osten einnimmt, wo sie allein vorkommen. Auf den Inseln weisen sie Variationen auf, die mit der Sichtweise einer „ökologischen Freisetzung" von der Konkurrenz mit größeren Arten übereinstimmen.

6.3.2 Kanadische Stichlinge

Der dreistachelige Stichling *(Gasterosteus aculeatus)* ist eine marine Art, aber in einigen Süßwasserseen in British Columbia wurden Populationen „zurückgelassen", als mit Rückgang der Vergletscherung am Ende der Eiszeit (vor etwa 12 500 Jahren) das Land in dieser Gegend angehoben wurde oder als Folge der anschließenden Hebungen und Senkungen der Seehöhe (vor etwa 11 000 Jahren). Als Folge dieser beiden Möglichkeiten für eine Einwanderung enthalten einige Seen jetzt zwei Arten, während in anderen nur eine von ihnen vorkommt. Dort, wo beide Arten gemeinsam vorkommen, lebt eine stets in offenem Wasser (sie ist „pelagisch") und die andere am Seeboden („benthisch"). Die erste Art konzentriert ihre Nahrungsaufnahme auf Plankton und hat dementsprechend lange (und eng zusammenstehende) Kiemenreusen, die das Plankton aus dem aufgenommenen Wasser sieben. Die zweite hat viel kürzere Kiemenreusen und ist auf größere Beute spezialisiert, die sie weitgehend von der Vegetation oder aus Sedimenten gewinnt. Wo jeweils nur eine Art in einem See vorkommt, nutzt diese beide Sorten von Futterquellen und besitzt eine intermediäre Morphologie der Kiemen (Abb. 6.13).

Es kann kaum ein Zufall sein, daß immer dann, wenn in einem See zwei erfolgreiche Invasionen stattfanden, sich beide Arten so sehr unterscheiden, während überall dort, wo nur eine Invasion stattfand, die einwandernde Art morphologisch und verhaltensbiologisch stets intermediär ist. Für diese Muster gibt es zwei plausible Erklärungen – obwohl beide „historisch" sind und beide mit interspezifischer Konkurrenz zu tun haben. Zunächst ist eine zweite erfolgreiche Invasion eventuell nur möglich gewesen, wenn die im See ansässige Art der ersten Invasion entweder ein pelagischer oder ein benthischer Spezialist war. Wenn der Ansässige dagegen ein Generalist war, gab es dort keine ausreichend unbesetzte Nische, in die die zweite Art einwandern und der Verdrängung durch Konkurrenz entgehen konnte.

Aber warum sollten sich die ersten Besiedler in einigen Seen zu Generalisten und in anderen, ähnlichen Seen zu Spezialisten entwickelt haben? Eine wahrscheinlichere Alternative ist deshalb, daß sich in der Folge einer zweiten Invasion anfangs kleine Differenzen über evolutionäre Zeiträume als Antwort auf interspezifische Konkurrenz drastisch verstärkten, bis jetzt eine deutliche Trennung vorliegt, die sowohl verhaltensbiologische als auch morphologische Merkmale betrifft (man nennt das *Merkmalsverschiebung* oder *Kontrastbetonung*

Merkmalsverschiebung bei Stichlingen, Indischen Mungos und Darwinfinken

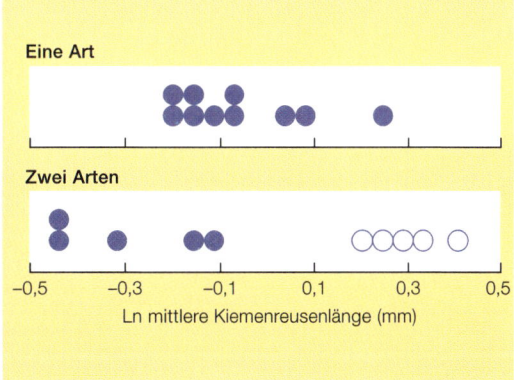

Abbildung 6.13
Kontrastbetonung bei dreistacheligen Stichlingen *(Gasterosteus aculeatus)* (Glenn M. Oliver, Visuals Unlimited). In kleinen Seen der Küstenregion von British Columbia, in denen zwei Stichlingsarten vorkommen, sind die Kiemenreusen der benthischen Art (ausgefüllter Kreis, untere Darstellung) signifikant kürzer als die der pelagisch lebenden Art (unausgefüllter Kreis, untere Darstellung), während diejenigen Stichlingsarten, die vergleichbare Seen alleine bewohnen (obere Darstellung), in diesem Längenmerkmal intermediär sind. Die Länge der Kiemenreusen wurde in bezug auf die unterschiedlichen Körpergrößen der Arten korrigiert (nach Schluter & McPhail, 1993).

255

[„*character displacement*"]). Nicht zuletzt, weil die Differenzierung hier sowie im Fall des Kleinen Indischen Mungos mit einer Merkmalsverschiebung (einem morphologischen Wandel) verbunden ist, handelt es sich sicher eher um eine evolutionäre Antwort auf interspezifische Konkurrenz als um eine ökologische. Weitere gute Kandidaten für evolutionäre Auswirkungen interspezifischer Konkurrenz, besonders weil auch hier Merkmalsverschiebung vorliegt, sind die Darwinfinken der Gattung *Geospiza*, die auf den Galapagosinseln leben und die in Abschnitt 2.4.2 besprochen wurden.

6.4   Interspezifische Konkurrenz und Struktur der Lebensgemeinschaft

Interspezifische Konkurrenz kann also die Nischen koexistierender Konkurrenten auseinander halten (Abschnitt 6.2) oder auseinander treiben (Abschnitt 6.3). Wie aber kann interspezifische Konkurrenz die Form ganzer ökologischer Lebensgemeinschaften gestalten und darauf Einfluß nehmen, wer wo und mit wem lebt?

6.4.1   Limitierende Ressourcen und die Regulation der Diversität in Phytoplankton-Lebensgemeinschaften

Zu Beginn kommen wir auf die Frage nach der Koexistenz konkurrierender Phytoplanktonarten zurück. In Abschnitt 6.2.5 wurde gezeigt, wie unter Laborbedingungen zwei Diatomeenarten auf zwei gemeinsam genutzten, limitierenden Ressourcen (Silikat und Phosphat) koexistieren können (Tilman, 1982). Tatsächlich besagt Tilmans Theorie der Konkurrenz um Ressourcen (*„resource competition theory"*), daß die Diversität der koexistierenden Arten proportional zur Anzahl derjenigen Ressourcen eines Systems ist, die sich auf einem physiologisch limitierenden Niveau befinden: je mehr limitierende Ressourcen, desto mehr koexistierende Konkurrenten. Interlandi und Kilham (2001) testeten diese Hypothese direkt in drei Seen der Yellowstone-Region in Wyoming (USA), indem sie einen Index („Simpson's Index") der Artdiversität des Phytoplanktons (Diatomeen und andere Arten) benutzten. Wenn eine Art für sich allein existiert, ist der Index gleich 1; in einer Gruppe von Arten, in der die Biomasse stark von einer einzigen Art bestimmt wird, ist der Index nahe 1; wenn zwei Arten mit gleichen Biomassen vorkommen, beträgt der Index 2 usw. Entsprechend der Theorie der Konkurrenz um Ressourcen sollte dieser Index direkt proportional zur Anzahl der wachstumslimitierenden Ressourcen zunehmen. Abbildung 6.14 zeigt die räumlichen und zeitlichen Muster der Phytoplankton-Diversität in den drei Seen für die Jahre 1996 und 1997.

Diejenigen Ressourcen, die das Phytoplankton-Wachstum hauptsächlich limitieren, sind Stickstoff, Phosphor, Silizium und Licht. Diese Parameter wurden in allen untersuchten Tiefen und an allen Zeitpunkten parallel zur Probenahme des Phytoplanktons gemessen. Dabei wurde festgehalten, wo und wann irgendeiner der *potentiell* limitierenden Faktoren *tatsächlich* den unteren Schwellenwert für das Wachstum des Planktons unterschritt. In Übereinstimmung mit der Theorie der Konkurrenz um Ressourcen nahm die Artdiver-

Wie vorhergesagt, war die Phytoplankton-Diversität dort am höchsten, wo viele Ressourcen limitierend wirkten

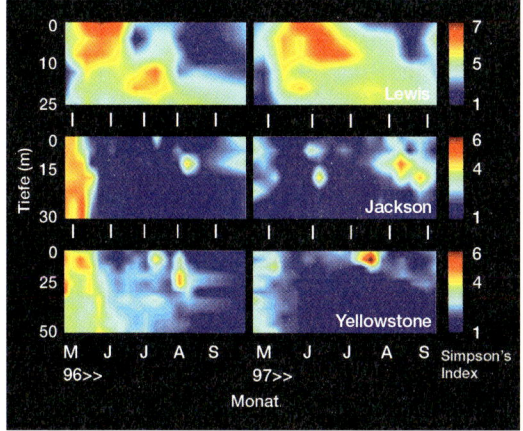

Abbildung 6.14
Variation in der Diversität von Phytoplanktonarten
(Simpson's Index) mit der Tiefe in drei großen Seen
der Yellowstone-Region in zwei Jahren. Die Farben
zeigen die Variation über die Zeit und die Tiefe aus
insgesamt 712 Einzelproben an: Rot steht für hohe
Artendiversität, blau für geringe (aus Interlandi
& Kilham, 2001, mit freundlicher Genehmigung).

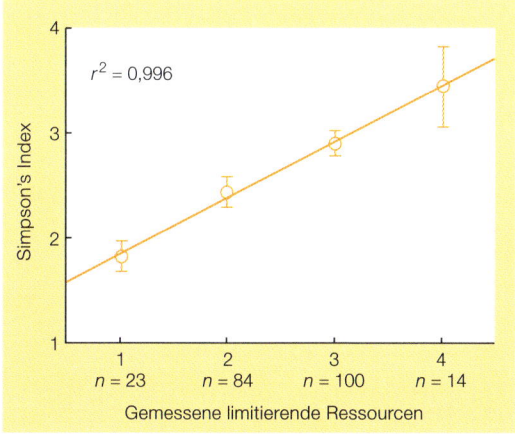

Abbildung 6.15
Phytoplankton-Diversität (Simpson's Index; Mittelwerte ± Standardfehler), die Proben mit unterschiedlicher Anzahl an durch Messung ermittelten limitierenden Ressourcen entspricht. Die Analysen konnten
an 221 der in Abbildung 6.14 dargestellten Proben
durchgeführt werden. Für jede Klasse limitierender
Ressourcen ist die Anzahl der Proben (n) angegeben
(aus Interlandi & Kilham, 2001).

sität mit der Anzahl an Ressourcen auf physiologisch limitierendem Niveau zu
(Abb. 6.15).

Diese Ergebnisse legen die Schlußfolgerung nahe, daß sogar in dem hoch-
dynamischen Lebensraum von Seen, in dem Gleichgewichtszustände selten
sind, die Konkurrenz um Ressourcen eine Rolle bei der fortlaufenden Strukturierung der Phytoplankton-Lebensgemeinschaft spielt. Es ist ermutigend, daß
sich die Ergebnisse von Experimenten, die unter artifiziellen Laborbedingungen
durchgeführt wurden, hier in dem viel komplexeren natürlichen Lebensraum
wiederfinden.

6.4.2   Hummeln in Colorado

In einer anderen Studie wurden Nischendifferenzierung und Koexistenz an
einer Anzahl von Hummelarten aus Colorado untersucht (über zwei von ihnen wurde in Abschnitt 6.2.4 berichtet). In diesem Fall geht es um Unterschiede in der Ressourcennutzung, die durch fortgesetzte Konkurrenz aktiv

aufrechterhalten zu werden scheinen. Während des Sommers wurden alle acht Tage 17 Standorte entlang eines Höhengradienten von 2860 m bis 3697 m aufgesucht. Jedes Mal wurde die Anzahl jeder einzelnen der sieben häufigen Hummelarten registriert, wenn diese die Blüten verschiedener Pflanzen aufsuchten. Die Hummelarten konnten nach ihrer Rüssellänge und der Länge der Kronröhre der bevorzugt besuchten Pflanzen (Abb. 6.16) vier Gruppen zugeordnet werden. Die langrüsseligen Hummeln (*Bombus appositus* und *B. kirbyellus*) bevorzugten eindeutig Pflanzen mit langen Kronröhren, vor allem *Delphinium barbeyi*. Die kurzrüsseligen Arten (*B. sylvicola, B. bifarius, B. frigidus*) nahmen am häufigsten an verschiedenen Blütenarten der Familie Compositae und an *Epilobium angustifolium* Nahrung auf, die alle sehr kurze Kronröhren besitzen. Die Art *B. flavifrons* mit ihrem mittellangen Rüssel nahm Blüten mit allen Kronröhrenlängen an. Eine andere kurzrüsselige Art schließlich,

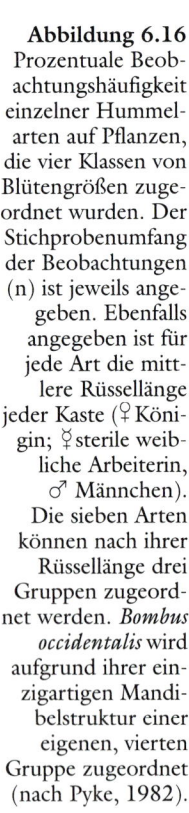

Abbildung 6.16
Prozentuale Beobachtungshäufigkeit einzelner Hummelarten auf Pflanzen, die vier Klassen von Blütengrößen zugeordnet wurden. Der Stichprobenumfang der Beobachtungen (n) ist jeweils angegeben. Ebenfalls angegeben ist für jede Art die mittlere Rüssellänge jeder Kaste (♀ Königin; ☿ sterile weibliche Arbeiterin, ♂ Männchen). Die sieben Arten können nach ihrer Rüssellänge drei Gruppen zugeordnet werden. *Bombus occidentalis* wird aufgrund ihrer einzigartigen Mandibelstruktur einer eigenen, vierten Gruppe zugeordnet (nach Pyke, 1982).

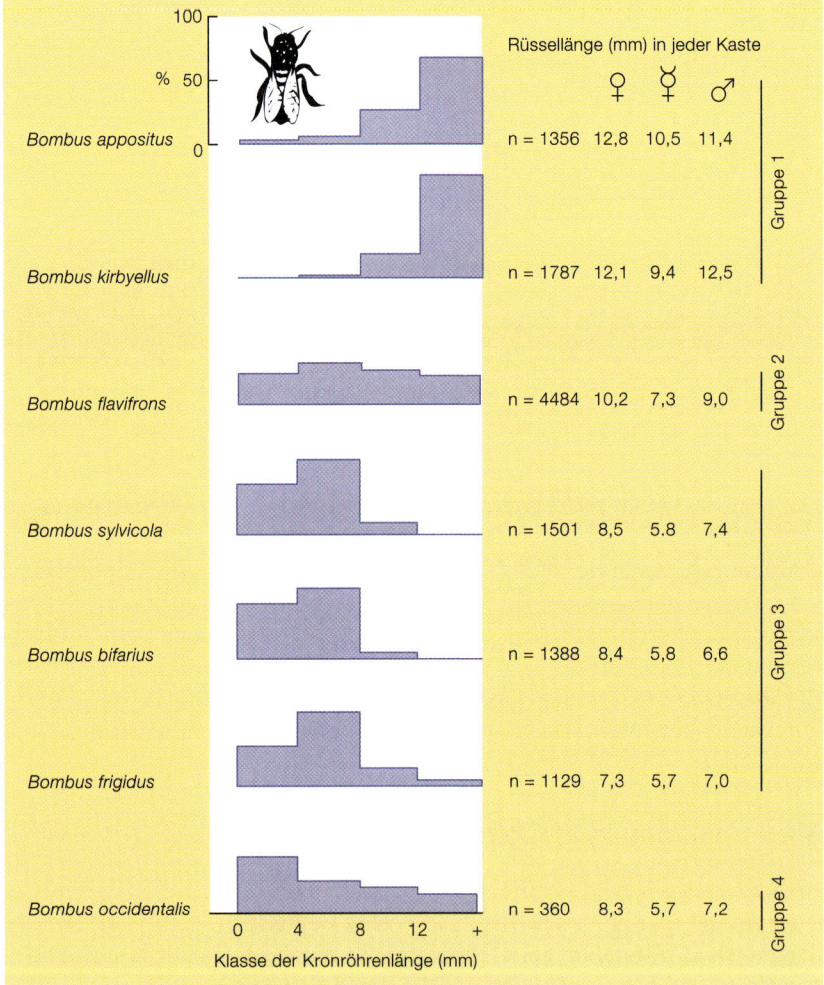

B. occidentalis, nahm zwar wie erwartet an Pflanzen mit kurzen Kronröhren Nahrung auf, war jedoch auch in der Lage, Nektar aus langen Kronröhren zu erlangen, indem sie mit ihren großen kräftigen Mandibeln die Basis der Corolla durchbiß und den Nektar ‚raubte'. Sie wurde deshalb in eine eigene Gruppe gestellt.

An jedem einzelnen Ort des Höhengradienten gab es für die Hummel-Lebensgemeinschaft eine klare Tendenz zur Dominanz durch eine langrüsselige Hummelart (*B. appositus* in niedrigen Höhenlagen, *B. kirbyellus* in höheren Lagen), eine Hummelart mittlerer Proboscislänge (*B. flavifrons*) und eine kurzrüsselige Art (*B. bifarius* in niedrigen, *B. frigidus* in mittleren und *B. sylvicola* in großen Höhenlagen). Außerdem war die Nektar raubende Art *B. occidentalis* an Standorten vorhanden, an denen ihre bevorzugte und exklusive Nektarquelle verfügbar war (die Pflanze *Ipomopsis aggregata*). Damit zeigen auch die Hummeln Nischensonderung, das heißt, an der Nischendifferenzierung sind verschiedene Dimensionen der Nische beteiligt, und koexistierende Arten, die eine ähnliche Stellung entlang einer Dimension einnehmen, tendieren dazu, sich entlang einer anderen Dimension zu unterscheiden. *B. occidentalis* unterscheidet sich von den anderen sechs Arten hinsichtlich ihrer (bevorzugten) Futterpflanzenart und Nahrungserwerbsmethode (Nektarraub). Unter den anderen grenzen sich die Arten entweder durch die Länge der Kronröhre der von ihnen bevorzugten Blüten (und damit ihrer Rüssellänge) voneinander ab oder durch die Höhenlage ihres bevorzugen Habitates oder durch beides.

Diese Studie verdeutlicht einen wichtigen Punkt: Wenn interspezifische Konkurrenz eine Rolle für die Strukturierung der Lebensgemeinschaften spielt, scheint das weder eine zufällige Auswahl der Mitglieder dieser Lebensgemeinschaft noch alle Mitglieder zu betreffen. Statt dessen wirkt sie sich innerhalb von Gilden aus – Gruppen von Arten, die dieselben Klassen von Ressourcen auf die gleiche Art und Weise nutzen.

Nischensonderung bei Nektar fressenden Hummeln

6.4.3   Aggregation verändert die Konkurrenzbeziehungen in Pflanzengesellschaften

An anderer Stelle wurde bereits gezeigt, wie Veränderungen in Raum und Zeit das Ergebnis von Konkurrenzbeziehungen verändern können (Abschnitt 6.2.8). In diesem Zusammenhang testeten Stoll und Prati (2001) die Hypothese, daß intraspezifische Aggregation die Koexistenz fördern und auf diese Weise den Artenreichtum in experimentell angelegten Gesellschaften von vier einjährigen Landpflanzen (*Capsella bursa-pastoris, Cardamine hirsuta, Poa annua* und *Stellaria media*) aufrechterhalten kann. *Stellaria* ist als die konkurrenzkräftigste Art bekannt.

Mischungen aus Samen von drei oder vier Arten wurden in Versuchswiederholungen in hohen Dichten ausgesät. Die Samen wurden entweder nur nach Zufall verteilt, oder Samen jeder Art wurden innerhalb der Versuchsfelder in Teilflächen gehäuft ausgebracht. Durch die intraspezifische Aggregation nahm das Wachstum der überlegenen *Stellaria* in den Mischaussaaten ab, während das Wachstum der drei unterlegenen Konkurrenten durch die Aggregation bis auf eine Ausnahme in allen Fällen gesteigert wurde (Abb. 6.17).

Intraspezifische Aggregation verstärkt das Wachstum konkurrenzschwächerer Pflanzen

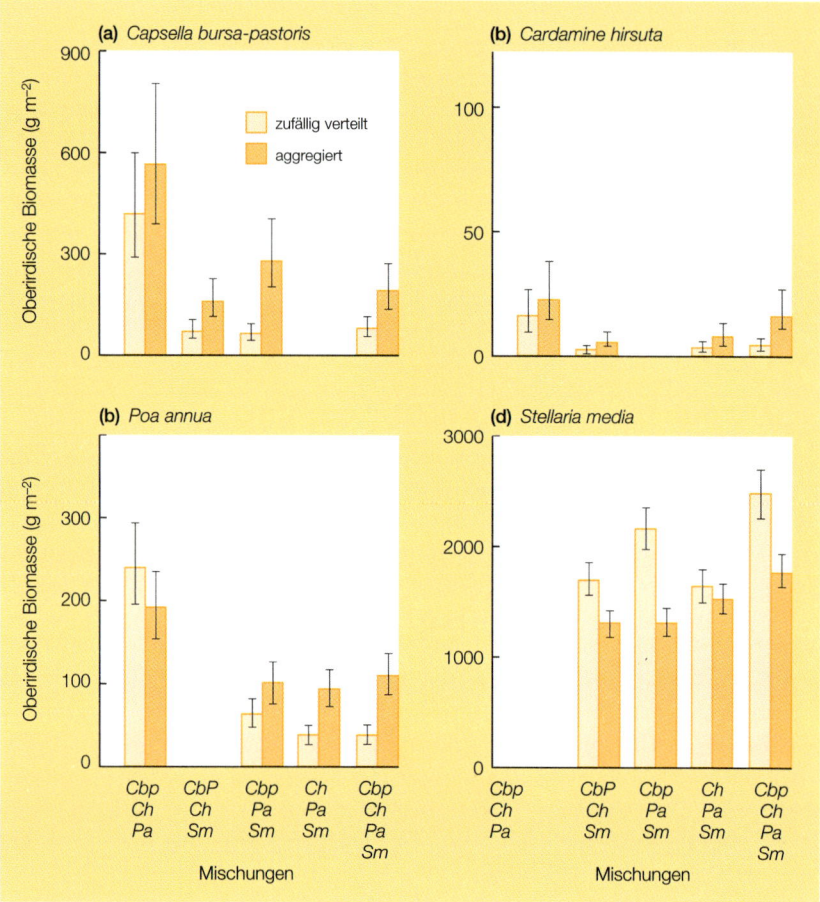

Abbildung 6.17
Auswirkung intraspezifischer Aggregation auf die oberirdische Biomasse (Mittelwerte ± Standardfehler) von vier Pflanzenarten, die sechs Wochen lang in Mischungen aus drei oder vier Arten angezogen wurden (je vier Parallelen). Bei Aggregation der Samen war die normalerweise konkurrenzstärkere Art *Stellaria media (Sm)* durchgehend weniger erfolgreich als bei zufälliger Verteilung. Im Gegensatz hierzu wuchsen die drei konkurrenzschwächeren Arten fast immer besser, wenn die Samen aggregiert waren. Die Skalierung der senkrechten Achse ist unterschiedlich. *Cbp: Capsella bursa-pastoris; Ch: Cardamine hirsuta; Pa: Poa annua* (aus Stoll & Prati, 2001).

Die Ergebnisse stützen die Hypothese, daß konkurrenzschwächere Arten besser wachsen und sogar mit konkurrenzstärkeren koexistieren können, wenn sie lokal aggregiert anstatt zufällig verteilt sind. Dies geschieht einfach deshalb, weil die Individuen jeder Art dann stärker mit ihren Artgenossen als mit den Angehörigen anderer Arten konkurrieren (was ebenso im Fall von Nischendifferenzierung auftritt). Man sollte sich vergegenwärtigen, daß die meisten Arten während des größten Teils der Zeit aggregiert vorkommen. Die räumliche Anordnung kann daher wohl eine wichtige Rolle für die Koexistenz von Arten spielen, vor allem in Pflanzengesellschaften.

6.4.4   Nischendifferenzierung bei Tieren und Pflanzen

Trotz vieler Beispiele, in denen es keine direkte Beziehung zwischen interspezifischer Konkurrenz und Nischendifferenzierung gibt, besteht kein Zweifel, daß Nischendifferenzierung oft die Grundlage für die Koexistenz von Arten in natürlichen Lebensgemeinschaften ist.

Es gibt eine Reihe von Möglichkeiten, wie sich Nischen differenzieren können. Eine ist die Aufteilung von Ressourcen *(resource partitioning)* oder unterschiedliche Ressourcennutzung. Das kann man dort beobachten, wo Arten in exakt demselben Habitat leben und dennoch unterschiedliche Ressourcen nutzen. Weil die Mehrzahl aller Ressourcen für Tiere aus Individuen anderer Arten (von denen es Millionen von Typen gibt) oder den Teilen von Individuen besteht, ist es im Prinzip nicht schwer, sich vorzustellen, wie konkurrierende Tiere Ressourcen unter sich aufteilen können.

Pflanzen andererseits haben alle sehr ähnliche Bedürfnisse nach denselben potentiell begrenzten Ressourcen , und es gibt nur einen geringen erkennbaren Spielraum für Ressourcenaufteilung. Darüber hinaus sind bewegliche Tiere, auch wenn sie um Futter konkurrieren müssen, frei von Konkurrenz um Raum, Wasser und andere essentielle Ressourcen. Bei Pflanzen und anderen sessilen Organismen dagegen beeinflußt Konkurrenz um eine Ressource oft deren Fähigkeit, andere Ressourcen zu nutzen. Wenn z. B. eine Pflanzenart in den Kronenraum einer anderen hineinwächst und sie dadurch beschattet, wird die unterdrückte Pflanze unmittelbar unter einer Verminderung der ursprünglich erhaltenen Lichtzufuhr leiden, was wiederum ihr Wurzelwachstum vermindern wird. Sie wird dadurch das Angebot an Wasser und Nährstoffen im Boden weniger gut ausnutzen können, was wiederum zu einer Abnahme des Sproß- und Blattwachstums führen wird. Folglich kommt es durch Konkurrenz zwischen Pflanzenarten zu einer wechselseitigen Beeinflussung von Wurzel und Sproß.

Eine Reihe von Forschern hat versucht, den Effekt von Sproß- und Wurzelkonkurrenz durch eine Versuchsanordnung zu trennen, in der man zwei Pflanzen (1) allein, (2) zusammen, (3) im gleichen Boden, aber mit getrenntem Blattwerk und (4) in unterschiedlichem Boden, aber mit vermischtem Blattwerk wachsen läßt. Ein Beispiel ist die Untersuchung an Bodenklee *Trifolium subterraneum* und dem Binsenknorpellattich *Chondrilla juncea* (Abb. 6.18). Der Klee war unter keiner Bedingung signifikant beeinflußt (ein weiteres Beispiel für einseitige Konkurrenz), aber der Binsenknorpellattich war beeinträchtigt, wenn die Wurzeln beider Pflanzen durcheinander wuchsen (eine Abnahme des Trockengewichtes auf 65 % der Kontrolle) und wenn die Sprosse sich den Blattraum teilten (auf 47 % der Kontrolle). Bei kombinierter Sproß- und Wurzelkonkurrenz multiplizierte sich dieser Effekt sogar, denn das Trockengewicht ging auf 31 % der Kontrolle zurück, was dem Erwartungswert von 30,6 % (65 % × 47 %) entsprach. Ganz offensichtlich waren also beide Konkurrenztypen von Bedeutung.

In vielen Fällen sind die von ökologisch ähnlichen Arten genutzten Ressourcen räumlich getrennt. Unterschiedliche Ressourcennutzung drückt sich dann entweder als Differenzierung von Mikrohabitaten zwischen den Arten aus (verschiedene Fischarten beispielsweise fressen in unterschiedlichen Wassertiefen) oder sogar in unterschiedlicher geographischer Verbreitung. Alternativ kann

Weniger Spielraum für Ressourcenaufteilung unter Pflanzen als unter Tieren

Wurzeln und Sprosse bei Konkurrenz zwischen Pflanzen

Nischendifferenzierung durch räumliche oder zeitliche Muster der Ressourcen und/oder Umweltbedingungen

261

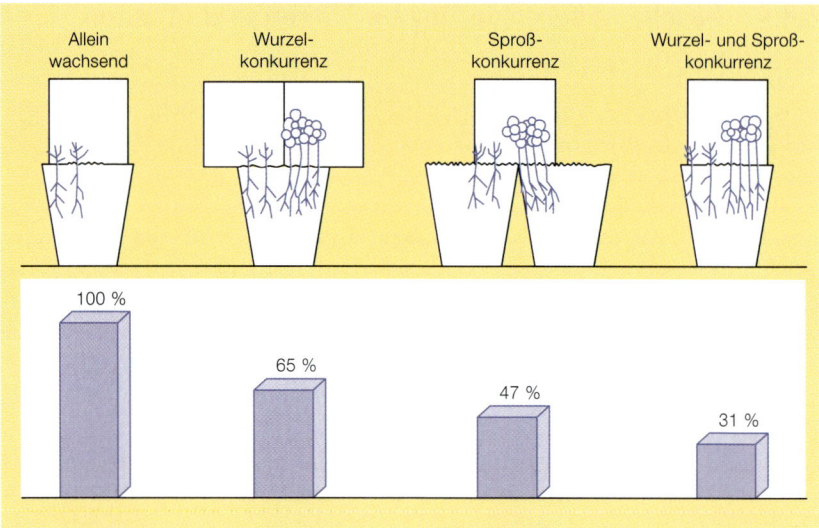

Abbildung 6.18
Wurzel- und Sproßkonkurrenz zwischen dem Bodenklee *(Trifolium subterraneum)* und dem Binsenknorpellattich *(Chondrilla juncea)*. Oben sind die vier Versuchsbedingungen dargestellt; unten die Trockenmassenproduktion des Binsenknorpellattichs, ausgedrückt in Prozent der Trockenmassenproduktion der Kontrolle, die ohne Konkurrenz wächst (nach Groves & Williams, 1975).

die Verfügbarkeit von verschiedenen Ressourcen zeitlich separiert sein; das bedeutet, daß die verschiedenen Ressourcen zu verschiedenen Tageszeiten oder in verschiedenen Jahreszeiten zur Verfügung stehen können. Unterschiedliche Ressourcennutzung kann sich dann als zeitliche Separation von Arten manifestieren.

Der andere wesentliche Weg der Nischendifferenzierung gründet sich auf Umweltfaktoren. Zwei Arten können genau dieselben Ressourcen nutzen. Wenn aber ihre Fähigkeit hierzu durch Umweltfaktoren beeinflußt wird (was zwangsläufig der Fall ist), und wenn beide unterschiedlich auf diese Faktoren reagieren, dann kann jede Art der anderen in einer anderen Umwelt überlegen sein. Auch das kann sich als Differenzierung von Mikrohabitaten, unterschiedlicher geographischer Verbreitung oder zeitlicher Separation manifestieren, je nachdem, ob die entsprechenden Faktoren auf kleinräumiger, großräumiger oder auf zeitlicher Ebene variieren. Natürlich ist es nicht immer einfach, zwischen Umweltfaktoren und Ressourcen zu unterscheiden, insbesondere, wenn es um Pflanzen geht (Kapitel 3). Nischendifferenzierung kann hier auf Faktoren (wie etwa Wasser) basieren, die zugleich Ressource und Umweltfaktor sein können.

6.5   Wie bedeutsam ist interspezifische Konkurrenz tatsächlich?

Konkurrenten können einander ausschließen oder koexistieren, wenn eine ökologisch signifikante Differenzierung ihrer realisierten Nischen vorliegt (Abschnitt 6.2). Andererseits muß interspezifische Konkurrenz keine dieser Wirkungen hervorbringen, wenn die Heterogenität der Umwelt verhindert, daß der Prozeß der Konkurrenz frei wirken kann (Abschnitt 6.2.8). Evolution kann die Nischen von Konkurrenten so lange auseinandertreiben, bis diese koexistieren, ohne weiter zu konkurrieren (Abschnitt 6.3). All diese Kräfte können sich auf der Ebene der ökologischen Lebensgemeinschaft manifestieren (Abschnitt 6.4). Interspezifische Konkurrenz kann große Bedeutung erlangen, weil sie direkten Einfluß auf menschliche Aktivitäten ausüben kann (Fenster 6.2). In diesem Sinn kann Konkurrenz gewiß praktische Bedeutung haben.

Im großen und ganzen beruht die Bedeutung interspezifischer Konkurrenz jedoch nicht auf einer begrenzten Anzahl von auffälligen Wirkungen, sondern auf der Antwort auf die Frage: „Wie weit verbreitet sind die ökologischen und evolutionären Folgen interspezifischer Konkurrenz tatsächlich?" Die Schwierigkeiten bei der Beantwortung dieser Frage können anhand einer Studie über die Koexistenz von fünf nahe verwandten Waldvogelarten veranschaulicht werden: Lacks Meisen (Fenster 6.3).

Die alternativen Erklärungen der Muster, die durch Studien über die Nischendifferenzierung nach Art der in Fenster 6.3 dargestellten Untersuchung aufgezeigt wurden, werfen eine ganze Reihe wichtiger Fragen auf. Wir beschränken uns hier auf nur zwei davon.

1. Die erste Frage, mit der wir uns in Abschnitt 6.5.1 beschäftigt haben, lautet: „Wie weit ist gegenwärtige Konkurrenz in natürlichen Lebensgemeinschaften verbreitet?" Um das zu demonstrieren, bedarf es experimenteller Eingriffe unter Feldbedingungen, bei denen eine Art aus der Lebensgemeinschaft entfernt oder ihr hinzugefügt und die Reaktion der anderen Arten verfolgt wird. Diese Frage zu beantworten ist wichtig. Denn dort, wo gegenwärtige Konkurrenz nachweislich vorhanden ist, spielen wahrscheinlich weder der Geist vergangener Konkurrenz noch räumliche oder zeitliche Umweltheterogenität eine bedeutende Rolle. Und wenn nun gegenwärtige Konkurrenz weit verbreitet *ist*, ist Konkurrenz wahrscheinlich eine wichtige strukturierende Kraft in der Natur. Aber selbst wenn gegenwärtige Konkurrenz *nicht* weit verbreitet ist, kann Konkurrenz in der Vergangenheit, und damit Konkurrenz ganz generell, für die Strukturierung von Lebensgemeinschaften eine wesentliche Rolle gespielt haben.

2. Die zweite Frage, von der in Abschnitt 6.5.2 die Rede ist, beschäftigt sich damit, interspezifische Konkurrenz (vergangene oder gegenwärtige) einerseits und „reinen Zufall" (die 4. Alternative in Fenster 6.3) sowie räumliche und zeitliche Habitatheterogenität (die 5.) andererseits auseinanderzuhalten. Die vielen Untersuchungen, bei denen Manipulationen im Feld *nicht* möglich waren, können benutzt werden, um festzustellen, ob die beobachteten Muster deutliche Hinweise für eine strukturierende Rolle der Konkurrenz liefern oder ob sie für andere Interpretationen offen sind, wie das in Lacks Studie der Fall ist (Fenster 6.3).

Fenster 6.2 – Aktueller ÖKOnflikt

Konkurrenz in Aktion

Wenn exotische Pflanzenarten in einen neuen Lebensraum eingeführt werden, sei es zufällig oder absichtlich, stellen sie sich manchmal als äußerst konkurrenzstark heraus. Viele heimische Arten leiden darunter. Die Auswirkungen mancher exotischer Pflanzen auf einheimische Ökosysteme sind noch folgenschwerer. Der folgende Zeitungsartikel von Beth Daley, der am 27. Juni 2001 in der *Contra Costa Times* erschien, befaßt sich mit Gräsern, die in die Mojave-Wüste im Süden der USA eingewandert sind. Die Eindringlinge verdrängen nicht nur einheimische Wildkräuter, sondern verändern auch das Feuerregime in dramatischer Weise.

Invasive Gräser gefährden Wüste durch die Ausbreitung von Feuern

Die Neuankömmlinge verdrängen einheimische Pflanzen und geben den bisher seltenen Feuern Nahrung, die das empfindliche Ökosystem schädigen.

Verkohlte Kreosotbüsche stehen vereinzelt auf einem Plateau in der Mojave-Wüste. Sie sind alles, was nach dem ersten Feuer in der Region nach wohl mehr als 1000 Jahren übriggeblieben ist.

Obwohl Wüsten heiß und trocken sind, gibt es in ihnen normalerweise keine größeren Feuer, weil die spärliche Vegetation nicht genügend brennbares Material liefert und Flammen kaum überspringen können.

Doch unter den schwarzen Zweigen der Kreosotbüsche ist die Ursache für das Feuer, das hier vor sieben Jahren brannte, schon wieder nachgewachsen: Leicht entflammbare Gräser füllen die kahlen Lükken zwischen den heimischen Büschen und bilden eine Zündschnur für die Verbreitung des nächsten Feuers.

Mehrere 10 000 Hektar standen im letzten Jahrzehnt in der Mojave-Wüste und in anderen Wüsten des Südwestens in Flammen. Das Feuer wurde genährt von Roter Trespe, Dachtrespe und Sahara-Senf, kleinen Gräsern und Kräutern, die schneller als jede einheimische Art nachwachsen, aber eigentlich überhaupt nicht hier sein sollten.

… Die Gräser wurden vor mehr als hundert Jahren aus Eurasien nach Amerika eingeschleppt. Sie haben keine natürlichen Feinde, und ihre Verbreitung über den kahlen Wüstenboden läßt sich kaum aufhalten. Und wenn die heimische Vegetation eines Gebietes durch ein oder mehrere Feuer erst einmal zerstört ist, dringen die Gräser sogar noch stärker vor und verdrängen dabei zuweilen einheimische Wildkräuter und Sträucher.

6.5.1. Die Häufigkeit gegenwärtiger Konkurrenz

Analysen veröffentlichter Studien über Konkurrenz weisen darauf hin, daß gegenwärtige Konkurrenz weit verbreitet ist …

Zwei Analysen von Freilanduntersuchungen über interspezifische Konkurrenz wurden 1983 veröffentlicht. Schoener untersuchte die Ergebnisse aller experimentellen Studien, die er finden konnte, es waren insgesamt 164 Arbeiten. Er fand ungefähr die gleiche Anzahl von Studien, die sich mit terrestrischen Pflanzen, terrestrischen Tieren und Meeresorganismen befaßten, aber Untersuchungen von Süßwasserorganismen kamen nur halb so oft wie die anderer Gruppen vor. Unter den terrestrischen Untersuchungen beschäftigten sich nach seinen

... „Diese Gräser könnten in kurzer Zeit das gesamte Erscheinungsbild der Mojave-Wüste verändern", sagt William Schlesinger von der Duke University, der die Mojave-Wüste mehr als 25 Jahre lang studiert hat. Als er seine Untersuchungen in den 70er Jahren des 20. Jahrhunderts begann, kamen die Gräser bereits in der Wüste vor, doch waren noch riesige Gebiete von ihnen unberührt. Jetzt, so sagt er, seien die Gräser praktisch überall und würden demnächst Dichten erreichen, die hoch genug seien, um starke Feuersbrünste zu fördern. „Dieses Problem ist nicht leicht zu lösen", fügt er hinzu.

... Trotz der rauhen Umweltbedingungen blühen regelmäßig Blumen in allen Regenbogenfarben in der Wüste und bedecken manchmal nach heftigen Regenfällen den Boden wie ein Teppich. Zebraschwanz-Eidechsen, Klapperschlangen, Wüstenschildkröten und Känguruhratten kommen über lange Zeiträume ohne Wasser aus und können die Sonne ertragen. Aber die harmlos wirkenden Gräser bedrohen all diese Arten, indem sie die Wildkräuter ersticken sowie Schutz und Nahrung vernichten, auf die die Tiere angewiesen sind.

... Esque [vom US Geological Survey] trennte zwölf Untersuchungsflächen ab, von denen er 1999 sechs abbrannte, um zu beobachten, wie schnell sich invasive Arten wieder etablieren. Doch das Ergebnis zeigt nur, wie unberechenbar die Wüste ist: Im ersten Jahr behauptete sich die invasive Rote Trespe, aber in diesem Jahr kamen die heimischen Wildkräuter wieder kräftig auf.

... Esque stellt hierzu fest: „Was hier geschieht, ist nicht einfach gut oder böse. Wir wissen nicht, ob wir es mit Koexistenz oder Konkurrenz zu tun haben."

Es wurde vorgeschlagen, Schafe in die Wüste zu bringen, welche die invasiven Gräser abweiden sollen. Halten Sie das für eine vernünftige Idee? Welche zusätzlichen Informationen würden Ihnen helfen, eine Entscheidung zu treffen?

Der Wissenschaftler vom US Geological Survey stellte fest, daß die Rote Trespe die heimischen Kräuter anscheinend in einem Jahr verdrängte, aber nicht im darauffolgenden. Nennen Sie Faktoren, die das Ergebnis der Konkurrenz verändert haben könnten.

Befunden die meisten mit den gemäßigten Regionen und Festlandspopulationen, und nur verhältnismäßig wenige befaßten sich mit phytophagen (pflanzenfressenden) Insekten. Sämtliche Schlußfolgerungen waren dementsprechend zwangsläufig der Beschränkung unterworfen, die sich aus der Wahl der Ökologen bezüglich ihrer Studienobjekte ergab. Immerhin stellte Schoener (1983) fest, daß etwa 90 % der Untersuchungen das Vorkommen interspezifischer Konkurrenz nachwiesen, wobei die Zahlen bei 89 % für terrestrische, 91 % für limnische und 94 % für marine Organismen lagen. Darüber hinaus fand er bei der Betrachtung einzelner Arten oder kleiner Artengruppen (von denen

Fenster 6.3 – Historische Meilensteine

Lacks Meisen – alternative Erklärungen für „Nischendifferenzierung"

In den 1960er Jahren führte David Lack im Marley-Wood-Laubwald in England eine wegweisende Studie an fünf Vogelarten durch. Es handelte sich um die Blaumeise *(Parus caeruleus)*, die Kohlmeise *(P. major)*, die Sumpfmeise *(P. palustris)*, die Weidenmeise *(P. montanus)* und die Tannenmeise *(P. ater)*. Bei 4 dieser Arten liegt das durchschnittliche Körpergewicht zwischen 9,3 und 11,4 g (die Kohlmeise wiegt 20,0 g). Alle haben kurze Schnäbel und erjagen ihr Futter hauptsächlich an Blättern und Zweigen, zeitweilig allerdings auch auf dem Boden. Alle fressen das ganze Jahr hindurch Insekten und im Winter auch Samen, und alle sind Höhlenbrüter, normalerweise in Bäumen. Trotz ihrer Ähnlichkeiten (ihrer Nischenüberlappung) brüteten alle 5 Arten dort, wo Lack seine Untersuchung durchführte, wobei Blau-, Kohl- und Sumpfmeisen häufig vorkamen. Kurz gesagt, sie koexistierten, waren einander aber darin sehr ähnlich, wo sie lebten, wo sie brüteten und was sie fraßen.

Je eingehender Lack diese Arten untersuchte, desto mehr wuchs seine Überzeugung, daß sie während der meisten Zeit des Jahres durch den genauen Fraßort auf den Bäumen, die Größe ihrer Beuteinsekten und die Härte der Samen, die sie aufnahmen, voneinander separiert waren. Außerdem fand er heraus, daß die Separierung mit (oft geringen) Unterschieden in der Körpergröße und der Schnabelform der Vögel verbunden war. Trotz ihrer Ähnlichkeit nutzten diese koexistierenden Arten geringfügig unterschiedliche Ressourcen auf geringfügig unterschiedliche Art und Weise.

Hatte das aber etwas mit Konkurrenz zu tun? Lack war davon überzeugt. Er nahm an, die Koexistenz der Arten sei das Ergebnis der evolutionären Antwort auf interspezifische Konkurrenz (Connells Geist der vergangenen Konkurrenz). Aber hier gibt es ein großes Problem – das Fehlen eines direkten Beweises. Wir können die Zeit nicht zurückdrehen, um zu überprüfen, ob die Meisenarten jemals stärker konkurrierten als heute, und es war nicht Teil von Lacks Untersuchungen, das Ausmaß der gegenwärtigen Konkurrenz festzustellen. Tatsächlich ergeben sich durch derart beschreibende Untersuchungen über Nischendifferenzierungen mindestens fünf alternative, plausible Interpretationen der Daten.

1. Die Arten sind derzeit aktive Konkurrenten und koexistieren infolge der beobachteten Nischendifferenzierung.
2. Die Arten konkurrierten zwar in der Vergangenheit, aber heute nicht mehr – doch entwickelte sich ihre Nischendifferenzierung, die ihre Koexistenz erlaubt, als Folge von Konkurrenz in der Vergangenheit.

es 390 gab) statt ganzer Studien, die sich zum Teil mit mehreren Artengruppen befaßten, in 76 % der Fälle zumindest zeitweilige Konkurrenz, und 57 % zeigten Konkurrenzeffekte unter allen Bedingungen, unter denen sie untersucht worden waren. Und wiederum waren die Zahlen für terrestrische, limnische und marine Organismen sehr ähnlich.

Connells Übersichtsarbeit (1983) war weniger umfangreich als Schoeners. Sie umfaßte 72 Studien, bei denen es um 215 Arten in 527 verschiedenen Experimenten ging. Interspezifische Konkurrenz zeigte sich in den meisten Studien,

Blaumeise (links) und Kohlmeise (rechts) (© Arthur Morris, Visuals Unlimited).

3. Die Konkurrenz in der Vergangenheit eliminierte eine Anzahl von anderen Arten und hinterließ nur jene, die *bereits* unterschiedlich in ihrer Habitatnutzung *waren*. Wir können also immer noch den Geist vergangener Konkurrenz erkennen, aber er wirkte eher als ökologische Kraft (durch Eliminieren von Arten) als im Sinne einer evolutionären Kraft (durch Veränderung der Arten).

4. Die Arten haben im Lauf ihrer Evolution auf natürliche Selektion geantwortet, allerdings in unterschiedlicher, völlig voneinander unabhängiger Weise. Es sind verschiedene Arten mit verschiedenen Nischen, aber sie konkurrieren weder heute, noch konkurrierten sie früher; sie sind einfach zufällig unterschiedlich. Die Koexistenz der Meisen und die Struktur der Lebensgemeinschaft, der sie angehören, haben nichts mit Konkurrenz zu tun.

5. Zwar unterscheiden sich die Nischen der Arten, doch würden diese Unterschiede nicht ausreichen, allen fünf Arten eine Koexistenz zu erlauben, falls die Umwelt unveränderlich wäre und die Konkurrenz ihren Lauf nähme. Doch die Umwelt ändert sich, und die Konkurrenz nimmt nicht einfach ihren Lauf. Die Arten verdanken daher ihre Koexistenz vor allem ihren Reaktionen auf eine in *Patches* aufgeteilte und sich ständig wandelnde Welt.

bei mehr als der Hälfte der Arten und in ungefähr 40 % der Experimente. Im Gegensatz zu Schoener fand Connell heraus, daß interspezifische Konkurrenz bei Meeresorganismen weiter verbreitet war als bei terrestrischen Organismen und bei großen Organismen weiter verbreitet als bei kleinen.

Zusammengefaßt scheinen Schoeners und Connells Nachprüfungen klar zu zeigen, daß aktive, gegenwärtige interspezifische Konkurrenz weit verbreitet ist. Ihr prozentuales Vorkommen auf dem Niveau von Arten ist zugegebenermaßen geringer als der Prozentsatz des Vorkommens bezogen auf umfassende

Fenster 6.4 – Quantitative Aspekte

Neutrale Modelle für Eidechsen-Lebensgemeinschaften

Lawlor (1980) untersuchte die unterschiedliche Ressourcennutzung in 10 Lebensgemeinschaften nordamerikanischer Eidechsen, die

sich aus vier bis neun Arten zusammensetzten. Für jede dieser Lebensgemeinschaften standen Schätzwerte bezüglich der Menge

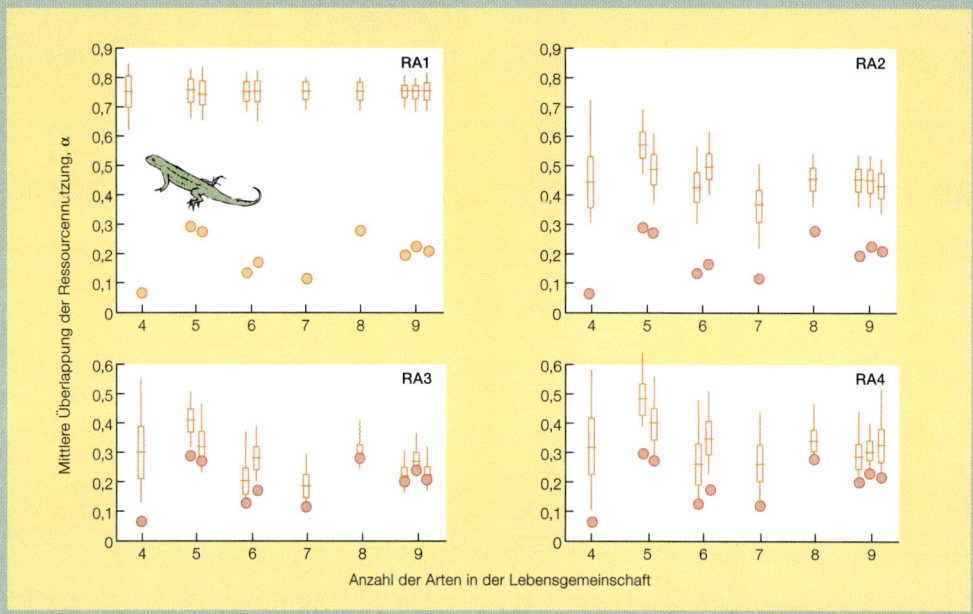

Die Indizes für die mittlere Überlappung der Ressourcennutzung in jeder einzelnen von 10 nordamerikanischen Eidechsen-Lebensgemeinschaften sind als gefüllte Kreise dargestellt. Diese können jeweils mit den mittleren Überlappungsgraden (Mittelwert, waagerechte Linien; Standardabweichung, senkrechte Rechtecke; Spannbreite, senkrechte Linien) des korrespondierenden Sets von 100 mit neutralen Modellen randomisiert erzeugten Lebensgemeinschaften verglichen werden. Die Analyse wurde mit vier verschiedenen Typen von Algorithmen zur Reorganisation (RA1 bis RA4) der Lebensgemeinschaften durchgeführt (nach Lawlor, 1980).

Offene Frage:
… aber diese Analysen übertreiben in beispiellosem Ausmaß die wahre Häufigkeit von Konkurrenz

Studien. Das ist auch zu erwarten: Wenn z. B. vier Arten entlang einer einzelnen Nischendimension angeordnet wären und alle angrenzenden Arten miteinander konkurrierten, wären das immer noch nur drei von sechs (also 50 %) aller möglichen paarweisen Interaktionen.

Connell fand jedoch auch heraus, daß in Studien über ein Artenpaar interspezifische Konkurrenz fast immer sichtbar war, während bei Untersuchungen von mehreren Arten die Konkurrenzhäufigkeit merklich (von über 90 % auf weniger als 50 %) absank. Dies kann in gewissem Umfang durch das oben skizzierte Argument erklärt werden, aber es kann auch auf eine Schieflage bei

von jeweils 20 Futterkategorien zur Verfügung, die von jeder Art in jeder Gemeinschaft genutzt wurden. Dieses Muster der Ressourcennutzung erlaubte für jedes Artenpaar in der Lebensgemeinschaft die Berechnung eines Index der Ressourcenüberlappung, der zwischen 0 (keine Überlappung) und 1 (vollständige Überlappung) lag. Jede Lebensgemeinschaft konnte durch einen einzigen Wert charakterisiert werden: die mittlere Ressourcenüberlappung aller vorhandenen Artenpaare.

Sodann wurde eine Anzahl „neutraler Modelle" für diese Lebensgemeinschaften entwickelt, die vier Typen zugeordnet werden können. Der erste Typ z. B. bewahrte nur einen minimalen Teil der ursprünglichen Struktur der Lebensgemeinschaft. Nur die ursprüngliche Zahl von Arten und die Ausgangszahl von Ressourcenkategorien wurden beibehalten. Darüber hinaus wurden den Arten Nahrungspräferenzen vollständig randomisiert zugewiesen, so daß es viel weniger Arten gab, die die Nahrung bestimmter Kategorien total ignorierten, als in der tatsächlichen Lebensgemeinschaft. Die Nischenbreite jeder Art vergrößerte sich dementsprechend. Demgegenüber behielt der vierte Typ die ursprüngliche Struktur der Lebensgemeinschaft weitgehend bei: Wenn

eine Art Nahrung einer bestimmten Kategorie nicht annahm, blieb diese unverändert. Aber in den Kategorien, in denen Nahrung gefressen wurde, wurden Nahrungspräferenzen wiederum randomisiert zugewiesen. Diese neutralen Modelle wurden dann mit ihren realen Gegenstücken in bezug auf das Muster der Ressourcenüberlappung verglichen. Wenn Konkurrenz eine signifikante Kraft zur Bestimmung der Struktur einer Lebensgemeinschaft ist oder war, sollten die Nischen stärker verteilt sein und die Überlappung der Ressourcennutzung in realen Lebensgemeinschaften sollte geringer sein – und zwar statistisch signifikant – als von den neutralen Modellen vorhergesagt.

Die Ergebnisse (s. Abb.) zeigten, daß in allen Lebensgemeinschaften und für alle vier neutralen Modelle die durchschnittliche Überlappung im Modell größer war als die in den realen Lebensgemeinschaften beobachtete, und daß dies in fast allen Fällen statistisch signifikant war. Die bei diesen Eidechsen-Lebensgemeinschaften beobachtete geringe Überlappung der Ressourcennutzung zeigt dementsprechend an, daß eine Nischensonderung vorliegt und interspezifische Konkurrenz eine wesentliche Rolle in der Struktur der Lebensgemeinschaft spielt.

der Auswahl der untersuchten Artenpaare hindeuten oder bei der Auswahl der Studien, über die tatsächlich berichtet wurde (oder die von den Herausgebern der Zeitschriften akzeptiert wurden). Höchstwahrscheinlich werden viele Artenpaare für Studien ausgewählt, weil sie „interessant" sind (weil zwischen ihnen Konkurrenz vermutet wird), und wenn keine Konkurrenz gefunden wird, wird dies einfach nicht publiziert. Die Häufigkeit von Konkurrenz aufgrund derartiger Untersuchungen zu beurteilen, ist allerdings fragwürdig. Das ist ein wirkliches Problem, das in Studien an größeren Artengruppen, in denen eine Anzahl von „negativen" Befunden gewissenhaft neben einem oder wenigen „positiven" dargestellt werden kann, nur teilweise gemildert wird. So übertreiben die Ergebnisse von Analysen wie die von Schoener und Connell die Häufigkeit von Konkurrenz *in beispiellosem Ausmaß.*

Wie schon erwähnt, waren phytophage Insekten in Schoeners Daten deutlich unterrepräsentiert. Übersichtsartikel über diese Gruppe legen aber die Vermutung nahe, daß Konkurrenz hier entweder insgesamt relativ selten ist (Strong et al., 1984) oder zumindest selten in bestimmten Untergruppen von phytophagen Insekten, wie z. B. blattfressenden Insekten (Denno et al., 1995). Stärker generalisierend wurde vorgeschlagen, daß Pflanzenfresser *in ihrer Gesamtheit* selten mit Futterbeschränkung zu tun haben und daher mit nur geringer Wahrscheinlichkeit um häufige Ressourcen konkurrieren müssen (Hairston et al., 1960; Slobodkin et al., 1967). Grundlage für diese Vermutung ist die Beobachtung, daß grüne Pflanzen normalerweise zahlreich und weitgehend intakt sind, selten zerstört werden und die meisten Pflanzenfresser die meiste Zeit selten sind. Schoener fand heraus, daß der Anteil herbivorer Insekten, die interspezifische Konkurrenz zeigen, signifikant kleiner ist als die Anteile bei Pflanzen, Carnivoren oder Detritivoren.

Insgesamt betrachtet, wurde gegenwärtige interspezifische Konkurrenz in Untersuchungen bei einer großen Anzahl von Organismen nachgewiesen, und in einigen Gruppen mag deren Vorkommen besonders offensichtlich sein, z. B. bei seßhaften Organismen in Situationen der Übervölkerung. Doch mag in anderen Gruppen von Organismen interspezifische Konkurrenz nur einen geringen oder gar keinen Einfluß haben: Sie scheint grundsätzlich unter Herbivoren relativ selten zu sein und besonders selten bei einigen Formen phytophager Insekten.

6.5.2   Konkurrenz oder reiner Zufall?

Wenn man Lacks Studie an den Waldvögeln im nachhinein betrachtet, fällt es leicht, auf die gefährliche Tendenz aufmerksam zu machen, „bloße Unterschiede" zwischen den Nischen koexistierender Arten als Bestätigung der Bedeutung interspezifischer Konkurrenz zu interpretieren, wenn es andere, ebenso plausible Erklärungen gibt. Andererseits leistet die Theorie interspezifischer Konkurrenz mehr als die Vorhersage von „Unterschieden". So sagt sie beispielsweise voraus, daß die Nischen konkurrierender Arten gleichmäßig und nicht zufällig im Nischenraum angeordnet sein sollten. Die Vorhersage sagt also nicht einfach, daß sich die Nischen konkurrierender Arten unterscheiden, sondern daß diese Unterschiede *stärker* sind, als man bei einem Zufallsprozeß erwarten würde.

Neutrale Modelle   Eine exaktere Untersuchung der Rolle interspezifischer Konkurrenz sollte sich auf die folgende Frage richten: Unterscheidet sich das beobachtete Muster, auch wenn es anscheinend mit Konkurrenz im Zusammenhang steht, signifikant von solchen Mustern, die in der Lebensgemeinschaft entstehen können, wenn es keinerlei Interaktionen zwischen Arten gibt? Diese Frage war die treibende Kraft hinter den Analysen, die darauf abzielten, reale Lebensgemeinschaften mit sogenannten *neutralen Modellen* zu vergleichen. Hierbei handelt es sich um hypothetische Modelle für tatsächlich existierende Lebensgemeinschaften, die bestimmte Charakteristika ihrer realen Gegenstücke beibehalten, die aber einige Komponenten der Lebensgemeinschaft auf eine Weise umordnen oder rekonstruieren, die gezielt die Konsequenzen interspezifischer Konkurrenz ausschließt. Tatsächlich sind die Analysen der neutralen Modelle Versuche, einem wesentlich generelleren Ansatz in der wissenschaftlichen Forschung zu folgen, nämlich der Formulierung und Überprüfung von *Nullhypothesen*. Die Idee ist, daß die Daten zu einer Form (des neutralen Modells oder der Nullhypothese) umgeordnet werden, die wiedergibt, wie die Daten bei *Abwesenheit* interspezifischer Konkurrenz aussehen würden. Falls dann die tatsächlichen Daten einen statistisch signifikanten Unterschied zur Nullhypothese zeigen, wird die Nullhypothese verworfen, wodurch in hohem Maße auf das Wirken interspezifischer Konkurrenz geschlossen werden kann.

Die Anwendung von Nullhypothesen auf die Struktur einer Lebensgemeinschaft – also die Rekonstruktion natürlicher Lebensgemeinschaften unter Beseitigung interspezifischer Konkurrenz – stellt nicht alle Ökologen zufrieden. Aber die kurze Betrachtung einer Studie über Eidechsen-Lebensgemeinschaften macht es zumindest möglich, das Potential und das Grundprinzip der Verwendung neutraler Modelle zu verstehen (Fenster 6.4).

Eine Untersuchung, die der in Fenster 6.4 dargestellten Studie ähnelt, betraf die räumliche und zeitliche Nischenaufteilung in Ameisengesellschaften des Graslands von Oklahoma (Albrecht & Gotelli, 2001). In diesem Fall fanden sich nur wenige Belege für eine Nischenaufteilung auf jahreszeitlicher Basis. Auf einer kleineren räumlichen Skala jedoch gab es an einzelnen Köderstationen eine signifikant geringere Überschneidung räumlicher Nischen, als es aufgrund

Eine Wüsteneidechse im Südwesten der USA.

des Zufalls erwartet werden konnte. Das Vorliegen dieser Art von Muster – manchmal läßt sich die Rolle der Konkurrenz bestätigen, manchmal nicht – ist der generelle Befund aus der Anwendung neutraler Modelle. Wie sollte also unser Urteil ausfallen? Wichtig ist es, vorschnelle Schlußfolgerungen zu vermeiden: Man muß sich vor der Versuchung hüten, Konkurrenz in Lebensgemeinschaften zu sehen, nur weil man danach sucht. Andererseits kann dieser Ansatz niemals ein detailliertes Verständnis der Freilandökologie der fraglichen Arten und auch keine manipulativen Experimente ersetzen, die darauf angelegt sind, durch Erhöhung oder Erniedrigung der Abundanzen von Arten Konkurrenz entdecken zu können. Wie so viele andere Ansätze kann auch dieser nur ein Teil des methodischen Arsenals von Ökologen sein, die Lebensgemeinschaften untersuchen.

Zusammenfassung

Ökologische Auswirkungen interspezifischer Konkurrenz

Das wesentliche Merkmal interspezifischer Konkurrenz ist, daß Individuen einer Art, als Ergebnis der Ausbeutung von Ressourcen oder durch direkte Wechselwirkungen mit Individuen einer anderen Art, eine Verminderung ihrer Fruchtbarkeit, ihrer Überlebensfähigkeit oder ihres Wachstums erleiden.

Oft werden Arten durch interspezifische Konkurrenz von Standorten ausgeschlossen, an denen sie hervorragend leben könnten, wenn es dort keine interspezifische Konkurrenz gäbe.

Bei Ausbeutungskonkurrenz ist der erfolgreichere Konkurrent derjenige, der gemeinsame Ressourcen effektiver nutzt. Zwei Arten, die zwei Ressourcen nutzen, können konkurrieren und trotzdem koexistieren, wenn jede Art eine der Ressourcen auf einem Niveau hält, das für die effektive Nutzung durch die jeweils andere Art zu niedrig ist.

Eine fundamentale Nische stellt die Kombination von Umweltbedingungen und Ressourcen dar, die es einer Art erlaubt zu existieren, vorausgesetzt, daß sie von keinen anderen Art beeinträchtigt wird. Dagegen ist eine realisierte Nische die Kombination von Umweltbedingungen und Ressourcen, die es einer Art gestattet, in Gegenwart anderer Arten zu leben, die nachteilig für ihre Existenz sind – insbesondere in Gegenwart interspezifischer Konkurrenten.

Das Konkurrenzausschlußprinzip besagt, daß die Koexistenz zweier konkurrierender Arten in einer stabilen Umwelt das Ergebnis einer Differenzierung ihrer realisierten Nischen ist. Wenn eine solche Differenzierung unterbleibt oder durch das Habitat nicht realisierbar ist, wird eine Art die andere eliminieren oder ausschließen. Wenn wir koexistierende Arten mit unterschiedlichen Nischen vor uns haben, ist es jedoch *nicht* angemessen, den Schluß zu ziehen, dieses Prinzip würde hier wirken.

Der einzig verläßliche Test, ob Konkurrenz zwischen Arten vorliegt, besteht darin, die Abundanz eines jeden Konkurrenten manipulativ zu verändern und zu beobachten, wie die Kontrahenten darauf reagieren.

Lebensräume sind normalerweise ein Patchwork von günstigen und ungünstigen Habitaten; *Patches* sind oft nur vorübergehend verfügbar, und sie tauchen häufig zu unvorhersehbaren Zeiten und an unvorhersehbaren Orten auf. Unter derartigen veränderlichen Bedingungen kann Konkurrenz nur selten „ihren erwarteten Verlauf nehmen".

Evolutionäre Auswirkungen interspezifischer Konkurrenz

Obwohl einige Arten heute vielleicht nicht konkurrieren, können ihre Vorfahren das in der Vergangenheit getan haben. Wir können erwarten, daß Arten Merkmale entwickelt haben, die sicherstellen, daß sie wenig oder gar nicht mit Mitgliedern anderer Arten konkurrieren. Koexistierende Arten, die aktuell konkurrieren, und koexistierende Arten, die eine Vermeidung von Konkurrenz evolutiv entwickelt haben, können zumindest bei oberflächlicher Betrachtung gleich aussehen.

Wenn man sich auf etwas beruft, das nicht direkt beobachtet werden kann – den „Geist vergangener Konkurrenz" –, ist es unmöglich, einen evolutionären Effekt interspezifischer Konkurrenz zu *beweisen*. Immerhin haben sorgfältige Studien Muster aufgedeckt, die auf andere Weise schwer zu erklären wären.

Interspezifische Konkurrenz und Struktur der Lebensgemeinschaft

Unsere Wahrnehmung der Rolle, die interspezifische Konkurrenz bei der Formung der Struktur von Lebensgemeinschaften spielt, hängt von der Ebene ab, auf der sie untersucht wird. Auf einer verhältnismäßig kleinräumigen Ebene neigen wir dazu, das gemeinsame Vorkommen nur weniger Arten in komplementären ökologischen Nischen zu sehen. Wenn aber die Ebene erweitert wird, scheint die Lebensgemeinschaft mehr Arten zu enthalten, doch kommen diese in einem Patchwork vor, wobei jeder *Patch* nur wenige Arten unterhält.

Interspezifische Konkurrenz scheint die Lebensgemeinschaften zu strukturieren durch Einflußnahme auf Gilden – Gruppen von Arten, die gleiche Klassen von Ressourcen auf ähnliche Weise nutzen.

Nischensonderung kann in einigen Lebensgemeinschaften festgestellt werden, in denen koexistierende Arten, die innerhalb einer Nischendimension eine ähnliche Position einnehmen, dazu neigen, sich entlang einer anderen Nischendimension zu unterscheiden.

Wie bedeutsam ist interspezifische Konkurrenz tatsächlich?

Analysen publizierter Studien über Konkurrenz zeigen, daß gegenwärtige Konkurrenz weit verbreitet ist, aber sie übertreiben in beispiellosem Ausmaß die tatsächliche Häufigkeit von Konkurrenz.

Die Theorie interspezifischer Konkurrenz sagt voraus, daß die Nischen konkurrierender Arten eher gleichmäßig als zufällig im Nischenraum angeordnet sein sollten. Neutrale Modelle wurden entwickelt, um festzulegen, wie das Muster der Lebensgemeinschaften bei *Abwesenheit* von interspezifischer Konkurrenz aussehen *würde*. Reale Lebensgemeinschaften sind zuweilen so strukturiert, daß es schwerfällt, einen Einfluß von Konkurrenz zu negieren.

??? Quiz

⊘ = anspruchsvolle Frage

1. Einige Experimente über interspezifische Konkurrenz haben sowohl die Populationsdichte der betreffenden Arten als auch deren Einfluß auf die Ressourcen überprüft. Warum ist es hilfreich, beides zu tun?

2. Interspezifische Konkurrenz kann das Ergebnis der Ausbeutung von Ressourcen oder aber direkter Interferenz sein. Geben Sie je ein Beispiel für beides und vergleichen Sie die Konsequenzen für die betroffenen Arten.

3. Definieren Sie die Begriffe „fundamentale Nische" und „realisierte Nische". Wie helfen uns diese Konzepte, die Effekte von Konkurrenz zu verstehen?

4. Erklären Sie mit Hilfe eines Pflanzen- und eines Tierbeispiels, wie zwei Arten koexistieren können, indem sie verschiedene Ressourcen auf Niveaus halten, die für eine effektive Ausnutzung durch die jeweils andere Art zu gering sind.

5. ⊘ Definieren Sie das Konkurrenzausschlußprinzip. Ist es angemessen, darauf zu schließen, daß dieses Prinzip wirksam ist, wenn wir koexistierende Arten mit unterschiedlichen Nischen finden?

6. Erklären Sie, wie Umweltheterogenität einem offensichtlich „schwachen" Konkurrenten erlauben kann, mit einer Art zu koexistieren, von der man annehmen müßte, daß sie ihn ausschließt.

7. ⊘ Was ist der „Geist vergangener Konkurrenz"? Warum ist es unmöglich, die evolutionären Auswirkungen interspezifischer Konkurrenz zu beweisen?

8. Geben Sie je ein Beispiel für Nischendifferenzierung, die auf physiologischen, morphologischen oder verhaltensbiologischen Eigenschaften konkurrierender Arten beruht. Wie mögen diese Differenzierungen entstanden sein?

9. Definieren Sie „Nischensonderung" und erklären Sie an einem Beispiel, wie sie helfen kann, die Koexistenz vieler Arten in einer Lebensgemeinschaft zu begründen.

10. ⊘ Diskutieren Sie die Vor- und Nachteile des Einsatzes „neutraler Modelle" zur Bewertung der Effekte von Konkurrenz auf die Zusammensetzung einer Lebensgemeinschaft.

7

Organismen als Lebensraum

Die Ökologie einer Art kann nicht ohne ihre Beziehung zum Habitat verstanden werden, aber für viele, vermutlich sogar die meisten Arten, ist dieses Habitat ein anderer Organismus: der Wirt. Dieses Kapitel beschreibt die engen Wechselbeziehungen zwischen Wirten und den Organismen, die auf oder in ihnen leben.

Schlüsselkonzepte

Dieses Kapitel soll

- die Tatsache beschreiben, daß die Habitate der meisten Organismen andere Organismen sind, und die Unterschiede zwischen Kommensalismus, Symbiose, Parasitismus und Mutualismus verständlich machen;
- erkennen lassen, daß Parasiten eine hohe Diversität und Spezialisierung aufweisen, während Mutualisten wenig divers oder spezialisiert sind, aber trotzdem die Produktivität vieler Habitate bestimmen;
- verständlich machen, wie Parasiten, Mutualisten und Kommensalen die Körperoberflächen oder Körperhöhlen bewohnen oder in den Geweben und Zellen ihrer Wirte leben;
- die Art und Weise verdeutlichen, mit der Parasiten und Mutualisten das Wachstum, die Form oder das Verhalten ihrer Wirte „manipulieren";
- die Abwehrreaktionen der Wirte gegenüber Parasiten und Mutualisten aufzeigen;
- die Lebenszyklen von Parasiten darstellen, die oft sehr komplex und von Fortpflanzung und Verbreitung dominiert sind, wohingegen das Leben von Mutualisten gewöhnlich viel einfacher ist;
- die wichtige und meist diffizile Rolle beschreiben, die Parasiten bei der Evolution ihrer Wirte spielen und umgekehrt.

7.1   Einleitung

Mehr als die Hälfte aller Arten, die auf der Erde vorkommen, leben innerhalb oder auf den Körpern anderer Organismen. Dort finden sie die Bedingungen und manchmal auch die Ressourcen, die sie für ihr Wachstum benötigen. Fast jeder Organismus ist das Habitat eines anderen – sogar Bakterien stellen Habitate für ihre spezifischen Viren dar, die Bakteriophagen. Eine enge Beziehung zwischen Individuen verschiedener Arten, bei der eines in oder auf dem anderen lebt, bezeichnet man als *Symbiose.*

Ein *Parasit* ist ein Organismus, der sein Leben lang eng verbunden mit einem oder sehr wenigen Individuen einer anderen Art, seinem Wirt, lebt. Er erhält Ressourcen von seinem Wirt und schädigt den Wirt, tötet ihn aber nicht unmittelbar oder voraussagbar. Vor mehr als 60 Jahren haben Charles Elton und seine Kollegen (Abschnitt 1.1) in einer Untersuchung, die heutzutage nicht mehr in einem wissenschaftlichen Journal publiziert würde, die auf und in Waldmäusen, *Apodemus sylvaticus*, lebende Fauna in einem kleinen Wäldchen nahe Oxford, England, untersucht. Sie fanden 47 unterschiedliche Arten, hauptsächlich Parasiten (einschließlich einer Spirochaetenart, obwohl die Untersuchung keine anderen Bakterienarten mit einschloß) (Tab. 7.1).

Nach unserem jetzigen Kenntnisstand erwarten wir artenreiche Gemeinschaften von Parasiten nicht nur auf Säugetieren wie Waldmäusen, sondern auch auf Fischen, Amphibien, Reptilien und Vögeln, und wenn wir die Organismen betrachten, die auf Pflanzen in der Natur oder in landwirtschaftlichen Kulturen leben, dann sehen wir, daß fast jede Art von Baum, Busch

Symbiose

Parasiten tragen am meisten zur Diversität in der Natur bei…

Tabelle 7.1   Auf oder im Körper von Waldmäusen, *Apodemus sylvaticus*, gefundene Arten in einem Wäldchen nahe Oxford, England (aus Elton, 1940)

Auf der Haut:	1 Larve einer Zeckenart
Im Fell:	Wenigstens 12 Milbenarten
	1 Zeckenart (adult)
	1 Käferart
	11 Floharten
	1 Körperlausart
Am Anus und an den Genitalorganen:	1 Milbenart
Unter der Haut der Gliedmaßen:	1 Milbenart
In der Leber:	1 Bandwurmart
Im Magen:	1 Spulwurmart
Im Dünndarm:	3 Spulwurmarten
	2 Bandwurmarten
	3 Plattwurmarten
	2 Flagellatenarten
	1 Ciliatenart
	1 Amoebenart
	2 Coccidienarten
Im Blinddarm:	1 Ciliatenart
In der Niere:	1 Spirochaetenart (es wurde kein Versuch unternommen, andere Bakterien oder Viren zu identifizieren)
Im Blut:	1 Trypanosomenart

oder Kraut eine ganze Gemeinschaft von kleinen parasitischen Tieren (Milben, Blattläuse, Insektenlarven) beherbergt, ebenso wie parasitische Pilze und Bakterien (Abb. 7.1). Parasiten tragen in überwältigendem Maße zur Diversität von

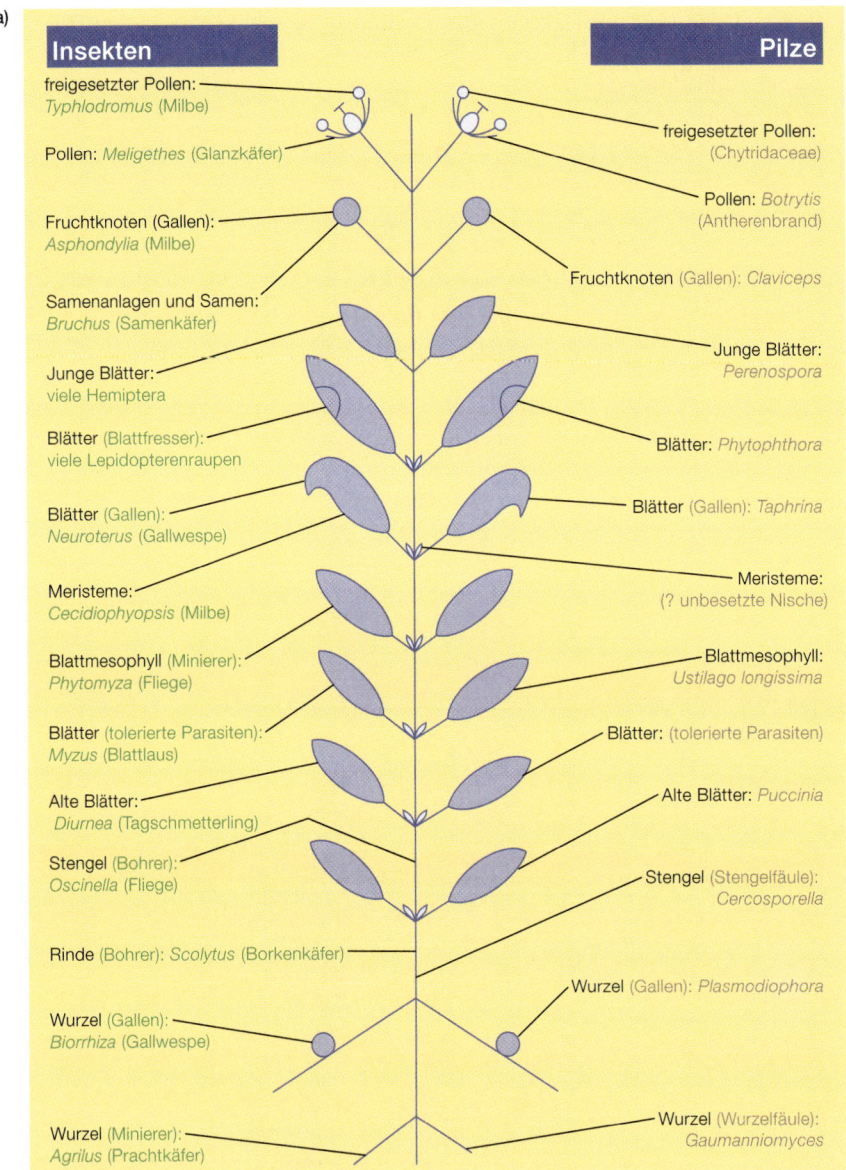

(a)

Insekten

Pilze

freigesetzter Pollen:
Typhlodromus (Milbe)

Pollen: *Meligethes* (Glanzkäfer)

Fruchtknoten (Gallen):
Asphondylia (Milbe)

Samenanlagen und Samen:
Bruchus (Samenkäfer)

Junge Blätter:
viele Hemiptera

Blätter (Blattfresser):
viele Lepidopterenraupen

Blätter (Gallen):
Neuroterus (Gallwespe)

Meristeme:
Cecidiophyopsis (Milbe)

Blattmesophyll (Minierer):
Phytomyza (Fliege)

Blätter (tolerierte Parasiten):
Myzus (Blattlaus)

Alte Blätter:
Diurnea (Tagschmetterling)

Stengel (Bohrer):
Oscinella (Fliege)

Rinde (Bohrer): *Scolytus* (Borkenkäfer)

Wurzel (Gallen):
Biorrhiza (Gallwespe)

Wurzel (Minierer):
Agrilus (Prachtkäfer)

freigesetzter Pollen:
(Chytridaceae)

Pollen: *Botrytis*
(Antherenbrand)

Fruchtknoten (Gallen): *Claviceps*

Junge Blätter:
Perenospora

Blätter: *Phytophthora*

Blätter (Gallen): *Taphrina*

Meristeme:
(? unbesetzte Nische)

Blattmesophyll:
Ustilago longissima

Blätter: (tolerierte Parasiten)

Alte Blätter: *Puccinia*

Stengel (Stengelfäule):
Cercosporella

Wurzel (Gallen): *Plasmodiophora*

Wurzel (Wurzelfäule):
Gaumanniomyces

Abbildung 7.1
Höhere Pflanzen (a) und Tiere, wie beispielsweise der Mensch (b), stellen eine besondere Nische dar, die von Pilzen, Arthropoden, Würmern und Protozoen besiedelt wird. Die beiden Abbildungen verdeutlichen ein wenig diese Vielfalt. Ausgespart sind Nematoden, die Pflanzen parasitieren. Bakterien und Viren wurden ebenfalls weggelassen, obwohl auch für sie sehr ähnliche Abbildungen erstellt werden könnten – besonders für die

Pflanzen- und Tiergemeinschaften in der Natur und zur Diversität des gesamten Lebens überhaupt bei. Eine nützliche Unterscheidung zwischen Mikroparasiten und Makroparasiten ist in Fenster 1 dargestellt.

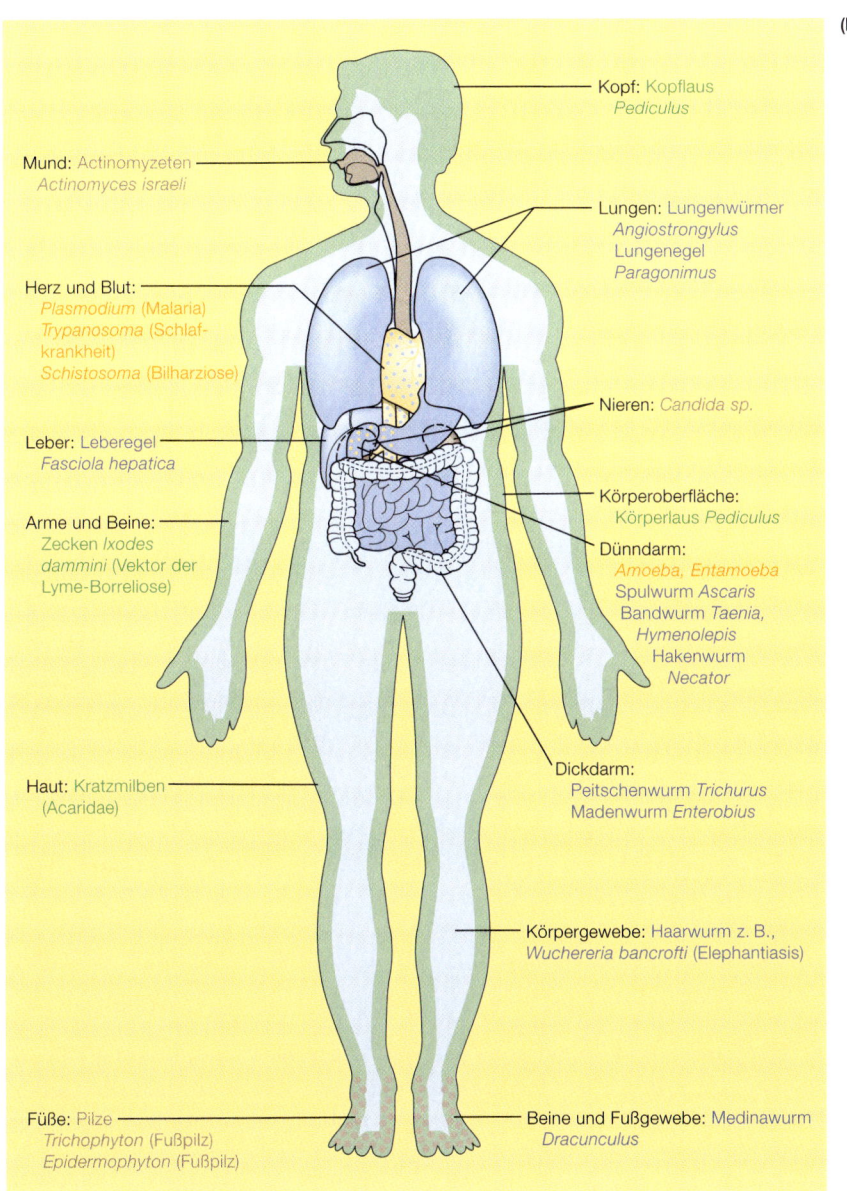

(b)

Kopf: Kopflaus
Pediculus

Mund: Actinomyzeten
Actinomyces israeli

Lungen: Lungenwürmer
Angiostrongylus
Lungenegel
Paragonimus

Herz und Blut:
Plasmodium (Malaria)
Trypanosoma (Schlaf-
krankheit)
Schistosoma (Bilharziose)

Nieren: *Candida sp.*

Leber: Leberegel
Fasciola hepatica

Körperoberfläche:
Körperlaus *Pediculus*

Dünndarm:
Amoeba, Entamoeba
Spulwurm *Ascaris*
Bandwurm *Taenia,*
Hymenolepis
Hakenwurm
Necator

Arme und Beine:
Zecken *Ixodes*
dammini (Vektor der
Lyme-Borreliose)

Dickdarm:
Peitschenwurm *Trichurus*
Madenwurm *Enterobius*

Haut: Kratzmilben
(Acaridae)

Körpergewebe: Haarwurm z. B.,
Wuchereria bancrofti (Elephantiasis)

Füße: Pilze
Trichophyton (Fußpilz)
Epidermophyton (Fußpilz)

Beine und Fußgewebe: Medinawurm
Dracunculus

Abbildung 7.1 *Fortsetzung*
vielen humanparasitischen Arten. Im Verlauf ihres Lebenszyklus wandern einige der Wurmparasiten des Menschen in unterschiedliche Körperabschnitte. Beispielsweise tritt *Schistosoma* in Eingeweidevenen auf, aber die Eier sammeln sich in der Lunge und in der Leber an und schädigen diese Organe sogar. Pilze sind braun dargestellt, Würmer blau, Arthropoden grün und Protozoen gelb.

279

Fenster 7.1 – Historische Meilensteine

Mikroparasiten und Makroparasiten

Mikroparasiten sind klein, oft extrem zahlreich, und sie vermehren sich direkt innerhalb ihres Wirtes. Viele leben intrazellulär. Es ist immer schwierig und meistens sogar unmöglich, die Anzahl von Mikroparasiten in einem Wirt zu bestimmen, und normalerweise wird eher die Anzahl der infizierten Wirte untersucht als die Anzahl der Parasiten selbst. Beispielsweise wird in einer Studie über eine Masernepidemie eher die Anzahl der Krankheitsfälle als die Anzahl der Krankheitserreger gezählt. Die bekanntesten Mikroparasiten sind wahrscheinlich Bakterien und Viren, die Tiere und Pflanzen infizieren (z. B. der Rübenmosaikvirus [Luteovirus-Gruppe] und der durch Bakterien verursachte Wurzelkropf). Protozoen (z. B. die Malaria-erreger *Plasmodium* spec.) sind die andere Hauptgruppe der Tiere befallenden Mikroparasiten. In pflanzlichen Wirten verhalten sich einige niedrige Pilze wie Mikroparasiten.

Makroparasiten wachsen zwar in ihrem Wirt, aber vermehren sich dort nicht. Sie erzeugen infektiöse Stadien, die freigesetzt werden, um neue Wirte zu befallen. Makroparasiten von Tieren leben eher auf dem Körper oder in Körperhohlräumen (z. B. im Darm) als in Wirtszellen. Bei Pflanzen kommen sie im allgemeinen interzellulär vor.

Normalerweise ist es möglich, die Anzahl von Makroparasiten in oder auf einem Wirt zu zählen oder wenigstens zu schätzen (z. B. Würmer im Darm oder Läsionen auf einem Blatt) und Epidemiologen können sowohl die Anzahl der Parasiten als auch die Anzahl der infizierten Wirte untersuchen. Die Hauptmakroparasiten von Tieren sind parasitische Würmer (z. B. Bandwürmer, Saugwürmer und Nematoden). Darüber hinaus werden Tiere noch von Läusen, Flöhen, Zecken, Milben und einigen Pilzen befallen. Pflanzenmakroparasiten umfassen die höheren Pilze, wie Echter und Falscher Mehltau, Roste und Brände, gallenbildende oder minierende Insekten und darüber hinaus Blütenpflanzen wie Teufelszwirn und Sommerwurz, die selbst parasitisch auf höheren Pflanzen leben.

Eine weniger nützliche und sicherlich weniger deutliche Unterscheidung wird zwischen Parasiten und *Pathogenen* gezogen. Der Ausdruck pathogen wird häufiger für Mikroparasiten als für Makroparasiten gebraucht und ist normalerweise solchen Parasiten vorbehalten, die bei ihrem Wirt eine „Krankheit" mit beschreibbaren und vermutlich schädigenden „Symptomen" auslösen.

... aber Mutualisten tragen mehr zur Produktivität bei

Mindestens so bemerkenswert wie die Vielfalt der Parasiten sind die Populationen „mutualistischer" Pilze, die fest mit dem Gewebe der meisten Pflanzen verwachsen sind. *Mutualismus* ist eine Verbindung zwischen den Individuen unterschiedlicher Arten (normalerweise zwischen zwei Arten), die beiden Partnern nützt. Eine *Mykorrhiza* ist z. B. eine mutualistische Verbindung zwischen einem Pilz und der Wurzel einer höheren Pflanze (eigentlich ist es die Mykorrhiza und nicht die Wurzel, die dem Boden die Nährstoffe entnimmt), und Mykorrhizen sind in der Regel bei Bäumen und Gräsern besonders stark ausgebildet. Zusätzlich dazu gibt es bei einer Reihe von Pflanzen mutualistische Bakterien und Aktinomyzeten, die in speziellen Knöllchen an der Wurzel leben

und die Fähigkeit haben, atmosphärischen Stickstoff zu binden und der Wirtspflanze zur Verfügung stellen. Ein weiterer geläufiger Mutualismus ist der
zwischen Blütenpflanzen und bestäubenden Insekten. Es gibt weit weniger
mutualistische als parasitische Arten, aber mutualistische Verbindungen, wie die
Mykorrhiza, dominieren in vielen Habitaten die Produktion von Biomasse.

Wir unterscheiden Parasiten und Mutualisten danach, ob sie ihrem Wirt
nutzen oder schaden. Aber Worte wie *Nutzen* und *Schaden* müssen bei ihrem
Gebrauch schon etwas mehr bedeuten als „was ich denke, was mir gefallen oder
nicht gefallen würde, wenn ich dieser Organismus wäre". Hier benutzen wir
also das Wort *Schaden* im Sinne von Erhöhung der Sterberate, Verringerung der
Geburtenrate, Verringerung der Wachstumsrate und Herabsetzen der Kapazitätsgrenze. *Nutzen* bedeutet das Gegenteil davon. Praktisch gesehen, muß aber
ein Organismus, der manchmal seinem Wirt schadet, dies nicht immer tun. Ein
Verhalten, das in einem Umfeld schädlich ist, kann in einem anderen Umfeld
geduldet sein. Zecken saugen das Blut ihrer Wirte und könnten daher eindeutig
für Parasiten gehalten werden. Aber Individuen der australischen Tannenzapfen-
echse *(Tiliqua rugosa)* tragen Zeckenpopulationen, die ihnen nicht zu schaden
scheinen. Eine Analyse der Beziehung zwischen der Anzahl der Zecken auf einer
Echse und ihrer Lebensdauer zeigte, daß es entweder keine Korrelation gab,
oder daß Echsen mit mehr Zecken sogar länger zu leben schienen. Vielleicht
sollten diese Echsenzecken als *Kommensalen* oder „Mitesser" (weder schädlich
noch nützlich für den Wirt) bezeichnet werden. Dabei sollte man im Hinter-
kopf behalten, daß sie, wie bei Gästen, unter Umständen unwillkommen sind,
wenn der Gastgeber krank oder gestreßt ist! Bei der überwiegenden Beschäftigung mit den spektakulären Beziehungen von Parasiten und Mutualisten zu
ihren Wirten ist es wichtig, Kommensalen nicht ganz zu vergessen.

Im verbleibenden Teil dieses Kapitels beschreiben wir Wirte als Mosaik von
Kleinsthabitaten, in denen andere Arten leben. Wir sehen uns die Möglichkeiten an, durch die die Vielfalt von Lebenszyklen, Wachstumsformen, Verbreitung und Spezialisierung das Zusammenspiel zwischen Siedlern und besiedel-
tem Organismus fördert. Wir zeigen auch, wie ein lebender Organismus, im
Vergleich zu anderen Habitat- und Umwelttypen, einen einzigartigen Habitat-
typus darstellt. Er kann auf den Befall reagieren, kann eventuell durch Befall
entstandenen Schaden reparieren, hat vielleicht eine „Erinnerung" an vergangene Erfahrungen, und er kann sich weiterentwickeln. In Kapitel 8 betrachten
wir dann die Auswirkungen von Parasiten und anderen natürlichen Feinden auf
die Dynamik von Wirtspopulationen.

Ein Parasit ist nicht immer ein Parasit

Ein Wirt ist ein Habitat, das reagieren und sich regenerie-ren, sich erinnern und sich entwik-keln kann

7.2   Wirte als Habitate

7.2.1   Das Leben auf der Oberfläche eines anderen Organismus

Solide Oberflächen bilden ein mögliches Gerüst für Lebewesen und ermöglichen diesen unter Umständen, Zugang zu Bedingungen und Ressourcen zu
erlangen, die ihnen sonst nicht zur Verfügung stünden. Insbesondere Bäume

Organismen bil-den ein Gerüst für andere Arten

und Büsche stellen Habitate für eine Vielzahl von Vogelarten, Fledermäusen und kletternden Tieren dar, die es in einer baumlosen Umwelt nicht gibt. Bäume sind ein besonders gutes Beispiel für sogenannte „ökologische Baumeister" *(ecological engineers)*. Allein durch ihre Gegenwart erschaffen, verändern oder bewahren sie Habitate für andere Lebewesen (Abb. 7.2). Auf ihnen ist es möglich, Nist- und Rastplätze anzulegen, und sie bieten einen gewissen Schutz vor Bodenfeinden. Flechten und Moose entwickeln sich auf Baumstämmen, und Kletterpflanzen wie Efeu, Wein und Feigen benützen den Stamm als Hilfsmittel, um ihr Blattwerk in den Kronenraum auszudehnen, obwohl sie in der Erde wurzeln. In warmen und feuchten Klimaten wurzeln *epiphytische* Pflanzen (Pflanzen, die auf Pflanzen leben), einschließlich der Farne, Orchideen und Bromelien, auf Ästen und in Verzweigungen des oberen Kronenraums. Sie beziehen ihr Wasser und ihre Nährstoffe aus dem Regenwasser, das an den Ästen abfließt, und sogar aus den Ausscheidungen von Tieren der Kronenschicht. Wasser, das sich in Astgabeln und in den Blattrosetten von Bromelien ansammelt, bildet weitere Mikrokosmen für Stechmückenlarven und sogar für die Kaulquappen von Baumfröschen. Diese Kommensalen entziehen dem Wirtsbaum keine Ressourcen und schaden ihm nicht direkt. Aber zur Lebensgemeinschaft der baumbewohnenden Organismen gehören auch Hemiparasiten wie die Misteln, die ins Gewebe des Wirtsbaumes eindringen und ihm Wasser und

(a)

(b)

(c)

Abbildung 7.2
Eine Vielzahl von Blütenpflanzen nutzt die Körper anderer Blütenpflanzen als Habitat. (a) Spanisches Moos *(Tillandsia usnoides)* ist eine epiphytische Blütenpflanze, die in feuchten Klimaten auf Bäumen wächst und eine charakteristische flechtenähnliche Farbe besitzt. (b) Mistel *(Phoradendron* spec.) auf einer Platane. Die Mistel ist ein Hemiparasit, der in den Wirtsbaum eindringt und ihm Mineralnährstoffe und Wasser entzieht, aber zur eigenständigen Photosynthese fähig ist. (c) Pflanzenseide *(Cuscuta* spec.). Dies ist ein echter Parasit, der an mehreren Stellen in seinen Wirtsbaum eindringt. Er besitzt kein Chlorophyll und hängt von der Photosynthese sowie der Nährstoff- und Wasserversorgung durch den Wirt ab. (© John D. Cunningham, Visuals Unlimited.)

Nährstoffe entziehen, ebenso wie echte parasitische Blütenpflanzen wie die Pflanzenseiden *(Cuscuta)*, die sogar auf die Photosyntheseprodukte des Wirtes angewiesen sind (s. Abschnitt 7.2.3).

In aquatischen Lebensgemeinschaften stellen die festen Oberflächen größerer Lebewesen einen noch wichtigeren Beitrag zur Biodiversität dar. Seegras und Seetang wachsen normalerweise nur dort, wo sie an Felsen wurzeln können. Ihre Blattoberflächen werden von fadenförmigen Algen und vor allem von röhrenförmigen Würmern *(Spirorbis)* und modularen Tieren wie Hydrozoen und Bryozoen besiedelt (Abb. 7.3). Im sich bewegenden Wasser des Meeres bieten Seegras und Seetang diesen Organismen Halt und Zugang zu Ressourcen. Ebenso werden im Süßwasser die Stengel und Blätter von aquatischen Blütenpflanzen als Habitate genutzt. Obwohl Kommensalen weit weniger untersucht wurden als Parasiten und Mutualisten, führen viele von ihnen ein Leben, das ebenso spezialisiert und faszinierend ist, und ihr Beitrag zur Diversität von Lebensgemeinschaften ist wahrscheinlich ebenso groß.

Pflanzenwurzeln entziehen dem Boden Wasser und Mineralnährstoffe und verändern dadurch die lokale Umgebung auf oder in der Nähe ihrer Oberfläche. Sie verlieren aber auch Zellen an den Wurzelspitzen und geben organisches Material in den Boden ab, wenn die Wurzelhaare und äußeren Rindenzellen absterben und zersetzt werden. Der Boden in unmittelbarer Nähe und im Einflußbereich der Pflanzenwurzel wird als *Rhizosphäre* bezeichnet und enthält eine reichhaltige Mikroflora, die sich deutlich von der im übrigen Bodenkörper unterscheidet. Die Flora der Rhizosphäre unterscheidet sich von einer Wirtsart zur nächsten (Westover et al., 1997), und es gibt Hinweise darauf, daß sie in einigen Fällen die Wirtspflanze gegen bodenbürtige Parasiten schützt.

Leben auf Wurzeln und Blättern: Rhizosphäre und Phyllosphäre

Ebenso gibt es eine fest umrissene *Phyllosphäre* aus Arten, die auf den Blattoberflächen leben. Blattläuse sind z. B. *Ektoparasiten* von Pflanzen – sie leben außerhalb des Pflanzenkörpers, aber zapfen das Phloem mit spezialisierten Mundwerkzeugen an und leben ausschließlich vom entnommenen Saft. Man kann leicht übersehen, daß es sich hierbei um echten Parasitismus handelt. Auf ähnliche Weise dringen parasitische Pilze auf der Blattoberfläche mit ihren Hyphen in das Pflanzengewebe des Wirtes ein. Der Hauptkörper dieser Pilze befindet sich auf der Blattoberfläche ihrer Wirte, von wo die Sporen leicht verbreitet werden können. Beispiele hierfür sind Arten des Echten Mehltaus (*Erysiphe* spec., die einen enormen Schaden an Weintrauben verursachen) und Falscher Mehltau (*Phytophthora infestans*, der in Irland die Hungersnot der 1840er Jahre durch die Kartoffelfäule verursachte).

Mehltau, Flöhe und Läuse: die Ektoparasiten

Flöhe und Läuse leben als Ektoparasiten auf den Körpern größerer Tiere. Die meisten von ihnen sind (wie die parasitischen Pilze auf Blattoberflächen) sehr stark auf einige wenige Wirte spezialisiert. Je enger ihre Beziehung zu einem bestimmten Wirtsindividuum ist, desto mehr tendieren sie dazu, auf eine bestimmte Wirtsart beschränkt zu sein. Deshalb beuten die meisten Vogellausarten, die den größten Teil ihres Lebens auf ihrem Wirt verbringen, meist nur eine Vogelart aus, während Lausfliegen, die aktiv von einem Wirtsindividuum zum anderen wandern, mehrere Wirtsarten nutzen (Tab. 7.2).

Vogelläuse haben kauende Mundwerkzeuge und fressen an Federn und Hautschuppen. Ihr Herumklettern und Nagen irritiert die Vögel, die dadurch

283

(a)

(b)

(c)

Abbildung 7.3
(a) Ein Blatt des braunen Seetangs *Fucus serratus,* das den Polychaeten *Spirorbis* trägt (die spiraligen muschel-artigen Strukturen), zickzackförmige Kolonien des Hydropolypen Obelia geniculata und das Moostierchen (Bryozoa) *Bowerbankia* (der braune Bereich in der Mitte). (b) Ein Blatt des braunen Seetangs *Ascophyllum nodosum,* das Büschel des roten Seetangs *Polysiphonia* trägt (der fast ausschließlich auf *Ascophyllum* lebt) sowie Kolonien des Hydropolypen *Obelia dichotoma.* (c) Ein Blatt des braunen Seetangs *Ascophyllum nodosum* mit Kolonien von *Clava multicornis* (mit freundlicher Genehmigung von R. N. Hughes).

unruhig werden und nicht mehr richtig fressen oder ihre Nahrung nicht mehr richtig verdauen. Die Läuse werden damit auf Geflügelfarmen zu einem wirt-schaftlichen Problem. Läuse, die an den Federn von Felsentauben *(Columba livia)* fressen, reduzieren die Wärmeschutzwirkung der Federn; infizierte Vö-gel verbringen mehr Zeit mit dem Putzen des Gefieders und weniger mit der Balz und haben dadurch weniger Geschlechtspartner als weniger stark parasi-tierte Männchen. Es gibt heute tatsächlich zahlreiche Beweise dafür, daß die parasitierten Männchen vieler Arten (insbesondere bei Vögeln) bei der Wer-bung um Geschlechtspartner keinen Erfolg haben – ein wichtiger Aspekt, der

(d)

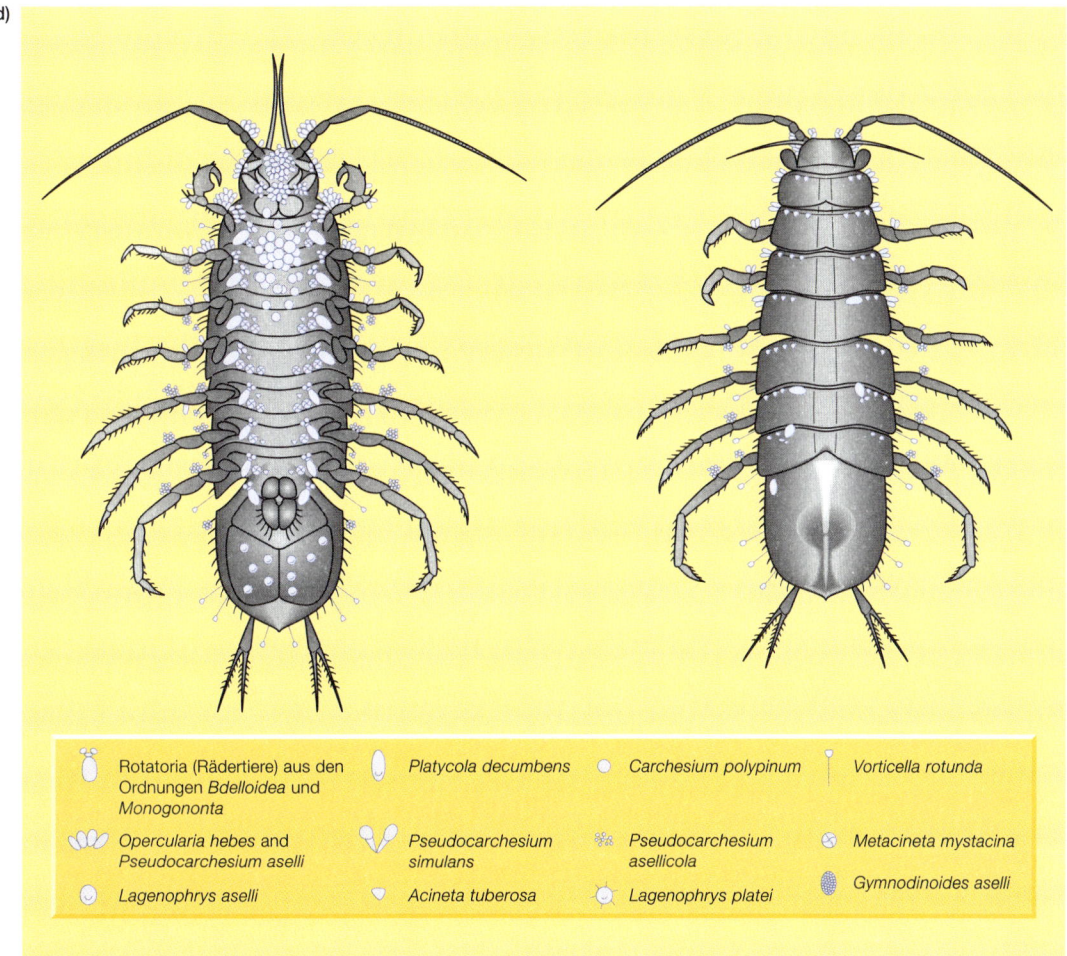

Abbildung 7.3 *Fortsetzung*

(d) Wie die meisten anderen aquatischen Organismen stellt die Wasserassel *Asellus aquaticus* einen Lebensraum für zahlreiche Arten dar, die ihren Wirt als Standort nutzen, um Nahrung aus dem vorbeiströmenden Wasser zu filtern. Die Abbildung zeigt *Asellus* von ventral (links) und von dorsal (rechts) zusammen mit 12 Arten, die ihre charakteristischen (oft stark spezialisierten) Habitate auf der Assel haben. Außer den Rotatoria gehören alle Arten zu den Protozoa (nach Cook et al. 1998).

zeigt, wie Parasiten ihren Wirten schaden können, da eine unmittelbare Auswirkung auf die Fitneß der Männchen besteht.

Da Parasiten meist hochgradig auf ihre Wirte spezialisiert sind, verursacht das Aussterben eines Wirtes oft auch das Aussterben seiner Parasiten. Die Wandertaube starb 1914 aus. Sie war der Wirt zweier Lausarten, *Columbicola extinctus* und *Campanulotes defectus*. Diese starben zur gleichen Zeit aus. Die Wirte der Parasiten sind ihre Habitate: Das Aussterben einer Wirtsart bedeutet den Verlust eines einzigartigen Habitates.

Das Aussterben einer Wirtsart zieht das Aussterben des spezialisierten Parasiten nach sich

Tabelle 7.2 Spezialisierungen von Ektoparasiten, die auf Vögeln und Säugetieren leben (nach Price, 1980)

			Prozent an Arten, beschränkt auf		
		Anzahl von Arten	1 Wirt	2–3 Wirte	Mehr als 3 Wirte
Philopteridae	Vogelläuse (verbringen ihr ganzes Leben auf einem Wirt)	122	87	11	2
Streblidae	Blutsaugende Fliegen (parasitieren Fledermäuse)	135	56	35	9
Oestridae	Drasselfliegen (Weibchen fliegen von Wirt zu Wirt)	53	49	26	25
Hystrichopsyllidae	Flöhe (springen von Wirt zu Wirt)	172	37	29	34
Hippoboscidae	Lausfliegen (sind sehr mobil)	46	17	24	59

7.2.2   Bewohner von Körperhöhlen

Oberflächen- bewohnende Organismen können sich leicht ausbreiten – aber es gibt auch Nachteile

Organismen, die sich darauf spezialisiert haben, auf der Oberfläche ihrer Wirte zu leben, sind gewöhnlich in einer guten Position, um sich mittels Sporen, Eiern usw. zu verbreiten. Sie können von dort aus auch sehr leicht weitere Wirte kolonisieren („Infektion"). Allerdings gibt es beim Leben auf der Oberfläche eines Wirtes auch Nachteile, wie z. B. eine größere Exposition gegenüber Trockenheit, Hitze und Kälte und einen gewöhnlich weniger engen Kontakt mit dem Wirt als Ressource. Bewohner von Oberflächen sind in gefährlicher Weise Prädatoren und Parasiten ausgesetzt; beispielsweise werden Blattläuse auf der Blattoberfläche von parasitischen Wespen aufgespürt und angegriffen oder von Vögeln gefressen. Organismen, die die Körperhöhlen anderer Organismen besiedeln können oder sogar in deren Gewebe oder Zellen eindringen, sind besser plaziert, um Ressourcen aufzunehmen. Sie sind besser von der äußeren Umwelt abgeschirmt; in warmblütigen, tierischen Wirten leben sie in einer temperaturkonstanten Umgebung und sind, mit Ausnahme der am höchsten spezialisierten, besser vor Feinden geschützt.

Leben im Darm

Viele Arten von Parasiten, Kommensalen und Mutualisten nutzen die Körperhöhlen ihrer Wirtsarten zum Schutz vor Umweltwidrigkeiten und Feinden. Der Verdauungskanal vom Mund bis zum Anus ist ein an Ressourcen reiches Habitat. Er bietet weitgehend Schutz vor natürlichen Feinden und vor Trockenheit und enthält einen kontinuierlichen Nahrungsstrom, der vom Wirt gesammelt und teilweise verarbeitet wurde.

Viele Parasiten leben im Verdauungskanal von Tieren. Darmbewohner wie Band- und Spulwürmer führen allerdings nicht zu Verletzungen, und sie konsumieren nichts vom Körper ihres Wirtes. Sie leben vielmehr in und auf der Nahrung, die der Wirt schluckt und verdaut, und man kann sie sich als Konkurrenten um die Verdauungsprodukte vorstellen, während diese vom Mund bis zum

Anus wandern. Sicherlich können sie in ihrem Wirt Krankheiten auslösen. Einige verursachen darüber hinaus Schäden, indem sie Giftstoffe freisetzen: Klassische Beispiele sind *Vibrio cholerae*, ein Bakterium, das die Cholera verursacht, und *Amoeba dysenterica*, ein Protist, der die Amoebenruhr auslöst. Zu beachten ist auch, daß die von diesen Parasiten beim Wirt induzierte Durchfallerkrankung ihre Verbreitung und epidemische Ausbreitung fördert.

Der Verdauungstrakt stellt natürlich keine konstante Umgebung dar, sondern ist auf seiner gesamten Länge ein Kontinuum von wechselnden Bedingungen

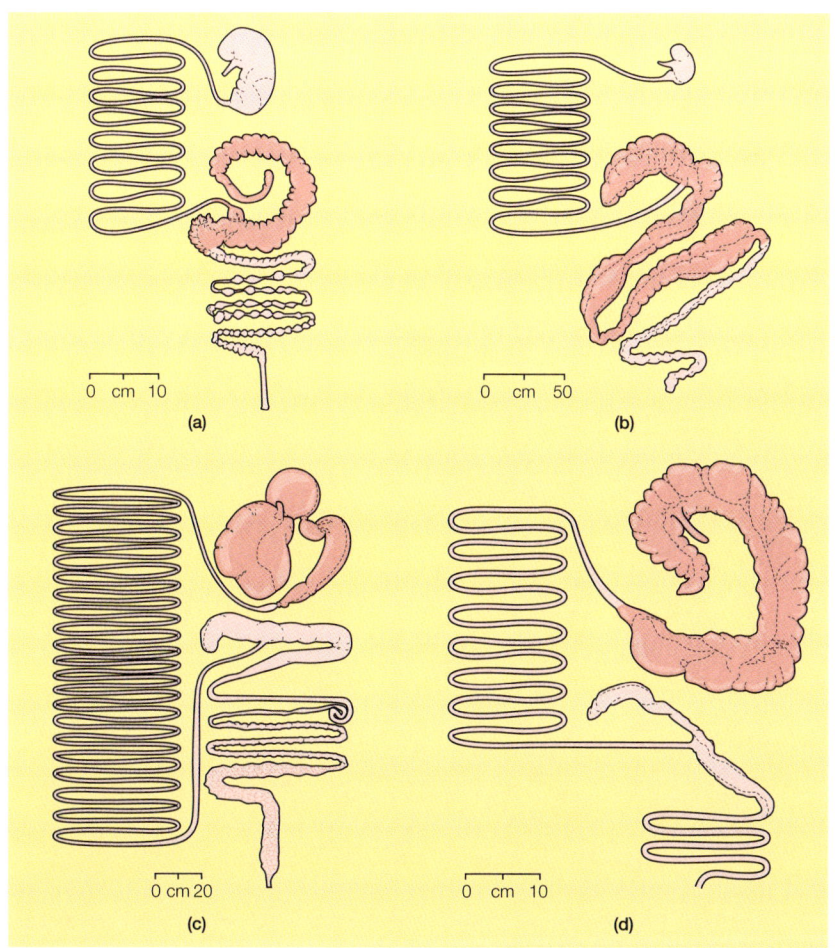

Abbildung 7.4
Die Verdauungssysteme von Herbivoren sind im allgemeinen so abgewandelt, daß sie Fermentationskammern ausbilden, die von einer reichen mikrobiellen Flora und Fauna besiedelt werden. Die Abbildung zeigt die Verdauungssysteme von vier verschiedenen herbivoren Säugern mit den farblich stärker betonten Fermentationskammern. (a) Das Kaninchen besitzt einen verlängerten Blinddarm (Caecum). (b) Das Zebra besitzt Fermentationskammern sowohl im Blinddarm als auch im Dickdarm (Colon). (c) Das Schaf hat Kammern in einem vergrößerten und vierkammerigen Magen. (d) Das Känguruh hat eine lange Fermentationskammer im vorderen Teil des Magens (nach Stevens, 1988).

in bezug auf pH-Wert, Enzymcharakter und Sauerstoffgehalt (Abb. 7.4). Seine Bewohner sind darauf spezialisiert und suchen aktiv die für sie jeweils günstigsten Bedingungen auf. Als in einem Experiment bei Ratten die darmbewohnende Nematodenart *Nippostrongylus brasiliensis* aus ihrer normalen Position in den vorderen und hinteren Dünndarm verpflanzt wurde, wanderte sie zurück in ihren ursprünglichen Lebensraum, das dazwischenliegende Jejunum (Leerdarm).

Organismen, die sich darauf spezialisiert haben, den Darm anderer als Lebensraum zu benutzen, erlangen dadurch Schutz vor Feinden und Umweltwidrigkeiten, aber die Ausbreitung von einem Wirt zum nächsten ist für sie sehr

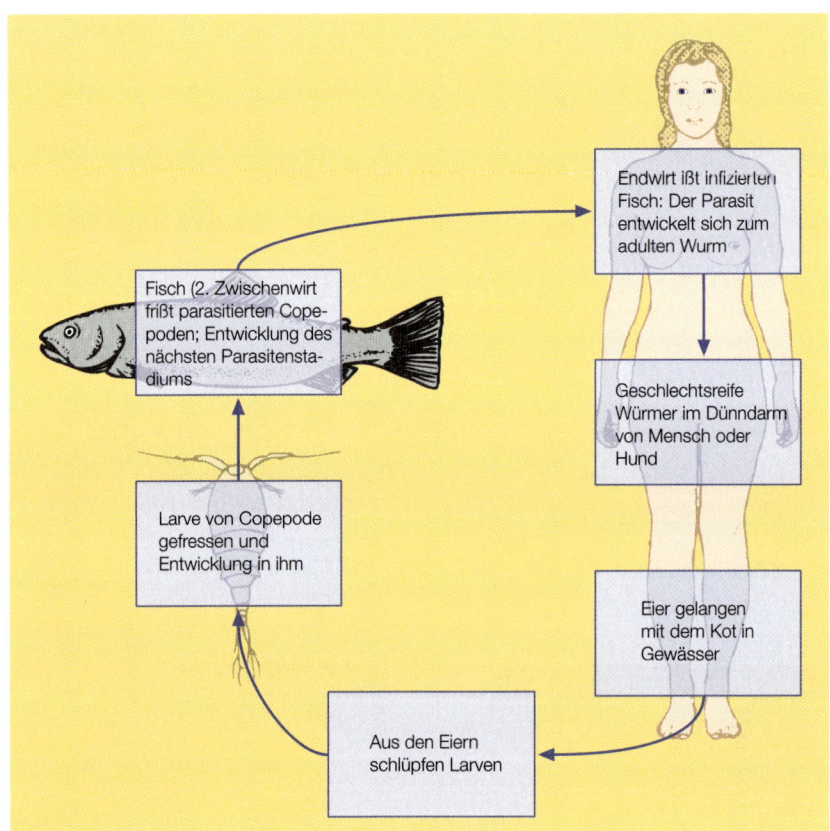

Abbildung 7.5
Der parasitische Fischbandwurm *Diphyllobothrium latum* (Cestoda) befällt Menschen, die infizierten Fisch essen, der nicht ausreichend gegart ist, so daß die Parasiten nicht abgetötet wurden. Die Eier des Parasiten gelangen mit den Exkrementen der Menschen ins Wasser. Dort schlüpfen sie und beginnen sich zu entwickeln, bevor sie von Copepoden (kleine Crustaceen) gefressen werden, in denen sie ihre Entwicklung fortsetzen. Die Copepoden werden ihrerseits von Fischen gefressen, in denen sich die Parasiten zum erwachsenen Wurm entwickeln. Wenn der Fisch von Menschen (oder Hunden) gegessen wird, beginnt der Lebenszyklus mit der Produktion von Eiern wieder von vorn. Beachte, daß die Abgabe der Eier in die Exkremente der einzige Zeitpunkt im Lebenszyklus ist, zu dem sich der Parasit vermehrt. Der Parasit konsumiert den größten Teil an Vitamin B_{12} in der Nahrung des Wirtes, wodurch eine schwere Anämie verursacht wird.

viel schwieriger als für Organismen, die an der Oberfläche leben. Die meisten der den Wirtsdarm bewohnenden Parasitenarten lösen das Problem der Ausbreitung über komplexe Lebenszyklen. Der Lebenszyklus des Bandwurms beim Menschen, *Taenia saginata*, umfaßt die Übertragung der Parasiteneier über den menschlichen Stuhl zum Vieh, beispielsweise zum Rind, durch die Aufnahme verunreinigter Nahrung. Der Parasit entwickelt sich im Rind und wird dann auf Menschen übertragen, wenn diese Fleisch verzehren, das nicht lange genug gekocht wurde. Ein noch komplizierterer Lebenszyklus ist in Abbildung 7.5 dargestellt.

Den Verdauungskanal von herbivoren Tieren bewohnen äußerst diverse Lebensgemeinschaften von mutualistischen Mikroorganismen. Sie spielen eine entscheidende Rolle bei der Verdauung der Pflanzendiät. Wiederkäuer (Hirsche, Rinder, Antilopen) haben vierkammrige „Mägen". Die zerkaute Nahrung wird von der ersten Kammer zur zweiten weitergeleitet, dann wieder hervorgewürgt und erneut zerkaut (wiederkäuen), bevor sie in die letzten Kammern und zum Dünndarm weitergeleitet wird (Abb. 7.4). Die Kammern des Wiederkäuermagens stellen eine Fermentationskammer dar, in der riesige Populationen von Bakterien und Protozoen in einer anaeroben Brühe bei geregelten pH- und Temperaturbedingungen leben. Bei einem Schaf beträgt das Volumen des Pansen 4,7 Liter und 20 % davon machen die Mikroorganismen aus. Die Bewohner des Pansens sind einzigartig in diesem besonderen Lebensraum und meist Anaerobier; viele von ihnen werden bei Kontakt mit Sauerstoff abgetötet. Die Artengemeinschaft in einem Wiederkäuerpansen ist bezüglich ihrer Diversität und Komplexität vergleichbar mit der eines tropischen Waldes.

Die überragende Bedeutung dieser Mikroorganismen-Lebensgemeinschaft für ihren Wirt liegt in ihrer Fähigkeit, Zellulose abzubauen. Zellulose ist das häufigste und massenmäßig größte pflanzliche Produkt, aber es ist praktisch unverdaulich für Tiere. Mit Ausnahme von wenigen Insekten und Protozoen können Tiere keine eigenen Zellulasen produzieren. Die anaerobe, mikrobielle Lebensgemeinschaft fermentiert Zellulose zu organischen Säuren, die dann vom Wirt absorbiert und metabolisiert werden. Der Magen von Wiederkäuern ist besonders gut untersucht, aber praktisch alle herbivoren Säuger sowie einige Echsen und Vögel sind auf eine mikrobielle Flora angewiesen, um Zellulose abzubauen. Spezialisierte Fermentationskammern scheinen mehrfach in der Evolution von Vertebraten entstanden zu sein (Abb. 7.4). Bei Känguruhs, Kamelen und Wiederkäuern geschieht ein Teil der Fermentation bereits, bevor die Nahrung den Magen erreicht, aber bei Pferden, Kaninchen, Nagern, Elefanten und einigen Vögeln ist sie auf den Dickdarm und/oder Blinddarm beschränkt. Zudem praktizieren viele Arten, einschließlich der Elefanten und Kaninchen, *Coecotrophie* – sie fressen ihren eigenen Kot und leiten Pflanzenmaterial zum 2. Mal durch den Verdauungskanal. Dies verdoppelt die Zeit, in der die Nahrung der mikrobiellen Verdauung ausgesetzt ist, und, was vielleicht noch wichtiger ist, verdoppelt die Zeit, in der die symbiontischen Mutualisten die vom Wirt benötigten Vitamine synthetisieren. Auch viele Invertebraten besitzen eine symbiontische Mikroflora, die Zellulose verdaut. Der Magen von Termiten ist beispielsweise das Habitat von einer besonders diversen Flora und Fauna (Abb. 7.6). Einige Arten können darin sogar atmosphärischen Stickstoff

Die Flora und Fauna des Verdauungstraktes sind entscheidend für die Verdauung von Zellulose

fixieren – eine nützliche Eigenschaft in der Beziehung mit einem Wirt, der sein Leben damit verbringt, etwas derart Nährstoffarmes wie Holz zu fressen.

Ameisen besiedeln die hohlen Dornen von Akazien

Pflanzen bieten eine besondere Spannbreite unterschiedlicher Hohlräume, die von Insekten besiedelt werden können. Zu den bemerkenswertesten gehören die hohlen Dornen, die von verschiedenen *Akazien*-Arten im tropischen und subtropischen Amerika ausgebildet und von Ameisen als Nistplätze genutzt werden. Vermutlich sind die am besten untersuchten die hohlen (Nebenblatt-) Dornen der Akazie *Acacia cornigera*, die von der darauf spezialisierten Amei-

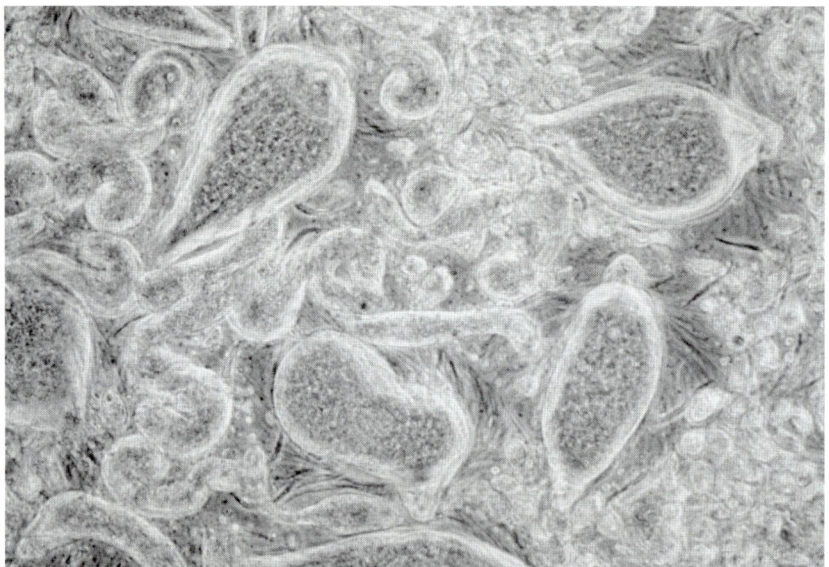

Abbildung 7.6
Darmflora einer Termite (© Michael Abbey Photo).

Abbildung 7.7
Strukturen auf der Büffelhorn-Akazie *(Acacia cornigera)*, die für ihre mutualistischen Ameisen attraktiv sind. (a) Proteinreiche Beltsche Körperchen auf den Spitzen der Blättchen (© Michael Fogden, Oxford Scientific Films). (b) Hohle Dornen, die von Ameisen als Nistplätze benutzt werden (© C. P. Hickman, Visuals Unlimited).

(a)

(b)

senart *Pseudomyrmex ferruginea* (Abb. 7.7) besiedelt werden. Die Akazien produzieren attraktiven Nektar und proteinreiche *Beltsche Körperchen* auf ihren Blättern, die von den Ameisen gefressen werden. Die Ameisen ihrerseits schneiden die einwachsenden Ranken von konkurrierenden Nachbarpflanzen zurück und schützen ihren Wirt auch vor Herbivoren. *Pseudomyrmex* ist nur eine Gattung in einer Ameisen-Unterfamilie, die mehr als 230 Arten enthält. Davon sind wenigstens 37 spezialisierte Bewohner von Pflanzenhohlräumen (Domatien), wobei Pflanzenarten aus 20 Gattungen und 14 Familien solche besonderen Habitate anbieten.

7.2.3 Bewohner von Wirtsgeweben und Zellen

Die meisten Waldbäume tragen ein dichtes Netzwerk aus Pilzen auf der Oberfläche ihrer Wurzeln. Der Pilz bildet einen Mantel um die Wurzel und umhüllt ihre Spitze. Die neugebildete Struktur aus Wurzel und Pilz besitzt ihre eigene Morphologie und wird *Mykorrhiza* genannt. Die Filamente des Pilzes breiten sich in dem umgebenden Boden aus und dringen auch zwischen, gewöhnlich aber nicht in die Zellen, der Wirtswurzel ein. Der Pilz erhält energiereiche Kohlenstoffverbindungen vom Wirt. Von den Pilzfilamenten im Boden werden über das Pilz-Myzel Phosphate und vermutlich auch andere Nährstoffe an den Baum abgegeben.

Der Mutualismus zwischen Pilzen und Pflanzenwurzeln: Mykorrhiza

Eine andere Art von Mykorrhiza findet man in den meisten krautigen Pflanzen. Bei dieser breitet sich der Pilz in der Wirtswurzel von Zelle zu Zelle aus, aber auch in den umgebenden Boden hinein. Der Pilz wird von den Wirtszellen geduldet und bildet in ihnen starke Verzweigungen aus, wodurch ein sehr enger intrazellulärer Kontakt zwischen Pilz und Wirt entsteht. Fast alle Bäume, Gräser und mehrjährigen Kräuter leben in Symbiose mit Mykorrhiza. Zusammen machen sie den bei weitem größten Teil der Biomasse in terrestrischen Ökosystemen aus, obwohl, verglichen mit Parasiten, nur relativ wenige Pilzarten daran beteiligt sind.

Pflanzen, die mit Mykorrhiza eine Symbiose bilden, stellen in terrestrischen Ökosystemen den größten Teil der Biomasse dar

Wir haben schon Organismen besprochen, die in Wirtszellen eindringen, wobei der größte Teil ihres Körpers aber auf der Wirtsoberfläche bleibt. Viele Parasiten und Mutualisten verbringen jedoch ihr aktives Leben gänzlich innerhalb der Wirtszellen, und es gibt eine Vielzahl von Wuchsformen und Lebenszyklen, die alle auf die eine oder andere Art das Problem lösen, wie sie von einem Wirt zum anderen gelangen. Ein typischer Lebenszyklus bei den in Pflanzenzellen lebenden Parasitenarten umfaßt dormante, oft sehr langlebige Sporen, die bei Kontakt mit einem Wirt keimen. Sie entlassen bewegliche, einzellige *Zoosporen*, die in die Zellen der Wirte eindringen und sie infizieren. Der Parasit vermehrt sich in den Wirtszellen, tötet sie ab und entläßt eine neue Generation von dormanten Sporen. Dieser sehr einfache Lebenszyklus ist besonders bei Parasiten weit verbreitet, die im Boden überdauern und Pflanzenwurzeln oder Knollen befallen (z. B. Kohlhernie von Kreuzblütlern [*Plasmodiophora brassicae*] und Kartoffelkrebs [*Synchitrium endobioticum*]). Die von infizierten Pflanzen stammenden ausdauernden Sporen bleiben dormant, sie verbreiten sich nicht selbst aktiv, sondern „warten ab", bis ein neuer Wirt sie verbreitet. Durch die Landwirtschaft wird diesen Parasiten ein ganz neuer Weg zur Ausbreitung ge-

„Abwartende" Parasiten höherer Pflanzen

boten, indem infizierte Wirtspflanzen und Knollen (zusammen mit Sporen in der daran anhaftenden Erde) durch den Menschen von einem Ort zum anderen transportiert werden.

Blütenpflanzen, die andere parasitieren

Es gibt eine spezialisierte Flora aus Blütenpflanzen, deren Habitat andere Pflanzen sind. Mit diesen gehen sie enge zelluläre Kontakte ein und verhalten sich parasitisch. Jede Art hat eine sehr begrenzte Anzahl möglicher Wirte. Die Pflanzenseiden, *Cuscuta* spec., sind *Holoparasiten*: Diese Pflanzen sind nicht in der Lage, Photosynthese zu betreiben und hängen in bezug auf Energie, Mineralien und Wasser vollständig von ihrem Wirt ab. Sobald ihr Samen auskeimt, „sucht" der Keimling einen passenden Wirt zur Besiedlung. Dies geschieht dadurch, daß sich die Sproßspitze im Kreis dreht und dann einige Zeit horizontal wächst, bevor sie sich aufrichtet und von neuem zu kreisen beginnt. Das geschieht so lange, bis entweder die gespeicherten Ressourcen des Keimlings verbraucht sind und er abstirbt, oder bis er auf eine Pflanze aus dem sehr kleinen Kreis an akzeptablen Wirten trifft. Er dringt in das Wirtsgewebe mit speziellen Häkchen ein, die engen Kontakt zum Gewebe herstellen. Indem der Parasit auf der Pflanze wächst, sich verzweigt und immer wieder in ihr Gewebe eindringt, verliert er bald den Kontakt zum Boden.

Hemiparasiten enthalten Chlorophyll und betreiben Photosynthese, aber sie benützen andere Blütenpflanzen als ihr Habitat und entziehen ihnen Wasser und Mineralnährstoffe durch engen Kontakt zu den Wurzeln oder Sprossen des Wirtes. Misteln sind Hemiparasiten, die darauf spezialisiert sind, an Ästen von Bäumen zu wachsen: Ihre Samen werden von dort gewöhnlich durch Vögel verbreitet. Eine große Vielfalt an Misteln findet sich in tropischen Wäldern: Allein auf Sri Lanka gibt es wenigstens 11 Gattungen und 27 Arten auf 126 Wirtsarten. Einige Mistelarten (z. B. *Dendrophthoe falcata*) können sich wie eine Epidemie in Wäldern ausbreiten und die Produktivität eines Waldes deutlich herabsetzen. Dendrophthoe wiederum hat ihre eigene „hyperparasitische" Mistel *(Viscum capitellatum)* (Hyperparasit bedeutet „Parasit eines Parasiten"), die offenbar dafür sorgt, daß solche Epidemien nicht überhandnehmen.

Direkt und indirekt übertragene Parasiten von Tieren

Viele der tierischen Parasiten, die ihren Lebensraum innerhalb der Zellen von Wirten haben, besitzen kein langlebiges Dormanzstadium, sondern ihre Übertragung hängt von der Aktivität ihres Wirtes ab. Die Übertragung kann „direkt" sein, wenn zum Beispiel ein menschlicher Wirt, der mit einem Atemwegspathogen infiziert ist, einem nicht-infizierten Wirt nahekommt und durch kleine Tröpfchen (husten, niesen) die Infektion weitergibt. Andererseits kann ein Parasit verschiedene Phasen seines Lebenszyklus in zwei verschiedenen Wirtsarten verbringen, wovon einer eine besonders wichtige Rolle bei der Übertragung und Persistenz zukommt. Der Malariaparasit *Plasmodium* wechselt zum Beispiel zwischen Menschen und Stechmücken und vermehrt sich in beiden, aber die Stechmücke ist der vermeintliche „Vektor" des Parasiten, da sie nach Menschen sucht (und nicht andersherum) (Abb. 7.8).

Stickstofffixierende Mikroben in den Zellen von Wirtspflanzen

Auch viele wichtige symbiontische Mutualistenarten bewohnen und vermehren sich in Wirtszellen. Von besonderer Bedeutung sind die Stickstofffixierenden Bakterien der Gattung *Rhizobium*, die die Wurzeln von Leguminosen wie Klee, Bohnen und Erbsen infizieren. Sie stimulieren die Bildung von Knöllchen, die einen speziellen Lebensraum darstellen, in dem die Bakterien

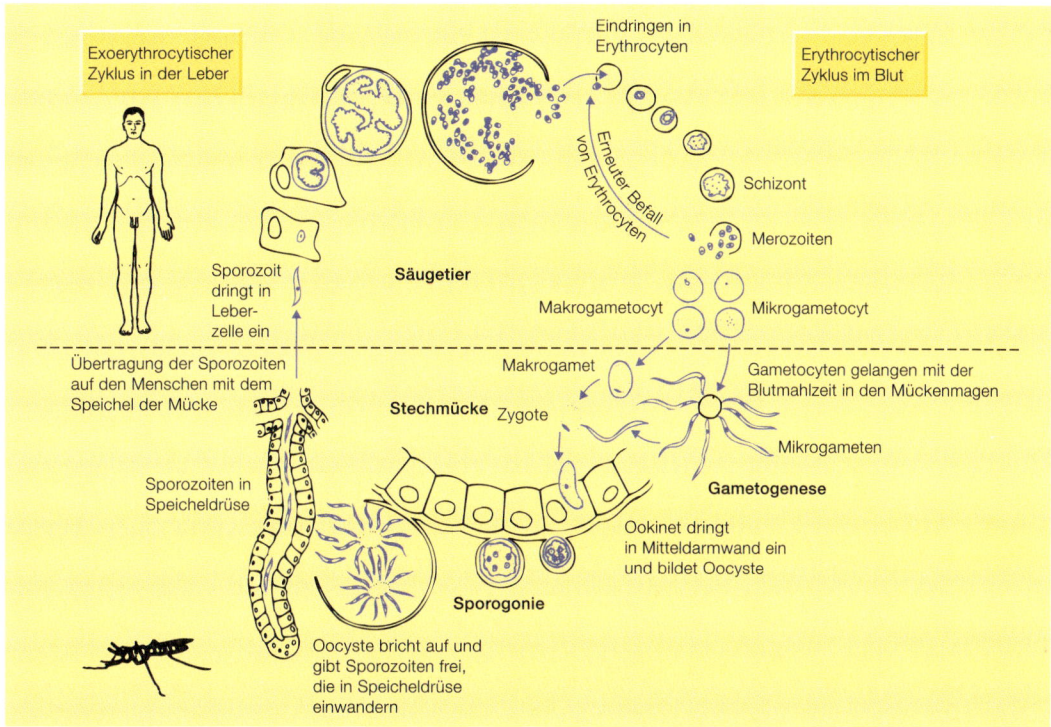

Abbildung 7.8
Der Parasit, der Malaria verursacht (eine Protozoenart der Gattung *Plasmodium*), lebt in den Zellen von Primaten und Stechmücken. Er ist in keiner Phase seines Lebens freilebend und muß zwischen seinen beiden Wirten wechseln. Im Menschen lebt und vermehrt sich der Parasit in den roten Blutkörperchen. Während der Vermehrung werden ständig neue Blutkörperchen befallen, wodurch die wiederkehrenden Schübe von Fieberanfällen beim Wirt verursacht werden. Stechmücken der Gattung *Anopheles* saugen Blut vom Menschen, und der Parasit beginnt ein neues intrazelluläres Leben in den Zellen des Insektendarms und später in den Zellen der Speicheldrüsen. Wenn die Stechmücke Blut von einem Menschen saugt, dann infiziert sie ihn mit dem Parasiten, der sich im Speichel des Insekts befindet. Der Parasit dringt nun in die Leberzellen des Menschen ein und vermehrt sich erneut. Danach wandert er aus den Leberzellen aus und befällt die roten Blutkörperchen. Die Gameten des Parasiten werden im Menschen gebildet, aber die sexuelle Vereinigung erfolgt in der Stechmücke.

Ressourcen von der Wirtspflanze erhalten und atmosphärischen Stickstoff binden. Sie geben diesen fixierten Stickstoff an die Wirtspflanze weiter, die damit unabhängig von der Nitrat- und Ammoniumversorgung im Boden wird. Ihr Lebenszyklus ist in Abbildung 7.9 dargestellt.

Es erscheint fast so, als ob die Pflanze die Bakterien einfängt und sie zur eigenen Stickstoffernährung benutzt. Die Pflanzen scheinen sogar *Rhizobium* in der Rhizosphäre zu stimulieren, indem sie besondere Wurzelexsudate freisetzen. Die Bakterien vermehren sich und bilden Kolonien auf den Wurzelhaaren. Diese Kolonien stimulieren aktiv die Zellteilung in der Wurzel, was schließlich zur Bildung von Knöllchen führt. Sobald sie einmal in ein Wurzelhaar eingedrungen sind, bilden sie einen Schlauch oder „Infektionsschlauch" aus. Dieser verzweigt sich und infiziert andere Zellen, die sich weiter teilen und einen großen Teil des Knöllchens ausmachen. In den infizierten Zellen teilen sich die Bakterien weiter;

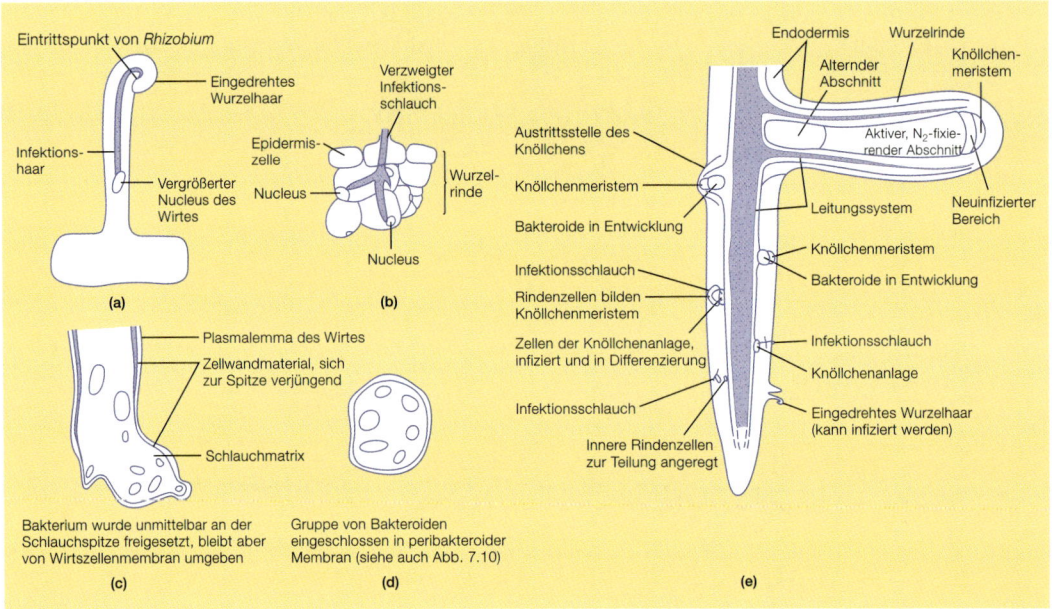

Abbildung 7.9

Typischer Lebenszyklus von *Rhizobium*, einem intrazellulären Stickstoff-fixierenden Mutualisten von Leguminosen wie Klee, Bohnen oder Erbsen. (a–c) Infektion eines Wurzelhaares von *Rhizobium*. Vor dem Eindringen dreht sich das Haar ein. Anschließend trägt ein Infektionsschlauch die Infektion von Zelle zu Zelle. (d) Eine voll ausdifferenzierte, infizierte Wirtszelle enthält dicht gepackt Bakterien („Bakteroide"), die ihre Fortpflanzung eingestellt haben. (e) Die Sequenz der Knöllchenentwicklung an einer Wurzel vom Ausgangspunkt der Infektion hinter der Wurzelspitze bis zum Auftreten von vollentwickelten Knöllchen an den älteren Teilen der Wurzel (nach Sprent & Sprent 1990).

wenn dann die Zellen vollgepackt sind, verändern die Bakterien ihre Form und werden zu verzweigten *Bakterioiden* (Abb. 7.10), womit die Teilung endet.

Rhizobien kommen weit verbreitet im Boden vor und wachsen und vermehren sich auch außerhalb der Wirtspflanzen. Aber unter diesen freien Lebensbedingungen fixieren sie keinen atmosphärischen Stickstoff, da dies ein

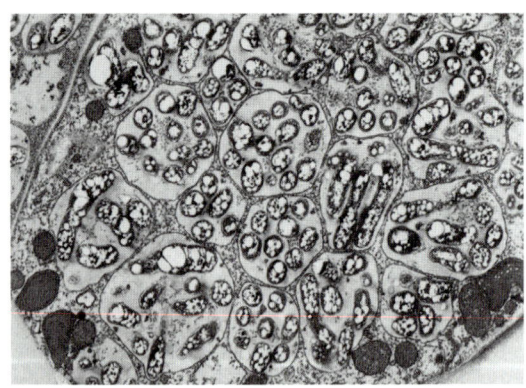

Abbildung 7.10

Transmissionselektronenmikroskopische Aufnahme von Stickstoff-fixierenden Bakterien *(Rhizobium)* innerhalb der Zellen eines Wurzelknöllchens von Sojabohnen *(Glycine max)*. Die Bakterien sind zu Gruppen zusammengefaßt, wobei jede Gruppe von einer peribakteriellen Membran umgeben ist. Dunkle Körper am Rand der Zellen stellen Einschlüsse im Zytoplasma der Wirtszellen dar (mit freundlicher Genehmigung von Janet Sprent).

anaerober Prozeß ist. Der Wirt bietet innerhalb seiner Knöllchen eine paradoxe Umgebung: Es gibt einen schnellen Sauerstoffdurchfluß aufgrund von Diffusion (dies ermöglicht den Bakterien den aeroben Stoffwechsel), insgesamt herrscht aber eine sehr niedrige Sauerstoffkonzentration (dies erlaubt ihnen unter anaeroben Bedingungen die Stickstofffixierung mit Hilfe eines effektiven Nitrogenase-Enzyms).

Enorme Forschungsanstrengungen wurden zur Aufklärung der Einzelheiten in bezug auf die Evolution sowie der morphologischen, anatomischen, physiologischen und genetischen Merkmale, in der Beziehung zwischen Stickstofffixierenden Organismen und den Bedingungen in ihren Wirten unternommen. Dennoch bleiben viele offene Fragen auf all diesen Ebenen bestehen. Es gibt sehr viel mehr Arten an Stickstoff-fixierenden Symbionten, als ursprünglich angenommen wurde; und unterschiedliche Wirtsarten bieten sehr unterschiedliche Lebensbedingungen in ihren Knöllchen. Eine wichtige ökologische und evolutionsbiologische Frage ist, warum höhere Pflanzen nicht die Fähigkeit entwickelt haben, selbst Stickstoff zu fixieren, und wie es dazu kam, daß nur wenige Arten in der Lage sind, Lebensraum und Ressourcen für Stickstofffixierende Mikroben bereitzustellen. Die große Mehrheit der höheren Pflanzen steht gezwungenermaßen in Konkurrenz um Nitrate oder Ammoniumsalze im Boden.

Die meisten einzelligen Grünalgen sind freilebende Organismen und kommen in aquatischen oder sehr humiden Lebensräumen vor. Aber fast alle Korallen, Quallen, Seeanemonen und viele Mollusken in seichten tropischen Gewässern enthalten intrazelluläre Algen als Symbionten – gewöhnlich Flagellaten der Gattung *Symbiodinium*. Auch im Süßwasser sind Schwämme, Polypen und einige Mollusken die Wirte von intrazellulären Algen, obwohl es hier meist Arten der Gattung *Chlorella* sind. Bis zu 90 % des Kohlenstoffs, den die symbiontischen, marinen, intrazellulären Algen durch die Photosynthese fixieren, wird an die Wirte weitergegeben, die ihr Habitat darstellen. Symbiontische Algen beherbergende Muscheln fangen ähnlich wie Plattwürmer diese direkt von freilebenden Populationen. Allerdings werden bei vielen durch Knospung wachsenden Korallen, Seeanemonen und Quallen die Symbionten sowohl von den Eltern auf die Nachkommen übertragen als auch als freilebende Formen eingefangen.

Gewöhnlich sind intrazelluläre Symbionten auf bestimmte Zellen im Wirt beschränkt. Ein extremer Fall sind die zahlreichen Insekten, die einen Lebensraum für Vitamin B-synthetisierende bakterielle Symbionten darstellen, welches die Wirte weder selbst herstellen können noch über ihre Nahrung bekommen. Blattläuse beherbergen Bakterien dieses Typs (aus der Gattung *Buchnera*) in spezialisierten Zellen, den *Myzetozyten*. Die Bakterien werden direkt von der Mutter auf die Nachkommen übertragen und besiedeln die Myzetozyten im Blattlausembryo. Werden die Blattläuse mit Antibiotika behandelt, so daß sie ihre *Buchnera* verlieren, pflanzen sie sich nicht mehr fort. Die *Buchnera*-Bakterien wurden praktisch vollständig in das Leben und den Körper der Blattläuse integriert – keiner von beiden kann ohne den anderen überleben.

Vielversprechende Forschungsfelder und offenbleibende Fragen:

Warum gibt es keine Stickstofffixierenden Pflanzen – und so wenige Pflanzen mit Stickstofffixierenden Mikroben?

Einzellige Algen besiedeln spezialisierte Zellen von aquatischen Invertebraten

Bei einigen Insekten besiedeln intrazelluläre Bakterien spezialisierte Zellen

7.3   Wirte als reaktive Habitate

7.3.1   Durch die Bewohner verursachte Änderungen des Wirtswachstums und der Wirtsgestalt

Alle Organismen verändern die Umgebung, in der sie leben. Oft machen sie die Umwelt für sich selbst weniger besiedelbar (sie verschmutzen sie; s. Kapitel 13), verwandeln sie dabei aber möglicherweise in einen Zustand, der günstiger für andere Organismen ist. Diese Verallgemeinerung trifft sowohl auf Organismen zu, die in lebenden Habitaten siedeln, als auch für jene, die freilebend sind.

"Parasiten", die töten

Die dramatischste Änderung, die ein Organismus seinem lebenden Habitat zufügen kann, ist, es zu töten. Für spezialisierte Wirte ist ein toter Wirt nicht mehr besiedelbar. Einige "Parasiten" allerdings töten ihren Wirt, wachsen danach weiter und pflanzen sich auf dem toten Wirtskörper fort. Dies sind *fakultative Parasiten*, also Organismen, die nicht dazu gezwungen sind, dauernd parasitisch zu leben. Indem sie mit der Aufbereitung ihrer Nahrungsquellen beginnen, noch bevor ihr Wirt tot ist, erzielen sie einen Vorsprung vor denjenigen, die erst auf den Tod warten müssen, bevor sie den Körper besiedeln können. Die Schmeißfliege der Gattung *Lucilia* ist ein fakultativer Parasit, der gewöhnlich sein Wirtshabitat vernichtet. Sie beginnt ihr Leben als Ei, das vielleicht auf dem Körper eines Säugers, etwa eines Schafes, abgelegt wurde. Die Larven leben von Dung, der sich dicht an der Haut befindet oder an einer Wunde, dringen dann in das lebende Gewebe ein, und töten das Schaf dabei häufig oder machen es zumindest wahrscheinlicher, daß es aus anderen Gründen stirbt. Danach verpuppen sie sich, schlüpfen und produzieren weitere Generationen, die ebenfalls weiter an dem toten Körper fressen.

Grauschimmel *(Botrytis cinerea)* und Wurzelbrand *(Phytium*-Arten) sind unspezifische Pilze, die an höheren Pflanzen parasitieren. Wie die Schmeißfliegen auf einem Schaf, befallen sie ihren Wirt und töten ihn. Danach wachsen sie und pflanzen sich auf dem toten Gewebe fort. Fakultative Parasiten können also einen toten Wirt als Nahrungsquelle nutzen, von dem aus sie andere befallen und töten.

Für obligate Parasiten ist ein toter Wirt nicht besiedelbar

Die meisten Parasiten sind allerdings obligate Parasiten. Wenn ihr Wirt stirbt, können sie auf ihm nicht mehr wachsen. Wenn sie auf dem toten Wirt überdauern, dann nur in einem infektiösen, dormanten Verweilstadium (wie z. B. die langlebigen Sporen des *Anthrax*-Bazillus). Gewöhnlich, wenn auch nicht immer, hängt der Erfolg der parasitischen Lebensweise von der Fähigkeit ab, den Wirt am Leben zu erhalten, aber sein Wachstum, seine Gestalt und sein Verhalten so zu modifizieren, daß die Fitneß des Parasiten gefördert wird. Als Gegenreaktion versucht ein Wirt gewöhnlich, die Aktivitäten der parasitischen Organismen einzuschränken.

Parasiten und Mutualisten können die Bildung von spezialisiertem Wirtsgewebe induzieren oder sogar kontrollieren

Eine häufige Reaktion von Wirtspflanzen auf Parasitenbefall ist deren Isolierung durch Schorfbildung. Kartoffelknollen reagieren auf den Befall durch den Parasiten *Actinomyces scabies* mit der Bildung einer Korkschicht, um den Befall auf die äußere Knollenschicht zu begrenzen. Viele Pflanzen reagieren auf Blattparasiten, indem sie die infizierten Blätter abwerfen. Manche Arten von Parasiten und Mutualisten übernehmen allerdings die lokale Kontrolle über das Wachstum des Wirtes und zwingen ihn, besiedelbare Mikrohabitate zu bilden, die den Parasiten ein, wenn auch räumlich begrenztes, Wachstum ermöglichen. Das parasitische Bakterium *Agrobacterium tumefaciens* induziert die Bildung von Gallen auf Pflanzengewebe, insbesondere von verholzten Pflanzen (Wurzelhalstumore), so daß es sich in dem wuchernden Gewebe vermehren kann. Ähnlich wie bei der Knöllchenbildung bei Leguminosen durch *Rhizobium* (Abschnitt 7.2.3) teilen sich die Wirtszellen schon vor dem Eindringen des Parasiten, und man kann Gallengewebe finden, das keine Parasiten enthält, das aber

Abbildung 7.11
Gallbildung durch Wespen der Gattung Andricus an Eichen (*Quercus petraea, Q. robur, Q. pubescens* oder *Q. cerris*). Jede Abbildung (a–s) zeigt einen Schnitt durch eine Galle, die von einer anderen *Andricus*-Art erzeugt wurde. Die dunkel gefärbten Bereiche stellen das Gallengewebe dar, und die zentralen hellen Bereiche sind die Hohlräume, in denen sich die Insektenlarven befinden (aus Stone & Cook, 1998). Die Bilder darunter zeigen die morphologischen Veränderungen, die an Eichen durch die Aktivität der Gallwespenlarven induziert werden. Diese Veränderungen werden sehr exakt durch spezifische Wechselwirkungen zwischen den Genen der Eiche und der Wespe kontrolliert. (t) Leuchtend gefärbte „Eichen-Galläpfel" werden von einer Cynipiden-Wespe an den Ästen der Eiche *Quercus engelmanii* verursacht (© D. Cavagnaro, Visuals Unlimited). (u) Flache, pilzförmige Auswüchse werden von der Gallwespe *Cecidomyia paculum* auf der Unterseite von Eichenblättern verursacht (© John D. Cunningham, Visuals Unlimited).

in einen neuen Zustand der Morphogenese eingetreten ist: Es bildet weiter Gallengewebe – selbst in Gewebekulturen. Der Parasit hat eine genetische Veränderung der Wirtszellen verursacht.

Insektengallen, die durch Agromyziden, Cecidomyiden und Cynipiden verursacht werden, gehören mit zu den bemerkenswertesten Beispielen einer solchen Übernahme der Entwicklungskontrolle beim Wirt zur Schaffung eines Lebensraumes für den Parasiten (Abb. 7.11). Eine typische Eichengalle entsteht dadurch, daß das Insekt seine Eier in das Pflanzengewebe ablegt, die dieses dann zu einem veränderten Wachstum anregen. Schon die kurzzeitige Gegenwart des Parasiteneies scheint auszureichen, um den Wirt zur Bildung einer spezialisierten Galle anzuregen. Eine große Zahl an Parasiten induziert Gallen auf verschiedenen Eichenarten (*Quercus* spec.), und jede Art induziert ihre eigene, spezifische Gallenform. Viele der gallenbildenden Insekten besitzen eine sexuelle Frühjahrsform und eine asexuelle Sommer-/Herbstform, und selbst diese induzieren unterschiedlichste Gallenformen an unterschiedlichen Pflanzenorganen. Die Gallen versorgen die parasitischen Insektenlarven mit Nahrung und bieten ihnen einen gewissen Schutz vor ihren eigenen Parasiten.

7.3.2   Induzierte Veränderungen im Wirtsverhalten

Organismen, die ihren Wirt als Lebensraum benutzen, können sein Verhalten zu ihrem Vorteil manipulieren. Der den Menschen befallende Fadenwurm *Enterobius vermicularis* lebt hauptsächlich im Blinddarm, aber nachts wandern die adulten Weibchen zum Anus und legen ihre Eier auf die umgebende Haut ab. Durch das anschließende Jucken und Kratzen beim Wirt gelangen die Eier über die verunreinigten Hände zur Neuinfektion in den Mund: Infektionen breiten sich auf diese Weise schnell innerhalb der Wirtsfamilien aus. Pflanzenparasiten wie die Braunfäule verursachen bei Kartoffeln eine Kräuselung der Blätter, so daß den exponierten Pilzsporen die Verbreitung erleichtert wird. Mit dem Malariaerreger *Plasmodium* infizierte Stechmücken der Gattung *Anopheles* saugen mehr Blut und stechen dazu mehr Wirte als nicht-infizierte Mücken – dies erhöht die Übertragungswahrscheinlichkeit des Parasiten. In einer Freilandstichprobe von infizierten Stechmücken enthielten 22 % das Blut von wenigstens zwei Menschen, verglichen mit 10 % bei nicht-infizierten Mücken (Abb. 7.12). Es kann kaum noch effektivere Wege geben, mit denen *Plasmodium* das Verhalten seines Wirtes zugunsten seines eigenen Fortpflanzungsvorteils verändern könnte!

Der Saitenwurm *(Gordius dimorphus)* infiziert wasserlebende Larven von Insekten wie Eintagsfliegen, Köcherfliegen, Steinfliegen und Schlammfliegen. Der Parasit verbleibt in dem aquatischen Wirt bis zu dessen Metamorphose in das Adultstadium, wenn dieser das Wasser verläßt. Das adulte Insekt wird dann möglicherweise von großen, räuberischen Insekten gefressen, wie z. B. von einer Gottesanbeterin oder der neuseeländischen Weta (eine Heuschrecke), an deren inneren Organen sich der Parasit dann weiterentwickeln kann. Der Parasit wächst, bis er das ganze Abdomen ausfüllt, eng zusammengedreht wie die Feder einer Uhr. Der infizierte Wirt entwickelt nun ein starkes Verlangen nach Wasser und springt hinein, wenn er welches findet. Der Parasit schlüpft unmittelbar

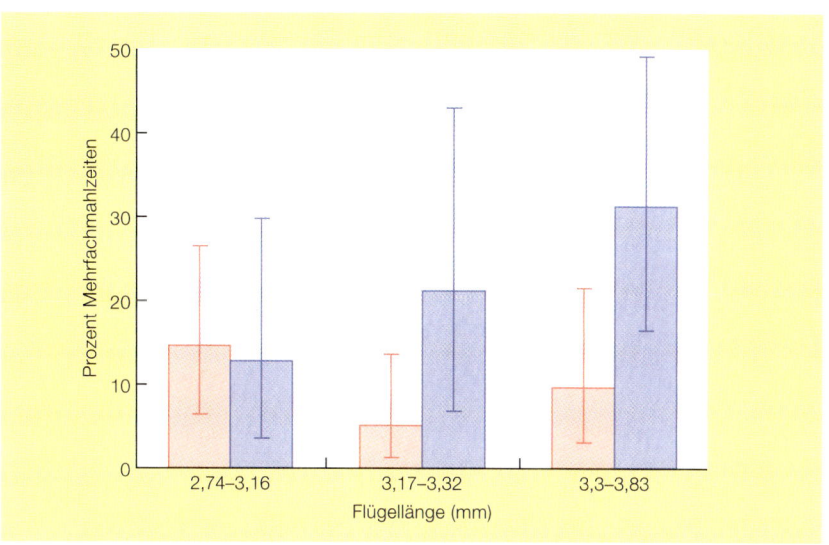

Abbildung 7.12
Der Einfluß einer Infektion durch den Malariaparasiten *(Plasmodium falciparum)* auf die Wahrscheinlichkeit, daß die Stechmücke *(Anopheles gambiae)* mehr als eine Blutmahlzeit einnimmt. Die Säulen zeigen die prozentualen Häufigkeiten von Mehrfachmahlzeiten in jeder Größenklasse. Die rosa Balken markieren die nicht-infizierten und die blauen Balken die infizierten Stechmücken (aus Koella et al., 1998).

danach als langer, schwarzer Wurm, und der Lebenszyklus beginnt von neuem mit der Infektion von aquatischen Insektenlarven. Das Verlangen nach Wasser, das der Parasit in seinem terrestrischen Wirt auslöst, ist so extrem, daß aus dem Wasser gerettete Gottesanbeterinnen sofort dorthin zurückkehren und sich erneut hineinwerfen.

Zahlreiche Organismen, die Wirte als ihren Lebensraum benutzen, nutzen die sexuelle Aktivität ihres Wirtes aus, um von Wirt zu Wirt weitergetragen zu werden. Am deutlichsten ist das vielleicht bei Bakterien, die Geschlechtskrankheiten beim Menschen auslösen (Gonorrhöe, Syphilis). Ganz ähnlich werden auch viele Viren von Bäumen „sexuell" über den Pollen von Baum zu Baum übertragen, und bei einigen Pflanzenarten (z. B. Flugbrand von Getreide, *Ustilago tritici*, und Antherenbrand von Klee, *Botrytis anthophila*) ersetzt der parasitische Pilz den Pollen oder Samen des Wirtes durch seine eigenen Sporen.

Mikrobielle Bewohner können das Wirtsverhalten zum eigenen Vorteil verändern

7.3.3   Immunreaktion und andere Abwehrreaktionen des Wirtes

Wenn ein Organismus auf die Anwesenheit eines anderen in seinem Körper reagiert, dann erkennt und unterscheidet er zwischen „eigenem" und „fremdem". Bei Invertebraten sind hauptsächlich phagozytische Zellen für die Abwehrreaktionen gegenüber Eindringlingen verantwortlich, sogar gegenüber unbelebten Dingen. Phagozyten können Fremdkörper einschließen und verdauen und größere Fremdkörper abkapseln und isolieren. Eine phagozytische Reaktion ge-

**Die Immun-
reaktionen von
Vertebraten
ermöglichen es
den Wirten,
bakterielle und
virale Erreger
zu eliminieren**

genüber nicht-eigenem Material gibt es auch bei Vertebraten, aber ihr Arsenal
an Abwehrwaffen schließt auch weit ausgefeiltere Prozesse mit ein: die Immunreaktion (Abb. 7.13).

Die Fähigkeit von Vertebraten, Gewebetransplantate von nicht-verwandten
Mitgliedern der eigenen Art zu erkennen und abzustoßen, ist nur ein Beispiel
für die Immunreaktion (Abb. 7.13). Hinsichtlich der Ökologie von Parasiten
umfaßt eine Immunreaktion zwei lebenswichtige Merkmale. Erstens kann sie
einen Wirt in die Lage versetzen, die Parasiten zu vernichten und wieder ge-
sund zu werden. Zweitens kann sie dem ehemals infizierten Wirt (= Habitat)
ein „Gedächtnis" verschaffen, so daß dieser sein Verhalten ändern kann, wenn
der Parasit (= Kolonist) erneut angreift. Der Wirt ist gegenüber einer erneuten
Infektion immun. Bei Säugetieren kann durch die Übertragung von Immun-

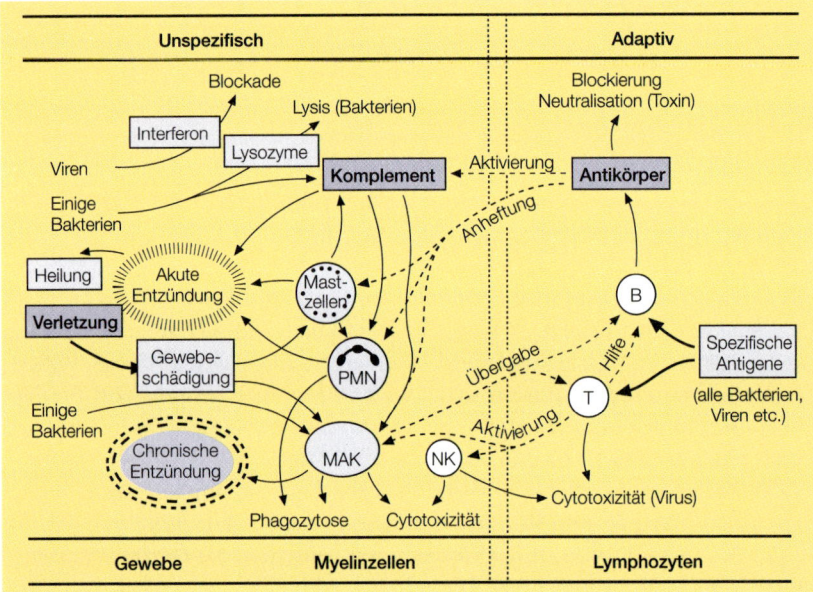

Abbildung 7.13
Ein Wirbeltier als Wirtsorganismus stellt ein reaktives Habitat dar, das durch die Immunantwort des Wirtes von einem bewohnbaren in einen unbewohnbaren Lebensraum ver-
wandelt wird. Diese Form der Reaktion unterscheidet lebende Organismen als Habitate
von den Lebensraumtypen, die normalerweise von Ökologen untersucht werden. Die
Mechanismen, durch die Resistenz gegenüber einer Infektion zustande kommt, können
in „natürliche" oder „unspezifische" (links) und „adaptive" (rechts) unterteilt werden.
Beide bestehen aus zellulären (untere Hälfte) und humoralen Elementen (z. B. im Serum
oder Körperflüssigkeiten) (obere Hälfte). Die adaptive Abwehrreaktion setzt ein, wenn
das Immunsystem durch ein Antigen stimuliert wird, welches von einem Makrophagen
(MAK) aufgenommen und zerstört wird. Das Antigen ist ein Teil des Parasiten, wie z. B.
ein Oberflächenmolekül. Das bearbeitete Antigen wird anschließend an T- und B-Lymphozyten übergeben. T-Lymphozyten reagieren mit der Stimulierung verschiedener
Zellklone, von denen einige zytotoxisch (NK, natürliche Killerzellen) sind, andere regen
B-Lymphozyten zur Produktion von Antikörpern an. Der Parasit, der das Antigen trägt,
kann nun auf vielerlei Arten angegriffen werden: PMN, polymorphonuclear neutrophil
(nach Playfair, 1996).

globulinen mit der Muttermilch auf die Nachkommen in manchen Fällen sogar der Schutz bis auf die erste Lebensphase der nächsten Generation ausgeweitet werden. Die Reaktion von Vertebraten auf Infektionen schützt deshalb den einzelnen Wirt und erhöht seine Überlebenswahrscheinlichkeit bis zur Fortpflanzung. Die Reaktion von Invertebraten verleiht dem einzelnen Individuum weniger Schutz. Wenn sich solche Populationen nach einer Krankheit erholen, dann liegt dies eher an den hohen Vermehrungsraten der Überlebenden als an der Genesung der Infizierten.

Bei vielen bakteriellen und viralen Infektionen von höheren Tieren stellt die Besiedlung des Wirtes eine kurze und vorübergehende Episode dar. Die Parasiten vermehren sich im Wirt und lösen eine starke immunologische Reaktion aus. Überlebt der Wirt, wird die Parasitenpopulation eliminiert, und der Wirt ist lange Zeit, oft lebenslang, gegen Neuinfektionen immun. Demgegenüber sind die Immunreaktionen, die durch viele Würmer, protozoische Parasiten und insbesondere durch Herpesviren ausgelöst werden, meist verhältnismäßig ineffektiv. Die Infektionen selbst dauern deshalb oft lange an, und die Wirte werden immer wieder infiziert. Für Hunde- und Katzenliebhaber bedeutet dies, daß ihre Lieblinge ein ganzes Leben lang immer wieder gegen Flöhe und Würmer behandelt werden müssen, ganz im Gegensatz zur Immunisierung gegenüber einigen Virusinfektionen, die ein Leben lang anhalten kann.

> **Vorübergehende und chronische Infektionen**

Die modulare Struktur von Pflanzen, das Vorhandensein von Zellwänden und das Fehlen eines echten Kreislaufsystems (Blut, Hämolymphe) machen jede Form der immunologischen Reaktion zu einem ineffektiven Schutz. In Pflanzen gibt es keine bewegliche Phagozytenpopulation, die aktiviert werden kann, um Eindringlingen entgegenzutreten. Allerdings reagieren viele Pflanzen sogar schon auf die frühesten Infektionsstadien mit einer „hypersensitiven" Reaktion. Die infizierten Zellen sterben ab und produzieren, wie die unmittelbaren Nachbarzellen, *Phytoalexine* – antimikrobielle chemische Verbindungen, die an Infektionsherden auf Konzentrationen ansteigen, die schließlich hemmend wirken. Es gibt auch zunehmend Hinweise auf Signalmechanismen, die zwischen unterschiedlichen Pflanzenteilen wirken, wodurch ein infizierter Teil die Bildung von Abwehrstoffen im restlichen Pflanzenkörper induzieren kann. Und es gibt sogar einige Anzeichen, daß infizierte Pflanzen (z. B. durch Blattläuse) gasförmige Signale benutzen, um Abwehrreaktionen in den anderen Mitgliedern einer Population anzuregen. Dies ist ein interessantes biologisches Forschungsgebiet mit noch vielen offenen Fragen.

> **Pflanzen besitzen kein Immunsystem, das zwischen „eigen" und „fremd" unterscheidet**

7.4   Die Verteilung und Regulation von Parasiten und Mutualisten innerhalb von Wirten und in Wirtspopulationen

Die Verteilung von Parasiten in Wirtspopulationen ist selten zufällig. Gewöhnlich ist es so, daß viele Individuen wenige oder keine Parasiten beherbergen, und nur wenige Wirte von vielen Parasiten befallen sind – die Verteilungen sind im allgemeinen aggregiert oder geklumpt (Abb. 7.14). Ein Teil der Aggregation entsteht dadurch, daß sich Mikroparasiten (s. Fenster 7.1) in zufällig infi-

> **Parasiten sind normalerweise aggregiert**

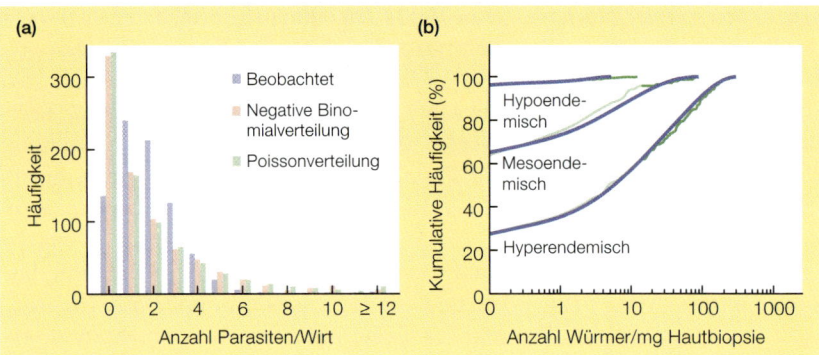

Abbildung 7.14

Beispiele für aggregierte Befallshäufigkeiten durch Parasiten bezogen auf jeweils einen Wirt. (a) Ein mit einem Plattwurm, *Paragonimus kellicotti*, infizierter Süßwasserkrebs, *Orconectes rusticus*. Die Verteilung ist von einer Zufalls- oder Poissonverteilung signifikant verschieden ($\chi^2 = 723$; $P < 0,001$); sie läßt sich aber gut mit einer „negativen Binominalverteilung" beschreiben, die besser für die Beschreibung von aggregierten Verteilungen geeignet ist: $\chi^2 = 12$; $P \approx 0,4$ (nach Stromberg et al., 1978; Shaw & Dobson, 1995). (b) Verteilung von *Onchocerca vulvulus*, ein Fadenwurm, der Onchozerkose oder „Flußblindheit" bei Angehörigen der Yanomami-Stämme in Südvenezuela hervorruft. Die als kumulative Häufigkeiten aufgetragenen Verteilungen (grüne Linien) lassen sich wieder gut durch die negative Binominalverteilung (blaue Linie) beschreiben, unabhängig davon, ob der vorherrschende Infektionsgrad niedrig (hypoendemisch), moderat (mesoendemisch) oder hoch (hyperendemisch) ist. (Nach Vivas-Martinez et al., 2000. Mit freundlicher Genehmigung von Cambridge University Press.)

zierten Wirten vermehren und schnell erhebliche Unterschiede zwischen den „Null"-Populationsdichten in nicht-infizierten Individuen und den hohen Populationsdichten in infizierten Wirten entstehen können. Wenn die Ausbreitung allerdings schwach ist oder sehr lange dauert, dann können lokal stark begrenzte Aggregationen von infizierten Wirten eher dadurch entstehen, daß eine Übertragung zwischen unmittelbaren Nachbarn erfolgt und nicht zufällig innerhalb einer Population. Aggregationen entstehen auch, wenn sich einzelne Wirte in ihrer Anfälligkeit gegenüber Infektionen unterscheiden (entweder als Ergebnis von genetischen, verhaltensbiologischen oder umweltbedingten Faktoren).

Die Prävalenz, Intensität und mittlere Intensität einer Infektion

Eine oft benutzte statistische Kenngröße zur Beschreibung der Verteilung von Parasiten in einer Wirtspopulation ist der Anteil der infizierten Individuen an der Gesamtpopulation. Sie wird als die *Prävalenz* des Parasiten bezeichnet. Dies ist eine Kenngröße mit einer offensichtlichen ökologischen Bedeutung – es ist der Anteil besiedelbarer *Patches*, die in einer bestimmten Umwelt tatsächlich besiedelbar sind. Die Anzahl der Parasiten in oder auf einem bestimmten Wirt wird als die *Intensität* der Infektion bezeichnet. Dies ist vergleichbar mit der lokalen Dichte von Vögeln auf einer Insel oder von Insekten in einem Teilstück der Vegetation. Die *mittlere Intensität* der Infektion ist dann die mittlere Anzahl an Parasiten pro Wirt in einer Population, einschließlich derjenigen Individuen, die nicht infiziert sind, genauso wie die mittlere Dichte von Fischen in einer Reihe von Teichen auch diejenigen Teiche einschließt, die keine Fische enthalten. Allerdings hat in lokal aggregierten Populationen die mittlere Parasitendichte (mittlere Intensität der Infektion) kaum eine Bedeutung. In einer Population aus Menschen, in der nur eine Person mit dem Milzbrand-Erreger infiziert ist, stellt die mittlere Dichte von *Bacillus anthracis* eine ausgesprochen nutzlose Information dar.

Fast alle Parasiten und symbiontischen Mutualisten sind kleiner als ihre Wirte und können viel schneller wachsen. Ihr Wachstum innerhalb der Wirte unterliegt jedoch bestimmten Zwängen, und dies bedeutet, daß es wirksame, dichteabhängige Prozesse (Aggregationseffekte; s. Kapitel 3 und 5) geben muß. Es ist technisch äußerst schwierig, die Populationsdynamik von Mikroparasiten zu untersuchen, die sich innerhalb der Wirtszellen vermehren (wie sollte man z. B. das Wachstum von Masernviren in den Körperzellen eines Kindes verfolgen?). Allerdings ist es durchaus machbar, die Auswirkungen der Populationsgröße auf das Verhalten einiger Makroparasiten zu untersuchen (s. Fenster 7.1) und sogar die Stärke der Infektion experimentell zu kontrollieren. Beispielsweise haben Untersuchungsergebnisse und Beobachtungen wie die, die in Abbildungen 7.15 und 8.19 dargestellt sind (s. auch Abb. 3.22), erstaunliche Ähnlichkeit mit den dichteabhängigen Beziehungen, wie sie im allgemeinen durch intraspezifische Konkurrenz entstehen können (Kapitel 3 und 5).

Auch die Anzahl von mutualistischen Algenzellen pro Wirtszelle bei Korallen und Flechten und von Rhizobien in den Zellen der Wurzelknöllchen bei Leguminosen muß reguliert werden. Die symbiontischen Algen der Koralle *Stylophora pistillata* können sich 100mal schneller vermehren als ihre Wirte, aber in der Praxis tun sie das nicht. Die Art und Weise, wie solche symbiontischen Populationen reguliert werden, ist unklar. Jedoch ist es wahrscheinlich, daß die Wachstumsrate der Alge durch Mineralnährstoffe und/oder Kohlenstoff limitiert ist – genau wie in den eher konventionellen Habitaten beruht eine dichteabhängige Regulation oft auf den negativen Effekten einer Ressourcenverknappung und den damit verbundenen Auswirkungen auf die Geburten- und Todesraten.

Die Populationen von Organismen, die einen Wirt besiedeln, werden reguliert

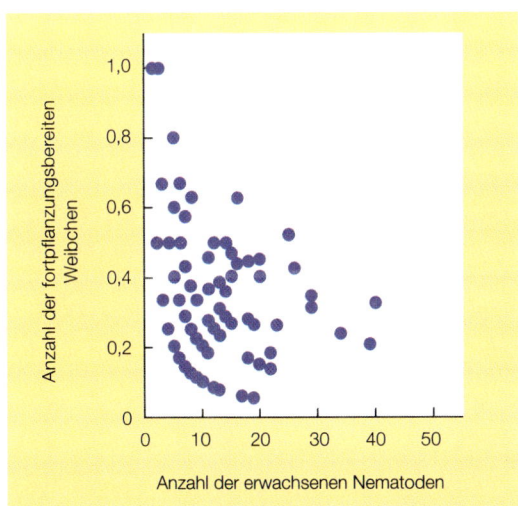

Abbildung 7.15
Dichteabhängige Reaktionen von Makroparasiten innerhalb ihrer Wirte. Mit zunehmender Anzahl an erwachsenen Nematoden, *Anguillicola crassus*, in der Schwimmblase von Aalen, *Anguilla anguillo*, im Albertkanal (Belgien), nahm der Anteil derjenigen, die fortpflanzungsbereit waren, ab (nach Ashworth & Kennedy, 1999). (Siehe auch Abb. 8.19.)

7.5   Lebenszyklen und Dispersion

Parasiten haben die kompliziertesten aller Lebenszyklen. Einige wurden bereits dargestellt. Die meisten Parasiten sind hochgradig spezialisiert und können nur eine Wirtsart oder sehr wenige, meist engverwandte Wirtsarten befallen, auf ihnen wachsen und sich fortpflanzen. Das bedeutet, daß fast alle Organismen vollständig resistent gegenüber fast allen Parasiten sind! Es ist deshalb um so bemerkenswerter, daß eine ganze Reihe von Parasiten unterschiedliche Abschnitte ihres Lebens auf zwei verschiedenen und meist nicht näher verwandten Wirten verbringen. Wo es einen solchen Wirtswechsel gibt, durchläuft der Parasit seine sexuelle Phase gewöhnlich auf einem Wirt und den größten Teil der Vermehrungsphase auf dem anderen. Das bedeutet, daß genetische Rekombination und vererbbare Variation meist auf einem Wirt erzeugt werden, während die natürliche Selektion dieser Ergebnisse vor allem auf dem anderen Wirt erfolgt.

Komplexe Lebenszyklen, wie der des Bandwurmes in Abbildung 7.5, deuten darauf hin, daß ein Parasit außergewöhnlich gut an seine Habitate angepaßt sein muß. In einer Lebensspanne, die von der elterlichen Zygote bis zur Zygote des Nachkommen reicht, müssen diese Spezialisten in einer festgelegten Abfolge von einem bestimmten Wirt zum anderen gelangen. Genauso haben viele Rostpilze (Uredinales) Lebenszyklen, in deren Verlauf sie unterschiedliche Phasen auf nicht-verwandten Wirtspflanzen verbringen (z. B. die Schwarzrostkrankheit; Abb. 7.16). Die engsten Parallelen in den traditionellen Habitaten stellen die Lebenszyklen von Amphibien dar, die vom aquatischen Habitat der Larven zum terrestrischen Habitat der Adulten wechseln müssen, oder die von Schmetterlingen und Motten, die als Larven auf Blättern leben und als Adulte Blüten besuchen.

Wirtswechsel und alternative Wirte

Zwei Beziehungen werden bei der Betrachtung von komplexen Lebenszyklen oft miteinander verwechselt. Unter *Wirtswechsel* verstehen wir einen obligaten Wechsel des Parasiten zwischen zwei aufeinanderfolgenden Wirten, wie beim Bandwurm und beim Schwarzstammrost. Im Gegensatz dazu verwenden wir den Ausdruck *alternative Wirte*, um auszudrücken, daß ein bestimmter Abschnitt im Lebenszyklus eines Parasiten auf unterschiedlichen Wirtsarten verbracht werden kann. *Berberis* und *Mahonia* sind Beispiele für alternative Wirte im Leben des Schwarzstammrostes, zwischen *Berberis/Mahonia* und Weizen findet dagegen ein Wirtswechsel statt (Abb. 7.16). Analog dazu können wenigstens 150 Säugetierarten, einschließlich des Menschen, als alternative Wirte für den Flagellaten *Trypanosoma cruzi* dienen, der beim Menschen die Chagas-Krankheit verursacht. Die Vermehrung des Parasiten findet dagegen im Darm einer von 50–60 alternativen Hemipterenarten statt. Säuger und Wanze sind aufeinanderfolgende Wirte, zwischen denen ein Wirtswechsel stattfindet. Der Parasit muß vom Säuger zur Wanze zum Säuger zur Wanze etc. wechseln. Zu beachten ist, daß alternative Wirte gewöhnlich eng miteinander verwandt sind (oft Mitglieder der gleichen Gattung), wohingegen aufeinanderfolgende Wirte sich phylogenetisch niemals nahestehen.

Wirtswechsel und Vektoren

Eine weitere Beziehung, die falsch verstanden werden kann, ist die zwischen Wirtswechsel und Vektoren. Viele Parasiten werden durch einen Vektororga-

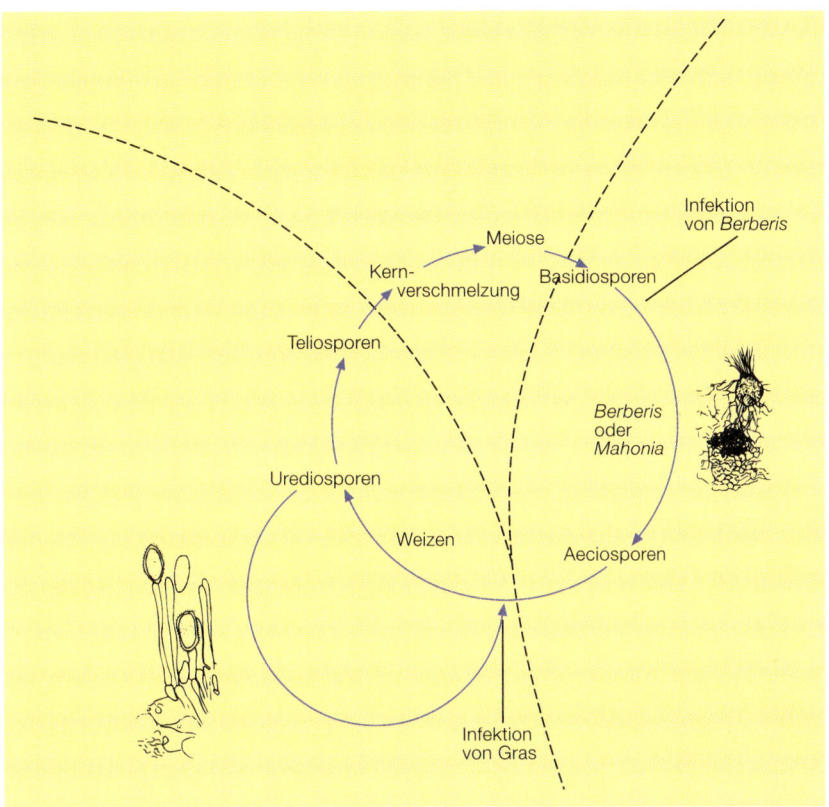

Abbildung 7.16
Der Lebenszyklus des Schwarzstammrostes an Weizen *(Puccinia graminis tritici)*. Der Parasit infiziert Sträucher der Gattung *Berberis* oder der nahe verwandten Gattung *Mahonia*. Der Pilz verbreitet sich in den Zellen und Geweben des Wirtes, und nachdem die sexuelle Phase durchlaufen wurde, bildet der Pilz Pusteln aus, die die Epidermis der Blätter durchbrechen und Sporen freisetzen (Aeciosporen). Diese sind nicht in der Lage, *Berberis* oder *Mahonia* zu infizieren (kolonisieren), sondern können nur Weizen *(Puccinia graminis)* befallen. Auf dem Weizen produziert der Pilz einen neuen Sporentyp, den man als Urediospore („Sommerspore") bezeichnet und der ebenfalls nur weitere Weizenpflanzen befallen kann. Solche Zyklen der Infektion und erneuten Infektion von Weizenpflanzen können sich endlos fortsetzen. Unter günstigen klimatischen Bedingungen können sich Epidemien in Weizenfeldern entwickeln. Zum Ende der Wachstumssaison entsteht eine neue Art von Spore (eine Teliospore), die zwar nicht infektiös, dafür aber dickwandig ist und in einem Dormanzstadium am Leben bleibt. Schließlich keimen die Teliosporen, und es kommt zu einer sexuellen Vereinigung, sofort gefolgt von einer Meiose und der Ausbildung eines weiteren Sporentypus (der Basidiospore), die nur *Berberis* oder *Mahonia* infizieren kann.

nismus von einem Wirt zum anderen übertragen. Dabei muß der Parasit dem Vektor aber keine Ressourcen entziehen. Ein Vektor trägt nur zur Verbreitung eines Parasiten bei, meistens einfach als anhaftende Verunreinigung, beispielsweise an den Mundwerkzeugen. Dies ist der häufigste Übertragungsweg von Pflanzenviren, von ihrem Habitat in einer Pflanze zum Habitat in einer anderen. Mosaikviren von Mais werden von der Zikade *Peregrinus maidis* übertragen, und der Vektor des Maiszwergbusch-Virus ist eine Zwergzikade (*Dalbulus* spp.). Blattläuse sind besonders effektive Vektoren von Pflanzenviren. Sie durchstechen mit ihrem Saugrüssel die Gewebe der Wirtspflanze bis hin zu den lebenden Zellen des Phloem-Transportsystems. Dadurch gelangt jede Virusver-unreinigung oder jedes Bakterium an einen Ort, der optimal für die weitere Ausbreitung ist.

Unter den Tieren sind Fliegen, insbesondere Stechmücken, die wahrschein-lich bemerkenswerteste Vektorengruppe. Sie übertragen eine Reihe gefährli-cher Krankheiten des Menschen, einschließlich Malaria und Gelbfieber. Die adulte Mücke saugt in ihrem kurzen Leben mehrfach Blut und überträgt die Infektion, wenn in aufeinanderfolgenden Mahlzeiten zunächst Blut von infek-tiösen und dann von nicht-infizierten, anfälligen Wirten entnommen wird (s. auch Abb. 7.12). Auch Zecken sind bedeutende Vektoren. In jedem ihrer Entwicklungsstadien nehmen sie nur eine Blutmahlzeit ein und sind deshalb für lange Zeit infektiös, meistens länger als ein Jahr und über die verschiedenen Metamorphosestadien hinweg. Viele Zeckenarten können an vielen alternativen Wirtsarten Blut saugen und haben eine zunehmend traurige Berühmtheit als Überträger von Infektionskrankheiten, wie der Lyme-Borreliose, erlangt. Diese zirkuliert normalerweise in Wildtieren, kann aber von den Zecken auch auf den Menschen übertragen werden.

7.6   Koevolution

Parasiten und Mutualisten stellen selektierende Kräfte in der Evolution von Pflanzen und Tieren dar, die sie als Wirte benutzen. Zwischen Wirten und Mutualisten gibt es keinen Konflikt. Die Wirte steigern ihre Fitneß, wenn sie die eigene Besiedlung durch Mutualisten zulassen oder fördern, welche dann ebenso von dieser Assoziation profitieren. Bei Parasiten ist dies eindeutig nicht der Fall. Wirte erzielen einen Vorteil, wenn sie Resistenz oder Toleranz gegen-über Parasiten und Pathogenen erlangen, aber Parasiten erzielen eine höhere Fitneß, wenn sie die Abwehrreaktionen ihrer Wirte überwinden. Ein Ergebnis dieser Interaktionen ist, daß sich Parasiten immer stärker spezialisieren müssen: Wie wir bereits festgestellt haben, sind alle Pflanzen- und Tierarten gegenüber fast allen Parasitenarten resistent und können nur von ein paar Arten befallen werden. Wie auch sonst überall in der Natur erfordert die Beziehung zwischen Wirten und den sie als Lebensraum nutzenden Parasiten eine ebenso genaue Passung wie zwischen jedem anderen Organismus und seiner Umwelt.

Variation bei Parasit und Wirt: Grippe und TB

Im Vergleich zu nicht-parasitischen Arten kann die Spezialisierung tatsäch-lich sogar weitergehen. Bei verschiedenen obligaten Parasitenarten wird ge-wöhnlich ein hoher Grad an genetischer Variabilität in der Virulenz der Parasi-ten und/oder in der Resistenz oder Immunität der Wirte festgestellt. Alle paar Jahre entwickelt sich ein neuer Stamm von Grippeviren mit einer ausreichend hohen Virulenz und Neuartigkeit, um große Epidemien und zahlreiche Todes-fälle in weiten Teilen der Bevölkerung zu verursachen, die noch bis vor kurzem relativ resistent gegenüber den bis dahin zirkulierenden Stämmen waren. Kein Virenstamm war verheerender als jener, der die weltweite Epidemie *(Pandemie)* der Spanischen Grippe verursachte, die unmittelbar auf den 1. Weltkrieg folgte (1918–1919) und der 20 Millionen Menschen erlagen – weit mehr als im Krieg selbst umgekommen waren. Humankrankheiten können auch Beispiele für die Variation der Wirtsresistenz darstellen. Als in den 1880er Jahren die Indianer Amerikas gezwungen wurden, von der kanadischen Prärie in Reservate umzusiedeln, stieg ihre Todesrate aufgrund von Tuberkulose (TB) anfänglich explosionsartig an, ging dann aber allmählich wieder zurück (Abb. 7.17). Umweltfaktoren (falsche Ernährung, Übervölkerung, psychische Demoralisierung) spielten dabei zweifelsohne eine Rolle, aber Resistenzunterschiede waren vermutlich auch von großer Bedeutung. Die Mortalitätsrate unter den Indianern war oft 20mal so hoch wie die der weißen Bevölkerung, die unter ähnlichen Bedingungen lebte, aber der TB schon vorher ausgesetzt war. Bei einigen Indianerfamilien war die Sterblichkeit in dieser Epidemie sehr viel niedriger, und viele der Überlebenden einer späteren Epidemie im Jahre 1930 waren Nachkommen dieser Familien (Ferguson, 1933; Dobson & Carper, 1996).

In einigen Fällen, besonders bei Pflanzenkrankheiten – wie Flachsrost an Flachs, Mehltau an Gerste, Stammrost an Weizen – gibt es für jedes Gen, das die Resistenz im Wirt steuert, ein entsprechendes Gen beim Parasiten, das die Pathogenität beeinflußt (eine genaue Gen-für-Gen-Beziehung). Obwohl dieses relativ einfache System sicher nicht eine allgemeine, unveränderbare Regel repräsentiert, so stellt es doch einen nützlichen Rahmen dar, um sich den immerwährenden Kampf von Pflanzen in der Natur gegen Pathogene vorzustellen, deren Ziel es sein muß, ihren Pathogenen immer einen Schritt voraus zu sein.

Ein höchst eindrucksvolles Beispiel der ökologischen und evolutionsbiologischen Wechselwirkungen eines Parasiten mit seinem Wirt stellen Kaninchen und Myxomavirus dar, der die Krankheit Myxomatose verursacht. Die Krankheit stammt vom südamerikanischen Wald-Kaninchen *Sylvilagus brasiliensis*, wo

Gen-für-Gen-Beziehung und Pflanzenzüchtung

Myxomatose: Koevolution in Aktion

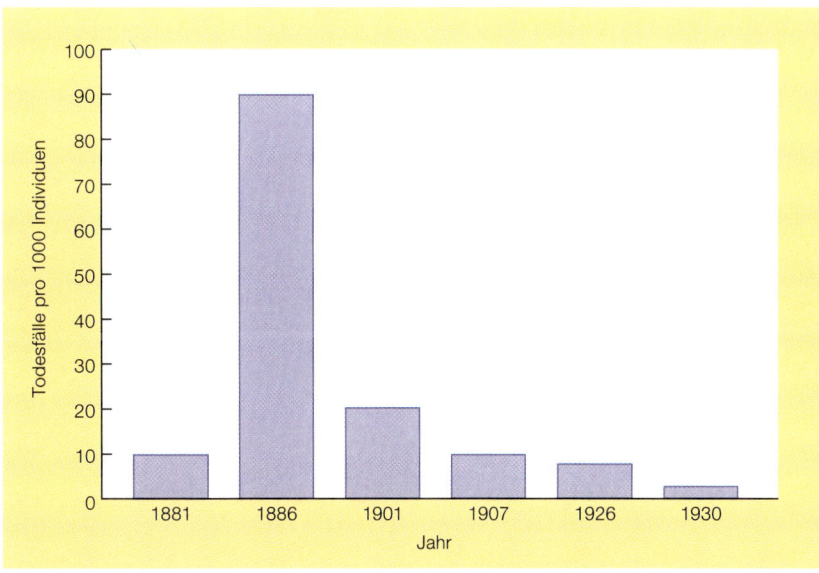

Abbildung 7.17 Die durch Tuberkulose verursachte Mortalitätsrate in drei Generationen von Indianern der kanadischen Prärie nach ihrer erzwungenen Umsiedelung in Reservate (nach Ferguson, 1993; Dobson & Carper, 1996).

sie sich als milde Krankheitsform darstellt, die selten zum Tod des Wirtes führt. Sie ist allerdings meist tödlich, wenn das europäische Kaninchen *Oryctolagus cuniculus* infiziert wird. Bei einem der erfolgreichsten Beispiele biologischer Schädlingsbekämpfung wurde das Myxomavirus 1950 nach Australien zur Kontrolle des europäischen Kaninchens eingeführt, das zur Plage auf Weideland geworden war. Die Krankheit breitete sich zwischen 1950 und 1951 rasend schnell aus, und die Kaninchen-Populationen wurden drastisch reduziert – in einigen Gebieten um mehr als 90 %. Etwas später wurde das Virus nach England und Frankreich eingeführt, wo es ebenfalls zu drastischen Reduktionen der Kaninchen-Populationen kam. Die evolutionären Veränderungen, die dann in Australien auftraten, wurden genauestens durch Fenner und seine Mitarbeiter untersucht. In beeindruckender Voraussicht hatten sie genetische Ausgangsstämme sowohl der Kaninchen als auch des Virus angelegt. Sie benutzten diese, um die Veränderungen in der Virulenz des Virus und der Resistenz des Wirtes während ihrer Evolution im Freiland zu untersuchen.

Als die Krankheit zum ersten Mal nach Australien eingeführt wurde, tötete sie mehr als 99 % der infizierten Kaninchen. Diese Mortalitätsrate fiel innerhalb eines Jahres auf 90 % ab und ging danach weiter zurück (Fenner & Ratcliffe, 1965). Die Virulenz der Viren wurde entsprechend der Überlebenszeit und der Mortalität von Kontrollkaninchen eingestuft. Das ursprüngliche, hochvirulente Virus (1950–1951) entsprach Stufe I und tötete > 99 % der infizierten Laborkaninchen. Schon 1952 standen die meisten der aus Feldtieren gewonnenen Virusisolate auf Stufe III und IV (Abb. 7.18). Zur gleichen Zeit stieg die Resistenz der freilebenden Kaninchen-Populationen an. Eine Infektion mit einem standardisierten Virusstamm der Stufe III, die 1950–1951 eine Mortalität von fast 90 % bei im Freiland gefangenen Kaninchen hervorrief, erzeugte 8 Jahre

Abbildung 7.18
(a) Prozentuale Häufigkeiten, mit denen verschiedene Virulenzstufen (I–V) des Myxomavirus in Wildkaninchen-Populationen zwischen 1951 und 1981 in Australien auftraten. Stufe I ist die am höchsten, Stufe V die am wenigsten virulente Form. (b) Ähnliche Daten für Wildkaninchen-Populationen in Großbritannien 1953–1980 (nach May & Anderson, 1983; nach Daten von Fenner, 1983).

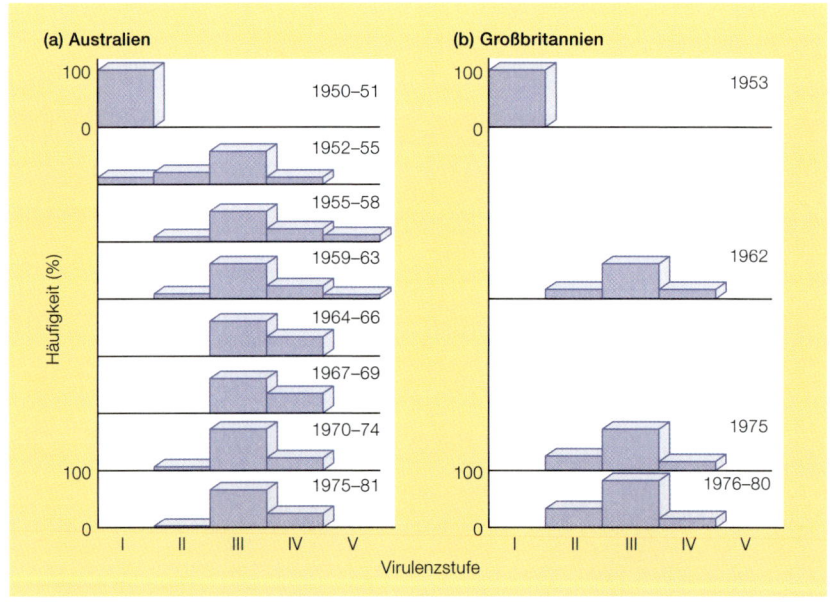

später nur noch eine Mortalitätsrate von weniger als 30 % (Marshall & Douglas, 1961).

Die Evolution der Resistenz beim europäischen Kaninchen ist leicht verständlich. Der Fall des Virus ist jedoch verzwickter. Der Gegensatz zwischen der Virulenz des Myxomavirus beim europäischen Kaninchen einerseits und seiner geringen Virulenz beim amerikanischen Wirt, mit dem es koevoluierte, andererseits, sowie seiner Abschwächung nach der Einführung in Australien und Europa, passen zu der weitverbreiteten Meinung, daß Parasiten sich zu milderen Formen entwickeln, um ihren Wirt nicht zu töten und damit ihre eigene Existenzgrundlage zu vernichten. Diese Ansicht ist völlig falsch. Die Parasiten, die durch die natürliche Selektion gefördert werden, sind jene mit der größten Fitneß (im weitesten Sinne, mit der höchsten Reproduktionsrate). Manchmal wird dies durch eine Reduzierung der Virulenz erreicht, aber manchmal auch nicht.

Beim Myxomavirus wurde ein anfänglicher Rückgang der Virulenz in der Tat gefördert – aber darüber hinausgehende Abnahmen nicht.

Das Myxomavirus zirkuliert im Blut und wird durch blutsaugende Insektenvektoren von Wirt zu Wirt übertragen. In Australien waren in den ersten 20 Jahren nach seiner Einführung Stechmücken die Hauptvektoren (insbesondere *Anopheles annulipes*), die nur an lebenden Wirten saugen. Das Problem mit den Viren der Stufen I und II ist, daß sie den Wirt so schnell töten, daß nur eine sehr kurze Zeitspanne bleibt, in der sie durch die Stechmücke übertragen werden können. Eine effektive Übertragung kann bei sehr hohen Wirtsdichten noch gewährleistet sein, aber sobald die Dichten zurückgehen, ist dies nicht mehr der Fall. Folglich gab es eine Selektion gegen die Stufen I und II zugunsten der weniger virulenten Stufen, was zur Entwicklung von längeren Lebenszeiten infizierter Wirte führte. Am anderen Ende der Virulenzskala stehen die Viren der Stufe V, die kaum von den Stechmücken übertragen werden, weil sie sehr wenig infektiöse Partikel in der Haut der Wirte produzieren, die an den Mundwerkzeugen der Vektoren anhaften könnten. Die Situation wurde in den späten sechziger Jahren dadurch komplizierter, daß ein zusätzlicher Vektor für die Krankheit, der Kaninchenfloh *Spilopsyllus cuniculi* (der Hauptvektor in England) nach Australien eingeführt wurde. Es gibt einige Hinweise, daß virulentere Stämme des Virus gefördert werden, wenn der Floh der Hauptvektor ist.

Insgesamt gab es im Kaninchen-Myxomatose-System also keine Selektion zur reduzierten Virulenz, sondern zur *erhöhten Übertragbarkeit* (und damit erhöhten Fitneß) – die in diesem System auf mittleren Virulenzstufen maximal ist. Viele Insektenparasiten töten ihren Wirt, um effektiver übertragen zu werden. Bei diesen wird sehr hohe Virulenz gefördert. In wieder anderen Fällen hat die auf Parasiten wirkende Selektion eindeutig eine sehr geringe Virulenz gefördert: Das Herpes-Simplex-Virus des Menschen verursacht beispielsweise kaum merkliche Beeinträchtigungen für seinen Wirt, aber es bleibt sein Leben lang infektiös. Diese Unterschiede spiegeln die ökologischen Gegensätze in den zugrundeliegenden Wirt-Parasit-Beziehungen wider. Gemeinsam ist diesen Beispielen aber, daß sie die Evolution des Parasiten hin zur erhöhten Fitneß verdeutlichen.

Parasiten entwickeln sich nicht, um ihren Wirt am Leben zu halten

Wirte als Inseln,
aber besondere
Inseln

In diesem Kapitel haben wir Organismen als Habitate, sowohl für Parasiten als auch für Mutualisten, betrachtet. Einige der Unterschiede zwischen beiden sind in Fenster 7.2 zusammengefaßt. Ein anfälliger Wirt ist ein in der Umwelt besiedelbarer *Patch* (oder eine besiedelbare „Insel"). Die Dynamik der Parasiten- und Pathogenpopulationen hängt von der Besiedlung dieser *Patches* und den lokalen Aussterberaten auf ihnen ab. Dies wiederum hängt von der Ent-

Fenster 7.2 – Historische Meilensteine

Einige Unterschiede zwischen Parasiten und Mutualisten

Im Vergleich zu Parasiten gibt es bemerkenswert wenige Arten von symbiontischen Mutualisten, weil sie viel weniger auf bestimmte Wirte spezialisiert sind. Die größte Diversität findet man bei Flechten (jede Flechte besteht aus einer symbiontischen Beziehung zwischen einem Pilz und einer Alge), aber obwohl es wenigstens 13 500 Flechtenarten gibt, umfassen die symbiontischen Algen nur 30–40 Arten von Grünalgen und etwa 12 Arten von Blaugrünen Algen. In der Tat beherbergt mehr als die Hälfte der bekannten Flechten nur eine Gattung von symbiontischen Algen, *Trebouxia*. Symbiontische Algen von marinen Invertebraten stammen ebenfalls fast ausschließlich aus einer Gattung dinoflagellatischer Algen *(Symbiodinium)* und einer Gattung von Cyanobakterien *(Prochloron)*, welche Seescheiden bewohnen. Nur drei Gattungen von Rhizobien machen die Stickstoff-fixierenden Symbionten von Leguminosen aus.

Symbiontische Mutualisten haben eher einfache Lebenszyklen, und im Gegensatz zu Parasiten benötigen sie keinen Wirtswechsel: Daher gibt es keine aufeinanderfolgenden Wirte, aber viele alternative Wirte.

Das Leben der Parasiten wird von der Ausbreitung bestimmt. Ihre Existenz hängt typischerweise von ihrer Übertragung von einem einzigartigen Wirtstyp auf einen anderen der gleichen Art oder einen, der ebenso einzigartig ist, ab. Symbiontischen Mutualisten dagegen fehlen jegliche Strukturen oder Verhaltensmuster zur Ausbreitung von Wirt zu Wirt, und Vektoren sind nicht beteiligt. Beispielsweise beziehen Leguminosen ihre Rhizobien aus freilebenden Formen im Boden. Mollusken und einige andere marine Invertebraten erhalten ihre symbiontischen Algen von freilebenden Zellen im Meer. Wenn tierische Wirtsarten modular angelegt sind und durch Knospung oder Verzweigung wachsen (Korallen, Seeanemonen usw.), dann gelangen symbiontische Algen direkt zu den Geweben der Knospen und Verzweigungsstellen. Die intrazellulären, symbiontischen Bakterien von Blattläusen, *Buchnera*, werden vertikal von der Mutter auf ihre Eier übertragen. Sie wurden so vollständig in das Leben ihrer Wirte integriert, daß sie anscheinend jede Spur eines freilebenden oder sich verbreitenden Stadiums und sogar jede Form eines unabhängigen Lebens verloren haben.

Ein bemerkenswertes Merkmal von Mutualisten, die in enger Verbindung miteinander leben, ist die fast vollständige Unterdrückung der Sexualität. Dies steht im Gegensatz zur Lebensweise von Parasiten. Da die sexuelle Fortpflanzung als Lebenskraft der Evolution so viele neue Varianten erzeugt, spiegelt dies vermutlich den andauernden evolutiven Kampf zwischen Parasiten und ihren Wirten wider. Im Gegensatz dazu gibt es zwischen Mutualisten und ihren Wirten wenig oder keine Konflikte.

fernung und Langlebigkeit dieser Inseln und dem Ausbreitungsvermögen des Parasiten ab. Wir besprechen die umfangreichen ökologischen Themen des *Patch*- und Insel-Besiedlungsverhaltens und die Metapopulationsdynamik in den Kapiteln 9 und 10. Aber wir sollten uns daran erinnern, daß Parasiten ein besonderer Fall sind: Frei bewegliche Tiere sind bewegliche Habitate, bewegliche *Patches* und wandernde Inseln. Sie kommen zusammen, paaren sich, können soziales Verhalten zeigen, und sie können davonlaufen. Diese Eigenschaften geben der Betrachtung von Wirten als Habitate eine besondere Note.

 ## Zusammenfassung

Symbiose, Parasitismus und Mutualismus

Eine enge Beziehung zwischen Individuen unterschiedlicher Arten, bei der eines in oder auf dem anderen lebt, wird als *Symbiose* bezeichnet. Ein *Parasit* ist ein Organismus, der sein Leben in enger Beziehung mit einem oder sehr wenigen Individuen einer anderen Art, dem Wirt, verbringt. Er entzieht dem Wirt Nährstoffe, fügt ihm dabei Schaden zu, tötet ihn aber nicht unmittelbar und voraussagbar ab. *Mutualismus* ist eine Beziehung zwischen den Individuen unterschiedlicher Arten (meist einem Artenpaar), die beiden Partnern nützt. *Kommensalen* sind weder schädlich noch nützlich für ihren Wirt. Parasiten tragen unermeßlich zur Diversität des Lebens auf der Erde bei, mutualistische Beziehungen dominieren dagegen oft die Biomasseproduktion.

Das Leben auf der Oberfläche eines anderen Organismus

Die Körper vieler Organismen sind für andere ein Ankerplatz und ermöglichen diesen so den Zugang zu Ressourcen, die sonst nicht verfügbar wären. Diese ökologischen Baumeister erschaffen, verändern oder erhalten den Lebensraum für andere.

Pflanzenwurzeln verlieren Zellen an den Wurzelspitzen und geben organisches Material in den umgebenden Boden ab. Diese *Rhizosphäre* beherbergt ihre eigene, reiche mikrobielle Flora. Es gibt oft auch eine ausgeprägte Artengemeinschaft auf den Blattoberflächen, der *Phyllosphäre*.

Flöhe und Läuse sind Beispiele für *Ektoparasiten*, die auf den Körpern von großen Tieren vorkommen. Organismen, die auf der Oberfläche ihrer Wirte leben, befinden sich normalerweise in einer guten Position, um andere Wirte zu besiedeln, aber es gibt auch Nachteile: Ektoparasiten sind den Unbilden ihrer Umwelt und Gefahren stärker ausgesetzt und gehen eine weniger enge Beziehung mit ihrem Wirt ein.

Bewohner von Körperhöhlen

Der Verdauungskanal ist ein nährstoffreicher, geschützter und regulierter Lebensraum. Viele Parasiten leben dort und konkurrieren mit dem Wirt um seine Verdauungsprodukte. Die meisten haben komplexe Lebenszyklen, die Infektionen über den Kot der Wirte transportieren und sie weit in der Wirtspopulation ausbreiten. Eine riesige und vielfältige Lebensgemeinschaft von mutualistischen Mikroorganismen besiedelt den Verdauungskanal von Herbivoren. Sie spielt eine entscheidende Rolle bei der Verdauung von Zellulose.

Bewohner von Wirtsgewebe und -zellen

Die gemeinsame Struktur von Wurzel und Pilz nennt man *Mykorrhiza*. Der Pilz erhält energiereiche Kohlenstoffverbindungen vom Wirt, Phosphate und andere Nährstoffe werden vom Pilz an die Pflanze weitergegeben.

Viele Parasiten, die innerhalb von Pflanzenzellen leben, besitzen dormante, langlebige Sporen, die in der Gegenwart eines Wirtes auskeimen. Viele Parasiten von Tieren, die ihren Lebensraum innerhalb der Wirtszellen haben, besitzen kein dormantes, ausdauerndes Stadium, sondern müssen während ihres Lebenszyklus zwischen zwei unterschiedlichen Wirtsarten wechseln.

Stickstoff-fixierende Bakterien der Gattung *Rhizobium* infizieren die Wurzeln von Leguminosen (allerdings gibt es auch andere mutualistische Beziehungen zur Stickstofffixierung). Sie stellen der Wirtspflanze fixierten Stickstoff zur Verfügung, die dadurch unabhängig von der Stickstoffversorgung im Boden wird. Ein Großteil des während der Photosynthese von marinen, intrazellulären, symbiontischen Algen gebildeten Kohlenstoffs wird an die Wirte abgegeben, die ihren Lebensraum darstellen.

Einige „Parasiten" töten ihren Wirt und wachsen und pflanzen sich auf dem toten Körper fort. Dadurch kommen sie jenen zuvor, die darauf warten müssen, daß ein Organismus stirbt. Die meisten Parasiten sind allerdings obligat parasitisch. Wenn ihr Wirt stirbt, können sie nicht mehr auf ihm wachsen. Andere Parasiten (und Mutualisten) übernehmen beim Wirt die Kontrolle des lokalen Wachstums und zwingen ihn, besiedelbare Mikrohabitate auszubilden. Wieder andere manipulieren das Verhalten des Wirtes.

Bei Invertebraten übernehmen phagozytische Zellen die Abwehrreaktionen gegen Eindringlinge. Bei Vertebraten gibt es eine noch viel ausgefeiltere Reaktion: die Immunreaktion. Durch sie kann der Wirt einen Parasiten vernichten und sich von der Krankheit erholen, aber sie kann einen einmal infizierten Wirt auch immun gegenüber einer Neuinfektion machen. Bei Pflanzen gibt es keine herumwandernden Phagozyten, aber viele reagieren auf eine Infektion mit der Produktion von Phytoalexinen, die streng lokal und unspezifisch wirken.

Parasiten kommen in den Populationen ihrer Wirte normalerweise aggregiert vor. Die *Prävalenz* eines Parasiten gibt den Anteil der infizierten Wirtspopulation an. Die Anzahl der Parasiten in oder auf einem bestimmten Wirt wird durch die *Intensität* der Infektion ausgedrückt. Die *mittlere Intensität* einer Infektion beschreibt die mittlere Anzahl an Parasiten pro Wirt in einer Population. Nahezu alle Populationen von Parasiten und symbiontischen Mutualisten unterliegen in ihren Wirten der Begrenzung durch dichteabhängige Prozesse (Aggregationseffekte).

Die Lebenszyklen vieler Parasiten machen es nötig, daß sie unterschiedliche Perioden in ihrem Leben in zwei unterschiedlichen und meist nicht verwandten, „aufeinanderfolgenden" Wirten verbringen. Viele Parasiten werden durch Vektororganismen von einem Wirt zum nächsten übertragen, dabei entzieht der Parasit dem Vektor aber keine Ressourcen.

Alle Pflanzen- und Tierarten sind gegenüber den allermeisten Parasiten vollkommen resistent. Davon gibt es nur sehr wenige Ausnahmen. In einigen Fällen, insbesondere bei Pflanzenkrankheiten, wurde eine *Gen-für-Gen*-Beziehung vorgeschlagen: Für jedes Gen, das die Resistenz des Wirtes kontrolliert, gibt es ein entsprechendes Gen beim Parasiten, das für die Pathogenität zuständig ist.

Die Myxomatose verdeutlicht die Koevolution zwischen Parasit und Wirt, aber sie zeigt auch, daß Parasiten sich nicht dahingehend entwickeln, ihren Wirten möglichst wenig Schaden zuzufügen. Vielmehr sind diejenigen Parasiten, die durch die natürliche Selektion gefördert werden, solche mit der größten Fitneß (im weitesten Sinne solche mit den größten Fortpflanzungsraten). Manchmal wird dies durch eine Reduzierung der Virulenz erreicht, manchmal nicht.

 ## Quiz

 = anspruchsvolle Frage

1. Definieren Sie die Begriffe Symbiose, Parasitismus, Mutualismus und Kommensalismus und geben Sie Beispiele dafür an.
2. Stellen Sie die Lebensgemeinschaften von Parasiten und Mutualisten im Verdauungskanal von Vertebraten gegenüber.
3. Was sind Mykorrhizen, und worin besteht ihre Bedeutung?
4. Diskutieren Sie folgende Aussagen: „Die meisten Herbivoren sind nicht wirkliche Herbivoren, sondern Konsumenten der Nebenprodukte der Mutualisten, die in ihrem Darm leben" und „Die meisten Darmparasiten sind nicht wirkliche Parasiten, sondern Konkurrenten, die mit ihrem Wirt um die von ihm aufgenommene Nahrung im Wettstreit stehen".
5. Nehmen Sie eine gründliche Interpretation der Abbildung 7.19 vor.
6. Diskutieren Sie die Tatsache, daß die Schmeißfliege *Lucilia* ihren Wirt oft tötet, wohingegen die meisten Parasiten dies nicht tun.
7. Nennen Sie Beispiele für Parasiten, die (1) morphologische Merkmale und (2) das Verhalten ihrer Wirte ändern. Können diese Veränderungen als Verteidigungsreaktionen des Wirtes interpretiert werden, oder dienen sie dem Parasiten?
8. Was meinen wir wirklich, wenn wir sagen, daß ein Parasit seinen Wirt schädigt?
9. Vergleichen und unterscheiden Sie die Abwehrreaktionen von höheren Vertebraten, Invertebraten und Pflanzen.
10. Erklären Sie den Rückgang der Virulenz des Myxomatose-Virus beim europäischen Kaninchen nach seiner Einführung in Australien und Europa.

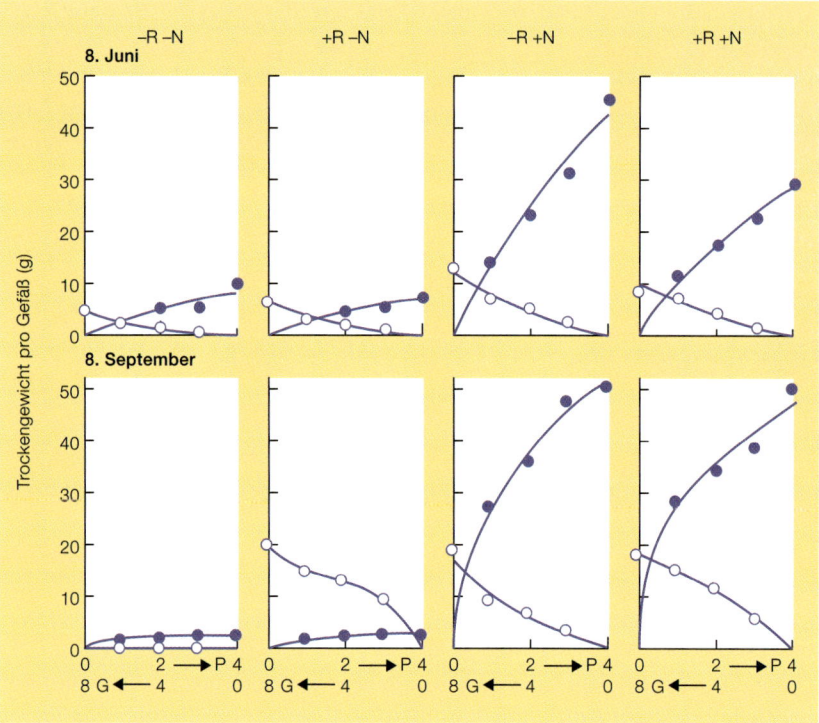

Abbildung 7.19

Sojabohnen (*Glycine max*, G-Leguminosen, die eine mutualistische Beziehung mit *Rhizobium* eingehen können) und ein Gras (*Paspalum*, P) wurden einzeln und gemeinsam, jeweils mit und ohne Stickstoffdünger und mit und ohne Inokulation mit dem Stickstofffixierer *Rhizobium* angepflanzt. Die Pflanzen wurden in Töpfen gezogen, die 0–4 Graspflanzen und 0–8 Glyzine-Pflanzen enthielten. In jeder Abbildung zeigt die horizontale Achseneinteilung den Anteil der Pflanzen beider Arten in jedem Behälter. – R – N, kein *Rhizobium*, kein Dünger; + R – N, inokuliert mit *Rhizobium*, aber kein Dünger; – R + N, kein *Rhizobium*, aber Nitratdünger; + R + N, inokuliert mit *Rhizobium* und mit Nitratdünger. Ausgefüllte Punkte, *Paspalum*; offene Punkte *G. max* (nach de Wit et al., 1966).

8

Prädation, Beweidung und Krankheiten

Jeder lebende Organismus ist entweder ein Konsument anderer lebender Organismen oder wird selbst von anderen lebenden Organismen konsumiert, oder – wie es bei den meisten Tieren der Fall ist – beides trifft auf ihn zu. Wir können nicht davon ausgehen, die Struktur und die Dynamik von Populationen und Lebensgemeinschaften zu verstehen, bevor wir nicht die Zusammenhänge zwischen Konsumenten und ihrer Beute verstehen.

Schlüsselkonzepte

Dieses Kapitel soll

- die Ähnlichkeiten und Unterschiede zwischen „echten Prädatoren", Weidegängern und Parasiten aufzeigen;
- die Feinheiten der Prädation verständlich machen, einschließlich der Möglichkeiten der Beute, diese zu kompensieren;
- bei der Analyse des Suchverhaltens von Prädatoren den Wert der Theorie des optimalen Suchverhaltens aufzeigen;
- die grundlegende Tendenz von Räuber- und Beutepopulationen, in Zyklen aufzutreten, zeigen und den „dämpfenden" Effekt der Übervölkerung und der patchartigen Verteilung verdeutlichen;
- die Konsequenzen der Prädation für die Zusammensetzung von Lebensgemeinschaften verdeutlichen.

8.1   Einleitung

Bittet man jemanden, einen Prädatoren oder Räuber zu nennen, sagen die meisten höchstwahrscheinlich etwas wie „Löwe", „Tiger" oder „Grizzlybär" – etwas Großes, potentiell Gefährliches, sofort Tödliches. Aus ökologischer Sicht ist Räuber eine Bezeichnung, die benutzt werden kann, um die gesamte Vielfalt von Organismen zu beschreiben, die ihre Ressourcen erwerben, indem sie andere lebende Organismen konsumieren. Sie sind nicht alle groß, aggressiv oder sofort tödlich – sie müssen nicht einmal Tiere sein. Wenn wir diese Konsumenten gemeinsam betrachten, können wir eher verstehen, welchen Einfluß jeder einzelne auf die Struktur und Dynamik von ökologischen Systemen hat.

Im weitesten Sinne kann ein *Prädator* definiert werden als ein Organismus, der einen anderen lebenden Organismus („Beute" oder „Feind") ganz oder teilweise konsumiert und davon selbst Vorteile hat und zumindest unter bestimmten Umständen Wachstum, Fekundität oder Überleben der Beute reduziert. Man beachte, daß diese Definition sich weiter als auf die Bedürfnisse von Löwen und Tigern erstreckt, indem sie jene einschließt, die ihre Beute ganz *oder teilweise* konsumieren, und auch jene, die Wachstum, Fruchtbarkeit und Überleben ihrer Beute lediglich *mindern*. Innerhalb dieser weitgefaßten Definition lassen sich drei Haupttypen von Prädatoren unterscheiden.

„Echte" Prädatoren oder Räuber
• töten ihre Beute auf jeden Fall, und das mehr oder weniger sofort, nachdem sie diese angegriffen haben,
• und konsumieren im Laufe ihres Lebens einige oder sogar viele Beutetiere.

Echte Prädatoren sind demzufolge Löwen, Tiger und Grizzlybären, aber auch Spinnen, Bartenwale, die Plankton aus dem Meer filtern, das Zooplankton, das innerhalb dieser Lebensgemeinschaft das Phytoplankton verzehrt; Vögel, Nagetiere sowie Ameisen, die allesamt Samen fressen (von denen jeder einzelne ein Individuum darstellt); Erdeulenfalterraupen, die sich durch die Wurzeln von Sämlingen und jungen Pflanzen fressen und diese unvermeidlich töten; fleischfressende Pflanzen usw.

Weidegänger
• greifen auch einige oder viele Beuteindividuen im Laufe ihres Lebens an,
• verbrauchen aber ebenfalls nur Teile jedes Beuteindividuums und
• töten normalerweise, zumindest kurzfristig, ihre Beute nicht.

Zu den Weidegängern gehören daher Rinder, Schafe und Heuschrecken, bewegliche Raupen, die von Pflanze zu Pflanze wandern, aber auch blutsaugende Egel, die im Laufe ihres Lebens jeweils kleine, relativ unbedeutende Blutmahlzeiten von mehreren Wirbeltieren nehmen.

Parasiten
• verbrauchen ebenfalls nur Teile jedes Beutetiers (üblicherweise „Wirt" genannt)

Räuber: ein Ausdruck jenseits der geläufigen Beispiele

„Echte" Prädatoren (= Räuber), Weidegänger und Parasiten

317

- und töten normalerweise ihre Beute nicht, insbesondere nicht kurzfristig, aber
- greifen im Laufe ihres Lebens nur ein Beuteindividuum oder einige wenige Beuteorganismen an, mit dem bzw. mit denen sie daher oft eine recht enge Verbindung eingehen.

Zu den Parasiten gehören daher tierische Parasiten und pathogene Keime wie Bandwürmer und Tuberkulosebakterien, Krankheitserreger von Pflanzen wie das Tabakmosaikvirus, parasitische Pflanzen wie Misteln und die winzigen Wespen, die Gallen an Eichenblättern bilden. Aber auch Blattläuse, die einer Pflanze oder einigen wenigen Pflanzen Saft entziehen und mit diesen eine sehr enge Verbindung eingehen, und sogar Raupen, die ihr ganzes Leben auf einer Wirtspflanze verbringen, sind demzufolge Parasiten. Eine nützliche Unterscheidung zwischen Mikroparasiten und Makroparasiten zeigt Fenster 7.1.

Parasitoide – und die Künstlichkeit von Grenzen

Andererseits werden diese Unterscheidungen zwischen „echten" Prädatoren, Weidegängern und Parasiten, wie die meisten Einteilungen der lebenden Welt, weitgehend aus Gründen der Bequemlichkeit und Anwendbarkeit gewählt – sicherlich nicht, weil jeder Organismus genau in eine und in nur diese eine Kategorie hineinpaßt. Wir könnten z. B. als vierte Kategorie die Parasitoiden hinzufügen. Bei Nichtbiologen sind sie wenig bekannt, jedoch von Ökologen eingehend untersucht (und außerordentlich wichtig für die biologische Schädlingsbekämpfung – s. Kapitel 12). Die Larven von Parasitoiden (s. untenstehende

Ein Parasitoid – hier eine Wespe, die ihren langen Ovipositor benutzt, um in die Larven anderer Insekten ihre Eier zu legen, die sich dann auf Kosten ihres Wirtes weiterentwickeln, indem sie ihn verzehren.

Abbildung), deren häufigste Vertreter aus den Ordnungen der Diptera und Hymenoptera kommen, benutzen andere Insektenlarven als Wirte und fressen diese von innen auf, nachdem sie als Ei von ihrer Mutter in diese Wirtslarven gelegt worden sind. Parasitoide gehören daher sowohl in die Kategorie der „Parasiten" als auch in die „echter Prädatoren" (nur ein Wirtsindividuum, das in jedem Fall getötet wird). Sie passen aber in keine Kategorie genau und bestätigen, daß keine klaren Grenzziehungen vorgenommen werden können.

Darüber hinaus gibt es keine zufriedenstellende Bezeichnung für alle „tierischen Konsumenten lebender Organismen", die in diesem Kapitel abgehandelt werden. Detritivoren und Pflanzen sind ebenfalls „Konsumenten" (von toten Organismen oder von Wasser, Strahlung usw.), während die Bezeichnung „Prädator" unausweichlich an einen „echten" Räuber denken läßt, selbst wenn wir sie so definiert haben, daß sie Weidegänger und Parasiten mit einschließt. Aber es ist auch nicht sehr zufriedenstellend, immer das wertende Adjektiv „echt" zu benutzen, wenn man konventionelle Räuber wie Großkatzen oder Marienkäfer meint. So wird in diesem Kapitel, wenn es um allgemeine Aspekte geht, *Prädator* oft als Kurzform benutzt, die Räuber, Weidegänger und Parasiten zusammenfaßt. Aber sie wird auch auf die Prädatoren im mehr konventionellen Verständnis angewendet, wenn es offensichtlich um diese geht.

8.2   Fitneß und Abundanz der Beute

Die grundlegende Ähnlichkeit zwischen Räubern, Weidetieren und Parasiten besteht darin, daß sie bei Nutzung der Beute als Ressource die Fekundität oder die Überlebenschancen ihrer einzelnen Beutetiere vermindern und damit wiederum die Abundanz der Beute insgesamt. Der Einfluß der „echten" Prädatoren auf das Überleben ihrer einzelnen Beutetiere bedarf keiner Darstellung – die Beute stirbt. Daß der Einfluß von Weidetieren und Parasiten ähnlich tiefgreifend – wenn auch subtiler – sein kann, wird durch die folgenden beiden Beispiele illustriert.

Als die Weide *Salix cordata* 1990 und 1991 durch einen Flohkäfer heimgesucht wurde, war der Rückgang der Wachstumsrate für beide Jahre ganz deutlich, aber die jeweiligen Folgen waren ziemlich unterschiedlich (Abb. 8.1). Nur während des Jahres 1991 litten die Pflanzen auch noch an Wasserknappheit, wodurch nur 1991 die reduzierte Wachstumsrate auch zu Mortalität führte: 80 % der Pflanzen mit hohen Fraßschäden starben, dagegen nur 40 % der Pflanzen mit geringen Fraßschäden, während in der Kontrollgruppe ohne Fraßschäden keine Pflanze starb.

Der Trauerschnäpper *(Ficedula hypoleuca)* ist ein Vogel, der früh in jedem Sommer vom tropischen Westafrika nach Finnland (und in andere nordeuropäische Gebiete) zieht, um dort zu brüten. Männchen, die relativ früh ankommen, sind bei der Partnerfindung besonders erfolgreich. Späte Ankunft hat dagegen einen überaus nachteiligen Einfluß auf die potentielle Nachkommenzahl des Männchens. Die Spätankommenden sind signifikant stärker mit dem Blutparasiten *Trypanosoma* infiziert (Abb. 8.2). Parasitenbefall hat also einen tiefgreifenden Einfluß auf den Fortpflanzungserfolg einzelner Vögel.

Prädatoren reduzieren die Fekundität und/oder das Überleben der einzelnen Beutetiere

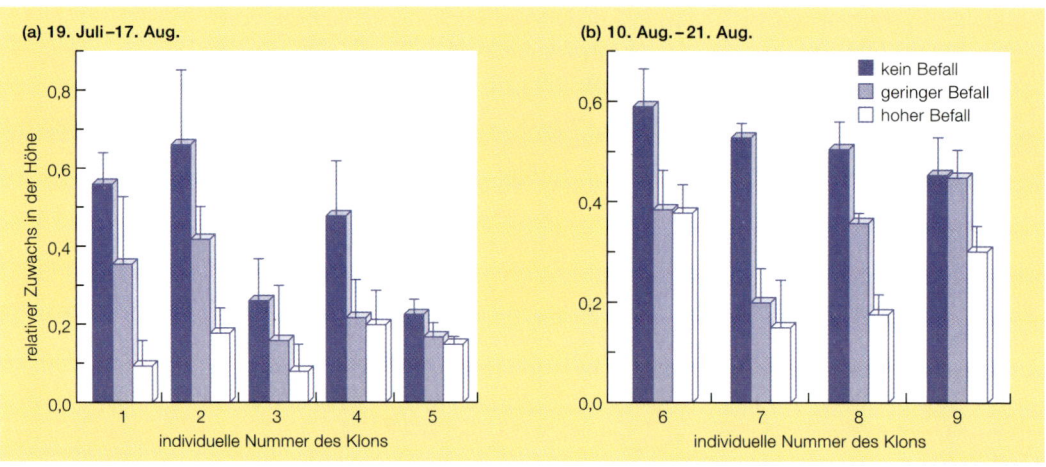

Abbildung 8.1
Relative Zuwachsraten (Höhenzuwachs, mit Standardfehler) für eine Anzahl verschiedener Klone der Herzblät-trigen Weide *(Salix cordata)*, die entweder keinem Befall (Kontrolle), geringem Befall (4 Käfer pro Pflanze) oder hohem Befall (8 Käfer pro Pflanze) ausgesetzt waren in den Jahren a) 1990 und b) 1991 (nach Bach, 1994).

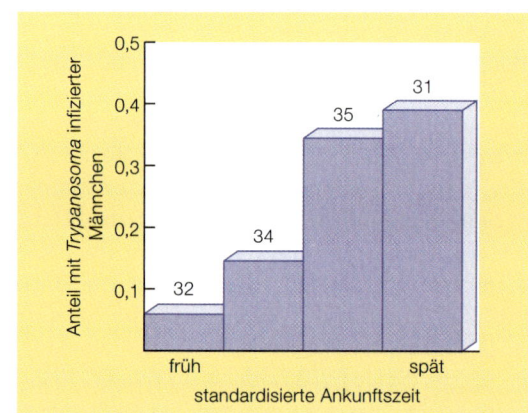

Abbildung 8.2
Der Anteil von Trauerschnäppermännchen *(Ficedula hypoleuca)*, die mit *Trypanosoma* infiziert sind, in den Gruppen von Zugvögeln, die zu unter-schiedlichen Zeitpunkten in Finnland eintreffen (nach Rätti et al., 1993).

Prädatoren können die Abundanz der Beute reduzie-ren – müssen es aber nicht unbedingt tun

Es läßt sich jedoch nicht eindeutig zeigen, daß eine Abnahme des Überle-bens oder der Fekundität einzelner Beutetiere auch eine Abnahme der Beute-abundanz bedeutet – wir müssen in der Lage sein, Beutepopulationen in An- oder Abwesenheit von Prädatoren zu vergleichen. Wie so oft in der Ökologie können wir nicht allein auf Beobachtungen vertrauen, wir brauchen Expe-rimente – entweder solche, die wir selbst entwickeln und durchführen, oder na-türliche Experimente, welche die Natur für uns durchführt.

Abbildung 8.3 stellt z. B. die Unterschiede in der Dynamik von Laboratori-umspopulationen eines bedeutenden Schädlings, einer Dörrobstmottenart, mit und ohne Parasitierung durch die Wespe *Venturia canescens* dar. Wenn man die ziemlich auffälligen regelmäßigen Fluktuationen (Zyklen) sowohl bei der Dörr-obstmotte als auch bei der Wespe außer acht läßt, ist es offensichtlich, daß die

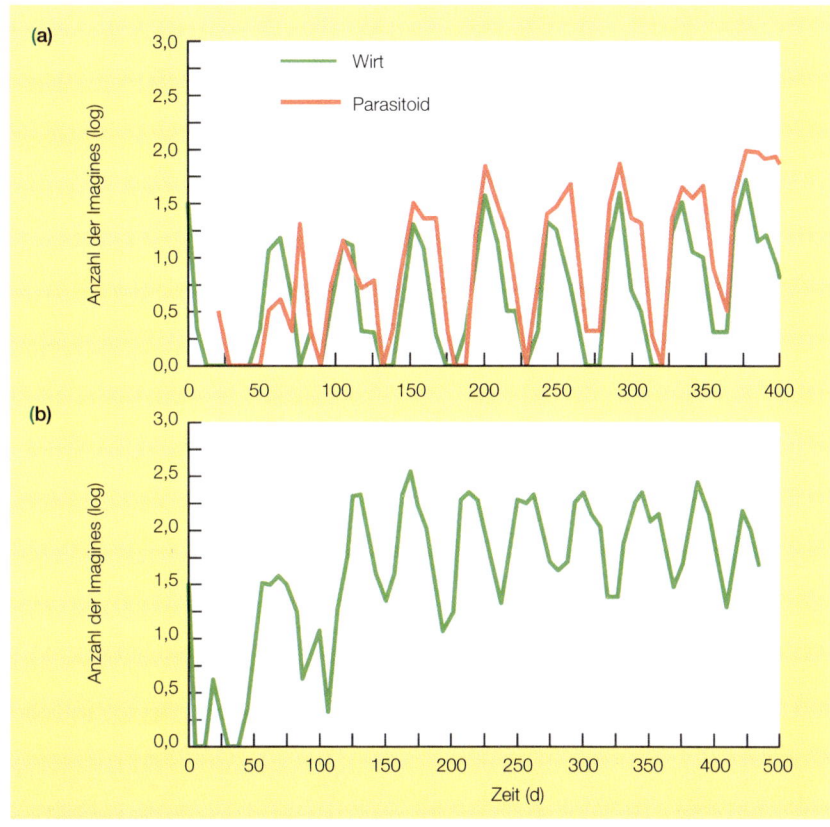

Abbildung 8.3
Die langfristige Populationsdynamik eines in Zuchtkäfigen im Labor gehaltenen Wirtes, der Kupferroten Dörrobstmotte *(Plodia interpunctella)*, bei An- und Abwesenheit seines Parasitoiden *(Venturia canescens)*. (a) Wirt und Parasitoid und (b) Wirt allein (nach Begon et al., 1995).

Wespe die Abundanz der Dörrobstmotte auf weniger als 10 % der eigentlich erwarteten Abundanz reduziert (man beachte den logarithmischen Maßstab der Abbildung).

Ein besonders eindrückliches Beispiel für den Einfluß, den Parasiten ausüben können, ist die Geschichte der Invasion des Lake Moon-Darra (Nord-Queensland, Australien) durch *Salvinia molesta*, einer ursprünglich aus Brasilien stammenden Wasserfarnart. Im Jahre 1978 war der See mit 50 000 Tonnen Frischgewicht dieses Farns überwuchert. Von den möglichen Nutzorganismen aus *Salvinias* Ursprungsgebiet Brasilien war ein Rüsselkäfer *(Cyrtobagous* spp.) bekannt als Art, die ausschließlich an *Salvinia* frißt. Am 3. Juni 1980 wurden 1500 adulte Individuen der Käferart an einem Zufluß des Sees freigelassen, eine weitere Freilassung erfolgte am 20. Januar 1981. Bis zum 18. April 1981 starben überall im See die *Salvinia*-Pflanzen ab – zu diesem Zeitpunkt betrug die geschätzte Gesamtgröße der Population eine Milliarde Käfer. Im August 1981 war weniger als eine Tonne von *Salvinia* übriggeblieben. Das ist u. U. der schnellste Erfolg aller bisherigen Versuche zur biologischen Schädlingsbekämpfung einer Art durch die Einführung einer anderen Art. Es war ein gewissermaßen „kontrolliertes" Experiment, da in anderen Seen weiterhin große Populationen von *Salvinia* auftraten.

Alle Prädatoren können eine Abnahme der Häufigkeit ihrer Beute verursachen. Im Verlaufe dieses Kapitels werden wir jedoch sehen, daß sie das nicht *notwendigerweise* tun müssen.

8.3   Die Feinheiten der Prädation

Es wird viel dadurch erreicht, die Ähnlichkeiten zwischen den verschiedenen Typen von Prädatoren zu betonen. Andererseits wäre es falsch, daraus die Entschuldigung für eine zu starke Vereinfachung abzuleiten (es *gibt* wichtige Unterschiede zwischen „echten" Räubern, Weidegängern und Parasiten) oder den Eindruck zu erwecken, daß alle Ereignisse von Prädation einfach nur nach folgendem Prinzip auftreten: „Beute stirbt – Räuber nähert sich der Produktion seiner Nachkommen erneut um einen Schritt".

8.3.1   Interaktionen mit anderen Faktoren

Weidegänger und Parasiten können ihre Beute anfälliger gegenüber anderen Gefahren machen

Weidegänger und insbesondere Parasiten richten ihren Schaden oft nicht durch das sofortige Töten ihrer Beute an, wie das „echte" Prädatoren tun, sondern indem sie die Beute anfälliger gegenüber anderen Gefahren machen. Ein besonders wichtiger Grund dafür, daß weidende Pflanzenfresser einen viel stärkeren Einfluß ausüben als von vornherein offensichtlich ist, liegt in der Interaktion zwischen Beweidung (Fraß) und Pflanzenkonkurrenz. Dies läßt sich an der Interaktion zwischen dem Blattkäfer *Gastrophysa viridula* und zwei Arten von Ampferpflanzen, *Rumex obtusifolius* und *R. crispus*, beobachten. *R. crispus* ist nur mäßig durch Konkurrenz mit *R. obtusifolius* betroffen und wenig beeinträchtigt vom leichtem Fraß durch den Käfer. Tatsächlich frißt der Käfer bevor-

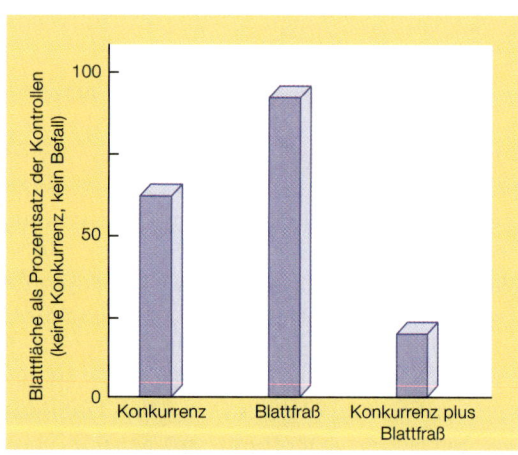

Abbildung 8.4
Die Folgen des Befalls durch den Ampferblattkäfer *(Gastrophysa viridula)* am Krausen Ampfer *(Rumex crispus)* werden signifikant verstärkt, wenn gleichzeitig Konkurrenz mit dem Stumpfblättrigen Ampfer *(R. obtusifolius)* auftritt. Das Wachstum der Pflanze ist als Blattfläche im Vergleich zu Kontrollpflanzen (kein Befall, keine interspezifische Konkurrenz) gemessen (nach Bentley & Whittaker, 1979).

zugt auf *R. obtusifolius*. Leichter Fraß in Kombination mit Konkurrenz hat jedoch einen bemerkenswerten Einfluß auf *R. crispus* (Abb. 8.4).

Parasiten können auch konkurrierende Beziehungen stören. Ein Beispiel aus einer natürlichen Population liefert uns eine Studie an zwei *Anolis*-Leguanarten, die auf der Karibikinsel St. Martin leben. *A. gingivinus* ist der stärkere Konkurrent und scheint *A. wattsi* aus den meisten Gebieten der Insel auszuschließen. Allerdings beeinträchtigt der Malariaparasit *Plasmodium azurophilum* häufig *A. gingivinus*, aber eher selten *A. wattsi*. Wo immer der Parasit *A. gingivinus* befällt, ist *A. wattsi* vorhanden. Wo aber der Parasit fehlt, auch wenn es nur in kleinen, örtlich begrenzten Lebensgemeinschaften ist, kommt nur *A. gingivinus* vor (Schall, 1992).

Eine Infektion kann bei Wirten die Empfindlichkeit gegen Prädation erhöhen. Z. B. zeigten postmortale Untersuchungen am Schottischen Moorschneehuhn *(Lagopus lagopus scoticus)*, daß Vögel, die im Frühling und Sommer durch natürliche Prädatoren getötet wurden, signifikant stärker von dem Darmnematoden *Trichostrongylus tenuis* befallen waren als jene Individuen, welche bis zum Herbst überlebten (Hudson et al., 1992).

8.3.2   Kompensation und Verteidigung der Beute auf der Ebene des Individuums

Die Auswirkungen von Parasiten und Weidegängern auf ihre Beute erweisen sich nicht immer als so tiefgreifend, wie es auf den ersten Blick scheint. Sie sind oft *weniger* einschneidend, weil z. B. einzelne Pflanzen die Auswirkungen von Beweidung und Fraßschäden auf verschiedene Art und Weise kompensieren können (Strauss & Agrawal, 1999). Das Entfernen von Blättern einer Pflanze vermag den von diesen verursachten Schatten auf andere Blätter zu vermindern und dadurch deren Photosyntheserate deutlich zu erhöhen. Viele Pflanzen können auch unmittelbar nach Beschädigung durch Fraß kompensatorisch auf Reserven zurückgreifen, die sie in einer Anzahl unterschiedlicher Gewebe und Organe gespeichert haben. Fraß an Pflanzen verändert auch häufig die Verteilung von gerade frisch photosynthetisierten Stoffen innerhalb der Pflanze, wobei die allgemeine Regel zu sein scheint, ein ausgeglichenes Verhältnis von Wurzel zu Sproß aufrechtzuerhalten. Wenn neue Sprosse ihre Blätter verlieren oder Wurzeln zerstört werden, wird ein erhöhter Anteil der Nettoproduktion in diese Anteile umgeleitet. Häufig tritt auch nach Blattverlusten bei einer Pflanze ein kompensatorisches Nachwachsen auf, indem Knospen, die normalerweise ruhend bleiben würden, angeregt werden, sich weiterzuentwickeln. Ebenso kann es häufig vorkommen, daß überlebende Pflanzenteile in der Folgezeit eine verminderte Absterberate zeigen.

Ein Beispiel für Kompensation bei Herbivorie bietet die Enzianart *Gentianella campestris*. Wenn Herbivorie an dieser zweijährigen Pflanze durch Beschneiden simuliert wird, indem die Hälfte der Biomasse entfernt wird (Abb. 8.5a), wird die nachfolgende Fruchtproduktion erhöht (Abb. 8.5b). Das Ergebnis hängt vom Zeitpunkt des Beschneidens ab: Die Fruchtproduktion war im Vergleich zu den Kontrollen deutlich höher, wenn das Beschneiden zwischen dem 12. und 20. Juli erfolgte. Aber sobald das Beschneiden nach diesem

Kompensatorische Reaktionen bei Pflanzen

Abbildung 8.5
(a) Das Beschneiden des Feldenzians, um Herbivorendruck zu simulieren, verändert die Wachstumsstruktur und die Anzahl der Blüten. (b) Produktion von reifen (rosa Balken) und unreifen Früchten (blaue Balken) bei unbeschnittenen Kontrollpflanzen und Pflanzen, die zu unterschiedlichen Zeitpunkten zwischen dem 12. und 28. Juli 1992 beschnitten wurden. Es werden Mittelwerte und Standardfehler angegeben; alle Mittelwerte unterscheiden sich signifikant voneinander ($P < 0,05$). Pflanzen, die am 12. und 20. Juli beschnitten wurden, entwickelten signifikant mehr Früchte als die unbeschnittenen Kontrollpflanzen. Pflanzen, die am 28. Juli beschnitten wurden, entwickelten signifikant weniger Früchte als die Kontrollpflanzen (aus Lennartsson et al., 1998).

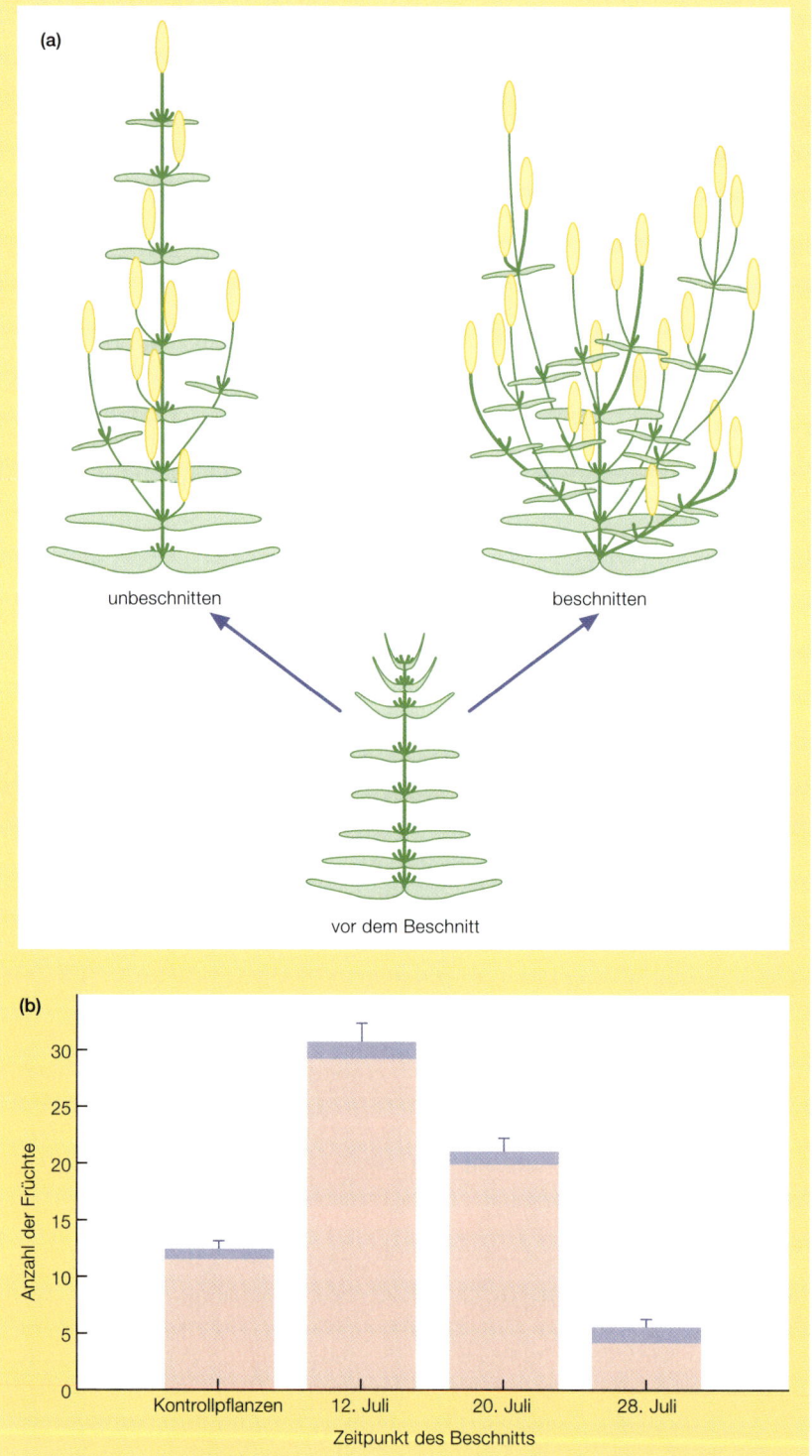

Zeitpunkt auftrat, war die Fruchtproduktion in beschnittenen Pflanzen geringer als in den unbeschnittenen Kontrollen. Der Zeitraum, in dem die Pflanzen Kompensation zeigen, fällt zusammen mit der Phase, in der auch natürlicherweise Schädigung durch Herbivoren auftritt.

Abwehrende Reaktionen bei Pflanzen

Neben kompensatorischen Reaktionen auf Angriffe von Weidegängern können Pflanzen auch die Bildung von Abwehrstrukturen oder chemischen Substanzen bei Befall reaktiv einleiten oder steigern. Beispielsweise induziert wenige Wochen dauerndes Grasen der Schneckenart *Littorina obtusata* auf der Braunalge *Ascophyllum nodosum* eine wesentliche Konzentrationserhöhung von Phlorotanninen (Abb. 8.6a), die ein weiteres Abweiden der Schnecken vermindern (Abb. 8.6b). In diesem Fall hatte das bloße Beschneiden der Pflanze nicht denselben Effekt wie der Herbivore. Außerdem konnte Beweiden durch einen anderen Herbivoren, der Asselart *Idotea granulosa*, überhaupt keine chemische Abwehr hervorrufen. Die Schnecken können sich über einen langen Zeitraum auf ein und derselben Pflanze zum Fressen aufhalten (die Asseln sind hingegen sehr viel mobiler), so daß induzierte Antworten, die eine gewisse Zeit brauchen, bis sie entwickelt sind, durchaus noch wirksam werden und den Schaden reduzieren können.

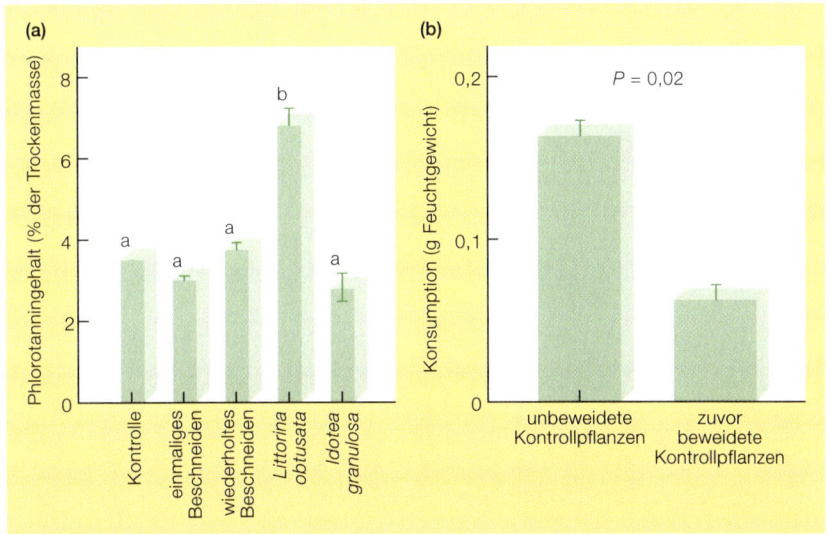

Abbildung 8.6
(a) Phlorotanningehalt von *Ascophyllum-nodosum*-Pflanzen, nachdem diese einer simulierten Herbivorie (Entfernen von Gewebe durch Lochausstanzen) oder zwei wirklichen Herbivorenarten ausgesetzt waren. Mittelwerte und Standardfehler sind angegeben – allein die Schnecke *Littorina obtusata* hatte erhöhte Konzentrationen von chemischen Abwehrstoffen in der Alge induziert. Unterschiedliche Buchstaben zeigen, daß die Mittelwerte signifikant verschieden sind ($P < 0,05$). (b) In einem nachfolgenden Experiment wurden den Schnecken Algensprossen der Kontrollpflanzen und der von den Schnecken beweideten Proben aus (a) vorgelegt: Die Schnecken fraßen signifikant weniger von den Pflanzen mit hohem Phlorotanningehalt (aus Pavia & Toth, 2000).

Zumindest in einigen Fällen scheinen die Antworten der Pflanzen für die Pflanzenfresser stark nachteilig zu sein – obwohl das nicht immer leicht nachzuweisen ist. Wenn etwa Lärchen durch den Befall mit Raupen des Lärchenknospenfalters *Zeiraphera diniana* ihre Nadeln verlieren, vermindern sich die Überlebensrate und die Fruchtbarkeit der Motte für die folgenden 4–5 Jahre, hervorgerufen durch einen kombinierten Effekt aus der Reaktion der Lärche: Der Ausschub der Nadeln tritt verspätet ein, die Nadeln sind härter, haben einen höheren Gehalt an Fasern und Harzen und einen niedrigeren Stickstoffgehalt (Baltensweiler et al., 1977).

Abwehrmaßnahmen als Antworten auf Parasitenbefall wurden im Kapitel 7 besprochen. Die Wirksamkeit einer Immunantwort bei Vertebraten wird am deutlichsten durch jene „abwehrgeschwächten" Individuen verständlich gemacht, bei denen entweder gar keine Antwortreaktion mehr erfolgt oder diese nur sehr schwach ist. Viele Symptome bei den unter AIDS (acquired immunodeficiency syndrome = erworbene Immunschwächekrankheit, die durch eine HIV[human immunodeficiency virus]-Infektion verursacht wird) Leidenden beruhen auf Infektionen mit anderen Krankheitserregern, die sonst äußerst selten vorkommen. Dies liefert überzeugende Belege dafür, welche Bedrohung Parasiten für ungeschützte Wirte darstellen.

8.3.3 Von der individuellen Beute zu Beutepopulationen

Trotz verschiedenartiger Ausprägungen gilt die allgemeine Regel, daß Prädatoren für ihre einzelne Beute schädlich sind. Allerdings sind die Auswirkungen von Prädation auf eine Beutepopulation nicht immer so vorhersagbar. Erst einmal kann es zu kompensatorischen Veränderungen im Wachstum, Überleben oder in der Fortpflanzung der überlebenden Beute kommen. Die Beute kann eine Abnahme der Konkurrenz um begrenzte Ressourcen erfahren, mehr Nachkommen produzieren, oder die Prädatoren könnten der Population weniger Beutetiere entnehmen. Mit anderen Worten, Prädation ist zwar schlecht für einen Beuteorganismus, der gefressen wird, aber sie kann gut für diejenigen sein, die nicht gefressen werden.

Kompensations-reaktionen beim überlebenden Teil der Beute-population ...

Die Belastung durch Prädation wird am häufigsten durch kompensatorische Reaktionen der Überlebenden als Folge abnehmender intraspezifischer Konkurrenz begrenzt. So zeigt sich z. B. in einem Experiment mit Ringeltauben *(Columba palumbus)*, die in großer Anzahl geschossen wurden, daß die Gesamtmortalität im Winter nicht anstieg und das Aussetzen des Abschusses nicht zu einem Anstieg der Taubenabundanz führte (Murton et al., 1974). Dies ist darauf zurückzuführen, daß die Zahl der überlebenden Tauben letztlich nicht durch Abschuß, sondern durch die Verfügbarkeit von Futter bestimmt wurde. Als die Dichte durch Abschuß vermindert wurde, kam es zu einer kompensatorischen Abnahme der intraspezifischen Konkurrenz und der natürlichen Mortalität und gleichzeitig zu einer dichteabhängigen Zuwanderung von Vögeln, die jetzt nicht ausgebeutete Futterressourcen nutzen konnten.

Prädation kann auch einen zu vernachlässigenden Einfluß auf die Beuteabundanz haben, wenn ein zunehmender Verlust an Beutetieren durch Prädatoren in einem bestimmten Lebensabschnitt der Beute zu einer Abnahme der

Verluste in einem anderen Lebensstadium führt. Wenn z. B. der Reproduktionsbeitrag für eine Population erwachsener Pflanzen nicht durch die Anzahl produzierter Samen begrenzt wird, dann haben Insekten, die die Samenproduktion reduzieren, wahrscheinlich keinen bedeutenden Einfluß auf die Populationsdynamik dieser Pflanze. Ein Beispiel dafür ist eine Untersuchung über den Busch *Haplopappus venetus*, eine Goldrutenart: Seine Abundanz verminderte sich stetig entlang einem 60 km langen Inlandgradienten von der kalifornischen Küste ausgehend (Louda, 1982; 1983). Das Ausmaß der Schädigung durch Insekten an sich entwickelnden Blüten und Samen war hoch. Das experimentelle Fernhalten von Blüten- und Samenprädatoren bewirkte ein 11%iges Absinken des Absterbens von Blütenköpfen, ein 19%iges Anwachsen des Bestäubungserfolges und einen Anstieg von 104 % in der Anzahl sich entwickelnder Samen, die der Schädigung entgangen waren. Dies führte zu einer Zunahme in der Zahl angesiedelter Sämlinge. Allerdings folgte hierauf ein viel größerer Verlust an Sämlingen, der wahrscheinlich durch herbivore Vertebraten, besonders im Inland, verursacht wurde. Als Folge davon wurde der ursprüngliche Abundanzgradient trotz der kurzzeitigen Bedeutung der Samen-Prädatoren wiederhergestellt.

Die Kompensationsreaktionen sind keineswegs immer perfekte Lösungen. Z. B. zeigt Abbildung 8.7 die Ergebnisse einer Untersuchung, bei der Samen der Douglasfichte sowohl in frei zugänglichem Gelände ausgesät wurden als auch auf Standorten, die von samenfressendenVertebraten abgeschirmt waren. Der direkte Effekt des Prädatorenausschlusses war eine enorme Abnahme der Samenverluste durch Nagetiere und Vögel (obwohl deren Ausschluß nicht vollständig gelang). Allerdings traten dann kompensatorisch ansteigende Verluste der Samen durch Pilzbefall vor der Keimung und während der Keimphase auf. Auch Sämlinge und junge Pflanzen im Jahr nach deren Keimung waren vom Pilz befallen. Trotz dieser Kompensationsreaktionen führte der Gesamterfolg

... aber Kompensation reicht oft nicht aus

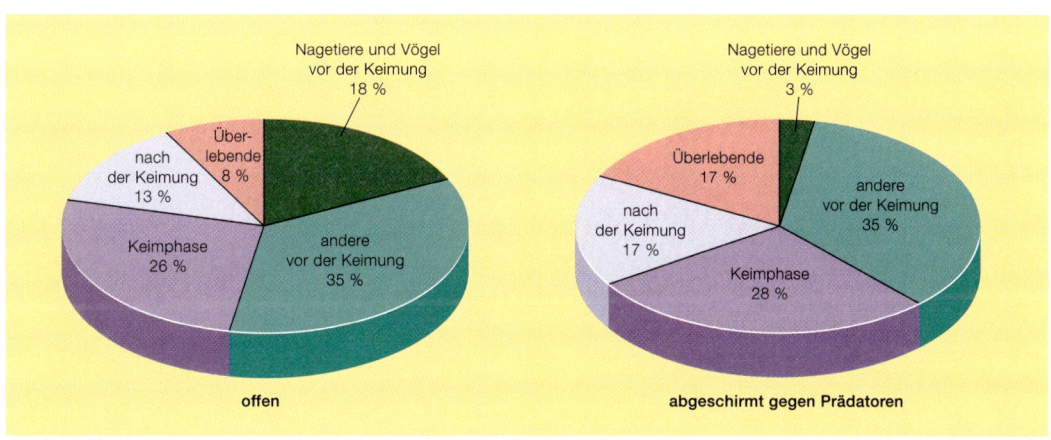

Abbildung 8.7
Wenn Samen der Douglasfichte vor Prädation durch Vertebraten mit Schutzwänden geschützt werden, wird die gesunkene Mortalität kompensiert (allerdings nicht in vollem Ausmaß) durch eine erhöhte Mortalitätsrate aufgrund anderer Ursachen (nach Lawrence & Rediske, 1962).

der Abschirmung der Samen vor Prädatoren zu mehr als einer Verdoppelung der nach einem Jahr noch lebenden Sämlinge.

Prädatoren greifen meist die Schwächsten und Verletzlichsten an

Prädatoren haben unter Umständen auch nur einen geringen Einfluß auf die Beutepopulationen als Ganzes, weil sie nur bestimmte Individuen angreifen. Viele große Carnivoren z. B. konzentrieren ihre Angriffe auf alte (und gebrechliche), auf junge (und unerfahrene) oder kranke Beutetiere. Untersuchungen in der Serengeti (Tansania, Afrika) ergaben, daß Geparden und Afrikanische Wildhunde eine überproportional große Zahl von Thomson-Gazellen aus der jüngeren Altersklasse (Abb. 8.8a) schlugen, weil (1) Jungtiere einfacher zu erbeuten sind (Abb. 8.8b), (2) sie ein schlechteres Durchhaltevermögen haben und geringere Laufgeschwindigkeit zeigen, (3) sie weniger geschickt die Prädatoren ausmanövrieren, um ihnen zu entkommen (Abb. 8.8c), und (4) sie möglicherweise die Prädatoren gar nicht erkennen. Die Auswirkungen der Prädation auf die gesamte Beutepopulation wird daher geringer sein, als es unter anderen Umständen zu erwarten wäre, weil diese jungen Gazellen gegenwärtig noch nicht zur Reproduktion der Population beitragen und viele von ihnen auch noch aus anderen Gründen gestorben wären, bevor sie sich fortgepflanzt hätten. Ähnlich wurde bei dem Rüsselkäfer *Phyllobius argentatus* beobachtet, daß er hauptsächlich an den tieferen, beschatteten Blättern im Zentrum einer Birke frißt, was auf die Gesamtproduktivität des Baumes nur geringen Einfluß hat (Nielsen und Ejlerson, 1977).

Es ist also offensichtlich, daß die Einflüsse eines Prädatoren auf das einzelne Beuteindividuum ganz entscheidend von der Reaktion der Beute abhängen und der Effekt auf die gesamte Beutepopulation ebenso davon abhängt, welche Beute angegriffen wird, wie die Reaktionen der anderen Beuteindividuen sind und welche anderen natürlichen Feinde existieren. Der Einfluß eines Prädators kann drastischer sein, als es vordergründig scheint, aber auch geringer. Es ist selten das, wonach es aussieht.

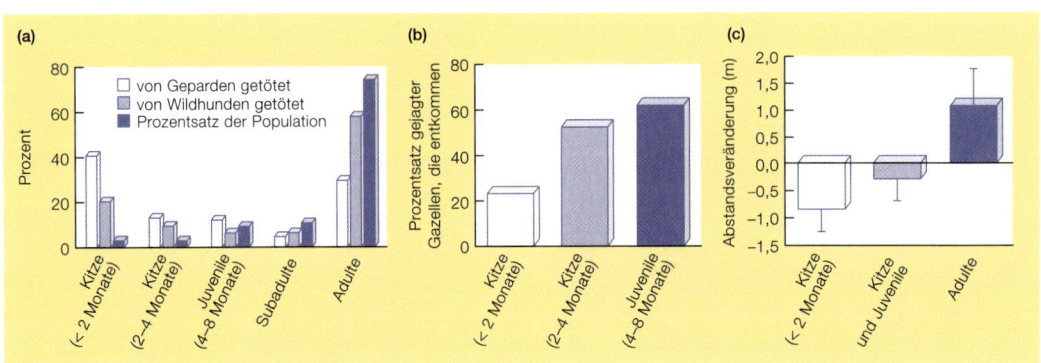

Abbildung 8.8
(a) Die Anteile der verschiedenen Altersklassen (bestimmt über die Zahnabnutzung) von Thomson-Gazellen *(Gazella thomsoni)*, die von Geparden oder Wildhunden gerissen wurden, unterscheiden sich deutlich von ihren Anteilen an der gesamten Population. (b) Das Alter beeinflußt die Wahrscheinlichkeit, mit der Thomson-Gazellen den jagenden Geparden entkommen. c) Wenn die Beute (hier Thomson-Gazellen) Haken schlägt, um zu entfliehen, beeinflußt das Alter der Beute die durchschnittliche Entfernung, die sie dadurch zwischen sich und den Geparden schafft (nach FitzGibbon & Fanshawe, 1989; FitzGibbon, 1990).

Thomson-Gazelle.

8.4   Verhalten von Prädatoren – Suchverhalten und Übertragung

Bisher haben wir nur betrachtet, was tatsächlich geschieht, *nachdem* der Räuber seine Beute gefunden hat. Nun gehen wir einen Schritt zurück und untersuchen, wie der Kontakt überhaupt zustande kommt. Dies ist von entscheidender Bedeutung, weil das Muster dieses Kontaktes für die Bestimmung der „Konsumptionsrate" des Prädators kritisch ist, was wesentlich dazu beiträgt, das spezifische Ausmaß des Nutzens festzulegen, aber auch des Schadens, welcher der Beute zugefügt wird. Das wiederum bestimmt den Einfluß auf die Dynamik der Räuber- und Beutepopulationen.

„Echte" Prädatoren und Weidegänger zeigen typischerweise ein „Suchverhalten". Viele ziehen in ihrem Habitat auf der Suche nach Beute umher, und das Muster ihrer Kontaktaufnahme selbst wird durch das Verhalten des Räubers bestimmt – manchmal auch durch das ausweichende Verhalten der Beute (Abb. 8.9a). Dieses Suchverhalten wird weiter unten diskutiert. Andere Prädatoren, z. B. Netzspinnen, „sitzen und warten" auf ihre Beute, allerdings fast immer an einem Platz, den sie (oder manchmal ihre Eltern) ausgewählt haben (Abb. 8.9b). Die fleischfressenden, netzspinnenden und im Wasser lebenden Larven der Köcherfliege *Plectrocnemia conspersa* z. B. verlassen unergiebige Standorte einfach schneller als ergiebige, wenn sie unter Laborbedingungen mit Fliegenlarven in einem Fließgewässer gefüttert werden (Abb. 8.10a). Außerdem hängt die Wahrscheinlichkeit, mit der eine Larve ihr erstes Netz spinnt, davon ab, ob sie dort auf Futter trifft (das sie auch ohne Netz konsumieren kann). Sobald eine Larve gefüttert wurde, beginnt sie unverzüglich mit der Konstruktion eines Netzes, während ungefütterte Larven ihre Wanderung fortsetzen und eher bereit sind, den Ort zu verlassen. Räuber mit ihren Netzen finden sich somit im Fließgewässer dort, wo viele Beutetiere vorhanden sind (Abb. 8.10b).

Im Gegensatz dazu sprechen wir bei Parasiten und Krankheitserregern eher von Übertragung als von Suchverhalten. Es kann eine direkte Übertragung von

Ansitz- oder Lauerjagd der Prädatoren

Parasitenübertragung

329

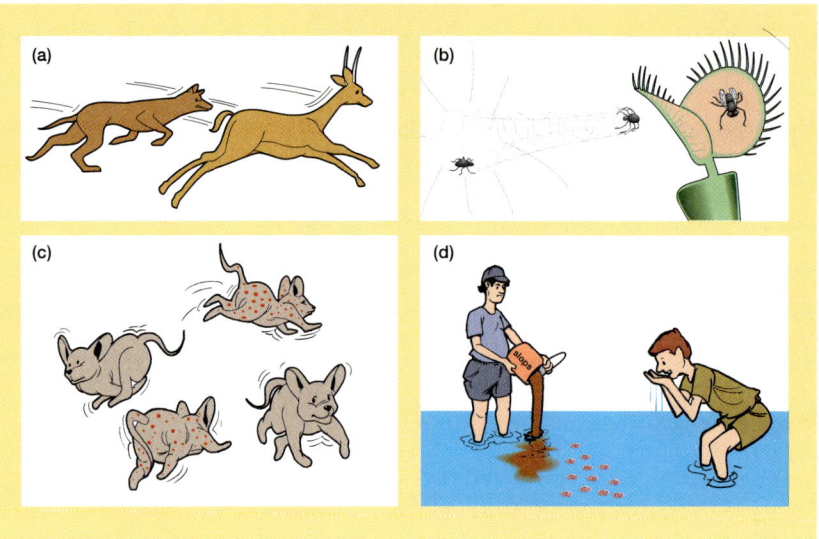

Abbildung 8.9
Die unterschiedlichen Formen des Suchverhaltens und der (Parasiten-)Übertragung. (a) Aktive Räuber suchen ihre (u. U. auch aktive) Beute. (b) Ansitz- oder Lauerjäger warten, daß ihre aktive Beute zu ihnen kommt. (c) Direkte Übertragung von Parasiten – infektiöse und nicht infizierte Wirte treffen direkt aufeinander. (d) Übertragung zwischen freilebenden Entwicklungsformen eines Parasiten, die der Wirt abgegeben hat, und noch nicht infizierten Wirten.

infizierten auf nicht-infizierte Wirtsorganismen erfolgen, wenn sie miteinander in Kontakt kommen (Abb. 8.9c). Oder freilebende Entwicklungsstadien der Parasiten können von infizierten Wirten freigegeben werden, so daß in diesem Fall das Muster des Kontaktes zwischen diesen und nicht befallenen Wirten wichtig ist (Abb. 8.9d). Die einfachste Annahme, die wir für direkt übertragene Parasiten aufstellen können und eine, die oft gemacht wird, wenn man versucht, ihre Dynamik zu verstehen (erörtert in Abschnitt 8.5), ist, daß die Übertragung davon abhängt, ob infizierte und nichtinfizierte Wirtsindividuen zufällig aufeinander stoßen. Mit anderen Worten, die Gesamtrate einer Parasitenübertragung hängt zum einen von der Dichte nichtinfizierter, empfänglicher Wirte ab (weil diese die Größe der Zielgruppe repräsentieren) und zum anderen von der Dichte infizierter Wirte (weil diese das Risiko für die Zielgruppe, befallen zu werden, darstellen) (Abb. 8.9c).

8.4.1   Suchverhalten

Zum Suchverhalten eines Prädators ergeben sich viele Fragen. Wo genau oder auf welchen Teil seines verfügbaren Habitats konzentriert sich seine Suche? Wie lange wird sich ein Räuber an einem Ort aufhalten, ehe er einen anderen aufsucht? Ökologen stellen solche Fragen von zwei Standpunkten aus. Erstens unter dem Gesichtspunkt, welche Konsequenzen das Verhalten für die Dynamik von Räuber- und Beutepopulationen hat. Wir kommen in Abschnitt 8.5 darauf zurück.

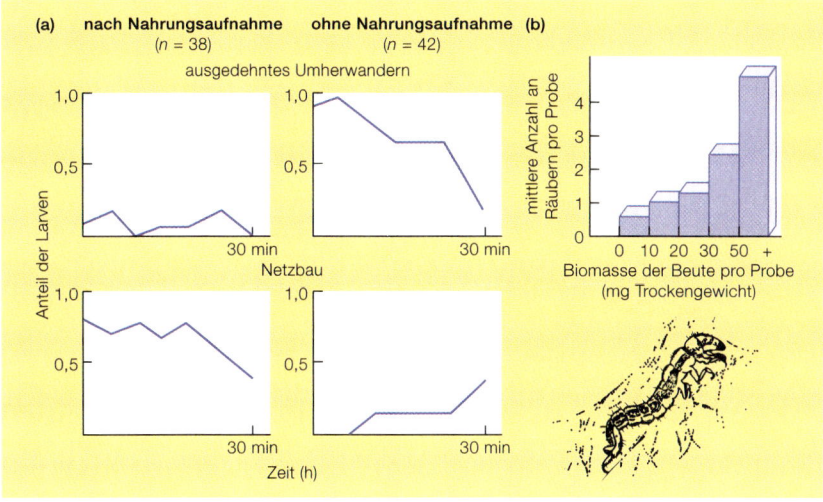

Abbildung 8.10
(a) Die Larven des fünften Stadiums der Köcherfliege *Plectrocnemia conspersa*, die in einem *Patch* zu Beginn des Experiments eine Zuckmückenlarve finden und fressen (nach Nahrungsaufnahme), hören rasch mit der Wanderbewegung auf und beginnen, ein Netz zu spinnen. Räuber, die keine Beute finden (ohne Nahrungsaufnahme), zeigen wesentlich ausgedehntere Wanderbewegungen innerhalb der ersten 30 Minuten des Experiments und verlassen den *Patch* mit signifikant höherer Wahrscheinlichkeit. (b) Direkt dichteabhängige Aggregation von Larven des fünften Stadiums in einem natürlichen Flußlauf. Aufgetragen ist die Anzahl der Räuber gegen die Biomasse an Beute (Zuckmücken und Steinfliegen) pro 0,0625 m² Flußbett (*n* = 40) (nach Hildrew & Townsend, 1980; Townsend & Hildrew, 1980).

Der zweite Gesichtspunkt ergibt sich aus der „Verhaltensökologie" oder der „Theorie zum optimalen Suchverhalten" *(optimal foraging)*. Das Ziel ist zu verstehen, warum bestimmte Muster des Suchverhaltens durch natürliche Selektion begünstigt wurden. Die meisten Leser werden mit jener allgemein angenommenen Sichtweise vertraut sein, die man z. B. auf die Anatomie eines Vogelflügels anwenden kann – so wollen wir verstehen lernen, warum ein besonderes Oberflächenareal, eine besondere Kombination von Knochenstärke und -gewicht und eine besondere Anordnung des Gefieders durch natürliche Selektion begünstigt wurden und sich auf die Effektivität auswirken, mit welcher der Vogel fliegen kann. Natürlich muß man deshalb nicht gleich die Grundlagen der Aerodynamik des Vogelfluges verstehen, sondern man muß nur erkennen, daß jene Vögel mit den effektivsten Flügeln in der Vergangenheit durch natürliche Selektion begünstigt wurden und ihre Effektivität an ihre Nachkommen weitergegeben haben. Wenn man diesen Denkansatz auf das Suchverhalten anwendet, kommt man ohne Frage zu der Annahme, daß ein Prädator „bewußte Entscheidungen" trifft.

Was aber ist denn nun der geeignete Maßstab für den „Erfolg" beim Suchverhalten, quasi das Äquivalent zur Flugfähigkeit als Kriterium für einen erfolgreichen Flügel eines Vogels? Üblicherweise wurde als Maßstab dafür die *Netto*rate der Energieaufnahme benutzt – das ist die Energiemenge, die pro Zeit-

Der evolutionäre Ansatz zum optimalen Suchverhalten

einheit erworben wurde, *nachdem* berechnet und einbezogen wurde, wieviel Energie ein Prädator für die gesamte Ausführung seines Suchverhaltens eingesetzt hat. Der Ausdruck *optimales Suchverhalten* wird demnach auch benutzt, weil man annimmt, daß solche Muster des Suchverhaltens von der natürlichen Selektion bevorzugt wurden, die die höchste *Netto*rate der Energieaufnahme erlauben. Für viele Konsumenten ist effektives Sammeln von Energie viel weniger kritisch als die Aufnahme von besonderen Nahrungsbestandteilen (z. B. Stickstoff). Es kann auch von vorrangiger Bedeutung für den Konsumenten sein, daß er eine ausgewogene Mischkost erhält. Die Vorhersagen der Theorie des optimalen Suchverhaltens lassen sich nicht auf alle Suchentscheidungen eines jeden Räubers anwenden.

Anwendung des Ansatzes zum optimalen Suchverhalten auf verschiedene Suchverhaltensweisen

Eine Reihe von Gesichtspunkten des Suchverhaltens, auf die auch die Sichtweise des optimalen Suchverhaltens angewendet wurde, ist in Abbildung 8.11 illustriert. Diese Punkte werden hier kurz erläutert, bevor der gesamte Ansatz anhand nur eines dieser Beispiele dann eingehend erklärt wird.

- Wo konzentriert ein Prädator sein Suchverhalten innerhalb des dafür verfügbaren Habitats (Abb. 8.11a)? Konzentriert er sich darauf, wo die langfristige Erwartung über die Nettoenergieaufnahme am größten ist *oder* wo das Risiko längerer Perioden mit nur geringerer Energieaufnahme am geringsten ist?
- Gibt die vom Räuber gewählte Örtlichkeit nur die erwartete Energieaufnahme wieder? Oder scheint ein Gleichgewicht zu bestehen zwischen dieser Annahme und dem Risiko, von seinem eigenen Räuber erbeutet zu werden? (Abb. 8.11b)? Übrigens zeigte eine kürzlich vorgenommene Untersuchung, daß einzelne Weißfußmäuse *(Peromyscus leucopus),* wenn Deckung vor Prädatoren besteht, so lange an Futterplätzen fressen, bis diese weitgehend erschöpft sind. Andererseits verlassen sie Futter-*Patches,* an denen sie ungeschützt sind, selbst dann, wenn noch ausreichend Nahrung vorhanden ist (Morris & Davidson, 2000).
- Wie lange neigt ein Prädator dazu, an einem Ort zu bleiben – etwa an einer Stelle eines patchartigen Lebensraumes –, bevor er sich zu einem anderen Platz begibt (Abb. 8.11c)? Bleibt er über längere Zeiträume und vermeidet damit unproduktive Wege von einem Patch zum anderen? Oder verläßt er *Patches* frühzeitig, bevor dort die Ressourcen erschöpft sind? Morris und Dadvidson (2000) berichteten außerdem, daß *Peromyscus leucopus* den Nahrungs-*Patch* auch dann verläßt, wenn noch ausreichend Nahrung vorhanden ist, weil das Habitat insgesamt sehr viel reichhaltiger im Nahrungsangebot ist.
- Welche Auswirkungen haben andere, konkurrierende Prädatoren, die im selben Habitat suchen (Abb. 8.11d)? Die erwartete Nettoenergieaufnahme an einem Ort spiegelt sich jetzt wahrscheinlich wider sowohl in intrinsischer Produktivität als auch in der Anzahl konkurrierender Suchender. Wie sieht die erwartete Verteilung der Prädatoren insgesamt über die verschiedenen *Patches* der jeweiligen Habitate aus?

Es bleibt die „Frage" aus Abbildung 8.11e sowie jene, der wir uns nun in Fenster 8.1 zuwenden, um eine ausführliche Darstellung der Theorie zum optimalen Suchverhalten zu erreichen, nämlich die Frage nach der Breite von Nahrungs-

Abbildung 8.11
Die unterschiedlichen Formen von „Entscheidungen" zum Suchverhalten, die sich aus der Theorie zum optimalen Suchverhalten ergeben. (a) Das Wählen zwischen Habitaten. (b) Der Konflikt zwischen erhöhter Nahrungsaufnahme und der Vermeidung von Prädation. (c) Entscheidungen zur optimalen Aufenthaltsdauer in einem *Patch*. (d) Die Entscheidung zur „ideal freien" Verteilung – ein Konflikt zwischen *Patch*-Qualität und Dichte der Konkurrenten. (e) Optimale Nahrungsspektren – welche Beute sollte in das Nahrungsspektrum einbezogen werden und welche nicht (wenn etwas Besseres vielleicht in direkter Nähe schon wartet).

spektren. Ein Räuber wird unmöglich fähig sein, alle Typen von Beute zu konsumieren. Einfache Gestaltmerkmale verhindern, daß Spitzmäuse Eulen fressen (obwohl Spitzmäuse Carnivoren sind) und Kolibris Samen aufnehmen. Doch selbst im Rahmen ihrer eingeschränkten Möglichkeiten weisen die meisten Tiere ein engeres Nahrungsspektrum auf, als sie aufgrund morphologischer Gegebenheiten aufweisen könnten.

Zusammenfassend ergibt sich aus Fenster 8.1, daß ein Räuber fortfahren sollte, seiner Nahrung zunehmend weniger einträgliche Anteile hinzuzufügen, solange dabei die Gesamtrate seiner Energiezufuhr steigt. Das dient dazu, seine Gesamtrate der Energieaufnahme zu maximieren.

Fenster 8.1 – Quantitative Aspekte

Optimales Nahrungsspektrum

Das Nahrungsspektrum bezieht sich auf den Umfang von Nahrungstypen, die ein Prädator konsumiert. Um umfassend anwendbare Vorhersagen darüber zu erhalten, wann Nahrungsspektren breit oder eng sind, müssen wir den Prozeß der Nahrungssuche auf seine wesentlichen Bestandteile reduzieren. So kann man davon ausgehen, daß ein Prädator, um Nahrung zu erhalten, Zeit und Energie aufwenden muß, zuerst bei der Suche nach seiner Beute, dann bei der Handhabung (d. h. verfolgen, überwältigen und verzehren). Während der Suche wird dem Prädator wahrscheinlich eine große Auswahl von Nahrungstypen begegnen. Das Nahrungsspektrum hängt daher von der Reaktion eines Prädators ab, wenn er auf die Beute trifft. Generalisten, d. h. jene mit einem breiten Nahrungsspektrum, verfolgen einen großen Anteil der von ihnen angetroffenen Beutetypen. Spezialisten, d. h. jene mit einem engen Nahrungsspektrum, werden die Suche fortsetzen, bis sie einem speziell von ihnen bevorzugten Beutetyp begegnen.

Generalisten haben den Vorteil, verhältnismäßig wenig Zeit für die Suche aufzuwenden – die meisten Beuteorganismen, die sie finden, werden verfolgt und, falls die Verfolgung erfolgreich war, verzehrt. Aber sie haben den Nachteil, daß sich in ihrer Nahrung auch verhältnismäßig wenig profitable Beutetypen befinden. Das bedeutet, daß Generalisten den überwiegenden Teil der Zeit Energie aufnehmen – allerdings ist die Aufnahmerate sehr oft relativ gering. Spezialisten dagegen haben den Vorteil, daß sich in ihrer Nahrung relativ hochergiebige Beute befindet. Dafür haben sie den Nachteil, einen verhältnismäßig großen Teil ihrer Zeit in die Beutesuche investieren zu müssen. Sobald sie aber Energie aufnehmen, ist die Rate relativ hoch. Wenn nun für einen bestimmten Prädator eine vorhersagbare optimale Strategie zur Nahrungssuche bestimmt werden soll, bedeutet das festzustellen, wie die Pros und Kontras ausgeglichen werden müssen, um die gesamte Nettoenergieaufnahme zu maximieren (Mac Arthur & Pianka, 1966; Charnov, 1976).

Zunächst können wir mit Sicherheit annehmen, daß jeder Prädator den profitabelsten Beutetyp in sein Nahrungsspektrum aufnimmt, d. h. denjenigen, für den die Nettoenergieaufnahmerate am höchsten ist. Aber sollte auch der nächstprofitabelste Beutetyp mit eingeschlossen werden? Oder sollte bei einer Begegnung solch eine Beute ignoriert

Dieses optimale Nahrungsangebot führt mithin zu einer Reihe von Vorhersagen.

Vorhersagen des Modells zur optimalen Breite des Nahrungsspektrums

1. Prädatoren mit Handhabungszeiten, die im Verhältnis zur Suchzeit typischerweise kurz sind, sollten Generalisten sein. Denn sie können in der kurzen Zeit, die sie zur Handhabung eines bereits gefundenen Beutetieres benötigen, kaum mit der Suche nach einer weiteren Beute beginnen. Nach den Gleichungen des Fensters 8.1 heißt das: E_n/h_n ist groß (h_n ist klein) für ein großes Spektrum von Beutetypen, während $\bar{E}/(\bar{s}+\bar{h})$ klein ist (s ist groß) sogar bei einem großen Beutespektrum. Diese Vorhersage scheint durch das breite Nahrungsspektrum vieler insektivorer Vögel, die auf Bäumen und

und die Suche nach dem *profitabelsten* Beutetyp fortgesetzt werden? Und wenn der zweitprofitabelste Beutetyp mit eingeschlossen wird, was ist dann mit dem dritt- und viertprofitabelsten usw.?

Betrachten wir den „zweitprofitabelsten Nahrungstyp". Wann wird es sich für einen Prädator „lohnen", Beute von diesem Typ in das Nahrungsspektrum aufzunehmen (hinsichtlich der Energieaufnahmerate)? Es lohnt sich dann, wenn die erwartete Energieaufnahmerate über die Zeit, in der er die gefundene Beute handhabt, größer ist als die erwartete Energieaufnahme, *wenn er nach dem profitabelsten Beutestück weitergesucht hätte.* (Der *erwartete* Zeitaufwand ist hierbei einfach der durchschnittliche Zeitaufwand für jedes Beutestück eines bestimmten Typs.) In Variablensymbolen ausgedrückt nennen wir die erwartete Suchzeit und Handhabungszeit für den profitabelsten Typ s_1 und h_1 und den Energiegehalt E_1; die erwartete Handhabungszeit für den zweitprofitabelsten Typ nennen wir h_2 mit einem Energiegehalt E_2. Es wird sich für einen Prädator nur dann lohnen, sein Nahrungsspektrum zu erweitern, wenn E_2/h_2 (d. h. die Aufnahmerate, Energie pro Zeiteinheit, wenn er die zweit-

beste Beute handhabt) größer ist als $E_1/(s_1 + h_1)$ (die Aufnahmerate, wenn er statt dessen nach der profitabelsten Beute sucht).

Angenommen, es würde sich für den Prädator lohnen, sein Nahrungsspektrum zu erweitern. Wie verhält es sich dann mit dem drittprofitabelsten Beutetyp? Wir argumentieren genauso wie zuvor: Es wird sich für einen Prädator lohnen, diesen in sein Nahrungsspektrum aufzunehmen, wenn, sobald er ihn gefunden hat, die erwartete Aufnahmerate über die Handhabungszeit h_3 größer ist als die erwartete Rate, wenn er einen der beiden profitabelsten Typen, die schon zu seinem Nahrungspektrum zählen, sucht und auch handhabt. Wenn wir also die Such- und Beutehandhabungszeiten sowie den Energiegehalt von Nahrungstypen, die schon im Nahrungsspektrum enthalten sind, mit $\bar{s}$, $\bar{h}$ und $\bar{E}$ bezeichnen, macht es sich für den Prädator bezahlt, sein Nahrungsspektrum zu erweitern, falls E_3/h_3 größer ist als $\bar{E}/(\bar{s} + \bar{h})$ oder allgemeiner ausgedrückt, wenn E_n/h_n jetzt $\bar{E}/(\bar{s} + \bar{h})$ übersteigt, wobei n für den jeweilig „nächstprofitabelsten" Beutetyp steht (der noch nicht zum Nahrungsspektrum gehört).

Die ökologischen Auswirkungen dieses Gesetzes werden im Text genauer erörtert.

Sträuchern Nahrung suchen, bestätigt zu werden. Die Suche ist fast immer zeitaufwendig, doch verbraucht die fast stets erfolgreiche Handhabung der kleinen, ortsfesten Insekten vernachlässigbar wenig Zeit. Dementsprechend hat ein Vogel kaum etwas zu verlieren, wenn er jedes gefundene Insekt auch verzehrt, und er maximiert seinen Erfolg durch ein breites Nahrungsspektrum.

2. Im Gegensatz dazu sollten Räuber, die im Verhältnis zur Suchzeit lange Handhabungszeiten aufweisen, Spezialisten sein: Das Maximieren der Energieaufnahmerate kommt zustande, indem nur die einträglichsten Formen der Nahrung ausgesucht werden. So leben Löwen mehr oder weniger ständig in Sichtweite ihrer Beute, so daß die Suchzeit vernachlässigbar ist. Da-

gegen kann die Handhabungszeit, wie auch insbesondere die Verfolgung, sehr lang sein (und sehr energieaufwendig). Löwen spezialisieren sich daher auf solche Beute, die mit größter Profitabilität gejagt werden kann: junge und alte, aber auch kranke Tiere.

3. Unter sonst gleichen Bedingungen sollte ein Räuber in einer wenig ergiebigen Umwelt (wo die Beute relativ selten ist und Suchzeiten in der Regel sehr groß sind) ein größeres Nahrungsspektrum aufweisen als in einer produktiven Umwelt (wo die Suchzeiten grundsätzlich kürzer sind). Diese Vorhersage wird durch zwei Beispiele bestätigt, die in Abbildung 8.12 wiedergegeben sind: Unter experimentellen Bedingungen hatten sowohl der Blauwangen-Buntbarsch *(Lepomis macrochirus)* als auch die Kohlmeise *(Parus major)* bei höherer Beutedichte ein engeres Nahrungsspektrum. Ein vergleichbares Ergebnis wird von zwei Prädatoren in ihrer natürlichen Umgebung in freier Wildbahn berichtet, dem Braun- und dem Schwarzbären (*Ursus arctos* und *U. americanus*), die sich in der Bristol-Bucht in Alaska von Lachsen ernähren. Wenn die Lachse leicht verfügbar waren, konsumierten die Bären weniger Biomasse pro gefangenem Fisch und suchten sich eher sehr energiereiche Fische (solche, die noch nicht abgelaicht haben) oder energiehaltige Körperteile (Eier der Weibchen; Gehirne der Männchen) aus. Kurz gesagt, ihre Nahrungswahl wurde deutlich spezialisierter, wenn die Beute reichlich vorhanden war (Gende et al., 2001).

4. Die Gleichung in Fenster 8.1 hängt nicht von der Suchzeit nach dem „nächsten, günstigeren Beutestück" des Nahrungsspektrums und damit auch nicht von dessen Häufigkeit ab. Mit anderen Worten, Prädatoren sollten ungenügend ergiebige Beutetypen unabhängig von deren Abundanz ignorieren. Wenn wir noch einmal die Beispiele aus Abbildung 8.12 überprüfen, können wir sehen, daß beide sich auf Fälle beziehen, in denen das Modell über das optimale Nahrungsspektrum tatsächlich vorhersagt, daß die am wenigsten ergiebige Beute vollständig unbeachtet bleiben sollte. Das Suchverhalten war dieser Voraussage sehr ähnlich, jedoch nahmen in beiden Fällen die Tiere durchweg wenig ergiebige Beutetypen häufiger als erwartet. Tatsächlich ist diese Art von Diskrepanz wiederholt entdeckt worden, und es gibt eine Anzahl von Gründen, warum dies vorkommen kann. Dies kann grob zusammengefaßt werden in der Erkenntnis, daß Tiere nicht „allwissend" sind. Das Modell über das optimale Nahrungsspektrum kann ebensowenig wie das optimale Suchverhalten und ebensowenig wie alle Evolutionsmodelle eine perfekte Übereinstimmung zwischen Beobachtung und Erwartung vorhersagen. Das Modell sagt die Form der Strategie vorher, die durch natürliche Selektion begünstigt wird, und daß mithin jene Tiere am *meisten* begünstigt werden, die dieser Strategie am *nächsten* kommen. Von diesem Standpunkt aus erscheint die Übereinstimmung zwischen Daten und Theorie in Abbildung 8.12 deutlich zufriedenstellender zu sein.

Alles in allem kann die evolutionäre Theorie zum optimalen Suchverhalten helfen, das Beute-Suchverhalten eines Räubers zu erklären, indem sie Voraussagen darüber gestattet, welches Verhalten zu erwarten ist, und daß diese Voraussagen durch reale Beispiele gestützt werden können.

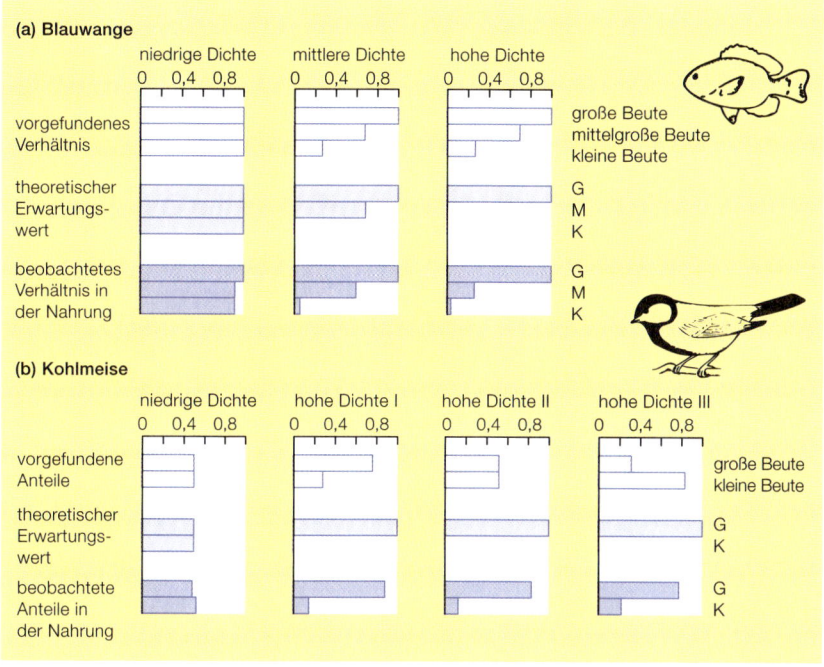

Abbildung 8.12
Zwei Studien zur optimalen Nahrungswahl, die eine deutliche, aber begrenzte Übereinstimmung mit dem Modell zur optimalen Nahrungswahl zeigen. Das Nahrungsspektrum ist bei hohen Beutedichten enger, umfaßt jedoch mehr Beute geringer Profitabilität als theoretisch erwartet. (a) Blauwangen-Buntbarsche *(Lepomis macrochirus)* beim Erbeuten von Daphnien verschiedener Größenklassen: Die Histogramme zeigen das Verhältnis der Begegnungsraten mit den drei verschiedenen Beutedichten sowie die theoretisch erwarteten und im Experiment beobachteten Verhältnisse in der Nahrung (nach Werner und Hall, 1974). (b) Kohlmeisen *(Parus major)* beim Jagen und Erbeuten großer und kleiner Mehlwurmstücke (nach Krebs et al., 1977). Die Histogramme beziehen sich in diesem Fall auf die relativen Anteile beider Größenklassen, die gefressen wurden (nach Krebs et al., 1977; Krebs, 1978).

8.5   Die Populationsdynamik der Prädation

Welche Rolle spielen Prädatoren als treibende Kräfte für die Populationsdynamik ihrer Beute, oder ist die Beute treibende Kraft für die Populationsdynamik der Prädatoren? Sind das allgemeine dynamische Prozesse, die dabei zutage treten? Die vorangehenden Abschnitte sollten klar gemacht haben, daß es auf diese Fragen keine einfachen Antworten gibt. Es kommt auf Details im Verhalten der einzelnen Prädatoren und Beuteorganismen an, auf mögliche kompensatorische Antworten auf der Ebene von Einzelorganismen und Populationen usw. Statt an der Komplexität von all dem zu verzweifeln, sollten wir lieber Verständnis für diese dynamischen Prozesse aufbauen, indem wir einfach beginnen, durch schrittweises Hinzufügen von einem Merkmal nach dem anderen ein realistisches Bild zeichnen.

**Offene Frage:
Warum zeigen unterschiedliche Räuber-Beute-Systeme eine unterschiedliche Populations-dynamik?**

337

8.5.1 Die grundlegende Populationsdynamik im Räuber-Beute-Verhältnis: eine Tendenz zum Kreislauf

Aus einfachen Überlegungen ergibt sich ein Bild

Wir beginnen mit einer bewußt übertriebenen Vereinfachung, indem wir alles ignorieren bis auf den Prädator und die Beute und dann nach der grundlegenden Tendenz fragen, die in der Populationsdynamik ihrer Beziehungen zueinander steckt. Dabei stellt sich als zugrundeliegende Tendenz heraus (in diesem Abschnitt und in den Abschnitten 8.5.2 und 8.5.3), daß Abundanzen der Räuber- und Beutepopulationen gekoppelte Oszillationen oder Zyklen zeigen. Wenn dies feststeht und akzeptiert ist, können wir uns vielen anderen wichtigen Fragen zuwenden – weiteren Prädatoren, Futterknappheit für die Beute, *Patchiness* des Lebensraums und dergleichen mehr – welche die zugrundeliegende Tendenz modifizieren oder außer Kraft setzen. Anstatt jeden dieser Faktoren zu erklären, werden in den Abschnitten 8.5.4 und 8.5.5 zwei der wichtigeren Faktoren untersucht: die Auswirkungen von zu hoher Dichte als Übervölkerung sowohl bei Prädatoren als auch bei der Beute sowie einige Folgen räumlicher *Patchiness*. Mit diesen beiden Faktoren kann man den Sachver-

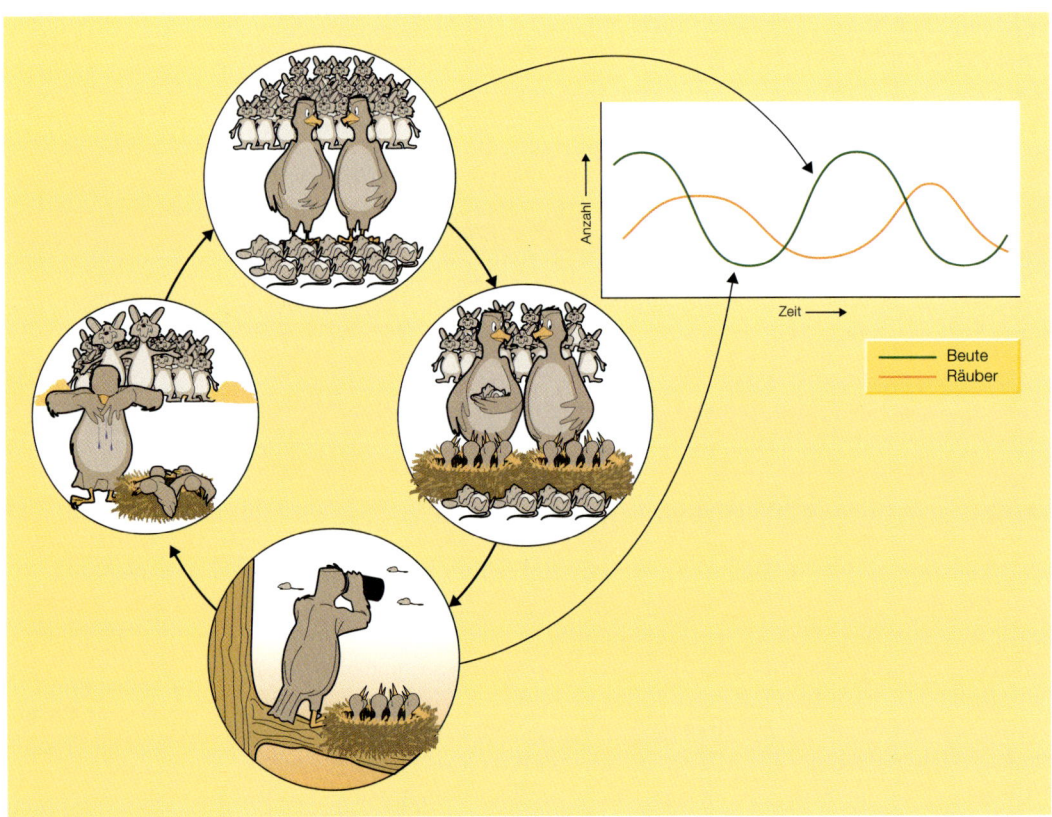

Abbildung 8.13
Räuber- und Beutepopulationen liegt eine Tendenz zugrunde, gekoppelte Abundanzschwankungen als Ergebnis zeitlich verzögerter Reaktionen auf die Abundanz des jeweilig anderen zu zeigen.

halt nicht insgesamt erklären, aber illustrieren. Die Unterschiede in der Populationsdynamik bei Räuber-Beute-Beziehungen können allenfalls von Beispiel zu Beispiel erklärt werden durch die variierenden Einflüsse der verschiedenen Faktoren, die einen potentiellen Einfluß auf diese Dynamik nehmen können.

Der Einfachheit halber nehmen wir an, es gäbe eine große Beutepopulation (Abb. 8.13). Prädatoren, die mit dieser Beutepopulation konfrontiert sind, sollte es gut gehen: Sie sollten viel Beute konsumieren und damit in ihrer Abundanz zunehmen. Der große Umfang der Beutepopulation läßt die Population der Prädatoren groß werden, aber diese ansteigende Population der Prädatoren fordert zunehmend Tribut bei der Beute. Damit führt eine große Prädatorenpopulation zu einer kleinen Beutepopulation. Nun sind die Prädatoren in Schwierigkeiten: Ihrer großen Anzahl steht wenig Nahrung gegenüber. Ihre Abundanz nimmt ab. Aber dies nimmt den Druck von der Beute: Die kleine Prädatorenpopulation führt zu einer großen Beutepopulation, und die Populationen sind wieder am Ausgangspunkt. Kurz gesagt, es gibt eine grundlegende Tendenz bei Räubern wie auch bei der Beute, gekoppelte Abundanzoszillationen zu durchlaufen – Populationszyklen (Abb. 8.13) – hauptsächlich wegen der „zeitlichen Verspätung", mit der die Abundanz der Prädatoren auf die der Beute reagiert und umgekehrt. (Eine *zeitliche Verspätung* der Reaktion bedeutet z. B., daß eine hohe Prädatorenabundanz eine hohe Beuteabundanz *in der Vergangenheit* widerspiegelt, aber sie *koinzidiert* mit der Verminderung der Beuteabundanz usw.). Ein einfaches mathematisches Modell – das Lotka-Volterra-Modell – vermittelt grundsätzlich dieselbe Information und ist in Fenster 8.2 beschrieben.

8.5.2   Räuber-Beute-Kreisläufe in der Praxis

Diese zugrundeliegende Tendenz für Räuber-Beute-Interaktionen, die gekoppelte Abundanzschwankungen erzeugt, könnte die „Erwartung" erwecken, daß solche Zyklen in realen Populationen vorkommen. Man darf aber nicht vergessen, daß es viele Aspekte der Prädator-Beute-Ökologie gibt, die man ignorieren mußte, um diese zugrundeliegende Tendenz zu erkennen, und daß gerade diese auch in großem Ausmaß Erwartungswerte oder Vorhersagen modifizieren können. So überrascht es nicht, daß es lediglich wenige gute Beispiele eindeutiger Räuber-Beute-Kreisläufe gibt, obwohl diese eine große Aufmerksamkeit seitens der Ökologen fanden. Selbst wenn beispielsweise eine Herbivorenpopulation Abundanzschwankungen zeigt, kann das Interaktionen mit ihrer Nahrung *oder* mit ihren Prädatoren widerspiegeln. Ebenso kann dies einfach nur Abundanzschwankungen oder Fluktuationen der Futtermengen *detektieren* und damit Zyklen aus ganz anderen Gründen aufzeigen. Räuber-Beute-Interaktionen *können* regelmäßige Abundanzzyklen der beiden interagierenden Populationen verursachen. Sie können auch solche Zyklen verstärken, wenn sie aus anderen Gründen existieren. Es ist im allgemeinen eine schwierige Aufgabe, die Ursache für reguläre Zyklen in der Natur zu bestimmen. Dennoch ist es sinnvoll, um die Populationsdynamik von Räuber-Beute-Beziehungen zu verstehen, Kreisläufe – die zugrundeliegende Tendenz – als Ausgang der Überlegungen zu wählen.

Die „Erwartung" von Kreisläufen wird selten erfüllt

Fenster 8.2 – Quantitative Aspekte

Das Lotka-Volterra-Räuber-Beute-Modell

Hier, wie in den Fenstern 5.4 und 6.1, wird eines der fundamentalsten mathematischen Modelle der Ökologie beschrieben und erklärt. Das Modell ist (wie das Modell der interspezifischen Konkurrenz in Fenster 6.1) unter dem Namen seiner Begründer bekannt: Lotka und Volterra (Volterra 1926; Lotka 1932). Es hat zwei Komponenten: P, die Anzahl Individuen in einer Prädatoren(Räuber oder Konsumenten)-Population, und N, die Individuenzahl oder Biomasse, die in einer Beute- oder Pflanzenpopulation vorhanden ist.

In dem Modell wird angenommen, daß in Abwesenheit von Konsumenten die Beutepopulation exponentiell anwächst (Fenster 5.4):

$$\frac{dN}{dt} = rN$$

Aber nun brauchen wir auch noch einen Terminus, der angibt, daß Beuteindividuen aus ihrer Population durch Prädatoren entfernt werden. Das geschieht mit einer Rate, die von der Häufigkeit des Aufeinandertreffens von Räuber und Beute abhängt; diese wird zunehmen mit steigender Zahl von Prädatoren (P) sowie Beute (N). Die genaue Zahl der angetroffenen und konsumierten Beuteindividuen wird aber noch zunehmen mit der Such- und Angriffseffizienz des Räubers, ausgedrückt in a. Die Konsumptionsrate der Beute ergibt sich somit als aPN und insgesamt als

$$dN/dt = rN - aPN \qquad (1)$$

Wendet man sich den Prädatorenzahlen zu, wird, wenn Nahrung ganz fehlt, angenommen, daß die Anzahl der Räuber durch Verhungern exponentiell abnimmt

$$\frac{dP}{dt} = qP,$$

wobei q die Mortalitätsrate ist. Dem entgegen wirkt die Geburtenrate der Prädatoren, die (1) von der Rate abhängt, mit der Nahrung konsumiert wird, aPN und (2) von der Effizienz des Räubers f, Nahrung in eigene Nachkommen umzuwandeln. Insgesamt gilt also:

$$\frac{dP}{dt} = faPN - qP \qquad (2)$$

Die Gleichungen 1 und 2 bilden zusammen das Lotka-Volterra-Modell.

Die Eigenschaften dieses Modells können durch das Finden der Nullisoklinen untersucht werden (Fenster 6.1). Es gibt für Räuber und Beute jeweils eigene Nullisoklinen, die beide als Linie in ein Diagramm eingebracht werden, in dem die Beutedichte (x-Achse) gegen die Räuberdichte (y-Achse) aufgetragen wird (Abb. 8.14). Die Beutenullisokline beschreibt die Kombinationen von Prädatoren- und Beutedichten, die zu einer unveränderlichen Beutepopulation führen, $dN/dt = 0$, während die Prädatorennullisokline die Kombination von Prädatoren- und Beutedichte beschreibt, die zu einer unveränderlichen Prädatorenpopulation führen, $dP/dt = 0$.

Im Falle der Beute können wir nach $dN/dt = 0$ in der Gleichung (1) auflösen, wenn wir die Gleichung der Isokline angeben mit

$$P = r/a.$$

Da r und a Konstanten sind, ist die Beute-Nullisokline eine Linie, für die P selbst eine

Konstante ist (Abb. 8.14a): Die Beute nimmt zu, wenn die Prädatorenabundanz niedrig ist (P ist dann kleiner als r/a), aber nimmt ab, wenn sie hoch ist (P ist größer als r/a).

Ganz ähnlich lösen wir für die Prädatoren nach $dP/dt = 0$ in Gleichung (2) auf; somit ergibt sich die Gleichung für die Isokline als

$$N = q/fa.$$

Die Räuber-Nullisokline ist deshalb eine Linie, entlang der N konstant ist (Abb. 8.14b): Die Räuberpopulation nimmt ab, wenn die Beuteabundanz gering ist (N kleiner ist als q/fa), steigt aber an, wenn diese größer ist (N ist größer als q/fa).

Wenn man die beiden Isoklinen (und die zwei Gruppen von Pfeilen) in Abbildung 8.15 kombiniert, zeigt sich das Verhalten der

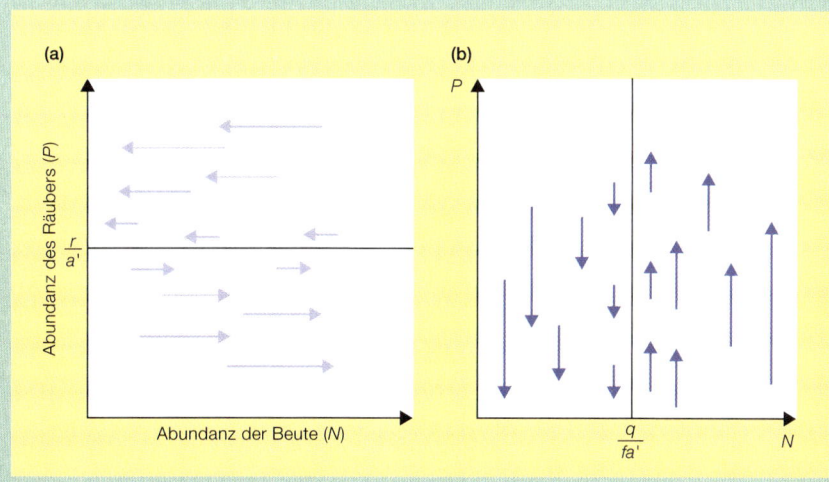

Abbildung 8.14

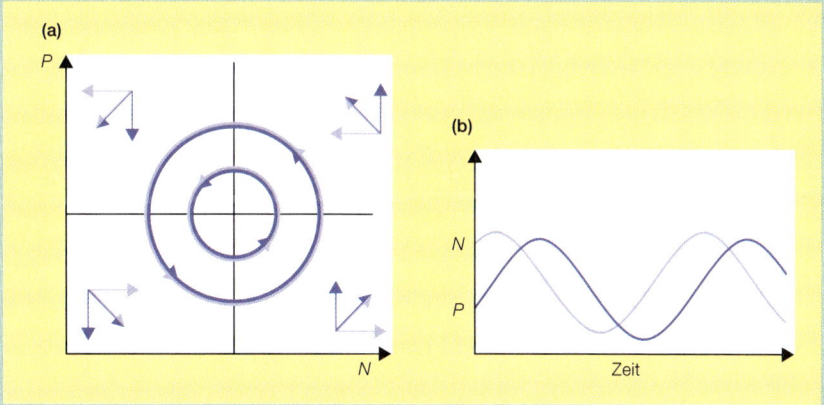

Abbildung 8.15

341

Fenster 8.2 – *(Fortsetzung)*

vereinigten Populationen. Die verschiedenen Kombinationen von Zunahmen und Abnahmen, die weiter oben aufgeführt sind, bedeuten, daß die Populationen häufig „gekoppelte Oszillationen" oder „gekoppelte Zyklen" durchlaufen; „gekoppelt" in dem Sinne, daß Zunahme und Abnahme der Räuber und der Beute miteinander verbunden sind, wobei die Prädatorenabundanz der der Beute nachfolgt (dies wird im Text noch in einen biologischen Zusammenhang gestellt).

Es ist allerdings wichtig zu verstehen, daß dieses Modell nicht ein exaktes Muster von Abundanzen, die es ja generiert, „vorhersagt". Dies ist darin begründet, daß es eine *neutrale Stabilität* zeigt, d. h., die Popula-

tionen folgen unbegrenzt genau demselben Zyklus, sofern sich die Umgebung nicht verändert. Tritt eine Veränderung auf, wird diese auch neue Werte ergeben, mit denen sie dann wieder unbegrenzt neue Zyklen durchlaufen (Abb. 8.16). Aber in Wirklichkeit verändern sich Umwelten ständig, und somit würden Populationen auch ständig „neue Werte entwickeln". Somit würde eine Population, die einem Lotka-Volterra-Modell folgt, keine regelmäßigen Zyklen zeigen, sondern durch wiederholte Störungen unregelmäßig fluktuieren. Dennoch erklärt das Modell die grundlegende Tendenz für gekoppelte Zyklen bei Räuber-Beute-Interaktionen.

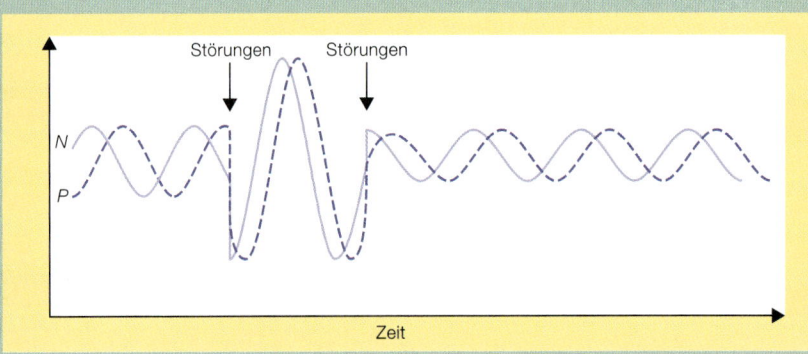

Abbildung 8.16

Pflanzen, Hasen und Luchse in Nordamerika …

Tatsächlich gibt es manchmal solche Kreisläufe. In einigen Fällen ist es möglich gewesen, im Labor solche gekoppelten Schwankungen im Räuber-Beute-Verhältnis für die Dauer mehrerer Generationen aufzuzeigen (diese Oszillationen werden später in Abb. 8.22c gezeigt). In Feldpopulationen gibt es eine Reihe von Beispielen, in denen regelmäßige Zyklen der Beute- und Prädatorenabundanz festgestellt werden können. Insbesondere wurden Zyklen in Hasenpopulationen seit den 1920er Jahren von Ökologen diskutiert. Vor mehr als 100 Jahren wurden sie bereits von Pelzjägern beobachtet (Keith, 1983; Krebs et al., 1992). Das berühmteste Beispiel stammt vom Schneeschuhhasen *(Lepus americanus)*, der in den arktischen Nadelwäldern Nordamerikas einem „Zehnjahres-

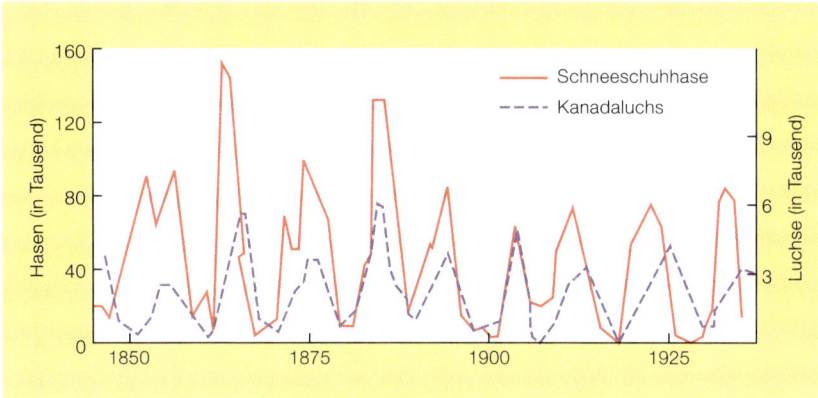

Abbildung 8.17
Die offenbar ge-
koppelten Abun-
danzschwankungen
von Schneeschuh-
hase *(Lepus ameri-
canus)* und Kanada-
luchs *(Lynx cana-
densis)*, ermittelt
anhand der Anzahl
von Fellen, die der
Hudson Bay Com-
pany übergeben
wurden (nach
MacLulick, 1937).

zyklus" unterliegt (der tatsächlich zwischen acht und elf Jahren schwankt;
s. Abb. 8.17). Der Schneeschuhhase ist der beherrschende Herbivore der Region, er frißt die Zweigenden zahlreicher Büsche und kleiner Bäume. Eine
Anzahl von Prädatoren einschließlich des Kanadischen Luchses *(Lynx canadensis)* haben damit verbundene Zykluslängen entwickelt. Die Zyklen der Hasen umfassen 10- bis 30fache Änderungen in ihrer Abundanz, und sogar bis zu
100fache Veränderungen können in einigen ihrer Habitate vorkommen. Dies
wird um so spektakulärer durch die tatsächliche Synchronisation über ein riesiges Gebiet von Alaska bis Neufundland.

Die Abnahme der Abundanz bei den Hasen ist von geringen Geburtenraten,
geringen Überlebensraten der Jungtiere und geringen Wachstumsraten oder
sogar Gewichtsverlust begleitet. All diese Eigenschaften können experimentell
durch Futterknappheit herbeigeführt werden. Auch direkte Messungen lassen
vermuten, daß oft Einschränkungen des zugänglichen, dabei qualitativ hoch-
wertigen Futters vorkommen, während die Hasen einen Gipfel in ihrer Abundanz erreichen (Keith et al., 1984; Smith et al., 1988). Damit sind die Hasen
gezwungen, minderwertige (faserreiche) Nahrung zu fressen. Tatsächlich dau-

Kanadaluchs und Schneeschuhhase – eine Räuber-Beute-Beziehung, die gekoppelte Abundanzschwankungen zu
zeigen scheint.

343

Fenster 8.3 – Aktueller ÖKOnflikt

Zyklische Gradationen eines Waldinsektes in den Nachrichten

Ein starker Anstieg der Populationsdichte von Spinnerraupen kommt ungefähr alle zehn Jahre vor, und jede Gradation dauert zwei bis vier Jahre. Dabei treten erhebliche Schäden im Blätterdach der Waldbäume über weite Teile des Landes auf. Der folgende Artikel erschien im *Telegraph Herald* (Dubuque, Iowa) am 11. Juni 2001.

Raupen machen sich ein Festessen aus den nördlichen Wäldern

Spinnerraupen haben sich ihren Weg durch einen großen Teil des nördlichen Wisconsin von Tomahawk bis nach Südkanada gefressen, wobei sie sich besonders von Espe, Zuckerahorn, Birke und Eiche ernähren.

Die Insekten bewegen sich über die Straßen in großen Wellen, es sieht aus, als würde der Asphalt selbst sich bewegen, und sie hängen von den Bäumen in riesigen Klumpen ... „Eine Frau aus Eagle River erzählte, sie waren auf ihrem Haus,

auf ihrer Auffahrt und auf ihrem Fußweg, sie selbst war nahe dran, zurück nach Oak Creek zu gehen", sagte Jim Bishop, Leiter der Öffentlichkeitsarbeit des Umweltamtes der nördlichen Region.

Shane Weber, ein für dasselbe Amt arbeitender Waldentomologe aus Spooner, erklärte, daß die Raupen auf den Fußwegen, Auffahrten und Schnellstraßen ein gutes Zeichen sind. „Immer wenn sie diese massenhaften Überlandwanderungen beginnen, wobei sie sich plötzlich in Wellen über den Boden bewegen, bedeutet es, daß sie hungern und nach neuen Nahrungsquellen suchen", führte er weiter aus.

In Superior strömten Kunden in Scharen in Dan's Feed Bin (ein Gemischtwarenhandel), um nach Mitteln zu suchen, um Haus und Hof von den Insekten zu befreien. Angestellte Amy Connor erzählte, einige Kunden hätten ihre Telefonhörer ans Fenster gehalten, so daß sie die

ert es 2–3 Jahre, bis sich wieder eine ausreichende Menge schmackhafter, reifer Triebe ausgebildet hat. Es ist wahrscheinlich, daß dies einen direkten Einfluß auf die körperliche Verfassung ausübt und die Hasen vielleicht anfälliger gegenüber Prädation macht. Allerdings investieren die Hasen auch mehr Zeit in die Futtersuche, wodurch sie sich einer stärkeren Gefahr der Prädation aussetzen. Die Konsequenz davon ist, daß sich die Prädatoren in ihrem Verhalten auf Hasen konzentrieren, ihren Bestand vergrößern und so die Zahl der Hasen wieder vermindern.

... aber wie werden die Zyklen hervorgerufen?

Ist dies nun ein Hasen-Pflanzen-Kreislauf oder ein Räuber-Hasen-Kreislauf? Wie immer sind Experimente hilfreich bei der Beantwortung. Normalerweise ergeben sich bei Anwesenheit von Pflanzen- wie auch Prädatoreneinflüssen Zyklen. Aber wenn im Experiment zugefüttert wird und die Prädatoren ausgeschlossen werden (also keiner der beiden Effekte wirksam ist), steigt die Zahl der Hasen auf das 10fache und hält sich dort – die Zyklen sind verschwunden. Wenn jedoch entweder nur die Prädatoren ausgeschlossen werden, ohne daß die Futterverhältnisse geändert werden (nur Futtereffekt), oder aber die Futter-

Raupen wie Hagelkörner herabfallen hören konnte. „Es ist ganz grauenvoll", sagte sie.

Die Raupen haben die meisten Blätter der Upper Peninsula aufgefressen, sagte Jeff Forslund aus Hartland, der nach Ramsey, Michigan, gefahren ist. „Mein Großvater hat ungefähr 500 Acres (ca. 202 ha) Land mit Espenwäldern, und es ist kein einziges Blatt übriggeblieben", so Forslund.

Die meisten Bäume werden überleben, und die Raupen sollten ungefähr Mitte Juni anfangen, ihre Kokons zu spinnen, erklärte das Umweltamt. Der Waldentomologe Dave Hall geht davon aus, daß die Massenvermehrung in diesem Jahr ihren Höhepunkt erreicht. „Ich kann mir nicht vorstellen, daß es noch schlimmer werden kann", sagte er. Den letzten großen Befall mit den einheimischen Raupen gab es in Wisconsin in den späten 1980er und frühen 1990er Jahren …

Während der letzten Gradation kam es in Kanada zu einigen schweren Verkehrsunfällen auf den durch zerquetschte Raupen rutschig gewordenen Straßen.

Ungefähr 4 Millionen dieser Raupen können in der Hauptzeit pro Acre (etwa 4047 m²) Land gefunden werden, teilte das Umweltamt mit.

Schlagen Sie, ausgehend von dem, was Sie in diesem Kapitel über Populationszyklen gelernt haben, ein ökologisches Szenario vor, das die periodischen Massenvermehrungen dieser Raupen erklären kann.

Glauben Sie, daß der Mitarbeiter des Umweltamtes recht hatte, als er sagte, Massenbewegungen von Raupen seien ein gutes Zeichen? Wie könnten Sie feststellen, ob dieses Verhalten tatsächlich ein Ende des Höhepunktes des Zyklus ankündigt?

menge erhöht wird und gleichzeitig die Prädatoren bleiben (nur Prädatoreneffekt), verdoppelt sich die Anzahl der Hasen, fällt dann aber wieder ab, und der Zyklus wird aufrechterhalten. Sowohl die Beziehungen zwischen Hasen und Pflanzen als auch die zwischen Prädatoren und Hasen haben eine gewisse Neigung, sich selbst zyklisch zu regulieren. In der Praxis jedoch scheint der Zyklus normalerweise durch Wechselbeziehungen zwischen beiden zustande zu kommen.

Interessanterweise läßt eine verfeinerte statistische Analyse der zeitlichen Abläufe in Abbildung 8.17 vermuten, daß die zyklischen Abundanzschwankungen bei Luchsen ihre Interaktion mit den Hasen widerspiegeln, während die Abundanzzyklen der Hasen die Interaktion mit beiden widerspiegeln, nämlich mit den Prädatoren (hauptsächlich dem Luchs) *und* dem Futter (Stenseth et al., 1997). Dies mahnt zur Vorsicht: Selbst wenn ein Räuber-Beute-Paar (Hase und Luchs) Zyklen zeigt, dürfen wir darin nicht nur eine einfache Räuber-Beute-Schwankung sehen. Offensichtliches Auftreten von Räuber-Beute-Zyklen gelangt mitunter sogar in die Nachrichten – siehe Beispiel in Fenster 8.3.

8.5.3   Zyklen und Dynamik von Krankheiten

Die basale Reproduktionsrate und die Übertragungsschwelle

Zyklen gibt es ebenfalls bei vielen Parasiten, insbesondere Mikroparasiten (Bakterien, Viren usw.). Um die Dynamik eines Parasiten zu verstehen, fängt man am besten mit der Betrachtung der Reproduktionsrate R_p an. Für Mikroparasiten ergibt sich R_p aus der durchschnittlichen Anzahl von Neuinfektionen der Wirte, ausgehend von einem einzigen ansteckenden Wirt in einer anfälligen Wirtspopulation. Eine Infektion erlischt schließlich bei $R_p < 1$ (jede gegenwär­tige Infektion führt zukünftig zu weniger als einer neuen Ansteckung). Eine In­fektion breitet sich dagegen aus, wenn $R_p > 1$. Damit ergibt sich eine „Übertragungsschwelle" von $R_p = 1$, die überschritten werden muß, damit sich eine Infektion ausbreiten kann.

Eine Ableitung von R_p für Mikroparasiten mit direkter Übertragung (Abb. 8.9c) ist in Fenster 8.4 dargestellt.

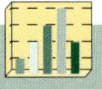

Fenster 8.4 – Quantitative Aspekte

Übertragungsschwelle für Mikroparasiten

Einfach ausgedrückt, mißt bei Mikroparasiten mit direkter Übertragung die basale Reproduktionsrate R_p die durchschnittliche Anzahl von Neuinfektionen, die von einem einzelnen infizierten (befallenen) Individuum in einer Population von anfälligen Wirten ausgehen können. Diese Reproduktionsrate nimmt zu mit der durchschnittlichen Zeitspanne, in der ein infizierter Wirt anstekkend bleibt, L, weil ein langer Ansteckungszeitraum viele Gelegenheiten bietet, daß neue Wirte befallen werden; sie nimmt zu mit der Anzahl anfälliger Individuen in der Wirtspopulation, S, weil mehr anfällige Wirte auch mehr Gelegenheiten („Ziele") zur Übertragung des Parasiten bieten; und sie wächst mit der Übertragungsrate der Infektion, β, weil diese selbst zuerst mit der Infektiosität des Parasiten zunimmt – also der Wahrscheinlichkeit, daß ein Kontakt zu einer Übertragung führt –, aber auch mit der Wahrscheinlichkeit, mit der ansteckende und empfängliche Wirte in Kontakt kommen, als Widerspiegelung des Wirtsverhaltens (Anderson, 1982). So ergibt sich:

$$R_p = S \cdot \beta L.$$

Wir wissen, daß $R_p = 1$ die Übertragungsschwelle ist, unterhalb derer die Infektion aufhören, oberhalb derer sie sich ausbreiten wird. Aber das wiederum ermöglicht uns, eine kritische Schwellendichte der Populationsgröße S_T zu bestimmen: die Anzahl der Empfänglichen, die den Anstieg von $R_p = 1$ bewirken. An dieser Schwelle, die $R_p = 1$ in der Gleichung ausmacht, ergibt sich:

$$S_T = 1/\beta L.$$

In Populationen mit weniger empfänglichen Individuen als diese Anzahl wird die Infektion aufhören ($R_p < 1$), in Populationen mit einer höheren Anzahl, wird sie sich ausbrei­ten ($R_p > 1$).

Fenster 8.4 gestattet uns eine wichtige Einsicht in die Dynamik von Infektionskrankheiten – für jeden direkt übertragenen Mikroparasiten gibt es einen kritischen Grenzwert oder eine „Schwellendichte der Populationsgröße". Dieser muß überschritten sein, damit eine Parasitenpopulation in der Lage ist, sich selbst aufrechtzuerhalten. Für Masern beispielsweise wurde errechnet, daß dieser Grenzwert bei 300 000 Individuen liegt und wahrscheinlich für die menschliche Biologie bis vor kurzem nicht von großer Bedeutung gewesen ist. Im 18. und 19. Jahrhundert jedoch grassierten größere Epidemien in den wachsenden Städten der industrialisierten Welt und ebenso in den wachsenden Populationen in den Entwicklungsländern im 20. Jahrhundert. Nach gegenwärtigen Schätzungen treten jedes Jahr 900 000 Todesfälle durch Maserninfektionen in den Entwicklungsländern auf (Walsh, 1983).

Durch Immunität (die durch viele bakterielle und virusbedingte Infektionen herbeigeführt wurde) und infektionsbedingte Todesfälle verringert sich die Zahl der Ansteckungsgefährdeten in einer Population und damit auch R_p (die Häufigkeit der Erkrankungen geht zurück). Zu gegebener Zeit wird es dennoch eine Zunahme der Zahl neuer infektionsgefährdeter Individuen geben (als Folge neuer Geburten und vielleicht durch Einwanderung). Damit steigt R_p wieder an, und die Häufigkeit der Erkrankungen (Inzidenz) nimmt wieder zu. So läßt sich die bemerkenswerte Tendenz feststellen, daß solche Krankheiten eine Aufeinanderfolge von hohem Vorkommen der Mikroparasiten mit wenigen Anfälligen und anschließender geringerer Häufigkeit mit vielen Anfälligen darstellen, wie es auch für jeden anderen Räuber-Beute-Zyklus gilt. Dieser Prozeß liegt zweifellos dem zyklischen Vorkommen vieler Krankheiten des Menschen zugrunde (insbesondere bevor moderne Immunisierungsprogramme eingeführt wurden). Die unterschiedlichen Längen dieser Zyklen spiegeln die unterschiedlichen Merkmale dieser Erkrankungen wider: Masern haben ihren Höchststand alle 1–2 Jahre, Keuchhusten alle 3–4 Jahre, Diphtherie alle 4–6 Jahre usw. (Abb. 8.18).

Schwellendichte von Populationen und Zyklen von Mikroparasiten

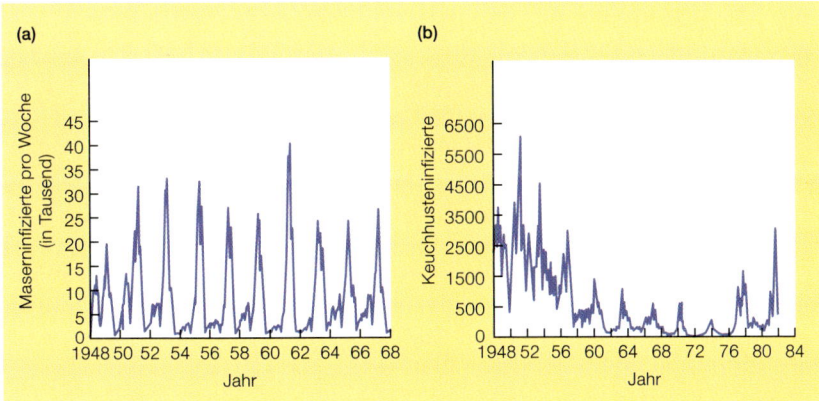

Abbildung 8.18
(a) Gemeldete Masernfälle in England und Wales von 1948 bis 1968, vor der Einführung von Massenimpfungen. (b) Gemeldete Keuchhustenfälle in England und Wales von 1948 bis 1982. Im Jahre 1956 wurden Massenimpfungen eingeführt (nach Anderson & May, 1991).

8.5.4 Übervölkerung

Wechselseitige Interferenz zwischen Räubern vermindert die Prädationsrate

Ein fundamentaler Umstand, der bisher außer acht gelassen wurde, ist, daß kein Räuber für sich allein lebt: Alle sind selbst durch andere Prädatoren beeinträchtigt. Die auffälligsten Folgen sind konkurrenzbezogen. Viele Prädatoren erleben die Ausbeutungskonkurrenz um begrenzte Nahrungsmengen, wenn ihre Dichte groß oder die Nahrungsmenge klein ist. Das führt zu einer Verminderung der Konsumptionsrate pro Individuum, wenn die Dichte der Prädatoren zunimmt (Kapitel 3). Aber auch wenn die Nahrung nicht begrenzt ist, kann die Konsumptionsrate pro Individuum vermindert sein durch das Anwachsen der Dichte der Räuber als Folge einiger Prozesse, die zusammengefaßt als „gegenseitige Beeinträchtigung" oder *Interferenz (mutual interference)* bezeichnet werden. Z. B. interagieren viele Prädatoren verhaltensbezogen mit anderen Mitgliedern ihrer Population, wodurch sie weniger Zeit zur Nahrungsaufnahme haben und dadurch die gesamte Freßrate herabsetzen. Kolibris verteidigen aktiv und aggressiv ergiebige Nektarquellen; Dachse patrouillieren entlang der Grenzen ihrer eigenen Territorien und der ihrer Nachbarn, wobei sie die „Latrinen" aufsuchen; und die Weibchen einer bestimmten Wespenart – einem Parasitoiden – werden eindringende fremde Weibchen, wenn nötig, bedrohen und vehement aus ihrem eigenen Gebiet an einem Baumstamm vertreiben. Alternativ kann ein Anstieg der Konsumentendichte zu einem Anstieg der Abwanderungsrate führen oder die Konsumenten dazu bringen, sich gegenseitig das Futter zu stehlen (wie das bei vielen Möwenarten üblich ist), oder die Beutetiere selbst können auf die Gegenwart von Konsumenten reagieren und ihre Erbeutung erschweren.

In all diesen Fällen ist das Grundmuster dasselbe: Die Konsumptionsrate für den einzelnen Prädator sinkt mit wachsender Prädatorendichte. Diese Verminderung hat wahrscheinlich eine ungünstige Auswirkung auf Fekundität, Wachstum und Mortalitätsrate der einzelnen Räuber, was noch verstärkt wird, wenn die Prädatorendichte zunimmt. Die Prädatorenpopulation unterliegt somit einer dichteabhängigen Regulation (Kapitel 3 und 5).

Eine ähnliche Dichteabhängigkeit gibt es auch bei Parasiten

Auch bei Parasiten ist zu erwarten, daß Individuen oft mit den Aktivitäten von Artgenossen interferieren. Es treten intraspezifische Konkurrenz zwischen Parasiten und eine Dichteabhängigkeit bezüglich des Wachstums, der Geburten- und/oder Absterberate auf. Bei einem in den Nestern der Blaumeise *(Parus caeruleus)* experimentell hervorgerufenen Befall mit dem Vogelfloh *Ceratophyllus gallinae* nimmt so z. B. die Gesamtzahl der Nachkommen pro Floh ab, wenn die Größe der Gründerpopulation adulter Flöhe zunimmt (Abb. 8.19). Die Konkurrenz zwischen den Flohlarven und nicht so sehr die Nahrungsbegrenzung unter den Imagines ist die Hauptkraft, die diesem dichteabhängigen Muster vom Fortpflanzungserfolg bei Flöhen zugrunde liegt (Tripet & Richner, 1999).

Darüber hinaus unterliegen nicht nur Prädatoren den Auswirkungen der Dichte bzw. Übervölkerung. Auch die Beute erleidet wahrscheinlich Einschränkungen von Wachstum, Geburten- und Überlebensraten, sobald ihre Abundanz ansteigt und die individuelle Aufnahme von Ressourcen sinkt.

Der Einfluß sowohl einer Prädatoren- als auch einer Beuteübervölkerung auf ihre Dynamik ist ziemlich einfach vorherzusagen. Beuteübervölkerung verhindert, daß eine Abundanz mit einem so hohen Gipfel erreicht wird, wie er ohne Übervölkerung erreicht würde. Das bedeutet auch umgekehrt, daß es bei Prädatorenübervölkerung unwahrscheinlich ist, denselben Gipfel zu erreichen wie ohne Übervölkerung. Prädatorenübervölkerung verhindert in ähnlicher Weise, daß die Prädatorenabundanz auf so hohe Werte ansteigt, aber scheint sie auch daran zu hindern, die Beuteabundanz auf sonst mögliche Werte zu drücken. Alles in allem hat somit Übervölkerung einen dämpfenden Einfluß auf jeden Räuber-Beute-Zyklus, weil sie die Amplitude reduziert oder sie ganz entfernt, nicht allein, weil Übervölkerung die Gipfel und Täler kappt, sondern auch, weil jeder Gipfel in einem Zyklus dazu neigt, das nächste Tal selbst zu erzeugen (d. h. hohe Beuteabundanz → hohe Prädatorenabundanz → *geringe* Beuteabundanz), so daß die Absenkung von Gipfeln selbst zur Anhebung der Täler führt.

Sicher gibt es genügend Beispiele, die den stabilisierenden Einfluß der Übervölkerung auf Räuber-Beute-Beziehungen zu bestätigen scheinen. So gibt es z. B. zwei Gruppen von vorwiegend herbivoren Nagetieren, die in der Arktis weitverbreitet vorkommen: die Nagetiere der Unterfamilie Microtinae (Lemminge und Wühlmäuse) und die Erdhörnchen. Die Microtinae sind bekannt für ihre dramatischen zyklischen Abundanzschwankungen, während die Erdhörnchen Populationen haben, die von Jahr zu Jahr bemerkenswert konstant bleiben. Letztere zeigen eine ausgeprägte Selbstbegrenzung durch die aggressive territoriale Verteidigung ihres Baus, den sie zur Jungenaufzucht und für den Winterschlaf benutzen. Und darauf wird ihre Stabilität überzeugend zurückgeführt (Batzli, 1993).

Übervölkerung neigt dazu, Räuber-Beute-Zyklen zu dämpfen oder zu eliminieren

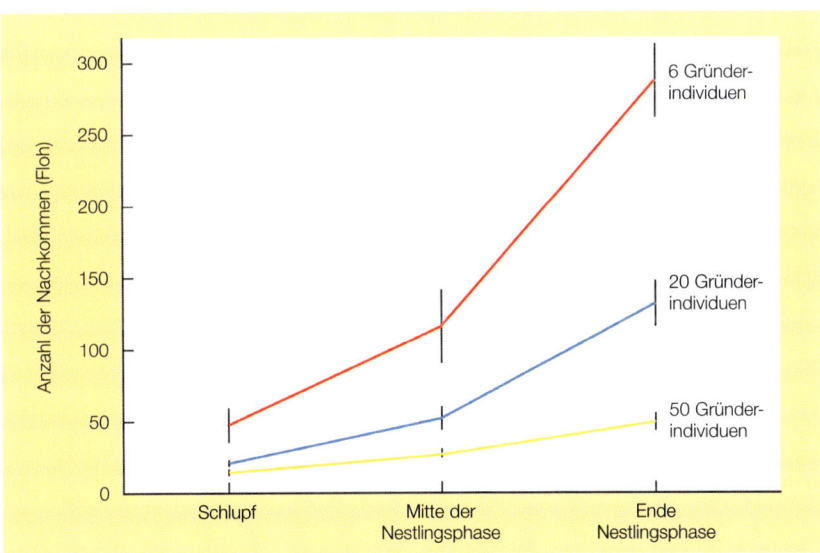

Abbildung 8.19
Der Einfluß der Größe der Gründerpopulation einer Flohart, die in Blaumeisennestern vorkommt, auf die Anzahl der Nachkommen pro Gründerindividuum (Mittelwert ± Standardfehler), untersucht an drei verschiedenen Nistphasen der Vogelart (aus Tripet & Richner, 1999).

8.5.5   Räuber und Beute in Patches

Der zweite Umstand, der eingangs ignoriert blieb, hier aber untersucht wird, ist die Tatsache, daß viele Prädatoren- und Beutepopulationen nicht als eine einheitliche Masse existieren, sondern als „Metapopulationen": Eine Gesamtpopulation, die durch die *Patchiness* des Lebensraumes in eine Reihe von Subpopulationen geteilt wird, von denen jede eine ihr innewohnende Populationsdynamik aufweist, aber mit anderen Subpopulationen durch Abwanderung (Dispersion) zwischen *Patches* (ein Thema, das in Abschnitt 9.3 weiterentwickelt wird) verbunden ist.

Dispersion und Asynchronisation dämpfen Zyklen

Man bekommt eine gute Vorstellung von der allgemeinen Auswirkung der räumlichen Strukturen auf die Populationsdynamik von Räuber-Beute-Systemen, indem man sich die denkbar einfachste Metapopulation vorstelle: Sie besteht aus nur zwei Subpopulationen. Wenn die *Patches* dieselben populationsdynamischen Vorgänge aufweisen und die Abwanderung in beide Richtungen gleichermaßen erfolgt, dann bleiben die dynamischen Prozesse unberührt: *Patchiness* und Dispersion haben keinen Effekt (Abb. 8.20a). Unterschiede in den *Patches*, sowohl in ihrer Dynamik innerhalb von Subpopulationen als auch in der Abwanderung zwischen ihnen, neigen von allein zur Stabilisierung der Wechselwirkung: Sie dämpfen jeden Zyklus, der vorkommen kann (Ives, 1992; Murdoch et al., 1992; Holt & Hassell, 1993) (Abb. 8.20b). Der Grund dafür ist, daß jeder Unterschied zu einer Asynchronisation der *Patch*-Fluktuationen führt. Unvermeidbar neigt eine Population auf dem Gipfel ihres Zyklus dazu, durch Dispersion mehr zu verlieren als zu gewinnen. Eine Population im Tal neigt dazu, mehr zu erhalten als zu verlieren, und so weiter. Dispersion und Asynchronisation zusammen – ein gewisser Grad an Asynchronisation ist wahrscheinlich durchaus die Regel – neigen dazu, Fluktuationen in der Räuber-Beute-Dynamik zu dämpfen.

Die Computersimulation einer Metapopulation führt zu einer Reihe dauerhafter populationsdynamischer Zustände

Computersimulationen gestatten es, diese theoretische Betrachtung der Räuber-Beute-Populationsdynamik in Metapopulationen einen Schritt weiterzuführen (Abb. 8.21). Bei diesen besteht der Lebensraum aus einem Patchwork von Quadraten. In jeder Generation kommen zwei Prozesse in Folge vor. Zunächst wandern eine Fraktion der Prädatoren und eine Fraktion der Beute von jedem Quadrat zu den acht Nachbarquadraten ab. Zur gleichen Zeit wandern Prädatoren und Beute aus den acht angrenzenden Quadraten in das erste Quadrat. Die zweite Phase besteht dann aus einer Generation mit durchschnittlicher Räuber-Beute-Populationsdynamik. Die Simulationen beginnen mit einer zufälligen Räuber- wie auch Beutepopulation in einem einzelnen *Patch*, während alle anderen *Patches* leer sind.

Bei dieser Simulation herrschen innerhalb der einzelnen Quadrate, sofern sie isoliert vorkommen würden, instabile, laufend zunehmende Fluktuationen. Aber innerhalb des Gesamtpatchworks von Quadraten können sich ohne weiteres und schnell stabile, überdauernde Verteilungsmuster entwickeln (Abb. 8.21). Das Hauptergebnis ähnelt den Ergebnissen, die wir schon gesehen haben: Jene Stabilität kann durch Dispersion in Metapopulationen erfolgen, deren verschiedene *Patches* asynchrone Fluktuationen zeigen. Die tatsächlich rein räumlichen Aspekte dieses Modells haben, wörtlich genommen, den Ergebnissen

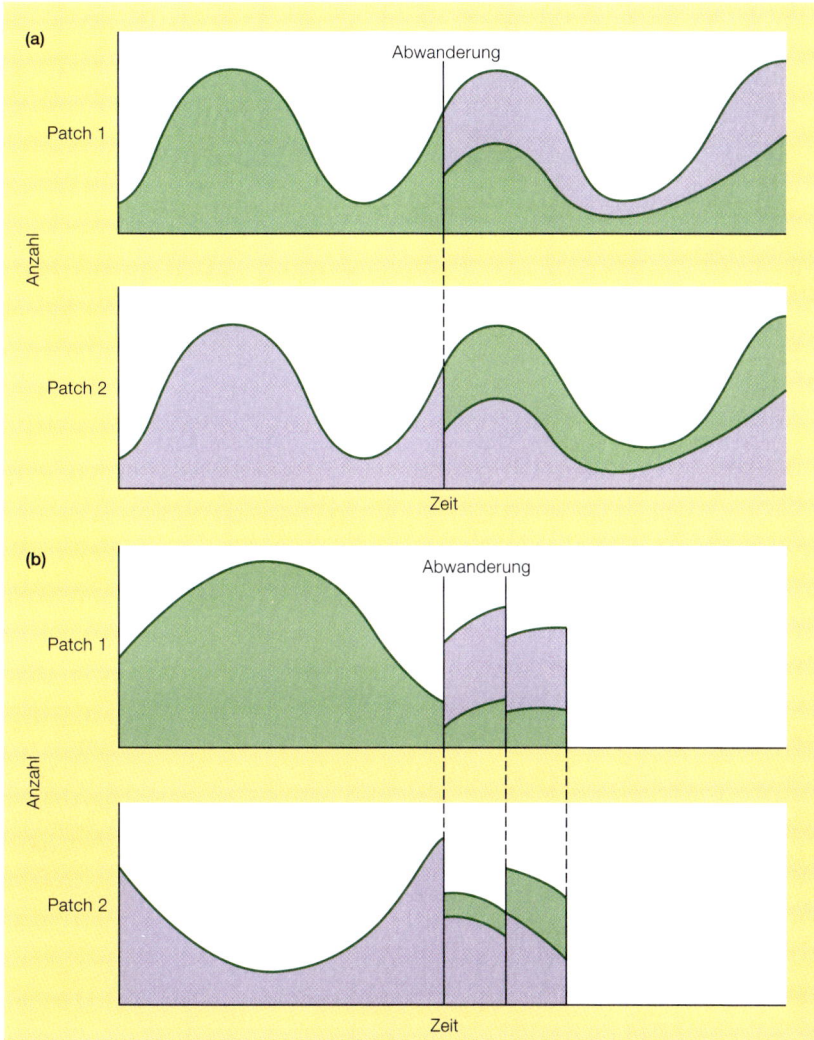

Abbildung 8.20
Patch-Separation und Abwanderung allein bzw. in Abwesenheit von Asynchronisation haben keine Auswirkung auf die Populationsdynamik (a), aber in Kombination mit Asynchronisation (b) neigen sie dazu, Zyklen zu dämpfen. Bei jedem Ausbreitungsereignis verläßt die Hälfte der Individuen jeden *Patch* und begibt sich in einen anderen *Patch*. Bei (a) findet ein ausgeglichener Austausch statt, und folglich bleibt die gesamte Populationsdynamik unverändert. Bei (b) jedoch verliert der *Patch* und gibt auf dem Gipfel des Populationsniveaus mehr ab als auf dem niedrigsten Niveau. Daraus ergibt sich, daß weder die Gipfel ganz so hoch noch die Täler ganz so tief sind – damit sind die Schwankungen „gedämpft".

eine andere Dimension hinzugefügt. Abhängig von den Abwanderungsfraktionen und der Fortpflanzungsrate der Beute, können ganz unterschiedliche räumliche Strukturen erzeugt werden (obwohl sie dazu neigen, ineinander überzugehen und so zu verschwimmen) (Abb. 8.21a–c). Dies Modell zeigt daher sehr anschaulich, daß Dauerhaftigkeit auf der Ebene einer Gesamtpopulation weder unbedingt auf Uniformität der gesamten Population noch auf Stabilität in einzelnen Teilen hinauslaufen muß.

Kann man dann überhaupt in der Praxis den stabilisierenden Einfluß dieses Typs von Metapopulationsstruktur erkennen? Ein berühmtes Beispiel ist die Arbeit an einem Laborsystem mit der räuberischen Milbe *Typhlodromus occidentalis*, die eine herbivore Milbe *Eotetranychus sexmaculatus* fraß, welche ihrerseits wiederum von Orangen lebte, die innerhalb eines Gefäßes mit Gummi-

Stabilisierende Metapopulationseffekte bei Huffaker-Milben ...

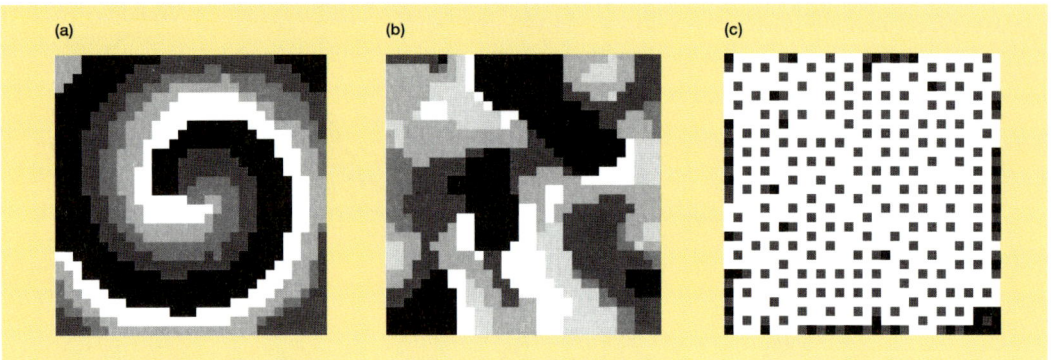

Abbildung 8.21
Momenthafte Karten der Populationsdichte für Simulationen mit Computermodellen zur Dispersion zwischen *Patches* in einer Metapopulation, bei der die lokale Populationsdynamik einen instabilen Räuber-Beute-Zyklus darstellt. Unterschiedliche Schattierungsgrade stehen für unterschiedliche Dichten von Räubern und Beute. Schwarze Quadrate stellen leere *Patches* dar; dunkle bis heller werdende Schattierungen repräsentieren *Patches* mit zunehmender Dichte von Beute; helle bis weiß werdende Schattierungen bedeuten *Patches* mit Beute und zunehmender Dichte von Räubern. (a) Spiralen; (b) räumliches Chaos; (c) kristallartige Gitterstruktur, mit jeweils unterschiedlichem Ausmaß an Abwanderung von Räubern und auch Beute (nach Comins et al., 1992). (Die Karten sind Einzeldarstellungen aus Simulationen über viele Generationen, die ungefähr 0,25 s pro Generation auf einem 33-MHz-80486-PC brauchten.)

Abbildung 8.22
Räuber-Beute-Beziehungen zwischen der Spinnmilbe *Eotetranychus sexmaculatus* und ihrem Räuber, der Raubmilbe *Typhlodromus occidentalis*. (a) Populationsfluktuationen bei *Eotetranychus* ohne ihren Räuber. (b) Einzelne Oszillation des Räubers und der Beute in einem einfachen System. (c) Anhaltende Oszillationen in einem komplexeren System (nach Huffaker, 1958).

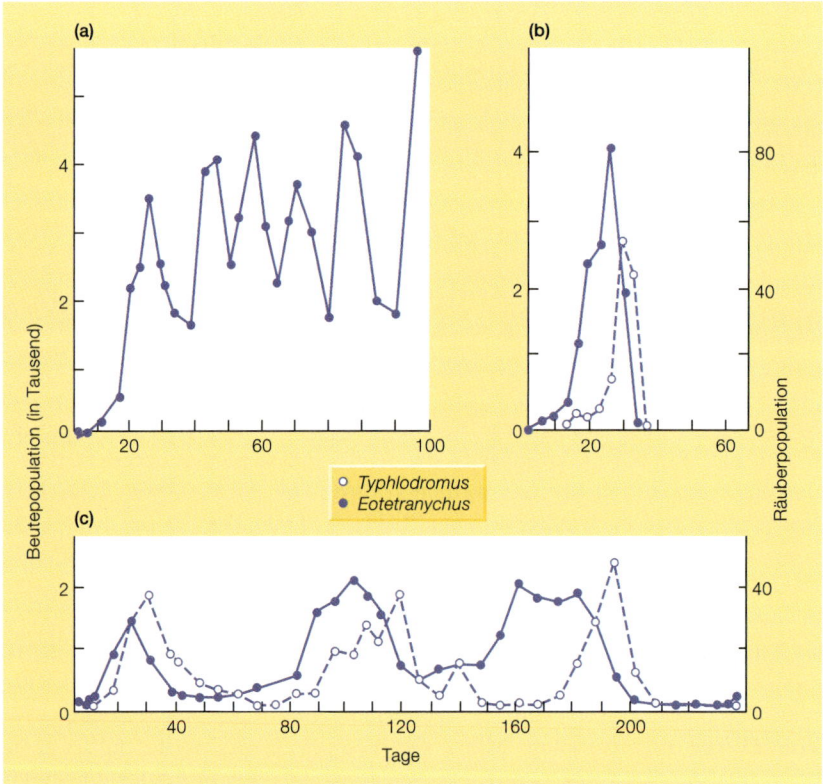

bällen vermischt waren. In Abwesenheit ihres Räubers hielt *Eotetranychus* eine fluktuierende, aber konstante Population aufrecht (Abb. 8.22a). Wenn aber die Raubmilbe *Typhlodromus* in einer frühen Phase, in der die Beutepopulation wuchs, hinzugefügt wurde, stieg ihre Populationsgröße schnell an. Sie konsumierte die gesamte Beute und wurde dann selbst vernichtet (Abb. 8.22b): Die zugrundeliegende Räuber-Beute-Dynamik erwies sich als instabil.

Wenn das Untersuchungsgebiet in mehr *Patches* unterteilt wurde, kam es zu Veränderungen der Interaktionen: Die Orangen wurden weiter auseinander gelegt und durch ein komplexes Netz von Paraffinbarrieren innerhalb des Untersuchungsgefäßes teilweise voneinander isoliert. Diese Hindernisse konnten die Milben nicht überwinden. Die Dispersion von *Eotetranychus* wurde erleichtert durch aufrecht angebrachte Stöckchen, von denen aus sich die Milben an Seidensträngen hängend durch die Luft transportieren ließen. Dadurch wurde die Ausbreitung zwischen den *Patches* für die Beute deutlich einfacher als für die Prädatoren.

In einem *Patch*, der von beiden Arten besetzt wurde, konsumierten die Prädatoren die gesamte Beute und vernichteten sich daher selbst, oder sie wanderten (mit geringer Erfolgsrate) in einen neuen *Patch* ab. In *Patches*, die nur von Beute besetzt waren, fand ein schnelles ungehemmtes Wachstum statt, das von erfolgreicher Dispersion in neue *Patches* begleitet wurde. In *Patches*, die dagegen nur von Prädatoren besetzt waren, starben diese normalerweise, bevor ihre Nahrung eintraf. Prädatoren und Beute sind damit letztlich in jedem der *Patches* zum Aussterben verurteilt – was bedeutet, daß die Populationsdynamik instabil war. Insgesamt gab es allerdings zu jeder beliebigen Zeit Mosaike von unbesetzten *Patches*, Räuber-Beute-*Patches*, die ihrer Auslöschung entgegengingen, und erfolgreich gedeihende Beute-*Patches*. Dieses Mosaik war in der Lage, dauerhafte Populationen sowohl von Prädatoren als auch von Beute zu tragen (Abb. 8.22c).

Ein ähnliches Beispiel, allerdings aus einer natürlichen Population, liefern die Arbeiten über die Prädation von Muschelhaufen durch Seesterne vor der Küste Südkaliforniens (Murdoch & Stewart-Oaten, 1975). In Klumpen wachsende Muscheln, die von ihren Prädatoren stark genutzt werden, können durch schweren Seegang abgelöst werden und sterben; die Seesterne vernichten kontinuierlich *Patches* ihrer Muschelbeute. Die Muscheln haben aber planktische Larven, die ständig neue Standorte besiedeln und die Bildung neuer Haufen einleiten. Demgegenüber verbreiten sich Seesterne viel langsamer. Sie aggregieren an größeren Haufen, aber verlassen die Gegend erst mit einer zeitlichen Verzögerung, nachdem die Nahrung aufgebraucht ist. So werden laufend Muschelhaufen zerstört, aber neue wachsen noch vor der Ankunft der Seesterne nach. Wie bei den Milben scheinen die Kombinationen von patchartiger Verteilung, die Aggregation von Prädatoren auf bestimmten *Patches* und das Fehlen einer Synchronisation zwischen dem Verhalten der verschiedenen *Patches* in der Lage zu sein, die Populationsdynamik einer Räuber-Beute-Beziehung zu stabilisieren.

In ähnlicher Weise gilt es als gesichert, daß Populationen des „zyklischen" Schneeschuhhasen (Abschnitt 8.5.2) niemals ein zyklisches Verhalten zeigen, wenn sie in einem Mosaik von bewohnbaren und unbewohnbaren Habitaten

... und bei Seesternen und Muscheln

leben. In gebirgigen Gegenden und dort, wo die Landwirtschaft den Lebensraum zerschneidet, hält der Schneeschuhhase verhältnismäßig stabile, „nicht-zyklische" Populationen aufrecht (Keith, 1983).

Eine Metapopulationsstruktur kann so, ähnlich wie Übervölkerung, einen wichtigen Einfluß auf die Räuber-Beute-Beziehung ausüben. Allgemeiner ausgedrückt, ergibt sich allerdings als Botschaft dieses Abschnittes, daß die Populationsdynamik der Räuber-Beute-Beziehungen sehr unterschiedliche Formen annehmen kann. Aber es gibt gute Gründe anzunehmen, daß auch diese Vielfalt einen Sinn ergibt, wenn sie als Spiegel der Art und Weise gesehen wird, in der die verschiedenen Aspekte der Räuber-Beute-Interaktionen sich kombinieren und so unterschiedliche Variationen zu einem doch grundlegenden Phänomen ergeben.

Eine Erklärung für die Vielfältigkeit von Räuber-Beute-Populationsdynamik beginnt sich abzuzeichnen

8.6   Prädation und Struktur von Lebensgemeinschaften

Welche Rolle spielt Prädation, wenn wir statt Populationen die gesamten ökologischen Lebensgemeinschaften betrachten? Bevor wir uns dieser Frage zuwenden, ist es wichtig, darüber nachzudenken, daß Prädation nur eine der Kräfte ist, die als „Störung" auf Lebensgemeinschaften einwirken. Das Ergebnis davon, daß Prädatoren Lücken in eine Lebensgemeinschaft reißen, welche die Besiedlung durch andere Organismen ermöglicht, ist häufig nicht zu unterscheiden von der Beschädigung einer Felsenküste durch heftigen Seegang oder der eines Waldes durch Sturm.

Prädation unterbricht Konkurrenzausschluß: durch Prädatoren vermittelte Koexistenz

Viele Folgen der Prädation (und anderer Störungen) für die Strukturen einer Lebensgemeinschaft stellen sich als Ergebnis einer Wechselwirkung mit den Vorgängen des Konkurrenzausschlußprinzips heraus (damit nehmen wir das Thema, das in Abschnitt 6.2.8 vorgestellt wurde, wieder auf). In einer ungestörten Welt – so mag man annehmen – bringen die am stärksten konkurrierenden Arten (diejenigen, die am effizientesten begrenzte Ressourcen in Nachkommen umwandeln) die weniger konkurrierenden zum Untergang. Das läßt zunächst annehmen, daß die Organismen tatsächlich konkurrieren, und das impliziert wiederum, daß die Ressourcen begrenzend sind. Jedoch gibt es viele Situationen, in denen Prädation die Populationsdichten auf ein niedriges Niveau herunterdrückt, so daß die Ressourcen nicht begrenzend sind und Individuen auch nicht um diese konkurrieren. Wenn Prädation die Koexistenz von Arten begünstigt, die sich sonst durch Konkurrenz ausschließen (weil die Dichte einiger oder aller Arten auf ein Niveau reduziert wird, bei dem Konkurrenz verhältnismäßig unwichtig ist), nennt man das durch „Prädatoren vermittelte Koexistenz".

Die verschiedenen Einflüsse von Spezialisten und Generalisten unter den Prädatoren

Die Einflüsse von Spezialisten und Generalisten unter den Räubern auf die Struktur einer Lebensgemeinschaft können völlig verschieden sein. Ganz allgemein hängen die Einflüsse der Prädation auf eine Gruppe konkurrierender Arten davon ab, welche Art am meisten Nachteile erleidet. Wenn es sich um eine unterlegene Art handelt, kann diese zum Verschwinden gebracht werden, und die Artenzahl in dieser Lebensgemeinschaft wird sich insgesamt verringern. Wenn es aber eine konkurrenzüberlegene Art ist, die am meisten leidet, führt schwere Prädation zum Freiwerden von Lebensraum und Ressourcen für andere Arten. Dann wird die Artenzahl steigen. Generalisten unter den Prädatoren haben typischerweise den Einfluß, daß die Artenzahl in einer Lebensgemeinschaft durch Prädatoren vermittelte Koexistenz steigt. Denn selbst wenn die Beute nur in Abhängigkeit von ihrer Abundanz attackiert wird, werden jene Arten, die konkurrenzüberlegen sind, einfach häufiger sein und deswegen durch Prädation auch am stärksten reduziert werden.

Beispielsweise ergab eine Studie auf neun skandinavischen Inseln, daß der Sperlingskauz *(Glaucidium passerinum)* nur auf vier dieser Inseln vorkommt und daß das Verteilungsmuster von drei Meisenarten überraschenderweise damit zusammenhängt. Auf fünf Inseln ohne die räuberische Eule war nur eine Art, die Tannenmeise *(Parus ater)* beheimatet. Dort, wo die Eule zugegen war, lebten neben der Tannenmeise immer auch zwei größere Meisenarten, die Weidenmeise *(P. montanus)* und die Haubenmeise *(P. cristatus)*. Kullberg und Ekman (2000) vermuteten, daß die Tannenmeise in der Konkurrenz um Futterausnutzung überlegen war; während die beiden größeren Arten einen Vorteil in der Interferenzkonkurrenz um Nahrungsgründe haben, die mehr Sicherheit vor Prädatoren bieten, d. h., sie sind auch weniger als die Tannenmeise von der Prädation durch den Sperlingskauz betroffen. Es scheint, daß die Eule durch eine Reduktion der Konkurrenzdominanz, wie sie die Tannenmeise in Abwesenheit der Eule zeigt, für eine durch Prädatoren vermittelte Koexistenz verantwortlich ist.

Ein interessantes Bild bei der Verteilung von Eulen und Meisen auf den skandinavischen Inseln

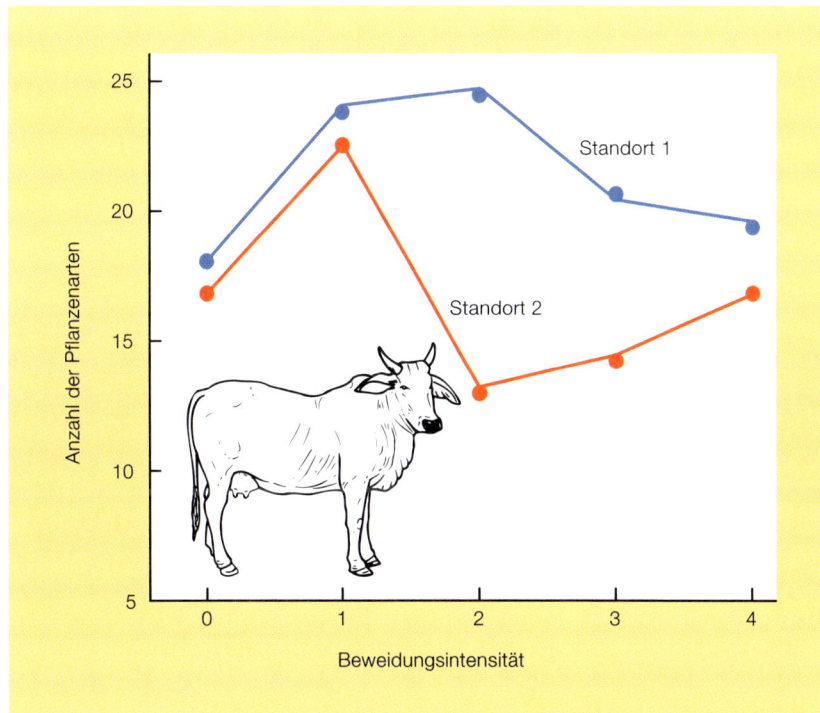

Abbildung 8.23
Mittlere Artenvielfalt von typischen Weidepflanzen auf Versuchsflächen, die im Oktober unterschiedlich starker Beweidung durch Rinder an zwei Standorten im äthiopischen Hochland ausgesetzt waren.
0 = keine Beweidung; 1 = leichte Beweidung; 2 = mittlere Beweidung; 3 = schwere Beweidung; 4 = sehr schwere Beweidung (geschätzt nach der Bestandsdichte der Rinder) (nach Mwandera et al., 1997).

355

In einem anderen Beispiel wurde das Grasen von Zebukühen und -ochsen auf natürlichem Weideland im äthiopischen Hochland untersucht. Dazu wurde eine Kontrollgruppe völlig am Grasen gehindert, und an zwei Standorten wurde das Grasen in vier unterschiedlichen Intensitäten gestattet, wobei jede Bedingung mehrfach wiederholt wurde. Abb. 8.23 zeigt, wie die durchschnittliche Anzahl von Pflanzenarten im Oktober, als die Pflanzenproduktivität am höchsten war, schwankte (Mwandera et al. 1997). Bei mittlerer Beweidungsintensität kamen signifikant mehr Arten vor als bei fehlender oder stärkerer ($P < 0{,}05$).

Auf den unbeweideten Stellen machten einige, sehr kompetitive Pflanzenarten, einschließlich des Grases *Bothriochloa insculpata*, 75–90 % des Bodenbewuchses aus. Bei mittlerem Beweidungsdruck allerdings konnten die Rinder offensichtlich die aggressiveren, konkurrenzüberlegenen Grasarten unter Kontrolle bringen und ermöglichten so einer größeren Zahl von Pflanzenarten zu überleben. Bei einem höheren Beweidungsdruck wurde die Artenzahl reduziert, denn die Kühe waren gezwungen, von den stark abgegrasten, bevorzugten Arten zu den weniger bevorzugten Arten zu wechseln, wodurch einige Arten ausgerottet wurden (Abb. 8.23). Wo der Abweidungsdruck besonders hoch war, wurden dagegen tolerante Arten wie *Cynodon dactylon* vorherrschend. Somit ist die Gesamtartenzahl am größten bei einem mittleren Ausmaß der Prädation bzw. Beweidung.

Generell läßt sich aus diesen an den Rindern gewonnenen Daten ableiten, daß *selektive* Prädation die Artenzahl in einer Lebensgemeinschaft so lange begünstigt, wie die bevorzugte Beute konkurrenzüberlegen ist, auch wenn andererseits die Artenzahl durch sehr hohen Prädationsdruck niedrig sein kann. In den niedrigen und mittleren Gezeitenzonen der felsigen Küste Neuenglands ist die Strandschnecke *Littorina littorea* der meist verbreitete und wichtigste herbivore Prädator. Diese Schneckenart ernährt sich von einem breiten Spektrum von Algenarten, ist aber tatsächlich verhältnismäßig wählerisch: Sie zeigt eine starke Präferenz für kleine, weiche Algenarten, insbesondere für die Grünalge *Enteromorpha intestinalis*. Die am wenigsten bevorzugte Nahrung ist viel zäher (z. B. die mehrjährige Rotalge *Chondrus crispus* und Braunalgen). Diese wird entweder gar nicht gefressen oder nur dann, wenn vorübergehend keine andere Nahrung verfügbar ist.

Ist nun *Enteromorpha*, die bevorzugte Nahrung der Strandschnecke, bei deren Abwesenheit eine konkurrenzüberlegene Art? In einem normalen *Chondrus*-Tümpel fressen die Strandschnecken mikroskopisch kleine Pflanzen sowie die jungen Stadien vieler kurzlebiger, ephemerer Algen, die sich auf *Chondrus* (einschließlich *Enteromorpha*) ansiedeln. In einem *Chondrus*-Tümpel, aus dem die Strandschnecken experimentell entfernt wurden, siedeln sich *Enteromorpha* und verschiedene andere Algenarten an, wachsen und werden zahlreich. Hier zeigt sich *Enteromorpha* als konkurrenzüberlegen und die *Chondrus*-Individuen bleichen aus, entfärben sich und verschwinden schließlich. Der umgekehrte Weg, wenn man also Schnecken zu einem *Enteromorpha*-Tümpel hinzufügt, führt innerhalb eines Jahres zu einem prozentualen Absinken der Grünalgendecke von fast 100 % bis auf weniger als 5 %, während *Chondrus* Kolonien bildet und ganz allmählich zur dominanten Art wird. Offensichtlich sind die Schnecken für die *Dominanz* von *Chondrus* in den *Chondrus*-Tümpeln verantwortlich.

So variiert die natürliche Zusammensetzung der Algenarten in den Gezeitentümpeln der felsigen Gezeitenzone von reiner Besetzung mit *Enteromorpha* bis zu fast reinem Vorkommen von *Chondrus*. Ist die Beweidung durch die Schnekken verantwortlich? Eine Bestandsaufnahme unterstreicht dies (Abb. 8.24a). Bei Fehlen oder Seltenheit der Schnecken scheint die Grünalge *Enteromorpha* durch Konkurrenzausschluß andere Arten zu vertreiben, und die Zahl der Algenarten ist gering. Genau das ergibt eine Studie über eine Anzahl von Tümpeln mit unterschiedlicher Bestandsdichte von Schnecken. Bei sehr hoher Dichte von Schnecken wurden allerdings alle als Nahrung verwertbaren Algenarten bis zu ihrem völligen Verschwinden aufgefressen und an der Wiederbesiedelung gehindert, so daß schließlich nur die widerstandsfähigen Bestände von *Chondrus* als einzige zurückblieben. Die Schnecken verhielten sich, wie bei den Rindern beobachtet, folgendermaßen: Wenn sie mit mittlerer Dichte vorkamen, wurde die Abundanz von *Enteromorpha* und anderen ephemeren Algenarten verringert, ein Konkurrenzausschluß verhindert, und sowohl kurzlebige als auch ausdauernde Arten konnten koexistieren.

Warum nun enthalten nur einige Tümpel die Schnecken und andere nicht? Wiederum ist Prädation die Antwort darauf. Die Schnecken besiedeln als planktische Jugendstadien die Tümpel. Obwohl sich planktische Schneckenlarven genausogut in *Enteromorpha*- wie in *Chondrus*-Tümpeln ansiedeln, frißt die Krabbe *Carcinus maenas,* die sich im *Enteromorpha*-Bewuchs schützt, die Schneckenlarven und hindert sie daran, eine neue Population zu etablieren. Der letzte entscheidende Faden in diesem verworrenen Netz von Räuber-Beute-Beziehungen führt zum Einfluß von Möwen, die dort Krabben erbeuten, wo der dichte Grünalgenbewuchs fehlt. Und so gibt es dann keinen Hinderungsgrund für eine kontinuierliche Auffrischung der Schneckenpopulation in *Chondrus*-Tümpeln.

Ganz anders sieht es aus, wenn die bevorzugte Beute einer anderen Beuteart in der Konkurrenz unterlegen ist. Dann sollte steigender Prädatorendruck ganz einfach die Anzahl der Beutearten in der Lebensgemeinschaft reduzieren. Das kann wiederum an der Felsenküste Neuenglands gezeigt werden. Dort ist die Konkurrenzüberlegenheit der häufigsten Pflanzen der Gezeitentümpel

Selektion der Unterlegenen

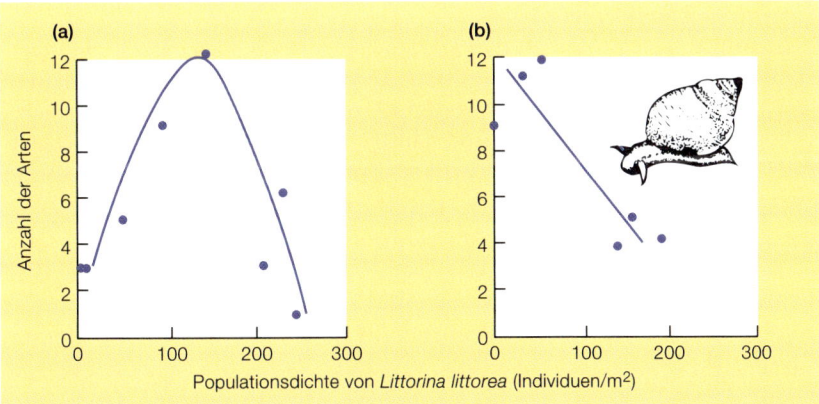

Abbildung 8.24 Der Effekt der Populationsdichte der Strandschnecke *Littorina littorea* auf den Artenreichtum (a) in Gezeitentümpeln und (b) auf bei Ebbe exponierten Substraten (nach Lubchenco, 1978).

tatsächlich genau umgekehrt, wenn die Pflanzenarten auf trockenfallendem Grund wachsen und dort interagieren anstatt in den Gezeitentümpeln. Hier sind zumindest in schneckenfreien oder -armen Bereichen die mehrjährigen Braun- und Rotalgen so vorherrschend, daß eine Reihe von kurzlebigen Algen-arten nur einen sehr spärlichen Bewuchs erreichen kann. Sobald der Bewei-dungsdruck ansteigt, verringert sich dann jedoch die Diversität der Algen, weil die bevorzugten, ephemeren Arten vollständig gefressen werden und der Wiederaufbau der Population damit verhindert wird (Abb. 8.24b).

Alles in allem kann Prädation ein wichtige Rolle darin spielen, unser Ver-ständnis der Strukturen ökologischer Lebensgemeinschaften zu erweitern. Das geschieht nicht zuletzt durch ein Erinnern daran, daß Muster, die in Kapitel 6 bei der Betrachtung interspezifischer Konkurrenz vorgestellt wurden, niemals die Chance bekommen, sich zu entfalten, weil Lebensgemeinschaften in der realen Welt selten in sanfter Weise und ohne weiteres einen Gleichgewichtszu-stand erreichen.

 ## Zusammenfassung

Prädation, echte Prädatoren, Weidegänger und Parasiten

Ein Prädator läßt sich als Organismus definieren, der andere lebende Organis-men (die ihm als „Beute" oder „Wirt" dienen) ganz oder in Teilen konsumiert, was für ihn vorteilhaft ist. Zumindest unter bestimmten Umständen aber ver-mindern sich dadurch Wachstum, Fekundität oder Überleben der Beute selbst.

„Echte" Prädatoren (Räuber) töten unausweichlich ihre Beute, und zwar mehr oder weniger schnell, nachdem sie diese angegriffen haben, und sie kon-sumieren im Laufe ihres Lebens einige oder sogar viele Beutestücke. Weide-gänger greifen im Verlauf ihres Lebens ebenfalls einige oder viele Beutestücke an, konsumieren aber immer nur Teile der Beute, ohne sie normalerweise zu töten. Auch Parasiten konsumieren nur Teile ihrer Wirte und töten diese auch nicht, zumindest nicht unmittelbar. Sie greifen im Laufe ihres Lebens nur einen oder sehr wenige Wirte an, mit denen sie darum eine verhältnismäßig innige Verbindung eingehen.

Die Feinheiten der Prädation

Weidegänger und insbesondere Parasiten fügen ihren Beuteorganismen nicht durch sofortiges Töten Schaden zu – wie das echte Prädatoren tun –, sondern sie machen ihre Beute verletzlich und anfälliger für andere Formen der Mortalität.

Die Einflüsse von Weidegängern und Parasiten auf den von ihnen angegrif-fenen Organismus sind oft *weniger* tiefgreifend, als es zunächst scheint, weil einzelne Pflanzen die ihnen durch Herbivorie zugefügten Schäden kompensie-ren können und weil Wirte mit Abwehrmaßnahmen auf die Angriffe von Para-siten reagieren können.

Die Auswirkungen der Prädation auf die Beutepopulation sind komplex und schwer vorherzusagen, weil überlebende Beute eine verminderte Konkurrenz um eine begrenzte Ressource erfährt, weil mehr Nachkommen produziert wer-den oder weil die Prädatoren weniger Beute entnehmen können.

Prädatorenverhalten

Prädatoren und Weidegänger zeigen typischerweise „Suchverhalten", indem sie in ihrem Habitat auf der Suche nach Beute umherwandern. Andere Prädatoren „sitzen und warten" auf ihre Beute („Ansitz- oder Lauerjagd"), und das meist in einem ausgewählten, lokalen Bereich. Parasiten und Krankheitserreger gelangen durch direkte Übertragung von infizierten Wirten auf nichtinfizierte, oder es kann ein Kontakt zwischen freilebenden Stadien des Parasiten und nichtbefallenen Wirten wichtig sein.

Die Theorie zum optimalen Suchverhalten will herausfinden, warum besondere Muster des Suchverhaltens durch natürliche Selektion begünstigt worden sind (weil sie zu der höchsten Nettoenergieaufnahme führen).

Generalistische Prädatoren stecken verhältnismäßig wenig Zeit in die Suche, schließen dabei allerdings relativ wenig einträgliche Beutestücke in ihre Ernährung ein. Spezialisten dagegen nehmen hochgradig einträgliche Beutestücke als Nahrung, verbringen aber viel Zeit mit deren Suche.

Die Populationsdynamik der Prädation

Es gehört zu den grundlegenden Tendenzen von Räubern und Beute, Zyklen in ihrer Abundanz zu zeigen. Tatsächlich werden bei einigen Räuber-Beute- und Wirt-Parasit-Beziehungen auch deutliche Zyklen beobachtet. Es gibt jedoch viele wichtige Faktoren, die solche Neigung zu zyklischen Prozessen modifizieren oder überlagern können.

Übervölkerung sowohl bei den Prädatoren als auch bei der Beute hat wahrscheinlich einen dämpfenden Einfluß auf jeden Räuber-Beute-Zyklus.

Viele Populationen von Prädatoren und Beute kommen als Metapopulationen vor. Theoretisch wie praktisch führt jede Asynchronisation in der Populationsdynamik in verschiedenen *Patches* und bei dem Vorgang der Dispersion zur Dämpfung jedes zugrundeliegenden Populationszyklus.

Prädation und Struktur der Lebensgemeinschaften

Es gibt viele Situationen, in denen Prädation die Populationsdichten niedrig halten kann, so daß die Ressourcen nicht die begrenzenden Faktoren sind und die Individuen nicht um sie konkurrieren müssen. Wenn Prädation die Koexistenz von Arten begünstigt, bei denen sonst ein Konkurrenzausschluß auftreten würde (weil die Dichten einiger oder aller Arten auf ein Niveau reduziert werden, bei dem Konkurrenz verhältnismäßig unwichtig ist), wird dies als „durch Prädatoren vermittelte Koexistenz" bezeichnet.

Die Einflüsse der Prädation auf konkurrierende Arten hängen grundsätzlich davon ab, welche Art die meisten Nachteile hat. Wenn es sich um eine unterlegene Art handelt, kann diese zum Verschwinden gebracht werden, und die Gesamtartenzahl in dieser Lebensgemeinschaft wird absinken. Wenn die konkurrenzüberlegenen Arten am meisten betroffen sind, wird das Resultat intensiver Prädation üblicherweise freien Raum und Ressourcen schaffen, so daß die Artenzahl ansteigt.

Es ist nicht ungewöhnlich, daß die Zahl der Arten in einer Lebensgemeinschaft am größten ist, wenn Prädation in mittlerer Stärke auftritt.

?!?   **Quiz**

⊘ = anspruchsvolle Frage

1. Erklären Sie anhand von Beispielen die Ernährungscharakteristika von echten Räubern, Weidegängern, Parasiten und Parasitoiden.

2. ⊘ Echte Räuber, Weidegänger und Parasiten können die Ergebnisse konkurrierender Interaktionen beeinflussen, die ihre „Beute"-Populationen betreffen. Diskutieren Sie diese Annahme mit einem Beispiel für jede Kategorie.

3. Diskutieren Sie die verschiedenen Wege, auf denen Pflanzen die Auswirkungen der Herbivorie „kompensieren".

4. Prädation ist „schlecht" für die Beuteorganismen, die gefressen werden. Erklären Sie, warum sie aber gut sein kann für jene, die nicht gefressen werden.

5. ⊘ Diskutieren Sie in energetischen Ausdrücken das Für und Wider von (1) einem Generalisten gegenüber einem Spezialisten als Prädator und (2) von einem Lauer- oder Ansitzräuber gegenüber einem aktiven Anschleichräuber.

6. Erklären Sie mit einfachen Worten, warum es eine grundlegende Tendenz von Räuber- und Beutepopulationen zur Ausbildung von Zyklen gibt.

7. Ihnen liegen Daten vor, die in der Natur das Auftreten von Zyklen zwischen interagierenden Populationen eines echten Räubers, eines Weidegängers und einer Pflanze zeigen. Beschreiben Sie den experimentellen Aufbau, durch den bestimmt werden kann, ob ein Weidegänger-Pflanzen-Zyklus oder ein Räuber-Weidegänger-Zyklus vorliegt.

8. Definieren Sie Interferenz und geben Sie Beispiele für echte Räuber und Parasiten. Erklären Sie, wie diese wechselseitigen Beeinträchtigungen natürlich vorkommende Populationszyklen dämpfen.

9. Diskutieren Sie die in diesem Kapitel vorgestellte Aussage, wonach eine patchartige Aufteilung der Umwelt einen wichtigen Einfluß auf die Populationsdynamik von Räuber-Beute-Systemen hat.

10. Erklären Sie anhand eines Beispiels, warum die meisten Beutearten in Lebensgemeinschaften zu finden sind, die einem mittleren Prädationsdruck ausgesetzt sind.

9

Populationsprozesse – das große Bild

In den vorangegangenen Kapiteln beschäftigten wir uns damit, wie häufig in der Ökologie, mit einzelnen Arten oder isolierten Artenpaaren. Letztlich müssen wir aber feststellen, daß jede Population Teil eines Netzwerkes aus Wechselwirkungen mit Myriaden von Populationen der verschiedensten trophischen Ebenen ist. Jede Population muß im Zusammenhang mit der ganzen Lebensgemeinschaft betrachtet werden, und wir müssen uns darüber klar sein, daß der Lebensraum von Populationen aus fragmentierten und sich ständig ändernden Umwelten besteht, in denen Störungen und lokales Aussterben alltägliche Ereignisse sind.

Schlüsselkonzepte

Dieses Kapitel soll

- die Vielfalt an abiotischen und biotischen Faktoren aufzeigen, die miteinander in Wechselwirkung stehen und für die Dynamik von Populationen verantwortlich sind;
- den Unterschied zwischen Einflußfaktoren und Regulationsmechanismen der Abundanz von Populationen verdeutlichen;
- beschreiben, wie die fleckenartige Verteilung und die Ausbreitung zwischen den *Patches* die Dynamik von Populationen und Lebensgemeinschaften beeinflußt;
- den Einfluß von Störungen auf die Muster in Lebensgemeinschaften und das Wesen der Sukzession von Lebensgemeinschaften aufzeigen;
- die Bedeutung von direkten und indirekten Effekten klarmachen und den Unterschied zwischen der „Bottom-up"- und „Top-down"-Kontrolle von Nahrungsnetzen herausarbeiten;
- die Beziehung zwischen der Struktur und der Stabilität von Nahrungsnetzen verständlich machen.

9.1   Einleitung

In den vorangegangenen Kapiteln standen die Populationen einzelner Arten im Mittelpunkt des Interesses. Bei dem Versuch, die grundlegendste aller ökologischen Fragen zu beantworten – was die Häufigkeit und Verteilung einer Art bestimmt –, wurden die Rollen von abiotischen Rahmenbedingungen und Ressourcen, von Wanderbewegungen, von Konkurrenz (sowohl intra- als auch interspezifisch), von Mutualismus, von Beutefang und von Parasitismus jeweils unabhängig voneinander betrachtet. In Wirklichkeit aber spiegelt die Dynamik jeder Population eine Kombination dieser Faktoren wider, wobei das relative Gewicht jedes einzelnen Faktors von Fall zu Fall unterschiedlich ist. Deshalb müssen wir jetzt die Population im Kontext der ganzen Gemeinschaft betrachten, da jede Population in einem Netz von Räuber-Beute-Beziehungen und Konkurrenz lebt (Abb. 9.1) und jede Population anders auf die vorherrschenden abiotischen Bedingungen anspricht.

Im Abschnitt 9.2 überlegen wir, wie abiotische und biotische Faktoren zusammenwirken, um die Dynamik von Populationen einzelner Arten zu bestimmen. Im Abschnitt 9.3 kommen wir dann auf eines der Hauptthemen dieses Buches zurück – die Bedeutung von Habitatheterogenität *(patchiness)* und der Migration zwischen den Habitatinseln für die Populationsdynamik –, und wir werden vor allem die Wichtigkeit des Metapopulationskonzeptes diskutieren. Eine weitere wichtige Rolle bei der Dynamik vieler Populationen und bei der Zusammensetzung der meisten Lebensgemeinschaften spielen Störungen, wie z. B. Waldbrände oder Sturmfluten. Nach jeder Störung gibt es bestimmte artspezifische Muster der Wiederbesiedlung, die sich vor dem Hintergrund sich ändernder Rahmenbedingungen, Ressourcenverfügbarkeiten und Populationswechselwirkungen abspielen. Im Abschnitt 9.4 behandeln wir zeitliche Muster in der Zusammensetzung von Lebensgemeinschaften einschließlich der Sukzession von Lebensgemeinschaften. In Abschnitt 9.5 erweitern wir schließlich unser Blickfeld und untersuchen Nahrungsnetze (wie in Abb. 9.1) mit normalerweise wenigstens drei trophischen Ebenen (Pflanzen – Herbivoren – Räuber). Dabei wird nicht nur die Wichtigkeit von direkten Effekten, sondern auch von indirekten Effekten betont, die eine Art auf andere Arten derselben trophischen Ebene oder auf Arten der Ebenen darüber und darunter ausüben kann.

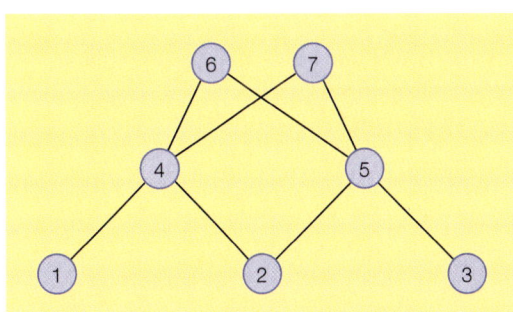

Abbildung 9.1
Matrix einer Lebensgemeinschaft, die zeigt, wie jede Art mit einigen anderen durch Konkurrenz (zwischen Pflanzenarten 1, 2 und 3; oder zwischen Weidegängern 4 und 5; oder zwischen Prädatoren 6 und 7) oder durch Räuber-Beute-Beziehungen (wie zwischen 6 und 4 oder 5 und 2) interagieren kann.

9.2   Vielfältige Einflußfaktoren auf die Dynamik von Populationen

Fluktuationen in der Abundanz entstehen durch eine Vielzahl biotischer und abiotischer Faktoren

Warum sind manche Arten selten und andere häufig? Warum treten manche Arten an der einen Stelle in niedrigen und an der anderen in hohen Populationsdichten auf? Welche Faktoren verursachen die Fluktuationen in der Abundanz einer Art? Das sind die Kernfragen, wenn wir seltene Arten schützen, Schädlingsbefall kontrollieren oder natürliche lebende Ressourcen erhalten wollen, oder wenn wir einfach nur die Muster und die Dynamik der Natur verstehen wollen. Um auch nur für eine einzige Art an einem einzigen Ort die vollständigen Antworten auf diese Fragen zu erhalten, müssen wir die physikalisch-chemischen Voraussetzungen, die Menge der verfügbaren Ressourcen, den Lebenszyklus des Organismus und den Einfluß von Konkurrenten, Räubern, Parasiten usw. kennen – und wir müssen wissen, wie all diese Faktoren durch ihre Wirkung auf Geburt, Tod, Ausbreitung und Wanderung die Abundanz beeinflussen. Wir werden im folgenden alle diese Faktoren zusammenstellen und überlegen, wie die in bestimmten Fällen besonders wichtigen identifiziert werden können.

Was absolute Zahlen aussagen können und was nicht

Das Rohmaterial für das Studium von Abundanz besteht normalerweise in einer Abschätzung der Individuenzahl in einer Population. Nur die Zahlen allein zu verwenden würde allerdings bedeuten, wichtige Informationen zu vernachlässigen. Stellen wir uns drei menschliche Bevölkerungen mit jeweils identischen Individuenzahlen vor. Die eine liegt in einem Wohnviertel mit alten Menschen, die zweite besteht aus einer Gruppe junger Menschen, und die dritte setzt sich aus Menschen verschiedenen Alters und Geschlechts zusammen. Wenn außer der Individuenzahl nichts bekannt wäre, würde niemand vermuten, daß die erste Bevölkerungsgruppe demnächst ausgestorben sein wird (außer falls weitere Leute einwandern würden), die zweite, allerdings erst nach einer Verzögerung, schnell wachsen und die dritte weiterhin stetig zunehmen wird. Die besten Studien sind deshalb solche, die nicht nur die Anzahl der Individuen (und, im Falle von modularen Organismen, ihrer Einzelteile) sondern darüber hinaus auch die Alters-, Geschlechts- und Größenstruktur einer Population ermitteln.

Was Korrelationen aussagen können und was nicht

Die Daten aus Abundanzerhebungen können verwendet werden, um Korrelationen mit externen Faktoren wie beispielsweise dem Wetter zu erstellen. Korrelationen können dazu verwendet werden, Vermutungen über mögliche kausale Beziehungen anzustellen, aber sie können solche Beziehungen nicht beweisen. So treten z. B. niedrige Populationsdichten bei einem Schädling möglicherweise immer nach kalten Wintern auf. Aus dieser Korrelation könnte man folgern, daß kalte Winter die Überwinterungsstadien des Schädlings abtöten. Es könnte aber auch sein, daß die natürlichen Feinde durch kalte Winter gefördert oder die Nahrungsressourcen in kalten Wintern vernichtet werden. Korrelierte Daten lassen möglicherweise eine Beziehung zwischen der Populationsgröße und ihrer Wachstumsrate erkennen – beispielsweise, daß die Population am schnellsten bei geringer Größe wuchs und bei hoher Dichte abnahm. Aber welcher ursächliche Mechanismus stand hinter dieser Korrelation? Es könnte sein, daß in großen Populationen viele Individuen verhungern, sich nicht fortpflanzen oder aggressiv werden und schwächere Populationsmitglieder vertreiben. Nur wenn man beobachtet, was mit den Individuen geschieht, kann festgestellt werden, warum eine Population ihre Größe verändert.

9.2.1 Fluktuation oder Stabilität

Manche Populationen scheinen sich nur geringfügig in ihrer Größe zu ändern. Eine Populationsanalyse, die eine größere Zeitspanne umfaßt – obwohl sie nicht unbedingt die wissenschaftlichste ist! –, befaßte sich mit den Mauerseglern *(Micropus apus)* in einem Ort namens Selbourne in Südengland. Gilbert White, der in diesem Ort lebte, schrieb 1778 in einer der frühesten veröffentlichten ökologischen Arbeiten:

Viele Populationen sind sehr stabil …

„Ich sehe nun meine Meinung, daß wir jedes Jahr die unverändert gleiche Anzahl an Paaren haben, bestätigt. Die Zahl, die ich beständig vorfinde, sind acht Paare, wovon die Hälfte in der Kirche nistet und der Rest in einigen der schäbigsten Strohhütten."

Mehr als 200 Jahre später besuchten Lawton und May (1984) den Ort und stellten, was nicht überraschte, einige Änderungen fest. Mauersegler hatten vermutlich schon seit 50 Jahren nicht mehr in der Kirche genistet, und die Strohhütten waren mittlerweile verschwunden bzw. ihre Strohdächer waren mit Draht verfestigt. Trotzdem brüten heute zwölf Mauerseglerbrutpaare regelmäßig im Dorf. In Anbetracht der vielen Veränderungen, die in den dazwischenliegenden Jahrhunderten stattgefunden haben, kommt diese Zahl den acht Paaren, die von White so gleichbleibend vorgefunden wurden, bemerkenswert nah.

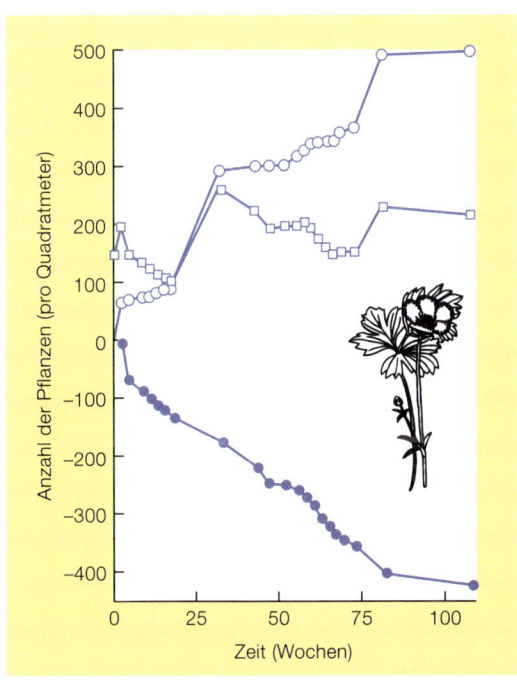

Abbildung 9.2
Populationsdichteänderungen des Kriechenden Hahnenfußes *(Ranunculus repens)* am Standort C (s. Text). Offene Kreise: kumulative Dichtezunahmen aus Samenkeimung und klonalem Wachstum; geschlossene Kreise: kumulative Abnahme der Dichten; offene Rechtecke: Nettopopulationsgröße (nach Sarukhán & Harper, 1973).

... aber Stabilität
ist nicht un-
bedingt gleich-
bedeutend mit
„nichts ändert
sich"

Der Stabilität einer Population können komplexe verborgene Dynamiken zugrunde liegen. Bei einer Untersuchung über den Kriechenden Hahnenfuß *(Ranunculus repens)* in drei getrennten Abschnitten einer Wiese eines Dauerweidelandes in Nordwales ermöglichten detaillierte Verbreitungskarten der Pflanzen und Samen, das Schicksal jedes einzelnen Individuums zu verfolgen (ein Ansatz, der bei beweglichen Organismen selten möglich ist). Insgesamt fiel die Anzahl der Pflanzen auf der Wiese (entsprechend den Schätzungen auf den drei Wuchsorten) während der zwei Untersuchungsjahre leicht ab – von 650 auf 518. Jedoch hatte sich die Population in Abschnitt A über die zwei Jahre hinweg halbiert, in Abschnitt B hatte sich kaum etwas geändert, und in Abschnitt C stieg sie um 50 % an (Abb. 9.2). Darüber hinaus kamen 1054 neue Individuen als Zugewinn zur Population hinzu, und 1189 Individuen gingen der Population verloren. Das zeigt deutlich, daß unterschiedliche *Patches* in derselben „Population" eine ganz unterschiedliche Dynamik besitzen und daß sehr rasche Veränderungen in den Geburten- und Todesfällen auftreten können, selbst wenn es insgesamt relativ wenig Veränderungen in der Population als Ganzes gibt.

9.2.2   Theorien zur Abundanz von Arten

Ist die Veränderung von acht auf zwölf Mauerseglerpaare im Zeitraum von 200 Jahren oder von 650 auf 518 Hahnenfußpflanzen über zwei Jahre eher ein Indikator für Beständigkeit oder für Wandel? Ist die Ähnlichkeit zwischen acht und zwölf wichtiger oder der Unterschied das eigentlich Interessante? Einige Wissenschaftler betonten die offensichtliche Konstanz von Populationen, andere hoben die Veränderungen hervor.

Diejenigen, die die Konstanz betonten, vertraten die Ansicht, daß wir nach stabilisierenden Kräften in Populationen suchen müssen, um erklären zu können, warum Populationen nicht ungehindert anwachsen oder bis zum Aussterben abnehmen (es handelt sich im allgemeinen um dichteabhängige Faktoren, wie beispielsweise Konkurrenz zwischen zahlreichen Individuen um limitierte Ressourcen). Jene, die den Wandel betonten, zogen meist äußere Faktoren wie z. B. das Wetter oder Störungen heran, um die Änderungen zu erklären. Die Meinungsverschiedenheiten dieser beiden Lager, die sich fast schon bekriegten, beherrschten die Ökologie im mittleren Drittel des zwanzigsten Jahrhunderts.

Wenn man die Einzelheiten des gegenwärtigen Konsens zu dieser Frage verstehen möchte, ist es hilfreich, einige der damaligen Argumente näher zu betrachten.

Die Unter-
scheidung von
beeinflussenden
und regulieren-
den Faktoren der
Abundanz

Zunächst jedoch ist es wichtig, deutlich den Unterschied zwischen den Fragen, wie die Abundanz *beeinflußt* wird, und Fragen, auf welche Weise die Abundanz *reguliert* wird, zu verstehen. Unter *Regulation* versteht man die Tendenz einer Population zur Größenabnahme, wenn sie einen bestimmten Grenzwert überschritten hat, und zur Größenzunahme, wenn sie unterhalb des Grenzwertes liegt. Mit anderen Worten, die Regulation einer Population kann definitionsgemäß nur als ein Ergebnis aus einem oder mehreren dichteabhängigen Prozessen (Kapitel 3 und 5) auftreten, die auf Geburtenraten und/oder Todesraten und/oder Wanderbewegungen einwirken (Abb. 9.3a). Verschiedene, möglicherweise dichteabhängige Prozesse, wurden in den früheren Kapiteln über Konkurrenz, Prädation und Parasitismus diskutiert. Wir müssen daher die Regulation betrachten, um zu verstehen, warum eine Population dazu neigt, innerhalb bestimmter unterer und oberer Bereiche zu bleiben.

Andererseits wird die genaue Abundanz von Individuen durch die kombinierten Effekte aller Faktoren und aller Prozesse, die eine Population betreffen, *beeinflußt*, egal ob sie dichteabhängig oder dichteunabhängig sind (Abb. 9.3b). Deshalb sind die beeinflussenden Faktoren der Abundanz wichtig, um zu begreifen, weshalb eine bestimmte Population zu einer bestimmten Zeit eine ganz bestimmte Abundanz aufweist und nicht eine andere.

Der erste Standpunkt geht zurück auf den Australier A. J. Nicholson, ein Vertreter der theoretischen Ökologie (z. B. Nicholson, 1954), der davon ausging, daß dichteabhängige, biotische Interaktionen die Hauptrolle bei der Bestimmung der Populationsgröße spielen, indem sie Populationen in ihrer Umwelt in einem Gleichgewichtszustand halten. Nicholson erkannte natürlich, daß „Faktoren, die von der Dichte unbeeinflußt sind, tiefgreifende Effekte auf die

Die Ansicht, daß Abundanz vor allem durch Aggregationseffekte beeinflußt wird

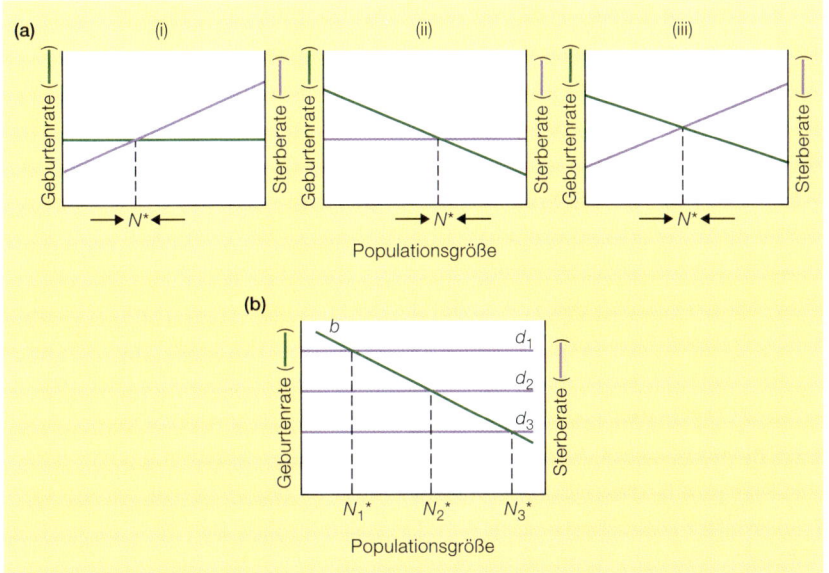

Abbildung 9.3
(a) Populationsregulation durch (i) dichteunabhängige Geburten- und dichteabhängige Todesraten; (ii) dichteabhängige Geburten- und dichteunabhängige Todesraten; und (iii) dichteabhängige Geburten- und Todesraten. Die Populationsdichte steigt an, wenn die Geburtenrate die Todesrate übersteigt und nimmt ab, wenn die Todesrate die Geburtenrate übersteigt. N^* ist deshalb die stabile Gleichgewichtspopulationsdichte. Die tatsächliche Dichte der Population im Gleichgewicht hängt, wie man sieht, sowohl von der Größe der dichteunabhängigen Rate als auch von der Größe und der Steigung eines jeden dichteabhängigen Prozesses ab. (b) Populationsregulation durch dichteabhängige Geburtenraten, b, und dichteunabhängige Todesraten, d. Die Todesraten werden durch physikalische Bedingungen bestimmt, die sich an drei Orten unterscheiden (Todesraten d_1, d_2 und d_3). Infolgedessen schwankten auch die Gleichgewichtsdichten (N_1^*, N_2^*, N_3^*).

367

Dichte haben können" (s. Abb. 9.3b), aber er betonte, daß dichteabhängige Beziehungen „lediglich von Zeit zu Zeit nachlassen und anschließend wieder an Stärke gewinnen und Dichteabhängigkeit der Einflußfaktor bleibt, der die Populationsdichten den Umweltbedingungen angleicht".

Die Ansicht, daß Abundanz vor allem von der Länge der Populationswachstumsperiode beeinflußt wird

Der andere Standpunkt wird auf zwei weitere australische Ökologen, Andrewartha und Birch (1954), zurückgeführt. Ihre Untersuchungen befaßten sich hauptsächlich mit der Kontrolle von Schadinsekten. Das ist wahrscheinlich der Grund dafür, daß ihre Blickrichtung von der Notwendigkeit beeinflußt wurde, sowohl die Abundanzen als auch v. a. den Zeitpunkt und die Stärke von Schädlingsausbrüchen voraussagen zu können. Sie glaubten, daß der wichtigste Faktor zur Begrenzung der Individuenzahl in natürlichen Populationen die Verkürzung des Zeitraumes ist, in dem die Zuwachsrate positiv ist. Mit anderen Worten, die Populationsentwicklung einer Art kann auch als eine fortgesetzte Folge von Rückschlägen und erneuten Erholungen betrachtet werden. Diese Sichtweise ist sicherlich bei vielen Schadinsekten gerechtfertigt, die empfindlich auf ungünstige Umweltverhältnisse reagieren, sich aber rasch wieder erholen können. Sie wiesen auch jegliche Unterteilung der Umwelt in physikalische und biotische „Faktoren" oder in dichteabhängige oder dichteunabhängige „Faktoren" zurück. Statt dessen bevorzugten sie eine Betrachtungsweise, bei der die Population quasi im Zentrum eines ökologischen Netzes sitzt, wobei unterschiedlichste Faktoren und Prozesse in ihren Auswirkungen auf die Population zusammenspielen.

Schlußfolgerungen aus den entgegengesetzten Ansichten

Im nachhinein scheint klar zu sein, daß das eine Lager mit Populationsgrößen-regulierenden Faktoren beschäftigt war und das andere Lager mit Populationsgrößen-beeinflussenden/-bestimmenden Faktoren. Die Uneinigkeit erwuchs scheinbar aus der Ansicht der ersten Gruppe, daß, was auch immer regulierend wirkt, auch bestimmend wirken muß, und der Ansicht der zweiten Gruppe, daß äußere Einflußfaktoren auf die Abundanz alles sind, was für praktische Zwecke wirklich zählt. Jedoch ist es unbestritten, daß keine Population gänzlich frei von Regulation sein kann – völlig ungehindertes Populationswachstum über einen langen Zeitraum hinweg ist nicht bekannt, und ungebremste Abnahme bis zum Aussterben ist selten. Weiterhin ist die Annahme falsch, daß dichteabhängige Prozesse generell selten oder nur von untergeordneter Bedeutung sind. Eine sehr große Anzahl an Untersuchungen wurde bisher bei den unterschiedlichsten Tierarten durchgeführt, v. a. aber bei Insekten. Dichteabhängigkeit wurde keineswegs immer gefunden, aber regelmäßig dann, wenn die Untersuchungen über mehrere Generationen fortgesetzt wurden. Beispielsweise wurde Dichteabhängigkeit in mehr als 80 % solcher Untersuchungen bei Insekten gefunden, die mehr als 10 Jahre andauerten (Hassell et al., 1989; Woiwod & Hanski, 1992).

Andererseits war bei der Art von Untersuchung, mit der Andrewartha und Birch befaßt waren, das Wetter typischerweise der Haupteinflußfaktor auf die Abundanz, und andere Faktoren waren von relativ geringer Bedeutung. Zum Beispiel erklärt das Wetter in einer berühmten klassischen Untersuchung über Schadinsekten, den Apfel-Thrips, 78 % der Variation in der Thrips-Individuenzahl (Davidson & Andrewartha, 1948): Um die Abundanz von Thrips vorauszusagen, sind also Informationen über das Wetter von höchster Wichtigkeit. Somit ist es nicht unbedingt so, daß, was auch immer die Populationsgröße reguliert, die Populationsgröße auch die meiste Zeit bestimmt. Und es wäre auch falsch, der Regulation oder der Dichteabhängigkeit eine Vorrangstellung zu gewähren, die unter Umständen nur unregelmäßig oder in Abständen auftritt. Und selbst wenn sie auftritt, verändert die Dichteabhängigkeit die Abundanz möglicherweise nur auf einen Wert, der seinerseits abhängig ist vom sich verändernden Niveau bestimmter Ressourcen. Wahrscheinlich ist keine natürliche Population jemals wirklich im Gleichgewicht. Eher scheint die Erwartung vernünftig, daß man einige Populationen findet, die sich beinahe ständig von der letzten Katastrophe erholen (Abb. 9.4a), andere, die normalerweise von einer großen (Abb. 9.4b) oder von einer knappen Ressource (Abb. 9.4c) beeinflußt werden, und wieder andere Populationen, die nach kurzzeitigen Phasen der Kolonisation die meiste Zeit rückläufig sind (Abb. 9.4d).

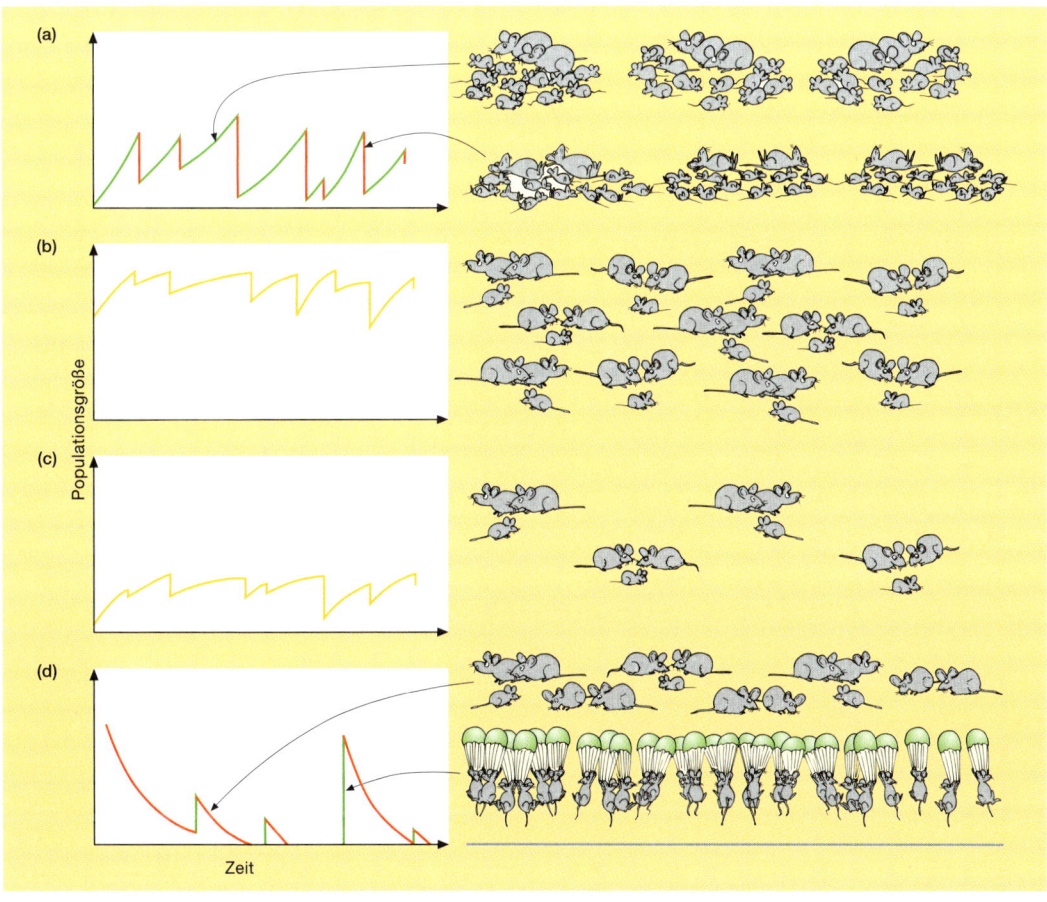

Abbildung 9.4
Idealisierte Diagramme von Populationsdynamiken: (a) Wachstumskurven, wie sie nach mehrfachen Katastrophen entstehen können; (b) Populationsdynamik, wie sie durch Einschränkung der Umweltkapazität entstehen kann – hohe Umweltkapazität; (c) wie (b), aber mit niedriger Umweltkapazität; (d) Dynamik innerhalb eines bewohnbaren Gebietes, die durch einen Niedergang der Populationsdichten nach mehr oder weniger plötzlichen Episoden der Besiedlung oder Rekrutierung entsteht.

9.2.3   Schlüsselfaktorenanalyse

Wir können eindeutig unterscheiden, was die Abundanz einer Population reguliert und was sie beeinflußt, und wie Regulation und Beeinflussung miteinander im Zusammenhang stehen, wenn wir uns diesem Problem mit einem Ansatz nähern, der als *Schlüsselfaktorenanalyse* bezeichnet wird. Er wurde auf viele Insekten und einige andere Tiere und Pflanzen angewendet und basiert auf der Berechnung von sogenannten *k-Werten* für jeden Abschnitt im Lebens-

Fenster 9.1 – Quantitative Aspekte

Die Bestimmung der *k*-Werte in der Schlüsselfaktorenanalyse

Tabelle 9.1 zeigt den typischen Datensatz einer Lebenstafel, wie er von Harcourt (1971) für den Kartoffelkäfer, *Leptinotarsa decemlineata,* in Kanada gesammelt wurde. In der ersten Spalte finden sich die unterschiedlichen Entwicklungsstadien im Lebenszyklus. *Frühjahrsadulte* beenden gegen Mitte Juni die Überwinterung, wenn die Kartoffelpflanzen aus der Erde zu sprießen beginnen. Innerhalb von 3–4 Tagen beginnt die Eiablage und dauert etwa einen Monat. Die Eier werden in Gruppen an der Blattunterseite abgelegt (jeweils ca. 34 Eier), und die Larven klettern zur Pflanzenspitze, wo sie während der gesamten

Entwicklung der 4 Larvenstadien fressen. Wenn sie das Ende des letzten Stadiums erreicht haben, lassen sie sich zu Boden fallen und graben Kammern im Boden, wo sie sich verpuppen. *Sommeradulte* schlüpfen im zeitigen August, fressen und ziehen sich Anfang September wieder in den Boden zurück, um zu überwintern. In der nächsten Saison werden aus ihnen dann die Frühjahrsadulten.

Die nächste Spalte führt die geschätzten Zahlen zu Beginn jedes Entwicklungsstadiums auf (bezogen auf 96 Kartoffelreihen), und die dritte Spalte zeigt die in jedem Stadium gestorbenen Individuen vor Beginn der

Tabelle 9.1   Lebenstafeldaten für den Kartoffelkäfer

Entwicklungs-stadium	Anzahl in 96 Kartoffel-reihen	Anzahl Sterbender	Mortalitäts-faktor	Log₁₀ N	k-Wert	
Eier	11 799	2531	Nicht abgelegt	4,072	0,105	(k_{1a})
	9268	445	Unfruchtbar	3,967	0,021	(k_{1b})
	8823	408	Regen	3,946	0,021	(k_{1c})
	8415	1147	Kannibalismus	3,925	0,064	(k_{1d})
	7268	376	Räuber	3,861	0,023	(k_{1e})
Frühes Larvenstadium	6892	0	Regen	3,838	0	(k_2)
Spätes Larvenstadium	6892	3722	Verhungern	3,838	0,337	(k_3)
Puppen	3170	16	Parasitismus	3,501	0,002	(k_4)
Sommeradulte	3154	−126	Geschlecht (52 % ♀)	3,499	−0,017	(k_5)
♀ × 2	3280	3264	Emigration	3,516	2,312	(k_6)
Überwinternde Adulte	16	2	Frost	1,204	0,058	(k_7)
Frühjahrsadulte	14			1,146		
					2,926	(k_{gesamt})

zyklus. Schlüsselfaktorenanalyse ist kein guter Ausdruck, denn eigentlich werden Schlüsselphasen (und nicht Schlüsselfaktoren) im Leben eines untersuchten Organismus identifiziert (solche, die einen besonderen Einfluß auf die Abundanz haben). Einzelheiten werden in Fenster 9.1 dargestellt. Kurz gesagt, stellen die k-Werte ganz einfach das Ausmaß der Mortalität dar: Je höher der k-Wert, desto größer ist die Mortalität (k steht für „killing power").

Um eine Schlüsselfaktorenanalyse durchzuführen, werden die Daten in Form einer Lebenstafel (Kapitel 5) dargestellt, wie die einer kanadischen Popu-

Der Kartoffelkäfer

nächsten Entwicklungsphase. In der 4. Spalte ist der Faktor aufgelistet, der für den entscheidenden Mortalitätsfaktor des jeweiligen Entwicklungsstadiums gehalten wurde. Die 5. und 6. Spalte zeigen dann, wie die k-Werte berechnet werden. In der 5. Spalte sind die logarithmierten Werte der Individuenzahlen zu Beginn jeder Entwicklungsphase dargestellt. Die k-Werte in der 6. Spalte sind dann die Differenzen zwischen den aufeinanderfolgenden Zahlen in Spalte 5. Deshalb bezieht sich jede Zahl auf die Todesfälle in einem der Entwicklungsstadien und, ähnlich wie in Spalte 3, ergibt die Summe der Spalte die Gesamtmortalität während des gesamten Lebenszyklus. Darüber hinaus mißt jeder k-Wert die Rate oder Intensität der Mortalität in der jeweiligen Entwicklungsphase. In Spalte 3 dagegen sind die Werte am Anfang des Lebenszyklus meist höher, weil mehr Individuen vorhanden sind, die sterben können. Diese nützliche Eigenschaft von k-Werten macht man sich in der *Schlüsselfaktorenanalyse* zunutze.

Ein adulter Kartoffelkäfer *(Leptinotarsa decemlineata),* der gerade seine Wirtspflanze verläßt. Die Emigration von Sommeradulten ist die Schlüsselphase in der Populationsdynamik des Kartoffelkäfers.

lation des Kartoffelkäfers *(Leptinotarsa decemlineata)* in Fenster 9.1. Das Probennahmeprogramm lieferte in diesem Fall Schätzwerte über die Populationsdichten von 7 Entwicklungsstadien: Eier, frühes und spätes Larvalstadium, Puppen, Sommeradulte, überwinternde Adulte und Frühjahrsadulte. Eine weitere Kategorie, „Weibchen × 2" wurde hinzugefügt, um etwaige ungleiche Geschlechterverhältnisse unter den Sommeradulten zu berücksichtigen.

Wann tritt die höchste Mortalität auf?

Die erste Frage, die man stellen kann, ist: Wie hoch ist die gesamte „Mortalität" (Mortalität steht in Anführungszeichen, da sie sich auf alle Abgänge der Population bezieht) in jeder dieser Entwicklungsphasen? Zur Beantwortung dieser Frage wurden aus den *k*-Werten von 10 Jahren die mittleren *k*-Werte für jede Phase berechnet (also aus 10 Tabellen, wie der in Fenster 9.1). Diese Werte sind in der ersten Spalte der Tabelle 9.2 dargestellt. Danach gab es die höchsten Verluste bei den Sommeradulten – vor allem durch Emigration und weniger durch Mortalität als solche. Ebenso gab es hohe Verluste bei älteren Larven (Verhungern), bei überwinternden Adulten (durch Frost verursachte Mortalität), bei jungen Larven (Regen) und bei Eiern (Kannibalismus und „nicht-abgelegte Eier").

Abundanzbeeinflussende Entwicklungsstadien ...

Wichtiger als die erste Frage: „Welcher Anteil an der Gesamtmortalität tritt in jeder dieser Phasen auf?" ist eine zweite Frage: „Was ist die relative Bedeutung dieser Entwicklungsstadien als Determinanten der jährlichen *Mortalitätsfluktuation* und damit für die jährliche Abundanzfluktuation?" Dies ist ein ziemlicher Unterschied. Beispielsweise kann es vorkommen, daß die Mortalität in einer bestimmten Entwicklungsphase regelmäßig sehr hoch ist (hoher mittlerer *k*-Wert), aber wenn dieser Wert immer annähernd konstant bleibt, dann wird er eine geringe Rolle bei der Bestimmung der Mortalitätsrate (und damit der Populationsgröße) in einem bestimmten Jahr spielen. Mit anderen Worten, diese zweite Frage beschäftigt sich vielmehr damit, herauszufinden, was die jeweilige Abundanz zu einem festgelegten Zeitpunkt *bestimmt*. Sie läßt sich folgendermaßen beschreiben.

Tabelle 9.2 Zusammenfassung der Lebenstafelanalyse für kanadische Kartoffelkäferpopulationen (siehe Fenster 9.1) (nach Harcourt, 1971)

		Mittelwert	Regressionskoeffizient für k_{gesamt}
Nicht abgelegte Eier	(k_{1a})	0,095	−0,020
Unfruchtbare Eier	(k_{1b})	0,026	−0,005
Regen auf Eier	(k_{1c})	0,006	0,000
Ei-Kannibalismus	(k_{1d})	0,090	−0,002
Eiräuber	(k_{1e})	0,036	−0,011
Larven 1 (Regen)	(k_2)	0,091	0,010
Larven 2 (verhungert)	(k_3)	0,185	0,136
Puppen (parasitiert)	(k_4)	0,033	−0,029
Ungleiches Geschlechterverhältnis	(k_5)	−0,012	0,004
Emigration	(k_6)	1,543	0,906
Frost	(k_7)	0,170	0,010
	(k_{gesamt})	2,263	

Die während einer für die Populationsgrößenänderung wichtigen Phase auftretende Mortalität wird zusammen mit der Gesamtmortalität sowohl in Größe als auch Richtung variieren. Man spricht dann von einer *Schlüssel-Entwicklungsphase*. Wenn in der Schlüssel-Entwicklungsphase die Mortalität hoch ist, dann ist auch die Gesamtmortalität hoch, und die Populationsdichte nimmt ab. Wenn hingegen die Mortalität in dieser Phase niedrig ist, dann ist auch die Gesamtmortalität niedrig, und die Populationsdichte bleibt groß usw. Im Gegensatz dazu hat eine Entwicklungsphase mit k-Werten, die, bezogen auf die Gesamtmortalität k, völlig zufällig variieren, per Definition wenig Einfluß auf die Veränderungen in der Mortalität und damit wenig Einfluß auf die Populationsgröße. Wir müssen deshalb die Beziehung zwischen der Mortalität in einer Entwicklungsphase und der Gesamtmortalität messen. Dies wird über den Regressionskoeffizienten erreicht. Das Schlüsselstadium für die Populationsdichteänderung wird den größten *Regressionskoeffizient* haben, während die zufällig schwankende Mortalität in anderen Entwicklungsstadien zu Regressionskoeffizienten nahe Null führen wird.

Im vorliegenden Beispiel (Tab. 9.2) sind die Sommeradulten mit einem Regressionskoeffizienten von 0,906 das Schlüsselstadium. Der Einfluß anderer Entwicklungsstadien (möglicherweise mit Ausnahme der älteren Larven) auf die Änderungen in der generationsspezifischen Mortalität ist unbedeutend.

... und Abundanz-regulierende Faktoren

Was bedeutet dies nun für die mögliche Rolle dieser Entwicklungsstadien bei der Regulation der Kartoffelkäferpopulation? Anders ausgedrückt, welche von ihnen reagiert, wenn überhaupt, auf dichteabhängige Weise? Dies kann am leichtesten beantwortet werden, indem die k-Werte jedes Entwicklungsstadiums gegen die Anzahl Individuen aufgetragen wird, die zu Beginn des Stadiums vorhanden sind. Wenn eine dichteabhängige Beziehung besteht, sollte der k-Wert am größten sein (d. h., die Mortalität sollte am höchsten sein), wenn die Dichte am höchsten ist. Für die Käferpopulation scheinen in dieser Hinsicht zwei Entwicklungsstadien besonders interessant zu sein. Sowohl für Sommeradulte (das Schlüsselstadium) als auch für ältere Larven gibt es Hinweise, daß Abgänge dichteabhängig sind (Abb. 9.5) und damit auf eine mögliche Rolle dieser Abgänge bei der Regulation der Käferpopulation. Hier ist es deshalb so, daß die Entwicklungsstadien mit der größten Bedeutung für die Bestimmung der Abundanz auch diejenigen sind, die vermutlich die größte Rolle bei der Regulation der Abundanz spielen. Aber wir werden gleich sehen, daß dies in keiner Weise eine allgemeine Regel ist.

Zwei weitere Beispiele für Schlüsselfaktorenanalysen

Schlüsselfaktoranalysen wurden zwar bei einer Vielzahl von Insektenpopulationen durchgeführt, aber bei sehr viel weniger Vertebraten- oder Pflanzenpopulationen. Gleichwohl sind in Tabelle 9.3 und Abbildung 9.6a und b Beispiele dargestellt. Bei den Populationen des Waldfrosches *(Rana sylvatica)* dreier Regionen der USA (Tab. 9.3) war die Larvalphase die Schlüsselphase, die die Abundanz in jeder Region (zweite Datenspalte) bestimmte, und zwar vor allem aufgrund von jährlich auftretenden Schwankungen in den Niederschlägen während der Larvalphase. In Jahren mit geringen Niederschlägen konnten die Tümpel austrocknen und das Überleben der Larven katastrophal reduzieren, manchmal auch aufgrund einer bakteriellen Infektion. Jedoch stand diese Mortalitätsursache in keinem eindeutigen Zusammenhang mit der Größe der

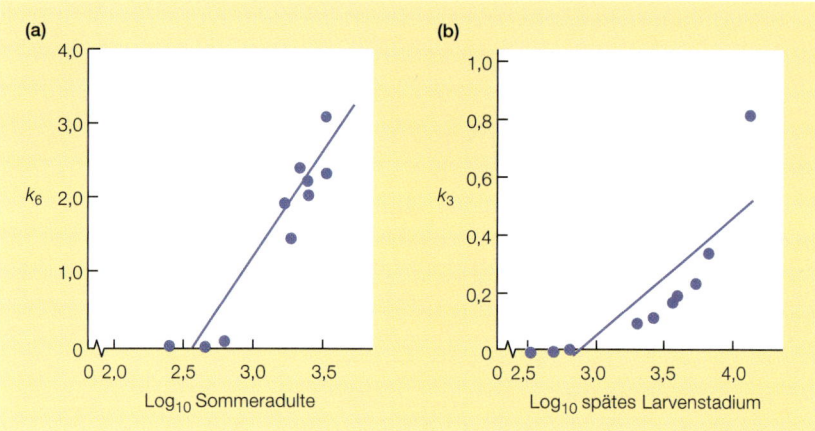

Abbildung 9.5
(a) Dichteabhängige Emigration der „Sommeradulten" von Kartoffelkäfern (Geradensteigung = 2,65).
(b) Dichteabhängiges Verhungern der Larven (Steigung = 0,37) (nach Harcourt, 1971).

Tabelle 9.3   Schlüsselfaktorenanalyse (oder Schlüsselphasenanalyse) von Waldfroschpopulationen in drei Untersuchungsgebieten der Vereinigten Staaten: Maryland (zwei Teiche, 1977–1982), Virginia (sieben Teiche, 1976–1982) und Michigan (ein Teich, 1980–1993). In jedem Untersuchungsgebiet sind die Phasen mit den höchsten k-Werten, die Schlüsselphase und die Phasen, in denen Dichteabhängigkeit auftritt, fett gedruckt (nach Berven, 1995)

Lebensabschnitt	Mittlerer k-Wert	Regressionskoeffizient auf k_{gesamt}	Regressionskoeffizient log(Populationsgröße)
Maryland			**Teich 1: 1,03 (P = 0,04)**
Larvalperiode	1,94	**0,85**	Teich 2: 0,39 (P = 0,50)
Junge: bis 1 Jahr	0,49	0,05	0,12 (P = 0,05)
Erwachsene: 1–3 Jahre	**2,35**	0,10	0,11 (P = 0,46)
Gesamt	4,78		
Virginia			
Larvalperiode	**2,35**	**0,73**	0,58 (P = 0,09)
Junge: bis 1 Jahr	1,10	0,05	–0,20 (P = 0,46)
Erwachsene: 1–3 Jahre	1,14	0,22	**0,26 (P = 0,05)**
Gesamt	4,59		
Michigan			
Larvalperiode	1,12	**1,40**	1,18 (P = 0,33)
Junge: bis 1 Jahr	0,64	1,02	0,01 (P = 0,96)
Erwachsene: 1–3 Jahre	**3,45**	–1,42	**0,18 (P = 0,005)**
Gesamt	5,21		

Larvenpopulation (ein Teich in Maryland und nur annähernde Signifikanz in Virginia – dritte Datenspalte) und spielte daher eine unklare Rolle bei der Regulation von Populationsgrößen. Vielmehr war es so, daß in zwei der Regionen die Mortalität während des Adultstadiums eindeutig dichteabhängig war und somit regulierend wirkte (offensichtlich als Folge der Nahrungskonkurrenz). Tatsächlich war die Mortalität in zwei Regionen im Adultstadium am intensivsten (erste Datenspalte).

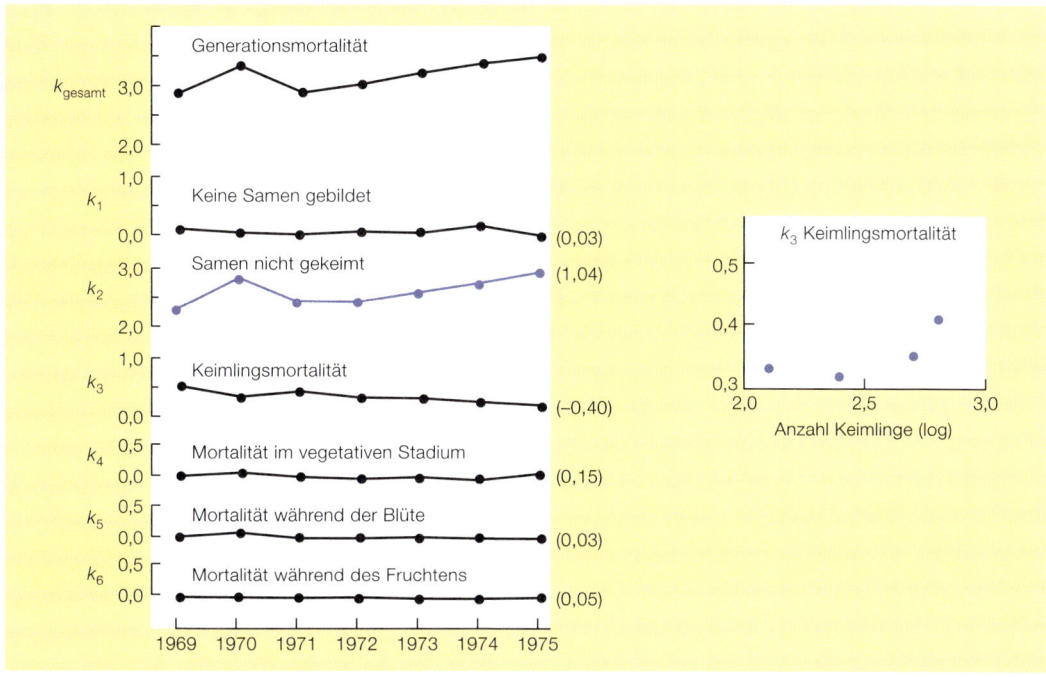

Abbildung 9.6
Schlüsselfaktorenanalyse für die auf Sanddünen vorkommende Annuelle *Androsace septentrionalis* (Nordischer Mannsschild). Eine Grafik über die Gesamtmortalität pro Generation (k_{gesamt}) und über verschiedene k-Faktoren ist abgebildet. Die Werte des Regressionskoeffizienten jedes einzelnen k-Wertes auf k_{gesamt} sind in Klammern angegeben. Der größte Regressionskoeffizient kennzeichnet die Schlüssel-Entwicklungsphase, die als farbige Linie dargestellt ist. Daneben ist derjenige k-Wert angeführt, der dichteabhängig wirkt (nach Symonides, 1979; Analyse in: Silvertown, 1982).

Die Schlüsselphase für die Bestimmung der Abundanz im Leben einer polnischen Population der einjährigen Dünenpflanze *Androsace septentrionalis* (Nordischer Mannsschild) (Abb. 9.6b) sind die Samen im Boden. Wiederum zeigte sich, daß die Mortalität in dieser Phase nicht in dichteabhängiger Weise wirkte. Dagegen war die Mortalität der Keimlinge dichteabhängig, die keine Schlüsselphase darstellten. Die Keimlinge, die als erste in der Saison erscheinen, haben sehr viel größere Überlebenschancen. Dies deutet darauf hin, daß der Wettbewerb um Ressourcen sehr intensiv (und dichteabhängig) ist.

Zusammenfassend kann festgestellt werden, daß die Schlüsselfaktorenanalyse (ungeachtet ihres irreführenden Namens) ein hilfreiches Werkzeug zur Analyse wichtiger Abschnitte im Lebenszyklus von Organismen ist. Darüber hinaus läßt sich mit dieser Methode feststellen, aus welchen Gründen die verschiedenen Phasen wichtig sind: Weil sie signifikant zur Gesamtmortalität beitragen, weil sie signifikant zur Variation der Mortalität beitragen und daher die Abundanz bestimmen, und weil sie durch dichteabhängige Mortalität signifikant zur *Regulation* der Populationsgröße beitragen. Fenster 9.2 enthält die Beschreibung eines aktuellen Problems, zu dessen Aufklärung die Schlüsselfaktorenanalyse beitragen könnte.

Fenster 9.2 – Aktueller ÖKOnflikt

Eicheln, Mäuse, Zecken, Hirsche und Humankrankheiten – Komplexe Interaktionen zwischen Populationen

Ökologen haben versucht, die komplexen Beziehungszusammenhänge zwischen der Produktion von Eicheln, Mäuse- und Hirschpopulationen, parasitischen Zecken und eines bakteriellen Pathogens zu enträtseln. Letzteres kann durch Zecken auf den Menschen übertragen werden. Es wurde deutlich, daß ein genaues Verständnis der abiotischen Faktoren, die die Anzahl der Eicheln und die verschiedenen Wechselbeziehungen zwischen den Populationen bestimmen, Wissenschaftler in die Lage versetzen können, Jahre mit erhöhtem Infektionsrisiko vorauszusagen. Das ist das Thema des folgenden Zeitungsartikels in der Contra Costa Times, Freitag, 13. Februar 1998, von Paul Recer:

Mehr Eicheln können einen Anstieg der Lyme-Borreliose bedeuten.

Nach einer Studie, die eine Verbindung zwischen Eicheln, Mäusen, Hirschen und der Anzahl an Zecken, die den Erreger der Lyme-Borreliose tragen, herstellt, könnten viele Eicheln im letzten Herbst einen größeren Ausbruch der Lyme-Borreliose im darauffolgenden Jahr bedeuten. Aufgrund dieser Untersuchung behaupten Wissenschaftler vom Institute of Ecosystem Studies in Millbrook, daß es 1999 einen dramatischen Anstieg an Erkrankungen mit Lyme-Borreliose unter den Besuchern der Eichenwälder im Nordosten geben könnte.

„Wir hatten eine Rekordernte an Eicheln in diesem Jahr, so daß wir 1999, also zwei Jahre nach dem Ereignis, ein Rekordjahr für Lyme-Borreliose haben sollten" sagte Clive G. Jones, Wissenschaftler am Institute of Ecosystem Studies. „1999 sollte ein Jahr mit hohem Infektionsrisiko werden."

Die Lyme-Borreliose wird von einem Bakterium ausgelöst und durch Zecken übertragen. Die Zecken leben normalerweise an Mäusen und Hirschen, aber sie können auch den Menschen als Wirt nutzen. Die Lyme-Borreliose erzeugt zunächst eine kleine Hautrötung, aber wenn sie unbehandelt bleibt, schädigt sie das Herz und das Nervensystem und verursacht eine Art Arthritis.

9.3   Ausbreitung, Patches und Metapopulationsdynamik

Zum Leidwesen der Ökologen wird Ausbreitung vernachlässigt

In vielen Untersuchungen über die Abundanz von Organismen wurde die Annahme gemacht, daß die entscheidenden Ereignisse alle auf der Untersuchungsfläche stattfinden und daß Immigranten und Emigranten getrost vernachlässigt werden können. Allerdings kann die Migration zu einem entscheidenden Faktor werden, der die Abundanz bestimmt und/oder reguliert. Wir haben schon gesehen, daß die Emigration der dominierende Faktor für die Abgänge der Sommeradulten des Kartoffelkäfers war. Diese Phase stellte die Schlüsselphase für die Populationsfluktuation dar und war darüber hinaus auch stark von dichteabhängigen Prozessen beeinflußt. Wir haben auch eine detaillierte Untersu-

Zusammen mit Forschern der University of Connecticut, Storrs, und der Oregon State University, Corvallis, fand Jones heraus, daß die Anzahl an Mäusen, die Anzahl an Zecken, die Hirschpopulationen und sogar die Zahl der Schwammspinner direkt mit der Eichelproduktion in den Eichenwäldern in Beziehung stehen.

Jones berichtete, daß in den Jahren, die auf Mastjahre folgen, die Anzahl der Zeckenlarven achtmal größer ist, als in Jahren, die auf eine geringe Eichelproduktion folgen. Zudem, so sagte er, befinden sich dann etwa 40 % mehr Zecken auf jeder Maus.

Die Wissenschaftler testeten die Auswirkungen von Eicheln durch Manipulation der Mäusepopulation und der Verfügbarkeit von Eicheln in Waldabschnitten entlang des Hudson River. Jones sagte, daß die Untersuchungen, die sich über einige Saisons erstreckten, die Theorie bestätigt haben, daß Mäuse- und Zeckenpopulationen in Abhängigkeit von der Eichelverfügbarkeit ansteigen und fallen.

Wie könnte eine Schlüsselfaktorenanalyse angewendet werden, um die für das Übertragungsrisiko auf den Menschen verantwortlichen Entwicklungsstadien genau zu bestimmen?

chung über die Auswirkungen der Samenausbreitung auf die Populationsdynamik der annuellen Pflanze *Cakile edentula* (s. Abschnitt 5.4.1) dargestellt.

Die meisten Populationen kommen in Habitat-*Patches* vor und können in jedem *Patch* eine sehr unterschiedliche Dynamik haben. Dies wurde auch in einer Untersuchung über Hahnenfußgewächse auf Viehweiden deutlich, die wir in Abbildung 9.2 zusammengefaßt haben. Auf unterschiedlichen Skalen betrachtet, können Blattläuse auf einem Blatt bereits stark geklumpt auftreten, während sich auf dem benachbarten Blatt Neuansiedler in einem frühen Stadium mit ungehindertem Populationswachstum befinden und auf anderen, älteren Blättern die Blattläuse vielleicht bald verschwinden werden, wenn das Blatt abstirbt. Wieder andere Blätter können jedoch immer noch unbesiedelt

Populationen zeigen ein Flickwerk an Dynamiken

sein, da diese „Habitate" von den Ausbreitungsstadien noch nicht erreicht wurden. Tatsächlich ist die *Patch*-Struktur der Kern vieler ökologischer Prozesse. Die ungleichmäßige Verteilung von Beute steht in enger Verbindung mit dem Suchverhalten von Räubern (Kapitel 8). Eine Population aus Pathogenen bleibt erhalten, wenn es *Patches* (z. B. Wirte) gibt, die erfolgreich befallen (infiziert) werden und lange genug infiziert bleiben, um infektiös zu werden, und die einander nahe genug sind, um die Übertragung auf nicht-infizierte Wirte zu gewährleisten (Kapitel 7).

Geeignete Lebensräume und Ausbreitungsdistanz

Die Prozesse, die die Abundanz von Organismen bestimmen, können über die beiden Konzepte des „geeigneten Lebensraums" und der „Ausbreitungsdistanz" gekoppelt werden. Dann ist (wie es ursprünglich von Gadgil [1971]) vorgeschlagen wurde) eine Population klein, weil:

1. es wenig *Patches* (geeignete Lebensräume) gibt, welche die notwendigen Bedingungen und Ressourcen für sie bieten;
2. in den geeigneten Lebensräumen nur wenige Individuen leben können;
3. die geeigneten Lebensräume nur für kurze Zeit bewohnbar sind;
4. die Ausbreitungsdistanz zwischen den geeigneten Plätzen, relativ zur Ausbreitungsfähigkeit der Art, groß ist.

Geeignete Lebensräume jedoch sind nicht immer in der Praxis leicht zu identifizieren, da sie einfach deshalb unbesiedelt bleiben, weil es den Individuen nicht gelingt, zu ihnen zu gelangen. Wenn wir verstehen wollen, ob und wie die Anzahl geeigneter *Patches* limitierend auf die Abundanz wirkt, ist es notwendig, geeignete Habitate zu identifizieren, die nicht besiedelt sind. Ein methodischer Ansatz besteht darin, die Merkmale der Habitat-*Patches* festzustellen, in denen die Art vorkommt, um dann die Verteilung und Abundanz von ähnlichen, unbesetzten *Patches* zu bestimmen. Die Schermaus *(Arvicola terrestris)* beispielsweise lebt an Flußbänken. In einer Untersuchung in Nordengland wurden von 39 Uferabschnitten 10 mit Nestern (Kernbereiche) von Schermäusen vorgefunden, 15 wurden von Schermäusen bewohnt, aber es gab dort keine Nester (periphere Bereiche), und 14 wurden offenbar niemals bewohnt oder aufgesucht. Die Merkmale der Kernbereiche wurden sorgfältig erfaßt und auf dieser Grundlage 12 weitere, unbesetzte oder periphere Bereiche identifiziert, die für Schermäuse zur Fortpflanzung geeignet hätten sein sollen (geeignete Habitate). Insgesamt waren ungefähr 30 % der geeigneten Lebensräume in Wirklichkeit nicht von Schermäusen bewohnt, weil sie entweder zu isoliert lagen, um besiedelt zu werden, oder in einigen Fällen einem hohen Prädationsdruck durch Nerze ausgesetzt waren (Lawton & Woodroffe, 1991).

Geeignete Lebensräume können auch für eine Reihe von seltenen Schmetterlingen beschrieben werden, da die Larven nur auf einer oder wenigen, mosaikartig verteilten Pflanzenart fressen. So konnten Thomas et al. (1992) durch die Identifikation bewohnbarer Plätze, ganz gleich ob diese nun bewohnt waren oder nicht, feststellen, daß der Heidebläuling, *Plebejus argus*, praktisch alle geeigneten Habitate besiedeln konnte, die im Umkreis von weniger als einem Kilometer um eine existierende Population lagen. Weiter entfernt liegende Habitate (außerhalb der Reichweite des Schmetterlings befindliche) blieben dagegen unbesiedelt. Tatsächlich konnte durch die erfolgreiche Einbringung der

Schmetterlinge in einige dieser isolierten Flecken gezeigt werden, daß sie als Habitate geeignet waren (Thomas & Harrison, 1992). Das ist schließlich der entscheidende Test dafür, ob ein unbewohnter „bewohnbarer" Ort wirklich geeignet ist oder nicht.

Der grundlegende Wandel, der Ökologen dazu brachte, ihre Vorstellungen über Populationen neu zu überdenken, ist in der Verbindung von mosaikartiger Habitatstruktur, Ausbreitung und Innerhabitat-Dynamik zu suchen. Diese neue Vorstellung führte zum Konzept der *Metapopulation*, deren Anfänge in Fenster 9.3 dargestellt sind.

Metapopulationen

Eine Population kann als Metapopulation beschrieben werden, wenn sie aus einer Reihe von Teilpopulationen besteht, von denen jede eine gewisse Wahrscheinlichkeit besitzt auszusterben. Das Wesentliche ist eine Änderung des Standpunktes: Geburt, Tod und Migrationsprozesse einer einzelnen Population werden weniger betont, vorausgesetzt, sie ist mehr oder weniger homogen. Sehr viel stärker werden Geburt (= Besiedlung) und Tod (= Aussterben) von Subpopulationen innerhalb der Metapopulation als Ganzes gewertet und die Migration zwischen Subpopulationen hervorgehoben. Aus diesem Blickwinkel heraus wird offensichtlich, daß eine Metapopulation aufgrund des Gleichgewichts zwischen Aussterben und Wiederbesiedlung stabil fortbestehen kann, selbst wenn keine der lokalen Subpopulationen für sich gesehen stabil ist. Ein Beispiel ist in Abbildung 9.7 dargestellt, wo innerhalb einer überlebensfähigen, hochgradig fragmentierten Metapopulation des Gemeinen Scheckenfalters *(Melitaea cinxia)* in Finnland sogar für die größten Teilpopulationen eine hohe Wahrscheinlichkeit bestand, innerhalb von 2 Jahren auszusterben.

Sogar einfache Metapopulationsmodelle können stabile Gleichgewichtszustände von Populationen erzeugen, in denen die Besiedlungs- und Aussterberaten ausgeglichen sind (Fenster 9.3). Aber in der Natur hat die beobachtbare Dynamik der Metapopulationen vermutlich mehr mit „kurzzeitigem" Verhalten zu tun, fernab von einem Gleichgewichtszustand. Der Kommafalter *(Hesperia comma)* war z. B. im Jahre 1900 in Großbritannien noch weit über die meisten Kalkberge verbreitet. Nach stetigem Rückgang gab es Anfang der

Kurzzeitige Dynamiken können ebenso wichtig sein wie Gleichgewichtszustände

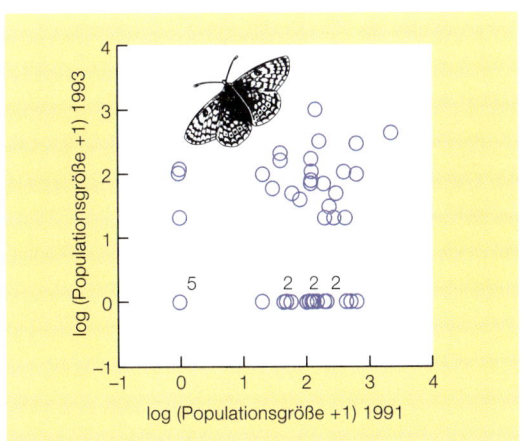

Abbildung 9.7
Vergleich der Subpopulationsgrößen des Gemeinen Scheckenfalters *(Melitaea cinxia)* auf der finnischen Insel Åland im Juni 1991 (Adulte) und August 1993 (Raupen). Punkte aus mehreren Daten sind durch Zahlen gekennzeichnet. Ein Großteil der Populationen, die 1991 noch lebten, darunter viele der größten, waren 1993 ausgestorben (nach Hanski et al., 1995).

Fenster 9.3 – Historische Meilensteine

Die Genese der Metapopulationstheorie

Der 1967 publizierte Klassiker „The Theory of Island Biogeography" (Die Theorie der Inselbiogeographie) von MacArthur und Wilson war ein wichtiger Katalysator für radikale Veränderungen im Theoriengebäude der Ökologie. MacArthur und Wilson zeigten, wie die Verteilung von inselbewohnenden Arten als Gleichgewicht zwischen den widerstrebenden Kräften, die zum Aussterben und zur Neubesiedlung führen (s. Kapitel 10), verstanden werden kann. Sie richteten ihr Augenmerk vor allem auf solche Situationen, in denen alle Arten für die wiederholte Besiedelung von einzelnen Inseln aus einer gemeinsamen Quelle – dem Festland – stammten. Sie entwickelten ihre Ideen im Zusammenhang mit den Floren und Faunen von realen (d. h. ozeanischen) Inseln. Dennoch wurden ihre Vorstellungen sehr schnell in einem viel größeren Zusammenhang gesehen, basierend auf der Erkenntnis, daß *Patches* überall viele Eigenschaften von wirklichen Inseln haben – Teiche als Inseln aus Wasser in einem Meer aus Land, Bäume als Inseln in einem Meer aus Gras usw.

Etwa zur gleichen Zeit, als das Buch von MacArthur und Wilson erschien, wurde von Levins (1969) ein einfaches Modell zur „Dynamik von Metapopulationen" vorgeschlagen. Die Vorstellung einer *Metapopulation* bezog sich ursprünglich auf mosaikartig verbreitete Teilpopulationen, deren Populationsdynamik auf zwei Ebenen abläuft:

1. Der Dynamik von Individuen innerhalb von *Patches* (bestimmt durch die üblichen demographischen Kräfte wie Geburt, Tod und lokale Wanderbewegungen).
2. Der Dynamik zwischen besetzten *Patches* (oder „Teilpopulationen") innerhalb der gesamten Metapopulation (bestimmt durch die Besiedlungsraten von leeren Patches und die Extinktion innerhalb lokaler *Patches*).

1960er Jahre nur noch 46 oder weniger lokale Populationen (Refugien) in zehn Regionen (Thomas & Jones, 1993). Der wahrscheinliche Grund dafür war die veränderte Landnutzung – zunehmendes Umpflügen von nicht-kultivierten Wiesen, verringerte Bestände an Weidetieren und die praktisch vollständige Ausrottung von Kaninchen durch Myxomatose, was tiefgreifende Veränderungen der Vegetation nach sich zog. Während dieses gesamten Zeitraums befand sich die Population nicht im Gleichgewicht, und die lokalen Aussterberaten überstiegen in der Regel die Wiederbesiedlungsraten. In den 1970er und 1980er Jahren führte die Wiedereinführung von Weidevieh und die Erholung der Kaninchen allerdings zu einer zunehmenden Beweidung und nachfolgend zu einer Zunahme der für die Schmetterlinge geeigneten Habitate. Die Wiederbesiedlung überstieg nun das lokale Aussterben, aber die Ausbreitung des Kommafalters geschah nur langsam, insbesondere an Orten, die von den Refugien der 1960er Jahre isoliert waren. Selbst im Südosten Englands, wo die

Sowohl die Theorie der Metapopulation als auch die Theorie von MacArthur und Wilson enthielten die Idee der Habitatmosaike und stützten sich eher auf Besiedlung und Extinktion als auf die Details der lokalen Dynamik. Allerdings basierte die Theorie von MacArthur und Wilson auf der Vorstellung, daß das Festland eine reiche Quelle von Kolonisten für ganze Inselgruppen darstellt, wohingegen in einer Metapopulation eine Anzahl von *Patches* existieren, aber kein dominierendes Festland.

Levins führte die Variable $p(t)$ ein, die den Anteil bewohnter Lebensräume zum Zeitpunkt t angibt. Man muß beachten, daß der Gebrauch dieser einen Variable impliziert, daß nicht alle geeigneten *Patches* auch immer bewohnt sind. Die Rate der Veränderung in $p(t)$ hängt von der lokalen Aussterberate innerhalb von Patches und der Besiedlungsrate leerer *Patches* ab. Es ist nicht notwendig, in die Einzelheiten des Levins-Modells zu gehen. Es genügt, darauf hinzuweisen, daß in der gesamten Metapopulation ein stabiler, sich im Gleichgewicht befindlicher Anteil an besetzten *Patches* vorliegen wird, solange die spezifische Kolonisationsrate die spezifische Aussterberate innerhalb der *Patches* übersteigt, obwohl keine der lokalen Populationen für sich gesehen stabil ist.

Vielleicht war der große Einfluß der Theorie von MacArthur und Wilson auf die Ökologie der Grund dafür, daß die Idee der Metapopulationen während der 20 Jahre nach der Publikation von Levins Arbeit weitgehend unbeachtet blieb. In den 1990er Jahren entstand jedoch ein lebhaftes Interesse sowohl an der zugrundeliegenden Theorie als auch an natürlichen Populationen, die mit dem Metapopulationskonzept übereinstimmten (Hanski, 1994).

Dichte dieser Refugien am höchsten war, wird die Abundanz der Schmetterlinge voraussichtlich nur langsam wieder zunehmen – und für mindestens 100 Jahre weit von einem Gleichgewicht entfernt bleiben. Daraus folgert man, daß nach etwa einem Jahrhundert einer „vorübergehenden" Schwächung der Metapopulationsbeziehungen ein Jahrhundert der vorübergehenden Stärkung folgt – ausgenommen, wenn sich die Umweltbedingungen erneut ändern, noch bevor diese Übergangsphase die Metapopulation in einen Gleichgewichtszustand bringt.

Tatsächlich gibt es vermutlich eher ein Kontinuum unterschiedlicher Metapopulationstypen: von einer Auswahl an fast identischen lokalen Populationen, die alle die gleiche Aussterbewahrscheinlichkeit haben, bis hin zu Metapopulationen, in denen es große Unterschiede zwischen den lokalen Populationen gibt, wobei manche für sich gesehen praktisch stabil sind. Dieser Gegensatz ist in Abbildung 9.8 für den Heidebläuling *(Plebejus argus)* in Nordwales dargestellt.

Ein Kontinuum an Metapopulationstypen

381

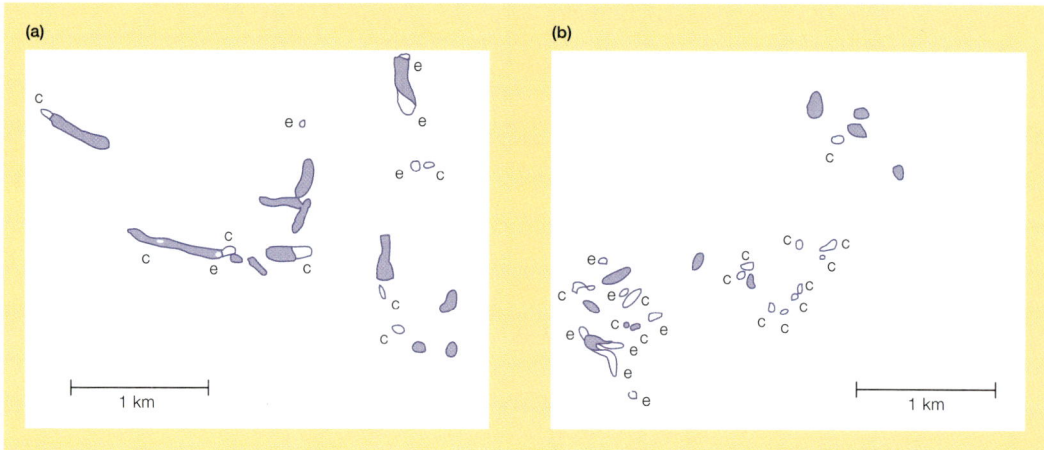

Abbildung 9.8
Zwei Metapopulationen des Heidebläulings *(Plebejus argus)* in Nordwales. Ausgefüllte Flächen zeigen Populationen, die sowohl 1983 als auch 1990 existierten („langlebig"); in offenen Flächen gab es 1983 und 1990 keine Populationen; (e) Populationen, die nur 1983 vorhanden waren (und vermutlich ausstarben); (c) Flächen, die nur 1990 besiedelt waren (vermutlich kolonisiert); (a) in einem Kreidegebiet, in dem es viele langlebige (oft große) lokale Populationen zwischen kleineren und sehr viel kurzlebigeren Populationen gab; (b) in einem Heidegebiet, in dem der Anteil an kleinen, kurzlebigen Populationen viel größer war (nach Thomas & Harrison, 1992).

9.4 Zeitliche Muster in der Zusammensetzung von Lebensgemeinschaften

9.4.1 Gründer-kontrollierte und Dominanz-kontrollierte Lebensgemeinschaften

Störungen und das Konzept der *Patch*-Dynamik für die Organisation von Lebensgemeinschaften

Das Konzept der Metapopulation ist von Bedeutung, wenn Populationsdynamiken im Zusammenhang mit der Habitatfragmentierung gesehen werden. Wenn dagegen die Lebensgemeinschaften im Zentrum unseres Interesses stehen, dann bezieht man sich meist auf das *Patch-Dynamik*-Konzept der Organisation von Lebensgemeinschaften. Beide Vorstellungen sind eng miteinander verwandt. Beide akzeptieren, daß Populationen und Lebensgemeinschaften gewöhnlich offene Systeme sind – mit Wanderungen zwischen *Patches* und unterschiedlichen Dynamiken innerhalb der *Patches*. Und sie akzeptieren, daß eine Kombination aus Patchstruktur und Bewegung zwischen den *Patches* zu Populationsdynamiken führen kann, die sehr verschieden von denen sind, die man beobachten würde, wenn eine Population oder Lebensgemeinschaft nur aus einem homogenen *Patch* bestünde.

Störungen, die Lücken *(gaps)* reißen, die als *Patches* angesehen werden können, sind für alle Arten von Lebensgemeinschaften charakteristisch. In Wäldern können sie durch Stürme, Blitzschlag, Erdbeben, Elefanten, Holzfäller oder einfach durch den natürlichen Tod eines Baumes verursacht werden. Störfaktoren für Weideland sind Frost, tunnelgrabende Tiere und Zähne, Hufe oder

Dung von Weidetieren. Auch an Steinküsten oder Korallenriffen können Lücken in Algenmatten oder in den Lebensgemeinschaften sessiler Tiere durch Wellenschlag, Stürme, Flutwellen, angespülte Holzstämme, ankernde Boote, Flossen und Gerätschaften von verantwortungslosen Sporttauchern oder durch Prädatoren entstehen.

Bei Betrachtung der Auswirkungen von Störung, *Gap*-Bildung und Wiederbesiedlung können zwei grundlegend verschiedene Organisationsformen von Lebensgemeinschaften unterschieden werden (Yodzis, 1986), je nachdem welche Form der Konkurrenzbeziehungen zwischen den Arten herrscht. Konstellationen, in denen alle Arten gute Kolonisierer sind und im wesentlichen gleich gute Konkurrenten darstellen, werden als *Gründer-kontrolliert* bezeichnet. Konstellationen, in denen einige Arten wesentlich konkurrenzstärker als andere sind, werden dagegen als *Dominanz-kontrolliert* beschrieben. Die Dynamiken dieser beiden Modelle sind sehr unterschiedlich, und wir betrachten sie der Reihe nach.

In Gründer-kontrollierten Lebensgemeinschaften sind alle Arten ungefähr gleich gut in der Lage, in *Gaps* einzuwandern. Sie tolerieren im gleichen Maße die abiotischen Bedingungen und können einmal besiedelte Lücken lebenslang gegen Neuankömmlinge verteidigen. Folglich ist die Wahrscheinlichkeit für Konkurrenzausschluß in der gesamten Lebensgemeinschaft erheblich reduziert, wenn die Entstehung solcher Lücken kontinuierlich erfolgt und zufällig ist. Diese Vorstellung kann man als „Konkurrenzlotterie" bezeichnen. Abbildung 9.9 verdeutlicht, wie sich die Besitznahme einer Reihe von Lücken vermutlich über die Zeit ändert. Jedesmal wenn ein Organismus stirbt (oder getötet wird) öffnet sich die Lücke zur Wiederbesiedlung von neuem. Jeder theoretische Ersatz ist möglich, und man kann sich vorstellen, daß der Artenreichtum im Gesamtsystem auf einem hohen Niveau erhalten bleibt.

Einige Lebensgemeinschaften von Fischen in tropischen Riffen stimmen möglicherweise mit diesem Modell überein (Sale & Douglas, 1984). Sie sind extrem artenreich. Beispielsweise reicht die Anzahl Fischarten am Great Barrier Reef vor der Ostküste Australiens von 900 im Süden bis 1500 im Norden, und mehr als 50 Arten können an einer einzigen Riffstelle im Umkreis von 3 m festgestellt werden. Nur ein kleiner Teil dieses Artenreichtums ist wahrscheinlich

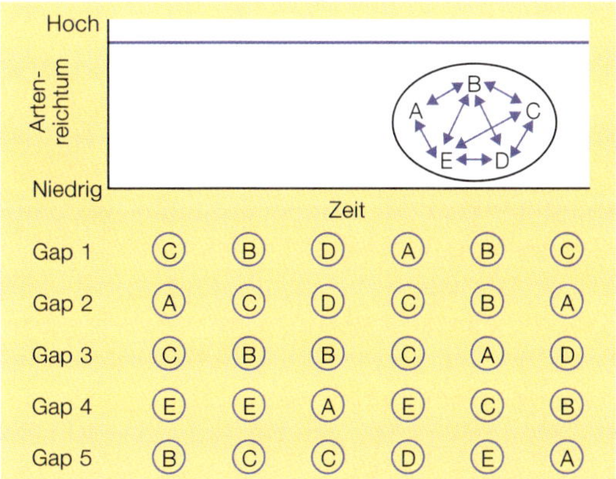

Gründer-kontrollierte Lebensgemeinschaften – Konkurrenzlotterien

Abbildung 9.9
Die von Gründern beherrschte Dynamik von Lebensgemeinschaften. Es gibt fünf *Patches* (vertikale Aufstellung, unten), deren Besitznahme sich mit der Zeit ändert. Jede Art A–E hat die gleiche Wahrscheinlichkeit, einen *Patch* zu besetzen, unabhängig von der Art des vorausgehenden Bewohners (dies ist im Nebenbild dargestellt). Der Artenreichtum bleibt hoch und relativ konstant (vgl. mit Abb. 9.10).

Das Great Barrier Reef
(© Dave Fleetham, Visuals Unlimited).

auf die Spezialisierung auf bestimmte Nahrungsressourcen und Raumansprüche zurückzuführen – in der Tat ist die Nahrung vieler dieser koexistierenden Arten sehr ähnlich. In dieser Lebensgemeinschaft scheint der verfügbare Lebensraum der entscheidende limitierende Faktor zu sein, und dieser entsteht auf räumlich und zeitlich unvorhersagbare Weise nur durch den Tod eines Bewohners. Die Lebensweise dieser Arten ist an diese Verhältnisse angepaßt. Sie brüten oft, manchmal das ganze Jahr hindurch, und erzeugen zahlreiche Gelege *(clutches)* mit Eiern oder Larven, die sich ausbreiten. Man kann behaupten, daß die Arten in einem Lotteriesystem um Lebensraum konkurrieren, in dem die Larven die Lose darstellen. Der erste Ankömmling auf einer verfügbaren Fläche gewinnt den Standort, wird schnell erwachsen und verteidigt den Platz sein Leben lang.

Dominanz-kontrollierte Lebensgemeinschaften und Sukzession von Lebensgemeinschaften

Im Gegensatz dazu sind in Dominanz-kontrollierten Lebensgemeinschaften einige Arten bessere Konkurrenten als andere, und wer zuerst einen *Patch* besiedelt, muß sich dort nicht notwendigerweise auch halten können. Die Ausbreitung zwischen *Patches* oder das Wachstum eines Individuums in einem *Patch* führen zu einer Neudurchmischung mit lokalem Konkurrenzausschluß von Arten. In diesen Fällen führen Störungen zu einer in gewissen Grenzen voraussagbaren Abfolge an Arten, da unterschiedliche Arten unterschiedliche Strategien zur Ressourcenausbeutung haben. Frühe Arten sind gute Kolonisierer und wachsen schnell, wohingegen späte Arten niedrigere Ressourcenangebote tolerieren können und in Gegenwart von früh ankommenden Arten wachsen und sie schließlich verdrängen können. Solche Abfolgen sind Beispiele für die *Sukzession* von Lebensgemeinschaften. Die Wirkung einer Störung besteht darin, daß eine Lebensgemeinschaft auf ein früheres Sukzessionsstadium zurückgesetzt wird (Abb. 9.10). Der freie Raum wird von einer oder mehreren Arten aus einer Gruppe von Opportunisten kolonisiert, die für frühe Sukzessionsstadien charakteristisch sind (p_1, p_2 usw., in Abb. 9.10). Mit fortschreitender Zeit kommen weitere Arten hinzu, meistens solche mit geringeren Ausbreitungskapazitäten. Diese erreichen schließlich die Geschlechtsreife und dominieren die mittleren Sukzessionsstadien (m_1, m_2 usw.), und viele oder alle der Pionierarten sterben aus. Wenn danach die effektivsten Konkurrenten (c_1, c_2 usw.) ihre Nachbarn vertreiben, erreicht die Lebensgemeinschaft wieder ein Klimaxstadium. Bei dieser Abfolge eines kompletten Zyklus nimmt die Anzahl der Arten anfänglich zu (wegen der Kolonisierung) und dann allmählich ab (wegen der Konkurrenz).

Eine Untersuchung, die für diese Muster Daten lieferte, wurde an den Felsenküsten von Südkalifornien durchgeführt (Sousa, 1979a, b). Bei Algenlebensgemeinschaften der Gezeitenzone, die auf Steinen von unterschiedlicher Größe wachsen, werden kleine Felsbrocken und die darauf wachsenden Algenmatten

Daten von Felsenküsten zur Verdeutlichung

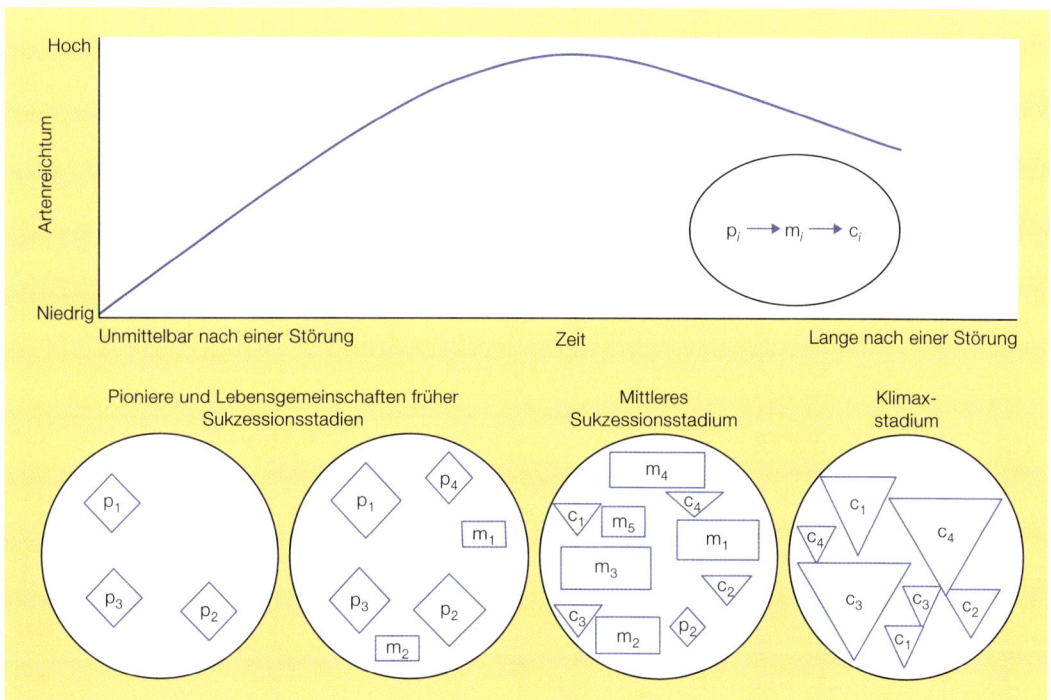

Abbildung 9.10
Hypothetische Sukzession auf einer freien Besiedlungsfläche – ein Beispiel für die Kontrolle durch dominierende Organismen. Die Besiedlungsverhältnisse der offenen Stellen sind weitgehend voraussagbar. Der Artenreichtum ist auf einem niedrigen Niveau, sobald einige wenige Pioniere (p_i) ankommen; erreicht ein Maximum zur Mitte der Sukzession, wenn ein Gemisch aus Pionieren sowie Arten der mittleren (m_i) und Klimaxstadien (c_i) gemeinsam vorkommen. Schließlich fällt sie wieder, sobald Konkurrenzausschluß durch Klimaxarten auftritt (vgl. mit Abb. 9.9).

von der Brandung stärker umgewälzt als große. Die Abfolge der Sukzession auf freigewordenen Oberflächen (ohne weitere Störungen) wurde experimentell untersucht, indem große Steine künstlich von Algen befreit wurden oder Betonblöcke in die Gezeitenzone eingesetzt wurden. Die Primärbesiedlung des blanken Felsens erfolgte innerhalb des ersten Monats durch Matten einer kurzlebigen Grünalge der Gattung *Ulva* spec. Im Verlauf von Herbst und Winter des ersten Jahres folgten einige Rotalgenarten wie *Gelidium coulteri, Gigartina leptorhynchos, Rhodoglossum affine* und *Gigartina caniculata*. Letztere wurde im Laufe von 2–3 Jahren schließlich die dominierende Alge der Lebensgemeinschaft und bedeckte 60–90 % der Substratoberfläche. Wie in Abbildung 9.10 beschrieben, stieg deshalb die Artenzahl auf einem Felsbrocken („in einem *Patch*") während der anfänglichen Sukzessionsphase durch den Kolonisierungsprozeß an, fiel danach aber aufgrund von Konkurrenzausschluß durch *Gigartina caniculata* wieder ab. Der gleiche Sukzessionsverlauf fand auf kleinen Felsbrocken statt, die künstlich stabilisiert worden waren.

9.4.2   Sukzession von Lebensgemeinschaften

Die Bedeutung von Entwicklungsstufen

Manche Störungen sind über weite Gebiete synchronisiert oder befinden sich im zeitlich gleichen Entwicklungsabschnitt. Ein Waldbrand kann ein gewaltiges Gebiet einer Klimaxgesellschaft zerstören. Das ganze Gebiet durchläuft dann eine mehr oder weniger synchrone Abfolge, wobei die Diversität in der frühen Kolonisationsphase ansteigt und dann durch Konkurrenzausschluß wieder abfällt, wenn sich die Entwicklung dem Klimaxstadium nähert. Andere Störungen sind viel kleiner und bewirken ein Patchwork aus Habitaten. Finden diese Störungen nicht gleichzeitig statt, dann bildet die resultierende Lebensgemeinschaft ein Mosaik aus unterschiedlichsten Sukzessionsstadien. Das gilt z. B. für die oben beschriebene kalifornische Küste, wo verschiedene Felsen zu unterschiedlichen Zeiten gestört werden. Um eine detailliertere Beschreibung einer Sukzession zu erhalten, müssen wir uns als nächstes einer Störung zuwenden, die sehr viel stärker synchronisiert ist.

Die Sukzession von Lebensgemeinschaften auf aufgelassenen Feldern

Die Sukzession auf Brachen wurde in erster Linie im Osten der Vereinigten Staaten untersucht, wo im 19. Jahrhundert viele Farmen von Bauern aufgegeben wurden, die nach Öffnung der Territorialgrenzen nach Westen zogen. Tatsächlich gibt es vielerorts eine Reihe von Flächen, die zu unterschiedlichen, aber bekannten Zeitpunkten aufgegeben wurden. Der vorkoloniale Koniferen-Hartholz-Mischwald war größtenteils zerstört worden, aber seine Regeneration setzte rasch wieder ein, nachdem die Störung durch die Farmer beendet war. Die frühen Pioniere des amerikanischen Westens hinterließen ein braches Land, das von Pionieren ganz anderer Art besiedelt wurde!

Die typische Abfolge dominanter Vegetation ist:

Annuelle Wildkräuter → krautige Perenne → Büsche → Bäume früher Sukzessionsstadien → Bäume später Sukzessionsstadien

Die Pionierarten sind jene, die sich durch schnelle Verbreitung oder durch bereits vorhandene Samen rasch im gestörten Habitat eines noch kürzlich bewirtschafteten Feldes ansiedeln können. Die vielleicht häufigste Annuelle bei der Sukzession von Brachen ist *Ambrosia artemisiifolia*. Sie bildet Samen, die viele Jahre lang im Boden überdauern und erst keimen, wenn eine Störung sie an die Oberfläche bringt, wo sie ungefiltertem Licht, reduzierter Kohlendioxidkonzentration und wechselnden Temperaturen ausgesetzt sind – alles Bedingungen, die bei vielen annuellen Pflanzen die Keimung induzieren. Allerdings werden Sommer-Annuelle wie *Ambrosia* spec. in ihrer Bedeutung von Winter-Annuellen in den Schatten gestellt, die kleine Samen haben mit kurzem oder ganz fehlendem Dormanzstadium, sich aber über weite Entfernungen verbreiten. Ihre Samen keimen bereits kurz nach der Ankunft, normalerweise im Spätsommer oder Herbst. Im nächsten Frühling haben sie einen Vorsprung vor den Sommer-Annuellen und kommen ihnen in der Nutzung der Ressourcen Licht, Wasser, Raum und Nährstoffe zuvor.

Frühe Sukzessionspflanzen haben eine unbeständige Lebensweise. Ihr Fortbestand hängt von der Ausbreitung in andere gestörte Flächen ab. Sie können in der Konkurrenz mit später auftretenden Arten nicht bestehen, also müssen sie wachsen und die verfügbaren Ressourcen rasch verbrauchen. Hohe Wachstums- und Photosyntheseraten sind die wichtigsten Eigenschaften der unbeständigen Arten. Diese Raten sind bei Pflanzen, die in der Sukzession später kommen, viel niedriger (Tab. 9.4).

Im Gegensatz zu den Pionier-Annuellen können die Samen der späteren Sukzessionspflanzen im Schatten keimen – z. B. unter dem Blätterdach eines Waldes. Sie können auch bei diesen niedrigen Lichtintensitäten weiterwachsen – langsam zwar, aber doch schneller als die Pflanzen, die sie ersetzen (Abb. 9.11).

Tabelle 9.4   Einige repräsentative Photosytheseraten (mg CO_2 dm^{-2} h^{-1}) von Pflanzen in einer Sukzessionsfolge. Bäume in späten Sukzessionsstadien sind entsprechend ihrer relativen Position in der Sukzessionsfolge angeordnet (nach Bazzaz, 1979)

Pflanze	Rate	Pflanze	Rate
Sommerannuelle		Bäume früher Sukzessionsstadien	
Abutilon theophrasti	24	Diospyros virginiana	17
Amaranthus retroflexus	26	Juniperus virginiana	10
Ambrosia artemisiifolia	35	Populus deltoides	26
Ambrosia trifida	28	Sassafras albidum	11
Chenopodium album	18	Ulmus alata	15
Polygonum pensylvanicum	18		
Setaria faberii	38	Bäume später Sukzessionsstadien	
		Liriodendron tulipifera	18
Winterannuelle		Quercus velutina	12
Capsella bursa-pastoris	22	Fraxinus americana	9
Erigeron annuus	22	Quercus alba	4
Erigeron canadensis	20	Quercus rubra	7
Lactuca scariola	20	Aesculus glabra	8
		Fagus grandifolia	7
Krautige Perenne		Acer saccharum	6
Aster pilosus	20		

Abbildung 9.11
Idealisierte Lichtsättigungskurven (Photosyntheserate, Ps, aufgetragen gegen die photosynthetisch aktive Strahlung, PAR) für Pflanzen des frühen, mittleren und späten Sukzessionsstadiums (nach Bazzaz, 1996).

Frühe und späte Sukzessions- arten haben unterschiedliche Eigenschaften

Die Bäume, die in den späteren Sukzessionsstadien auf Brachflächen auftreten, können selbst wiederum in frühzeitige und späte Abfolgeklassen eingeteilt werden. Viele Bäume der frühen Sukzessionsphase haben ein mehrschichtiges Blätterwerk. Die Blätter erstrecken sich weit in den Kronenraum, wo sie immer noch genügend Licht erhalten, um der Pflanze mehr (an Photosyntheseprodukten) zu liefern, als sie von ihr erhalten. So können Arten wie die Virginia Rotzeder *(Juniperus virginiana)* das reichliche Licht nützen, das im frühen

Baumstadium der Sukzession zur Verfügung steht. Im Gegensatz dazu sind Zuckerahorn *(Acer saccharum)* und die Amerikanische Buche *(Fagus grandifolia)* Arten mit nur einer Blattschicht. Sie besitzen eine einzige Blattschicht, die wie eine Schale rund um den Baum wächst und sind im dichten Kronenraum der späten Sukzession effizienter. Wenn ein einschichtiger und ein vielschichtiger Baum gleichzeitig eine brache Fläche besiedeln, wird der vielschichtige Baum normalerweise schneller wachsen und dominieren, bis er von seinen Nachbarn eingewachsen ist und der langsam wachsende, einschichtige Baum zu dominieren beginnt.

Die frühen Siedler unter den Bäumen haben normalerweise eine sehr effiziente Samenverbreitung. Allein schon das macht es ihnen möglich, früh neue Flächen zu besiedeln. Sie haben üblicherweise eine früh einsetzende Fortpflanzung und können also bald wieder Nachkommen auf anderen neuen Siedlungsflächen hinterlassen. Die späten Siedler sind die Pflanzen mit den größeren Samen, geringerer Ausbreitungsfähigkeit und langen Juvenilphasen. Der Unterschied in den Strategien entspricht einem: „wie gewonnen, so zerronnen" und „was ich habe, hab ich".

Eine besonders detaillierte Untersuchung von Brachfeldsukzession wurde in der Cedar Creek Natural History Area in Minnesota auf wasser- und nährstoffarmen Böden durchgeführt (in Abschnitt 1.3.3 wurde diese Untersuchung bereits detailliert vorgestellt). Eine Folge der schlechten Wachstumsbedingungen ist, daß die Artenabfolge langsam verläuft: Annuelle Pflanzen bleiben bis zu 40 Jahre nach der letzten Nutzung der Felder dominant und holzige Pflanzen (v. a. Schlingpflanzen und Büsche) machen in den 60 Jahre alten Feldern nur 13 % der Bodenbedeckung aus. Dennoch ist das Muster der Artenabfolge in anderen Punkten ähnlich zu den bereits beschriebenen Abfolgen (s. Abb. 1.11).

Experimente decken die vielfältigen Wege einer Brachfeldsukzession auf

Die Tatsache, daß Pflanzen den größten Teil der Struktur von Lebensgemeinschaften ausmachen und die Sukzessionsabfolge dominieren, bedeutet nicht, daß Tiere nur den Lebensgemeinschaften nachfolgen, welche die Pflanzen festlegen. Natürlich wird dies häufig so sein, weil die Pflanzen den Ausgangspunkt für alle Nahrungsnetze bilden und viel vom Charakter der physikalischen Umwelt, in der die Tiere leben, ausmachen. Aber manchmal bestimmen auch die Tiere die Natur der Pflanzengemeinschaft, beispielsweise durch starke Beweidung oder Trittbelastung (Fenster 9.4). Dennoch sind Tiere häufiger passive Nachfolger der Pflanzensukzession, wie z. B. die Vogelarten in einem Feld im späten Sukzessionsstadium (s. Abb. 4.10).

Tiere werden oft von der Pflanzenabfolge beeinflußt, können aber auch ihrerseits die Pflanzensukzession beeinflussen

Erreichen Sukzessionen ein Klimaxstadium? In der Tat ist es normalerweise ziemlich schwierig, im Feld eine stabile „Klimax"-Gesellschaft zu erkennen. Gewöhnlich können wir nur feststellen, daß sich die Rate der Veränderung im Zuge der Sukzession bis zu dem Punkt verlangsamt hat, wo Änderungen nicht mehr wahrgenommen werden können. Ungewöhnlich ist die Sukzession von Seegras an umgewälzten Felsen (Sousa, 1979a, b), da hier ein Klimaxstadium in nur wenigen Jahren erreicht werden kann. Brachlandsukzessionen benötigen andererseits 100–300 Jahre, um das Klimaxstadium zu erreichen. Allerdings ist in dieser Zeitperiode das Risiko eines Feuers oder eines starken Hurrikans, die in Neuengland ungefähr alle 70 Jahre vorkommen, so hoch, daß der Sukzes-

Das Klimax-Konzept

Fenster 9.4 – Aktueller ÖKOnflikt

Naturschutz erfordert manchmal die Manipulation der Sukzession

So manche gefährdete Tierart ist mit einem bestimmten Sukzessionsstadium assoziiert. Ihr Schutz hängt dann von der genauen Kenntnis der Sukzessionsabfolge ab, und um ihr Habitat im geeigneten Sukzessionsstadium zu halten, können Eingriffe erforderlich werden. Ein faszinierendes Beispiel hierfür liefert ein großes Insekt aus Neuseeland, die Riesenweta, *Deinacrida mahoenuiensis* (Orthoptera; Anostostomatidae). Diese Art, von der man glaubt, daß sie früher in Waldhabitaten weit verbreitet war, wurde in den 1970er Jahren in einem isolierten *Patch* aus Stechginster *(Ulex europaeus)* entdeckt. Ironischerweise ist Stechginster ein nach Neuseeland eingeschlepptes Unkraut, dessen Bekämpfung die Farmer viel Zeit und Mühe kostet. Das dichte stachelige Gebüsch bietet der Riesenweta Schutz vor anderen eingeschleppten Schädlingen, v. a. vor Ratten, aber auch vor Igel, Hermelin und Opossum, die die Weta in ihrem ursprünglichen Waldhabitat leicht erbeuten konnten. Man glaubt, daß

andernorts räuberische Säugetiere für das Aussterben der Weta verantwortlich waren.

Neuseelands Naturschutzministerium kaufte diesen wichtigen Stechginster-*Patch* dem Landeigentümer ab, der aber darauf bestand, daß sein Vieh weiterhin im Schutzgebiet überwintern dürfe. Die Naturschützer waren darüber nicht gerade glücklich, aber im nachhinein erwies sich das Vieh als wichtige Komponente bei der Rettung der Weta. Durch das Austreten von Pfaden durch den Ginster ermöglichte das Vieh wilden, ginsterfressenden Ziegen den Zugang. Die Ziegen sorgten für die Bildung eines dichten Heckengeflechts und verhinderten, daß sich das Habitat zu einem für Wetas ungeeigneten Sukzessionsstadium weiterentwickelte.

Diese Geschichte verquickt ein einzelnes gefährdetes, endemisches Insekt mit einer ganzen Reihe eingeschleppter Unkräuter und Schädlinge (Ginster, Ratten, Ziegen usw.) und eingeführter Haustiere (Rinder, Schafe).

sionsprozeß möglicherweise nie vollendet wird. Geht man davon aus, daß sich die Waldgesellschaften der nördlichen Breiten und möglicherweise auch der Tropen immer noch von der letzten Eiszeit erholen, ist es fraglich, ob die idealisierte Klimax-Vegetation überhaupt jemals in der Natur erreicht wird.

Letztendlich kehren wir – wie in fast jedem Kapitel dieses Buches – zum Problem der Beobachtungsskala zurück. Ein Wald oder eine Landschaft, wenn sie in einem Größenumfang von mehreren Hektar untersucht werden und scheinbar eine stabile Lebensgemeinschaft erlangt haben, werden immer ein Mosaik aus Miniatursukzessionen bleiben. Immer wenn ein Baum umfällt oder ein Grasbüschel abstirbt, ist eine Lücke entstanden, in der eine neue Sukzession beginnt. Das Muster der *Patch*-Dynamik ist das Ergebnis von Tod, Artenabfolge und Mikrosukzession, die der allgemeine Blickwinkel vermutlich nicht wahrnimmt.

Bevor der Mensch nach Neuseeland kam, waren die einzigen Landsäugetiere der Insel Fledermäuse, und Neuseelands endemische Fauna erwies sich als außerordentlich störanfällig gegenüber den Säugetieren, die mit dem Menschen kamen. Jedoch sorgten weidende Ziegen, indem sie den Stechginster auf einem frühen Sukzessionsstadium hielten, für ein Habitat, in dem die Weta der Aufmerksamkeit von Ratten und anderen Räubern entkommen konnte.

Wegen des wirtschaftlichen Schadens für Farmer versuchen Ökologen, ein passendes Mittel zur biologischen Bekämpfung von Stechginster zu finden, idealerweise eines, das ihn ausrottet. Wie würden Sie die Bedürfnisse eines seltenen Insektes gegenüber den wirtschaftlichen Verlusten, die mit dem Ginster verbunden sind, gewichten?

Eine Weta auf einem Stechginsterzweig (mit freundlicher Genehmigung von Greg Sherley, Department of Conservation, Wellington, Neuseeland).

9.5   Nahrungsnetze

Es gibt keine isolierte Räuber-Beute-, Parasit-Wirt- oder Pflanze-Herbivor-Beziehung. Alle sind Teil eines komplexen Netzes aus Interaktionen mit anderen Räubern, Parasiten, Nahrungsquellen und Konkurrenten in der Lebensgemeinschaft. Letztendlich sind es diese Nahrungsnetze, die Ökologen verstehen wollen. Dennoch ist es nützlich, Gruppen isoliert zu betrachten, wie z. B. Konkurrenten in Kapitel 6, Mutualisten, Symbionten und Parasit-Wirt-Beziehungen in Kapitel 7 und Räuber-Beute-Beziehungen in Kapitel 8, weil wir kaum hoffen können, das Ganze zu verstehen, solange wir nicht einige seiner Teile verstehen. Gegen Ende von Kapitel 8 (siehe Abschnitt 8.6) hat sich unser Blickfeld erweitert, und wir betrachteten die Wirkung von Räubern auf Konkurrenten, um beispielsweise die Bedeutung von Koexistenz zu demonstrieren, die durch Räuber induziert wird.

Nahrungsnetze – der Blick auf Systeme mit wenigstens drei Trophieebenen

Wir gehen nun einen Schritt weiter und wenden uns Systemen mit mindestens drei Trophieebenen zu (Pflanze – Herbivore – Prädator). Dabei betrachten wir nicht nur direkte, sondern auch indirekte Effekte, die eine Art auf andere haben kann, sowohl auf der gleichen als auch auf anderen trophischen Ebenen. Z. B. sind die Effekte eines Räubers sowohl auf die Individuen als auch auf die Populationen seiner herbivoren Beute sehr direkt und relativ klar. Diese Effekte könnten aber ebenso die Pflanzenpopulation, von der sich der Herbivore ernährt, oder auch andere Räuber oder Parasiten des Herbivoren, andere Pflanzenfresser, Konkurrenten des Pflanzenfressers, Konkurrenten der Pflanze und die Myriaden von Arten, die möglicherweise nur am Rande mit dem Nahrungsnetz verflochten sind, zu spüren bekommen.

9.5.1   Indirekte und direkte Effekte

Das absichtliche Entfernen einer Art aus einer Lebensgemeinschaft kann ein wirkungsvolles Mittel sein, um die Zusammenhänge in einem Nahrungsnetz aufzudecken. Wir könnten erwarten, daß eine solche Maßnahme zu einer Zunahme der Konkurrenten führt oder, wenn die entfernte Art ein Räuber war, zu einem Anwachsen der Abundanz seiner Beute. Manchmal aber nimmt nach Entfernung einer Art die Abundanz der Konkurrenten sogar ab, und die Beseitigung eines Räubers kann zu einem Rückgang der Beutepopulation führen. Solche unerwarteten Effekte treten dann auf, wenn die direkten Effekte weniger wichtig sind als Effekte, die indirekt wirken. So kann die Entfernung einer Art vielleicht zur Häufigkeitszunahme bei einem Konkurrenten führen und damit den Rückgang eines anderen Konkurrenten verursachen. Oder die Entfernung eines Räubers könnte zur Zunahme bei einer Beuteart führen, die in der Konkurrenz einer anderen Art überlegen ist. Die letzte Art würde dadurch in ihrer Dichte abnehmen.

Die direkten und indirekten Effekte von Küstenvögeln auf Napfschneckenpopulationen

Beispielsweise wurde in einer Untersuchung einer Lebensgemeinschaft im Tidenbereich an der Nordwestküste der Vereinigten Staaten über zwei Jahre hinweg die Prädation durch Vögel experimentell manipuliert, um die Konsequenzen für drei Napfschneckenarten und deren Algennahrung festzustellen. Beringmöwen *(Larus glaucescens)* und Austernfischer *(Haematopus bachmani)* wurden mit Hilfe von Drahtkäfigen von größeren Flächen (jede ca. 10 m² groß), auf denen Napfschnecken häufig waren, ausgeschlossen. Es stellte sich heraus, daß der Ausschluß der Vögel, wie erwartet, die Abundanz einer Napfschneckenart *(Lottia digitalis)* erhöhte, aber eine zweite Napfschneckenart *(L. strigatella)* seltener wurde und die dritte Art *(L. pelta)*, die sonst am häufigsten von den Vögeln gefressen wurde, ihre Abundanz nicht änderte. Die Gründe sind komplex und gehen weit über die direkte Wirkung napfschneckenfressender Vögel hinaus (Abb. 9.12).

Lottia digitalis, eine hell gefärbte Napfschnecke, kommt v. a. auf hellen Entenmuscheln *(Pollicipes polymerus)* vor, wo sie getarnt ist, während die dunkle, *L. pelta,* überwiegend auf dunklen Kalifornischen Miesmuscheln *(Mytilus californianus)* zu finden ist. Die Prädation durch Vögel verkleinert normalerweise die Flächen, die von Entenmuscheln bedeckt sind. Schließt man also die Vögel aus, steigt die Abundanz der Entenmuscheln und damit auch die Abundanz

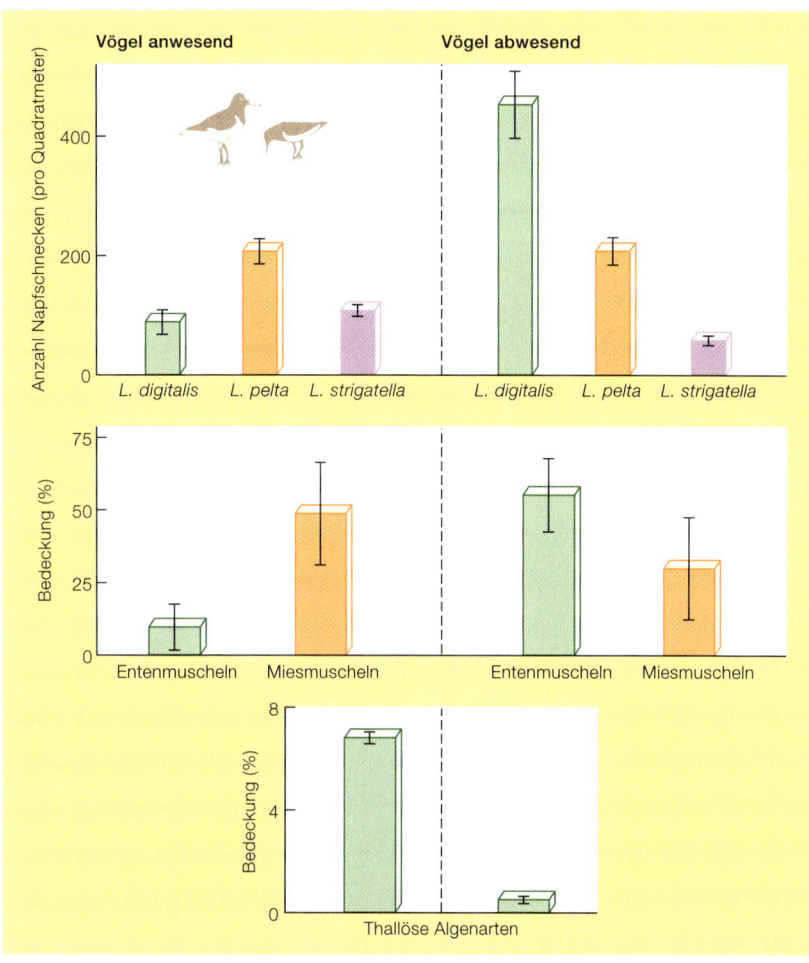

Abbildung 9.12
Werden Vögel aus der Gezeiten-Lebensgemeinschaft ausgeschlossen, nimmt die Abundanz von Entenmuscheln auf Kosten von Miesmuscheln zu, und drei Napfschnekkenarten zeigen ebenfalls deutliche Dichteänderungen. Dieses Ergebnis wird durch Veränderungen in der Verfügbarkeit von Verstecken und durch Veränderungen der Konkurrenzbeziehungen verursacht. Auch die leichtere Erbeutung durch marine Räuber spielt eine Rolle. Die Algenbedeckung ist durch den fehlenden Einfluß der Vögel auf die Watt-Lebensgemeinschaft deutlich reduziert (dargestellt sind Mittelwerte ± Standardfehler) (nach Wootton, 1992).

von *L. digitalis* (Abb. 9.12). Die ansteigende Abundanz der Entenmuscheln durch Ausschluß der Vögel führt auch zur Verkleinerung der von Miesmuscheln bedeckten Flächen, weil diese nun einer intensiveren Konkurrenz mit Entenmuscheln ausgesetzt sind (Abb. 9.12). Man könnte meinen, daß dies zu einer Abnahme der Abundanz von *L. pelta* führen sollte, die ja v. a. auf diesen Miesmuscheln lebt. Jedoch ist die dritte Napfschneckenart, *L. strigatella*, in der Konkurrenz den anderen unterlegen, und deshalb führt die Zunahme in der Abundanz von *L. digitalis*, bei Ausschluß der Vögel, zur Abnahme der Abundanz von *L. strigatella*. Dies wiederum verringert den Druck auf *L. pelta*, so daß ihre Abundanz effektiv unverändert bleibt (Abb. 9.12).

Die Effekte der Prädation durch Vögel reichen sogar bis auf die Trophieebene der Pflanzen hinab. Die Vögel verringern durch ihren Napfschneckenkonsum normalerweise den Fraßdruck auf Algen und schaffen durch ihren Entenmuschelkonsum darüber hinaus auch neuen Siedlungsraum für die Algen. Daher nimmt der Algenteppich ab, wenn die Vögel ausgeschlossen werden (Abb. 9.12). Es wir deutlich, daß Kurzzeituntersuchungen der paarweisen Interaktionen nicht in der Lage gewesen wären, die große Fülle direkter und indirekter Wechselbeziehungen dieses Nahrungsnetzes aufzuzeigen.

Manche Arten sind enger und fester ins Nahrungsnetz eingewoben als andere. Eine Art, deren Entfernung einen signifikanten Effekt (Aussterben oder starke Dichteänderung) auf wenigstens eine andere Art haben würde, kann als starker Wirkfaktor betrachtet werden. Das Entfernen mehrerer solcher starker Wirkfaktoren würde zu großen Änderungen im gesamten Nahrungsnetz führen – wir bezeichnen diese Arten als *Schlüsselarten (keystone species)*. In der Architektur ist der Schlußstein *(keystone)* der keilförmige Block am höchsten Punkt eines Rundbogens, der die anderen Teile zusammenhält. Das Entfernen einer Schlüsselart führt, wie das Entfernen des Schlußsteins aus dem Bogen, zum Zusammenbruch der Struktur. Genauer gesagt, es führt zum Aussterben oder zu großen Änderungen in der Abundanz mehrerer Arten, erzeugt eine Lebensgemeinschaft mit ganz anderer Artenzusammensetzung und führt zu einem aus unserer Sicht deutlich veränderten äußeren Erscheinungsbild.

Obwohl der Begriff der *Schlüsselarten* ursprünglich nur auf Prädatoren angewendet wurde, ist heute allgemein akzeptiert, daß Schlüsselarten auf allen Trophieebenen vorkommen können. Beispielsweise ist die Kleine Schneegans *(Chen caerulescens caerulescens)* ein Herbivore, der in großen Kolonien entlang der Westküste der Hudson-Bay in Kanada auf Küstenmarschland brütet. Im Frühling, bevor das oberirdische Pflanzenwachstum in der Umgebung der Nistplätze beginnt, graben die adulten Gänse nach Wurzeln und Rhizomen von Pflanzen in trockenen Bereichen und fressen die aufbrechenden Knospen von Seggen in Feuchtbereichen. Dieses Verhalten schafft freie Flächen (1–5 m²) aus Torf und Sediment. Nur wenige Pionierpflanzen können diese Flächen erneut besiedeln, und der Wiederbewuchs geht sehr langsam voran. Außerdem haben sich in den Bereichen intensiver Sommerbeweidung „Rasen" aus *Carex* und *Puccinellia* spec. gebildet. Hier sind hohe Dichten weidender Gänse eine wesentliche Voraussetzung, um die Artenzusammensetzung der Vegetation und ihre oberirdische Biomasseproduktion aufrechtzuerhalten (Kerbes et al., 1990). Die Kleine Schneegans ist eine Schlüsselart – die gesamte Struktur und Zusammensetzung dieser Lebensgemeinschaft werden durch sie drastisch beeinflußt.

9.5.2 Top-down- oder Bottom-up-Kontrolle von Nahrungsnetzen

Eine der grundlegendsten Fragen über Nahrungsnetze ist, ob sie von oben nach unten (top-down) oder von unten nach oben (bottom-up) kontrolliert werden. *Top-down-Kontrolle* bezieht sich auf Situationen, in denen die Struktur (Abundanz, Artenzahlen) der unteren trophischen Ebenen von den Konsumenten der höheren trophischen Ebenen abhängt – „Prädatoren" kontrollieren „Beute". Bei der *Bottom-up-Kontrolle* ist die Lebensgemeinschaftsstruktur von Faktoren abhängig, die, wie z. B. Nährstoffgehalte oder Beuteverfügbarkeit, eine trophische Ebene von unten her beeinflussen. In diesem Fall werden Populationen innerhalb einer trophischen Ebene v. a. durch die Konkurrenz und nicht so sehr durch Prädation beeinflußt.

Es ist hilfreich, in der Frage, ob Prädatoren oder Ressourcen die Populationsdynamik bestimmen, zunächst von einer hypothetischen Lebensgemeinschaft mit nur einer Trophieebene auszugehen und dann nach und nach weitere trophische Ebenen hinzuzufügen. Es ist nicht leicht, sich wirkliche Lebensgemeinschaften in der Natur vorzustellen, die aus nur einer trophischen Ebene bestehen, aber falls es eine gäbe, wäre per Definition keine Prädation vorhanden, die Kontrolle wäre bottom-up, und Konkurrenz wäre die vorherrschende Beziehung zwischen Populationen (Abb. 9.13).

Eine Möglichkeit, natürliche Systeme mit nur zwei trophischen Ebenen zu bekommen, besteht darin, begrenzte, aber wichtige Komponenten von wirklichen Lebensgemeinschaften herauszugreifen. Beispielsweise weidet die Riesenschildkröte auf Aldabra, der entlegensten Insel der Erde, den Bewuchs größerer Flächen bis auf weniger als 5 mm Höhe ab (Strong, 1992). Wenn die Schildkröten durch Zäune ausgesperrt werden, wachsen viele Arten von Bäumen, Sträuchern und Gräsern, die normalerweise wegen der Beweidung fehlen, und dominieren dann die Pflanzengemeinschaft. Auf der Insel gab es nie Prädatoren der Riesenschildkröte bzw. ihrer Eier und Jungen. In diesem zwei Trophieebenen umfassenden System gibt es somit einen klaren Top-down-Effekt auf die untere Ebene mit Beweidung als dominierendem Effekt (Abb. 9.13).

Der Große Salzsee im US-Bundesstaat Utah stellt ein eindrucksvolles Beispiel dafür dar, was passiert, wenn ein System aus zwei Trophieebenen (Phytoplankton-Zooplankton) durch eine dritte Ebene erweitert wird (durch die räuberische Insektenart *Trichocorixa verticalis*, die in ungewöhnlich niederschlagsreichen Jahren auftritt, in denen der Salzgehalt abnimmt). Normalerweise hält das Zooplankton die Biomasse des Phytoplanktons auf einem niedrigen Niveau. Aber als der Salzgehalt 1985 von über 100 auf 50 g l⁻¹ absank, wanderte *Trichocorixa* ein und reduzierte die Biomasse des Zooplanktons von 720 auf 2 mg m³, was zu einem 20fachen Anwachsen der Phytoplanktonkonzentration führte (Abb. 9.14). Zumindest in dieser Lebensgemeinschaft aus drei Trophieebenen sind die Pflanzen, die vom hohen Weidedruck durch den Effekt der Carnivoren auf die Herbivoren befreit wurden, bottom-up kontrol-

Abhängigkeit von der Trophieebenenzahl

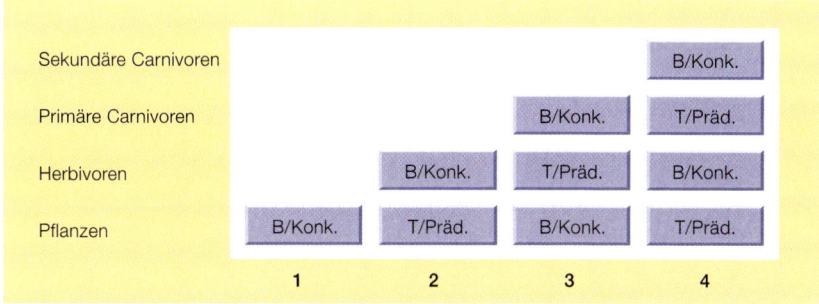

Abbildung 9.13
Schematische Darstellung von Lebensgemeinschaften mit einer, zwei, drei und vier trophischen Ebenen. Für jede trophische Ebene ist angegeben, ob die Kontrolle eher durch *Bottom-up-* (B) oder *Top-down*-Effekte (T) erfolgt und ob die Populationsdynamik hauptsächlich durch Konkurrenz (Konk.) oder durch Prädation (Präd.) bestimmt wird.

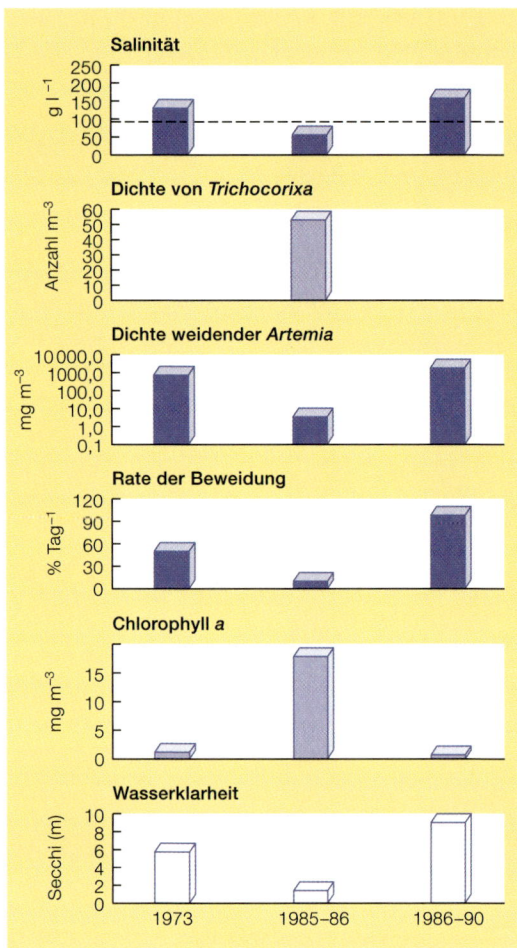

Abbildung 9.14
Veränderungen im pelagischen Ökosystem des Großen Salzsees in Utah/USA während dreier Perioden unterschiedlicher Salinität. Die verminderte Salinität 1985–1986 ermöglichte die Einwanderung des Raubinsektes *Trichocorixa*, das die Dichte des Weidegängers *Artemia* reduzierte, was wiederum zum Anstieg der Dichte des Phytoplanktons führte (mehr Chlorophyll und verminderte Wasserklarheit) (nach Wurtsbaugh, 1992).

liert. Die Herbivoren werden also top-down kontrolliert und die Carnivoren bottom-up (Abb. 9.15).

Offene Frage:
Wie grün ist unsere Welt?

Offene Frage:
Ist die Welt grün oder stachlig und schlechtschmeckend?

Die Top-down-Blickrichtung wurde zum ersten Mal in einer berühmten Arbeit publiziert, die davon ausging, daß die „Welt grün ist" (Hairston et al., 1960). Es wurde die Ansicht vertreten, daß die Biomasse grüner Pflanzen deshalb zunimmt, weil Carnivoren die Herbivoren in Schach halten. Das Beispiel des Großen Salzsees ist eines von mehreren, das diese Hypothese zu unterstützen scheint. Eine alternative Sichtweise geht davon aus, daß „die Welt stachlig ist und schlecht schmeckt" (Pimm, 1991). Sie betont, daß viele Pflanzen irgendeine Form der physikalischen und chemischen Abwehr entwickelt haben, die den Herbivoren das Leben schwer macht (s. Abschnitt 3.4.2). So kann die Welt grün sein, wo sie grün ist – weil Pflanzen gänzlich oder teilweise ungenießbar sind und nicht weil die Herbivoren von ihren Prädatoren in Schach gehalten werden. Es bleibt abzuwarten, welche dieser Ansichten die meiste Unterstützung findet und unter welchen Rahmenbedingungen.

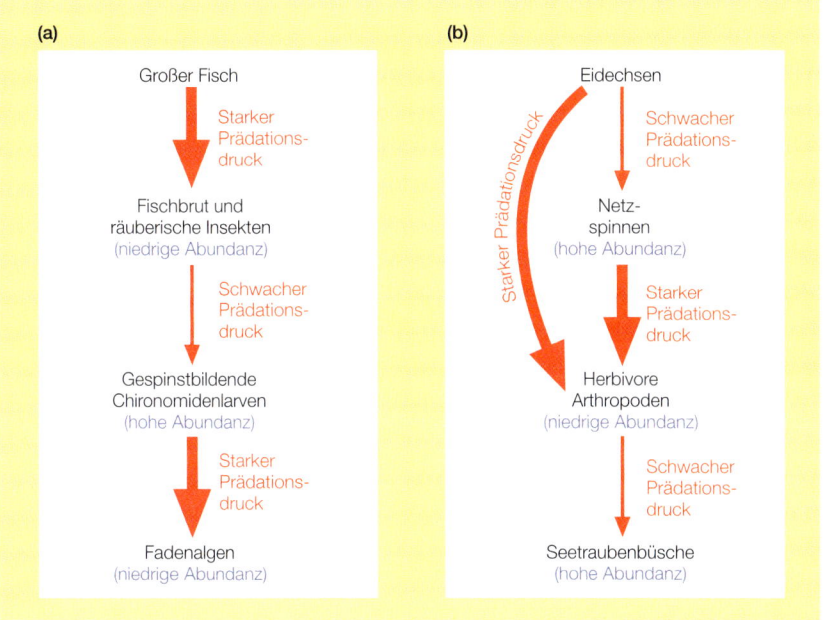

Abbildung 9.15
Zwei Beispiele für Nahrungsnetze mit vier trophischen Ebenen. Die Pfeile zeigen die Stärke der Prädation oder Beweidung an (weniger den Energiefluß). (a) Das Fehlen von Allesfressern (Nahrungsaufnahme erfolgt aus mehreren trophischen Ebenen) in dieser nordamerikanischen Fluß-Lebensgemeinschaft bedeutet, daß sie so funktioniert, wie in Abbildung 9.13 dargestellt wurde, als System mit vier trophischen Ebenen (nach Power, 1990). (b) Demgegenüber funktioniert dieses Nahrungsnetz einer terrestrischen Lebensgemeinschaft auf den Bahamas als ein Nahrungsnetz mit drei trophischen Ebenen. Der Grund ist der starke direkte Effekt von allesfressenden *Top*-Prädatoren auf Herbivoren und ihr geringer Einfluß auf Prädatoren einer intermediären Stufe (nach Spiller & Schoener, 1994).

Wenn wir das bisher entwickelte Bild weiterführen, erwarten wir für ein System aus vier Trophieebenen, daß Pflanzen und Carnivoren ersten Grades durch Top-down-Effekte begrenzt werden, wohingegen Herbivoren und Carnivoren zweiten Grades durch Bottom-up-Effekte begrenzt werden (Abb. 9.13). Genau das wurde auch bei einer Untersuchung des Nahrungsnetzes im Eel-River in Nordkalifornien gefunden. Große Fische reduzierten die Abundanz von Fischbrut und räuberischen Invertebraten und ermöglichten dadurch deren Beute, den gespinstbildenden Chironomidenlarven, hohe Dichten zu erreichen. Durch den dadurch entstehenden intensiven Fraßdruck auf filamentöse Algen wurde deren Biomasse niedrig gehalten (Abb. 9.15a).

Zu anderen Ergebnissen kam eine experimentelle Studie auf den Bahamas mit einer Lebensgemeinschaft, die ebenfalls aus 4 Trophieebenen bestand. Die Lebensgemeinschaft bestand aus Seetrauben, auf denen herbivore Arthropoden fressen, sowie Netzspinnen als Carnivoren 1. Grades und Eidechsen als Carnivoren 2. Grades. Die Studie zeigte einen starken Effekt der Eidechsen auf die Herbivoren, jedoch einen schwächeren Effekt der Eidechsen auf die Spinnen. Folglich war der Nettoeffekt der Prädatoren 2. Grades auf die Pflanzen positiv, und es gab geringere Schäden durch Blattfraß, wenn Eidechsen vorhanden waren. Im wesentlichen funktioniert diese Lebensgemeinschaft aus 4 Trophieebenen so, als hätte sie nur 3 Ebenen (vgl. Abb. 9.15a und Abb. 9.15b).

Insgesamt sind zwei Dinge offensichtlich. Erstens kann man natürliche Nahrungsnetze zum besseren Studium zwar in eine Reihe einfacher Räuber-Beute-Beziehungen zerlegen, aber von diesen isolierten Zweierbeziehungen werden wir niemals die ganze Geschichte erfahren. Zweitens ist es jedoch auch klar, daß nicht einmal die erste Zeile dieser Geschichte geschrieben werden kann, solange nicht ein solides Verständnis von Räuber-Beute-Beziehungen das Fundament bildet.

9.5.3   Stabilität von Lebensgemeinschaften und die Struktur von Nahrungsnetzen

Gibt es unter all den vorstellbaren Nahrungsnetzen in der Natur spezielle Typen, die wir möglicherweise immer wieder beobachten? Haben reale Nahrungsnetze (im Gegensatz zu imaginären) besondere Eigenschaften? Sind manche Nahrungsnetze stabiler als andere? (Wir sprechen über die Bedeutung des Begriffs *stabil* in Fenster 9.5). Das sind wichtige Fragen für die Praxis. Wir brauchen die Antworten, wenn wir bestimmen sollen, ob manche Lebensgemeinschaften zerbrechlicher (und schutzbedürftiger) sind als andere; oder wenn wir wissen wollen, ob es gewisse „natürliche" Strukturen gibt, nach denen wir uns richten sollten, wenn wir Lebensgemeinschaften selbst gestalten; oder wenn wir abschätzen wollen, ob renaturierte Lebensgemeinschaften auch „renaturiert" bleiben. Fortschritte bei der Beantwortung dieser Fragen hängen insbesondere von der Qualität der Daten ab, die in natürlichen Lebensgemeinschaften gesammelt werden. Aber diese sind nicht immer so gut, wie sie sein sollten. Es gibt viele offene Fragen.

Der langlebige Glaube, daß Komplexität zu Stabilität führt ...

Vom Gesichtspunkt der Stabilität aus betrachtet, war die Komplexität der Lebensgemeinschaften der Aspekt, der die meiste Aufmerksamkeit erhalten hat. Weitgehend durch „logische" Schlußfolgerung gelangte man zu der lange Zeit vorherrschenden Meinung, daß eine höhere Komplexität einer Lebensgemeinschaft ihre Stabilität erhöht (MacArthur, 1955; Elton, 1958). Beispielsweise wurde die Ansicht vertreten, daß in komplexeren Lebensgemeinschaften mit mehr Arten und mehr Wechselbeziehungen mehr mögliche Wege für den Energiefluß durch eine Lebensgemeinschaft vorhanden sind. Folglich würde bei einer Störung der Lebensgemeinschaften (eine Dichteänderung bei einer Art) nur ein kleiner Teil der Energieflüsse betroffen sein, und die Störung würde nur einen geringen Effekt auf die Dichten anderer Arten haben. Die komplexe Lebensgemeinschaft würde widerstandsfähig gegenüber Änderungen sein (Fenster 9.5).

... wird nicht durch mathematische Modelle unterstützt

Jedoch erhielt diese allgemeine Vorstellung mit der zunehmenden Verfeinerung der Analyse von Nahrungsnetzen mit Hilfe mathematischer Modelle keineswegs immer Unterstützung (Überblick in May, 1981c). Diese Nahrungsnetzmodelle lassen sich (1) durch die Artenzahl, die sie enthalten, (2) den *Verknüpfungsgrad* des Netzes (der Anteil aller möglichen Artenpaare, die direkt miteinander interagieren – als Konkurrenten, Mutualisten, Prädatoren oder

Fenster 9.5 – Quantitative Aspekte

Was meinen wir mit der „Stabilität von Lebensgemeinschaften"?

Unter den verschiedenen Möglichkeiten gibt es v. a. zwei wichtige Kriterien, die feststehen müssen, wenn wir definieren sollen, was unter Stabilität zu verstehen ist. Das erste ist die Unterscheidung zwischen der Elastizität *(resilience)* einer Lebensgemeinschaft und ihrer Widerstandsfähigkeit *(resistence)*. Eine elastische Lebensgemeinschaft kehrt rasch in ihren Ursprungszustand zurück, wenn dieser Zustand verändert wurde. Eine *widerstandsfähige* Lebensgemeinschaft verändert bei einer Störung ihren Zustand kaum.

Die zweite Unterscheidung ist die zwischen *fragiler* und *robuster* Stabilität. Eine Lebensgemeinschaft besitzt nur eine *fragile Stabilität*, wenn sie bei kleineren Störungen zwar im wesentlichen unverändert bleibt, aber sich völlig ändert, wenn sie einer größeren Störung ausgesetzt wird. Eine Gemeinschaft, die bei weit stärkeren Störungen ungefähr gleich bleibt, besitzt dagegen eine *dynamische, robuste* Stabilität.

Um diese Unterscheidung in analogen Beispielen zu erläutern, betrachten wir folgendes:
- Eine Billardkugel, die vorsichtig auf der Spitze eines Billardqueues balanciert wird.
- Die gleiche Kugel auf dem Tisch liegend.
- Die Kugel liegt in einer Ecktasche.

Die Kugel auf dem Billardqueue ist stabil in dem ganz engen Sinn, daß sie dort für immer liegenbleibt, solange sie nicht gestört wird. Aber ihre Stabilität ist fragil, und beides, sowohl ihre *Widerstandsfähigkeit* als auch ihre *Elastizität* sind niedrig: Die leichteste Berührung wird die Kugel zu Fall bringen, weit entfernt von ihrem früheren Zustand (niedrige Widerstandskraft), und sie hat nicht die geringste Tendenz, in ihre frühere Position zurückzukehren (niedrige Elastizität).

Wenn die gleiche Kugel auf dem Tisch liegt, hat sie eine ähnliche Elastizität: Sie zeigt keine Tendenz, wieder exakt in die gleiche Position zurückzukehren (vorausgesetzt, der Tisch ist eben), aber ihre Widerstandskraft ist wesentlich größer: Sie wird durch einen Stoß nur relativ wenig bewegt. Ihre Stabilität ist also relativ robust: Sie bleibt „eine Kugel auf dem Tisch", egal wie und mit welcher Stärke sie von dem Queue gestoßen wird.

Letztendlich ist nur die Kugel in der Tasche sowohl widerstandsfähig als auch elastisch. Sie bewegt sich wenig und kehrt in ihre Position zurück, und ihre Stabilität ist hochgradig robust: Ganz gleich, was passiert, sie wird bleiben, wo sie ist, es sei denn, eine Hand holt sie vorsichtig heraus.

Beute) und (3) über die durchschnittliche Stärke der Wechselwirkungen zwischen den Artenpaaren charakterisieren. Die meisten Modelle führten zu ähnlichen Schlußfolgerungen: Erhöhung der Artenzahl, Erhöhung des Verknüpfungsgrades und Erhöhung der durchschnittlichen Wechselwirkungsstärke – jede bedeutet eine Zunahme an Komplexität – alle führten zur tendenziellen Abnahme der Elastizität: der Tendenz einer Lebensgemeinschaft, nach einer Störung in ihren Ausgangszustand zurückzukehren (Fenster 9.5). Also suggerieren diese Modelle, daß Komplexität zu *Instabilität* führt und deuten darauf hin, daß es keinen notwendigen und unvermeidbaren Zusammenhang zwischen Stabilität und Komplexität gibt.

Komplexität und Stabilität in der Praxis

Welche Hinweise gibt es in wirklichen Lebensgemeinschaften? Einige Untersuchungen versuchten, auf diesen mathematischen Modellen aufzubauen und die Beziehung zwischen Artenzahl, Verknüpfungsgrad und Wechselwirkungen zu erforschen. Ihre Argumentation ist folgendermaßen: Die einzigen Lebensgemeinschaften, die wir untersuchen können, sind diejenigen, die stabil genug sind, um zu existieren. Daher können diejenigen mit zahlreichen Arten nur dann ausreichend stabil sein, wenn es dort Abnahmen beim Verknüpfungsgrad und/oder der Interaktionsstärke gibt, um die hohe Artenzahl zu kompensieren. Daten über die Interaktionsstärke in vollständigen Lebensgemeinschaften sind aber nicht verfügbar. Deswegen können wir zur Vereinfachung üblicherweise die Annahme machen, daß die durchschnittliche Wechselwirkungsstärke konstant ist. Artenreiche Lebensgemeinschaften können ihre Stabilität daher nur bewahren, wenn der Artenreichtum mit einer Verringerung im durchschnittlichen Verknüpfungsgrad verbunden ist.

Diese Erwartung wird von einigen Untersuchungen unterstützt, von anderen jedoch nicht

Tatsächlich ergab die erste Analyse einer Zusammenstellung von Veröffentlichungen über Nahrungsnetze (Briand, 1983), daß, wie erwartet, der Verknüpfungsgrad mit zunehmender Artenzahl abnahm (Abb. 9.16a). Diese Zusammenstellung litt jedoch unter einer sehr ernstzunehmenden Schwäche. Die ihr zugrundeliegenden Daten waren nicht zum Zweck einer quantitativen Untersuchung von Nahrungsnetzeigenschaften gesammelt worden. Insbesondere variierte die Genauigkeit der Artenidentifikation deutlich von Netz zu Netz. Sogar im selben Nahrungsnetz wurden manchmal Komponenten auf dem Niveau von Reichen (z. B. „Pflanzen"), manchmal als Familie (z. B. Diptera) und manchmal auf Artniveau (z. B. Polarbär) zusammengefaßt (s. Überblick in Hall & Raffaelli, 1993). Neuere Untersuchungen, in denen Nahrungsnetze exakter dokumentiert wurden, zeigten, daß der Verknüpfungsgrad mit der Artenzahl (wie erwartet) abnehmen (Abb. 9.16b), von der Artenzahl unabhängig sein (Abb. 9.16c) oder sogar mit der Artenzahl steigen kann (Abb. 9.16d). So bekommt also das Stabilitätsargument durch die Analyse wirklicher Nahrungsnetze auch keine einheitliche Unterstützung.

Eine komplexe Lebensgemeinschaft, die bei Störung weniger stabil ist ...

Der Zusammenhang zwischen Stabilität und Komplexität wurde auch über die Manipulation zweier Pflanzengesellschaften untersucht. Bei der ersten bestand die Störung aus einer Zugabe von Dünger in den Boden. In der zweiten wurden Kaffernbüffel zur Beweidung der Pflanzen eingeführt. In beiden Fällen wurden die Auswirkungen sowohl bei artenreichen als auch artenarmen Pflanzengesellschaften überwacht, und in beiden Ansätzen reduzierte der Eingriff signifikant die Artendiversität in der artenreichen, aber nicht in der artenarmen Lebensgemeinschaft (Tab. 9.5). Dies deutet darauf hin, daß komplexere Lebensgemeinschaften weniger geeignet sind, angesichts von Störungen den Änderungen zu widerstehen.

... und eine andere, die stabiler ist

Andererseits waren in einem „natürlichen Experiment" im Yellowstone-Nationalpark, USA, das eine Gruppe von 8 verschiedenen Grasland-Lebensgemeinschaften umfaßte, diejenigen mit höherer Artendiversität gegenüber einer starken sommerlichen Dürreperiode stabiler bezüglich der Zusammensetzung der Lebensgemeinschaft (Abb. 9.17). Auch experimentelle Untersuchungen liefern also in bezug auf das erwartete Komplexität/Stabilität-Verhältnis widersprüchliche Ergebnisse.

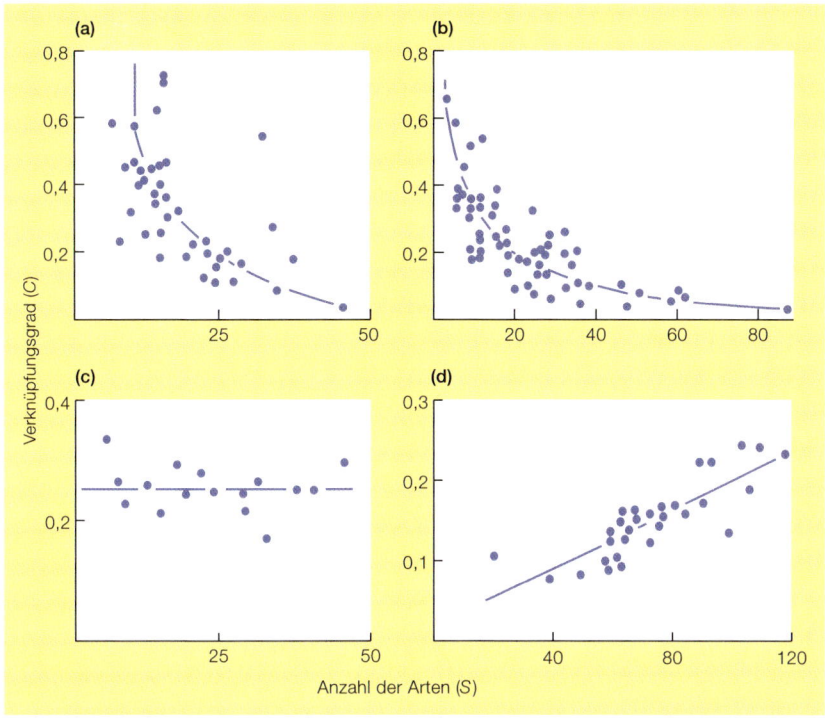

Abbildung 9.16
Die Beziehung zwischen dem Verknüpfungsgrad und dem Artenreichtum: (a) Entsprechend einer Literaturrecherche über 40 terrestrische, limnische und marine Nahrungsnetze (nach Briand, 1983). (b) Entsprechend einer Literaturrecherche über 95 von Insekten dominierte Nahrungsnetze in verschiedenen Habitaten (nach Schoenly et al., 1991). (c) Für jahreszeitliche Varianten eines Nahrungsnetzes in einem See in Nordengland, mit einem Artenreichtum zwischen 12 und 32 Arten (nach Warren, 1989). (d) Für Sumpf- und Flußnahrungsnetze in Costa Rica und Venezuela (nach Winemiller, 1990; Hall & Raffaelli, 1993).

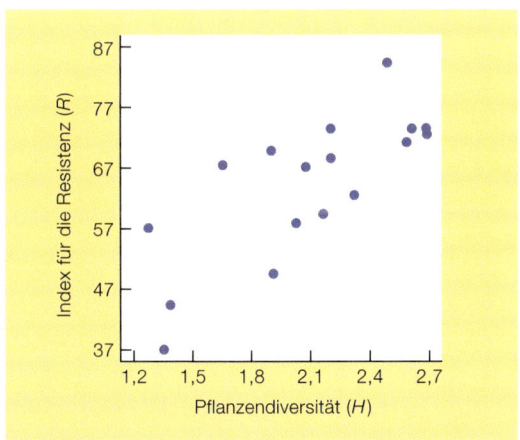

Abbildung 9.17
Beziehung zwischen einem Index für die Resistenz in der Zusammensetzung einer Grasland-Lebensgemeinschaft und der Artendiversität (Shannon-Index, *H*) für eine Reihe von Grasflächen im Yellowstone-Nationalpark. Das Resistenzmaß *(R)* ist so angelegt, daß es eine inverse Beziehung mit den kumulativen Unterschieden in der Artenabundanz auf den Untersuchungsflächen zwischen den Jahren 1988 (einem „Dürrejahr") und 1989 (ein Jahr mit normalen Niederschlägen) aufweist. Ein großer *R*-Wert bedeutet eine geringe Veränderung der relativen Abundanz aufgrund der Dürre, wohingegen ein kleiner Wert eine erhebliche Veränderung bedeutet (nach Frank & McNaughton, 1991).

Tabelle 9.5   Der Einfluß von (a) Düngerzugabe auf den Artenreichtum und die Diversität (Shannon-Index, *H*; s. Fenster 10.1) auf zwei Untersuchungsflächen und (b) von Afrikanischen Büffeln auf die Artendiversität zweier Vegetationsflächen (nach McNaughton, 1977)

	Kontrollflächen	Manipulierte Flächen	Statistische Signifikanz
(a) Düngerzugabe			
Artenreichtum auf 0,5 m²			
Artenarme Fläche	20,8	22,5	n. s.
Artenreiche Fläche	31,0	30,8	n. s.
Gleichverteilung			
Artenarme Fläche	0,660	0,615	n. s.
Artenreiche Fläche	0,793	0,740	P < 0,05
Diversität			
Artenarme Fläche	2,001	1,915	n. s.
Artenreiche Fläche	2,722	2,532	P < 0,05
(b) Beweidung			
Artendiversität			
Artenarme Fläche	1,067	1,357	n. s.
Artenreiche Fläche	1,783	1,302	P < 0,05

n. s. = nicht signifikant

Gibt es einen Zusammenhang zwischen der Umweltvariabilität und der Fragilität von Lebensgemeinschaften?

Die unterschiedlichen Ergebnisse von Modellen und Experimenten und die Vielfalt der Stabilitätstypen, die sie jeweils nutzten, lassen zumindest darauf schließen, daß keine allgemeingültige Beziehung zwischen Komplexität und Stabilität für alle Lebensgemeinschaften existiert. Es wäre falsch, eine pauschale Verallgemeinerung durch eine andere zu ersetzen. Selbst wenn Komplexität und Instabilität durch Modelle in einen Zusammenhang gebracht werden können, bedeutet das nicht notwendigerweise, daß wir auch in wirklichen Lebensgemeinschaften eine Beziehung zwischen Komplexität und Instabilität erwarten sollten. Instabile Lebensgemeinschaften werden scheitern, wenn sie auf Umweltbedingungen treffen, die ihre Instabilität offenlegen. Aber die Bandbreite und Vorhersagbarkeit von Umweltbedingungen variiert ständig von Ort zu Ort. In einer stabilen und vorhersagbaren Umwelt könnte eine Lebensgemeinschaft, die dynamisch fragil ist, vielleicht trotzdem Bestand haben. Aber in einer veränderlichen und unvorhersagbaren Umwelt kann nur eine Lebensgemeinschaft, die dynamisch robust ist, bestehen. Also können wir erwarten, daß (1) komplexe und fragile Lebensgemeinschaften in stabilen, vorhersagbaren Umwelten und einfache, robuste Lebensgemeinschaften in variablen und unvorhersehbaren Umwelten vorkommen, und daß (2) näherungsweise die gleiche *beobachtbare* Stabilität (bezüglich Populationsfluktuationen usw.) bei allen Lebensgemeinschaften vorkommt, da diese von der spezifischen Stabilität jeder Lebensgemeinschaft in Kombination mit der Umweltvariabilität abhängt.

Diese Argumentationslinie beinhaltet darüber hinaus eine weitere, sehr wichtige Schlußfolgerung für die voraussichtlichen Effekte anthropogener Störungen auf Lebensgemeinschaften. Wir können erwarten, daß anthropogene Störungen ihre stärkste Wirkung auf dynamisch fragile, komplexe Lebensgemeinschaften in einer stabilen Umwelt haben, da diese an Störungen relativ wenig angepaßt sind. Den geringsten Effekt sollten Störungen auf einfache, robuste

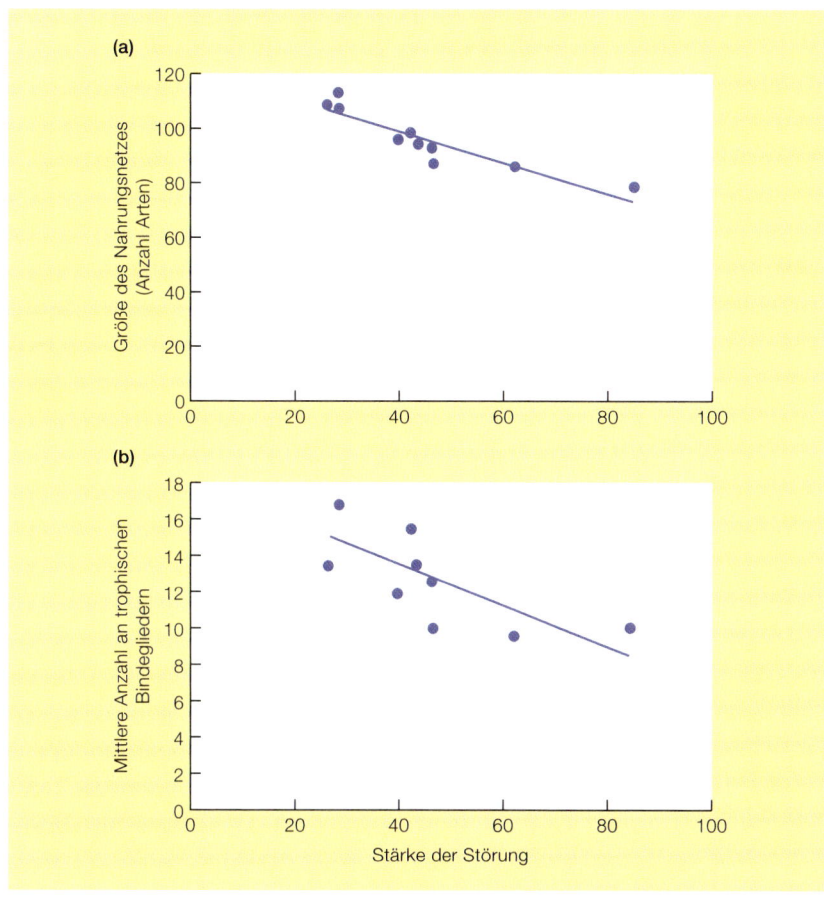

Abbildung 9.18
In Flüssen Neusee-
lands ermöglichen
die weniger gestör-
ten Abschnitte die
Ausbildung „kom-
plexerer" Lebens-
gemeinschaften
(höhere Artenzahl
und höherer Ver-
knüpfungsgrad zwi-
schen den Arten).
(a) Größe des
Nahrungsnetzes
(Artenzahl) und
(b) Verknüpfungs-
grad oder die
durchschnittliche
Zahl an trophischen
Verbindungen pro
Tierart (Anzahl
Beutearten in der
Nahrung) sinkt mit
der Intensität von
strömungsbeding-
ten Störungen im
Flußbett (nach
Townsend et al.,
1998).

Lebensgemeinschaften in variablen Umwelten haben, da diese schon vorher
wiederholten (wenn auch natürlichen) Störungen ausgesetzt waren.

Im Rahmen einer Studie, die sich mit der Frage der Nahrungsnetzkomple-
xität, der Stabilität sowie der Umweltstabilität befaßte, wurden zehn kleine Flüsse in Neuseeland untersucht, die sich in der Intensität und Häufigkeit der strö-
mungsbedingten Störungen ihres Flußbetts unterschieden (Abb. 9.18). Nahrungsnetze in stärker gestörten Flüssen werden durch kleinere Artenzahlen und
weniger Verbindungen der Arten untereinander charakterisiert. Das entspricht
der Annahme, daß einfachere Nahrungsnetze in variableren Umwelten vorkommen, da sie eine Struktur besitzen, die Stabilität verleiht. Diese Ergebnisse
sind daher interessant, aber es wird nicht zwangsläufig die Formulierung einer
allgemeinen Regel erreicht. Es gibt einen dringenden Bedarf nach exakteren
Beschreibungen von Nahrungsnetzen nach einer standardisierten Methode
und nach Analysen nahverwandter Habitattypen, die sich dennoch deutlich in
grundlegenden Merkmalen unterscheiden. Es sind mehr empirische und experimentelle Untersuchungen notwendig, um Nahrungsnetze vollständig zu verstehen.

**Bis jetzt erga-
ben sich in wich-
tigen Bereichen
der Nahrungs-
netztheorie
mehr Fragen als
Antworten**

Zusammenfassung

Vielfältige Einflußfaktoren auf die Dynamik von Populationen

Um die Faktoren zu verstehen, die für die Populationsdynamik auch nur einer einzigen Art an einem einzigen Ort verantwortlich sind, ist es notwendig, über physikochemische Bedingungen, verfügbare Ressourcen, den Lebenszyklus des Organismus und die Einflüsse von Konkurrenten, Prädatoren und Parasiten auf Geburtenrate, Tod, Ein- und Auswanderung Bescheid zu wissen.

Zur Erklärung der Abundanz von Populationen gibt es gegensätzliche Theorien. Auf der einen Seite betonen einige Wissenschaftler die offensichtliche Stabilität von Populationen und weisen auf die Bedeutung stabilisierender Faktoren hin (dichteabhängige Faktoren). Auf der anderen Seite ziehen diejenigen, die mehr Betonung auf Dichtefluktuationen legen, externe Faktoren (oftmals dichteunabhängig) in Betracht, um die Änderungen zu erklären. Die Schlüsselfaktorenanalyse ist eine Methode, die zur Erstellung von Lebenstafeln verwendet werden kann, um Faktoren zu erkennen, welche die Abundanz bestimmen und regulieren.

Ausbreitung, Patches und Metapopulationsdynamik

Das Siedlungsverhalten kann ein wichtiger Faktor zur Bestimmung und/oder Regulation von Abundanz sein. Die *Metapopulationstheorie*, in der Vorstellungen über *Patchiness*, über Ausbreitung und über Populationsdynamiken innerhalb von *Patches* kombiniert wurden, hat die Sichtweise der Ökologen bezüglich Populationen radikal verändert.

Zeitliche Muster in der Zusammensetzung von Lebensgemeinschaften

In allen Arten von Lebensgemeinschaften sind Störungen üblich, die zu Lücken (*gaps*) führen. *Gründer-kontrolliert* heißen diejenigen Lebensgemeinschaften, in denen alle Arten annähernd gleiche Fähigkeiten haben, in *Gaps* einzuwandern und ihr Leben lang gleich starke Konkurrenten beim Besetzen und bei der Verteidigung der *Gaps* gegen Zuwanderung sind. Auf der anderen Seite stehen die *Dominanz-kontrollierten* Lebensgemeinschaften, bei denen einige Arten konkurrenzstärker sind als andere, so daß ein Erstbesiedler eines *Patchs* nicht unbedingt seine Stellung halten kann. Das Phänomen der Dominanzkontrolle ist in zahlreichen Beispielen der Sukzession von Lebensgemeinschaften erkennbar. Beispielsweise verlaufen Sukzessionen auf aufgelassenen Feldern typischerweise über eine Vegetationsabfolge, in der sich Pionierarten rasch in dem gestörten Habitat eines kürzlich noch kultivierten Feldes ansiedeln können und dann später von Arten ersetzt werden, die zwar langsamer einwandern und sich festsetzen, die Pioniere aber schließlich verdrängen. Die Feststellung, wann die Sukzession eine stabile Klimax-Lebensgemeinschaft erreicht, kann ziemlich schwierig sein, da dies möglicherweise Jahrhunderte dauert und es wahrscheinlich ist, daß in der Zwischenzeit andere Störungen stattfinden.

Nahrungsnetze

Es gibt keine isolierten Räuber-Beute-, Wirt-Parasit- oder Pflanzenfresser-Pflanze-Beziehungen. Jede Zweierbeziehung ist Teil eines komplexen Nahrungsnetzes, das andere Prädatoren, Parasiten, Nahrungsquellen und Konkurrenten in den verschiedenen trophischen Ebenen einer Lebensgemeinschaft enthält.

Der Effekt einer Art (z. B. eines Räubers) auf eine andere Art (seine pflanzenfressende Beute) kann *direkt* und geradlinig sein. Aber es gibt auch *indirekte* Effekte, die möglicherweise auf all die vielen Arten, die entfernter mit dem Nahrungsnetz verbunden sind, wirken.

Einige Arten sind enger mit einem Nahrungsnetz verwoben als andere. Eine Art, deren Ausschluß einen signifikanten Effekt (Aussterben oder starke Dichteveränderungen) auf mindestens eine andere Art hat, kann als starker Wirkfaktor angesehen werden. Das Entfernen einiger starker Wirkfaktoren kann zu bedeutenden Änderungen führen, die sich durch das ganze Nahrungsnetz ziehen. Wir bezeichnen diese Arten als *Schlüsselarten*.

In Situationen, in denen die Struktur (Abundanz, Artenzahl) einer niedrigeren trophischen Ebene von den Effekten der Konsumenten höherer trophischer Ebenen abhängt, spricht man von *Top-down-Kontrolle. Bottom-up-Kontrolle* liegt dagegen vor, wenn die Struktur einer Lebensgemeinschaft von Faktoren abhängig ist, die wie Nahrungskonzentration und Beuteverfügbarkeit eine trophische Ebene von unten her beeinflussen. Die relative Bedeutung dieser Kräfte variiert je nach untersuchter trophischer Ebene und je nach der Anzahl vorhandener trophischer Ebenen.

Eine althergebrachte Annahme in der Ökologie war, daß erhöhte Komplexität des Nahrungsnetzes zu erhöhter Stabilität führt (wobei man vorsichtig sein muß bei der Entscheidung, was mit Stabilität gemeint ist). Diese Ansicht wurde durch die Analyse mathematischer Modelle untergraben, die häufig ergaben, daß Komplexität zu Instabilität führt. Das Verhalten wirklicher Lebensgemeinschaften scheint hier offensichtlich widersprüchlich, aber viele der bisher gesammelten Daten sind unzureichend. Damit Ökologen die Ursachen und Folgen von Mustern in Nahrungsnetzen ganz verstehen können, sind weitergehende Untersuchungen notwendig.

??? Quiz

⊘ = anspruchsvolle Frage

1. ⊘ Konstruieren Sie ein Flußdiagramm (Kästchen und Pfeile) mit einer bestimmten Population im Mittelpunkt, um die Bandbreite abiotischer und biotischer Faktoren, die ihr Abundanzmuster beeinflussen, zu illustrieren.

2. Fortlaufend gesammelte Daten zur Populationsdichte können verwendet werden, um Korrelationen zwischen Abundanz und äußeren Faktoren (z. B. Wetter) herauszufinden. Warum können solche Korrelationen nicht als Beweis für einen kausalen Zusammenhang, der die Populationsdynamik erklärt, benutzt werden?

3. ⊘ Betrachten Sie die Information in Abschnitt 9.2.1 über die augenscheinliche Konstanz der Anzahl von Mauerseglern in der Ortschaft Selbourne. Angenommen, Sie wären zunächst H. G. Andrewartha und danach

A. J. Nicholson. Welches Argument hätte jeder der beiden vorgebracht, um die Populationsdynamik der Mauersegler zu beschreiben?

4. Unterscheiden Sie zwischen *Beeinflussung* und *Regulation* der Abundanz von Populationen.

5. Was wird unter einer „Metapopulation" verstanden, und wie unterscheidet sie sich von einer einfachen „Population"?

6. Definieren sie Gründerkontrolle und Dominanzkontrolle hinsichtlich ihrer Relevanz für die Organisation von Lebensgemeinschaften. Warum sind Lebensgemeinschaften in jeder dieser Kategorien so unterschiedlich?

7. Welche Faktoren sind für Änderungen der Artenzusammensetzung während der Sukzession eines aufgelassenen Feldes verantwortlich?

8. ⌨ Zeichnen Sie ein Nahrungsnetz aus etwa sechs bis sieben Ihnen bekannten Arten, das mindestens drei trophische Ebenen umfaßt. Nehmen Sie dann jede Art nacheinander heraus und entwerfen Sie eine Struktur einer Lebensgemeinschaft, die notwendig wäre, damit die jeweilige Art eine „Schlüsselart" ist.

9. Was ist mit Bottom-up- und Top-down-Kontrolle gemeint? Wie variiert vermutlich die Bedeutung der beiden Kontrollmechanismen mit der Anzahl der trophischen Ebenen in einer Lebensgemeinschaft?

10. Erörtern Sie, was man über die Beziehung zwischen Komplexität und Stabilität von Nahrungsnetzen weiß.

10

Muster des Artenreichtums

Die biologischen Ressourcen der Erde zur Kenntnis zu nehmen und sie zu bewahren gewinnt immer stärker an Bedeutung. Um die Biodiversität zu erhalten, müssen wir verstehen, warum der Artenreichtum auf der Erde so stark
variiert. Warum enthalten manche Lebensgemeinschaften mehr Arten als andere? Gibt es Muster oder Gradienten in der Biodiversität? Falls ja, welche
Gründe gibt es dafür?

Schlüsselkonzepte

Dieses Kapitel soll

- erklären, was wir unter *Artenreichtum, Diversitätsindizes* und *Rang-Abundanz-Diagrammen* verstehen;
- vermitteln, daß Artenreichtum begrenzt wird durch die verfügbaren Ressourcen, den durchschnittlichen Ressourcenanteil, der von jeder Art genutzt wird (Nischenbreite), sowie das Ausmaß der Überschneidung in der Ressourcennutzung;
- erkennen lassen, daß Artenreichtum auf einem mittleren Niveau der Produktivität und der Prädationsintensität am größten sein kann, aber mit räumlicher Heterogenität tendenziell zunimmt;
- die Bedeutung der Habitatfläche und der Abgelegenheit bei der Bestimmung des Artenreichtums vermitteln, insbesondere hinsichtlich der *Gleichgewichtstheorie der Inselbiogeographie*;
- Gradienten des Artenreichtums über Breitengrade, Höhenlage und Tiefe sowie während der Sukzession von Lebensgemeinschaften erkennen und die Schwierigkeiten bei ihrer Erklärung verständlich machen;
- vermitteln, wie die Theorien zum Artenreichtum auch auf Fossilfunde angewendet werden können.

10.1   Einleitung

Die Frage, warum die Anzahl der Arten von einem Ort zum anderen und von einem Zeitraum zum anderen variiert, stellt sich nicht nur Ökologen, sondern jedem, der die Natur beobachtet und über sie nachdenkt. Diese Frage ist von sich aus interessant – es gibt aber auch Fragen mit praktischer Bedeutung. Die Anzahl der Arten in einer Lebensgemeinschaft ist ein entscheidender Aspekt ihrer Biodiversität. Die Bedeutung des Begriffs *Biodiversität* wird in Kapitel 14 diskutiert, aber schon jetzt ist klar, daß man verstehen muß, wodurch die Anzahl der Arten bestimmt wird und warum sie variiert, wenn wir Biodiversität erhalten oder wiederherstellen wollen. Es wird gezeigt, daß es auf diese Fragen plausible Antworten gibt, die jedoch keinesfalls endgültig sind. Dies sollte jedoch nicht entmutigen, sondern als zukünftige Herausforderung für Ökologen verstanden werden. Ein großer Teil der Faszination der Ökologie liegt darin, daß viele Probleme offensichtlich sind, Lösungen aber nicht. Hier wird dargelegt, daß ein Verständnis der Muster des Artenreichtums das Wissen aller Bereiche der Ökologie, die bisher diskutiert wurden, einbeziehen muß.

Die Anzahl der Arten in einer Lebensgemeinschaft wird als ihr Artenreichtum bezeichnet. Das Zählen oder Auflisten der in einer Lebensgemeinschaft vorhandenen Arten mag einfach erscheinen, ist aber in der Praxis meist überraschend schwierig, zum Teil aufgrund taxonomischer Probleme, aber auch, weil in einem Gebiet normalerweise nur eine Stichprobe der Lebewesen gezählt werden kann. Die Anzahl der aufgenommenen Arten hängt dann von der Anzahl der gezogenen Stichproben oder von dem Volumen des Habitats ab, das erforscht wurde. Die häufigsten Arten sind wahrscheinlich schon in den ersten Stichproben vertreten, und wenn mehr Stichproben genommen werden, werden der Artenliste seltenere Arten hinzugefügt. An welchem Punkt hört man auf, weitere Proben zu nehmen? Idealerweise sollte der Forscher die Probennahme so lange fortsetzen, bis die Anzahl der Arten ein Plateau erreicht. Zumindest sollte der Artenreichtum verschiedener Lebensgemeinschaften nur verglichen werden, wenn der gleiche Probenumfang zugrunde liegt (hinsichtlich der untersuchten Fläche des Habitats, der für die Probennahme aufgewendeten Zeit oder, am besten, hinsichtlich der mit den Stichproben erfaßten Zahl von Individuen).

Ermittlung des Artenreichtums

Ein wesentlicher Aspekt der Struktur einer Lebensgemeinschaft wird jedoch völlig ignoriert, wenn ihre Zusammensetzung lediglich in Form der Artenzahl beschrieben wird: daß manche Arten selten und andere häufig sind. Intuitiv scheint eine Lebensgemeinschaft aus 10 Arten mit jeweils gleicher Individuenzahl stärker divers zu sein als eine andere, die gleichfalls aus 10 Arten besteht, wobei jedoch 91 % der Individuen zur häufigsten Art gehören und nur 1 % zu jeweils einer der anderen neun. Jede dieser beiden Lebensgemeinschaften hat den gleichen Artenreichtum. Um sowohl den Artenreichtum als auch die *Evenness* oder *Äquitabilität (equitability)* der Verteilung von Individuen zwischen diesen Arten zu kombinieren, wurden *Diversitätsindizes* entwickelt (Fenster 10.1). Versuche, eine komplexe Lebensgemeinschaftsstruktur durch nur eine einzige Eigenschaft wie Artenreichtum oder Diversität zu beschreiben, werden auch deshalb kritisiert, weil hierdurch wertvolle Informationen verlorengehen.

Diversitätsindizes und Rang-Abundanz-Diagramme

Manchmal entsteht ein vollständigeres Bild der Verteilung der Artenhäufigkeit in einer Lebensgemeinschaft durch Erstellen eines *Rang-Abundanz-Diagramms* (Fenster 10.1).

Dennoch ist für viele Zwecke das einfachste Maß, der Artenreichtum, ausreichend. In den folgenden Abschnitten werden daher die Beziehungen zwi-

Fenster 10.1 – Quantitative Aspekte
Diversitätsindizes und Rang-Abundanz-Diagramme

Das Maß, das am häufigsten benutzt wird, um sowohl den Artenreichtum als auch die relative Abundanz der Arten zu bewerten, ist der Diversitätsindex nach *Shannon* oder *Shannon-Weaver* (abgekürzt *H*). Er wird berechnet, indem man für jede Art den Anteil an Individuen oder Biomasse bestimmt (P_i der i-ten Art), den die Art zu der Gesamtheit der Probe beiträgt. Wenn *S* die Gesamtzahl der Arten einer Lebensgemeinschaft (d. h. der Artenreichtum) ist, dann gilt

$$H \; (Diversität) = -\sum P_i \ln P_i,$$

wobei das Summenzeichen Σ bedeutet, daß das Produkt $(P_i \ln P_i)$ für jede der *S* Arten einzeln berechnet und die Produkte anschließend aufsummiert werden.

Wie gefordert, ist der Wert des Index sowohl vom Artenreichtum abhängig als auch von der Evenness (Äquitabilität), mit der die Individuen auf die Arten verteilt sind. Für einen gegebenen Artenreichtum nimmt daher *H* mit der Äquitabilität zu, und für eine gegebene Äquitabilität steigt *H* mit dem Artenreichtum.

Ein Beispiel für eine Studie, bei der die Diversitätsindizes herangezogen wurden, gibt die ungewöhnlich langfristige Untersuchung, die 1856 auf einem Stück Weideland bei Rothamstead in England begann. Die Untersuchungsparzellen wurden einmal pro Jahr gedüngt, Kontrollparzellen wurden nicht gedüngt. Abbildung 10.1 zeigt die Veränderung der Diversität (*H*) der Grasarten zwischen 1856–1949. Während die nicht-gedüngte Fläche im großen und ganzen unverändert blieb, nahm *H* auf der gedüngten Fläche stetig ab. Dies wird in Abschnitt 10.3.1 diskutiert.

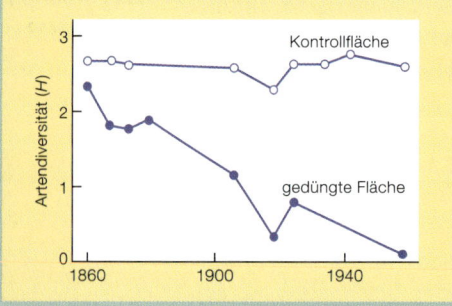

Abbildung 10.1
Artendiversität *(H)* auf einer Kontrollfläche und einer gedüngten Fläche im Grasland-Experiment von Rothamstead (nach Tilman, 1982).

schen dem Artenreichtum und einer Vielfalt von Faktoren untersucht, die theoretisch den Artenreichtum in ökologischen Lebensgemeinschaften beeinflussen können. Es wird verdeutlicht, daß es oft extrem schwierig ist, eindeutige Voraussagen und umfassende Tests von Hypothesen zu entwerfen, wenn es sich um etwas so Komplexes wie eine Lebensgemeinschaft handelt.

Rang-Abundanz-Diagramme nutzen die gesamte Spanne der P_i-Werte durch die Auftragung von P_i gegen den Rang der Häufigkeit. Die häufigste Art erhält Rang 1, die zweithäufigste Rang 2 und so weiter, bis die Liste der P_i-Werte bis zu der seltensten Art abgearbeitet ist. Rang-Abundanz-Diagramme sollten ebenso wie Indizes für Artenreichtum und Diversität als Abstraktionen der hochkomplexen Struktur von Lebensgemeinschaften betrachtet werden, die aber für Vergleiche zuweilen durchaus nützlich sein

können. So ist z. B. die Dominanz häufiger Arten über seltene Arten in einer Lebensgemeinschaft um so größer, je steiler die Steigung in einem Rang-Abundanz-Diagramm ist (ein starker Abfall bedeutet eine drastische Abnahme der relativen Abundanz P_i für eine bestimmte Abnahme der Rangstufen). Im Fall des Rothamstead-Experiments (Abb. 10.2) wird deutlich, daß die Dominanz einer häufigeren Art stetig anstieg (steilerer Abfall), während der Artenreichtum mit der Zeit abnahm.

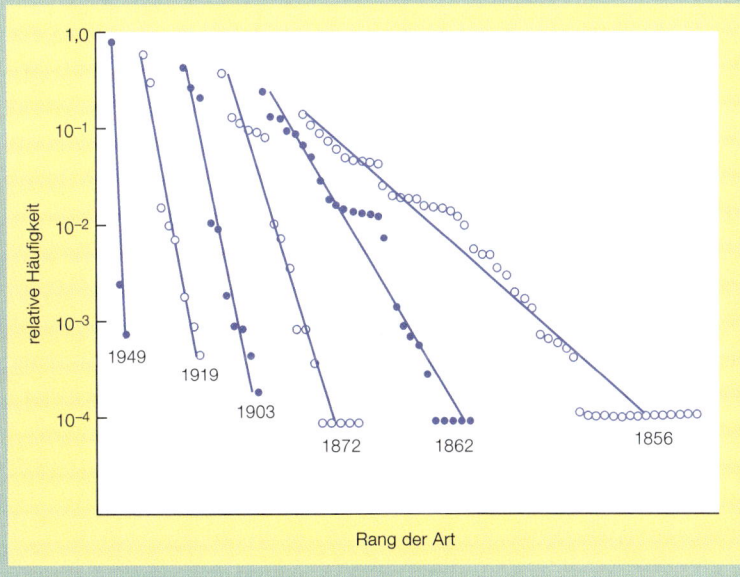

Abbildung 10.2
Änderungen im Rang-Abundanz-Muster von Pflanzenarten auf der gedüngten Fläche des Grasland-Experiments im Zeitraum von 1856–1949 (nach Tokeshi, 1993).

10.2   Ein einfaches Modell des Artenreichtums

Bei dem Versuch, die Determinanten des Artenreichtums zu verstehen, sollte mit einem einfachen Modell begonnen werden (Abb. 10.3). Der Einfachheit halber nehmen wir an, daß die in einer Lebensgemeinschaft verfügbaren Ressourcen als ein eindimensionales Kontinuum mit einer Länge von R Einheiten dargestellt werden können. Jede Art nutzt nur einen Teil dieses Ressourcenkontinuums, und dieser Teil legt die *Nischenbreite* (n) der betreffenden Art fest. Die durchschnittliche Nischenbreite in der Lebensgemeinschaft wird als $\bar{n}$ bezeichnet. Einige dieser Nischen überschneiden sich, und das Ausmaß der Überschneidung durch benachbarte Arten kann mit dem Wert o angegeben werden. Die durchschnittliche Nischenüberlappung in der Lebensgemeinschaft beträgt dann $\bar{o}$. Vor diesem einfachen Hintergrund kann man darüber nachdenken, warum manche Lebensgemeinschaften mehr Arten enthalten als andere.

Erstens enthält eine Lebensgemeinschaft mit gegebenen Werten von $\bar{n}$ und $\bar{o}$ um so mehr Arten, je größer der Wert von R, d. h., je größer die Spannbreite der Ressourcen ist (Abb. 10.3a).

Zweitens werden bei einer gegebenen Spannbreite von Ressourcen mehr Arten beherbergt, wenn $\bar{n}$ kleiner ist, d. h., wenn die Arten in der Nutzung ihrer Ressourcen stärker spezialisiert sind (Abb. 10.3b).

Wenn sich andererseits die Arten in der Nutzung ihrer Ressourcen stärker überschneiden (größeres $\bar{o}$), können mehr Arten entlang desselben Ressourcenkontinuums koexistieren (Abb. 10.3c).

Schließlich wird eine Lebensgemeinschaft um so mehr Arten enthalten, je stärker gesättigt sie ist; umgekehrt wird sie weniger Arten enthalten, wenn ein größerer Teil des Ressourcenkontinuums nicht ausgeschöpft wird (Abb. 10.3d).

Konkurrenz und Prädation können den Artenreichtum beeinflussen

Nun kann die Beziehung zwischen diesem Modell und zwei wichtigen Formen der Arteninteraktion betrachtet werden, die in früheren Kapiteln beschrieben wurden – interspezifische Konkurrenz und Prädation. Wenn eine Lebensgemeinschaft von interspezifischer Konkurrenz dominiert ist (Kapitel 6), werden die Ressourcen wahrscheinlich vollständig ausgeschöpft. Der Artenreichtum ist dann abhängig von der Spannbreite der verfügbaren Ressourcen, dem Ausmaß der Spezialisierung der Arten und dem zulässigen Ausmaß der Nischenüberschneidung (Abb. 10.3a–c). In diesem Kapitel wird eine Reihe von Einflußfaktoren auf jede dieser drei Bedingungen betrachtet.

Prädation kann dagegen ganz unterschiedliche Effekte ausüben (Kap. 8). Einerseits kann Prädation den Artenreichtum verringern. Man weiß, daß Prädatoren bestimmte Beutearten ausschließen können; sind diese Arten nicht vorhanden, ist die Lebensgemeinschaft möglicherweise nicht vollständig gesättigt in dem Sinn, daß manche verfügbaren Ressourcen möglicherweise nicht ausgeschöpft werden (Abb. 10.3d). Zum anderen jedoch kann Prädation dazu tendieren, Arten über einen langen Zeitraum unterhalb der jeweiligen Kapazität zu halten und dadurch das Ausmaß und die Bedeutung der direkten interspezifischen Konkurrenz um Ressourcen reduzieren. Hieraus können eine viel stärkere Nischenüberschneidung und ein größerer Artenreichtum resultieren als in einer von Konkurrenz dominierten Lebensgemeinschaft (Abb. 10.3c).

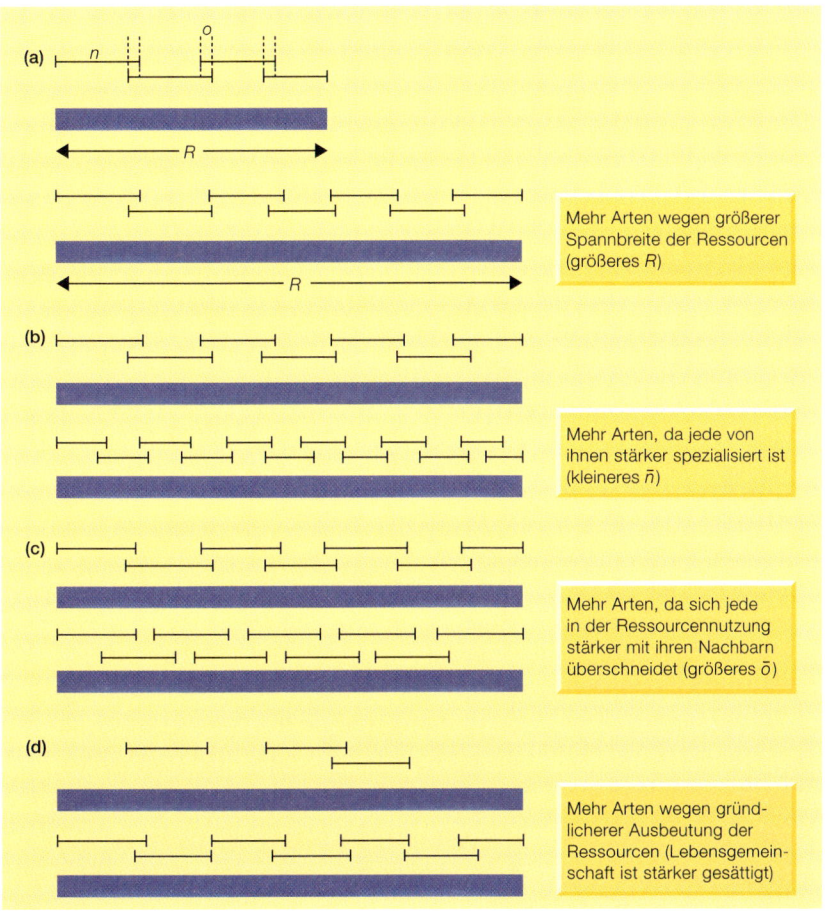

Abbildung 10.3
Ein einfaches Modell des Artenreichtums. Jede Art nutzt einen Anteil n der verfügbaren Ressourcen (R) und überschneidet sich dabei mit benachbarten Arten um den Betrag o. In den folgenden Situationen kann die Artenzahl einer gegebenen Lebensgemeinschaft erhöht sein: (a) wenn eine größere Spannbreite an Ressourcen vorhanden ist (größeres R), (b) wenn jede beteiligte Art stärker spezialisiert ist (geringerer durchschnittlicher Wert für n), (c) wenn sich jede Art in der Ressourcennutzung stärker mit ihren Nachbarn überschneidet (größerer Durchschnittswert für o), (d) wenn die Ressourcen stärker ausgenutzt werden (nach MacArthur, 1972).

Die nächsten beiden Abschnitte untersuchen verschiedene Einflußgrößen auf den Artenreichtum. Um sie zu strukturieren, konzentriert sich Abschnitt 10.3 auf Faktoren, die normalerweise von einem Ort zum anderen variieren (obwohl sie auch von Zeit zu Zeit variieren können): Produktivität, Prädationsintensität, räumliche Heterogenität und extreme Umweltbedingungen (*„harshness"*). In Abschnitt 10.4 stehen Faktoren im Mittelpunkt, die normalerweise von Zeit zu Zeit variieren (obwohl sie auch von Ort zu Ort variieren können): Klimavariation, Störung und entwicklungsgeschichtliches Alter.

10.3 Räumlich variierende Faktoren, die den Artenreichtum beeinflussen

10.3.1 Produktivität und Ressourcenreichtum

Bei Pflanzen kann die Produktivität des Lebensraums von demjenigen Nährstoff oder Umweltfaktor abhängig sein, der das Wachstum am stärksten limitiert (hierauf wird in Kapitel 11 detailliert eingegangen). Im allgemeinen folgt die Produktivität des Lebensraums bei Tieren denselben Trends wie bei Pflanzen. Dies resultiert sowohl aus den Änderungen im Ressourcenniveau am Anfang der Nahrungskette als auch aus Veränderungen kritischer Umweltbedingungen, wie z. B. der Temperatur.

Erhöhte Produktivität läßt einen erhöhten Artenreichtum erwarten; dies ist auch oft der Fall

Wenn höhere Produktivität mit einer breiteren *Spanne* an verfügbaren Ressourcen korreliert ist, wird dies wahrscheinlich zu einer Erhöhung des Artenreichtums führen (Abb. 10.3a). Ein produktiverer Lebensraum mag zwar eine höhere Rate der Zufuhr von Ressourcen aufweisen, nicht jedoch zwangsläufig auch eine größere Vielfalt an Ressourcen. Dies kann eher zu einer höheren Individuenzahl pro Art führen als zu einer höheren Anzahl von Arten. Andererseits ist es aber bei jeweils gleicher Ressourcenvielfalt möglich, daß Ressourcen, die in einem unproduktiven Lebensraum rar sind, in einem produktiven Lebensraum so reichlich verfügbar werden, daß sich zusätzliche Arten einstellen, da nun auch stärker spezialisierte Arten versorgt werden können (Abb. 10.3b).

Im allgemeinen kann man also erwarten, daß der Artenreichtum mit dem Reichtum an verfügbaren Ressourcen und mit der Produktivität zunimmt. Diese Erwartung wird durch Analysen des Reichtums an Baumarten in Nordamerika in bezug auf Klimavariablen gestützt. Bei diesen Untersuchungen wurden zwei Größen zur Bestimmung der im Lebensraum verfügbaren Energie benutzt. Die erste, die *potentielle Evapotranspiration* (PET), ist die Wassermenge, die von einer wassergesättigten Oberfläche verdampft oder transpiriert wird und als grobes integratives Maß für die verfügbare Energie herangezogen werden kann. Die tatsächliche Menge verdunsteten oder transpirierten Wassers hängt jedoch von der Niederschlagsmenge und damit von der Menge des verfügbaren Wassers ab, da Oberflächen wasserungesättigt sein können. Diese Wassermenge wird als *aktuelle Evapotranspiration* (AET) gemessen, welche die gemeinsame Verfügbarkeit von Energie und Wasser widerspiegelt. Sie gilt als eine gute Entsprechung der von den Pflanzen tatsächlich aufgenommenen Energiemenge und ist daher ein guter Index für deren Produktivität. Der Reichtum an Baumarten war am engsten mit der AET korreliert (Abb. 10.4).

Offene Frage: Warum sollten in Regionen, die mehr Energie erhalten, mehr Tierarten leben?

Als diese Untersuchung auf vier Gruppen von Wirbeltieren ausgedehnt wurde, fand man eine gewisse Korrelation zwischen deren Artenreichtum und dem Reichtum der Baumarten. Die engsten Korrelationen ergaben sich jedoch mit der PET (Abb. 10.5).

Warum soll der Reichtum an Tierarten mit einem groben Maß für die atmosphärische Energie positiv korreliert sein? Hierauf gibt es keine eindeutige Antwort, doch könnte eine zusätzliche Erwärmung der Luft bei einem Ektothermen, wie zum Beispiel einem Reptil, die Aufnahme und Verwertung von Nahrungsressourcen erhöhen, während sie bei einem Endothermen, beispiels-

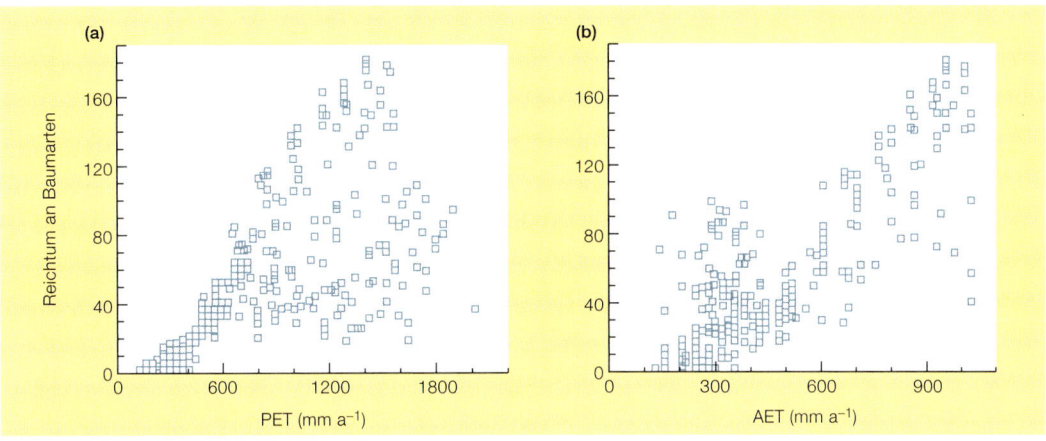

Abbildung 10.4
Reichtum an Baumarten in Nordamerika nördlich der mexikanischen Grenze (die Fläche des Kontinents entsprechend den Längen- und Breitengraden in 336 Quadrate unterteilt) in Beziehung zu (a) potentieller Evapotranspiration (PET), (b) aktueller Evapotranspiration (AET). Die Beziehung zu AET ist enger (nach Currie & Paquin, 1987; Currie, 1991).

weise einem Vogel, die Aufwendung von Ressourcen zur Aufrechterhaltung der Körpertemperatur herabsetzen könnte, wodurch mehr für Wachstum und Reproduktion übrigbleibt. In beiden Fällen könnte dies zu einem schnelleren Wachstum sowohl der Individuen als auch der Population und somit zu größeren Populationen führen. Wärmere Lebensräume könnten daher Arten mit engeren Nischen das Überleben ermöglichen und deshalb insgesamt mehr Arten aufnehmen (Turner et al., 1996) (Abb. 10.3b).

Manchmal scheint es eine direkte Beziehung zwischen dem Reichtum an Tierarten und der pflanzlichen Produktivität zu geben. In den Wüsten im Südwesten der USA gibt es sowohl bei samenfressenden Ameisen als auch bei samenfressenden Nagetieren enge positive Korrelationen zwischen Artenreichtum und Niederschlag (Abb. 10.6a). Im Fall derartiger Trockengebiete weiß man sehr gut, daß der durchschnittliche Jahresniederschlag in enger Beziehung zur pflanzlichen Produktivität und damit zur Menge der verfügbaren Samenressource steht. Besonders bemerkenswert ist, daß die Lebensgemeinschaften an den artenreichen Standorten sowohl mehr Arten sehr großer Ameisen (die große Samen fressen) als auch mehr Arten sehr kleiner Ameisen (die kleine Samen aufnehmen) enthalten (Davidson, 1977). Entweder ist in den produktiveren Lebensräumen die Spanne der Samengröße breiter (Abb. 10.3a), oder die Häufigkeit der Samen ist groß genug, um zusätzliche Konsumenten zu versorgen (Abb. 10.3b).

Andererseits ist eine mit der Produktivität zunehmende Diversität keinesfalls überall gegeben. Dies zeigt z. B. das einzigartige Grasland-Experiment, das 1856 bei Rothamstead (England) begann (s. Fenster 10.1). Eine 3,24 ha große Weide wurde in 20 Parzellen unterteilt, von denen zwei als Kontrollen dienten und die anderen einmal jährlich gedüngt wurden. Während die nicht-gedüngten Flächen im großen und ganzen unverändert blieben, zeigten die gedüngten Flächen eine progressive Abnahme des Artenreichtums (und der Diversität).

Andere Untersuchungen zeigen eine Abnahme des Artenreichtums mit der Produktivität

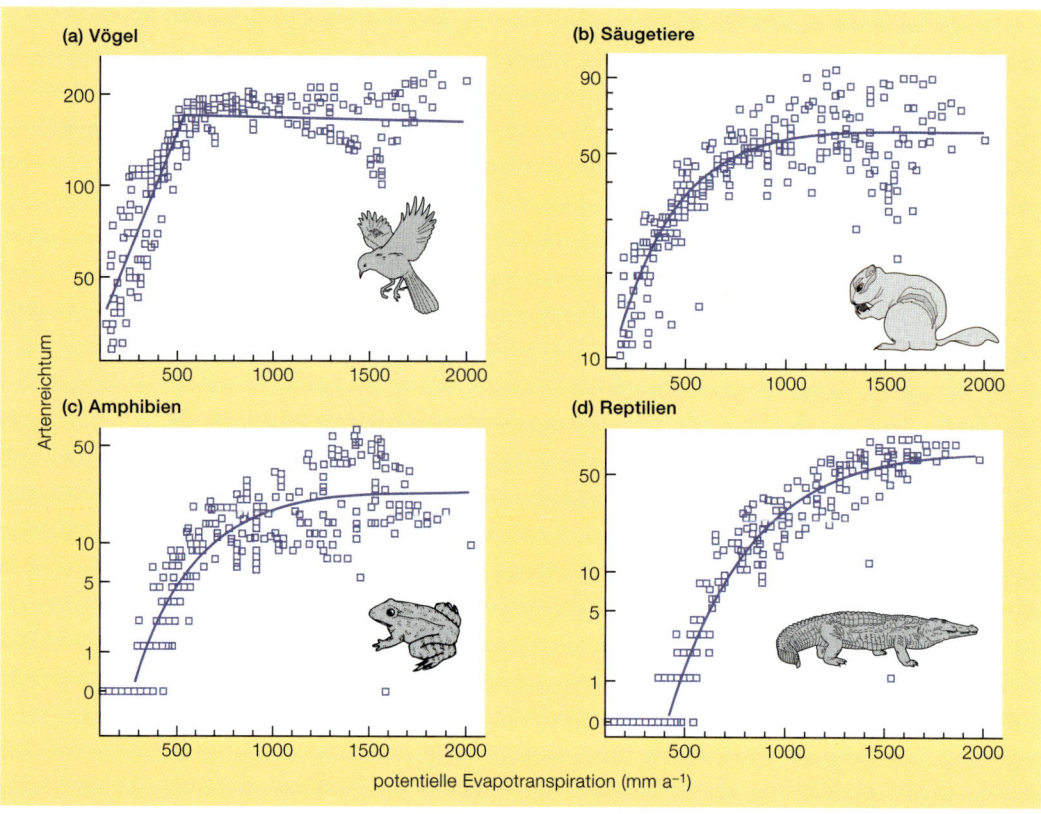

Abbildung 10.5
Artenreichtum von Vögeln (a), Säugetieren (b), Amphibien (c) und Reptilien (d) in Nordamerika in Beziehung zur potentiellen Evapotranspiration (nach Currie, 1991).

Derartige Abnahmen sind schon lange bekannt. Rosenzweig (1971) bezeichnete sie als das „Paradoxon der Anreicherung" *(„paradox of enrichment")*. Eine mögliche Lösung des Paradoxons ist, daß hohe Produktivität zu hohen Raten des Populationswachstums und damit zum Aussterben einiger Arten führt, da es schnell zu Konkurrenzausschluß kommt (Abschnitt 6.2.7). Bei einer geringeren Produktivität ändert sich der Lebensraum, bevor Konkurrenzausschluß erreicht wird. Ein Zusammentreffen von hoher Produktivität und geringem Artenreichtum wurde auch in verschiedenen anderen Untersuchungen von Pflanzengemeinschaften gefunden (eine Übersicht gibt Tilman, 1986). Dies findet man zum Beispiel, wenn ein erhöhter Eintrag von Ressourcen für Pflanzen – wie Nitraten und Phosphaten – in Seen, Flüsse, Ästuare und Küstenbereiche (anthropogene Eutrophierung) zu einer ständigen Abnahme des Artenreichtums von Phytoplankton führt, aber zu einer Zunahme seiner Produktivität.

Weitere Belege deuten auf eine Optimumkurve

Es ist also keine Überraschung, daß mehrere Untersuchungen sowohl einen Anstieg als auch eine Abnahme des Artenreichtums mit steigender Produktivität fanden – dies bedeutet, daß der Artenreichtum auf einem mittleren Niveau der Produktivität am höchsten sein kann. Auf dem niedrigsten Produktivitäts-

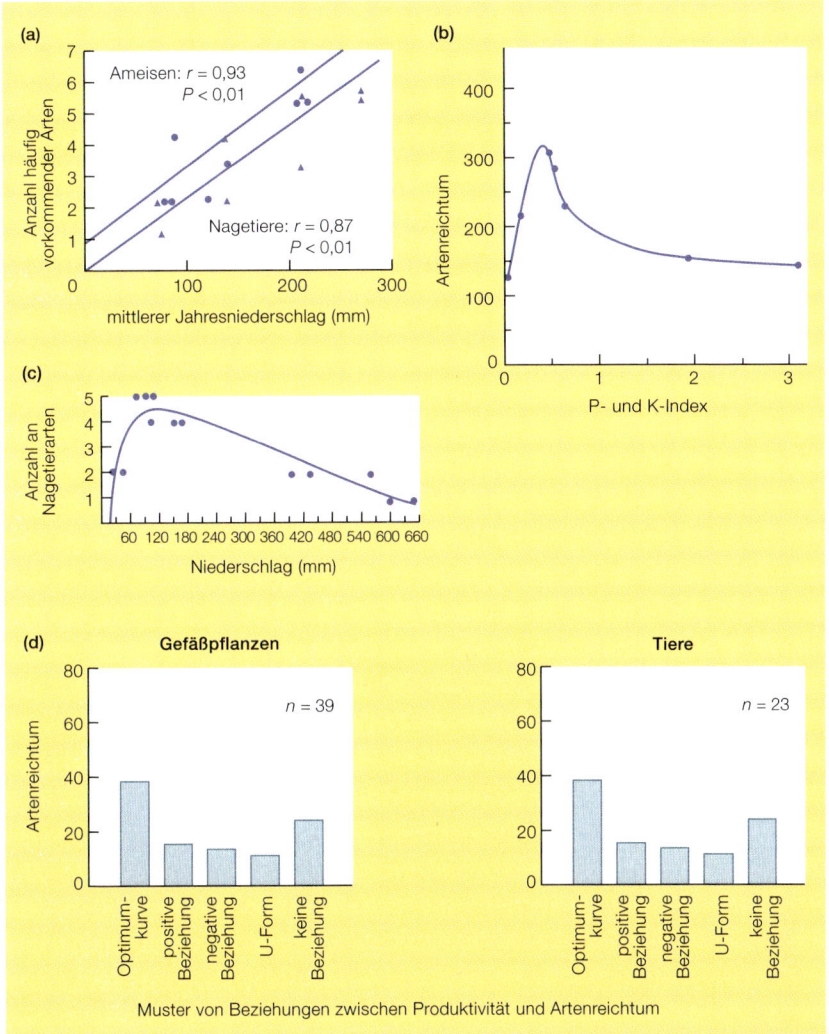

Abbildung 10.6
(a) Muster des Artenreichtums samenfressender Nagetiere (Dreiecke) und Ameisen (Kreise), die auf Sandböden entlang eines geographischen Gradienten von Niederschlag und Produktivität leben (nach Brown & Davidson, 1977). (b) Reichtum an Gehölzarten in verschiedenen Regenwäldern Malaysias in Beziehung zu einem Index für die Konzentrationen an Phosphor (P) und Kalium (K) (nach Tilman, 1982). (c) Artenreichtum von Wüstennagetieren in Israel in Beziehung zum Niederschlag (nach Abramsky & Rosenzweig, 1983). (d) Prozentsatz an veröffentlichten Untersuchungen an Pflanzen und Tieren, die verschiedene Muster von Beziehungen zwischen Artenreichtum und Produktivität aufzeigen (nach Mittelbach et al., 2001).

niveau nimmt der Artenreichtum aufgrund von Ressourcenknappheit ab. Er geht aber auch auf dem höchsten Produktivitätsniveau zurück, wo es rasch zu Konkurrenzausschluß kommt. Z. B. ergeben sich Optimumkurven, wenn die Anzahl der Gehölzarten im Regenwald Malaysias gegen einen Index der Phosphor- und Kaliumkonzentration als Maß für den Ressourcenreichtum des Bodens aufgetragen wird (Abb. 10.6b), und wenn entlang eines Gradienten in Israel der Artenreichtum von Wüstennagetieren in Abhängigkeit vom Niederschlag (und damit von der Produktivität) dargestellt wird (Abb. 10.6c). Tatsächlich stellte man bei der Analyse eines breiten Spektrums derartiger Untersuchungen, sofern Lebensgemeinschaften miteinander verglichen wurden, die sich in der Produktivität unterschieden, sonst aber allgemein denselben Typ aufwiesen (z. B. Langgrasprärie), fest, daß bei Studien an Tieren eine positive Beziehung am häufigsten auftrat (bei einer mittleren Anzahl an Optimumkurven sowie an negativen Beziehungen). Bei Studien an Pflanzen dagegen waren Optimumkurven am häufigsten, und positive sowie negative Beziehungen traten nur in einer kleineren Zahl der Fälle auf (darunter auch einige Kurven mit U-Form – die Ursache hierfür ist unbekannt). Kurz gesagt, kann eine erhöhte Produktivität zu erhöhtem oder zu verringertem Artenreichtum oder zu beidem führen – all dies findet man auch in der Realität.

10.3.2 Prädationsintensität

Die möglichen Auswirkungen der Prädation auf den Artenreichtum einer Lebensgemeinschaft wurden in Kapitel 8 untersucht. Prädation kann den Artenreichtum erhöhen, indem sie es Arten ermöglicht, die unter anderen Bedingungen konkurrenzschwächer sind, mit den ihnen überlegenen Arten zu koexistieren *(prädatorenvermittelte Koexistenz, predator-mediated coexistence)*. Intensive Prädation kann jedoch den Artenreichtum verringern, indem Beutearten (unabhängig von ihrer Konkurrenzkraft) ausgelöscht werden. Im großen und ganzen kann in einer Lebensgemeinschaft auch eine Optimum-Beziehung zwischen Prädationsintensität und Artenreichtum auftreten, wobei bei mittleren Intensitäten der größte Artenreichtum herrscht wie in dem Beispiel der Auswirkungen der Weidetätigkeit von Vieh (dargestellt in Abschnitt 8.6, Abb. 8.23).

Prädatorenvermittelte Koexistenz durch Seesterne an einer Felsküste

Ein weiteres Beispiel für prädatorenvermittelte Koexistenz liefert eine Untersuchung, durch die sich dieses Konzept erstmalig etablieren konnte: die Arbeit von Paine (1966) über den Einfluß eines Carnivoren an der Spitze der Nahrungspyramide auf die Struktur der Lebensgemeinschaft an einer Felsküste (Abb. 10.7). Der Seestern *Pisaster ochraceus* erbeutet sessile filtrierende Seepocken und Muscheln ebenso wie weidende Napf- und Käferschnecken und eine kleine carnivore Leistenschnecke. Diese Arten bilden zusammen mit einem Schwamm und vier makroskopischen Algen (Seetangarten) an den Felsküsten der Pazifikküste Nordamerikas eine typische Lebensgemeinschaft. Paine entfernte auf einer Länge von etwa 8 m und einer Tiefe von 2 m alle Seesterne aus einem typischen Abschnitt der Küstenlinie und führte diesen Ausschluß mehrere Jahre lang fort. Auf benachbarten Kontrollflächen blieb die Struktur der Lebensgemeinschaft während der Untersuchung unverändert. Die Entfernung von *Pisaster* hatte dramatische Folgen. Innerhalb weniger Monate siedelte sich die Seepockenart *Balanus glandula* erfolgreich an. Später wurde sie von Muscheln *(Mytilus californicus)* verdrängt, die den Standort schließlich dominierten. Bis auf eine verschwanden alle Algenarten, offensichtlich aufgrund von Raummangel, und Weidegänger zogen sich, teils aus Raummangel und teils

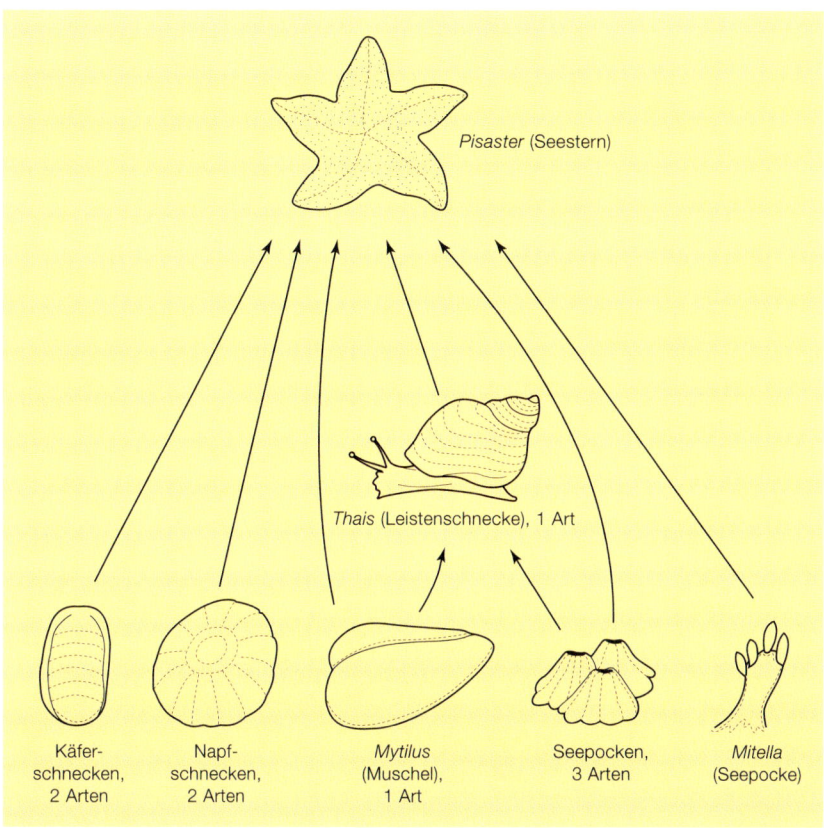

Abbildung 10.7 Lebensgemeinschaft an einer Felsküste entsprechend den Untersuchungen von Paine (nach Paine, 1966).

Pisaster (Seestern)

Thais (Leistenschnecke), 1 Art

Käferschnecken, 2 Arten

Napfschnecken, 2 Arten

Mytilus (Muschel), 1 Art

Seepocken, 3 Arten

Mitella (Seepocke)

aus Mangel an geeigneter Nahrung, zurück. Der Haupteinfluß des Seesterns *Pisaster* besteht anscheinend darin, konkurrenzschwächeren Arten Raum verfügbar zu machen. Er befreit Flächen von Seepocken und vor allem von dominanten Muscheln, die sonst andere Wirbellose und Algen im Konkurrenzkampf um Raum verdrängen würden. Insgesamt liegt hier eine prädatorenvermittelte Koexistenz vor (mit Seesternen als Prädatoren). Das Entfernen der Seesterne führte zu einer Abnahme der Artenzahl von 15 auf 8.

10.3.3 Räumliche Heterogenität

Es ist zu erwarten, daß Lebensräume mit stärkerer räumlicher Heterogenität zusätzliche Arten aufnehmen können, weil sie eine größere Vielfalt an Mikrohabitaten, eine größere Spannbreite von Mikroklimaten, mehr Versteckmöglichkeiten vor Räubern usw. bieten. Das Ressourcenspektrum ist also erweitert (Abb. 10.3a).

In einigen Fällen konnte der Artenreichtum zu der räumlichen Heterogenität der abiotischen Umwelt in Beziehung gesetzt werden. Eine Untersuchung der Pflanzenarten, die in 51 Untersuchungsflächen entlang des Hood River (Kanada) wuchsen, zeigte z. B. eine positive Beziehung zwischen dem Arten-

Artenreichtum und die Heterogenität der abiotischen Umwelt

reichtum und einem Index der räumlichen Heterogenität, der unter anderem aus der Anzahl der Substratkategorien, der Hangneigung, des Drainageregimes und des pH-Wertes des Bodens abgeleitet wurde (Abb. 10.8a).

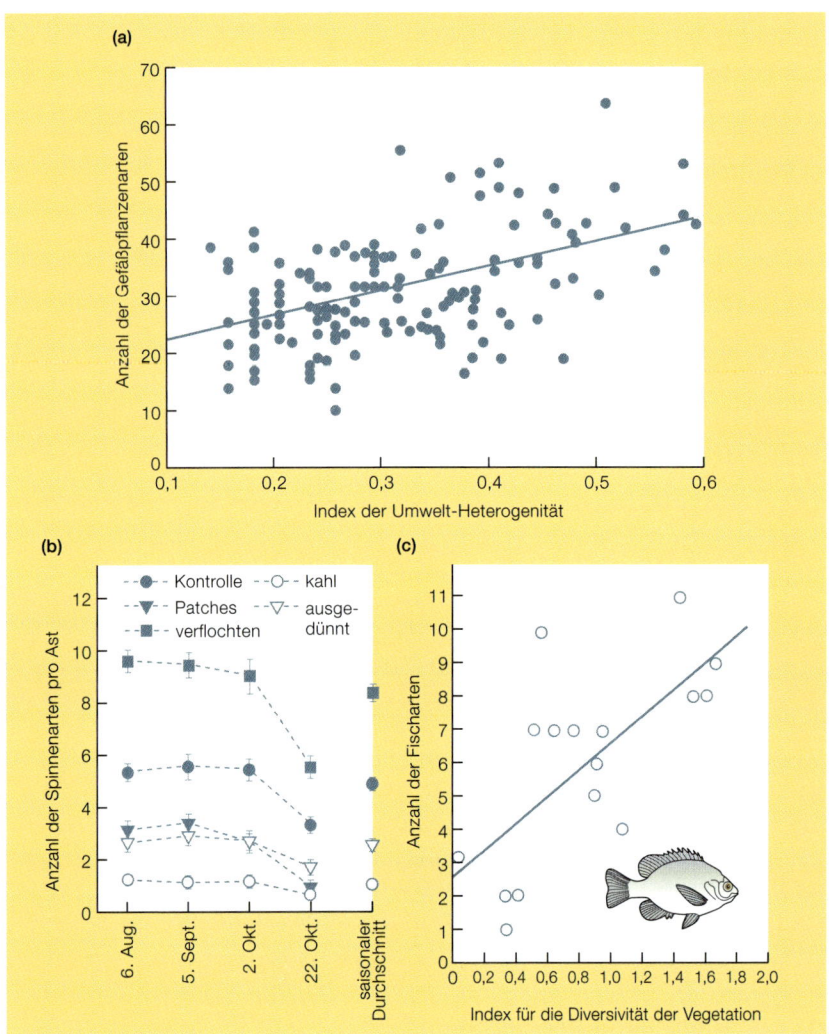

Abbildung 10.8
(a) Beziehung zwischen der Anzahl an Pflanzenarten auf 300 m² großen Probeflächen am Hood River (Northwest Territories, Kanada) und einem von 0 bis 1 reichenden Index der räumlichen Heterogenität abiotischer Faktoren, die mit Eigenschaften der Topographie und des Bodens assoziiert sind (nach Gould & Walker, 1997). (b) In einer experimentellen Untersuchung nahm die Anzahl an Spinnenarten, die auf Douglasienästen leben, mit deren struktureller Diversität zu. Die durch Entfernung von Nadeln kahlen, aus *Patches* bestehenden und ausgedünnten Äste waren weniger divers als die normalen Äste („Kontrolle"); die durch Verflechten miteinander verbundenen Äste wiesen eine höhere Diversität auf (nach Halaj et al., 2000). (c) Beziehung zwischen dem Reichtum an Tierarten und einem Index für die strukturelle Diversität der Vegetation am Beispiel von Süßwasserfischen aus 18 Seen in Wisconsin (nach Tonn & Magnuson, 1982).

Die meisten Studien räumlicher Heterogenität bezogen den Artenreichtum von Tieren auf die strukturelle Diversität der Pflanzen ihres Lebensraums (Abb. 10.8b, c). Gelegentlich geschah dies auf der Grundlage experimenteller Manipulationen der Pflanzen, wie in der in Abbildung 10.8b dargestellten Untersuchung der Artenzahl von Spinnen, häufiger aber durch Vergleiche unterschiedlicher natürlicher Lebensgemeinschaften (Abb. 10.8c). Räumliche Heterogenität kann jedoch grundsätzlich zu einer Erhöhung des Artenreichtums führen, unabhängig davon, ob sie im wesentlichen aus der abiotischen Umwelt hervorgeht oder ihren Ursprung in anderen biologischen Komponenten der Lebensgemeinschaft hat.

Artenreichtum von Tieren und räumliche Heterogenität von Pflanzen

10.3.4 Extreme Lebensbedingungen

Lebensräume, die durch einen extrem ausgeprägten abiotischen Faktor beherrscht werden (Extremlebensräume), sind schwieriger zu erkennen, als es auf den ersten Blick erscheinen mag.

In einer anthropozentrischen Sichtweise können sowohl sehr kalte als auch sehr heiße Habitate, Seen mit außergewöhnlich hohem pH-Wert und stark verunreinigte Flüsse als extrem gelten. In all diesen Lebensräumen leben und gedeihen jedoch bestimmte Arten, und was uns sehr kalt und extrem erscheint, ist einem Pinguin zuträglich, aber nicht weiter bemerkenswert.

Wir können versuchen, das Problem zu umgehen, indem wir „Lebewesen entscheiden lassen", was „Extremlebensraum" bedeutet. Ein Lebensraum kann als extrem bezeichnet werden, wenn ihn Lebewesen durch ihre Abwesenheit in ihm als solchen erkennen lassen. Wenn aber – wie es oft der Fall ist – Extremlebensräume als solche definiert werden, in denen der Artenreichtum verringert ist, dann entsteht ein Zirkelschluß, bei dem die Aussage schon feststeht, die erst getestet werden soll.

Die vielleicht vernünftigste Definition einer extremen Umweltbedingung fordert für jedes Lebewesen, das sie toleriert, eine morphologische Struktur oder einen biochemischen Mechanismus, der den meisten nahverwandten Arten fehlt und der kostspielig ist, entweder in energetischer Hinsicht oder in Hinsicht auf kompensatorische Veränderungen in den biologischen Prozessen des Lebewesens, die für sein Leben dort nötig sind. Pflanzen z. B., die auf stark sauren Böden (niedriger pH-Wert) wachsen, können direkt durch von Wasserstoffionen verursachte Schäden oder indirekt durch mangelhafte Verfügbarkeit und Aufnahme wichtiger Ressourcen wie Phosphor, Magnesium und Calcium beeinträchtigt werden. Zusätzlich kann die Löslichkeit von Aluminium, Mangan und Schwermetallen auf ein toxisches Niveau erhöht sein, und es können Beeinträchtigungen der Mykorrhiza-Aktivität und der Stickstoffixierung vorliegen. Pflanzen können niedrige pH-Werte nur dann ertragen, wenn sie über spezifische Strukturen oder Mechanismen verfügen, die es ihnen erlauben, diese Effekte zu vermeiden oder ihnen zu begegnen.

Die Bedingungen in Lebensräumen, in denen sehr niedrige pH-Werte herrschen, können als extrem gelten. Tatsächlich war die durchschnittliche Anzahl an Pflanzenarten, die bei einer Untersuchung in der arktischen Tundra Alaskas innerhalb einer Untersuchungseinheit vorgefunden wurde, auf Böden mit nied-

Offene Frage: Sind Extremlebensräume artenarm?

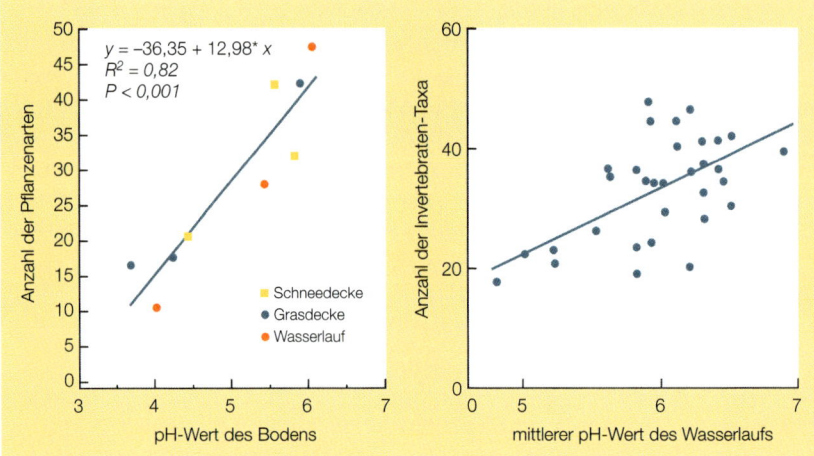

Abbildung 10.9

(a) Die durchschnittliche Anzahl an Pflanzenarten auf einer 72 m² großen Probefläche in der arktischen Tundra Alaskas nimmt mit dem pH-Wert des Bodens zu (nach Gough et al., 2000). (b) Die Anzahl der Invertebraten-Taxa in Wasserläufen des Ashdown Forest (Südengland) nimmt mit dem pH-Wert des Flußwassers zu (nach Townsend et al., 1983).

rigem pH-Wert am geringsten (Abb. 10.9a, s. a. Abb. 10.20c). In ähnlicher Weise war der Artenreichtum benthischer Flußinvertebraten im Ashdown Forest (Südengland) in den stärker sauren Flüssen deutlich geringer (Abb. 10.9b). Weitere Beispiele für Extremlebensräume mit geringem Artenreichtum sind heiße Quellen, Höhlen und stark salzhaltige Gewässer wie das Tote Meer. Das Problem dieser Beispiele liegt jedoch darin, daß diese Lebensräume auch andere charakteristische Merkmale wie niedrige Produktivität und geringe räumliche Heterogenität aufweisen, die mit geringem Artenreichtum verbunden sind. Außerdem besiedeln viele Arten nur kleine Gebiete (Höhlen, heiße Quellen) oder Regionen, die im Vergleich mit anderen Standorttypen nur selten vorkommen (nur ein kleiner Teil der Flüsse in Südengland ist sauer). Daher können Extremlebensräume oft als kleine, isolierte Inseln betrachtet werden. Wie in Abschnitt 10.5.1 gezeigt wird, sind diese Eigenschaften normalerweise auch mit einem geringen Artenreichtum verbunden. Obwohl es plausibel ist, daß wirkliche Extremlebensräume nur wenige Arten enthalten, hat es sich gezeigt, daß sich diese Behauptung nur schwer bestätigen läßt.

10.4   Zeitlich variierende Faktoren, die den Artenreichtum beeinflussen

Zeitliche Variationen der Umweltbedingungen und Ressourcen können vorhersagbar oder unvorhersagbar sein und sich auf Zeitskalen von Minuten bis zu Jahrhunderten oder Jahrtausenden abspielen. Alle diese Veränderungen können den Artenreichtum tiefgreifend beeinflussen.

10.4.1 Klimavariationen

Die Auswirkungen klimatischer Variationen auf den Artenreichtum hängen davon ab, ob die Variationen vorhersagbar sind oder nicht (in bezug auf die Zeitskalen, die für die beteiligten Lebewesen relevant sind). In einem vorhersehbaren und sich jahreszeitlich ändernden Lebensraum können verschiedene Arten zu unterschiedlichen Jahreszeiten an die jeweiligen Umweltbedingungen angepaßt sein. Man kann daher erwarten, daß in einem saisonal geprägten Lebensraum mehr Arten koexistieren als in einem stets konstanten Lebensraum (Abb. 10.3a). Z. B. unterscheidet sich bei unterschiedlichen einjährigen Pflanzen gemäßigter Regionen die Zeit von Keimung, Wachstum, Blüte und Samenproduktion während des Jahresverlaufs. Phytoplankton und Zooplankton dagegen durchlaufen in großen Seen der gemäßigten Zonen eine saisonale Sukzession, wobei sich eine Vielfalt von Arten in der Dominanz gegenseitig ablöst, je nach den sich verändernden Umweltbedingungen und Ressourcen, die für die jeweilige Art günstig sind.

Differenzierung zeitlicher Nischen in saisonal geprägten Lebensräumen

Andererseits gibt es in nicht jahreszeitlich geprägten Lebensräumen Möglichkeiten zur Spezialisierung, die in jahreszeitlich geprägten Lebensräumen nicht existieren. So wäre es beispielsweise für eine langlebige, sich obligat von Früchten ernährende Art schwierig, in einem jahreszeitlich geprägten Lebensraum zu existieren, wenn Früchte nur während einer sehr begrenzten Zeit des Jahres verfügbar sind. Eine derartige Spezialisierung findet man aber häufig in nicht-saisonalen tropischen Lebensräumen, wo Früchte der einen oder anderen Art ständig verfügbar sind.

Spezialisierung in nicht jahreszeitlich geprägten Lebensräumen

Unvorhersehbare klimatische Variation (klimatische Instabilität) kann mehrere Auswirkungen auf den Artenreichtum haben. In stabilen Lebensräumen gibt es einerseits Prozesse, die den Artenreichtum erhöhen: (1) Hier können spezialisierte Arten vorkommen, die an Orten mit dramatisch fluktuierenden Umweltbedingungen oder Ressourcen wahrscheinlich nicht überdauern könnten (Abb. 10.3b). (2) Die Wahrscheinlichkeit einer Sättigung mit Arten ist hier größer (Abb. 10.3d). (3) Gemäß der Theorie tritt hier ein größeres Ausmaß von Nischenüberschneidung auf (Abb. 10.3c). Andererseits ist in einem sta-

Offene Frage: Wird Artenreichtum durch klimatische Instabilität erhöht oder verringert?

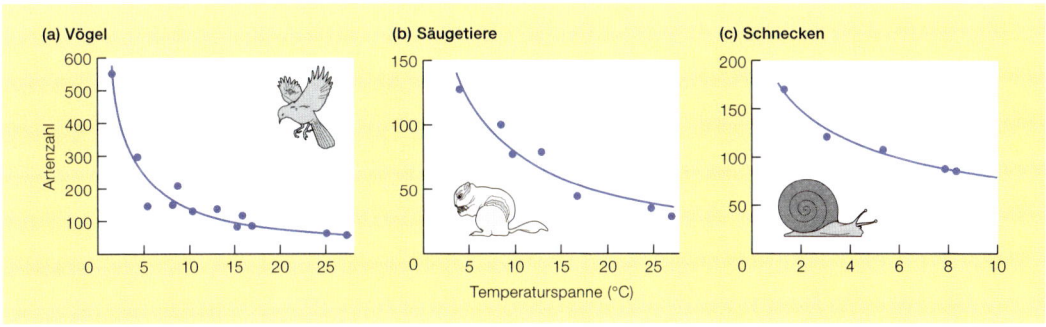

Abbildung 10.10
Beziehungen zwischen dem Artenreichtum und der Spanne von Monatsmitteltemperaturen an Standorten entlang der Westküste Nordamerikas bei (a) Vögeln, (b) Säugetieren und (c) Schnecken (nach MacArthur, 1975).

423

bilen Lebensraum die Wahrscheinlichkeit größer, daß Populationen die Kapazität erreichen, daß die Lebensgemeinschaft durch Konkurrenz dominiert wird und daß Arten deshalb durch Konkurrenz ausgeschlossen werden (kleineres $\bar{o}$; Abb. 10.3c).

Manche Studien haben anscheinend die Vorstellung bestätigt, daß sich der Artenreichtum mit abnehmender klimatischer Variation erhöht. Bei Vögeln, Säugetieren und Gastropoden an der Westküste Nordamerikas (von Panama im Süden bis Alaska im Norden) gibt es z. B. eine signifikant negative Beziehung zwischen dem Artenreichtum und der Spannbreite der monatlichen Durchschnittstemperaturen (Abb. 10.10). Diese Korrelation beweist jedoch keine Kausalität, da sich zwischen Panama und Alaska auch viele andere Dinge ändern. Es gibt keine bestätigte Beziehung zwischen klimatischer Instabilität und Artenreichtum.

10.4.2 Störung

In Abschnitt 9.4 wurde der Einfluß von Störung auf die Struktur der Lebensgemeinschaft erörtert. Entsteht in einer *Dominanz-kontrollierten* Lebensgemeinschaft (konkurrenzstarke Arten können ansässige Arten ersetzen) durch eine Störung eine Lücke, nimmt als Folge der Besiedlung der Artenreichtum in der Lebensgemeinschaft während der Sukzession anfänglich zu, sinkt aber anschließend als Folge des Konkurrenzausschlusses wieder ab.

Die Hypothese der mittleren Störhäufigkeit

Wenn in diese Darstellung nun die Häufigkeit von Störungen integriert wird, ist zu erwarten, daß sehr häufige Störungen die meisten *Patches* in frühen Stadien der Sukzession halten, in denen nur wenige Arten vorkommen. Dagegen sollten bei sehr seltenen Störungen die meisten *Patches* von den konkurrenzkräftigsten Arten dominiert werden, wobei es auch in diesem Fall nur sehr wenige Arten gibt. Hieraus wurde die *Hypothese der mittleren Störhäufigkeit (intermediate disturbance hypothesis)* (Abb. 10.11) abgeleitet, nach der Lebensgemeinschaften die meisten Arten enthalten, wenn die Störungshäufigkeit weder zu hoch noch zu gering ist (Connell, 1978). Die Hypothese der mittleren Störhäufigkeit wurde ursprünglich entwickelt, um Muster des Artenreichtums in tropischen Regenwäldern und Korallenriffen zu erklären. In der Entwicklung der ökologischen Theorie hat sie eine zentrale Stellung besetzt, da alle Lebensgemeinschaften Störungen unterschiedlicher Häufigkeit und Intensität ausgesetzt sind.

Belege aus Untersuchungen an Felsküsten

Aus einer Anzahl von Untersuchungen, die Belege für diese Hypothese lieferten, wählen wir wiederum die bereits in Abschnitt 9.4 diskutierte Studie über Grün- und Rotalgen auf Felsblöcken unterschiedlicher Größe an der Felsküste Südkaliforniens aus (Sousa, 1979a, 1979b). Kleine Felsblöcke hatten eine monatliche Verlagerungswahrscheinlichkeit von 42 %, mittelgroße Blöcke von 9 % und große Blöcke von nur 0,1 %. Die Abfolge in der Sukzession, die beim Fehlen von Störung auftritt, wurde in Abschnitt 9.4 beschrieben: Zuerst die kurzlebige Grünalge *Ulva*, danach verschiedene Arten mehrjähriger Rotalgen und schließlich vorherrschend die konkurrenzstärkste Art *Gigartina canaliculata*.

Der prozentuale Anteil kahler Flächen nahm von kleinen zu großen Blöcken ab, und der durchschnittliche Artenreichtum war auf den regelmäßig gestörten

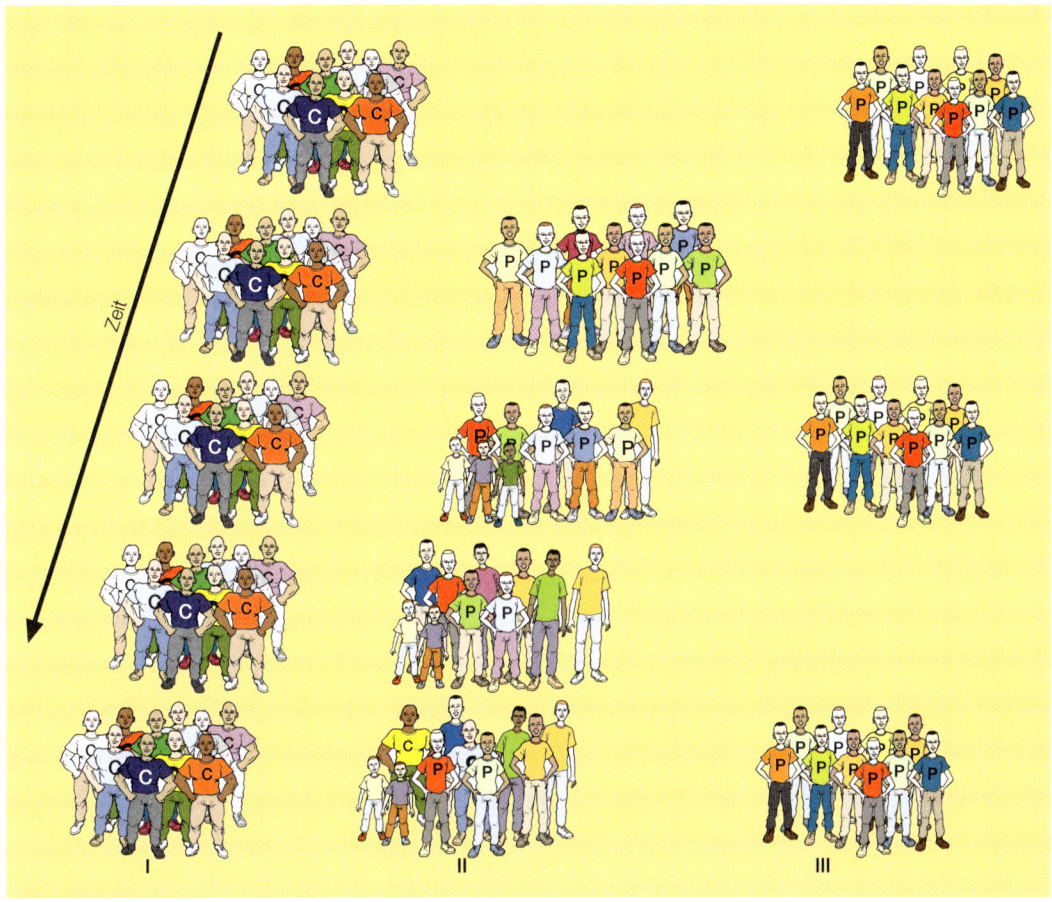

Abbildung 10.11
Hypothese der mittleren Störhäufigkeit.
I = keine Störung, II = mittlere Störhäufigkeit, III = wiederholte, häufige Störung. Nähere Angaben s. Text.

kleinen Blöcken am niedrigsten (Abb. 10.12). Am häufigsten waren diese von *Ulva*-Arten dominiert. Das höchste Niveau des Artenreichtums wurde stets in der Klasse der mittelgroßen Felsblöcke gefunden. Die meisten Blöcke beherbergten Mischungen aus 3–5 häufigen Arten aller Sukzessionsstadien. Die größten Blöcke hatten einen niedrigeren durchschnittlichen Artenreichtum als die Blöcke der mittleren Größenklasse, obwohl eine Monokultur aus *G. canaliculata* nur auf wenigen Blöcken herrschte.

Störungen in kleinen Flüssen bestehen oft aus Verlagerungen des Flußbetts während Perioden mit hohen Abflußraten. Wegen Unterschieden in den Verhältnissen des Wasserflusses und im Substrat der Flußbetten werden manche Flußlebensgemeinschaften häufiger und stärker gestört als andere. Diese Unterschiede wurden an 54 Flußstandorten des Taieri-Flusses in Neuseeland abgeschätzt. Das Muster des Artenreichtums an Makroinvertebraten stimmte mit der Hypothese der mittleren Störhäufigkeit überein (Abb. 10.12b).

Belege aus einer Untersuchung kleiner Flüsse

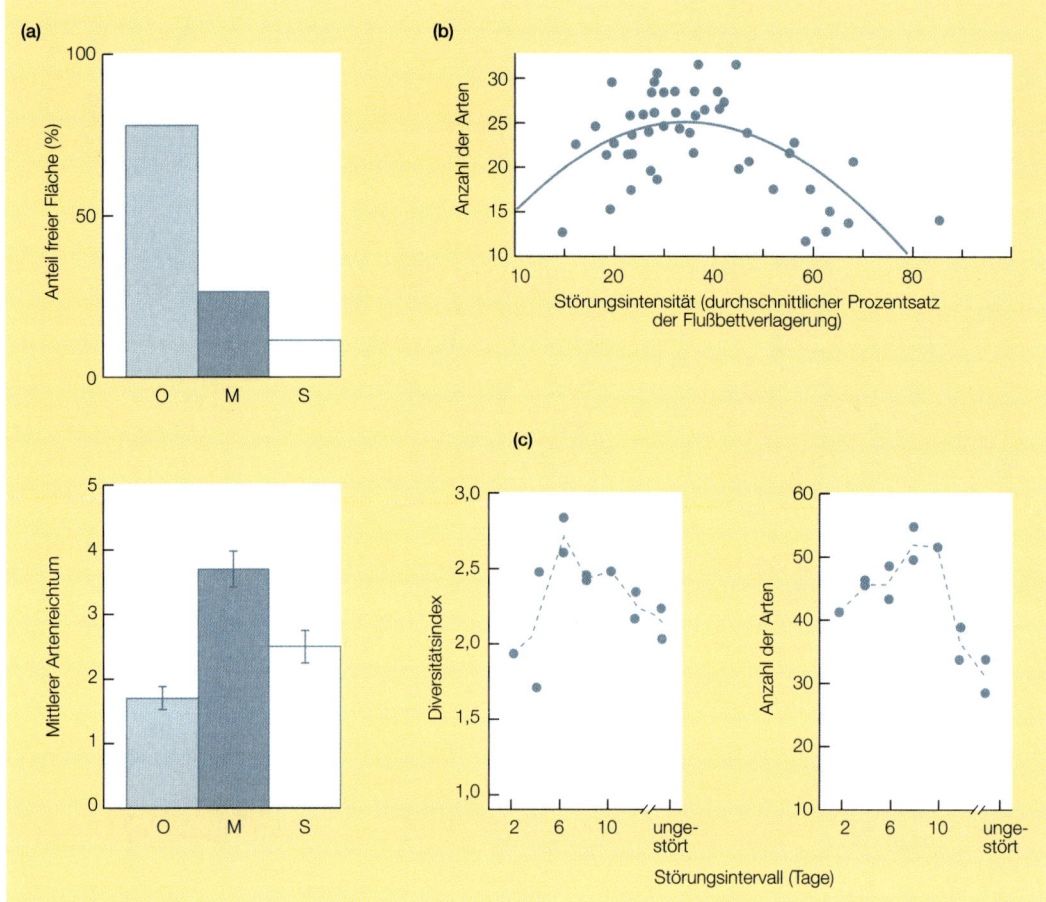

Abbildung 10.12

(a) Muster von freier Fläche und Artenzahl (± Standardfehler) auf Felsblöcken aus jeweils einer von drei Kategorien, die nach der zu der Bewegung der Blöcke erforderlichen Kraft (in Newton, N) gebildet wurden. Die drei Kategorien sind oft gestört (O: weniger als 49 N zur Bewegung erforderlich), mit mittlerer Häufigkeit gestört (M: 50–294 N zur Bewegung erforderlich) oder selten gestört (S: mehr als 294 N zur Bewegung erforderlich) (nach Sousa, 1979b). (b) Beziehung zwischen dem Reichtum an Insektenarten und der Störungsintensität in Form des durchschnittlichen Prozentsatzes der Flußbettverlagerung an 54 Flußstandorten im neuseeländischen Taieri-Fluß (polynomische Regression, signifikante Beziehung mit $P < 0{,}001$) (nach Townsend et al., 1997b). (c) In kontrollierten Feldversuchen im Plußsee (Norddeutschland) waren sowohl der Artenreichtum (rechts) als auch die Diversität (links) natürlicher Phytoplankton-Lebensgemeinschaften bei mittleren Störhäufigkeiten am höchsten (nach Flödder & Sommer, 1999).

Weiterhin wurden in kontrollierten Feldexperimenten im Plußsee (Norddeutschland) natürliche Phytoplankton-Lebensgemeinschaften in Intervallen von zwei bis zwölf Tagen dadurch gestört, daß man die normale Stratifikation der Wassersäule durch Druckluftblasen aufhob. Wiederum waren sowohl der Artenreichtum als auch der Diversitätsindex nach Shannon bei mittleren Störhäufigkeiten am größten (Abb. 10.12c).

10.4.3 Alter des Lebensraums: evolutionsgeschichtliche Zeiträume

Oft wurde postuliert, daß in Lebensgemeinschaften, die nur auf sehr großen Zeitskalen „gestört" sind, trotzdem Arten fehlen, weil ein ökologisches oder evolutionäres Gleichgewicht noch nicht erreicht ist. Lebensgemeinschaften können sich daher in ihrem Artenreichtum unterscheiden, weil manche dem Gleichgewicht näher und deshalb stärker mit Arten gesättigt sind als andere (Abb. 10.3d).

Der größere Artenreichtum der Tropen, im Vergleich mit dem gemäßigterer Regionen, wurde z. B. zumindest teilweise damit begründet, daß die Tropen über lange und ununterbrochene Perioden evolutionsgeschichtlicher Zeiträume existierten, während sich die gemäßigten Regionen noch immer im Zustand der Erholung von den Vergletscherungen der Eiszeit befinden. Es scheint jedoch, daß die langfristige Stabilität der Tropen von Ökologen in der Vergangenheit stark überbewertet wurde. Während sich die klimatischen und biotischen Zonen der gemäßigten Regionen während der Vergletscherungen in Richtung auf den Äquator bewegten, haben sich die tropischen Wälder anscheinend in eine begrenzte Zahl kleiner Refugien zurückgezogen, die von Grasland umgeben waren. Ein simpler Gegensatz zwischen den unveränderten Tropen einerseits und den gestörten und sich erholenden gemäßigten Regionen andererseits ist daher unhaltbar. Wenn der geringere Artenreichtum der näher an den Polen angesiedelten Lebensgemeinschaften teilweise darauf zurückgeführt werden soll, daß sie sich deutlich unterhalb eines evolutionären Gleichgewichts befinden, müssen einige komplexe (und unbewiesene) Argumente konstruiert werden. (Vielleicht verursachte die Verlagerung der gemäßigten Zonen in andere Breitengrade ein viel stärkeres Aussterben von Arten als der Rückzug der Tropen auf kleinere Gebiete derselben Breitengrade.) Obwohl anzunehmen ist, daß manche Lebensgemeinschaften weiter unterhalb des Gleichgewichts liegen als andere, ist es zum gegenwärtigen Zeitpunkt unmöglich, diese Lebensgemeinschaften mit Sicherheit oder auch nur mit hoher Wahrscheinlichkeit zu identifizieren.

Offene Frage: Sind Lebensgemeinschaften gemäßigter Zonen weniger artengesättigt?

10.5 Gradienten des Artenreichtums

Die Abschnitte 10.3 und 10.4 haben gezeigt, wie schwierig es ist, Erklärungsansätze für Variationen im Artenreichtum zu formulieren und zu testen. Die Beschreibung von Mustern und insbesondere von Gradienten im Artenreichtum ist dagegen einfacher. Diese werden im folgenden diskutiert. Erklärungen für Muster und Gradienten sind jedoch ebenfalls oft sehr unsicher.

10.5.1 Areal und Abgelegenheit des Habitats – Biogeographie von Inseln

Es konnte einwandfrei festgestellt werden, daß die Anzahl der Arten auf Inseln mit der Inselfläche abnimmt. Eine derartige *Arten-Areal-Beziehung* ist in Abbildung 10.13a für Pflanzen auf den Cays (kleinen Inseln) vor der Nordostküste von Andros (Bahamas) dargestellt.

Arten-Areal-Beziehungen auf ozeanischen Inseln

**Inselhabitate
und Areale auf
dem Festland**

„Inseln" müssen jedoch keine Landinseln in einem Meer von Wasser sein. Seen sind Inseln in einem „Meer" von Land, Berggipfel sind Inseln großer Höhenlage in einem Ozean niedriger Höhenlagen, Lücken in der Kronenschicht eines Waldes, wo ein Baum umgestürzt ist, sind Inseln in einem Meer von Bäumen. Es kann Inseln bestimmter Gesteins-, Boden- oder Vegetationstypen geben, die von andersartigen Typen von Gestein, Boden oder Vegetation umgeben sind. Auch für diese Arten von Inseln können Arten-Areal-Beziehungen auftreten (Abb. 10.13b–d).

**„Inseleffekte"
und Struktur
der Lebens-
gemeinschaft**

Die Beziehung zwischen Artenreichtum und Habitatareal gehört zu den beständigsten ökologischen Mustern. Dieses Muster wirft jedoch eine interessante Frage auf: Ist auf Inseln die Artenarmut stärker, als es in vergleichbar kleinen Arealen auf dem Festland zu erwarten ist? Mit anderen Worten, trägt die charakteristische Isolation von Inseln zu ihrer Artenarmut bei? Dies sind für das Verständnis der Struktur einer Lebensgemeinschaft wichtige Fragen, da es eine Vielzahl von ozeanischen Inseln, Seen, Berggipfeln, von Feldern umgebenen Waldgebieten, isolierten Bäumen usw. gibt.

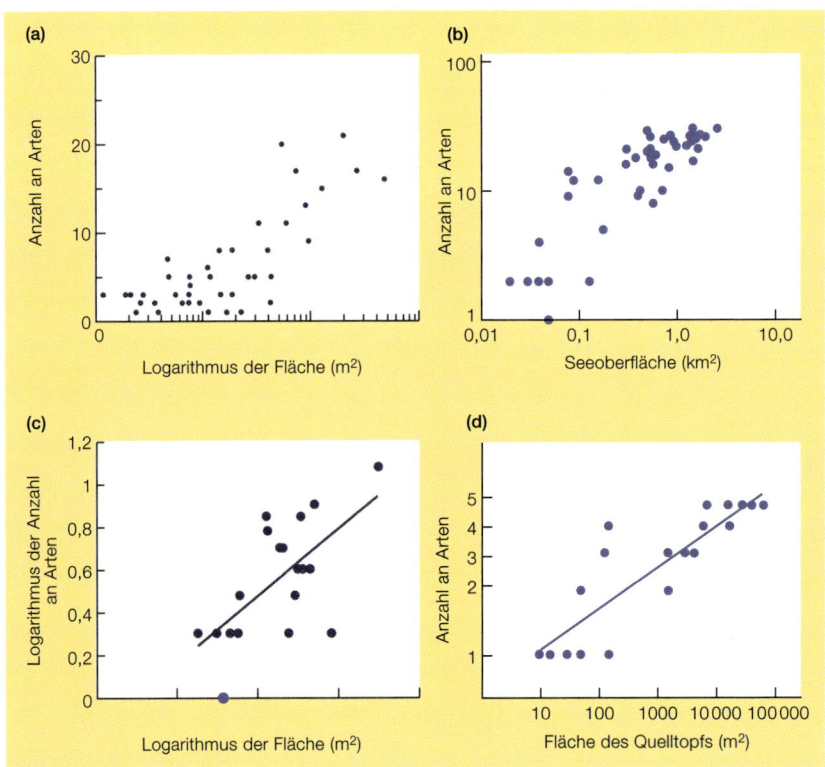

Abbildung 10.13
Arten-Areal-Beziehungen: (a) bei Pflanzen auf den Cays vor der Nordostküste von Andros (Bahamas) (nach Morrison, 1997); (b) bei Vögeln auf Seen in Florida (nach Hoyer & Canfield, 1994); (c) bei Fledermäusen in Mexiko, die Höhlen unterschiedlicher Größe bewohnen (nach Brunet & Medellín, 2001); (d) bei Fischen, die in australischen Wüstenquellen in Quelltöpfen unterschiedlicher Größe leben (nach Kodric-Brown & Brown, 1993).

Die wohl augenscheinlichste Ursache für eine höhere Artenzahl in größeren Arealen ist ihre normalerweise größere Unterschiedlichkeit von Habitattypen. Nach MacArthur und Wilson (1967) ist diese Erklärung jedoch zu einfach. In ihrer *Gleichgewichtstheorie der Inselbiogeographie (equilibrium theory of island biogeography)* argumentieren sie, daß Größe und Abgelegenheit einer Insel von sich aus wichtige Rollen spielen. Die Artenzahl einer Insel wird demnach durch ein Gleichgewicht zwischen Einwanderung und Aussterben bestimmt. Dieses Gleichgewicht ist dynamisch, wobei ständig Arten aussterben und in Form von Einwanderung durch dieselben oder aber andere Arten ersetzt werden. Die Raten von Einwanderung und Aussterben können dabei mit der Größe und der Abgelegenheit von Inseln variieren (Fenster 10.2).

Die Theorie von MacArthur und Wilson trifft verschiedene Voraussagen:

1. Die Anzahl der Arten auf einer Insel bleibt mit der Zeit schließlich mehr oder weniger konstant.
2. Dies ist das Ergebnis eines kontinuierlichen *Umsatzes (turnover)* von Arten, wobei manche aussterben und andere einwandern.
3. Große Inseln enthalten mehr Arten als kleine Inseln.
4. Mit zunehmender Abgelegenheit einer Insel nimmt ihre Artenzahl ab.

Aufteilung der Variation zwischen Habitatdiversität und Areal

Andererseits könnte man auf größeren Inseln einen größeren Artenreichtum einfach aus dem Grund erwarten, daß größere Inseln über mehr Habitattypen verfügen. Steigt der Artenreichtum mit dem Areal in einem stärkeren Ausmaß, als es ausschließlich auf eine Zunahme der Habitatdiversität zurückgeführt werden kann? In einigen Untersuchungen wurde versucht, die Variation in der Arten-Areal-Beziehung auf Inseln in denjenigen Anteil aufzuteilen, der vollständig auf die Diversität der Habitate zurückgeführt werden kann, und in den restlichen, der dann vollständig durch die Inselgröße erklärt wird. Bei Käfern auf den Kanarischen Inseln ist die Beziehung zwischen ihrem Artenreichtum und der Habitatdiversität (gemessen als Reichtum an Pflanzenarten) viel enger als zwischen Artenreichtum und Inselgröße. Dies gilt vor allem für die herbivoren Käfer, was vermutlich an ihren besonderen Anforderungen an Nahrungspflanzen liegt (Abb. 10.15a). Bei einer Untersuchung verschiedener Tiergruppen auf den Kleinen Antillen in der Karibik verteilte sich jedoch die Variation im Artenreichtum zwischen den Inseln statistisch auf einen Anteil, der allein der Inselfläche zugeordnet werden konnte, einen weiteren, der nur auf die Habitatdiversität zurückzuführen war, einen Anteil, der mit den miteinander korrelierten Variationen in Fläche und Habitatdiversität zusammenhing (und somit nicht einem dieser beiden Faktoren allein zugewiesen werden konnte), und schließlich einen, der auf keinen dieser Faktoren zurückzuführen war. Für Reptilien und Amphibien (Abb. 10.15b) war, wie bei den Käfern auf den Kanarischen Inseln, die Habitatdiversität viel wichtiger als die Inselgröße. Für Fledermäuse galt jedoch der umgekehrte Fall, und für Vögel und Schmetterlinge spielten sowohl die Fläche selbst als auch die Habitatdiversität eine große Rolle. Insgesamt legen derartige Studien daher einen Arealeffekt jenseits einer einfachen Korrelation zwischen Arealgröße und Habitatdiversität nahe. Dieser Arealeffekt besteht darin, daß größere Inseln größere Zielorte für eine Besiedlung darstellen und Populationen auf größeren Inseln ein geringeres Aussterberisiko tragen.

Fenster 10.2 – Historische Meilensteine

Die Gleichgewichtstheorie der Inselbiogeographie von MacArthur und Wilson

Zur Betrachtung von Einwanderung kann man sich eine Insel vorstellen, die bisher überhaupt keine Arten enthält. Die Einwanderungsrate von *Arten* wird hoch sein, weil jedes Individuum, das sich ansiedelt, eine neue Art auf der Insel repräsentiert. Wenn die Anzahl der ansässigen Arten steigt, verringert sich jedoch die Einwanderungsrate neuer, bisher nicht vorhandener Arten. Die Einwanderungsrate erreicht Null, wenn sich alle Arten aus dem Herkunftsgebiet (d. h. vom Festland oder von anderen nahe gelegenen Inseln) auf der fraglichen Insel eingefunden haben (Abb. 10.14a).

Die graphische Darstellung der Einwanderung ergibt eine Kurve, da die Einwanderungsrate zum Zeitpunkt einer geringen Anzahl bereits vorhandener Arten wahrscheinlich besonders hoch ist und viele der Arten mit dem stärksten Ausbreitungsvermögen erst noch eintreffen werden. Tatsächlich sollte der Graph eher ein Punkteschwarm als eine einzelne Linie sein, da der exakte Kurvenverlauf von der genauen Abfolge abhängt, in der sich die Arten einfinden, und diese variiert zufällig. In diesem Sinne kann die Einwanderungskurve als die Kurve der größten Wahrscheinlichkeit verstanden werden.

Der exakte Kurvenverlauf für die Einwanderung hängt von der Entfernung der Insel vom Herkunftsort ihrer potentiellen Besiedler ab (Abb. 10.14a). Die Kurve erreicht Null immer auf demselben Punkt der Abszisse (an diesem Punkt sind alle Arten aus dem Herkunftsgebiet anwesend). Doch für Inseln, die nahe am Herkunftsgebiet liegen, weist die Kurve generell höhere Ordinaten-Werte auf als für entlegene Inseln, da Besiedler eine um so größere Chance haben, eine Insel zu erreichen, je näher diese an ihrem Herkunftsgebiet liegt. Wahrscheinlich werden auch die Einwanderungsraten auf einer großen Insel generell höher sein als auf einer kleinen, da die größere Insel für Besiedler ein größeres Ziel darstellt (Abb. 10.14a).

Die Aussterberate von Arten auf einer Insel (Abb. 10.14b) ist Null, wenn keine Arten anwesend sind, und wird allgemein niedrig sein im Fall von nur wenigen anwesenden Arten. Wenn jedoch die Zahl der vorhandenen Arten zunimmt, steigt gemäß der Theorie die Aussterberate, wahrscheinlich sogar in einem überproportionalen Ausmaß. Dies ist darauf zurückzuführen, daß die Wahrscheinlichkeit von Konkurrenzausschluß mit zunehmender Artenzahl steigt und die Populationsgröße jeder Art im Durchschnitt kleiner ist, wodurch sich die Gefahr des Aussterbens erhöht. Dementsprechend sollten auf kleinen Inseln die Aussterberaten auch höher

Der Reichtum an Vogelarten auf Inseln des Pazifik nimmt mit stärkerer Abgelegenheit ab

Ein Beispiel für die Verarmung an Arten auf weiter abgelegenen Inseln kann Abbildung 10.16 zu dem Fall nicht-mariner Tieflandvogelarten auf tropischen Inseln des südwestlichen Pazifik entnommen werden. Mit zunehmender Entfernung von der großen Insel ihrer Herkunft, Papua-Neuguinea, nimmt die relative Artenzahl ab. Die relative Artenzahl ist hier wiedergegeben als Prozentsatz der Artenzahl einer Insel ähnlicher Größe, die aber nahe bei Papua-Neuguinea liegt.

sein als auf großen – typischerweise sind die Populationsgrößen auf kleinen Inseln geringer (Abb. 10.14b). Wie im Fall der Einwanderung sind die Aussterbekurven als die „Kurven der größten Wahrscheinlichkeit" zu betrachten.

Um die Bilanz der Auswirkungen von Einwanderung und Aussterben zu erkennen, können die beiden Kurven übereinandergelegt werden (Abb. 10.14c). Die Anzahl der Arten am Schnittpunkt der Kurven ($S*$) ist ein dynamisches Gleichgewicht und stellt den charakteristischen Artenreichtum der betrachteten Insel dar. Unterhalb von $S*$ nimmt der Artenreichtum zu (die Einwanderungsrate übertrifft die Aussterberate); oberhalb von $S*$ nimmt der Artenreichtum ab (die Aussterberate übertrifft die Einwanderungsrate). Die Theorie trifft eine Anzahl von Voraussagen, die im Text beschrieben werden.

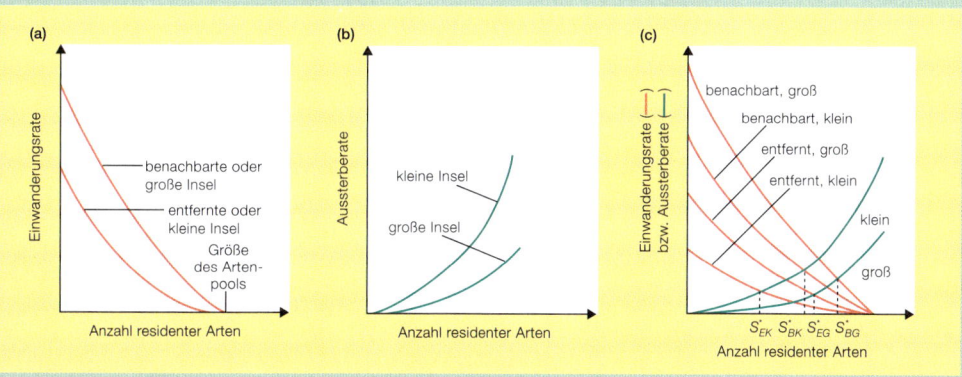

Abbildung 10.14
Gleichgewichtstheorie der Inselbiogeographie von MacArthur und Wilson (1967). (a) Einwanderungsrate von Arten auf Inseln in Beziehung zur Anzahl der auf den Inseln residenten Arten bei großen, kleinen, benachbarten oder weiter voneinander entfernt liegenden Inseln. (b) Aussterberate von Arten in Beziehung zur Anzahl residenter Arten bei großen und kleinen Inseln. (c) Gleichgewicht zwischen Einwanderung und Aussterberate auf Inseln unterschiedlicher Größe und Entfernung voneinander. $S*$ bezeichnet den Artenreichtum im Gleichgewichtszustand mit den Indizes K für „klein", G für „groß", B für „benachbart" und E für „weit voneinander entfernt".

Ein mehr vorübergehender, aber dennoch wichtiger Grund für die Artenarmut auf Inseln, insbesondere auf entlegenen, ist das Fehlen von Arten aufgrund einer unzureichenden Zeitspanne für die Besiedlung. Ein Beispiel ist die Insel Surtsey, die 1963 durch einen Vulkanausbruch entstand (Fridriksson, 1975). Die neue Insel, 40 km südwestlich von Island gelegen, wurde innerhalb von sechs Monaten nach dem Beginn des Ausbruchs von Bakterien und Pilzen, einigen Seevögeln und einer Fliegenart sowie von Samen verschiedener Strand-

Das Fehlen von Arten aufgrund unzureichender Zeit für die Besiedlung

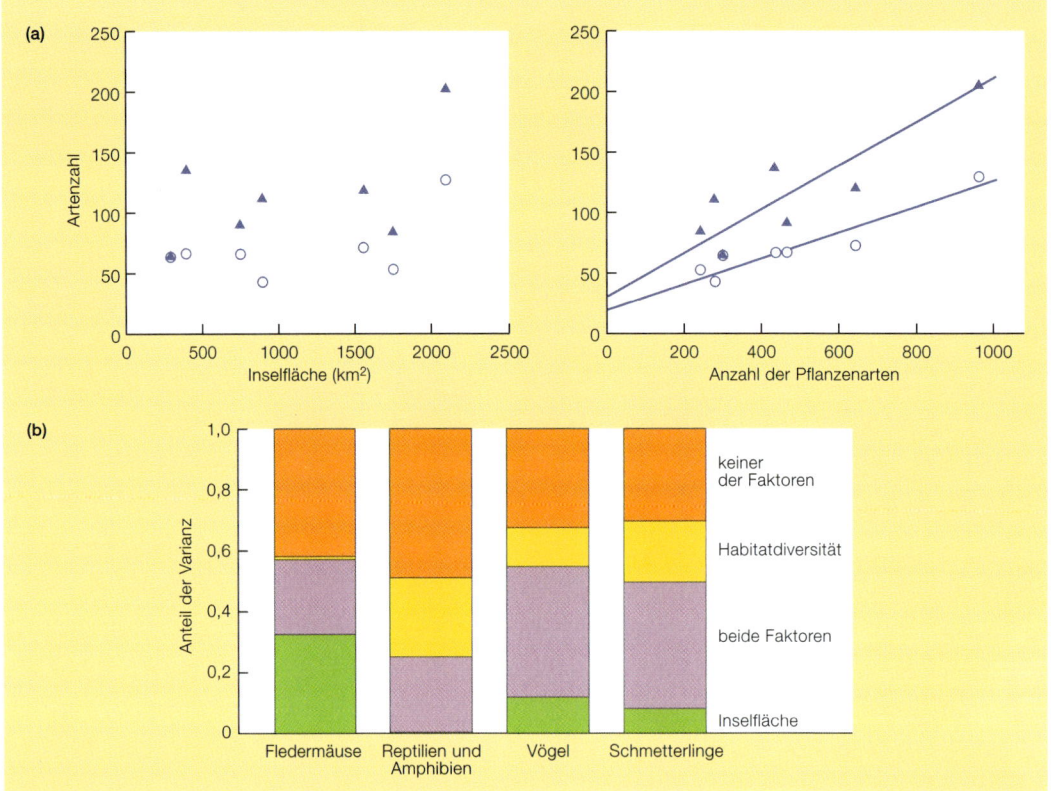

Abbildung 10.15

(a) Beziehungen zwischen dem Artenreichtum an herbivoren (Kreise) und carnivoren Käfern (Dreiecke) der Kanarischen Inseln einerseits und der Inselfläche sowie dem Artenreichtum an Pflanzen andererseits (nach Becker, 1992). (b) Anteile der Varianz des Artenreichtums von vier Tiergruppen zwischen Inseln der Kleinen Antillen, die den folgenden Faktoren zugeordnet werden konnten: Inselfläche (grün), Habitatdiversität (gelb), miteinander korrelierte Variationen in Fläche und Habitatdiversität (violett). Der Varianzanteil, der durch keine dieser Faktoren erklärt werden kann, ist orange gekennzeichnet (nach Ricklefs & Lovette, 1999).

pflanzen besiedelt. Die erste etablierte Gefäßpflanze wurde 1965 und die erste Mooskolonie 1967 entdeckt. Im Jahr 1973 waren 13 Gefäßpflanzenarten und über 66 Moosarten etabliert (Abb. 10.17).

Auf Inseln können Evolutionsraten höher sein als Besiedlungsraten

Abschließend soll wiederholt werden, daß kein Aspekt der Ökologie ohne Bezug zum Evolutionsprozeß gänzlich verstanden werden kann (Kapitel 2). Dies gilt besonders für das Verständnis der Lebensgemeinschaften auf Inseln. Auf isolierten Inseln kann die Rate, mit der sich neue Arten entwickeln, genauso hoch oder sogar höher sein als die Rate, mit der sich neue Arten ansiedeln. Natürlich können die Lebensgemeinschaften dieser Inseln durch den ausschließlichen Bezug auf ökologische Prozesse nur unvollständig verstanden werden. Die bemerkenswert hohe Zahl von *Drosophila*-Arten (Taufliegen) auf den abgelegenen Vulkaninseln von Hawaii kann als Beispiel dienen. Weltweit gibt es etwa 1500 *Drosophila*-Arten, aber mindestens 500 von ihnen kommen auf den Inseln von Hawaii vor; sie sind fast alle auf den Inseln selbst entstan-

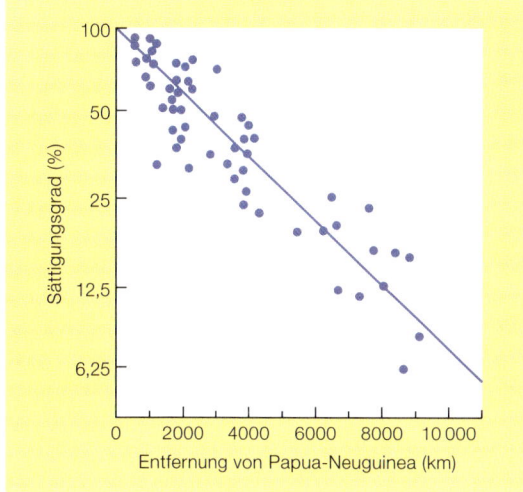

Abbildung 10.16
„Sättigungsgrad" von Inseln im südwestlichen Pazifik mit residenten, nicht-marinen Vogelarten des Tieflands. Die Anzahl von Vogelarten auf Inseln, die weiter als 500 km von der größeren Ursprungsinsel Papua-Neuguinea entfernt sind, wurde in Relation gesetzt zu der Anzahl von Vogelarten auf einer Insel vergleichbarer Größe, die in der Nähe Papua-Neuguineas liegt. Der hieraus berechnete Prozentsatz ist gegen die Entfernung der jeweiligen Insel von Papua-Neuguinea aufgetragen (nach Diamond, 1972).

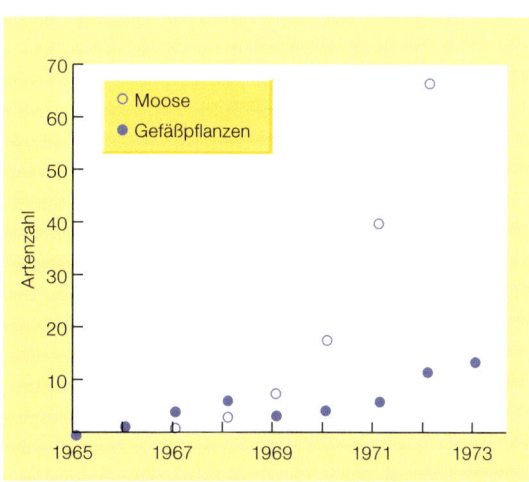

Abbildung 10.17
Artenzahlen von Moosen und Gefäßpflanzen auf der neu entstandenen Insel Surtsey im Zeitraum von 1965–1973 (nach Fridriksson, 1975).

den. Die Lebensgemeinschaften, zu denen sie gehören, sind eindeutig durch die örtliche Evolution und Artbildung viel stärker beeinflußt als durch Prozesse der Einwanderung und des Aussterbens.

10.5.2 Gradienten über die Breitengrade

Eines der auffälligsten Muster im Artenreichtum ist seine Zunahme von den Polen zu den Tropen. Dies kann bei einer großen Vielfalt von Gruppen festgestellt werden, unter anderem bei marinen Wirbellosen, Schmetterlingen, Eidechsen und Bäumen (Abb. 10.18). Dieses Muster läßt sich darüber hinaus sowohl an terrestrischen als auch an Meeres- und Süßwasserhabitaten beobachten.

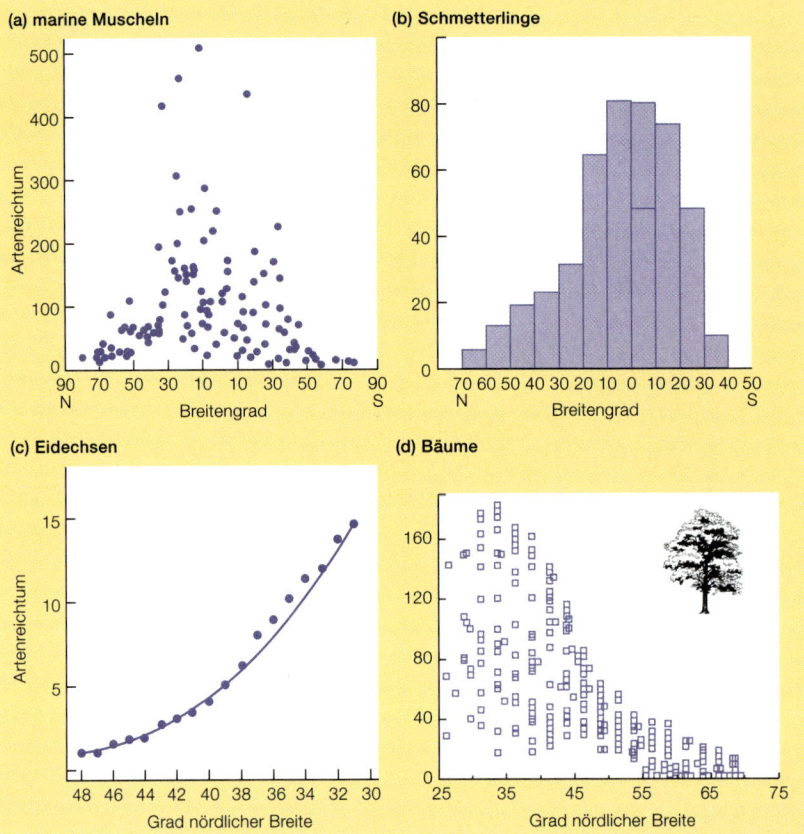

Abbildung 10.18
Muster des Artenreichtums entlang der Breitengrade: (a) bei marinen Muscheln (nach Flessa & Jablonski, 1995); (b) bei Schwalbenschwanz-Schmetterlingen (nach Sutton & Collins, 1991); (c) bei Eidechsen in den USA (nach Pianka, 1983); (d) bei Baumarten in Nordamerika (nach Currie & Paquin, 1987).

Für den generellen Trend der Zunahme des Artenreichtums mit abnehmenden Breitengraden wurde eine ganze Anzahl von Erklärungen gegeben, aber keine von diesen ist unproblematisch. Der große Artenreichtum tropischer Lebensgemeinschaften wurde in erster Linie auf eine größere Intensität der Prädation und eine höhere Spezialisierung der Prädatoren zurückgeführt. Eine intensivere Prädation könnte die Bedeutung der Konkurrenz verringern und dadurch eine größere Nischenüberschneidung zulassen und den Artenreichtum fördern (Abb. 10.3c). Prädation kann jedoch nicht als die Ausgangsursache des Artenreichtums in den Tropen angesehen werden, denn dies ruft die Frage hervor, was die Ursache für den Artenreichtum der Prädatoren ist.

Produktivität als Erklärung?
Zweitens kann die Zunahme des Artenreichtums auf die Zunahme der Produktivität von den Polen zum Äquator zurückgeführt werden. Sicherlich stehen in den tropischen Regionen durchschnittlich sowohl mehr Wärme als auch mehr Lichtenergie zur Verfügung, und wie in Abschnitt 10.3.1 diskutiert wurde, sind diese beiden Bedingungen in der Tendenz mit einem größeren Artenreichtum verbunden, obwohl zumindest in manchen Fällen die erhöhte Produktivität auch mit einer Abnahme des Artenreichtums in Verbindung gebracht wurde.

434

Die pflanzliche Produktivität wird jedoch nicht nur durch Licht und Wärme bestimmt. Im Durchschnitt verfügen tropische Böden über geringere Konzentrationen an Pflanzennährstoffen als die Böden gemäßigter Breiten. In diesem Sinne könnten die artenreichen Tropen daher auch als Resultat einer *geringen* Produktivität betrachtet werden. Tatsächlich ist die Festlegung eines Großteils der Nährstoffe in der großen Biomasse der Tropen die Ursache für die Nährstoffarmut tropischer Böden. Ein Argument, das sich auf die Produktivität stützt, könnte deshalb wie folgt lauten: Der Licht-, Temperatur- und Wasserhaushalt der Tropen führt zu Lebensgemeinschaften mit hoher Biomasse, aber nicht notwendigerweise zu Lebensgemeinschaften mit hoher Diversität. Hohe Biomasseproduktion jedoch führt zu nährstoffarmen Böden und eventuell zu einer weiten Spanne von Lichtbedingungen zwischen Waldboden und oberster Kronenschicht. Dies wiederum hat einen hohen Reichtum an Pflanzenarten und damit einen hohen Reichtum an Tierarten zur Folge. Für den Trend zunehmenden Artenreichtums mit abnehmendem Breitengrad gibt es mit Sicherheit keine *einfache* Erklärung auf der Basis der Produktivität.

Einige Ökologen haben das Klima niedriger Breitengrade als eine Ursache ihres großen Artenreichtums herangezogen. Insbesondere die Regionen am Äquator sind generell weniger stark jahreszeitlich geprägt als die Regionen gemäßigter Breiten, und dies erlaubt eine stärkere Spezialisierung der Arten (d. h., die Arten haben engere Nischen; Abb. 10.3b). Dieser Erklärungsansatz wurde

Klimatische Variation als Erklärung?

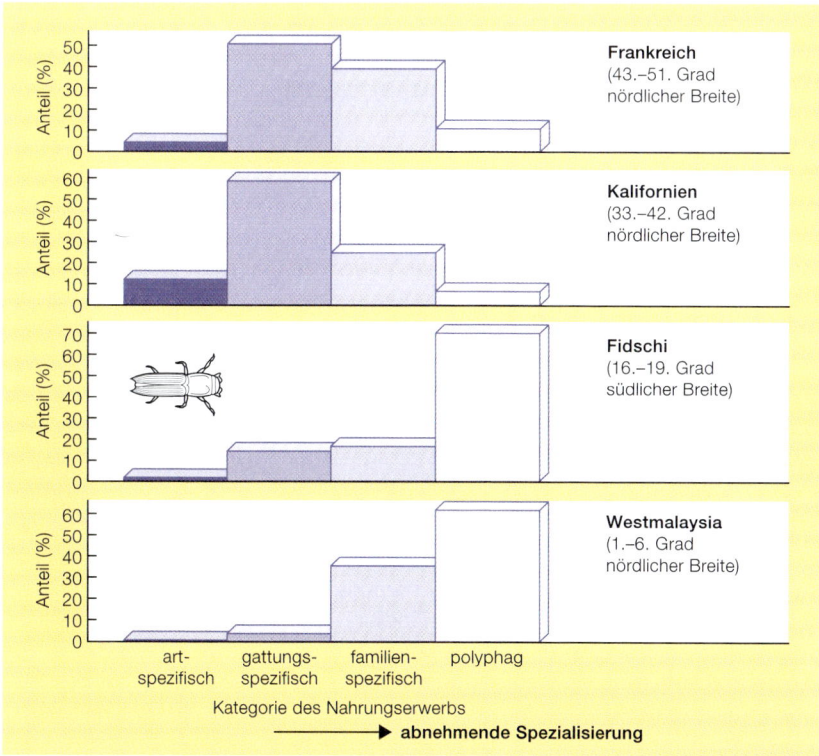

Abbildung 10.19 Anzahl von Borkenkäferarten in unterschiedlichen Kategorien des Nahrungserwerbs. Generell sind die Arten in Regionen höherer Breitengrade stärker in ihrer Nahrung spezialisiert (nach Daten in Beaver, 1979).

435

inzwischen mehrfach überprüft. Z. B. zeigte ein Vergleich von Lebensgemeinschaften von Vögeln in Illinois (gemäßigte Breiten) und dem tropischen Panama, daß sowohl die Busch- als auch die Waldhabitate der Tropen viel mehr brütende Arten enthielten als ihre Gegenstücke in den gemäßigten Breiten. Spezialisierte früchtefressende Arten der tropischen Habitate waren für bis zu 50 % des zusätzlichen Artenreichtums verantwortlich; in größerer Polnähe kann eine derart spezialisierte Lebensweise nicht das ganze Jahr über aufrechterhalten werden. In den Tropen leben auch mehr Arten von Borkenkäfern als in gemäßigten Breiten, doch in diesem Fall sind die tropischen Arten weniger stark spezialisiert (Abb. 10.19).

Als Ursache für ihren größeren Artenreichtum wurde auch das höhere evolutionsgeschichtliche „Alter" der Tropen vorgeschlagen, und eine weitere Argumentationslinie legt nahe, daß die wiederholte Fragmentierung und Verschmelzung tropischer Waldrefugien genetische Differenzierung und Artbildung förderte und somit wesentlich für den großen Artenreichtum tropischer Regionen verantwortlich ist. Diese Vorstellungen sind ebenfalls plausibel, jedoch noch sehr unzureichend belegt.

Insgesamt fehlt also eine eindeutige Erklärung für den Gradienten über die Breitengrade. Dies ist jedoch kaum überraschend. Auch die einzelnen Glieder einer möglichen Erklärung – Trends in der Produktivität, der klimatischen Stabilität usw. – sind bisher nur unvollständig und rudimentär erkannt, und der Gradient über die Breitengrade verknüpft diese Glieder miteinander sowie mit weiteren, oft gegensätzlich wirkenden Kräften (Isolation, extreme Lebensbedingungen usw.).

10.5.3 Gradienten über Höhe und Tiefe

In terrestrischen Lebensräumen ist das Phänomen einer Abnahme des Artenreichtums mit der Höhe fast ebenso verbreitet wie die Abnahme mit zunehmendem Breitengrad. In Abbildung 10.20 werden Beispiele hierfür anhand von Vögeln und Säugetieren im nepalesischen Teil des Himalaja (Abb. 10.20a) sowie anhand von Pflanzen in der Sierra Manantlán (Mexiko) dargestellt (Abb. 10.20b). Andererseits ist dieses Muster nicht universell, wie eine Untersuchung von Pflanzen in Spanien und Portugal zeigt (Abb. 10.20c).

Zumindest einige der Faktoren, die bei dem Trend abnehmenden Artenreichtums mit zunehmendem Breitengrad wirksam sind, sind wahrscheinlich für Erklärungen des Höhentrends ebenfalls von Bedeutung (obwohl die Probleme, die bei der Erklärung des Trends über die Breitengrade auftreten, in gleicher Weise auch auf den Höhengradienten zutreffen). Zusätzlich jedoch bedecken Lebensgemeinschaften großer Höhen fast immer kleinere Areale als diejenigen in den Tiefländern gleicher Breitengrade, und normalerweise sind sie von ähnlichen Lebensgemeinschaften auch stärker isoliert als an Tieflandstandorten. Mit Sicherheit tragen die Effekte von Arealgröße und Isolation zu der Abnahme des Artenreichtums mit zunehmender Höhe bei. Ausnahmen zeigen aber, daß man mit Verallgemeinerungen vorsichtig sein sollte. In der Untersuchung von Pflanzen in Spanien und Portugal (Abb. 10.20c) wurde der Artenreichtum in verschiedenen Quadraten von 50 km × 50 km verglichen und

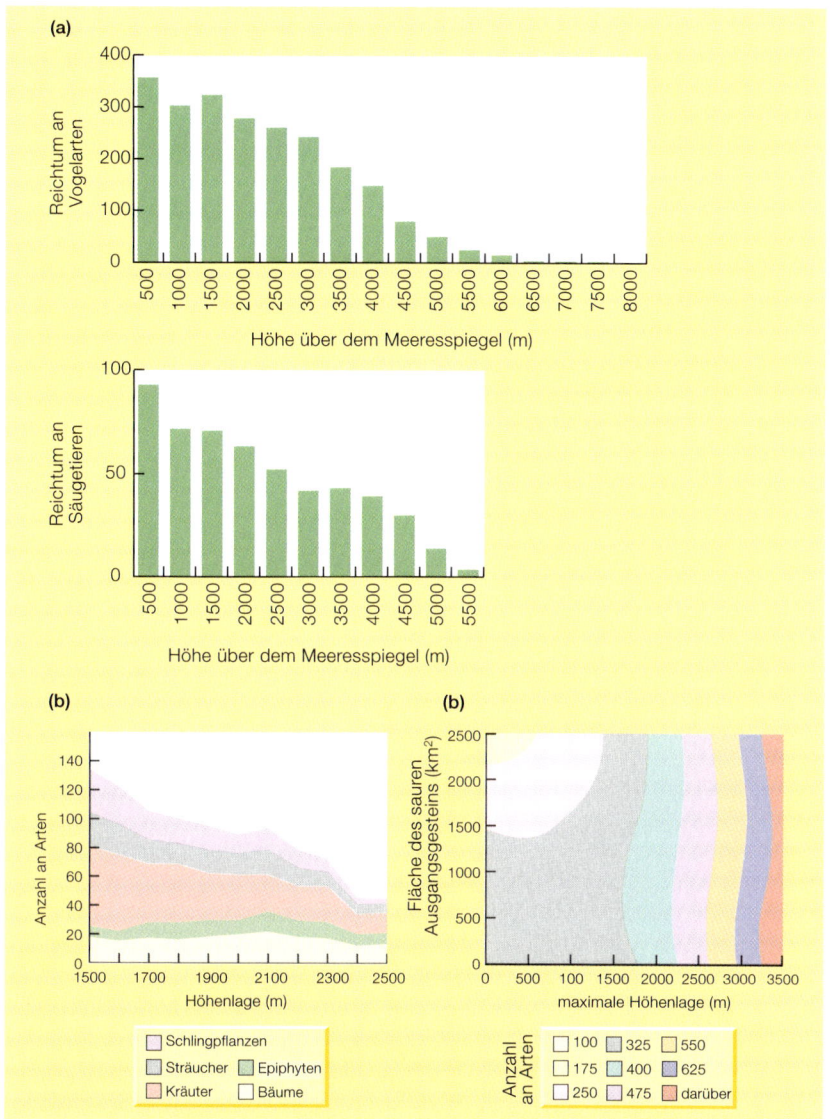

Abbildung 10.20
Beziehung zwischen Artenreichtum und Höhenlage: (a) bei Brutvogelarten und Säugetieren im nepalesischen Teil des Himalaja (nach Hunter & Yonzon, 1992); (b) bei Pflanzen in der mexikanischen Sierra Manantlán (nach Vázquez & Givnish, 1998); (c) bei Pflanzen in Spanien und Portugal (nach Lobo et al., 2001). Im letzten Fall ist die Abnahme des Artenreichtums bei niedrigem pH-Wert (erhöhte Azidität) in niedrigeren Höhenlagen zu beachten.

mit der höchsten Lage in jedem Quadrat in Beziehung gesetzt. In diesem Fall wiesen die Quadrate des Flachlands, die auch die heißesten und trockensten waren, die geringste Produktivität auf. Diese waren auch am stärksten von anthropogenen Landschaftsänderungen beeinflußt, die den Artenreichtum ver-

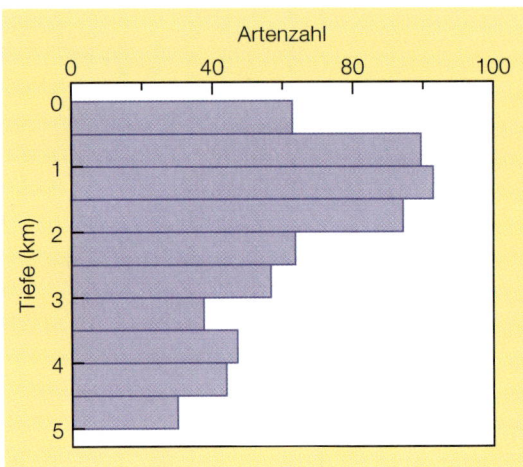

Abbildung 10.21
Tiefengradient im Artenreichtum des Mega-
benthos (Fische, Decapoden, Holothurien,
Seesterne) im Ozean südwestlich von Irland
(nach Angel, 1994).

ringern. Muster wie dasjenige zwischen Artenreichtum und Höhenlage spiegeln
letztlich zwangsläufig eine Vielfalt von Prozessen wider, die je nach den Zusammenhängen, in denen sie auftreten, variieren können.

In aquatischen Lebensgemeinschaften weist die Veränderung des Artenreichtums mit zunehmender Tiefe starke Ähnlichkeiten mit dem terrestrischen
Gradienten über die Höhenstufen auf. In größeren Seen enthalten die kalten,
dunklen und sauerstoffarmen Regionen der Tiefe weniger Arten als die Bereiche
des Oberflächenwassers. In gleicher Weise sind die Pflanzen mariner Habitate
auf die photische Zone begrenzt, wo sie Photosynthese betreiben können; diese reicht nur selten tiefer als 30 m. Im offenen Ozean nimmt der Artenreichtum
daher mit der Tiefe schnell ab. Nur am Boden des Ozeans steigt die Artenzahl
durch das Vorkommen einer Vielzahl oft bizarrer Tiere wieder an. Interessanterweise besteht jedoch in Küstenbereichen kein einfacher Gradient im Artenreichtum benthischer (bodenbesiedelnder) Tiere mit zunehmender Tiefe. Statt
dessen wird in etwa 1000 m Tiefe ein Maximum des Artenreichtums erreicht,
das möglicherweise auf eine stärkere Vorhersagbarkeit in den Bedingungen dieses Lebensraums zurückzuführen ist (Abb. 10.21). In größeren Tiefen jenseits
des Kontinentalschelfs nimmt der Artenreichtum jedoch wieder ab, wahrscheinlich aufgrund der extremen Armut an Nahrungsressourcen im Abyssal.

10.5.4 Gradienten im Verlauf der Sukzession von Lebensgemeinschaften

Abschnitt 9.4 beschrieb, wie bei einem vollständigen Verlauf der Sukzession
von Lebensgemeinschaften die Artenzahl aufgrund von Besiedlung erst zunimmt, durch Konkurrenz aber schließlich wieder abnimmt. Die deutlichsten
Belege hierfür fanden sich bei Pflanzen. Aber auch die wenigen bisherigen
Untersuchungen zur Sukzession von Tierarten zeigen einen gleichartigen Anstieg des Artenreichtums – zumindest in den frühen Stadien der Sukzession.
Abbildung 10.22 zeigt dies für Vögel, die im tropischen Regenwald im Nord-

osten Indiens dem Wanderfeldbau *(shifting cultivation)* folgen, und für Insekten, die mit Sukzessionen auf aufgelassenen Feldern assoziiert sind.

Bis zu einem gewissen Ausmaß ist der Gradient im Sukzessionsverlauf eine notwendige Folge der schrittweise ablaufenden Besiedlung eines Areals durch Arten aus umgebenden Lebensgemeinschaften, die sich in späteren Sukzessionsstadien befinden; d. h., daß Lebensgemeinschaften späterer Stadien mit Arten gesättigt sind (Abb. 10.3d). Dies ist jedoch nur ein kleiner Teil des gesamten Bildes, da Sukzession auch einen Prozeß des Austauschs von Arten und nicht nur lediglich das Hinzukommen neuer Arten umfaßt.

Tatsächlich gibt es, ebenso wie bei anderen Gradienten im Artenreichtum, auch bei der Sukzession etwas ähnliches wie einen Dominoeffekt: Ein Prozeß, der zu einem Anstieg des Artenreichtums führt, löst einen zweiten aus, der wiederum einen dritten verursacht usw. Die ersten Arten sind die leistungsfähigsten Besiedler und die stärksten Konkurrenten um den freien Raum. Sie stellen unmittelbar Ressourcen zur Verfügung, die vorher nicht vorhanden waren, und lassen Heterogenität entstehen. Die ersten Pflanzen beispielsweise schaffen im Boden Ressourcenverarmungszonen, die zwangsläufig die räumliche Heterogenität der Verteilung von Pflanzennährstoffen erhöhen. Die Pflanzen selbst schaffen eine neue Vielfalt von Kleinstandorten und stellen eine viel größere Spannbreite von Nahrungsressourcen für Tiere zur Verfügung, die sich von ihnen ernähren können (Abb. 10.3b). Die Zunahme von Herbivorie und Prädation kann dann in Rückkopplung den Artenreichtum weiter steigen lassen (prädatorenvermittelte Koexistenz: Abb. 10.3c), was wiederum für mehr Ressourcen und stärkere Heterogenität sorgt usw. Darüber hinaus sind Temperatur, Luftfeuchte und Windgeschwindigkeit z. B. in einem Wald zeitlich viel weniger

Dominoeffekt?

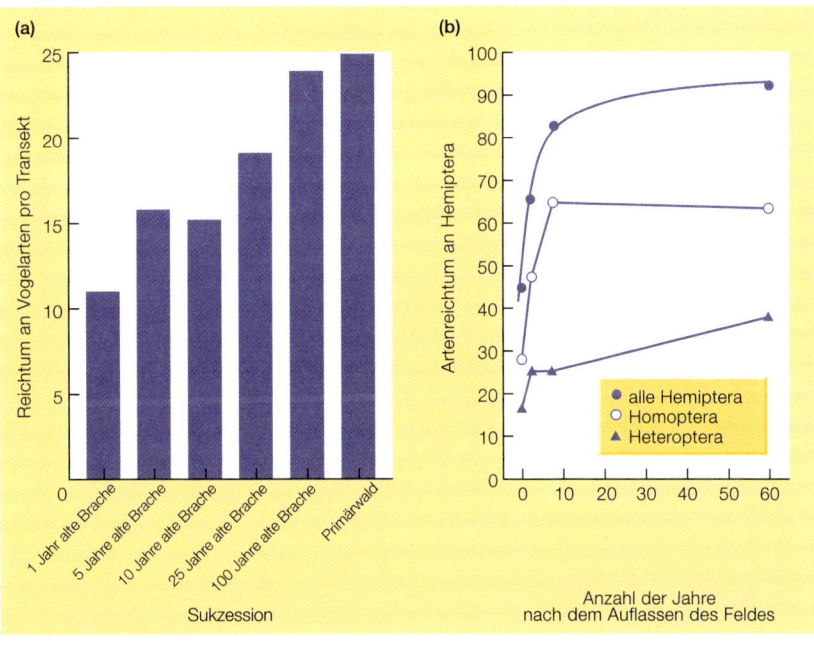

Abbildung 10.22
Zunahme des Artenreichtums im Verlauf von Sukzessionen.
(a) Vögel des tropischen Regenwaldes im Nordosten Indiens folgen dem Wanderfeldbau (nach Shankar Raman et al., 1998);
(b) Hemiptera folgen der Sukzession auf aufgelassenen Feldern (nach Brown & Southwood, 1983).

variabel als auf einer exponierten Fläche eines frühen Sukzessionsstadiums, und die erhöhte Konstanz im Lebensraum kann Stabilität in den Umweltbedingungen und Ressourcen entstehen lassen, die spezialisierten Arten den Aufbau und die dauerhafte Erhaltung von Populationen erlaubt (Abb. 10.3b). Wie bei anderen Gradienten erschwert es die Wechselwirkung vieler Faktoren, Ursache von Wirkung zu unterscheiden. Das verwobene Netz aus Ursache und Wirkung scheint jedoch gerade das Wesen des Gradienten im Artenreichtum im Verlauf der Sukzession zu sein.

10.6   Muster des Reichtums an Taxa in Fossilfunden

Abschließend ist die Frage interessant, ob die Prozesse, die für die Entstehung heutiger Gradienten des Artenreichtums verantwortlich gemacht werden, auch für Trends über wesentlich längere Zeitspannen gelten. Für die paläontologische Evolutionsforschung war die Unzulänglichkeit von Fossilfunden immer das größte Hindernis. Trotzdem wurden einige allgemeine Muster deutlich. Unser Wissen über sechs bedeutende Organismengruppen ist in Abbildung 10.23 zusammengefaßt.

Die kambrische Explosion – ausbeutungsvermittelte Koexistenz?

Bis vor etwa 600 Millionen Jahren war die Erde praktisch ausschließlich von Bakterien und Algen besiedelt. Innerhalb von nur wenigen Millionen Jahren jedoch reihten sich fast sämtliche Stämme mariner Invertebraten in die Fossilbelege ein (Abb. 10.23a). Unter der Voraussetzung, daß die Einführung einer höheren trophischen Ebene zu einem Anstieg des Artenreichtums auf einer niedrigeren Ebene führen kann, läßt sich argumentieren, daß der erste einzellige herbivore Protist wahrscheinlich der Auslöser für die kambrische Explosion im Artenreichtum war. Das Öffnen von Lücken durch das Abweiden der Algenmonokulturen, verbunden mit der Verfügbarkeit der neu entstandenen eukaryotischen Zellen, mag die größte Explosion evolutionärer Diversifikation in der Erdgeschichte verursacht haben.

Das Artensterben im Perm – eine Arten-Areal-Beziehung?

Im Gegensatz hierzu könnte die ebenso dramatische Abnahme der Anzahl von Familien wirbelloser Tiere des Flachwassers am Ende des Perm (Abb. 10.23a) das Resultat der Verschmelzung der Kontinente der Erde unter Entstehung eines einzigen Superkontinents (Pangäa) sein. Die Vereinigung der Kontinente führte zu einer deutlichen Abnahme des Areals, das von Flachwassermeeren bedeckt wurde (die in der Peripherie der Kontinente vorkommen), und damit zu einer deutlichen Abnahme der Habitatflächen, die Flachwasserinvertebraten zur Verfügung standen. Darüber hinaus kühlte sich die Erde zu dieser Zeit über eine längere Periode in globalem Maßstab ab. Hierdurch wurden riesige Mengen an Wasser in Form vergrößerter Polarkappen und Gletscher festgelegt, wodurch die Lebensräume warmer Flachwassermeere in großem Umfang zurückgingen. Somit kann eine Arten-Areal-Beziehung herangezogen werden, um die Abnahme des Artenreichtums dieser Fauna zu erklären.

Kompetitive Verdrängung zwischen den Hauptpflanzengruppen?

Die Analyse von Fossilfunden terrestrischer Gefäßpflanzen (Abb. 10.23b) enthüllt 4 deutlich getrennte evolutionsgeschichtliche Phasen: (1) eine Ausbreitung früher Gefäßpflanzen vom Silur bis zum mittleren Devon, (2) eine anschließende Ausbreitung farnähnlicher Linien vom späten Devon bis in das

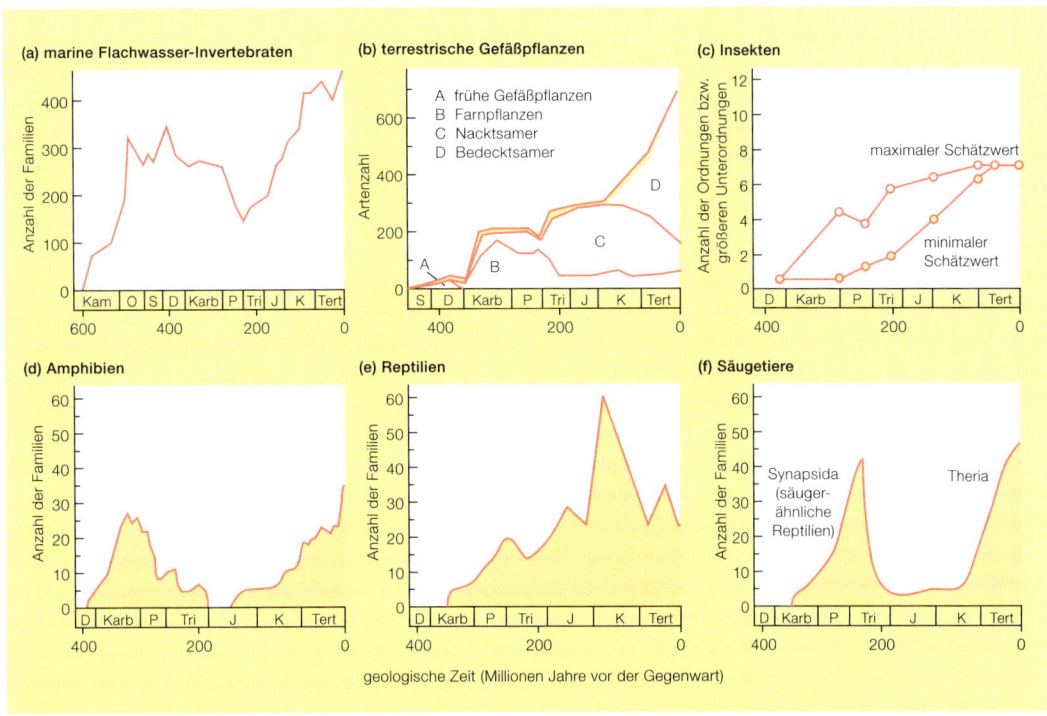

Abbildung 10.23
Muster im Reichtum systematischer Gruppen auf der Basis von Fossilfunden. (a) Familien von Flachwasser-Invertebraten (nach Valentine, 1970); (b) terrestrische Gefäßpflanzenarten aus 4 Gruppen: frühe Gefäßpflanzen, Farne, Nacktsamer (Gymnospermae) und Bedecktsamer (Angiospermae) (nach Niklas et al., 1983); (c) größere Ordnungen und Unterordnungen der Insekten. Die Minimalwerte sind von belegten Fossilfunden abgeleitet, die Maximalwerte umfassen auch „mögliche" Funde (aus Strong et al., 1984); (d–f) Wirbeltierfamilien der Amphibien, Reptilien und Säugetiere (nach Webb, 1987). Geologische Epochen: Kam = Kambrium, O = Ordovizium, S = Silur, D = Devon, Karb = Karbon, P = Perm, Tri = Trias, J = Jura, K = Kreide, Tert = Tertiär.

Karbon, (3) das Auftreten von Samenpflanzen im späten Devon und die adaptive Radiation in Richtung auf eine Gymnospermen-dominierte Flora und (4) das Auftreten und der Aufstieg der Angiospermen in Kreide und Tertiär. Es scheint, daß nach der ersten Besiedlung des Landes, die durch die Entwicklung von Wurzeln möglich wurde, die Diversifikation jeder Pflanzengruppe mit einer Abnahme der Artenzahlen der vorher dominanten Gruppe einherging. Bei zwei der genannten Übergänge (von den frühen Pflanzen zu den Gymnospermen und von den Gymnospermen zu den Angiospermen) mag dieses Muster eine kompetitive Verdrängung älterer, weniger spezialisierter Taxa durch neuere und vermutlich stärker spezialisierte Taxa widerspiegeln.

Die ersten unzweifelhaft phytophagen Insekten sind aus dem Karbon bekannt. Danach erschienen stetig die modernen Ordnungen (Abb. 10.23c), wobei die Lepidopteren (Schmetterlinge) gleichzeitig mit dem Aufstieg der Angiospermen als letzte auftraten. Mit an Sicherheit grenzender Wahrscheinlichkeit waren reziproke Evolution und Gegenevolution zwischen Pflanzen und herbivoren Insekten stets wichtige Mechanismen für die Zunahme des Artenreichtums im Verlauf der Evolution von Landpflanzen und Insekten – und sie sind es noch immer.

**Aussterbe-
ereignisse bei
Großtieren im
Pleistozän –
prähistorischer
Overkill?**

Gegen Ende der letzten Eiszeit waren die Kontinente viel reicher an Großtieren als heute. In Australien z. B. waren viele Gattungen riesiger Beuteltiere heimisch, Nordamerika hatte seine Mammuts und Riesenfaultiere sowie mehr als 70 andere Gattungen großer Säugetiere, und in Neuseeland und Madagaskar lebten riesige flugunfähige Vögel, die Moas (Dinornithidae) und Elefantenvögel *(Aepyornis)*. Während der letzten 30 000 Jahre nahm diese biotische Diversität in weiten Bereichen der Erde stark ab. Das Aussterben betraf insbesondere große Landtiere (Abb. 10.24a), es war in einigen Teilen der Erde stärker ausgeprägt als in anderen, und es trat zu verschiedenen Zeiten und an unterschiedlichen Orten auf (Abb. 10.24b). Das Aussterben spiegelt die Muster menschlicher Migration wider. So trafen vor 30 000–40 000 Jahren die Vorfahren der Aborigines in Australien ein, Speerspitzen aus Stein traten vor etwa 11 500 Jahren auf dem gesamten Gebiet der heutigen Vereinigten Staaten gehäuft auf, und seit 1000 Jahren leben Menschen auf Madagaskar und in Neuseeland. Man kann daher überzeugend argumentieren, daß die Ankunft effizienter menschlicher Jäger für die schnelle Übernutzung der jagdbaren großen Beutetierbestände verantwortlich ist. In Afrika, wo die Menschen entstanden, finden sich viel weniger Belege für einen derartigen Rückgang, vielleicht weil die Koevolution mit den frühen Menschen den großen Tieren viel Zeit gab, effektive Verteidigungsmechanismen zu entwickeln (Owen-Smith, 1987).

Das Artensterben des Pleistozäns kündigt das moderne Zeitalter an, in dem der Einfluß menschlicher Aktivitäten auf natürliche Lebensgemeinschaften immer dramatischer wird.

10.7   Bewertung der Muster im Artenreichtum

Über den Artenreichtum von Lebensgemeinschaften kann eine ganze Reihe von allgemeingültigen Feststellungen getroffen werden. Es wurde gezeigt, daß der Artenreichtum auf einem mittleren Grad der Störungshäufigkeit sein Maximum erreichen und mit der Abnahme der Fläche oder der Zunahme der Abgelegenheit einer Insel abnehmen kann. Eine Abnahme des Artenreichtums zeigt sich auch mit zunehmendem Breitengrad, größerer Höhe über dem Meeresspiegel und (nach einem anfänglichen Anstieg) zunehmender Tiefe des Ozeans. In produktiveren Lebensräumen kann eine größere Spannbreite an Ressourcen den Artenreichtum fördern, während eine Zunahme ein und derselben Ressource zu einem Rückgang des Artenreichtums führen kann. Eine positive Korrelation zwischen Artenreichtum und Temperatur wurde ebenfalls dokumentiert. Der Artenreichtum nimmt mit einer Zunahme der räumlichen Heterogenität zu, kann aber mit zunehmender zeitlicher Heterogenität (zunehmender klimatischer Variation) abnehmen. Zumindest anfänglich nimmt der Artenreichtum während des Sukzessionsverlaufs sowie im Verlauf der ent-

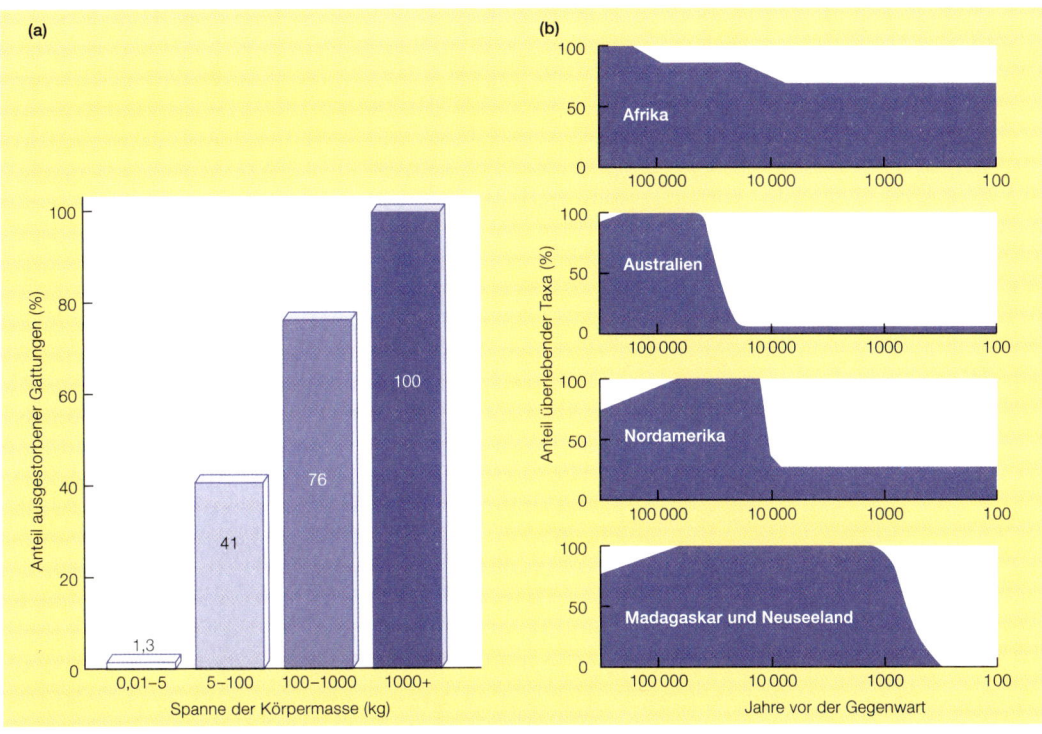

Abbildung 10.24
(a) Der Prozentsatz der Gattungen herbivorer Säugetiere, die in den letzten 130 000 Jahren ausgestorben sind, ist stark von der Körpergröße abhängig (zusammengefaßte Daten von Nord- und Südamerika, Europa und Australien) (nach Owen-Smith, 1987). (b) Prozentuale Anteile überlebender Großtiere auf drei Kontinenten und zwei großen Inseln (Neuseeland und Madagaskar) (nach Martin, 1984).

wicklungsgeschichtlichen Zeit zu. Für viele dieser allgemeinen Feststellungen lassen sich jedoch wichtige Ausnahmen finden, und für die meisten von ihnen sind die gegenwärtigen Erklärungen nicht vollständig adäquat.

Es ist ebenfalls festzuhalten, daß das globale Muster des Artenreichtums durch menschliche Aktivitäten wie Landnutzung, Verschmutzung und die Einführung exotischer Arten in dramatischer Weise verändert wurde (Fenster 10.3).

Das Aufdecken von Mustern im Artenreichtum ist eines der schwierigsten und anspruchsvollsten Gebiete der modernen Ökologie. Oft ist es sehr schwierig, klare, eindeutige Vorhersagen zu treffen und Tests von Konzepten zu entwickeln. Hier ist der Einfallsreichtum zukünftiger Generationen von Ökologen stark gefordert. Da jedoch das Erkennen und die Erhaltung der Biodiversität auf der Erde immer mehr an Bedeutung gewinnen, ist ein gründliches Verständnis der Muster im Artenreichtum entscheidend. Einschätzungen der nachteiligen Auswirkungen menschlicher Aktivitäten und Möglichkeiten zur Abhilfe werden in den Kapiteln 12–14 behandelt.

Fenster 10.3 – Aktueller ÖKOnflikt

Die Flut exotischer Arten

Während der gesamten Erdgeschichte sind Arten in neue Regionen eingedrungen. Dies geschah durch zufällige Besiedlungen (z. B. durch Ausbreitung in entlegene Gebiete durch den Wind oder auf abgelegene Inseln mit Treibgut; s. Abschnitt 10.5.1) oder während des langsamen Vorrückens von Waldbäumen nach Norden in den Jahrhunderten nach der letzten Eiszeit (s. Abschnitt 4.3). Diese aus historischer Sicht langsamen Prozesse sind jedoch durch menschliche Aktivitäten unter Störung der globalen Muster des Artenreichtums stark beschleunigt worden.

Manche Arten wurden zufällig durch menschliche Transportaktivitäten eingeschleppt. Andere Arten wurden absichtlich eingeführt, z. B. zur Schädlingsbekämpfung (s. Abschnitt 12.5), zur Herstellung eines neuen landwirtschaftlichen Produkts oder zur Schaffung von Freizeitmöglichkeiten. Viele Eindringlinge wurden ohne offensichtliche Konsequenzen Teil der natürlichen Lebensgemeinschaften. Andere waren jedoch für das Aussterben heimischer Arten oder für signifikante Veränderungen in den Lebensgemeinschaften verantwortlich (s. Abschnitt 14.2.3).

Am Beispiel nicht-einheimischer Pflanzen auf den Britischen Inseln können eine Reihe allgemeiner Aspekte zu invasiven Arten veranschaulicht werden. Arten in Gegenden, in denen Menschen leben und arbeiten, werden mit größerer Wahrscheinlichkeit in neue Regionen transportiert, wo sie in der Regel in Habitate gelangen, die ihren Herkunftshabitaten gleichen. Deshalb sind mehr exotische Arten in gestörten Habitaten in der Nähe menschlicher Transportknotenpunkte (Docks, Bahngleise und Städte) zu finden und weniger Arten in abgelegenen Berggegenden (Abb. 10.25a). Darüber hinaus gelangt eine größere Anzahl invasiver Arten von nahegelegenen geographischen Orten (z. B. Europa) oder aus entfernteren Gegenden mit ähnlichem Klima (z. B. Neuseeland) auf die Britischen Inseln (Abb. 10.25b). Nur eine kleine Zahl fremder Pflanzenarten stammt aus tropischen Lebensräumen; diesen Arten fehlt normalerweise die Frostresistenz, die zum Überleben des Winters in Großbritannien erforderlich ist.

Erörtern Sie die Möglichkeiten, die Regierungen zur Verfügung stehen, um die Invasion unerwünschter exotischer Arten zu verhindern oder die Wahrscheinlichkeit hierfür herabzusetzen.

 ## Zusammenfassung

Artenreichtum und Diversität

Die Anzahl der Arten in einer Lebensgemeinschaft wird als ihr *Artenreichtum* bezeichnet. Der Artenreichtum berücksichtigt jedoch nicht, daß manche Arten selten und andere häufig sind. *Diversitätsindizes* dienen dazu, Angaben zum

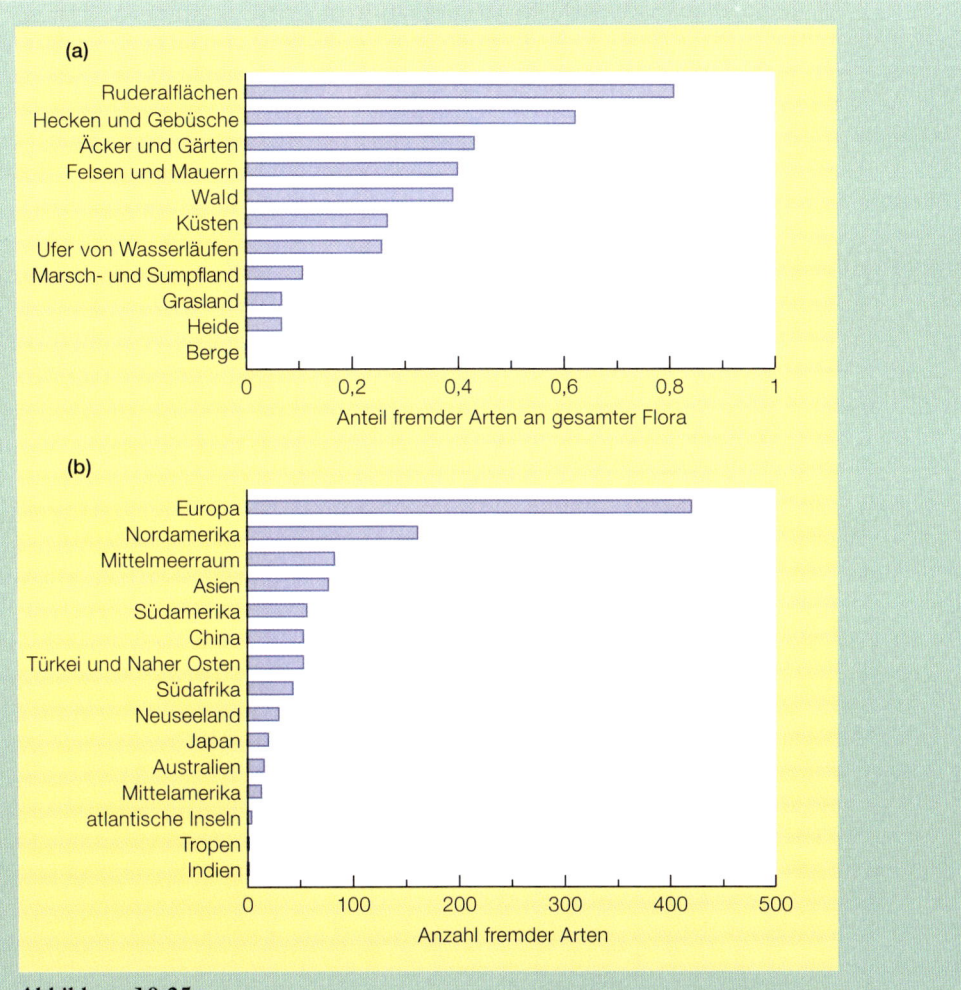

Abbildung 10.25
Flora nicht-einheimischer Arten auf den britischen Inseln, gruppiert nach (a) dem Typ der Lebensgemeinschaft (eine große Anzahl fremder Arten findet sich in offenen, gestörten Habitaten in der Nähe menschlicher Siedlungen) und (b) geographischer Herkunft, die räumliche Nähe, Handelsbeziehungen und klimatische Ähnlichkeit widerspiegelt (nach Godfray & Crawley, 1998).

Artenreichtum und zur Gleichverteilung *(evenness of the distribution)* von Individuen dieser Arten zu kombinieren. Ansätze zur Beschreibung der komplexen Struktur einer Lebensgemeinschaft durch nur ein einziges Merkmal wie Artenreichtum oder Diversität sind kritikanfällig, weil hierbei viel wertvolle Information verlorengeht. Ein vollständigeres Bild wird manchmal durch ein *Rang-Abundanz-Diagramm* vermittelt.

Ein einfaches Modell des Artenreichtums

Ein einfaches Modell kann beim Verständnis der bestimmenden Größen des Artenreichtums helfen. Demnach enthält eine Lebensgemeinschaft bei einer größeren Spannbreite an Ressourcen mehr Arten, wenn diese in der Nutzung ihrer Ressourcen stärker spezialisiert sind, wenn sie sich in der Nutzung ihrer Ressourcen stärker überschneiden, oder wenn die Lebensgemeinschaft stärker mit Arten gesättigt ist.

Produktivität und Ressourcenreichtum

Wenn eine höhere Produktivität mit einer größeren *Spannbreite* verfügbarer Ressourcen korreliert ist, wird dies wahrscheinlich zu einer Zunahme des Artenreichtums führen. Eine Vermehrung ein und derselben Ressource kann jedoch eher zu einer höheren Individuenzahl pro Art als zu einer höheren Anzahl der Arten führen. Im allgemeinen nimmt jedoch der Artenreichtum mit dem Reichtum verfügbarer Ressourcen und mit der Produktivität zu, obwohl in manchen Fällen auch das Gegenteil beobachtet wurde, was als Paradoxon der Anreicherung *(paradox of enrichment)* bezeichnet wird. In weiteren Fällen wurde der größte Artenreichtum bei einem mittleren Grad der Produktivität gefunden.

Prädationsintensität

Prädation kann bestimmte Beutearten ausschließen und den Artenreichtum herabsetzen oder eine stärkere Nischenüberschneidung und damit einen größeren Artenreichtum zulassen (prädatorenvermittelte Koexistenz, *predator-mediated coexistence*). Insgesamt kann es daher in einer Lebensgemeinschaft eine Optimum-Beziehung zwischen Prädationsintensität und Artenreichtum geben, bei welcher der größte Artenreichtum bei mittleren Intensitäten zu finden ist.

Räumliche Heterogenität

Lebensräume, die eine größere räumliche Heterogenität aufweisen, enthalten oft zusätzliche Arten, weil sie eine größere Vielfalt an Mikrohabitaten, eine größere Spannbreite von Mikroklimaten und mehr Versteckmöglichkeiten vor Prädatoren zur Verfügung stellen – das Ressourcenspektrum ist hier erweitert.

Extremstandorte

Lebensräume, die von einem extremen abiotischen Faktor beherrscht sind und oft als Extremstandorte bezeichnet werden, sind schwieriger zu erkennen, als es auf den ersten Blick erscheinen mag. Manche Lebensräume, die anscheinend Extremstandorte darstellen, enthalten in der Tat nur wenige Arten, aber allgemeine Beziehungen sind nur äußerst schwer aufzustellen.

Klimatische Variation

In einem Lebensraum mit vorhersehbaren und jahreszeitlich wechselnden Umweltbedingungen können unterschiedliche Arten an die jeweiligen, zu unterschiedlichen Zeiten des Jahres herrschenden Umweltbedingungen angepaßt sein. Man kann daher erwarten, daß hier mehr Arten koexistieren als in einem völlig konstanten Lebensraum. Andererseits gibt es in einem nicht jahreszeitlich geprägten Lebensraum Möglichkeiten zur Spezialisierung, z. B. das obligate Fressen von Früchten, die in einem jahreszeitlich geprägten Lebensraum nicht existieren. Unvorhersehbare klimatische Variation (klimatische Instabilität) kann den Artenreichtum reduzieren, indem den Arten die Chance zur Spezialisierung verwehrt wird, oder den Artenreichtum durch die Verhinderung von Konkurrenzausschluß erhöhen. Es gibt keine fundierte Beziehung zwischen klimatischer Instabilität und Artenreichtum.

Störung

Nach der *Hypothese der mittleren Störhäufigkeit (intermediate disturbance hypothesis)* verbleiben die meisten Patches durch sehr häufige Störungen in frühen Sukzessionsstadien (wenn es nur wenige Arten gibt), aber bei sehr seltenen Störungen werden die meisten *Patches* von den konkurrenzkräftigsten Arten dominiert (wobei es ebenfalls nur wenige Arten gibt). Diese Hypothese, die ursprünglich zur Erklärung der Muster des Artenreichtums in tropischen Regenwäldern und Korallenriffen aufgestellt wurde, hat in der Entwicklung der ökologischen Theorie eine zentrale Stellung eingenommen.

Alter des Lebensraums: Entwicklungsgeschichtliche Zeit

Oft wurde vermutet, daß sich Lebensgemeinschaften im Artenreichtum unterscheiden, weil sich manche näher am Gleichgewicht befinden und deshalb stärker gesättigt sind als andere, und daß die Tropen zum Teil deshalb artenreich sind, weil sie ohne Unterbrechung über lange Perioden der entwicklungsgeschichtlichen Zeit existierten. Die Konstruktion eines simplen Gegensatzes zwischen veränderungsfreien Tropen einerseits und gestörten und sich von Störung erholenden Regionen der gemäßigten Zonen andererseits ist jedoch unhaltbar.

Habitatfläche und Abgelegenheit – Biogeographie von Inseln

Inseln müssen keine Inseln von Land in einem Meer von Wasser sein. Seen sind Inseln in einem Meer von Land, Berggipfel sind Inseln großer Höhenlagen in einem Ozean niedriger Höhenlagen. Die Anzahl von Arten auf Inseln geht mit abnehmender Inselfläche zurück, teilweise, weil größere Flächen typischerweise eine größere Zahl unterschiedlicher Habitattypen umfassen. Die *Gleichgewichtstheorie der Inselbiogeographie (equilibrium theory of island biogeography)* von MacArthur und Wilson fordert jedoch einen separaten Inseleffekt, der auf einem Gleichgewicht zwischen Einwanderung und Aussterben basiert. Diese Theorie konnte durch Daten gut untermauert werden. Zusätzlich kann, insbesondere auf isolierten Inseln, die Evolutionsrate neuer Arten genauso hoch oder sogar höher sein als die Rate, mit der neue Arten als Besiedler eintreffen.

Gradienten im Artenreichtum

Der Artenreichtum nimmt von den Polen zu den Tropen zu. Hierfür wurden Prädation, Produktivität, klimatische Variation und das höhere entwicklungsgeschichtliche Alter der Tropen als Erklärung angeführt, aber keine dieser Erklärungen ist unproblematisch.

In terrestrischen Lebensräumen nimmt der Artenreichtum oft (aber nicht immer) mit zunehmender Höhe ab. Hierbei sind wahrscheinlich Faktoren wichtig, die auch den Trend über die Breitengrade bewirken, aber Arealgröße und Isolation spielen wahrscheinlich auch eine bedeutende Rolle. In aquatischen Lebensräumen nimmt aus den gleichen Gründen der Artenreichtum gewöhnlich mit zunehmender Tiefe ab.

Bei einem vollständigen Sukzessionszyklus nimmt der Artenreichtum erst zu (aufgrund von Besiedlung), geht schließlich aber wieder zurück (aufgrund von Konkurrenz). Auch ein *Dominoeffekt* kann auftreten: Ein Prozeß, der den Artenreichtum erhöht, löst einen zweiten aus, welcher wiederum in einen dritten mündet usw.

Muster des Reichtums an Taxa in Fossilfunden

Die explosionsartige Vermehrung der Zahl an Taxa im Kambrium ist möglicherweise ein Beispiel für ausbeutungsvermittelte Koexistenz *(exploiter-mediated coexistence)*. Der Zusammenbruch der Artenzahl im Perm, als die Kontinente der Erde zu Pangäa verschmolzen, ist möglicherweise das Ergebnis einer Arten-Areal-Beziehung. Die Veränderungen der Muster pflanzlicher Sippen mag die konkurrenzbedingte Verdrängung älterer, weniger spezialisierter Sippen durch neuere, stärker spezialisierte widerspiegeln. Das Aussterben vieler großer Tiere im Pleistozän wurde möglicherweise durch menschliche Prädation verursacht und kann als Lehrbeispiel für die heutige Zeit gelten.

??? Quiz

= anspruchsvolle Frage

1. Erläutern Sie die Begriffe Artenreichtum, Diversitätsindex und Rang-Abundanz-Diagramm und legen Sie dar, was mit ihnen gemessen wird.
2. Was ist das „Paradox der Anreicherung", und wie kann es gelöst werden?
3. Erläutern Sie anhand von Beispielen die unterschiedlichen Auswirkungen, die Prädation auf den Artenreichtum haben kann.
4. Forscher haben verschiedentlich Optimumkurven für den Artenreichtum erhalten, die den höchsten Artenreichtum auf einem mittleren Niveau von Produktivität, Prädationsdruck, Störung und Meerestiefe aufweisen. Erörtern Sie die Belege hierfür und überlegen Sie, ob diese Muster gemeinsame Mechanismen haben, die ihnen zugrunde liegen.
5. Warum ist es so schwierig, Extremlebensräume zu erkennen?
6. Erklären Sie die Hypothese der mittleren Störhäufigkeit.
7. Inseln müssen nicht von Wasser umgebene Landflächen sein. Stellen Sie über eine möglichst breite Spanne räumlicher Maßstäbe eine Liste anderer Typen von Habitatinseln zusammen.

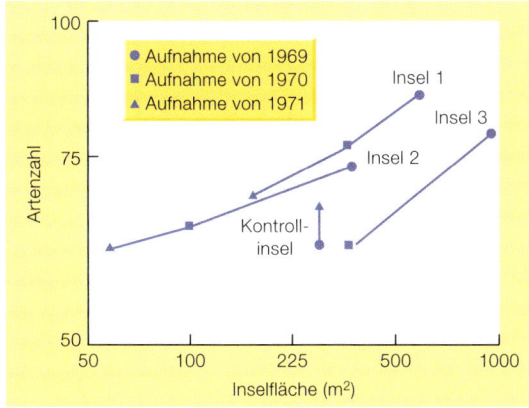

Abbildung 10.26
Auswirkungen der künstlichen Verkleinerung von Mangroveninseln auf die Anzahl von Arthropoden-Arten. Die Inseln 1 und 2 wurden nach Artenaufnahmen in den Jahren 1969 und 1970 verkleinert. Insel 3 wurde nur nach der Aufnahme von 1969 verkleinert. Die Kontrollinsel wurde nicht verkleinert; für die Veränderung ihres Artenreichtums waren zufällige Schwankungen verantwortlich (nach Simberloff, 1976).

8. Um die Auswirkungen von Habitatdiversität einerseits und Arealgröße andererseits auf den Artenreichtum von Arthropoden zu unterscheiden, wurde auf einigen kleinen Mangroveninseln in der Bucht von Florida ein Experiment durchgeführt. Die Inseln bestehen aus Reinbeständen der Mangrovenart *Rhizophora mangle*, die Lebensgemeinschaften aus Insekten, Spinnen, Skorpionen und Asseln enthalten. Nach einer anfänglichen Aufnahme der Fauna wurde die Größe einiger Inseln mit Hilfe von Motorsägen gewaltsam verringert. Die Habitatdiversität war nicht beeinträchtigt, aber trotzdem verringerte sich der Artenreichtum an Arthropoden auf drei Inseln innerhalb von zwei Jahren (Abb. 10.26). Eine Kontrollinsel, deren Größe unverändert geblieben war, zeigte in derselben Periode einen leichten Anstieg im Artenreichtum. Welche Voraussagen der Theorie zur Inselbiogeographie werden durch die in der Abbildung gezeigten Ergebnisse gestützt? Welche zusätzlichen Daten werden benötigt, um die anderen Voraussagen zu testen? Was würden Sie für den leichten Anstieg im Artenreichtum auf der Kontrollinsel verantwortlich machen?

9. Gelegentlich wird ein Dominoeffekt zur Erklärung der Zunahme im Artenreichtum während der Sukzession von Lebensgemeinschaften angenommen. Auf welche Weise kann dieses Konzept auf den normalerweise beobachteten Gradienten im Artenreichtum über die Breitengrade angewandt werden?

10. Beschreiben Sie, wie Theorien zum Artenreichtum, die von ökologischen Zeitskalen abgeleitet wurden, auch auf Muster angewandt werden können, die sich aus Fossilfunden ergeben.

Energie- und Stoffflüsse durch Ökosysteme

Wie alle biologischen Einheiten brauchen ökologische Gemeinschaften von der lokalen bis zur globalen Ebene Stoffe für ihren Aufbau und Energie für ihre Aktivitäten. Eine funktionierende Lebensgemeinschaft benötigt ebenso wie ein funktionierender Organismus in ausreichendem Maß Nährstoffe und Wasser. Das Verstehen der Art und Weise, auf der Stoffe und Energie in ökologische Gemeinschaften gelangen und sie wieder verlassen, ist daher von fundamenta-

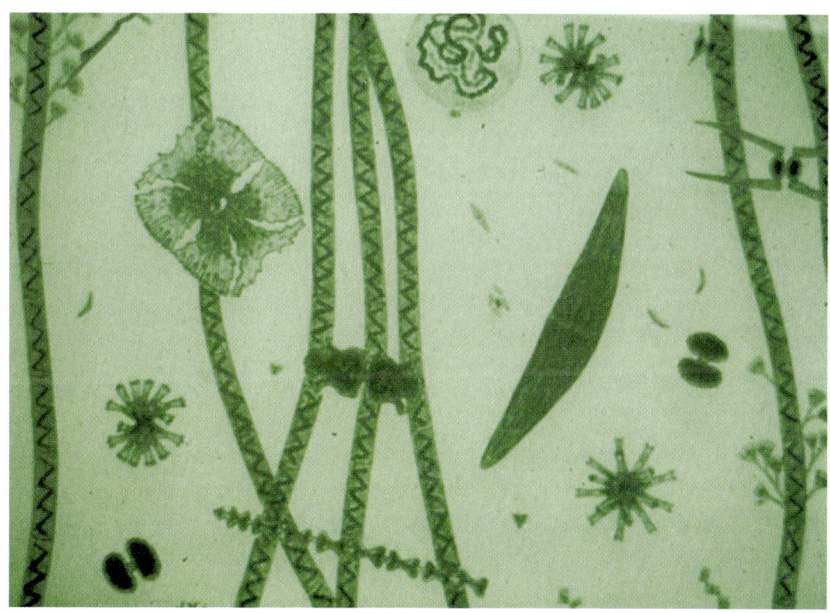

ler Bedeutung. Außerdem müssen die Wege erkannt werden, auf denen sich Energie und Stoffe in diesen Gemeinschaften bewegen, und ebenso die Prozesse, durch die sie dabei beeinflußt werden.

 ## Schlüsselkonzepte

Dieses Kapitel soll

- erkennen lassen, daß Lebensgemeinschaften durch Energie- und Stoffflüsse eng mit der abiotischen Umwelt verknüpft sind;
- vermitteln, daß die Nettoprimärproduktion nicht gleichmäßig über die Erde verteilt ist;
- darstellen, daß der Energieübergang zwischen Trophieebenen stets ineffizient ist – die Sekundärproduktion durch Herbivoren ist um etwa eine Größenordnung geringer als die Primärproduktion, auf der sie beruht;
- erkennen lassen, daß das Zersetzersystem einen viel größeren Teil der Energie und der Stoffe einer Lebensgemeinschaft verarbeitet als das Konsumentensystem;
- vermitteln, daß Abbau von Stoffen zu komplexen, energiereichen Molekülen führt, die von ihren Konsumenten (Zersetzern und Detritivoren) in Kohlenstoffdioxid, Wasser und anorganische Nährstoffe zerlegt werden;
- verstehen lassen, daß in den globalen geochemischen Kreisläufen Nährstoffe durch Wind in der Atmosphäre und durch Wasserbewegungen von Flüssen und Meeresströmungen über weite Entfernungen transportiert werden.

11.1   Einleitung

Wenn man sich mit den Prozessen beschäftigt, welche die Energie- und Stoffflüsse zwischen und innerhalb von Lebensgemeinschaften antreiben, geht es
eher darum, wie Land- und Wasserflächen einfallende Strahlung und anorganische Nährstoffe aufnehmen und verarbeiten und wie sich ganze Lebensgemeinschaften und ihre abiotische Umwelt verhalten, und weniger um das Verhalten von Individuen, Arten und Populationen. Auf dieser Organisationsebene benutzt man den Begriff *Ökosystem* zur Bezeichnung einer biologischen
Lebensgemeinschaft zusammen mit der abiotischen Umwelt, in der sie sich befindet. Lindeman (1942) begründete die Ökoenergetik, eine Wissenschaft mit
großer Tragweite sowohl für das Verständnis ökosystemarer Prozesse als auch
für die Produktion von Nahrung für den Menschen (Fenster 11.1).

Um ökosystemare Prozesse zu untersuchen, ist das Verständnis einiger Schlüsselbegriffe unerläßlich.

**Stehende Bio-
masse, Primär-
und Sekundär-
produktion**

- Die Körper lebender Organismen innerhalb eines bestimmten Areals bilden
  die *stehende Biomasse (standing crop)*.
- Mit *Biomasse* ist die Masse von Lebewesen pro Einheit von Boden- oder Was-
  serfläche gemeint. Sie wird normalerweise in Form von Energieeinheiten
  (z. B. Joule pro m²) oder trockener organischer Substanz ausgedrückt (z. B.
  kg pro ha). In der Praxis rechnen wir alle lebenden oder abgestorbenen Teile,
  die zu einem lebenden Organismus gehören, zur Biomasse. So wird konven-
  tionsgemäß der gesamte Baumkörper als Biomasse betrachtet, obwohl der
  größte Teil des Holzes tot ist. Lebewesen (oder ihre Teile) werden nicht mehr
  als Biomasse angesehen, wenn sie sterben (oder abgeworfen werden) und zu
  Bestandteilen toter organischer Substanz werden.
- Die *Primärproduktion* einer Lebensgemeinschaft ist die Rate, mit der Pflanzen, die Primärproduzenten, Biomasse *pro Flächeneinheit* produzieren. Sie
  kann entweder in Form von Energieeinheiten (z. B. Joule pro m² und Tag)
  oder in Einheiten trockener organischer Substanz ausgedrückt werden (z. B.
  kg pro ha und Jahr).
- Die gesamte Fixierung von Energie durch die Photosynthese wird als *Bruttoprimärproduktion* (BPP) bezeichnet. Hiervon wird jedoch ein Teil von den
  Pflanzen selbst veratmet und geht der Lebensgemeinschaft als respiratorische
  Wärme (R) verloren.
- Die Differenz zwischen BPP und R ist die *Nettoprimärproduktion* (NPP). Sie
  steht für die tatsächliche Produktionsrate neuer Biomasse, die von heterotrophen Lebewesen (Bakterien, Pilzen und Tieren) konsumiert werden kann.
- Die Rate der Biomasseproduktion durch Heterotrophe wird *Sekundärproduktion* genannt.

Ein Teil der Primärproduktion wird von Herbivoren konsumiert, die wiederum
von Carnivoren konsumiert werden. Diese beiden Gruppen bilden das *Konsumentensystem (live-consumer system)*. Der Anteil der NPP, der nicht von Herbivoren aufgenommen wird, durchläuft dann das sogenannte *Zersetzersystem (de-
composer system)*. Zwei Gruppen von Lebewesen, die für den Abbau toter orga-

**Konsumenten-
und Destruen-
tensysteme**

Fenster 11.1 – Historische Meilensteine

Ökoenergetik und die biologische Grundlage von Produktion und menschlichem Wohlergehen

Eine klassische Veröffentlichung von Lindeman (1942) legte den Grundstein für die Wissenschaft der Ökoenergetik. Er versuchte, das Konzept der Nahrungsketten und Nahrungsnetze zu quantifizieren, indem er die Effizienz des Transfers zwischen trophischen Ebenen betrachtete – von der einfallenden Sonnenstrahlung, die von den grünen Pflanzen einer Lebensgemeinschaft absorbiert und im Verlauf der Photosynthese verarbeitet wird, bis zu ihrer anschließenden Nutzung durch Bakterien, Pilze und Tiere.

Lindemans Veröffentlichung war ein wesentlicher Katalysator für die Initiierung des Internationalen Biologischen Programms (International Biological Programme, IBP). Der Gegenstand des IBP war die „biologische Basis von Produktion und menschlichem Wohlergehen" (*„the biological basis of productivity and human welfare"*). Angesichts des Problems einer rasant wachsenden menschlichen Population wurde erkannt, daß für ein vernünftiges Ressourcenmanagement wissenschaftliche Erkenntnisse erforderlich sind. In internationaler Kooperation durchgeführte Forschungsprogramme befaßten sich mit der Ökoenergetik von Land-, Süßwasser- und Meeresflächen. Im Rahmen des IBP arbeiteten erstmals Biologen aus der ganzen Welt an einem gemeinsamen Ziel.

In der jüngeren Vergangenheit veranlaßte ein weiteres drängendes Problem die Gemeinschaft der Ökologen zum Handeln. Entwaldung, das Verbrennen fossiler Energieträger und andere menschliche Einflüsse lassen dramatische Veränderungen des globalen Klimas und der Zusammensetzung der Atmosphäre erwarten und werden vermutlich die Muster der Produktivität und der Vegetationszusammensetzung im globalen Maßstab beeinflussen. Im Rahmen des Internationalen Geosphären-Biosphären-Programms (International Geosphere-Biosphere Programme, IGBP) wurde ein Kernprojekt eingerichtet (Global Change and Terrestrial Ecosystems, GCTE), dessen Hauptaufgabe darin besteht, die Auswirkungen von Änderungen des Klimas und der Zusammensetzung der Atmosphäre auf terrestrische Ökosysteme unter Einschluß land- und forstwirtschaftlich genutzter Systeme vorherzusagen (Steffen et al., 1992).

---

nischer Substanz (Detritus) verantwortlich sind, werden unterschieden: Bakterien und Pilze werden *Zersetzer (decomposers)* genannt; Tiere, die tote Substanz konsumieren, werden als *Detritivoren* bezeichnet.

11.2 Primärproduktion

11.2.1 Geographische Muster der Primärproduktion

Die Funktionsabläufe der Lebewesen auf der Erde und ihrer Lebensgemeinschaften hängen entscheidend von der Höhe der Produktivität ab, welche die

Pflanzen erreichen können. Will man diese Lebensgemeinschaften verstehen, schützen und auch feststellen, wann sie fehlerhaft funktionieren oder bedroht sind, muß man die zugrundeliegenden Muster der Produktivität verstehen.

Die globale Nettoprimärproduktion der terrestrischen Bereiche wird auf etwa 115×10^9 t Trockensubstanz pro Jahr geschätzt und im Meer auf 55×10^9 t pro Jahr. Die Tatsache, daß die Produktivität nicht gleichmäßig über die Erde verteilt ist, geht aus Tabelle 11.1 hervor. In weiten Bereichen der Erde werden pro Jahr weniger als 400 g pro m² produziert. Diese umfassen über 30 % der Landoberfläche und 90 % der Ozeane. Die produktivsten Systeme stellen, als entgegengesetztes Extrem, Sümpfe und Marschland, Ästuare, Algenwälder und Riffe, Tropenwälder sowie Kulturland dar.

In den Waldbiomen der Erde gibt es einen generellen Trend zunehmender Produktivität über die Breitengrade von nördlichen (borealen) über gemäßigte bis zu tropischen Bedingungen (Tabelle 11.1). Derselbe Trend kann in der Produktivität von Lebensgemeinschaften der Tundra und des Graslands (Abb. 11.1a) und bei verschiedenen landwirtschaftlichen Nutzpflanzen existieren (Abb. 11.1b), doch besteht hier eine starke Variation. In aquatischen Lebensgemeinschaften ist dieser Trend in Seen offensichtlich (Abb. 11.1c), aber nicht in Ozeanen. Der Trend über die Breitengrade legt nahe, daß Sonneneinstrahlung (eine Ressource) und Temperatur (ein Umweltfaktor) diejenigen Variablen sind, die gewöhnlich die Produktivität von Lebensgemeinschaften limitieren. Andere Faktoren können jedoch die Produktivität auch innerhalb engerer

Die Produktivität von Wäldern, Grasland, landwirtschaftlichen Nutzpflanzen und Seen folgt einem Muster über die Breitengrade

Tabelle 11.1 Normale Spannbreiten der jährlichen Nettoprimärproduktion (NPP) und der stehenden Biomasse verschiedener Lebensgemeinschaften der Erde (nach Whittaker, 1975)

Ökosystem-Typ	Fläche (10⁶ km²)	NPP pro Flächeneinheit (g m⁻² oder t km⁻²), normaler Bereich	globale NPP (10⁹ t)	Biomasse pro Flächeneinheit (kg m⁻²), normaler Bereich	globale Biomasse (10⁹ t)
Tropischer Wald	24,5	1000–3500	49,4	6–80	1025
Wald gemäßigter Zonen	12,0	600–2500	14,9	6–200	385
Borealer Nadelwald	12,0	400–2000	9,6	6–40	240
Park- und Buschland	8,5	250–1200	6,0	2–20	50
Savanne	15,0	200–2000	13,5	0,2–15	60
Grasland gemäßigter Zonen	9,0	200–1500	5,4	0,2–5	14
Tundra und alpine Stufe	8,0	10–400	1,1	0,1–3	5
Wüste und Halbwüste	18,0	10–250	1,6	0,1–4	13
Extreme Wüste, Fels, Sand, Eis	24,0	0–10	0,07	0–0,2	0,5
Kulturland	14,0	100–3500	9,1	0,4–12	14
Sumpf und Marschland	2,0	800–3500	4,0	3–50	30
Seen und Flüsse	2,0	100–1500	0,5	0–0,1	0,05
Kontinente insgesamt	149		115		1837
Offener Ozean	332,0	2–400	41,5	0–0,005	1,0
Auftriebswasser	0,4	400–1000	0,2	0,005–0,1	0,008
Kontinentalschelf	26,6	200–600	9,6	0,001–0,04	0,27
Algenwälder und Riffe	0,6	500–4000	1,6	0,04–4	1,2
Ästuare	1,4	200–3500	2,1	0,01–6	1,4
Meere insgesamt	361		55,0		3,9
Gesamtsumme	510		170		1841

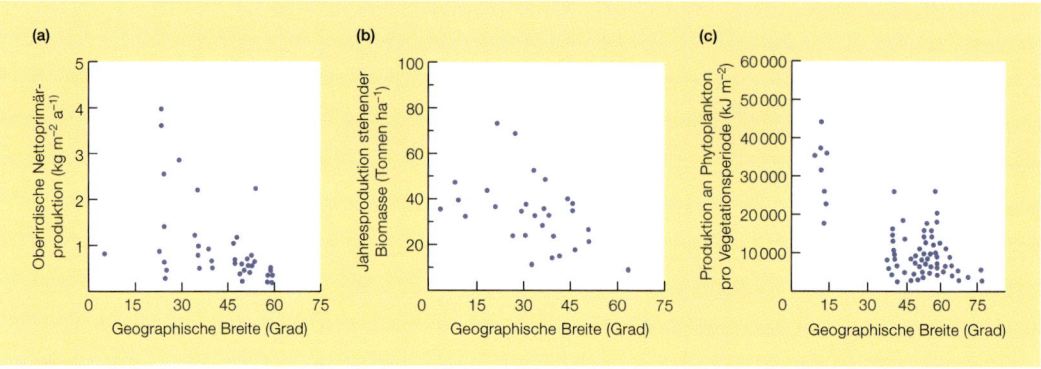

Abbildung 11.1
Trotz hoher Variation gibt es einen generellen Trend zunehmender Nettoprimärproduktion von den Polen (90. Breitengrad) zum Äquator (0. Breitengrad): (a) in Ökosystemen der Tundra und des Graslands (nach Cooper, 1975); (b) bei landwirtschaftlichen Nutzpflanzen (nach Cooper, 1975); (c) in Seen (nach Brylinsky & Mann, 1973).

Grenzen einschränken. Im Meer ist die Produktivität oft durch Nährstoff-knappheit limitiert.

11.2.2 Limitierende Faktoren für die Primärproduktion

Wodurch wird die Primärproduktion limitiert? In terrestrischen Lebensgemein-schaften sind Sonneneinstrahlung, Kohlenstoffdioxid, Wasser und Nährstoffe im Boden diejenigen Ressourcen, die zur Primärproduktion benötigt werden, während der Umweltfaktor Temperatur einen starken Einfluß auf die Rate der Photosynthese ausübt. Kohlenstoffdioxid trägt normalerweise etwa 0,03 % zur Gaszusammensetzung der Atmosphäre bei und scheint für die Unterschiede zwischen der Produktivität verschiedener Lebensgemeinschaften keine wesent-liche Rolle zu spielen (obwohl der globale Anstieg der Kohlenstoffdioxid-Kon-zentration starke Veränderungen bewirken kann) (Kicklighter et al., 1999). Auf der anderen Seite variieren die Intensität der Sonneneinstrahlung, die Verfüg-barkeit von Wasser und Nährstoffen und die Temperatur in dramatischer Weise von einem Ort zum anderen. Sie alle kommen als limitierender Faktor in Frage. Welcher von ihnen limitiert die Primärproduktion tatsächlich?

Terrestrische Lebensgemein-schaften nutzen die Sonnen-einstrahlung ineffizient

Je nach Ort treffen in der Minute auf jeden m² der Erdoberfläche 0–5 J Son-nenenergie auf. Wenn die gesamte Energie durch Photosynthese in pflanzliche Biomasse umgesetzt werden würde (d. h., wenn die photosynthetische Effi-zienz 100 % betragen würde), wäre die Produktion von Pflanzenmaterial gewal-tig und 10- bis 100mal höher als die tatsächlich ermittelten Werte. Aber nur etwa 44 % der einfallenden kurzwelligen Strahlung liegen in Wellenlängenbe-reichen, die zur Photosynthese genutzt werden können. Doch auch wenn man dies berücksichtigt, liegt die Produktivität immer noch deutlich unter dem möglichen Maximalwert. Die in Abbildung 11.2 dargestellten Nadelwaldge-meinschaften z. B. weisen die höchste Nettoeffizienz der Photosynthese auf, doch beträgt diese nur zwischen 1–3 %. Bei einem ähnlichen Niveau einfallen-

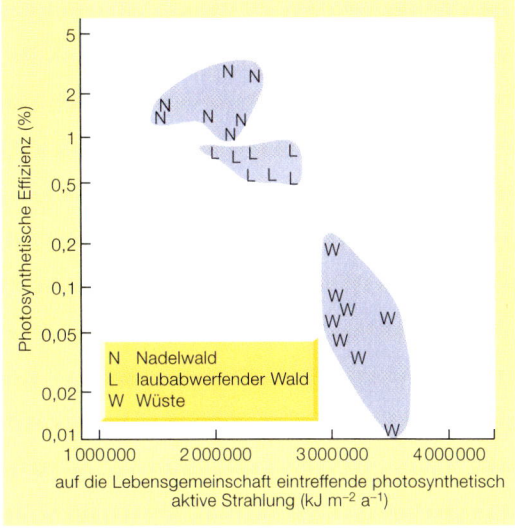

Abbildung 11.2
Photosynthetische Effizienz (Prozentsatz der einfallenden photosynthetisch aktiven Strahlung, der zu oberirdischer Nettoprimärproduktion umgesetzt wird) in drei Gruppen terrestrischer Lebensgemeinschaften in den USA (nach Webb et al., 1983).

der Strahlung erreichen Laubwälder 0,5–1 %, und Wüsten kommen trotz der größeren zugeführten Energiemenge nur auf 0,01–0,2 %. Dem stehen kurzzeitige Spitzenwerte der Effizienz landwirtschaftlicher Nutzpflanzen unter idealen Bedingungen gegenüber, die Werte von 3–10 % erreichen können.

Zweifellos könnte die verfügbare Sonneneinstrahlung effizienter genutzt werden, wenn alle anderen Ressourcen reichlich vorhanden wären. Davon zeugen die viel höheren Werte der Produktivität von Lebensgemeinschaften landwirtschaftlicher Systeme. Mangel an Wasser, einer essentiellen Ressource sowohl als Zellbestandteil als auch für die Photosynthese, ist oft der limitierende Faktor. Deshalb ist es nicht überraschend, daß der Niederschlag einer Region recht eng mit ihrer Produktivität korreliert ist (Abb. 11.3a). Zwischen der oberirdischen NPP und der Jahresmitteltemperatur besteht ebenfalls eine deutliche Beziehung (Abb. 11.3b), doch sind höhere Temperaturen mit starker Transpiration verbunden und lassen daher den Zeitpunkt schneller eintreten, an

Wasser und Temperatur als kritische Faktoren

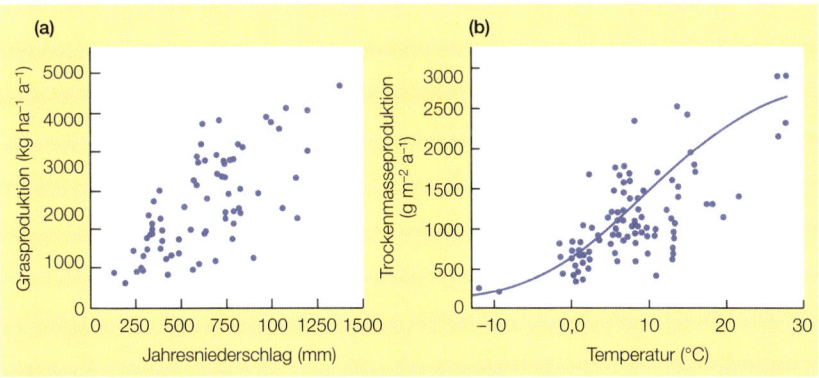

Abbildung 11.3
Oberirdische Nettoprimärproduktion: (a) von Gras in Savannengebieten in Beziehung zum Jahresniederschlag (nach Higgins et al., 2000); (b) von Wald in Beziehung zur gleichen Temperaturspanne (nach Reichle, 1970).

dem Wasserknappheit ein wichtiger Faktor wird. Wasserknappheit wirkt sich direkt auf die Rate pflanzlichen Wachstums aus, führt aber auch zu einer verringerten Dichte der Vegetation. Eine spärliche Vegetation nimmt weniger Sonneneinstrahlung auf, von der hier ein großer Teil auf den nackten Boden einfällt. Dies erklärt zu einem großen Teil den zuvor festgestellten Unterschied in der Produktivität zwischen Wüsten und Wald.

Die NPP nimmt mit der Länge der Vegetationsperiode zu

Die Produktivität einer Lebensgemeinschaft kann nur für denjenigen Zeitraum eines Jahres aufrechterhalten werden, in dem die Pflanzen photosynthetisch aktive Blätter tragen. Laubbäume haben für diesen Zeitraum eine selbstgesetzte Grenze, während Nadelbäume das ganze Jahr über ihre Krone behalten (obwohl sie in manchen Jahreszeiten fast keine Photosynthese betreiben).

Die NPP kann wegen Mangels an geeigneten mineralischen Ressourcen gering sein

Unabhängig von der Intensität der Sonneneinstrahlung, der Häufigkeit von Regenfällen und der Ausgeglichenheit der Temperatur muß die Produktivität in einer terrestrischen Lebensgemeinschaft gering sein, wenn kein Boden vorhanden ist oder im Boden Mangel an essentiellen mineralischen Nährstoffen herrscht. Von allen mineralischen Nährstoffen ist gebundener Stickstoff derjenige, der den stärksten Einfluß auf die Produktivität der Lebensgemeinschaft ausübt. Es gibt wohl kein landwirtschaftlich oder forstlich genutztes System, das auf Stickstoffzufuhr nicht mit gesteigerter Primärproduktion reagiert, und dies gilt wohl auch für die natürliche Vegetation. Auch ein Mangel an anderen Elementen, insbesondere an Phosphor, kann die Produktivität einer Lebensgemeinschaft weit unterhalb des theoretisch möglichen Werts halten.

Die Primärproduktion kann im Jahresverlauf durch eine Abfolge von Faktoren eingeschränkt sein

Im Jahresverlauf kann die Produktivität einer terrestrischen Lebensgemeinschaft auch durch eine Abfolge von Faktoren eingeschränkt sein. Die Primärproduktion eines Graslands kann deutlich unterhalb des theoretischen Maximums liegen, wenn die Winter zu kalt und die Strahlungsintensitäten gering, die Sommer zu trocken und die Raten der Stickstoffmobilisierung zu niedrig sind, oder insbesondere, weil Überweidung die stehende Biomasse an photosynthetisch aktiven Blättern verringert und ein großer Teil der einfallenden Strahlung auf den kahlen Boden trifft.

Produktive aquatische Lebensgemeinschaften kommen an Orten hoher Nährstoffkonzentrationen vor

In aquatischen Lebensgemeinschaften sind die Verfügbarkeit von Nährstoffen (insbesondere Nitrat und Phosphat) und die Intensität der Sonnenstrahlung, welche die Wassersäule durchdringt, diejenigen Faktoren, die am häufigsten die Primärproduktion begrenzen. Produktive aquatische Lebensgemeinschaften kommen dort vor, wo, aus welchem Grund auch immer, die Nährstoffkonzentrationen hoch sind (s. z. B. Abb. 11.4). Seen erhalten Nährstoffe durch Verwitterung von Gestein und Böden in ihrem Einzugsgebiet, durch Niederschlag sowie als Ergebnis menschlicher Aktivität (Eintrag von Düngemitteln und Abwasser, s. Kapitel 13). Die Nährstoffverfügbarkeit in ihnen variiert beträchtlich.

In den Ozeanen sind örtlich hohe Niveaus der Primärproduktion mit hohen Nährstoffeinträgen aus zwei Quellen verbunden. Erstens können Nährstoffe aus Ästuaren kontinuierlich in die Küstenschelfregionen fließen. Die Produktivität der inneren Schelfregion ist besonders hoch, da hier die Nährstoffkonzentrationen hoch sind und das relativ klare Wasser für eine adäquate Mächtigkeit der Wasserschicht sorgt, in der eine positive Nettophotosynthese möglich ist *(euphotische Zone)*. Näher am Land ist das Wasser zwar noch reicher an Nähr-

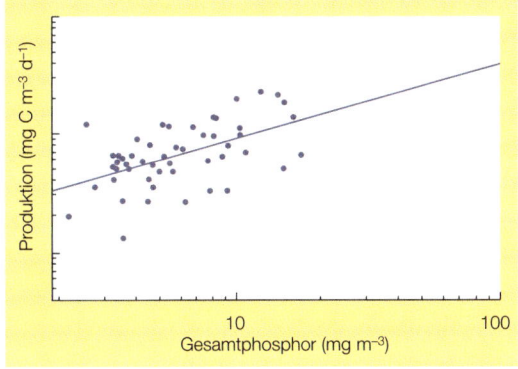

Abbildung 11.4
Beziehung zwischen der Bruttoprimärproduktion von Phytoplankton (mikroskopisch kleinen Pflanzen) im offenen Wasser einiger kanadischer Seen und der Phosphorkonzentration (nach Carignan et al., 2000).

stoffen, aber stark getrübt, und seine Produktivität ist geringer. Die am wenigsten produktiven Zonen finden sich im offenen Ozean, wo trotz des klaren Wassers und der stark ausgeprägten euphotischen Zone gewöhnlich extrem niedrige Nährstoffkonzentrationen herrschen. Eine örtlich hohe Produktivität kommt in den offenen Ozeanen nur dort vor, wo es einen Auftrieb nährstoffreichen Tiefenwassers gibt.

11.3 Verwertung der Primärproduktion

Pilze, Tiere und die meisten Bakterien sind heterotroph: Sie beziehen ihre stoffliche Substanz und ihre Energie entweder direkt aus der Konsumption von Pflanzenmaterial oder indirekt aus Pflanzen, nämlich durch das Fressen anderer heterotropher Lebewesen. Pflanzen, die Primärproduzenten, bilden die erste Trophieebene einer Lebensgemeinschaft, Primärkonsumenten treten auf der zweiten Trophieebene auf, Sekundärkonsumenten (Carnivoren) auf der dritten usw.

11.3.1 Beziehung zwischen Primär- und Sekundärproduktion

Da die Sekundärproduktion von der Primärproduktion abhängig ist, sollte man in Lebensgemeinschaften eine positive Beziehung zwischen diesen beiden Variablen erwarten. Abbildung 11.5 illustriert diese generelle Beziehung an Beispielen aquatischer und terrestrischer Lebensgemeinschaften. Die Sekundärproduktion durch Zooplankton (kleine Tiere im offenen Wasser), das hauptsächlich Phytoplanktonzellen konsumiert, ist in einer Reihe von Seen in verschiedenen Regionen der Erde positiv mit der Produktivität des Phytoplanktons korreliert (Abb. 11.5a). Die Produktivität heterotropher Bakterien in Seen und Ozeanen verhält sich ebenso wie die des Phytoplanktons (Abb. 11.5b); die Bakterien metabolisieren gelöste organische Substanz, die von intakten Phytoplanktonzellen freigesetzt wird oder bei einer „zerstörerischen" Fraßtätigkeit weidender Tiere anfällt. Abbildung 11.5c zeigt die signifikante Beziehung der

Es gibt eine generelle positive Beziehung zwischen Primär- und Sekundärproduktion

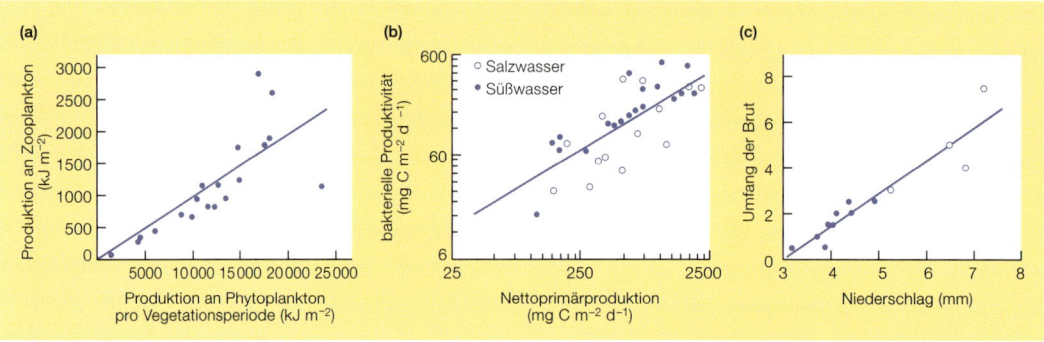

Abbildung 11.5
Beziehungen zwischen Primär- und Sekundärproduktion: (a) bei Zooplankton in Seen (nach Brylinsky & Mann, 1973); (b) bei Bakterien in Süß- und Meerwasser (nach Cole et al., 1988); (c) bei einem Darwinfinken *(Geospiza fortis)*, gemessen als Umfang der Brut in Beziehung zum Jahresniederschlag (offene Kreise kennzeichnen besonders niederschlagsreiche Jahre bei Auftreten von El-Niño-Klimaanomalien) (nach Grant et al., 2000). Alle Korrelationen sind signifikant bei $P < 0,05$.

Anzahl an Jungvögeln, die von dem samenfressenden Darwinfinken *Geospiza fortis* (s. Abb. 2.15) aufgezogen werden, zum Niederschlag während eines Jahres (in vielen Lebensgemeinschaften ist die Primärproduktion an den Niederschlag gebunden).

Sowohl in aquatischen als auch in terrestrischen Lebensgemeinschaften beträgt die Sekundärproduktion durch Herbivoren etwa ein Zehntel der Primärproduktion, auf der sie beruht. Dies führt zu einer Pyramidenstruktur, bei der die pflanzliche Produktivität eine breite Basis legt, von der eine geringere Produktivität der Primärkonsumenten abhängt, und über der eine noch geringere Produktivität der Sekundärkonsumenten liegt. Auch wenn sie in Einheiten von Dichte oder Biomasse angegeben werden, können Trophieebenen eine Pyramidenstruktur aufweisen. Die Verteilung von Biomasse in Nahrungsketten, die von Phytoplankton abhängig sind, entspricht jedoch oft einer umgekehrten Pyramide: Eine hochproduktive, aber geringe Biomasse aus kurzlebigen Algenzellen unterhält eine größere Biomasse von Zooplankton mit längerer Lebensspanne.

Der größte Teil der Primärproduktion läuft nicht durch das Weidegänger-System

Die Produktivität von Herbivoren ist stets geringer als die der Pflanzen, von denen sie sich ernähren. Wohin ist die restliche Energie verschwunden? Erstens wird nicht die gesamte pflanzliche Biomasse im lebenden Zustand von Herbivoren konsumiert. Ein großer Teil stirbt ab, ohne gefressen zu werden, und unterhält eine Lebensgemeinschaft aus Zersetzern (Bakterien, Pilze und detritivore Tiere). Zweitens wird nicht die gesamte Biomasse, die von Herbivoren gefressen wird, verdaut und für den Einbau in die Konsumentenbiomasse verfügbar (dies gilt auch für die Biomasse der Herbivoren, die von Carnivoren gefressen werden). Ein Teil der Biomasse geht als Fäzes verloren und steht den Zersetzern zur Verfügung. Drittens wird nicht die gesamte Energie aus der Assimilation tatsächlich in Biomasse umgesetzt. Ein Teil geht in Form respiratorischer Wärme verloren. Die Gründe hierfür sind, daß kein Energieumwandlungsprozeß eine Effizienz von 100 % aufweist (ein Teil der Energie geht entsprechend dem 2. Hauptsatz der Thermodynamik in Form von nicht-nutzbarer Wärme verloren), und daß Tiere Arbeit verrichten, wofür Energie erforderlich ist, die wiederum als Wärme freigesetzt wird. Diese drei Wege der Energieumwandlung treten auf allen Trophieebenen auf; sie sind in Abbildung 11.6 dargestellt.

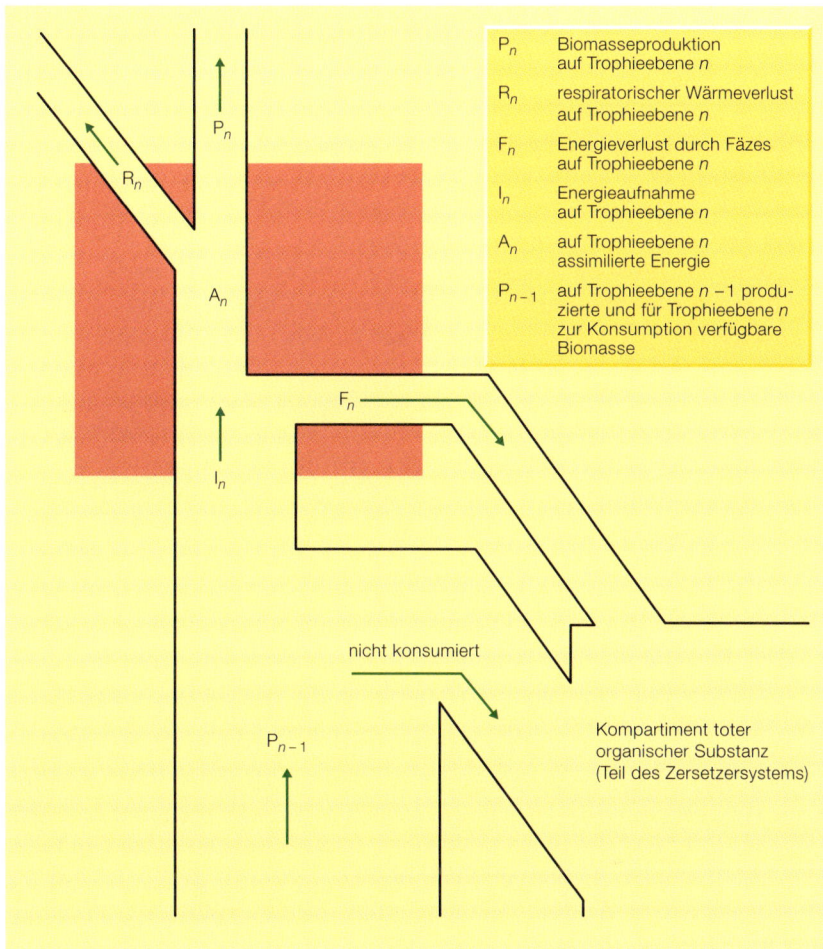

P_n	Biomasseproduktion auf Trophieebene n
R_n	respiratorischer Wärmeverlust auf Trophieebene n
F_n	Energieverlust durch Fäzes auf Trophieebene n
I_n	Energieaufnahme auf Trophieebene n
A_n	auf Trophieebene n assimilierte Energie
P_{n-1}	auf Trophieebene $n-1$ produzierte und für Trophieebene n zur Konsumption verfügbare Biomasse

nicht konsumiert

Kompartiment toter organischer Substanz (Teil des Zersetzersystems)

Abbildung 11.6
Muster des Energieflusses durch ein trophisches Kompartiment (dargestellt als roter Bereich).

11.3.2 Die grundlegende Bedeutung der Effizienz des Energietransfers

Mögliche Wege eines Energiequantums durch eine Lebensgemeinschaft

Ein Energiequantum (ein Joule) kann von einem herbivoren Wirbellosen konsumiert und assimiliert werden, der es zum Verrichten von Arbeit nutzt und es als respiratorische Wärme abgibt. Es kann auch von einem herbivoren Wirbeltier konsumiert und später von einem Carnivoren assimiliert werden, der schließlich stirbt und in das Kompartiment toter organischer Substanz übergeht. Hier kann der restliche Teil des Joules von einer Pilzhyphe assimiliert und schließlich von einer Bodenmilbe konsumiert werden, die es wiederum zum Verrichten von Arbeit nutzt und dabei einen weiteren Teil des Joules als Wärme abgibt. Auf jeder Konsumptionsstufe kann der restliche Teil des Joules der Assimilation entgehen und in Form von Fäzes in tote organische Substanz übergehen, oder er kann assimiliert und entweder veratmet oder in die Bildung von Körpergewebe (oder die Produktion von Nachwuchs) eingehen. Der Körper stirbt schließlich, und der überbleibende Teil des Joules kann in das Kompartiment toter organischer Substanz übergehen, oder er kann durch einen Konsumenten der nächsthöheren trophischen Ebene erbeutet werden, wo er auf weitere mögliche Wegverzweigungen trifft. Schließlich wird jeder Teil des Joules bei einem oder mehreren Übergängen auf seinem Weg in der Nahrungskette in Form von abgegebener respiratorischer Wärme aus der Lebensgemeinschaft hinausgelangen. Während ein Molekül oder Ion endlos durch die Nahrungsketten einer Lebensgemeinschaft kreisen kann, wird diese von der Energie nur einmal durchlaufen.

Die möglichen Wege im Herbivoren-Carnivoren(Konsumenten)-System und im Zersetzersystem sind die gleichen, allerdings mit einer entscheidenden Ausnahme: Tote Körper und Fäzes gehen dem Konsumentensystem verloren (und gehen in das Zersetzersystem über); Fäzes und tote Körper des Zersetzersystems werden jedoch einfach in das Kompartiment toter organischer Substanz an seiner Basis zurückgeschickt. So kann die in Form toter organischer Substanz verfügbare Energie schließlich vollständig metabolisiert und die gesamte Energie als respiratorische Wärme abgegeben werden, selbst wenn hierzu mehrere Durchläufe durch das Zersetzersystem benötigt werden. Die Ausnahmen hiervon stellen Situationen dar, in denen (1) Stoffe aus der lokalen Umwelt exportiert und anderswo verstoffwechselt werden, z. B. wenn Detritus mit einem Wasserlauf fortgespült wird, und (2) die örtlichen abiotischen Umweltbedingungen die Zersetzung hemmen und Lager unvollständig metabolisierter, energiereicher Substanz, z. B. in Form von Öl, Kohle oder Torf, zurückbleiben.

Die Effizienz von Konsumption, Assimilation und Produktion bestimmt die relative Bedeutung der Energieflüsse

Die Anteile der Nettoprimärproduktion, die auf jedem der möglichen Energiewege fließen, hängen von der *Transfereffizienz* von einer Stufe zur nächsten ab. Zur Vorhersage der Muster des Energieflusses muß man die Werte von nur drei Kategorien der Transfereffizienz kennen. Diese sind die *Konsumptionseffizienz* (KE), die *Assimilationseffizienz* (AE) und die *Produktionseffizienz* (PE).

Konsumptionseffizienz ist der Prozentsatz der gesamten, auf einer Trophieebene verfügbaren Produktion, der von der darüberliegenden trophischen Ebene konsumiert („aufgenommen") wird. Bei Primärkonsumenten ist KE der pro Zeiteinheit als Nettoprimärproduktion produzierte Prozentsatz an Joule,

der seinen Weg in die Därme von Herbivoren findet. Im Fall der Sekundärkonsumenten ist es der von Carnivoren gefressene Prozentsatz der Herbivo-
renproduktion. Der Rest stirbt, ohne gefressen zu werden, und geht in das Zersetzersystem über. Angemessene Durchschnittswerte für die Konsumptionseffizienz
von Herbivoren sind etwa 5 % in Wäldern, 25 % in Grasland und 50 % in
Phytoplankton-dominierten Lebensgemeinschaften. Über die Konsumptionseffizienz von Carnivoren ist viel weniger bekannt; räuberische Wirbeltiere können 50–100 % der Produktion aus Beutewirbeltieren konsumieren, aber vielleicht nur 5 % der Produktion, die aus Wirbellosen-Beute besteht, während räuberische Wirbellose vielleicht 25 % der verfügbaren Produktion aus wirbellosen
Beutetieren konsumieren.

Assimilationseffizienz ist der Prozentsatz der in einem trophischen Kompartiment in den Darm der Konsumenten aufgenommenen Nahrungsenergie, der
über die Darmwand assimiliert und zum Wachstum oder zum Verrichten von
Arbeit verfügbar wird. Der Rest wird in Form von Fäzes ausgeschieden und
geht in das Zersetzersystem über. Für die Mikroorganismen kann eine „Assimilationseffizienz" viel weniger leicht angegeben werden. Nahrung passiert keinen „Darm", und Fäzes werden nicht produziert. Bakterien und Pilze verdauen
tote organische Substanz extern und absorbieren typischerweise fast das gesamte Produkt: Oft wird ihnen eine „Assimilationseffizienz" von 100 % zugeschrieben. Bei Herbivoren, Detritivoren und Mikrobivoren ist die Assimilationseffizienz typischerweise niedrig (20–50 %), bei Carnivoren aber hoch (etwa
80 %). Die Art und Weise, in der Pflanzen ihre Produktion in Wurzeln, Holz,
Blätter, Samen und Früchte verlagern, beeinflußt auch ihren Nutzen für Herbivoren. Samen und Früchte können mit einer Effizienz von 60–70 % und Blätter mit einer Effizienz von etwa 50 % assimiliert werden, die Assimilationseffizienz von Holz mag dagegen nicht mehr als 15 % betragen.

Produktionseffizienz ist der Prozentsatz assimilierter Energie, der in neue
Biomasse eingebaut wird – der Rest wird vollständig in Form von respiratorischer Wärme an die Lebensgemeinschaft abgegeben. Die Unterschiede in
der Produktionseffizienz sind hauptsächlich durch die Zugehörigkeit des Lebewesens zu einer bestimmten taxonomischen Gruppe bedingt. Wirbellose haben
im allgemeinen eine hohe Effizienz (30–40 %) und verlieren relativ wenig Energie in Form von respiratorischer Wärme. Unter den Wirbeltieren haben Ektotherme, deren Körpertemperatur entsprechend der Umgebungstemperatur
variiert (s. Abschnitt 3.2.6), mittlere Werte der PE (etwa 10 %). Endotherme,
die zur Aufrechterhaltung einer konstanten Körpertemperatur viel Energie aufwenden, wandeln nur 1–2 % der assimilierten Energie in Biomasse um. Mikroorganismen, einschließlich Protozoen, haben in der Tendenz eine sehr hohe
Produktionseffizienz.

Die gesamte *trophische Transfereffizienz* von einer Trophieebene zur nächsten berechnet sich einfach nach $KE \times AE \times PE$. In der Zeit nach Lindemans
Pionierarbeit (1942; s. Fenster 11.1) wurde generell angenommen, daß die
trophische Transfereffizienz etwa 10 % beträgt; tatsächlich bezeichneten dies einige Ökologen als „Zehn-Prozent-Gesetz". Jedoch gibt es mit Sicherheit kein
Naturgesetz, nach dem genau ein Zehntel der Energie, die in eine Trophieebene eingeht, auf die nächste übertragen wird. Eine Zusammenstellung von

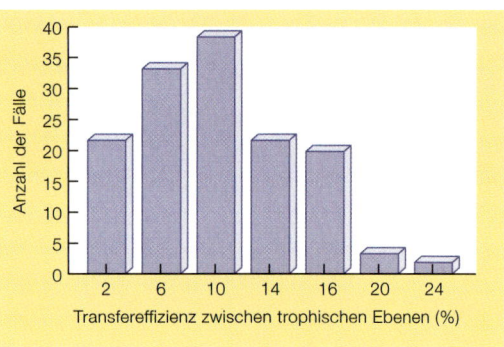

Abbildung 11.7
Häufigkeitsverteilung der Transfereffizienz
zwischen Trophieebenen aus 48 Untersuchungen
der trophischen Verhältnisse in aquatischen Lebensgemeinschaften. Sowohl zwischen den Untersuchungen als auch zwischen den Trophieebenen
besteht eine erhebliche Variation. Der Mittelwert
beträgt 10,13 % (Standardfehler: 0,49)
(nach Pauly & Christensen, 1995).

Untersuchungen der trophischen Verhältnisse aus einer weiten Spanne von Süß-
wasser- und Meereslebensräumen z. B. zeigt, daß die Transfereffizienz zwischen
den Trophieebenen von etwa 2–24 % variiert, wobei allerdings der Mittelwert
tatsächlich 10,13 % beträgt (Abb. 11.7).

11.3.3 Die relative Bedeutung des „Konsumenten"- und „Zersetzersystems"

Bei gegebenen realistischen Werten für die Nettoprimärproduktion eines Standortes sowie für KE, AE und PE aller vorhandenen trophischen Gruppen (Herbivoren, Carnivoren, Zersetzer, Detritivoren) kann die relative Bedeutung
unterschiedlicher Wege der Energieflüsse aufgezeigt werden. Abbildung 11.8
tut dies in verallgemeinerter Form für einen Wald, Grasland, eine Plankton-Le-
bensgemeinschaft (eines Ozeans oder großen Sees) und die Lebensgemeinschaft eines Baches oder Weihers. In jeder Lebensgemeinschaft der Erde ist
wahrscheinlich das Zersetzersystem für den größten Teil der Sekundärproduktion und damit auch für den größten Teil des respiratorischen Wärmeverlusts
verantwortlich. Die „Konsumenten" haben ihre größte Bedeutung in Plank-
ton-Lebensgemeinschaften, wo ein großer Teil der Nettoprimärproduktion in
Form von lebenden Organismen konsumiert und mit recht hoher Effizienz assimiliert wird. Auch hier leben jedoch heterotrophe Bakterien in sehr großer
Dichte und ernähren sich von gelösten organischen Molekülen, die von Phytoplanktonzellen ausgeschieden werden. Sie konsumieren dabei vielleicht mehr
als 50 % der Primärproduktion als „tote" organische Substanz.

Wegen der geringen Konsumptions- und Assimilationseffizienz der Herbivoren übt das „Konsumentensystem" in terrestrischen Lebensgemeinschaften
nur eine geringe Wirkung aus und tritt in vielen kleinen Flüssen und Weihern
fast gar nicht in Erscheinung, da die Primärproduktion hier so niedrig ist. Die
Energiegrundlage der letztgenannten Ökosysteme besteht oft aus toter organischer Substanz, die in terrestrischen Lebensräumen produziert und in das
Wasser gefallen, eingewaschen oder eingeweht wurde. Die benthische Lebensgemeinschaft der Tiefenbereiche des Ozeans hat eine trophische Struktur, die
derjenigen von kleinen Flüssen und Weihern sehr ähnlich ist. Diese Lebensgemeinschaft existiert in einem Wasserbereich, in dem Photosynthese nur un-

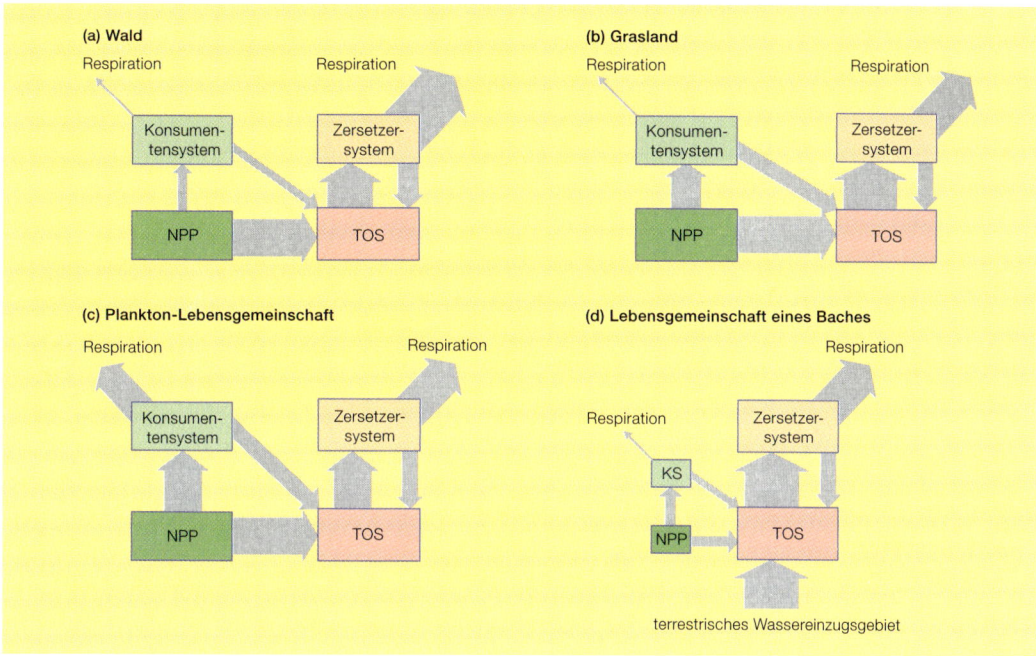

Abbildung 11.8
Allgemeine Muster des Energieflusses in (a) einem Wald, (b) Grasland, (c) einer marinen Plankton-Lebens-
gemeinschaft und (d) der Lebensgemeinschaft eines Baches oder kleinen Weihers. Die Größenverhältnisse der
Flächen und Pfeile entsprechen den relativen Größen der Kompartimente und Flüsse. KS: Konsumentensystem,
NPP: Nettoprimärproduktion, TOS: tote organische Substanz.

wesentlich oder überhaupt nicht stattfinden kann, und bezieht ihre Energiegrundlage aus abgestorbenem Phytoplankton, toten Bakterien und Tieren sowie aus Fäzes, die von der autotrophen Lebensgemeinschaft in der weiter oben
befindlichen euphotischen Zone herabsinken. Anders betrachtet, ist der Meeresgrund einem Waldboden unterhalb einer undurchdringlichen Kronenschicht
äquivalent.

11.4   Zersetzungsprozesse

Angesichts der tiefgreifenden Bedeutung des Zersetzersystems und somit der
Zersetzer (Bakterien und Pilze) und Detritivoren ist es wichtig, sich der Spannbreite der Lebewesen und Prozesse bewußt zu werden, die an der Zersetzung
beteiligt sind.

Den Vorgang des Einbaus eines anorganischen Nährelements in eine organische Form, vor allem im Verlauf des Wachstums grüner Pflanzen, nennt man
Immobilisierung. Dies geschieht z. B. bei dem Einbau von Kohlenstoffdioxid
in die Kohlenhydrate der Pflanze. Hierzu wird Energie benötigt, die im Fall
der Pflanzen von der Sonne kommt. Umgekehrt schließt Zersetzung die Freisetzung von Energie und die *Mineralisation* chemischer Nährstoffe ein – die

**Definitionen
zum Zerset-
zungsprozeß**

465

Umwandlung von Elementen aus der organischen zurück in die anorganische Form. *Zersetzung* ist der schrittweise vollzogene Abbau toter organischer Substanz (d. h. toter Körper, abgeworfener Körperteile und Fäzes), der sowohl durch physikalische als auch durch biologische Faktoren bewerkstelligt wird. Sie erreicht ihren Schlußpunkt im Aufbrechen komplexer energiereicher Moleküle durch deren Konsumenten (Zersetzer und Detritivoren) in Kohlenstoffdioxid, Wasser und anorganische Nährstoffe. Wenn die organische Substanz mineralisiert wird, wird letztlich ein Gleichgewicht erreicht zwischen der Aufnahme von Sonnenenergie bei der Photosynthese und der Immobilisierung anorganischer Nährstoffe in Form von Biomasse einerseits sowie dem Verlust an Wärmeenergie und organischen Nährstoffen andererseits.

11.4.1 Die Zersetzer: Bakterien und Pilze

Bakterien und Pilze sind frühe Besiedler frisch abgestorbenen Materials

Wenn eine tote Ressource nicht unmittelbar von einem aasfressenden Tier, z. B. einem Geier oder einem Aaskäfer, aufgenommen wird, beginnt der Zersetzungsprozeß gewöhnlich mit ihrer Besiedlung durch Bakterien und Pilze. Bakterien und Pilzsporen sind in der Luft und im Wasser stets anwesend und gewöhnlich auf (und oft sogar in) der organischen Substanz vorhanden, schon bevor sie tot ist. Die frühen Besiedler nutzen in der Regel lösliche Substanzen, hauptsächlich Aminosäuren und Zucker, die frei diffundieren können. Die übrigen Ressourcen können jedoch nicht diffundieren und setzen dem Abbau stärkeren Widerstand entgegen. Der anschließende Abbauprozeß läuft daher langsamer ab und bezieht spezialisierte Mikroben ein, die strukturelle Kohlenhydrate wie Cellulose und Lignin sowie komplexe Proteine, Suberin (Kork) und Cuticularsubstanzen abbauen können.

11.4.2 Detritivoren und spezialisierte Mikrobivoren

Die meisten Detritivoren konsumieren Detritus und die mit ihm vergesellschafteten Bakterien und Pilze

Die Mikrobivoren sind eine Gruppe von Tieren, die neben den Detritivoren aktiv sind und sich von ihnen mitunter nur schwer unterscheiden lassen. Der Name *Mikrobivor* ist den winzigen Tieren vorbehalten, die sich auf das Fressen von Bakterien oder Pilzen spezialisiert haben, aber keinen Detritus in ihren Darm aufnehmen. Tatsächlich jedoch wird die Mehrheit der Detritivoren von Generalisten gebildet, die sowohl den Detritus als auch die mit ihm assoziierten Bakterien- und Pilzpopulationen aufnehmen. Die Wirbellosen, die an der Zersetzung toten Pflanzen- und Tiermaterials beteiligt sind, gehören unterschiedlichen taxonomischen Gruppen an. In terrestrischen Lebensgemeinschaften werden sie gewöhnlich nach ihrer Körpergröße eingeteilt (Abb. 11.9). Dies ist keine willkürliche Grundlage der Einteilung, da Körpergröße ein wichtiges Merkmal von Lebewesen ist, die ihre Ressourcen durch Graben oder Kriechen in Spalten und Rissen der Streu oder des Bodens erreichen.

Aquatische Detritivoren werden normalerweise nach ihrer Ernährungsweise eingeteilt

In der Limnologie dagegen steht bei der Untersuchung von Detritivoren weniger die Größe der Lebewesen im Mittelpunkt als die Art und Weise, auf die sie an ihre Nahrung gelangen (s. Abb. 4.16). *Zerkleinerer (shredders)* z. B. sind Detritivoren, die grobe Teile organischer Substanz fressen (z. B. Baumblätter, die in einen Bach gefallen sind) und das Material in kleine Partikel zerteilen.

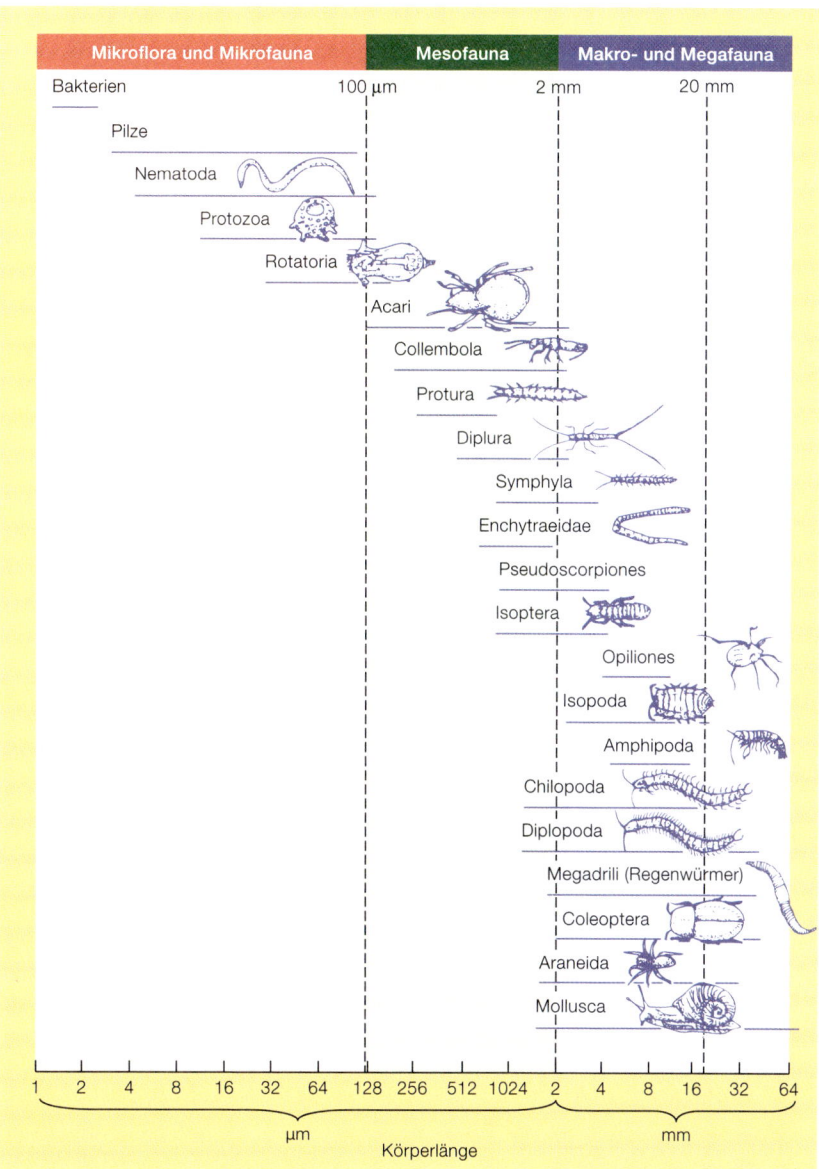

Abbildung 11.9
Einteilung von Zersetzern in terrestrischen Nahrungsnetzen nach der Körperlänge. Die folgenden Gruppen sind ausschließlich carnivor: Opiliones (Weberknechte), Chilopoda (Hundertfüßer) und Araneida (Webspinnen) (nach Swift et al., 1979).

Sammler-Filtrierer (collector-filterers) dagegen, wie z. B. die in Flüssen lebenden Larven von Kriebelmücken *(Simuliidae),* konsumieren die kleinen organischen Partikel, die sonst flußabwärts transportiert werden würden. Aufgrund ihrer sehr hohen Populationsdichten (zuweilen 600 000 Kriebelmückenlarven pro Quadratmeter Flußbett) wandeln die Larven eine gewaltige Menge feiner partikulärer Substanz in Fäzeskugeln um (in einem schwedischen Fluß wurde die Fäzesmasse von Malmqvist et al. (2001) auf 429 Tonnen Trockensubstanz pro Tag geschätzt). Fäzeskugeln sind viel größer als die Partikel, welche die

Abbildung 11.10
Flußabwärts verlaufende Trends im schwedischen Vindel-Fluß (angegeben nach der Entfernung vom Zusammenfluß mit dem größeren Ume-Fluß) in der Konzentration von Fäzeskugeln (Anzahl an Fäzeskugeln pro Liter ± Standardfehler) von Kriebelmückenlarven (Familie Simuliidae). Die generell geringeren Konzentrationen in Strecken normalen Flusses spiegeln die im Vergleich mit den Abschnitten schnellen Flusses höhere Wahrscheinlichkeit der Kugeln wider, auf das Flußbett abzusinken. Die Zahlen über den Fehlerbalken stellen die prozentualen Anteile der Masse der gesamten organischen Substanz aus Fäzeskugeln im fließenden Wasser dar (nach Malmqvist et al., 2001).

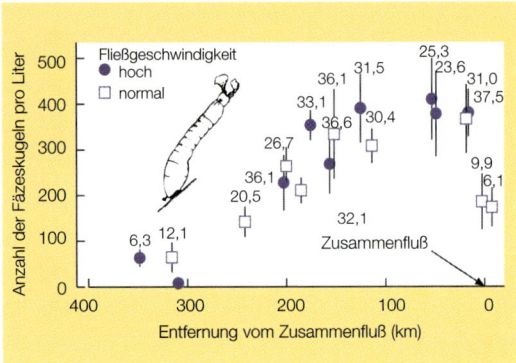

Larven als Nahrung aufnehmen, und werden somit eher in das Flußbett absinken, vor allem in Abschnitten mit geringerer Fließgeschwindigkeit (Abb. 11.10). Hier stellen sie organische Substanz als Nahrung für viele andere detritivore Arten zur Verfügung.

11.4.3 Konsumption von pflanzlichem Detritus

Offene Frage: Warum besitzen angesichts der so reichhaltig vorkommenden Cellulose nur so wenige Tiere ihre eigene Cellulase?

Cellulose und Lignin sind zwei der wesentlichen organischen Bestandteile von toten Blättern und Holz. Sie stellen tierische Konsumenten vor beträchtliche Verdauungsprobleme. Das Verdauen von Cellulose erfordert bestimmte Enzyme, die *Cellulasen*. Überraschenderweise wurden Cellulasen tierischen Ursprungs mit Sicherheit nur in einer oder zwei Arten identifiziert. Der Mehrzahl der Detritivoren fehlen eigene Cellulasen. Sie sind von Cellulasen abhängig, die von mit ihnen vergesellschafteten Bakterien oder Pilzen oder in manchen Fällen auch Protozoen produziert werden. Verschiedene Arten von Interaktionen kommen vor: (1) *obligater Mutualismus* zwischen einem Detritivoren und einer spezifischen und permanenten Darmmikroflora (z. B. Bakterien) oder -mikrofauna (z. B. Protozoen in Termiten); (2) *fakultativer Mutualismus,* bei dem während der Passage des Materials durch den unspezialisierten Darm der Tiere Cellulasen genutzt werden, die von zusammen mit dem Detritus aufgenommener Mikroflora produziert werden (z. B. bei Asseln) und (3) ein „externes Rumen", in dem die Tiere lediglich die Zersetzungsprodukte einer celluraseproduzierenden Mikroflora aufnehmen, die mit in Zersetzung begriffenem Pflanzen- oder Fäzesmaterial assoziiert ist (z. B. Springschwänze [Collembola]).

An der Fragmentierung eines einzelnen Blattes können ganz unterschiedliche Detritivoren beteiligt sein. In Experimenten unterschieden sich die als Zerkleinerer wirkenden Larven von drei Steinfliegenarten nicht stark in der Effizienz ihres Anteils an der mechanischen Zerteilung von Grauerlenblättern *(Alnus incana)* (Abb. 11.11a). Der durchschnittliche Blattabbau war jedoch stärker, wenn zwei Arten gleichzeitig anwesend waren, und wurde bei gleichzeitigem Fraß aller drei Arten am Blatt noch mehr gesteigert (Abb. 11.11b). An jedem Experiment war dieselbe Anzahl an Steinfliegenlarven beteiligt (zwölf Individuen bei Anwesenheit nur einer einzigen Art, je sechs bei Anwesenheit

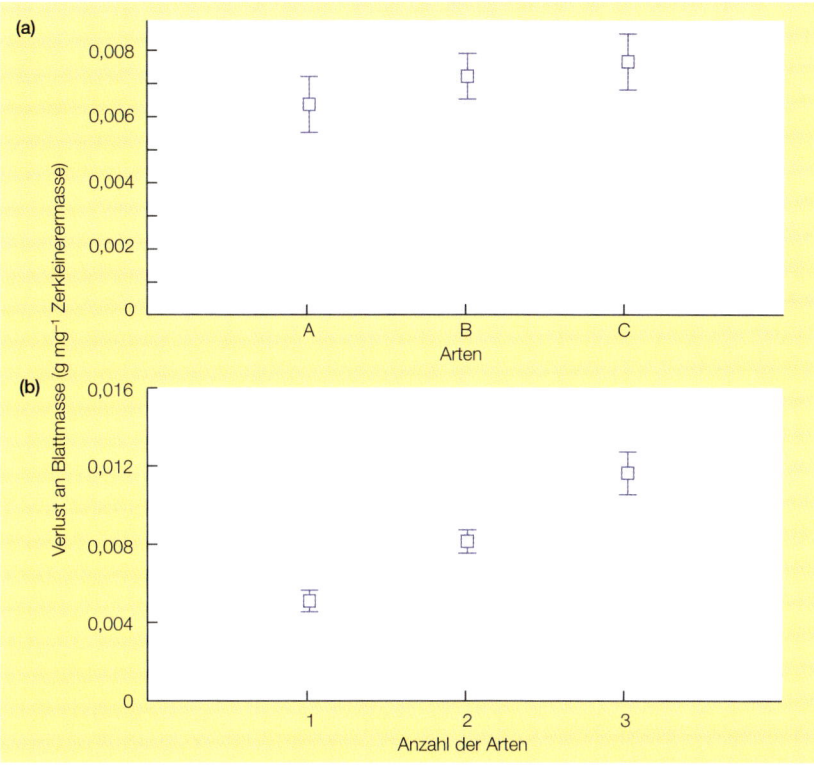

Abbildung 11.11
Unterschiede im Verlust an Erlenblattmasse (bezogen auf Gramm Blattmasse und Milligramm Zerkleinerer, Angaben ± Standardfehler) in wiederholten Experimenten in Wasserläufen (a) bei Fraß durch jeweils allein agierende Arten (A: *Protonemura meyeri;* B: *Nemoura avicularis;* C: *Taeniopteryx nebulosa*), (b) gemittelt für Fraß durch jeweils eine Art, durch jeweils zwei Arten in den möglichen Kombinationen und durch alle drei Arten zu gleicher Zeit. Die Art an sich hatte keinen Einfluß auf die Rate des Verlusts an Blattmasse ($P = 0{,}68$), doch die Anzahl an Arten wirkte sich signifikant aus ($P = 0{,}0016$) (nach Jonsson & Malmqvist, 2000).

von zwei Arten und je vier, wenn alle drei Arten anwesend waren). Die Ergebnisse sind in standardisierter Form wiedergegeben (Verlust an Blattmasse pro Gramm Blattmasse und Milligramm Zerkleinerer während der 46tägigen Versuchsdauer) und spiegeln somit direkt den Effekt der Artendiversität wider. Sie sind möglicherweise ein Anzeichen von *facilitation* (jede Art profitiert in ihrer Fraßtätigkeit von der Aktivität der anderen Arten) oder von *complementarity* (jede Art frißt auf etwas andere Weise, so daß ein stärkerer Kombinationseffekt entsteht); der genaue Wirkungsmechanismus wurde jedoch nicht ermittelt. Derartige Untersuchungen sind von großer Bedeutung für das Verstehen der Rolle, die Biodiversität für das Funktionieren von Ökosystemen spielt. Angesichts der gegenwärtigen Besorgnis über den weltweiten Rückgang der Biodiversität (Kapitel 14) werden dringend Erkenntnisse darüber benötigt, ob dieser Rückgang starke Auswirkungen auf die Funktionsweise von Ökosystemen hat oder nicht. Dies ist ein ebenso wichtiges wie kontrovers diskutiertes Forschungsgebiet (Fenster 11.2).

Fenster 11.2 – Aktueller ÖKOnflikt

Die Bedeutung der Biodiversität für das Funktionieren von Ökosystemen

Ökologen sind sich darin einig, daß einige experimentelle Belege für eine bedeutende Rolle der Biodiversität für das Funktionieren von Ökosystemen sprechen. In Abbildung 11.11 zum Beispiel wird gezeigt, daß die Zersetzungsrate geringer ist, wenn weniger Arten an diesem Prozeß beteiligt sind. Manche Ökologen sind über die Bedeutung solcher Befunde anderer Meinung: Sie bezweifeln, daß derartige Resultate die entscheidende Rolle der Biodiversität für das Funktionieren von Ökosystemen belegen. Diese Frage ist aber zu einem Zeitpunkt des weltweiten Rückgangs der Biodiversität von großer Bedeutung.

Das folgende Zitat stammt aus einem Kommentar von Jocelyn Kaiser, der 2000 in der Zeitschrift Science erschien:

Zwist über die Rolle der Biodiversität spaltet Ökologen – eine lange zwischen Ökologen schwelende Debatte über die Bedeutung der Biodiversität für das Funktionieren von Ökosystemen ist zu einer offenen Auseinandersetzung geworden. Feindliche Lager streiten über die Qualität von Schlüsselexperimenten, und man teilt auf Tagungen und in Zeitschriften Grobheiten aus (© 2000 AAAS).

Was ist der Grund für diesen feindseligen Ton? Der Zwist begann als Teil eines normalen Disputs, der über jeden Beitrag der Forschung geführt werden sollte: Inwieweit sind Schlußfolgerungen aus Ergebnissen gerechtfertigt, und wie stark können sie von den besonderen Rahmenbedingungen des Experiments auf andere Situationen in der Natur übertragen werden? Verschiedene Untersuchungen aus unterschiedlichen Teilen der Welt zeigen anscheinend, daß der Verlust an Pflanzen- und Tierarten das Funktionieren von Ökosystemen beeinträchtigen könnte. Die Produktivität von Grasland-Lebensgemeinschaften zum Beispiel ist offenbar höher, wenn eine höhere Anzahl an Arten vorhanden ist. Dies könnte bedeuten, daß Biodiversität *per se* für die Produktivität von Bedeutung ist. Aber könnten auch andere Variablen als die Artendiversität zu einer Erhöhung der Produktivität beigetragen haben? Vielleicht war das Ergebnis auch nur ein

Offene Frage: Wo, wann und in welchem Ausmaß bewirkt der Rückgang der Biodiversität Änderungen in der Funktionsweise von Ökosystemen?

Die Zersetzung toten Materials wird nicht nur durch die Summe der Aktivitäten von Zersetzern und Detritivoren bewerkstelligt, sondern ist zum großen Teil das Resultat einer Interaktion zwischen diesen beiden Gruppen (Lussenhop, 1992). Dies kann anhand einer imaginären Reise verdeutlicht werden, die ein Blattstück während des Zersetzungsprozesses unternimmt, wobei besondere Aufmerksamkeit auf ein Teil der Zellwand einer einzelnen Zelle gerichtet werden soll. Wenn das Blatt anfangs zu Boden fällt, ist das Zellwandstück vor mikrobiellem Angriff durch seine Lage innerhalb des pflanzlichen Gewebes geschützt. Eine Assel zerkaut das Blatt, und das Zellwandstück gelangt in ihren Darm. Hier trifft es auf eine andere mikrobielle Flora und ist der Einwirkung von Verdauungsenzymen ausgesetzt. Das Zellwandfragment wird bei

statistisches Artefakt: Eine höhere Produktivität bei einer höheren Artenvielfalt könnte einfach durch das Hinzukommen einer produktiveren Art erklärbar sein – eine produktivere Art ist mit um so höherer Wahrscheinlichkeit vertreten, wenn die Untersuchung eine größere Anzahl an Arten umfaßt.

Diese Art der Debatte ist nützlich, doch sie nahm eine neue Dimension an, als eine der weltweit führenden wissenschaftlichen Gesellschaften, die *Ecological Society of America*, ESA, eine Broschüre veröffentlichte und an Mitglieder des US-Kongresses versandte. Als ein Teil der Reihe „Themen der Ökologie" („*Issues in Ecology*") behandelte die Broschüre die Bedeutung der Biodiversität für das Funktionieren von Ökosystemen. Sie faßte die Ergebnisse verschiedener Untersuchungen zusammen, erörterte die von einigen Skeptikern hervorgebrachten Zweifel aber kaum. Konfrontiert mit dem Vorwurf, sie würden wenig beweiskräftige Forschungsansätze benutzen, um auf politischer Ebene die Werbetrommel für den Wert der Biodiversität zu rühren, räumten die Forscher ein, daß ihre Untersuchungsansätze Schwachstellen hätten, behaupteten aber weiterhin, daß die Resultate überzeugend wären.

Die Kommentatorin bemerkte außerdem: „Andere Ökologen, die nicht an den Auseinandersetzungen beteiligt sind, sagen, daß es hierbei um mehr geht als um Persönlichkeiten und Egos. Hinter der legitimen wissenschaftlichen Frage, wieviel man aus Experimenten lernen kann, lauert die ewige Streitfrage, wann wissenschaftliche Daten solide genug sind, um als Grundlage politischer Entscheidungen zu dienen – und diese Frage ist keineswegs auf die Biodiversität beschränkt."

Bei der Debatte ging es in Wirklichkeit nicht um die Qualität von Wissenschaft (denn jede Studie hat ihre Schwachstellen), sondern eher um die von der ESA an den Kongreß geschickte Stellungnahme, von der behauptet wurde, daß sie Meinungen als Tatsachen darstellen würde. Sind Sie der Meinung, daß sich Wissenschaftler völlig aus der Politik heraushalten sollten? Falls nicht: Wie würden Sie sicherstellen, daß stets ausgewogene und allgemein akzeptierte Positionen vorgetragen werden?

seiner Passage durch den Darm verändert, bevor es ihn wieder verläßt. Nun ist es ein Bestandteil der Fäzes der Assel und kann aufgrund der Zerlegung und partiellen Verdauung leichter von Mikroorganismen bearbeitet werden. Während die Fäzeskugel von Mikroorganismen besiedelt wird, kann sie erneut gefressen werden, z. B. von einem Springschwanz, und dessen Darm passieren. Erneut können unvollständig verdaute Fragmente erscheinen, diesmal in den Fäzes des Springschwanzes, die Mikroorganismen noch leichter zugänglich sind. Auf seinem Weg von dem toten Blattgewebe kann das Fragment noch den Darm verschiedener anderer Tiere passieren, bevor es schließlich unweigerlich in Kohlenstoffdioxid und Mineralsalze umgesetzt wird.

11.4.4 Konsumption von Fäzes und Aas

Der Dung carnivorer Wirbeltiere ist von relativ schlechter Qualität. Carnivoren assimilieren ihre Nahrung mit hoher Effizienz (gewöhnlich werden 80 % oder mehr verdaut), und ihre Fäzes enthalten nur die am schwersten verdaulichen Komponenten; deren Zersetzung wird wohl fast ausschließlich von Bakterien und Pilzen bewirkt. Im Gegensatz hierzu ist der Dung von Herbivoren noch reich an organischer Substanz und wird in der Umwelt in Mengen verteilt, die zur Lebenserhaltung einer eigenen charakteristischen Fauna ausreichen. Diese Fauna besteht aus vielen Gelegenheitsbesuchern, aber auch aus einigen spezifischen Kotfressern. Ein gutes Beispiel stellt Elefantendung dar. Innerhalb weniger Minuten nach der Kotablage wimmelt das Areal von Käfern. Die erwachsenen Dungkäfer fressen den Dung, aber sie vergraben auch große Anteile davon zusammen mit ihren Eiern, um die sich entwickelnden Larven mit Nahrung zu versorgen (Abb. 11.12).

Alle Tiere geben Kot ab und sterben schließlich, doch Fäzes und Kadaver sind in der Umwelt normalerweise nicht sehr offensichtlich. Dies liegt an der

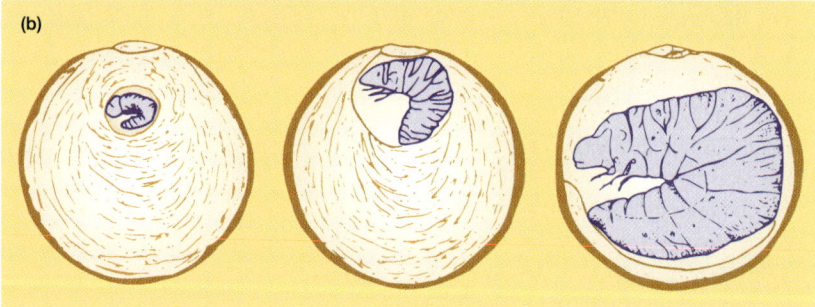

Abbildung 11.12 (a) Afrikanischer Dungkäfer beim Rollen einer Dungkugel (Heather Angel, Natural Visions). (b) Eine Larve des Dungkäfers *Heliocopris dilloni* höhlt durch Fraßtätigkeit eine Dungkugel aus (nach Kingston & Coe, 1977).

Fenster 11.3 – Aktueller ÖKOnflikt

Ein australisches Dilemma: Rinderdung, aber keine Rinderdungkäfer

In Australien hat Rinderdung ein außerordentlich großes und ökonomisch sehr bedeutsames Problem geschaffen. Während der letzten 200 Jahre ist die Population der Kühe von nur 7 Individuen, die 1788 von den ersten englischen Siedlern eingeführt wurden, auf etwa 30 Millionen gestiegen. Diese produzieren etwa 300 Millionen Kuhfladen pro Tag, die pro Jahr 6 Millionen Morgen (etwa 2,4 Millionen ha) mit Dung bedecken. An anderen Orten der Erde, wo Rinder bereits seit Millionen von Jahren existieren und mit einer Fauna vergesellschaftet sind, welche die Fäzesressourcen ausschöpft, stellt Rinderdung kein besonderes Problem dar. In Australien jedoch waren die größten herbivoren Tiere vor der europäischen Kolonisation Beuteltiere, wie z. B. Känguruhs. Die heimischen Detritivoren, welche die trockenen, faserhaltigen Dungballen von Beuteltieren verarbeiten, sind mit Rinderdung überfordert. Der Verlust von Weideland durch Dung verursachte der australischen Landwirtschaft großen ökonomischen Schaden. Daher wurde 1963 beschlossen, in Australien Käfer aus Afrika anzusiedeln, die an den wichtigsten Orten und unter den vorherrschenden Bedingungen, unter denen Vieh gehalten wird, Rinderdung entsorgen sollten.

Bisher wurden 21 Arten eingeführt Doube et al., 1991).

Ein weiteres Problem in Australien ist die Plage durch heimische Buschfliegen *(Musca vetustissima)* und Büffelfliegen *(Haematobia irritans exigua)*, die ihre Eier auf Kuhfladen ablegen. Die Larven können in Dung, der durch Käfer vergraben wurde, nicht überleben, und die Anwesenheit von Käfern hat zu einer wirksamen Abnahme der Fliegenhäufigkeit geführt (Ridsdill-Smith, 1991). Der Erfolg hängt davon ab, daß der Dung innerhalb von etwa 6 Tagen nach seiner Produktion vergraben wird. So lange dauert es, bis aus den auf den frischen Dung gelegten Fliegeneiern Larven schlüpfen und in das Puppenstadium eintreten. Edwards und Aschenborn (1987) beobachteten im südlichen Afrika das Nistverhalten von 12 Dungkäferarten der Gattung *Onitis*. Nach ihrer Schlußfolgerung war *Onitis uncinatus* der Hauptkandidat für die Einfuhr nach Australien zum Zweck der Fliegenbekämpfung, da schon in der ersten Nacht nach der Dungbesiedlung große Mengen Dung eingegraben waren. Die am wenigsten geeignete Art dagegen, *O. viridualus*, verbrachte mehrere Tage mit der Konstruktion eines Tunnels und begann erst nach 6–9 Tagen mit dem Vergraben.

Effizienz der auf diese toten organischen Produkte spezialisierten Konsumenten. Wo Fäzeskonsumenten dagegen fehlen, kann sich in dramatischer Weise Dung anhäufen (Fenster 11.3).

Bei der Betrachtung der Zersetzung toter Körper lassen sich drei Kategorien von Organismen unterscheiden, die Kadaver attackieren. Wie zuvor festgestellt, spielen Zersetzer (Bakterien und Pilze) und detritivore Wirbellose eine Rolle, aber zusätzlich haben aasfressende Wirbeltiere oft eine beträchtliche Bedeutung. Viele Kadaver von einer Größe, die für einen oder wenige dieser aasfressenden Detritivoren eine einzelne Mahlzeit darstellen, werden innerhalb einer sehr kurzen Zeit nach dem Tod vollständig entfernt, wobei nichts für Bakterien,

Pilze oder Wirbellose übrigbleibt. Diese Rolle spielen z. B. Polarfüchse und Skuas in polaren Regionen, Krähen, Vielfraße und Dachse in gemäßigten Breiten und eine Vielzahl von Vögeln und Säugetieren, einschließlich Milane, Schakale und Hyänen, in den Tropen.

11.5   Stoffflüsse durch Ökosysteme

Chemische Elemente und Verbindungen sind für die Lebensprozesse essentiell. Wenn lebende Organismen Energie verbrauchen (wie sie es alle unausgesetzt tun), geschieht dies im wesentlichen, um aus ihrer Umwelt chemische Bestandteile aufzunehmen, sie für eine bestimmte Zeit bei sich zu behalten und zu nutzen und sie schließlich wieder abzugeben. Die Aktivitäten der Lebewesen beeinflussen auf diese Weise tiefgreifend die Muster der Flüsse chemischer Stoffe.

In jeder Lebensgemeinschaft besteht der größte Teil belebter Materie aus Wasser. Der Rest ist hauptsächlich aus Kohlenstoffverbindungen zusammengesetzt. In dieser Form wird Energie akkumuliert und gespeichert. Kohlenstoff geht in die trophische Struktur einer Lebensgemeinschaft ein, wenn ein einfach gebautes Molekül, das Kohlenstoffdioxid, bei der Photosynthese aufgenommen wird. Wenn er zu einem Teil der Nettoprimärproduktion wird, wird er als Bestandteil eines Zuckers, eines Fettes, eines Proteins oder, in sehr vielen Fällen, eines Cellulosemoleküls zur Konsumption verfügbar. Er folgt damit genau demselben Weg wie die Energie, indem er konsumiert und anschließend entweder als Fäzes abgegeben, assimiliert oder im Verlauf des Stoffwechsels umgesetzt wird. Im Verlauf des Stoffwechsels wird die Energie des kohlenstoffhaltigen Moleküls als Wärme abgegeben, während der Kohlenstoff selbst als Kohlenstoffdioxid wieder an die Atmosphäre freigesetzt wird. Hier endet jedoch die enge Verknüpfung zwischen Energie und Kohlenstoff.

Wenn die Energie einmal in Wärme umgesetzt wurde, kann sie von lebenden Organismen nicht mehr zum Verrichten von Arbeit oder zur Synthese von Biomasse genutzt werden. Die Wärme wird letztendlich an die Atmosphäre abgegeben und nicht recycelt: Leben auf der Erde ist nur möglich, weil jeden Tag neue Sonnenenergie verfügbar ist. Im Unterschied hierzu kann der im Kohlenstoffdioxid enthaltene Kohlenstoff wieder bei der Photosynthese genutzt werden. Kohlenstoff sowie alle anderen Nährelemente (Stickstoff, Phosphor usw.) sind für Pflanzen als einfache anorganische Moleküle oder Ionen in der Atmosphäre (im Fall des Kohlenstoffdioxids) oder in gelöster Form im Wasser verfügbar (Nitrat, Phosphat, Kalium usw.). Jede dieser Verbindungen kann in komplexe Kohlenstoffverbindungen der Biomasse eingebaut werden. Wenn jedoch die Kohlenstoffverbindungen zu Kohlenstoffdioxid metabolisiert werden, werden die mineralischen Nährstoffe schließlich wieder in ihrer einfachen anorganischen Form freigesetzt. Sie können dann von einer anderen Pflanze aufgenommen werden. Auf diese Weise kann ein einzelnes Atom eines Nährstoffs wiederholt eine Nahrungskette nach der anderen durchlaufen.

Im Gegensatz zur Energie können Stoffe recycelt werden

Anders als die Energie der Sonneneinstrahlung ist die Form, in der Nährstoffe zur Verfügung gestellt werden, veränderbar. Durch Festlegung eines Teils der Nährstoffe in Biomasse steht dem Rest der Lebensgemeinschaft entsprechend weniger zur Verfügung. Würden Pflanzen und ihre Konsumenten letztendlich nicht zersetzt, wäre die Nährstoffzufuhr bald erschöpft, und das Leben auf der Erde könnte nicht länger fortbestehen.

Man kann sich die Mengen an chemischen Elementen in Form von Kompartimenten vorstellen. Einige Kompartimente kommen in der *Atmosphäre* vor (Kohlenstoff in Kohlenstoffdioxid, Stickstoff als gasförmiger Stickstoff usw.), einige im Gestein der *Lithosphäre* (Calcium als Bestandteil von Calciumcarbonat, Kalium in Feldspat etc.) und andere im Wasser von Böden, Flüssen, Seen oder Ozeanen, also in der *Hydrosphäre* (Stickstoff in gelöstem Nitrat, Phosphor in Phosphat, Kohlenstoff in Kohlensäure). In all diesen Fällen sind die Elemente in anorganischer Form vorhanden. Im Gegensatz hierzu können lebende Organismen (die Biota) sowie tote und in Zersetzung begriffene Körper als Kompartimente angesehen werden, die Elemente in organischer Form enthalten (Kohlenstoff in Cellulose oder Fett, Stickstoff in Protein, Phosphor in ATP usw.). Untersuchungen der chemischen Prozesse, die in diesen Kompartimenten ablaufen, und insbesondere der Elementflüsse zwischen ihnen bilden die Wissenschaft der Biogeochemie.

Nährstoffe werden auf vielfältigen Wegen von Lebensgemeinschaften aufgenommen und freigesetzt (Abb. 11.13). Wenn man alle Prozesse auf der Soll- und Habenseite der Gleichung erkennen und messen kann, kann man den Nährstoffhaushalt aufstellen.

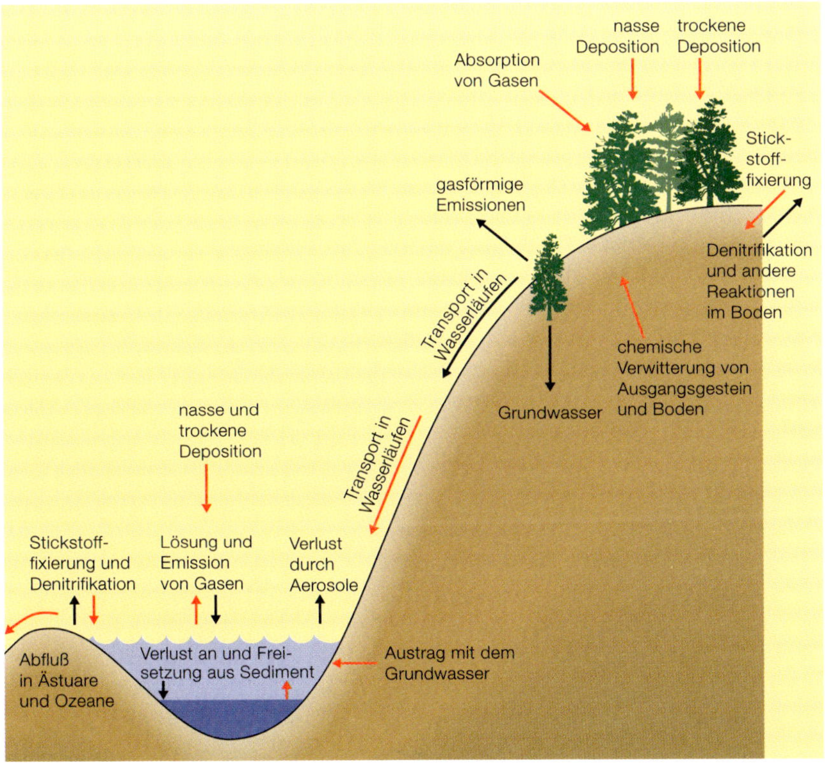

Biogeochemie und biogeochemische Kreisläufe

Abbildung 11.13
Komponenten des Nährstoffhaushalts eines terrestrischen und eines aquatischen Systems. Beide Lebensgemeinschaften sind durch einen Fluß verbunden, der einen wesentlichen Austrag aus dem terrestrischen und einen wesentlichen Eintrag in das aquatische System bewirkt. Einträge sind rot und Austräge schwarz dargestellt.

475

11.5.1 Nährstoffhaushalt terrestrischer Ökosysteme

Nährstoff-einträge

Die Verwitterung von Ausgangsgestein und Boden, sowohl durch physikalische als auch durch chemische Prozesse, ist die vorherrschende und grundlegende natürliche Quelle von Nährelementen wie Calcium, Eisen, Magnesium, Phosphor und Kalium, die dann von den Wurzeln der Pflanzen aufgenommen werden können.

Atmosphärisches Kohlenstoffdioxid ist die Kohlenstoffquelle terrestrischer Lebensgemeinschaften. In ähnlicher Weise stellt gasförmiger Stickstoff aus der Atmosphäre den größten Teil des Stickstoffs in Lebensgemeinschaften zur Verfügung. Verschiedene Arten von Bakterien und Cyanobakterien besitzen das Enzym Nitrogenase, das gasförmigen Stickstoff in Ammoniumionen (NH_4^+) umwandelt, welche dann von den Wurzeln aufgenommen und von den Pflanzen genutzt werden können. Alle terrestrischen Ökosysteme erhalten einen Teil des verfügbaren Stickstoffs durch die Aktivität freilebender, stickstofffixierender Bakterien. Lebensgemeinschaften, die Pflanzen, wie z. B. Leguminosen oder Erlen (*Alnus*-Arten), enthalten, deren Wurzeln in Symbiose mit stickstofffixierenden Organismen leben (Abschnitt 7.2.3), können sogar einen ganz wesentlichen Anteil ihres Stickstoffs auf diesem Weg erhalten.

Andere Nährstoffe aus der Atmosphäre werden den Lebensgemeinschaften durch *trockene Deposition* (Absetzen von Partikeln in regenfreien Perioden) oder *nasse Deposition* verfügbar (in Regen, Schnee und Nebel). Regen besteht nicht aus reinem Wasser, sondern enthält chemische Verbindungen, die aus mehreren Quellen stammen: (1) Spurengase wie Dioxide des Schwefels und Stickstoffs, (2) Aerosole, die entstehen, wenn winzige Wassertropfen aus den Ozeanen in der Atmosphäre verdunsten und Partikel zurücklassen, die reich an Natrium, Magnesium, Chlorid und Sulfat sind und (3) Staubpartikel aus Feuer, Vulkanen und Stürmen, die oft reich an Calcium, Kalium und Sulfat sind. In Niederschlägen gelöste Nährstoffe werden für die Pflanzen hauptsächlich dann verfügbar, wenn das Wasser den Boden erreicht und von den Pflanzenwurzeln aufgenommen werden kann. Einige Nährstoffe werden jedoch direkt von den Blättern absorbiert.

Nährstoff-austräge

Nährstoffe können in der Lebensgemeinschaft viele Jahre zirkulieren. Ein Atom kann das System aber auch innerhalb nur weniger Minuten durchlaufen, sogar ohne mit Lebewesen in Wechselwirkung zu treten. In jedem Fall wird das Atom aber schließlich dem System durch einen von vielen möglichen Prozessen verlorengehen (Abb. 11.13). Diese Prozesse bilden die Sollseite in der Gleichung des Nährstoffhaushalts.

Ein möglicher Weg des Nährstoffverlusts ist Freisetzung in die Atmosphäre. In vielen Lebensgemeinschaften gibt es näherungsweise ein jährliches Gleichgewicht im Kohlenstoffhaushalt: Der durch photosynthetisierende Pflanzen fixierte Kohlenstoff wird aufgewogen durch den Kohlenstoff, der durch die Atmung der Pflanzen, Mikroorganismen und Tiere als Kohlenstoffdioxid an die Atmosphäre abgegeben wird. Auch die Pflanzen selbst können unmittelbare Quellen abgegebener Gase und Partikel sein. Baumkronen in Wäldern z. B. produzieren flüchtige Kohlenwasserstoffe (z. B. Terpene), und Bäume tropischer Wälder emittieren anscheinend Aerosole, die Phosphor, Kalium und Schwefel enthalten. Während der Zersetzung der Ausscheidungen von Wirbeltieren schließlich wird gasförmiges Ammoniak freigesetzt. Unter bestimmten Umständen sind auch andere Wege des Nährstoffverlusts von Bedeutung. Z. B. kann Feuer, das entweder auf natürlichem Weg entstanden ist oder bei landwirtschaftlicher Nutzung wie dem Abbrennen von Stoppelfeldern gelegt wurde, einen sehr großen Anteil des Kohlenstoffs einer Lebensgemeinschaft innerhalb sehr kurzer Zeit in Kohlenstoffdioxid umwandeln, und die Abgabe von molekularem Stickstoff, einem flüchtigen Gas, kann ebenso dramatisch sein.

Für viele Elemente ist der Austrag in Wasserläufen der bedeutendste Weg. Das Wasser, das im Boden einer terrestrischen Lebensgemeinschaft versickert und schließlich in einen Fluß gelangt, trägt Nährstoffe teils in gelöster und teils in partikulärer Form mit sich. Mit der Ausnahme von Eisen und Phosphor, die in Böden nur sehr schwer verlagerbar sind, geschieht der Austrag von Pflanzennährstoffen hauptsächlich in Lösung. In Wasserläufen treten feste Nährstoffe als tote organische Substanz (hauptsächlich Baumblätter) und als anorganische Partikel auf.

Durch die von der Schwerkraft bewirkten Bewegungen des Wassers wird der Nährstoffhaushalt von terrestrischen und aquatischen Lebensgemeinschaften miteinander verknüpft (Abb. 11.13). Terrestrische Systeme verlieren gelöste und als Partikel vorliegende Nährstoffe an Flüsse und an das Grundwasser; aquatische Systeme (einschließlich der Flußlebensgemeinschaften selbst und schließlich auch der Ozeane) erhalten Nährstoffe durch Wasserläufe und durch Eintrag über das Grundwasser. In Abschnitt 1.3.3 wird die Untersuchung in Hubbard Brook diskutiert, in der die chemischen Verknüpfungen an der Schnittstelle von Land und Wasser erforscht wurden.

11.5.2 Nährstoffhaushalt in aquatischen Lebensgemeinschaften

Aquatische Systeme erhalten die Hauptmenge ihrer Nährstoffzufuhr mit dem Eintrag durch Wasserläufe. In Flußlebensgemeinschaften und ebenso in Seen mit einem Ablauf spielt auch der Austrag mit dem abfließenden Wasser eine wichtige Rolle. Im Gegensatz hierzu ist in Seen ohne Abfluß (oder mit einem im Verhältnis zum Seevolumen geringen Abfluß) und auch in Ozeanen die Nährstoffakkumulation in dauerhaften Sedimenten der Hauptweg des Austrags.

Viele Seen in trockenen Regionen, die keinen Abfluß besitzen, verlieren Wasser nur durch Evaporation. Das Wasser dieser *endorheischen* Seen (mit einem internen Fluß) ist daher stärker konzentriert als in Süßwasserseen und besonders reich an Natrium, aber auch an anderen Nährstoffen wie Phosphor. Salzseen sollten nicht als Sonderfälle betrachtet werden; in Anzahl und Volumen sind sie den Süßwasserseen gleichwertig (Williams, 1988). Gewöhnlich sind sie reich an Nährstoffen und enthalten dichte Populationen von Cyanobakterien. Einige, wie der Nakuru-See in Kenia, liefern die Nahrungsgrundlage für riesige Ansammlungen planktonfilternder Flamingos *(Phoeniconaias minor)*.

Der größte endorheische „See" ist der Ozean – ein riesiges Wasserbassin, das von den Flüssen der Erde gespeist wird und Wasser nur durch Evaporation verliert. Seine im Vergleich zu dem Eintrag durch Regen und aus Flüssen riesige Größe führt zu einer bemerkenswerten Konstanz seiner chemischen Zusam-

Abbildung 11.14
Vereinfachte Darstellung der wesentlichen Flüsse
des Phosphors (P) im Ozean.

mensetzung. Die Nährstoffe in seinem Oberflächenwasser stammen aus zwei
Quellen: Einträge aus Flüssen und Auftriebswasser aus der Tiefe (Abb. 11.14).
Ein Phosphoratom z. B., das in das Oberflächenwasser gerät, wird von einer
Phytoplanktonzelle, von einem Bakterium oder von mikroskopisch kleinem
Pikoplankton aufgenommen und durchläuft die Nahrungskette in sehr ähn-
licher Weise wie in einem See. Detrituspartikel sinken kontinuierlich in das Tie-
fenwasser ab, wo der größte Teil von ihnen unter Freisetzung löslichen Phos-
phors zersetzt wird, der schließlich mit dem Auftriebswasser zurück in das
Oberflächenwasser gelangt. In jedem Durchmischungszyklus des Ozeans geht
nur etwa 1 % des im Detritus enthaltenen Phosphors an das Sediment verloren.

11.6   Globale biogeochemische Kreisläufe

Nährstoffe werden durch Wind und mit dem Wasser der Flüsse und der Meeresströmungen über riesige Distanzen verlagert. Weder natürliche noch politische Grenzen beschränken diese Prozesse. Am Schluß dieses Kapitels ist es daher angebracht, zur Betrachtung der globalen biogeochemischen Kreisläufe auf
eine noch größere räumliche Skala zu wechseln.

11.6.1 Der hydrologische Kreislauf

Die Ozeane sind die wesentliche Quelle für Wasser. Strahlungsenergie läßt Wasser in die Atmosphäre verdunsten, Wind verbreitet es über die Erdoberfläche
und Niederschläge bringen es zur Erde zurück, wobei in der Bilanz mehr Wasser von den Ozeanen zu den Kontinenten verfrachtet wird als in umgekehrter
Richtung. Auf der Erde kann das Wasser zeitweilig in Böden, Seen und in Glet-
schern gespeichert werden (Abb. 11.15). Vom Land geht Wasser durch Evaporation und Transpiration oder in flüssiger Form über Wasserläufe und Grund-

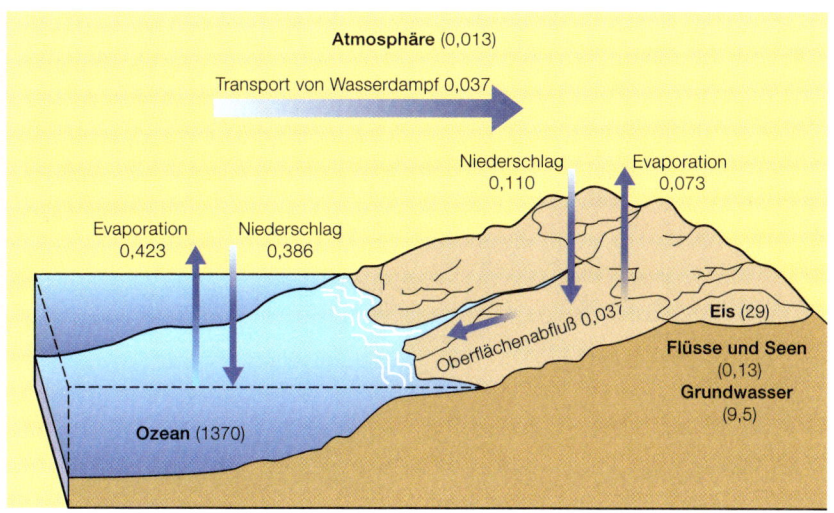

Abbildung 11.15
Hydrologischer Kreislauf mit Größen der Flüsse und Vorräte ($\times 10^6$ km³) (nach Berner & Berner, 1987).

wasser verloren und kehrt schließlich in das Meer zurück. Die Hauptvorräte des Wassers befinden sich in den Ozeanen (97,3 % der Gesamtmenge in der Biosphäre; Berner & Berner, 1987), im Eis der Polarkappen und Gletscher (2,06 %), im Grundwasser (0,67 %) und in Flüssen und Seen (0,01 %). Der jeweils im Umlauf befindliche Anteil ist sehr klein: Wasser, das im Boden versickkert, in Flüssen fließt oder sich in Form von Wolken oder Wasserdampf in der Atmosphäre befindet, stellt nur etwa 0,08 % der Gesamtmenge dar. Dieser kleine Prozentsatz spielt jedoch eine entscheidende Rolle, da er den für das Überleben der Lebewesen und für die Produktivität der Lebensgemeinschaften bestehenden Bedarf deckt und bei seiner Bewegung viele Nährstoffe transportiert.

Der hydrologische Kreislauf würde auch in Abwesenheit der Biota ablaufen. Terrestrische Vegetation kann die Flüsse des Wassers jedoch in bedeutendem Ausmaß modifizieren. Die Vegetation kann Wasser auf seiner Reise an zwei Stationen aufnehmen, verhindern, daß ein Teil hiervon Wasserläufe erreicht, und seine Rückverlagerung in die Atmosphäre bewirken: (1) Wasser kann von Blättern aufgefangen werden, von denen es verdunstet; (2) Wasser kann in den Transpirationsstrom aufgenommen werden, wodurch dieser Teil an der Versickerung im Boden gehindert wird. An anderer Stelle (Abschnitt 1.3.3) wurde bereits gezeigt, wie der Kahlschlag des Walds im Wassereinzugsgebiet von Hubbard Brook den Wasserdurchsatz der Flüsse sowie die entsprechende Fracht gelöster und partikulärer Substanzen erhöhte. Es ist daher kaum verwunderlich, daß die großräumige Entwaldung auf der ganzen Erde, die üblicherweise zur Schaffung neuen Kulturlandes erfolgt, zu einem Verlust von Oberboden, zu Nährstoffverarmung und zu schlimmeren Folgen von Überflutung geführt hat. Wasser ist ein sehr wertvoller Rohstoff. Dies spiegelt sich in den politischen Schwierigkeiten wider, die bei der Behandlung konkurrierender Ansprüche an Wasserressourcen auftreten: Ob z. B. Wasser zur Energiegewinnung aus Wasserkraft oder zur Bewässerung landwirtschaftlicher Flächen ein-

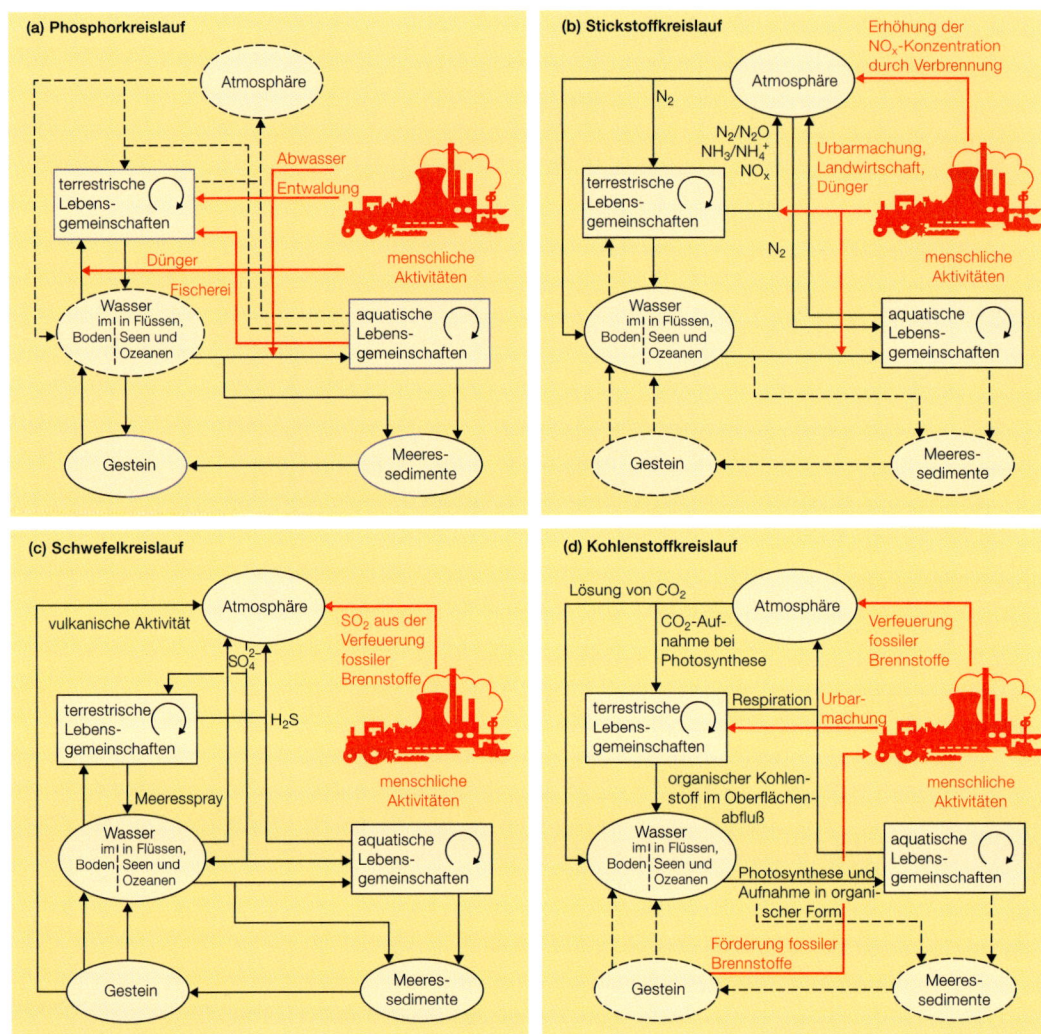

Abbildung 11.16
Wesentliche globale Nährstoffflüsse zwischen den abiotischen Vorräten in der Atmosphäre, im Wasser (Hydrosphäre) und in Gestein und Sedimenten (Lithosphäre) sowie den biotischen Vorräten, die durch terrestrische und aquatische Lebensgemeinschaften gebildet werden. Menschliche Aktivitäten (in rot dargestellt) beeinflussen die Nährstoffflüsse zwischen terrestrischen und aquatischen Lebensgemeinschaften sowohl auf direktem als auch auf indirektem Weg: Sie wirken durch die Freisetzung zusätzlicher Nährstoffe in Atmosphäre und Wasser auf die globalen biogeochemischen Kreisläufe ein. Gezeigt werden die Kreisläufe von 4 wichtigen Nährelementen: (a) Phosphor, (b) Stickstoff, (c) Schwefel und (d) Kohlenstoff. Weniger bedeutende Kompartimente und Flüsse sind durch gestrichelte Linien dargestellt.

gesetzt werden soll, oder ob der natürliche Wert eines unmanipulierten Flusses erhalten werden soll.

Die wichtigsten abiotischen Nährstoffkompartimente der Erde sind in Abbildung 11.16 dargestellt. Die entsprechenden Kreisläufe sollen jetzt nacheinander betrachtet werden.

11.6.2 Der Phosphorkreislauf

Die Hauptvorräte des Phosphors befinden sich im Wasser des Bodens, der Flüsse, Seen und Ozeane sowie im Gestein und in Meeressedimenten. Der Phosphorkreislauf kann als Sedimentkreislauf bezeichnet werden, weil der mineralische Phosphor in der generellen Tendenz unweigerlich vom Land in die Ozeane verfrachtet wird, wo er schließlich ein Teil der Sedimente wird (Abb. 11.16a).

Ein „typisches" Phosphoratom, das durch chemische Verwitterung aus dem Gestein freigesetzt wird, kann in eine terrestrische Lebensgemeinschaft gelangen und dort über Jahre, Jahrzehnte oder Jahrhunderte kreisen, bevor es mit dem Grundwasser in einen Fluß eingetragen wird. Recht bald danach (nach Wochen, Monaten oder Jahren) wird das Atom in einen Ozean transportiert. Dann durchläuft es im Durchschnitt etwa 100 Kreisläufe zwischen Oberflächen- und Tiefenwasser, von denen jeder vielleicht 1000 Jahre dauert. Während jedes Kreislaufs wird es von Lebewesen des Oberflächenwassers aufgenommen, bevor es wieder in die Tiefe absinkt. Gemäß dem Durchschnittswert wird es bei seinem hundertsten Absinken (nach 10 Millionen Jahren im Ozean) nicht mehr als löslicher Phosphor freigesetzt, sondern in partikulärer Form zu einem Bestandteil des Bodensediments. Vielleicht 100 Millionen Jahre später wird der Meeresboden durch geologische Aktivität angehoben und fällt trocken. Unser Phosphoratom wird schließlich wieder seinen Weg über einen Fluß zurück zum Meer nehmen und sein Dasein als Teil eines Kreislaufs (biotische Aufnahme und Zersetzung) innerhalb eines Kreislaufs (Durchmischung des Ozeans) innerhalb eines weiteren Kreislaufs (Anhebung und Erosion von Kontinenten) wieder aufnehmen.

Die Geschichte eines Phosphoratoms

11.6.3 Der Stickstoffkreislauf

Im globalen Stickstoffkreislauf, in dem Stickstoffixierung und Denitrifikation durch mikrobielle Lebewesen von besonderer Bedeutung sind (Abb. 11.16b), herrscht nach allgemeiner Ansicht die atmosphärische Phase vor. Neue Befunde deuten jedoch darauf hin, daß Stickstoff aus bestimmten geologischen Quellen für die Erhaltung der Produktivität terrestrischer und limnischer Lebensgemeinschaften ebenfalls von Bedeutung ist (Holloway et al., 1998; Thompson et al., 2001). Die Größenordnung der Stickstofffracht in Wasserläufen von terrestrischen in aquatische Lebensgemeinschaften ist relativ gering, aber für die beteiligten aquatischen Systeme keineswegs unbedeutend. Stickstoff ist nämlich neben Phosphor eines der beiden Elemente, die das Pflanzenwachstum am häufigsten limitieren. Letztlich geht jährlich ein kleiner Teil des Stickstoffs an die Meeressedimente verloren.

Der Stickstoffkreislauf hat eine atmosphärische Phase von überragender Bedeutung

11.6.4 Der Schwefelkreislauf

Durch drei natürliche biogeochemische Prozesse wird Schwefel in die Atmosphäre freigesetzt: durch die Bildung von Aerosolen aus vom Meer aufgewirbelten Wassertröpfchen, durch anaerobe Dissimilation bei sulfatreduzierenden Bakterien und durch vulkanische Aktivität, die allerdings von geringerer Bedeutung ist (Abb. 11.16c). Schwefelbakterien setzen reduzierte Schwefelverbindungen, insbesondere H_2S, aus stauwasserbeeinflußten Lebensgemeinschaften der Sümpfe und des Marschlands sowie aus marinen Lebensgemeinschaften des Watts frei. In umgekehrter Richtung gelangt Schwefel nach Oxidation zu Sulfat in nasser und trockener Deposition aus der Atmosphäre zur Erde.

Der Schwefelkreislauf hat eine atmosphärische und eine lithosphärische Phase gleicher Größenordnung

Aus der Gesteinsverwitterung resultiert etwa die Hälfte des Schwefels, der vom Land in Flüsse und Seen gelangt; der Rest stammt aus der Atmosphäre. Auf seinem Weg zum Ozean wird ein Teil des verfügbaren Schwefels, vor allem gelöstes Sulfat, von Pflanzen aufgenommen, durchläuft verschiedene Nahrungsketten und wird durch Abbauprozesse wieder für Pflanzen verfügbar. Im Vergleich mit dem Phosphor- und Stickstoffkreislauf ist jedoch ein viel kleinerer Teil des Schwefelflusses an den internen Kreisläufen der terrestrischen und aquatischen Lebensgemeinschaften beteiligt. Letztlich findet ein kontinuierlicher Verlust von Schwefel an die Meeressedimente statt.

11.6.5 Der Kohlenstoffkreislauf

Die entgegengesetzten Kräfte von Photosynthese und Respiration sind die Triebkräfte des globalen Kohlenstoffkreislaufs

Photosynthese und Respiration (Atmung) sind die beiden entgegengesetzten Prozesse, die den globalen Kohlenstoffkreislauf antreiben. Er ist vor allem ein Kreislauf gasförmiger Stoffe, in dem Kohlenstoffdioxid den größten Teil des Flusses zwischen Atmosphäre, Hydrosphäre und Biota ausmacht. In geschichtlicher Zeit spielte die Lithosphäre nur eine kleine Rolle. Fossile Brennstoffe lagerten bis zur Nutzung durch den Menschen in den letzten Jahrhunderten als Kohlenstoffvorräte in der Erde (Abb. 11.16d).

Landpflanzen nutzen atmosphärisches Kohlenstoffdioxid als Kohlenstoffquelle für die Photosynthese, während Wasserpflanzen gelöste Carbonate nutzen (d. h. Kohlenstoff aus der Hydrosphäre). Durch Austausch von Kohlenstoffdioxid zwischen Atmosphäre und Ozeanen sind diese beiden Teilkreisläufe miteinander verbunden. Zusätzlich gelangt Kohlenstoff in Form von Bicarbonat aus der Verwitterung calciumreichen Gesteins wie Kalkstein und Kreide in die Gewässer der Kontinente und in Ozeane. Durch die Respiration der Pflanzen, Tiere und Mikroorganismen wird der in den Photosyntheseprodukten festgelegte Kohlenstoff wieder in die Kohlenstoffkompartimente der Atmosphäre und Hydrosphäre freigesetzt.

11.6.6 Menschliche Einflußnahme auf biogeochemische Kreisläufe

Es muß kaum noch betont werden, daß menschliche Aktivitäten wesentlich zu einem Eintrag von Nährstoffen in Ökosysteme beitragen und sowohl die lokalen als auch die globalen biogeochemischen Kreisläufe stören. Z. B. sind die Mengen an Kohlenstoffdioxid und an den Oxiden des Stickstoffs und des Schwefels in der Atmosphäre durch das Verbrennen fossiler Energieträger und durch Autoabgase angestiegen, und die Nitrat- und Phosphatkonzentrationen der Wasserläufe wurden durch landwirtschaftliche Maßnahmen und durch Abwassereinleitung angehoben. Diese Veränderungen haben weitreichende Folgen, die in Kapitel 13 diskutiert werden.

Zusammenfassung

Muster der Primärproduktion

Die Primärproduktion auf dem Land wird durch viele Faktoren limitiert. Hierzu gehören die Zusammensetzung und die Intensität der Sonneneinstrahlung, die Verfügbarkeit von Wasser, Stickstoff und anderen essentiellen Nährstoffen sowie physikalische Faktoren, insbesondere die Temperatur. Produktive aquatische Lebensgemeinschaften kommen dort vor, wo, aus welchen Gründen auch immer, die Nährstoffkonzentrationen ungewöhnlich hoch sind und die Intensität der Sonneneinstrahlung nicht limitierend wirkt.

Verwertung der Primärproduktion

Die Sekundärproduktion durch Herbivoren ist um etwa eine Größenordnung geringer als die Primärproduktion, auf der sie beruht. Bei jedem Übergang von einer Trophieebene zur nächsten geht Energie verloren, da die Effizienz der Konsumption, der Assimilation und der Produktion jeweils geringer als 100 % ist. Das *Zersetzersystem* verarbeitet einen viel größeren Teil der Energie und der Stoffe einer Lebensgemeinschaft als das *Konsumentensystem*. Die Wege des Energieflusses sind im Konsumenten- und Zersetzersystem gleich, allerdings mit einer wichtigen Ausnahme: Fäzes und tote Körper gehen dem *Weidegängersystem* verloren (und werden Bestandteil des Zersetzersystems), aber die Fäzes und toten Körper des Zersetzersystems werden einfach an das Kompartiment toter organischer Substanz an seiner Basis zurückgegeben.

Zersetzungsprozesse

Das Ergebnis der Zersetzung ist der Abbau komplexer, energiereicher Moleküle durch die entsprechenden Konsumenten (Zersetzer und Detritivoren) zu Kohlenstoffdioxid, Wasser und anorganischen Nährstoffen. Letztlich werden die Aufnahme von Sonnenenergie bei der Photosynthese und die Festlegung anorganischer Nährstoffe in der Biomasse durch den Verlust von Wärmeenergie und organischen Nährstoffen ausgeglichen, wenn die organische Substanz abgebaut wird. Die Zersetzung wird teilweise durch physikalische Prozesse vollzogen, im wesentlichen aber durch die Zersetzer (Bakterien und Pilze) und Detritivoren (Tiere, die tote organische Substanz fressen).

Stoffflüsse in Ökosystemen

Nährstoffe werden von Lebensgemeinschaften auf verschiedenen Wegen aufgenommen und abgegeben. Die Verwitterung von Ausgangsgestein und Boden durch physikalische und chemische Prozesse ist die Hauptquelle von Nährstoffen wie Calcium, Eisen, Magnesium, Phosphor und Kalium, die dann von Pflanzenwurzeln aufgenommen werden können. Kohlenstoffdioxid und gasförmiger Stickstoff aus der Atmosphäre sind die Hauptquellen für den Kohlenstoff und den Stickstoff, die in terrestrischen Lebensgemeinschaften enthalten sind, während andere Nährstoffe durch trockene Deposition oder durch Regen, Schnee und Nebel aus der Atmosphäre verfügbar werden. Die Nährstoffe gehen den Lebensgemeinschaften wieder verloren durch Freisetzung in die Atmosphäre oder in Wasser, das schließlich in Flüsse gelangt. Aquatische Systeme (einschließlich der Flußlebensgemeinschaften und schließlich auch der Ozeane) erhalten Nährstoffe mit dem Eintrag aus Wasserläufen und Grundwasser sowie durch Diffusion über ihre Oberflächen aus der Atmosphäre.

Globale biogeochemische Kreisläufe

Die Hauptquellen des Wassers im hydrologischen Kreislauf sind die Ozeane. Strahlungsenergie läßt Wasser in die Atmosphäre verdampfen, Wind verteilt es über die Oberfläche des Globus, und Niederschläge bringen es zur Erde zurück. Phosphor stammt hauptsächlich aus der Verwitterung von Gestein (Lithosphäre). Sein Kreislauf kann als Sedimentkreislauf beschrieben werden, weil der mineralische Phosphor in der allgemeinen Tendenz vom Land unwiederbringlich in die Ozeane verfrachtet wird, wo er letztlich Bestandteil der Sedimente wird. Der Schwefelkreislauf hat eine atmosphärische und eine lithosphärische Phase gleicher Größenordnung. In den globalen Kreisläufen des Kohlenstoffs und des Stickstoffs herrscht die atmosphärische Phase vor. Photosynthese und Respiration sind die beiden entgegengesetzten Prozesse, die den globalen Kohlenstoffkreislauf antreiben. Im Stickstoffkreislauf sind Stickstofffixierung und Denitrifikation durch mikrobielle Lebewesen von besonderer Bedeutung. Menschliche Aktivitäten leisten signifikante Beiträge zum Eintrag von Nährstoffen in Ökosysteme und stören die lokalen und globalen biogeochemischen Kreisläufe.

??? Quiz

 = anspruchsvolle Frage

1. Ein großer Teil der Oberfläche von Ozeanen weist eine Nettoprimärproduktivität von weniger als $400\,g\,m^{-2}\,a^{-1}$ auf. Der offene Ozean ist sogar eine marine Wüste. Warum?
2. Beschreiben Sie die allgemeinen Trends in der Nettoprimärproduktion über die Breitengrade. Nennen Sie Gründe dafür, daß in den Ozeanen derartige Trends über die Breitengrade nicht vorkommen.
3. Tabelle 11.2 zeigt Ergebnisse einer Untersuchung, in der die Produktivität eines Buchenwaldes *(Fagus sylvatica)* mit derjenigen eines benach-

Tabelle 11.2   Charakteristika repräsentativer Bäume zweier unterschiedlicher Arten, die in weniger als 1 km Entfernung voneinander auf dem Plateau des Solling (Deutschland) wachsen (nach Schulze, 1970; Schulze et al., 1977a, 1977b)

	Buche	Fichte
Alter (Jahre)	100	89
Höhe (m)	27	25,6
Blattform	Laubblatt	Nadelblatt
Jährliche Blattproduktion	höher	niedriger
Photosynthesevermögen pro Einheit Blatttrockenmasse	höher	niedriger
Länge der Wachstumsperiode (Tage)	176	260
Primärproduktion (Tonnen Kohlenstoff pro Hektar und Jahr)	8,6	14,9

barten immergrünen Fichtenwaldes *(Picea abies)* verglichen wurde. Die Buchenblätter betreiben mit einer höheren Rate Photosynthese (bezogen auf g Trockengewicht) als die Nadeln der Fichte, und die Buche investiert in jedem Jahr eine deutlich größere Menge an Biomasse in ihre Blätter. Warum spiegeln sich diese Unterschiede nicht in der Bilanz der Primärproduktion wider? Welche Art würde Ihrer Meinung nach schließlich im Wald dominieren, wenn beide Arten im selben Bestand wachsen würden? Welche Faktoren außer der Produktivität könnten den relativen Konkurrenzstatus der beiden Arten beeinflussen?

4. Welche Belege gibt es dafür, daß die Produktivität vieler terrestrischer und aquatischer Lebensgemeinschaften nährstofflimitiert ist?

5. Sowohl in aquatischen als auch in terrestrischen Lebensgemeinschaften beträgt die Produktivität der Herbivoren etwa ein Zehntel der Primärproduktivität, auf der sie beruht. Dies hat manche Wissenschaftler dazu veranlaßt, die Wirksamkeit eines „Zehn-Prozent-Gesetzes" anzunehmen. Stimmen Sie mit dieser Annahme überein?

6. In den meisten Lebensgemeinschaften wird durch das Zersetzersystem viel mehr Energie verarbeitet als durch das Konsumentensystem. Was ist hierfür verantwortlich?

7. Beschreiben Sie die Rolle, die Bakterien und Pilze (Zersetzer) für den Energie- und Stofffluß durch ein bestimmtes Ökosystem spielen. Stellen Sie sich vor, was passieren würde, wenn Bakterien und Pilze plötzlich verschwinden würden. Beschreiben Sie das resultierende Szenario im Detail.

8. Im Gegensatz zu Stoffen kann Energie nicht recycelt und wiedergenutzt werden. Diskutieren Sie diese Feststellung und die Bedeutung dieser Tatsache für das Funktionieren von Ökosystemen.

9. Ist der Ozean hinsichtlich der Muster seiner Energie- und Stoffflüsse nichts anderes als ein großer See?

10. Der hydrologische Kreislauf würde auch in Abwesenheit von Biota ablaufen. Diskutieren Sie, wie das Vorhandensein von Vegetation den Fluß des Wassers durch ein Ökosystem verändert.

www-Fragen

1. Viele Wälder der Erde wurden zur Holzgewinnung oder zur Schaffung landwirtschaftlicher Nutzflächen abgeholzt. Diskutieren Sie die Folgen der Entwaldung für die Lebensgemeinschaften in Flüssen und für die menschlichen Gemeinschaften, die im Überschwemmungsbereich der Flüsse leben.

2. Nehmen Sie sich ein aktuelles Thema aus den Nachrichten vor, das nur durch Berücksichtigung komplexer Wechselwirkungen zwischen Populationen verstanden werden kann (z. B. Voraussagen über die Zahl der Erkrankungen an der Lyme-Borreliose auf der Grundlage einer erhöhten Produktion von Eicheln und dem Anwachsen der Mäusepopulationen). Sichten Sie Beiträge verschiedener Autoren zu diesem Thema und beurteilen Sie die Unterschiede in ihrem wissenschaftlichen Gehalt. Was ist für einen lesbaren und gut informierenden Artikel über dieses Thema nötig?

3. Pathogene, die Infektionskrankheiten verursachen, können die Populationen ihrer Wirte in einem Ausmaß beeinträchtigen, das oft unterschätzt wird. Betrachten Sie menschliche Populationen und wählen Sie ein oder mehrere Pathogene des Menschen aus. Wie viele Todesfälle verursacht das jeweilige Pathogen pro Jahr? Wer genau ist davon betroffen? Ist das Pathogen die Hauptursache der Mortalität, oder steht es mit anderen Faktoren in Wechselwirkung? Welche Faktoren sind das?

4. Viele Schädlinge sind dadurch schädlich, daß sie über eine hohe interspezifische Konkurrenzkraft verfügen. Dies gilt insbesondere für Wildkräuter, die mit landwirtschaftlichen Nutzpflanzen konkurrieren. Betrachten Sie eine oder mehrere der weltweit wichtigsten landwirtschaftlichen Nutzpflanzen, vielleicht diejenigen, die in Ihrer Umgebung angebaut werden. Welches sind die für diese Nutzpflanzen problematischsten Wildkräuter? Durch welche Maßnahmen werden sie bekämpft? In welchem Ausmaß stellen diese unterschiedlichen Methoden Versuche dar, das Konkurrenzgleichgewicht zwischen Nutzpflanze und Wildkraut zu verändern?

5. Viele Vögel unternehmen Migrationen, deren Studium beträchtliche Probleme bereitet. Diskutieren Sie die Rolle von Satellitenüberwachung und anderen Technologien bei der Untersuchung des Zugverhaltens von Vögeln. Betrachten Sie die ökologischen Probleme, die durch Zugvögel verursacht werden, deren Populationen so groß sind, daß die Tiere in einem Teil ihres Verbreitungsgebiets als Schädlinge angesehen werden können (z. B. Schneegänse). Vergleichen Sie diese Situation mit derjenigen von Vögeln, deren Populationen so klein sind, daß sie vom Aussterben bedroht sind (z. B. Nordamerikanischer Kranich, *Grus americana*).

Angewandte Aspekte in der Ökologie

Teil IV

12

Nachhaltigkeit

Zusehends wird es zu einem Hauptanliegen der Öffentlichkeit und der Politik, menschliche Aktivitäten sowie die Größe und die Verteilung der menschlichen Bevölkerung nachhaltig zu gestalten. Nachhaltigkeit zu erreichen oder sich ihr wenigstens anzunähern erfordert aber mehr als nur den Willen dazu. Es erfordert das Verständnis ökologischer Zusammenhänge, ein Verständnis, das sorgfältig erworben und angewandt werden muß.

Schlüsselkonzepte

Dieses Kapitel soll

- die Dynamik des Bevölkerungswachstums und seine Beziehung zur nachhaltigen (oder nicht nachhaltigen) Nutzung von Ressourcen aufzeigen;
- die biologischen Grundlagen der nachhaltigen Nutzung natürlicher Vorkommen von lebenden Ressourcen darstellen, und zwar ganz besonders im Bereich des Fischfangs;
- die Vor- und Nachteile von Monokulturen erklären;
- zeigen, warum viele Anbaumaßnahmen im Ackerbau aufgrund der damit verbundenen Verluste an Boden nicht nachhaltig sind;
- darstellen, daß Wasser die globale Ressource darstellt, bei der eine nachhaltige Nutzung am schwersten ist;
- die Vor- und Nachteile von verschiedenen Methoden der Schädlingsbekämpfung darstellen und darauf hinweisen, wie wichtig die Entwicklung integrierter Bekämpfungsmethoden ist.

12.1   Einleitung

Eine Aktivität wird dann als nachhaltig bezeichnet, wenn sie auch noch in absehbarer Zukunft durchgeführt werden kann. Da viele menschliche Aktivitäten ganz offensichtlich nicht nachhaltig sind, entstehen hier starke Bedenken. Wir können die menschliche Bevölkerung der Erde nicht immer weiter vergrößern. Wir können nicht damit fortfahren, mehr Fische aus den Ozeanen zu entnehmen als wieder heranwachsen, wenn wir auch in der Zukunft Fisch essen wollen. Wir können nicht weiterhin Ackerbau betreiben und Wälder abholzen, wenn der Boden und die Wasserversorgung immer schlechter werden. Wir können nicht immer weiter die gleichen Pestizide verwenden, wenn eine immer größer werdende Anzahl an Schädlingen dagegen resistent wird. Und wir können die Diversität der Natur nicht erhalten, wenn wir weiterhin andere Arten ausrotten.

Was ist Nachhaltigkeit?

Angesichts der immer stärker werdenden Bedenken hinsichtlich der Zukunft unserer Erde und der sie bewohnenden ökologischen Gemeinschaften wurde die Nachhaltigkeit *(sustainability)* daher zu einem der Hauptkonzepte, vielleicht sogar zu dem Hauptkonzept schlechthin.

Bei der Definition von Nachhaltigkeit wurde der Begriff „absehbare Zukunft" verwendet. Wir haben das getan, da eine Aktivität nur aufgrund des derzeit vorhandenen Wissens als nachhaltig eingestuft werden kann. Es gibt aber viele Faktoren, die unbekannt oder unvorhersehbar bleiben. Umweltbedingungen können sich verschlechtern (z. B. können ungünstige ozeanographische Bedingungen eine Fischart beeinträchtigen, die bereits durch Übernutzung geschädigt ist), oder es können unvorhersehbare zusätzliche Probleme auftreten (z. B. die Entwicklung von Resistenzen gegenüber einem vorher resistenzfreien Pestizid). Auf der anderen Seite kann der technologische Fortschritt dazu führen, daß Maßnahmen, die ursprünglich nicht nachhaltig waren, irgendwann auf eine nachhaltige Art durchgeführt werden können. So kann es zur Entwicklung neuer Pestizide kommen, die genauer auf den Schädling selbst abzielen und „unschuldige" Nichtzielorganismen verschonen. Es besteht jedoch die reale Gefahr, daß wir angesichts der zahlreichen technologischen und wissenschaftlichen Fortschritte der Vergangenheit darauf vertrauen, daß es auch für unsere momentanen Probleme immer eine technologische Lösung geben wird. Aber wir dürfen nicht-nachhaltige Praktiken keinesfalls auf der Grundlage akzeptieren, daß sie durch den Fortschritt schon irgendwann einmal nachhaltig sein werden.

Die Erkenntnis, daß Nachhaltigkeit in der angewandten Ökologie als verbindende Idee von großer Bedeutung ist, hat kontinuierlich zugenommen, wobei einiges dafür spricht, daß der Begriff „Nachhaltigkeit" 1991 etabliert wurde. Als erstes wurde der Begriff genutzt, als die „Ecological Society of America", in der wissenschaftlichen Zeitschrift Ecology einen Artikel mit dem Titel „The sustainable biosphere initiative: an ecological research agenda" („Die Initiative zur nachhaltigen Nutzung der Biosphäre: Ein Arbeitsplan für die ökologische Forschung") publizierte. Dieser Artikel mit einer Liste von 16 Co-Autoren war eine Art „Ruf zu den Waffen" für alle Ökologen (Lubchenco, 1991). Im gleichen Jahr publizierten die „World Conservation Union", das

Nachhaltigkeit etabliert sich als Begriff

Fenster 12.1 – ÖKOnflikt

Das Bevölkerungsproblem

Worin besteht das „Bevölkerungsproblem"? Diese Frage ist nicht einfach zu beantworten. Im folgenden sollen dennoch einige mögliche Probleme vorgestellt werden (Cohen, 1995). Das tatsächliche Problem dürfte aber aus einer Kombination dieser Einzelprobleme oder aus einer Kombination dieser und anderer Probleme bestehen. Aber auch wenn nicht klar ist, worin es besteht, so gibt es wenig Zweifel darüber, daß es ein Problem gibt und daß dieses Problem uns alle gemeinsam angeht.

- **Die gegenwärtige Weltbevölkerung ist zu groß für Nachhaltigkeit.** Etwa 200 n. Chr., als es etwa 0,25 Milliarden Menschen auf der Erde gab, schrieb Quintus Septimus Florens Tertullianus: „… Wir sind eine Belastung für die Erde, die Ressourcen reichen nicht aus". Bis Mitte 2001 war die Weltbevölkerung auf schätzungsweise 6,1 Milliarden Menschen angewachsen.

- **Die gegenwärtige Wachstumsrate der Weltbevölkerung ist zu groß für Nachhaltigkeit.** Vor der landwirtschaftlichen Revolution im 18. Jahrhundert benötigte die Weltbevölkerung ca. 1000 Jahre, um

sich einmal zu verdoppeln. Kürzlich waren dazu nur noch 43 Jahre nötig.

- **Es ist nicht die Größe, sondern die Verbreitung der Bevölkerung über der Erde, die nicht nachhaltig ist.** Der Anteil der Menschen, die hoch konzentriert in Städten leben, ist von etwa 3 % im Jahre 1800 auf 29 % im Jahre 1950 und auf 45 % im Jahre 1995 angewachsen.

- **Es ist nicht die Größe, sondern die Altersstruktur der Weltbevölkerung, die nicht nachhaltig ist.** In den „entwickelten" Ländern der Erde nahm der Anteil an älteren Menschen (über 65) von 7,6 % im Jahre 1950 auf 12,1 % im Jahre 1990 zu.

1950

2000

?!

2050

Dieser Anteil wird ab 2010 dramatisch in die Höhe schnellen, wenn die nach dem 2. Weltkrieg geborenen Jahrgänge über 65 Jahre alt werden.

- **Es ist nicht die Größe, sondern die ungleiche Verteilung von Ressourcen auf die Weltbevölkerung, die nicht nachhaltig ist.** Im Jahre 1992 verdienten die 830 Millionen Menschen aus den reichsten Ländern der Erde im Schnitt 22 000 US-Dollar pro Jahr. Die 2,6 Millionen Menschen in den Ländern mit mittlerem Einkommen verdienten 1600 US-Dollar. Die 2 Milliarden in den ärmsten Ländern bekamen dagegen nur 400 US-Dollar. Und selbst hinter diesen Mittelwerten verstecken sich noch enorme Unterschiede innerhalb dieser Länder.

Welche Rolle oder Verantwortung kommt dem Einzelnen bei der Lösung dieses Problems im Gegensatz zum Staat zu? Welche der folgenden Varianten des Problems betreffen ganz besonders die Beziehung zwischen den Industrieländern und den Entwicklungsländern oder zwischen reich und arm?

reiche Welt

arme Welt

„United Nations Environment Programme" und der „World Wide Fund for Nature" gemeinsam „Caring for the Earth: A Strategy for Sustainable Living" („Die Sorge um die Erde: Eine Strategie für nachhaltiges Leben"; IUCN/ UNEP/WWF, 1991). Im Jahre 1997 schließlich stellte der Generalsekretär der Vereinten Nationen die Untersuchungsergebnisse der „UN Commission on Sustainable Development" vor. Diese wurden 1998 mit dem Titel „Global Change and Sustainable Development: Critical Trends" („Globaler Wandel und nachhaltige Entwicklung: Kritische Trends") veröffentlicht. Der genaue Inhalt und die Vorschläge dieser Dokumente sind weniger wichtig als die Tatsache, daß sie überhaupt existieren. Sie belegen, daß sich Wissenschaftler und Interessengruppen zunehmend mit dem Problem der Nachhaltigkeit beschäftigen und daß vieles von dem, was wir tun, nicht nachhaltig ist.

12.2 Das „Bevölkerungsproblem"

12.2.1 Einleitung

Was ist das „Bevölkerungs- problem"?

Die Wurzel der meisten, wenn nicht aller unserer Umweltprobleme ist das Bevölkerungsproblem: Die Folgen der großen und immer noch wachsenden menschlichen Bevölkerung. Mehr Menschen bedeuten einen zunehmenden Bedarf an Energie, einen größeren Verbrauch an nichterneuerbaren Ressourcen wie Öl oder Mineralien, einen höheren Druck auf erneuerbare Ressourcen wie Fische und Wälder (Abschnitt 12.3), einen größeren Bedarf an Lebensmitteln, die durch die Landwirtschaft erzeugt werden müssen (Abschnitt 12.4) und vieles mehr. Das Problem hat zweifellos mit Nachhaltigkeit zu tun: Die Dinge können nicht so weitergehen wie bisher. Trotzdem ist noch immer nicht ganz klar, wo das „Problem" liegt (Fenster 12.1). Im folgenden werden daher zunächst die Größe und die Wachstumsrate der Weltbevölkerung untersucht. Es wird darauf eingegangen, wie der momentane Zustand erreicht wurde und welchen Erfolg man sich von Vorhersagen für die Zukunft erhoffen kann. Schließlich soll das „Problem" direkter untersucht und die Frage gestellt werden: „Wie viele Menschen kann die Erde ernähren?"

12.2.2 Das Bevölkerungswachstum bis heute

Das Bevölke- rungswachstum in der Vergan- genheit: „über- exponentiell"

Oft wird das Bevölkerungs*wachstum* als Hauptproblem bezeichnet und hinzugefügt, das Problem bestünde im „exponentiellen" Wachstum der Weltbevölkerung. Das ist jedoch falsch, die Weltbevölkerung wächst nicht exponentiell. In einer exponentiell wachsenden Population (Kap. 5) ist die Wachstumsrate pro Individuum konstant. Die Population als Ganzes wächst mit einer zunehmenden Rate (bei der Auftragung der Individuenzahl gegen die Zeit zeigt die Kurve nach oben), weil die Wachstumsrate der Population ein Produkt der individuellen Rate (konstant) und der zunehmenden Anzahl an Individuen ist. In Kapitel 5 wurde eine Population mit exponentiellem Wachstum einer Population gegenübergestellt, die durch intraspezifische Konkurrenz beschränkt ist (beschrieben durch eine „logistische" Gleichung). Bei einer solchen Population nimmt die Wachstumsrate pro Individuum mit zunehmender Populationsgröße ab. Im Fall der menschlichen Weltbevölkerung nimmt die Wachstumsrate pro Individuum (und damit die jährliche prozentuale Zunahme: die Wachstumsrate pro 100 Individuen) sicherlich nicht ab. Sie bleibt aber auch nicht konstant, sondern nimmt eher noch zu (Fenster 12.2; Cohen, 1995). Das Bevölkerungswachstum ist daher nicht exponentiell, sondern sogar „überexponentiell". Schon exponentielles Wachstum wäre nicht nachhaltig. Sollte es aber bei dem momentanen, „überexponentiellen" Wachstum bleiben, dann ist die Nachhaltigkeit der menschlichen Aktivitäten schon um so früher nicht mehr gewährleistet.

12.2.3 Vorhersagen

Es ist interessant zu sehen, was mit der menschlichen Gesamtbevölkerung in der Vergangenheit geschehen ist. Dabei werden wir auf die Größenordnung unseres Problems aufmerksam. Die größere, praktische Bedeutung einer solchen Untersuchung liegt jedoch in den Möglichkeiten, zukünftige Bevölkerungsstärken und Wachstumsraten vorherzusagen. Es gibt aber einen erheblichen Unterschied zwischen der Übertragung von Bisherigem auf die Zukunft und einer Vorhersage. Einfach nur Bisheriges auf die Zukunft zu übertragen, würde auf der sicherlich falschen Annahme beruhen, daß die Bedingungen in der Zukunft dieselben sein werden, wie sie es in der Vergangenheit waren.

Vorhersagen sind mehr als die Übertragung des Bisherigen auf die Zukunft

Eine Vorhersage erfordert dagegen, die Vergangenheit und ihren Unterschied zur Gegenwart zu verstehen und zu erkennen, wie sich diese Unterschiede auf das zukünftige Bevölkerungswachstum auswirken werden. Im einzelnen ist es wichtig zu erkennen, daß sich die Weltbevölkerung aus vielen kleinen Populationen zusammensetzt, von denen häufig jede ihre ganz eigenen, charakteristischen Eigenschaften besitzt. Wie alle ökologischen Populationen ist die menschliche Population heterogen.

Die Weltbevölkerung ist heterogen

Eine übliche Methode zur Unterscheidung von Subpopulationen beruht auf dem „demographischen Wandel" *(demographic transition)*. Der Begriff demographischer Wandel beschreibt ein Muster von sich ändernden Geburts- und Sterberaten, wie sie sich in der Vergangenheit in Populationen ereignet haben. Er bezieht sich aber auch auf eine Hypothese zur Erklärung dieses Musters (Cohen, 1995). Drei Gruppen von Nationen lassen sich unterscheiden: solche, bei denen der demographische Wandel sehr früh (vor 1945), erst spät (nach 1945) oder überhaupt noch nicht stattgefunden hat. Das Muster sieht folgendermaßen aus: Zunächst sind Geburten- und Sterberate hoch. Die Geburtenrate ist dabei nur etwas größer als die Sterberate, so daß das Gesamtwachstum der Bevölkerung nur gering ist. Es wird vermutet, daß sich alle menschlichen Populationen zu einem bestimmten Zeitpunkt in ihrer Vergangenheit in diesem Zustand befanden. Als nächstes nimmt die Sterberate ab, während die Geburtenrate hoch bleibt, so daß die Wachstumsrate zunimmt. Schließlich nimmt aber auch die Geburtenrate ab, bis sie ähnlich niedrig oder sogar noch niedriger ist als die Sterberate. Die Wachstumsrate der Population nimmt daher wieder ab und wird möglicherweise sogar negativ, allerdings ist die Bevölkerung dann sehr viel größer als vor dem Wandel (Abb. 12.1).

Früher, später und zukünftiger demographischer Wandel

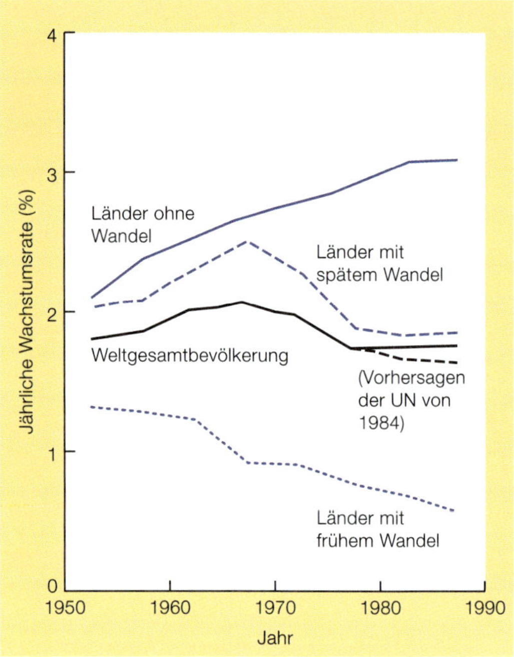

Abbildung 12.1
Jährliche Bevölkerungswachstumsraten von
1950–1990 aufgrund von Schätzungen der Vereinten Nationen für Länder mit frühem Wandel
(early-transition countries), spätem Wandel
(late-transition countries), Länder in denen der
Wandel noch bevorsteht *(pretransition countries)*
und für die Weltgesamtbevölkerung (nach Cohen,
1995).

**Offene Frage:
Kann der demo-
graphische
Wandel verstan-
den werden?
Und manipuliert
werden?**

Die Hypothese, die normalerweise zur Erklärung des Wandels vorgeschlagen wird, sieht grob dargestellt so aus: Zunächst kommt es als unausweichliche
Folge von Industrialisierung, Ausbildung und einem modernen Leben im allgemeinen und durch Fortschritte in der medizinischen Versorgung im besonderen zu einer Abnahme der Sterberate. Anschließend kommt es durch die Entscheidungen der Menschen (späterer Zeitpunkt der Schwangerschaft) zu einer
Abnahme der Geburtenrate. Es bleibt aber die Frage, ob der demographische
Wandel ein wirklich existierendes, sich wiederholendes Phänomen ist. Diese
Frage ist wichtig. Wenn der demographische Wandel dort verstanden wird, wo
er stattgefunden hat, kann sein Verlauf für die Länder, die ihn noch vor sich
haben, vielleicht vorhergesagt werden. Dadurch ist es unter Umständen mög-
lich, zukünftige Wachstumsraten sehr viel genauer vorauszusagen als durch
Extrapolation. Durch geeignete politische Maßnahmen könnte das zukünftige
Muster des Bevölkerungswachstums dann sogar manipuliert werden.

Wenn die Gesamtheit der europäischen Länder, in denen der Wandel schon
früh stattgefunden hat, über die letzten 150 Jahre hinweg betrachtet wird, so
zeigen sich Belege für ein idealisiertes Muster (Abb. 12.2). Dieser Wandel geht
mit einer kontinuierlichen Abnahme der Bevölkerungswachstumsrate einher
(Abb. 12.1). Jedoch gibt es erhebliche Unterschiede in der Geschwindigkeit,
mit der die Raten abnehmen, im Zeitabstand zwischen der Abnahme von Ster-
be- und Geburtenraten, in den gegenwärtigen Raten und anderem. Es ist klar,
daß weder das Muster noch der zugrundeliegende Mechanismus einfach sind
und daß beide auch nicht überall dieselben sind. Um nur ein Beispiel zu nennen: In England und in Wales begann die Fruchtbarkeit abzunehmen, sobald

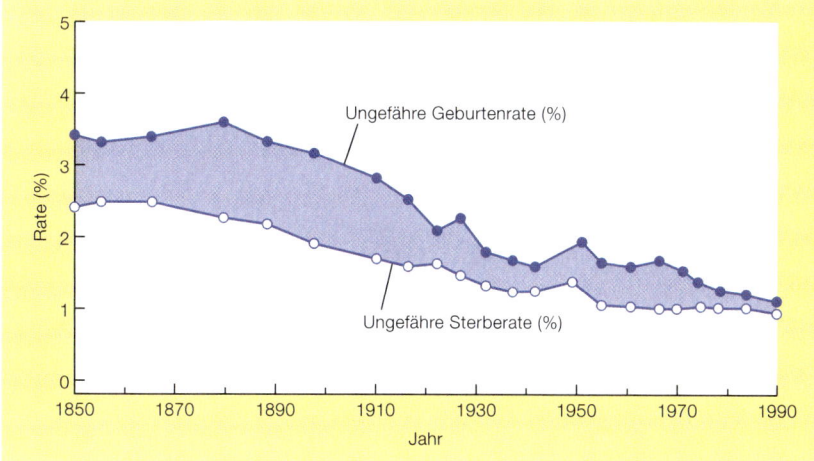

Abbildung 12.2
Die Abnahme in der jährlichen Bevölkerungswachstumsrate in Europa seit 1850 wurde mit einer Abnahme der Sterberate, einer anschließenden Abnahme der Geburtenrate und einer Verringerung des Abstandes zwischen diesen beiden in Verbindung gebracht (nach Cohen, 1995).

das Analphabetentum überwunden war und nur noch 15 % der Männer in der Landwirtschaft beschäftigt waren. In Bulgarien dagegen und noch viel früher in Frankreich begann die Fruchtbarkeit zu sinken, als es noch viele Analphabeten gab und die Bevölkerung noch überwiegend in der Landwirtschaft arbeitete (van de Walle & Knodel, 1980; Cohen, 1995). Entsprechende Unterschiede gibt es zwischen Ländern, bei denen der demographische Wandel gerade begonnen hat. Sie sind möglicherweise die Folge unterschiedlicher Regierungspolitik, verschiedener Religionen und anderem. Es gibt noch viel über den demographischen Wandel zu lernen, bevor die Zukunft mit einiger Sicherheit vorhergesagt werden kann, und noch mehr, bevor mit Manipulationen begonnen werden kann.

12.2.4 Zwei unvermeidbare Entwicklungen

Wäre das „Bevölkerungsproblem" gelöst, wenn es möglich wäre, in allen Ländern der Erde eine Art demographischen Wandel herbeizuführen, so daß die Geburtenraten nicht mehr höher sind als die Sterberaten? Leider nicht, und zwar aus mindestens zwei wichtigen Gründen. Erstens gibt es einen großen Unterschied in der Altersstruktur bei Populationen mit gleicher Geburten- und Sterberate, je nach dem, ob diese Raten hoch oder niedrig sind. Bei der Beschreibung von „Lebenstafeln" in Kapitel 5 wurde deutlich, daß die Nettoreproduktionsrate einer Population das altersabhängige Muster von Überleben und Geburt widerspiegelt. Eine bestimmte Nettoreproduktionsrate kann aber durch eine buchstäblich unendliche Zahl von Kombinationen aus Geburts- und Sterberate erzielt werden. Diese verschiedenen Kombinationen selbst führen zu unterschiedlichen Alterstrukturen innerhalb einer Population. Aber wenn die Geburtenraten niedrig und die Sterberaten hoch sind, d. h. in dem „Idealfall", den wir für die Zeit nach dem Wandel anstreben sollten, dann werden relativ wenige, junge, reproduktive Individuen zuständig sein für die Versorgung von vielen alten, unproduktiven und abhängigen Individuen (Fenster 12.1). Die

Nicht-nachhaltige Altersstrukturen?

Fenster 12.2 – Quantitative Aspekte

Das Wachstum der menschlichen Population

Abbildung (a) zeigt Schätzwerte der Gesamtweltbevölkerung über die letzten 2000 Jahre hinweg, die aus verschiedenen Quellen entnommen wurden (gekennzeichnet durch verschiedene Symbole). Abgesehen von gelegentlichen Zeitabschnitten, in denen die Zahl konstant blieb oder noch selteneren Abnahmen (wie am Ende des 14. Jahrhunderts durch die Pest) zeigt das Gesamtbild ein immer schneller zunehmendes Bevölkerungswachstum: Die Steigung der Kurve wird steiler und steiler. Handelt es sich dabei um exponentielles Wachstum? Die Antwort ist ein entschiedenes „Nein". Abbildung (b) zeigt dieselbe Graphik (ohne die einzelnen Schätzwerte) sowie (1) die exponentielle Wachstumskurve, die am gleichen Punkt vor 2000 Jahren beginnt und bei der heutigen Bevölkerungsgröße endet. Zum Vergleich ist (2) noch eine Kurve mit gleichem Ausgangs- und Endpunkt nach der logistischen Gleichung aufgetragen. Die logistische Kurve kann von vornherein als unrealistisch verworfen werden, da die globale „Umweltkapazität" noch nicht erreicht wurde. Es wird aber auch deutlich, daß die exponentielle Wachstumskurve sehr viel flacher ansteigt als die tatsächlich beobachtete Kurve. Das Problem, das sich aus den drei unterschiedlichen Kurvenverläufen ergibt, ist in Abbildung (c) dargestellt. Verwendet wurden dieselben Daten, doch diesmal ist die wechselnde individuelle Wachstumsrate gegen die Zeit aufgetragen (die prozentuale Wachstumsrate würde genauso aussehen, außer daß alle Zahlen um den Faktor 100 größer wären). Für die

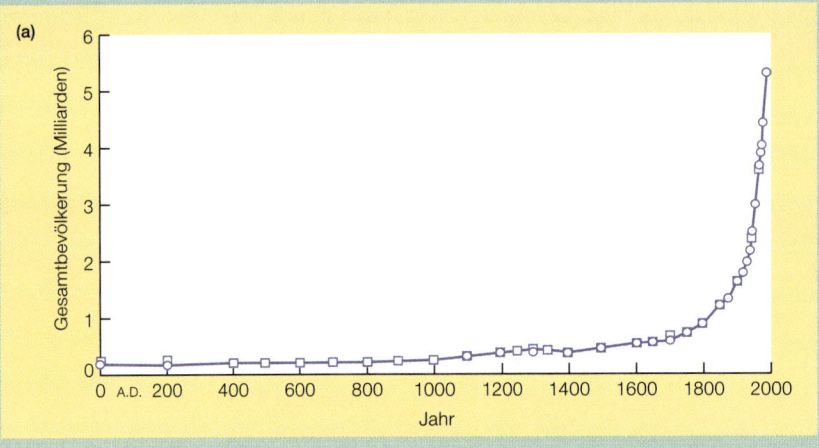

Größe und Wachstumsrate der menschlichen Bevölkerung sind also nicht die einzigen Probleme. Die Altersstruktur einer Population ist ein weiteres.

Der Anstieg des Bevölkerungswachstums

Angenommen, unser Wissen wäre so detailliert und unsere Macht so umfassend, daß wir schon morgen für gleiche Geburten- und Sterberaten sorgen könnten. Würde das Bevölkerungswachstum zum Stillstand kommen? Wieder

logistische Gleichung bildet die Wachstumsrate unter dem Einfluß zunehmender intraspezifischer Konkurrenz eine gerade Linie, die bis auf Null abnimmt, wie stets bei der logistischen Gleichung. Für exponentielles Wachstum ist die Rate konstant, wiederum

definitionsgemäß. Die tatsächliche Wachstumskurve dagegen ergibt eine individuelle Wachstumsrate, die nicht nur, wie die Weltbevölkerung, mit der Zeit zunimmt, sondern mehr als linear anwächst: Das Wachstum wird immer schneller.

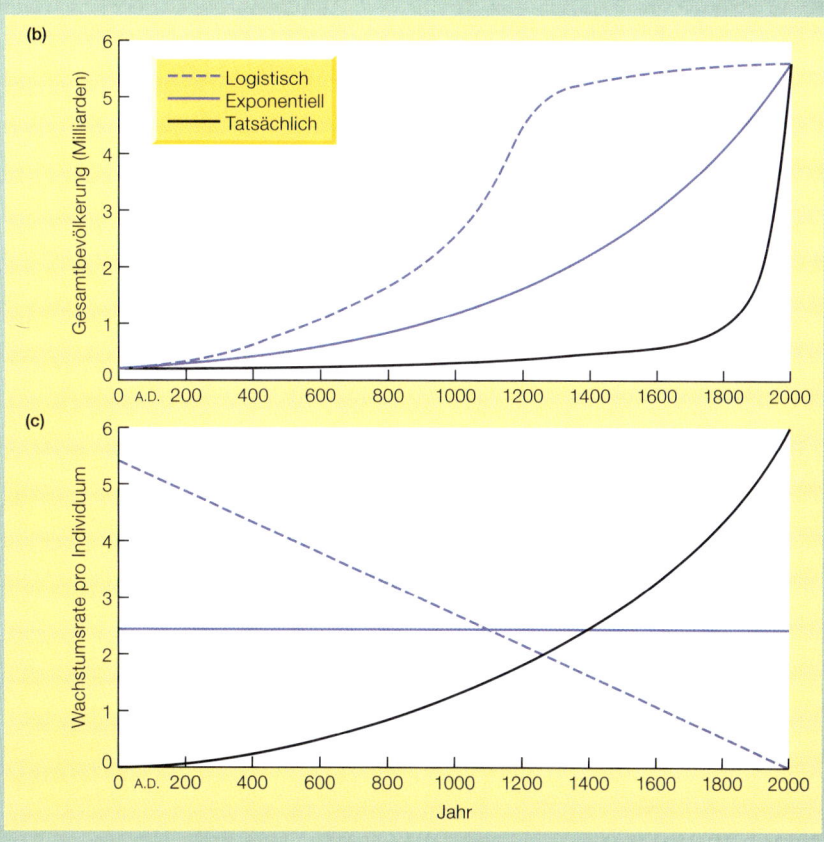

ist die Antwort „Nein". Wir hätten es immer noch mit dem Anstieg des Bevölkerungswachstums zu tun. Selbst bei übereinstimmenden Geburten- und Sterberaten würde es noch viele Jahre dauern, bis sich eine stabile Altersstruktur einstellen würde. Inzwischen würde das Bevölkerungswachstum noch erheblich fortschreiten, bevor es endlich doch zum Stillstand kommt. Eine neuere Schät zung geht beispielsweise davon aus, daß sich selbst unter diesen Umständen bei einer Ausgangszahl von 5,3 Milliarden Menschen im Jahre 1990 die Weltbevölkerung nicht vor dem Jahre 2070 bei einer Zahl von 9 Milliarden einpendeln wird (Lutz et al., 2001). Der Grund dafür besteht darin, daß es beispielsweise heute sehr viel mehr Säuglinge gibt als vor 25 Jahren. Und selbst wenn jetzt die Geburtenrate pro Kopf beträchtlich sinkt, wird es doch in 25 Jahren noch sehr viel mehr Säuglinge geben als im Moment, da dann die heutigen Säuglinge erwachsen sind und selbst Kinder bekommen. Und diese Kinder werden den Schwung fortsetzen, bevor es schließlich zu einer einigermaßen stabilen Alterstruktur kommt.

12.2.5 Wie groß ist die globale Umweltkapazität?

Das momentane Bevölkerungswachstum ist nicht nachhaltig, obwohl es heute geringer ist als früher. In einer Umwelt mit endlichem Raum und endlichen Ressourcen kann keine Population immer weiterwachsen. Wie sehen geeignete Maßnahmen aus? Um eine Antwort vorschlagen zu können, muß man die Grenzen kennen, d. h., es ist wichtig zu wissen, wie viele Menschen die Erde ernähren kann. Wie groß ist die globale Umweltkapazität?

Viele Schätzwerte sind in den letzten 300 Jahren vorgeschlagen worden. Einige sind in Abbildung 12.3 dargestellt. Diese Schätzwerte variieren überraschend stark, und es gibt heute so viele Unterschiede zwischen diesen Werten wie zu jedem anderen Zeitpunkt in der Vergangenheit. Wir sind einer Einigung über die globale Kapazität nicht näher als früher. Selbst die Schätzwerte seit 1970 unterscheiden sich um drei Zehnerpotenzen, sie reichen von 1 bis 1000 Milliarden. Zum besseren Verständnis der scheinbaren Verwirrung in Abbildung 12.3 soll hier für einige Beispiele dargestellt werden, wie die Schätzwerte zustande kommen (Cohen, 1995).

Einige Schätzwerte der „globalen Kapazitätsgrenze", ...

Im Jahre 1967 stellte sich der Pflanzenpopulationsökologe C. T. de Wit die Frage, wie viele Menschen auf der Erde leben können, wenn Photosynthese der limitierende Prozeß ist. Er kam auf eine Zahl von etwa 1000 Milliarden. In sei-

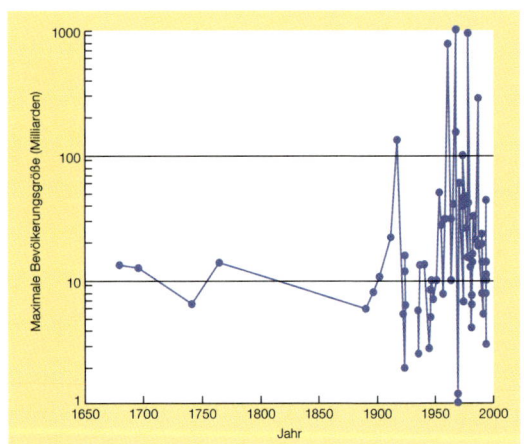

Abbildung 12.3
Einige Schätzwerte zur Anzahl der Menschen, die auf der Erde leben können, aufgetragen gegen das Jahr, in dem jede Schätzung gemacht wurde. Man beachte die logarithmische Auftragung. Dort, wo mehrere Schätzwerte von einem Autor gefunden wurden, ist der höchste Wert dargestellt (nach Cohen, 1995).

ner Berechnung berücksichtigte er die Tatsache, daß die potentielle Wachstumsperiode mit der geographischen Breite variiert. Er nahm aber an, daß weder Wasser noch Mineralien einen limitierenden Faktor darstellen. Er gab allerdings zu: „So viele Menschen können *von* der Erde leben; aber nicht *auf* der Erde." Mit anderen Worten, wenn die Menschen Fleisch essen wollen oder das haben möchten, was viele von uns als angemessenen Lebensraum betrachten, dann wäre der Schätzwert sehr viel niedriger.

Im Gegensatz dazu steht die Annahme von H. R. Hulett aus dem Jahr 1970, daß die Werte von Wohlstand und Verbrauch in den Vereinigten Staaten „optimal" wären für die gesamte Erde und daß nicht nur der Bedarf an Nahrungsmitteln, sondern auch an erneuerbaren Ressourcen wie Holz und nicht-erneuerbaren Ressourcen wie Stahl oder Aluminium berücksichtigt werden müßten. Die Zahl, die er berechnete, war nicht mehr als 1 Milliarde (weniger als ein Fünftel der Gesamtbevölkerung von 1990). Er ging allerdings davon aus, daß die Versorgung der Erde mit verschiedenen limitierenden Ressourcen die gleiche bliebe, während die Anzahl der Produzenten sich ändert (in seinem Szenario abnahm) und daß die Verteilung des Verbrauchs zwischen den Produzenten gleich bleibt. Diese Annahme ist unwahrscheinlich.

Diese letzte Annahme wurde in einer Reihe von Berichten aus dem Jahre 1988 auch von R. W. Kates und anderen gemacht, obwohl sie bei den Verbrauchswerten eher globale Mittelwerte zugrunde legten als Werte aus den Vereinigten Staaten. Mit diesen Werten schätzten sie, daß eine Grundversorgung (v. a. mit vegetarischer Nahrung) von 5,9 Milliarden Menschen möglich sei. Bei Zugrundelegung einer anspruchsvolleren Versorgung (etwa 15 % des Kalorienbedarfes durch Tierprodukte) kamen sie auf einen Wert von 3,9 Milliarden und bei einer Deckung von 25 % des Kalorienbedarfes durch Tierprodukte auf eine Zahl von 2,9 Milliarden.

Aus diesen Beispielen wird deutlich, daß es einen Unterschied gibt zwischen der Bevölkerungszahl, die durch die Erde einfach nur erhalten werden kann, und der Zahl, die mit einem akzeptablen Lebensstandard erhalten werden kann. Die hohen Schätzwerte kommen nahe an das Konzept einer Kapazitätsgrenze, wie wir es normalerweise für andere Organismen heranziehen (Kap. 5), einer Zahl die durch die limitierten Ressourcen der Umwelt bestimmt wird. Aber es ist unwahrscheinlich, daß wir für uns oder unsere Nachfahren ein Leben zusammengequetscht am Rande der Kapazitätsgrenze wünschen. Auf alle Fälle ist es schon ein großer Schritt anzunehmen, daß die menschliche Bevölkerung „von unten" durch die Ressourcen limitiert ist und nicht „von oben" durch ihre natürlichen Feinde. Insbesondere Infektionskrankheiten wurden noch vor kurzem als besiegt angesehen. Nun werden sie, beispielsweise durch die Weltgesundheitsorganisation, wieder als größere Bedrohung für das Wohlergehen der Menschheit betrachtet. Während einer Tuberkuloseepidemie starben im Jahre 1993 beispielsweise 2,7 Millionen Menschen. Es wurde geschätzt, daß weitere 1,7 Milliarden Menschen infiziert waren, die Krankheit bei ihnen aber nicht zum Ausbruch kam (Dobson & Carper, 1996). In Kapitel 8 wurde deutlich, daß sich viele Infektionskrankheiten bei hoher Bevölkerungsdichte am besten entwickeln.

... die von 1 Milliarde bis zu 1000 Milliarden reichen

**Offene Frage:
Was verstehen
wir unter der
„globalen Kapa-
zitätsgrenze"?**

Jeder Vorschlag einer globalen Kapazitätsgrenze hängt von Entscheidungen ab, die wir für uns und andere machen. Die meisten von uns würden ein Leben wählen, das mindestens so gut ist wie das bisherige. Die Frage ist jedoch, ob die Weltbevölkerung es sich leisten kann, für die ganze Welt ein Leben zu wählen, das mindestens dem Standard entspricht, wie es die Menschen in den Industrienationen führen. Die Antwort auf jede Frage hängt davon ab, was genau mit der Frage gemeint ist, und die „globale Kapazitätsgrenze" zu definieren ist alles andere als einfach.

12.3 Die Nutzung natürlich vorkommender, lebender Ressourcen

Eine der Hauptbeschränkungen für die Anzahl an Menschen, die auf der Erde leben können, liegt in der verfügbaren Nahrung. Die freilebenden Populationen vieler Arten werden als Nahrungsquellen von Menschen genutzt. Ein Teil der Population wird entnommen (getötet oder geerntet), und einige Individuen werden übriggelassen, damit sie wachsen und sich vermehren und so Material für zukünftige Ernten produzieren können. Primitive menschliche Gemeinschaften gewannen auf diese Weise alles Lebensnotwendige, und auch heutzutage bekommen die Menschen Nahrung und Rohstoffe auf diese Weise. Dabei kann es sich beispielsweise um Fische aus dem Meer handeln, um Rotwild aus einem Moorgebiet oder um Holz aus einem Wald. Es gibt einen wichtigen Unterschied zwischen Ressourcen, die auf diese Weise gewonnen werden, und Ressourcen, die landwirtschaftlich produziert werden (s. Abschnitte 12.4 und 12.5). Für die landwirtschaftliche Produktion werden Pflanzen- und Tierarten ausgewählt, domestiziert (wobei sie oft genetisch verändert werden) und in mehr oder weniger stark kontrollierten Monokulturen angebaut oder gezüchtet. Diese Ressourcen gehören meistens einer Organisation oder einem Bauern, die oder der sie verwaltet. Im Gegensatz dazu waren die meisten Ozeane und Wälder, in denen gefischt oder gejagt wurde, ursprünglich gemeinsamer Besitz, offen für nicht-nachhaltige Ausbeutung durch jedermann. Allerdings kommen Fischerei und Jagd seit kurzem zunehmend unter nationale und internationale Kontrolle, und nationale Besitzansprüche werden geltend gemacht. Viele der Beispiele in dem folgenden Abschnitt stammen aus dem Bereich des Fischereiwesens, doch die Grundlagen gelten für die Ausbeutung jeder natürlichen Ressource.

12.3.1 Fischerei – maximaler Dauerertrag

**Die Suche nach
dem schmalen
Pfad zwischen
Übernutzung
und zu geringer
Nutzung**

Immer wenn eine natürliche Population ausgebeutet wird, besteht die Gefahr der Übernutzung. Werden zu viele Individuen entnommen, wird die Population biologisch gefährdet, in die ökonomische Bedeutungslosigkeit getrieben oder vielleicht sogar zum Aussterben gebracht. Der weltweite Gesamtfang an Meeresfischen nahm von 1950–1989 um das Fünffache zu. Viele der weltweit nutzbaren Fischpopulationen sind nun nahe am Punkt der Übernutzung oder haben ihn schon erreicht. Aber den Nutzern ist auch daran gelegen, Unternut-

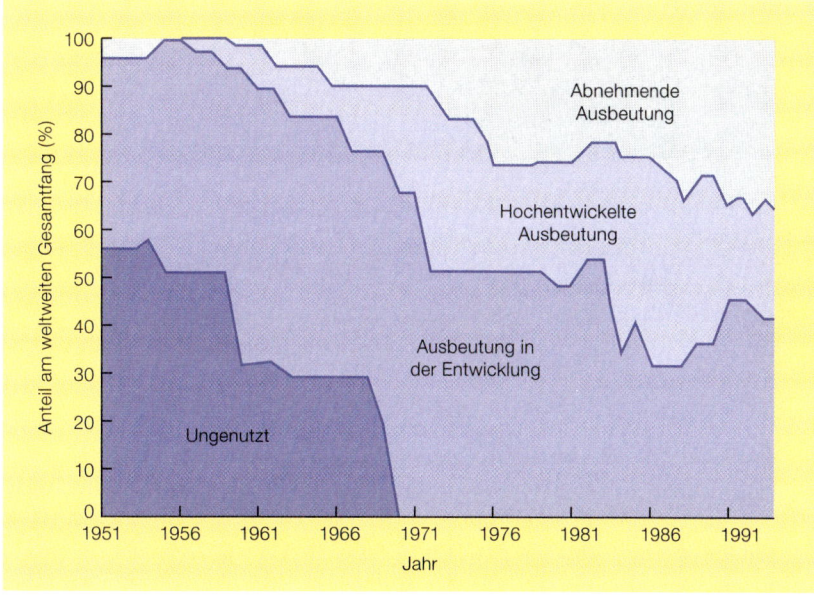

Abbildung 12.4
Veränderungen des Anteils verschiedener Fischarten an der globalen Meeresfischproduktion in verschiedenen Entwicklungsphasen ihrer Ausbeutung. Man beachte, daß es seit 1970 keine bedeutende Fischart gibt, die nicht ausgebeutet wird (nach United Nations, 1998).

zung zu vermeiden. Wenn weniger Individuen entnommen werden als erforderlich sind, um die Population zu erhalten, ist der Gewinn kleiner als nötig, mögliche Konsumenten bekommen weniger, und die Nutzer haben zuwenig Arbeit. Es ist nicht leicht, die Balance zwischen zu geringer Nutzung und Übernutzung zu finden. Es ist sehr viel verlangt, wenn eine Managementstrategie den Bestand der genutzten Art, die Wirtschaftlichkeit des Nutzungsunternehmens, die dauerhafte Erhaltung von Arbeitsplätzen, traditionelle Lebensweisen, gesellschaftliche Gepflogenheiten und die natürliche Biodiversität berücksichtigen soll.

Die grundlegendsten ökologischen Aspekte, die hier zum Verständnis erforderlich sind, wurden in Kapitel 5 in der Diskussion der intraspezifischen Konkurrenzeffekte auf Populationen eingeführt. Zur Bestimmung der besten Ausbeutungsmethode einer Population ist es nötig, die Folgen verschiedener Ausbeutungsstrategien zu kennen. Dazu ist jedoch zunächst ein Verständnis der Populationsdynamik beim Fehlen von Ausbeutung bzw. vor Beginn der Ausbeutung erforderlich. Üblicherweise wird angenommen, daß sich eine nutzbare Population vor der Ausbeutung an der Kapazitätsgrenze befindet und intraspezifische Konkurrenz herrscht. Zusammenfassend lassen sich folgende Punkte aus Kapitel 5 festhalten, wobei man sich aber stets bewußt sein sollte, daß es sich um starke Verallgemeinerungen handelt:

1. Wenn keine Ausbeutung stattfindet, ist zu erwarten, daß sich die Populationsgrenze im Bereich der Umweltkapazität einpendeln wird. Ausbeutung verringert diese Zahl.
2. Durch Verringerung der Konkurrenz wird die Populationsgröße entlang des buckelförmigen Verlaufs der Nettorekrutierungsrate nach links verschoben. Dabei wird die Nettozuwachsrate der Population erhöht (Abb. 12.5).

Populationsdynamik in Abwesenheit von Ausbeutung – Verlauf der Nettorekrutierungsrate

503

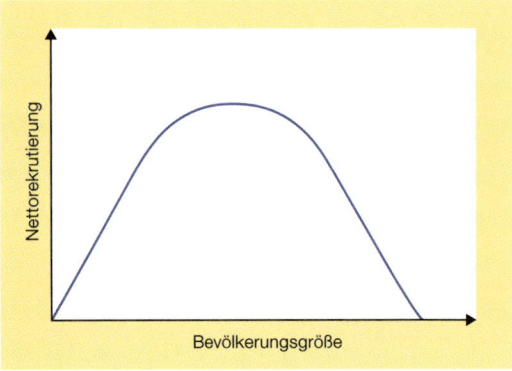

Abbildung 12.5
Die buckelförmige Beziehung zwischen der Nettorekrutierungsrate einer Population (Geburten minus Todesfälle) und der Populationsgröße, die auf der Wirkung intraspezifischer Konkurrenz beruht (s. Kapitel 5). Die Populationsgröße nimmt von links nach rechts zu, zunehmende Ausbeutung verschiebt das Verhältnis dagegen von rechts nach links.

Maximaler Dauerertrag: ein schmaler Pfad?

Aus der Form des Verlaufes in Abbildung 12.5 geht hervor, daß es eine „mittlere" Populationsgröße gibt, bei der die Nettorekrutierungsrate am höchsten ist. Nehmen wir eine Zeitskala in Jahren an. Der Gipfel der Kurve könnte bei „10 Millionen neuen Fischen pro Jahr" liegen. Das entspricht dann der größten Anzahl an neuen Fischen, die der Population jedes Jahr entnommen und durch die Population selbst wieder ersetzt werden können. Dieser Wert ist der maximale Dauerertrag (*maximum sustainable yield*, MSY), d. h. die maximale Ernte, die der Population regelmäßig und auf unbestimmte Zeit entnommen werden kann. Es scheint, als ob in der Fischerei der schmale Pfad zwischen zu geringer Nutzung und Übernutzung beschritten werden kann, wenn die Fischer einen Weg finden, diesen maximalen Dauerertrag zu erzielen.

Das Konzept des maximalen Dauerertrages ist nicht perfekt

Das Konzept des maximalen Dauerertrages war für viele Jahre das grundlegende Prinzip des Ressourcenmanagements in der Fischerei, der Waldwirtschaft und der Jagd. Aus einer Reihe von Gründen ist es jedoch weit davon entfernt, perfekt zu sein.

1. Da eine Population als eine Anzahl von ähnlichen Individuen betrachtet wird, finden Aspekte der Populationsstruktur wie Größen- oder Altersklassen und ihre verschiedenen Wachstums-, Überlebens- und Reproduktionsraten keine Beachtung.
2. Da es auf einer einzigen Rekrutierungskurve beruht, wird die Variabilität der Umwelt nicht berücksichtigt.
3. In der Praxis ist es manchmal unmöglich, einen verläßlichen Schätzwert für den maximalen Dauerertrag zu bekommen.
4. Den maximalen Dauerertrag einzubringen, ist sicher nicht das einzige und beste Kriterium zur Beurteilung des Managementerfolgs einer Erntemaßnahme. Es kann beispielsweise wichtiger sein, langfristig Arbeitsplätze zu erhalten.

12.3.2 Maximaler Dauerertrag durch feste Quoten

Es gibt zwei einfache Wege, regelmäßig einen maximalen Dauerertrag zu erzielen: Durch „feste Quoten" und durch „gleichbleibenden Aufwand" der

Erntemaßnahmen. Bei der Vorgehensweise nach festen Quoten (*fixed quota harvesting*; Abb. 12.6), wird jedes Jahr dieselbe Menge (der maximale Dauerertrag) aus der Population entfernt. Dieses System funktioniert aber nur (und das ist ein großes Aber), wenn die Population exakt auf dem Gipfelpunkt der Nettorekrutierungskurve bleibt. Durch Wachstum und Fortpflanzung ersetzen die Mitglieder der Population dann jedes Jahr genau die geerntete Menge. Wenn aber durch Zufall die Anzahl einmal leicht unterhalb des Maximalwertes der Kurve liegt und trotzdem die feste Quote entnommen wird, nimmt die Population immer weiter ab und stirbt schließlich aus. Es kann aber auch passieren, daß der Wert des maximalen Dauerertrages etwas überschätzt wird (und verläßliche Schätzwerte sind schwer zu bekommen). Dann würde die entnommene Menge stets die Rekrutierungsrate überschreiten, und es würde ebenfalls zum Aussterben der Population kommen. Kurz gesagt, eine feste Quote in der Höhe des maximalen Dauerertrages ist sicher eine wünschenswerte und vernünftige Sache in einer vollständig vorhersagbaren und bekannten Welt. In der Realität, bei sich ständig verändernder Umwelt und unvollständigen Daten als Grundlage, sind feste Quoten der erste Schritt in die Katastrophe (Clark, 1981).

Trotzdem wurde diese Strategie häufig verwendet, wenn durch Verwaltungsbehörden Schätzwerte für den maximalen Dauerertrag erstellt und als jährliche

Die Probleme eines Erntesystems nach festen Quoten in Theorie ...

... und Praxis

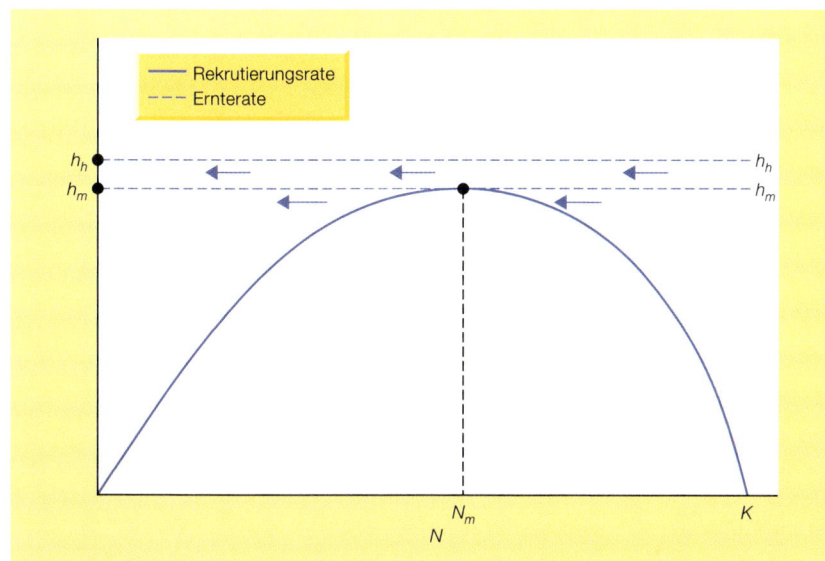

Abbildung 12.6
Ernte nach fester Quote. Die Abbildung zeigt eine einzelne Rekrutierungskurve (——) und zwei Kurven für die Ernte nach fester Quote (----): hohe Quote (h_h) und Quote entsprechend des maximalen Dauerertrages (h_m). Die Pfeile zeigen die erwarteten Häufigkeitsänderungen unter dem Einfluß der Erntemaßnahmen. ● = Gleichgewicht. Bei h_h wird das „Gleichgewicht" erst erreicht, wenn die Population ausgestorben ist. Der maximale Dauerertrag wird mit h_m dort erzielt, wo die Linie den Gipfel der Rekrutierungskurve gerade berührt (bei einer Dichte von N_m): Populationen größer als N_m werden auf den Wert von N_m reduziert, Populationen kleiner als N_m werden dagegen zum Aussterben gebracht.

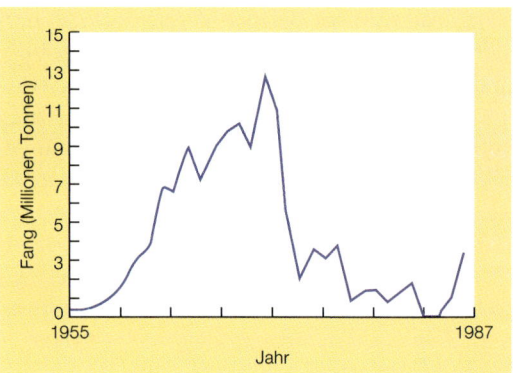

Abbildung 12.7
Fanggeschichte der peruanischen Sardellenfischerei
(nach Hilborn & Walters, 1992).

Quoten festgelegt wurden. An einem festgelegten Tag im Jahr wird die Fangsaison eröffnet und der eingebrachte Gesamtfang kumulativ registriert. Ein relativ typisches Beispiel ist die Fischfang der Peruanischen Sardelle (*Engraulis ringens;* Abb. 12.7). Von 1960–1972 war dies die weltweit größte Fischereiwirtschaft. Sie stellte einen Hauptfaktor der peruanischen Ökonomie dar. Fischereiexperten legten den maximalen Dauerertrag auf jährlich 10 Millionen Tonnen fest, und der Fang wurde entsprechend beschränkt. Trotzdem wurden die Kapazitäten der Fischfangflotte weiter vergrößert, und im Jahr 1972 brach der Fang zusammen. Überfischung war offenbar zumindest ein Hauptfaktor für den Zusammenbruch, obwohl ihre Wirkung durch gravierende Umweltschwankungen verstärkt wurde. Diese werden später diskutiert. Ein Moratorium hätte es vielleicht ermöglicht, daß sich die Bestände wieder erholten. Dies war aber politisch nicht durchsetzbar, da von der Sardellenindustrie 20 000 Arbeitsplätze abhingen. Die peruanische Regierung gestattete daher die Fortsetzung des Fischfangs. Die früheren Fangmengen wurden nie wieder erreicht.

12.3.3 Maximaler Dauerertrag durch gleichbleibenden Aufwand

Die relative Robustheit des Ansatzes mit gleichbleibendem Aufwand

Eine Alternative zur konstanten Erntemenge ist ein „gleichbleibender Aufwand" der Erntemaßnahmen *(constant harvesting effort)*. Darunter kann man beispielsweise die Anzahl der „Trawler-Fangtage" in der Fischerei oder die Zahl der „Jagdtage" bei jagdbarem Wild verstehen. Bei dieser Vorgehensweise sollte die Größe der Ernte mit der Populationsgröße zunehmen (Abb. 12.8). Wenn nun im Gegensatz zu Abbildung 12.6 die Dichte unter den Maximalwert fällt, dann übersteigt die neue Rekrutierung die entnommene Menge, und die Population erholt sich wieder. Das Risiko des Aussterbens ist sehr viel geringer. Die Nachteile sind allerdings, daß erstens aufgrund des festgelegten Umfangs der Maßnahmen der Ertrag mit der Populationsgröße variiert, d. h., es gibt gute, aber auch, was entscheidender ist, schlechte Jahre. Zweitens muß sichergestellt sein, daß niemand mehr Aufwand betreibt als festgelegt. Dennoch gibt es viele Beispiele, in denen die Ernte durch gesetzliche Beschränkungen der durchgeführten Fangmaßnahmen gesteuert wird. Die Fischerei auf den wirtschaftlich

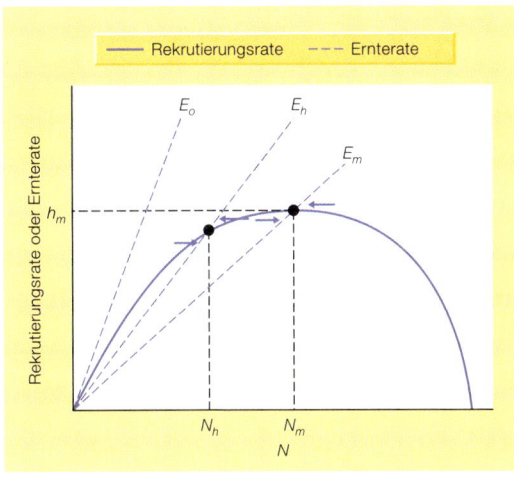

Abbildung 12.8
Fang nach festen Quoten; Pfeile und Punkte wie in Abbildung 12.6. Der maximale Dauerertrag bei einem Aufwand von E_m führt zu einem stabilen Gleichgewicht bei der Dichte N_m und einem Ertrag von h_m. Bei einem etwas höheren Aufwand (E_h) sind Dichte am Gleichgewichtspunkt und Ertrag etwas niedriger als bei E_m, aber immer noch stabil. Nur bei sehr viel höherem Aufwand (E_o) kommt es zum Aussterben der Population.

wichtigen Pazifischen Heilbutt *(Hippoglossus stenolepis)* wird beispielsweise durch Schonzeiten und Schutzzonen beschränkt. Dabei sind aber erhebliche Investitionen in Kontrollschiffe zur Durchsetzung der Regelungen erforderlich.

12.3.4 Jenseits des maximalen Dauerertrages: Umweltfluktuationen und Populationsstruktur

Es kann kein Zweifel daran bestehen, daß die Fischerei einen großen Druck auf Populationen ausübt. Trotzdem ist der Zusammenbruch eines Fischbestandes meist eher das Ergebnis ungewöhnlich schlechter Umweltbedingungen als ausschließlich von Überfischung. Der Fang auf die Peruanische Sardelle (Abb. 12.7) brach zwischen 1972 und 1973 zusammen, aufgrund eines „El-Niño-Ereignisses" gab es jedoch bereits Mitte der 1960er Jahre bei ständig ansteigenden Fangzahlen einen kleinen Einbruch. Zu einem „El-Niño-Ereignis" kommt es, wenn warmes tropisches Wasser aus dem Norden die Auftriebsbewegungen und damit die Produktivität der nährstoffreichen kalten peruanischen Strömung aus dem Süden verringert. Bis 1973 hatte die Fischerei so stark zugenommen, daß das nun eintretende El-Niño-Ereignis noch schwerwiegendere Folgen hatte. Zwar gab es von 1973 bis 1982 einige Anzeichen für eine Erholung der Bestände, doch 1983 kam es anläßlich eines weiteren El-Niño-Ereignisses noch einmal zu einem Zusammenbruch. Es ist unwahrscheinlich, daß die El-Niño-Ereignisse genauso gravierende Folgen gehabt hätten, wenn die Sardellen nur leicht befischt worden wären. Es ist aber genauso klar, daß die Geschichte der Peruanischen Sardellenfischerei nicht nur durch die Folgen von Überfischung erklärt werden kann.

Bisher wurden die Populationsstrukturen der ausgebeuteten Arten nicht beachtet. Das ist aus zwei Gründen ein schwerwiegendes Versäumnis. Erstens wird meist nur ein Teil der Population entnommen (erwachsene Bäume, Fische, die eine bestimmte, kommerziell verwertbare Größe überschritten haben usw.).

Umweltschwankungen: Sardellenfischerei und El Niño

Populationsstrukturen und der Arktische Dorsch (*Gadus morhua*)

507

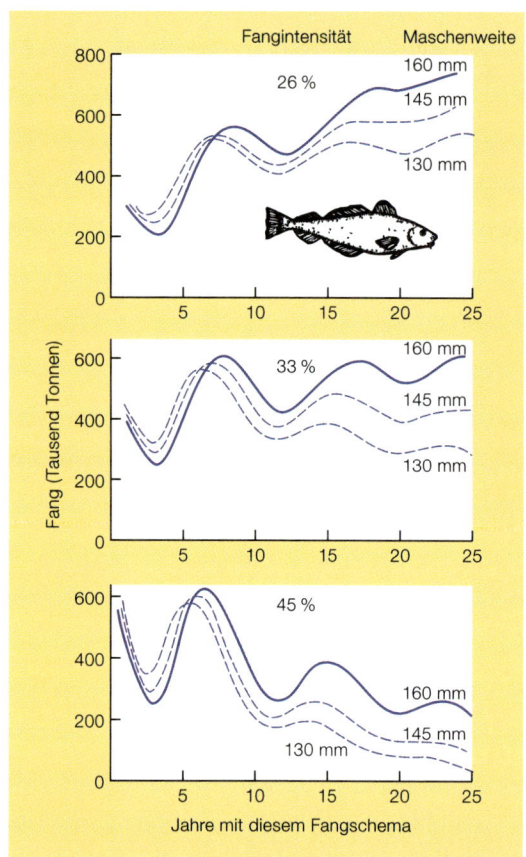

Abbildung 12.9
Vorhersagen für den Bestand des Arktischen
Dorschs bei drei Befischungsintensitäten und
drei verschiedenen Maschenweiten
(nach Pitcher & Hart, 1982).

Zweitens ist „Rekrutierung" in der Praxis ein komplexer Prozeß, zu dem Überleben und Fruchtbarkeit der Adulten, Überleben und Wachstum der Jungen und andere Faktoren gehören. Jeder dieser Faktoren reagiert anders auf Veränderungen der Dichte und der Entnahmestrategie. Ein beispielhaftes Modell, das einige dieser Variablen berücksichtigt, wurde für die norwegische Dorschfischerei in der Arktis entwickelt. Der Dorsch ist der nördlichste nutzbare Fischbestand des Atlantiks. Für die späten 1960er Jahre war die Anzahl der Fische in verschiedenen Altersklassen bekannt, und diese Information wurde genutzt, um die voraussichtliche Fangmenge bei verschiedenen Fangintensitäten und Maschenweiten vorherzusagen. Das Modell sagte die besten langfristigen Aussichten bei einer geringen Fangintensität (weniger als 30 %) und großer Netzweite voraus. Dadurch erhielten die Fische die Gelegenheit zu wachsen und sich fortzupflanzen, bevor sie gefangen wurden (Abb. 12.9). Die von dem Modell abgeleiteten Empfehlungen wurden ignoriert und, wie vorhergesagt, brachen die Dorschbestände vollständig zusammen.

Vorsichtiges Management, geschützte   Für die meisten Fischbestände ist es ein unerfüllbarer Traum, optimale Erträge zu erzielen. Im allgemeinen gibt es zu wenig Wissenschaftler, in vielen Teilen der Erde überhaupt keine, um die erforderlichen Untersuchungen durchzuführen. Unter diesen Bedingungen könnte ein vorsichtiger Ansatz darin bestehen, einen Teil der Lebensgemeinschaften von Küsten oder Korallenriffen über die Anlage von marinen Schutzgebieten ganz von der Nutzung auszuschließen (Hall, 1998). Management ohne Datengrundlage *(data-less management)* kommt dann vor, wenn lokale Fischer einfachen Regeln folgen, um die Nachhaltigkeit der Nutzung wahrscheinlicher zu machen. So bekamen die Einwohner der pazifischen Insel Vanuatu einige einfache, aber offenbar erfolgreiche Anweisungen für die Nutzung der Spitzkreiselschneckenart *Tectus niloticus* (Perlmuttkegel). Nur alle drei Jahre sollten die Bestände geerntet werden, und in der Zwischenzeit sollte keine Nutzung erfolgen (Johannes, 1998).

Areale und Management ohne Datengrundlage

12.4   Der Anbau von Monokulturen

Weltweit gibt es Nahrung im Überfluß. Zwischen 1961 und 1996 nahm die Versorgung mit Lebensmitteln in den Entwicklungsländern pro Kopf um 32 % zu (Abb. 12.10a). Im gleichen Zeitraum fiel der an Unterernährung leidende Anteil der Weltbevölkerung von 35 % auf 21 %, allerdings mit einer global gesehen sehr ungleichen Verteilung (Abb. 12.10b). Und so leiden trotzdem weltweit immer noch 840 Millionen Menschen unter Hunger, und die Wachstumsrate bei der Nahrungsmittelproduktion nimmt ab.

Fischerei und Jagd sind Bestandteil der menschlichen Lebensweise seit den Zeiten, als noch alle Menschen Jäger und Sammler waren. Die Nahrungsmenge, die aus der Natur gewonnen werden konnte, reichte aber bei weitem nicht aus, um die menschliche Bevölkerung in den Hauptphasen ihres Wachstums zu ernähren. Zunehmend wurden sowohl Tiere als auch Pflanzen domestiziert und so gehalten, daß viel größere Produktionsraten möglich waren. Der Hauptanteil der menschlichen Nahrung wird nun angebaut, üblicherweise in dichten Populationen von einzelnen Arten (Monokulturen). Auf diese Weise kann jede Art spezifisch behandelt und ihre Produktivität erhöht werden, ob in riesigen Monokulturen von Reis, Weizen oder Mais (Abb. 12.11) oder in Nutztierfabriken zur Produktion von Rind- und Schweinefleisch oder Geflügel. Auch Fisch wird zunehmend auf die gleiche Art produziert *(aquaculture)*, d. h. in abgeschlossenen Wasserbecken gezüchtet, mit kontrollierter Nahrung gefüttert und in großen Massen geerntet. In Asien stammt bereits ein Viertel des verzehrten Fisches aus solchen Anlagen.

Nur in Monokulturen kann die Nahrungsmittelerzeugung maximiert werden, weil diese es dem Landwirt erlauben, Populationsdichte (Nutzvieh oder Kulturpflanzen), Menge und Qualität der Ressourcen (Futter für Nutzvieh, Dünger und Wasser für Kulturpflanzen) und oft sogar die physikalischen Bedingungen wie Temperatur und Feuchtigkeit zu kontrollieren und zu optimieren. Bei Tieren gehen Monokulturen soweit, daß Nutzvieh und Geflügel getrennt nach Altersklassen gehalten werden. Die unwirtschaftliche Mischhaltung von Kühen und Kälbern oder Küken und Hennen ist nicht nötig; Fischeier und Fischbrut können von potentiell kannibalistischen Alttieren getrennt gehalten werden. Das in der Natur häufige, grob unwirtschaftliche Geschlechterverhältnis von 1:1 kann durch Aussortieren verändert werden, um wirtschaftliche, nur

Monokulturen: was dazu gehört …

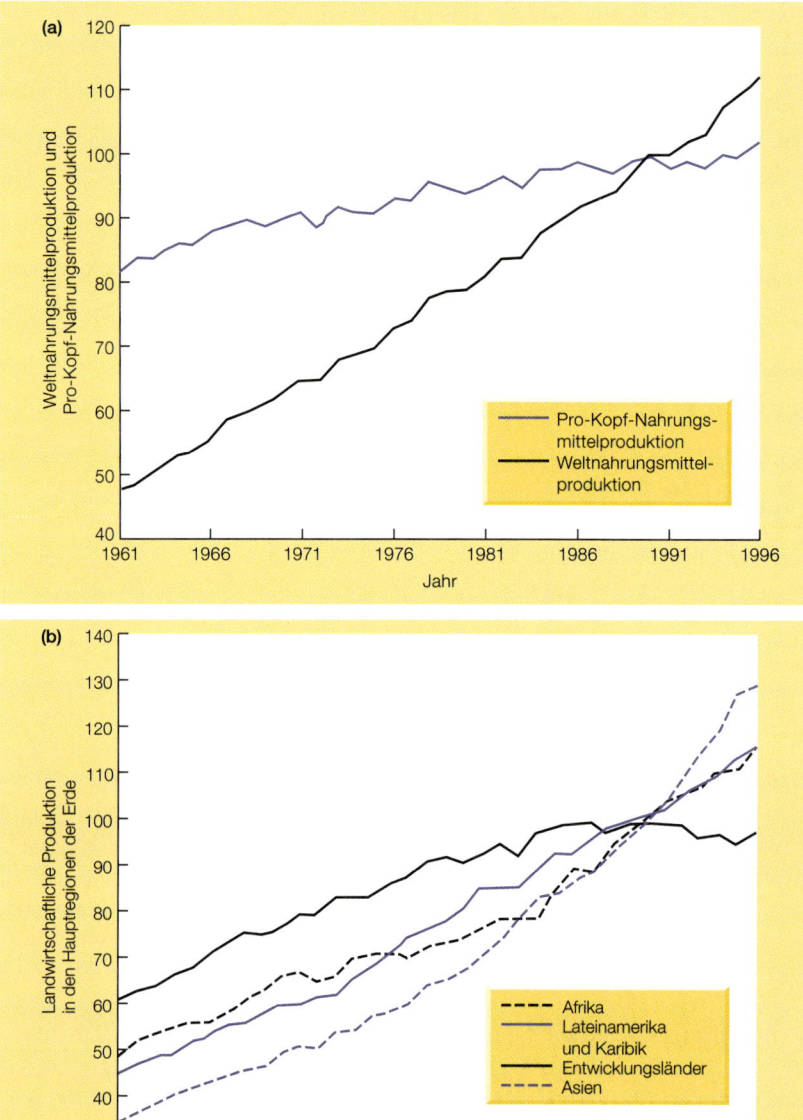

Abbildung 12.10
(a) Veränderungen in der weltweiten Pro-Kopf-Nahrungsmittelproduktion von 1961 bis 1996. Die Zahlen von 1989 bis 1991 sind gleich 100 gesetzt, um die Vergleichbarkeit zu erleichtern.
(b) Veränderungen in der landwirtschaftlichen Nahrungsmittelerzeugung in den Hauptregionen der Erde von 1961 bis 1996. Die Zahlen von 1989 bis 1991 sind gleich 100 gesetzt, um die Vergleichbarkeit zu erleichtern. Die frühere Sowjetunion wurde den Industrieländern zugeordnet (aus United Nations, 1998).

aus weiblichen Rindern bestehende Milchviehherden zu erhalten oder nur aus Hennen bestehende Populationen für Legebatterien. Dies alles hat nichts mehr zu tun mit der Ökologie primitiver Jäger und Sammler, die von den Erträgen lebten, die sie der Natur abringen konnten.

... und ihre Anfälligkeit für Krankheiten

Bis zu welchem Grad sind moderne Anbaumethoden nun nachhaltig? Es gibt zahlreiche Hinweise, daß hohe Produktionsraten von Nahrungsmitteln in Monokulturen auf die Dauer teuer bezahlt werden müssen. Sie bieten bei-

Abbildung 12.11
Landwirtschaftliche
Monokulturen:
Weizen soweit das
Auge reicht.

spielsweise ideale Bedingungen für die epidemieartige Ausbreitung von Krankheiten wie Euterentzündungen, Brucellose und Schweinepest bei Nutzvieh sowie Kokzidiose bei Geflügel. Nutztiere werden normalerweise in sehr viel größeren Dichten gehalten als in der Natur, mit dem Ergebnis, daß die Übertragungsraten von Krankheiten höher sind (s. Kap. 8). Zusätzlich ergeben sich hohe Übertragungsraten, wenn Tiere von einem Unternehmen an ein anderes verkauft werden. Auch die Bauern selbst können leicht über den Schlamm an ihren Stiefeln oder ihren Fahrzeugen als Vektoren für Schädlinge und Krankheiten fungieren. Der dramatische Ausbruch der Maul- und Klauenseuche im Jahre 2001 in England ist dafür ein gutes Beispiel.

Auch an Nutzpflanzen läßt sich zeigen, wie gefährlich die menschliche Abhängigkeit von Monokulturen ist. Die Kartoffel wurde beispielsweise erst in der zweiten Hälfte des 16. Jahrhunderts über den Atlantik nach Europa gebracht. Drei Jahrhunderte später hatte sie andere Nahrungsmittel ersetzt und war zur beinahe ausschließlichen Nahrung der ärmeren Hälfte der irischen Bevölkerung geworden. Dichte Monokulturen boten jedoch ideale Bedingungen für die verheerende Ausbreitung der Kraut- und Knollenfäule. Diese Krankheit wird durch den Pilz *Phytophtora infestans* verursacht, der etwa 1840 ebenfalls den Atlantik überquert hatte. Die Krankheit breitete sich schnell aus, die Ernteerträge nahmen dramatisch ab und auch gelagerte Kartoffeln verrotteten. Von den etwa 8 Millionen Menschen der irischen Bevölkerung starben etwa 1,1 Millionen in der darauffolgenden Hungersnot, weitere 1,5 Millionen wanderten nach England oder in die Vereinigten Staaten aus. In der jüngeren Geschichte kam es im Südosten der Vereinigten Staaten zu einem Ausbruch des Maisblattbrandes, verursacht durch den Pilz *Helminthosporium maydis,* der sich in den späten 60er Jahren des 20. Jahrhunderts entwickelte und sich nach 1970 extrem schnell ausbreitete. Der in diesem Gebiet angebaute Mais stammte zum größten Teil aus demselben Bestand und war genetisch nahezu einheitlich. Diese extreme Form von Monokultur führte dazu, daß eine spezialisierte Rasse des Pilzes verheerende Schäden anrichtete. Die Verluste in den Vereinigten Staaten wurden auf 1 Milliarde US-Dollar geschätzt und hatten weltweite Auswirkungen auf die Getreidepreise.

12.4.1 Degradation und Erosion des Bodens

Ein Bericht der Vereinten Nationen (1998) stellt fest: „Die Intensivierung der Landwirtschaft in den vergangenen Jahrzehnten hat einen hohen Preis von der Umwelt gefordert. Schlechte Anbaumethoden und Bewässerungstechniken sowie die maßlose Verwendung von Pestiziden und Herbiziden haben in vielen Gebieten zu Bodenzerstörung und Wasserkontamination geführt." Zum momentanen Zeitpunkt sind weltweit etwa 300 Millionen Hektar stark zerstört und weitere 1,2 Milliarden Hektar, d. h. 10 % der mit Pflanzen bewachsenen Erdoberfläche, können als leicht zerstört bezeichnet werden. Es ist offensichtlich, daß viele Ackerbaumaßnahmen nicht nachhaltig sind.

Ackerbau und Forstwirtschaft benötigen Boden

Auf einer Oberfläche ohne Boden wachsen nur sehr kleine und primitive Pflanzen wie Flechten und Moose, die sich an felsigen Untergrund anheften können. Der Rest der Landvegetation dieser Erde muß in Boden wurzeln. Der Boden gibt den Pflanzen zum einen Halt, er dient aber auch als Vorratsspeicher für dringend benötigte mineralische Nährstoffe und Wasser, die während des Wachstums durch die Wurzeln aufgenommen werden. Der Boden entwickelt sich aus der Anhäufung von kleinsten mineralischen Stoffen, die bei der Verwitterung von Gestein entstehen und aus organischen Abbauprodukten früherer Vegetation. Die Eigenschaften von Boden mit natürlicher Vegetation sind in jeder klimatischen Region und auf jedem Gesteinsuntergrund verschieden. Er hängt vom Gleichgewicht zwischen diesen Anhäufungsprozessen und den Kräften ab, die den Boden zerstören und fortschaffen.

Boden wird gebildet … und geht verloren

Die Entstehung und die Bestandsdauer von Boden in einer bestimmten Region hängt von natürlichen lokalen Begrenzungsfaktoren und Gleichgewichten ab. Boden kann verlorengehen, weil er von Regen weggewaschen oder vom Wind fortgeweht wird, er kann aber auch als feinstrukturierter Lößboden woanders abgelagert werden. Boden ist am besten geschützt, wenn er organische Bestandteile beinhaltet, wenn er immer mit Vegetation bedeckt ist, fein von Wurzeln und Würzelchen durchzogen wird und horizontal liegt. Wenn sie als Anbaufläche verwendet werden, sind natürliche Bodensysteme vermutlich immer zu empfindlich, um vollständig erhalten zu bleiben. Ein dramatisches Beispiel für nicht-nachhaltige Landnutzung ist das „Dust-bowl"-Disaster in den Great Plains der Vereinigten Staaten und eine ähnliche Katastrophe, die sich gegenwärtig in China abspielt (Fenster 12.3).

Bodenerhaltung

In einer idealen, nachhaltigen Welt sollte neuer Boden so schnell entstehen, wie der alte Boden verlorengeht. In Großbritannien werden natürlicherweise etwa 0,2 t neuer Boden pro ha und Jahr gebildet, und es wurde vermutet, daß Erosionsverluste von 2,0 t pro ha und Jahr toleriert werden können. Diese Verluste wären aber nicht nachhaltig. Allerdings reichen nachgewiesene Erosionsraten bis zu 47,8 t pro Hektar und Jahr (Morgan, 1985)!

Fenster 12.3 – Historische Meilensteine

Bodenerosion, „Dust bowl" in Amerikas Geschichte und dasselbe im heutigen China

Große Teile der USA wie im Südosten von Colorado, im Südwesten von Kansas, Teile von Texas, Oklahoma und Gebiete im Nordosten von Mexiko wurden als Weideland für Viehherden genutzt. Die Vegetation bestand weitgehend aus einheimischen, mehrjährigen Gräsern und wurde weder gepflügt noch angesät. Während des Ersten Weltkrieges wurde viel Land umgepflügt und einjähriger Weizen angebaut. Zu Beginn der 1930er Jahre wuchs das Getreide aufgrund von starken Trockenzeiten nur schlecht, die oberste Bodenschicht lag offen und wurde durch den Wind fortgetragen. Der von Stürmen weggewehte Boden verdunkelte in schwarzen Wolken die Sonne und wurde zu Dünen aufgehäuft. Manchmal fegten die Staubstürme durch das ganze Land bis zur Ostküste. Auf dem Höhepunkt der Großen Depression zu Beginn und in der Mitte der 1930er Jahre mußten Tausende von Familien die Region verlassen. Die Winderosion wurde durch staatliche Hilfsmaßnahmen gestoppt. Windschutzpflanzungen wurden angelegt und ein großer Teil des Graslandes wieder-

hergestellt. Zu Beginn der 1940er Jahre hatte sich das Gebiet wieder weitgehend erholt. Die Geschichte wiederholt sich im Nordwesten des heutigen China. Der Zwang, 1,3 Milliarden Menschen zu ernähren, hat dazu geführt, daß zu viele Rinder und Schafe gehalten werden und der Boden zu stark gepflügt wird. Das ist mehr als das Land ertragen kann, und daher verwandeln sich jedes Jahr 2300 km^2 Fläche in Wüste. Im April 2001 hüllte ein riesiger Sandsturm weite Gebiete von Kanada bis Arizona ein. Der Sand kam aus China.

Feld in der „Dust-bowl"-Region mit verlassener Farm (© Visuals Unlimited).

Fast alle (vielleicht sogar alle) Ackerböden bringen einen höheren Ertrag, wenn künstlicher Dünger verwendet wird, um natürlicherweise im Boden vorhandenen Stickstoff, Phosphor und vorhandenes Kalium zu ergänzen. Dünger ist billig, leicht in der Anwendung, hat eine garantierte Zusammensetzung, läßt sich gleichmäßig und genau ausbringen und sorgt für höhere und besser voraussagbare Erträge. Bei übermäßiger Verwendung besteht die Tendenz, den Wert von organischen Bodenbestandteilen zu vernachlässigen. Dieses Kapital ist bereits überall zurückgegangen.

Die Zerstörung von Boden durch Landwirtschaft kann verhindert oder zumindest verlangsamt werden durch (1) die Ausbringung von Hofabfällen, Ernteabfällen oder -rückständen und tierischem Dung, (2) den Wechsel von Anbaujahren mit Brachejahren oder (3) die Rückführung des Landes in Weideland.

**Kontur-
pflügen und
Terrassierung –
Agenda 21**

Durch solche Methoden läßt sich in der technologisch hochentwickelten Landwirtschaft der gemäßigten Zonen die Bodenqualität erhalten.

In den Entwicklungsländern ist die Bodenzerstörung dagegen am schlimmsten und läßt sich am wenigsten verhindern. Die Probleme sind am größten in den tropischen Gegenden mit reichlich Niederschlägen und starker Hangneigung, wo organische Bestandteile des Bodens auch am schnellsten abgebaut werden. Die „Soil Conservation Strategy" der Agenda 21 (Rio de Janeiro, 1992) empfiehlt Maßnahmen zur Verhinderung und zur Kontrolle von Bodenerosion.

Als die effektivste Technologie zur Verringerung von Bodenerosion werden Kultivierungsmaßnahmen angesehen, bei denen Strukturen entlang der Höhenlinien angelegt werden (Abb. 12.12). In Indien halfen Gräben entlang der Höhenlinien die Überlebenschancen von Baumsämlingen zu vervierfachen und ihr frühes Höhenwachstum zu verfünffachen. Tiefwurzelndes, heckenbildendes Vetivergras *(Vetiveria zizanioides),* angepflanzt entlang der Höhenlinien von Hängen, verlangsamt den Wasserablauf dramatisch, verringert die Erosion und erhöht die für das Nutzpflanzenwachstum verfügbare Feuchtigkeit. Gegenwärtig basieren 90 % aller Schutzmaßnahmen in Indien auf solchen biologischen Systemen. Zum Erfolg führten auch einfache Technologien, basierend auf Steindämmen, die zur Boden- und Wassererhaltung entlang der Höhenlinien angelegt wurden. Von Dämmen umgebene Felder in Burkina Faso (Westafrika) brachten in einem normalen Jahr im Mittel 10 %, in trockenen Jahren sogar beinahe 50 % höhere Erträge als traditionelle Felder (United Nations, 1998). Solche Terrassierung ist für den Bodenschutz zwar hervorragend geeignet, ist aber nur dort möglich, wo Arbeitskräfte billig sind. An weniger steilen Hängen kann der Bodenverlust deutlich verringert werden, indem die Anbauflächen in Streifen entlang der Höhenlinien angelegt werden.

Abbildung 12.12
Terrassierung in
bergigem Land
(© D. Cavagnaro,
Visuals Unlimited).

Auch in ariden und semiariden Regionen sind landwirtschaftliche Nutzflächen besonders von der Zerstörung bedroht. Durch Überweidung und intensiven Anbau wird der Boden direkt der Erosion durch Wind und seltene, aber heftige Regenfälle ausgesetzt. Bei der Wüstenbildung wird arides oder semiarides Land, das immerhin noch für Eigenbedarfslandwirtschaft oder nomadische Landwirtschaft geeignet war, durch Wüste verdrängt. Dieser Prozeß kann für gewisse Zeit durch Bewässerung verlangsamt werden. Diese Verlangsamung führt aber auch zur Absenkung des Grundwasserspiegels und zur Anreicherung von Salz in der obersten Bodenschicht (Versalzung des Bodens). Der Prozeß der Versalzung tendiert dazu, sich auszubreiten, sobald er einmal eingesetzt hat, und es kommt zur Ausdehnung steriler weißer Salzwüsten. Dieses Problem war bislang in den bewässerten Gegenden Pakistans besonders gravierend.

Wüstenbildung und Versalzung

Wälder schützen den Boden vor Erosion, weil das Kronendach den direkten Einfluß des Regens auf die Erdoberfläche mildert, das mehrjährige Wurzelsystem den Boden bindet und durch Laubfall permanent organische Stoffe in den Boden gelangen. Wenn Wälder jedoch kahlgeschlagen und dann wieder neu angepflanzt werden, kann es bis zur Nachbildung der Baumkronen zur Bodenerosion kommen. Anbau und Wiederanpflanzungen entlang der Höhenlinien bieten während der Gefährdungszeit zwar einen gewissen Schutz vor Bodenerosion, die beste Vorsichtsmaßnahme aber besteht darin, Kahlschlag zu vermeiden und bei jeder Ernte stets nur einen Teil des Baumbestandes zu fällen. Das ist aber oft technisch aufwendig und teuer.

Erosionschutz durch Wälder ... außer bei Kahlschlag

12.4.2 Die Nachhaltigkeit von Wasser als Ressource

Nachdem man erkannt hatte, daß die Energiereserven der Erde begrenzt sind, konzentrierte sich die Hauptsorge um die Nachhaltigkeit globaler Ressourcen in den 60er und 70er Jahren des 20. Jahrhunderts auf die Energieversorgung. Dies gilt auch heute noch. Dennoch verlagerte sich das Problem, da inzwischen weitere, viel größere Lagerstätten von Öl, Gas und Kohle gefunden wurden, als bei früheren Umweltanalysen angenommen worden war. Heute richtet sich das Augenmerk besonders auf das Wasser. Süßwasser ist für die Bewässerung von Nutzpflanzen und für den häuslichen Verbrauch von entscheidender Bedeutung (Abb. 12.13). Weltweit ist die Landwirtschaft mit einem Verbrauch von etwa 70 % des verfügbaren Süßwassers der größte Konsument. In manchen Gegenden Südamerikas, Zentralasiens und Afrikas werden mehr als 90 % verbraucht (Abb. 12.14).

Wasser als begrenzte globale Ressource

Es gibt auf der Erde einen festen Bestand an Wasser, der sich in einem ständigen Kreislauf befindet, indem er von der Vegetation, vom Land und dem Meer verdunstet, dann kondensiert und als Niederschlag neu verteilt wird. Der Mensch nutzt heute, direkt oder indirekt, mehr als die Hälfte des weltweit verfügbaren Wassers. Das weltweit pro Kopf verfügbare Wasser nahm von 17 000 m³ im Jahr 1950 auf 7300 m³ im Jahr 1995 ab. Viele Untersuchungen zu Wasserversorgungsproblemen deuten darauf hin, daß Länder mit weniger als 1000 m³ pro Person und Jahr chronischen Mangel leiden. Man nimmt an, daß Wasser die Ressource ist, um welche die Kriege der Zukunft ausgetragen werden. Sogar auf nationaler Ebene kann die Verteilung von Wasserressourcen po-

Finden die Kriege der Zukunft um Wasser statt?

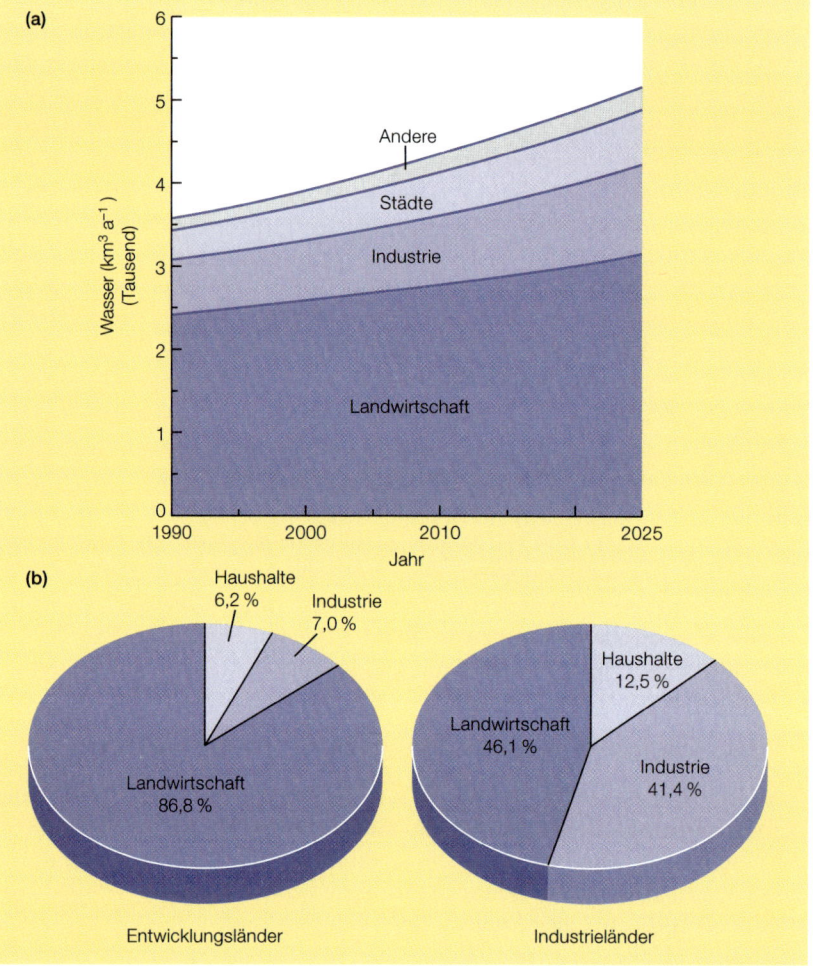

Abbildung 12.13
(a) Veränderungen im weltweiten Verbrauch von Wasser durch Landwirtschaft, Industrie, Städte (v. a. privater Bedarf) und andere Nutzungen von 1990–2025 (geschätzt). (b) Die Unterschiede im Verbrauch durch Landwirtschaft, Industrie und privaten Bedarf in Entwicklungs- und Industrieländern (aus United Nations, 1998).

litische Probleme verursachen, wie z. B. in Kalifornien, wo es zu Konflikten zwischen städtischem und landwirtschaftlichem Bedarf an Wasser aus dem Colorado kommt. Auf internationaler Ebene entstehen Konflikte mit stromaufwärts gelegenen Ländern, die in der Lage sind, die Wasserversorgung in Stauseen zurückzuhalten und zu verteilen. In Südamerika, Afrika und dem Mittleren Osten gibt es bittere grenzüberschreitende Auseinandersetzungen zwischen Nationen, die im Bereich desselben Flußsystems liegen.

Eine mögliche Maßnahme gegen chronische Wasserknappheit ist das Abpumpen von Grundwasserreservoirs. Das geschieht aber häufig schneller, als sich die Reservoirs wieder füllen können. Solche Maßnahmen sind sicherlich verschwenderisch und nicht nachhaltig. Auch der Verlust von Anbaufläche durch Versalzung des Bodens wird dadurch verursacht. Der Bedarf an nutzbarem Wasser für Landwirtschaft und privaten Gebrauch hat dazu geführt, daß

Abbildung 12.14
Die Böden im Bereich des Nils in Ägypten sind dort für Pflanzenwachstum geeignet, wo sie bewässert werden. Im Hintergrund, wo die Bewässerung aufhört, ist Wüste.

die Flußsysteme dieser Erde im großen Maßstab verrohrt wurden. Die Anzahl der Flußdämme mit mehr als 15 m Höhe ist von 5000 im Jahr 1950 auf 38 000 in den 1990er Jahren angestiegen.

In Kapitel 13 diskutieren wir die Verschmutzung des Wassers durch Ausscheidungen sowie durch Pestizide und Dünger aus der Landwirtschaft. Wasser, das frei von Krankheiten, Nitraten oder Pestiziden ist, kann als besonders wertvoll angesehen werden. Wasser wird leicht verschmutzt, und die Entfernung von Verunreinigungen (z. B. von Nitraten) ist sehr teuer. Größere Dämme, die zur Kontrolle und für die Speicherung von Wasser in Nord- und Westafrika gebaut wurden, erzeugen große, offenliegende Wasserkörper, in denen sich Verunreinigungen leicht verbreiten können. Als Folge davon kam es zur schnellen Ausbreitung der Bilharziose (einer von einem Plattwurm verursachten Krankheit beim Menschen) entlang von Flüssen und zum Anstieg der Infektionsraten von 1–10 % auf 98–100 %.

Die Bereitstellung der Wasserversorgung für die Nutzung durch den Menschen verursacht auch Probleme für den Naturschutz (Kap. 14). Der Wasserabfluß bei vielen der großen Flüsse wird weltweit stark kontrolliert. In vielen Fällen erreicht nur noch wenig Wasser das Meer, und Feuchtgebiete sind verlorengegangen oder gefährdet. Zusätzlich wird Schlamm nicht mehr in den Deltas und Überschwemmungsgebieten verteilt, sondern sammelt sich an den Oberläufen an. Das kann für die Natur genauso katastrophal sein wie für menschliche Siedlungen. Es gibt beispielsweise Hinweise darauf, daß in Ägypten die Abnahme der Schlammablagerung im Nildelta (zusammen mit dem Anstieg des Wasserspiegels) innerhalb von 60 Jahren zum Verlust von 19 % des bewohnbaren Landes und zur Umsiedelung von 19 % der Bevölkerung führen wird.

Verschmutzung und Schutz

12.5 Schädlingsbekämpfung

Was ist ein Schädling?

Schädlingsbekämpfung ist ein weiteres Gebiet, auf dem die Nachhaltigkeit der Landwirtschaft bedroht ist. Ein Schädling ist eine Art, die von Menschen als unerwünscht angesehen wird. Es gibt Schätzungen, daß es weltweit etwa 67 000 Schädlingsarten an Nutzpflanzen gibt: 8000 Unkrautarten, die mit Nutzpflanzen konkurrieren sowie 9000 Insekten- und Milbenarten und 50 000 Pathogene, die von Nutzpflanzen leben (Pimentel, 1993). Im folgenden wird es um die Nachhaltigkeit der Bekämpfung von Insektenschädlingen in der Landwirtschaft gehen, um die verschiedenen Probleme zu demonstrieren, die in Monokulturen auftreten. Wir hätten dazu genauso gut die Bekämpfung von Unkräutern, Mollusken, Nematoden oder von Schädlingen und Krankheiten von Nutzvieh, Geflügel und Fischen wählen können.

12.5.1 Ziele der Schädlingsbekämpfung: ökonomische Schadensschwelle und Bekämpfungsschwelle

ÖSS für Schädlinge, Nichtschädlinge und potentielle Schädlinge

Wirtschaftlichkeit und Nachhaltigkeit sind eng miteinander verknüpft. Die Gesetze des Marktes sorgen dafür, daß unwirtschaftliche Praktiken nicht nachhaltig sind. Man könnte vermuten, daß das Ziel der Schädlingsbekämpfung die vollständige Ausrottung des Schädlings ist. Aber das ist im allgemeinen nicht der Fall. Viel eher geht es darum, die Schädlingspopulation auf eine Dichte zu

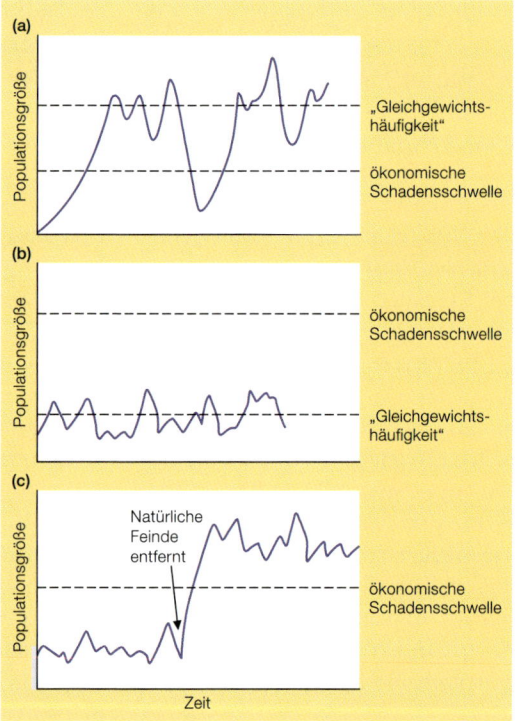

Abbildung 12.15
(a) Populationsveränderungen bei einem hypothetischen Schädling. Die Häufigkeit schwankt um eine „Gleichgewichtshäufigkeit" *(equilibrium abundance)*, die von den Interaktionen des Schädlings mit seiner Nahrung, seinen Feinden usw. bestimmt wird. Es ist wirtschaftlich sinnvoll, den Schädling zu bekämpfen, wenn er die ökonomische Schadensschwelle (ÖSS) überschritten hat. Da es sich um einen Schädling handelt, liegt seine Häufigkeit bei Nichtbekämpfung die meiste Zeit oberhalb der ÖSS. (b) Im Unterschied dazu fluktuiert die Häufigkeit einer Art, die kein Schädling ist, unterhalb der ÖSS. (c) Potentielle Schädlinge schwanken in ihrem Auftreten normalerweise unterhalb ihrer ÖSS, steigen in der Abwesenheit eines oder mehrerer ihrer natürlichen Feinde aber darüber.

reduzieren, unter der sich eine weitere Bekämpfung nicht mehr lohnt. Man spricht von der „ökonomischen Schadensschwelle" (ÖSS oder *economic injury level*: EIL). Die ÖSS für einen hypothetischen Schädling wird in Abbildung 12.15a dargestellt. Sie ist größer als Null (die Ausrottung lohnt sich daher nicht), aber sie liegt unterhalb der typischen, mittleren Häufigkeit der Art. Dadurch wird diese ja zum Schädling. Wenn die Art natürlicherweise eine Dichte unterhalb der ÖSS hätte, dann wären Kontrollmaßnahmen ökonomisch nicht sinnvoll, und die Art wäre definitionsgemäß kein Schädling (Abb. 12.15 b). Es gibt aber auch Arten, bei denen die Kapazität oberhalb der ÖSS liegt, deren Dichte durch natürliche Feinde üblicherweise aber unterhalb der ÖSS gehalten wird (Abb. 12.15c). Bei diesen handelt es sich um potentielle Schädlinge. Sie können zu Schädlingen werden, wenn ihre Feinde wegfallen.

Wenn eine Schädlingspopulation eine Dichte erreicht hat, bei der sie wirtschaftlichen Schaden verursacht, ist es meist zu spät für eine Bekämpfung. Wichtiger ist daher die Bekämpfungsschwelle (BS; *control action threshold*: CAT). Sie beschreibt diejenige Schädlingsdichte, bei der Maßnahmen ergriffen werden sollten, um das Erreichen der ÖSS zu verhindern. BS sind Vorhersagen, die auf detaillierten Studien von Schädlingsausbrüchen in der Vergangenheit beruhen oder auf Korrelationen mit Klimaaufzeichnungen. Dabei werden manchmal nicht nur Daten des Schädlings selbst, sondern auch seiner natürlichen Feinde berücksichtigt. Beispielsweise müssen zur Bekämpfung der Blattlausart *Therioaphis trifolii* an Luzerne in Kalifornien Maßnahmen zu den angegebenen Zeitpunkten durchgeführt werden, wenn folgende BS erreicht werden:

1. Im Frühling, wenn eine Populationsdichte von 40 Blattläusen pro Stengel erreicht ist.
2. Im Sommer und Herbst, wenn eine Populationsdichte von 20 Blattläusen pro Stengel erreicht ist. Die ersten drei Schnitte werden aber nicht behandelt, wenn das Verhältnis von Marienkäfern (einem Blattlausfeind) zu Blattläusen ein adulter Käfer pro 5–10 Blattläuse oder 3 Marienkäferlarven pro 40 Blattläuse auf stehenden Pflanzen oder eine Larve pro 50 Blattläuse auf geschnittenen Pflanzen beträgt.
3. Im Winter, wenn etwa 50–70 Blattläuse pro Stengel auftreten.

12.5.2 Die Probleme mit chemischen Pestiziden – und ihre Vorzüge

Ein Pestizid kommt in Verruf, wenn es, wie es normalerweise der Fall ist, mehr Arten tötet als die eine, gegen die es gerichtet ist. Dann kann es zu einem Schadstoff in der Umwelt werden (Kap. 13). Im Zusammenhang mit einer nachhaltigen Landwirtschaft rechtfertigen Pestizide ihren schlechten Ruf ganz besonders, wenn sie die natürlichen Feinde eines Schädlings töten und so das Gegenteil ihres eigentlichen Zwecks erreicht wird. Manchmal steigt nämlich die Dichte eines Schädlings einige Zeit nach der Bekämpfung schnell an. Dieser Wiederanstieg der Schädlingspopulation *(target pest resurgence)* tritt auf, wenn die Behandlung sowohl große Mengen der Schädlinge als auch ihrer natürlichen Feinde abtötet. Einzelne Individuen des Schädlings, welche die Behandlung überlebt haben oder erst später in das Gebiet einwandern, treffen auf viel Nahrung und nur wenige oder überhaupt keine natürlichen Feinde. Dadurch kann es zu einem explosionsartigen Anstieg der Schädlingspopulation kommen. Die Nachwirkungen einer Pestizidbehandlung können aber auch subtiler sein. Wenn ein Pestizid ausgebracht wird, kann es sein, daß anschließend nicht nur die Schädlingspopulation stark zunimmt. Es ist wahrscheinlich, daß es neben dieser Schädlingsart noch weitere potentielle Schädlingsarten gibt, die durch deren natürliche Feinde unter Kontrolle gehalten werden (Abb. 12.15c). Wenn das Pestizid diese Feinde tötet, werden aus potentiellen Schädlingen echte Schädlinge, sog. Sekundärschädlinge. Ein dramatisches Beispiel betrifft die Insektenschädlinge an Baumwolle in Mittelamerika. Zu Beginn der massenhaften Anwendung von organischen Pestiziden im Jahr 1950 gab es zwei Primärschädlingsarten: den Baumwollkapselkäfer *(Anthonomus grandis)* und die Alabamabaumwolleule *(Alabama argillacea)* (Smith, 1998). Chlorierte Kohlenwasserstoffe und Organophosphate wurden weniger als 5mal im Jahre ausgebracht und hatten anfänglich nahezu unglaubliche Erfolge. Die Erträge stiegen. Im Jahr 1955 traten jedoch drei neue Schädlinge auf: Der Baumwollkapselwurm *(Helicoverpa zea)*, die Baumwollblattlaus *(Aphis gossypii)* und eine weitere Eulenart *(Sacadodes pyralis)*. Die Häufigkeit der Pestizidanwendung stieg auf 8- bis 10mal pro Jahr an. Dadurch wurde zwar das Problem mit den Blattläusen und mit *S. pyralis* verringert, es kam aber zum Auftreten von fünf weiteren Sekundärschädlingen. In den 1960er Jahren waren aus den ursprünglich zwei Schädlingsarten acht geworden, und im Schnitt wurde 28mal im Jahr gespritzt. Es erklärt sich von selbst, daß eine derartig hohe Rate in der Pestizidanwendung nicht nachhaltig ist.

Die Evolution von Resistenzen

Chemische Pestizide verlieren ihre Funktion in der nachhaltigen Landwirtschaft, wenn die Schädlinge resistent werden. Die Evolution von Pestizidresistenz ist nichts anderes als natürliche Selektion *in action* (Kap. 2). Sie tritt nahezu immer auf, wenn viele Individuen in einer genetisch vielfältigen Population getötet werden. Eines oder einige wenige Individuen sind möglicherweise resistent (z. B. weil sie ein Enzym besitzen, welches in der Lage ist, das Pestizid zu entgiften). Wenn das Pestizid nun mehrmals hintereinander ausgebracht wird, dann wird es in jeder der aufeinanderfolgenden Generationen einen größeren Anteil an resistenten Individuen geben. Schädlinge haben meistens eine hohe spezifische natürliche Zuwachsrate. Einige wenige Individuen einer Generation können daher Hunderte oder Tausende von Nachkommen in der nächsten Generation haben. Auf diese Weise breitet sich die Resistenz in einer Generation sehr schnell aus.

Obwohl der erste Fall einer Resistenz gegen DDT schon seit 1946 bekannt ist (die Stubenfliege in Schweden), wurde dieses Problem in der Vergangenheit oft ignoriert. Um die heutige Größe des Problems zu demonstrieren, zeigt Abbildung 12.16 die exponentielle Zunahme an insektizidresistenten Insektenarten. Die Stubenfliege hat weltweit Resistenzen gegen jede chemische Verbindung entwickelt, die gegen sie eingesetzt wurde. Allerdings kann die Entstehung von Resistenzen verlangsamt werden, indem bei der Anwendung so schnell zwischen Pestiziden gewechselt wird, daß Resistenzen nicht genug Zeit haben, um sich auszubreiten (Roush & McKenzie, 1987).

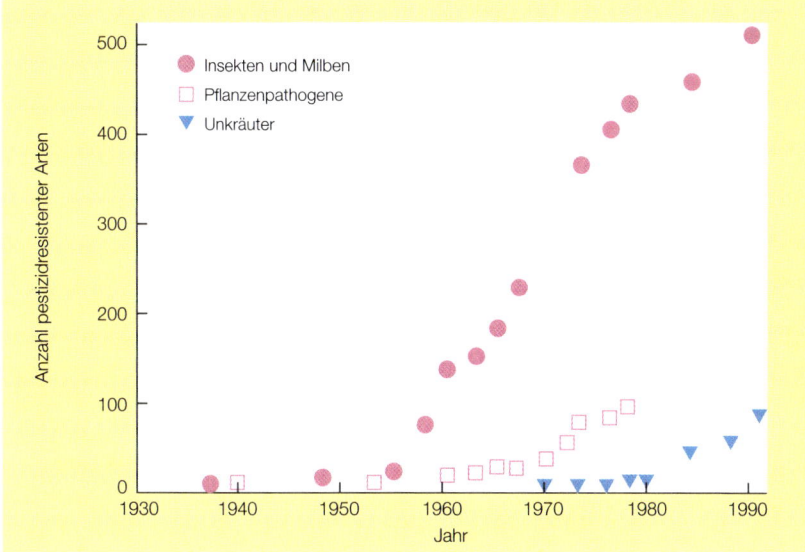

Abbildung 12.16
Die Zunahme an Arthropodenarten (Insekten und Milben), Pflanzenpathogenen und Unkräutern, welche Resistenzen für zumindest ein Insektizid entwickelt haben (nach Gould, 1991).

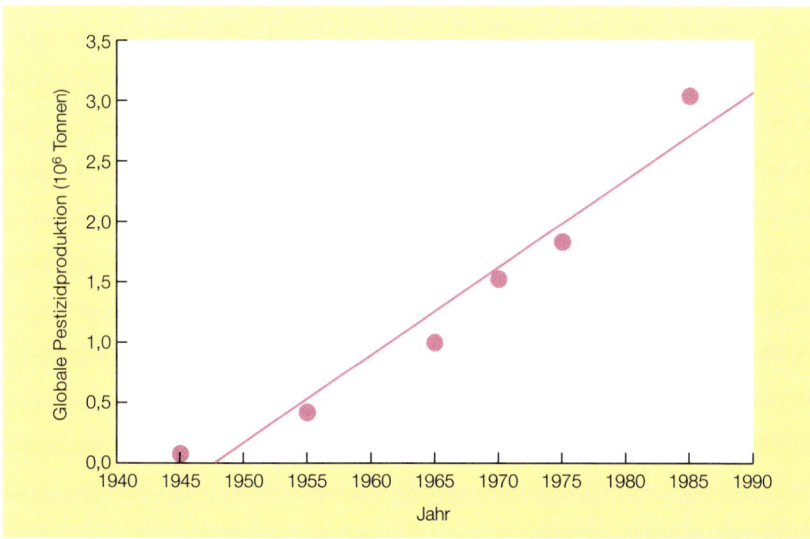

Abbildung 12.17
Trend in der globalen Pestizidproduktion, gemessen in Millionen Tonnen pro Jahr (Angaben der Weltgesundheitsorganisation, 1990).

Wenn chemische Pestizide nur Probleme verursachen würden, d. h., wenn ihre Nutzung an und für sich und unmittelbar nicht nachhaltig wäre, dann wäre ihre Anwendung nicht so weit verbreitet. Das ist aber nicht der Fall. Statt dessen hat ihre Produktionsrate schnell zugenommen (Abb. 12.17). Das Kosten-Nutzen-Verhältnis liegt für den Anwender immer noch auf der Seite der Pestizidanwendung: Sie erfüllen in der Regel ihre Aufgabe. Es wird geschätzt, daß in den Vereinigten Staaten jeder Dollar, der vom Anwender für Pestizide ausgegeben wird, 5 Dollar Gewinn bringt (Pimentel et al., 1978).

Pestizide haben auch eine Wirkung

Hinzu kommt, daß in vielen ärmeren Ländern die Aussichten auf eine Hungersnot oder eine epidemische Krankheit so erschreckend sind, daß die Kosten einer Pestizidanwendung für die Gemeinschaft und die Gesundheitsversorgung ignoriert werden müssen. Im allgemeinen rechtfertigen objektive Kriterien wie die Menge an gerettetem Leben die Wirtschaftlichkeit der Nahrungsmittelproduktion und die Gesamtmenge der produzierten Nahrung die Anwendung von Pestiziden. In diesem Sinne kann ihre Nutzung als nachhaltig bezeichnet werden. In der Praxis hängt die Nachhaltigkeit von der ständigen Entwicklung neuer Pestizide ab, die (1) den Schädlingen immer mindestens einen Schritt voraus sind, (2) weniger lange haltbar und (3) schneller abbaubar sind sowie (4) spezifischer auf den Zielorganismus wirken.

12.5.3 Biologische Schädlingsbekämpfung

Zu Massenauftritten von Schädlingen kommt es immer wieder, und daher müssen auch immer wieder Pestizide ausgebracht werden. Aber Biologen haben noch andere Methoden, die manchmal Chemikalien ersetzten können und erheblich weniger kosten. Zu diesen Methoden gehören die Verwendung von natürlichen Feinden der Schädlinge, die sog. *Biologische Schädlingsbekämpfung (biological control)*, und die Verhinderung von Resistenzentwicklung.

Viele Nutzpflanzen stammen nicht aus dem Gebiet, in dem sie angebaut werden, sondern wurden dorthin importiert. Einige ihrer Schädlinge haben sie dorthin begleitet oder sind später nachgekommen. Die natürlichen Feinde der Schädlinge wurden aber oft zurückgelassen. Daher konnte es zu Massenausbrüchen der Schädlinge mit verheerenden Konsequenzen kommen. Untersuchungen am Herkunftsort der Nutzpflanzen führen manchmal zur Entdeckung von Räubern oder Krankheiten der Schädlinge, die zu ihrer Bekämpfung importiert werden können. Dann besteht die Hoffnung, daß sich dieser Feind etablieren und die Schädlingspopulation auf unbestimmte Zeit unter der ökonomischen Schadensschwelle halten kann.

Drei Formen der biologischen Schädlingsbekämpfung

Es gibt drei Hauptformen in der biologischen Schädlingsbekämpfung. Der natürliche Feind des Schädlings kann aus einer anderen geographischen Region eingeführt werden. Dabei handelt es sich oft um das Gebiet, aus dem der Schädling stammt *(classical biological control)*. Das wahrscheinlich beste Beispiel dafür ist ein Klassiker: die Bekämpfung der Wollsackschildlaus (*Icerya purchasi;* Fenster 12.4). Manchmal können sich die natürliche Feinde nicht das ganze Jahr über halten, sondern müssen immer wieder neu ausgebracht werden *(Inokulative Applikation; inoculation)*. Schließlich kann eine Nutzpflanze mit großen Mengen eines natürlichen Feindes überschwemmt werden *(Inundative Applikation; inundation)*. In diesem Fall kommt es nicht darauf an, daß sich der natürliche Feind, also z. B. ein Bakterium oder ein Virus, halten kann. Vielmehr verhält er sich wie ein chemisches Pestizid, das die Schädlinge abtötet, die zum jeweiligen Zeitpunkt anwesend sind.

Bekämpfung durch Inokulative Applikation

Die Inokulative Applikation ist weit verbreitet bei der biologischen Bekämpfung von Schädlingen in Gewächshäusern, bei der die Pflanzen am Ende der Wachstumsperiode zusammen mit den Schädlingen und den natürlichen Feinden entfernt werden. Die beiden Arten, deren Verwendung nach dieser

Fenster 12.4 – Historische Meilensteine

Die Wollsackschildlaus: ein klassischer Fall für die Einführung eines Gegenspielers

Die Wollsackschildlaus *(Icerya purchasi)* wurde zum ersten Mal im Jahre 1868 als Schädling in Zitrusplantagen festgestellt. Bis zum Jahr 1886 hatte sie die Zitrusfruchtindustrie bis an den Rand des Zusammenbruchs gebracht. Schädlingsbekämpfer begannen eine weltweite Korrespondenz mit dem Ziel, die ursprüngliche Heimat der Schildlaus und ihre natürlichen Feinde herauszufinden. Im Jahre 1887 bekamen sie aus Adelaide, Australien, die Nachricht von offensichtlich natürlichen Populationen der Schildlaus, in denen auch eine parasitische Diptere, *Cryptochaetum* spp., vorkam. Daher wurde 1888 der Insektentaxonom Koebele ausgesandt, um Parasitoide für den Import nach Kalifornien zu sammeln. Er machte eine ausgedehnte Reise durch Australien, jedoch waren sowohl Schildlaus als auch Parasitoid sehr schwer zu finden. Schließlich war Koebele erfolgreich und fand außerdem heraus, daß die Schildlaus auch von einem Marienkäfer, *Rodolia cardinalis* (Vedaliakäfer), gefressen

wird. Auf seinem Heimweg besuchte er Neuseeland, wo er feststellte, daß der Marienkäfer sich sehr gut an den Schildläusen entwickelte. Er sandte daher etwa 12 000 *Cryptochaetum* und etwa 500 Marienkäfer nach Kalifornien. Anfänglich schien es, als seien die Parasitoide nach der Freisetzung vollständig verschwunden. Die räuberischen Käfer vollzogen dagegen eine explosionsartige Populationsentwicklung, so daß die Schildläuse bis Ende 1890 unter Kontrolle waren. Obwohl der Erfolg meist oder vollständig den Käfern angerechnet wurde, zeigte sich langfristig, daß diese die Schildlaus vor allem im Inland kontrollieren. An der Küste ist dagegen *Cryptochaetum* spec. der Hauptgegenspieler (Flint & van den Bosch, 1981).

Die biologische Bekämpfung der Wollsackschildlaus wurde anschließend mit unschätzbarem finanziellem Gewinn in 50 weiteren Ländern durchgeführt. Die ursprünglichen Kosten beliefen sich einschließlich der Gehälter auf nicht mehr als 5000 US-Dollar.

Methode am weitesten verbreitet ist, sind *Phytoseiulus persimilis,* eine räuberische Milbe, die Spinnmilben an Gurken und anderem Gemüse frißt, und *Encarsia formosa,* eine parasitische Wespe der Weißen Fliege an Tomaten und Gurken. Schon im Jahre 1985 wurden in Westeuropa von jeder dieser Arten jährlich etwa 500 Millionen Individuen produziert und ausgebracht.

Insekten stellen den Hauptanteil der Organismen zur biologischen Bekämpfung von Insektenschädlingen und Unkräutern. In Tabelle 12.1 ist zusammengefaßt, in welchem Ausmaß sie genutzt wurden und in wieviel Prozent der Fälle die Etablierung des Gegenspielers die Notwendigkeit von weiteren Bekämpfungsmaßnahmen verringert oder überflüssig gemacht hat.

Biologische Schädlingsbekämpfung mag auf den ersten Blick wie eine besonders umweltfreundliche Bekämpfungsmethode erscheinen. Trotzdem gibt es Beispiele dafür, daß selbst sorgfältig ausgewählte und scheinbar erfolgreiche Gegenspieler auch Nichtzielorganismen geschädigt haben. Motten der Gattung

Biologische Schädlingsbekämpfung: hervorragend – wenn es funktioniert, außer wenn Nichtzielorganismen betroffen sind

Tabelle 12.1 Anzahl der Insektenarten, die zur biologischen Bekämpfung von Insekten und Unkräutern genutzt werden

	Insektenschädlinge	Unkräuter
Bisher ausgesetzte Arten	563	126
Schädlinge	292	70
Länder	168	55
Fälle, in denen sich die ausgesetzten Arten etablieren konnten	1063	367
Erfolge	421	113
Erfolge (als Prozent der Fälle, in denen eine Etablierung stattfand)	40	31

Cactoblastis, die nach Australien eingeführt wurden und mit denen große Erfolge bei der Bekämpfung von exotischen Kakteen erreicht wurden, gelangten versehentlich nach Florida, wo sie einige einheimische Kakteenarten befielen (Cory & Myers, 2000). Ein ähnliches Problem gibt es mit dem samenfressenden Rüsselkäfer *Rhinocyllus conicus,* der nach Nordamerika eingeführt wurde, um fremdländische *Carduus*-Disteln zu bekämpfen. Der Rüssler befällt auch verschiedene einheimische Distelarten und hat darüber hinaus einen negativen Einfluß auf die Populationen der einheimischen Fliegenart *Paracantha culta* (Otitidae), die an den Distelsamen frißt. Solche ökologischen Folgen sollten bei der Auswahl potentieller Gegenspieler zukünftig besser berücksichtigt werden.

12.6   Integrierte Anbausysteme

Der Wunsch nach nachhaltiger Landwirtschaft führt zunehmend zu mehr ökologisch orientierten Methoden der Nahrungsmittelproduktion, die oft mit dem Etikett „Integrierter Anbau" versehen werden. Integrierte Schädlingsbekämpfung (*integrated pest management:* IPM) ist diesem Ansatz sehr ähnlich, gleichzeitig ein Teil davon und historisch gesehen ein Vorgänger.

Integrierte Schädlingsbekämpfung

IPM ist eine praktizierbare Philosophie zur Schädlingsbekämpfung. Sie kombiniert physikalische Bekämpfung (z. B. das einfache Fernhalten der Schädlinge von den Nutzpflanzen), kulturtechnische Bekämpfung (z. B. Fruchtwechsel, um zu verhindern, daß Schädlinge über mehrere Jahre hinweg größere Populationen aufbauen können), biologische und chemische Methoden und die Verwendung von resistenten Varietäten. IPM wurde als Reaktion auf die gedankenlose Nutzung chemischer Pestizide in den 1940er und 1950er Jahren entwickelt.

IPM beruht auf ökologischen Prinzipien, nutzt aber je nach Einzelfall alle Bekämpfungsmethoden, einschließlich Chemikalien. Natürliche Mortalitätsfaktoren wie Feinde und Wetter werden mit einbezogen und so wenig wie möglich beeinträchtigt. Das Ziel ist, Schädlinge unter die ökonomische Schadensschwelle zu drücken. Die Häufigkeit der Schädlinge und ihrer natürlichen Feinde wird überwacht, und verschiedene Bekämpfungsmethoden werden zu einem Gesamtprogramm zusammengefaßt. Für die Durchführung von IPM-Maßnahmen sind daher Bekämpfungsspezialisten und Berater erforderlich. Breitbandpestizide werden zwar nicht von vornherein ausgeschlossen, aber doch sehr selten eingesetzt. Wenn Chemikalien genutzt werden, so geschieht das auf eine Weise, bei der die Kosten und die genutzten Mengen so gering wie möglich gehalten werden. Die Grundlage von IPM ist es, die Bekämpfungsmaßnahmen dem Schädlingsproblem anzupassen. Und kein Schädlingsproblem ist wie das andere, selbst auf benachbarten Feldern nicht.

Ein Beispiel für IPM betrifft den Baumwollanbau im San Joaquin Valley in Kalifornien. Die Pflanzen wurden beeinträchtigt durch den Anstieg der Hauptschädlingspopulationen (Abb. 12.18a), das Massenauftreten von Sekundärschädlingen (Abb. 12.18b und c) und die Entwicklung von Resistenzen gegen chemische Insektizide (Abb. 12.18d). Der Hauptschädling ist die Wanzenart *Lygus hesperus*, die v. a. an den Früchten der Baumwolle frißt. Ein weiterer wichtiger Schädling ist der Baumwollkapselwurm *(Heliothis zea)*. Aufgrund von Insektizidanwendung tritt diese Art jedoch, ebenso wie die Zuckerrübeneule *(Spodoptera exigua)* und *Trichoplusia ni* (eine weitere Eulenart), nur als Sekundärschädling auf. Eine IPM-Maßnahme wurde mit dem Ziel durchgeführt, den Einsatz von Insektiziden zu verringern und dadurch Ausbrüche von Sekundärschädlingen zu verhindern. Darüber hinaus sollte die Anwendung von bestimmten, allgemein gebräuchlichen Insektiziden vermieden werden, welche den Ertrag der Baumwollpflanzen verringern.

Vor der Entwicklung des Programms wurde für die Wanzenart eine Bekämpfungsschwelle festgelegt. Diese beruhte allerdings nur auf wenigen Informationen und war das ganze Jahr über gleich hoch. Das stellte sich als Fehler heraus. Weitere Untersuchungen ergaben nämlich, daß die Wanze nur während der Knospenbildung ernsthaften Schaden anrichten kann, d. h. von etwa Anfang Juni bis Mitte Juli. Daher wurde in dem IPM-Programm eine Bekämpfungsschwelle festgelegt. Diese lag bei 10 Wanzen auf 50 Kescherfangschläge an zwei aufeinanderfolgenden Probentagen zwischen dem 1. Juni und dem 15. Juli. Nach diesem Termin wurde die Verwendung von Insektiziden zur Wanzenbekämpfung vermieden. Tatsächlich wurde die Bekämpfungsschwelle anschließend weiter verbessert und neu festgelegt, und zwar auf eine Wanze pro Knospe, ein sehr viel flexibler und genauerer Wert.

Ein anderer Bekämpfungsaspekt in diesem System beruht auf der Verwendung von Luzerne, einer bevorzugten Wirtspflanze der Wanze. Durch die Anpflanzung von schmalen Luzernestreifen (5–10 m) zwischen den Baumwollfeldern konnten die Wanzen aus der Baumwolle gelockt werden. Zusätzlich wurden Versuche gemacht, die Populationen natürlicher Feinde durch zusätzliche Nahrungsquellen zu unterstützen.

Der Schlüssel zum Erfolg eines IPM-Programmes besteht in einem guten Überwachungssystem im Feld. Im obendargestellten Fall wurden von Beginn der Knospenzeit bis Ende August in jedem Feld zweimal wöchentlich Proben genommen. Die gesammelten Daten betrafen den Entwicklungszustand der Pflanzen, die Schädlinge und die Populationen der natürlichen Feinde. Zusätzlich wurden von Anfang August bis Mitte September Daten über den Baumwollkapselwurm erhoben. Insgesamt integriert das Programm harmonisch biologische Schädlingsbekämpfungsmaßnahmen in Form der natürlicherweise vorkommenden Gegenspieler und zeitlich sorgfältig abgestimmte Insektizidbe-

IPM von Baumwollschädlingen in Kalifornien

525

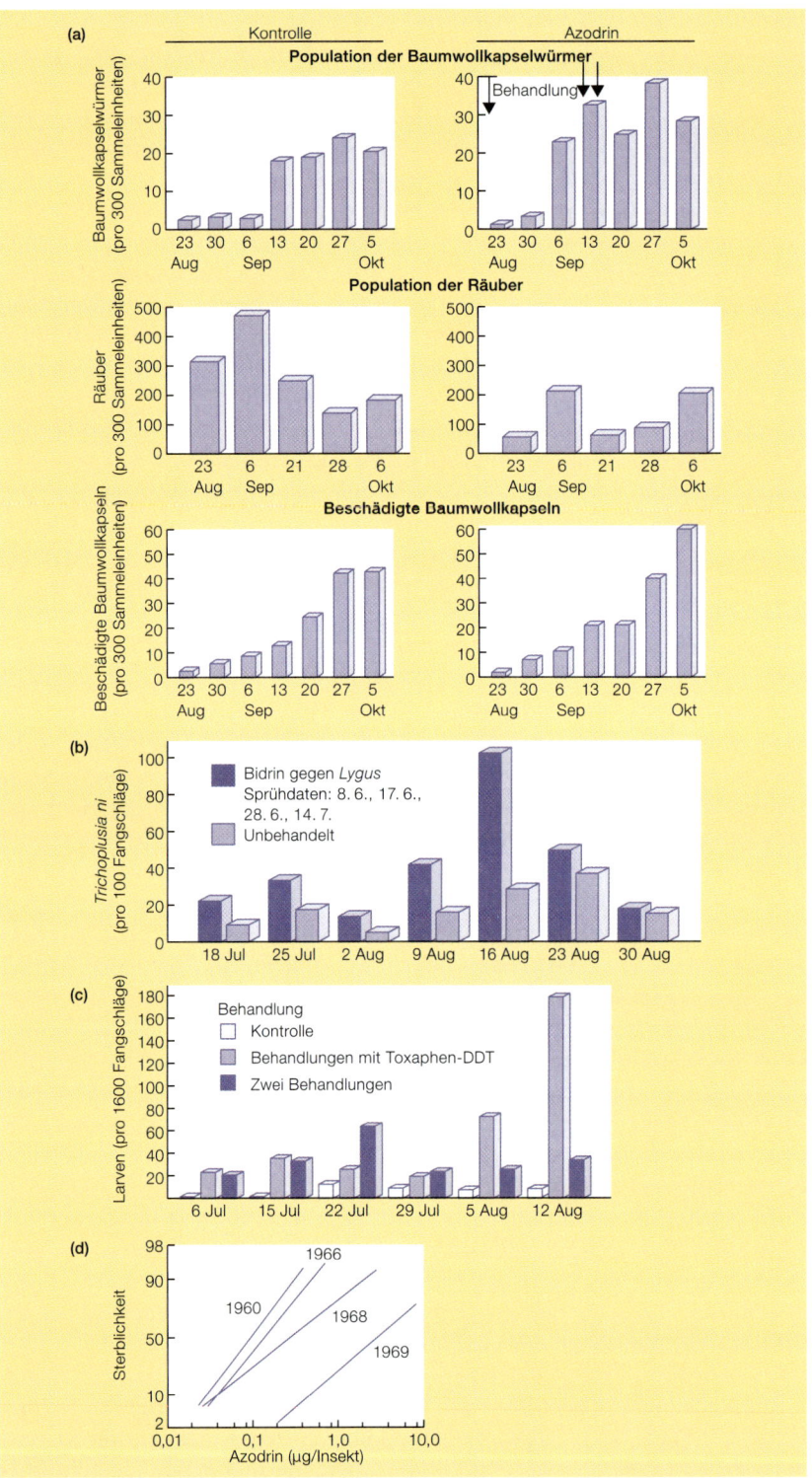

Abbildung 12.18
Pestizidprobleme bei Schädlingen im San Joaquin Valley, Kalifornien.
(a) Wiedervermehrung des Zielschädlings: Der Baumwollkapselwurm nahm wieder zu, da die natürlichen Räuber reduziert wurden, wodurch die Zahl der beschädigten Baumwollkapseln ebenso anstieg.
(b) Eine Zunahme von *Trichoplusia ni* und
(c) der Zuckerrübeneule wurde beobachtet, nachdem die Flächen gegen *Lygus hesperus* gespritzt worden waren. In beiden Fällen handelt es sich also um Ausbrüche von Sekundärschädlingen.
(d) Zunehmende Resistenz von *Lygus hesperus* gegen Azodrin (nach van den Bosch et al., 1971).

Tabelle 12.2 Der Erfolg des integrierten Schädlingsbekämpfungsprogramms (IPM) im San Joaquin Valley, Kalifornien, 1970–1971. Durch Einführung von IPM wurde der Insektizidverbrauch drastisch gesenkt, der finanzielle Gewinn aber nicht verringert (Zahlen in Klammern sind Standardabweichungen)

	IPM-Anbau	Konventioneller Anbau
Mittlere Kosten für Insektizide pro acre[1]		
Baumwolle (US$)	4,9 (± 3,9)	12,0 (± 7,4)
Mittlerer Ertrag pro acre[1] Baumwolle (US$)	270,2 (± 27,5)	247,8 (± 55,1)
Mittlere Kosten für Insektizide pro acre[1]		
Zitrus (US$)	20,5 (± 15,0)	42,4 (± 18,3)
Mittlerer Ertrag pro acre[1] Zitrus (US$)	515,8 (± 260,6)	502,9 (± 157,0)

[1] ca. 0,4 Hektar

handlungen. Der Erfolg des Programms für Baumwolle und Zitrusfrüchte im San Joaquin Valley ist in Tabelle 12.2 dargestellt.

Es wurde immer deutlicher, daß die Philosophie der IPM zumindest im Bereich der Landwirtschaft die Idee beinhaltet, daß Schädlingsbekämpfung nicht isoliert von anderen Aspekten der Nahrungsmittelproduktion betrachtet werden kann. Ganz besonders hängt sie von den Mitteln ab, mit denen die Bodenfruchtbarkeit erhalten und verbessert wird. Daher gibt es eine ganze Anzahl von Programmen zur Entwicklung und praktischen Umsetzung von nachhaltiger Nahrungsmittelproduktion, die auch IPM beinhalten. Dabei handelt es sich nicht nur um integrierten Anbau, sondern auch um LISA *(low input sustainable agriculture)* in den Vereinigten Staaten und LIFE *(lower input farming and environment)* in Europa (International Organisation for Biological Control, 1989; National Reserach Council, 1990). Allen Programmen gemeinsam ist der Wunsch nach der Entwicklung von nachhaltigen landwirtschaftlichen Anbausystemen.

In bezug auf die Verringerung von Umweltrisiken haben diese Ansätze Vorteile. Trotzdem ist es falsch anzunehmen, daß sie weite Verbreitung finden, wenn sie nicht auch in ökonomischer Hinsicht vernünftig sind. Wie wir bereits festgestellt haben, sind in einem Bereich wie der Landwirtschaft alle Praktiken, die ökonomisch nicht nachhaltig sind, letztlich auch insgesamt nicht nachhaltig. In diesem Zusammenhang zeigt Abbildung 12.19 die Erträge von Äpfeln aus organischem, konventionellem und integriertem Anbau in Washington State von 1995 bis 1999 (Reganold et al., 2001). Bei organischem Anbau ist die Verwendung konventioneller, synthetischer Pestizide und Dünger nicht erlaubt, während im integrierten Anbau die Menge verwendeter Chemikalien durch die Kombination organischer und konventioneller Methoden verringert wird. Alle drei Systeme ergaben etwa gleich hohe Erträge, allerdings war die Bodenqualität im Falle der organischen und integrierten Systeme besser, und es gab weniger potentielle Umwelteinflüsse. Im Vergleich zum konventionellen und integrierten Anbau ergab der organische Anbau süßere Äpfel, höhere Gewinne und eine bessere Energieausnutzung. Zu beachten ist aber, daß anders als allgemein angenommen, der organische Anbau nicht völlig ohne negative Umweltfolgen ist (Fenster 12.5).

Integrierte Anbausysteme

Nachhaltigkeit aus ökologischer und ökonomischer Sicht

Fenster 12.5 – Aktueller ÖKOnflikt

Mythen über den organischen Anbau

„Organischer" Anbau unterscheidet sich von anderen Anbaumethoden v. a. durch das Verbot wasserlöslichen Mineraldüngers und die Ablehnung synthetischer Herbizide und Pestizide zugunsten natürlicher Pestizide. Anthony Trewavas (2001) gab einen Überblick über die „Pros" und „Kontras" des organischen Anbaus in einem Kommentar in der einflußreichen Fachzeitschrift *Nature*. Teile dieses Artikels werden hier zitiert. Details und relevante Literatur sind dem Originalartikel zu entnehmen.

Städtische Mythen über den organischen Anbau

Die Ansicht, daß organische Anbausysteme mit geringem Ertrag umweltfreundlicher und nachhaltiger sind als ertragreiche Anbausysteme, ist weit verbreitet. Gegen die momentanen Ziele des organischen Anbaus, die Erhaltung der Bodenfruchtbarkeit, die Vermeidung von Verschmutzung, Fruchtwechsel, Tierschutz und allgemeine Umweltaspekte ist nur wenig einzuwenden. Angesichts der Regeln und Bestimmungen, die zum Erreichen dieser Ziele befolgt werden müssen, äußerte ein Wissenschaftler auf diesem Gebiet allerdings, daß „der organische Anbau sich kaum an wissenschaftlichen Kriterien orientiert" und daß „dieser Zustand zu erheblicher Verwirrung speziell in einigen Bereichen der Produktion führt".

Verwirrung der Prinzipien: Verfechter des organischen Anbaus meinen, daß Pflanzen „besser" sind, wenn sie mit Mineralien behandelt werden, die aus dem Abbau von Tierdung stammen. Organisch erzeugte Nahrung soll besser schmecken und der menschlichen Gesundheit zuträglicher sein. Allerdings ist es in Hunderten von strengen Tests bisher nicht gelungen zu demonstrieren, daß organisch erzeugte Nahrung besser schmeckt oder einen höheren Nährwert besitzt.

Probleme mit Pestiziden und Chemikalien: Zu den zugelassenen Pestiziden für den organischen Anbau gehört *Kupfersulfat*, das Leberschäden bei Arbeitern in Weingärten verursacht hat, Würmer tötet

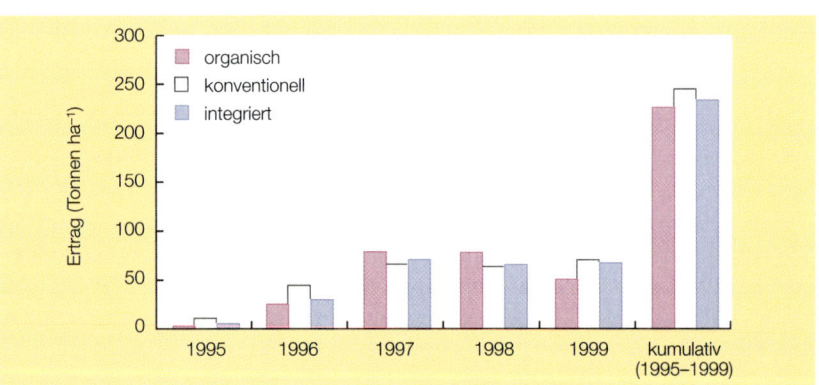

Abbildung 12.19 Die Apfelerträge von drei Produktionssystemen (aus Reganold et al., 2001).

und im Boden und im Produkt lange überdauert. Es wird durch die Europäische Kommission 2002 aus dem Verkehr gezogen. Darüber hinaus erlaubt der organische Anbau Rotenon, das, wie kürzlich nachgewiesen wurde, Parkinson auslöst, und *Bacillus-thuringiensis*-Sporen, die tödliche Lungeninfektionen bei Mäusen verursachen.

Gebrauch und Mißbrauch von Dung: Wasserlösliche Mineralien werden im organischen Anbau nicht verwendet. Obwohl Phosphat in Rohform erlaubt ist, ist Kaliumchlorid verboten. Sylvanit, eine andere Form von Kaliumchlorid, ist dagegen erlaubt. Die hauptsächliche alternative Mineralquelle für die Nutzpflanzen ist Tier- oder Gründünger. Die Ausbringung von Dünger verbessert die Bodenqualität auf jeder landwirtschaftlichen Fläche, allerdings scheint der konventionelle Fruchtwechsel ebenso wirksam zu sein. Die Zersetzung des Düngers kann nicht, wie es eigentlich wünschenswert wäre, mit der Hauptwachstumsphase der Nutz-

pflanzen synchronisiert werden, sondern erfolgt während der gesamten Vegetationszeit. Das Unterpflügen von Leguminosen (ein notwendiger Bestandteil der organischen Anbaumethode zur Verbesserung der Bodenqualität) und fortgesetzte Zersetzung von Tierdung führt genauso wie im konventionellen Anbau zur Auswaschung von Stickstoff in Gewässer.

Trewavas schließt seinen Kommentar mit der Feststellung, daß der organische Anbau ursprünglich eine Ideologie war. Die heutigen globalen Probleme, Klimaänderungen und Bevölkerungswachstum, erfordern dagegen pragmatische und flexible Vorgehensweisen in der Landwirtschaft, keine Ideologien. Stimmen Sie damit überein? Wie würden Sie feststellen, ob häufiges Unkrautjäten, wie es von vielen organischen Bauern durchgeführt wird, um die Felder von Unkraut zu befreien, weniger oder stärker schädlich ist für Vögel, Regenwürmer und Insekten als die vorsichtige Anwendung von Herbiziden im konventionellem Anbau?

12.7 Die Vorhersage landwirtschaftlich verursachter globaler Umweltveränderungen

Die vorhergesagten weitreichenden Konsequenzen der globalen Klimaveränderungen, die durch menschliche Aktivitäten wie die Nutzung fossiler Brennstoffe verursacht werden, bekommen viel öffentliche Aufmerksamkeit. Wir behandeln diesen Punkt in Abschnitt 13.4. Ökosysteme auf der ganzen Welt werden aber auch durch die zunehmende landwirtschaftliche Entwicklung erheblich bedroht. In diesem Kapitel haben wir das überexponentielle Wachstum der menschlichen Bevölkerung behandelt und die damit verbundenen Folgen wie zunehmende Erosion, Nichtnachhaltigkeit der Wasserversorgung, Versalzung, Wüstenbildung, Ausschwemmung der Pflanzennährstoffe sowie die un-

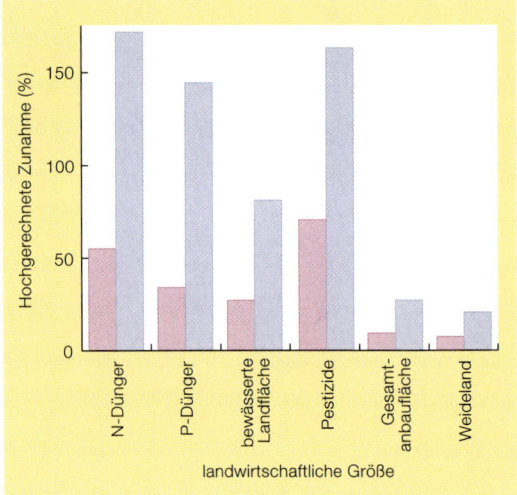

Abbildung 12.20
Hochgerechnete Zunahmen aus Stickstoff(N)- und Phosphatdünger (P), bewässerter Landfläche, Gesamtanbaufläche und Weideland für die Jahre 2020 (rosa Balken) und 2050 (blaue Balken) (aus Laurance, 2001, nach Daten von Tilman et al., 2001).

erwünschten Nebeneffekte chemischer Pestizide. Modellvorhersagen gehen davon aus, daß diese Folgen in den nächsten 50 Jahren mit der fortschreitenden Umwandlung von Landflächen in Anbaufläche und Weideland weiter zunehmen werden (Tilman et al., 2001) (Abb. 12.20). Man kann davon ausgehen, daß dadurch die Biodiversität stark gefährdet wird, und zwar besonders weil das größte Bevölkerungswachstum für die artenreichen tropischen Gebiete vorhergesagt wird. Um die Umweltfolgen der landwirtschaftlichen Expansion zu kontrollieren, werden wir den wissenschaftlichen und technologischen Fortschritt ebenso benötigen wie sinnvolle Regelungen durch die Regierungen.

 ## Zusammenfassung

Das „Bevölkerungsproblem"

Die Nutzung von Ressourcen durch den Menschen wird dann als nachhaltig bezeichnet, wenn sie auch in absehbarer Zukunft durchgeführt werden kann. Die Wurzel der meisten Umweltprobleme ist das „Bevölkerungsproblem": eine große menschliche Population, die stärker als exponentiell angewachsen ist.

Drei Gruppen von Nationen lassen sich unterscheiden, je nachdem, ob der demographische Wandel sehr früh, erst spät oder noch überhaupt nicht stattgefunden hat. Selbst wenn es möglich wäre, in allen restlichen Ländern der Welt einen demographischen Wandel herbeizuführen, wäre das Bevölkerungsproblem nicht gelöst. Das liegt teilweise daran, daß das Bevölkerungswachstum eine Eigendynamik hat. Die globale Umweltkapazität wird momentan auf zwischen 1 und 1000 Milliarden geschätzt, je nachdem, welcher Lebensstandard als akzeptabel angesetzt wird.

Die Nutzung natürlich vorkommender, lebender Ressourcen

Immer wenn eine natürliche Population ausgebeutet wird, besteht die Gefahr der Übernutzung. Doch den Nutzern ist auch daran gelegen, zu geringe Nutzung zu vermeiden, bei der potentielle Konsumenten weniger bekommen und die Nutzer zu wenig Arbeit haben.

Das Konzept des maximalen Dauerertrages ist das grundlegende Prinzip bei der Ausbeutung natürlicher Populationen. Es gibt zwei Wege, regelmäßig einen maximalen Dauerertrag zu erzielen: durch feste Quoten und durch gleichbleibenden Aufwand der Erntemaßnahmen. Die Probleme des Dauerertragsansatzes sind, daß (1) Populationen als Gruppen von ähnlichen Individuen behandelt werden und (2) die Umwelt als konstant angesehen wird. Verbesserte Strategien berücksichtigen diese Faktoren. Fehlendes Wissen über die meisten nutzbaren Fischarten überall auf der Erde führt dazu, daß Management oft auf vorsichtigen Strategien beruht, häufig ohne jede Datengrundlage.

Der Anbau von Monokulturen

Zunehmend wurden sowohl Tiere als auch Pflanzen domestiziert und meist in Monokulturen gehalten, um erheblich größere Produktionsraten zu ermöglichen. Jedoch wird für die Aufrechterhaltung dieser hohen Raten an Lebensmittelproduktion ein hoher Preis gezahlt. Monokulturen stellen ideale Bedingungen für die epidemieartige Ausbreitung von Krankheiten dar und führen weiträumig zur Zerstörung des Bodens.

Die Nachhaltigkeit des Bodens und der Wasservorräte

In einer idealen, nachhaltigen Welt sollte neuer Boden so schnell entstehen, wie der alte Boden verlorengeht. In den meisten Anbausystemen wird das jedoch nicht erreicht. Bei überwiegender Nutzung von Kunstdünger werden die organischen Bestandteile des Bodens im allgemeinen nicht mehr als Kapital erachtet, und dieses Kapital nimmt weltweit ab.

Die Zerstörung von Boden durch Landwirtschaft kann verlangsamt werden durch die Ausbringung von Hofabfällen und Dung, den Wechsel von Anbaujahren mit Brachejahren oder die Rückführung des Landes in Weideland. In tropischen Gegenden werden in hügeligen und bergigen Gegenden häufig Terrassen angelegt. In ariden Regionen können Überweidung und intensiver Anbau zu Wüstenbildung und Versalzung des Bodens führen.

Man nimmt an, daß das Wasser die Ressource ist, um welche die Kriege der Zukunft ausgetragen werden. Auf globaler Ebene ist die Landwirtschaft der größte Wasserverbraucher. Das Abpumpen von Grundwasser ist eine Hauptursache für den Landverlust durch Versalzung des Bodens.

Schädlingsbekämpfung

Das Ziel der Schädlingsbekämpfung ist die Reduzierung der Schädlingspopulation auf die ökonomische Schadensschwelle, eine Reduktion auf die sog. Bekämpfungsschwelle ist jedoch von größerer Bedeutung.

Pestizide können auch Nichtzielorganismen töten, zum Wiederanstieg der Schädlingspopulation und zu Ausbrüchen von Sekundärschädlingen führen. Schädlinge können auch Resistenzen entwickeln.

Biologen können die natürlichen Feinde der Schädlinge zu deren Bekämpfung nutzen (biologische Schädlingsbekämpfung), indem sie diese importieren oder in kleineren (inokulative Applikation) oder großen Mengen (inundative Applikation) ausbringen. Aber auch biologische Gegenspieler können unerwünschte Folgen für Nichtzielorganismen haben.

Integrierte Anbausysteme

Integrierte Schädlingsbekämpfung (IPM) ist eine praktikable Philosophie der Schädlingsbekämpfung, die auf ökologischen Prinzipien basiert und je nach Situation alle Bekämpfungsmethoden nutzt. Sie beruht stark auf natürlichen Mortalitätsfaktoren und erfordert Bekämpfungsspezialisten und Berater.

Die Philosophie der IPM beinhaltet die Idee, daß Schädlingsbekämpfung nicht isoliert von anderen Aspekten der Nahrungsmittelproduktion betrachtet werden kann. Es gibt eine ganze Anzahl von Programmen zur Entwicklung und praktischen Umsetzung von nachhaltiger Nahrungsmittelproduktion, die auch IPM beinhalten. Es stellt sich immer deutlicher heraus, daß der Ansatz der nachhaltigen Landwirtschaft auch höhere ökonomische Gewinne bringen kann.

Durch Landwirtschaft verursachte globale Veränderungen

Zweifellos stellt die anwachsende menschliche Bevölkerung und die damit einhergehende landwirtschaftliche Entwicklung eine erhebliche Bedrohung für Ökosysteme auf der ganzen Welt dar. Es wird erwartet, daß besonders die Biodiversität stark gefährdet wird, da das größte Bevölkerungswachstum für die artenreichen tropischen Gebiete vorhergesagt wird.

 Quiz

 = anspruchsvolle Frage

1. Was ist Nachhaltigkeit? Ist nachhaltiges Bevölkerungswachstum möglich? Kann die Nutzung fossiler Brennstoffe oder die Nutzung von Waldbäumen nachhaltig sein? Begründen Sie Ihre Antworten.
2. Beschreiben Sie, was mit dem „demographischem Wandel" der menschlichen Bevölkerung gemeint ist. Erklären Sie, warum es für das zukünftige Management des Bevölkerungswachstums wichtig ist festzustellen, ob der demographische Wandel nur ein akademisches Ideal oder ein Prozeß ist, den alle menschlichen Bevölkerungsgruppen durchmachen.
3. Die Anzahl der Menschen, die auf der Erde leben können, hängt vom Lebensstandard ab. Argumentieren Sie entweder für oder gegen die Meinung, daß Entwicklungsländer das Recht auf den gleichen Lebensstandard haben, wie ihn die Industrienationen für selbstverständlich halten.
4. Stellen Sie die Prinzipien gegenüber, mit denen entweder durch „feste Quoten" oder durch „gleichbleibenden Aufwand" der Erntemaßnahme ein maximaler Dauerertrag bei natürlichen Populationen erzielt werden soll.
5. Diskutieren Sie die Vor- und Nachteile von landwirtschaftlichen Monokulturen.

6. Eine der Hauptorganisationen zur Produktion von organischen Lebensmitteln (d. h. von Nahrung, die ohne Kunstdünger und Pestizide hergestellt wird) in Großbritannien ist die *„Soil Association"* (Bodenvereinigung). Warum, glauben Sie, hat die Organisation diesen Namen gewählt?

7. Erklären Sie die Bedeutung und Wichtigkeit der Begriffe „ökonomische Schadensschwelle" und „Bekämpfungsschwelle".

8. Wägen Sie Vor- und Nachteile von chemischer und biologischer Schädlingsbekämpfung gegeneinander ab.

9. Erklären Sie, warum bei integrierten Anbausystemen Methoden der Schädlingsbekämpfung und Methoden zur Erhaltung der Bodenfruchtbarkeit gemeinsam betrachtet werden müssen.

10. Hilborn und Walters (1992) meinen, daß es drei verschiedene Einstellungen gibt, die Ökologen in der Öffentlichkeit vertreten können. Die erste ist, daß ökologische Vorgänge zu komplex und unser Wissen und unsere Daten zu gering sind, um (aus Angst falsch zu liegen) Vorhersagen machen zu können. Die zweite Möglichkeit für Ökologen besteht darin, sich ausschließlich auf die Ökologie zu konzentrieren und Empfehlungen auszusprechen, die ausschließlich rein ökologischen Kriterien genügen. Der dritte Weg für Ökologen besteht darin, Empfehlungen zu geben, die so genau und realistisch wie möglich sind, aber zu akzeptieren, daß diese Vorschläge bei Entscheidungen zusammen mit anderen Faktoren betrachtet und dann möglicherweise nicht berücksichtigt werden. Welche dieser Vorgehensweisen bevorzugen Sie und warum?

13

Umweltverschmutzung

Wenn Populationen wachsen, nimmt die Dichte der Individuen zu. Sowohl die einzelnen Individuen als auch die Populationen entnehmen ihrer Umwelt, was sie zum Leben brauchen, und verschmutzen sie mit Produkten, die für ihre Aktivitäten hinderlich sind. Die Spezies Mensch ist einzigartig in ihrer Nutzung von Feuer (und in neuerer Zeit auch von Kernspaltung) als Energiequelle zum Verrichten von Arbeit. Dies hat dieser Spezies eine bemerkenswerte Macht zur Umweltveränderung verliehen. Die unerwünschten Veränderungen in unserer Umwelt bezeichnen wir als Umweltverschmutzung.

Schlüsselkonzepte

Dieses Kapitel soll

- erkennen lassen, daß *Homo sapiens* nur eine Art unter vielen ist, deren Aktivitäten die Qualität ihrer Umwelt beeinträchtigen können;
- verstehen lassen, daß das Leben in der Gemeinschaft und vor allem in Städten die Probleme der Abfallbeseitigung vergrößert, und daß tote Körper, Fäzes und Urin gravierend zur Umweltverschmutzung beitragen können;
- vermitteln, daß die Spezies Mensch durch den Gebrauch von Feuer und Brennstoffen zu einem einzigartigen Umweltverschmutzer geworden ist, und daß Luftverschmutzung vielfältige Folgen hat;
- verstehen lassen, daß sich die durch menschliche Aktivitäten verursachte radioaktive Strahlung zu der bereits vorhandenen addiert;
- bewußt machen, daß Abbau von Gestein, Bergbau, Verhüttung und Entsorgung von Metallen ernsthafte Umweltverschmutzungen darstellen;
- vermitteln, daß die meisten auf dem Land anfallenden Schadstoffe letztlich Flüsse, Seen, Ozeane oder die Atmosphäre verschmutzen;
- verstehen lassen, daß die angewandte Ökologie eine wichtige Rolle bei der Restauration der verschmutzten Umwelt spielt.

13.1   Einleitung

Für die meisten Menschen bedeutet Umweltverschmutzung die Belastung der Umwelt durch Abfälle des Menschen, insbesondere durch Abwasser, und durch unerwünschte Produkte menschlicher Aktivitäten wie z. B. Gase aus Kraftwerken, Austritt radioaktiven Materials und Autoabgase sowie mit Düngemitteln und Pestiziden belastetes Ablaufwasser von landwirtschaftlich genutztem Kulturland.

Die menschliche Spezies ist keineswegs einzigartig in der Ausbeutung und Verschmutzung ihrer Umwelt. Sie ist jedoch mit Sicherheit einzigartig in der Nutzung von Feuer, fossilen Brennstoffen und Kernspaltung als Energiequellen zum Verrichten von Arbeit. Diese Energieerzeugung hat weitreichende Konsequenzen für den Zustand der Landoberfläche, der aquatischen Ökosysteme und der Atmosphäre. Darüber hinaus hat die erzeugte Energie dem *Homo sapiens* eine bemerkenswerte Macht verliehen. Der Mensch kann ganze Landschaften durch Aktivitäten wie Urbanisierung, industrielle Landwirtschaft und Forstwirtschaft verändern, Erze abbauen, verhütten und die hieraus gewonnenen Metalle nutzen (was weitere Verschmutzung verursacht), eine neuartige Vielfalt chemischer Verbindungen mit den entsprechenden Gefahren erschaffen, einen zusätzlichen Beitrag zu dem natürlichen Risiko radioaktiver Strahlung leisten sowie die Atmosphäre und sogar das Klima verändern.

13.2   Urbane Umweltverschmutzung

Als die menschliche Bevölkerung anwuchs und sich immer stärker in den Städten konzentrierte, erlangten vor allem zwei Verschmutzungsquellen große Bedeutung: Fäzes und Leichen.

13.2.1 Erd- und Feuerbestattung

Sowohl die Juden als auch die Römer hatten erkannt, daß Friedhöfe Verschmutzungsquellen und Krankheitsherde darstellen. Sie legten ihre Grabstätten außerhalb der Stadtmauern von Jerusalem und Rom an. In anderen Regionen jedoch wurden die Toten innerhalb der Städte begraben. In London wurden im Mittelalter Särge schichtweise übereinander vergraben, bis sie sich manchmal nur wenige Zentimeter unterhalb der Bodenoberfläche befanden; um Platz für mehr Bestattungen zu schaffen, entfernten die Leichengräber Knochen und legten die Reste teilweise in nahegelegene Gruben. In den westlichen Gesellschaften wurde die bürgerliche Gemeinschaft in immer stärkerem Maße für die sichere und hygienische Entsorgung von Leichen in religiösen Riten verantwortlich.

In westlichen Gesellschaften wird Feuerbestattung immer stärker akzeptiert, teilweise als Reaktion auf den massiven Verbrauch der Landschaft, die in Friedhöfe umgewandelt wurde – was selbst ein dramatisches Beispiel von Umweltverschmutzung ist. In hinduistischen Gemeinschaften werden Leichen in offenen Feuern verbrannt. Auf den ersten Blick scheint dies für die Umwelt viel weniger schädlich zu sein als Erdbestattung, aber für die Scheiterhaufen werden riesige Mengen an Holz verbraucht. In England werden inzwischen mehr als

Feuerbestattung

50 % der menschlichen Körper (und viele Haustiere) verbrannt, in Japan sind es fast 100 %, in den USA jedoch nur etwa 10 %. Die moderne Feuerbestattung trägt in geringem Maße zur Umweltverschmutzung durch Freisetzung von Kohlenstoffdioxid (und von Quecksilber aus Zahnfüllungen) bei.

Aasfresser zur Beseitigung von Leichen

Diejenigen Methoden zur Entsorgung von Leichen, die am wenigsten zur Verschmutzung beitragen, sind möglicherweise Seebestattung und das direkte Aufbahren auf dem Land, wie es von den Parsen praktiziert wird. Die nackten Körper werden an speziellen isolierten Orten Geiern zum Fraß ausgesetzt, die das Fleisch entfernen. Dies geschieht in nur ein bis zwei Stunden. Die freigelegten Knochen trocknen dann in der Sonne und werden schließlich fortgeweht. Diese „Dienstleistung am Ökosystem", welche die Geier erbringen, ist ein zusätzliches Argument für deren Schutz (s. Fenster 13.1).

Entsorgung von Leichen bei Tieren

Der Mensch ist nicht die einzige Art, die tote Körper als Verschmutzung betrachtet, die von der Gemeinschaft entfernt werden muß (dieser Vorgang trägt sogar einen eigenen Namen: *Nekrophorese*). Die Arbeiterinnen unter den Ameisen erkennen tote Artgenossen und entfernen sie aus dem Nest. Wenn Substanzen einer toten Ameise auf eine lebende gesprüht werden, wird diese von Arbeiterinnen schnell aus dem Nest getragen, als ob sie ein Kadaver wäre.

13.2.2 Fäzes, Urin und andere urbane Abfallstoffe

Probleme der Fäzesentsorgung bei Tieren

In natürlichen Lebensgemeinschaften nicht-sozialer Arten stellen Fäzes und Urin kaum Probleme dar – tatsächlich werden sowohl Fäzes als auch Urin manchmal benutzt, um Reviere zu markieren. In der Umwelt sozialer Tiere können sie jedoch Schmutzstoffe darstellen. Vieh z. B. meidet mehr als einen Monat lang das Gras, das neben seinem Dung wächst, und reagiert dabei auf bestimmte flüchtige chemische Verbindungen (Dohi et al., 1991). Die meisten Säugetiere, die im Familienverbund in Höhlen leben, vermeiden deren Verschmutzung und legen Urin und Fäzes außerhalb davon ab, manchmal sogar in besonderen Latrinen. Vögel vermeiden die Verschmutzung ihrer Nester und tragen unter Umständen die Fäzes der Küken in speziellen Fäzessäcken fort.

Alle menschlichen Körperprodukte, vor allem aber Fäzes und Urin, können als Schmutzstoffe betrachtet werden. Die Griechen waren wahrscheinlich die ersten, die die Anhäufung von Schmutzstoffen in den Städten kontrollierten. Ein Gesetz von 320 v. Chr. verbot das Abladen von Abfall in den Straßen. Die Römer waren sich ebenfalls der Verschmutzungsgefahren bewußt und lagerten städtischen Abfall in Gruben außerhalb der Stadtmauern. Als die Zivilisationen der Römer und Griechen untergingen, brach auch ihre recht ausgefeilte Kontrolle der urbanen Verschmutzung zusammen. Mittelalterliche Burgen z. B. waren oft mit Latrinen ausgestattet, die aus den Burgmauern hervorragten, so daß der Abfall einfach an die Mauerbasis fiel (der angehäufte Abfall liefert Archäologen unmittelbare Belege für die Nahrung in historischer Zeit und die Infektion mit Darmparasiten!). Bis zum 14. und 15. Jahrhundert waren die offenen Straßen wieder der wichtigste (und oft auch der einzige) Bestimmungsort von Fäzes und Urin der Menschen und Tiere. Der Schmutz wurde dann schließlich vom Regen in Flüsse, Seen und Ozeane gespült. Zu der Schmutzlast trugen auch Fäzes von Pferden, die zum Transport genutzt wur-

Fenster 13.1 – Aktueller ÖKOnflikt

Eine Dienstleistung am Ökosystem durch Geier

Der folgende Artikel von Luke Harding erschien in *Guardian Weekly*.

Indiens Geier sind vom Aussterben bedroht – die Riten der Parsen geraten in Gefahr

Von außen betrachtet sind die „Türme des Schweigens" auf dem Gipfel von Bombays prestigeträchtigem Malabar Hill wenig bemerkenswert. Nur die Geier, die auf den weiß getünchten Außenmauern hocken, deuten auf die Vorgänge im Inneren hin.

Innerhalb des abgeschiedenen Komplexes, ein in römischem Stil erbautes Amphitheater umfassend, gedeihen Banyanbäume und Kasuarinen in der tropischen Sonne. Und da sind natürlich die Leichen – an den meisten Tagen zwei oder drei Körper, die den Elementen ausgesetzt sind und auf die Geier warten, die sie fressen.

Doch diese althergebrachte, ökologisch einwandfreie Methode der Entsorgung von Leichen, die von der Gemeinschaft der Parsen in Indien seit Hunderten von Jahren praktiziert wird, ist in Gefahr. Nicht die Methode, sondern die Geier sind das Problem. Seit den letzten drei oder vier Jahren leidet die Population der Geier in Indien unter einer ebenso dramatischen wie mysteriösen Abnahme: Sie fallen buchstäblich von ihren Ansitzen. In manchen Gegenden sind die Geier verschwunden, und in fünf Jahren werden sie möglicherweise ganz ausgestorben sein.

Für die Parsen stellt sich aus dem Rückgang der Geier ein unmittelbares Problem: Was soll mit den Toten geschehen? Für die Gemeinschaft, die vor 1200 Jahren vor der Verfolgung durch die Araber aus Persien floh, sind Erde und Feuer heilig. Verbrennung und Beerdigung von Toten werden als Sünde betrachtet.

… Im vergangenen Monat kamen Naturschützer und Wissenschaftler aus der ganzen Welt in Delhi zusammen, um über die Rettung der Geier zu diskutieren. Die Geier wurden als „hochgradig gefährdet" eingestuft. Als wahrscheinlichste Ursache für den Rückgang wird eine Viruserkrankung betrachtet. In ganz Indien weisen die Geier dieselben Symptome auf: Sie lassen den Hals hängen und verhalten sich lethargisch. Schwache Vögel fallen schließlich von den Bäumen und sterben. Die Anzahl der Geier hat um 90 % abgenommen. Zwei Arten, der Weißrücken- und der Langschnabel-Geier, sind ganz verschwunden.

Einheimische Organismen und natürliche Lebensgemeinschaften stellen den Menschen eine breite Spanne von „Dienstleistungen am Ökosystem" zur Verfügung (s. Fenster 14.1), von denen die hier dargestellte zu den ungewöhnlichsten gehört. Welche anderen Dienstleistungen am Ökosystem, die von Wirbeltieren erbracht werden, fallen Ihnen ein? Werden die Argumente für Schutzmaßnahmen dadurch gewichtiger, daß eine gefährdete Art einen materiellen Wert für die Menschen hat?

den, und von Tieren aus bäuerlicher Haltung bei, die in die Städte gebracht und zur Milchproduktion gehalten oder zur Fleischgewinnung geschlachtet wurden. Ein eigener Berufsstand entwickelte sich, der des Straßenkehrers, der für den Abtransport von Abfällen aus den Städten bezahlt wurde. Im Jahr 1714 hatte jede Stadt in England einen offiziellen Straßenkehrer (der Vorläufer der Umweltschutzbehörde!). In Amerika kam es erst später zu einer starken Verschmutzung der Städte, aber bereits vor dem Ende des 18. Jahrhunderts wurde in Boston eine städtische Abfallsammlung initiiert.

Auch als im frühen 19. Jahrhundert die von Thomas Crapper erfundenen Wassertoiletten installiert wurden, flossen die unterirdischen Reservoire (Sickergruben), in die sie mündeten, oft über und verschmutzten das Trinkwasser. Ausbrüche von Cholera in der Mitte des 19. Jahrhunderts konnten direkt auf diese Verschmutzungsquelle zurückgeführt werden. Diese Entdeckung führte sowohl in Großbritannien als auch in den USA zum direkten Anschluß der Abwasserleitungen von Haushalten an Abwasserkanäle.

Auf den ersten Blick mag die Verdünnung mit großen Wassermengen als der leichteste Weg erscheinen, mit den angesammelten Mengen von Fäzes und Urin fertig zu werden. Es ist jedoch nicht leicht, Abfallstoffe des Menschen zu entsorgen und gleichzeitig sauberes Trinkwasser zur Verfügung zu stellen. Zusätzlich zu den Gesundheitsgefahren kann die Einleitung von Abwasser in Gewässer auch tiefgreifende ökologische Auswirkungen haben.

Wenn natürliche Ökosysteme die zusätzliche Zufuhr von organischer Substanz und Nährstoffen in menschlichen Abwässern nicht bewältigen können, sind Abwasserreinigungssysteme erforderlich

Alle natürlichen Ökosysteme haben eine ihnen eigene Kapazität zum Abbau von Fäzes (s. Abschnitt 11.4.4). Bis zu einem gewissen Punkt können natürliche Abbauprozesse in Flüssen, Seen und Ozeanen die erhöhte Zufuhr organischer Substanz aus menschlichen Abwässern bewältigen, ohne daß sich die Natur der in ihnen befindlichen biologischen Lebensgemeinschaften in auffälliger Weise verändert. Wenn die Rate des Abwassereintrags diese Kapazität jedoch überschreitet, treten Probleme auf. Erstens können exzessiv hohe Abbauraten von toter organischer Substanz in Flüssen und Seen zu anaeroben Bedingungen und damit zum Tod von Fischen und Wirbellosen führen. Der Grund hierfür ist, daß Sauerstoff von den zersetzenden Mikroorganismen schneller aufgebraucht wird, als er durch die Photosynthese der Wasserpflanzen und durch Diffusion aus der Luft nachgeliefert werden kann. Zweitens kann die Zufuhr von Nährstoffen wie Phosphat und Nitrat, deren Konzentration normalerweise das Pflanzenwachstum in Gewässern begrenzt, auf ein Niveau angehoben sein, auf dem das Algenwachstum so stark ist, daß andere Wasserpflanzen dadurch beschattet und abgetötet werden. Dies führt zu hohen Raten der Zersetzung von Algen und daraufhin zu sauerstoffarmen Bedingungen. Dieser Prozeß wird als anthropogene Eutrophierung bezeichnet.

Als ökologische Maßnahmen gegen die Verschmutzung wurden moderne Abwasserreinigungsanlagen (Kläranlagen) entwickelt. Sie sollen Abwasser von Schmutzstoffen befreien und reinigen. Dies geschieht normalerweise in einem Drainagesystem, das von dem Leitungssystem getrennt ist, das die Abflüsse aus Regenwasser aufnimmt. Idealerweise reinigt eine Kläranlage das verschmutzte Wasser bis zur Trinkwasserqualität, bevor es in Flüsse, Seen oder das Meer zurückgeleitet wird. Die vollständige Reinigung des Abwassers vollzieht sich in drei Stufen, doch vielerorts werden nur die erste und zweite Stufe tatsächlich angewandt, bevor das Wasser in die Umwelt abgegeben wird (Abb. 13.1). Nachdem Papier, Lumpen und Kunststoffe durch Siebe aus dem Abwasser entfernt wurden, läßt man im weiteren Verlauf der *mechanischen Reinigungsstufe* einen

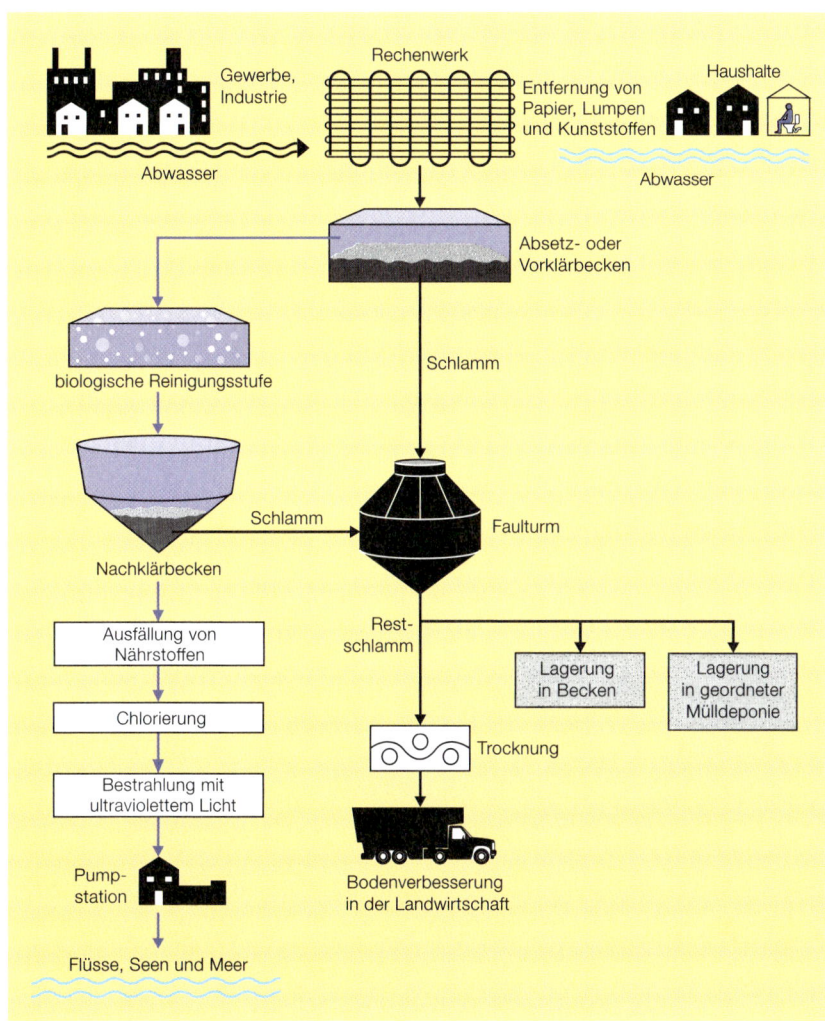

Abbildung 13.1 Generelle Abfolge der Aufbereitungsschritte bei der Reinigung von Abwasser aus einer modernen städtischen Gemeinde.

großen Teil der festen organischen Stoffe in einem physikalischen Prozeß auf den Boden von Absetzbecken sinken, von dem sie schließlich als Schlamm entfernt werden. Die *biologische Reinigungsstufe* umfaßt einen biologischen Prozeß, der die natürliche Zersetzung nachahmen soll; tatsächlich wird diese hierbei sogar noch verstärkt. In ihrer einfachsten Ausführung wird das vorgereinigte Wasser auf eine Lage von Schlacke gesprüht, auf der man Mikroorganismen angezogen hat. Während das Wasser durch diesen *Tropfkörper* sickert, wird ein großer Teil der noch vorhandenen organischen Substanz durch natürliche Zersetzung unter der Freisetzung von Kohlenstoffdioxid an die Atmosphäre mineralisiert. Eine ausgefeiltere und effizientere Methode der biologischen Reinigungsstufe ist das *Belebtschlammverfahren*, bei dem das Abwasser in belüftete Tanks geleitet wird, die belebten, d. h. mit Mikroorganismen besiedelten, Schlamm enthalten. Nach der biologischen Reinigungsstufe setzen sich die verbleibenden Feststoffe unter Produktion einer entsprechend größeren Schlamm-menge ab. Das Abwasser erscheint nun gereinigt, aber es enthält noch zwei Ar-ten von Verunreinigungen, nämlich Krankheitserreger und hohe Konzentratio-nen mineralischer Nährstoffe, die Gesundheitsgefahren bergen (s. Abschnitt 13.3.2) und beim Einspeisen in Flüsse und Seen Eutrophierung verursachen würden. Eine abschließende Reinigungsstufe beinhaltet normalerweise einen Zusatz von Chlor und manchmal Bestrahlung mit ultraviolettem Licht zum Abtöten von Bakterien. Eine vollständige *dritte (chemische) Reinigungsstufe* umfaßt das Entfernen mineralischer Nährstoffe, hauptsächlich durch künstliche und teure chemische Prozesse.

Produkte der Abwasser-reinigung sind ebenfalls Schmutzstoffe

Unbehandeltes Abwasser stellt offensichtlich eine Verschmutzungsquelle mit nachteiligen gesundheitlichen und ökologischen Folgen für die Gewässer dar, in die es eingeleitet wird. Aber auch die Einleitung von Abwasser, das nur die mechanische Reinigungsstufe durchlaufen hat, wird wahrscheinlich zu einer Eutrophierung führen, weil das Wasser noch reich an organischer Substanz und Nährstoffen ist. Auch in der biologischen Reinigungsstufe wird nur die organi-sche Substanz entfernt, und das Abwasser bleibt reich an Pflanzennährstoffen. Der Schlamm, der sich in den Absetzbecken ansammelt, ist selbst ein Schmutz-stoff, der entsorgt werden muß. Gewöhnlich geschieht dies durch Verklappen auf dem Meer oder durch Lagerung mit Bodenbedeckung auf Mülldeponien. Abgedeckter Schlamm wird auf anaerobem Weg zersetzt und braucht manch-mal über 20 Jahre bis zur vollständigen Mineralisation. Hierbei entsteht Me-than, das zur Luftverschmutzung beiträgt (Abschnitt 13.4.2). Eine bessere Nutzung des Klärschlamms ist sein Einsatz als Dünger, entweder in getrockne-ter Form oder als Flüssigkeit, die auf das Feld gesprüht wird. Auf diesem Weg kann der Nährstoffkreislauf durch die Rückführung von Nährstoffen, die vorher von Menschen aus landwirtschaftlichen Nutzpflanzen aufgenommen wurden, wieder geschlossen werden: Die Nährstoffe stehen den auf den Feldern wieder nachwachsenden Pflanzen zur Verfügung.

Die Spannbreite der Produkte der Abwasserreinigung (unvollständig gerei-nigtes Wasser, Nährstoffe, Schlamm, Methan) zeigt sehr anschaulich, wie jede Lösung eines Problems der Umweltverschmutzung fast unvermeidlich zu einer neuen Art von Verschmutzung führt. Darüber hinaus verbraucht fast jede Stu-fe der Maßnahmen gegen Verschmutzung eine bestimmte Menge an Energie und verursacht dadurch noch mehr Verschmutzung. Eine aus Umweltgesichts-punkten attraktive Behandlung des Klärschlamms besteht in seinem kontrol-lierten mikrobiellen Abbau. Dabei entsteht Methan, das zur Freisetzung der Energie verbrannt wird, welche die mechanischen Stufen der Abwasserreini-gung antreibt.

Andere urbane Abfallstoffe

Urbane Abfallstoffe beinhalten eine sehr breite Spanne von Materialien aus sehr unterschiedlichen Quellen – z. B. aus der chemischen Industrie, aus dem militärischen Bereich und aus Haushalten und umfassen Abfallstoffe aus Kunst-stoff, Holz und Metall. Diese Abfallstoffe werden im allgemeinen in Mülldepo-nien gelagert, die dann mit Boden abgedeckt und der landwirtschaftlichen oder urbanen Nutzung zugeführt werden. Es traten bereits viele Fälle auf, in denen dies in der Folge zu Problemen führte, da giftige Chemikalien in angrenzende Wasserläufe sickerten und Übelkeit erzeugende Gase freigesetzt wurden.

Umweltverschmutzung endet nicht notwendigerweise damit, daß die Schmutzstoffe vergraben werden und damit aus den Augen verschwinden.

Im Jahr 1892 wurde der Bau eines Kanals begonnen, der den oberen mit dem unteren Teil des Niagara River verbinden sollte. Dieser Versuch wurde schließlich aufgegeben, und der ausgehobene Abschnitt des „Love Canal" wurde 1920 als Lagerstätte für Chemieabfall verkauft. Die Hooker Chemical Corporation, die Stadt Niagara und die US-Armee lagerten an dieser Stelle Material ein (möglicherweise auch Material zur chemischen Kriegführung). Der Kanal war schließlich mit etwa 20 000 Tonnen toxischer Abfallstoffe angefüllt. Er wurde mit Boden bedeckt und an die Bildungsbehörde von Niagara verkauft (mit der Warnung, daß chemische Abfallstoffe deponiert waren). Auf dem Land nahe am Zentrum der Mülldeponie wurde 1955 eine Schule für etwa 400 Schüler fertiggestellt. Im Jahr 1978 war um diesen Standort eine Gemeinde von 800 Einfamilienhäusern und 240 Wohnungen für untere Einkommensklassen entstanden.

Die Anwohner klagten über unangenehme Gerüche und übelriechende Stoffe, die aus dem Boden austraten. Berater wurden hinzugezogen. Sie fanden Abfalltonnen unmittelbar unterhalb der Oberfläche und hohe Konzentrationen polychlorierter Biphenyle (PCB) in der Kanalisation. Bis auf die Installation von Ventilatoren in einigen wenigen Häusern, wo die Rückstände besonders hoch waren, geschah wenig.

Am 2. August 1978 erließ das NYSDOH (New York State Department of Health) eine Anordnung zum Gesundheitsschutz mit der Empfehlung, daß die Schule geschlossen und schwangere Frauen sowie Kinder unter zwei Jahren evakuiert werden sollten, und daß die Anwohner nichts aus ihren Gärten verzehren und den Aufenthalt in ihren Kellern vermeiden sollten. Der Staat stimmte dem Kauf von 239 Häusern zu, die am dichtesten am Kanal lagen. Von Januar 1979 bis Februar 1980 gab es bei den Frauen von Love Canal 22 Schwangerschaften, von denen 18 als Fehlgeburt oder Totgeburt endeten oder zu Kindern mit angeborenen Schäden führten (detailliertere Ausführungen sind in Gibbs (1998) zu finden).

Love Canal: ein klassisches Beispiel für industrielle Umweltverschmutzung

13.3 Umweltverschmutzung durch Landwirtschaft

Wenn Tieren durch Intensivtierhaltung ein gleichsam „städtisches" Leben aufgezwungen wird, werden ihre Abfälle schneller produziert, als sie von natürlich vorkommenden Zersetzern und Detritivoren bewältigt werden können. Alle Probleme der menschlichen Überbevölkerung in der Stadt betreffen dann auch die Nutztierhaltung. Intensive Landwirtschaft ist auch mit erhöhten Nitratmengen verbunden, die aus dem Boden in Flüsse und Seen (und damit in das Trinkwasser) versickern, sowie mit Problemen, die aus der Anwendung von Insektiziden und Herbiziden entstehen.

13.3.1 Intensive Nutztierhaltung

Schweine, Rinder und Geflügel tragen in industrialisierten landwirtschaftlichen Mastanlagen am stärksten zur Umweltverschmutzung bei. Die Ausscheidungen von Geflügel aus Zuchtbetrieben können leicht getrocknet werden und geben einen gut transportierbaren, unschädlichen und wertvollen Dünger für landwirtschaftliche Nutzpflanzen und Gartenpflanzen ab. Die Ausscheidungen von Rindern und Schweinen dagegen bestehen zu 90 % aus Wasser und strömen einen unangenehmen Geruch aus (Tab. 13.1). Eine kommerzielle Einheit zur Mast von 10 000 Schweinen verursacht eine ebenso starke Umweltverschmutzung wie eine Stadt mit 18 000 Einwohnern.

Gesetzliche Vorschriften in den USA und Europa schränken die Einleitung von Gülle aus der Landwirtschaft in Wasserläufe zunehmend ein. Die einfachste und oft aus ökonomischer Sicht vernünftigste Maßnahme besteht in der Rückführung des Materials auf landwirtschaftlich genutzte Flächen in Form von halbflüssigem Dünger oder versprühter Gülle. Hierdurch wird es in der Umwelt zu einer Konzentration verdünnt, die wohl auch in einfacheren und nachhaltigen Formen der Landwirtschaft vorgelegen haben mag, und Schmutzstoff wird in Dünger umgewandelt. Natürlich wird hierdurch wiederum eine neue

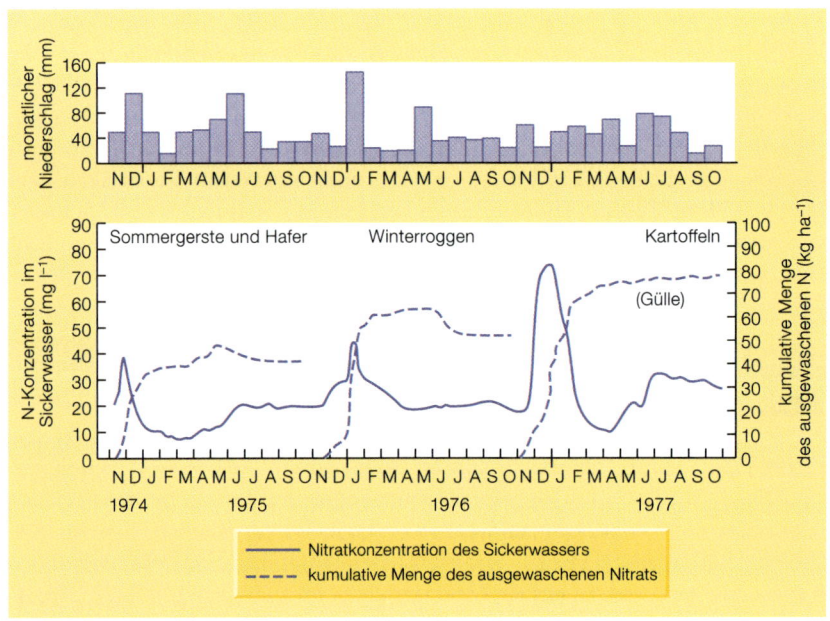

Abbildung 13.2
Veränderungen in der Nitratkonzentration (mg Stickstoff pro l) im Sickerwasser und Mengen des ausgewaschenen Nitrats (kg Stickstoff pro ha) aus einem landwirtschaftlich genutzten Feld bei Hannover. Oberhalb der Kurven sind die monatlichen Niederschlagsmengen während des Untersuchungszeitraums dargestellt. Die höchsten Nitratkonzentrationen treten in den Wintermonaten auf, wenn das Pflanzenwachstum gering ist; dies führt zu einem steilen Anstieg des kumulativen Nitrataustrags in dieser Periode (nach Duynisveld et al., 1988).

Tabelle 13.1 Durchschnittlicher prozentualer Stickstoff- und Trockensubstanzgehalt von Dung und Gülle (aus Gostick, 1982)

Herkunft	Stickstoff	Trockensubstanz
Dung von Bauernhöfen mit Rinderzucht	0,6	25
Dung von Bauernhöfen mit Schweinezucht	0,6	25
Geflügelmist	2,4	70
Rindergülle	0,5	10
Schweinegülle	0,6	10

Umweltbelastung hervorgerufen: Der Geruch der ausgebrachten Gülle kann eine Belästigung darstellen. Bodenmikroorganismen zersetzen die organischen Bestandteile des Düngers und der Gülle und setzen Kohlenstoffdioxid in die Atmosphäre frei, während die meisten mineralischen Nährstoffe im Boden gehalten werden und damit für eine Aufnahme durch die Vegetation zur Verfügung stehen. Stickstoff ist ein Sonderfall: Nitrationen werden im Boden nicht adsorbiert, sondern durch Regen mit dem Sickerwasser (und damit in potentielles Trinkwasser) ausgewaschen (Abb. 13.2), wodurch sie zu einem neuen Schadstoff werden.

13.3.2 Nitrat

Überschüssiges Nitrat im Trinkwasser stellt eine Gesundheitsgefahr dar. Die Umweltschutzbehörde der Vereinigten Staaten empfiehlt für Trinkwasser eine Obergrenze von $10 \, mg \, l^{-1}$. In Deutschland beträgt nach der Trinkwasserverordnung der höchstzulässige Nitratgehalt $50 \, mg \, l^{-1}$, laut EU-Richtlinie werden $25 \, mg \, l^{-1}$ als Obergrenze empfohlen, und in Babynahrung sollte ein Wert von $10 \, mg \, l^{-1}$ nicht überschritten werden. Nitrat kann zur Bildung krebserregender Nitrosamine beitragen und bei Kleinkindern die Sauerstoffaufnahmekapazität des Bluts herabsetzen. Die Ausscheidungen von Menschen und Tieren sind nur zwei der Verursacher von Wasserverschmutzung durch Nitrat; Land- und Forstwirtschaft sind hieran ebenfalls stark beteiligt.

Nitrat im Trinkwasser stellt eine Gesundheitsgefahr dar; es wird leicht aus Acker- und Waldböden ausgewaschen

Der größte Teil des in natürlichen Lebensgemeinschaften fixierten Stickstoffs liegt in der Vegetation und in der organischen Fraktion des Bodens vor. Wenn die Lebewesen absterben, geht ihre organische Substanz in den Boden über und wird unter Freisetzung von Kohlenstoffdioxid zersetzt. Hierdurch sinkt das Verhältnis von Kohlenstoff zu Stickstoff. Wenn sich dieses Verhältnis einem Wert von 10:1 nähert, wird Stickstoff aus der organischen Substanz des Bodens in Form von Ammoniumionen freigesetzt. In belüfteten Bodenschichten werden die Ammoniumionen zu Nitrit- und anschließend zu Nitrationen oxidiert, die durch Regen aus dem Bodenprofil gewaschen werden, sich im Sickerwasser lösen und danach in Grundwasserleiter oder Flüsse übergehen, um schließlich in das Meer zu gelangen.

Sowohl die Zersetzung organischen Materials als auch die Bildung von Nitrat laufen normalerweise im Sommer am schnellsten ab, wenn die natürliche Vegetation ihre höchsten Wachstumsraten hat. Nitrat wird dann von der wachsenden Vegetation genauso schnell aufgenommen, wie es gebildet wird. Es ist im Boden nicht lange genug vorhanden, um in bedeutenden Mengen aus dem Wurzelraum der Pflanzen ausgewaschen zu werden und damit der Lebensgemeinschaft verlorenzugehen. Die natürliche Vegetation ist ein „stickstoffdichtes" Ökosystem.

Andererseits gibt es verschiedene Gründe dafür, daß Nitrat aus landwirtschaftlich genutzten Flächen und bewirtschafteten Wäldern schneller ausgewaschen wird als aus der natürlichen Vegetation:

1. Während eines Teils des Jahres sind landwirtschaftlich genutzte Flächen nur wenig oder gar nicht von Vegetation bedeckt, die Nitrat aufnehmen könnte; die Biomasse von Wäldern liegt viele Jahre lang unterhalb ihres Maximums.

2. Bestände landwirtschaftlicher Nutzpflanzen und Wirtschaftswälder sind normalerweise Monokulturen, in denen Nitrat nur aus dem Wurzelraum einer einzigen Pflanzenart aufgenommen werden kann, während in einer natürlichen Vegetation oft eine Vielfalt von Wurzelsystemen und Wurzeltiefen vorkommt.

3. Wenn Stroh und forstlicher Bestandesabfall verbrannt werden, kehrt der hierin enthaltene organische Stickstoff als Nitrat in den Boden zurück.

4. Wenn landwirtschaftliche Nutzflächen als Weiden für Tiere genutzt werden, beschleunigt deren Stoffwechsel die Rate, in der Kohlenstoff veratmet wird, und reduziert das C/N-Verhältnis, wodurch die Bildung und Auswaschung von Nitrat erhöht werden.

5. In Form landwirtschaftlicher Dünger wird Stickstoff normalerweise nur ein- oder zweimal pro Jahr ausgebracht, anstatt kontinuierlich freigesetzt zu werden, wie es während des Wachstums der natürlichen Vegetation geschieht. Daher wird leichter Nitrat ausgewaschen, das in das Sickerwasser gerät.

Weil Stickstoff auf landwirtschaftlichen Nutzflächen und in bewirtschafteten Wäldern nicht effizient recycelt wird, führen wiederholte Ernten zu Stickstoffverlusten aus dem Ökosystem und damit zu verringerten Erntemengen. Durch das Wachstum der menschlichen Populationen werden an die Landwirtschaft hohe Ansprüche nach immer höheren Erträgen gestellt; um die Ernteerträge auf dem erforderlichen Niveau zu halten, muß der verfügbare Stickstoff durch Stickstoff aus Düngemitteln ergänzt werden.

Die meisten landwirtschaftlichen Nutzpflanzen sind von Stickstoffdünger oder von der Stickstofffixierung durch Leguminosen abhängig

Ein Teil des in landwirtschaftlichen Düngemitteln enthaltenen Stickstoffs wird durch Abbau von Kaliumnitrat in Chile und Peru gewonnen. Der größte Teil aber stammt aus einem energieaufwendigen industriellen Prozeß der Stickstofffixierung, bei dem Stickstoff unter hohem Druck katalytisch an Wasserstoff gebunden wird, wodurch Ammonium und schließlich Nitrat entstehen. Stickstoffdüngung wird in der Landwirtschaft entweder mit Nitrat oder mit Harnstoff oder Ammoniumverbindungen durchgeführt, die zu Nitrat oxidiert werden. Es wäre jedoch falsch, künstliche Düngung als die einzige Maßnahme zu betrachten, die zur Verschmutzung durch Nitrat führt: Auch Stickstoff, der durch Leguminosen-Feldfrüchte wie Luzerne, Klee, Erbsen und Bohnen fixiert wird, wird zu Nitrat umgesetzt, das mit dem Sickerwasser ausgewaschen wird.

**Offene Frage:
Ist intensive Land- und Forstwirtschaft ohne**

Das Problem der Nitratbelastung von Trinkwasser wird hauptsächlich durch die Nutzung von Feuchtgebieten angegangen, in denen Pflanzen Nitrat für ihr Wachstum verwenden, oder es wird durch Änderung der land- und forstwirtschaftlichen Techniken vermindert. Hierzu gehören die Erhaltung einer bodendeckenden Vegetation über das ganze Jahr, gemischter Anbau statt Monokultur, Rückführung organischer Substanz in den Boden, Erhaltung niedriger Bestandesdichten und Anwendung von Stickstoffdüngern nur in der Jahreszeit, in der Stickstoff von den Nutzpflanzen am schnellsten aufgenommen wird. All diese Anstrengungen verringern jedoch die Erträge und verursachen andere Kosten. Die Nitratbelastung von Sickerwasser scheint eine unvermeidliche Konsequenz intensiver Land- und Forstwirtschaft zu sein.

Nitratbelastung des Sickerwassers möglich?

13.3.3 Pestizide

Viele industriell hergestellte Chemikalien, die zur Schädlingsbekämpfung eingesetzt werden, sind zu bedeutenden Umweltschadstoffen geworden. Die größte Bandbreite von Umweltverschmutzung haben Pestizide, mit denen Schädlinge und Wildkräuter in Gartenbau sowie Land- und Forstwirtschaft bekämpft werden. Ebenfalls eine sehr große Bandbreite hinsichtlich der Umweltverschmutzung haben Pestizide, die solche Schädlinge abtöten, die Krankheiten des Nutzviehs und der Menschen übertragen. Alle werden auf Flächen gesprüht oder in Pulverform ausgebracht, auf denen die Schädlinge leben, und nur ein sehr kleiner Teil erreicht sein Ziel – der größte Teil landet auf den (resistenten) Nutzpflanzen oder auf dem nackten Boden. Diese Pestizide werden deshalb in viel größeren Mengen eingesetzt, als es eigentlich nötig wäre. Die Eigenschaften der meistgenutzten Pestizide werden in Kapitel 12 beschrieben.

In der Frühzeit der industriellen Entwicklung von Pestiziden kümmerten sich die Hersteller nicht besonders um die spezifische Wirksamkeit ihrer Produkte: Die Stoffe konnten alles schädigen außer Nutzpflanzen, Menschen oder Haustieren. Das Katastrophenpotential wird an einem Einsatz deutlich, bei dem in weiten Teilen des Farmlands von Illinois von 1954–1958 hohe Dosen des Insektizids Dieldrin ausgebracht wurden, um einen Schädling des Graslands, den Japankäfer *(Popillia japonica)*, „auszumerzen". Auf den Farmen wurden Vieh und Schafe vergiftet, 90 % der Katzen auf den Farmen und eine Anzahl von Hunden kamen um, und von dem Wildtierbestand erlitten zwölf Säugetier- und 19 Vogelarten Verluste (Luckman & Decker, 1960).

Mit chemischen Insektiziden sollen im allgemeinen bestimmte Schädlinge an bestimmten Orten und zu festgelegten Zeiten bekämpft werden. Probleme entstehen, wenn Insektizide für viel mehr Arten als nur für die Zielart toxisch sind, und insbesondere, wenn sie sich über die Zielfläche hinaus verbreiten und in der Umwelt über die angestrebte Zeit hinaus verbleiben. Insektizide aus chlorierten Kohlenwasserstoffen bereiten durch ihre *biologische Magnifikation* besonders große Probleme. Biologische Magnifikation tritt auf, wenn ein Pestizid in einem Lebewesen vorliegt, das zur Beute eines anderen Lebewesens wird, und der Prädator das Pestizid nicht ausscheiden kann. Es reichert sich dann im Körper des Prädatoren an. Der Prädator selbst kann von einem weiteren Prädatoren gefressen werden, und das Insektizid wird bei seiner Passage durch die Nahrungskette immer stärker konzentriert. Die Prädatoren an der Spitze der Nahrungsketten im Süßwasser und auf dem Land, die niemals als Zielarten vorgesehen waren, können dann außerordentlich hohe Mengen anreichern (Abb. 13.3 und Fenster 13.2).

Pestizide verschmutzen die Umwelt am stärksten, wenn sie nicht-selektiv und persistent sind und sich in den Nahrungsketten anreichern

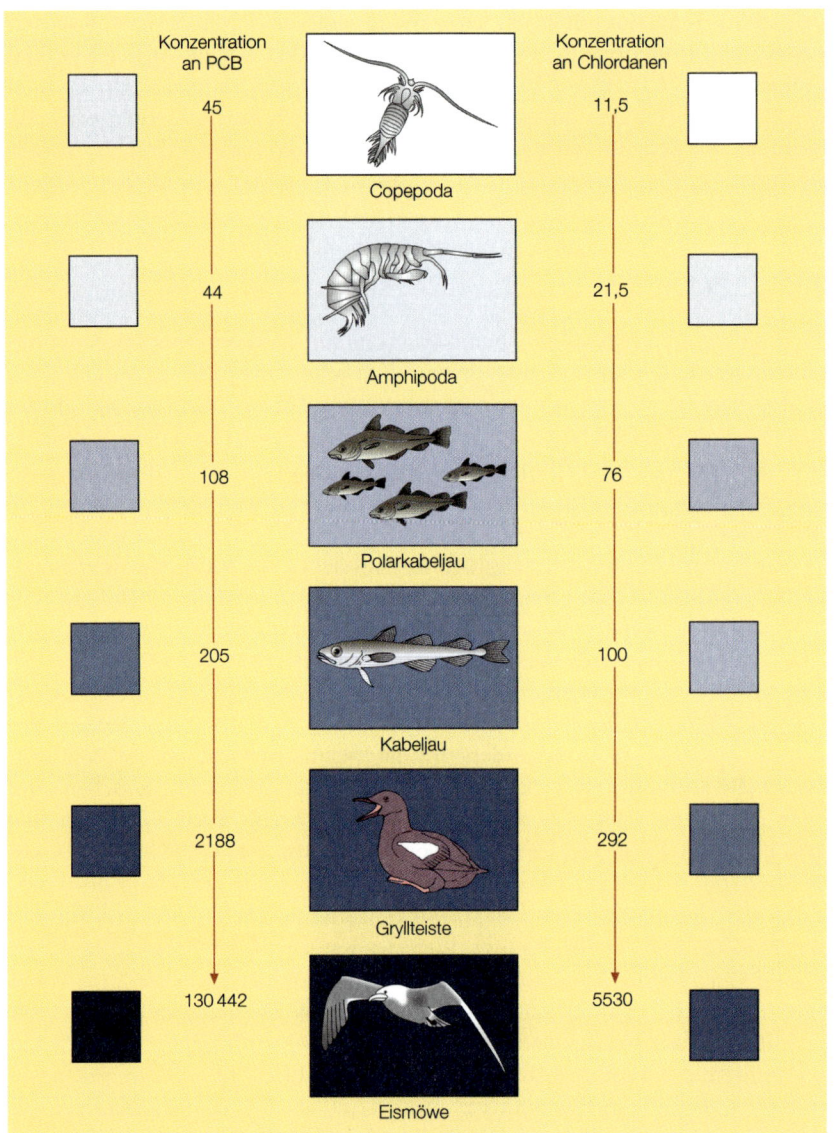

Abbildung 13.3
Als Pestizide an Land eingesetzte chlorierte Kohlenwasserstoffe werden durch Austrag über Flüsse sowie durch ozeanische und atmosphärische Zirkulation in die Arktis transportiert. Eine in der Barentssee durchgeführte Untersuchung zeigt die biologische Magnifikation von zwei Gruppen von Pestiziden während ihrer Passage durch die marine Nahrungskette. Die Konzentrationen im Meerwasser sind sehr gering. Herbivore Copepoda, die Phytoplankton fressen, weisen bereits höhere Konzentrationen auf (gemessen in Nanogramm pro Gramm Fett des Organismus), und in räuberischen Amphipoda sind die Konzentrationen noch höher. Der Polarkabeljau *(Boreogadus saida)*, der sich von Wirbellosen ernährt, und der Kabeljau *(Gadus morhua)*, dessen Nahrung auch den Polarkabeljau umfaßt, liefern weitere Belege für biologische Magnifikation. Auf den höheren Stufen der Nahrungskette ist die biologische Magnifikation jedoch am stärksten ausgeprägt, da fischfressende Seevögel (Gryllteiste, *Cepphus grylle*) und Seevögel, die sowohl Fische als auch andere Seevögel fressen (Eismöwe, *Larus hyperboreus*), die Chemikalien schlechter unschädlich machen können als Wirbellose und Fische. Chlordane unterliegen der biologischen Magnifikation in geringerem Maß als polychlorierte Biphenyle (PCB), da sie von den Vögeln besser metabolisiert und ausgeschieden werden können (nach Daten in Borga et al., 2001).

Alles, was vom Land fortgespült und ausgewaschen wird, gelangt in die Ozeane. Der Abtransport und die Verdünnung in deren riesigem Volumen scheint die ideale Bestimmung für einen anthropogenen Schadstoff zu sein. Die im Meer verdünnten Stoffe können jedoch anschließend durch biologische Prozesse angereichert werden, und ebenso wie entsprechende Prädatoren im Süßwasser und auf dem Land können Prädatoren an der Spitze mariner Nahrungsketten Stoffe, die anscheinend bis zu unschädlichen Konzentrationen verdünnt sind, in schädigenden Konzentrationen akkumulieren (Abb. 13.3). Persistente polychlorierte Biphenyle können sich in der Leber von Walen, Delphinen und Tümmlern) auf Konzentrationen anreichern, die 1000fach höher sind als in wirbellosen Tieren auf den unteren Rängen der Nahrungskette. Die polychlorierten Biphenyle stellen für diese Tiere ein besonderes Risiko dar, da sie von ihnen nicht effizient verstoffwechselt werden können. Darüber hinaus leiden derartige Prädatoren an der Spitze der Nahrungskette nicht nur unter den direkten Auswirkungen von Pestizidrückständen. Diese Bestandteile können auch das Immunsystem schädigen und den Organismus für Infektionen durch Pathogene anfällig machen.

Manche Arten reabsorbieren die Schadstoffe und konzentrieren sie bis auf ein gefährliches Niveau

Die meisten auf dem Land freigesetzten Schadstoffe gelangen über Flüsse und Ästuare in das Meer – ist dies die endgültige Verdünnung?

Die hohe Biodiversität von Ackerwildkräutern wurde durch den Einsatz selektiver Herbizide stark reduziert. Die Aufnahme zeigt eine Reihe von Ackerwildkräutern, die auf den Ackerflächen einfacher landwirtschaftlicher Betriebe in Europa noch überdauern können, anderenorts aber vom Aussterben bedroht sind.

Fenster 13.2 – Aktueller ÖKOnflikt

Umweltverschmutzung und die Dicke von Vogeleierschalen

Der Wanderfalke *(Falco peregrinus)* ist ein besonders auffälliger und schöner Raubvogel mit einer nahezu weltweiten Verbreitung. Bis in die vierziger Jahre des 20. Jahrhunderts brüteten etwa 500 Paare regelmäßig in den östlichen Staaten der USA und etwa 1000 Paare im Westen der USA und in Mexiko. In den späten vierziger Jahren ging ihre Zahl plötzlich stark zurück. Mitte der siebziger Jahre war der Vogel aus fast allen östlichen Staaten verschwunden. Im Westen waren die Bestände um 80–90 % zurückgegangen. Ähnlich dramatische Rückgänge der Bestandeszahlen traten in Europa auf. Wanderfalken wurden als vom Aussterben bedrohte Art geführt. Ein derartiger Rückgang wurde auch bei vielen anderen Raubvögeln beobachtet und darauf zurückgeführt, daß die Gelege nicht mehr ausgebrütet werden konnten. Ein großer Teil der Eier im Nest zerbrach. Als Grund wurde schließlich die Akkumulation von DDT in den Elternvögeln erkannt. Das Pestizid hatte offensichtlich Samen und Insekten kontaminiert, die dann von kleinen Vögeln gefressen wurden, wobei sich das Pestizid in deren Gewebe anreicherte. Die kleinen Vögel wurden wiederum von Raubvögeln gefangen und gefressen, deren Reproduktion durch das Pestizid gestört wurde – insbesondere dadurch, daß nur dün-

ne Eierschalen ausgebildet wurden, die leichter zerbrechlich waren. 1972 wurde der Gebrauch von DDT in den USA verboten. Programme zur Zucht von Wanderfalken in Gefangenschaft wurden entwickelt, und mindestens 4000 Wanderfalken wurden aufgezogen und ausgewildert. In großen Teilen der USA brüten Wanderfalken jetzt erfolgreich und werden nicht länger als bedrohte Art betrachtet. In Großbritannien war die Erholung der Bestände so erfolgreich, daß der Wanderfalke von Taubenzüchtern und Singvogelliebhabern nun als Schädling betrachtet wird.

Die Identifizierung der Belastung mit DDT als Ursache für die dünneren Eierschalen war dadurch möglich, daß in Museen und privaten Sammlungen datierte Exemplare von Eierschalen gesammelt worden waren. Messungen der Eierschalendicke in Sammlungen der Eier des Sperbers *(Accipiter nisus)* ergaben einen plötzlichen stufenartigen Abfall von 17 % im Jahr 1947, seitdem DDT in der Landwirtschaft verbreitet eingesetzt wurde, und einen stetigen Anstieg nach seinem Verbot (s. Abb.).

Zu ihrer Überraschung fanden Ornithologen in Großbritannien bei 4 Drosselarten *(Turdus)* Belege für eine Abnahme der Eierschalendicke um 2–10 % seit der Mitte des 19. Jahrhunderts (Green, 1998). Diese Ab-

Herbizide und Umweltverschmutzung

Herbizide werden weltweit in riesigen Mengen benutzt. Sie werden gegen pflanzliche Schädlinge eingesetzt, und in handelsüblichen Dosierungen scheinen sie nur wenige signifikante Auswirkungen auf Tiere zu haben. Die Umweltbelastung mit Herbiziden hat nicht die gleichen leidenschaftlichen Auseinandersetzungen hervorgerufen wie Belastungen mit Insektiziden. Umweltschützer sind jedoch über den Verlust vieler „Unkräuter" besorgt, die Larven von Schmetterlingen und anderen Insekten als Nahrung dienen und deren Samen die Hauptnahrung vieler Vögel bilden. Eine neue Entwicklung ist die genetische Veränderung von Nutzpflanzen wie der Sojabohne, die hierdurch ge-

nahme begann anscheinend lange vor der Entwicklung organischer Pestizide und wies zum Zeitpunkt der Einführung von DDT keine plötzliche Veränderung auf. Schnecken sind ein wesentlicher Teil der Nahrung von Drosseln und liefern einen großen Teil des Calciums für deren Eierschalen. Es gibt überzeugende Belege dafür, daß saurer Regen (s. Abschnitt 13.4.3) seit der industriellen Re-

volution zu einer Versauerung der Laubstreu und einer Verringerung ihres Calciumgehalts und damit zu einem Rückgang der Schneckenpopulationen und des Calciumgehalts ihrer Gehäuse führte. Die Schalen der Eier von Wildvögeln sind daher Belege für die Wirksamkeit von zwei wesentlichen, aber ganz unterschiedlichen Faktoren von Umweltverschmutzung: Pestizide und saurer Regen.

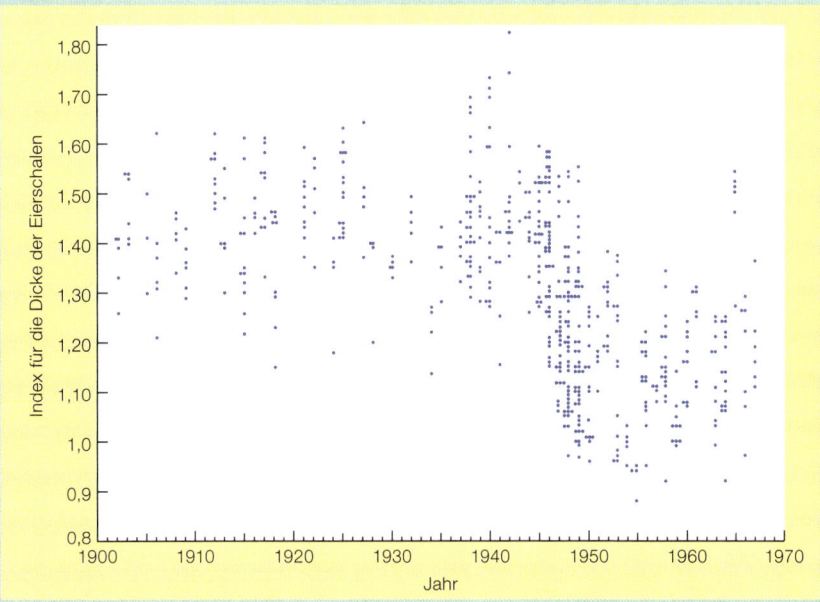

Veränderungen der Dicke von Eierschalen des Sperbers (aus Ratcliffe, 1970).

gen das nicht-selektive Herbizid Glyphosat resistent werden (s. Abschnitt 1.3.4). Wenn diese speziellen Feldfrüchte ausgesät werden, kann der Landwirt Glyphosat einsetzen, um alle Wildkräuter zwischen den Nutzpflanzen abzutöten. Dieses Vorgehen hat die besondere Besorgnis von Naturschützern hervorgerufen, weil hierdurch auch Arten entfernt werden, die keine Bedrohung für den Ernteertrag darstellen.

In Europa sind inzwischen viele der schönsten Ackerbegleitkräuter nur noch in der weniger fortgeschrittenen Landwirtschaft von Mittel- und Osteuropa zu finden. Auch in den USA steht die großartige pflanzliche Diversität texanischer

Straßenränder im lebhaften Gegensatz zu den benachbarten landwirtschaftlichen Monokulturen. Es ist vielleicht von großer Bedeutung, Straßenränder, Hecken und Feldränder unverschmutzt zu halten, wenn ein gewisser Rest der natürlichen Faunen- und Florendiversität Bestand haben soll.

13.4 Luftverschmutzung

Menschen verschmutzen ihre Umwelt oft ganz ähnlich wie Tiere, die in Gemeinschaften leben, und sehen sich im wesentlichen denselben Problemen der Abfallakkumulation ausgesetzt wie Ameisen, Bienen und Termiten. Menschen verursachen aber auch eine zusätzliche Umweltverschmutzung von ganz anderer Art – sie sind einzigartig darin, wie sie an externe Energiequellen gelangen und mit ihnen umgehen. Die einfachste Form dieser neuartigen Handhabung der Energie ist die Nutzung von Feuer zum Kochen von Nahrung, wodurch eine Vielzahl von Pflanzen, und insbesondere von Samen, verdaulich wird. Die Erfindung des Kochens war auch der erste Schritt des Menschen zur Freisetzung von Kohlenstoffdioxid in die Atmosphäre in Mengen, welche die Abgabe aus dem eigenen Stoffwechsel überstiegen: Diese wurde jetzt um den aus der Nutzung von Brennstoffen entstandenen Betrag erhöht. Zum Kochen kam mit der Zeit die Nutzung von Brennstoffen zum Heizen hinzu. Brennstoffe werden vom Menschen zum Brennen von Ton, zur Erzverhüttung, zur Metallverarbeitung, zur Bindung von atmosphärischem Stickstoff, zum Antrieb von Maschinen und für den Kraftverkehr genutzt. Alle diese Verfahren werden nur vom Menschen genutzt und machen ihn damit zum Hauptumweltverschmutzer.

Menschen sind die einzigen Lebewesen, die Brennstoffe nutzen, um Energie zum Verrichten von Arbeit freizusetzen

Die Geschichte des Menschen als beispielloser Umweltverschmutzer kann nach den Primärquellen der Energie eingeteilt werden, die sich von der Nutzung von Holz über Kohle und Öl bis zum Einsatz von Kernbrennstoffen verändert haben. Theoretisch ist Holz ein nachhaltiger Brennstoff, aber in der Praxis stimmt dies nur, wenn die Population, die ihn nutzt, klein bleibt. Wenn die bäuerlichen Gemeinschaften, die Holz als Brennstoff nutzen, wachsen, müssen Bäume in immer größerem Abstand vom Wohnort gefällt werden. In Teilen Äthiopiens sind Frauen aus Dörfern unter Umständen einen ganzen Tag unterwegs, um Holz zu suchen, und brauchen einen weiteren Tag, um es nach Hause zu tragen. Ein wesentlicher Bestandteil der industriellen Revolution war der Wechsel von Holz zu Kohle (und später zu Öl) als Energiequelle. Über lange Zeiträume ist kein fossiler Brennstoff nachhaltig nutzbar – ebenso wie Holz sind sowohl Kohle als auch Öl endliche Ressourcen und ebenfalls umweltverschmutzend. Jede Art Energiequelle, einschließlich Kernkraft, trägt auf ihre Weise zur Umweltverschmutzung bei. Sogar bei der Freisetzung von Energie aus Wasserkraft, Wind und Wellen sowie aus photoelektrischen Prozessen (bei denen photovoltaische Zellen genutzt werden, um Sonnenstrahlung direkt in nutzbaren elektrischen Strom umzuwandeln) werden Anlagen benutzt, die durch umweltverschmutzende industrielle Fertigung hergestellt wurden.

Die Nutzung fossilen Öls führt zu Ölpest und Luftverschmutzung

Die Nutzung fossiler Brennstoffe hat viele schädliche Auswirkungen. Zum Beispiel gelangen pro Jahr über 4 Millionen t Öl in die Gewässer der Erde. Ein Teil hiervon tritt aus dem Meeresgrund aus, ein weiterer stammt von der Industrie (z. B. aus Erdölraffinerien), und über eine Million t ergießen sich aus Öltankern oder aus Ölquellen, die durch Bohrungen im Meeresboden erschlossen wurden, in das Meer. Lebewesen werden durch Öl im Meer und an seiner Oberfläche auf verschiedene Weise beeinträchtigt. Öl reduziert die Belüftung des Wassers und verhindert den Lichteintritt durch die Oberfläche. Schäden an Wirbellosen können in großem Umfang auftreten und Käferschnecken, Muscheln und Krebstiere sowie von Kalkgehäusen umgebene Hydrozoen- und Bryozoenarten betreffen. Seetang und Kelp können ebenso beeinträchtigt sein. Federn werden durch Öl verklebt, so daß Seevögel nicht mehr fliegen können, und Kiemen der Fische werden von einem Ölfilm bedeckt und funktionieren nicht mehr.

Der schwerste Unfall in den USA ereignete sich am 24. März 1989, als der Öltanker Exxon Valdez im Prince William Sound (Alaska) auf Grund lief. Er verlor fast 50 000 t Rohöl, das sich über nahezu 1000 km entlang der Küste ausbreitete und die Küsten eines bewaldeten Nationalparks, von 5 Staatsparks, 4 Flächen mit bedrohten Habitaten und eines bundesstaatlichen Wildreservats verschmutzte. Man nimmt an, daß hierbei 300 Seehunde, 2800 Meerotter, 250 000 Vögel und möglicherweise 13 Schwertwale getötet wurden. Viele kommerzielle Fischereibetriebe wurden für ein Jahr oder länger geschlossen, da man befürchtete, daß der in der verseuchten Region gefangene Fisch über die Nahrungskette bis zum Menschen gelangen könnte. Noch 1996 wurden 28 Arten und Ressourcen aufgelistet, die sich noch nicht wieder erholt hatten.

Die tiefgreifendsten und weitreichendsten Folgen hat jedoch die Verschmutzung der Atmosphäre. Von der Mitte des 19. bis zur Mitte des 20. Jahrhunderts trug das Verfeuern fossiler Brennstoffe (zusammen mit Entwaldung) etwa 9×10^{10} t Kohlenstoffdioxid zur Verschmutzung der Atmosphäre bei, und seit 1950 kamen weitere 9×10^{10} t hinzu.

13.4.1 Kohlenstoffdioxid – ein Hauptfaktor der Luftverschmutzung

Die Konzentration des Kohlenstoffdioxids (CO_2) in der Atmosphäre ist von etwa 280 Teilen pro 1 Million Teile (ppm) im Jahr 1750 auf etwa 370 ppm in der heutigen Zeit gestiegen und wird voraussichtlich auf 700 ppm im Jahr 2100 ansteigen, wenn sich das menschliche Verhalten nicht tiefgreifend ändert. Am Mauna-Loa-Observatorium auf Hawaii wurde 1958 eine bemerkenswerte Meßreihe der atmosphärischen CO_2-Konzentration gestartet. Hierdurch entdeckte man das in Abbildung 13.4 dargestellte auffällige Muster. Der Hauptgrund für den Anstieg war die Verfeuerung fossiler Brennstoffe, wodurch z. B. im Jahr 2000 $5,3 \times 10^9$ t Kohlenstoff in die Atmosphäre freigesetzt wurden (Tab. 13.2).

Das Abholzen und Abbrennen tropischer Wälder zur Gewinnung von Holz oder zur Schaffung landwirtschaftlicher Nutzflächen und das Verrotten der Überreste tragen ebenfalls zur Erhöhung der atmosphärischen CO_2-Konzentration bei (Tab. 13.2). Ein beträchtlicher Teil des CO_2 wird durch Photosynthese der in der Sukzession nachfolgenden Vegetation wieder gebunden (Kicklighter et al., 1999), doch ist dieser Teil nur sehr gering, wenn der Wald in Gras-

Durch das Verfeuern fossiler Brennstoffe und Entwaldung ist die Konzentration des CO_2 seit 1750 von 280 auf 370 ppm gestiegen

553

Tabelle 13.2 Bilanz des globalen Kohlenstoffhaushalts (in 10^9 Tonnen C pro Jahr) zur Darstellung des Anstiegs der atmosphärischen Kohlenstoffkonzentration infolge menschlicher Aktivitäten. Der bisher unbekannte Verbleib eines Teils des freigesetzten Kohlenstoffs konnte inzwischen durch eine Düngewirkung des atmosphärischen CO_2 auf die terrestrische Vegetation erklärt werden: Der Umfang der fehlenden Kohlenstoffsenke („missing sink") entspricht der Zunahme an Kohlenstoff in Form zusätzlich gebildeter Biomasse in der Vegetation (Kicklighter et al., 1999). (Nach Detwiler & Hall, 1988.)

	geschätztes Minimum	geschätzter Median	geschätztes Maximum
Freisetzung in die Atmosphäre			
Verfeuerung fossiler Brennstoffe	4,7	5,2	5,7
Zementproduktion	0,1	0,1	0,1
Entwaldung in den Tropen	0,4	1,0	1,6
Entwaldung außerhalb der Tropen	−0,1	0,0	0,1
Gesamte Freisetzung	5,1	6,3	7,5
Verbleib			
Zunahme in der Atmosphäre	−2,9	−2,9	−2,9
Aufnahme durch Ozeane	−2,5	−2,2	−1,8
Unbekannter Verbleib?	−0,3	+1,2	+2,8

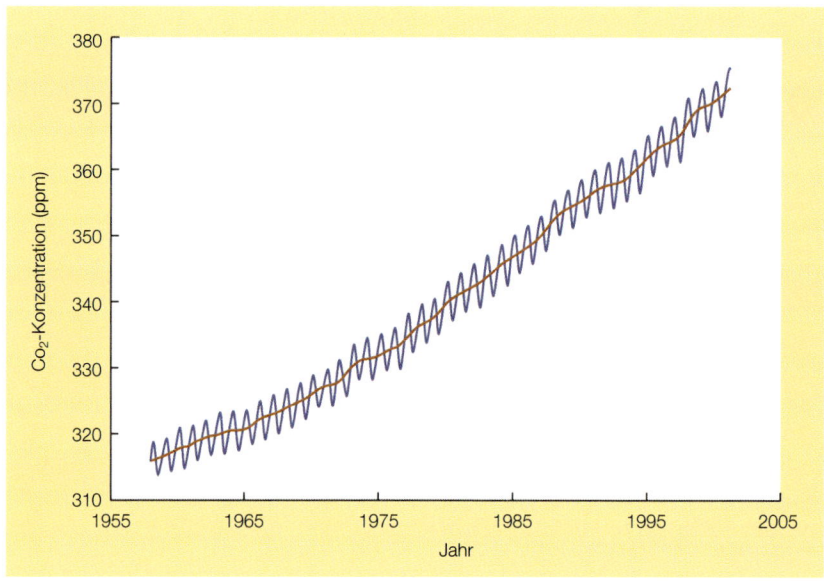

Abbildung 13.4
Die am Mauna-Loa-Observatorium auf Hawaii gemessenen CO_2-Konzentrationen der Atmosphäre zeigen saisonale Schwankungen, die aus Änderungen der Photosyntheserate resultieren, und einen langfristigen Anstieg, der hauptsächlich auf die Verfeuerung fossiler Brennstoffe zurückzuführen ist (mit freundlicher Genehmigung des Climate Monitoring and Diagnostics Laboratory [CMDL] der National Oceanic and Atmospheric Administration [NOAA]).

land umgewandelt wird, das eine viel geringere Biomasse aufweist. Durch Änderungen in der Landnutzung in den Tropen werden jährlich insgesamt etwa $1,6 \times 10^9$ t Kohlenstoff freigesetzt (Schimel, 1995). Diese Berechnung wurde für die achtziger Jahre des 20. Jahrhunderts angestellt. Der auf Entwaldung in den Tropen entfallende Betrag muß jetzt deutlich höher sein aufgrund der unkontrollierbaren Ausbreitung von Waldbränden in Indonesien und Südamerika, die den Trockenperioden im Zusammenhang mit dem El-Niño-Phänomen der Jahre 1997–1998 folgten.

Abbildung 13.5 zeigt den großen Anteil, den die nördlichen Industrieländer durch die Verfeuerung fossiler Brennstoffe an der Erhöhung der atmosphärischen Kohlenstoffdioxidkonzentration haben, und die deutlich kleineren Anteile, die auf Veränderungen in der Landnutzung in den Tropen und Subtropen zurückzuführen sind. Zu beachten ist hierbei, daß die relativen Beiträge der Industrieländer beträchtlich variieren. Dies gilt sowohl für die Summen als auch für eine getrennte Betrachtung des Energieumsatzes durch Autos und andere Transportmittel, Industrie und Gewerbe, Dienstleistung (Anlagen, die nicht zu Industrie und Gewerbe gehören) und Haushalte (Schipper et al., 2001). Pro Kopf emittieren die USA, Australien und Kanada die größte Kohlenstoffmenge (über 3 t Kohlenstoff pro Kopf und Jahr), Norwegen die geringste (ungefähr 1 t pro Kopf; Abb. 13.6).

Man kann eine Bilanz erstellen, die den Verbleib des durch menschliche Aktivitäten produzierten CO_2 aufzeigt. Dies wird in Tabelle 13.2 versucht. Durch

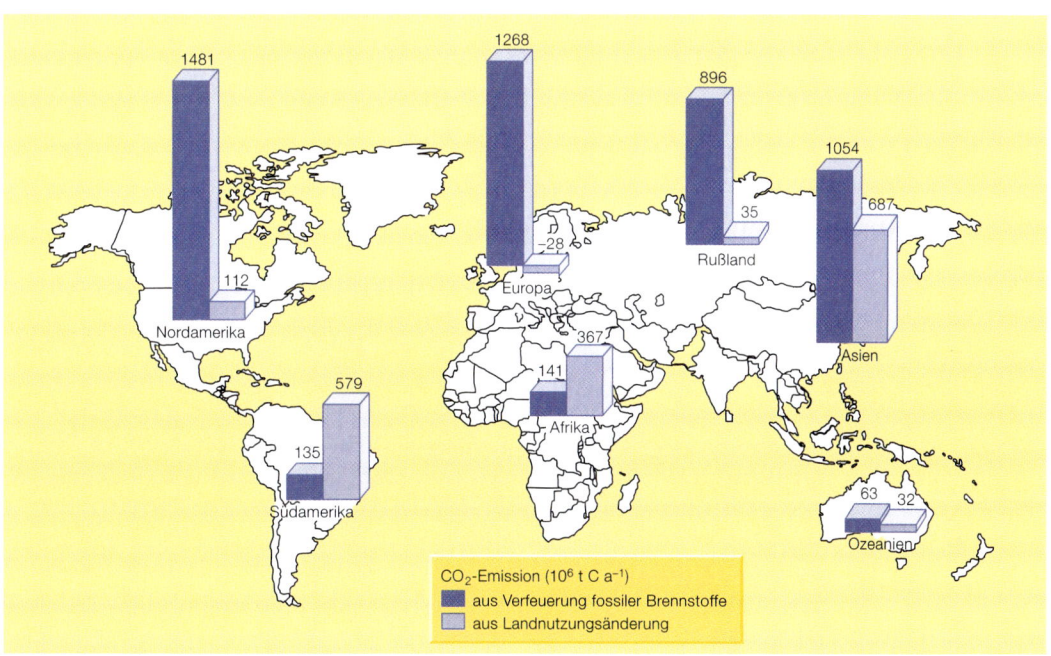

Abbildung 13.5
CO_2-Emissionen aus dem Verbrauch fossiler Brennstoffe und aus Änderungen der Landnutzung (hauptsächlich durch Entwaldung) im Jahr 1980 (Daten aus UNEP, 1991).

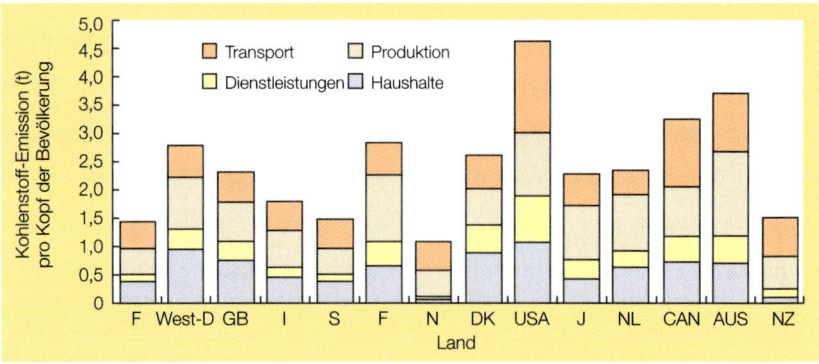

Abbildung 13.6
Internationaler Vergleich der für 1994 in vier Kategorien geschätzten CO_2-Emissionen. Die Werte sind in Tonnen Kohlenstoff pro Kopf der Bevölkerung angegeben (mit freundlicher Genehmigung der International Energy Agency, nach Schipper et al., 2001).

menschliche Aktivitäten werden pro Jahr $6,0$–$8,2 \times 10^9$ t Kohlenstoff (C) in die Atmosphäre freigesetzt. Doch der jährliche Anstieg des CO_2-Gehalts in der Atmosphäre ($3,3 \times 10^9$ t) entspricht nur etwa 46% dieser Menge. Die Ozeane nehmen CO_2 aus der Atmosphäre auf. Es wird geschätzt, daß sie $1,2$–$2,8 \times 10^9$ t des durch menschliche Aktivitäten freigesetzten Kohlenstoffs absorbieren. Der verbleibende Rest wurde häufig als *„Missing Sink"* („fehlende Senke") bezeichnet. Neuere Untersuchungen belegen, daß diese Menge von terrestrischen Ökosystemen aufgenommen wird (Kicklighter et al., 1999). Verantwortlich hierfür sind wahrscheinlich forstlich genutzte Wälder in der Nordhemisphäre sowie verstärktes Pflanzenwachstum durch die erhöhte CO_2-Konzentration in der Atmosphäre („CO_2-Düngung") und durch Stickstoff-Eintrag in naturnahe Ökosysteme.

13.4.2 Der Treibhauseffekt

Die Atmosphäre verhält sich wie ein Treibhaus: Die Erdoberfläche wird tagsüber durch Sonneneinstrahlung aufgewärmt und strahlt die Energie danach wieder ab, vor allem in Form von Infrarotstrahlung. Kohlenstoffdioxid, Distickstoffoxid, Methan, Ozon und Fluorchlorkohlenwasserstoffe (FCKW) absorbieren die Infrarotstrahlung und halten sie zurück, ähnlich wie das Glasdach eines Treibhauses. Hierdurch wird die Temperatur auf einem höheren Niveau gehalten. Seit der industriellen Revolution sind die Konzentrationen all dieser Gase stark angestiegen. Die gegenwärtige Temperatur an der Landoberfläche ist offenbar um $0,6 \pm 0,2\,°C$ höher als in der vorindustriellen Zeit. Bis 2100 wird ein weiterer Temperaturanstieg um $1,4$–$5,8\,°C$ prognostiziert (IPCC, 2001). Derartige Änderungen werden wahrscheinlich zu einem Schmelzen der Eiskappen, einem Ansteigen des Meeresspiegels und umfangreichen Veränderungen im Muster der globalen Klimazonen und der Verteilung der Arten führen. Zusätzlich ist zu erwarten, daß Veränderungen in der Temperatur und im globalen Klima die Muster der Verbreitung von Hunger und Krankheiten in der Welt beeinflussen werden.

Die globale Erwärmung ist nicht gleichmäßig über die Erdoberfläche verteilt. Abbildung 13.7 zeigt die gemessenen globalen Temperaturveränderungen als Trends der Oberflächentemperatur in der Zeit von 1951–1997. In einigen Regionen Nordamerikas (Alaska) und Asiens erhöhte sich die Temperatur in dieser Periode um 1,5–2,0 °C, und diese Regionen werden sich der Vorhersage nach auch in der ersten Hälfte des 21. Jahrhunderts am schnellsten erwärmen. In manchen Regionen (z. B. in New York) hat sich die Temperatur in den genannten 46 Jahren offenbar nicht verändert und sollte sich auch in den nächsten 50 Jahren nicht stark ändern. Es gibt auch einige Regionen, vor allem Grönland und der Nordpazifik, wo die Oberflächentemperaturen gesunken sind.

Industrieabgase reichern sich in der Atmosphäre an, dies führt zu globaler Erwärmung

In der Vergangenheit haben sich die globalen Temperaturen auf natürliche Weise verändert, vor allem während der wiederholt aufgetretenen Eiszeiten. Gegenwärtig nähern wir uns dem Ende einer Zeit der Erwärmung, die vor 20 000 Jahren begann und während der die globalen Temperaturen um etwa 8 °C angestiegen sind. Der Treibhauseffekt trägt zur globalen Erwärmung in einer Zeit bei, in der die Temperaturen bereits höher als während der letzten 400 000 Jahre sind. Im Boden gefundene Pollenkörner belegen die Veränderungen der Vegetation in der Vergangenheit und zeigen, daß sich die Waldgrenzen in Nordamerika seit der letzten Eiszeit mit einer Geschwindigkeit von 100–500 m pro Jahr nach Norden verlagert haben. Diese Verlagerung war jedoch nicht schnell genug, um mit der postglazialen Erwärmung Schritt zu hal-

Die Areale der Vegetation haben sich mit der Erwärmung nach der letzten Eiszeit verlagert, doch können diese Verlagerungen mit den Klimaänderungen nicht Schritt halten

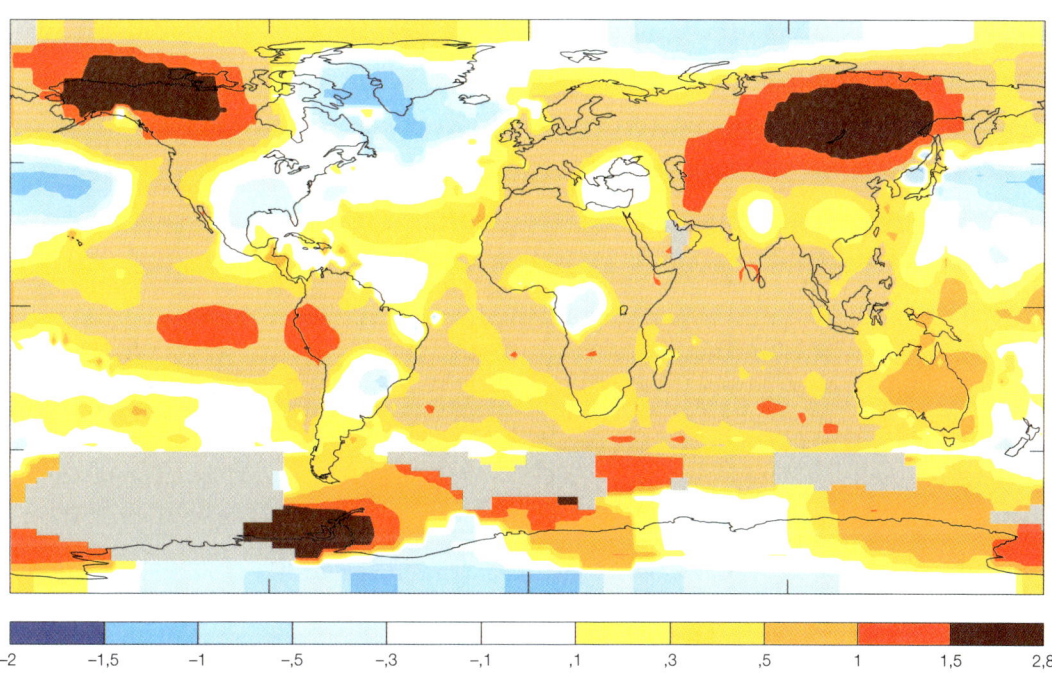

Abbildung 13.7
Veränderungen der Oberflächentemperatur der Erde als linearer Trend über 46 Jahre von 1951–1997. Der farbige Balken gibt die Temperaturen in °C an (aus Hansen et al., 1999).

ten, und das gegenwärtige Muster der Waldgrenzen läuft dieser Erwärmung immer noch hinterher. Im Vergleich mit der postglazialen Erwärmung verläuft jedoch die aus dem Treibhauseffekt resultierende globale Erwärmung der Vorhersage nach 50- bis 100mal schneller!

Die Erwärmung durch den Treibhauseffekt ist 50- bis 100mal schneller als die nacheiszeitliche Erwärmung

Möglicherweise hat keine andere Form der durch menschliche Aktivitäten verursachten Umweltverschmutzung derart tiefgreifende Auswirkungen. Da Flora und Fauna mit der Geschwindigkeit der Veränderungen globaler Temperaturen nicht Schritt halten können, ist mit Änderungen in der Verbreitung der Arten über die Längen- und Breitengrade sowie mit einem weitverbreiteten Artensterben zu rechnen (Hughes, 2000). Die Aussterberaten werden mit an Sicherheit grenzender Wahrscheinlichkeit viel höher sein als während der Vereisungszyklen, da die Menschen inzwischen die Landschaften fragmentiert und dadurch zusammenhängende Migrationswege zerstört haben.

Die Raten, mit denen Treibhausgase Klimaänderungen hervorrufen, haben möglicherweise in den späten siebziger Jahren des 20. Jahrhunderts ihr Maximum erreicht. Seit dieser Zeit ist man sich der schädlichen Auswirkungen von FCKW bewußt geworden, und Ersatzstoffe wurden entwickelt. Auch die Rate der Zunahme von Luftverschmutzung durch Methan ist stark gefallen, möglicherweise, weil die zum Reisanbau genutzten Landflächen nicht mehr so schnell zugenommen haben. Darüber hinaus ist die Rate der Kohlenstoffdioxidanreicherung in der Atmosphäre etwas unter die vorhergesagten Werte gefallen, was möglicherweise daran liegt, daß die Ozeane mehr Kohlenstoffdioxid absorbieren als vermutet wurde (Hansen et al., 1999). Es gibt jedoch noch keinen Grund zur Zufriedenheit – die Konzentrationen der Treibhausgase steigen immer noch, wenn auch vielleicht nicht mehr so schnell.

13.4.3 Saurer Regen

Von den Schadstoffen, die Menschen in die Atmosphäre abgeben, kehren die meisten zur Erde zurück: etwa die Hälfte als Gase oder in Partikeln und die andere Hälfte gelöst oder suspendiert in Regen, Schnee oder Nebel. Mit dem Wind können sie über Hunderte von Kilometern über Staatsgrenzen transportiert werden, und wenn sie Schäden verursachen, können sie zum Anlaß heftiger internationaler Auseinandersetzungen werden. Sind Schwefeldioxid (SO_2) und Stickstoffoxide (NO_X) Bestandteile der Luftverschmutzung, reagieren sie in der Atmosphäre mit Wasser und Sauerstoff unter Bildung von verdünnter Schwefel- und Salpetersäure, die als „saurer Regen" niederfallen.

Schwefel- und Stickstoffoxide bilden in der Atmosphäre Säuren, die als saurer Regen niedergehen

Regenwasser hat einen pH-Wert von etwa 5,6, doch Luftschadstoffe senken ihn unter 5,0 ab. In Großbritannien wurden pH-Werte von 2,4, in Skandinavien von 2,8 und in den USA sogar von 2,1 festgestellt. Saurer Regen führt zu einer Versauerung des Wassers in Seen und Flüssen, insbesondere wenn die Zusammensetzung des darunter befindlichen Bodens und Gesteins nicht zu einer Neutralisation der Säure beiträgt. Eine hohe Konzentration an Wasserstoffionen kann von sich aus toxisch wirken, aber für gewöhnlich spielen Veränderungen in der Verfügbarkeit von Nährstoffen und der Mobilität von Schadstoffen eine größere Rolle. Bei pH-Werten unterhalb von 4,0–4,5 werden die Konzentrationen an Aluminium (Al^{3+}), Eisen (Fe^{3+}) und Mangan (Mn^{2+}) für die meisten

Pflanzen toxisch und ebenso für im Wasser lebende Tiere, bei denen empfindliche Gewebe (wie z. B. die Kiemen von Fischen) direkt dem Wasser ausgesetzt sind. Am schädlichsten ist saurer Regen für Wasser, das bereits von Natur aus sauer ist: Er kann dann den pH-Wert so stark absenken, daß der Lebensraum für viele heimische Arten unbewohnbar wird (s. z. B. Abb. 13.8).

Besonders deutlich waren die dramatischen Auswirkungen von saurem Regen in den Wäldern Mitteleuropas. In dieser Region war die Industrie auf die Verwendung minderwertiger Kohle mit einem hohen Schwefelgehalt angewiesen. Das Resultat war Waldsterben in einem großen Ausmaß. In der Tschechischen Republik z. B. wurden nahezu 60 % der Wälder geschädigt oder zerstört. Auch in den USA waren Fichtenwälder der Hochlagen betroffen, einschließlich der Shenandoah- und Great-Smokey-Mountain-Nationalparks (Abb. 13.9).

Es gibt im wesentlichen zwei Maßnahmen gegen den sauren Regen: Man kann seine Erzeugung verringern und seine Auswirkungen abschwächen. In den USA ist die Verbrennung fossiler Brennstoffe zur Stromerzeugung für etwa 70 % des SO_2 und etwa 30 % des NO_X verantwortlich, das in die Atmosphäre

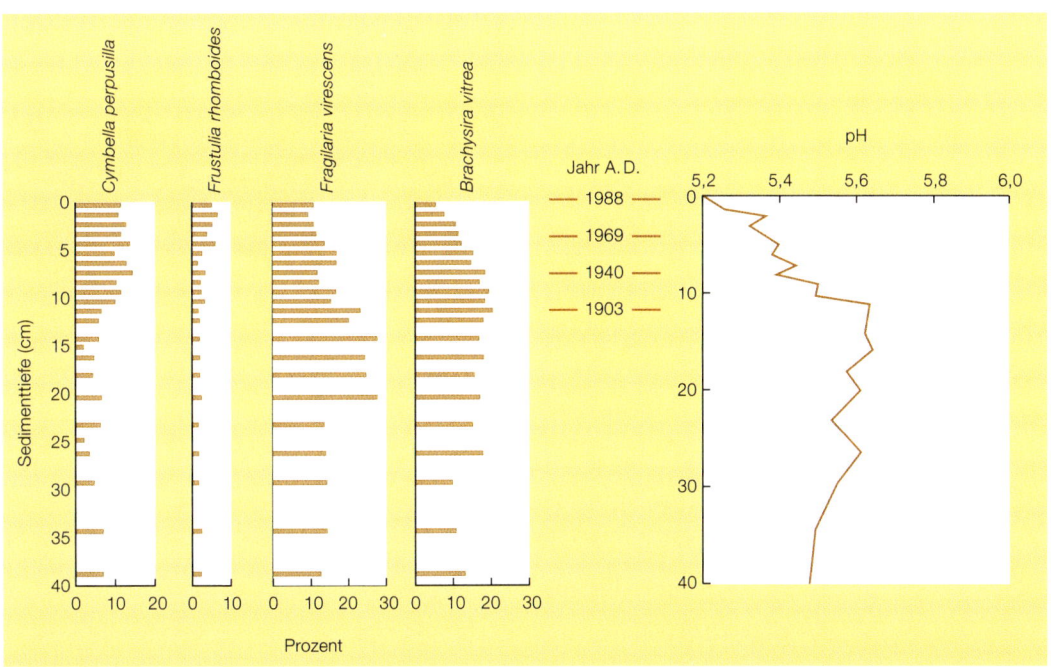

Abbildung 13.8
Die Geschichte der Diatomeenflora eines irischen Sees (Lough Maam, Donegal County) kann durch Bohrkerne aus dem Sediment des Seebodens zurückverfolgt werden. Die zu verschiedenen Zeiten in der Vergangenheit vorhandene Flora wird durch die prozentualen Anteile unterschiedlicher Diatomeenarten in den verschiedenen Tiefen repräsentiert (dargestellt sind 4 Arten). Das Alter der Sedimentschichten kann anhand des radioaktiven Zerfalls von Blei-210 (und anderer Elemente) bestimmt werden. Aus ihrer gegenwärtigen Verbreitung ist die pH-Toleranz der Diatomeenarten bekannt. Hieraus kann der pH-Wert des Sees in der Vergangenheit rekonstruiert werden. Ungefähr ab 1900 versauerte das Wasser schnell. Während dieser Zeit nahmen die Dichten der Diatomeenarten *Fragilaria virescens* und *Brachysira vitrea* stark ab, während sie bei den säuretoleranten Arten *Cymbella perpusilla* und *Frustulia rhomboides* nach 1900 anstiegen (nach Flower et al., 1994).

Abbildung 13.9
Durch sauren Regen an einem Fichtenwald
verursachte Schäden (© Rob u. Ann Simpson,
Visuals Unlimited).

emittiert wird. Die SO_2-Emissionen aus der Stromerzeugung können durch den Umstieg von Kohle (1–5 % Schwefel) und Öl (2–3 % Schwefel) auf Gas reduziert werden, das einen geringen Schwefelgehalt aufweist. Alternativ kann bei der Verbrennung von Kohle der Schwefel vor oder nach dem Verbrennen entfernt werden, doch in beiden Fällen stellt der hierbei anfallende Schwefel (z. B. in Form von Calciumsulfat) selbst einen potentiellen Schadstoff dar. Bei dem Prozeß der Schwefelbindung wird Kalkstein benutzt, und als er in großem Maßstab zur Reduktion schwefelsaurer Emissionen eingesetzt wurde, gab es wütende Proteste gegen den Kalksteinabbau, der Landschaften und geschützte Gebiete schädigte!

In den USA stellt das Gesetz zur Reinhaltung der Luft *(clean air act)*, das zur Verminderung der jährlichen Emissionen von SO_2 (und NO_X) durch Kraftwerke erlassen wurde, ein interessantes und ganz eigentümlich amerikanisches Modell für Maßnahmen gegen die Luftverschmutzung dar, das Handel mit Emissionsrechten *(allowance trading)* genannt wird. Jedem Kraftwerk wurden Emissionsrechte in Form von Einheiten zugeteilt, die sich auf den Brennstoffverbrauch und die Emissionen in der Vergangenheit gründeten. Eine Einheit erlaubt die jährliche Emission einer Tonne SO_2. Die Einheiten können gekauft, verkauft oder angespart werden. Dieses System gibt der Kraftwerksgesellschaft einen finanziellen Anreiz zur Emissionskontrolle. Wenn sie die Emissionen einschränkt, werden Einheiten frei, die einer anderen Gesellschaft mit weniger strengen Kontrollen verkauft werden können. Am Ende rechnet dieses System Umweltverschmutzung in Kosten und Marktwert um. Wenn Regierungen in den meisten anderen Teilen der Welt eingreifen, um Emissionen herabzusetzen, tun sie dies durch Besteuerung oder Bestrafung des Verursachers.

Die Versauerung von Seen kann durch den Einsatz von Kalk reduziert werden, doch dies schafft, ebenso wie fast alle Maßnahmen gegen Umweltverschmutzung, eigene Umweltprobleme. Die Gewinnung von Kalk aus Kalkstein erfordert eine große Wärmemenge und trägt zur CO_2-Freisetzung in die Atmosphäre bei.

Kalkung kann den Säuregrad eines Sees reduzieren, verursacht aber neue Probleme

13.4.4 Abnahme der Ozonschicht

Ozon entsteht durch die Einwirkung von Sonnenlicht auf Sauerstoff und im Verlauf der Oxidation von Kohlenstoffmonoxid und Kohlenwasserstoffen wie z. B. Methan. Es spielt drei sehr unterschiedliche Rollen in der Umweltverschmutzung. Die ersten beiden sind negativ in dem Sinn, daß mit dem Anstieg der Ozonkonzentration unerwünschte, „umweltverschmutzende" Folgen auftreten. Im ersten Fall kann Ozon in einer Luft, die durch Methan, industriell erzeugte Kohlenwasserstoffe, NO_X-Gase und Kohlenstoffmonoxid verschmutzt ist, Konzentrationen erreichen, die toxisch für Pflanzen sind und zur Entstehung von Smog beitragen. Zweitens ist Ozon auch eines der Treibhausgase, obwohl es in dieser Hinsicht nicht von großer Bedeutung ist.

Ozon kann lokal schädliche Auswirkungen haben

Ozon reichert sich jedoch auch im oberen Bereich der Atmosphäre an, und diese „Ozonschicht" wirkt sich positiv aus. Sie absorbiert den größten Teil der ultravioletten (UV) Strahlung (Wellenlängenbereich 200–300 nm), der auf den oberen Bereich der Erdatmosphäre auftrifft, und macht die Erde auf diese Weise erst für Pflanzen und Tiere bewohnbar. Die Hautkrebsrate beim Menschen hat die Aufmerksamkeit auf Schäden durch zu hohen Sonnengenuß und auf die Bedeutung der Stabilität der Ozonschicht gerichtet.

In der oberen Atmosphäre schützt Ozon die Erde vor schädlicher UV-Strahlung

Belege dafür, daß durch Überschall-Verkehrsflugzeuge abgegebene Stickstoffoxide massiv zur Reduktion der Ozonkonzentration in der Atmosphäre beitragen, führten dazu, daß die weitere Entwicklung dieser Maschinen gestoppt wurde. Hierdurch war das Problem jedoch keineswegs gelöst. Fluorchlorkohlenwasserstoffe (FCKW) wurden in sehr großem internationalen Maßstab als Aerosole und Kühlmittel entwickelt und eingesetzt. Schließlich wurde klar, daß von ihnen wegen ihres Gehalts an Chlor, das mit dem atmosphärischen Ozon reagieren und es zerstören kann, eine Gefahr ausgeht. Internationale Übereinkommen zur Verringerung ihres Einsatzes haben bereits Wirkungen gezeigt. In gleicher Weise wurde Methylbromid, ein Bodenbegasungsmittel, das in großem Maßstab besonders in Südeuropa genutzt wurde, als bedeutender Schadstoff erkannt, da es das Ozon der oberen Atmosphäre zerstört. Das Vorhaben, seine Nutzung nach 2001 zu verbieten, könnte den größten Einzelbeitrag zum Schutz der Ozonschicht darstellen.

Chlorverbindungen und andere Schadstoffe zersetzen Ozon in der Atmosphäre und müssen aus der Nutzung genommen werden

Die Ozonchemie ist sehr kompliziert. An der Zersetzung von Ozon können sowohl Methan als auch Distickstoffoxid und Kohlenstoffmonoxid beteiligt

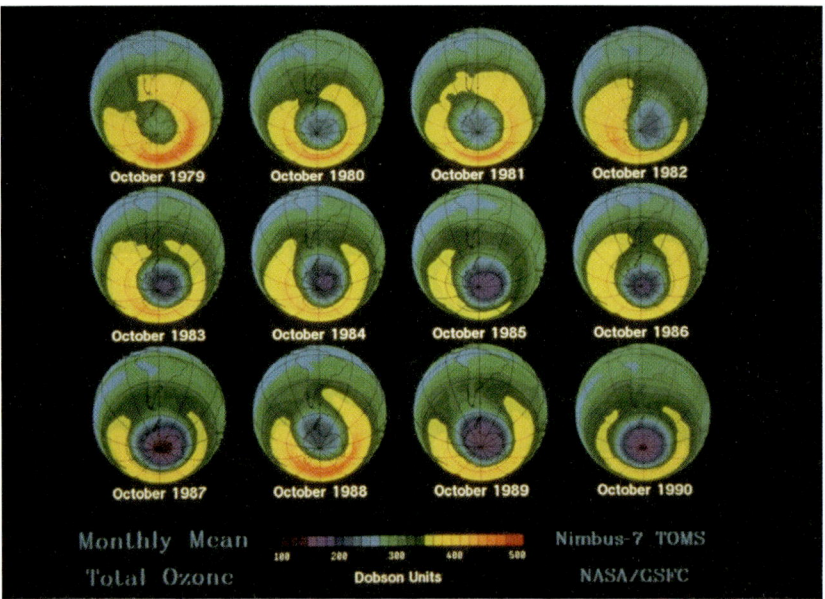

Abbildung 13.10
Abnahme der
Ozonschicht über
der Antarktis.

sein. Die obere Atmosphäre ist kein Ort, an dem die chemischen Eigenschaften von Gasen besonders einfach zu untersuchen sind! Doch die Verschmutzung der oberen Atmosphäre stellt an Umweltwissenschaftler Fragen von sehr großer Bedeutung, vor allem seit der Entdeckung, daß die Ozonkonzentration in der Atmosphäre über der Antarktis seit 1978 abnimmt, besonders schnell nach 1982 (Abb. 13.10). Im Interesse der Menschen und wahrscheinlich der meisten anderen Lebewesen sollte die Ozonkonzentration in der unmittelbaren Umgebung niedrig (z. B. zur Verhinderung von Smog), in der oberen Atmosphäre aber hoch bleiben. Wir sollten daher herausfinden, wie dies sicherzustellen ist.

13.5   Radioaktive Strahlung

**Offene Frage:
Ist es möglich,
die Ozonkon-
zentrationen
in unserer
unmittelbaren
Umgebung zu
minimieren,
sie aber in der
oberen Atmo-
sphäre zu stabi-
lisieren?**

Fossile Brennstoffe können zur Neige gehen, ihre Gewinnung wird immer kostspieliger, sie verschmutzen die Luft und tragen zur globalen Erwärmung bei. Die Entwicklung des vollen Potentials zur Gewinnung von Wasserkraft oder zur sauberen Energiegewinnung aus Wind, Wellen und Gezeiten schreitet nur langsam voran (wobei noch einmal bemerkt werden muß, daß die Entwicklung von Techniken zur Nutzung solch sauberer Energiequellen mit Sicherheit nicht ohne Umweltverschmutzung abläuft). Die Energiefreisetzung durch Kernspaltung wurde schneller entwickelt. Anfangs wurde diese Form der Energiegewinnung als nahezu ideale und langfristig nutzbare Energiequelle für Industrie, Haushalte und Militär betrachtet. Die Hoffnung, daß die Freisetzung von Strahlung leicht kontrolliert werden könnte, schwand jedoch schnell. Aus den Kernreaktoren tritt ein gewisser Teil an Strahlung aus, und es ist zweifelhaft, ob die Wiederaufbereitung abgebrannter Kernbrennstäbe jemals auf völlig saubere Weise möglich ist. Darüber hinaus bewegt sich das Verschmutzungspotential von radioaktiven Abfällen auf einer Zeitskala, die um Größenordnungen über derjenigen aller anderen anthropogenen Umweltverschmutzungen liegt. Plutonium-239 z. B. hat eine Halbwertszeit von etwa 25 000 Jahren. Plutonium wird aus den in den Kernreaktoren verbrauchten Brennstoffen abgetrennt und wiederaufbereitet; man erwartet einen Anstieg gelagerter Mengen auf über 100 t im Jahr 2010. Für diese Zeitskalen müssen Schutzmaßnahmen gegen die Risiken von Lecks gefunden werden, möglicherweise durch Vergraben in tiefen Bergstollen nach einer Ummantelung mit Glas. Auf längere Sicht kann es nötig werden, Reaktionen zu finden, durch die das Material effizienter genutzt werden kann, oder Technologien zu entwickeln, mit denen diese Schadstoffe in den Weltraum oder in die Sonne geschossen werden können (die größtmögliche Verdünnung!).

Die von Lebewesen aufgenommene Strahlung stammt aus menschlichen Aktivitäten (Kernwaffen, Lecks in Kernkraftwerken, Unfällen wie die Kernschmelze von Tschernobyl sowie medizinischen Anwendungen) und aus der „Hintergrundstrahlung", die eine sehr ähnliche Größenordnung aufweist. Die Hintergrundstrahlung besteht zum großen Teil aus kosmischer Strahlung; weitere Strahlungsquellen sind der radioaktive Zerfall von Elementen in der Erdkruste wie Radium und Thorium sowie radioaktive Isotope, die in der Nahrung vorhanden sind und im Körper zerfallen (Tab. 13.3). Es ist ein ernüchternder Gedanke, daß die gesamte Strahlungsmenge, die einem Patienten zur Behandlung eines Krebstumors verabreicht wird, viele 1000mal höher ist als die gesamte Einwirkung aus der natürlichen und künstlichen Hintergrundstrahlung des normalen Alltags. Die Hintergrundstrahlung ist nicht gleichmäßig verteilt. Die kosmische Strahlung ist in größeren Höhenlagen intensiver und das radio-

Die natürliche Hintergrundstrahlung und die durch menschliche Aktivitäten produzierte Strahlung haben eine ähnliche Größenordnung

Tabelle 13.3 Schätzungen der von jedem Einwohner der USA pro Jahr aus verschiedenen Strahlungsquellen durchschnittlich aufgenommenen Strahlendosis (aus *Encyclopedia Britannica*, © 1994–1998)

Strahlungsquelle	durchschnittliche Dosis (Mikrosievert pro Jahr)	Prozent der jährlichen Gesamtdosis
Natürliche Hintergrundstrahlung		
Kosmische Strahlung	0,27–1,30	13,7
Terrestrische Strahlung	0,28–1,15	14,2
Interne radioaktive Isotope (^{40}K, ^{14}C etc.)	0,36	18,3
Summe der natürlichen Hintergrundstrahlung	0,91	46,2
Strahlung aus anthropogenen Quellen		
Durch moderne Technologie verstärkte Strahlung	0,04	2,0
Globaler radioaktiver Niederschlag („Fallout")	0,04	2,0
Kernkraft	0,002	0,1
Medizinische Diagnostik	0,79	39,6
Strahlentherapie	0,14	7,0
Exposition bei beruflicher Tätigkeit	0,01	0,5
Verschiedene Quellen	0,05	2,5
Summe der Strahlung aus anthropogenen Quellen	1,06	53,7
Gesamtsumme	1,97	100

aktive Gas Radon, das durch den Zerfall von Radium im Boden gebildet wird, kann über bestimmten Gesteinsformationen, von denen es in Haushalte gelangen kann, eine bedeutende Strahlenquelle darstellen.

Unterschiedliche Isotope folgen unterschiedlichen Wegen und reichern sich in unterschiedlichen Geweben an

Manche Radioisotope reichern sich in bestimmten Geweben an. Iod-131, ein Produkt des Niederschlags aus Kernwaffenexplosionen, das gefährliche β- und γ-Strahlung aussendet, wird vorzugsweise von der Schilddrüse aufgenommen und akkumuliert, wo es Konzentrationen erreicht, die 100mal höher sind als in den übrigen Teilen des Körpers. Es hat eine Halbwertszeit von nur 8 Tagen, doch die hohe örtliche Konzentration kann, besonders bei Kindern, zu Schilddrüsenkrebs führen. Im Gegensatz hierzu haben Caesium-137 und Strontium-90 viel längere Halbwertszeiten (37 bzw. 28 Jahre). Diese Isotope, die durch Kernwaffen sowie durch Lecks von der Kernkraftindustrie in die Umwelt freigesetzt werden, verhalten sich ähnlich wie essentielle Pflanzennährstoffe (Caesium ähnlich wie Kalium und Strontium ähnlich wie Calcium) und werden von Pflanzen leicht aus dem Boden aufgenommen. Sie gehen dann in Fleisch und Milch und somit in die menschliche Nahrung über, wodurch sie Gesundheitsschäden verursachen können. Strontium z. B. kann anstelle von Calcium in den Knochen abgelagert werden. Radioaktive Isotope, die in Flüsse, Seen und Ozeane gelangen, können gleichfalls aufgenommen und in Nahrungsketten angereichert werden und letztlich in die menschliche Nahrung geraten.

Tschernobyl – die bisher größte Katastrophe radioaktiver Umweltverschmutzung

1986 wurden bei einem schweren Unfall in dem Kernkraftwerk von Tschernobyl in der Ukraine 50–185 Millionen Curie an Radionukliden in die Atmosphäre freigesetzt. In unmittelbarer Umgebung der Explosion starben innerhalb kurzer Zeit 32 Menschen. In größerer Entfernung erkrankten Menschen an der Strahlenkrankheit, und einige starben. Auch im weiteren Zeitverlauf traten im Bereich der Unglücksstelle Auswirkungen des Unfalls auf: Vieh wurde mißgebildet geboren, und längerfristig werden Tausende von strahlungsinduzierten Krankheitsfällen und Todesfälle durch Krebs erwartet. Drei Tage nach dem Unfall wurde in Schweden durch Wind aus Tschernobyl herbeigeführte Luftverschmutzung entdeckt. Abbildung 13.11 zeigt die Persistenz von Caesium-137 in den sauren Böden im Nordwesten Großbritanniens, wo es von Pflanzen aufgenommen wurde, das dann Schafen als Nahrung diente. Auch mehr als 10 Jahre nach dem Unfall war der Verkauf von Schaffleisch als Nahrung noch verboten, da die Konzentrationen des Isotops immer noch gefährlich hoch waren.

Tschernobyl ist die einzige wirklich schwere Kernkraftkatastrophe, die bisher aufgetreten ist, mit Ausnahme der Atombombenabwürfe auf Hiroshima und Nagasaki, bei denen weniger als die Hälfte der Strahlung freigesetzt wurde (die jedoch einen viel größeren Verlust an Menschenleben verursachten). Es gab aber „Beinahe-Unfälle". Der dramatischste trat 1979 auf Three Mile Island in der Nähe von Harrisburg (Pennsylvania) auf, als ein Reaktorkern teilweise schmolz und große Mengen radioaktiven Materials freigesetzt wurden – allerdings in eine spezielle Ummantelung, die genau für derartige Fälle konstruiert worden war.

Arten unterscheiden sich in ihrer Empfindlichkeit für radioaktive Strahlung

Die Auswirkungen von Umweltverschmutzung werden gewöhnlich in Hinsicht auf die Schäden beschrieben, die sie an Menschen verursachen. Unter einem breiteren, ökologischen Blickwinkel wurde vom Brookhaven National Laboratory auf Long Island (New York) ein Experiment in einem Eichen-Kiefern-Wald durchgeführt (Woodwell, 1970; Abb. 13.12). Im Herbst 1961 wurde

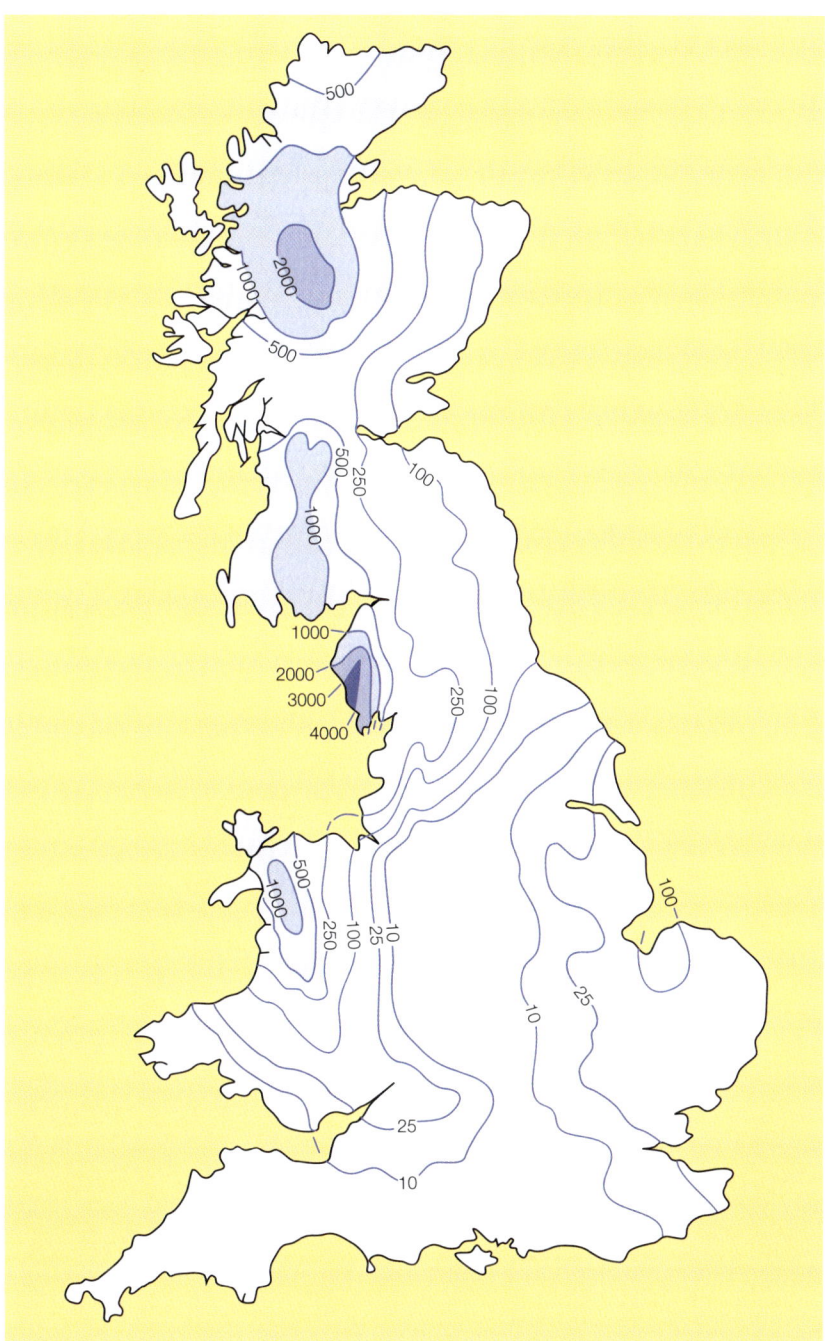

Abbildung 13.11
Ein Beispiel für Umweltverschmutzung über große Entfernungen: Verteilung des radioaktiven Niederschlags von Caesium-137 in Großbritannien aus dem Kernkraftwerksunfall von Tschernobyl (Sowjetunion) im Jahr 1986. Die Konturen zeigen die Persistenz von Caesium in den sauren Böden des Berglands, wo es sich in einem Kreislauf durch Boden, Pflanzen und Tiere bewegt. In typischen Böden des Flachlands überdauert Caesium in den Nahrungsketten nicht (Quelle: NERC, 1990).

Abbildung 13.12
Aufnahme aus dem Brookhaven-Experiment: die nukleare Strahlenquelle auf einem Pfeiler im Wald und Veränderungen in der Vegetation in dessen Umgebung (mit freundl. Genehmigung von George M. Woodwell).

eine Strahlungsquelle von 9500 Curie aus Caesium-137 im Wald installiert. Die Bäume in der Nähe der Strahlungsquelle starben schnell ab, und mit der Zeit entwickelte sich ein konzentrisches Vegetationsmuster um die Strahlungsquelle, das die unterschiedliche Empfindlichkeit für Strahlenschäden widerspiegelte. Einige Moose besiedelten den Boden in der Nähe der Strahlungsquelle. In größerer Entfernung überdauerten einjährige und daran anschließend mehrjährige Pflanzen. Sträucher und Bäume überlebten erst in dem am weitesten entfernten Bereich. Bemerkenswerterweise waren die strahlungstolerantesten Arten diejenigen, die sich auch nach anderen natürlichen Katastrophen im Wald wie Feuer und Orkanen am schnellsten wieder ansiedeln. Darüber hinaus war die Reihenfolge der Strahlungstoleranz im großen und ganzen der Toleranzabstufung gegenüber Trockenheit, Frost und Feuer ähnlich. Die tolerantesten Lebewesen waren im allgemeinen kleine, sich schnell reproduzierende Arten – diejenigen, die normalerweise als r-Strategen betrachtet werden (s. die Diskussion in Abschnitt 5.6).

13.6   Bergbau und Gesteinsabbau

Viele Tiere sind „ökologische Ingenieure": Sie graben, höhlen aus und errichten einen Bau und können so den physischen Charakter ihrer Umwelt verändern (Jones et al., 1997). Menschliche Ingenieurleistungen haben natürlich eine andere Größenordnung: Hier handelt es sich um Gesteinsabbau, Konstruktion von Bauwerken und sogar um die Umgestaltung ganzer Landschaften wie im Fall des Terrassenfeldbaus, der Chinesischen Mauer, der ägyptischen Pyramiden und der Megalithe von Stonehenge. Wie bei den Tieren stammte die Energie für diese umfangreichen menschlichen Ingenieurtätigkeiten ausschließlich aus dem Stoffwechsel. Die Arbeit wurde von den Muskeln der Menschen und der hierfür herangezogenen Tiere geleistet und verbrauchte nur die aus der Nahrung stammende Energie. In gewisser Weise waren diese Tätigkeiten nicht stärker umweltverschmutzend als die natürlichen Grabaktivitäten von Erdhörnchen und Maulwürfen oder die architektonischen Werke von Termiten. Für das einzigartige Ausmaß moderner Ingenieurleistungen ist die Fähigkeit der Menschen verantwortlich, andere Energieformen als die Stoffwechselenergie zu nutzen. Insbesondere die Fähigkeit zur kontrollierten Nutzung des Feuers ermöglichte es den Menschen, Metalle aus Erz zu gewinnen, und bereitete somit letztlich den Weg für die industrielle Revolution.

Metalle wurden erstmals von den Menschen der späten Steinzeit vor etwa 6500 Jahren genutzt. Gold, Silber und Kupfer waren die ersten genutzten Metalle. Sie sind leicht zu gewinnen, da sie in der Natur direkt in metallischer Form und weniger in chemischen Verbindungen vorliegen. In Flußbetten wurden Brocken reinen metallischen Goldes gefunden und zu Verzierungszwecken bearbeitet. Als die Metalle erst einen gewissen Wert erlangt hatten, war die gezielte Suche nach ihnen eine logische Konsequenz, und von diesem Moment an zog fast jede Phase der Gewinnung und der industriellen Nutzung von Metallen eine Abfolge von Phasen der Umweltverschmutzung nach sich.

> **Gesteinsabbau und Bergbau sind „ökologische Ingenieurleistungen" in großem Maßstab**

Jede Metallsorte hat ihre eigenen Besonderheiten. In diesem Kapitel werden der Abbau und die Reinigung von Kupfer betrachtet, um die Umweltverschmutzung durch Metallgewinnung zu verdeutlichen. Kupferlagerstätten enthalten Kupfer entweder in metallischer Form oder als Kupfersulfid oder -oxid. Wie die meisten Metallagerstätten bestehen sie normalerweise aus einer Mischung mit anderen Metallen, von denen einige ebenfalls wertvoll sind (z. B. Gold), während andere zu mehr oder weniger gefährlichem Abfall werden.

Die Bergbauindustrie kann die Umwelt auf jeder Stufe der Gewinnung, Aufbereitung und Entsorgung verschmutzen:

- Metalle und ihre Erze werden durch Bergbau oder Gesteinsabbau freigelegt. Viele Kupferreserven der Erde liegen nahe an der Erdoberfläche und können leicht im Tagebau abgebaut werden: Die Kupferminen von Bougainville (Papua-Neuguinea) und Utah gehören zu den tiefsten Narben, die Menschen auf der Erdoberfläche zurückgelassen haben (Abb. 13.13).
- Die Erze werden zerstoßen und fein gemahlen. Hierdurch werden die Erze den Elementen direkt ausgesetzt. Auch nach der Extraktion des brauchbarsten Anteils sind die Rückstände reich an Kupfer, das als toxischer Abfall in Flüsse und Seen gelangen kann. Gewässer in der Nähe von Kupferminen sind durch Kupfersalze gewöhnlich leuchtend blaugrün gefärbt und nahezu steril.
- Das feingemahlene Erz wird mit Wasser behandelt, das Metall reichert sich in dem entstehenden Schaum an und wird zu einem Kuchen getrocknet. Der immer noch kupferreiche Rest kann weiter aufkonzentriert werden, um noch mehr Metall zu gewinnen. Schließlich ist der Kupfergehalt des Wassers und der festen Rückstände zu gering für eine weitere lohnende Extraktion, ist aber noch so hoch, daß diese einen gefährlichen und umweltverschmutzenden Abfall darstellen.

Abbildung 13.13
Binyon Canyon Mine (Utah), ein toxischer und
steriler Ort, der im Verlauf der größten Ausschach-
tung der Welt entstand (© David R. Frazier).

- Das Konzentrat wird dann auf 1230–1300 °C erhitzt, wobei die Atmosphäre
durch den Verbrauch der hierzu benötigten Brennstoffe verschmutzt wird.
Durch dieses Rösten wird ein ganzes Arsenal an Schadstoffen wie Arsen,
Quecksilber und Schwefel in die Atmosphäre freigesetzt. Das anschließende
Raffinieren bei hohen Temperaturen setzt noch mehr Schwefel frei (in Form
von Schwefeldioxid) und bringt metallisches Kupfer mit einer Reinheit von
99,5 % hervor.
- Das Kupfer kann nun durch Elektrolyse gereinigt werden, wobei die meisten
anderen Metalle in einem Schlamm zurückbleiben, der weiter gereinigt werden kann (z. B. zur Extraktion von Gold), was letztendlich aber auch mehr
toxischen Abfall entstehen läßt.

Es gibt viele Variationen der kommerziellen Verfahren zur Gewinnung, Verhüttung und Raffination von Kupfer. Manche von ihnen wurden zur Verminderung von Umweltverschmutzung entwickelt. So kann z. B. ein Teil des SO_2
entfernt und in Schwefelsäure umgewandelt werden, die dann bei der Elektrolyse genutzt werden kann.

Jede Metallsorte stellt die Bergbau- und Hüttenwerksingenieure vor andere,
ganz eigene Probleme. Das Ausmaß der Umweltverschmutzung wird in immer
stärkerem Maße gesetzlich eingeschränkt, um die Einhaltung niedriger Ver-

schmutzungsraten und effiziente Reinigungsmaßnahmen zu gewährleisten. Aus der Zeit vor der Sensibilisierung der Gesellschaften für Umweltverschmutzung stammt jedoch eine Ansammlung gefährlicher Abfälle. In den USA werden diese Problemstandorte aus historischer Zeit von der Umweltschutzbehörde (Environmental Protection Agency, EPA) im Rahmen des Superfund-Programms verwaltet. Die EPA finanziert die Bekämpfung von Umweltverschmutzung durch steuerliche Belastung der chemischen und der Ölindustrie.

Einige Metalle sind als Umweltschadstoffe hauptsächlich nach ihrer Reinigung und industriellen Nutzung von Bedeutung, wenn sie als industrieller Abfall in die Umwelt freigesetzt werden. Blei und Quecksilber sind besonders eindrucksvolle Beispiele. Blei wurde von dem Moment an zu einem Umweltschadstoff, als die Römer es zur Herstellung von Wasserleitungen benutzten und so die Verschmutzung ihres Trinkwassers in Gang setzten. Obwohl Blei von der EPA als Nummer eins in einer Liste von 275 gefährlichen Substanzen geführt wird, trinken 3,8 Millionen Kinder in den USA immer noch mit Blei kontaminiertes Wasser. Blei stellt für die Entwicklung des Nervensystems von kleinen Kindern und Föten ein besonderes Risiko dar und wird aus vielen kommerziellen Nutzungsformen ausgeschlossen. Wo Tetraethylblei immer noch als Kraftstoffzusatz benutzt wird, verschmutzt Blei die Luft, vor allem in den Städten.

Die Entsorgung von gefährlichem Abfall kann durch Gesetzgebung reguliert werden

Es ist nicht klar, ob Verschmutzung durch Blei schwerwiegende Folgen für Lebewesen in terrestrischen und aquatischen Lebensgemeinschaften hat, doch wird es offenbar nicht in Nahrungsketten angereichert. Hierin unterscheidet es sich stark von Quecksilber.

Quecksilber wird von der Industrie und der Medizin in einer Reihe spezieller Anwendungen eingesetzt, z. B. in elektrischen Schaltern, Batterien, Fluoreszenz- und Quecksilberdampflampen, Thermometern, Barometern und Zahnfüllungen aus Amalgam. Die Hauptschuldigen an der Quecksilberemission sind, in der Reihenfolge abnehmender Bedeutung, Kohlekraftwerke, Verbrennungsanlagen für klinische Abfälle, Müllverbrennungsanlagen und industrielle Warmwasserbereiter. In der natürlichen Umwelt kann Quecksilber durch mikrobielle Aktivität in Methylquecksilber umgewandelt werden, das in Nahrungsketten leicht aufgenommen und angereichert werden kann, insbesondere in Seen und Ästuaren. Fische an der Spitze der Nahrungskette können Quecksilber in Konzentrationen anreichern, die um den Faktor 10 000–100 000 über der des umgebenden Wassers liegen (Bowles et al., 2001). Indigene Menschen, die Wildtiere jagen und essen, können Quecksilber sogar in noch höheren Konzentrationen akkumulieren. Quecksilber ist ein gefährliches Gift, das Gehirn und Nieren des Menschen, insbesondere des sich entwickelnden Fötus, dauerhaft schädigen kann. Es kann auch das Immunsystem schwächen.

Blei und Quecksilber können besonders gefährliche Schadstoffe sein

13.7   Restaurationsökologie

Ökologen bemühen sich, die Beziehungen zwischen Lebewesen und ihrer Umwelt zu verstehen, und die Etablierung der Ökologie als Wissenschaft versetzt sie zunehmend in die Lage, mit diesen Beziehungen besser umzugehen.

Die *Restaurationsökologie* zielt darauf ab, ein Management für Lebensgemeinschaften zu entwickeln, die durch Umweltverschmutzung geschädigt wurden. Das Ziel dieses Managements ist es, die Lebensgemeinschaften in den Zustand vor ihrer Verschmutzung zu versetzen oder neue Lebensgemeinschaften zu schaffen, die Verschmutzung tolerieren können. Nach einer Ölverschmutzung beispielsweise besteht das Ziel eines Restaurationsökologen normalerweise darin, das Öl zu entfernen und die marinen Lebensgemeinschaften darin zu unterstützen, ihren Ausgangszustand wiederzuerlangen. Die Säuberung nach einer starken Verschmutzung ist besonders schwierig. Die mechanische Entfernung des Öls ist die bevorzugte Option, kann aber sehr kostspielig sein. Manchmal kann das Öl abgeschöpft werden, doch dies ist nur bei ruhigem Wasser möglich. Stroh und Asche können auf das Wasser ausgebracht werden, um das Öl aufzusaugen, doch dann besteht das Problem darin, diese ölgetränkten Stoffe loszuwerden! In Europa wurden Detergenzien auf die Ölflecken gesprüht, um das Öl zu lösen, doch das Detergens bringt den Lebewesen der verschmutzten Umwelt wahrscheinlich mehr Schaden als Nutzen. Seetang, Kelp und die dazugehörige Fauna können nicht wie Grassoden ausgesät werden, und die Erholung der Flora und Fauna ist somit erst durch Ausbreitung aus ungeschädigten Teilen der Küste möglich.

Restaurationsökologen waren sehr erfolgreich in der Wiedereinführung von Arten, die durch Umweltverschmutzung geschädigt worden waren (s. z. B. Fenster 13.2), sowie in der Wiederbegrünung offener Stellen in der Landschaft, die durch Bergbau und Gesteinsabbau verursacht wurden. Die Begrünung kann das gezielte Aussäen von Pflanzenarten oder -varietäten einschließen, die toxische Substanzen tolerieren (vgl. die Diskussion in Abschnitt 2.3.2 über die Evolution genetischer Linien von Gräsern und anderen Pflanzen, die hohe Konzentrationen an Kupfer und anderen Schwermetallen ertragen können). Das Fehlen von Boden und den darin enthaltenen Nährstoffen (insbesondere Stickstoff) verhindert oft die natürliche Besiedlung von Bergbauminen und Steinbrüchen durch Vegetation.

Ökologen und Landschaftsplaner wissen inzwischen die Rolle zu schätzen, welche die Vegetation von Naß- und Uferstandorten bei der Reduktion der Verlagerung von Boden und organischem Material vom Land in Flüsse und noch stärker bei der Aufnahme von Nährstoffen aus nährstoffreichem Abfluß von landwirtschaftlichen Nutzflächen, Forsten und Städten spielt. Ökonomen beginnen, erste vorläufige Inwertsetzungen dieser natürlichen wasserreinigenden „Ökosystem-Dienstleistungen" aufzustellen und kommen dabei auf Schätzungen von etlichen Millionen Dollar. Innovative Wasserwirtschaftler restaurieren Sumpfgebiete, die vor langer Zeit zur landwirtschaftlichen oder städtischen Erschließung trockengelegt wurden, durch das Anlegen künstlicher Feuchtgebiete, die aus einer verbundenen Abfolge von Sumpfarealen bestehen. Diese versetzen Abwasser, das in der biologischen Reinigungsstufe vorbehandelt wurde, durch natürliche Vegetation in einen zunehmend sauberen Zustand. Im wesentlichen werden diese künstlichen Feuchtgebiete für die dritte Stufe der Abwasserreinigung benutzt (Abschnitt 13.2.2) und bieten dabei auch Lebensraum für Wildtiere und Erholungsmöglichkeiten in einer städtischen Umgebung.

Natürlich ist es besser, Umweltverschmutzung zu verhindern als sie zu beheben. Die meisten schweren Katastrophen durch Umweltverschmutzung wurden durch menschliche Entscheidungen verursacht, hohe Risiken einzugehen und einen schnellen Erfolg zu erlangen. Aber die Vorstellung, daß sich dieses menschliche Verhalten ändern kann, ist vielleicht genauso unrealistisch wie die Annahme, daß wir lernen werden, Erdbeben, Vulkanausbrüche und Orkane zu verhindern.

 ## Zusammenfassung

Abfallstoffe von Menschen, Nutztieren und anderen Arten
Historisch wurden fast alle Funktionen des menschlichen Körpers als umweltverschmutzend betrachtet. In den dichtbesiedelten Lebensräumen der meisten sozialen Tiere, wo Abfall schneller produziert wird, als er durch natürliche Zersetzung verarbeitet werden kann, stellen Fäzes, Urin und tote Körper wesentliche Elemente der Umweltverschmutzung dar. In den Lebensgemeinschaften haben sich Verhaltensmuster zur Verminderung der Umweltverschmutzung entwickelt, z. B. der Gebrauch von Fäzessäcken bei Nestvögeln und das Anlegen von Latrinen bei gesellig lebenden Säugetieren sowie die Entfernung von Kadavern und anderen Abfallstoffen aus den Nestern staatenbildender Insekten. All diese Aktivitäten haben ihre Parallelen in menschlichen Gesellschaften in Form von Bestattungsritualen und in Technologien zur Entsorgung von Fäzes und Urin, die zur Hygiene der Gemeinschaft beitragen und die Ausbreitung von Krankheiten verhindern helfen.

Abwassersysteme benutzen Wasser zum Transport menschlicher Ausscheidungen aus den dichtbevölkerten Gemeinden und beschleunigen ihre Zersetzung durch Behandlung mit Mikrobenpopulationen. Der resultierende Klärschlamm wird im Meer verklappt, mit Erde abgedeckt oder als Dünger genutzt. Die intensive Viehproduktion durch Massentierhaltung verursacht ernste Umweltverschmutzungen. Gülle muß unter Umständen fein über extensiv bewirtschaftetes Agrarland verteilt werden, um sie so stark zu verdünnen, daß sie durch die natürliche mikrobielle Flora zersetzt werden und dann als Dünger dienen kann.

Nitrat und Pestizide
Nitrat, das aus menschlichen und landwirtschaftlichen Abfallstoffen freigesetzt wird, kann in potentielles Trinkwasser gelangen und Gesundheitsgefahren verursachen. Seine Entfernung ist kostspielig. Die natürliche Vegetation kann Nitrat aufnehmen und dessen Konzentration in Boden und Wasser niedrig halten. Sowohl Land- als auch Forstwirtschaft können in den Ökosystemen jedoch „Lecks" schaffen und Nitrat leichter in das Sickerwasser (potentielles Trinkwasser) geraten lassen.

Pestizide können, insbesondere für Wildtiere, gefährliche Umweltschadstoffe darstellen. Der größte Schaden wird durch Unfälle und Mißbrauch verursacht; er ist bei denjenigen Pestiziden (wie z. B. polychlorierten Biphenylen) am stärksten, die sich in Nahrungsketten anreichern und in Prädatoren an der Spitze der Nahrungskette sehr hohe Konzentrationen erreichen.

Fossile Brennstoffe und Luftverschmutzung

Menschen sind als Umweltverschmutzer einzigartig, weil sie fossile Brennstoffe zum Heizen, Kochen, Verhütten von Metallen, Fixieren von atmosphärischem Stickstoff, Antrieb von Maschinen und zu Transportzwecken verbrennen. Durch jede dieser Aktivitäten wird die Umwelt verschmutzt. Entwaldung zur Holzgewinnung, Kohlebergbau und das Bohren nach (und Verschmutzung durch) Öl schädigen die Umwelt und tragen in verschiedener Weise dazu bei, die Atmosphäre mit CO_2, SO_2, Stickstoffoxiden (NO_X) und Kohlenwasserstoffen zu verschmutzen.

Luftverschmutzung fördert den „Treibhauseffekt", bei dem die Erdatmosphäre die Rückstrahlung von der Erdoberfläche behindert und für eine globale Erwärmung sorgt. Die vorhergesagten Raten der Erwärmung sind 50- bis 100mal höher als in den letzten 20 000 Jahren globaler Erwärmung und werden vermutlich zu ausgedehnten Wanderungsbewegungen sowie zum Aussterben von Arten führen.

Luftverschmutzung durch SO_2 und NO_X führt zu saurem Regen, der die Vegetation direkt oder indirekt durch Veränderung des pH-Werts des Bodens und eine dadurch erhöhte Toxizität mineralischer Ionen schädigen kann. In den USA soll diese Verschmutzung durch das Gesetz zur Reinhaltung der Luft *(clean air act)* eingeschränkt werden, das einen Handel mit Emissionsrechten vorsieht.

Luftverschmutzung durch industrielle Produkte, insbesondere durch das Begasungsmittel Methylbromid sowie durch Chlorverbindungen wie Fluorchlorkohlenwasserstoffe, führt zu einer Abnahme der Ozonkonzentration in den oberen Schichten der Atmosphäre. Dadurch gelangt in stärkerem Maße krebserregende UV-Strahlung auf die Erdoberfläche. Die Abnahme der Ozonschicht wurde erstmalig im Jahr 1978 beobachtet und verstärkte sich in der Folge rapide. Der Gebrauch der hierfür in stärkerem Maß verantwortlichen Chemikalien wird international zurückgedrängt.

Radioaktive Strahlung

Fossile Brennstoffe können zur Neige gehen. Kernspaltung stellt sowohl eine alternative Quelle industriell nutzbarer Energie als auch eine schlagkräftige militärische Waffe dar. Theoretisch produziert sie nur geringfügige Umweltverschmutzung, doch in der Praxis treten an Kernkraftwerken Lecks auf, und menschliches Versagen führte zu schweren Unglücksfällen (z. B. Tschernobyl). Biologische Akkumulation radioaktiver Isotope wie z. B. Iod, Caesium und Strontium erhöht das Strahlenrisiko über das in der Umwelt vorhandene Maß hinaus.

Bergbau, Gesteinsabbau und Restauration

Bergbau und Gesteinsabbau zur Gewinnung von Metallen sowie deren Extraktion und Reinigung führen auf jeder Stufe des Prozesses zu schwerer Umweltverschmutzung. Kupfer, Blei und Quecksilber sind besonders gefährliche

Schadstoffe für Land und Wasser. Quecksilber (das biologisch akkumuliert wird) und Blei stellen hohe Gesundheitsrisiken dar.

Eine Wissenschaft der Restaurationsökologie beginnt sich zu entwickeln, in der ökologische Grundlagenwissenschaft angewandt wird, um Umweltverschmutzung zu minimieren und Fauna und Flora auf verschmutzten Landflächen, in Bergbauregionen, an Küsten und in Ästuaren wiederherzustellen.

 ## Quiz

 = anspruchsvolle Frage

1. Durch welche Merkmale unterscheidet sich anthropogene Umweltverschmutzung von Umweltverschmutzung durch andere soziale Lebewesen?

2. Erklären Sie, warum es wohl unmöglich ist, eine steigende landwirtschaftliche Produktion ohne inakzeptable Nitratkonzentrationen im Trinkwasser zu erreichen.

3. ☺ Recherchieren Sie, wohin das Abwasser aus der Toilette, die sie am häufigsten benutzen, gelangt und wie es aufbereitet wird. Wie tragen Sie durch Ihre Abwässer und deren Entsorgung zur Umweltverschmutzung bei?

4. Beschreiben Sie die Ursachen des sauren Regens. Auf welche Weise schädigt er terrestrische und aquatische Lebensgemeinschaften?

5. ☺ Wasserkraftwerke gehören zu denjenigen Einrichtungen zur Stromerzeugung, welche die Umwelt am wenigsten verschmutzen. Trotzdem haben auch sie eine Reihe negativer Auswirkungen auf natürliche Systeme. Welche sind dies?

6. Durch welche Eigenschaften werden manche Pestizide zu besonders gefährlichen Schadstoffen?

7. Beschreiben Sie, wie die Nutzung von Metallen durch den Menschen zu Umweltverschmutzung führt.

8. Beschreiben Sie den Treibhauseffekt und führen Sie die Schadstoffe auf, durch die er verstärkt wird.

9. ☺ Wird es dem Problem gerecht, wenn man Umweltverschmutzung nicht nur als einen weiteren dichteabhängigen Effekt des Populationswachstums betrachtet? Erörtern Sie Ihre eigene Meinung hierzu.

10. ☺ Oft wird argumentiert, daß Umweltverschmutzung nur durch eine entsprechende Kostenerhöhung für den Verursacher verhindert werden kann. Diskutieren Sie die bereits existierenden oder theoretisch möglichen Maßnahmen hierfür.

14

Naturschutz

Natürliche Ökosysteme sind durch eine Fülle menschlicher Einflüsse gefährdet. Dies gilt besonders angesichts der weiter zunehmenden menschlichen Bevölkerung. Der Naturschutz ist eine Wissenschaft, die sich bemüht, die Wahrscheinlichkeit zu erhöhen, daß die Arten und Lebensgemeinschaften (oder allgemeiner: die Biodiversität) der Erde für die Zukunft erhalten bleiben. Es geht darum, das Ausmaß des Problems zu erkennen, die Bedrohungen durch menschliche Aktivitäten zu verstehen und zu überlegen, wie unser ökologisches Wissen genutzt werden kann, um Lösungen zu finden.

Schlüsselkonzepte

Dieses Kapitel soll

- deutlich machen, daß wir bei unseren Bemühungen, die Arten und Lebensgemeinschaften der Erde zu schützen, bedauerlich wenig darüber wissen, was überhaupt zu schützen ist;
- darauf aufmerksam machen, daß gefährdete Arten gewöhnlich selten sind, aber nicht alle seltenen Arten auch gefährdet sind;
- zeigen, wie eine Vielzahl menschlicher Einflüsse, einschließlich Übernutzung, Habitatzerstörung und die Einführung exotischer Arten, dazu geführt haben, daß manche Arten seltener wurden und die Wahrscheinlichkeit ihres Aussterbens erhöht wurde;
- erklären, warum kleine Populationen genetische Probleme haben können;
- deutlich machen, daß manche Arten nur aus einem Grund gefährdet sind, bei vielen Arten aber eine Vielzahl von Faktoren eine Rolle spielen; erklären, warum Naturschutz die Entwicklung von Schutzstrategien für einzelne Arten erfordert, häufig aber auch ein breiterer Ansatz auf der Ebene von Lebensgemeinschaften erforderlich ist.

14.1   Einleitung

Der Ausdruck „Biodiversität" findet sich immer öfter sowohl in den öffentlichen Medien als auch in der wissenschaftlichen Literatur – häufig aber ohne eindeutige Definition. Am einfachsten läßt sich Biodiversität als die Anzahl an Arten in einem bestimmten geographischen Gebiet definieren. Biodiversität kann aber auch in Einheiten betrachtet werden, die unterhalb oder oberhalb des Artniveaus liegen. Unterhalb des Artniveaus ist es beispielsweise möglich, die genetische Diversität innerhalb von Arten zu betrachten. Im Naturschutz kann es darum gehen, genetisch abgrenzbare (Unter)populationen oder Unterarten zu schützen. Durch Betrachtung von Einheiten oberhalb des Artenniveaus im Naturschutz soll sichergestellt werden, daß Arten, die keine nahen Verwandten haben, besonderen Schutz genießen, damit die Gesamtheit der evolutionären Vielfalt aller Biota dieser Welt so breit wie möglich ist. Auf einer noch höheren Ebene kann man unter Biodiversität die Vielfalt von Lebensgemeinschaften einer Region verstehen. Dabei kann es sich beispielsweise um Sümpfe, Wüsten, frühe und späte Sukzessionsstadien von Waldgesellschaften usw. handeln. „Biodiversität" kann also eine ganze Reihe von Bedeutungen haben. Wenn der Begriff von Nutzen sein soll, ist es jedoch notwendig, bei seiner Verwendung exakt zu sein. Ökologen und Naturschutzbiologen müssen genau beschreiben, was sie schützen wollen und wie gemessen werden kann, ob das Ziel erreicht wurde.

Meistens ist die Aussterberate von Arten durch menschliche Einwirkung die größte Sorge der Biologen im Naturschutz. Um das Ausmaß dieses Problems beurteilen zu können, muß die Gesamtzahl der weltweit vorkommenden Arten, die momentane Aussterberate der Arten und die Aussterberate vor dem Beginn menschlicher Einflußnahme bekannt sein. Leider gibt es bei der Abschätzung dieser Parameter beträchtliche Unsicherheiten. Bisher wurden etwa 1,8 Millionen Arten beschrieben (Abb. 14.1), doch die tatsächliche Zahl ist mit Sicherheit sehr viel höher. Eine Reihe von Methoden wurden verwendet, um die tatsächliche Zahl abzuschätzen. Eine Möglichkeit besteht beispielsweise darin, die Entdeckungsrate neuer Arten zur Hochrechnung zu nutzen. Mit dieser Methode kommt man auf 6–7 Millionen Arten weltweit. Die Unsicherheiten bei der Hochrechnung der Gesamtartenzahl sind erheblich und die besten Abschätzungen reichen von 3–30 Millionen Arten und darüber (Gaston, 1998). Eine Reihe von Schätzwerten für verschiedene Organismengruppen ist in Abbildung 14.1 dargestellt.

Eine wichtige Lehre aus der Paläontologie ist, daß die überwiegende Mehrzahl aller Arten letztlich ausstirbt. Mehr als 99 % aller Arten, die je existierten, sind heute ausgestorben. Unter der Annahme, daß einzelne Arten 1 bis 10 Millionen Jahre lang leben, und unter der konservativen Annahme von 10 Millionen Arten weltweit ergibt sich, daß in jedem Jahrhundert im Durchschnitt 100–1000 Arten aussterben (0,001–0,01 %). Die momentan beobachtete Aussterberate bei Vögeln und Säugetieren von 1 % in einem Jahrhundert ist 100- bis 1000mal höher als diese „natürliche" Rate. Darüber hinaus nimmt der Umfang der Lebensraumzerstörung, der größten menschlichen Einwirkung, weiter zu, und die Liste der bedrohten Arten in vielen Taxa ist alarmierend hoch (Tab. 14.1).

Was ist Biodiversität?

Die Gesamtartenzahl der Erde wird auf 3–30 Millionen Arten und darüber geschätzt

Gegenwärtige und historische Aussterberaten im Vergleich

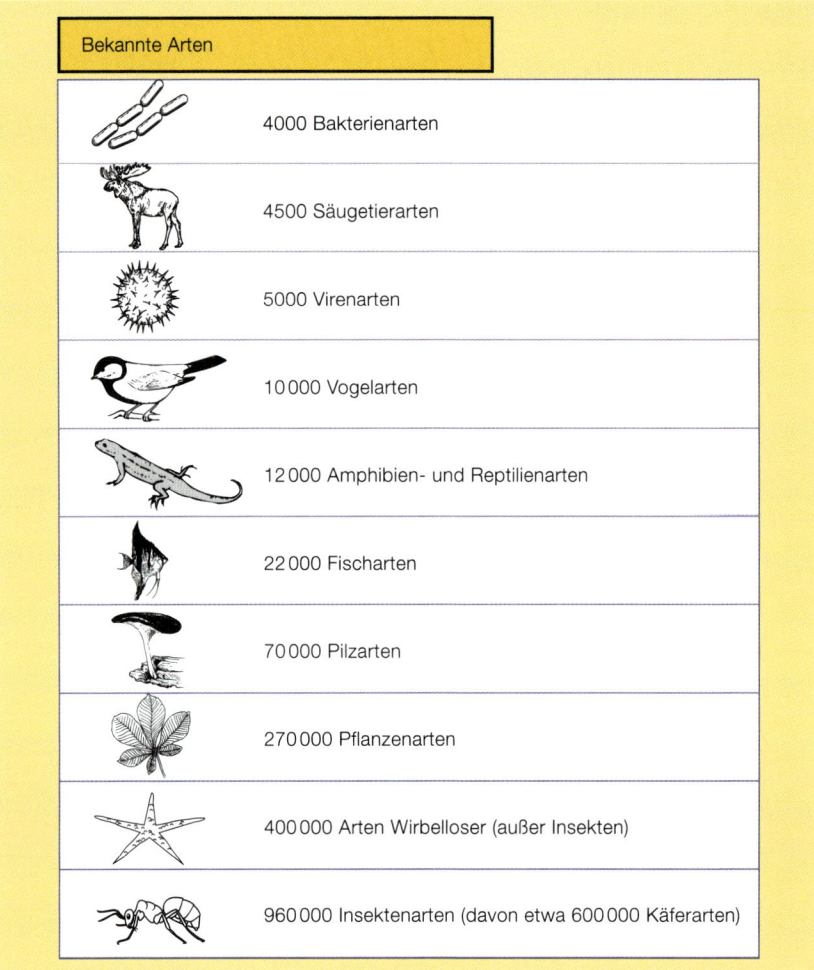

Abbildung 14.1
Die weltweit bisher
etwa 1,8 Millionen
beschriebenen
Arten verteilen sich
ungleichmäßig auf
die taxonomischen
Gruppen. Insekten
stellen bei weitem
den größten Anteil
(nach Alonso
et al., 2001).

Trotz der Schwierigkeiten, genaue Abschätzungen vorzunehmen, deutet einiges darauf hin, daß kommende Generationen in einer Zeit leben werden, in der die Aussterberate vergleichbar hoch sein wird wie zu Zeiten „natürlicher" Massensterben, die durch geologische Befunde belegt sind (s. Abschnitt 10.6). Ist das ein Grund zur Sorge? Viele Menschen werden auf diese Frage ohne zu zögern mit „Ja" antworten. Unabhängig davon, ob diese Antwort offensichtlich ist oder umstritten, ist es wichtig zu wissen, *warum* abnehmende Biodiversität ein Grund zur Sorge ist bzw. warum Biodiversität wertvoll ist (Fenster 14.1).

Naturschutz versucht, die Bedrohungen zu verstehen, denen einzelne Arten (Abschnitt 14.2) oder ganze Lebensgemeinschaften (Abschnitt 14.3) gegenüberstehen. Nach der Darstellung dieser Hintergründe werden in Abschnitt 14.4 die Möglichkeiten zur Erhaltung und Wiederherstellung der Biodiversität vorgestellt.

Tabelle 14.1   Die Anzahl und prozentualen Anteile namentlich bekannter Arten, die vom Aussterben bedroht sind. Die höheren Werte bei Pflanzen, Vögeln und Säugetieren sind auf das größere Wissen über diese Arten zurückzuführen (nach Smith et al., 1993)

Taxa	Anzahl bedrohter Arten	Vermutliche Gesamtartenzahl	Prozentualer Anteil bedrohter Arten
Tiere			
Mollusken	354	$1,0 \times 10^3$	0,4
Crustaceen	126	$4,0 \times 10^3$	3
Insekten	873	$1,2 \times 10^6$	0,07
Fische	452	$2,4 \times 10^4$	2
Amphibien	59	$3,0 \times 10^3$	2
Reptilien	167	$6,0 \times 10^3$	3
Vögel	1029	$9,5 \times 10^3$	11
Säugetiere	505	$4,5 \times 10^3$	11
Gesamt	3565	$1,35 \times 10^6$	0,3
Pflanzen			
Gymnospermen	242	758	32
Monokotyledonen	4421	$5,2 \times 10^4$	9
Palmen	925	2820	33
Dikotyledonen	17 474	$1,9 \times 10^5$	9
Gesamt	22 137	$2,4 \times 10^5$	9

14.2   Bedrohungen für das Überleben von Arten

Das Hauptziel des Naturschutzes besteht darin, das regionale oder weltweite Aussterben einzelner Arten oder manchmal ganzer Artengemeinschaften zu verhindern. Wie wird das Aussterberisiko für einzelne Arten definiert? Nach der Roten Liste der bedrohten Arten der IUCN (2000) kann eine Art eingestuft werden als

Kategorien der Bedrohung

1. *vom Aussterben bedroht* (Gefährdungsstufe 1, *critically endangered*), wenn innerhalb von 10 Jahren oder 3 Generationen die Aussterbewahrscheinlichkeit mindestens 50 % beträgt (je nachdem was länger dauert);
2. *stark gefährdet* (Gefährdungsstufe 2, *endangered*), wenn eine 20%ige Aussterbewahrscheinlichkeit innerhalb von 20 Jahren oder 5 Generationen besteht, und als
3. *gefährdet* (Gefährdungsstufe 3, *vulnerable*), wenn eine 10%ige Aussterbewahrscheinlichkeit innerhalb von 100 Jahren besteht (Abb. 14.2).

Nach diesen Kriterien wurden beispielsweise 43 % aller Wirbeltierarten als bedroht eingestuft (d. h., sie fallen in eine der drei Kategorien) (Mace, 1994).

Arten, die vom Aussterben bedroht sind, sind nahezu immer selten, aber nicht alle seltenen Arten sind vom Aussterben bedroht. Es stellt sich die Frage, was genau mit dem Begriff „selten" gemeint ist. Eine Art kann selten sein, weil:

Es gibt verschiedene Gründe für Seltenheit

Fenster 14.1 – Aktueller ÖKOnflikt

Welchen Wert hat Biodiversität?

Für die meisten Menschen ist der Wert der biologischen Diversität unumstritten. Allerdings ist dieser Wert nicht immer einer ökonomischen Bewertung zugänglich, wie sie normalerweise politischen Entscheidungen zugrunde liegt. Mit den üblichen wirtschaftswissenschaftlichen Methoden läßt sich der Wert von ökologischen Ressourcen im allgemeinen nicht bewerten, so daß die Kosten für Umweltschäden oder für die Ausbeutung lebender Ressourcen normalerweise nicht berücksichtigt werden. Eine der größten Herausforderungen in der Zukunft ist die Entwicklung einer neuen *ökologischen Wirtschaft* (Costanza et al., 1997), in welcher der Wert von Arten, Artengemeinschaften und Ökosystemen einem finanziellen Wert gleichgesetzt wird. Der Wert dieser ökologischen Ressourcen kann dann gegen die Gewinne aufgerechnet werden, die mit umweltzerstörenden Industrieprojekten und anderen menschlichen Aktivitäten erzielt werden.

Für viele Arten steht mittlerweile fest, daß sie tatsächlich einen *direkten Wert* als lebende Ressource haben. Viele weitere Arten haben vermutlich einen Wert, der bisher aber noch nicht erkannt wurde. Fleisch von Wildtieren und Fischen sowie Wildpflanzen stellt nach wie vor eine wichtige Nahrungsressource in vielen Teilen der Welt dar. Trotzdem stammt der Großteil der heute konsumierten Nahrung von Pflanzen, die in den tropischen und semiariden Regionen dieser Erde domestiziert wurden. In der Zukunft könnte die genetische Diversität wilder Stämme zur Verbesserung dieser Pflanzenarten beitragen. Darüber hinaus könnten noch weitere Pflanzen- und Tierarten gefunden werden, die zur Domestikation geeignet sind. Wie in Abschnitt 12.5 gezeigt wurde, können natürliche Feinde mit erheblichem Nutzen zur Bekämpfung von Schädlingsarten eingesetzt werden. Die meisten natürlichen Feinde der meisten Schädlinge werden nie untersucht oder sind ohnehin unbekannt. Etwa 40 % aller weltweit verwendeten Medikamente beinhalten aktive Komponenten, die aus Pflanzen oder Tieren extrahiert wurden. Aspirin, vermutlich das weltweit am meisten verwendete Medikament, stammt ursprünglich aus Blättern und Rinde der Weidenart *Salix alba*. Das Neunbinden-Gürteltier (*Dasypus novemcinctus*) wurde verwendet, um Lepra zu untersuchen und einen Impfstoff gegen diese Krankheit zu entwickeln. Die gefährdete Seekuhart *Trichechus manatus* aus Florida wird verwendet, um die Bluterkrankheit zu verstehen. Vom Madagaskar-Immergrün (*Catharanthus roseus*) stammen zwei Wirkstoffe, die erfolgreich zur Behandlung von Blutkrebs (Leukämie) eingesetzt werden.

Andere Arten haben einen indirekten ökonomischen Wert. So sind zahlreiche wilde Insektenarten verantwortlich für die Bestäubung von Nutzpflanzen. Der finanzielle Gewinn aus dem von der Biodiversität abhängigen Ökotourismus wird immer beträchtlicher. In den Vereinigten Staaten suchen jedes Jahr etwa 200 Millionen Erwachsene und Kinder Erholung in der Natur und geben etwa 4 Milliarden US-Dollar an Eintrittsgeldern, für Reisen, Übernachtung, Verpflegung und Ausrüstung aus. Ökotouristen, die ein Land komplett oder teilweise besuchen, um seine biologische Diversität kennenzulernen, geben weltweit jedes Jahr etwa 12 Milliarden für ihr Naturvergnügen aus (Primack, 1993). In einem kleineren Maßstab werden jährlich zahlreiche Filme, Bücher und Erziehungsprogramme mit naturgeschichtlichem Inhalt konsumiert, ohne der Natur zu schaden, auf der sie basieren.

Um die indirekten Gewinne der Biodiversität zu messen, ist mehr Einfallsreichtum nötig. So sind Lebensgemeinschaften unentbehrlich zur Erhaltung der chemischen Qualität von natürlichen Gewässern, um Ökosysteme vor Überschwemmungen oder Trockenheit zu schützen, für den Schutz und die Erhaltung des Bodens, für die Regulation von lokalem und sogar globalem Klima und für

den Abbau oder die Festlegung von organischen und anorganischen Verunreinigungen.

Die letzte Kategorie bezieht sich auf den *ethischen Wert*. Viele Menschen glauben, daß es ethische Gründe für den Naturschutz gibt. Sie argumentieren, daß jede Art ihre Daseinsberechtigung hat, und zwar auch dann, wenn es keine Menschen geben würde, die sich an ihr erfreuen oder sie ausbeuten. Von diesem Standpunkt aus sind auch Arten ohne wahrnehmbaren ökonomischen Wert schützenswert.

Der Wert aller dieser „Ökosystem-Serviceleistungen" wurde weltweit mit 33 Billionen US-Dollar pro Jahr angesetzt. Das ist etwa doppelt soviel wie das Bruttosozialprodukt aller Staaten dieser Erde (Costanza et al., 1997).

Es wäre allerdings falsch, alles nur vom Standpunkt des Naturschutzes aus wahrzunehmen. Es gibt zwar keine wirklichen Gründe gegen den Naturschutz als solchen, aber es gibt Gründe zugunsten menschlicher Aktivitäten, welche den Naturschutz erforderlich machen: Ackerbau, das Fällen von Bäumen, die Ausbeutung von Wildtierpopulationen, der Abbau von Mineralien, die

Nutzung fossiler Brennstoffe, Bewässerung, das Abladen von Abfall usw. Um erfolgreich zu sein, müssen die Argumente von Naturschützern letztlich wohl auf Kosten-Nutzen-Rechnungen basieren, da Regierungen ihre Politik immer vor dem Hintergrund des verfügbaren Geldes und den Prioritäten ihrer Wähler machen werden.

Eine staatliche Behörde hat über den Antrag zu entscheiden, an einem landschaftlich herrlich gelegenen Kap ein marines Naturschutzgebiet auszuweisen. Die Stelle beherbergt zahlreiche Arten, darunter auch einige sehr seltene. Berufsfischer und Hobbyangler wollen weiterhin an dieser außergewöhnlich ergiebigen Stelle Fische fangen, und die Einheimischen haben gemischte Gefühle beim Gedanken an den zu erwartenden Touristenzustrom. Naturschützer (die meist weit entfernt von der Stelle leben) glauben, daß der Wert der Stelle so hoch ist, daß Fischen untersagt werden muß und die Anzahl der Besucher streng kontrolliert werden sollte. Stellen Sie sich vor, Sie sind ein Vermittler, der ein Treffen aller beteiligter Parteien leitet. Welche Argumente erwarten Sie? Wie würden Sie entscheiden und warum?

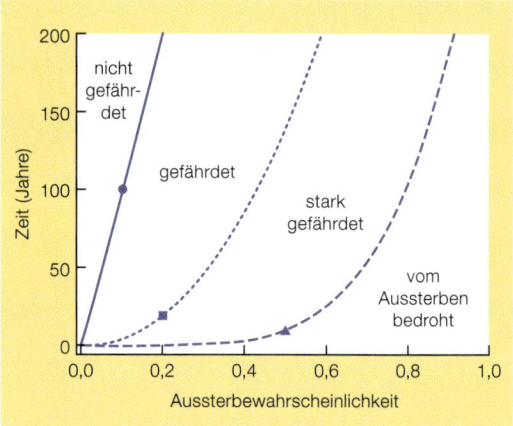

Abbildung 14.2
Gefährdungskategorien in Abhängigkeit vom
Zeitverlauf und der Aussterbewahrscheinlichkeit
(nach Akçakaya, 1992).

1. ihr geographisches Verbreitungsgebiet klein ist,
2. sie nur in wenigen Habitaten vorkommt oder
3. lokale Populationen, auch dort, wo sie noch vorkommen, klein sind.

Arten wie der Große Panda *(Ailuropoda melanoleuca)* und die Riesenweta
(*Gymnoplectron giganteum,* eine primitive Heuschrecke aus Neuseeland), die
aus allen drei Gründen selten sind, sind von vornherein vom Aussterben bedroht. Es reicht aber schon einer der Gründe aus, damit eine Tierart an den
Rand des Aussterbens geraten kann. Der Wanderfalke *(Falco peregrinus)* ist
z. B. weit verbreitet über verschiedene Lebensräume und geographische Regionen. Da er jedoch stets nur in geringen Dichten vorkommt, starben lokale Populationen in den Vereinigten Staaten aus und mußten durch Nachzuchten aus
der Gefangenschaft ersetzt werden (s. Fenster 13.2). Der große Otago Skink
(Leiolopisma grande) dagegen kommt nur in einem Teil von Neuseeland vor
und ist auf steile Schluchten mit Bulten aus einheimischem Gras beschränkt. Wo

Der Große Panda *(Ailuropoda melanoleuca)* ist
aus drei Gründen selten: Er hat nur eine kleine geographische Verbreitung, benötigt einen spezifischen
Lebensraum und kommt nur in kleinen lokalen
Populationen vor.

er vorkommt, ist er aber relativ häufig. Er ist bedroht, da die Umgestaltung in Weideland seinen spezifischen Lebensraum gefährdet.

Dennoch sind seltene Arten nicht zwangsläufig aufgrund ihrer Seltenheit vom Aussterben bedroht. Tatsächlich scheinen viele, vermutlich sogar die meisten Arten natürlicherweise selten zu sein. Es wurde bereits darauf hingewiesen, daß jede Art nahezu überall abwesend sein kann (Kap. 2). Andere sind dies aufgrund menschlicher Aktivitäten. Unter gleichen Voraussetzungen ist es leichter, eine seltene Art zum Aussterben zu bringen als eine häufige, weil ein lokales Ereignis dafür ausreichen kann. Im folgenden werden die verschiedenen menschliche Einflüsse erläutert, welche die Gefahr des Aussterbens erhöhen.

Manche Arten sind selten aufgrund menschlicher Aktivitäten

14.2.1 Übernutzung

Das Wesen von Übernutzung ist, daß Populationen so stark ausgebeutet werden, daß unter Zugrundelegung der natürlichen Mortalitätsraten und Reproduktionskapazitäten die Populationsgröße nicht mehr aufrechterhalten werden kann.

Große Tierarten sind anfällig für Übernutzung

Es wurde bereits diskutiert, daß die Menschheit in prähistorischen Zeiten durch übermäßige Ausbeutung für das Aussterben vieler großer Tierarten, der sogenannten Megafauna, verantwortlich sein soll (s. Abschnitt 10.6). In jüngerer Zeit folgte die Geschichte der großen Wale einem ähnlichen Muster. Auch heute noch fordern wir unseren Tribut von anderen verwundbaren Giganten. Haie sind dafür ein interessantes Beispiel. Obwohl Hai-Angriffe auf Menschen sehr viel seltener sind als von der Öffentlichkeit angenommen, gehören die Haie zu den am meisten gefürchteten Tierarten. Eine große Anzahl an Haien wird durch die Sportfischerei getötet, viele andere zur Herstellung von Haifischflossensuppe, und ein weiterer großer Anteil der schätzungsweise 200 Millionen getöteten Tiere jährlich gehört zum Beifang in der kommerziellen Fischerei. Die Hinweise auf den Rückgang vieler Arten häufen sich, was angesichts der langen Dauer bis zum Erreichen des reproduktionsfähigen Alters, der langsamen Fortpflanzungszyklen und der geringen Fruchtbarkeit (Manire & Gruber, 1990) nicht verwundern sollte. Haie gehören zu den wichtigsten Räubern im marinen Bereich, und ihr Rückgang dürfte weitreichende Folgen für die Lebensgemeinschaften der Ozeane haben.

Offene Frage: Welche Folgen hat die zunehmende Seltenheit von Haien für die Lebensgemeinschaften der Ozeane?

Tierarten, die als Dekoration Verwendung finden, sind für den Sammler um so wertvoller, je seltener sie werden. Dabei spielt es keine Rolle, ob nur Körperteile gesammelt werden oder ob das Tier als exotisches Haustier gehalten wird. Während bei der dichteabhängigen Reduktion die Konsumationsrate bei niedriger Dichte abnimmt und seltenen Arten somit eine Art Schutz gewährt wird (s. Abschnitt 8.5), geschieht hier genau das Gegenteil. Dieses Phänomen ist nicht auf Tierarten beschränkt. Die in Neuseeland einheimische Mistel *(Trilepida adamsii)*, die parasitisch an einigen Sträuchern und kleinen Bäumen im Wald vorkam, wurde zweifellos zu häufig für Herbarien gesammelt. Sie war immer schon eine seltene Art und wurde als Folge von zu starkem Sammeln kombiniert mit Waldrodung und möglicherweise verringerter Fruchtverbreitung aufgrund von reduzierten Vogelpopulationen ausgerottet. Sie wurde von 1867–1954 nachgewiesen, aber seitdem nicht mehr gefunden.

Die Bedrohung durch Sammler

14.2.2 Habitatzerstörung

Habitate können durch menschlichen Einfluß auf drei verschiedene Arten negativ beeinflußt werden. Erstens kann der Teil eines Habitates, der für eine bestimmte Art zur Verfügung steht, ganz einfach zerstört werden, beispielsweise für die Stadtentwicklung, für die Industrie oder für die Produktion von Nahrung und anderen natürlichen Ressourcen wie z. B. von Holz. Zweitens kann ein Lebensraum durch Verschmutzung so stark negativ verändert werden, daß die Bedingungen für bestimmte Arten nicht mehr geeignet sind. Drittens können menschliche Besucher in Habitaten durch ihre Aktivitäten die Bewohner stören.

Habitate können zerstört, ...

Die Rodung von Wäldern ist nach wie vor die schlimmste Form der Habitatzerstörung. Große Teile der ursprünglichen, temperaten Wälder in den entwickelten Ländern wurden vor langer Zeit zerstört. Die momentane Geschwindigkeit der Waldrodung in den Tropen liegt bei 1 % pro Jahr oder höher. Als Folge davon wurden bisher mehr als die Hälfte aller Lebensräume für Wildtiere in den meisten Ländern der Tropen zerstört. Der Prozeß der Habitatzerstörung führt häufig dazu, daß die Lebensräume für bestimmte Arten heute stärker fragmentiert sind, als das ursprünglich der Fall war. Das kann verschiedene Auswirkungen für die betreffenden Populationen haben, ein Punkt auf den wir in Abschnitt 14.2.6 zurückkommen werden.

... negativ verändert ...

Die negative Veränderung durch Verschmutzung kann viele Formen annehmen. Sie reicht von der Schädigung von Nichtzielorganismen durch Pestizide über die Auswirkungen sauren Regens auf Bäume im Wald, Amphibien in Tümpeln und Fischen in Seen bis hin zu globalen Klimaveränderungen, die vermutlich am zerstörerischsten von allen Veränderungen sind. Besonders aquatische Lebensräume sind durch Verschmutzung bedroht. Wasser, anorganische Chemikalien und organische Verschmutzungen geraten in Bäche, Flüsse, Seen und Ozeane. Änderungen in der Landnutzung, Müllentsorgung und Veränderungen in der Wasserführung können den Ablauf und die Qualität von Wasser erheblich beeinflussen.

... oder gestört werden

Die Folgen von Habitatstörung sind nicht so gravierend wie die Folgen von Zerstörung oder Verschmutzung. Trotzdem sind manche Arten besonders verwundbar. Beim Tauchen und Schnorcheln in Korallenriffen oder in marinen Schutzgebieten kann es durch physischen Kontakt der Hände, des Körpers, von Teilen der Ausrüstung oder der Flossen mit dem Untergrund zu Beschädigungen kommen. Oft sind die Störungen durch den einzelnen nur gering, summieren sich bei vielen Besuchern aber zu erheblichen Schäden und können zu einem Populationsrückgang bei empfindlichen, verästelten Korallenarten führen. In einer Studie mit 214 Tauchern in einem Tauchrevier im australischen Great Barrier Reef zeigte sich, daß 15 % der Taucher Korallen beschädigten oder abbrachen (Rouphael & Inglis, 2001). Dies geschah meist mit Flossenschlägen. Männliche Taucher zerstörten sehr viel mehr als weibliche Taucher, und erfahrene Unterwasserphotographen verursachten im Schnitt mehr Schäden (1,6 Korallenabbrüche in 10 min) als Taucher ohne Kameras (0,3 Korallenabbrüche in 10 min). Erholungssuche in der Natur, Ökotourismus und sogar ökologische Forschung bergen immer auch das Risiko, bestimmte Populationen zu stören und ihren Rückgang zu verursachen.

14.2.3 Eingeführte Arten

Die Einwanderung exotischer Arten in neue geographische Gebiete findet manchmal auch auf natürlichem Wege und ohne menschliches Zutun statt. Allerdings hat der Mensch aus diesem Tröpfeln eine Flut werden lassen. Vom Menschen verursachte Einwanderungen fallen in verschiedene Kategorien. Sie können erstens unabsichtlich geschehen als Folge menschlicher Transportbewegungen. Sie können zweitens beabsichtigt sein, aber illegal, und ausschließlich persönlichen Interessen dienen. Schließlich findet die Einführung fremder Organismen auch beabsichtigt und legal statt in der Absicht, der Gemeinschaft zu nutzen. Man versucht mit eingeführten Organismen beispielsweise, Schädlinge zu bekämpfen, neue landwirtschaftliche Produkte herzustellen oder neuartige Freizeitmöglichkeiten zu schaffen. Viele neueingeführte Arten werden in die vorhandenen Lebensgemeinschaften ohne offensichtliche Folgen integriert. Manchmal jedoch hat die Einführung dramatische Folgen für einheimische Arten und natürliche Lebensgemeinschaften.

Ein Beispiel dafür ist die Braune Baumschlange *Boiga irregularis*, die unbeabsichtigt auf der Pazifikinsel Guam eingeführt wurde. Durch Nesträuberei verursachte sie das Aussterben von 10 endemischen Vogelarten. Die schrittweise Ausbreitung der Schlange von ihrem Einführungsort in der Mitte der Insel verlief zeitgleich mit dem Aussterben von Vogelarten im Norden und Süden der Insel (Abb. 14.3). Ähnliche Folgen hatte die Einführung des Nilbarsches *Lates niloticus* als Nahrungsquelle für die Anwohner des Viktoriasees in Ostafrika. Die meisten der 350 endemischen Fischarten des außerordentlich artenreichen Sees starben aus oder stehen kurz vor dem Aussterben (Kaufmann, 1992).

Naturschutzbiologen sind besonders besorgt, wenn neue Arten in Lebensgemeinschaften eingeführt werden sollen, die zum großen Teil aus endemi-

Eingeführte Räuber

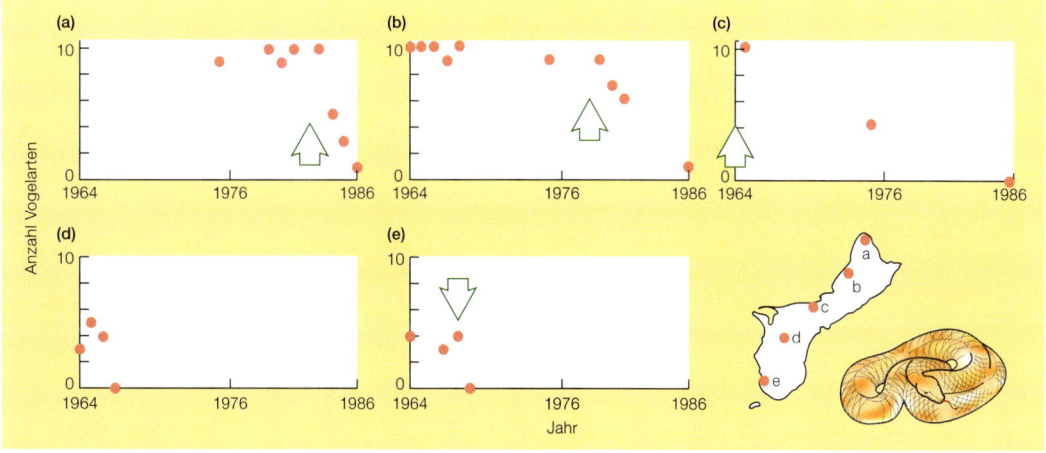

Abbildung 14.3
Rückgang der Waldvogelarten an fünf Standorten (a–e) auf der Pazifikinsel Guam. Die Pfeile markieren für jeden Standort die Zeitpunkte, zu denen die braune Baumschlange das erste Mal gesichtet wurde. Am Standort d wurde die Schlange das erste Mal zu Beginn der fünfziger Jahre gesichtet (nach Savidge, 1987).

schen Arten bestehen (d. h. aus Arten, die sonst nirgends auf der Welt vorkommen). Tatsächlich ist ein Hauptgrund für den hohen Artenreichtum der Erde die Existenz von sog. Endemismuszentren. Ähnliche Lebensräume in verschiedenen Teilen der Erde werden durch verschiedene Arten bewohnt, die sich an dem jeweiligen Standort evolviert haben. Hätte jede Art der Erde natürlicherweise Zugang zu jedem Teil der Erde, wäre zu erwarten, daß eine relativ geringe Anzahl von Arten in jedem Biom dominiert. Diese Vereinheitlichung in der Natur ist aber dadurch begrenzt, daß die meisten Arten die existierenden physikalischen Ausbreitungsschranken nicht überwinden können. Mit Hilfe der vom Menschen bereitgestellten Transportmöglichkeiten ist heute jedoch eine immer größere Anzahl exotischer Arten dazu in der Lage (Mack et al., 2000). Die Folge dieser Einwanderungen ist, daß die vielen, unterschiedlich zusammengesetzten Lebensgemeinschaften an verschiedenen Stellen der Erde durch Lebensgemeinschaften ersetzt werden, die sich sehr stark ähneln.

Einführungen bewirken die weltweite Angleichung von Artengemeinschaften

Es wäre aber falsch anzunehmen, daß die Einführung von neuen Arten stets zum Rückgang des Artenreichtums an dem neuen Standort führen muß. So gibt es zahlreiche Arten von Pflanzen, Wirbellosen und Wirbeltieren, die auf dem europäischen Kontinent vorkommen, aber auf den Britischen Inseln fehlen, da sie diese seit der letzten Eiszeit noch nicht wiederbesiedeln konnten. Ihre Einführung würde den britischen Artenreichtum sicherlich erhöhen. Die obendargestellten negativen Effekte treten dann auf, wenn aggressive Arten einen negativen Einfluß auf endemische Arten haben, und letztere nicht in der Lage sind, damit fertig zu werden.

14.2.4 Mögliche genetische Probleme in kleinen Populationen

Verlust an Evolutionspotential

Theoretische Überlegungen lassen in kleinen Populationen das Auftreten genetischer Probleme durch den Verlust an genetischer Variation erwarten (s. Fenster 14.2). Die Bewahrung von genetischer Vielfalt ist wichtig, da sie auf lange Sicht die Möglichkeit für evolutionäre Vorgänge gewährleistet. Seltene Formen von Genen (Allelen) oder Kombinationen von Allelen bieten möglicherweise keine momentanen Vorteile, könnten aber im Falle von veränderten Umweltbedingungen in der Zukunft von Nutzen sein. In kleinen Populationen gibt es tendenziell weniger Variationen und daher auch weniger evolutionäre Möglichkeiten.

Das Risiko von Inzuchtdepression

Ein Problem, das schon in der Gegenwart eine Rolle spielt, sind die negativen Folgen von Inzucht *(Inzuchtdepression; inbreeding depression)*. In kleinen Populationen sind Paarungspartner häufig miteinander verwandt. Als Folge davon ist der Grad der Heterozygotie bei ihren Nachkommen weit unter dem Niveau der Gesamtpopulation. Individuen mit geringer Heterozygotie haben oft eine reduzierte Fitneß. Es gibt viele Beispiele für Inzuchtdepression. Züchtern von Haustieren und Nutzpflanzen ist schon lange bekannt, daß Inzucht zur Abnahme der Fruchtbarkeit, der Überlebensrate, der Wachstumsrate und der Widerstandsfähigkeit gegen Krankheiten führt. Zusätzlich zu diesen allgemeinen Problemen von geringer Heterozygotie gibt es in allen Populationen bestimmte rezessive Allele, die schädlich oder sogar tödlich sind, wenn sie ho-

Fenster 14.2 – Quantitative Aspekte
Was bestimmt genetische Variation?

Genetische Variation wird in erster Linie durch die gemeinsame Wirkung von natürlicher Selektion und genetischer Drift bestimmt. Genetische Drift tritt auf, wenn die Häufigkeit von Genen in einer Population eher durch Zufall als durch evolutionären Vorteil bestimmt wird. Die relative Bedeutung von genetischer Drift ist größer in kleinen, isolierten Populationen, in denen dadurch genetische Variation verlorengeht. Die Rate, mit der dies passiert, hängt von der *effektiven Populationsgröße (N_e)* ab. Dies ist die Größe der „genetisch idealisierten" Population, d. h. das genetische Äquivalent zur tatsächlichen Population *(N)*. N_e ist aus folgenden Gründen normalerweise kleiner, häufig sogar viel kleiner als N (die genauen Formeln finden sich bei Lande & Barrowclough, 1987):

1. Wenn das Geschlechterverhältnis nicht 1:1 ist. Wenn sich z. B. nur 100 Männchen fortpflanzen, aber 400 Weibchen, dann ist $N = 500$, aber $N_e = 320$.
2. Wenn die Verteilung der Nachkommenschaft auf die Individuen nicht zufällig ist. Wenn z. B. 500 Individuen im Durchschnitt jeweils einen Nachkommen in der nächsten Generation haben ($N = 500$), die Varianz aber 5 Nachkommen beträgt (zufallsbedingte Varianz = 1), dann ist $N_e = 100$.
3. Wenn die Populationsgröße zwischen einzelnen Generationen schwankt, ist N_e überdurchschnittlich durch kleine Populationsgrößen beeinflußt. Wenn beispielsweise Populationsgrößen von 500, 10, 200, 900 und 800 aufeinanderfolgen, ist $N = 500$, aber $N_e = 258$.

Wie viele Individuen werden benötigt, um genetische Variation zu erhalten? Franklin (1980) vermutet, daß bei einer Population mit der effektiven Größe von 50 vermutlich keine negativen Effekte durch Inzucht auftreten und daß etwa 500 Individuen benötigt werden, um auch langfristig das Potential für Evolution zu erhalten. Solche Faustregeln sollten vorsichtig angewendet werden. Unter Berücksichtigung des Verhältnisses zwischen N_e und N sollte die minimale Populationsgröße vermutlich 5- bis 10mal größer sein als N_e, d. h., zwischen 2500 und 5000 Individuen liegen (Nunney & Campbell, 1993).

mozygot vorhanden sind (Beispiele beim Menschen sind Sichelzellenanämie und Mukoviszidose). Bei nahen Verwandten ist es wahrscheinlich, daß sie die gleichen rezessiven schädlichen Gene tragen. Für Individuen, deren Eltern nahe miteinander verwandt sind, besteht daher eine höhere Wahrscheinlichkeit, daß sie das gleiche schädliche Allel von beiden Eltern bekommen. Das Allel wird dadurch homozygot und kann seine schädliche Wirkung ausüben.

In einer Studie an 23 lokalen Populationen des Deutschen Enzians *(Gentianella germanica)* im Jura im Bereich der deutsch-schweizerischen Grenze stellten Fischer und Matthies (1998) eine negative Korrelation zwischen Fortpflanzungsfähigkeit und Populationsgröße (Abb. 14.4a–c) fest. Darüber hinaus wurde beobachtet, daß eine an den meisten Standorten festgestellte Populationsabnahme von 1993–1995 kleinere Populationen stärker betraf als große

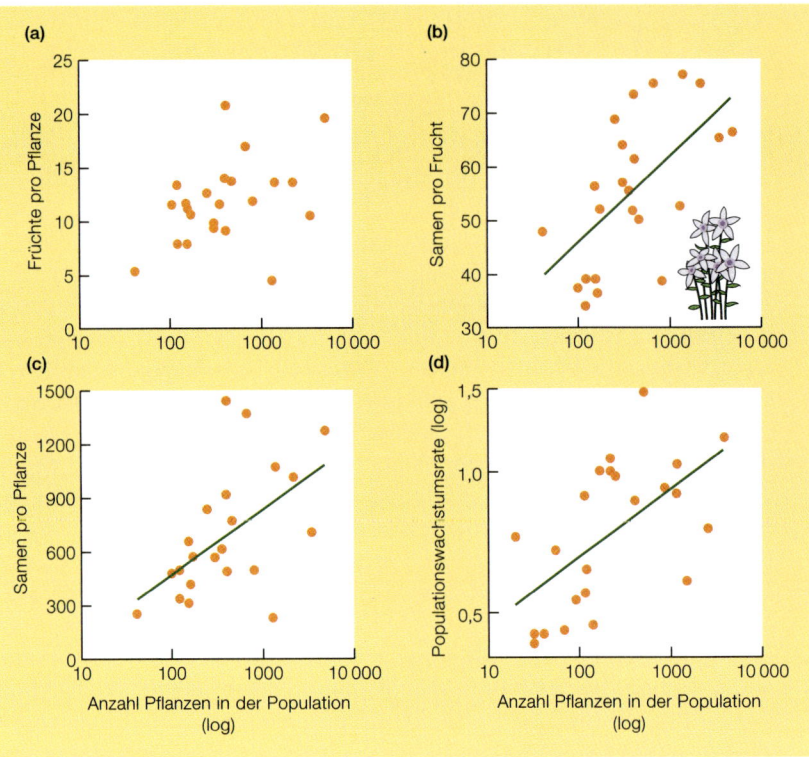

Abbildung 14.4
Untersuchung an 23 Populationen des Deutschen Enzians *(Gentianella germanica)*. Beziehung zwischen Populationsgröße und der mittleren Anzahl von (a) Früchten pro Pflanze, (b) Samen pro Frucht und (c) Samen pro Pflanze. (d) Beziehung zwischen der Wachstumsrate verschiedener Populationen zwischen 1993 und 1995 und ihrer Größe (1994) (aus Fischer & Matthies, 1998).

Populationen (Abb. 14.4d). Diese Ergebnisse stimmen mit der Hypothese überein, daß genetische Effekte in kleinen Populationen zu einer Verringerung der Fitneß führen. Die Ergebnisse können aber genausogut durch Unterschiede in den Standortbedingungen verursacht worden sein (kleine Populationen sind vielleicht deshalb klein, weil sie durch schlechte Standortbedingungen nur eine geringe Fruchtbarkeit haben) oder durch mangelnde Bestäubung (kleine Populationen haben vielleicht deshalb eine geringere Fruchtbarkeit, weil sie weniger häufig von Blütenbestäubern aufgesucht werden). Um festzustellen, ob tatsächlich genetische Unterschiede die Ursache sind, wurden Samen von jeder Population unter identischen Bedingungen in einem Garten gezogen. Die Bedeutung solcher Umpflanzungsexperimente für die Aufdeckung intrinsischer Unterschiede zwischen Populationen derselben Art wurden bereits vorgestellt (Abschnitt 2.3). Nach 17 Monaten in einem normalen Garten gab es signifikant mehr blühende Pflanzen und mehr Blüten (pro Pflanzensamen) von Samen aus großen Populationen als von Samen aus kleinen Populationen. Es kann daraus geschlossen werden, daß bei dieser seltenen Art genetische Effekte für das Fortbestehen von Populationen von Bedeutung sind.

14.2.5 Welche Risiken gibt es?

Manche Arten sind aufgrund eines einzigen Faktors gefährdet. Bei anderen Arten dagegen, wie im Falle der bereits diskutierten Mistelart aus Neuseeland, wirken verschiedene Faktoren zusammen. Eine Zusammenstellung von Faktoren, die für das Aussterben verschiedener Wirbeltierarten verantwortlich waren, zeigt, daß Habitatverlust, Übernutzung und die Einführung von exotischen Arten von großer Bedeutung sind. Allerdings spielte Habitatverlust bei Reptilien und Übernutzung bei Fischen kaum eine Rolle (Tab. 14.2). Was vom Aussterben bedrohte Arten angeht, so stellt Habitatverlust die größte Bedrohung dar und die Bedrohung durch Übernutzung ist sehr stark, besonders bei Säugetieren und Reptilien.

Interessanterweise ist bisher kein Beispiel dafür bekannt, daß es aufgrund genetischer Probleme zum Aussterben kam. Möglicherweise wurde Inzucht-depression bei einigen sterbenden Populationen als Teil des „Todesröchelns" lediglich nicht bemerkt (Caughley, 1994). Es ist denkbar, daß die Individuen einer Population durch einen oder mehrere der bereits beschriebenen Faktoren auf eine sehr geringe Zahl reduziert wurden. Das könnte zu einer erhöhten Anzahl an Paarungen zwischen verwandten Individuen, zu einer Ansammlung schädlicher rezessiver Gene bei den Nachkommen, zu einer verringerten Überlebensfähigkeit und Fruchtbarkeit und zu einer weiteren Erniedrigung der Populationsgröße geführt haben, also zu einer Abfolge von Ereignissen, die als Teufelskreis das Aussterben verursachten (*extinction vortex*, Abb. 14.5). Möglicherweise befinden sich die kleinen Populationen von *Gentianella germanica* bereits in diesem tödlichen Teufelskreis.

Der Teufelskreis des Aussterbens

Tabelle 14.2   Überblick über die Faktoren, die für das bisherige Aussterben von Wirbeltierarten verantwortlich gemacht werden, sowie Risikofaktoren für Arten, die von der International Union of Nature (IUCN) als stark gefährdet, gefährdet oder extrem selten eingestuft werden (nach Reid & Müller, 1989)

Arten gefährdet durch die Faktoren*						
Taxonomische Gruppe	Habitatverlust	Übernutzung †	Einführung neuer Arten	Räuber	andere	unbekannt
ausgerottet						
Säuger	19	23	20	1	1	36
Vögel	20	11	22	0	2	37
Reptilien	5	32	42	0	0	21
Fische	35	4	30	0	4	48
von Ausrottung bedroht						
Säuger	68	54	6	8	12	–
Vögel	58	30	28	1	1	–
Reptilien	53	63	17	3	6	–
Amphibien	77	29	14	–	3	–
Fische	78	12	28	–	2	–

* Die Werte geben den prozentualen Anteil der Arten an, die durch den jeweiligen Faktor gefährdet werden. Da manche Arten durch mehrere Faktoren gefährdet werden, ergeben manche Spalten mehr als 100.

† Übernutzung beinhaltet kommerzielle Nutzung, Sport, Selbsterhaltungsanbau und Fang lebender Tiere aus allen möglichen Gründen.

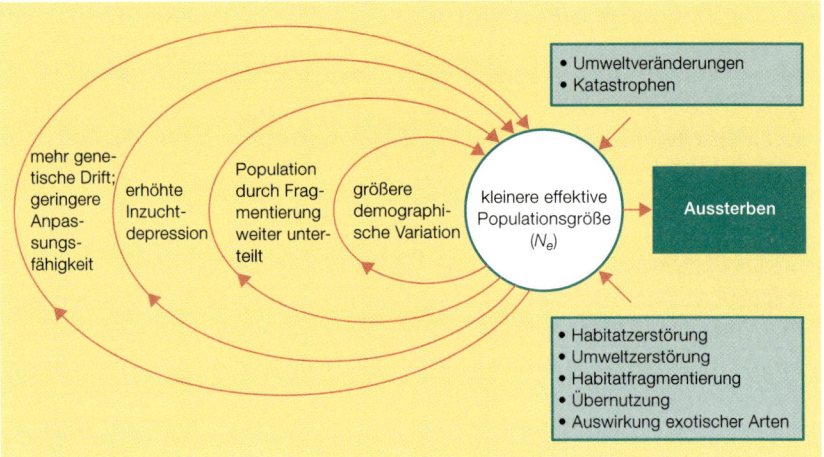

Abbildung 14.5
Der Teufelskreis des Aussterbens *(extinction vortex)* führt zu immer kleiner werdenden Populationen und schließlich zum Aussterben (nach Primack, 1993).

14.2.6 Populationsdynamik in kleinen Populationen

Ein Großteil des Naturschutzes besteht darin, Krisen zu bewältigen. Naturschützer haben stets zu viele Probleme, aber nur wenig finanzielle Mittel. Sollten wir die Aufmerksamkeit der Öffentlichkeit auf die vielen Faktoren lenken, die Arten zum Aussterben bringen, und versuchen, Regierungen zu überzeugen, diese Faktoren zu verringern? Oder sollten wir unsere Aktivitäten darauf beschränken, Gebiete mit hohem Artenreichtum zu finden, in denen wir Reservate errichten und schützen können? Oder sollten wir feststellen, welche Arten am meisten gefährdet sind, und Methoden ausarbeiten, sie zu erhalten? Am besten wäre es, all dies zu tun. Der größte Handlungsbedarf liegt jedoch oft auf dem Gebiet des Artenschutzes. Die verbleibenden Populationen des Großen Pandas in China (oder des Gelbaugen-Pinguins in Neuseeland oder des Fleckenkauzes in Nordamerika) sind so klein geworden, daß diese Arten innerhalb der nächsten Jahre oder Jahrzehnte aussterben, wenn nichts geschieht. Es ist daher unbedingt nötig, die Populationsdynamik in kleinen Populationen zu verstehen.

Die Populationsdynamik kleiner Populationen wird durch ein hohes Maß an Ungewißheit bestimmt, während bei der Dynamik großer Populationen das Gesetz der Durchschnittlichkeit nivellierend wirkt (Caughley, 1994). Es lassen sich drei Typen von Ungewißheit oder Variation feststellen, die für das Schicksal kleiner Populationen besonders wichtig sind.

1. *Demographische Unabwägbarkeiten:* Die zufällige Variation in der Anzahl der neugeborenen Weibchen oder Männchen, in der Anzahl der Individuen, die in einem Jahr sterben oder sich fortpflanzen und die zufällige Variation in der genetischen Qualität der Individuen in bezug auf Überlebens- bzw. Fortpflanzungsfähigkeit können für das Schicksal einer kleinen Population eine große Rolle spielen. Ein Brutpaar, das nur weibliche Junge bekommt, findet in einer großen Population keine Beachtung. Bei einer Art, die nur noch aus einem Brutpaar besteht, ist dieses Ereignis der rettende Strohhalm.

2. *Ungewißheit bei den Umweltfaktoren:* Unvorhersehbare Veränderungen von Umweltfaktoren, wie Wetterkatastrophen (z. B. Überflutungen, Stürme oder Trockenheit in einem Ausmaß, wie sie nur selten auftreten) oder weniger auffällige Faktoren (Variationen in Durchschnittstemperaturen oder mittlerem Niederschlag in aufeinanderfolgenden Jahren) können das Schicksal kleiner Populationen besiegeln. Bei kleinen Populationen ist das Risiko größer als bei großen Populationen, daß sie durch schlechte Bedingungen vollständig ausgelöscht oder so stark reduziert werden, daß sie sich nicht mehr erholen können.

3. *Räumliche Ungewißheit:* Viele Arten bestehen aus mehreren Subpopulationen, die in mehr oder weniger stark voneinander getrennten Habitatfragmenten vorkommen. Diese Subpopulationen unterscheiden sich sehr wahrscheinlich in bezug auf die Unabwägbarkeiten ihrer demographischen Verhältnisse. Auch die Habitatfragmente, welche diese Subpopulationen bewohnen, unterscheiden sich in bezug auf die Ungewißheit der Umweltverhältnisse. Die Dynamik von Aussterbevorgängen und lokalen Wiederbesiedelungen hat daher vermutlich einen starken Einfluß auf die Aussterbewahrscheinlichkeit der Gesamt(= Meta)-Population (s. Abschnitt 9.3).

Zur Verdeutlichung einiger dieser Gedanken läßt sich der Niedergang einer Unterart des Präriehuhns *(Tympanuchus cupido cupido)* in Nordamerika heranziehen. Dieser Vogel war früher von Maine bis Virginia außerordentlich häufig. Da er sehr schmackhaft und leicht zu schießen war (allerdings wurde er auch durch eingeführte Hauskatzen gejagt, und sein Grünlandhabitat wurde in Ackerland umgewandelt), war der Vogel um 1830 auf dem Festland ausgerottet und kam nur noch auf Martha's Vineyard vor, einer Insel bei Boston. 1908 wurde ein Reservat für die verbleibenden 50 Individuen angelegt, und um 1915 war die Population wieder auf einige tausend Vögel angewachsen. Dann kam 1916, ein schlechtes Jahr. Feuer (eine Katastrophe) zerstörte einen großen Teil des Brutgebietes. Es gab einen ungewöhnlich harten Winter und verbunden damit eine Zuwanderung von Habichten (unsichere Umweltfaktoren). Schließlich kam es zum Ausbruch einer Krankheit (eine weitere Katastrophe). An diesem Punkt wurde die verbleibende kleine Population vermutlich das Opfer von demographischen Unwägbarkeiten. So waren unter den 13 Vögeln, die 1928 noch am Leben waren, nur 2 Weibchen. 1930 gab es nur noch einen Vogel, und 1932 war die Art ausgestorben.

Der Fall des Präriehuhns

Unter den Hauptrisikofaktoren im Zusammenhang mit lokalen Aussterbevorgängen von Pflanzen- und Tierarten ist der Faktor der Habitatgröße bzw. der Inselgröße vermutlich besonders entscheidend. Abbildung 14.6 zeigt für eine Reihe verschiedener Taxa die negative Beziehung zwischen der jährlichen Aussterberate und der Arealgröße. Ohne Zweifel ist der Hauptgrund für die Verletzlichkeit von Populationen in kleinen Arealen die Tatsache, daß diese Populationen auch selbst klein sind. Diese Beziehung wird in Abbildung 14.7 am Beispiel von Vogelarten auf Inseln und von Bighorn-Schafen in verschiedenen Wüstengebieten im Südwesten der USA dargestellt.

Die Bedeutung von Habitat- und Inselgröße

Habitatverlust führt nicht nur zu einer Verringerung der absoluten Populationsgröße, sondern auch zu einer Teilung der Originalpopulation in eine

Habitat-fragmentierung

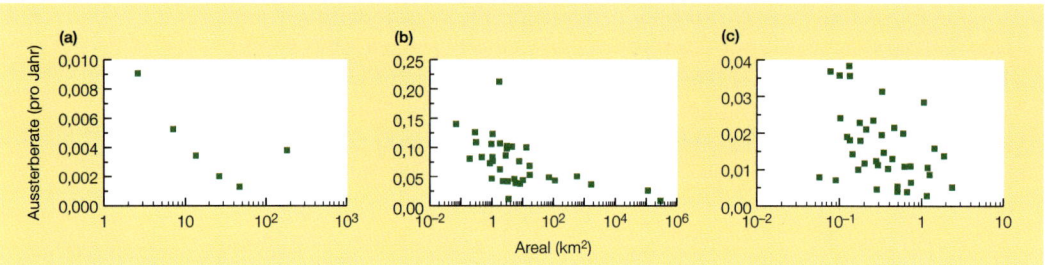

Abbildung 14.6
Beziehung zwischen Aussterberate (%) und Lebensraumgröße für (a) Zooplankton in Seen im Nordosten der USA, (b) Vögel auf nordeuropäischen Inseln und (c) Gefäßpflanzen in Südschweden (nach Daten von Pimm, 1991).

Metapopulation bestehend aus teilweise isolierten Unterpopulationen. Weitere Fragmentierung kann zu einer Verringerung der mittleren Größe dieser Fragmente führen, zu einer Zunahme des Abstandes zwischen den Fragmenten und zu einer Zunahme des Anteils an Randhabitaten (Burgman et al., 1993). In diesem Zusammenhang ist die Frage von fundamentaler Bedeutung, ob eine Art allein deshalb gefährdet sein kann, weil ihre Population unterteilt ist. Mit anderen Worten: Wäre bei gleicher Gesamtgröße eine einzige Population weniger oder mehr gefährdet als eine Population, die aus einer Anzahl von Subpopulationen in Habitatfragmenten besteht?

Die Lösung für dieses Problem läßt sich aus theoretischen Überlegungen ableiten. Demnach hängt die Gefährdung von der Balance zwischen dem Grad der räumlichen Verbundenheit der Unterpopulationen auf der einen Seite und der Beziehung in der Populationsdynamik der Unterpopulationen auf der anderen Seite ab. Wo die Wahrscheinlichkeit hoch ist, daß Individuen von einem Fragment ins andere gelangen (d. h., wenn die räumliche Verbundenheit hoch

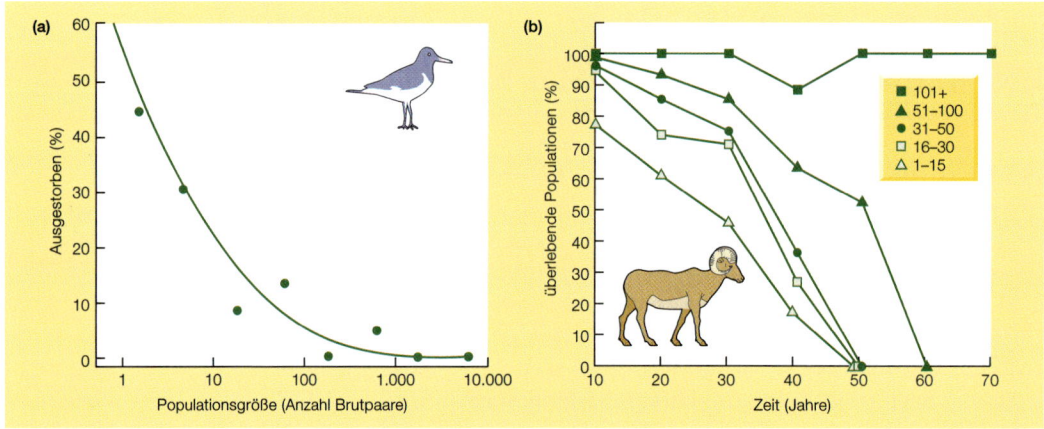

Abbildung 14.7
(a) Die Aussterberate von Vogelarten auf Inseln ist größer bei kleinen Populationen. (b) Beim Dickhornschaf *(Ovis canadensis)* in Nordamerika überleben große Populationen (dunkle Quadrate: über 101 Individuen) länger als kleine Populationen (helle Dreiecke: 1–15 Individuen) (nach Berger, 1990).

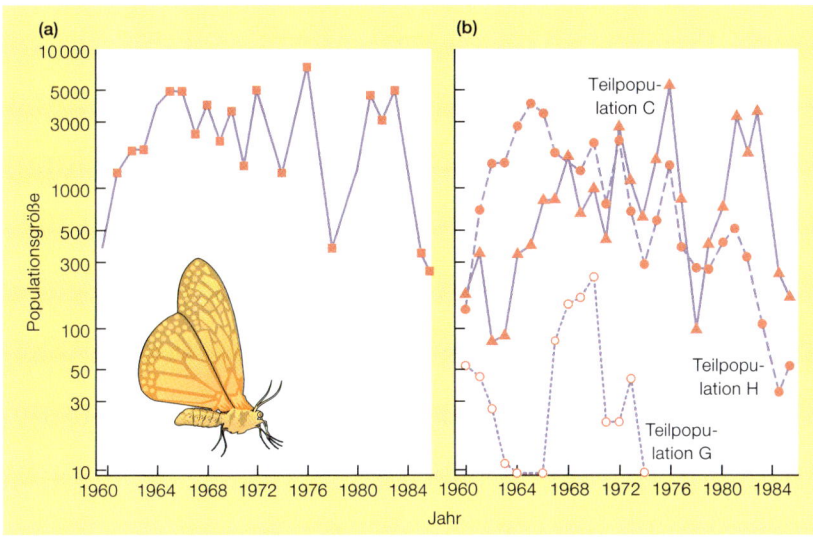

Abbildung 14.8
Populationsgröße
von Schecken-
faltern bei
(a) Betrachtung
der Gesamtpopula-
tion und bei
(b) Betrachtung
der drei räumlich
getrennten Teil-
populationen (nach
Ehrlich & Murphy,
1987).

ist), werden Metapopulationen länger bestehen können als unfragmentierte Populationen. Wenn einzelne Unterpopulationen ausgestorben sind, ist in diesem Fall die Wahrscheinlichkeit hoch, daß sie durch Kolonisten aus anderen Subpopulationen wieder zum Leben erweckt werden können. Wenn allerdings Aussterbeereignisse in den einzelnen Unterpopulationen eng gekoppelt sind (weil Umweltschwankungen alle Fragmente gleich betreffen), dann sind Metapopulationen stärker gefährdet als unfragmentierte Populationen. Aufgrund ihrer geringen Größe sind besonders die einzelnen Unterpopulationen vom Aussterben bedroht. Und wenn eine Population ausstirbt, ist das Risiko groß, daß alle Populationen aussterben.

Eine Langzeitstudie des Scheckenfalters *(Euphydryas editha)* bei Jasper Ridge (Westen der USA) verdeutlicht einige dieser Phänomene. Abbildung 14.8a zeigt, daß bei Betrachtung der Gesamtpopulation (Metapopulation) die Populationsgröße bis auf kleinere Schwankungen über verschiedene Jahre hinweg konstant bleibt. Bei Betrachtung der räumlich getrennten Subpopulationen zeigt sich jedoch, daß der zeitliche Verlauf der Zunahmen und Abnahmen in der Populationsgröße für die Subpopulationen unterschiedlich ist. Das deutet darauf hin, daß die Umweltschwankungen in den Subpopulationen nicht miteinander übereinstimmen. Darüber hinaus sieht man, daß in Gebiet G die Population zweimal ausgestorben ist und das Gebiet nur einmal wieder besiedelt wurde (Abb. 14.8b).

14.3   Gefahren für Lebensgemeinschaften

Bis jetzt beschäftigte sich dieses Kapitel mit einzelnen Arten. Arten wurden dabei als weitgehend unabhängige Einheiten betrachtet. Es braucht aber wohl nicht darauf hingewiesen zu werden, daß der Schutz der Biodiversität auch eine breitere Perspektive erfordert, bei der das Wissen über Lebensgemeinschaften und Ökosysteme genutzt werden muß. Dafür gibt es viele Gründe.

Eine Kette von Aussterbeereignissen: der Fall der Flughunde

Bei Nichtbeachtung der Interaktionen von Lebensgemeinschaften kann durch die Ausrottung einer bestimmten Art eine Kette von Aussterbeereignissen ausgelöst werden. Diese Arten verdienen daher besonderen Schutz. Flughunde der Gattung *Pteropus*, die auf Inseln im Südpazifik vorkommen, sind die hauptsächlichen und manchmal sogar die einzigen Bestäuber und Samenverbreiter von Hunderten von einheimischen Pflanzenarten. Viele dieser Pflanzenarten haben eine beträchtliche wirtschaftliche Bedeutung, da sie zur Gewinnung von Heilmitteln, Fasern, Farben, hochwertigem Holz und Nahrungsmitteln genutzt werden. Flughunde sind durch Bejagung stark gefährdet, und abnehmende Individuenzahlen erregen weithin Besorgnis. Auf Guam sind die beiden einheimischen Arten entweder schon ausgestorben oder stehen kurz davor. Entsprechend gibt es bereits Anzeichen für abnehmende Fruchtbildung und Ausbreitungsfähigkeit bei Pflanzen (Cox et al., 1991).

Neue Arten für alte Arten

Ähnlich ungewollte Folgen kann die Einführung einer exotischen Art in eine Lebensgemeinschaft haben, wenn Konsequenzen für das Nahrungsnetz nicht berücksichtigt werden. Als Beispiel kann die Einführung von Schwebgarnelen der Art *Mysis relicta* als Nahrung für den ebenfalls vorher eingeführten Kokanee-Lachs *(Onchorynchus nerka)* in den Flathead Lake und seine Zuflüsse in Montana dienen. Anstatt, wie geplant, der Fischerei zu nützen, ernährten sich die Garnelen von Zooplankton, welches eigentlich die Nahrung der Lachse darstellte. Die Garnelen selbst wurden von den Lachsen nicht gefressen, da sie sich aufgrund einer Verhaltensanpassung tagsüber in tiefes Wasser zurückzogen. Der Zusammenbruch der Population der Kokanee-Lachse führte zu einem dramatischen Rückgang in der Anzahl der Weißkopfseeadler und Grizzlybären, die sich jeden Herbst versammelten, um die ablaichenden Lachse und ihre Kadaver zu fressen (Abb. 14.9). Auch der Ökotourismus erlitt ernsthafte Einbußen, da die spektakulären Großtiere nun weniger häufig angetroffen wurden.

Funktionsfähigkeit eines Ökosystems und Fragmentgröße

Es wurde bereits festgestellt, daß der Artenreichtum mit der Habitatgröße abnimmt, wenn Lebensräume, die ursprünglich räumlich zusammenhingen, in einzelne Fragmente zerlegt werden. Wie ändert sich die Organisation der einzelnen trophischen Ebenen im Verlauf dieser Fragmentierung? Es besteht immer die Gefahr, daß bei der Entwicklung von Konzepten zum Schutz bedrohter Arten die funktionellen Beziehungen vergessen werden, die das ganze System zusammenhalten. Naturschutzmanager müssen sich darüber klar sein, in welchem Größenmaßstab ihre Schutzpläne wirken sollen. Bei bestimmten Arten, beispielsweise den Elefanten aus Abschnitt 14.4.1, kann die zum Überleben benötigte Mindestpopulationsgröße zur Folge haben, daß das erforderliche Areal so groß ist, daß es alle erforderlichen funktionellen Beziehungen enthält. Die ökologischen Grenzen können aber weiterreichen, als es bei der Betrachtung nur einer bestimmten Art nötig ist. So ist es nur dann sinnvoll, ein Feuchtgebiet zu schützen, wenn das Schutzgebiet so viel von der umgebenden Landschaft umfaßt, daß die terrestrischen Stadien der Wasserinsekten einen Lebensraum haben. Auch muß sichergestellt sein, daß das Feuchtgebiet ausreichend Energie und Nährstoffe aus dem Umland erhält.

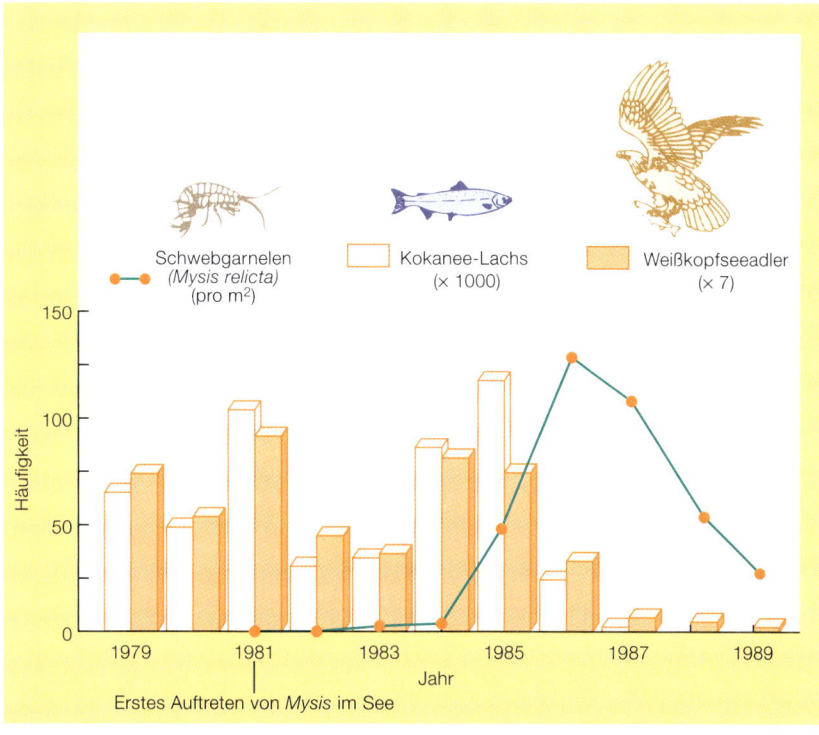

Abbildung 14.9
Mit wachsender
Populationsgröße
der Schwebgarnele
Mysis relicta
reduzierte diese
immer stärker das
Zooplankton im
Flathead Lake.
Daraufhin kam es
zum Rückgang des
Kokanee-Lachses
sowie der Weiß-
kopfseeadler,
die sich von den
Lachsen ernährten
(nach Spencer et
al., 1991).

Grizzlybären *(Ursus arctos)* und Seeadler *(Haliaeetus leucocephalus)* leben von laichenden Lachsen. Der Zusammenbruch der Kokanee-Lachspopulation *(Oncorynchus nerka)* im Flathead Lake und seinen Zuflüssen führte dazu, daß die beiden Räuber sehr viel seltener gesichtet werden als früher.

In bezug auf Lebensgemeinschaften und Ökosysteme stellt sich die Frage, wie viele Arten eines Ökosystems aussterben können, ohne daß die Produktivität, der Nährstoffkreislauf oder die Belastbarkeit der Lebensgemeinschaft auch im Fall von Störungen verlorengehen. Drei mögliche Szenarien sind in Abbildung 14.10 dargestellt. In jedem Fall arbeiten die ökologischen Prozesse bei (natürlichem) hohem Artenreichtum auf normalem Niveau und nehmen bis

**Offene Frage:
Ökologische
Redundanz –
wie wichtig ist
Artenreichtum
wirklich?**

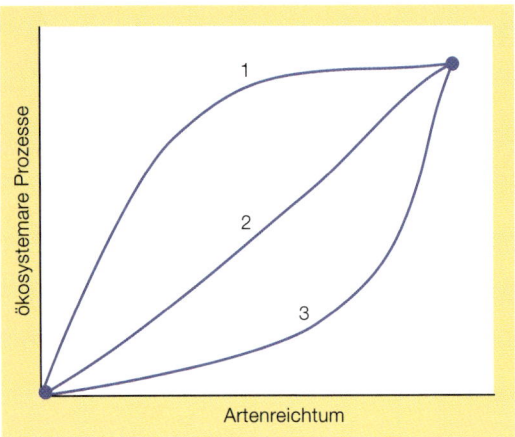

Abbildung 14.10
Hypothetische Beziehungen zwischen Artenreichtum und grundlegenden ökosystemaren Prozessen wie Produktivität, Nährstoffkreisläufen und Stabilität. Weitere Einzelheiten siehe Text.

auf Null ab, wenn keine Arten mehr anwesend sind. Zwischen diesen Extremen gibt es drei Kurven. In Kurve 1 wird der Prozeß erst dann negativ beeinflußt, wenn schon sehr viele Arten verloren sind. Dies entspricht einer Situation mit hoher „ökologischer Redundanz". Der Verlust von Biodiversität ist in diesem Szenarium nur von geringer Bedeutung. In Kurve 2 trägt jede Art zum Funktionieren des Ökosystems bei. Wenn diese Kurve den natürlichen Verhältnissen entspricht, dann sollten wir jeden Verlust von Biodiversität vermeiden. Allerdings sollte das System zumindest ein gewisses Maß an Biodiversitätsverlusten ertragen können. In Kurve 3 bricht das System schon beim Verlust einer oder weniger Arten (möglicherweise Schlüsselarten) zusammen. Welches dieser Modelle entspricht den natürlichen Verhältnissen am ehesten? Die einfache Antwort ist, daß wir es nicht wissen.

In einer Studie trug Mikkelson (1993) Daten von Habitatfragmenten zusammen, die sich in 5 gegensätzlichen Zuständen befanden. Ein Datensatz stammte von Berggipfeln, zwei stammten von Inseln (von denen jede vor 6000–14 000 Jahren noch ein zusammenhängendes Areal darstellte), und zwei stammten von zwei Gruppen von Naturschutzgebieten in Australien, bei denen die Habitatfragmentierung um 1900 begonnen hatte. Das Gesamtbild ergab, daß der Artenreichtum aufgrund der Fragmentierung abnahm, die „trophische Organisation" (die Verhältnisse zwischen Pflanzen, Pflanzenfressern und Fleischfressern) zwischen Fragmenten verschiedener Größe dagegen nicht verschieden war. Diese und andere Studien zeigen also, daß große Fragmente unbedingt nötig sind, wenn wir Biodiversität erhalten wollen. Auf der anderen Seite gibt die Studie von Mikkelson auch Anlaß zur Hoffnung, denn sie zeigt, daß Fragmentierung zumindest bis zu einem gewissen Punkt nicht zu einem Zusammenbruch der grundlegenden ökosystemaren Abläufe führt.

14.4   Angewandter Naturschutz

14.4.1   Artenschutzprogramme

Wie groß ist die Wahrscheinlichkeit, daß eine seltene Art innerhalb eines bestimmten Zeitraumes ausstirbt, wenn man die Umweltbedingungen, unter denen sie lebt und ihre besonderen Eigenschaften berücksichtigt? Oder anders gefragt: Wie groß muß eine Population sein, damit die Aussterbewahrscheinlichkeit auf ein möglichst niedriges Niveau sinkt?

Dies sind häufig die entscheidenden Fragen im Naturschutz. Der klassische Ansatz zur Beantwortung dieser Frage wären Experimente mit Populationen verschiedener Größe über einige Jahre hinweg. Diese Methode läßt sich bei bedrohten Arten nicht anwenden, da die Situation meist zu drängend ist und es nur wenige Individuen gibt, mit denen man arbeiten könnte. Wie soll man dann die Mindestgröße einer überlebensfähigen Population feststellen? Drei Lösungsansätze sollen diskutiert werden: (1) die Suche nach Hinweisen aus bereits vorhandenen Langzeitstudien, (2) die subjektive Beurteilung der Lage, basierend auf Expertenwissen, und (3) die Entwicklung von mathematischen Populationsmodellen. Jeder dieser Ansätze hat seine Schwächen, die im folgenden an Beispielen verdeutlicht werden sollen.

Die Bestimmung der minimalen überlebensfähigen Population ...

Datensätze wie jener in Abbildung 14.7b sind ungewöhnlich, denn sie beruhen auf Langzeitstudien, bei denen eine Anzahl von Populationen überwacht werden. Hier handelt es sich um Populationen von Bighorn-Schafen in Wüstengebieten. Als Bedingung für die minimale überlebensfähige Population (*minimum viable population*, MVP) soll angenommen werden, daß für sie eine 95-%-Wahrscheinlichkeit besteht, die nächsten 100 Jahre zu überleben. Wie groß ist die MVP auf Grundlage der dargestellten Zahlen? Die Populationen mit weniger als 50 Individuen starben alle innerhalb von 50 Jahren aus, wohingegen 50 % der Populationen mit 51–100 Individuen länger als 50 Jahre überlebten. Offenbar sind für eine MVP mehr als 100 Individuen erforderlich. Tatsächlich hatten entsprechende Populationen eine Überlebenswahrscheinlichkeit von nahezu 100 % für den gesamten Untersuchungszeitraum von 70 Jahren. Solche Studien haben allerdings nur einen begrenzten Wert für den Naturschutz, da sie meist von Arten stammen, die nicht gefährdet sind. Sie können nur dann mit einiger Berechtigung zur Erarbeitung von Artenschutzprogrammen verwendet werden, wenn die gefährdete Art und die untersuchte Art hinreichend ähnliche Bevölkerungsstatistiken haben und die Umweltbedingungen ähnlich sind.

... anhand vorhandener Langzeitstudien: nicht ohne Risiko

Relevante Informationen für die Bewältigung von Artenschutzkrisen sind nicht nur in der wissenschaftlichen Literatur zu finden, sondern auch in den Köpfen von Experten. Durch das Zusammenbringen von Experten in Naturschutz-Workshops ist es möglich, zu fundierten Entscheidungen zu gelangen. Die vorgeschlagenen Maßnahmen mögen nicht immer richtig sein. Trotzdem ist diese Methode empfehlenswert, wenn Entscheidungen gefällt werden müssen und keine Möglichkeit für weitere Untersuchungen besteht. Diese Methode stützt sich auf vorhandene Daten, vorhandenes Wissen und Erfahrungen. Darüber hinaus werden bei dieser Methode die verschiedenen Möglichkeiten systematisch untersucht, und es wird die bedauernswerte, aber unausweichliche Tat-

... anhand subjektiver Beurteilung mit Hilfe von Expertenwissen

sache berücksichtigt, daß die verfügbaren Ressourcen nicht unbegrenzt sind. Sie beinhaltet aber auch ein Risiko. Wenn wichtige Daten zur Entscheidungsfindung fehlen, kann es sein, daß die scheinbar optimale Möglichkeit ganz einfach falsch ist.

Das Sumatra-Nashorn *(Dicerorhinus sumatrensis)* kommt nur in kleinen isolierten Subpopulationen in zunehmend fragmentierten Lebensräumen in Sabah (Ostmalaysia), Indonesien, Westmalaysia und möglicherweise auch in Thailand und Burma vor. Abholzung, menschliche Ansiedlungen und Stromerzeugung durch Wasserkraft gefährden die ungeschützten Lebensräume. Es gibt nur wenige ausgewiesene Schutzgebiete, die allerdings ebenfalls einer gewissen Nutzung unterliegen. Zum Zeitpunkt eines Workshops, bei dem die Zukunft des Sumatra-Nashorns diskutiert wurde, gab es nur zwei Individuen in Gefangenschaft (Maguire et al., 1987).

Die Gefährdung des Nashorns, der Einfluß verschiedener Schutzmaßnahmen auf die Gefährdung und die geeignetsten Schutzmaßnahmen unter Zugrundelegung bestimmter Kriterien wurden mit einer sogenannten *Entscheidungsanalyse (decision analysis)* ermittelt. Die Abbildung 14.11 zeigt einen „Entscheidungsbaum", der aufgrund der geschätzten Aussterbewahrscheinlichkeit der Art für einen Zeitraum von 30 Jahren (entsprechend etwa 2 Nashorngenerationen) erstellt wurde. Bei der Erstellung des Entscheidungsbaumes wurde folgendermaßen vorgegangen: Die kleinen Quadrate stellen Entscheidungspunkte zwischen verschiedenen Möglichkeiten dar. Das erste Quadrat steht für die Entscheidung, ob Maßnahmen zum Schutz des Nashorns ergriffen werden sollen oder nicht (Status quo). Das zweite Quadrat steht für die Entscheidung zwischen verschiedenen Schutzmaßnahmen. Der Ast jeder Entscheidungsmöglichkeit verzweigt sich an einen Kreis, wobei jede Verzweigung für ein mögliches Resultat der Maßnahme steht. Die Zahl über jeder Verzweigung gibt die Wahrscheinlichkeit an, daß ein bestimmtes Resultat eintritt. Für weitere Details siehe die Legende von Abbildung 14.11. Zwei Möglichkeiten sollen nun im Detail betrachtet werden. Die erste Möglichkeit besteht darin, in einem bereits bestehenden oder neu zu schaffenden Schutzgebiet ein Areal einzuzäunen, und die daraus resultierende hohe Individuendichte in dem eingezäunten Gebiet durch Zusatzfütterung und tierärztliche Betreuung zu erhalten. Bei dieser Möglichkeit stellen Krankheiten ein Hauptrisiko dar. Aufgrund der höheren Individuendichte wurde die Wahrscheinlichkeit einer Epidemie höher eingeschätzt als bei der *Status-quo*-Möglichkeit (0,2 gegenüber 0,1), und P im Falle einer Epidemie wurde wieder mit 0,95 angesetzt. Falls die Einzäunungsmaßnahmen erfolgreich sein sollten, wurde angenommen, daß P auf 0,45 abgesenkt werden könnte und die Gesamtaussterbewahrscheinlichkeit E bei 0,55 liegt. Die Kosten der Einzäunung wurden mit 0,6 Millionen US-Dollar für 30 Jahre angesetzt. Für die Nachzucht der Nashörner in Gefangenschaft wäre es nötig gewesen, die Tiere aus dem Freiland einzufangen. Im Falle eines Mißerfolgs wurde angenommen, daß sich P auf 0,95 erhöhen würde. Im Falle eines Erfolges würde P aber auf 0 absinken. Die Kosten für ein Zuchtprogramm in Gefangenschaft wurden als sehr hoch eingeschätzt, da es den Aufbau von entsprechenden Zuchtanlagen in Malaysia und Indonesien (ca. 2,06 Millionen US-Dollar und den Ausbau bereits existierender Anlagen in den USA und

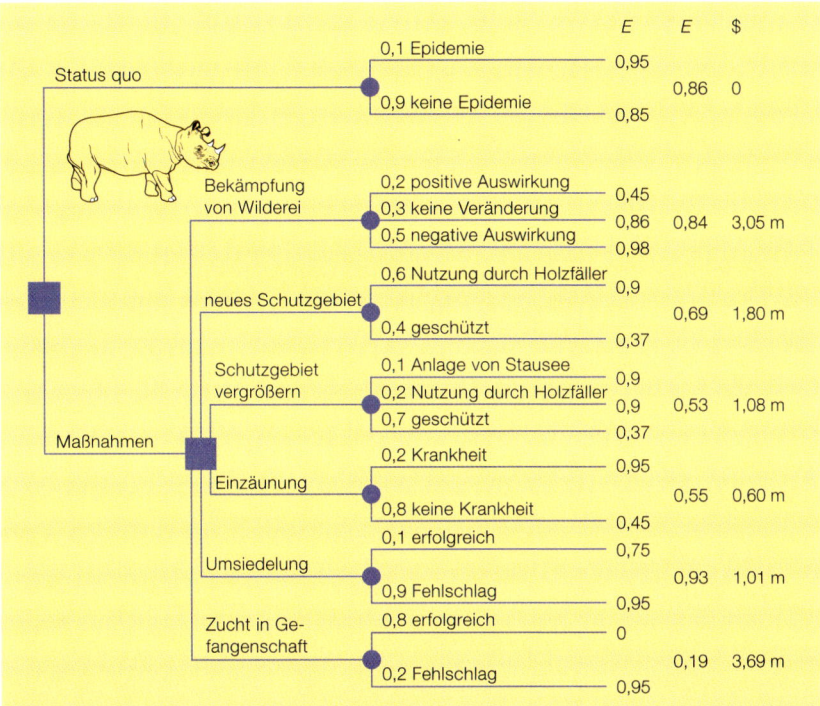

Abbildung 14.11
Entscheidungsbaum für den Artenschutz des Sumatra-Nashorns. Für die Möglichkeit
„Status quo", d. h., wenn keine Schutzmaßnahmen ergriffen werden, besteht eine Wahrscheinlichkeit von 0,1, daß innerhalb der nächsten 30 Jahre eine Epidemie auftritt. Folglich gibt es eine Chance von 0,9, daß es nicht zu einer Epidemie kommt. Im Falle einer
Epidemie wurde die Aussterbewahrscheinlichkeit P mit 0,95 angesetzt (d. h. 95 % Aussterbewahrscheinlichkeit innerhalb der nächsten 30 Jahre). Beim Nichtauftreten einer
Epidemie wurde P mit 0,85 angesetzt. Die Gesamtaussterbewahrscheinlichkeit E berechnet sich dann folgendermaßen: E = (Wahrscheinlichkeit des ersten Resultates × P des ersten Resultates) + (Wahrscheinlichkeit des zweiten Resultates × P des zweiten Resultates).
Für die „Status-quo"-Möglichkeit ergibt sich E = (0,1 × 0,95) + (0,9 × 0,85) = 0,86. Die
P- und E-Werte für die anderen Möglichkeiten werden entsprechend berechnet. Die letzte Spalte gibt die geschätzten Kosten für jede Möglichkeit an (aus Maguire et al., 1987).

Großbritannien (1,63 Millionen US-Dollar) erfordert. Die Erfolgsaussichten
wurden mit 0,8 angesetzt. Die Aussterbewahrscheinlichkeit E war daher 0,19.

Woher kommen diese verschiedenen Wahrscheinlichkeitswerte? Die Antwort lautet: Aus der Kombination vorhandener Daten, ihrer fachlich begrün-
deten Nutzung, den Einschätzungen von Experten und den Erfahrungen mit
verwandten Arten. Welches ist nun die beste Schutzmaßnahme? Die Antwort
hängt davon ab, welche Kriterien als Grundlage der Beurteilung herangezogen
werden. Wenn es nur darum geht, die Aussterbewahrscheinlichkeit ohne Rücksicht auf die Kosten zu verringern, wäre Nachzucht in Gefangenschaft die beste Möglichkeit. In der Praxis sind die Kosten aber fast immer von Bedeutung.
Unter dieser Voraussetzung geht es also darum, eine Möglichkeit zu finden, die
ein akzeptables E mit akzeptablen Kosten verbindet.

Im Rückblick berichtete Caughley (1994; Zahlen von N. Leader-Williams), daß etwa 2,5 Millionen US-Dollar für den Fang wilder Sumatra-Nashörner ausgegeben wurden. Drei Tiere starben während des Fanges, 6 starben nach dem Fang, und von den 21 Nashörnern, die sich momentan in Gefangenschaft befinden, bekam nur ein Weibchen ein Junges. Dieses Weibchen war allerdings bereits trächtig, als es gefangen wurde. Leader-Williams vermutet, daß 2,5 Millionen US-Dollar ausgereicht hätten, um 700 km² an für die Nashörner geeignetem Lebensraum für 20 Jahre zu schützen. Theoretisch hätte dieses Gebiet für eine Population von 70 Nashörnern ausgereicht, die bei einer Zuwachsrate von 0,06 pro Individuum und Jahr (nach den Zahlen von entsprechenden Schutzprogrammen bei anderen Nashornarten) in dieser Zeit etwa 90 Nachkommen bekommen hätten.

... anhand von Populationsmodellen wie im Fall des Afrikanischen Elefanten

Mathematische Simulationsmodelle sind eine weitere Methode, die Überlebensfähigkeit von Populationen zu bestimmen. In solchen Modellen wird für jedes einzelne Individuum in einer Aufeinanderfolge von Zeitabschnitten die (mit einer gewissen Unsicherheit behaftete) Wahrscheinlichkeit berechnet, daß es überleben oder eine bestimmte Anzahl von Nachkommen hervorbringen wird. Mit dem Modell werden dann viele Rechendurchläufe hintereinander durchgeführt. Aufgrund der im Modell eingebauten Zufallselemente kommt es bei jedem Rechendurchlauf zu einem leicht unterschiedlichen Ergebnis. Als Ergebnisse erhält man für jede Gruppe von Modellparametern die Aussterbewahrscheinlichkeit (d. h. die Anzahl der simulierten Populationen, die ausgestorben sind) über einen bestimmten Zeitraum.

Ein Beispiel für die Anwendung des Simulationsmodells (population viability analysis: PVA) betrifft den Afrikanischen Elefanten *(Loxodonta africana)*. Die Individuengesamtzahl nimmt ab, und es wird erwartet, daß hauptsächlich aufgrund von Lebensraumverlust und Elfenbeinwilderei in den nächsten Jahrzehnten nur wenige Individuen außerhalb von stark gesicherten Schutzgebieten überleben werden. Für das Modell wurden 12 Altersklassen von jeweils 5 Jahren und Zeitabschnitte von ebenfalls 5 Jahren verwendet. Die Daten für die Überlebenswahrscheinlichkeit in den einzelnen Altersklassen und die dichteabhängige Fortpflanzungsrate wurden einer sehr detaillierten Studie aus dem Tsavo-Nationalpark in Kenia entnommen, der mit seinem semiariden Zustand bereits vorhandenen und geplanten Schutzgebieten entspricht. Zufällige Umweltereignisse wurden in Form von Trockenheit berücksichtigt, wobei auch hier tatsächliche Daten aus dem Tsavo-Nationalpark zugrunde lagen. Schwächere Trockenperioden treten demnach etwa alle 10 Jahre auf, stärkere Trockenperioden alle 50 Jahre und extreme Trockenperioden alle 250 Jahre. Tabelle 14.3 zeigt die Überlebensfähigkeit von Elefantenkühen unter normalen Bedingungen und im Verlauf der drei Trockenperioden. Die Beziehung zwischen Aussterbewahrscheinlichkeit und Lebensraumgröße wurde für einen Zeitraum von 1000 Jahren simuliert, und es wurden für jedes Modell mindestens 1000 Rechendurchläufe durchgeführt. Die Population wurde als ausgestorben betrachtet, wenn keine Individuen mehr übrig waren oder nur noch Individuen eines Geschlechts vorhanden waren. Die Ergebnisse zeigen, daß ein Gebiet von 500 Quadratmeilen benötigt wird, um eine 99-%-Überlebenswahrscheinlichkeit für 1000 Jahre zu gewährleisten (Abb. 14.12). Tatsächlich empfahlen die

Tabelle 14.3   Überlebenswahrscheinlichkeit von Elefanten aus 12 verschiedenen Altersklassen in normalen Jahren (Häufigkeit 0,47 im Verlauf von 5 Jahren), in Jahren mit Trockenheiten wie sie nur alle 10 Jahre (Häufigkeit 0,41 in 5 Jahren), alle 50 Jahre (Häufigkeit 0,1 in 5 Jahren) und alle 250 Jahre auftreten (Häufigkeit 0,02 in 5 Jahren) (nach Armbruster & Lande, 1992)

Überlebenswahrscheinlichkeit der Elefantenkühe				
Altersklassen (Jahre)	Normale Jahre	10jährige Trockenheit	50jährige Trockenheit	250jährige Trockenheit
0–5	0,500	0,477	0,250	0,01
5–10	0,887	0,877	0,639	0,15
10–15	0,884	0,884	0,789	0,20
15–20	0,898	0,898	0,819	0,20
20–25	0,905	0,905	0,728	0,20
25–30	0,883	0,883	0,464	0,10
30–35	0,881	0,881	0,475	0,10
35–40	0,875	0,875	0,138	0,05
40–45	0,857	0,857	0,405	0,10
45–50	0,625	0,625	0,086	0,01
50–55	0,400	0,400	0,016	0,01
55–60	0,000	0,000	0,000	0,00

Experten den Schutzbehörden sogar eine noch konservativere Größe von 1000 Quadratmeilen für Schutzgebiete, um der geringen Zuverlässigkeit ihrer Schätzungen insbesondere in der jüngsten Altersklasse Rechnung zu tragen. Von den Schutzgebieten und Wildparks im zentralen und südlichen Afrika sind nur 35 % größer als 1000 Quadratmeilen.

Im Idealfall sollte uns eine solche PVA in die Lage versetzen, für eine bedrohte Art spezifische und verläßliche Empfehlungen zur mindestens erforderlichen Populationsgröße bzw. zur Schutzgebietgröße zu machen, die innerhalb ei-

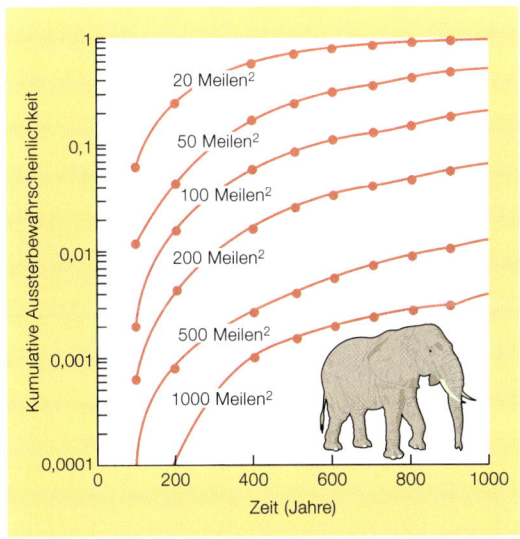

Abbildung 14.12
Kumulative Aussterbewahrscheinlichkeiten von Elefantenpopulationen in 6 verschiedenen Lebensraumgrößen über 1000 Jahre hinweg (nach Armbruster & Lande, 1992).

nes gegebenen Zeitraumes eine gegebene Überlebenswahrscheinlichkeit ermöglicht. Das ist selten oder überhaupt nie möglich, da die zugrundeliegenden biologischen Daten meist nicht gut genug sind. Den Modellierern ist das sehr wohl bewußt, und es ist wichtig, daß sich auch Artenschutzmanager darüber im klaren sind. Trotzdem haben wir gesehen, wie Modelle es ermöglichen, vorhandene Daten optimal zu nutzen, aus einer Reihe möglicher Maßnahmen die beste auszuwählen sowie die relative Wichtigkeit verschiedener Risikofaktoren zu bestimmen. Darüber hinaus kam eine zurückblickende Analyse von 21 PVAs (mit Populationen von Vögeln, Säugetieren, Reptilien und Fischen) zu dem ermutigenden Befund, daß die Populationsrückgänge bemerkenswert genau vorhergesagt worden waren. Der Katalog möglicher Schutzmaßnahmen, welche aufgrund der Befunde einer PVA ergriffen werden können, umfaßt die Umsiedelung einzelner Individuen zur Vergrößerung von Zielpopulationen und/oder Erhöhung ihrer genetischen Variabilität, die Erhöhung der Umweltkapazität durch Fütterung, die Verhinderung von Auswanderung durch Einzäunungen, die Aufzucht von jungen Individuen durch den Menschen oder durch verwandte Arten, die Erniedrigung der Sterberate durch Bekämpfung von tierischen Räubern oder Wilderern, Schutzimpfungen und natürlich den Schutz des Lebensraumes.

14.4.2 *Ex-situ*-Artenschutz

Die Nachzucht in Gefangenschaft als Schutzmöglichkeit ist attraktiv durch ihre direkte Wirkung, den schnell sichtbaren Erfolg und den Umstand, daß sie weiterhin auch andere Möglichkeit offenhält. Sie kann genutzt werden, um ein demographisches und genetisches Reservoir zur Verbesserung existierender Populationen zu erhalten oder zur Etablierung neuer Populationen. Die Nachzucht in Gefangenschaft stellt die letzte Rückzugsmöglichkeit für Arten dar, für die es in absehbarer Zukunft keine Hoffnung auf Überleben in der Natur gibt. So sind Davidshirsch *(Elaphurus davidianus)* und Przewalski-Pferd *(Equus przewalskii)* in der Natur vermutlich ausgestorben, werden aber in Gefangenschaft mit gutem Erfolg nachgezüchtet. Die noch vorhandenen, aber bedrohten Wildpopulationen der Hirschziegenantilope *(Antilope cervicapra)*, des Arabischen Spießbocks *(Oryx leucoryx)*, des Wanderfalken *(Falco peregrinus)*, der Galapagos-Riesenschildkröte *(Geochelone elephantopus)* und des Fischotters *Lutra lutra)* wurden durch Nachzuchten aus der Gefangenschaft ergänzt. Zoologische Gärten stehen seit kurzem im Mittelpunkt einer lebhaften Debatte. Auf der einen Seite werden zoologische und botanische Gärten, ebenso wie Samenbanken, von einigen Menschen als kleine Archen angesehen, die bedrohten Arten Schutz vor der Flut des Artensterbens bieten. Andere sehen in ihnen nur noch lebende Museen: Sobald eine Art nur noch im Zoo vorkommt, kann sie praktisch als ausgestorben gelten (Ginsberg, 1993). Zwar demonstrieren die obenangeführten Fälle den Wert dieser Institutionen als Arche. Trotzdem sollte der Artenschutz durch Nachzucht in Gefangenschaft drei Stufen umfassen und zwar (1) die Planung eines Schutzprogrammes, (2) die Nachzucht in Gefangenschaft und (3) die Wiedereinbürgerung. Diese Stufen müssen mit Schutz des Lebensraumes und Artenschutz *in situ* (vor Ort) integriert werden. Bedauerlicherweise sind bei vielen Arten die Nachzucht in Gefangenschaft und die anschlie-

Beispiele für Tierarten, deren Nachzucht in Gefangenschaft gut gelingt, die aber in der Natur ausgestorben sind oder vom Aussterben bedroht sind: Davidshirsch *(Elaphurus davidianus)*, Przewalski-Pferd *(Equus przewalskii)*, Arabischer Spießbock *(Oryx leucoryx)*, Galapagos-Riesenschildkröte *(Geochelone elephantopus)* und Hirschziegenantilope *(Antilope cervicapra)*.

ßende Wiedereinbürgerung nicht möglich, weil es z. B. keine geeigneten Zuchtmethoden gibt, weil der geeignete Lebensraum nicht zur Verfügung steht oder die Gründe für die Bedrohung nicht mehr rückgängig gemacht werden können. Und für den Bau einer „Arche", die groß genug ist für einen ausreichenden Anteil der Arten dieser Erde, gibt es nicht genügend Mittel.

14.4.3 Schutzgebiete

Die Ausarbeitung von Schutzprogrammen ist vermutlich der beste Weg, einzelne Arten vor dem Aussterben zu retten. Das gilt für Arten, die große Probleme haben oder die von besonderer Bedeutung sind, wie z. B. sogenannte „keystone species" (Schlüsselarten), evolutionär einzigartige Arten oder charismatische, große Tierarten, die der Öffentlichkeit gut „verkauft" werden können. Trotzdem ist es nicht möglich, sich um alle Arten gleichzeitig zu kümmern. Der „US Fish and Wildlife Service" berechnete, daß etwa 4,6 Milliarden US-Dollar über 10 Jahre hinweg nötig wären, um alle in den Vereinigten Staaten als gefährdet eingestuften Arten zu schützen (U.S. Departement of the Interior, 1990). Das Jahresbudget für 1993 betrug lediglich 60 Millionen US-Dollar (Losos, 1993). Es ist aber zu erwarten, daß die größtmögliche Biodiversität bewahrt werden kann, indem man ganze Gebiete mit ihren Artengemeinschaften schützt. Schutzgebiete unterschiedlichster Art (Nationalparks, Naturschutzgebiete, Naturparks) nahmen an Zahl und Gesamtfläche im Laufe des 20. Jahrhunderts immer weiter zu. Die größte Zunahme ist seit 1970 zu verzeichnen. Dennoch stellten die 4500 Schutzgebiete, die im Jahre 1989 existierten, lediglich 3,2 % der Landoberfläche weltweit dar. Im besten Fall und den politischen Willen vorausgesetzt, können maximal 6 % der Landfläche zu Schutzgebieten erklärt werden. Der Rest der Landfläche wird benötigt, um die natürlichen Ressourcen für das Überleben der Menschheit zu sichern (Primack, 1993).

Marine Schutzgebiete – wie Schutz und nachhaltige Nutzung Hand in Hand gehen können

Die Unterschutzstellung von Meeresgebieten, die bisher den Bemühungen um terrestrische Gebiete hinterherhinkte, wird nun zusehends als vordringlich betrachtet. Das Meer beherbergt die meisten Lebensgemeinschaften der Erde. Von den 33 beschriebenen Stämmen kommen 32 im Meer vor, 15 davon sind ausschließlich dort zu Hause. Lebensgemeinschaften im Meer sind einer Reihe negativer Einflüsse ausgesetzt, zu denen Überfischung, Habitatzerstörung und ganz besonders der Eintrag von Verschmutzung vom Festland gehören. In vielen neuen marinen Schutzgebieten ist eine vielfältige Nutzung erlaubt. Dazu gehören Umweltaktivitäten, die traditionelle Nutzung durch Ureinwohner, Hobby- und Berufsfischerei und andere (Agardy, 1994). Es steht fest, daß Naturschutz und nachhaltige Nutzung an Land (Forst-, Landwirtschaft) Hand in Hand gehen können, solange die Planung auf wissenschaftlichen Erkenntnissen beruht und die Verhandlungspunkte klar sind (Margules & Pressey, 2000).

Zentren der Biodiversität, des Endemismus oder des Artensterbens

Um die beschränkte Anzahl an neuen Schutzgebieten im terrestrischen und marinen Bereich systematisch erfassen zu können und mit Bedacht auszuwählen, ist es nötig, Prioritäten festzulegen. Wir wissen, daß sich die Lebensgemeinschaften verschiedener Standorte stark unterscheiden, und zwar in ihrem Artenreichtum (Biodiversitätszentren), in der Anzahl der endemischen Arten, die sie beherbergen (Endemismuszentren), und in dem Ausmaß, in dem ihre Arten bedroht sind („Hotspots" des Artensterbens, z. B. aufgrund ständiger Lebensraumzerstörung). Eines oder einige dieser Kriterien könnten herangezogen werden, um besonders schutzwürdige Gebiete festzulegen (Abb. 14.13).

Wie müssen Schutzgebiete aussehen?

Eine möglicherweise überraschende Anwendung der Inseltheorie in der Biogeographie (Abschnitt 10.5.1) liegt im Naturschutz. Das liegt daran, daß viele geschützte Gebiete und Naturreservate in einem „Ozean" von Land lie-

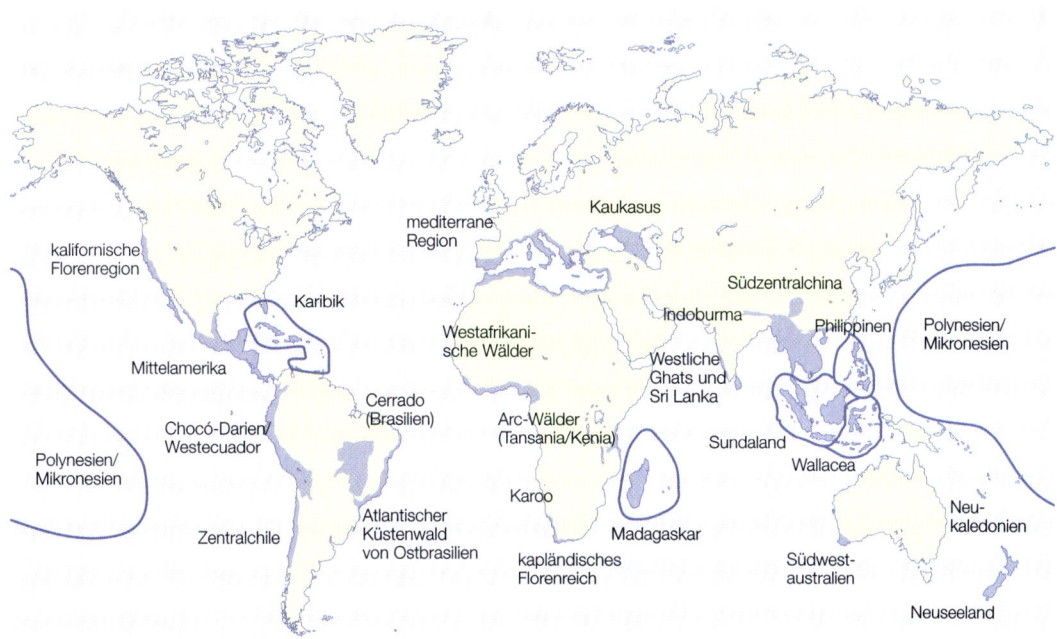

Abbildung 14.13
Die weltweite Verteilung von Hotspots der Biodiversität. Eine außergewöhnlich große Anhäufung endemischer Arten geht an diesen Stellen mit außergewöhnlich großen Habitatverlusten einher. 44 % aller Gefäßpflanzenarten und 35 % aller Wirbeltierarten kommen in nur 25 Hotspots vor, die lediglich 1,4 % der Landoberfläche ausmachen (nach Myers et al., 2000b).

gen, das durch den Menschen verändert und unbewohnbar gemacht wurde. Kann man aus dem Studium von Inseln im allgemeinen „Grundregeln" ableiten, die bei der Planung von Naturreservaten beachtet werden sollten? Die Antwort ist ein vorsichtiges „Ja". Die folgenden Punkte können als wichtig festgehalten werden.

1. Ein Problem, das bei der Planung manchmal auftritt, ist die Frage, ob man besser ein großes Areal schützen soll oder mehrere kleine Areale mit der gleichen Grundfläche. Wenn jedes der kleinen Gebiete dieselben Arten beherbergt, ist es besser, ein großes Schutzgebiet anzulegen. Aufgrund der in Abschnitt 10.5.1 behandelten Arten-Areal-Beziehung ist zu erwarten, daß in einem großen Areal mehr Arten geschützt werden.

2. Wenn die Region, um die es geht, sehr heterogen ist, ist zu erwarten, daß jedes der kleinen Gebiete eine andere Gruppe von Arten beherbergt. Die Gesamtzahl geschützter Arten in mehreren kleinen Gebieten dürfte dann die Artenzahl in einem einzigen großen Gebiet übertreffen. Tatsächlich haben mehrere kleine Inseln häufig mehr Arten als ein vergleichbar großes Gebiet aus einer oder wenigen großen Inseln. Dieses Muster ist in Lebensrauminseln und ganz besonders in Nationalparks sehr ähnlich. In Untersuchungen der Säugetiere und Vögel in mehreren kleinen Parks in Ostafrika wurden mehr Arten gefunden als in großen Parks der gleichen Grundfläche.

Das gleiche Ergebnis zeigte sich für Säugetiere und Eidechsen in australischen Reservaten und für große Säugetiere in Nationalparks der USA. Es ist wahrscheinlich, daß die Heterogenität der Habitate von großer Wichtigkeit für den Artenreichtum eines Gebietes ist.

3. Ein besonders wichtiger Punkt ist, daß lokale Aussterbeereignisse in Habitatfragmenten normal sind. Die Möglichkeit zur Wiederbesiedlung von Habitatfragmenten ist daher für das Überleben von fragmentierten Populationen von kritischer Bedeutung. Besonderes Augenmerk sollte daher auf die räumliche Beziehung von Fragmenten gerichtet werden, insbesondere auf die Anlage von Korridoren zu ihrer Vernetzung. Der mögliche Nachteil einer solchen Vernetzung ist, daß dadurch das gleichzeitige Auftreten von katastrophalen Ereignissen in mehreren Fragmenten, wie die Ausbreitung von Feuer oder von Krankheiten, gefördert werden. Trotzdem überwiegen die Argumente für eine Vernetzung von Fragmenten. Tatsächlich sind hohe Wiederbesiedelungsraten für den erfolgreichen Schutz von gefährdeten Metapopulationen unverzichtbar, selbst wenn das bedeutet, daß die Naturschützer persönlich für den Transport der Organismen sorgen. Besonders zu beachten ist, daß Populationen, die von Natur aus nur geringe Ausbreitungsraten haben, durch die Fragmentierung der Landschaft und die damit verbundene Schaffung von isolierten Subpopulationen am meisten betroffen sind. Der weltweit zu beobachtende Artenrückgang bei Amphibien könnte entscheidend durch ihre geringe Ausbreitungsfähigkeit verursacht worden sein (Blaustein et al., 1994).

14.4.4 Renaturierungsökologie

Unterschutzstellung ist ein geeignetes Mittel, wenn es etwas zu schützen gibt. In vielen Fällen ist es dazu aber zu spät. Arten, oder wahrscheinlicher noch ganze Artengemeinschaften sind verschwunden, wurden zerstört oder vollständig verändert. Dann ist die *Renaturierung (restauration)*, nicht die Unterschutzstellung, erforderlich (Fenster 14.3).

Renaturierung einer natürlichen Gemeinschaft

Aber was genau soll durch Renaturierung wiederhergestellt werden? Am Beginn steht möglicherweise der Versuch, die Pflanzen und Tiere wieder anzusiedeln, die als „natürliche" Bewohner des Gebietes angesehen werden. „Natürlich" wird hier in dem Sinne verstanden, daß sie dort vorkamen, bevor es zu der Störung kam, die letztendlich die Renaturierungsmaßnahme nötig machte. Dabei gibt es drei Probleme. Erstens ist es möglicherweise nicht bekannt, welches die ursprünglichen Arten waren. Zweitens kann es bis zur Herstellung des natürlichen Verbreitungsmusters Jahre dauern. Drittens, erfordert die Beschleunigung dieser Prozesse, auch wenn sie im Prinzip möglich ist, ein genaues Wissen der Ökologie vieler Arten. Dieses ist, wenn überhaupt, nur selten, vorhanden.

Die Beseitigung von unerwünschten Arten

Lebensgemeinschaften können durch eine oder mehrere eingeführte Arten dramatisch verändert werden. In solchen Fällen ist zur Renaturierung die Entfernung, und nicht das Zufügen von Arten, erforderlich (Myers et al., 2000a). Auf den Inseln vor der Küste von Neuseeland wurden diesbezüglich bedeutende Erfolge erzielt. Im Laufe der Jahrhunderte wurden auf vielen Inseln absichtlich Nutztiere eingeführt. Die erfolgreiche Beseitigung von Rindern,

Fenster 14.3 – Aktueller ÖKOnflikt

Die widersprüchlichen Anforderungen der Menschen an Ökosysteme

Die folgende Kurzfassung eines Artikels aus dem *Boston Globe* von Breth Daley zeigt die widersprüchlichen Anforderungen, die Menschen an natürliche Ökosysteme stellen, beispielhaft am „River of Grass", den Everglades.

Rettet den „River of Grass": Die weltweit größte Renaturierungsmaßnahme wird bedroht – von durstigen Städten!

Weston, Florida. Nur wenige reden darüber, doch bei der Renaturierung der Everglades geht es ebenso um das Bewässern von Rasenflächen in geplanten Gemeinden aus pfirsichfarbenen Häusern wie um die Rettung des sagenhaften „River of Grass" und seiner Wildtiere.

Das ambitionierteste Umweltrenaturierungsprojekt aller Zeiten ist in vollem Gange. Ein Sumpf soll wiederhergestellt werden, der früher als so übel angesehen wurde, daß die Regierung ein Labyrinth von Dämmen, Kanälen und Pumpen anlegte, um ihn zu entwässern. Die Schäden von 50 Jahren sind überall zu sehen: 68 bedrohte Pflanzen- und Tierarten, 1,5 Millionen Hektar bedeckt mit eingeschleppten Unkräutern und nahezu 2 Millionen Gallonen Wasser, die jeden Tag an das Meer verlorengehen. Ingenieure wollen die Natur neu gestalten und dieses Wasser zurückhalten, um so in einem gewagten Versuch die Everglades vor dem Verdursten zu retten. Vierzig Jahre soll das Projekt dauern.

Aber wie lobenswert es auch erscheinen mag, Mangrovensümpfe und Cape-Sable-Sperlinge zu retten, die glitzernden Wolkenkratzer von Miami und die wildwuchernden Vorstädte wie Weston fordern ebenfalls viel: Etwa ein Fünftel des Wassers, welches bei der Wiederherstellung der Everglades zurückgewonnen wird, ist für den menschlichen Gebrauch bestimmt, für die Bewässerung von Feldern bis zum Trinkwasser für die schnellwachsenden Städte und Ortschaften.

Naturschützer befürchten, daß es die schwindenden Vogelpopulationen und die empfindliche Vegetation mit ihrem Comeback schwerer haben werden, wenn das Wasser zuerst in die Städte gepumpt wird. Sie wollen ein Gesetz, das genau festlegt, was die Everglades bekommen, und das durch Politiker in der Zukunft nicht mehr geändert werden kann.

(© 2001 *Boston Globe;* Weiterveröffentlichung ohne Genehmigung nicht gestattet.)

Wie würden Sie Kosten und Nutzen eines solchen Renaturierungsprojektes bewerten? Die Umwelt soll davon profitieren, wodurch Natur und Erholungsmöglichkeiten verbessert werden sollen. Auch einige Gemeinden sind die Gewinner, da sie mehr vom wertvollen Wasser bekommen werden (allerdings möglicherweise auf Kosten der Umweltverbesserungen). Andere Gemeinden werden zu den Verlieren zählen, wenn ihre Papaya-Gärten und Pferde-Ranches in den wiederhergestellten Sümpfen versinken. Ist es realistisch anzunehmen, daß eine Kosten-Nutzen-Analyse (bei der ökologisch-ökonomische Werte – siehe Fenster 14.1 – dem üblichen Gemisch von Marktgesetzen ausgesetzt werden) die richtige Balance findet?

Ziegen, Schweinen und Katzen fand von 1916–1936 statt. Die kleinen, sich schnell fortpflanzenden und weniger auffälligen Tiere wie Wanderratten, Hausratten und Mäuse zu entfernen, stellte dagegen eine sehr viel gewaltigere Aufgabe dar. Neuseeländische Ökologen waren in den letzten zwei Jahrzehnten damit beschäftigt, und zwar mit beträchtlichem Erfolg. Über 120 Programme zur Schädlingsvernichtung wurden durchgeführt, um Inselhabitate so wiederherzustellen, daß sie für bereits vorhandene, bedrohte Arten besser geeignet sind und die Möglichkeit besteht, Individuen aus gefährdeten Gegenden des Festlandes dorthin umzusiedeln (Towns & Ballantine, 1993). Erfolgreiche Projekte zur Bekämpfung eingeschleppter räuberischer Arten wurden auch in einigen Waldgebieten des neuseeländischen Festlandes durchgeführt.

Die Rehabilitation von Lebensgemeinschaften und Ersatzmaßnahmen

Ein anderer Ansatz ist dort nötig, wo die abiotischen Bedingungen tiefgreifend und möglicherweise irreversibel verändert wurden. Das passiert beispielsweise, wenn unterschiedlichste Minenabfälle überirdisch deponiert werden (Abschnitt 13.7). Bradshaw (1984) hat für diesen Fall zwei Begriffe vorgeschlagen. Von „rehabilitation" spricht er, wenn eine Gemeinschaft angesiedelt werden soll, die ähnlich, aber nicht identisch ist mit der ursprünglichen Gemeinschaft. Der Begriff „replacement" *(Ersatzmaßnahme)* dagegen bezeichnet die Schaffung einer völlig neuen Lebensgemeinschaft anstelle der ursprünglichen Gemeinschaft. Ersatzmaßnahmen, d. h. die Ansiedlung von verschiedensten geeigneten Arten, sind oft nötig, um ästhetische oder Erholungsansprüche zu befriedigen oder auch um eine produktive Umwelt in Form von Nutzwald oder Grünland zu schaffen.

Renaturierungen als Feuerprobe für ökologisches Verständnis

Ganz gleich, ob die Ziele pragmatisch oder romantisch sind (Wiederherstellung des unberührten Zustandes), um Renaturierungen durchzuführen, ist das Verständnis der in diesem Buch beschriebenen Prinzipien und Prozesse von großer Bedeutung. Dabei sind die Erkenntnisse der Synökologie wichtiger als die der Populationsökologie.

14.4.5 Zum Schluß: ein therapeutischer Ansatz für den Naturschutz

Die „Triage": das Setzen von Prioritäten

In verzweifelter Lage müssen schmerzhafte Entscheidungen bezüglich der Prioritäten getroffen werden. An verwundeten Soldaten, die im ersten Weltkrieg in ein Feldlazarett gelangten, wurde eine sog. Triage, d. h. eine Selektion, durchgeführt. Erste Priorität erhielten die Soldaten, von denen vermutet wurde, daß sie bei sofortiger Behandlung überleben könnten. Zweite Priorität erhielten die, welche auch ohne sofortige Behandlung überleben konnten und dritte Priorität solche Soldaten, von denen angenommen wurde, daß sie mit oder ohne Behandlung sterben würden. Naturschützer stehen häufig vor einer ähnlichen Wahl und brauchen viel Mut, um hoffnungslose Fälle aufzugeben und solche Arten und Lebensräume bevorzugt zu bearbeiten, für die etwas getan werden kann.

Der Gesundheitsleitfaden für die Biodiversität

Es gibt Stimmen, die sagen, daß Artenschutz sehr viel mit Notfallmedizin gemeinsam hat, obwohl eigentlich Vorbeugung und medizinische Grundversorgung nötig wären. Letzteres läßt sich am besten erreichen, indem man sich auf Lebensgemeinschaften und Ökosysteme konzentriert. Und es wurde deutlich, daß auch die Intensivstation (die Nachzucht in Zoos oder botanischen Gärten) und plastische Chirurgie (ökologische Renaturierung von Lebensgemeinschaften) zum Gesundheitsleitfaden für die Biodiversität gehören. Alle diese Ansätze sind Teile der Bemühungen, die Gesundheit der Biosphäre zu schützen und zu verbessern.

Das Spektrum der Meinungen zum Naturschutz ist umfassend. Die Extreme reichen vom Umweltextremisten, der bereit ist, Sachen zu zerstören und Leben zu gefährden, um eine aus seiner Sicht nicht zu akzeptierende Ausbeutung von Tieren zu verhindern, bis hin zum Ausbeutungsextremisten, der bereit ist, seltene Lebensräume zu zerstören, die demnächst unter Schutz gestellt werden sollen. Und es gibt noch andere Fanatiker auf beiden Seiten. Auf der einen Seite die Industriellen, Fischer, Bauern und Waldbesitzer, die Argumente von Naturschützern nicht akzeptieren wollen und nicht bereit sind, wissenschaftliche Befunde objektiv zu betrachten. Und auf der anderen Seite Umweltschützer, die nicht gewillt zu sein scheinen, auch nur irgendeine Form von Nutzung der Natur hinzunehmen, und von denen manche sogar betonen, daß Fischen, Jagen und Holzfällen von Grund auf falsch sind. In der Mitte befinden sich Naturnützer und Naturschützer gleichermaßen, deren Grundsatz es ist, daß natürliche Ressourcen genutzt werden können, und zwar auf nachhaltige und ausgeglichene Weise. Ein genaues Verständnis ökologischer Prinzipien und ihrer Anwendung sollte es allen ermöglichen, den wissenschaftlichen Aspekten des Naturschutzes die angemessene Beachtung zukommen zu lassen. Dieser stellt im Grunde ein ethisches und gesellschaftspolitisches Problem dar.

Die ausgleichende Betrachtungsweise

 ## Zusammenfassung

Bei unseren Bemühungen, die Arten und Lebensgemeinschaften der Erde zu schützen, wissen wir bedauerlich wenig darüber, was überhaupt zu schützen ist

Der Naturschutz ist eine Wissenschaft, die sich bemüht, die Wahrscheinlichkeit zu erhöhen, daß die Arten und Lebensgemeinschaften (oder allgemeiner die Biodiversität) der Erde für die Zukunft erhalten bleiben. Unter Biodiversität versteht man meist die Anzahl der Arten in einem bestimmten Gebiet. Sie kann aber auch in kleinerem Maßstab gesehen werden, z. B. als die genetische Vielfalt innerhalb einer Population, oder in größerem Maßstab, z. B. als die Vielfalt von Lebensraumtypen in einer Region. Etwa 1,8 Millionen Arten wurden bisher beschrieben. Die tatsächliche Zahl liegt aber vermutlich zwischen 3 und 30 Millionen. Die momentane Aussterberate dürfte etwa 100- bis 1000mal höher sein als die Grundrate, die sich aus paläontologischen Befunden ergibt.

Gefährdete Arten sind gewöhnlich selten, aber nicht alle seltenen Arten sind auch gefährdet

Ein Art kann selten sein, weil ihr geographisches Verbreitungsgebiet klein ist, sie nur in wenigen Habitaten vorkommt oder weil die lokalen Populationen klein sind. Viele Arten sind von Natur aus selten, doch nur aufgrund ihrer Seltenheit müssen sie nicht notwendigerweise auch vom Aussterben bedroht sein.

Allerdings stirbt eine seltene Art leichter aus als eine häufige Art, wenn alle anderen Faktoren gleich sind. Manche Arten sind von Natur aus selten, während andere Arten durch menschliche Einwirkung selten wurden.

Eine Vielzahl menschlicher Einflüsse hat dazu geführt, daß manche Arten seltener wurden und die Wahrscheinlichkeit ihres Aussterbens erhöht wurde
Die Hauptursachen für den Artenrückgang sind Übernutzung, Habitatzerstörung und die Einführung nicht-einheimischer Arten. Übernutzung tritt auf, wenn Menschen eine Population z. B. zur Nahrungsgewinnung oder zur Trophäenjagd so stark nutzen, daß sie sich nicht mehr erholen kann. Habitatzerstörung durch den Menschen geschieht auf dreierlei Arten: Lebensräume werden vollständig vernichtet, durch Verschmutzung unbewohnbar gemacht oder durch menschliche Aktivitäten so stark gestört, daß einige ihrer Bewohner geschädigt werden. Die absichtliche oder unabsichtliche Einführung von nicht-einheimischen Arten durch den Menschen ist manchmal für dramatische Veränderungen bei einheimischen Arten und Lebensgemeinschaften verantwortlich.

Populationen, die durch den Menschen kleiner gemacht wurden, können genetische Probleme haben
Seltene Allele eines Gens haben manchmal keinen Vorteil in der Gegenwart, könnten aber möglicherweise bei veränderten Umweltbedingungen in der Zukunft von Bedeutung sein. Kleine Populationen, bei denen durch genetische Drift seltene Allele verlorengegangen sind, haben daher weniger Potential, sich anzupassen. Ein unmittelbares genetisches Problem kleiner Populationen ist die Inzuchtdepression, da Paarungspartner häufig miteinander verwandt sind. Inzuchtdepression kann zu Abnahme der Fruchtbarkeit, der Überlebensfähigkeit, der Wachstumsrate und der Widerstandsfähigkeit gegenüber Krankheiten führen.

Manche Arten sind nur aus einem Grund gefährdet, bei vielen Arten spielen dagegen zahlreiche Faktoren eine Rolle
Durch einen oder mehrere der beschriebenen Faktoren kann es zur Abnahme der Populationsgröße bis zu einem sehr kleinen Wert kommen. Dies kann zu einer Zunahme von Paarungen zwischen verwandten Individuen und als Folge davon zu einer Akkumulation schädlicher rezessiver Allele bei den Nachkommen führen. Diese wiederum verursachen verringerte Überlebensfähigkeit und Fruchtbarkeit, wodurch die Population noch kleiner wird. Die Art befindet sich in einem Teufelskreis des Aussterbens.

Naturschützer müssen die Dynamik von kleinen und von fragmentierten Populationen verstehen
Ein Großteil der Arbeit im Naturschutz besteht im Krisenmanagement bei kleinen Populationen, die unmittelbar vom Aussterben bedroht sind. Die Dynamik kleiner Populationen wird durch ein hohes Maß an Ungewißheit bestimmt, während die Dynamik bei großen Populationen durch die Gesetzmäßigkeiten

des Durchschnitts bestimmt ist. Es gibt drei Typen von Ungewißheit, die für das Schicksal kleiner Populationen besonders entscheidend sind. Demographische Unwägbarkeiten, Ungewißheit bei Umweltfaktoren und räumliche Ungewißheit. Lebensraumverlust führt nicht nur zu einer Abnahme bei der absoluten Populationsgröße, sondern auch zur Verteilung der Originalpopulation auf eine Anzahl von Habitatfragmenten.

Naturschutz erfordert oft einen breiteren Ansatz auf der Ebene von Lebensgemeinschaften

Das Aussterben einer einzigen Art kann eine ganze Kette weiterer Aussterbeereignisse zur Folge haben. Die Einführung einer fremdländischen Art ohne Rücksicht auf das vorhandene Nahrungsnetz kann ähnlich unerwünschte Konsequenzen haben. Mit zunehmender Fragmentierung von Habitaten muß nicht nur auf das Schicksal einzelner Arten, sondern auch auf die Funktionsfähigkeit des gesamten Nahrungsnetzes geachtet werden.

Praktischer Artenschutz erfordert verschiedene Methoden, Schutzprogramme zu entwickeln

Wie groß ist die Gefahr des Aussterbens für eine bestimmte, seltene Art unter bestimmten Umweltbedingungen? Es gibt drei Ansätze, um zu bestimmen, wie groß die Population sein muß, um zu überleben: (1) die Suche nach Hinweisen aus bereits vorhandenen Langzeitstudien, (2) subjektive Beurteilung der Lage basierend auf Expertenwissen und (3) die Entwicklung von Populationsmodellen.

Die Nachzucht in Gefangenschaft kann nur eine begrenzte Rolle im Artenschutz spielen

Die Nachzucht in Gefangenschaft als Schutzmöglichkeit ist attraktiv durch ihre direkte Wirkung und den Umstand, daß sie weiterhin auch andere Möglichkeiten offenhält. Allerdings sind bei vielen Arten die Nachzucht in Gefangenschaft und/oder die anschließende Wiedereinbürgerung nicht möglich. Für den Bau einer Arche, die groß genug ist für einen ausreichenden Anteil der Arten dieser Erde, gibt es nicht genügend Mittel.

Schutzgebiete müssen sorgfältig ausgewählt und angelegt werden

Da nur begrenzte Mittel zum Kauf schutzwürdiger Gebiete zur Verfügung stehen, ist es nötig, Prioritäten festzulegen, so daß diese Gebiete systematisch und sorgfältig ausgewählt werden können. Zwischen den Artengemeinschaften verschiedener Gebiete gibt es große Unterschiede bezüglich ihrer Diversität, ihrer Einzigartigkeit und ihres Gefährdungsgrades. Einige oder mehrere dieser Kriterien können genutzt werden, um Prioritäten bei der Auswahl potentieller Schutzgebiete festzulegen. Die Grundlagen der Inseltheorie zeigen, wie Schutzgebiete beschaffen sein müssen. Ausgewogener Natur- und Artenschutz erfordert eine ganze Liste ökologischer Therapien: Vorsorge und medizinische Grundversorgung (Schaffung von Schutzgebieten), Erste Hilfe (für kritisch gefährdete Arten), Intensivpflege (Nachzucht in Zoos oder botanischen Gärten) und plastische Chirurgie (Renaturierungen).

??? **Quiz**

= anspruchsvolle Frage

1. Von den geschätzten 3–30 Millionen Arten auf der Erde sind bisher erst etwa 1,8 Millionen beschrieben. Wie wichtig ist es für den Schutz der Biodiversität, daß wir die betroffenen Arten benennen können?

2. Arten können aus drei Gründen „selten" sein. Benennen Sie diese. Nennen Sie Beispiele für drei seltene Arten und erklären Sie, warum diese Arten selten sind. Beziehen sie sich dabei wenn möglich auf Ihren eigenen Erfahrungsschatz.

3. Forscher sammelten Daten zur relativen Häufigkeit von 16 peruanischen Säugerarten, die entweder leicht oder stark durch Einheimische bejagt wurden. Als Maß für die Anfälligkeit gegenüber Bejagung nutzten sie die relative Häufigkeit in Gebieten, in denen wenig oder viel gejagt wurde. Diese ist gegen die spezifische natürliche Wachstumsrate, das Alter zum Zeitpunkt der ersten Fortpflanzung und die Lebensdauer aufgetragen (Abb. 14.14). Bieten Sie Erklärungen für die dargestellten Beziehungen. Ist zu erwarten, daß r_{max}, Alter zum Zeitpunkt der ersten Fortpflanzung, und die Lebensdauer korreliert sind? Wenn ja, wie? Viele große Säugerarten sind in den letzten 50 000 Jahren ausgestorben. Deuten die Ergebnisse dieser Studie darauf hin, daß übermäßige Ausbeutung durch den Menschen bei diesen historischen Aussterbeereignissen eine Rolle gespielt haben könnte? Welchen Rat würden Sie aufgrund dieser Ergebnisse Naturschützern geben, die Säugerarten in peruanischen Wäldern schützen sollen?

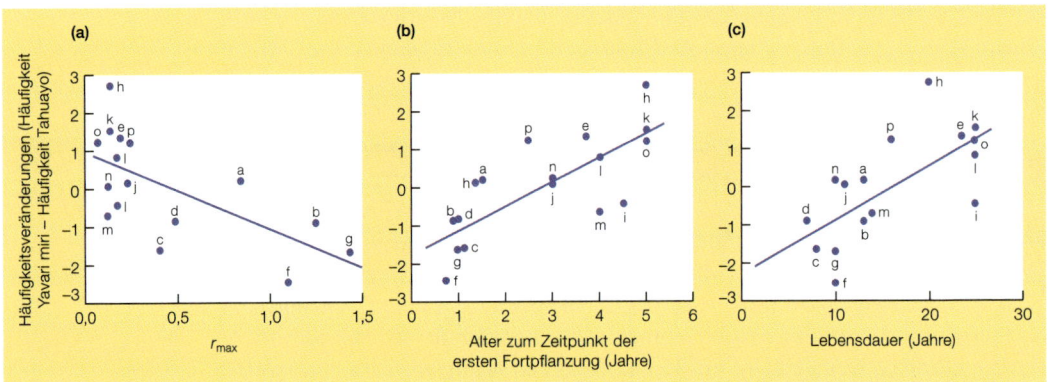

Abbildung 14.14
Die Beziehung zwischen (a) r_{max}, (b) dem Alter zum Zeitpunkt der ersten Fortpflanzung und (c) der Lebensdauer und Empfindlichkeit von Säugetieren gegenüber Populationsrückgang, gemessen als Häufigkeitsveränderungen in Waldgebieten mit schwacher und starker Bejagung. Säugetiere: a = Weißbartpekari, b = Halsbandpekari, c = Roter Spießhirsch, d = Grauer Spießhirsch, e = Flachlandtapir, f = Schwarzes Aguti, g = Zwergaguti, h = Wollaffe, i = Brüllaffe, j = Roter Wakariaffe, k = Gehaupter Kapuzineraffe, l = Weißstirnkapuzineraffe, m = Rotbärtiger Mönchsaffe, n = Springaffe, o = Klammeraffe, p = Totenkopfaffe (nach Bodmer et al., 1997).

4. Gibt es Gründe dafür, daß die beabsichtigte Einführung einer fremdländischen Art als etwas Positives betrachtet werden kann, da sie die Biodiversität erhöht?

5. Unvorhersagbare zeitliche Variabilität ist eine Eigenschaft der meisten Ökosysteme. Wie können Naturschützer diese Variabilität bei der Erstellung von Artenschutzprogrammen berücksichtigen?

6. Erklären Sie anhand von Beispielen, wie der Verlust oder die Neueinführung einer einzigen Art Folgen für den Bestand einer ganzen ökologischen Gemeinschaft haben kann.

7. Diskutieren Sie die Triage-Methode bei der Beurteilung von Naturschutzmaßnahmen. Nennen Sie einige stark gefährdete Arten, die Ihnen bekannt sind, und schlagen Sie Prioritäten für den Artenschutz vor. Gibt es darunter Arten, deren Lage so hoffnungslos ist, daß man sie aussterben lassen sollte?

8. Diskutieren Sie den Wert von Zoologischen und Botanischen Gärten für den Artenschutz.

9. Warum gelten Renaturierungsmaßnahmen als „Feuerprobe" für das ökologische Verständnis?

10. Der berühmte Ökologe A. G. Tansley, der zu Beginn des 20. Jahrhunderts lebte, antwortete auf die Frage, was er unter Naturschutz verstehe: „Die Welt in einem Zustand zu bewahren, wie ich sie als Kind kennengelernt habe". Wie würden Sie die Ziele des Naturschutzes aus heutiger Sicht, also zu Beginn des neuen Jahrtausends, definieren?

www-Fragen

1. Bevor die globale Erwärmung zum wichtigsten Umweltproblem wurde, stand der saure Regen häufig im Mittelpunkt des Medieninteresses. Hat sich die Situation im Zusammenhang mit dem saurem Regen verbessert oder verschlechtert, oder ist der saure Regen momentan einfach nur das kleinste unserer Umweltprobleme?

2. Biodiversität wurde zum Schlagwort in den Medien. Wie wird Biodiversität von Ökologen definiert, und inwieweit wird ihre Bedeutung durch Medienvertreter verstanden?

3. Untersuchen Sie die Liste bedrohter Arten für eine beliebige taxonomische Gruppe und bewerten Sie die relative Wichtigkeit verschiedener Gefährdungsursachen für diese Gruppe.

4. Haie werden gefürchtet, und manche Menschen sehen Sie lieber tot als lebendig. Andere sehen in ihnen eine wertvolle Ressource, die ausgebeutet werden kann, z.B. als Haifischsuppe oder beim Hochseeangeln. Umweltschützer sehen in ihnen Tiere, die besonders stark durch Übernutzung gefährdet sind und Schutz benötigen. Entwickeln Sie eine Gesamtstrategie für die Nutzung und/oder den Schutz von Haien unter Berücksichtigung der verschiedenen Betrachtungsweisen.

5. Diskutieren Sie die Vor- und Nachteile der dritten Abwasserreinigungsstufe (chemische Ausfällung von Nährstoffen) im Gegensatz zur Reinigung von Abwasser durch künstlich angelegte Feuchtgebiete (sog. Pflanzenkläranlagen).

Literatur

Abramsky, Z. & Rosenzweig, M.L. (1983) Tilman's predicted productivity – diversity relationship shown by desert rodents. *Nature*, 309,150–151.

Agardy, M.T. (1994) Advances in marine conservation; the role of marine protected areas. *Trends in Ecology and Evolution*, 9, 267–270.

Akçakaya, H.R. (1992) Population viability analysis and risk assessment. In: *Proceedings of Wildlife 2001: Populations* (D. R. McCullough, ed.). Elsevier, Amsterdam.

Albrecht, M. & Gotelli, N.J. (2001) Spatial and temporal niche partitioning in grassland ants. *Oecologia*, 126, 134–141.

Al-Hiyaly, S.A., McNeilly, T. & Bradshaw, A.D. (1988) The effects of zinc contamination from electricity pylons – evolution in a replicated situation. *New Phytologist*, 110, 571–580.

Allan, J.D. & Flecker, A.S. (1993) Biodiversity conservation in running waters. *Bioscience*, 43, 32–43.

Alliende, M.C. & Harper, J.L. (1989) Demographic studies of a dioecious tree. 1. Colonization, sex and age-structure of a population of *Sarex cinerea*. *Journal of Ecology*, 77, 1029–1047.

Alonso, A., Dallmeier, F., Granek, E. & Raven, P. (2001) *Connecting with the Tapestry of Life*. Smithsonian Institution/Monitoring and Assessment of Biodiversity Program and President's Committee of Advisors on Science and Technology, Washington, DC.

Ameczua, A.B. & Holyoak, M. (2000) Empirical evidence for predator-prey source-sink dynamics. *Ecology*, 81, 3087–3098.

Anderson, R.M. (1982) Epidemiology. In: *Modern Parasitology* (F.E.G. Cox, ed.), pp. 205–251. Blackwell Scientific Publications, Oxford.

Anderson, R.M. & May, R.M. (1991) *Infectious Diseases of Humans: Dynamics and Control*. Oxford University Press, Oxford.

Andrewartha, H.G. (1961) *Introduction to the Study of Animal Populations*. Methuen, London.

Andrewartha, H.G. & Birch, L.C. (1954) *The Distribution and Abundance of Animals*. University of Chicago Press, Chicago.

Andrews, P., Lorde, J.M. & Nesbit Evans, E.M. (1979) Patterns of ecological diversity in fossil and mammalian faunas. *Biological Journal of the Linnean Society*, 11, 177–205.

Angel, M.V. (1994) Spatial distribution of marine organisms: patterns and processes. In: *Large Scale Ecology and Conservation Biology* (P.J. Edwards, R.M. May & N.R. Webb, eds), pp. 59–109. Blackwell, Oxford.

Armbruster, P. & Lande, R. (1992) A population viability analysis for African elephant *(Loxodonta africana)*: how big should reserves be? *Conservation Biology*, 7, 602–610.

Ashworth, S.T. & Kennedy, C.R. (1999) Density-dependent effects on *Anguillicola crassus* (Nematoda) within its European eel definitive host. *Parasitology*, 118, 289–296.

Aston, J.L. & Bradshaw, A.D. (1966) Evolution in closely adjacent plant populations. II. *Agrostis stolonifera* in maritime habitats. *Heredity*, 21, 649–664.

Audesirk, T. & Audesirk, G. (1996) *Biology: Life on Earth*. Prentice Hall, Upper Saddle River, NJ.

Ayre, D.J. (1985) Localized adaptation of clones of the sea anemone *Actinia tenebrosa*. *Evolution*, 39, 1250–1260.

Ayre, D.J. (1995) Localized adaptation of sea anemone clones: evidence from transplantation over two spatial scales. *Journal of Animal Ecology*, 64, 186–196.

Bach, C.E. (1994) Effects of herbivory and genotype on growth and survivorship of sand-dune willow *(Salix cordata)*. *Ecological Entomology*, 19, 303–309.

Baltensweiler, W., Benz, G., Bovey, P. & Delucchi, V. (1977) Dynamics of larch budmoth populations. *Annual Review of Ecology and Systematics*, 22, 79–100.

Batzli, G.O. (1983) Responses of arctic rodent populations to nutritional factors. *Oikos*, 40, 396–406.

Bazzaz, F.A. (1979) The physiological ecology of plant succession. *Annual Review of Ecology and Systematics*, 10, 351–371.

Bazzaz, F.A. (1996) *Plants in Changing Environments*. Cambridge University Press, Cambridge.

Beaver, R.A. (1979) Host specificity of temperate and tropical animals. *Nature*, 281, 139–141.

Becker, P. (1992) Colonization of islands by carnivorous and herbivorous Heteroptera and Coleoptera: effects of island area, plant species richness, and 'extinction' rates. *Journal of Biogeography*, 19, 163–171.

Begon, M., Sait, S.M. & Thompson, D.J. (1995) Persistence of a predator-prey system: refuges and generation cycles? *Proceedings of the Royal Society of London, Series B*, 260, 131–137.

Bentley, S. & Whittaker, J.B. (1979) Effects of grazing by a chrysomelid beetle, *Gastrophysa viridula*, on competition between *Rumex obtusifolius* and *Rumex crispus*. *Journal of Ecology*, 69, 79–90.

Berger, J. (1990) Persistence of different-sized populations: an empirical assessment of rapid extinctions in bighorn sheep. *Conservation Biology*, 4, 91–98.

Berner, E.K. & Berner, R.A. (1987) *The Global Water Cycle: Geochemistry and Environment*. Prentice-Hall, Englewood Cliffs, NJ.

Berven, K.A. (1995) Population regulation in the wood frog, Rana sylvatica, from three diverse geographic localities. *Australian Journal of Ecology*, 20, 385–392.

Blaustein, A.R., Wake, D.B. & Sousa, W.P. (1994) Amphibian declines: judging stability, persistence, and susceptibility of populations to local and global extinctions. *Conservation Biology*, 8, 60–71.

Bodmer, R.E., Eisenberg, J.F. & Redford, K.H. (1997) Hunting and the likelihood of extinction of Amazonian mammals. *Conservation Biology*, 11, 460–466.

Borga, K., Gabrielsen, G.W. & Skaare, J.U. (2001) Biomagnification of organochlorines along a Barents Sea food chain. *Environmental Pollution*, 113, 187–198.

Bowles, K.C., Apte, S.C., Maher, W.A., Kawei, M. & Smith, R. (2001) Bioaccumulation and biomagnification of mercury in Lake Murray, Papua New Guinea. *Canadian Journal of Fisheries and Aquatic Science*, 58, 888–897.

Bradshaw, A.D. (1984) Ecological principles and land reclamation practice. *Landscape Planning*, 11, 35–48.

Breznak, J.A. (1975) Symbiotic relationships between termites and their intestinal biota. In: *Symbiosis* (D.H. Jennings & D.L. Lee, eds), pp. 559–580. Symposium 29, Society for Experimental Biology, Cambridge University Press, Cambridge. 13.5.2.

Briand, F. (1983) Environmental control of food web structure. *Ecology*, 64, 253–263.

Brook, B.W., O'Grady, J.J., Chapman, A.P., Burgman, M.A., Akçakaya, H.R. & Frankham, R. (2000) Predictive accuracy of population viability analysis in conservation biology. *Nature*, 404, 385–387.

Brookes, M. (1998) The species enigma. *New Scientist*, June 13, 1998.

Brown, J.H. & Davidson, D.W. (1977) Competition between seed-eating rodents and ants in desert ecosystems. *Science*, 196, 880–882.

Brown, K.M. (1982) Resource overlap and competition in pond snails: an experimental analysis. *Ecology*, 63, 412–422.

Brown, V.K. & Southwood, T.R.E. (1983) Trophic diversity, niche breadth, and generation times of exopterygote insects, in a secondary succession. *Oecologia*, 56, 220–225.

Brunet, A.K. & Medellín, R.A. (2001) The species-area relationship in bat assemblages of tropical caves. *Journal of Mammalogy*, 82, 1114–1122.

Brylinski, M. & Mann, K.H. (1973) An analysis of factors governing productivity in lakes and reservoirs. *Limnology and Oceanography*, 18, 1–14.

Burgman, M.A., Ferson, S. & Akçakaya, H.R. (1993) Risk Assessment in *Conservation Biology*. Chapman & Hall, London.

Carignan, R., Planas, D. & Vis, C. (2000) Planktonic production and respiration in oligotrophic shield lakes. *Limnology and Oceanography*, 45, 189–199.

Caughley, G. (1994) Directions in conservation biology. *Journal of Animal Ecology*, 63, 215–244.

Charnov, E.L. (1976) Optimal foraging: attack strategy of a mantid. American *Naturalist*, 110, 141–151.

Clark, C.W. (1981) Bioeconomics. In: *Theoretical Ecology: Principles and Applications*, 2nd edn. (R.M. May, ed.), pp. 387–418. Blackwell Scientific Publications, Oxford.

Clements, F.L. (1905) *Research Methods in Ecology*. University of Nevada Press, Lincoln.

Cohen, J.E. (1995) *How Many People Can the Earth Support?* W.W. Norton & Co., New York.

Cole, J.J., Findlay, S. & Pace, M.L. (1988) Bacterial production in fresh and salt water ecosystems: a cross-system overview. *Marine Ecology Progress Series*, 4, 1–10.

Comins, H.N., Hassell, M.P. & May, R.M. (1992) The spatial dynamics of host-parasitoid systems. *Journal of Animal Ecology*, 61, 735–748.

Connell, J.H. (1978) Diversity in tropical rainforests and coral reefs. *Science*, 199, 1302–1310.

Connell, J.H. (1983) On the prevalence and relative importance of interspecific competition: evidence from field experiments. *American Naturalist*, 122, 661–696.

Cook, J.A., Chubb, J.C. & Veltkamp, C.J. (1998) Epibionts of *Asellus aquaticus* (L.) (Crustacea, Isopoda): an SEM study. *Freshwater Biology*, 39, 423–438.

Cooper, J.P. (ed.) (1975) *Photosynthesis and Productivity in Different Environments*. Cambridge University Press, Cambridge.

Cory, J.S. & Myers, J.H. (2000) Direct and indirect ecological effects of biological control. *Trends in Ecology and Evolution*, 15, 137–139.

Costanza, R., D'Arge, R., de Groot, R. et al. (1997) The value of the world's ecosystem services and natural capital. *Nature*, 387, 253–260.

Cox P.A., Elmquist, T., Pierson, E.D. & Rainey, W.E. (1991) Flying foxes as strong interactors in South Pacific island ecosystems: a conservation hypothesis. *Conservation Biology*, 5, 448–454.

Crawley, M.J. (1986) The structure of plant communities. In: *Plant Ecology* (M.J. Crawley, ed.), pp. 1–50. Blackwell, Oxford.

Crisp, M.D. & Lange, R.T. (1976) Age structure distribution and survival under grazing of the arid zone shrub *Acacia burkitii*. *Oikos*, 27, 86–92.

Currie, D.J. (1991) Energy and large-scale patterns of animal and plant species richness. *American Naturalist*, 137, 27–49.

Currie, D.J. & Paquin, V. (1987) Large-scale biogeographical patterns of species richness in trees. *Nature*, 39, 326–327.

Davidson, D.W. (1977) Species diversity and community organization in desert seed-eating ants. *Ecology*, 58, 711–724.

Davidson, J. & Andrewartha, H.G. (1948) The influence of rainfall, evaporation and atmospheric temperature on fluctuations in the size of a natural population of *Thrips imaginis* (Thysanoptera). *Journal of Animal Ecology*, 17, 200–222.

Davis, M.B. (1976) Pleistocene biogeography of temperate deciduous forest. *Geoscience and Management*, 13, 13–26.

Davis, M.B. & Shaw, R.G. (2001) Range shifts and adaptive responses to quarternary climate change. *Science*, 292, 673–679.

Davis, M.B., Sugita, S., Calcote, R.R., Ferrari, J.B. & Frelich, L.E. (1994) Historical development of alternate communities in a hemlock-hardwood forest in northern Michigan, USA. In: *Large-scale Ecology and Conservation Biology* (R.M. May, N. Webb & P. Edwards, eds), pp. 19–39. Blackwell Scientific Publications, Oxford.

de Wit, C.T., Tow, P.G. & Ennik, G.C. (1966) Competition between legumes and grasses. *Verslagen van landbouwkundige onderzoekingen*, 112, 1017–1045.

Deevey, E.S. (1947) Life tables for natural populations of animals. *Quarterly Review of Biology*, 22, 283–314.

Denno, R.F., McClure, M.S. & Ott, J.R. (1995) Interspecific interactions in phytophagous insects: competition reexamined and resurrected. *Annual Review of Entomology*, 40, 297–331.

Deshmukh, I. (1986) *Ecology and Tropical Biology*. Blackwell Scientific Publications, Oxford.

Detwiler, R.P. & Hall, C.A.S. (1988) Tropical forests and the global carbon cycle. *Science*, 239, 42–47.

Diamond, J.M. (1972) Biogeographic kinetics: estimation of relaxation times for avifaunas of South-West Pacific islarids. *Proceedings of the National Academy of Science of the USA*, 69, 3199–3203.

Diamond, J.M. (1983) Taxonomy by nucleotides. *Nature*, 305, 17–18.

Dirzo, R. & Harper, J.L. (1982) Experimental studies of slugplant interactions. IV. The performance of cyanogenic and acyanogenic morphs of *Trifolium repens* in the field. *Journal of Ecology*, 70, 119–138.

Dobson, A.P. & Carper, E.R. (1996) Infectious diseases and human population history. *Bioscience*, 46, 115–126.

Dohi, H., Yamada, A. & Entsu, S. (1991) Cattle feeding deterrents emitted from cattle feces. *Journal of Chemical Ecology*, 17, 1197–1203.

Doube, B.M., Macqueen, A., Ridsdill-Smith, T.J. & Weir, T.A. (1991) Native and introduced dung beetles in Australia. In: *Dung Beetle Ecology* (I. Hanski & Y. Cambefort, eds), pp. 255–278. Princeton University Press, Princeton, NJ.

Duynisveld, W.H.M., Strebel, O. & Bottcher, J. (1988) Are nitrate leaching from arable and nitrate pollution of groundwater avoidable? *Ecological Bulletins*, 39, 116–125.

Ebert, D., Zschokke-Rohringer, C.D. & Carius, H.J. (2000) Dose effects and density-dependent regulation in two microparasites of *Daphnia magna*. *Oecologia*, 122, 200–209.

Edwards, P.B. & Aschenborn, H.H. (1987) Patterns of nesting and dung burial in *Onitis* dung beetles: implications for pasture productivity and fly control. *Journal of Applied Ecology*, 24, 837–851.

Ehrlich, P.R. & Murphy, D.D. (1987) Conservation lessons from long-term studies of checkerspot butterflies. *Conservation Biology*, 1, 122–131.

Eis, S., Garman, E.H. & Ebel, L.F. (1965) Relation between cone production and diameter increment of douglas fir (*Pseudotsuga menziesii* [Mirb]. Franco), grand fir (*Abies grandis* Dougl.) and western white pine (*Pinus monticola* Dougl.), *Canadian Journal of Botany*, 43, 1553–1559.

Elliott, J.M. (1994) *Quantitative Ecology and the Brown Trout*. Oxford University Press, Oxford.

Elton, C. (1927) *Animal Ecology*. Sidgwick & Jackson, London.

Elton, C. (1933) *The Ecology of Animals*. Methuen, London.

Elton, C. (1940) *The Ecology of Animals*, 2nd edn. Methuen, London.

Elton, C.S. (1958) *The Ecology of Invasion by Animals and Plants*. Methuen, London.

Emiliani, C. (1966) Isotopic palaeotemperatures. *Science*, 154, 851–857.

Endler, J.A. (1980) Natural selection on color patterns in *Poecilia reticulata*. *Evolution*, 34, 76–91

Erwin, T.L. (1982) Tropical forests: their richness in Coleoptera and other arthropod species. *Coleopterists Bulletin*, 36, 74–75.

Fenner, F. (1983) Biological control, as exemplified by smallpox eradication and myxomatosis. *Proceedings of the Royal Society, Series B*, 218, 259–285.

Fenner, F. & Ratcliffe, R.N. (1965) *Myxomatosis*. Cambridge University Press, London.

Ferguson, R.G. (1933) The Indian tuberculosis problem and some preventative measures. *National Tuberculosis Association Transactions*, 29, 93–106.

Fischer, M. & Matthies, D. (1998) Effects of population size on performance in the rare plant *Gentianella germanica*. *Journal of Ecology*, 86, 195–204.

Fitter, A.H. (1991) The ecological significance of root system architecture. In: *Plant Root Growth: an Ecological Perspective* (D. Atkinson, ed.), pp. 229–243. Blackwell Scientific Publications, Oxford.

FitzGibbon, C.D. (1990) Anti-predator strategies of immature Thomson's gazelles: hiding and the prone response. *Animal Behaviour*, 40, 846–855.

FitzGibbon, C.D. & Fanshawe, J. (1989) The condition and age of Thomson's gazelles killed by cheetahs and wild dogs. *Journal of Zoology*, 218, 99–107.

Flecker, A.S. & Townsend, C.R. (1994) Community-wide consequences of trout introduction in New Zealand streams. *Ecological Applications*, 4, 798–807.

Flessa, K.W. & Jablonski, D. (1995) Biogeography of recent marine bivalve mollusks and its implications of paleobiogeography and the geography of extinction: a progress report. *Historical Biology*, 10, 25–47.

Flint, M.L. & van den Bosch, R. (1981) *Introduction to Integrated Pest Management*. Plenum Press, New York.

Flödder, S. & Sommer, U. (1999) Diversity in planktonic communities: an experimental test of the intermediate disturbance hypothesis. *Limnology and Oceanography*, 44, 1114–1119.

Flower, R.J., Rippey, B., Rose, N.L., Appleby, P.G. & Battarbee, R.W. (1994) Palaeolimnological evidence for the acidification and contamination of lakes by atmospheric pollution in western Ireland. *Journal of Ecology*, 82, 581–596.

Ford, E.B. (1975) *Ecological Genetics*, 4th edn. Chapman & Hall, London.

Ford, M.J. (1982) *The Changing Climate: Responses of the Natural Fauna and Flora*. George Allen & Unwin, London.

Fox, C.J. (2001) Recent trends in stock-recruitment of blackwater herring (Clupea harengus L.) in relation to larval production. *ICES Journal of Marine Science*, 58, 750–762.

Frank, D.A. & McNaughton, S.J. (1991) Stability increases with diversity in plant communities: empirical evidence from the 1988 Yellowstone drought. *Oikos*, 62, 360–362.

Franklin, I.A. (1980) Evolutionary change in small populations. In: *Conservation Biology, an Evolutionary-Ecological Perspective* (M.E. Soulé & B.A. Wilcox, eds), pp. 135–149. Sinauer Associates, Sunderland, MA.

Fridriksson, S. (1975) *Surtsey: Evolution of Life on a Volcanic Island*. Butterworths London.

Gadgil, M. (1971) Dispersal: population consequences and evolution. *Ecology*, 52, 253–261.

Galloway, L.F. & Fenster, C.B. (2000) Population differentiation in an annual legume: local adaptation. *Evolution*, 54, 1173–1181.

Gaston, K.J. (1998) *Biodiversity*. Blackwell Science, Oxford.

Gathreaux, S.A. (1978) The structure and organization of avian communities in forests. In: *Proceedings of the Workshop on Management of Southern Forests for Nongame Birds* (R.M. DeGraaf, ed.), pp. 17–37. Southern Forest Station, Asheville, NC.

Gende, S.M., Quinn, T.P. & Willson, M.F. (2001) Consumption choice by bears feeding on salmon. *Oecologia*, 127, 372–382.

Gibbs, L. (1998) *Love Canal: the Story Continues*. New Society Publishers.

Ginsberg, J.R. (1993) Can we build an Ark? *Trends in Ecology and Evolution*, 8, 4–6.

Godfray, H.C.J. & Crawley, M.J. (1998) Introductions. In: *Conservation Science and Action* (W.J. Sutherland, ed.), pp. 39–65.

Gostick, K.G. (1982) Agricultural Development and Advisory Service (ADAS) recommendations to farmers on manure disposal and recycling. *Philosophical Transactions of the Royal Society of London, Series B*, 296, 329–332.

Gotthard, K., Nylin, S. & Wiklund, C. (1999) Seasonal plasticity in two satyrine butterflies: state-dependent decision making in relation to daylength. *Oikos*, 84, 453–462.

Gough, L., Shaver, G.R., Carroll, J., Royer, D.L. & Laundre, J.A. (2000) Vascular plant species richness in Alaskan arctic tundra: the importance of soil pH. *Journal of Ecology*, 88, 54–66.

Gould, F. (1991) The evolutionary potential of crop pests. *American Scientist*, 79, 496–507.

Gould, W.A. & Walker, M.D. (1997) Landscape-scale patterns in plant species richness along an arctic river. *Canadian Journal of Botany*, 75, 1748–1765.

Grant, P.R., Grant, B.R., Keller, L.F. & Petren, K. (2000) Effects of El Niño events on Darwin's finch productivity. *Ecology*, 81, 2442–2457.

Green, R.E. (1998) Long-term decline in the thickness of eggshells of thrushes, *Turdus* spp., in Britain.

Proceedings of the Royal Society of London, Series B, 265, 679–684.

Groves, R.H. & Williams, J.D. (1975) Growth of skeleton weed (*Chondrilla juncea* L.) as affected by growth of subterranean clover (*Trifolium subterraneum* L.) and infection by *Puccinia chondrilla* Bubak and Syd. *Australian Journal of Agricultural Research,* 26, 975–983.

Haefner, P.A. (1970) The effect of low dissolved oxygen concentrations on temperature-salinity tolerance of the sand shrimp, *Crangon septemspinosa. Physiological Zoology,* 43, 30–37

Hairston, N.G., Smith, F.E. & Slobodkin, L.B. (1960) Community structure, population control, and competition. *American Naturalist,* 44, 421–425.

Halaj, J., Ross, D.W. & Moldenke, A.R. (2000) Importance of habitat structure to the arthropod foodweb in Douglas-fir canopies. *Oikos,* 90, 139–152.

Hall, D.C., Norgard, R.B. & True, P.K. (1975) The performance of independent pest management consultants. *California Agriculture,* 29, 12–14.

Hall, S.J. (1998) Closed areas for fisheries management – the case consolidates. *Trends in Ecology and Evolution,* 13, 297–298.

Hall, S.J. & Raffaelli, D.G. (1993) Food webs: theory and reality. *Advances in Ecological Research,* 24, 187–239.

Hansen, J., Ruedy, R., Glascoe, J. & Sato, M. (1999) GISS analysis of surface temperature change. *Journal of Geophysical Research,* 104, 30997–31022.

Hanski, I. (1994) Metapopulation ecology. In: *Spatial and Temporal Aspects of Population Processes* (O.E. Rhodes Jr., ed.), pp. 13–43. University of Georgia, Georgia.

Hanski, I., Pakkala, T., Kuussaari, M. & Lei, G. (1995) Metapopulation persistence of an endangered butterfly in a fragmented landscape. *Oikos,* 72, 21–28.

Harcourt, D.G. (1971) Population dynamics of *Leptinotarsa decemlineata* (Say) in eastern Ontario. III. Major population processes. *Canadian Entomologist,* 103, 1049–1061.

Harper, J.L. (1955) The influence of the environment on seed and seedling mortality. VI. The effects of the interaction of soil moisture content and temperature on the mortality of maize grains. *Annals of Applied Biology,* 43, 696–708.

Harper, J.L. (1977) *The Population Biology of Plants.* Academic Press, London.

Harper, J.L. & White, J. (1974) The demography of plants. *Annual Review of Ecology and Systematics,* 5, 419–463.

Hassell, M.P., Latto, J. & May, R.M. (1989) Seeing the wood for the trees: detecting density dependence from existing lifetable studies. *Journal of Animal Ecology,* 58, 883–892.

Heal, O.W., Menault, J.C. & Steffen, W.L. (1993) *Towards a Global Terrestrial Observing System (GTOS): Detecting and Monitoring Change in Terrestrial Ecosystems.* MAB Digest 14 and IGBP Global Change Report 26, UNESCO, Paris and IGBP, Stockholm.

Higgins, S.I., Bond, W.J. & Trollope, W.S.W. (2000) Fire, resprouting and variability: a recipe for grasstree coexistence in savanna. *Journal of Ecology,* 88, 213–229.

Hilborn, R. & Walters, C.J. (1992) *Quantitative Fisheries Stock Assessment.* Chapman & Hall, New York.

Hildrew, A.G. & Towasend, C.R. (1980) Aggregation, interference and the foraging by larvae of *Plectrocnemia conspersa* (Trichoptera: Polycentropodidae). *Animal Behaviour,* 28, 553–560.

Holloway, J.M., Dahlgren, R.A., Hansen, B. & Casey, W.H. (1998) Contribution of bedrock nitrogen to high nitrate concentrations in stream water. *Nature,* 395, 785–788.

Holt, R.D. & Hassell, M.P. (1993) Environmental heterogeneity and the stability of host-parasitoid interactions. *Journal of Animal Ecology,* 62, 89–100.

Hoyer, M.V. & Canfield, D.E. (1994) Bird abundance and species richness on Florida lakes: influence of trophic status, lake morphology and aquatic macrophytes. *Hydrobiologia,* 297, 107–119.

Hudson, P.J., Dobson, A.P. & Newborn, D. (1992) Do parasites make prey vulnerable to predation? Red grouse and parasites. *Journal of Animal Ecology,* 61, 681–692.

Hudson, P.J., Dobson, A.P. & Newborn, D. (1998) Prevention of population cycles by parasite removal. *Science,* 282, 2256–2258.

Huffaker, C.B. (1958) Experimental studies on predation: dispersion factors and predator-prey oscillations. *Hilgardia,* 27, 343–383.

Hughes, L. (2000) Biological consequences of global warming: is the signal already apparent. *Trends in Ecology and Evolution,* 15, 56–61.

Hunter, M.L. & Yonzon, P. (1992) Altitudinal distributions of birds, mammals, people, forests, and parks in Nepal. *Conservation Biology,* 7, 420–423.

Huryn, A.D. (1998) Ecosystem-level evidence for top-down and bottom-up control of production in a grassland stream system. *Oecologia,* 115, 173–183.

Hutchinson, G.E. (1957) Concluding remarks. *Cold Spring Harbour Symposium on Quantitative Biology,* 22, 415–427.

Inouye, D.W. (1978) Resource partitioning in bumblebees: experimental studies of foraging behaviour. *Ecology,* 59, 672–678.

Inouye, R.S. & Tilman, D. (1995) Convergence and divergence of old-field vegetation after 11 yr of nitrogen addition. *Ecology,* 76, 1872–1877.

Inouye, R.S., Huntly, N.J., Tilman, D., Tester, J.R., Stillwell, M. & Zinnel, K.C. (1987) Old-field succession on a Minnesota sand plain. *Ecology*, 68, 12–26.

Interlandi, S.J. & Kilham, S.S. (2001) Limiting resources and the regulation of diversity in phytoplankton communities. *Ecology*, 82, 1270–1282.

International Organisation for Biological Control (1989) *Current Status of Integrated Farming Systems Research in Western Europe* (P. Vereijken & D.J. Royle, eds). IOBC WPRS Bulletin 12(5).

IPCC (2001) *Third Assessment Report*. Working Group 1, Intergovernmental Panel on Climate Change.

Irvine, R.J., Stien, A., Dallas, J.F., Halvorsen, O., Langvatn, R. & Albon, S.D. (2001) Contrasting regulation of fecundity in two abomasal nematodes of Svarlbard reindeer *(Rangifer tarandus platyrynchus)*. *Parasitology*, 122, 673–681.

IUCN/UNEP/WWF (1991) *Caring for the Earth. A Strategy for Sustainable Living*. Gland, Switzerland.

Ives, A.R. (1992) Continnous-time models of host-parasitoid interactions. *American Naturalist*, 140, 1–29.

Jackson, S.T. & Weng, C. (1999) Late quaternary extinction of a tree species in eastern North America. *Proceedings of the National Academy of Sciences*, 96, 13847–13852.

Jain, S.K. & Bradshaw, A.D. (1966) Evolutionary divergence among adjacent plant populations. I. The evidence and its theoretical analysis. *Heredity*, 21, 407–411.

Janis, C.M. (1993) Tertiary mammal evolution in the context of changing climates, vegetation and tectonic events. *Annual Review of Ecology and Systematics*, 24, 467–500.

Johannes, R.E. (1998) Government-supported village-based management of marine resources in Vanuatu. *Ocean Coastal Management*, 40, 165–186.

Jones, C.G., Lawton, J.H. & Shaachak, M. (1997) Positive and negative effects of organisms as physical ecosystem engineers. *Ecology*, 78, 1946–1957.

Jones, M. & Harper, J.L. (1987) The influence of neighbours on the growth of trees. I. The demography of buds in *Betula pendula*. *Proceedings of the Royal Society of London, Series B*, 232, 1–18.

Jonsson, M. & Malmqvist, B. (2000) Ecosystem process rate increases with animal species richness: evidence from leafeating, aquatic insects. *Oikos*, 89, 519–523.

Kaiser, J. (2000) Rift over biodiversity divides ecologists. *Science*, 89, 1282–1283.

Karlsson, P.S. & Jacobson, A. (2001) Onset of reproduction in *Rhododendron lapponicum* shoots: the effect of shoot size, age, and nutrient status at two subarctic sites. *Oikos*, 94, 279–286.

Kaufman, L. (1992) Catastrophic change in a species-rich freshwater ecosystem: lessons from Lake Victoria. *Bioscience*, 42, 846–858.

Keddy, P.A. (1982) Experimental demography of the sand-dune annual, *Cakile edentula*, growing along an environmental gradient in Nova Scotia. *Journal of Ecology*, 69, 615–630.

Keeley, E.R. (2001) Demographic responses to food and space competition by juvenile steelhead trout. *Ecology*, 82, 1247–1259.

Keith, L.B. (1983) Role of food in hare population cycles. *Oikos*, 40, 385–395.

Keith, L.B., Cary, J.R., Ronstad, O.J. & Brittingham, M.C. (1984) Demography and ecology of a declining snowshoe hare population. *Wildlife Monographs*, 90, 1–43.

Kerbes, R.H., Kotanen, P.M. & Jefferies, R.L. (1990) Destruction of wetland habitats by lesser snow geese: a keystone species on the west coast of Hudson Bay. *Journal of Applied Ecology*, 27, 242–258.

Kettlewell, H.B.D. (1955) Selection experiments on industrial melanism in the Lepidoptera. *Heredity*, 9, 323–342.

Kicklighter, D.W., Bruno, M., Donges, S. et al. (1999) A first-order analysis of the potential role of CO_2 fertilization to affect the global carbon budget: a comparison of four terrestrial biosphere models. *Tellus*, 51B, 343–366.

Kingston, T.J. & Coe, M.J. (1977) The biology of a giant dungbeetle *(Heliocopris dilloni)* (Coleoptera: Scarabaeidae). *Journal of Zoology*, 181, 243–263.

Kodric-Brown, A. & Brown, J.M. (1993) Highly structured fish communities in Australian desert springs. *Ecology*, 74, 1847–1855.

Koella, J.C., Sörensen, F.L. & Anderson, R.A. (1998) The malaria parasite, *Plasmodium falciparum*, increases the frequency of multiple feeding of its mosquito vector, *Anopheles gambiae*. *Proceedings of the Royal Society of London, Series B*, 265, 763–768.

Kratz, T.K., Webster, K.E., Bowser, C.J. et al. (1997) The influence of landscape position on lakes in Northern Wisconsin. *Freshwater Biology*, 37, 209–217.

Krebs, C.J. (1972) *Ecology*. Harper & Row, New York.

Krebs, C.J., Boonstra, R., Boutin, S. et al. (1992) What drives the snowshoe hare cycle in Canada's Yukon. In: *Wildlife 2001: Populations* (D.R. McCullough & R.H. Barrett, eds), pp. 886–896. Elsevier, New York.

Krebs, J.R. (1978) Optimal foraging: decision rules for predators. In: *Behavioural Ecology: an Evolutionary Approach* (J.R. Krebs & N.B. Davies, eds), pp. 23–63. Blackwell Scientific Publications, Oxford.

Krebs, J.R., Erichsen, J.T., Webber, M.I. & Charnov, E.L. (1977) Optimal prey selection in the great tit *(Parus major)*. *Animal Behaviour*, 25, 30–38.

Kullberg, C. & Ekman, J. (2000) Does predation maintain tit community diversity? *Oikos*, 89, 41–45.

Lande, R. & Barrowclough, G.F. (1987) Effective population size, genetic variation, and their use in population management. In: *Viable Populations for Conservation* (M.E. Soulé, ed.), pp. 87–123. Cambridge University Press, Cambridge.

Larcher, W. (1980) *Physiological Plant Ecology*, 2nd edn. Springer-Verlag, Berlin.

Laurance, W.F. (2001) Future shock: forecasting a grim fate for the Earth. *Trends in Ecology and Evolution*, 16, 531–533.

Lawlor, L.R. (1980) Structure and stability in natural and randomly constructed competitive communities. *American Naturalist*, 116, 394–408.

Lawrence, W.H. & Rediske, J.H. (1962) Fate of sown douglas-fir seed. *Forest Science*, 8, 211–218.

Lawton, J.H. & May, R.M. (1984) The birds of Selborne. *Nature*, 306, 732–733.

Lawton, J.H. & Woodroffe, G.L. (1991) Habitat and the distribution of water voles: why are there gaps in a species' range? *Journal of Animal Ecology*, 60, 79–91.

Le Cren, E.D. (1973) Some examples of the mechanisms that control the population dynamics of salmonid fish. In: *The Mathematical Theory of the Dynamics of Biological Populations* (M.S. Bartlett & R.W. Hioms, eds), pp. 125–135. Academic Press, London.

Lennartsson, T., Nilsson, P. & Tuomi, J. (1998) Induction of overcompensation in the field gentian, *Gentianella campestris*. *Ecology*, 79, 1061–1072.

Leroy, F. & de Vuyst, L. (2001) Growth of the bacteriocin-producing *Lactobacillus sakei* strain CTC 494 in MRS broth is strongly reduced due to nutrient exhaustion: a nutrient depletion model for the growth of lactic acid bacteria. *Applied and Environmental Microbiology*, 67, 4407–4413.

Leverich, W.J. & Lenn, D.A. (1979) Age-specific survivorship and reproduction in *Phlox drummondii*. *American Naturalist*, 113, 881–903.

Levins, R. (1969) Some demographic and genetic consequences of environmental heterogeneity for biological control. *Bulletin of the Entomological Society of America*, 15, 237–240.

Likens, G.E. (1989) Some aspects of air pollutant effects on terrestrial ecosystems and prospects for the future. *Ambio*, 18, 172–178.

Likens, G.E. (1992) *The Ecosystem Approach: its Use and Abuse*. Excellence in Ecology, Book 3. Ecology Institute, Oldendorf-Luhe, Germany.

Likens, G.E. & Bormann, F.G. (1975) An experimental approach to New England landscapes. In: *Coupling of Land and Water Systems* (A.D. Hasler, ed.), pp. 7–30. Springer-Verlag, New York.

Likens, G.E. & Bormann, F.H. (1995) *Biogeochemistry of a Forested Ecosystem*, 2nd edn. Springer-Verlag, New York.

Likens, G.E., Bormann, F.H., Pierce, R.S. & Fisher, D.W. (1971) Nutrient-hydrologic cycle interaction in small forested watershed ecosystems. In: *Productivity of Forest Ecosystems* (P. Duvogneaud, ed.). UNESCO, Paris.

Likens, G.E., Driscoll, C.T. & Buso, D.C. (1996) Long-term effects of acid rain: response and recovery of a forest ecosystem. *Science*, 272, 244–245.

Lindeman, R.L. (1942) The trophic-dynamic aspect of ecology. *Ecology*, 23, 399–418.

Lobo, J.M., Castro, I. & Moreno, J.C. (2001) Spatial and environmental determinants of vascular plant species richness distribution in the Iberian Peninsular and Balearic Islands. *Biological Journal of the Linnean Society*, 73, 233–253.

Losos, E. (1993) The future of the US Endangered Species Act. *Trends in Ecology and Evolution*, 8, 332–336.

Lotka, A.J. (1932) The growth of mixed population: two species competing for a common food supply. *Journal of the Washington Academy of Sciences*, 22, 461–469.

Louda, S.M. (1982) Distributional ecology: variation in plant recruitment over a gradient in relation to insect seed predation. *Ecological Monographs*, 52, 25–41.

Louda, S.M. (1983) Seed predation and seedling mortality in the recruitment of a shrub, *Haplopappus venetus* (Asteraceae), along a climatic gradient. *Ecology*, 64, 511–521.

Louda, S.M., Kendall, D., Connor, J. & Simberloff, D. (1997) Ecological effects of an insect introduced for the biological control of weeds. *Science*, 277, 1088–1090.

Lövei, G.L. (1997) Global change through invasion. *Nature*, 388, 627–628.

Lubchenco, J. (1978) Plant species diversity in a marine intertidal community: importance of herbivore food preference and algal competitive abilities. *American Naturalist*, 112, 23–39.

Lubchenco, J. (1991) The sustainable biosphere initiative: an ecological research agenda. *Ecology*, 72, 371–412.

Luckman, W.H. & Decker, G.C. (1960) A 5-year report on observations in the Japanese beetle control area of Sheldon, Illinois. *Journal of Economic Entomology*, 53, 821–827.

Lukens, R.J. & Mullany, R. (1972) The influence of shade and wet on southern corn blight. *Plant Disease Reporter*, 56, 203–206.

Lussenhop, J. (1992) Mechanisms of microarthropod-microbial interactions in soil. *Advances in Ecological Research*, 23, 1–33.

Lutz, W., Sanderson, W. & Scherbov, S. (2001) The end of world population growth. *Nature*, 412, 543–545.

MacArthur, J.W. (1975) Environmental fluctuations and species diversity. In: *Ecology and Evolution of Communities* (M.L. Cody & J.M. Diamond, eds), pp. 74–80. Belknap, Cambridge, MA.

MacArthur, R.H. (1955) Fluctuations of animal populations and a measure of community stability. *Ecology*, 36, 533–536.

MacArthur, R.H. (1972) *Geographical Ecology*. Harper & Row, New York.

MacArthur, R.H. & Pianka, E.R. (1966) On optimal use of a patchy environment. *American Naturalist*, 100, 603–609.

MacArthur, R.H. & Wilson, E.O. (1967) *The Theory of Island Biogeography*. Princeton University Press, Princeton, NJ.

Mace, G.M. (1994) An investigation into methods for categorizing the conservation status of species. In: *Large-Scale Ecology and Conservation Biology* (P.J. Edwards, R.M. May & N.R. Webb, eds), pp. 293–312. Blackwell Scientific Publications, Oxford.

Mack, R.N., Simberloff, D., Lonsdale, W.M., Evans, H., Clout, M. & Bazzaz, F.A. (2000) Biotic invasions: causes, epidemiology, global consequences, and control. *Ecological Applications*, 10, 689–710.

MacLulick, D.A. (1937) Fluctuations in numbers of the varying hare *(Lepus americanus)*. *University of Toronto Studies, Biology Series*, 43, 1–136.

Maguire, L.A., Seal, U.S. & Brussard, P.F. (1987) Managing critically endangered species: the Sumatran rhino as a case study. In: *Viable Populations for Conservation* (M.E. Soulé, ed.), pp. 141–158. Cambridge University Press, Cambridge.

Magurran, A.E. (1998) Population differentiation without speciation. *Philosophical Transactions of the Royal Society of London, Series B*, 353, 275–286.

Malmqvist, B., Wotton, R.S. & Zhang, Y. (2001) Suspension feeders transform massive amounts of seston in large northern rivers. *Oikos*, 92, 35–43.

Manire, C.A. & Gruber, S.H. (1990) Many sharks may be headed toward extinction. *Conservation Biology*, 4, 10–11.

Margules, C.R. & Pressey, R.L. (2000) Systematic conservation planning. *Nature*, 405, 243–253.

Marshall, I.D. & Douglas, G.W. (1961) Studies in the epidemiology of infectious myxomatosis of rabbits. VIII. Further observations on changes in the innate resistance of Australian wild rabbits exposed to myxomatosis. *Journal of Hygiene*, 59, 117–112.

Martin, P.S. (1984) Prehistoric overkill: the global model. In: *Quaternary Extinctions: a Prehistoric Revolution* (P.S. Martin & R.G. Klein, eds). University of Arizona Press, Tuscon, AZ.

Marzusch, K. (1952) Untersuchungen über die Temperaturabhängigkeit von Lebensprozessen bei Insekten unter besonderer Berücksichtigung winterschlafender Kartoffelkäfer. *Zeitschrift für vergleichende Physiologie*, 34, 75–92.

May, R.M. (1981) Patterns in multi-species communities. In: *Theoretical Ecology: Principles and Applications*, 2nd edn (R.M. May, ed.), pp. 197–227. Blackwell Scientific Publications, Oxford.

May, R.M. & Anderson, R.M. (1983) Epidemiology and genetics in the coevolution of parasites and hosts. *Proceedings of the Royal Society of London, Series B*, 219, 281–313.

McIntosh, A.R. & Townsend, C.R. (1994) Interpopulation variation in mayfly antipredator tactics: differential effects of contrasting predatory fish. *Ecology*, 75, 2078–2090.

McIntosh, A.R. & Townsend, C.R. (1996) Interactions between fish, grazing invertebrates and algae in a New Zealand stream: a trophic cascade mediated by fish-induced changes to grazer behavior. *Oecologia*, 108, 174–181.

McKay, J.K., Bishop, J.G., Lin, J.-Z., Richards, J.H., Sala, A. & Mitchell-Olds, T. (2001) Local adaptation across a climatic gradient despite small effective population size in the rare sapphire rockcress. *Proceedings of the Royal Society of London, Series B*, 268, 1715–1721.

McNaughton, S.J. (1977) Diversity and stability of ecological communities: a comment on the role of empiricism in ecology. *American Naturalist*, 111, 515–525.

Mikkelson, G.M. (1993) How do food webs fall apart? A study of changes in trophic structure during relaxation on habitat fragments. *Oikos*, 67, 539–547.

Mittelbach, G.G., Steiner, C.F., Scheiner, S.M. et al. (2001) What is the observed relationship between species richness and productivity? *Ecology*, 82, 2381–2396.

Morris, D.W. & Davidson, D.L. (2000) Optimally foraging mice match patch use with habitat differences in fitness. *Ecology*, 81, 2061–2066.

Morrison, L.W. (1997) The insular biogeography of small Bahamian cays. *Journal of Ecology*, 85, 441–454.

Murdoch, W.W. & Stewart-Oaten, A. (1975) Predation and population stability. *Advances in Ecological Research*, 9, 1–131.

Murdoch, W.W., Briggs, C.J., Nisbet, R.M., Gurney, W.S.C. & Stewart-Oaten, A. (1992) Aggregation and stability in metapopulation models. *American Naturalist*, 140, 41–58.

Murton, R.K., Westwood, N.J. & Isaacson, A.J. (1974) A study of wood-pigeon shooting: the exploitation of a natural animal population. *Journal of Applied Ecology*, 11, 61–81.

Mwendera, E.J., Saleem, M.A.M. & Woldu, Z. (1997) Vegetation response to cattle grazing in the

Ethiopian Highlands. *Agriculture, Ecosystems and Environment*, 64, 43–51.

Myers, J.H., Simberloff, D., Kuris, A.M. & Carey, J.R. (2000a) Eradication revisited: dealing with exotic species. *Trends in Ecology and Evolution*, 15, 316–320.

Myers, N., Mittermeier, R.A., Mittermeier, C.G., da Fonseca, G.A.B. & Kent, J. (2000b) Biodiversity hotspots for conservation priorities. *Nature*, 403, 853–858.

Myers, R.A. (2001) Stock and recruitment: generalizations about maximum reproductive rate, density dependence, and variability using meta-analytic approaches. *ICES Journal of Marine Science*, 58, 937–951.

National Research Council (1990) *Alternative Agriculture*. National Academy of Sciences, Academy Press, Washington, DC.

Nedergaard, J. & Cannon, B. (1990) Mammalian hibernation. *Philosophical Transactions of the Royal Society, Series B*, 326, 669–686; also in *Life at Low Temperatures* (R.M. Laws & F. Franks, eds), pp. 153–170. The Royal Society, London.

Neilson, R.P., Prentice, I.C., Smith, B., Kittel, T. & Viner, D. (1998) Simulated changes in vegetation distribution under global warming. Available as Annex C at http://www.epa.gov/globalwarming/reports/pubs/ipcc/annex/index.html.

NERC (1990) *Our Changing Environment*. Natural Environment Research Council, London. (NERC acknowledges the significant contribution of Fred Pearce to the document.)

Nicholson, A.J. (1954) An outline of the dynamics of animal populations. *Australian Journal of Zoology*, 2, 9–65.

Nielsen, B.O. & Ejlerson, A. (1977) The distribution of herbivory in a beech canopy. *Ecological Entomology*, 2, 293–299.

Niklas, K.J., Tiffney, B.H. & Knoll, A.H. (1983) Patterns in vascular land plant diversification. *Nature*, 303, 614–616.

Norton, I.O. & Sclater, J.G. (1979) A model for the evolution of the Indian Ocean and the breakup of Gondwanaland. *Journal of Geophysical Research*, 84, 6803–6830.

Nunney, L. & Campbell, K.A. (1993) Assessing minimum viable population sizes: demography meets population genetics. *Trends in Ecology and Evolution*, 8, 234–239.

Ogden, J. (1968) *Studies on reproductive strategy with particular reference to selected composites*. PhD. thesis, University of Wales.

Owen-Smith, N. (1987) Pleistocene extinctions: the pivotal role of megaherbivores. *Paleobiology*, 13, 351–362.

Paine, R.T. (1966) Food web complexity and species diversity. *American Naturalist*, 100, 65–75.

Paine, R.T. (1979) Disaster, catastrophe and local persistence of the sea palm *Postelsia palmaeformis*. *Science*, 205, 685–687.

Pauly, D. & Christensen, V. (1995) Primary production required to sustain global fisheries. *Nature*, 374, 255–257.

Pavia, H. & Toth, G.B. (2000) Inducible chemical resistance to herbivory in the brown seaweed *Ascophyllum nodosum*. *Ecology*, 81, 3212–3225.

Pearl, R. (1927) The growth of populations. *Quarterly Review of Biology*, 2, 532–548.

Pearl, R. (1928) *The Rate of Living*. Knopf, New York.

Perrins, C.M. (1965) Population fluctuations and clutch size in the great tit, *Parus major* L. *Journal of Animal Ecology*, 34, 601–647.

Petren, K. & Case, T.J. (1996) An experimental demonstration of exploitation competition in an ongoing invasion. *Ecology*, 77, 118–132.

Petren, K., Grant, B.R. & Grant, P.R. (1999) A phylogeny of Darwin's finches based on microsatellite DNA variation. *Proceeding of the Royal Society of London, Series B*, 266, 321–329.

Pianka, E.R. (1983) *Evolutionary Ecology*, 3rd edn. Harper & Row, New York.

Pimentel, D. (1993) Cultural controls for insect pest management. In: *Pest Control and Sustainable Agriculture* (S. Corey, D. Dall & W. Milne, eds), pp. 35–38. CSIRO, East Melbourne.

Pimentel, D., Krummel, J., Gallahan, D. et al. (1978) Benefits and costs of pesticide use in U.S. food production. *Bioscience*, 28, 777–784.

Pimentel, D., Lach, L., Zuniga, R. & Morrison, D. (2000) Environmental and economic costs of nonindigenous species in the United States. *BioScience*, 50, 53–65.

Pimm, S.L. (1991) *The Balance of Nature: Ecological Issues in the Conservation of Species and Communities*. University of Chicago Press, Chicago.

Pisek, A., Larcher, W., Vegis, A. & Napp-Zin, K. (1973) The normal temperature range. In: *Temperature and Life* (H. Precht, J. Christopherson, H. Hense & W. Larcher, eds), pp. 102–194. Springer-Verlag, Berlin.

Pircher, T.J. & Hart, P.J.B. (1982) *Fisheries Ecology*. Croom Helm, London.

Playfair, J.H.L. (1996) *Immunology at a Glance*, 6th edn. Blackwell Science, Oxford.

Power, M.E. (1990) Effects of fish in river food webs. *Science*, 250, 411–415.

Price, P.W. (1980) *Evolutionary Biology of Parasites*. Princeton University Press, Princeton, NJ.

Primack, R.B. (1993) *Essentials of Conservation Biology*. Sinauer Associates, Sunderland, MA.

Pyke, G.H. (1982) Local geographic distributions of bumblebees near Crested Butte, Colorado: competition and community structure. *Ecology*, 63, 555–573.

Raffaelli, D. & Hawkins, S. (1996) *Intertidal Ecology*. Kluwer, Dordrecht.

Randall, M.G.M. (1982) The dynamics of an insect population throughout its altitudinal distribution: *Coleophora alticolella* (Lepidoptera) in northern England. *Journal of Animal Ecology*, 51, 993–1016.

Ratcliffe, D.A. (1970) Changes attributable to pesticides in egg breakage frequence and eggshell thickness in some British birds. *Journal of Applied Ecology*, 7, 67–107.

Rätti, O., Dufva, R. & Alatalo, R.V. (1993) Blood parasites and male fitness in the pied flycatcher. *Oecologia*, 96, 410–414.

Raunkiaer, C. (1934) *The Life and Form of Plants*. Oxford University Press, Oxford. (Translated from the original published in Danish, 1907.)

Reganold, J.P., Glover, J.D., Andrews, P.K. & Hinman, H.R. (2001) Sustainability of three apple production systems. *Nature*, 410, 926–929.

Reichle, D.E. (1970) *Analysis of Temperate Forest Ecosystems*. Springer-Verlag, New York.

Reid, W.V. & Miller, K.R. (1989) *Keeping Options Alive: the Scientific Basis for Conserving Biodiversity*. World Resources Institute, Washington, DC.

Richards, O.W. & Waloff, N. (1954) Studies on the biology and population dynamics of British grasshoppers. *Anti-Locust Bulletin*, 17, 1–182.

Rickards, J., Kelleher, M.J. & Storey, K.B. (1987) Strategies of freeze avoidance in larvae of the goldenrod gall moth *Epiblema scudderiana*: winter profiles of a natural population. *Journal of Insect Physiology*, 33, 581–586.

Ricklefs, R.E. (1973) *Ecology*. Nelson, London.

Ricklefs, R.E. & Lovette, I.J. (1999) The role of island area *per se* and habitat diversity in the species-area relationships of four Lesser Antillean faunal groups. *Journal of Animal Ecology*, 68, 1142–1160.

Ridley, M. (1993) *Evolution*. Blackwell Science, Boston.

Ridsdill-Smith, T.J. (1991) Competition in dung-breeding insects. In: *Reproductive Behaviour of Insects* (W.J. Bailey & T.J. Ridsdill-Smith, eds), pp. 264–294. Chapman & Hall, London.

Robinson, R.A. & Sutherland, W.R. (1999) *Ecography*, 22, 447–454.

Rohr, D.H. (2001) Reproductive trade-offs in the elapid snakes *Austrelap superbus* and *Austrelap ramsayi*. *Canadian Journal of Zoology*, 79, 1030–1037.

Rosenzweig, M.L. (1971) Paradox of enrichment: destabilization of exploitation ecosystems in ecological time. *Science*, 171, 385–387.

Rouphael, A.B. & Inglis, G.J. (2001) "Take only photographs and leave only footprints"? An experimental study of the impacts of underwater photographers on coral reef dive sites. *Biological Conservation*, 100, 281–287.

Roush, R.T. & McKenzie, J.A. (1987) Ecological genetics of insecticide and acaricide resistance. *Annual Review of Entomology*, 32, 361–380.

Ruiters, C. & McKenzie, B. (1994) Seasonal allocation and efficiency patterns of biomass and resources in the perennial geophyte *Sparaxis grandiflora* subspecies *fimbriata* (Iridaceae) in lowland coastal Fynbos, South Africa. *Annals of Botany*, 74, 633–646.

Sale, P.F. & Douglas, W.A. (1984) Temporal variability in the community structure of fish on coral patch reefs and the relation of community structure to reef structure. *Ecology*, 65, 409–422.

Salisbury, E.J. (1942) *The Reproductive Capacity of Plants*. Bell, London.

Sarukhán, J. & Harper, J.L. (1973) Studies on plant demography: *Ranunculus repens* L., *R. bulbosus* L. and *R. acris* L.I. Population flux and survivorship. *Journal of Ecology*, 61, 675–716.

Saunders, A. & Norton, D.A. (2001) Ecological restoration at Mainland Islands in New Zealand. *Biological Conservation*, 99, 109–119.

Savidge, J.A. (1987) Extinction of an island forest avifauna by an introduced snake. *Ecology*, 68, 660–668.

Schall, J.J. (1992) Parasite-mediated competition in *Anolis* lizards. *Oecologia*, 92, 58–64.

Schipper, L., Murtishaw, S. & Unander, F. (2001) International comparisons of sectoral carbon dioxide emissions using a cross-country decomposition technique. *Energy Journal*, 22, 35–75.

Schluter, D. & McPhail, J.D. (1993) Character displacement and replicate adaptive radiation. *Trends in Ecology and Evolution*, 8, 197–200.

Schoener, T.W. (1983) Field experiments on interspecific competition. *American Naturalist*, 122, 240–285.

Schoenly, K., Beaver, R.A. & Heumier, T.A. (1991) On the trophic relations of insects: a food-web approach. *American Naturalist*, 137, 597–638.

Schulze, E.D. (1970) Der CO_2-Gaswechsel der Buche (*Fagus sylvatica* L.) in Abhängigkeit von den Klimafaktoren im Freiland. *Flora, Jena*, 159, 177–232.

Schulze, E.D., Fuchs, M.I. & Fuchs, M. (1977a) Spatial distribution of photosynthetic capacity and performance in a mountain spruce forest in northern Germany. I. Biomass distribution and daily CO_2 uptake in different crown layers. *Oecologia*, 29, 43–61.

Schulze, E.D., Fuchs, M.I. & Fuchs, M. (1977b) Spatial distribution of photosynthetic capacity and performance in a mountain spruce forest in northern

Germany. III. The significance of the evergreen habit. *Oecologia*, 30, 239–249.

Shankar Raman, T., Rawat, G.S. & Johnsingh, A.J.T. (1998) Recovery of tropical rainforest avifauna in relation to vegetation succession following shifting cultivation in Mizoram, north-east India. *Journal of Applied Ecology*, 35, 214–231.

Shaw, D.J. & Dobson, A.P. (1995) Patterns of macroparasite abundance and aggregation in wildlife populations: a quantitative review. *Parasitology*, 111, S111–S133.

Silvertown, J.W. (1982) *Introduction to Plant Population Ecology*. Longman, London.

Simberloff, D.S. (1976) Experimental zoogeography of islands: effects of island size. *Ecology*, 57, 629–648.

Simberloff, D., Dayan T., Jones, C. & Ogura, G. (2000) Character displacement and release in the small Indian mongoose, *Herpestes javanicas. Ecology*, 91, 2086–2099.

Simon, K.R. & Townsend, C.R. (in press) The impacts of freshwater invaders at different levels of ecological organisation, with emphasis on ecosystem consequences. *Freshwater Biology*.

Sinclair, A.R.E. & Norton-Griffiths, M. (1982) Does competition or facilitation regulate migrant ungulate populations in the Serengeti? A test of hypothesis. *Oecologia*, 53, 354–369.

Slobodkin, L.B., Smith, F.E. & Hairston, N.G. (1967) Regulation in terrestrial ecosystems, and the implied balance of nature. *American Naturalist*, 101, 109–124.

Smith, F.D.M., May, R.M., Pellew, R., Johnson, T.H. & Walter, K.R. (1993) How much do we know about the current extinction rate? *Trends in Ecology and Evolution*, 8, 375–378.

Smith, J.N.M., Krebs, C.J., Sinclair, A.R.E. & Boonstra, R. (1988) Population biology of snowshoe hares. II. Interactions with winter food plants. *Journal of Animal Ecology*, 57, 269–286.

Smith, J.W. (1998) Boll weevil eradication: area-wide pest management. *Annals of the Entomological Society of America*, 91, 239–247.

Sousa, M.E. (1979a) Experimental investigation of disturbance and ecological succession in a rocky intertidal algal community. *Ecological Monographs*, 49, 227–254.

Sousa, M.E. (1979b) Disturbance in marine intertidal boulder fields: the nonequilibrium maintenance of species diversity. *Ecology*, 60, 1225–1239.

Spencer, C.N., McClelland, B.R. & Stanford, J.A. (1991) Shrimp stocking, salmon collapse, and eagle displacement. *Bioscience*, 41, 14–21.

Spiller, D.A. & Schoener, T.W. (1994) Effects of a top and intermediate predators in a terrestrial food web. *Ecology*, 75, 182–196.

Sprent, J.I. & Sprent, P. (1990) *Nitrogen Fixing Organisms: Pure and Applied Aspects.* Chapman & Hall, London.

Stauffer, R.C. (1975) *Charles Darwin's Natural Selection: Being the second part of his big species book written from 1856 to 1858.* Cambridge University Press, London.

Steffen, W.L., Walker, B.H., Ingram, J.S.I. & Koch, G.W. (eds) (1992) *Global Change and Terrestrial Ecosystems: the Operational Plan.* IGBP/ICSU, Stockholm, Sweden.

Stenseth, N.C., Falck, W., Bjornstad, O.N. & Krebs, C.J. (1997) Population regulation in snowshoe hare and lynx populations: asymmetric food web configurations between the snowshoe hare and the lynx. *Proceedings of the National Academy of Science of the USA*, 94, 5147–5152.

Stevens, C.E. (1988) *Comparative Physiology of the Vertebrate Digestive System.* Cambridge University Press, London.

Stoll, P. & Prati, D. (2001) Intraspecific aggregation alters competitive interactions in experimental plant communities. *Ecology*, 82, 319–327.

Stone, G.N. & Cook, J.M. (1998) The structure of cynipid oak galls: patterns in the evolution of an extended phenotype. *Proceedings of the Royal Society of London, Series B*, 265, 979–988.

Strauss, S.Y. & Agrawal, A.A. (1999) The ecology and evolution of plant tolerance to herbivory. *Trends in Ecology and Evolution*, 14, 179–185.

Stromberg, P.C., Toussant, M.J. & Dubey, J.P. (1978) Population biology of *Paragonimus kellicotti metacercariae* in central Ohio. *Parasitology*, 77, 13–18.

Strong, D.R. (1992) Are trophic cascades all wet? Differentiation and donor-control in speciose ecosystems. *Ecology*, 73, 747–754.

Strong, D.R. Jr., Lawton, J.H. & Southwood, T.R.E. (1984) *Insects on Plants: Community Patterns and Mechanisms.* Blackwell Scientific Publications, Oxford.

Sutton, S.L. & Collins, N.M. (1991) Insects and tropical forest conservation. In: *The Conservation of Insects and Their Habitats* (N.M. Collins & J.A. Thomas, eds), pp. 405–424. Academic Press, London.

Swift, M.J., Heal, O.W. & Anderson, J.M. (1979) *Decomposition in Terrestrial Systems.* Blackwell Scientific Publications, Oxford.

Symonides, E. (1979) The structure and population dynamics of psammophytes on inland dunes. II. Loose-sod populations *Ekologia Polska*, 27, 191–234.

Symonides, E. (1983) Population size regulation as a result of intra-population interactions. I. The effect of density on the survival and development of individuals of *Erophila verna* (L.). *Ekologia Polska*, 31, 839–881.

Taniguchi, Y. & Nakano, S. (2000) Condition-specific competition: implications for the altitudinal distribution of stream fishes. *Ecology*, 81, 2027–2039.

Tansley, A.G. (1904) The problems of ecology. *New Phytologist*, 3, 191–200.

Thomas, C.D. & Harrison, S. (1992) Spatial dynamics of a patchily distributed butterfly species. *Journal of Applied Ecology*, 61, 437–446.

Thomas, C.D. & Jones, T.M. (1993) Partial recovery of a skipper butterfly *(Hesperia comma)* from population refuges: lessons for conservation in a fragmented landscape. *Journal of Animal Ecology*, 62, 472–481.

Thomas, C.D., Thomas, J.A. & Warren, M.S. (1992) Distributions of occupied and vacant butterfly habitats in fragmented landscapes. *Oecologia*, 92, 563–567.

Thompson, R.M., Townsend, C.R., Craw, D., Frew, R. & Riley, R. (2001) (Further) links from rocks to plants. *Trends in Ecology and Evolution*, 16, 543.

Tilman, D. (1982) *Resource Competition and Community Structure*. Princeton University Press, Princeton, NJ.

Tilman, D. (1986) Resources, competition and the dynamics of plant communities. In: *Plant Ecology* (M.J. Crawley, ed.), pp. 51–74. Blackwell Scientific Publications, Oxford.

Tilmam, D., Mattson, M. & Langer, S. (1981) Competition and nutrient kinetics along a temperature gradient: an experimental test of a mechanistic approach to niche theory. *Limnology and Oceanography*, 26, 1020–1033.

Tilman, D., Fargione, J., Wolff, B. et al. (2001) Forecasting agriculturally driven global environmental change. *Science*, 292, 281–284.

Tjallingii, W.F. & Hogen Esch, Th. (1993) Fine structure of aphid stylet routes in plant tissues in correlation with EPG signals. *Physiological Entomology*, 18, 317–328.

Tokeshi, M. (1993) Species abundance patterns and community structure. *Advances in Ecological Research*, 24, 112–186.

Tonn, W.M. & Magnuson, J.J. (1982) Patterns in the species composition and richness of fish assemblages in northern Wisconsin lakes. *Ecology*, 63, 137–154.

Towns, D.R. & Ballantine, W.J. (1993) Conservation and restoration of New Zealand island ecosystems. *Trends in Ecology and Evolution*, 8, 452–457.

Townsend, C.R. (1996) Concepts in river ecology: pattern and process in the catchment hierarchy. *Archiv für Hydrobiologie*, 113 (Suppl. 10), 3–21.

Townsend, C.R. & Crowl, T.A. (1991) Fragmented population structure in a native New Zealand fish: an effect of introduced brown trout? *Oikos*, 61, 348–354.

Townsend, C.R. & Hildrew, A.G. (1980) Foraging in a patchy environment by a predatory net-spinning caddis larva: a test of optimal foraging theory. *Oecologia*, 47, 219–221.

Townsend, C.R., Hildrew, A.G. & Francis, J.E. (1983) Community structure in some southern English streams: the influence of physiochemical factors. *Freshwater Biology*, 13, 521–544.

Townsend, C.R., Scarsbrook, M.R. & Dolédec, S. (1997) The intermediate disturbance hypothesis, refugia and bio-diversity in streams. *Limnology and Oceanography*, 42, 938–949.

Townsend, C.R., Thompson, R.M., McIntosh, A.R. et al. (1998) Disturbance, resource supply, and food-web architecture in streams. *Ecology Letters*, 1, 200–209.

Trewavas, A. (2001) Urban myths of organic farming: organic agriculture began as an ideology, but can it meet today's needs? *Nature*, 410, 409–410.

Tripet, F. & Richner, H. (1999) Density-dependent processes in the population dynamics of a bird ectoparasite *Ceratophyllus gallinae. Ecology*, 80, 1267–1277.

Turkington, R. & Harper, J.L. (1979) The growth, distribution and neighbour relationships of *Trifolium repens* in a permanent pasture. IV. Fine scale biotic differentiation. *Journal of Ecology*, 67, 245–254.

Turner, J.R.G., Lennon, J.J. & Greenwood, J.J.D. (1996) Does climate cause the global biodiversity gradient? In: *Aspects of the Genesis and Maintenance of Biological Diversity* (M. Hochberg, J. Claubert & R. Barbault, eds). Oxford University Press, London, New York.

UNEP (1991) *Environmental Data Report*, 3rd edn. Basil Blackwell, Oxford.

United Nations (1998) *Global Change and Sustainable Development: Critical Trends*. Report of the Secretary General, United Nations, New York. Also available on the world wide web at www.un.org/esa/sustdev/trends.html

US Department of the Interior (1990) *Audit Report: the Endangered Species Program*. US Fish and Wildlife Service Report 90–98.

Valentine, J.W. (1970) How many marine invertebrate fossil species? A new approximation. *Journal of Paleontology*, 44, 410–415.

van de Walle, E. & Knodel, J. (1980) Europe's fertility transition: new evidence and lessons for today's developing world. *Population Bulletin*, 34, 1–43.

van den Bosch, R., Leigh, T.F., Falcon, L.A., Stern, V.M., Gonzales, D. & Hagen, K.S. (1971) The developing program of integrated control of cotton pests in Califomia. In: *Biological Control* (C.B. Huffaker, ed.), pp. 377–394. Plenum Press, New York.

Vannotte, R.L., Minshall, G.W., Cummins, K.W., Sedell, J.R. & Cushing, C.E. (1980) The river continuum concept. *Canadian Journal of Fisheries and Aquatic Sciences*, 37,130–137.

Vázquez, G.J.A. & Givnish, T.J. (1998) Altitudinal gradients in tropical forest composition, structure, and diversity in the Sierra de Manantlán. *Journal of Ecology*, 86, 999–1020.

Vivas-Martinez, S., Basanez, M.-G., Botto, C. et al. (2000) Amazonian onchocerciasis: parasitological profiles by hostage, sex, and endemicity in southern Venezuela. *Parasitology*, 121, 513–525.

Volterra, V. (1926) Variations and fluctuations of the numbers of individuals in animal species living together. (Reprinted in 1931. In: *Animal Ecology* (R.N. Chapman, ed.), pp. 409–448. A McGraw Hill, New York.)

Waage, J.K. & Greathead, D.J. (1988) Biological control: challenges and opportunities. *Philosophical Transactions of the Royal Society of London, Series B*, 318, 111–128.

Walsh, J.A. (1983) Selective primary health care: strategies for control of disease in the developing world. IV. Measles. *Reviews of Infectious Diseases*, 5, 330–340.

Warren, P.H. (1989) Spatial and temporal variation in the structure of a freshwater food web. *Oikos*, 55, 299–311.

Watkinson, A.R. (1984) Yield-densiy relationships: the influence of resource availability on growth and self-thinning in populations of *Vulpia fasciculata*. *Annals of Botany*, 53, 469–482.

Watkinson, A.R. & Harper, J.L. (1978) The demography of a sand dune annual: *Vulpia fasciculata*. I. The natural regulation of populations. *Journal of Ecology*, 66, 15–33.

Watkinson, A.R., Freckleton, R.P., Robinson, R.A. & Sutherland, W.J. (2000) Predictions of biodiversity response to genetically modified herbicide-tolerant crops. *Science*, 289, 1554–1557.

Webb, S.D. (1987) Community patterns in extinct terrestrial invertebrates. In: *Organization of Communities: Past and Present* (J.H.R. Gee & P.S. Giller, eds), pp. 439–468. Blackwell Scientific Publications, Oxford.

Webb, W.L., Lauenroth, W.K., Szarek, S.R. & Kinerson, R.S. (1983) Primary production and abiotic controls in forests, grasslands and desert ecosystems in the United States. *Ecology*, 64, 134–151.

Wegener, A. (1915) *Entstehung der Kontinente und Ozeane*. Samml. Viewig, Braunschweig. (English translation 1924. *The Origins of Continents and Oceans*, translated by J.G.A. Skerl. Methuen, London.)

Werner, H.H. & Hall, D.J. (1974) Optimal foraging and the size selection of prey by the bluegill sunfish *Lepomis macrochirus*. *Ecology*, 55, 1042–1052.

Westover, K.M., Kennedy, A.C. & Kelley, S.E. (1997) Patterns of rhizosphere community structure associated with cooccurring plant species. *Journal of Ecology*, 85, 863–874.

Whitehead, A.N. (1953) *Science and the Modern World*. Cambridge University Press, Cambridge.

Whittaker, R.H. (1975) *Communities and Ecosystems*, 2nd edn. Macmillan, London.

Williams, W.D. (1988) Limnological imbalances: an antipodean viewpoint. *Freshwater Biology*, 20, 407–420.

Winemiller, K.O. (1990) Spatial and temporal variation in tropical fish trophic networks. *Ecological Monographs*, 60, 331–367.

Woiwod, I.P. & Hanski, I. (1992) Patterns of density dependence in moths and aphids. *Journal of Animal Ecology*, 61, 619–629.

Woodwell, G.M. (1970) Effects of pollution on the structure and physiology of ecosystems. *Science*, 168, 429–433.

Worland, M.R. & Convey, P. (2001) Rapid cold hardening in Antarctic microarthropods. *Functional Ecology*, 15, 515–524.

World Health Organization (1990) *Public Health Impacts of Pesticides Used in Agriculture*. WHO/UN Environment Program, Geneva.

Wootton, J.T. (1992) Indirect effects, prey susceptibility, and habitat selection: impacts of birds on limpets and algae. *Ecology*, 73, 981–991.

Wurtsbaugh, W.A. (1992) Good-web modification by an invertebrate predator in the Great Salt Lake (USA). *Oecologia*, 89, 168–175.

Yodzis, P. (1986) Competition, mortality and community structure. In: *Community Ecology* (J. Diamond & T.J. Case, eds), pp. 480–491. Harper & Row, New York.

Personen- und Sachwortverzeichnis

Seitenangaben in **Fettdruck** verweisen auf Abbildungen bzw. Tabellen.

Druck- und Bindearbeiten: Stürtz AG, Würzburg